U1075986

北京高等教育精品教材
BEIJING GAODENG JIAOYU JINGPIN JIAOCAI

飞行控制系统
（第3版）

吴森堂　编著

北京航空航天大学出版社

内 容 简 介

本书是以单个飞行器飞行控制系统以及多个飞行器编队协同飞行控制系统分析和设计的基本方法为主要内容，以飞行器的典型飞行控制系统的基本结构为主干进行编写的。除绪论外共分6章。绪论主要介绍飞行控制系统完成的任务和基本构成以及发展简况。第1～5章重点介绍单个飞行器飞行控制系统的分析与设计的基本方法，第6章主要介绍多个飞行器编队协同飞行控制系统的内容。

在本书编写过程中，始终围绕着飞行控制系统分析和设计这一核心，按照典型飞行控制系统的基本结构作为编写的主线，首先讲解了飞行控制系统分析与设计所必备的物理基础知识——飞行力学基础和飞行器数学建模的基本方法以及系统分析和设计的边界条件——测量与执行机构，然后重点介绍了典型飞行控制系统分析与设计的基本方法，最后对多个飞行器编队协同飞行控制系统分析和设计的基本方法进行了介绍，本书既融入了作者最新取得的研究成果又保持了相对完整和系统全面的特点。

本书可作为飞行器导航、制导与控制专业的教材，也可供飞行器自动控制领域的科技人员参考。

图书在版编目（CIP）数据

飞行控制系统 / 吴森堂编著. -- 3版. -- 北京 ：北京航空航天大学出版社，2024. 10. -- ISBN 978-7-5124-4513-0

Ⅰ. V249

中国国家版本馆CIP数据核字第20247X0J38号

飞行控制系统(第3版)

吴森堂　编著

策划编辑　陈守平　　责任编辑　冯维娜

*

北京航空航天大学出版社出版发行

北京市海淀区学院路37号(邮编100191)　http://www.buaapress.com.cn

发行部电话:(010)82317024　传真:(010)82328026

读者信箱:bhrhfs@126.com　邮购电话:(010)82316936

北京时代华都印刷有限公司印装　各地书店经销

*

开本:787×1 092　1/16　印张:27.75　字数:710千字

2024年10月第3版　2026年1月第2次印刷　印数:200 1～4 000册

ISBN 978-7-5124-4513-0　定价:89.00元

若本书有倒页、脱页、缺页等印装质量问题，请与本社发行部联系调换。联系电话:(010)82317024

前　言

本书作为面向飞行器导航、制导与控制专业的教材以及飞行器自动控制领域科技人员的参考书，旨在使读者系统全面地理解单个飞行器飞行控制系统以及多个飞行器编队协同飞行控制系统的基本结构和工作原理，掌握飞行控制系统分析和设计的基本方法。本书在编写上保持了下列特点：

（1）遵循与保持了第1版、第2版自始至终围绕典型飞行控制系统的分析和设计这一核心，以飞行控制系统的基本结构为主线并展开，既融入了作者最新的研究成果，又保持了相对完整和系统全面的特点。

（2）从飞行器在大气中运动的物理基础（飞行力学基础）到适合于飞行控制系统分析和设计的数学模型（飞行器运动方程）的建立，从飞行控制系统分析和设计的边界条件（测量与执行机构）到典型飞行控制系统的构成和工作原理以及基本分析与设计方法，均突出体现了飞行控制系统分析与设计所要满足和遵循的基本要求与原则。

（3）近年来，随着飞行控制系统研究领域不断取得新成果，尤其是多个飞行器编队协同飞行控制系统作为研究热点取得了迅速发展，一系列相关理论方法与应用方向成为此次修订和补充的重点。在第1版和第2版基础上相应缩减了关于单个飞行器飞行控制技术方面的内容，重点增加了关于多个飞行器编队协同飞行控制系统的内容。

本书为任课老师免费提供教学课件，还提供了部分图片的彩色版供参照，有需要的请发邮件 bhrhfs@126.com 申请获取。若有出版需求或需其他帮助，可致电 010－82317738。

在本书编撰过程中，得到了北京航空航天大学和其他单位同行们的帮助，在此表示诚挚的谢意。

由于编写时间和编者水平所限，书中难免存在差错，敬请读者指正。

编　者

2024年5月

主要符号表

S_g——$O_g x_g y_g z_g$	地面坐标系
S_b——$Oxyz$	机(弹)体坐标系
S_a——$Ox_a y_a z_a$	气流坐标系
S_s——$Ox_s y_s z_s$	稳定性坐标系
S_p——$Ox_p y_p z_p$	航迹坐标系(弹道坐标系)
S_T——$Ox_T y_T z_T$	质心定位坐标系
$\boldsymbol{V}, V$	空速矢量(飞行速度矢量),空速大小(飞行速度大小)
a	当地声速
Ma	马赫数
M_{cr}	临界马赫数
ρ	空气密度
$Q=\frac{1}{2}\rho V^2$	动压
S_w	翼参考面积
b	翼展长
c	翼弦长
$c(y)$	沿翼展向坐标 y 处的翼弦长
$c_A=\frac{2}{S_w}\int_0^{\frac{b}{2}} c^2(y)\mathrm{d}y$	翼平均几何弦长
t	翼最大厚度
$\bar{t}=\frac{t}{c}\times 100\%$	翼相对厚度
f	翼最大弯度
$\bar{f}=\frac{f}{c}\times 100\%$	翼相对弯度
$A=\frac{b^2}{S_w}$	展弦比
c_t, c_r	翼尖弦长和翼根弦长
$\lambda=\frac{c_t}{c_r}$	梯形比
Λ_0	前缘后掠角
m	飞行器的质量
G	飞行器的重力(重量)
g	重力加速度
cg	飞行器的重心(质心)

x_{cg}	飞行器重心到平均几何弦前缘点的距离
x_{acw}	翼气动焦点到平均几何弦前缘点的距离
$S_m=(x_{ac}-x_{cg})/c_A=\bar{x}_{ac}-\bar{x}_{cg}$	纵向静稳定度
θ	俯仰角
ψ	偏航角
ϕ	滚转角
μ	航迹(弹道)倾斜角
φ	航迹(弹道)方位角
γ	航迹(弹道)滚转角
α	迎角(攻角)
β	侧滑角
ε	下洗角
p	滚转角速度
q	俯仰角速度
r	偏航角速度
u,v,w	$\boldsymbol{V}$ 在机(弹)体坐标系上的分量
$\boldsymbol{R}_\Sigma$	总空气动力
$\boldsymbol{M}_\Sigma$	总空气动力矩
X_A,Y_A,Z_A	$\boldsymbol{R}_\Sigma$ 在气流坐标系上的分量
D,Y,L	阻力、侧力和升力
C_D	阻力系数
C_Y	侧力系数
C_L	升力系数
C_{D_0},C_{D_t}	零升阻力系数和升致阻力系数
C_{L_α}	升力线斜率
C_{Y_β}	侧力导数
$C_{Y_{\delta_r}}$	方向舵侧力导数
C_{Y_p}	滚转角速度侧力导数
$C_{Y_{\bar{r}}}$	偏航角速度侧力导数
$\bar{L}_A,M_A,N_A$	$\boldsymbol{M}_\Sigma$ 在机(弹)体坐标系上的分量(气动滚转力矩、气动俯仰力矩、气动偏航力矩)
$\bar{L},M,N$	总力矩在机(弹)体坐标系上的分量(滚转力矩、俯仰力矩、偏航力矩)
C_l	滚转力矩系数
C_m	俯仰力矩系数
C_n	偏航力矩系数
δ_e	升降舵偏转角
δ_a	副翼偏转角

δ_{r}	方向舵偏转角
W_{e}	驾驶杆的推拉操纵量(升降舵控制指令)
W_{a}	驾驶杆左右压杆的操纵量(副翼控制指令)
W_{r}	脚蹬操纵量(方向舵控制指令)
δ_{T}	油门杆操纵量(油门开度量)
$C_{m_{\mathrm{w0}}}$	翼零升力矩系数
$C_{m_{\alpha}}$	纵向静稳定性导数
$C_{l_{\beta}}$	横滚静稳定性导数
$C_{n_{\beta}}$	航向静稳定性导数
$C_{l_{\delta_{\mathrm{a}}}}$	滚转操纵导数
$C_{l_{\delta_{\mathrm{r}}}}$	方向舵操纵交叉导数
$C_{l_{p}}$	滚转阻尼导数
$C_{l_{r}}$	滚转交叉动导数
$C_{n_{\delta_{\mathrm{a}}}}$	副翼操纵交叉导数
$C_{n_{\delta_{\mathrm{r}}}}$	航向操纵导数
$C_{n_{p}}$	航向交叉动导数
$C_{n_{r}}$	航向阻尼导数
$\boldsymbol{T}, T$	发动机的推力矢量,发动机的推力大小
T_{x}, T_{y}, T_{z}	推力 $\boldsymbol{T}$ 在机(弹)体坐标系上的分量
$\bar{L}_{\boldsymbol{T}}, M_{\boldsymbol{T}}, N_{\boldsymbol{T}}$	推力 $\boldsymbol{T}$ 所产生的滚转力矩、俯仰力矩和偏航力矩
l_{x}, l_{y}, l_{z}	推力 $\boldsymbol{T}$ 作用点在机(弹)体坐标系上的位置
$\alpha_{\boldsymbol{T}}, \beta_{\boldsymbol{T}}$	发动机推力的偏置角
$I_{x}, I_{y}, I_{z}, I_{xy}, I_{zy}, I_{xz}$	转动惯量和惯性积
$\boldsymbol{\nabla}$	关于一次项微分算子的行向量
ξ_{sp}	短周期运动的阻尼比
ω_{sp}	短周期运动的固有频率
T_{sp}	短周期运动的时间常数
ξ_{p}	长周期运动的阻尼比
$\omega_{\mathrm{n_p}}$	长周期运动的固有频率
T_{p}	长周期运动的时间常数
ξ_{t}	第三振荡模态的阻尼比
T_{t}	第三振荡模态的周期
$\omega_{\mathrm{n_d}}$	荷兰滚模态的固有频率
ξ_{d}	荷兰滚模态的阻尼比
τ_{R}	滚转衰减模态的时间常数
τ_{s}	螺旋模态的时间常数
n_{z}	法向过载
n_{y}	横侧向过载

ε_i	群体(编队)成员个体(节点)
n	群体(编队)的规模
$q=\mathrm{col}(q_1,q_2,\cdots,q_n)$	节点组成的队形(向量)
q_i	ε_i 在惯性坐标系中的位置
d_{ij}	成员个体之间的间距
μ_{ij}	成员间距的数学期望
μ_{eij}	设定的成员间距数学期望
d_{si}	安全距离
Δd_{ij}	安全距离余量
λ_{eij}	安全系数
d_{Ti}	测量和控制误差分量
d_{Mi}	机动性能分量
d_{Ni}	网络诱导分量
n_{ai}	邻接度
n_{av}	平均邻接度
$d_{i\max}$	邻接距离
$k_{i\max}$	邻接系数
$k_{i\min}$	威胁系数
$C\{\varepsilon_i\}$	透光系数

目　录

绪 论

0.1 飞行控制系统的发展回顾

自1912年美国的爱莫尔·斯派雷(Eimer Sperry)研制成功第一台可以保持飞机稳定平飞的电动陀螺稳定装置以来,能够稳定飞机姿态运动的自动控制装置——自动驾驶仪(Autopilot)迅速发展。尤其在第二次世界大战期间,美国和苏联相继研制出功能较完善的电气式自动驾驶仪C-1及其仿制品АП-5,德国也在第二次世界大战后期成功研制出飞航式导弹V-1和弹道式导弹V-2,更加促进了飞行自动控制装置的研制和发展。在第二次世界大战以后,自动驾驶仪与其他机载装置组合,构成飞机的航迹自动控制系统,例如定高和自动下滑导引系统等。

自成功突破音障以后,飞机的飞行包线(飞行速度和高度的变化范围)逐渐扩大,越来越复杂的飞行任务对飞机性能的要求也越来越高,仅靠气动布局和发动机设计所获得的飞机性能已经很难满足复杂飞行任务的要求,因此,借助于自动控制技术来改善飞机稳定性的飞行自动控制装置(如增稳系统)相继问世,在此基础上自动驾驶仪在功能上得到进一步的扩展,发展成为飞行自动控制系统(automatic flight control system,AFCS)。同时于20世纪60年代产生了随控布局飞行器(control configured vehicle,CCV)的设计思想。随控布局飞行器设计技术是一种在飞行器设计之初,就将飞行自动控制系统与气动布局、飞行器结构设计和动力系统设计四方面协调配合进行综合设计的技术。例如,通过气动布局和结构设计的飞机自身可以是静不稳定的,而飞机的稳定性则由飞行自动控制系统来保证,这样可以使配平的迎角减小,从而减小阻力,提高升阻比,并可以减小平尾尺寸和重量。由此可见,由随控布局飞行器设计技术开始,将飞行自动控制系统作为与气动布局、飞行器结构和动力系统同等重要地位进行综合设计。

随着计算机技术的飞速发展,计算机成为飞行控制系统的核心装置。从20世纪60年代前的以模拟电路或模拟计算机为主要计算装置的飞行控制系统,逐渐发展成为现在已普遍应用的数字式飞行控制系统,这为新技术应用和更复杂、更完善系统的综合提供了实现的可能性。例如,主动控制技术(active control technology,ACT)、余度技术和容错控制技术等新技术,以及在20世纪80年代得到迅速发展的将火力控制系统、推进装置控制系统和飞行控制系统集成为飞机的火/推/飞综合控制系统,这些新技术的应用和系统的高度集成,使得飞行控制系统的功能和内涵不断地扩展,也促进飞行器设计领域的新技术交叉融合快速发展。例如,首先由飞机设计领域出现的随控布局(control configured vehicle,CCV)设计思想和主动控制技术(active control technology,ACT)等已在导弹设计领域得到成功应用,而广泛应用于导弹的推力矢量控制等技术也已成为现代战斗机提高整体作战性能不可或缺的技术手段。

0.2 飞行控制系统的基本任务

自从有人驾驶的动力飞机问世以来,飞行安全要求一直是飞机设计的最高目标,其他所有的设计目标都要服从于这项最高的目标。在民用航空领域,把乘客安全地送达目的地始终是民用客机设计的最为重要的目标。其经济性、飞行舒适性和正点运行虽然同样是重要的目标,但相对飞行安全性而言,这些目标都处于次要的地位。在军用领域,除飞行安全性目标要求之外,还有完成飞行任务的目标要求。

由于在第二次世界大战前的运输机和轰炸机甚至歼击机的飞行包线并不大,仅靠气动布局设计所得到的自身稳定性已能满足飞行任务的要求,因此当时对于飞行自动控制的需求并不迫切。自成功突破音障以后,飞机的飞行包线逐渐扩大,飞机自身的稳定性逐渐恶化。随着飞行高度的增加,飞机自身的阻尼力矩因高空的大气密度变小而减小,进而由于阻尼不足而导致飞机的姿态产生强烈的摆动,导致驾驶员操纵飞机更加困难。为改善飞机姿态运动的阻尼特性,增加飞行的稳定性,利用角速率陀螺测量飞机的角速度信号与放大器和串联舵机形成负反馈回路构成了阻尼器系统。由于阻尼器只能增大阻尼比,即仅能改善飞机姿态运动的动稳定性,因此又在阻尼器基础上发展了增稳系统和控制增稳系统。增稳系统和控制增稳系统不仅可以改善动稳定性,还可以增加静稳定性和改善操纵性。安装了阻尼器或增稳系统后的飞机,就好像变成了一架具有良好的稳定性能的新飞机。

为了满足飞行安全性和完成飞行任务的目标要求,飞行控制系统所要完成的基本任务有下列4大类:

① 改善飞行品质。包括:

ⓐ 固有运动特性,如改善俯仰、滚转和偏航通道的固有阻尼特性和固有频率特性等性能;

ⓑ 操纵(控制)特性,改善飞行器对操纵(控制)输入信号的响应特性;

ⓒ 扰动特性,主要是改善飞行器对大气紊流的响应特性;

ⓓ 大扰动的控制特性,例如对飞机一侧由于发动机停车或飞航式导弹抛掉助推器等引起的大扰动对飞行安全和飞行品质的影响进行有效的控制。也就是说,对于有人驾驶飞机的飞行控制系统应能够减轻驾驶员长时间连续的、令人疲乏的工作负担;对于无人机或飞航式导弹的飞行控制系统应能承担稳定飞行状态、减轻风切变和大气紊流的影响等。

② 协助航迹控制。

③ 全自动航迹控制。例如对无人机或飞航式导弹的全程进行自主飞行控制等。

④ 监控和任务规划。当驾驶员的反应速度和能力不能胜任多种参数的观测和协调控制时,飞行控制系统能支持驾驶员完成艰巨的飞行任务,成为驾驶员的得力助手。例如,在恶劣气象条件下着陆、地形跟踪,或者在失速范围机动飞行。飞行控制系统能完成经常性的和重复性的机动飞行程序,例如,高精度地完成标准化的进近着陆程序。这样,驾驶员既能保持"清醒的头脑"监控飞机的安全飞行,当发生意外情况时能作出正确的决断。

综上所述,高品质的飞行控制系统是现代高性能飞机或导弹实现安全飞行和完成复杂飞行任务的重要保证,是现代飞行器设计技术中不可或缺的重要环节。

0.3　飞行控制系统的基本组成和功能

飞机的飞行包线进一步扩大，促使现代飞行器的构造发生很大的变化，导致飞行器的操控性能变差，所以设计出减轻驾驶负担和提高飞行品质的飞行自动控制系统是现代飞行器技术中的关键环节之一。驾驶飞行的方式可以分为3种：自动驾驶、半自动驾驶和人工驾驶。

自动驾驶方式的特点：驾驶员在控制回路的同时只监视仪器仪表的信息，并不操纵驾驶杆，控制机构（例如气动舵面和发动机油门等）的动作完全由随动系统按照自动装置的信号驱动完成。

半自动驾驶方式的特点：驾驶员完成随动系统的任务，并通过监视仪表来操纵驾驶杆，以修正由半自动装置形成的失配信号。

人工驾驶方式的特点：驾驶员不但要亲自对周围的飞行环境进行观察并从领航员、调度员和指示仪表中获得飞行信息，还要独立地决策并操纵驾驶杆来完成控制动作。在飞行过程中，驾驶员要全神贯注地观察各种飞行指示仪表，然后做出决断并通过手脚来适时、准确地操纵飞机，如图0-1所示。

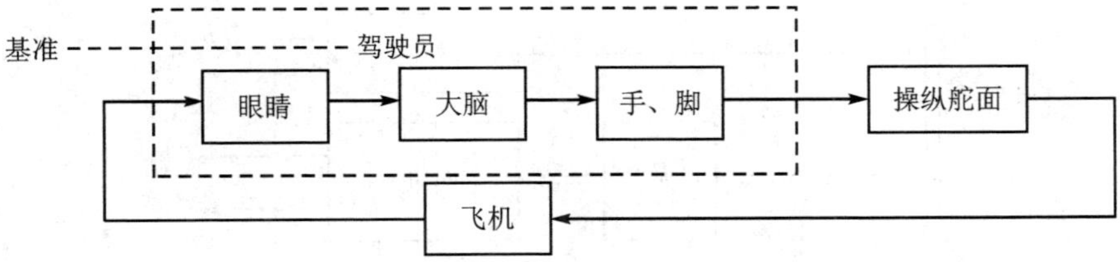

图0-1　人工驾驶飞机的过程

飞行控制系统自动驾驶飞机的过程与驾驶员人工驾驶飞机的过程是相似的。首先，需要敏感部件测量飞机的飞行状态，然后由综合计算装置根据预置指令进行比较计算，输出控制信号驱动执行机构来操纵舵面，从而产生空气动力和力矩来控制飞机的飞行状态，如图0-2所示。

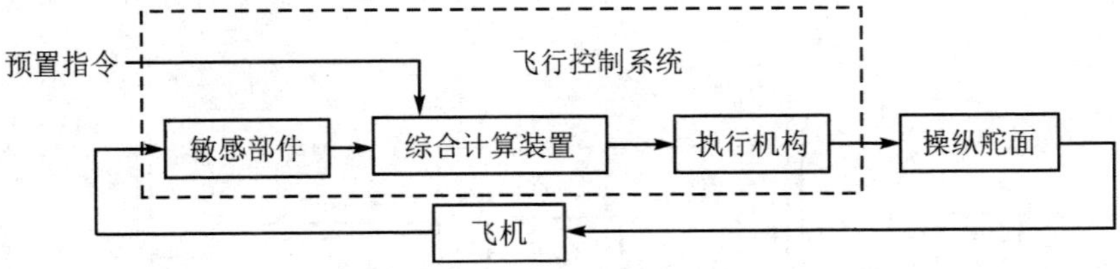

图0-2　飞行控制系统自动控制过程

典型的飞行控制系统一般由3个反馈回路构成：舵回路、稳定回路和控制（制导）回路，如图0-3所示。

根据飞行控制系统的功能和作用，基本的飞行自动控制系统包括阻尼器（damper）、增稳系统（stability augmentation systems，SAS）、控制增稳系统（control augmentation systems，CAS）和自动驾驶仪（autopilot）等。

图0-4中给出了俯仰阻尼器（或称为纵向阻尼器）与驾驶员在操纵飞机过程中的控制分

工。由图0-4可以明显看出,俯仰阻尼器仅仅通过反馈俯仰角速度来改善飞机的阻尼特性,而对姿态和航迹的控制任务仍然由驾驶员来完成。

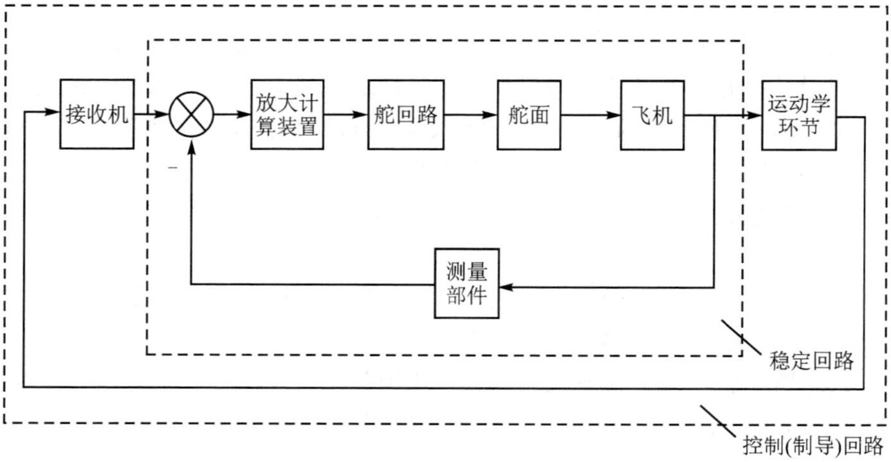

图0-3 典型飞行控制系统的回路构成

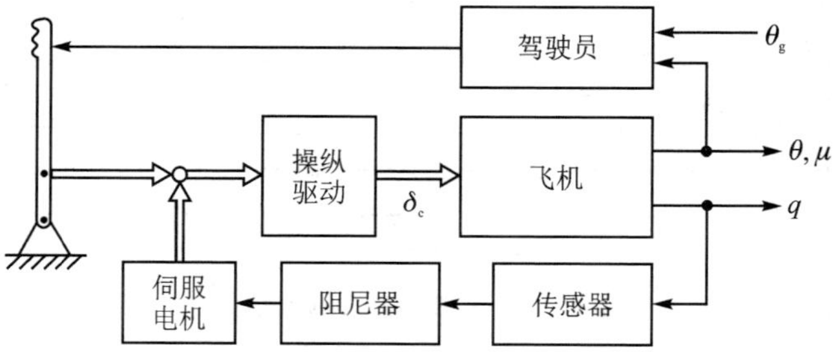

图0-4 俯仰阻尼器与驾驶员之间的关系

图0-5所示为俯仰阻尼器、自动驾驶仪以及驾驶员在飞机姿态控制过程中的协作关系。姿态控制的任务由自动驾驶仪完成;驾驶员要监控自动驾驶仪的工作,并能够在必要时直接干预自动驾驶仪的工作;而阻尼器的功能仍然保持不变,即通过反馈俯仰角速度来改善飞机的阻尼特性。

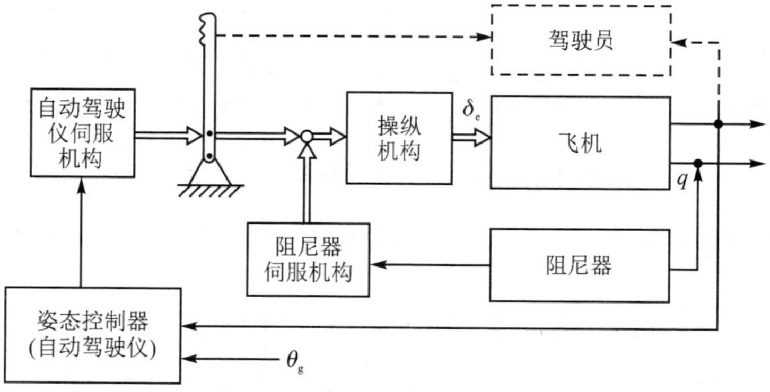

图0-5 阻尼器、自动驾驶仪与驾驶员之间的关系

图 0-5 所示为一个最基本的自动驾驶仪方案，其只有一个固定的给定值 θ_g，该值需要驾驶员按飞行航迹的要求不断调整。因此，利用这类自动驾驶仪进行航迹控制仍然是间接的并且还很麻烦，只能解除驾驶员短时间内的工作负担。此外，这类自动驾驶仪虽然能够稳定飞行姿态，但不能稳定飞行航迹，这可以通过下面的简单公式得到答案。假定在无风和恒定飞行速度且小航迹倾角情况下，有

$$\dot{h}=V_0\sin\mu\approx V_0\cdot\mu=V_0(\theta-\alpha)$$

式中，V_0 为初始飞行速度。由上式可见，即使在准确地保持姿态的情况下，飞行航迹也不是恒定的。因为阵风很容易引起迎角 α 的扰动且波及到航迹倾角 μ，从而导致高度 h（即飞行航迹）发生变化。

功能更加完善的自动驾驶仪需要通过控制航迹倾角 μ 或者高度 h 来实现，这类自动驾驶仪可以进一步减轻驾驶员的工作负荷。

图 0-6 所示为高度稳定系统的结构图。

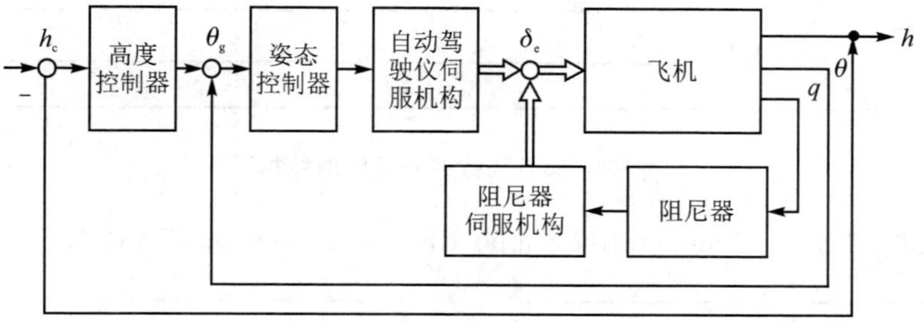

图 0-6　高度稳定系统结构图

由图 0-6 可见，如果姿态稳定回路具有足够的稳定性储备，则高度稳定回路可以直接作为外回路建立在姿态稳定回路的基础上。高度稳定系统通过一个可变的控制变量代替先前固定不变的姿态控制器的给定值 θ_g。

由于上述高度稳定系统仅是对基准高度发生小偏离情况而设计的，因此每当飞行高度变化较大时，驾驶员都要首先切断高度稳定系统，然后操纵飞机进行过渡机动，在稳定在新的规定高度后再接通高度稳定系统。由此可见，这类高度稳定系统仍然不能实现弯曲航迹的自动飞行。要实现弯曲航迹的自动飞行，则需要用具有非线性功能的轨迹自动生成装置来扩展高度稳定系统。

图 0-7 所示为目前已经得到广泛应用的飞行控制系统的结构图。随着现代控制理论和计算机技术的迅速发展，飞行控制系统的功能和作用会得到进一步的完善和扩展，使得现代飞行器的性能更加完美且用途更加广泛。

图 0-8 所示为飞行器自主编队协同飞行控制系统（cooperative flight control system，CFCS）的体系结构，主要包括以下 5 大部分[1,2]：

① 协同信息获取系统（cooperative information acquisition system，CIAS）；

② 协同决策与管理系统（cooperative decision and management system，CDMS）；

③ 编队飞行控制系统（formation flight control system，FFCS）；

④ 成员飞行控制系统（member flight control system，MFCS）；

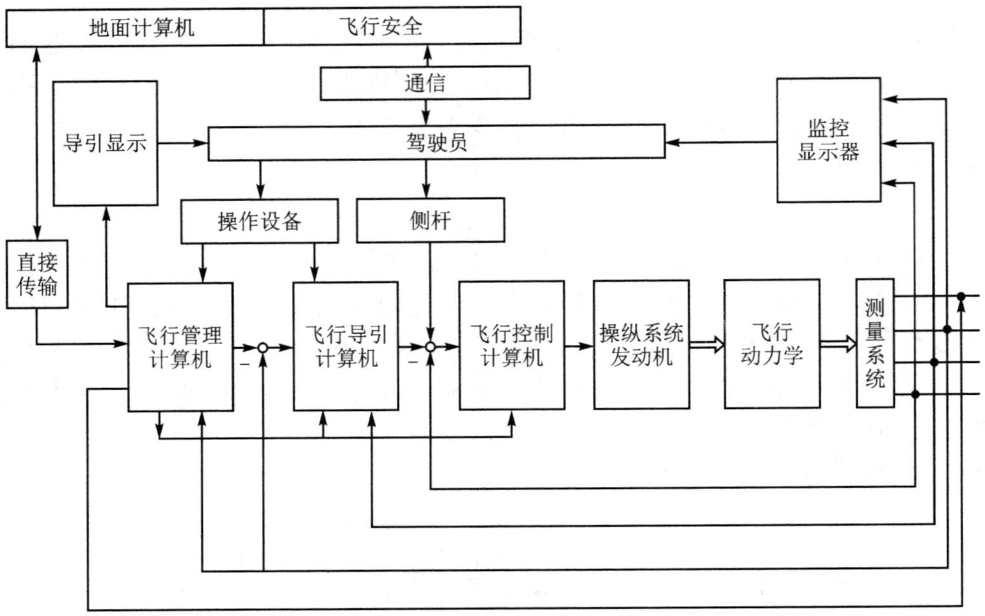

图 0-7 典型飞行控制系统的结构图

⑤ 协同支撑网络系统(cooperative support networks system,CSNS)。

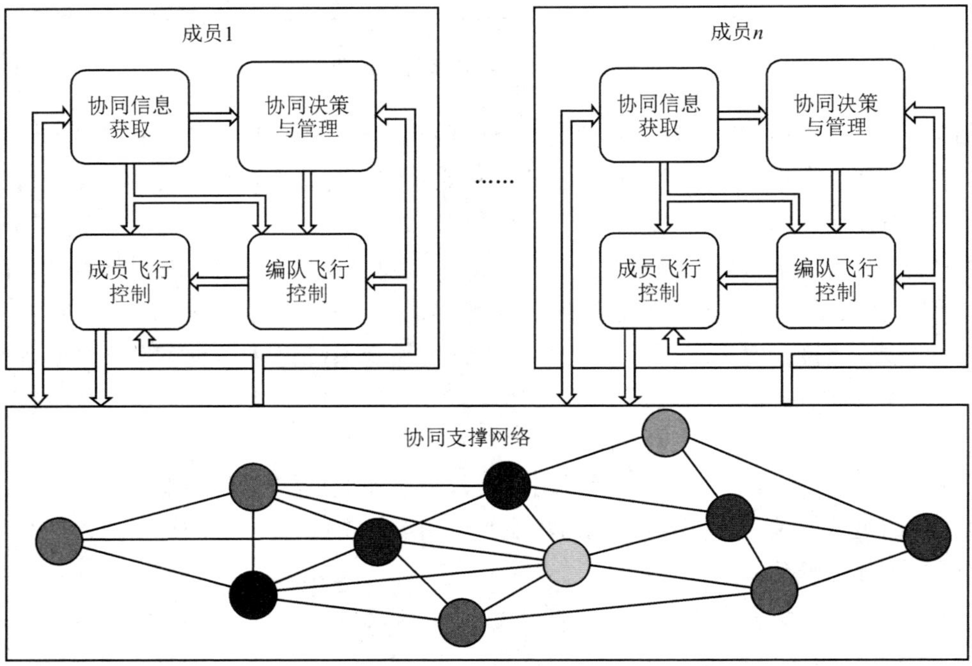

图 0-8 飞行器自主编队协同飞行控制系统结构

图 0-9 所示为详细的编队中成员个体的协同飞行控制系统的结构。

编队中的飞行器成员在协同支撑网络中被称为节点。节点通过协同支撑网络和传感器系

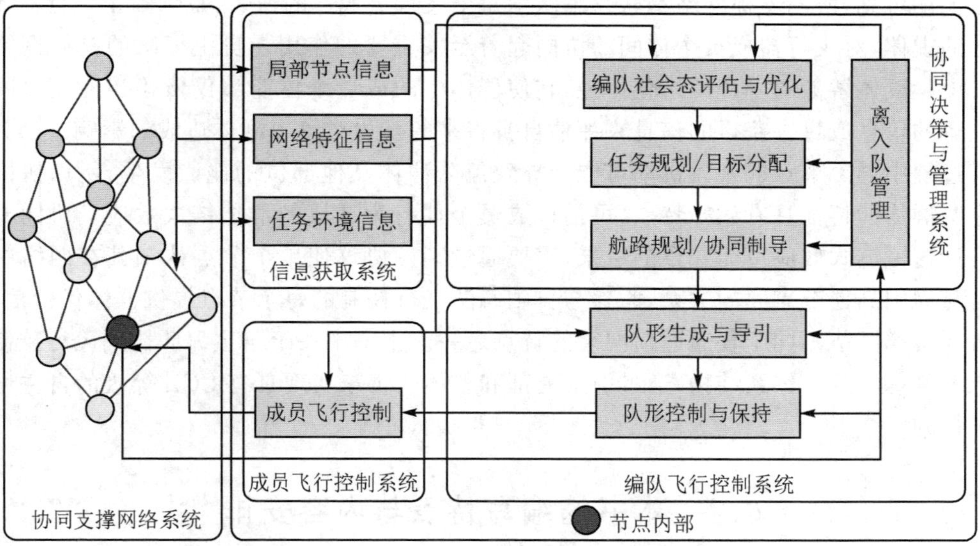

图 0-9　成员个体的协同飞行控制系统的结构

统获取相关的信息，包括局部(或全部，视编队规模和网络能力)节点的信息、网络特征信息和任务环境信息，然后通过协同决策与管理系统对这些信息进行分析，权衡成员个体代价与群体代价，给出编队的社会态(SSI-of-UAF)评估与优化，实施任务规划/目标分配、协同航路规划/队形优化、队形导引律和制导律生成，形成编队的队形导引轨迹和编队的队形优化指标，最后经编队飞行控制系统和成员飞行控制系统按照编队的队形导引指令和队形要求完成自主编队协同飞行，如图 0-10 所示。

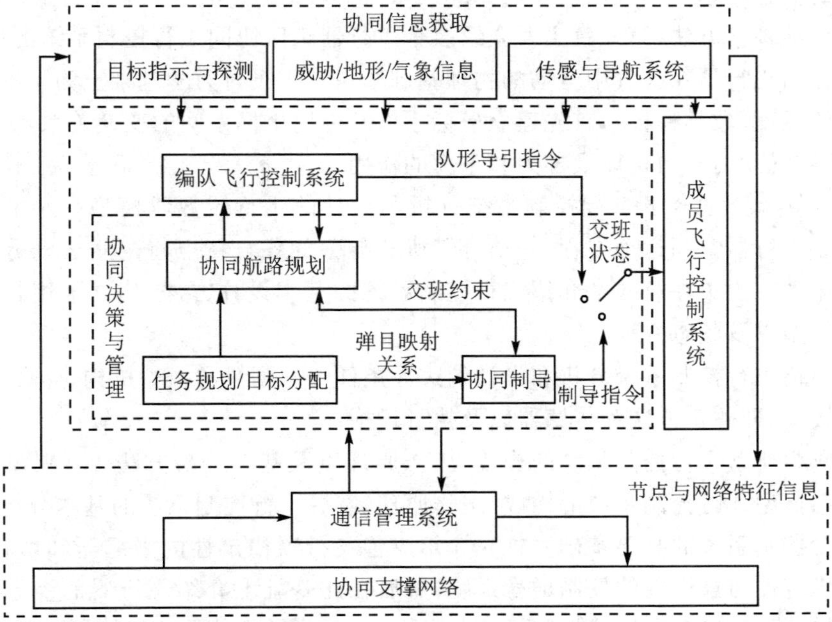

图 0-10　成员个体的协同飞行控制系统的功能关系

由上述可见,协同支撑网络是联系编队中每个飞行器成员的纽带,是依附于飞行器成员个体之上的虚体,对飞行器成员个体间的协同起着至关重要的作用。自主编队的支撑网络在某种意义上是群体智能的一种网络化体现,它使群体中的成员个体能够仅依赖当前短时间内从局部获得的信息或过去获得的信息来评估自身将来的行为对整个群体造成的影响。因为在编队飞行过程中局部节点的避碰机动可能会导致编队群体其他部位的碰撞发生,所以协同支撑网络应对群体的特征具有认知特点,可估计成员个体行为造成的群体链式效应。协同支撑网络要估计这一链式效应可能导致的后果,需要通过某种协议使单个节点认知其在网络中的地位及其与周围其他节点间的关系,为参与自主编队飞行控制的每个节点提供群体代价信息,这就是协同支撑网络不同于普通通信网络的特点之一。本书中关于自主编队协同飞行控制的主要思想就是基于这个体系结构,通过引入局部和整体代价来实现具有CCL等级的自主性编队协同飞行的。

0.4 本书的编写特点与内容安排

随着现代飞行器所要完成的任务越来越复杂,飞行器的飞行控制系统面临着越来越大的挑战。为了适应现代飞行控制技术的新发展,尤其是当前多个飞行器编队协同飞行控制技术的新突破,本书在第1版和第2版基础上,融入了作者最新取得的研究成果的同时又保持了原书相对完整和系统全面的特点,可作为飞行器导航、制导与控制专业的教材以及飞行器自动控制领域科技人员的参考书。

本书围绕着单个飞行器飞行控制系统以及多个飞行器编队协同飞行控制系统分析和设计,以飞行控制系统的基本结构为主干进行编写。除绪论外共分6章。绪论主要介绍飞行控制系统完成的任务和基本构成以及发展简况。第1~5章重点介绍单个飞行器飞行控制系统的分析和设计的基本方法,第6章主要介绍多个飞行器编队协同飞行控制系统的内容。

第1章介绍飞行器在大气中运动的物理基础知识——飞行力学基础。为了准确描述飞行器在大气中的运动(数学建模),首先建立坐标系以及常用坐标系间的变换关系,定义必要的运动变量,介绍空气动力和力矩以及推力和重力的作用。

第2章推导建立适合于飞行控制系统分析和设计的飞行器数学模型——飞行器运动方程。推导建立飞行器空间运动方程,并结合飞机和导弹的各自特点将空间运动分解为纵向运动和横侧向运动。为了在第6章介绍飞行控制系统的基本设计方法,建立了用相应传递函数描述的数学模型以及状态方程。

第3章介绍飞行控制系统分析和设计的边界条件——测量与执行机构。介绍飞行器与控制器之间的接口,即测量方法和传感器以及执行机构。

第4章介绍典型飞行控制系统的构成、工作原理以及基本分析方法——典型飞行控制系统分析。熟悉典型飞行控制系统的构成、工作原理,掌握飞行控制系统的基本分析方法是成功设计现代飞行控制系统的必要基础。首先介绍改善飞行器稳定性的阻尼器和增稳系统;其次介绍能兼顾稳定性与操纵性的控制增稳系统;然后在此基础上介绍飞行器的姿态控制系统以及纵向轨迹控制系统和侧向轨迹控制系统;最后介绍空速与马赫数的保持与控制。

第5章介绍飞行控制系统的基本设计方法——典型飞行控制系统设计。首先讨论飞行控制系统的任务与设计目标;后介绍设计飞行控制系统应遵循的准则、飞行品质规范及其评价方法；在此基础上分别介绍基于经典控制理论和现代控制理论的一些行之有效的设计方法，以及典型数字式飞行控制系统的基本设计方法；最后用设计实例介绍吸气式高超声速飞行器和反舰导弹飞行控制系统的随机鲁棒设计方法。

第6章介绍多个飞行器编队协同飞行控制系统分析和设计的基本方法——协同飞行控制系统。首先重点介绍作为协同飞行控制系统分析与设计基础的群体协同基础理论以及自主协同飞行基础；然后介绍协同飞行控制系统中五大重要组成部分之一编队飞行控制系统；最后介绍协同飞行控制系统的设计与验证。

第 1 章　飞行力学基础

1.1　坐标系

1.1.1　常用坐标系的定义

飞行器作为刚体的空间运动可分为两部分：质心运动和绕着质心的运动。因此为了描述飞行器任意时刻的空间运动需要有六个自由度：三个质心运动和三个角运动。飞行器在大气中高速飞行时，不仅受到重力和发动机的推力，还有空气动力及其气动力矩，这会导致飞行器发生弹性变形和空气动力学特性变化，而弹性变形的影响会叠加到作为刚体的飞行器的空间运动中。此外，分布在飞行器内部的部件和质量也会发生运动与变化(例如动力系统工作或载荷投放等)，因此，刚体飞行器实际上可看作为一个刚体系统。

鉴于作用在飞行器上的重力、发动机推力和空气动力及其相应力矩的产生原因各不相同，因此如何选择合适的坐标系来方便、确切地描述飞行器的空间运动状态非常重要。例如，选择地面坐标系来描述飞行器的重力比较方便，在机体坐标系中描述发动机的推力很合适，而在气流坐标系中描述空气动力非常适宜。

由此可见，合理地选择不同的坐标系来定义和描述飞行器的各类运动参数，是建立飞行器运动模型并进行飞行控制系统分析和设计的重要环节之一。通常情况下，由于飞行器运动模型的参数是定义在不同坐标系上的，那么在建模过程中通过坐标系变换进行向量的投影分解不可避免。因此，本节将首先定义和讨论必要的坐标系以及坐标系之间的转换方法。

1. 假设条件

由于本书所研究的对象主要包括固定翼飞机和飞航式导弹等航空器，该类航空器一般均在大气层内飞行且飞行高度有限。为了简化研究问题的复杂性，有必要做下列合理假设：

① 忽略地球曲率，即采用“平板地球假设”；

② 认为地面坐标系为惯性坐标系。

2. 常用坐标系的定义

(1) 地面坐标系(earth-surface inertial reference frame)S_g——$O_g x_g y_g z_g$

地面坐标系定义如下：

① 在地面上选一点 O_g 作为原点；

② $O_g x_g$ 轴在地平面内并指向某一方向；

③ $O_g z_g$ 轴垂直于地面并指向地心；

④ $O_g y_g$ 轴也在地平面内并垂直于 $O_g x_g$ 轴，其方向按照右手定则确定。

(2) 机体坐标系(aircraft-body coordinate frame)S_b——$Oxyz$

机体坐标系定义如下：

① 原点 O 取在飞行器质心处，坐标系与飞行器固连；

② Ox 轴在飞行器对称平面内，平行于飞行器的理论纵轴线并指向头部；

③ Oz 轴在飞行器对称平面内，与 Ox 轴垂直并指向机腹下方；

④ Oy 轴垂直于飞行器对称平面，其方向按照右手定则确定。

(3) 气流坐标系(wind coordinate frame)S_a——$Ox_a y_a z_a$

气流坐标系定义如下：

① 原点 O 取在飞行器质心处，坐标系与飞行器固连；

② Ox_a 轴与空速向量 $\boldsymbol{V}$ 重合；

③ Oz_a 轴在飞行器对称平面内，与 Ox_a 轴垂直并指向机腹下方；

④ Oy_a 轴垂直于 $x_a O z_a$ 平面，其方向按照右手定则确定。

(4) 稳定性坐标系(stability coordinate frame)S_s——$Ox_s y_s z_s$

稳定性坐标系定义如下：

① 原点 O 取在飞行器质心处，坐标系与飞行器固连；

② Ox_s 轴与空速向量 $\boldsymbol{V}$ 在飞行器对称平面内的投影重合；

③ Oz_s 轴在飞行器对称平面内，与 Ox_s 轴垂直并指向机腹下方；

④ Oy_s 轴与机体轴 Oy 重合。

(5) 航迹坐标系(弹道坐标系)(path coordinate frame)S_p——$Ox_p y_p z_p$

航迹坐标系定义如下：

① 原点 O 取在飞行器质心处，坐标系与飞行器固连；

② Ox_p 轴与空速向量 $\boldsymbol{V}$ 重合；

③ Oz_p 轴位于包含空速向量 $\boldsymbol{V}$ 在内的铅垂面内，与 Ox_p 轴垂直并指向下方；

④ Oy_p 轴垂直于 $x_p O z_p$ 平面，其方向按照右手定则确定。

(6) 质心定位坐标系(mass centre coordinate frame)S_T——$Ox_T y_T z_T$

质心定位坐标系定义如下：

① 原点 O 取在飞行器理论顶点处，坐标系与飞行器固连；

② Ox_T 轴与飞行器理论纵轴重合且指向尾部为正方向；

③ Oz_T 轴与 Ox_T 轴垂直并指向机腹下方；

④ Oy_T 轴垂直于 $x_T O z_T$ 平面，其方向按照右手定则确定。

3. 飞行器的运动参数

(1) 姿态角

飞行器的姿态角是由机体坐标系与地面坐标系之间关系确定的(见图 1-1)，即通常所指的欧拉角(Euler angles)。

① 俯仰角 θ(pitch angle)：机体轴 Ox 与地平面间的夹角，抬头为正方向。

② 偏航角 ψ(yaw angle)：机体轴 Ox 在地平面上的投影与地轴 $O_g x_g$ 间的夹角，头部向右偏航为正方向。

③ 滚转角 ϕ(roll or bank angle):机体轴 Oz 与通过机体轴 Ox 的铅垂面间的夹角,飞行器向右滚转时为正方向。

(2) 航迹角

飞行器的航迹角(flight-path angles)是由气流坐标系与地面坐标系之间的关系确定的。

① 航迹倾斜角 μ:空速向量 $\mathbf{V}$ 与地平面间的夹角,飞行器向上飞时为正方向。

② 航迹方位角 φ:空速向量 $\mathbf{V}$ 在地平面上的投影与地轴 $O_g x_g$ 间的夹角,投影在 $O_g x_g$ 轴右侧为正方向。

③ 航迹滚转角 γ:气流坐标轴 Oz_a 与通过气流坐标轴 Ox_a 的铅垂面间的夹角,飞行器向右滚转时为正方向。

(3) 气流角

气流角又称为气动角(aerodynamic angles),是由空速向量 $\mathbf{V}$ 与机体坐标系之间的关系确定的(见图 1-2)。

① 迎角 α(angle of attack):空速向量 $\mathbf{V}$ 在飞行器对称平面上的投影与机体轴 Ox 间的夹角,$\mathbf{V}$ 的投影在机体轴 Ox 下面为正方向。

② 侧滑角 β(sideslip angle):空速向量 $\mathbf{V}$ 与飞行器对称平面间的夹角,$\mathbf{V}$ 的投影在飞行器对称面右侧为正方向。

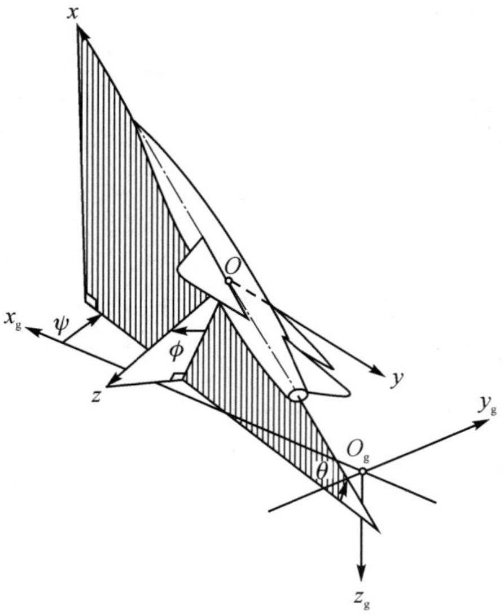

图 1-1　机体坐标系与地面坐标系之间关系

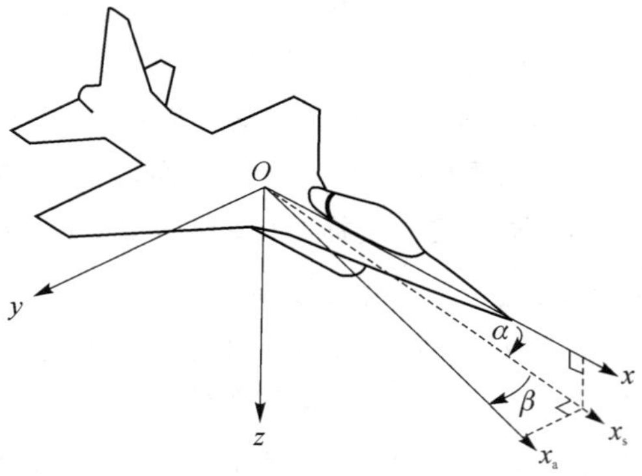

图 1-2　气流坐标系与机体坐标系之间关系

由气流角的定义可知,当侧滑角 $\beta=0$ 时,气流坐标系 S_a——$Ox_a y_a z_a$ 与稳定性坐标系 S_s——$Ox_s y_s z_s$ 将完全重合。

(4) 机体坐标系的角速度分量

机体坐标系的三个角速度分量(angular-rate-dependent)(p,q,r)是转动角速度 $\boldsymbol{\omega}$(机体坐标系相对于地面坐标系)在机体坐标系各轴上的分量(见图 1-3)。

① 滚转角速度 p:与机体轴 Ox 重合;

② 俯仰角速度 q：与机体轴 Oy 重合；

③ 偏航角速度 r：与机体轴 Oz 重合。

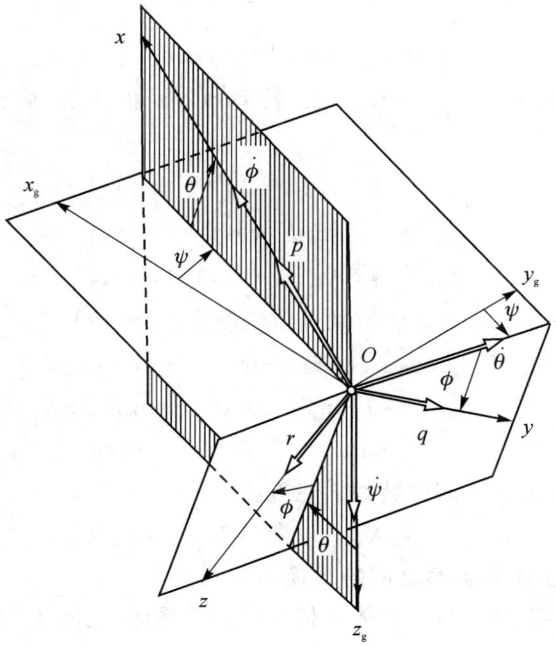

图 1-3　角速度分量(p,q,r)与姿态角速率$(\dot{\theta},\dot{\phi},\dot{\psi})$之间关系

(5) 机体坐标系的速度分量

机体坐标系的三个速度分量(u,v,w)是空速向量 $\boldsymbol{V}$ 在机体坐标系各轴上的分量。

u：与机体轴 Ox 重合；

v：与机体轴 Oy 重合；

w：与机体轴 Oz 重合。

1.1.2　常用坐标系间的转换

为了方便描述飞行器的空间运动状态，须选择合适的坐标系且明确坐标系之间的转换。例如，通常将作用在飞行器上的气动力和力矩投影分解到机体坐标系 S_b——$Oxyz$ 上来分析飞行器的角运动；而气流坐标系 S_a——$Ox_ay_az_a$ 主要通过两个气动角 α 和 β 所描述的飞行器相对于气流的状态，来确定作用在飞行器上空气动力的大小。如果选定机体坐标系来描述飞行器的空间转动状态，那么对于推力而言则很方便，直接可以在机体坐标系中描述，而空气动力则需要由气流坐标系转换到机体坐标系，重力则需要由地面坐标系转换到机体坐标系来分析（重力并不产生相对于飞行器质心的力矩）。只有这样才能使得作用在不同坐标系中的力统一到选定的坐标系中，并由此建立沿着各个轴向的力的方程以及绕着各轴的力矩方程。综上所述，坐标系之间的转换是建立飞行器运动方程不可或缺的重要环节。

(1) 机体坐标系与气流坐标系之间的转换

由气流坐标系与机体坐标系间的关系图（见图 1-2）可分步写出两个坐标系间的转换关系：

① 将机体坐标系 S_b——$Oxyz$ 转动迎角 α 转换到稳定性坐标系 S_s——$Ox_sy_sz_s$，即

$$\begin{bmatrix} x_s \\ y_s \\ z_s \end{bmatrix} = \begin{bmatrix} \cos\alpha & 0 & \sin\alpha \\ 0 & 1 & 0 \\ -\sin\alpha & 0 & \cos\alpha \end{bmatrix} \begin{bmatrix} x \\ y \\ z \end{bmatrix} \tag{1-1}$$

② 将稳定性坐标系 S_s——$Ox_sy_sz_s$ 转动侧滑角 β 转换到气流坐标系 S_a——$O_ax_ay_az_a$，即

$$\begin{bmatrix} x_a \\ y_a \\ z_a \end{bmatrix} = \begin{bmatrix} \cos\beta & \sin\beta & 0 \\ -\sin\beta & \cos\beta & 0 \\ 0 & 0 & 1 \end{bmatrix} \begin{bmatrix} x_s \\ y_s \\ z_s \end{bmatrix} \tag{1-2}$$

③ 由机体坐标系 S_b——$Oxyz$ 转换到气流坐标系 S_a——$O_ax_ay_az_a$ 的转换矩阵为

$$\boldsymbol{S}_{\alpha\beta} = \begin{bmatrix} \cos\alpha\ \cos\beta & \sin\beta & \sin\alpha\ \cos\beta \\ -\cos\alpha\ \sin\beta & \cos\beta & -\sin\alpha\ \sin\beta \\ -\sin\alpha & 0 & \cos\alpha \end{bmatrix} \tag{1-3}$$

因此，机体坐标系与气流坐标系间的转换满足方程

$$\boldsymbol{X}_{\text{Wind}} = \boldsymbol{S}_{\alpha\beta}\boldsymbol{X}_{\text{Body}} \quad 和 \quad \boldsymbol{X}_{\text{Body}} = \boldsymbol{S}_{\alpha\beta}^{\text{T}}\boldsymbol{X}_{\text{Wind}} \tag{1-4}$$

(2) 地面坐标系与机体坐标系之间的转换

采用同样方法，由地面坐标系与机体坐标系间的关系图(见图1-3)可分步写出两个坐标系间的转换关系：

① 将地面坐标系 S_g——$O_gx_gy_gz_g$ 转动偏航角 ψ 转换到过渡坐标系 S'——$Ox'y'z'$，即

$$\begin{bmatrix} x' \\ y' \\ z' \end{bmatrix} = \begin{bmatrix} \cos\psi & \sin\psi & 0 \\ -\sin\psi & \cos\psi & 0 \\ 0 & 0 & 1 \end{bmatrix} \begin{bmatrix} x_g \\ y_g \\ z_g \end{bmatrix} \tag{1-5}$$

② 将过渡坐标系 S'——$Ox'y'z'$转动俯仰角 θ 转换到过渡坐标系 S''——$Ox''y''z''$，即

$$\begin{bmatrix} x'' \\ y'' \\ z'' \end{bmatrix} = \begin{bmatrix} \cos\theta & 0 & -\sin\theta \\ 0 & 1 & 0 \\ \sin\theta & 0 & \cos\theta \end{bmatrix} \begin{bmatrix} x' \\ y' \\ z' \end{bmatrix} \tag{1-6}$$

③ 将过渡坐标系 S''——$Ox''y''z''$转动滚转角 ϕ 转换到机体坐标系 S_b——$Oxyz$，即

$$\begin{bmatrix} x \\ y \\ z \end{bmatrix} = \begin{bmatrix} 1 & 0 & 0 \\ 0 & \cos\phi & \sin\phi \\ 0 & -\sin\phi & \cos\phi \end{bmatrix} \begin{bmatrix} x'' \\ y'' \\ z'' \end{bmatrix} \tag{1-7}$$

④ 由地面坐标系 S_g——$O_gx_gy_gz_g$ 转换到机体坐标系 S_b——$Oxyz$ 的转换矩阵为

$$\boldsymbol{S}_{\theta\psi\varphi} = \begin{bmatrix} \cos\theta\ \cos\psi & \cos\theta\ \sin\psi & -\sin\theta \\ \sin\theta\ \cos\psi\ \sin\phi - \sin\psi\ \cos\phi & \sin\theta\ \sin\psi\ \sin\phi + \cos\psi\ \cos\phi & \cos\theta\ \sin\phi \\ \sin\theta\ \cos\psi\ \cos\phi + \sin\psi\ \sin\phi & \sin\theta\ \sin\psi\ \cos\phi - \cos\psi\ \sin\phi & \cos\theta\ \cos\phi \end{bmatrix} \tag{1-8}$$

所以，地面坐标系与机体坐标系间的转换满足方程：

$$\boldsymbol{X}_{\text{Body}} = \boldsymbol{S}_{\theta\psi\phi}\boldsymbol{X}_{\text{Earth}} \quad 和 \quad \boldsymbol{X}_{\text{Earth}} = \boldsymbol{S}_{\theta\psi\phi}^{\text{T}}\boldsymbol{X}_{\text{Body}} \tag{1-9}$$

采用上述同样的方法，可以得到其他坐标系之间的转换关系。

(3) 地面坐标系与气流坐标系之间的转换

地面坐标系与气流坐标系之间的转换满足方程：

$$\boldsymbol{X}_{\text{Wind}}=\boldsymbol{S}_{\theta\varphi\gamma}\boldsymbol{X}_{\text{Earth}}\quad 和 \quad \boldsymbol{X}_{\text{Earth}}=\boldsymbol{S}_{\theta\varphi\gamma}^{\text{T}}\boldsymbol{X}_{\text{Wind}} \tag{1-10}$$

式中

$$\boldsymbol{S}_{\theta\varphi\gamma}=\begin{bmatrix}\cos\mu\ \cos\varphi & \cos\mu\ \sin\varphi & -\sin\mu\\ \sin\mu\ \cos\varphi\ \sin\gamma-\sin\varphi\ \cos\gamma & \sin\mu\ \sin\varphi\ \sin\gamma+\cos\varphi\ \cos\gamma & \cos\mu\ \sin\gamma\\ \sin\mu\ \cos\varphi\ \cos\gamma+\sin\varphi\ \sin\gamma & \sin\mu\ \sin\varphi\ \cos\gamma-\cos\varphi\ \sin\gamma & \cos\mu\ \cos\gamma\end{bmatrix} \tag{1-11}$$

(4) 地面坐标系与航迹坐标系之间的转换

地面坐标系与航迹坐标系之间的转换满足方程：

$$\boldsymbol{X}_{\text{Path}}=\boldsymbol{S}_{\theta\varphi}\boldsymbol{X}_{\text{Earth}}\quad 和 \quad \boldsymbol{X}_{\text{Earth}}=\boldsymbol{S}_{\theta\varphi}^{\text{T}}\boldsymbol{X}_{\text{Path}} \tag{1-12}$$

其中

$$\boldsymbol{S}_{\theta\varphi}=\begin{bmatrix}\cos\mu\ \cos\varphi & \cos\mu\ \sin\varphi & -\sin\mu\\ -\sin\varphi & \cos\varphi & 0\\ \sin\mu\ \cos\varphi & \sin\mu\ \sin\varphi & \cos\mu\end{bmatrix} \tag{1-13}$$

(5) 航迹坐标系与气流坐标系之间的转换

航迹坐标系与气流坐标系之间的转换满足方程：

$$\boldsymbol{X}_{\text{Wind}}=\boldsymbol{S}_{\gamma}\boldsymbol{X}_{\text{Path}}\quad 和 \quad \boldsymbol{X}_{\text{Path}}=\boldsymbol{S}_{\gamma}^{\text{T}}\boldsymbol{X}_{\text{Wind}} \tag{1-14}$$

式中

$$\boldsymbol{S}_{\gamma}=\begin{bmatrix}1 & 0 & 0\\ 0 & \cos\gamma & \sin\gamma\\ 0 & -\sin\gamma & \cos\gamma\end{bmatrix} \tag{1-15}$$

(6) 几何关系方程

由式(1-10)$\boldsymbol{X}_{\text{Wind}}=\boldsymbol{S}_{\theta\varphi\gamma}\boldsymbol{X}_{\text{Earth}}$、式(1-4)$\boldsymbol{X}_{\text{Wind}}=\boldsymbol{S}_{\alpha\beta}\boldsymbol{X}_{\text{Body}}$ 和式(1-9)$\boldsymbol{X}_{\text{Body}}=\boldsymbol{S}_{\theta\psi\phi}\boldsymbol{X}_{\text{Earth}}$ 可得关系式 $\boldsymbol{S}_{\theta\varphi\gamma}=\boldsymbol{S}_{\alpha\beta}\boldsymbol{S}_{\theta\psi\phi}$，展开后为

$$\begin{cases}\sin\mu=\cos\alpha\ \cos\beta\ \sin\theta-\cos\theta(\sin\beta\ \sin\phi+\sin\alpha\ \cos\beta\ \cos\phi)\\ \sin\varphi\ \cos\mu=\cos\alpha\ \cos\beta\ \cos\theta\ \sin\psi+\sin\beta(\sin\theta\ \sin\psi\ \sin\phi+\cos\psi\ \cos\phi)+\\ \qquad\sin\alpha\ \cos\beta(\sin\theta\ \sin\psi\ \cos\phi-\cos\psi\ \sin\phi)\\ \sin\gamma\ \cos\mu=\cos\alpha\ \sin\beta\ \sin\theta+\cos\theta(\cos\beta\ \sin\phi-\sin\alpha\ \sin\beta\ \cos\phi)\end{cases} \tag{1-16}$$

需要指出的是，英美坐标系 $\boldsymbol{S}_{\text{EU}}$ 与苏联坐标系 $\boldsymbol{S}_{\text{US}}$ 之间存在下列关系：

$$\boldsymbol{S}_{\text{EU}}=\boldsymbol{T}_{\text{UU}}\boldsymbol{S}_{\text{US}},\quad \boldsymbol{S}_{\text{US}}=\boldsymbol{T}_{\text{UU}}^{\text{T}}\boldsymbol{S}_{\text{EU}}$$

式中，$\boldsymbol{T}_{\text{UU}}=\begin{bmatrix}1 & 0 & 0\\ 0 & 0 & -1\\ 0 & 1 & 0\end{bmatrix}$。

这样，就可以方便地利用上述变换关系式进行英美坐标系 $\boldsymbol{S}_{\text{EU}}$ 与苏联坐标系 $\boldsymbol{S}_{\text{US}}$ 之间的转换，例如，式(1-9)就可以写成 $\boldsymbol{X}_{\text{Body/US}}=\boldsymbol{T}_{\text{UU}}^{\text{T}}\boldsymbol{S}_{\theta\psi\phi}\boldsymbol{T}_{\text{UU}}\boldsymbol{X}_{\text{Earth/US}}=\boldsymbol{S}_{\theta\psi\phi/\text{UU}}\boldsymbol{X}_{\text{Earth/US}}$，即

$$\boldsymbol{S}_{\theta\psi\phi/\text{UU}}=\begin{bmatrix}\cos\theta\ \cos\psi & -\sin\theta & -\cos\theta\ \sin\psi\\ \sin\theta\ \cos\psi\ \cos\phi+\sin\psi\ \sin\phi & \cos\theta\ \cos\phi & -\sin\theta\ \sin\psi\ \cos\phi+\cos\psi\ \sin\phi\\ -\sin\theta\ \cos\psi\ \sin\phi+\sin\psi\ \cos\phi & -\cos\theta\ \sin\phi & \sin\theta\ \sin\psi\ \sin\phi+\cos\psi\ \cos\phi\end{bmatrix}$$

1.2 作用在飞行器上的力和力矩

飞行器在大气中飞行时,其表面上分布着空气动力。这些力可归结为一个作用于飞行器质心处的合力 $\boldsymbol{R}_{\Sigma}$(总空气动力)和一个绕其质心的合力矩 $\boldsymbol{M}_{\Sigma}$(总空气动力矩)。在空气动力学中,常常将总空气动力 $\boldsymbol{R}_{\Sigma}$ 在气流坐标系中分解为 X_A, Y_A, Z_A,将总空气动力矩 $\boldsymbol{M}_{\Sigma}$ 在机体坐标系中分解为 $\bar{L}_A, M_A, N_A$,并通常采用量纲一的气动力系数和量纲一的力矩系数来表示。

1.2.1 飞行器的操纵机构

因为作用在飞行器上的力和力矩决定飞行器的运动,因此控制飞行器的运动就必须按照所要求的规律改变作用在飞行器上的力和力矩。图 1-4 所示为飞机的典型操纵机构。常规布局飞机一般通过升降舵(elevator)、方向舵(rudder)、副翼(ailerons)和油门(throttle)来改变作用在机体上的力和力矩,从而达到控制飞机运动的目的。

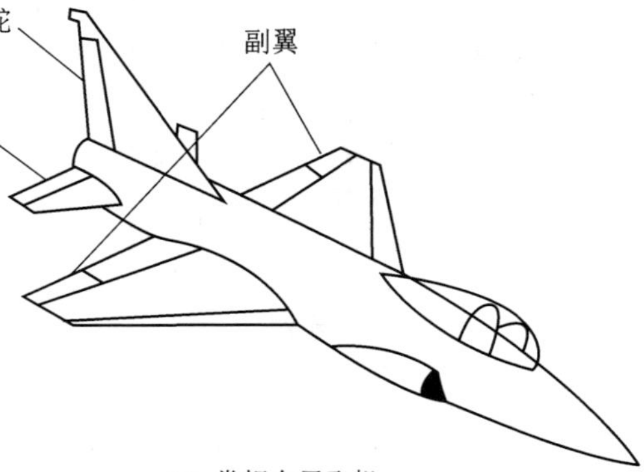

(a) 常规布局飞机

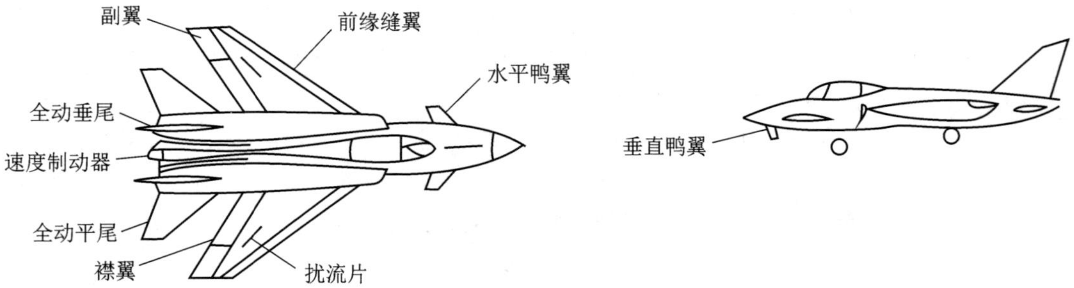

(b) 非常规布局飞机

图 1-4 飞机的典型操纵机构

通常采用由机尾后视,按照操纵舵面的后缘偏转方向来定义操纵舵面的偏转极性:

① 升降舵偏转角 δ_e:向下偏转为正方向,则产生的俯仰力矩 M_A 为负值,即产生低头力矩;

② 方向舵偏转角 δ_r:向左偏转为正方向,则产生的偏航力矩 N_A 为负值;

③ 副翼偏转角 δ_a:副翼差动偏转,“左上右下”偏转为正方向,则产生的滚转力矩 $\bar{L}_A$ 为

负值。

由上述定义可见，操纵舵面的正向偏转总是产生负的操纵力矩，如图 1-5 所示。

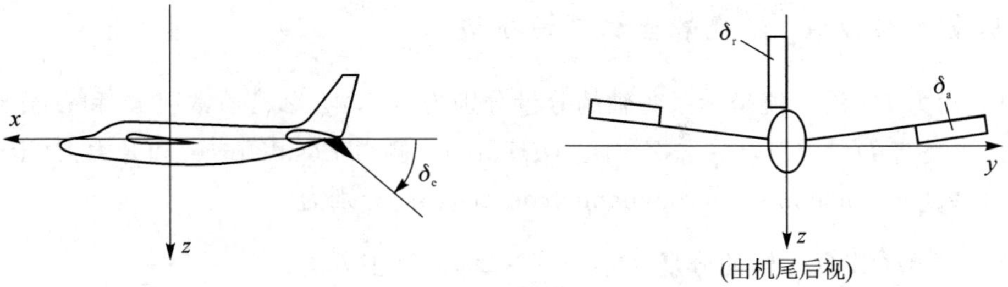

图 1-5　操纵舵面的偏转极性

与操纵舵面的偏转极性相对应的驾驶杆（升降舵和副翼控制指令）、脚蹬（方向舵控制指令）和油门的定义如下（见图 1-6）：

① 驾驶杆（升降舵控制指令）（W_e）：推杆时为正方向（$\Delta W_e > 0$），升降舵正向偏转，产生低头力矩；

② 驾驶杆（副翼控制指令）（W_a）：左压杆时为正方向（$\Delta W_a > 0$），副翼“左上右下”正向偏转，产生负的滚转力矩 $\bar{L}_A$，飞行器向左滚转运动；

③ 脚蹬（方向舵控制指令）（W_r）：左脚蹬前移时为正方向（$\Delta W_r > 0$），方向舵正向偏转，产生负的偏航力矩 N_A，飞行器向左偏航运动；

④ 油门（δ_T）：前推加油门为正（$\Delta\delta_T > 0$），发动机加大推力，后拉收油门（$\Delta\delta_T < 0$），减小发动机推力。

飞航式导弹的气动舵面和油门的操纵与飞机的上述定义是类似的。

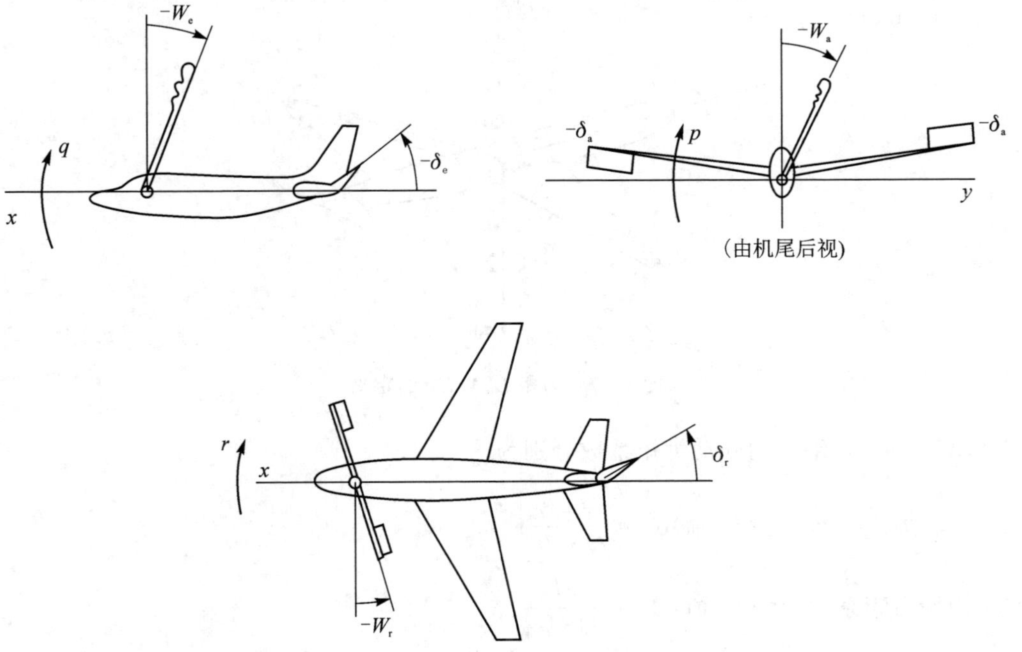

图 1-6　驾驶杆和脚蹬与操纵舵面间的协调关系

1.2.2 空气动力与力矩

1. 总空气动力 $\boldsymbol{R}_\Sigma$ 沿气流坐标系的分解

总空气动力 $\boldsymbol{R}_\Sigma$ 沿气流坐标系各轴的分量分别为 X_A,Y_A,Z_A，通常用 D 和 L 分别表示阻力和升力，于是有 $D=-X,L=-Z$。阻力 D(drag)、侧力 Y(sideforce)和升力 L(lift)量纲一的气动力系数(dimensionless aerodynamic coefficients)分别为

① 阻力系数(沿 Ox_a 轴的分量)$C_D=\dfrac{D}{QS_w}$，向后为正方向；

② 侧力系数(沿 Oy_a 轴的分量)$C_Y=\dfrac{Y}{QS_w}$，向右为正方向；

③ 升力系数(沿 Oz_a 轴的分量)$C_L=\dfrac{L}{QS_w}$，向上为正方向。

2. 总空气动力矩 $\boldsymbol{M}_\Sigma$ 沿机体坐标系的分解

由于机体的转动惯量是以机体坐标系来定义的，所以将作用在飞行器上的总力矩(包括发动机的推力力矩)沿机体坐标系各轴分解较为方便，分别为 $\bar{L},M,N$。而总空气动力矩 $\boldsymbol{M}_\Sigma$ 沿机体坐标系各轴分解则为 $\bar{L}_A,M_A,N_A$，各个力矩的极性按右手定则确定。

如图 1-7 所示：$\bar{L}$ 能使飞行器产生绕机体坐标系 Ox 轴的滚转运动，因此称其为滚转力矩(rolling moment)；M 能使飞行器产生绕机体坐标系 Oy 轴的俯仰运动，故称其为俯仰力矩(pitching moment)；N 能使飞行器产生绕机体坐标系 Oz 轴的偏航运动，故称其为偏航力矩(yawing moment)。

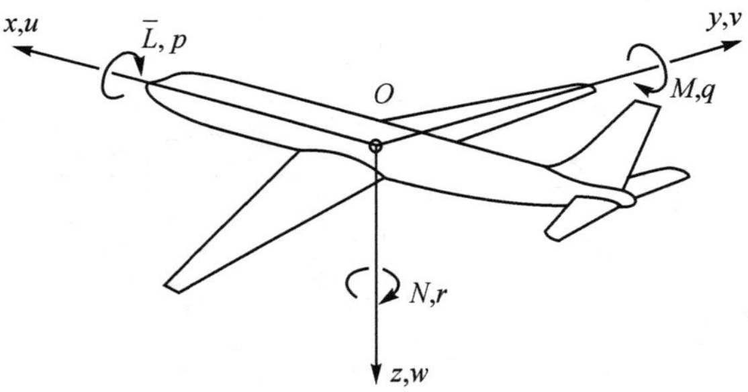

图 1-7 力矩 $\bar{L},M,N$ 的定义

$\bar{L}_A,M_A,N_A$ 量纲一的气动力矩系数分别为

① 滚转力矩系数(绕 Ox 轴)$C_l=\dfrac{\bar{L}_A}{QS_wb}$；

② 俯仰力矩系数(绕 Oy 轴)$C_m=\dfrac{M_A}{QS_wc_A}$；

③ 偏航力矩系数(绕 Oz 轴)$C_n=\dfrac{N_A}{QS_wb}$。

式中，$Q=\frac{1}{2}\rho V^2$ 为动压(dynamic pressure)，ρ 为空气密度(air density)，V 为空速(airspeed)；S_w 为机翼参考面积(wing reference area)；b 为机翼展长(wing span)；c_A 为机翼的平均几何弦长(wing mean geometric chord)。上述参数的意义将在后面陆续加以讨论。

1.2.3 纵向气动力和力矩

1. 升 力

升力 L：飞行器总空气动力 $\boldsymbol{R}_\Sigma$ 沿气流坐标系 Oz_a 轴的分量，其向上为正方向。产生升力的主要部件是飞行器的主升力翼面。图1-8所示为典型飞机的机翼俯视图。

图1-8 典型飞机的机翼俯视图

(1) 机翼的几何形状和几何参数

翼型(翼剖面)和翼型的几个主要几何特征参数的定义如下。

① 二维翼型：等弦长且展长为无限长的直翼型，翼型流场可用两维坐标描述。

② 三维翼型：有限长展长的翼型，翼型流场须用三维坐标描述。

三维翼型的几个主要几何特征参数的定义如下(见图 1-9)。

① 翼弦长 c(wing chord):翼型前缘点 A 到后缘点 B 的距离;

② 相对厚度 $\bar{t}$:$\bar{t}=\dfrac{t}{c}\times 100\%$,$t$ 为最大厚度;

③ 相对弯度 $\bar{f}$:$\bar{f}=\dfrac{f}{c}\times 100\%$,$f$ 为最大弯度。

其中,弯度是指中弧线到翼弦线的距离,中弧线是指各个厚度中点的连线。

图 1-10 所示为典型机翼的平面形状。描述机翼平面形状特征的主要参数如下。

① 展弦比(aspect ratio)A:$A=\dfrac{b^2}{S_w}$;

② 梯形比(taper ratio)λ:$\lambda=\dfrac{c_t}{c_r}$,c_t,c_r 分别为翼尖弦长(tip chord)和翼根弦长(root chord);

③ 翼平均几何弦长(wing mean geometric chord)c_A:$c_A=\dfrac{2}{S_w}\int_0^{\frac{b}{2}}[c(y)]^2\mathrm{d}y$,这里,$c(y)$ 表示沿机翼展向坐标 y 处的翼弦长。

④ 前缘后掠角 Λ_0(leading-edge sweep angle)。

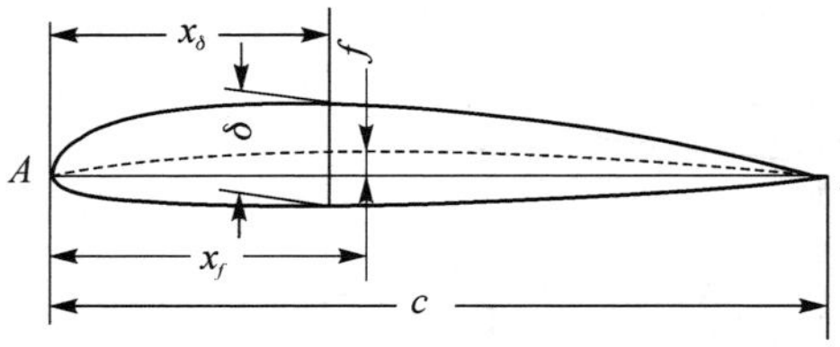

图 1-9 机翼的几何形状和几何参数

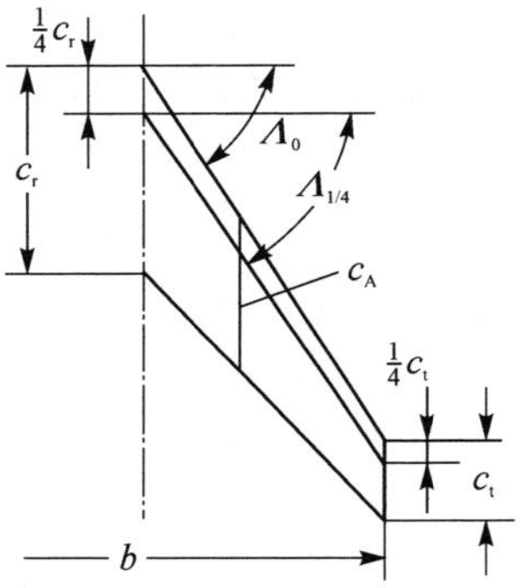

图 1-10 机翼平面形状及其特征参数

(2) 机翼的升力

1) 亚声速时升力产生的机理

当气流以某一迎角 α 流过翼型时,翼型上表面凸起的影响使得流管变细,即截面积 A 减小,根据连续方程 $VA=m$(常数)可知,翼型上表面的流速必然增大,而下表面流速则减慢,如图 1-11 所示。根据伯努利方程 $p+\dfrac{1}{2}\rho V^2=p_0$(常数),流速大的地方,压强将减小,反之压强将增大。因此,翼型的上下表面将产生压力差。垂直于空速矢量的压力差就是升力。

压力系数 $\tilde{p}$:翼面上某点的压强 p 与远前方自由气流的压强 p_∞ 之差,与远前方自由气流的动压之比,即

$$\tilde{p}=\frac{p-p_\infty}{\frac{1}{2}\rho_\infty V_\infty^2} \tag{1-17}$$

压力分布图：将翼面上各点的压力系数的数值光滑连接，若 $\tilde{p}$ 为负值（即吸力）则箭头向外，若 $\tilde{p}$ 为正值（即压力）则箭头指向翼面，如图 1-12 所示。

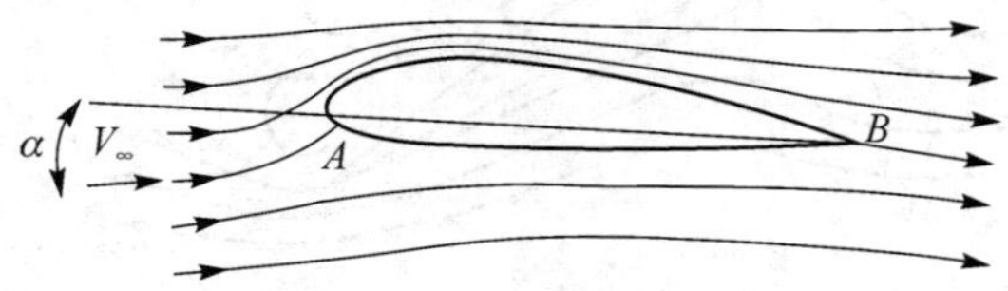

图 1-11　翼型与气流关系

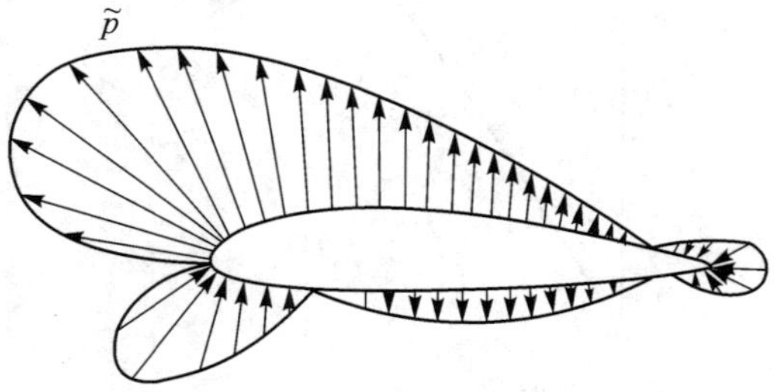

图 1-12　压力分布图

可见，压力分布图形是随迎角 α 而变化的。当迎角达到某一值时，升力最大，超过该值后，升力反而下降。这是由于此时翼面的涡流区扩大，导致上表面前部的流管扩张，即截面积 A 增大，流速减慢，压强增大，因此，压力差减小，吸力下降。

2）超声速时升力产生的机理

飞行器超声速飞行时其升力也是由上下翼面的压力差产生的，如图 1-13 所示。当迎角 α 为正时，上翼面相当于膨胀流动，流速增大，压力降低；下翼面相当于压缩流动，流速减小，压力增大：故此形成压力差。一般地讲，迎角越大，压力差就越大，升力也越大。

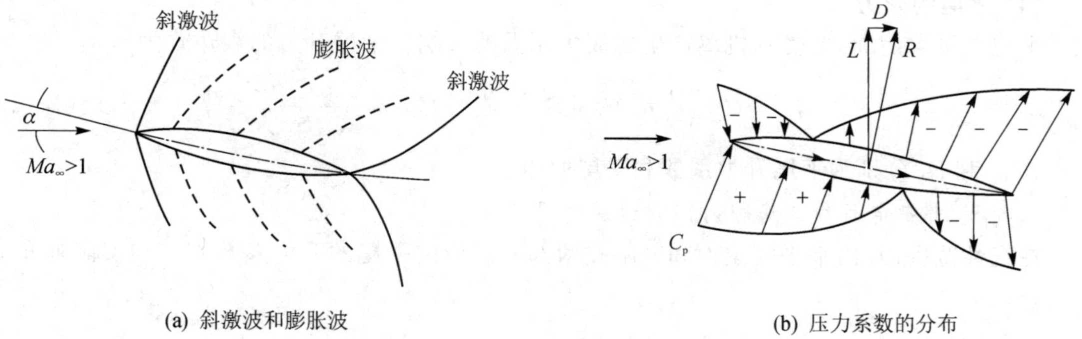

(a) 斜激波和膨胀波　(b) 压力系数的分布

图 1-13　超声速飞行时升力的产生

理论与实践证明，机翼升力与机翼面积、动压成正比。其表达式为

$$L_w = C_{L_w} Q S_w \quad 或 \quad C_{L_w} = \frac{L_w}{Q S_w} \tag{1-18}$$

以某非对称机翼为例，机翼升力系数 C_{L_w} 为量纲一的系数，在线性范围内，机翼升力系数 C_{L_w} 与 α 的关系为 $C_{L_w} = a_w(\alpha - \alpha_0)$，其中，机翼的升力线迎角导数（或升力线斜率）$a_w = \dfrac{\partial C_{L_w}}{\partial \alpha}$，如图 1-14 所示。

(3) 机身(或弹体)的升力

机身一般接近于圆柱体。理论与实践证明，亚声速飞机机身（圆头圆尾，中段圆柱体）在迎角不大时，不产生升力，只有大迎角时才有升力产生；超声速飞机机身（圆锥形头部）有迎角时，其头部会产生升力，而机身圆柱段不产生升力。机身升力的表达式为

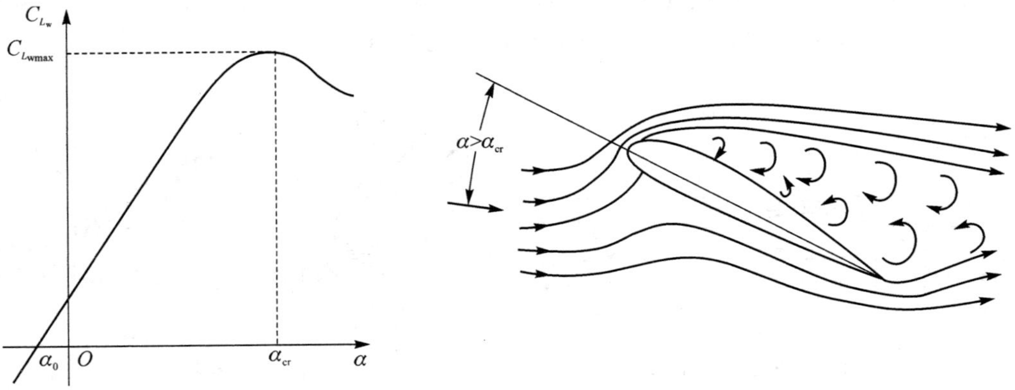

图 1-14 典型机翼升力系数 C_{L_w} 与 α 的关系

$$L_b = C_{L_b}\left(\frac{1}{2}\rho_\infty V_\infty^2\right)S_b \quad 或 \quad C_{L_b} = \frac{L_b}{Q_\infty S_b} \tag{1-19}$$

式中,C_{L_b} 和 S_b 分别为机身升力系数和机身横截面积。

在线性范围内,机身升力系数 C_{L_b} 与 α 的关系为 $C_{L_b}=a_b\alpha$,其中,机身的升力线斜率为 $a_b=\dfrac{\partial C_{L_b}}{\partial \alpha}$。

(4) 平尾的升力

平尾在机翼后面,要受到机翼产生的翼尖尾涡的影响。平尾升力的表达式为

$$L_t = C_{L_t}\left(\frac{1}{2}\rho_\infty V_\infty^2\right)S_t \quad 或 \quad C_{L_t} = \frac{L_t}{Q_\infty S_t} \tag{1-20}$$

式中,C_{L_t} 和 S_t 分别为平尾升力系数和平尾面积。

1) 由水平安定面和升降舵两部分组成的平尾

在线性范围内,由水平安定面和升降舵两部分组成的平尾的升力系数 C_{L_t} 与实际迎角 α_t 的关系为

$$C_{L_t} = \frac{\partial C_{L_t}}{\partial \alpha_t}\alpha_t + \frac{\partial C_{L_t}}{\partial \delta_e}\delta_e \tag{1-21}$$

式中,α_t 为平尾的实际迎角,即考虑了由翼尖尾涡产生的洗流的影响后的迎角 $\alpha_t=\alpha-\varepsilon$($\varepsilon$ 为下洗角)。假定远前方气流 V_∞ 与平尾弦线的迎角为 α,洗流产生的下洗速度 W_t 将导致气流向下偏转一个角度(即下洗角)$\varepsilon=\arctan\dfrac{W_t}{V_\infty}$,如图 1-15 所示。

2) 全动平尾

全动平尾的升力系数为

$$C_{L_t} = \frac{\partial C_{L_t}}{\partial \alpha_t}(\alpha_t-\delta_e) \tag{1-22}$$

式中,δ_e 为全动平尾的偏转角度,其后缘下偏为正方向。

(5) 整个飞行器的升力

飞行器的升力为飞行器的各个部分升力的总和,其表达式为

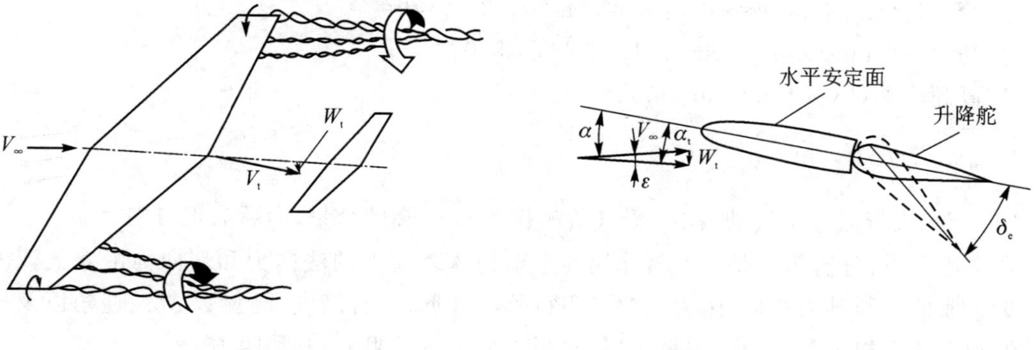

(a) 机翼对平尾的下洗影响　　(b) 具有安定面和升降舵的平尾下洗角

图 1-15　下洗角的影响

$$L = L_w + L_b + L_t \tag{1-23}$$

若采用升力系数表示可以写成

$$L = C_L Q S_w = (C_{L_w} S_w + C_{L_b} S_b + C_{L_t} S_t) Q = \left(C_{L_w} + C_{L_b} \frac{S_b}{S_w} + C_{L_t} \frac{S_t}{S_w} \right) Q S_w \tag{1-24}$$

利用线性范围内机翼、机身和平尾升力系数的关系式进行代换，整个飞行器的升力系数表示为

$$\begin{aligned} C_L &= a_w(\alpha - \alpha_0) + a_b \alpha \frac{S_b}{S_w} + \left(\frac{\partial C_{L_t}}{\partial \alpha_t} \alpha_t + \frac{\partial C_{L_t}}{\partial \delta_e} \delta_e \right) \frac{S_t}{S_w} \\ &= (-a_w \alpha_0) + \left[a_w + a_b \frac{S_b}{S_w} + a_t (1 - \varepsilon_\alpha) \frac{S_t}{S_w} \right] \alpha + \left(\frac{\partial C_{L_t}}{\partial \delta_e} \frac{S_t}{S_w} \right) \delta_e \\ &= C_{L_0} + C_{L_\alpha} \alpha + C_{L_{\delta_e}} \delta_e \end{aligned} \tag{1-25}$$

式中，$a_t = \dfrac{\partial C_{L_t}}{\partial \alpha_t}$，$\varepsilon_\alpha = \dfrac{\varepsilon}{\alpha}$。

由此可以看出升力系数与迎角和升降舵偏转角之间的关系。

此外，还应注意到马赫数(Mach number)Ma 对升力系数的影响。马赫数是空速与飞行器所在高度的声速之比。升力系数与马赫数 Ma 的关系可以写为

$$C_L(\alpha, \delta_e, Ma) = C_{L_0}(Ma) + C_{L_\alpha}(Ma)\alpha + C_{L_{\delta_e}}(Ma)\delta_e \tag{1-26}$$

图 1-16 是一个超声速飞机的 C_{L_α} 随 Ma 变化的典型曲线，其中，M_{cr} 为临界马赫数。可见，低速时($Ma < 0.5$)，C_{L_α} 基本不变；当 $0.5 < Ma < M_{cr}$ 时，C_{L_α} 略有升高；当 $Ma > M_{cr}$ 时，C_{L_α} 明显增大；当 $Ma > 1.5$ 时，C_{L_α} 逐渐减小。

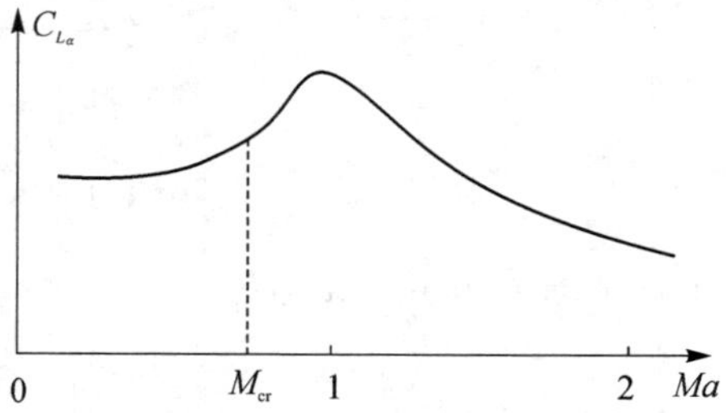

图 1-16　超声速飞机的典型 C_{L_α}-Ma 曲线

不同的马赫数 Ma 区间所对应的空气动力的影响极不相同。通常将马赫数 Ma 区间划分为

① 亚声速(subsonic speeds)：$Ma < 1.0$；

② 跨声速(transonic speeds):$0.8 \leqslant Ma \leqslant 1.2$;

③ 超声速(supersonic speeds):$1.0 < Ma < 5.0$;

④ 高超声速(hypersonic speeds):$5.0 \leqslant Ma$。

2. 阻　力

阻力 D:飞行器总空气动力 $\boldsymbol{R}_{\Sigma}$ 沿气流坐标系 Ox_{a} 轴的分量,向后为正方向。

从本质上讲,气流阻力是由空气作用在运动物体表面上的法向力和切向力沿着气流方向的分量组成的。与升力类似,阻力主要与飞行器的外形、飞行高度、马赫数 Ma、迎角以及操纵面的偏角有关。根据与升力的关系,可将总阻力分为零升阻力、升致阻力。

零升阻力:包括摩擦阻力、压差阻力和零升波阻。

升致阻力:包括诱导阻力和升致波阻。

(1) 附面层与摩擦阻力和压差波阻的关系

附面层:当气流流过飞行器表面时,贴紧表面的地方有一层速度逐渐减慢(越贴紧表面速度越低)的空气流动层,如图1-17所示。

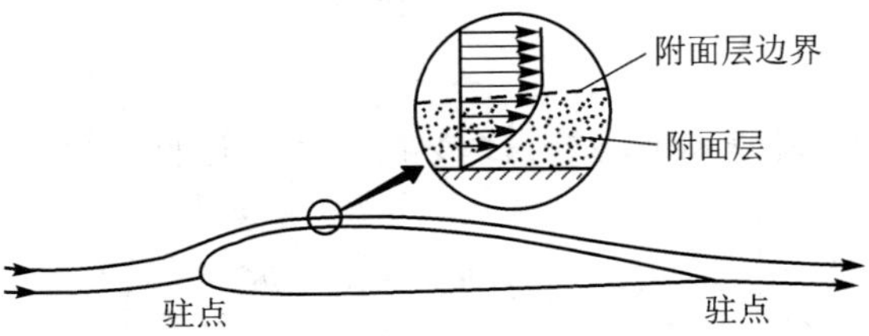

图1-17　附面层

如图1-18所示,附面层又可分为下列两种:

① 层流附面层:气流各层间互不混杂,好像一层在另一层上滑动;

② 紊流附面层:空气质点不规则地乱动,其运动轨迹弯弯曲曲。

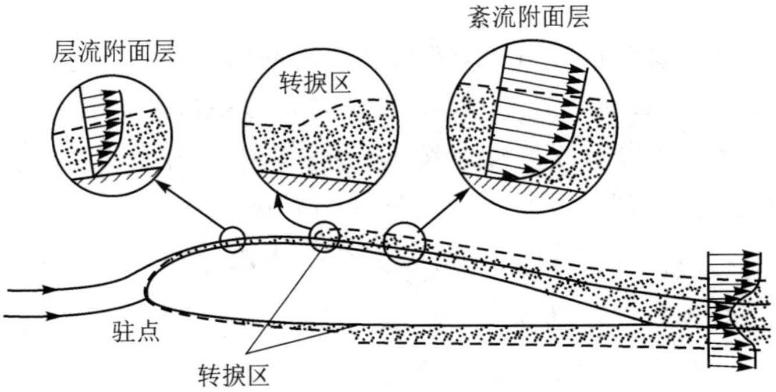

图1-18　层流和紊流附面层

牛顿内摩擦应力公式为

$$\tau = \mu \frac{\partial V}{\partial n} \tag{1-27}$$

式中，τ，μ，$\frac{\partial V}{\partial n}$分别为切向应力、空气黏性系数和沿物体表面法向的速度梯度。

一般地，紊流层的速度梯度$\frac{\partial V}{\partial n}$比层流层的大一些，故引起的摩擦阻力也较大。

压差阻力：翼型前缘附近的高压区与后缘附近的旋涡区所形成一个向后作用的压力差。压差阻力和附面层与翼面的分离点的位置有关，如图 1-19 所示。分离点越靠前，旋涡区越大，则压差阻力越大。

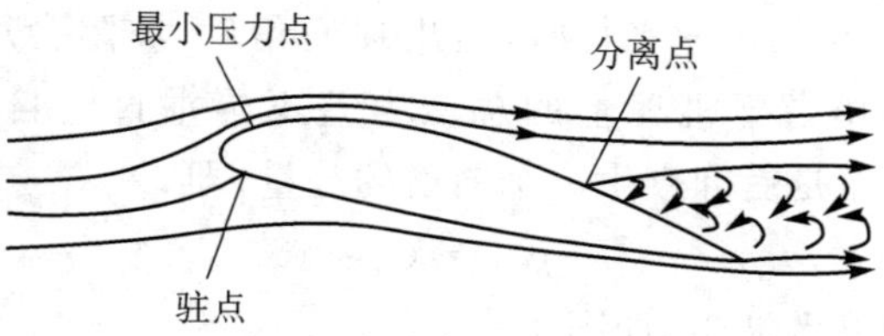

图 1-19　面的压差阻力

(2) 零升波阻

波阻：飞行器做超声速飞行时，机身头部、机翼和尾翼的前缘均会产生激波。气流流经激波后会产生压力跃升，升高的压力对飞行器产生阻力，称为波阻，如图 1-20 所示。

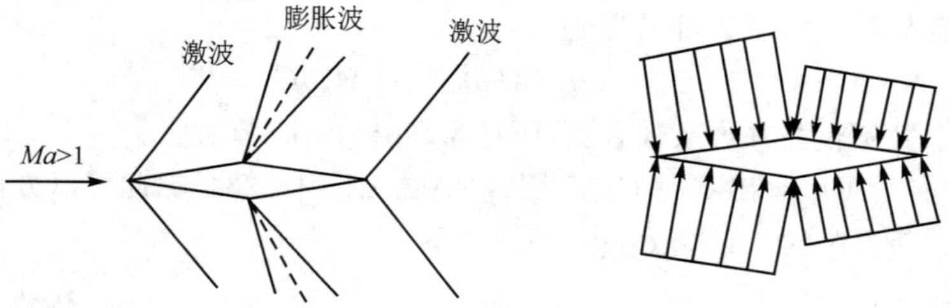

(a) 激波和膨胀波系　(b) 压强分布

图 1-20　波阻形成示意图

零升波阻：升力为零时也存在波阻，故称为零升波阻。

为了减小波阻，超声速飞行器一般采用尖锐头部、细长机身、大后略角、小展弦比、尖前缘薄翼型等气动外形设计。

(3) 升致阻力

升致阻力：伴随升力的产生而出现的阻力统称为升致阻力。

亚声速飞行时，升致阻力主要为诱导阻力；超声速飞行时，升致阻力主要为升致波阻。

① 亚声速飞行时，不仅机翼对平尾有下洗影响，而且翼尖拖出的两条自由涡对机翼自身也产生下洗影响（但小于对平尾的下洗），如图 1-21 所示。

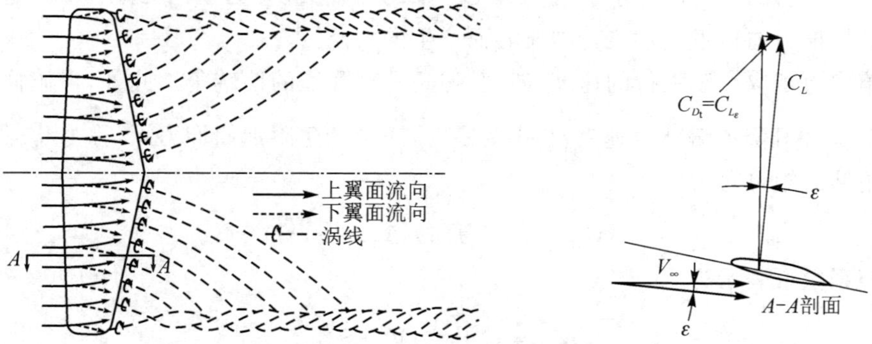

图 1-21　亚声速三维翼的诱导阻力形成示意图

诱导阻力系数的表达式为

$$C_{D_t}=\varepsilon \cdot C_L \quad (1-28)$$

式中,ε 和 C_L 分别为下洗角和升力系数。

由式(1-28)可知,展弦比越大,下洗影响越小,则诱导阻力越小。

② 超声速飞行时,当出现迎角后,波阻会增大,其结果相当于机翼上的总压力差不再垂直于自由气流 V_∞,而是后仰产生一个向后的分量,即

$$C_{D_t}=C_L \sin\alpha \quad (1-29)$$

即为升致波阻,如图1-22所示。

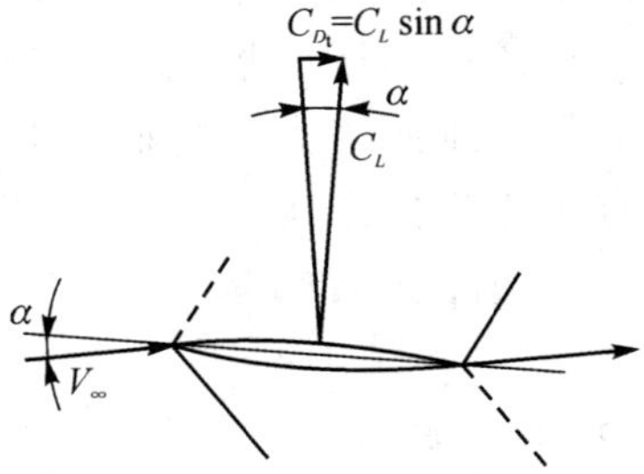

图1-22 超声速机翼的升致波阻示意图

(4) 整个飞行器的阻力和升阻极曲线

飞行器的阻力系数由两部分组成,其表达式为

$$C_D=C_{D_0}+C_{D_t} \quad (1-30)$$

式中,C_{D_0},C_{D_t} 分别为零升阻力系数和升致阻力系数。

在小迎角情况下,阻力系数可以写成

$$C_D=C_{D_0}(Ma)+A(M_a)C_L^2 \quad (1-31)$$

可见,阻力系数不仅与升力系数有关,而且与马赫数 Ma 有关。

依据式(1-31),可以画出 C_L-C_D 升阻极曲线(见图1-23),据此可以方便地分析飞行器的气动效率,即分析升阻比(lift-to-drag ratio)关系。

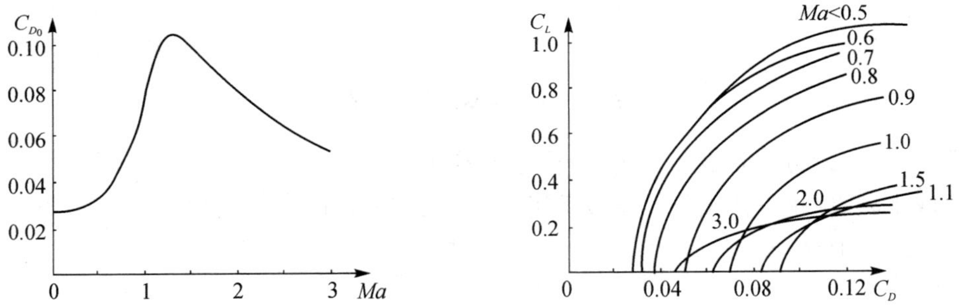

图1-23 飞行器的阻力和 C_L-C_D 升阻极曲线

3. 纵向力矩(俯仰力矩)

作用于飞行器的外力所产生的绕机体 Oy 轴的力矩,统称为纵向力矩。其中包括气动力矩和因发动机推力向量不通过飞行器质心而产生的力矩。

气动俯仰力矩取决于飞行的速度、高度、迎角和升降舵的偏转角。此外,当俯仰角速度 q、迎角变化率 $\dot{\alpha}$ 和升降舵偏转角速率 $\dot{\delta}_e$ 不为零时,还会产生附加俯仰力矩,称为动态气动力矩。

气动俯仰力矩可写为

$$M_A=f(V,H,\alpha,\delta_e,q,\dot{\alpha},\dot{\delta}_e) \quad (1-32)$$

用力矩系数可表示为

$$M_A=C_m\left(\frac{1}{2}\rho V^2\right)S_w c_A \quad (1-33)$$

式中，S_w 为机翼的参考面积；c_A 为机翼的平均几何弦长。

(1) 定常直线飞行时的俯仰力矩

1) 纵向定常直线飞行

纵向定常直线飞行是指空速向量所在的铅垂平面与飞行器的纵向对称平面 Oxz 重合，其飞行航线是一条直线，航线上各点的速度始终不变的一种飞行状态。

在此飞行状态下，可近似认为 $q=\dot{\alpha}=\dot{\delta}_e=0$，这样，纵向力矩只与空速、高度和迎角有关。

2) 阻力对俯仰力矩的影响

严格地讲，阻力也会对俯仰力矩有影响，但一般阻力的作用线接近飞行器的重心，故可以忽略。这样，飞行器的俯仰力矩主要由升力引起。因此，如果已知飞行器各部件(机翼、机身和平尾)升力的大小及作用点，就不难求出整个飞行器绕 Oy 轴的纵向力矩。

3) 飞行器各部件的升力

上面已讨论过飞行器各部件的升力之和为

$$L=L_w+L_b+L_t \tag{1-34}$$

其相应的升力系数为

$$C_L=C_{L_0}+C_{L_\alpha}\alpha+C_{L_{\delta_e}}\delta_e \tag{1-35}$$

为了计算气动俯仰力矩，下面首先讨论空气动力作用点的定义。

气动焦点(气动中心，aerodynamic center)：为了方便地对飞行器重心求矩，如果能将机翼、机身和平尾产生的升力理解为集中作用于一点，即气动焦点，则此点应不随迎角 α 变化，这样对于空气动力学计算无疑是很方便的。

4) 机翼产生的俯仰力矩

下面讨论三维机翼的俯仰力矩计算方法。首先，定义飞行器重心和机翼的气动焦点在平均几何弦上的量纲一的位置为

$$\bar{x}_{cg}=\frac{x_{cg}}{c_A},\quad \bar{x}_{acw}=\frac{x_{acw}}{c_A} \tag{1-36}$$

式中，x_{cg} 为飞行器重心到平均几何弦前缘点的距离，x_{acw} 为机翼的气动焦点到平均几何弦前缘点的距离，如图 1-24 所示。

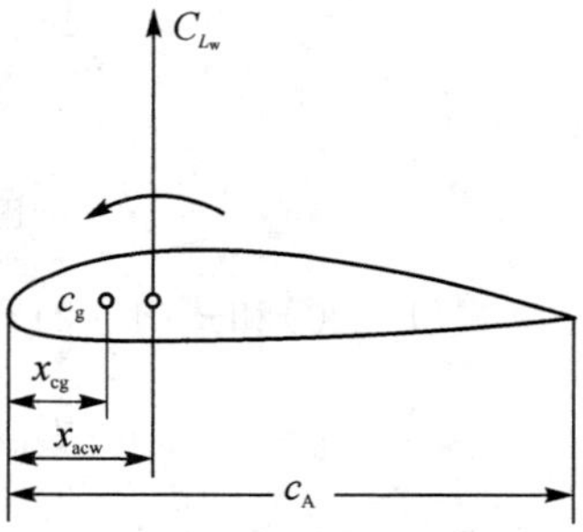

图 1-24　机翼气动焦点与飞行器重心位置

因此，机翼的气动焦点对重心的量纲一的力臂为 $\bar{x}_{cg}-\bar{x}_{acw}$，对重心的力矩系数为

$$C_{m_w}=C_{m_{w_0}}+C_{L_w}(\bar{x}_{cg}-\bar{x}_{acw}) \tag{1-37}$$

式中，$C_{m_{w_0}}$ 为机翼的零升力矩系数。

将式(1-37)两边对迎角求偏导数，得

$$\frac{\partial C_{m_w}}{\partial \alpha}=\frac{\partial C_{L_w}}{\partial \alpha}(\bar{x}_{cg}-\bar{x}_{acw}) \tag{1-38}$$

式中，$\frac{\partial C_{L_w}}{\partial \alpha}$为升力线斜率，为正值。

由式(1-38)可见，只有当 $\bar{x}_{cg}<\bar{x}_{acw}$，即重心在气动焦点之前时，$\frac{\partial C_{m_w}}{\partial \alpha}<0$。这样，当 α 增

大时,升力增量 ΔL 作用在气动焦点上产生低头力矩增量 $\Delta M<0$,并力图使 α 减小,所以起到稳定的作用。若 $\bar{x}_{cg}>\bar{x}_{acw}$,即重心在气动焦点之后,则飞行器纵向将是静不稳定的。

5) 机身产生的俯仰力矩

对于亚声速飞行器而言,一般机翼在机体上存在安装角,因此机翼翼弦线与机体轴线不平行,故应计算机翼-机体组合体产生的俯仰力矩,其表达式为

$$\begin{aligned}C_{m_{wb}}&=C_{m_{w_0}}+\Delta C_{m_{b_0}}+C_{L_w}[\bar{x}_{cg}-(\bar{x}_{acw}-\Delta\bar{x}_{acb})]\\&=C_{m_{wb_0}}+C_{L_w}(\bar{x}_{cg}-\bar{x}_{acwb})\end{aligned} \tag{1-39}$$

式中,$\bar{x}_{acwb}$ 为机首至机翼-机体组合体的气动焦点的距离。

由于亚声速飞行器的机体在迎角 $\alpha>0$ 时会产生使迎角 α 增大的力矩,因此,机体本身的俯仰力矩特性是不稳定的;而对于超声速飞行器而言,由于机体头部一般为锥形体,所以当迎角 $\alpha\neq 0$ 时机体会产生升力,但是由于其气动焦点总在飞行器重心之前,因此机体总是产生不稳定的俯仰力矩。由此可见,无论是亚声速飞行器还是超声速飞行器,机体总是产生不稳定的俯仰力矩,故有 $\bar{x}_{acwb}<\bar{x}_{acw}$。

6) 平尾产生的俯仰力矩

平尾对重心的俯仰力矩为

$$M_t=-L_t\cdot l_t \tag{1-40}$$

式中,l_t 为平尾气动焦点到飞行器重心的距离,即平尾力臂,如图 1-25 所示。

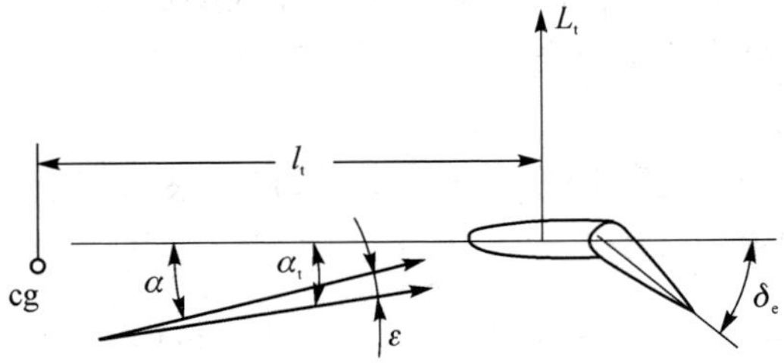

图 1-25　平尾对飞行器重心的俯仰力矩

由式(1-20)和式(1-21)可得平尾的升力为

$$L_t=QS_t\left[(1-\varepsilon_\alpha)\frac{\partial C_{L_t}}{\partial\alpha}\alpha+\frac{\partial C_{L_t}}{\partial\delta_e}\delta_e\right] \tag{1-41}$$

由式(1-40)和式(1-41)可得平尾对飞行器重心的俯仰力矩系数为

$$\begin{aligned}C_{m_t}&=\frac{M_t}{QS_w c_A}\\&=-\frac{L_t l_t}{QS_w c_A}\\&=-\frac{S_t l_t}{S_w c_A}\left[(1-\varepsilon_\alpha)\frac{\partial C_{L_t}}{\partial\alpha}\alpha+\frac{\partial C_{L_t}}{\partial\delta_e}\delta_e\right]\\&=-\bar{S}_t\bar{l}_t(1-\varepsilon_\alpha)\frac{\partial C_{L_t}}{\partial\alpha}\alpha-\bar{S}_t\bar{l}_t\frac{\partial C_{L_t}}{\partial\delta_e}\delta_e\end{aligned} \tag{1-42}$$

式中，$\bar{S}_t = \dfrac{S_t}{S_w}$为平尾的相对面积；$\bar{l}_t = \dfrac{l_t}{c_A}$为量纲一的力臂。

由式(1-42)可知，当迎角 α 增大时，等号右边第一项将产生负力矩增量，起俯仰稳定作用。因此，平尾使得飞行器的气动焦点后移，其后移量的表达式为

$$\Delta\bar{x}_{act} = \bar{S}_t \bar{l}_t (1-\varepsilon_\alpha)\frac{\partial C_{L_t}}{\partial\alpha}\bigg/\frac{\partial C_{L_w}}{\partial\alpha} \tag{1-43}$$

式(1-42)中等号右边第二项为由升降舵 δ_e 产生的俯仰操纵力矩，令

$$\frac{\partial C_{m_t}}{\partial\delta_e} = -\bar{S}_t\bar{l}_t\frac{\partial C_{L_t}}{\partial\delta_e} \tag{1-44}$$

利用式(1-43)和式(1-44)，平尾对飞行器重心的俯仰力矩系数式(1-42)可写成

$$C_{m_t} = -\frac{\partial C_{L_w}}{\partial\alpha}\Delta\bar{x}_{act}\alpha + \frac{\partial C_{m_t}}{\partial\delta_e}\delta_e \tag{1-45}$$

这样，定常直线飞行时飞行器的俯仰力矩可写成

$$M_A = \sum_i L_i(\bar{x}_{cg} - \bar{x}_{aci})$$

式中，i 表示飞行器产生升力的各个部件的序号。

若写成俯仰力矩系数形式，则其表达式为

$$C_m = C_{m_{wbt_0}} + C_{L_w}[\bar{x}_{cg} - (\bar{x}_{acw} - \Delta\bar{x}_{acb} + \Delta\bar{x}_{act})] + \frac{\partial C_{m_t}}{\partial\delta_e}\delta_e \tag{1-46}$$

式中，$C_{m_{wbt_0}}$ 为 $\delta_e=0$ 时的零升俯仰力矩系数。

令全机气动焦点为 $\bar{x}_{ac} = \bar{x}_{acw} - \Delta\bar{x}_{acb} + \Delta\bar{x}_{act}$，并将式(1-46)中下标简写，则有

$$\begin{aligned} C_m &= C_{m_0} + C_L(\bar{x}_{cg} - \bar{x}_{ac}) + \frac{\partial C_m}{\partial\delta_e}\delta_e \\ &= C_{m_0} + (\bar{x}_{cg} - \bar{x}_{ac})\frac{\partial C_L}{\partial\alpha}(\alpha - \alpha_0) + \frac{\partial C_m}{\partial\delta_e}\delta_e \\ &= C_{m_0} + C_{m_\alpha}(\alpha - \alpha_0) + C_{m_{\delta_e}}\delta_e \end{aligned} \tag{1-47}$$

式中，$C_{m_\alpha} = (\bar{x}_{cg} - \bar{x}_{ac})\dfrac{\partial C_L}{\partial\alpha}$，$C_{m_{\delta_e}} = \dfrac{\partial C_m}{\partial\delta_e}$。

由式(1-47)确定的俯仰力矩系数是在 $\dot{\alpha} = \dot{\theta} = \dot{\delta}_e = 0$ 情况下推出的，因此又称其为静俯仰力矩系数。

值得注意的是，气动焦点概念仅适用于线性范围内。因为在大迎角情况下，俯仰力矩特性的线性关系已被破坏，所以此概念也就失去了意义。

(2) 纵向静稳定性与飞行器气动焦点和重心的关系

纵向力矩系数又可以写成

$$C_m = C_L\cdot\frac{\partial C_m}{\partial C_L} = C_L\cdot\left(\frac{\partial C_m}{\partial\alpha}\cdot\frac{\partial\alpha}{\partial C_L}\right) = C_L\cdot\frac{\dfrac{\partial C_m}{\partial\alpha}}{\dfrac{\partial C_L}{\partial\alpha}} \tag{1-48}$$

在增量意义下，式(1-48)可以写成

$$C_m = C_L \frac{C_{m_\alpha}}{\dfrac{\partial C_L}{\partial \alpha}} = C_L(\bar{x}_{cg} - \bar{x}_{ac}) \tag{1-49}$$

由式(1-49)可以得到 $C_{m_\alpha} = (\bar{x}_{cg} - \bar{x}_{ac})\dfrac{\partial C_L}{\partial \alpha}$,这与式(1-47)中的定义完全一致。

下面分析 C_{m_α} 与纵向静稳定性的关系。

① 如果 $C_{m_\alpha}<0$,即 $\bar{x}_{cg}<\bar{x}_{ac}$,也就是重心在气动焦点之前,则当迎角 α 增大时,负的 C_{m_α} 将使飞行器产生低头力矩,即 $M<0$,使 α 减小。因此飞行器是纵向静稳定的。

② 如果 $C_{m_\alpha}>0$,即 $\bar{x}_{cg}>\bar{x}_{ac}$,也就是重心在气动焦点之后,则当迎角 α 增大时,正的 C_{m_α} 将使飞行器产生抬头力矩,即 $M>0$,这样将使 α 越加增大。因此飞行器是纵向静不稳定的。

③ 如果 $C_{m_\alpha}=0$,即 $\bar{x}_{cg}=\bar{x}_{ac}$,也就是气动焦点与重心重合,则飞行器为纵向中立静稳定状态。

鉴于 C_{m_α} 的上述特性,则定义 C_{m_α} 为纵向静稳定性导数。

上面讨论了静气动导数的概念,下面将分析和讨论动态气动导数的概念和公式。

(3) 飞行器绕 Oy 轴转动而产生的附加俯仰力矩

假设飞行器具有抬头的俯仰角速度 $q>0$,则机翼、机身和平尾均会产生俯仰力矩,其中以平尾的最为明显。下面就分析由于飞行器绕 Oy 轴转动,平尾产生附加俯仰力矩的机理。

设空速为 V,飞行器以俯仰角速度 $q>0$ 绕 Oy 轴抬头转动,则平尾向下运动,此时相当于平尾不动,而气流向上吹,其上吹速度为 $\Delta V_z = l_t \cdot q$,平尾的迎角增量为 $\Delta\alpha_t$,由此产生升力增量为 ΔL_t,即

$$\Delta\alpha_t = \arctan\frac{\Delta V_z}{V} \approx \frac{\Delta V_z}{V} = \frac{l_t \cdot q}{V} \tag{1-50}$$

利用式(1-50),升力增量 ΔL_t 可写成

$$\Delta L_t = \left(\frac{1}{2}\rho V^2\right) S_t C_{L_t} = \left(\frac{1}{2}\rho V^2\right) S_t \left(\frac{\partial C_{L_t}}{\partial \alpha_t}\Delta\alpha_t\right) = \left(\frac{1}{2}\rho V^2\right) S_t \left(\frac{\partial C_{L_t}}{\partial \alpha_t} \cdot \frac{l_t q}{V}\right) \tag{1-51}$$

则力矩增量为

$$\Delta M_t = -\Delta L_t \cdot l_t \tag{1-52}$$

写成力矩系数

$$\Delta C_{m_t} = \frac{\Delta M_t}{\dfrac{1}{2}\rho V^2 S_w c_A} \tag{1-53}$$

式中,S_w 为机翼的参考面积;c_A 为机翼的平均几何弦长。

将式(1-51)和式(1-52)代入式(1-53),有

$$\Delta C_{m_t} = -2\bar{S}_t \bar{l}_t^2 \left(\frac{\partial C_{L_t}}{\partial \alpha_t}\right)\left(\frac{q c_A}{2V}\right) \tag{1-54}$$

式中,$\bar{S}_t = \dfrac{S_t}{S_w}$,$\bar{l}_t = \dfrac{l_t}{c_A}$。令 $\bar{q} = \dfrac{q c_A}{2V}$ 为量纲一的俯仰角速度,则式(1-54)可写成

$$\Delta C_{m_t} = -2\bar{S}_t \bar{l}_t^2 \left(\frac{\partial C_{L_t}}{\partial \alpha_t}\right)\bar{q} \tag{1-55}$$

这样，平尾的附加俯仰力矩系数为

$$(C_{m_{\bar{q}}})_t=\frac{\partial \Delta C_{m_t}}{\partial \bar{q}}=-2\bar{S}_t\bar{l}_t^2\left(\frac{\partial C_{L_t}}{\partial \alpha_t}\right) \tag{1-56}$$

由此可见，平尾产生的力矩 ΔM_t 为阻尼力矩，也就是该力矩阻止飞行器的转动。

(4) 下洗时差阻尼力矩

当 $\dot{\alpha}=\frac{d\alpha}{dt}\neq 0$ 时，设 $\dot{\alpha}>0$，即迎角随时间增加，那么 $\alpha(t)-\alpha(t+\Delta t)=-\Delta\alpha(t)<0$，也就是说，当气流流经机翼到平尾时产生的下洗作用的实际迎角要比静态时的迎角小 $\Delta\alpha(t)$。那么，实际下洗角要比静态时($\dot{\alpha}=0$)的要小 $\Delta\varepsilon=\varepsilon_\alpha\cdot\Delta\alpha$，则称这种影响为下洗时差。

时差 $\Delta t=\frac{l_t}{V}$，其值取决于气流速度 V 和平尾至机翼的距离 l_t，则有

$$\Delta\varepsilon=\varepsilon_\alpha\cdot\Delta\alpha=\varepsilon_\alpha\cdot\dot{\alpha}\Delta t=\varepsilon_\alpha\frac{\dot{\alpha}\cdot l_t}{V} \tag{1-57}$$

由下洗时差产生的力矩增量为

$$\Delta M_t=-l_t\cdot\Delta L_t=-l_t\left(\frac{1}{2}\rho V^2\right)S_tC_{L_t}=-l_t\left(\frac{1}{2}\rho V^2S_t\cdot\frac{\partial C_{L_t}}{\partial\alpha_t}\cdot\Delta\varepsilon\right) \tag{1-58}$$

或利用式(1-57)和式(1-58)写成力矩系数形式，即

$$\Delta C_{m_t}=\frac{\Delta M_t}{\frac{1}{2}\rho V^2S_wc_A}=-2\varepsilon_\alpha\bar{S}_t\bar{l}_t^2C_{L_{\alpha t}}\cdot\bar{\dot{\alpha}} \tag{1-59}$$

式中，$C_{L_{\alpha t}}=\frac{\partial C_{L_t}}{\partial\alpha}$，$\bar{\dot{\alpha}}=\frac{\dot{\alpha}c_A}{2V}$为量纲一的迎角速率。

平尾下洗时差阻尼力矩导数为

$$(C_{m_{\bar{\dot{\alpha}}}})_t=\frac{\partial\Delta C_{m_t}}{\partial\bar{\dot{\alpha}}}=-2\varepsilon_\alpha\bar{S}_t\bar{l}_t^2C_{L_{\alpha t}} \tag{1-60}$$

(5) 升降舵偏转角速率 $\dot{\delta}_e$ 所产生的俯仰力矩

采用同样的推导过程，升降舵偏转角速率 $\dot{\delta}_e$ 所产生的俯仰力矩导数为

$$C_{m_{\bar{\dot{\delta}}_e}}=\frac{\partial C_m}{\partial\bar{\dot{\delta}}_e} \tag{1-61}$$

式中，$\bar{\dot{\alpha}}_e=\frac{\dot{\delta}_ec_A}{2V}$为量纲一升降舵偏转角速率。

(6) 俯仰力矩总和

对上述静态和动态气动导数求和，得到总的俯仰力矩为

$$\begin{aligned}C_m&=C_{m_{\alpha=0}}+C_{m_\alpha}\cdot\alpha+C_{m_{\delta_e}}\cdot\delta_e+C_{m_{\bar{q}}}\left(\frac{qC_A}{2V}\right)+C_{m_{\bar{\dot{\delta}}}}\left(\frac{\dot{\alpha}C_A}{2V}\right)+C_{m_{\bar{\dot{\delta}}e}}\left(\frac{\dot{\delta}_eC_A}{2V}\right)\\&=C_{m_{\alpha=0}}+C_{m_\alpha}\cdot\alpha+C_{m_{\delta_e}}\cdot\delta_e+C_{m_{\bar{q}}}\bar{q}+C_{m_{\bar{\dot{\alpha}}}}\bar{\dot{\alpha}}+C_{m_{\bar{\dot{\alpha}}e}}\bar{\dot{\alpha}}_e\end{aligned} \tag{1-62}$$

4. 操纵舵面的铰链力矩

飞行器在飞行过程中,由于空气动力的作用,当操纵舵面偏转时,要克服舵面上的铰链力矩。

(1) 铰链力矩

铰链力矩就是作用在舵面上的空气动力的合力对舵面铰链转轴所形成的力矩,如图1-26所示。

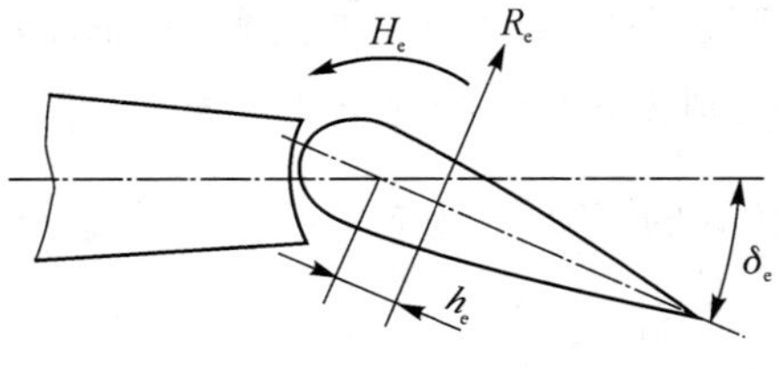

图1-26 操纵舵面的铰链力矩

空气动力的合力 R_e 一般不通过舵面的铰链转轴,其垂距为 h_e。则其铰链力矩为

$$H_e = -R_e h_e \tag{1-63}$$

定义迫使舵面正向偏转的铰链力矩 H_e 为正。根据此定义,对于升降舵,其正向的铰链力矩迫使其向下偏转,对于方向舵,则是向左偏转;而对于副翼,则为“左上右下”偏转。

下面以升降舵为例,讨论操纵舵面的铰链力矩的特性。

(2) 升降舵的铰链力矩

在平尾迎角 α_t 和升降舵偏转角 δ_e 不大情况下,升降舵的铰链力矩系数可表示为

$$C_{h_e} = \frac{\partial C_{h_e}}{\partial \alpha_t} \cdot \alpha_t + \frac{\partial C_h}{\partial \delta_e} \cdot \delta_e \tag{1-64}$$

式中,$\frac{\partial C_{h_e}}{\partial \alpha_t}$和$\frac{\partial C_h}{\partial \delta_e}$为铰链力矩导数,它们与马赫数 Ma 有关。

因此,升降舵的铰链力矩为

$$H_e = C_{h_e}\left(\frac{1}{2}\rho V^2\right) S_e \bar{c}_e \tag{1-65}$$

式中,S_e 为升降舵的面积;$\bar{c}_e$ 为升降舵的平均几何弦长。

5. 全机俯仰力矩的计算与纵向稳定性分析

首先,给出全机的纵向稳定性分析,如图1-27所示。图中 $R(x_R, O, z_R)$ 是用来测量飞行器气动数据的参考位置,纵向的气动力和力矩 L, D, M 都由这些测量数据库中获得。

如果气动数据的参考位置 $R(x_R, O, z_R)$ 在机体纵向对称面内偏离重心,出现偏心距 x_R 和 z_R 不为零,则会产生俯仰力矩。这个俯仰力矩对于飞行器纵向运动的性能和稳定性有很大影响。

由于机体坐标系 S_b——$Oxyz$ 的原点是在飞行器的质心处,因此关于飞行器重心的力矩则由下列方程确定,即

$$M_{cg} = M + (L\cos\alpha + D\sin\alpha)x_R + (L\sin\alpha - D\cos\alpha)z_R \tag{1-66}$$

在方程(1-66)两边同除以 $QS_w c_A$,可得到式(1-66)的量纲一的表达式

$$C_{m_{cg}} = C_m + (C_L\cos\alpha + C_D\sin\alpha)\frac{x_R}{c_A} + (C_L\sin\alpha + C_D\cos\alpha)\frac{z_R}{c_A} \tag{1-67}$$

在稳定的水平飞行条件下,方程(1-67)右边的 $C_L\cos\alpha$ 项是最大的,并且在通常情况下

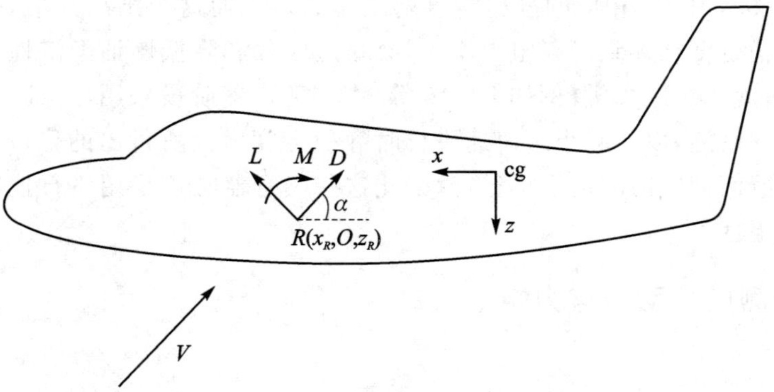

图 1-27　全机纵向稳定性分析

偏心距 x_R 要比 z_R 大得多，因此由该项产生的力矩会更大。换句话说，仅用此项就可以分析飞行器的纵向稳定性问题，甚至可以进一步假设，当迎角很小时（$\cos\alpha\approx1$），方程（1-67）可以近似地写成

$$C_{m_{cg}}=C_m+\frac{C_L x_R}{c_A} \tag{1-68}$$

注意：在计算全机的俯仰力矩时不应忽略这个近似修正项 $\frac{C_L x_R}{c_A}$，但是该项对于滚转和偏航而言，影响较小而常常被忽略。

为了分析飞行器的纵向稳定性，必须通过式（1-69）考察全机的俯仰力矩 $C_{m_{cg}}$ 随着迎角 α 的变化趋势，即

$$\frac{\mathrm{d}C_{m_{cg}}}{\mathrm{d}\alpha}=\frac{\mathrm{d}C_{\mathrm{m}}}{\mathrm{d}\alpha}+x_R\,\frac{\mathrm{d}C_L/\mathrm{d}\alpha}{c_A} \tag{1-69}$$

在式（1-69）中，如果 $\mathrm{d}C_{m_{cg}}/\mathrm{d}\alpha$ 是负值，则飞行器是纵向静稳定的。等号右边第一项是关于气动数据参考点测量的飞行器俯仰力矩的斜率，这一项可以设计成负值，使飞行器具有纵向静稳定性。等号右边第二项中 $\mathrm{d}C_L/\mathrm{d}\alpha$ 是正值，所以可以依赖于调节 x_R/c_A 使飞行器变为纵向静稳定或者静不稳定。应该注意的是，这一结论是在操纵舵面被锁定的情况下得到的。

如果飞行器重心后移，偏心 x_R 将会增大，那么飞行器纵向静不稳定的可能性也会增大。当重心后移到使飞行器出现纵向中性稳定的位置时，该位置称为中性点（neutral point），也是整个飞行器的有效的气动焦点（aerodynamic center）。当中性点（气动焦点）在实际重心之后时，中性点（气动焦点）与实际重心的距离（$x_{ac}-x_{cg}$）与 c_A 的比值称为纵向静稳定度（static margin）$S_{\mathrm{m}}=(x_{ac}-x_{cg})/c_A=\bar{x}_{ac}-\bar{x}_{cg}$。

根据式（1-49），可以得到纵向静稳定性导数 C_{m_α} 与纵向静稳定度 S_{m} 之间的关系式：

$$C_{m_\alpha}=-C_{L_\alpha}S_{\mathrm{m}} \tag{1-70}$$

式中，由于升力线斜率 C_{L_α} 为正值，因此对于纵向静稳定飞行器而言，必须具有正的纵向静稳定度。

传统的纵向静稳定飞机的静稳定度 S_{m} 一般为 3%～5%（0.03～0.05），这通常是为了安全起见和考虑到重心变化而留下的余量。为了获得在低速飞行情况下的纵向静稳定性，在跨声速和超声速区间飞行时就要付出代价，因为从高亚声速到超声速飞行时，气动焦点会从

$0.25c_A$ 后移到 $0.5c_A$ 附近,相应的静稳定度随之增大。然而这个结果并不是所希望的,因为增大了的纵向静稳定度会导致配平阻力增大,会缩短航程和降低燃油经济性以及降低飞行器的机动性。因此,现代军用飞机(例如F-16等)都在亚声速阶段采用尽量减小静稳定度甚至使用负静稳定度的措施,以便减小跨声速飞行时静稳定度增大所付出的代价。纵向静不稳定通常会导致飞行器俯仰方向的动态不稳定,因此这些飞行器必须采用飞行控制系统来恢复和改善其纵向的稳定性。

1.2.4 横侧向气动力与力矩

1. 侧力 Y

侧力 Y:飞行器总空气动力 $\boldsymbol{R}_{\Sigma}$ 沿气流坐标系 Oy_a 轴的分量,向右为正方向。侧力 Y 可表示为

$$Y = C_Y\left(\frac{1}{2}\rho V^2\right)S_w \tag{1-71}$$

式中,C_Y 为侧力系数;S_w 为机翼面积。实际上侧力 Y 与机翼面积 S_w 并没有关系,之所以引入机翼面积 S_w,是为了得到与升力和阻力相同的表达式而已。

通常飞行器的外形是关于面 Oxz 对称的,所以只有在不对称的侧向气流作用下才会产生侧力。

下面分别讨论由侧滑角 β、方向舵偏转角 δ_r、滚转角速度 p 和偏航角速度 r 所引起的侧力。

(1) 侧滑角 β 引起的侧力

由 $\beta \neq 0$ 产生侧力 Y 的原理与迎角 α 产生升力 L 的原理类似。对于具有普通气动布局的飞行器,其产生侧力的主要部件为垂直尾翼和机身,两者产生侧力的原因基本相同,如图1-28所示。

下面以垂尾为例作以分析。设 $\beta>0$,即飞行器向右侧滑。当 $\beta>0$ 时,垂尾左表面的流速增大,压力下降;相反,其右表面的流速减小,压力增大,这样就出现压力差,即产生负侧力 $Y(\beta)$,其表达式为

$$Y(\beta) = C_{Y_\beta}\left(\frac{1}{2}\rho V^2\right)S_w\beta \tag{1-72}$$

式中,$C_{Y_\beta} = \dfrac{\partial C_Y}{\partial \beta}$ 为侧力导数。因为正向侧滑 $\beta>0$ 产生的负侧力 $Y(\beta)<0$,所以 C_{Y_β} 为负值。

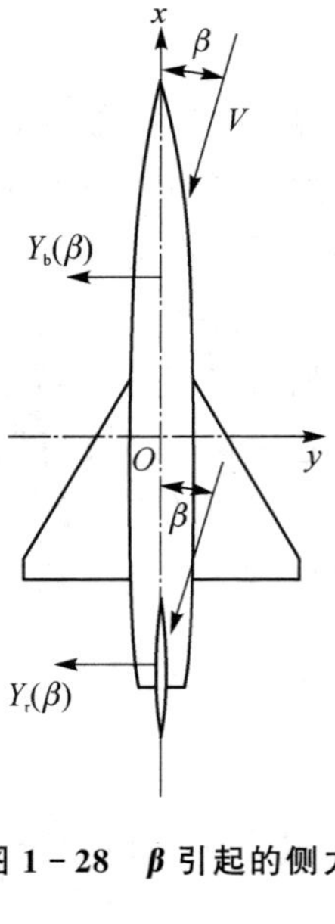

图1-28 β 引起的侧力

(2) 方向舵偏转 δ_r 引起的侧力

方向舵偏转 δ_r 所引起侧力的原理与升降舵偏转 δ_e 产生升力 L 的原理类似。方向舵偏转 δ_r 后,垂尾的气动外形发生变化,从而产生侧力 $Y(\delta_r)$,其表达式为

$$Y(\delta_r) = C_{Y_{\delta_r}}\left(\frac{1}{2}\rho V^2\right)S_w\delta_r \tag{1-73}$$

式中，$C_{Y_{\delta_r}}=\dfrac{\partial C_Y}{\partial \delta_r}$为方向舵侧力导数；$S_w$ 为机翼面积。

因为方向舵正向偏转($\delta_r>0$)所产生的侧力为正，即 $Y(\delta_r)>0$，所以 $C_{Y_{\delta_r}}$ 为正值。

上面主要介绍了静态侧力的情况，下面分析由于滚转角速度 p 和偏航角速度 r 所引起的动态侧力。

(3) 滚转角速度 p 引起的侧力

当飞行器有滚转角速度($p\neq 0$)时，垂尾上有附加侧向速度，这相当于垂尾存在局部的侧滑角，因而将产生侧力，如图 1-29 所示，其表达式为

$$Y(p)=C_{Y_{\bar{p}}}\left(\frac{1}{2}\rho V^2\right)S_w\bar{p} \tag{1-74}$$

式中，$C_{Y_{\bar{p}}}=\dfrac{\partial C_Y}{\partial \bar{p}}$为滚转角速度侧力导数；$\bar{p}=\dfrac{pb}{2V}$为量纲一的滚转角速度，其中 b 为机翼展长。

因为正向的滚转角速度($p>0$)将产生负的侧力，即 $Y(p)<0$，所以 $C_{Y_{\bar{p}}}$ 为负值。一般气动布局的飞行器，其滚转角速度侧力导数 $C_{Y_{\bar{p}}}$ 的数值都很小，通常可忽略。

(4) 偏航角速度 r 所引起的侧力

同理，当飞行器存在偏航角速度($r\neq 0$)时，在垂尾上也存在局部的侧滑角，因而将产生侧力。此外，超声速飞行器的机体头部在偏航角速度 $r\neq 0$ 时，会引起与垂尾产生的侧力相反的侧力，如图 1-30 所示。因此，由偏航角速度 r 所引起的侧力应是垂尾与机体头部产生的侧力之差，其表达式为

$$Y(r)=C_{Y_{\bar{r}}}\left(\frac{1}{2}\rho V^2\right)S_w\bar{r} \tag{1-75}$$

式中，$C_{Y_{\bar{r}}}=\dfrac{\partial C_Y}{\partial \bar{r}}$为偏航角速度侧力导数；$\bar{r}=\dfrac{rb}{2V}$为量纲一的偏航角速度，其中 b 为机翼展长。

同样，对于常规气动布局的飞行器，其偏航角速度侧力导数 $C_{Y_{\bar{r}}}$ 的数值都很小，通常可忽略不计发。

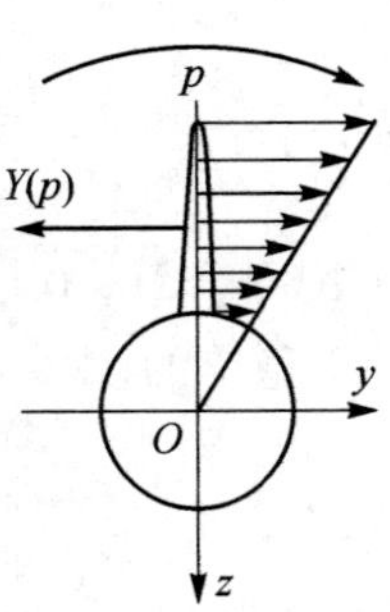

图 1-29　p 与侧力

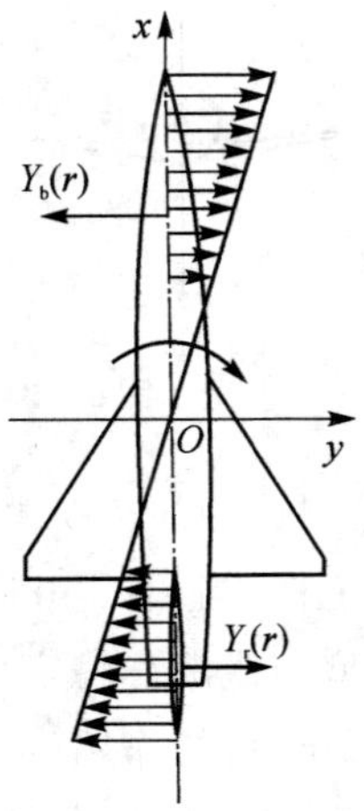

图 1-30　r 与侧力

2. 滚转力矩 $\bar{L}$ 与偏航力矩 N

绕机体坐标系 Ox 轴的力矩统称为滚转力矩 $\bar{L}$,而绕机体坐标系 Oz 轴的力矩统称为偏航力矩 N,滚转力矩 $\bar{L}$ 与偏航力矩 N 又统称为横侧向力矩。

(1) 绕 Ox 轴的气动滚转力矩 $\bar{L}_A$

相对于侧力所引起的力矩关系,绕 Ox 轴的滚转力矩 $\bar{L}_A$ 包括:由侧滑角 β 引起的滚转力矩 $\bar{L}_A(\beta)$、由副翼偏转角 δ_a 引起的滚转力矩 $\bar{L}_A(\delta_a)$、由方向舵偏转角 δ_r 引起的滚转力矩 $\bar{L}_A(\delta_r)$、由滚转角速度 p 引起的滚转力矩 $\bar{L}_A(p)$ 和由偏航角速度 r 引起的滚转力矩 $\bar{L}_A(r)$。

1) 由侧滑角 β 引起的滚转力矩 $\bar{L}_A(\beta)$

滚转力矩 $\bar{L}_A(\beta)$ 主要由机翼和垂尾在侧滑角 $\beta \neq 0$ 时产生,其表达式为

$$\bar{L}_A(\beta)=C_{l_\beta}\left(\frac{1}{2}\rho V^2\right)S_w b\beta \tag{1-76}$$

式中,$C_{l_\beta}=\dfrac{\partial C_l}{\partial \beta}$ 为横滚静稳定性导数,其中 C_l 为滚转力矩系数;S_w 和 b 分别为机翼面积和机翼展长。

下面讨论横滚静稳定性导数 C_{l_β} 的意义。

如图 1-31 所示(面向飞行器头部),某种干扰使飞行器产生滚转角($\phi>0$)。此时虽然姿态角变化并不会产生气动力(因为只有气流角 α 和 β 才会产生气动力),但是,由于滚转角 $\phi>0$,升力 L 与重力 G 将产生合力,使得飞行器向中心侧滑,产生正侧滑角($\beta>0$)。为了使正的滚转角 ϕ 恢复到零,只有产生负的滚转力矩($\bar{L}_A(\beta)<0$)。

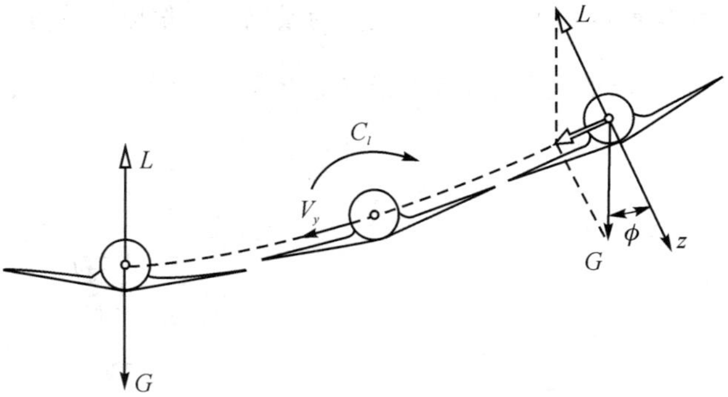

图 1-31 滚转角 ϕ 的自动纠正过程

由式(1-76)可见,只有 $C_{l_\beta}<0$ 才能产生负的滚转力矩($\bar{L}_A(\beta)<0$)。因此,当 $C_{l_\beta}<0$ 时,飞行器具有横滚静稳定性;当 $C_{l_\beta}>0$ 时,飞行器为横滚静不稳定的。

下面讨论几种翼型与横滚静稳定性导数 C_{l_β} 的关系。

(a) 机翼上(下)反角 Γ 的作用

机翼上(下)反角 Γ 指经翼根弦作一垂直于飞行器对称面的平面,此平面与翼弦平面之间的夹角。若翼弦平面在此平面之上,则 Γ 称为上反角;反之,Γ 称为下反角。

设有上反角 Γ 的机翼，其空速为 V，并存在侧滑角 $\beta>0$。先将空速 V 分解为 $V\sin\beta$ 和 $V\cos\beta$，再将 $V\sin\beta$ 沿翼弦平面及其垂直方向进行分解。对于右机翼而言，将空速 V 分解为 $V\sin\beta\ \sin\Gamma$ 和 $V\sin\beta\ \cos\Gamma$，即相当于右机翼与 $V\sin\beta$ 存在正的迎角，从而产生由下向上的升力；而对于左机翼，则相反。这样，右机翼产生由下向上的升力，左机翼则产生由上向下的升力，由此形成了负滚转力矩（$\bar{L}_A<0$），如图 1-32 所示。因此，对于上反角机翼，横滚静稳定性导数 C_{l_β} 为负值。反之，对于下反角机翼，C_{l_β} 为正值。

(b) 机翼后掠角 $\Lambda_{1/4}$ 的作用

翼尖向后的机翼称为后掠翼，反之，翼尖向前的机翼称为前掠翼。

1/4 弦线：在翼弦平面上将各翼剖面的翼弦线上 1/4 处的点连成直线，称为 1/4 弦线。

后掠角 $\Lambda_{1/4}$：1/4 弦线与机体坐标系 Oy 轴之间的夹角称为后掠角 $\Lambda_{1/4}$。

设有后掠角 $\Lambda_{1/4}$ 的机翼，其空速为 V，并存在侧滑角 $\beta>0$，如图 1-33 所示。对于右机翼，将空速 V 分解为平行于 1/4 弦线的分速 $V\sin(\Lambda_{1/4}-\beta)$ 和垂直于 1/4 弦线的分速 $V\cos(\Lambda_{1/4}-\beta)$；对于左机翼，将空速 V 分解为平行于 1/4 弦线的分速 $V\sin(\Lambda_{1/4}+\beta)$ 和垂直于 1/4 弦线的分速 $V\cos(\Lambda_{1/4}+\beta)$。由于只有垂直于 1/4 弦线的分速才能产生升力，因此也将垂直于 1/4 弦线的分速称为有效分速。

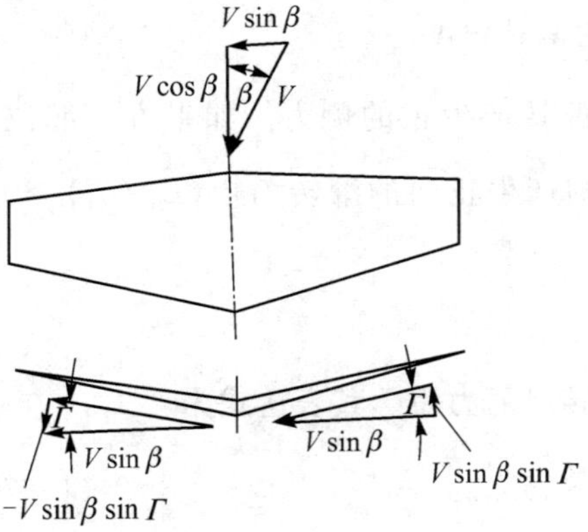

图 1-32　机翼上反角 Γ

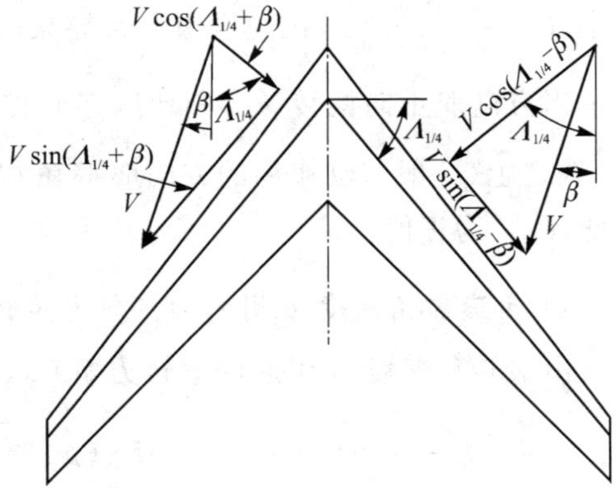

图 1-33　机翼后掠角 $\Lambda_{1/4}$ 的作用

当正侧滑时（$\beta>0$），右机翼的有效分速大于左机翼的，即 $V\cos(\Lambda_{1/4}-\beta)>V\cos(\Lambda_{1/4}+\beta)$。这样，右机翼升力大于左机翼的，因此形成负的滚转力矩（$\bar{L}_A<0$）。所以，对于后掠翼的飞行器，其横滚静稳定性导数 $C_{l_\beta}<0$。

对于前掠翼的情况可以同样分析。当正侧滑时（$\beta>0$），左机翼的有效分速 $V\sin(\Lambda_{1/4}+\beta)$ 大于右机翼的有效分速 $V\sin(\Lambda_{1/4}-\beta)$。这样，左机翼升力大于右机翼的，由此形成正的滚转力矩（$\bar{L}_A>0$）。所以，对于前掠翼的飞行器，其横滚静稳定性导数 $C_{l_\beta}>0$。

对于机翼的上（下）反角 Γ 和后掠角 $\Lambda_{1/4}$ 的综合影响，要进行综合分析。

(c) 垂尾的作用

与垂尾存在侧滑角 β 将引起侧力的原理一样，如果垂尾在 Ox 轴之上，当存在正侧滑时（$\beta>0$）将产生负的侧力，对 Ox 轴取矩，则形成负的滚转力矩（$\bar{L}<0$），因此 C_{l_β} 为负向增加；如果垂尾在 Ox 轴之下，则 C_{l_β} 是正向增加的。

2) 由副翼偏转角 δ_a 引起的滚转力矩 $\bar{L}_A(\delta_a)$

由副翼偏转角 δ_a 引起的滚转力矩 $\bar{L}_A(\delta_a)$ 又称为滚转操纵力矩，是操纵飞行器产生滚转运动的主要措施。其表达式为

$$\bar{L}_A(\delta_a)=C_{l_{\delta_a}}\left(\frac{1}{2}\rho V^2\right)S_w b\delta_a \tag{1-77}$$

式中，$C_{l_{\delta_e}}=\dfrac{\partial C_l}{\partial \delta_a}$ 为滚转操纵导数；δ_a 为副翼的偏转角度。

当副翼正向偏转 $\delta_a>0$，即“左上右下”偏转时，相当于右机翼的翼型弯度增大，而左机翼的翼型弯度减小，所以右机翼的升力增大，而左机翼的升力减小，故此将产生负的滚转力矩($\bar{L}_A(\delta_a)<0$)，因此，滚转操纵导数 $C_{l_{\delta_a}}$ 为负值。

3) 由方向舵偏转角 δ_r 引起的滚转力矩 $\bar{L}_A(\delta_r)$

由方向舵偏转角 δ_r 引起的滚转力矩 $\bar{L}_A(\delta_r)$ 又称为操纵交叉力矩。其表达式为

$$\bar{L}_A(\delta_r)=C_{l_{\delta_r}}\left(\frac{1}{2}\rho V^2\right)S_w b\delta_r \tag{1-78}$$

式中，$C_{l_{\delta_r}}=\dfrac{\partial C_l}{\partial \delta_r}$ 为方向舵操纵交叉导数；δ_r 为方向舵的偏转角度。

当方向舵正向偏转($\delta_r>0$)时，方向舵的后缘向左偏转产生正的侧力。如果方向舵位于 Ox 轴之上(一般气动布局的方向舵都在 Ox 轴之上)，则产生正向的滚转力矩($\bar{L}_A(\delta_r)>0$)，因此，$C_{l_{\delta_r}}$ 为正值。

4) 由滚转角速度 p 引起的滚转力矩 $\bar{L}_A(p)$

由滚转角速度 p 引起的滚转力矩 $\bar{L}_A(p)$ 也称为滚转阻尼力矩。其表达式为

$$\bar{L}_A(p)=C_{l_{\bar{p}}}\left(\frac{1}{2}\rho V^2\right)S_w b\bar{p} \tag{1-79}$$

式中，$C_{l_{\bar{p}}}=\dfrac{\partial C_l}{2\bar{p}}$ 为滚转阻尼导数；$\bar{p}=\dfrac{pb}{2V}$ 为量纲一的滚转角速度。

由滚转角速度 p 引起的滚转力矩 $\bar{L}_A(p)$ 主要由机翼产生，此外，平尾和垂尾对其也有一些影响。

下面主要讨论机翼产生滚转力矩 $\bar{L}_A(p)$ 的机理。

设飞行器正向滚转，即 $p>0$ 向右滚转，右机翼下行，左机翼上行。因为下行速度分量与空速 V 叠加，形成一个迎角增大的速度合量，所以下行翼面的迎角增大，因此升力增大；反之，上行翼面的迎角减小，升力也减小。这样右机翼升力增大而左机翼升力减小，形成了一个负的滚转力矩($\bar{L}_A(p)<0$)。这个负的滚转力矩 $\bar{L}_A(p)$ 将起到阻止飞行器正向滚转的作用，故称为滚转阻尼力矩，所以其滚转阻尼系数 $C_{l_{\bar{p}}}$ 为负值。

5) 由偏航角速度 r 引起的滚转力矩 $\bar{L}_A(r)$

由偏航角速度 r 引起的滚转力矩 $\bar{L}_A(r)$ 也称为交叉动态力矩。其表达式为

$$\bar{L}_A(r)=C_{l_r}\left(\frac{1}{2}\rho V^2\right)S_w b\bar{r} \tag{1-80}$$

式中，$C_{l_{\bar{r}}}=\dfrac{\partial C_l}{\partial \bar{r}}$为交叉动导数；$\bar{r}=\dfrac{rb}{2V}$为量纲一的偏航角速度。

设偏航角速度 $r>0$，即左机翼向前、右机翼向后运动。首先，分析当存在正的偏航角速度($r>0$)时机翼所产生的滚转力矩 $\bar{L}_A(r)$。由于左机翼向前运动，其相对空速增加，则升力也增加；反之，右机翼升力降低。因此就形成了正的滚转力矩($\bar{L}_A(r)>0$)；

其次，分析当存在正的偏航角速度($r>0$)时垂尾所产生的滚转力矩 $\bar{L}_A(r)$。当偏航角速度 $r>0$ 时，垂尾将产生局部的负向侧滑角($\beta<0$)，因此，将产生正的侧力。如果垂尾位于 Ox 轴之上，则产生正的滚转力矩($\bar{L}_A(r)>0$)。所以，对于正的偏航角速度($r>0$)，垂尾将产生正的滚转力矩($\bar{L}_A(r)>0$)，所以交叉动导数 C_{l_r} 为正值。

(2) 绕 Oz 轴的气动偏航力矩 N_A

与绕 Ox 轴的滚转力矩 $\bar{L}_A$ 一样，对应于侧力所引起的力矩关系，绕 Oz 轴的偏航力矩 N_A 包括：由侧滑角 β 所引起的偏航力矩 $N_A(\beta)$、由副翼偏转角 δ_a 所引起的偏航力矩 $N_A(\delta_a)$、由方向舵偏转角 δ_r 所引起的偏航力矩 $N_A(\delta_r)$、由滚转角速度 p 所引起的偏航力矩 $N_A(p)$ 和由偏航角速度 r 所引起的偏航力矩 $N_A(r)$。

1）由侧滑角 β 所引起的偏航力矩 $N_A(\beta)$

由侧滑角 β 引起的偏航力矩 $N_A(\beta)$ 又称为航向静稳定力矩，其表达式为

$$N_A(\beta)=C_{n_\beta}\left(\frac{1}{2}\rho V^2\right)S_w b\beta \tag{1-81}$$

式中，$C_{n_\beta}=\dfrac{\partial C_n}{\partial \beta}$为航向静稳定性导数。

由侧滑角 β 引起的偏航力矩 $N_A(\beta)$ 主要由机身和垂尾产生。一般情况下，机身产生不稳定的偏航力矩 $N_A(\beta)$，但与垂尾产生的相比则较小。因此，下面以垂尾为例分析说明由侧滑角 β 所引起的偏航力矩 $N_A(\beta)$ 的机理。

假设飞行器存在右侧滑运动，即 $\beta>0$。由上面关于侧滑角 β 引起的侧力分析可知，右侧滑运动 $\beta>0$，垂尾将产生一个负值侧力($Y(\beta)<0$)。由于垂尾在飞行器重心后方，所以产生一个正的偏航力矩($N_A(\beta)>0$)，使侧滑角 β 减小，所以 $N_A(\beta)$ 是一个稳定的偏航力矩。

由以上分析可见，稳定的偏航力矩 $N_A(\beta)$ 在使侧滑角 β 减小(恢复)的同时，使机头转到了新的方向。实质上，这种稳定偏航力矩 $N_A(\beta)$ 只对速度轴向起稳定作用。所以，有时也将偏航力矩 $N_A(\beta)$ 称为风标稳定性力矩。

综上所述，当航向静稳定性导数为正值，即 $C_{n_\beta}>0$ 时，垂尾将产生正的偏航力矩，飞行器具有稳定偏航力矩；反之，当 $C_{n_\beta}<0$ 时，垂尾将产生不稳定的偏航力矩。

2）由副翼偏转角 δ_a 所引起的偏航力矩 $N_A(\delta_a)$

由副翼偏转角 δ_a 引起的偏航力矩 $N_A(\delta_a)$ 也称为操纵交叉力矩。

操纵副翼是为了使飞行器产生滚转运动，但是由于飞行器的面为对称气动布局，滚转运动将使垂尾产生偏航力矩，因此，使飞行器的偏航与滚转运动之间存在着耦合作用。操纵交叉力

矩的表达式为

$$N_A(\delta_a)=C_{n_{\delta_a}}\left(\frac{1}{2}\rho V^2\right)S_w b\delta_a \tag{1-82}$$

式中,$C_{n_{\delta_a}}=\dfrac{\partial C_n}{\partial \delta_a}$为副翼操纵交叉导数,其符号要根据产生正负力矩的定义而定。

3) 由方向舵偏转角δ_r所引起的偏航力矩$N_A(\delta_r)$

由方向舵偏转角δ_r引起的偏航力矩$N_A(\delta_r)$又称为航向操纵力矩,此力矩是操纵飞行器产生偏转运动的主要措施。航向操纵力矩的表达式为

$$N_A(\delta_r)=C_{n_{\delta_r}}\left(\frac{1}{2}\rho V^2\right)S_w b\delta_r \tag{1-83}$$

式中,$C_{n_{\delta_r}}=\dfrac{\partial C_n}{\partial \delta_r}$为航向操纵导数,其值为负。

设方向舵正向偏转,即$\delta_r>0$,方向舵后缘向左偏转,垂尾将产生一个正的侧力。由于垂尾在飞行器重心之后,所以它产生负的偏航力矩($N_A(\delta_r)<0$),因此航向操纵导数$C_{n_{\delta_r}}$为负值。

4) 由滚转角速度p所引起的偏航力矩$N_A(p)$

由滚转角速度p引起的偏航力矩$N_A(p)$也称为交叉动态力矩,其表达示为

$$N_A(p)=C_{n_{\bar{p}}}\left(\frac{1}{2}\rho V^2\right)S_w b\bar{p} \tag{1-84}$$

式中,$C_{n_{\bar{p}}}=\dfrac{\partial C_n}{\partial \bar{p}}$为交叉动导数;$\bar{p}=\dfrac{pb}{2V}$为量纲一的滚转角速度。

由滚转角速度p引起的偏航力矩$N_A(p)$主要由机翼和垂尾两部分产生。

对于垂尾而言,当飞行器向右滚转运动时,即存在正的滚转角速度($p>0$),也可以认为垂尾不动,而气流以一定的速度吹向垂尾,相当于在垂尾处产生局部侧滑角$\beta>0$,因而产生负的侧力,从而产生正偏航力矩($N_A(p)>0$)。因此,对于垂尾$(C_{n_{\bar{p}}})_v$为正值。

一般情况下,机翼对交叉动导数$C_{n_{\bar{p}}}$的影响较为复杂,下面仅对其形成原理进行讨论。

设飞行器向右滚转运动,即存在正的滚转角速度($p>0$),且迎角α较小。当副翼负向偏转时,即$\delta_a<0$,"左下右上"操纵,飞行器的右机翼下行运动,有一个向下的速度增量$\Delta V_{下}$,则总的迎角$\alpha_{下}=\alpha+\Delta\alpha_{下}$,即迎角增大,右机翼升力增大;反之,左机翼上行运动,迎角减小,其对应的左机翼升力减小。阻力也有同样情况。

由于升力垂直于气流速度,对于右机翼,因$\alpha_{下}$增大,所以增大的升力将前倾,产生平行于Ox轴向的分力和平行于Oz轴向的分力,对于左机翼则反之。平行于Oz轴向的两个机翼分力的合力将产生负的滚转力矩($\bar{L}_A(p)<0$),而平行于Ox轴向的两个机翼分力的合力将产生负的偏航力矩($N_A(p)<0$),因此,对于机翼交叉动导数$(C_{n_{\bar{p}}})_w$为负值。

所以,交叉动导数$C_{n_{\bar{p}}}$应为机翼和垂尾的交叉动导数之和,即

$$C_{n_{\bar{p}}}=(C_{n_{\bar{p}}})_v+(C_{n_{\bar{p}}})_w \tag{1-85}$$

5) 由偏航角速度r所引起的偏航力矩$N_A(r)$

由偏航角速度r引起的偏航力矩$N_A(r)$又称为航向阻尼力矩。此力矩主要由垂尾产生,

机身对其也有一定的影响，但是一般情况下较弱。航向阻尼力矩的表达式为

$$N_{\mathrm{A}}(r)=C_{n_{\bar{r}}}\left(\frac{1}{2}\rho V^{2}\right)S_{\mathrm{w}}b\bar{r} \tag{1-86}$$

式中，$C_{n_{\bar{r}}}=\dfrac{\partial C_n}{\partial \bar{r}}$为航向阻尼导数；$\bar{r}=\dfrac{rb}{2V}$为量纲一的偏航角速度。

设飞行器做右向偏航运动，即偏航角速度 $r>0$，左机翼前行运动，右机翼后行运动。前行机翼速度增大，则前行机翼的升力和阻力均增大；反之，后行机翼的速度减小，则后行机翼的升力和阻力均减小。这样，左右机翼的阻力差形成一个阻止飞行器转动的负的偏航力矩($N_{\mathrm{A}}(r)<0$)，也称为阻力矩，所以对于机翼航向阻尼导数 $C_{n_{\bar{r}}}$ 为负值。

当偏航角速度 $r>0$ 时，垂尾将产生局部的负向侧滑角($\beta<0$)，因此，将产生正的侧力。因为垂尾位于飞行器的重心之后，所以它将产生负的偏航力矩($N_{\mathrm{A}}(r)<0$)，因此对于垂尾航向阻尼导数 $C_{n_{\bar{r}}}$ 为负值。

3. 侧力和侧向力矩表达式

气动侧力 Y 的表达式为

$$Y=\left(\frac{1}{2}\rho V^{2}\right)S_{\mathrm{w}}(C_{Y_{\beta}}\cdot\beta+C_{Y_{\delta_{\mathrm{r}}}}\cdot\delta_{\mathrm{r}}+C_{Y_{\bar{p}}}\cdot\bar{p}+C_{Y_{\bar{r}}}\cdot\bar{r}) \tag{1-87}$$

气动滚转力矩 $\bar{L}_{\mathrm{A}}$ 的表达式为

$$\bar{L}_{\mathrm{A}}=\left(\frac{1}{2}\rho V^{2}\right)S_{\mathrm{w}}b(C_{l_{\beta}}\cdot\beta+C_{l_{\delta_{\mathrm{a}}}}\cdot\delta_{\mathrm{a}}+C_{l_{\delta_{\mathrm{r}}}}\cdot\delta_{\mathrm{r}}+C_{l_{\bar{p}}}\cdot\bar{p}+C_{l_{\bar{r}}}\cdot\bar{r}) \tag{1-88}$$

气动偏航力矩 N_{A} 的表达式为

$$N_{\mathrm{A}}=\left(\frac{1}{2}\rho V^{2}\right)S_{\mathrm{w}}b(C_{n_{\beta}}\cdot\beta+C_{n_{\delta_{\mathrm{a}}}}\cdot\delta_{\mathrm{a}}+C_{n_{\delta_{\mathrm{r}}}}\cdot\delta_{\mathrm{r}}+C_{n_{\bar{p}}}\cdot\bar{p}+C_{n_{\bar{r}}}\cdot\bar{r}) \tag{1-89}$$

这里要指出：

① 在上述侧力和侧向力矩表达式中仅考虑了静导数和由旋转运动引起的动导数，并没有考虑非定常导数即 $\dot{\beta}$，$\dot{\delta}_{\mathrm{a}}$，$\dot{\delta}_{\mathrm{r}}$ 的影响，因为在一般情况下，这些非定常导数值都很小，故可以忽略；

② 以上讨论的所有气动导数只适用于线性范围，迎角 α 及侧滑角 β 均应限制在一定范围内；

③ 所有的空气动力和力矩都与马赫数 Ma 有关，上述各项气动导数都是马赫数 Ma 的非线性函数；

④ 由于飞行器存在 Oxz 对称平面，所以 C_{Y_0}，C_{l_0}，C_{n_0} 均为零，这与纵向空气动力和力矩是有区别的，因为 C_{m_0} 和 C_{L_0} 均不为零。

以上所涉及到的气动力、力矩的系数和导数，将在第 2 章中给出详细的定义和解释。

1.2.5 作用在飞行器上的推力与重力

1. 发动机的推力 T

飞行器的推力一般由固联于机体的发动机产生。推力的大小通常是通过燃料的质量流量

和尾喷管的面积来控制的，而推力矢量的控制可有多种实现方法，其中包括采用尾喷流偏转板(如燃气舵等)、尾喷管的偏转控制以及整个发动机的转向控制等方案。飞机发动机的典型安装方式如图1-34所示。

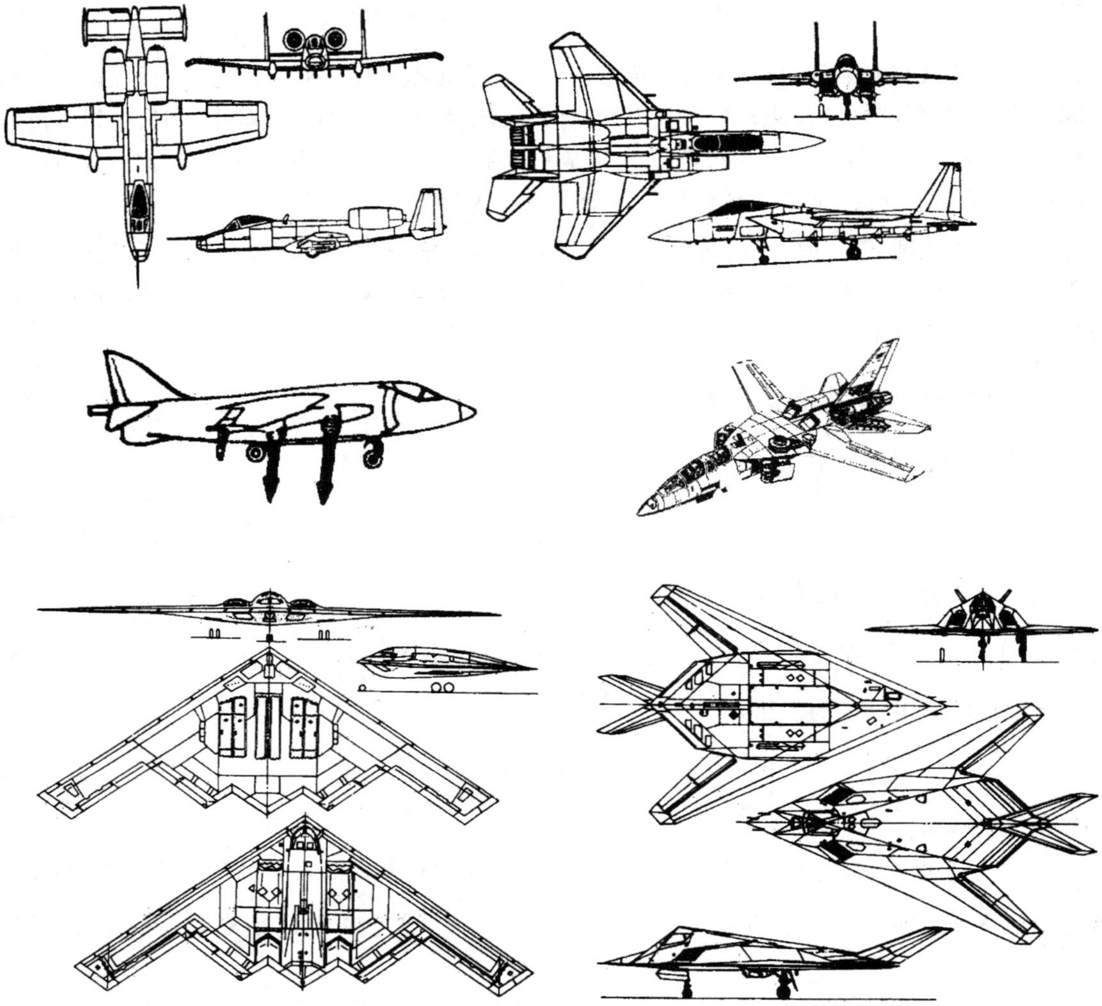

图1-34　飞机发动机的典型安装

下面仅讨论较为一般的情况，即安装单台发动机并与机体固定在一起，且不考虑推力的转向。通常发动机固定于飞行器纵轴的方向。

设发动机的推力作用点在机体坐标系的坐标为(l_x, l_y, l_z)，并将发动机推力T的偏置角α_T和β_T定义为：发动机推力T在飞行器的对称面Oxz内的投影与Ox轴的夹角为α_T，规定其投影在Ox轴之下为正方向；推力T在Oxy面内的投影与对称面Oxz间的夹角为β_T，规定其投影在对称面Oxz之左为正方向。

发动机的推力T在机体坐标系的分量T_x, T_y, T_z分别为

$$\begin{cases} T_x = T\cos\alpha_T\cos\beta_T \\ T_y = -T\sin\beta_T \\ T_z = T\sin\alpha_T\cos\beta_T \end{cases} \tag{1-90}$$

如果发动机推力的偏置角 $\alpha_T=\beta_T=0$，则推力只有机体坐标系 Ox 轴上的分量，即 $T_x=T$。

2. 发动机的推力力矩

由上述发动机的推力 T 在机体坐标系的分量 T_x, T_y, T_z 以及发动机的推力作用点在机体坐标系的坐标 (l_x, l_y, l_z)，可将发动机的推力力矩 $(M_T, N_T, \bar{L}_T)$ 表示为

$$\begin{cases} M_T = T_x \cdot l_z - T_z \cdot l_x \\ N_T = -T_x \cdot l_y + T_y \cdot l_x \\ \bar{L}_T = -T_y \cdot l_z + T_z \cdot l_y \end{cases} \tag{1-91}$$

将式(1-90)代入式(1-91)，有

$$\begin{cases} M_T = T(\cos\alpha_T \cos\beta_T \cdot l_z - \sin\alpha_T \cos\beta_T \cdot l_x) \\ N_T = -T(\cos\alpha_T \cos\beta_T \cdot l_y + \sin\beta_T \cdot l_x) \\ \bar{L}_T = T(\sin\alpha_T \cos\beta_T \cdot l_y + \sin\beta_T \cdot l_z) \end{cases} \tag{1-92}$$

对于装有两台或者三台甚至更多台发动机的飞行器，其推力和推力力矩的计算与单台发动机的情况类似，只是要将每台发动机的推力和推力力矩进行求和计算。假设飞行器安装有 n 台发动机，则 n 台发动机的总推力 T 在机体坐标系分量 T_x, T_y, T_z 的表达式为

$$\begin{cases} T_x = \sum_{i=1}^{n} T_{xi} \\ T_y = \sum_{i=1}^{n} T_{yi} \\ T_z = \sum_{i=1}^{n} T_{zi} \end{cases} \tag{1-93}$$

而 n 台发动机的总推力力矩 $(M_T, N_T, \bar{L}_T)$ 的表达式为

$$\begin{cases} M_T = \sum_{i=1}^{n} M_{Ti} \\ N_T = \sum_{i=1}^{n} N_{Ti} \\ \bar{L}_T = \sum_{i=1}^{n} \bar{L}_{Ti} \end{cases} \tag{1-94}$$

3. 重力 G

飞行器所受到的重力 G 可表示为

$$G = mg \tag{1-95}$$

式中，m 为飞行器的质量；g 为重力加速度。

严格地讲，飞行器在飞行过程中，随着燃料的消耗和飞行高度的变化，飞行器的质量 m 和重力加速度 g 都在发生变化，因此，重力 G 也在不断地变化。

但是对于在大气层内飞行的飞行器，重力加速度 g 的变化很小。因此，重力加速度 g 的微小变化在通常情况下可忽略不计，认为重力加速度 g 为常量。而对于由于燃料消耗引起的飞行器质量 m 的变化，则应根据具体情况分别处理。

由于重力 G 属于惯性向量，其方向总是指向地心，所以在惯性坐标系——地面坐标系 S_g——$O_g x_g y_g z_g$ 中的分量可表示为

$$\begin{bmatrix}G_{xg}\\G_{yg}\\G_{zg}\end{bmatrix}=\begin{bmatrix}0\\0\\mg\end{bmatrix}_{\text{Earth}} \tag{1-96}$$

根据在1.1.2小节中讨论的常用坐标系间的转换关系，可以很方便地得到重力 G 在机体坐标系和气流坐标系中的关系式。

在机体坐标系 S_b——$Oxyz$ 中，其表达式为

$$\begin{bmatrix}G_x\\G_y\\G_z\end{bmatrix}=\begin{bmatrix}-mg\sin\theta\\mg\cos\theta\ \sin\phi\\mg\cos\theta\ \cos\phi\end{bmatrix}_{\text{Body}} \tag{1-97}$$

在气流坐标系 S_a——$Ox_a y_a z_a$ 中，其表达式为

$$\begin{bmatrix}G_{xa}\\G_{ya}\\G_{za}\end{bmatrix}=\begin{bmatrix}mg(-\cos\alpha\ \cos\beta\ \sin\theta+\sin\beta\ \sin\phi\ \cos\theta+\sin\alpha\ \cos\beta\ \cos\phi\ \cos\theta)\\mg(\cos\alpha\ \sin\beta\ \sin\theta+\cos\beta\ \sin\phi\ \cos\theta-\sin\alpha\ \sin\beta\ \cos\phi\ \cos\theta)\\mg(\sin\alpha\ \sin\theta+\cos\alpha\ \cos\phi\ \cos\theta)\end{bmatrix}_{\text{Wind}} \tag{1-98}$$

由于重力总是通过飞行器的重心，所以重力 G 不会对飞行器产生重力力矩。因此对于飞行器的重力 G 而言，不存在力矩的问题。

将上述作用在飞行器上的力、力矩和速度的定义及其坐标系间的变换关系列入表1-1中，以便于今后的讨论和使用。

表1-1 力、力矩和速度的定义

坐标系	力	力　矩	速　度
机体坐标系	$\boldsymbol{F}_B \equiv \boldsymbol{F}_{B_A}+\boldsymbol{F}_{B_T}+\boldsymbol{F}_{B_G}$ $\begin{bmatrix}F_x\\F_y\\F_z\end{bmatrix}=\begin{bmatrix}F_{xA}\\F_{yA}\\F_{zA}\end{bmatrix}+\begin{bmatrix}T_x\\T_y\\T_z\end{bmatrix}+\begin{bmatrix}G_x\\G_y\\G_z\end{bmatrix}$	$\boldsymbol{M}_B \equiv \boldsymbol{M}_{B_A}+\boldsymbol{M}_{B_T}$ $\begin{bmatrix}\bar{L}\\M\\N\end{bmatrix}=\begin{bmatrix}\bar{L}_A\\M_A\\N_A\end{bmatrix}+\begin{bmatrix}\bar{L}_T\\M_T\\N_T\end{bmatrix}$	$\boldsymbol{V}_B=\boldsymbol{S}_{\alpha\beta}^{T}\boldsymbol{V}_W$ $\begin{bmatrix}u\\v\\w\end{bmatrix}=\boldsymbol{S}_{\alpha\beta}^{T}\begin{bmatrix}V\\0\\0\end{bmatrix}=\begin{bmatrix}V\cos\alpha\ \cos\beta\\V\sin\beta\\V\sin\alpha\ \cos\beta\end{bmatrix}$
气流坐标系	$\boldsymbol{F}_W = \boldsymbol{F}_{W_A}+\boldsymbol{F}_{W_T}+\boldsymbol{F}_{W_G}$ $\begin{bmatrix}F_{xa}\\F_{ya}\\F_{za}\end{bmatrix}=\begin{bmatrix}-D\\Y\\-L\end{bmatrix}+\boldsymbol{S}_{\alpha\beta}\begin{bmatrix}T_x\\T_y\\T_z\end{bmatrix}+\begin{bmatrix}G_{xa}\\G_{ya}\\G_{za}\end{bmatrix}$	$\boldsymbol{M}_W \equiv \boldsymbol{M}_{W_A}+\boldsymbol{M}_{W_T}$ $\begin{bmatrix}\bar{L}_W\\M_W\\N_W\end{bmatrix}=\boldsymbol{S}_{\alpha\beta}\begin{bmatrix}\bar{L}_A\\M_A\\N_A\end{bmatrix}+\boldsymbol{S}_{\alpha\beta}\begin{bmatrix}\bar{L}_T\\M_T\\N_T\end{bmatrix}$	$\boldsymbol{V}_W=\begin{bmatrix}V\\0\\0\end{bmatrix}$

在表1-1中，$\boldsymbol{F}_B=[F_x\quad F_y\quad F_z]^T$，$\boldsymbol{F}_{B_A}=[F_{xA}\quad F_{yA}\quad F_{zA}]^T$，$\boldsymbol{F}_{B_T}=[T_x\quad T_y\quad T_z]^T$，$\boldsymbol{F}_{B_G}=[G_x\quad G_y\quad G_z]^T$ 分别为定义在机体坐标系上的总作用力、气动力、推力和重力向量；$\boldsymbol{M}_B$

$=[\bar{L}\quad M\quad N]^{\mathrm{T}}$，$\boldsymbol{M}_{\mathrm{B_A}}=[\bar{L}_{\mathrm{A}}\quad M_{\mathrm{A}}\quad N_{\mathrm{A}}]^{\mathrm{T}}$，$\boldsymbol{M}_{\mathrm{B_T}}=[\bar{L}_{\mathrm{T}}\quad M_{\mathrm{T}}\quad N_{\mathrm{T}}]^{\mathrm{T}}$ 分别为定义在机体坐标系上的总作用力矩、气动力矩和推力力矩向量；$\boldsymbol{F}_{\mathrm{W}}=[F_{x\mathrm{a}}\quad F_{y\mathrm{a}}\quad F_{z\mathrm{a}}]^{\mathrm{T}}$，$\boldsymbol{F}_{\mathrm{W_A}}=[-D\quad Y\quad -L]^{\mathrm{T}}$，$\boldsymbol{F}_{\mathrm{W_T}}=\boldsymbol{S}_{\alpha\beta}[T_x\quad T_y\quad T_z]^{\mathrm{T}}$，$\boldsymbol{F}_{\mathrm{W_G}}=[G_{x\mathrm{a}}\quad G_{y\mathrm{a}}\quad G_{z\mathrm{a}}]^{\mathrm{T}}$ 分别为定义在气流坐标系上的总作用力、气动力、推力和重力向量；$\boldsymbol{M}_{\mathrm{W}}=[\bar{L}_{\mathrm{W}}\quad M_{\mathrm{W}}\quad N_{\mathrm{W}}]^{\mathrm{T}}$，$\boldsymbol{M}_{\mathrm{W_A}}=\boldsymbol{S}_{\alpha\beta}[\bar{L}_{\mathrm{T}}\quad M_{\mathrm{A}}\quad N_{\mathrm{A}}]$，$\boldsymbol{M}_{\mathrm{W_T}}=\boldsymbol{S}_{\alpha\beta}[\bar{L}_{\mathrm{T}}\quad M_{\mathrm{T}}\quad N_{\mathrm{T}}]$分别为定义在气流坐标系上的总作用力矩、气动力矩和推力力矩向量；$\boldsymbol{V}_{\mathrm{B}}$ 为定义在机体坐标系上的速度向量；$\boldsymbol{V}_{\mathrm{W}}$ 为定义在气流坐标系上的速度向量。

习 题

1-1 说明常用坐标系的定义并推导坐标系间的转换关系。

1-2 说明姿态角、气流角和航迹角的定义。

1-3 飞行马赫数范围是如何划分的?

1-4 说明常规布局飞机的各个气动操纵面的偏转极性及其与操纵力矩的关系。

1-5 什么是气动焦点？气动焦点与飞行器重心的位置关系是如何影响飞行器的纵向静稳定性的?

1-6 说明纵向静稳定性导数、航向静稳定性导数和横滚静稳定性导数对飞行器稳定性的影响。

1-7 分析说明作用在飞行器上的力和力矩以及它们在各个坐标系的转换关系。

第 2 章　飞行器运动方程

2.1　飞行器运动方程组

飞行器在外力作用下的运动规律一般是用运动方程来描述的，即应用微分方程的形式描述飞行器的运动参数和状态参数随时间的变化规律。飞行器的运动方程通常又可分为动力学方程和运动学方程。

在建立飞行器运动方程之前，有必要先讨论与此相关的两个问题：一是刚体飞行器运动的假设；二是刚体飞行器运动的自由度。

1. 刚体飞行器运动的假设

飞行器是一个复杂的动力学系统。严格地说，由于飞行器在飞行过程中质量是时变的，故其结构也具有弹性形变特性。此外，地球是一旋转的球体，不仅存在着离心加速度和哥氏加速度，而且重力加速度也随高度而变化，所以作用于飞行器外部的空气动力与飞行器几何形状、飞行状态参数等因素呈现非常复杂的函数关系。

在建立飞行器运动方程时若考虑所有这些因素，那将是极其复杂的，因此，在研究方法上，抓主要矛盾，简略次要因素。故作如下假设：

① 飞行器为刚体且质量是常数。

② 地面坐标系为惯性坐标系。

③ 忽略地球曲率，即采用“平板地球假设”。

④ 重力加速度不随飞行高度而变化。

⑤ 对于面对称布局的飞行器，机体坐标系的 Oxz 平面为飞行器的对称平面，飞行器不仅几何外形对称，而且内部质量分布也对称，即惯性积 $I_{xy}=I_{zy}=0$，如图 2-1(a)所示；对于轴对称布局的飞行器，机体坐标系的 Oxz 面和 Oxy 面为飞行器的对称平面，飞行器不仅几何外形对称，而且内部质量分布也对称，即惯性积 $I_{xy}=I_{zy}=I_{xz}=0$，如图 2-1(b)所示。

以上假设是针对飞行速度不太高($Ma<3$)，在大气层内飞行的航空器(如飞机、飞航式导弹)等近似适用，对于某些航天器则需要修改上述假设。

2. 刚体飞行器运动的自由度

对于刚体而言，其在空间的运动需要用六个自由度来描述，即其质心的三个自由度的位移和绕其质心的三个自由度的转动。

如果将飞行器视为刚体，那么其空间运动同样需要由六个自由度描述。即飞行器的质心沿着地面坐标系的三个轴向的位移和绕机体坐标系的三个轴的转动。

① 质心的位移(线运动)：飞行速度的增减运动以及升降运动和侧移运动；

② 绕质心的转动(角运动)：俯仰角运动和偏航角运动以及滚转角运动。

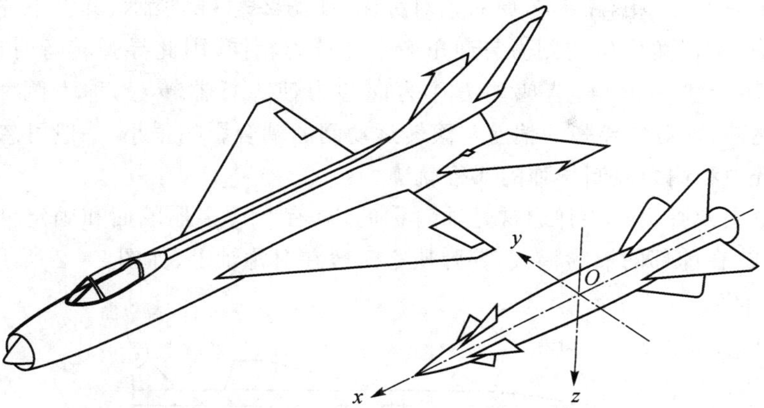

(a) 飞 机 (b) 导 弹

图 2-1 面对称和轴对称飞行器的气动外形

鉴于飞行器通常具有一个几何和质量的对称面，为了建立运动方程和系统设计之便，则根据各自由度之间的耦合强弱程度，将六个自由度的运动分成对称平面内的运动和非对称平面内的运动。

① 纵向运动(对称平面内运动)：速度的增减、质心的升降、绕 Oy 轴的俯仰角运动；

② 横侧向运动(非对称平面内运动)：质心的侧向移动、绕 Oz 轴的偏航角运动、绕 Ox 轴的滚转角运动。

3. 飞机和导弹的运动特点

飞机和在大气层中飞行的导弹有很多共性，因此关于飞机运动特性的研究完全适用于此类导弹。大多数飞机和飞航式导弹是面对称飞行器，面对称飞行器的运动可以分为纵向运动与横侧运动，而需做大机动飞行的导弹多数是轴对称飞行器。因此，轴对称导弹在气动力上的特点是俯仰方向的气动力与偏航方向的气动力完全一样。轴对称飞行器的运动分为纵向、侧向与滚转运动，且纵向与侧向的运动方程相同。

飞机的基准运动一般为等速直线平飞状态，其小扰动线性化方程中的系数是常系数。导弹的基准弹道通常是曲线，飞行速度变化很大，小扰动线性化方程是变系数且系数变化的范围很大，可变化十几倍甚至几十倍。

飞机的主要操纵面有升降舵、副翼和方向舵(也有少数装备有矢量喷管的)。导弹除了有气动舵面的操纵方式外，还有燃气舵、摆动发动机或摆动喷管等。导弹多数在超声速段飞行，为提高操纵效率，一般都采用全动式舵面，与超声速飞机采用全动式平尾的原理相同。鸭式操纵面在弹身头部，操纵效率较高，且舵面升力的方向与弹翼升力的方向一致，因而提高了导弹的机动性能，并减小了操纵过程的时间常数。

飞机(远程飞航式导弹)的外形通常是左右对称而上下不对称的面对称形体，垂直尾翼安装在机身后上部(或后下部)，便于地面起降或者机载发射。这种布局的飞行器一般采用倾斜转弯(bank-to-turn，BTT)，即用副翼操纵飞行器滚转，使飞行器达到所需要的滚转角，使升力倾斜，利用升力的水平分量形成的向心力进行转弯。由于升力的水平分量大于侧滑引起的侧力，因而飞行器转弯机动性能好。此外，面对称飞行器的偏航和滚转运动间的交叉影响显著。

导弹外形通常采用“十”字形布局的轴对称体，如图2-1(b)所示，其上下左右都有相同形状和尺寸的弹翼，侧滑角产生的侧力与迎角产生的升力相同，因此导弹转弯时通常不必倾斜，利用方向舵偏转产生侧滑角，造成侧力作为向心力使飞行器转弯，称为侧滑转弯(skid-to-turn,STT)。此外，轴对称导弹的偏航与滚转运动间的耦合影响很小，一般可忽略。

(1) 利用升力和侧力控制导弹的飞行轨迹

空-空和地-空及弹道式导弹通常是轴对称的，具有“十”字形舵面和固定弹翼。舵面在后部的称为正常式，在前部的称为鸭式，导弹质心一般在对称轴上，如图2-2所示。

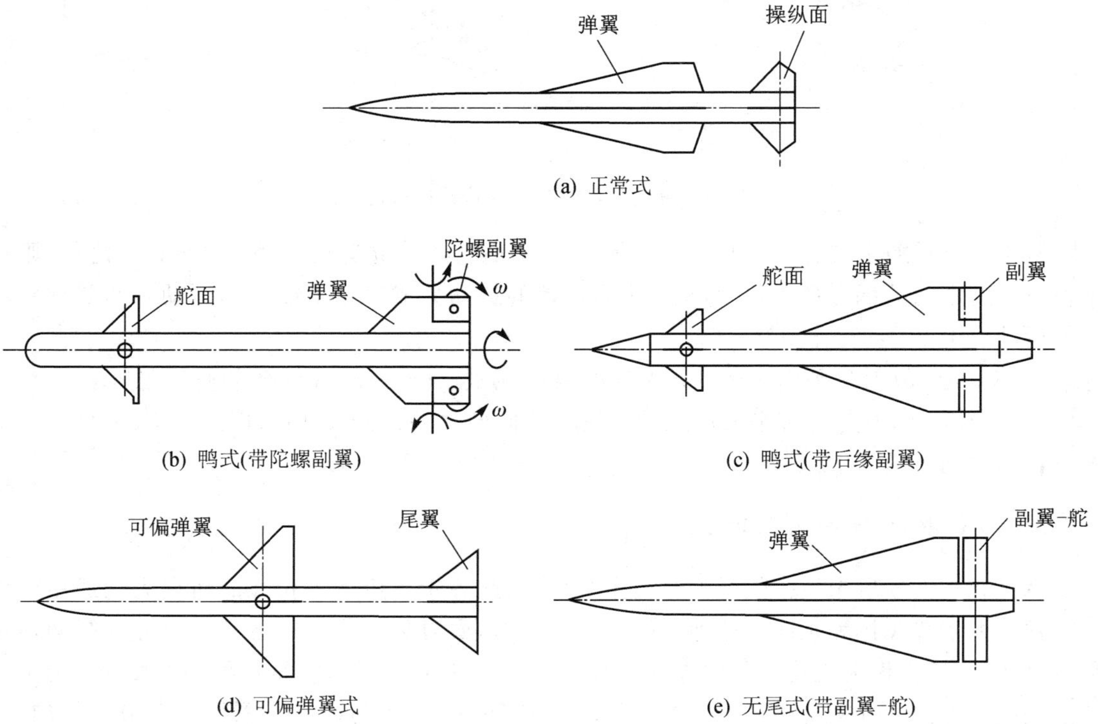

图2-2　轴对称有翼导弹的气动布局

导弹在垂直平面内作曲线飞行与在水平面内作转弯飞行时所用的操纵方式相同，即水平方向偏转的舵面改变迎角，从而改变升力，产生法向加速度(法向过载)，以控制向上或向下飞行；垂直方向偏转的舵面改变侧滑角，从而改变侧力，产生侧向过载，以控制向左或向右飞行。“十”字形布局的导弹在垂直和水平两个平面内机动性能同样有效。因此，攻击活动目标的空-空导弹和地-空导弹大都采用这种气动布局。

多数导弹滚转运动的控制与飞机的不同之处在于它不另设副翼，而是用同一平面内的两个舵面的差动偏转(即两个舵面以相反方向偏转)形成滚转操纵力矩。导弹的舵面同向偏转起方向舵(或升降舵)的作用，其中一对舵面又可以差动偏转起副翼作用。

鸭式导弹的舵面在前，不受弹翼下洗和弹翼气流尾迹的影响，操纵效率很高，其缺点是舵面气流影响弹翼的气动性能，如图2-2(b)、(c)所示。

偏转舵面产生操纵力矩，使弹体转动产生迎角(或侧滑角)，从而产生升力(或侧力)，但过程的时间常数较大。为克服此缺点，提高机动的快速性，旋转弹翼式导弹问世。这种导弹尾翼固定不动，只起稳定作用，弹翼可以转动以减小产生升力(或侧力)的时间常数。但是旋转弹翼所需操纵功率很大，如图 2-2(d)所示。

有些导弹翼根弦长很长，没有尾翼，称为无尾式导弹。其弹翼后缘的可转动部分起升降舵和副翼的作用，如图 2-2(e)所示。

为便于发射，有些导弹布局为“X”形，而不是正“十”字形。但是，两者气动性能相同。

飞航式导弹外形与飞机的相似，控制方式也基本相同，不再赘述。值得指出的是，有的飞航式导弹采用冲压喷气发动机，这类发动机要求弹体的迎角很小以利于进气，否则发动机不能正常工作，因此常采用旋转式弹翼，以保证发动机的进气条件，弹翼的旋转与舵面的偏转须配合起来，以保证进气迎角接近于零，如图 2-3 所示。

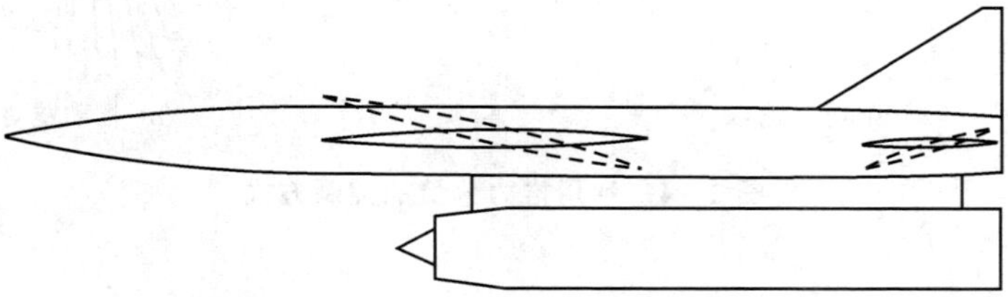

图 2-3　带冲压喷气发动机的旋转弹翼式导弹

(2) 利用推力矢量控制飞行姿态和轨迹

利用弹翼的气动力控制飞行姿态和轨迹，要求在大气中有一定的飞行速度。弹道式导弹起飞阶段速度很小，不能利用气动力控制，飞出大气层后更无法产生气动力。这类导弹一般采用燃气舵、摆动发动机和摆动喷管等进行飞行控制。

1) 燃气舵

发动机工作时，喷出速度很高的燃气流，将耐烧蚀材料制成的舵面安装在燃气流中形成燃气舵，如图 2-4(a)所示。燃气舵的工作原理与空气舵的相同，同样可以控制导弹的俯仰、偏航与滚转。燃气流的温度高且速度大，因而燃气舵的阻力大，烧蚀较严重。为避免这些缺点，研制出了摆动发动机的控制方式。

2) 摆动发动机

图 2-4(b)所示为摆动发动机。主发动机安装在方向轴节上，可向任意方向摆动。控制导弹质心轨迹转弯的过程是：

① 发动机摆动角度 δ，推力线偏离导弹质心一段距离 $\Delta l = l_T \sin\delta$，如图 2-5 所示。

② 推力偏心将对质心产生一个力矩 $\Delta M = T\Delta l$，使弹体旋转，以改变俯仰姿态角 θ。

③ 当姿态角 θ 达到控制指令所给出的角度值时，发动机摆动角 δ 恢复到零，俯仰姿态角 θ 保持在指令给出的值。

④ 此时姿态角 θ 与航迹倾斜角 μ 有差值，差值就是迎角 $\alpha = \theta - \mu$。

⑤ 迎角 α 主要不是用来产生气动力的，而是用来产生发动机推力 T 沿轨迹法线方向的分量 $T_n = T\sin\alpha$，并在 T_n 的作用下控制弹道。

上面简述了弹道式导弹轨迹修正的力学原理，实际的轨迹控制方案要复杂得多。由于地-地导弹通常不做大机动飞行，用摆动发动机控制轨迹是能胜任的。

如在主发动机两侧有对称放置的两个小发动机，它们作差动摆动就可控制导弹的滚转。

3) 摆动喷管

固体火箭发动机的燃料箱与燃烧室是合在一起的，无法摆动。通常采用摆动喷管的办法，

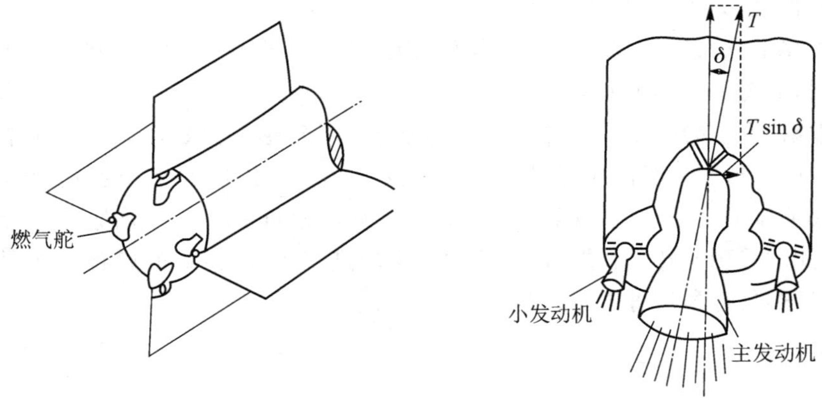

(a) 燃气舵 (b) 摆动发动机

图 2-4 利用推力分量的控制方式

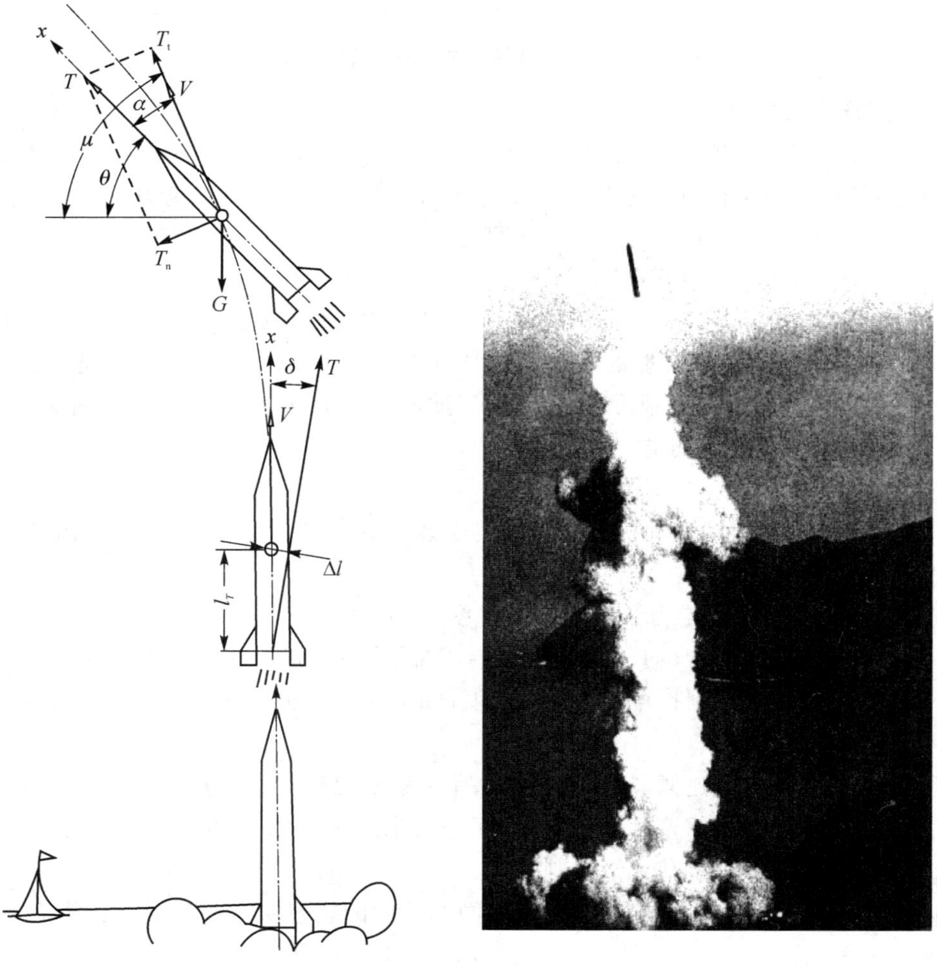

(a) 转弯过程 (b) “民兵”III型洲际弹道导弹发射后转弯情形

图 2-5 弹道式导弹的转弯控制示意图

如图 2-6(a)所示。喷管相对于燃烧室作任意方向的摆动。摆动喷管改变了喷气气流的方向，从而改变了推力的方向。与摆动发动机一样，摆动喷管会产生对导弹的控制力矩。

图 2-6(b)所示为四个可摆动的喷管，每个喷管只有一个摆动轴，两对喷管的摆动轴线相互垂直，以控制导弹的俯仰角和偏航角。其中一对还可进行差动摆动以控制滚转角。

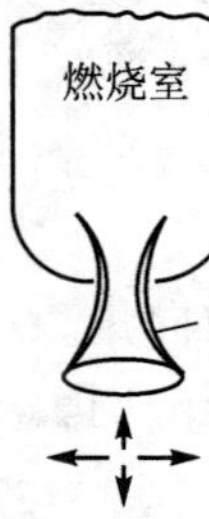

(a) 单个喷管

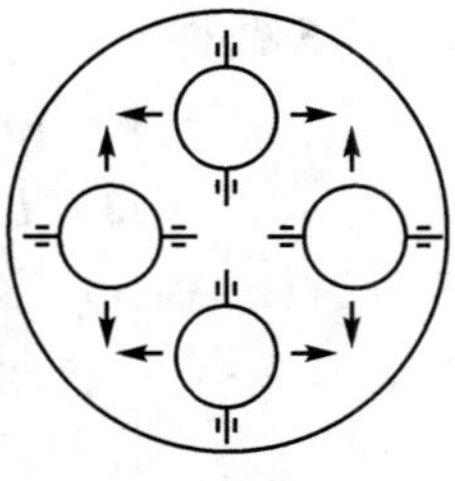
(b) 四个喷管

图 2-6　固体火箭摆动喷管

2.1.1　动力学方程

在惯性参考系中应用牛顿第二定律可建立起飞行器在外合力 $\boldsymbol{F}$ 作用下的线运动方程和外合力矩 $\boldsymbol{M}$ 作用下的角运动方程。

飞行器在外合力作用下的线运动方程为

$$\sum \boldsymbol{F} = \frac{\mathrm{d}}{\mathrm{d}t}(m\boldsymbol{V}) \tag{2-1}$$

式中，m 为飞行器的质量；$\boldsymbol{V}$ 为飞行器质心的速度向量。飞行器在外合力矩作用下的角运动方程为

$$\sum \boldsymbol{M} = \frac{\mathrm{d}\boldsymbol{H}}{\mathrm{d}t} \tag{2-2}$$

式中，$\boldsymbol{H}$ 为动量矩。

由于已假设飞行器的质量 m 为常量以及地面坐标系为惯性系，所以，式(2-1)和式(2-2)在地面坐标系中可写成

$$\sum \boldsymbol{F} = m\frac{\mathrm{d}\boldsymbol{V}}{\mathrm{d}t} \tag{2-3}$$

$$\sum \boldsymbol{M} = \frac{\mathrm{d}\boldsymbol{H}}{\mathrm{d}t} \tag{2-4}$$

式(2-3)和式(2-4)是在适用于牛顿第二运动定律的惯性坐标系——地面坐标系中建立起来的，是相对静止坐标系的运动方程。为了建立飞行器对于地面坐标系的相对运动关系，下面建立一个动坐标系。

选用机体坐标系作为动坐标系。将在地面坐标系中得到的运动速度 $\boldsymbol{V}$ 及动量矩 $\boldsymbol{H}$ 向机体坐标系上分解。

假设动坐标系(机体坐标系)相对于惯性坐标系的速度为 $\boldsymbol{V}$，角速度为 $\boldsymbol{\Omega}$。则式(2-3)和式(2-4)中等号右端在动坐标系中可表示为

$$\frac{\mathrm{d}\boldsymbol{V}}{\mathrm{d}t} = \boldsymbol{1}_V\frac{\delta_V}{\delta_t} + \boldsymbol{\Omega}\times\boldsymbol{V} \tag{2-5}$$

$$\frac{\mathrm{d}\boldsymbol{H}}{\mathrm{d}t}=\mathbf{1}_H\frac{\delta_H}{\delta_t}+\boldsymbol{\Omega}\times\boldsymbol{H} \tag{2-6}$$

式中,$\mathbf{1}_V$ 和 $\mathbf{1}_H$ 分别为沿飞行速度 $\mathbf{V}$ 和动量矩 $\boldsymbol{H}$ 的单位向量;$\frac{\delta_V}{\delta_t}$ 和 $\frac{\delta_H}{\delta_t}$ 表示在动坐标系内的相对导数;$\boldsymbol{\Omega}$ 为动坐标系相对于惯性坐标系的总角速度向量;×为向量积符号(叉积)。

将 $\mathbf{V}$ 和 $\boldsymbol{\Omega}$ 在动坐标系中分解,即

$$\mathbf{V}=\boldsymbol{i}u+\boldsymbol{j}v+\boldsymbol{k}w \tag{2-7}$$

$$\boldsymbol{\Omega}=\boldsymbol{i}p+\boldsymbol{j}q+\boldsymbol{k}r \tag{2-8}$$

式中,$\boldsymbol{i},\boldsymbol{j},\boldsymbol{k}$ 分别为动坐标系的 Ox 轴、Oy 轴和 Oz 轴的单位向量。

这样,利用式(2-7)与式(2-8),可将(2-5)式中的各项分别表示为

第一项:
$$\mathbf{1}_V\frac{\delta_V}{\delta_t}=\boldsymbol{i}\frac{\delta_u}{\delta_t}+\boldsymbol{j}\frac{\delta_v}{\delta_t}+\boldsymbol{k}\frac{\delta_w}{\delta_t}=\boldsymbol{i}\dot{u}+\boldsymbol{j}\dot{v}+\boldsymbol{k}\dot{w} \tag{2-9}$$

第二项:
$$\boldsymbol{\Omega}\times\mathbf{V}=\begin{vmatrix}\boldsymbol{i} & \boldsymbol{j} & \boldsymbol{k}\\ p & q & r\\ u & v & w\end{vmatrix}=\boldsymbol{i}(wq-vr)+\boldsymbol{j}(ur-wp)+\boldsymbol{k}(vp-uq) \tag{2-10}$$

将外合力 $\sum\boldsymbol{F}$ 向动坐标系内分解,即

$$\sum\boldsymbol{F}=\boldsymbol{i}X+\boldsymbol{j}Y+\boldsymbol{k}Z \tag{2-11}$$

再将(2-9)~式(2-11)代入式(2—3)中,则外合力 $\sum\boldsymbol{F}$ 对飞行器的作用可表示为

$$\begin{cases}X=m(\dot{u}+wq-vr)\\ Y=m(\dot{v}+ur-wp)\\ Z=m(\dot{w}+vp-uq)\end{cases} \tag{2-12}$$

如果将总空气动力 $\boldsymbol{R}_\Sigma$ 和发动机推力 $\boldsymbol{T}$ 向动坐标系内分解为(F_x,F_y,F_z),再利用重力在动坐标系内的分解式(1-97),式(2-12)可以写成下列的力方程组(force equations),即

$$\begin{cases}\dot{u}=vr-wq-g\sin\theta+\dfrac{F_x}{m}\\ \dot{v}=-ur+wp+g\cos\theta\ \sin\phi+\dfrac{F_y}{m}\\ \dot{w}=uq-vp+g\cos\theta\ \cos\phi+\dfrac{F_z}{m}\end{cases} \tag{2-13}$$

下面讨论由式(2-4)表示的角运动方程。

根据理论力学中质点系对于固定点的动量矩定理可知,质点系对于定点 O 的动量矩对时间的向量导数等于作用于质点系的外力对同一点 O 的力矩的向量和,即

$$\sum\boldsymbol{M}=\frac{\mathrm{d}\boldsymbol{H}}{\mathrm{d}t}$$

对于运动质点系的动量矩定理,选择质心为动坐标系的原点,则在动坐标系内表示的动量矩定理为

$$\boldsymbol{H}=\int\mathrm{d}\boldsymbol{H}=\int(\boldsymbol{r}\times\mathbf{V})\delta_m \tag{2-14}$$

式中,$\boldsymbol{r}$ 为单元质量 δ_m 对原点的向径;$\mathbf{V}$ 为质点系的速度向量。

将关系式 $\boldsymbol{r}=\boldsymbol{i}x+\boldsymbol{j}y+\boldsymbol{k}z$，$\boldsymbol{\Omega}=\boldsymbol{i}p+\boldsymbol{j}q+\boldsymbol{k}r$，$\boldsymbol{V}=\boldsymbol{\Omega}\times\boldsymbol{r}$ 代入式(2－14)式，展开得

$$\boldsymbol{H}=\begin{bmatrix}\int[(y^2+z^2)p-xyq-xzr]\delta_m\\\int[(x^2+z^2)q-yzr-xyp]\delta_m\\\int[(x^2+y^2)r-xzp-yzq]\delta_m\end{bmatrix}=\begin{bmatrix}p\int(y^2+z^2)\delta_m-q\int xy\delta_m-r\int xz\delta_m\\q\int(x^2+z^2)\delta_m-r\int yz\delta_m-p\int yx\delta_m\\r\int(x^2+y^2)\delta_m-p\int zx\delta_m-q\int zy\delta_m\end{bmatrix}\tag{2-15}$$

因为绕 Ox 轴的转动惯量为 $\int(y^2+z^2)\delta_m=I_x$，绕 Oy 轴的为 $\int(x^2+z^2)\delta_m=I_y$ 和绕 Oz 轴的为 $\int(x^2+y^2)\delta_m=I_z$ 以及惯性积为 $\int xy\delta_m=I_{xy}\equiv I_{yx}$，$\int yz\delta_m=I_{yz}\equiv I_{zy}$，$\int xz\delta_m=I_{xz}\equiv I_{zx}$，假如飞行器有一个 Oxz 对称平面，故 $I_{xy}\equiv I_{yx}=I_{yz}\equiv I_{zy}=0$。所以，动量矩 $\boldsymbol{H}$ 的关系式(2－15)在动坐标系内的分量 H_x，H_y，H_z 可以表示为

$$\begin{bmatrix}H_x\\H_y\\H_z\end{bmatrix}=\begin{bmatrix}pI_x-rI_{xz}\\qI_y\\rI_z-pI_{xz}\end{bmatrix}\tag{2-16}$$

利用式(2－16)，可以将式(2－6)中等号右边的第一项写成

$$\mathbf{1}_H\frac{\delta_H}{\delta_t}=\boldsymbol{i}\frac{\delta_{H_x}}{\delta_t}+\boldsymbol{j}\frac{\delta_{H_y}}{\delta_t}+\boldsymbol{k}\frac{\delta_{H_z}}{\delta_t}\tag{2-17}$$

由此可以得到下列关系式：

$$\begin{cases}\dfrac{\delta_{Hx}}{\delta_t}=\dot{p}I_x+p\dot{I}_x-\dot{r}I_{xz}-r\dot{I}_{xz}\\\dfrac{\delta_{Hy}}{\delta_t}=\dot{q}I_y+q\dot{I}_y\\\dfrac{\delta_{Hz}}{\delta_t}=\dot{r}I_z+r\dot{I}_z-\dot{p}I_{xz}-p\dot{I}_{xz}\end{cases}\tag{2-18}$$

因为假设飞行器为质量不变的刚体，所以惯性矩和惯性积均为时不变的常量，因此，式(2－18)可以简化为

$$\begin{cases}\dfrac{\delta_{Hx}}{\delta_t}=\dot{p}I_x-\dot{r}I_{xz}\\\dfrac{\delta_{Hy}}{\delta_t}=\dot{q}I_y\\\dfrac{\delta_{Hz}}{\delta_t}=\dot{r}I_z-\dot{p}I_{xz}\end{cases}\tag{2-19}$$

因为式(2－6)中等号右边的第二项可写成

$$\boldsymbol{\Omega}\times\boldsymbol{H}=\begin{vmatrix}\boldsymbol{i}&\boldsymbol{j}&\boldsymbol{k}\\p&q&r\\H_x&H_y&H_z\end{vmatrix}=\boldsymbol{i}(qH_z-rH_y)+\boldsymbol{j}(rH_x-pH_z)+\boldsymbol{k}(pH_y-qH_x)\tag{2-20}$$

再将外合力矩 $\sum \boldsymbol{M}$ 向动坐标系分解后,有

$$\sum \boldsymbol{M} = \boldsymbol{i}\bar{L} + \boldsymbol{j}M + \boldsymbol{k}N \tag{2-21}$$

将式(2-19)~式(2-21)代入式(2-6),并结合式(2-4)可以得到在动坐标系中飞行器在外合力矩作用下的角运动方程组,即

$$\begin{cases} \bar{L} = \dot{p}I_x - \dot{r}I_{xz} + qr(I_z - I_y) - pqI_{xz} \\ M = \dot{q}I_y + pr(I_x - I_z) + (p^2 - r^2)I_{xz} \\ N = \dot{r}I_z - \dot{p}I_{xz} + pq(I_y - I_x) + qrI_{xz} \end{cases} \tag{2-22}$$

整理式(2-22)可以得到下列力矩方程组(moment equations),即

$$\begin{cases} \dot{p} = (c_1 r + c_2 p)q + c_3 \bar{L} + c_4 N \\ \dot{q} = c_5 pr - c_6(p^2 - r^2) + c_7 M \\ \dot{r} = (c_8 p - c_2 r)q + c_4 \bar{L} + c_9 N \end{cases} \tag{2-23}$$

式中

$$c_1 = \frac{(I_y - I_z)I_z - I_{xz}^2}{\Sigma},\quad c_2 = \frac{(I_x - I_y + I_z)I_{xz}}{\Sigma},\quad c_3 = \frac{I_z}{\Sigma}$$

$$c_4 = \frac{I_{xz}}{\Sigma},\quad c_5 = \frac{I_z - I_x}{I_y},\quad c_6 = \frac{I_{xz}}{I_y},\quad c_7 = \frac{1}{I_y}$$

$$c_8 = \frac{I_x(I_x - I_y) + I_{xz}^2}{\Sigma},\quad c_9 = \frac{I_x}{\Sigma},\quad \Sigma = I_x I_z - I_{xz}^2$$

到此为止,在操纵舵面锁定条件下,在机体坐标系上建立起了在外合力 $\Sigma \boldsymbol{F}$ 和外合力矩 $\Sigma \boldsymbol{M}$ 作用下飞行器的动力学方程组(2-13)和方程组(2-23)。

采用机体坐标系作为动坐标系有下列优点:

① 假如飞行器具有机体坐标系的对称面 Oxz,则惯性积 I_{xy} 和 I_{yz} 为零,这可使运动方程简化;

② 在飞行器质量不变的假设条件下,各个转动惯量和惯性积为非时变的常量;

③ 由于姿态角及其角速度传感器是在机体坐标系下测量的,故其测量值不再需要转换而可直接采用。

2.1.2 运动学方程

在2.1.1小节中建立的飞行器的动力学方程,主要研究了外合力 $\Sigma \boldsymbol{F}$ 与外合力矩 $\Sigma \boldsymbol{M}$ 对飞行器运动的作用。下面讨论动坐标系(机体坐标系)相对于静止坐标系(地面坐标系)的相对空间位置。

在2.1节中已讨论过,视为刚体的飞行器空间运动可用三个线坐标和三个角坐标的六自由度关系来描述:飞行器质心的位移(线运动),包括飞行速度的增减运动、升降运动和侧移运动;绕质心的转动(角运动),包括俯仰角运动、偏航角运动和滚转角运动。

首先讨论飞行器绕质心的旋转运动,即角运动,其中包括俯仰角运动、偏航角运动和滚转角运动。即需要确定三个姿态角的角速率 $\dot{\theta}$(俯仰角速率)、$\dot{\psi}$(偏航角速率)和 $\dot{\phi}$(滚转角速率)

与机体坐标系的三个角速度分量 p(Ox 轴的角速度分量)、q(Oy 轴的角速度分量)和 r(Oz 轴的角速度分量)之间的关系。

由机体坐标系与地面坐标系之间关系(见图 1-3)不难写出姿态角速率($\dot{\theta}$,$\dot{\psi}$,$\dot{\phi}$)与机体坐标系的三个角速度分量(p,q,r)之间的关系式,即

$$\begin{cases} p = \dot{\phi} - \dot{\psi}\sin\theta \\ q = \dot{\theta}\cos\phi + \dot{\psi}\cos\theta\ \sin\phi \\ r = -\dot{\theta}\sin\phi + \dot{\psi}\cos\theta\ \cos\phi \end{cases} \tag{2-24}$$

或者写成运动方程组(kinematic equations),即

$$\begin{cases} \dot{\phi} = p + (r\cos\phi + q\sin\phi)\tan\theta \\ \dot{\theta} = q\cos\phi - r\sin\phi \\ \dot{\psi} = \dfrac{1}{\cos\theta}(r\cos\phi + q\sin\phi) \end{cases} \tag{2-25}$$

运动方程组(2-25)也可以通过在 1.1 节中建立的地面坐标系与机体坐标系之间的转换关系变换得到。因为,姿态角速率($\dot{\theta}$,$\dot{\psi}$,$\dot{\phi}$)在地面坐标系中的分量为

$$\begin{bmatrix} -\dot{\theta}\sin\psi + \dot{\phi}\cos\theta\ \cos\psi \\ \dot{\theta}\cos\psi + \dot{\phi}\cos\theta\ \sin\psi \\ \dot{\psi} - \dot{\phi}\sin\theta \end{bmatrix}_{\text{Earth}} \tag{2-26}$$

而机体坐标系的三个角速度分量为

$$\begin{bmatrix} p \\ q \\ r \end{bmatrix}_{\text{Body}} \tag{2-27}$$

这样,将向量式(2-26)和式(2-27)代入地面坐标系与机体坐标系之间的转换关系式(1-9),即 $\boldsymbol{X}_{\text{Body}} = \boldsymbol{S}_{\theta\psi\phi}\boldsymbol{X}_{\text{Earth}}$,便也可以得到运动方程组(2-25)。

由运动方程组(2-25)可以看出,姿态角速率($\dot{\theta}$,$\dot{\psi}$,$\dot{\phi}$)之间通常是互不正交的。在一般情况下,$\dot{\psi}$ 与 $\dot{\theta}$ 之间以及 $\dot{\phi}$ 与 $\dot{\theta}$ 之间是互相垂直的,而 $\dot{\psi}$ 与 $\dot{\phi}$ 之间是不相互垂直的,而只有 $\theta=0$ 时,$\dot{\psi}$ 与 $\dot{\phi}$ 才相互垂直,如图 1-3 所示。

下面再来讨论飞行器质心的位移运动,即线运动,其中包括飞行速度的增减运动、升降运动和侧移运动。

与上面建立运动方程组(2-25)的方法一样,也可以通过地面坐标系与机体坐标系之间的转换关系建立飞行器质心的位移运动方程组。

对于地面坐标系的位移运动,有

$$\begin{bmatrix} \dot{x}_{\text{g}} \\ \dot{y}_{\text{g}} \\ -\dot{h} \end{bmatrix}_{\text{Earth}} \tag{2-28}$$

而对于机体坐标系的速度分量有

$$\begin{bmatrix} u \\ v \\ w \end{bmatrix}_{\text{Body}} \tag{2-29}$$

这样,将向量式(2-28)和式(2-29)代入地面坐标系与机体坐标系之间的转换关系式(1-9),即 $\boldsymbol{X}_{\text{Earth}}=\boldsymbol{S}_{\theta\psi\phi}^{\text{T}}\boldsymbol{X}_{\text{Body}}$,便可以得到导航方程组(navigation equations),即

$$\begin{cases} \dot{x}_{\text{g}}=u\cos\theta\ \cos\psi+v(\sin\phi\ \sin\theta\ \cos\psi-\cos\phi\ \sin\psi)+w(\sin\phi\ \sin\psi+\cos\phi\ \sin\theta\ \cos\psi) \\ \dot{y}_{\text{g}}=u\cos\theta\ \sin\psi+v(\sin\phi\ \sin\theta\ \sin\psi+\cos\phi\ \cos\psi)+w(-\sin\phi\ \cos\psi+\cos\phi\ \sin\theta\ \sin\psi) \\ \dot{h}=u\sin\theta-v\sin\phi\ \cos\theta-w\cos\phi\ \cos\theta \end{cases} \tag{2-30}$$

或者利用地面坐标系与气流坐标系之间的转换关系 $\boldsymbol{X}_{\text{Earth}}=\boldsymbol{S}_{\theta\varphi\gamma}^{\text{T}}\boldsymbol{X}_{\text{Wind}}$,即

$$\begin{bmatrix} \dot{x}_{\text{g}} \\ \dot{y}_{\text{g}} \\ -\dot{h} \end{bmatrix}_{\text{Earth}}=\boldsymbol{S}_{\theta\varphi\gamma}^{\text{T}}\begin{bmatrix} V \\ 0 \\ 0 \end{bmatrix}_{\text{Wind}}$$

将导航方程组(2-30)写成

$$\begin{cases} \dot{x}_{\text{g}}=V\cos\mu\ \cos\varphi \\ \dot{y}_{\text{g}}=V\cos\mu\ \sin\varphi \\ \dot{h}=V\sin\mu \end{cases}$$

到此为止,在机体坐标系中建立起了飞行器的运动方程(包括动力学方程和运动学方程)。为了今后查阅方便,将动力学方程和运动学方程整理在一起,写成下列形式:

① 力方程组(force equations)

$$\begin{cases} \dot{u}=vr-wq-g\sin\theta+\dfrac{F_x}{m} \\ \dot{v}=-ur+wp+g\cos\theta\ \sin\phi+\dfrac{F_y}{m} \\ \dot{w}=uq-vp+g\cos\theta\ \cos\phi+\dfrac{F_z}{m} \end{cases} \tag{2-31a}$$

② 运动方程组(kinematic equations)

$$\begin{cases} \dot{\phi}=p+(r\cos\phi+q\sin\phi)\tan\theta \\ \dot{\theta}=q\cos\phi-r\sin\phi \\ \dot{\psi}=\dfrac{1}{\cos\theta}(r\cos\phi+q\sin\phi) \end{cases} \tag{2-31b}$$

③ 力矩方程组(moment equations)

$$\begin{cases} \dot{p}=(c_1r+c_2p)q+c_3\bar{L}+c_4N \\ \dot{q}=c_5pr-c_6(p^2-r^2)+c_7M \\ \dot{r}=(c_8p-c_2r)q+c_4\bar{L}+c_9N \end{cases} \tag{2-31c}$$

④ 导航方程组(navigation equations)

$$\begin{cases}\dot{x}_g = u\cos\theta\ \cos\psi + v(\sin\phi\ \sin\theta\ \cos\psi - \cos\phi\ \sin\psi) + w(\sin\phi\ \sin\psi + \cos\phi\ \sin\theta\ \cos\psi) \\ \dot{y}_g = u\cos\theta\ \sin\psi + v(\sin\phi\ \sin\theta\ \sin\psi + \cos\phi\ \cos\psi) + w(-\sin\phi\ \cos\psi + \cos\phi\ \sin\theta\ \sin\psi) \\ \dot{h} = u\sin\theta - v\sin\phi\ \cos\theta - w\cos\phi\ \cos\theta\end{cases} \tag{2-31d}$$

或者

$$\begin{cases}\dot{x}_g = V\cos\mu\ \cos\varphi \\ \dot{y}_g = V\cos\mu\ \sin\varphi \\ \dot{h} = V\sin\mu\end{cases} \tag{2-31e}$$

式(2-31)确定了状态向量 $\boldsymbol{X}^{\mathrm{T}} = [u\quad v\quad w\quad \phi\quad \theta\quad \psi\quad p\quad q\quad r\quad x_g\quad y_g\quad h]$ 与控制输入向量 $\boldsymbol{U}^{\mathrm{T}} = [\delta_T\quad \delta_e\quad \delta_a\quad \delta_r]$ 之间的非线性函数关系，所描述的 12 个方程是封闭的。因为只要已知飞行器相关的特征参数，根据飞行高度 h、马赫数 Ma 以及飞行状态，就可以确定力 (F_x, F_y, F_z) 和力矩 $(\bar{L}, M, N)$，这样应用上述 12 个方程，便可以求解飞行器在任何时刻的运动状态。

此外还应注意到，力方程组(2-31a)和运动方程组(2-31b)以及力矩方程组(2-31c)的计算并不依赖于偏航角 ψ，这一特点使得在后面将要讨论的运动方程线性化过程中，并不需要对偏航角 ψ 进行线性化处理。

在上述力方程组(2-31a)和力矩方程组(2-31c)中气动力和气动力矩的计算，都依赖于两个气流角 α，β 和空速 V，并且利用气流坐标系与机体坐标系之间的转换关系式(1-4)，即 $\boldsymbol{X}_{\text{Body}} = \boldsymbol{S}_{\alpha\beta}^{\mathrm{T}} \boldsymbol{X}_{\text{Wind}}$，又可以得到空速 V 与机体坐标系各轴上的分量 (u, v, w) 之间的关系(参见表 1-1)：

$$\begin{bmatrix} u \\ v \\ w \end{bmatrix}_{\text{Body}} = \boldsymbol{S}_{\alpha\beta}^{\mathrm{T}} \begin{bmatrix} V \\ 0 \\ 0 \end{bmatrix}_{\text{Wind}} = \begin{bmatrix} V\cos\alpha\ \cos\beta \\ V\sin\beta \\ V\sin\alpha\ \cos\beta \end{bmatrix} \tag{2-32}$$

因此，将力方程组(2-31a)写成用空速 V、迎角 α 和侧滑角 β 表示的形式更便于计算。

首先来推导关于空速 V、迎角 α 和侧滑角 β 与机体坐标系的速度分量 (u, v, w) 之间的重要关系式。然后，再推导出由空速 V、迎角 α 和侧滑角 β 表示的力方程组的表达式。

首先，将式(2-32)两边对时间 t 求微分，得

$$\begin{cases}\dot{u} = \dot{V}\cos\alpha\ \cos\beta - \dot{\alpha}\cdot V\sin\alpha\ \cos\beta - \dot{\beta}\cdot V\cos\alpha\ \sin\beta \\ \dot{v} = \dot{V}\sin\beta + \dot{\beta}\cdot V\cos\beta \\ \dot{w} = \dot{V}\sin\alpha\ \cos\beta + \dot{\alpha}\cdot V\cos\alpha\ \cos\beta - \dot{\beta}\cdot V\sin\alpha\ \sin\beta\end{cases} \tag{2-33}$$

从式(2-33)中的第 1 式和第 3 式可以得到

$$\dot{u}\cos\alpha + \dot{w}\sin\alpha = \dot{V}\cos\beta - \dot{\beta}\cdot V\sin\beta \tag{2-34}$$

由式(2-34)和关系式(2-33)中的第 2 式可以得到

$$\dot{V} = \dot{u}\cos\alpha\ \cos\beta + \dot{v}\sin\beta + \dot{w}\sin\alpha\ \cos\beta \tag{2-35}$$

又从式(2-32)中不难得到关系式

$$\begin{cases}\cos\alpha\ \cos\beta=\dfrac{u}{V}\\ \sin\beta=\dfrac{v}{V}\\ \sin\alpha\ \cos\beta=\dfrac{w}{V}\end{cases}\tag{2-36}$$

将式(2-36)代入式(2-35)中就得到了关于空速V的微分(即加速度)与机体坐标系的速度分量(u,v,w)之间的重要关系式:

$$\dot{V}=\frac{u\dot{u}+v\dot{v}+w\dot{w}}{V}\tag{2-37}$$

利用同样的方法可以得到关于迎角α和侧滑角β的微分表达式:

$$\dot{\alpha}=\frac{u\dot{w}-w\dot{u}}{u^2+w^2}\tag{2-38}$$

$$\dot{\beta}=\frac{\dot{v}V-v\dot{V}}{V^2\cos\beta}\tag{2-39}$$

同样,由式(2-36)也不难得到下列关系式:

$$\begin{cases}\tan\alpha=\dfrac{w}{u}\\ \sin\beta=\dfrac{v}{V}\\ V=(^{u\,2}+v^2+w^2)1/2\end{cases}\tag{2-40}$$

下面推导由空速V、迎角α和侧滑角β表示的力方程组表达式。

如果发动机推力的偏置角$\alpha_T=\beta_T=0$,则推力只有机体坐标系Ox轴上的分量,即$T_x=T$,那么根据机体坐标系与气流坐标系之间的转换式(1-4),即$\boldsymbol{X}_{\text{Body}}=\boldsymbol{S}_{\alpha\beta}^{\text{T}}\boldsymbol{X}_{\text{Wind}}$,则有

$$\begin{bmatrix}F_x\\F_y\\F_z\end{bmatrix}_{\text{Body}}=\begin{bmatrix}T\\0\\0\end{bmatrix}_{\text{Body}}+\boldsymbol{S}_{\alpha\beta}^{\text{T}}\begin{bmatrix}-D\\Y\\-L\end{bmatrix}_{\text{Wind}}$$

将上式展开后有

$$\begin{cases}F_x=T+L\sin\alpha-Y\cos\alpha\ \sin\beta-D\cos\alpha\ \cos\beta\\ F_y=Y\cos\beta-D\sin\beta\\ F_z=-L\cos\alpha-Y\sin\alpha\ \sin\beta-D\sin\alpha\ \cos\beta\end{cases}\tag{2-41}$$

于是,利用式(2-33)和式(2-41)以及式(1-98),可以将力方程组(2-31a)变换为

$$\begin{cases}m\dot{V}=T\cos\alpha\cos\beta-D+G_{xa}\\ mV\dot{\beta}=-T\cos\alpha\ \sin\beta+Y-mV(-p\sin\alpha+r\cos\alpha)+G_{ya}\\ mV\cos\beta\dot{\alpha}=-T\sin\alpha-L+mV(-p\cos\alpha\ \sin\beta+q\cos\beta-r\sin\alpha\ \sin\beta)+G_{za}\end{cases}\tag{2-42}$$

这样,将飞行器的运动方程组(2-31)就变换成关于状态向量$\boldsymbol{X}=[V\quad\beta\quad\alpha\quad\phi\quad\theta\quad\psi\quad p\quad q\quad r\quad x_{\text{g}}\quad y_{\text{g}}\quad h]^{\text{T}}$与控制输入向量$\boldsymbol{U}=[\delta_T\quad\delta_{\text{e}}\quad\delta_{\text{a}}\quad\delta_{\text{r}}]^{\text{T}}$之间的非线性函数关系。

为了加深对坐标系间转换关系重要性的理解，下面采用另一种方法来推导由空速 V、迎角 α 和侧滑角 β 表示的力方程组表达式(2-42)。

由牛顿第二定律可知，在气流坐标系内的加速度向量表达式为

$$\dot{\boldsymbol{V}}_{\mathrm{W}}+\boldsymbol{\Omega}_{\mathrm{R}}\boldsymbol{V}_{\mathrm{W}}+\boldsymbol{\omega}_{\mathrm{W}}\times\boldsymbol{V}_{\mathrm{W}}=\frac{1}{m}\boldsymbol{F}_{\mathrm{W}} \tag{2-43}$$

式中

$$\dot{\boldsymbol{V}}_{\mathrm{W}}=\begin{bmatrix}\dot{V}\\0\\0\end{bmatrix},\quad \boldsymbol{\Omega}_{\mathrm{R}}=\boldsymbol{S}_{\alpha\beta}\dot{\boldsymbol{S}}_{\alpha\beta}^{\mathrm{T}}=\begin{bmatrix}0 & -\dot{\beta} & -\dot{\alpha}\cos\beta\\ \dot{\beta} & 0 & \dot{\alpha}\sin\beta\\ \dot{\alpha}\cos\beta & -\dot{\alpha}\sin\beta & 0\end{bmatrix}$$

$$\boldsymbol{V}_{\mathrm{W}}=\begin{bmatrix}V\\0\\0\end{bmatrix},\quad \boldsymbol{\omega}_{\mathrm{W}}=\begin{bmatrix}p_{\mathrm{w}}\\q_{\mathrm{w}}\\r_{\mathrm{w}}\end{bmatrix},\quad \boldsymbol{F}_{\mathrm{W}}=\begin{bmatrix}F_{x\mathrm{a}}\\F_{y\mathrm{a}}\\F_{z\mathrm{a}}\end{bmatrix}$$

因为在气流坐标系内作用在飞行器上的总外力 $\boldsymbol{F}_{\mathrm{W}}$ 包括发动机推力 $\boldsymbol{T}$、总空气动力 $\boldsymbol{R}_{\Sigma}$ 和重力 $\boldsymbol{G}$ 在气流坐标系各轴上的分量(参见表 1-1)，即

$$\boldsymbol{F}_{\mathrm{W}}=\begin{bmatrix}F_{x\mathrm{a}}\\F_{y\mathrm{a}}\\F_{z\mathrm{a}}\end{bmatrix}=\begin{bmatrix}-D\\Y\\-L\end{bmatrix}+\boldsymbol{S}_{\alpha\beta}\begin{bmatrix}T\\0\\0\end{bmatrix}_{\mathrm{Body}}+\begin{bmatrix}G_{x\mathrm{a}}\\G_{y\mathrm{a}}\\G_{z\mathrm{a}}\end{bmatrix} \tag{2-44}$$

将式(2-44)代入式(2-43)并展开，就将力方程组(2-31a)变换为气流坐标系内的表达式，即

$$\begin{cases}m\dot{V}=T\cos\alpha\ \cos\beta-D+G_{x\mathrm{a}}\\ mV\dot{\beta}=-T\cos\alpha\ \sin\beta+Y-mVr_{\mathrm{w}}+G_{y\mathrm{a}}\\ mV\cos\beta\dot{\alpha}=-T\sin\alpha-L+mVq_{\mathrm{w}}+G_{z\mathrm{a}}\end{cases} \tag{2-45}$$

又因为气流坐标系内的角速度 $\boldsymbol{\omega}_{\mathrm{W}}$ 与机体坐标系内的角速度 $\boldsymbol{\omega}_{\mathrm{B}}$ 之间存在如下转换关系：

$$\boldsymbol{\omega}_{\mathrm{W}}=\boldsymbol{S}_{\alpha\beta}\boldsymbol{\omega}_{\mathrm{B}}=\boldsymbol{S}_{\alpha\beta}\begin{bmatrix}p\\q\\r\end{bmatrix}$$

即

$$\begin{bmatrix}p_{\mathrm{w}}\\q_{\mathrm{w}}\\r_{\mathrm{w}}\end{bmatrix}=\begin{bmatrix}p\cos\alpha\ \cos\beta+q\sin\beta+r\sin\alpha\ \cos\beta\\ -p\cos\alpha\ \sin\beta+q\cos\beta-r\sin\alpha\ \sin\beta\\ -p\sin\alpha+r\cos\alpha\end{bmatrix} \tag{2-46}$$

那么，将式(2-46)代入式(2-45)，就可以得到力方程组(2-42)的表达式。

2.1.3 飞行器运动方程的解耦分组与线性化

1. 运动方程的解耦分组

在研究飞行器运动方程的分组及线性化问题之前，先简要地讨论一下飞行器的某些特殊飞行状态和稳定飞行的情况。

(1) 两种特殊的飞行状态

根据式(1-16),可以得到下列两种特殊情况下的几何关系方程:

① 当滚转角和侧滑角满足条件($\phi=\beta\equiv0$)时,存在着代数关系式:

$$\theta\,|_{\phi=\beta=0}=\mu+\alpha \tag{2-47}$$

此时,飞行器进行无滚转角和无侧滑角的飞行运动,将这种飞行状态称为水平无侧滑飞行(level and non-sideslipping flight);

② 当俯仰角、滚转角、航迹倾角和迎角满足条件($\theta=\phi=\mu=\alpha=0$)时,存在着代数关系式:

$$\psi\,|_{\theta=\phi=\mu=\alpha=0}=\varphi-\beta \tag{2-48}$$

此时,飞行器进行俯仰角、滚转角和迎角均为零的水平飞行运动,这种飞行状态称为水平侧滑飞行(level and skidding flight)。

(2) 稳态飞行

飞行器进行稳态飞行(steady-state flight)的条件为

$$\dot{p}=\dot{q}=\dot{r}=\dot{u}=\dot{v}=\dot{w}\equiv0(\text{或 } \dot{v}=\dot{\alpha}=\dot{\beta}\equiv0),\quad u=\text{const}$$

附加下列限制条件后,又各有不同的飞行状态:

① 机翼水平稳态飞行(steady wings-level flight):$\phi=\dot{\phi}=\dot{\theta}=\dot{\psi}\equiv0$,则 $p=q=r\equiv0$;

② 稳态转弯飞行(steady turning flight):$\dot{\phi}=\dot{\theta}\equiv0$,$\dot{\psi}\equiv$转弯速率(turn rate);

③ 稳态拉起飞行(steady pull-up flight):$\phi=\dot{\phi}=\dot{\psi}\equiv0$,$\dot{\theta}\equiv$拉起速率(pull-up rate);

④ 稳态滚转飞行(steady roll flight):$\dot{\theta}=\dot{\psi}\equiv0$,$\dot{\phi}\equiv$滚转速率(roll rate)。

(3) 纵向运动和横侧向运动

从上面推导的飞行器运动方程可以看出,当飞行器的飞行状态满足水平无侧滑飞行条件时,即($\phi=\beta\equiv0$),重力 $\boldsymbol{G}$ 在气流坐标系的分量表达式(1-98)可以简化为

$$\begin{bmatrix}G_{xa}\\G_{ya}\\G_{za}\end{bmatrix}=\begin{bmatrix}mg(-\cos\alpha\ \sin\theta+\sin\alpha\ \cos\theta)\\0\\mg(\sin\alpha\ \sin\theta+\cos\alpha\ \cos\theta)\end{bmatrix}_{\text{Wind}} \tag{2-49}$$

利用水平无侧滑飞行条件和式(2-49),可以将方程组(2-42)解耦为

$$\begin{cases}m\dot{V}=T\cos\alpha-D+mg(-\cos\alpha\ \sin\theta+\sin\alpha\ \cos\theta)\\mV\dot{\beta}=Y-mVr_{\text{w}}\\mV\dot{\alpha}=-T\sin\alpha-L+mVq_{\text{w}}+mg(\sin\alpha\ \sin\theta+\cos\alpha\ \cos\theta)\end{cases} \tag{2-50a}$$

或者

$$\begin{cases}m\dot{V}=T\cos\alpha-D+mg(-\cos\alpha\ \sin\theta+\sin\alpha\ \cos\theta)\\mV\dot{\beta}=Y-mV(-p\sin\alpha+r\cos\alpha)\\mV\dot{\alpha}=-T\sin\alpha-L+mVq+mg(\sin\alpha\ \sin\theta+\cos\alpha\ \cos\theta)\end{cases} \tag{2-50b}$$

从式(2-50)可以看出,第1式和第3式只与纵向的状态量有关。

同样,利用水平无侧滑飞行条件,可以将运动方程组(2-31b)中第1个方程简化为

$$\dot{\theta}=q \tag{2-51}$$

这样，利用式(2-51)，可以将式(2-50)的第3式写成

$$mV\dot{\mu}=T\sin\alpha+L-mg(\sin\alpha\ \sin\theta+\cos\alpha\ \cos\theta) \tag{2-52}$$

下面再利用条件$(p=r\equiv 0)$，来解耦力矩方程组(2-23)的第2式，则有

$$I_y\dot{q}=M \tag{2-53}$$

这样，利用水平无侧滑飞行条件$(\phi=\beta\equiv 0)$和$(p=r\equiv 0)$，将飞行器运动方程解耦为不依赖于横侧向运动的状态量(β,ϕ,ψ,p,r)的纵向运动，即

纵向运动(longitudinal motion)方程组

$$\begin{cases}m\dot{V}=T\cos\alpha-D+mg(-\cos\alpha\ \sin\theta+\sin\alpha\ \cos\theta)\\ mV\dot{\mu}=T\sin\alpha+L-mg(\sin\alpha\ \sin\theta+\cos\alpha\ \cos\theta)\\ mV\dot{\alpha}=-T\sin\alpha-L+mVq+mg(\sin\alpha\ \sin\theta+\cos\alpha\ \cos\theta)\\ \dot{\theta}=q\\ I_y\dot{q}=M\end{cases} \tag{2-54}$$

或者写成

$$\begin{cases}m\dot{V}=T\cos\alpha-D+mg(-\cos\alpha\ \sin\theta+\sin\alpha\ \cos\theta)\\ mV\dot{\mu}=T\sin\alpha+L-mg(\sin\alpha\ \sin\theta+\cos\alpha\ \cos\theta)\\ \dot{\alpha}=q-\dot{\mu}\\ \dot{\theta}=q\\ I_y\dot{q}=M\end{cases}$$

而相应的横侧向运动(lateral-directional motion)方程组则为

$$\begin{cases}mV\dot{\beta}=Y-mV(-p\sin\alpha+r\cos\alpha)\\ \dot{\phi}=p+(r\cos\phi+q\sin\phi)\tan\theta\\ \dot{\psi}=\dfrac{1}{\cos\theta}(r\cos\phi+q\sin\phi)\\ \dot{p}=(c_1r+c_2p)q+c_3\bar{L}+c_4N\\ \dot{r}=(c_8p-c_2r)q+c_4\bar{L}+c_9N\end{cases} \tag{2-55}$$

由于通过纵向运动方程组(2-54)的计算可以得到纵向运动的状态量(V,μ,α,q)或者(V,θ,α,q)，因此，利用计算出的纵向运动的状态量(V,θ,α,q)便可以计算横侧向运动方程组(2-55)，求得横侧向运动的状态量(β,ϕ,ψ,p,r)，进而利用导航方程组(2-31e)可以全部解算出飞行器运动的状态向量$\boldsymbol{X}=[V\quad \beta\quad \alpha\quad \phi\quad \theta\quad \psi\quad p\quad q\quad r\quad x_g\quad y_g\quad h]^{\mathrm{T}}$。

2. 飞行器运动方程的线性化

由于上面所推导出的力方程组(2-31a)和力矩方程组(2-31b)中均存在着非线性关系，同时方程组中的力和力矩与运动参数密切相关，因此，在一般情况下求取飞行器运动方程的解析解是非常困难的，只能借助于计算机求取数值解。

然而，在通常情况下较之数值解而言，飞行器运动方程的解析解对于分析飞行器的构型参

数与飞行稳定性和操纵性之间的关系更加方便有效,也更具有普遍意义。除此以外,线性化的飞行器运动方程更适合于以成熟的线性系统控制理论为基础的飞行控制系统的设计。因此,在分析飞行器的构型参数与飞行稳定性和操纵性之间关系以及对飞行控制系统设计之前,将飞行器运动方程线性化处理的方法成为实际工程中广泛应用的重要方法之一。

在研究飞行器运动方程的线性化问题之前,首先讨论运动方程线性化的基础——小扰动原理。

3. 小扰动原理

不失一般性,将飞行器运动方程写成隐式的非线性状态方程,即

$$\boldsymbol{f}(\dot{\boldsymbol{X}},\boldsymbol{X},\boldsymbol{U})=\boldsymbol{0} \tag{2-56}$$

式中,$\boldsymbol{X}$ 为 n 维的系统状态向量;$\boldsymbol{U}$ 为 m 维的控制输入向量;$\boldsymbol{f}(\cdot)$为由 n 个标量的非线性函数 $f_i(\cdot)(i=1,2,\cdots,n)$组成的 n 维向量函数。

下面利用状态方程(2-56)引入几个概念:

① 平衡点:将满足条件 $\dot{\boldsymbol{X}}\equiv\boldsymbol{0},\boldsymbol{U}\equiv\boldsymbol{0}$ 或者 $\boldsymbol{U}\equiv\text{constant}$ 且 $\boldsymbol{f}(\dot{\boldsymbol{X}},\boldsymbol{X},\boldsymbol{U})=\boldsymbol{0}$ 的解$(\boldsymbol{X}_e,\boldsymbol{U}_e)$称为平衡点。

② 基准运动(未扰动运动):将飞行器在平衡点条件下的运动称为基准运动。

③ 扰动运动:在外来干扰(如大气紊流、发动机的变化,偶然操纵等因素)作用下,飞行器偏离平衡点条件下的运动(即非基准运动),称为扰动运动。

④ 小扰动运动:若飞行器的扰动运动与基准运动间的差别甚小,可视为小扰动运动。

这里所谓的"差别甚小"是一个相对概念。在一般情况下,对"小扰动"的限制并不太严格,通常应根据所研究问题的具体情况而定。大多数情况下"小扰动运动"的概念在实际工程应用中均能满足足够的工程准确度要求。

4. 基于小扰动原理的线性化方法

依据上述小扰动原理,对飞行器的非线性状态方程进行线性化的步骤如下:

① 将非线性状态方程(2-56)改写成标量的方程组形式,即

$$\begin{cases} f_1(\dot{\boldsymbol{X}},\boldsymbol{X},\boldsymbol{U})=0 \\ \quad\vdots \\ f_n(\dot{\boldsymbol{X}},\boldsymbol{X},\boldsymbol{U})=0 \end{cases} \tag{2-57}$$

② 在平衡点$(\boldsymbol{X}_e,\boldsymbol{U}_e)$上利用泰勒级数(Taylor series)将方程组(2-57)分别展开并仅保留其一次项,即

$$\begin{cases} (\boldsymbol{\nabla}_{\dot{X}}f_1)\delta\dot{\boldsymbol{X}}+(\boldsymbol{\nabla}_{X}f_1)\delta\boldsymbol{X}+(\boldsymbol{\nabla}_{U}f_1)\delta\boldsymbol{U}=\boldsymbol{0} \\ \quad\vdots \\ (\boldsymbol{\nabla}_{\dot{X}}f_n)\delta\dot{\boldsymbol{X}}+(\boldsymbol{\nabla}_{X}f_n)\delta\boldsymbol{X}+(\boldsymbol{\nabla}_{U}f_n)\delta\boldsymbol{U}=\boldsymbol{0} \end{cases} \tag{2-58}$$

式中,$\boldsymbol{\nabla}$(nabla 算子)是关于一次项微分算子的行向量。例如,$\boldsymbol{\nabla}_X f_i=\begin{bmatrix}\dfrac{\partial f_i}{\partial X_1} & \dfrac{\partial f_i}{\partial X_2} & \cdots & \dfrac{\partial f_i}{\partial X_n}\end{bmatrix}$。

可以将已经线性化的方程组(2-58)改写成下列线性状态方程的形式：

$$\boldsymbol{E}\dot{\boldsymbol{X}}=\boldsymbol{AX}+\boldsymbol{BU} \tag{2-59}$$

式中，$\boldsymbol{E}=-\begin{bmatrix}\boldsymbol{\nabla}_{\dot{X}}f_1\\ \vdots\\ \boldsymbol{\nabla}_{\dot{X}}f_n\end{bmatrix}_{\substack{X=X_e\\U=U_e}}$ 为 $n\times n$ 维矩阵；$\boldsymbol{A}=\begin{bmatrix}\boldsymbol{\nabla}_{X}f_1\\ \vdots\\ \boldsymbol{\nabla}_{X}f_n\end{bmatrix}_{\substack{X=X_e\\U=U_e}}$ 为 $n\times n$ 维矩阵；$\boldsymbol{B}=\begin{bmatrix}\boldsymbol{\nabla}_{U}f_1\\ \vdots\\ \boldsymbol{\nabla}_{U}f_n\end{bmatrix}_{\substack{X=X_e\\U=U_e}}$ 为 $n\times m$ 矩阵。矩阵 $\boldsymbol{E},\boldsymbol{A},\boldsymbol{B}$ 称为雅可比矩阵(Jacobian matrices)。

由方程(2-59)可以看出，如果矩阵 $\boldsymbol{E}$ 是非奇异的，则可以将方程(2-59)写成标准的线性状态方程的形式：

$$\dot{\boldsymbol{X}}=\bar{\boldsymbol{A}}\boldsymbol{X}+\bar{\boldsymbol{B}}\boldsymbol{U} \tag{2-60}$$

当然，应用方程(2-59)最方便的途径并不总是需要写成标准形式(2-60)。

到此为止，就将非线性状态方程(2-56)变成了线性小扰动方程(linear small-perturbation equations)(2-59)。这样，就可以应用相应的线性系统理论，对飞行器运动方程进行解析求解和系统分析。

5. 飞行器运动方程的线性化处理

下面应用线性化的小扰动状态方程(2-59)对飞行器运动方程进行线性化处理。

(1) 基准运动的选取

由上面讨论的飞行器运动方程解耦分组过程可以看出，利用水平无侧滑飞行条件 $\phi=\beta\equiv0$ 和 $p=r\equiv0$，可将飞行器运动方程解耦为纵向运动和横侧向运动，那么同时再依据平衡点的定义增加条件 $q\equiv0$ 和 $\dot{V}=\dot{\alpha}=\dot{\beta}=\dot{p}=\dot{q}=\dot{r}\equiv0$ 后就成为基准运动的条件，这样的基准运动条件将有利于飞行器运动方程的线性化处理和解耦分组。基准运动条件为

$$\beta=\phi=p=q=r\equiv0,\quad \dot{V}=\dot{\alpha}=\dot{\beta}=\dot{p}=\dot{q}=\dot{r}\equiv0 \tag{2-61}$$

此外为了使线性状态方程(2-59)的雅可比矩阵 $\boldsymbol{E},\boldsymbol{A},\boldsymbol{B}$ 尽量简便和参数定义的一致性，下面将在气流坐标系 S_a——$Ox_ay_az_a$ 内对飞行器运动方程进行线性化处理。

(2) 力方程组的线性化

将力方程组(2-45)改写成方程组(2-57)的形式，即

$$\begin{cases}-m\dot{V}+T\cos\alpha\ \cos\beta-D+G_{xa}=0\\-mV\dot{\beta}-T\cos\alpha\ \sin\beta+Y-mVr_w+G_{ya}=0\\-mV\cos\beta\dot{\alpha}-T\sin\alpha-L+mVq_w+G_{za}=0\end{cases} \tag{2-62}$$

则利用线性状态方程(2-59)所定义的雅可比矩阵 $\boldsymbol{E},\boldsymbol{A},\boldsymbol{B}$，对式(2-62)进行线性化处理。那么，雅可比矩阵 $\boldsymbol{E},\boldsymbol{A},\boldsymbol{B}$ 的前三行元素分别为

$$-\begin{bmatrix}\boldsymbol{\nabla}_{\dot{X}}f_1\\ \boldsymbol{\nabla}_{\dot{X}}f_2\\ \boldsymbol{\nabla}_{\dot{X}}f_3\end{bmatrix}_{X=X_e}=\begin{bmatrix}m\,\boldsymbol{\nabla}_{\dot{X}}\dot{V}+\boldsymbol{\nabla}_{\dot{X}}D\\ mV\,\boldsymbol{\nabla}_{\dot{X}}\dot{\beta}-\boldsymbol{\nabla}_{\dot{X}}Y\\ mV\,\boldsymbol{\nabla}_{\dot{X}}\dot{\alpha}+\boldsymbol{\nabla}_{\dot{X}}L\end{bmatrix}=m\begin{bmatrix}1&0&0&0&0&0&0&0&0\\0&V&0&0&0&0&0&0&0\\0&0&V-Z_{\dot{\alpha}}&0&0&0&0&0&0\end{bmatrix}$$

(2-63)

$$\begin{bmatrix} \boldsymbol{\nabla}_{\boldsymbol{X}} f_1 \\ \boldsymbol{\nabla}_{\boldsymbol{X}} f_2 \\ \boldsymbol{\nabla}_{\boldsymbol{X}} f_3 \end{bmatrix}_{\substack{\boldsymbol{X}=\boldsymbol{X}_e \\ \boldsymbol{U}=\boldsymbol{U}_e}} = \begin{bmatrix} -T\sin\alpha\,\boldsymbol{\nabla}_{\boldsymbol{X}}\alpha + \cos\alpha\,\boldsymbol{\nabla}_{\boldsymbol{X}}T - \boldsymbol{\nabla}_{\boldsymbol{X}}D - mg\cos\mu(\boldsymbol{\nabla}_{\boldsymbol{X}}\theta - \boldsymbol{\nabla}_{\boldsymbol{X}}\alpha) \\ -T\cos\alpha\,\boldsymbol{\nabla}_{\boldsymbol{X}}\beta + \boldsymbol{\nabla}_{\boldsymbol{X}}Y - mV\,\boldsymbol{\nabla}_{\boldsymbol{X}}r_w + mg(\sin\mu\,\boldsymbol{\nabla}_{\boldsymbol{X}}\beta + \cos\theta\,\boldsymbol{\nabla}_{\boldsymbol{X}}\phi) \\ -T\cos\alpha\,\boldsymbol{\nabla}_{\boldsymbol{X}}\alpha - \sin\alpha\,\boldsymbol{\nabla}_{\boldsymbol{X}}T - \boldsymbol{\nabla}_{\boldsymbol{X}}L + mV\,\boldsymbol{\nabla}_{\boldsymbol{X}}q_w + mg(\sin\mu\,\boldsymbol{\nabla}_{\boldsymbol{X}}\alpha - \sin\mu\,\boldsymbol{\nabla}_{\boldsymbol{X}}\theta) \end{bmatrix}$$

$$= m\begin{bmatrix} X_V + X_{T_V}\cos\alpha_e & 0 & X_\alpha & 0 & -g\cos\mu_e & 0 & 0 & 0 & 0 \\ 0 & Y_\beta & 0 & g\cos\mu_e & 0 & 0 & Y_p & 0 & Y_r - V \\ Z_V - X_{T_V}\sin\alpha_e & 0 & Z_\alpha & 0 & -g\sin\mu_e & 0 & 0 & V+Z_q & 0 \end{bmatrix} \tag{2-64}$$

$$\begin{bmatrix} \boldsymbol{\nabla}_{\boldsymbol{U}} f_1 \\ \boldsymbol{\nabla}_{\boldsymbol{U}} f_2 \\ \boldsymbol{\nabla}_{\boldsymbol{U}} f_3 \end{bmatrix}_{\substack{\boldsymbol{X}=\boldsymbol{X}_e \\ \boldsymbol{U}=\boldsymbol{U}_e}} = m\begin{bmatrix} X_{\delta_T}\cos\alpha_e & X_{\delta_e} & 0 & 0 \\ 0 & 0 & Y_{\delta_a} & Y_{\delta_r} \\ -X_{\delta_T}\sin\alpha_e & Z_{\delta_e} & 0 & 0 \end{bmatrix} \tag{2-65}$$

式中,V,α_e,μ_e,θ_e 以及升力 L 和阻力 D 均为稳态量,但注意这里的侧力 Y 并不是稳态量。

通常将在式(2-63)~式(2-65)中所用到的空气动力与空气动力矩关于其他量的偏导数称为气动导数(aerodynamic derivatives)。

但是值得注意的是,除发动机推力外,所有的气动力都定义在气流坐标系 S_a——$Ox_ay_az_a$ 中,因为发动机是与机体固定安装的,所以发动机推力 T 自然是定义在机体坐标系 S_b——$Oxyz$ 上,而且只有借助于两个气流角建立的机体坐标系与气流坐标系间转换关系 $\boldsymbol{X}_{\text{Wind}} = \boldsymbol{S}_{\alpha\beta}\boldsymbol{X}_{\text{Body}}$ 才能变换到气流坐标系中。

为了与后面将用到的量纲一的导数有所区别,将在式(2-63)~式(2-65)中所用到的偏导数统称为量纲导数,并列在表2-1中。

表2-1 气流坐标系内力的量纲导数

x_a 轴	y_a 轴	z_a 轴
$X_V = -\dfrac{1}{m}\dfrac{\partial D}{\partial V}$	$Y_\beta = \dfrac{1}{m}\left(\dfrac{\partial Y}{\partial \beta} - D\right)$	$Z_V = -\dfrac{1}{m}\dfrac{\partial L}{\partial V}$
$X_{T_V} = \dfrac{1}{m}\dfrac{\partial T}{\partial V}$	$Y_p = \dfrac{1}{m}\dfrac{\partial Y}{\partial p_w}$	$Z_\alpha = -\dfrac{1}{m}\left(D + \dfrac{\partial L}{\partial \alpha}\right)$
$X_\alpha = \dfrac{1}{m}\left(L - \dfrac{\partial D}{\partial \alpha}\right)$	$Y_r = \dfrac{1}{m}\dfrac{\partial Y}{\partial r_w}$	$Z_{\dot\alpha} = -\dfrac{1}{m}\dfrac{\partial L}{\partial \dot\alpha}$
$X_{\delta_e} = -\dfrac{1}{m}\dfrac{\partial D}{\partial \delta_e}$	$Y_{\delta_r} = \dfrac{1}{m}\dfrac{\partial Y}{\partial \delta_r}$	$Z_q = -\dfrac{1}{m}\dfrac{\partial L}{\partial q_w}$
$X_{\delta_T} = \dfrac{1}{m}\dfrac{\partial T}{\partial \delta_T}$	$Y_{\delta_a} = \dfrac{1}{m}\dfrac{\partial Y}{\partial \delta_a}$	$Z_{\delta_e} = -\dfrac{1}{m}\dfrac{\partial L}{\partial \delta_e}$

(3) 运动方程组的线性化

首先将运动方程组(2-31b)改写成姿态角速率与气流坐标系内角速度(p_w,q_w,r_w)的关系,考虑到水平无侧滑飞行条件($\phi=\beta\equiv0$)后,写成方程组(2-57)的形式,即

$$\begin{cases}-\dot{\phi}+p_{\mathrm{w}}(\cos\alpha+\tan\theta\ \sin\alpha)+r_{\mathrm{w}}(-\sin\alpha+\tan\theta\ \cos\alpha)=0\\-\dot{\theta}+q_{\mathrm{w}}=0\\-\dot{\psi}+p_{\mathrm{w}}\dfrac{\sin\alpha}{\cos\theta}+r_{\mathrm{w}}\dfrac{\cos\alpha}{\cos\theta}=0\end{cases}\tag{2-66}$$

同理,可写出雅可比矩阵 $\boldsymbol{E}$,$\boldsymbol{A}$,$\boldsymbol{B}$ 的第 4～6 行元素分别为

$$-\begin{bmatrix}\nabla_{\dot{X}}f_4\\\nabla_{\dot{X}}f_5\\\nabla_{\dot{X}}f_6\end{bmatrix}=\begin{bmatrix}0&0&0&1&0&0&0&0&0\\0&0&0&0&1&0&0&0&0\\0&0&0&0&0&1&0&0&0\end{bmatrix}\tag{2-67}$$

$$\begin{bmatrix}\nabla_{X}f_4\\\nabla_{X}f_5\\\nabla_{X}f_6\end{bmatrix}_{\substack{X=X_e\\U=U_e}}=\begin{bmatrix}0&0&0&0&0&0&\dfrac{\cos\mu_e}{\cos\theta_e}&0&\dfrac{\sin\mu_e}{\cos\theta_e}\\0&0&0&0&0&0&0&1&0\\0&0&0&0&0&0&\dfrac{\sin\alpha_e}{\cos\theta_e}&0&\dfrac{\cos\alpha_e}{\cos\theta_e}\end{bmatrix}\tag{2-68}$$

$$\begin{bmatrix}\nabla_{U}f_4\\\nabla_{U}f_5\\\nabla_{U}f_6\end{bmatrix}_{\substack{X=X_e\\U=U_e}}=\mathbf{0}_{3\times4}\tag{2-69}$$

(4) 力矩方程组的线性化

基于上述同样的理由,在线性化之前需要首先将机体坐标系的力矩方程组(2-31c)变换成气流坐标系的形式。

根据理论力学的动量矩定理可知,在气流坐标系内的力矩向量 $\boldsymbol{M}_{\mathrm{W}}$ 表达式为

$$\boldsymbol{M}_{\mathrm{W}}=\boldsymbol{I}_{\mathrm{W}}\boldsymbol{\Omega}_{\mathrm{R}}\boldsymbol{\omega}_{\mathrm{W}}+\boldsymbol{I}_{\mathrm{W}}\dot{\boldsymbol{\omega}}_{\mathrm{W}}+\boldsymbol{\omega}_{\mathrm{W}}\times\boldsymbol{I}_{\mathrm{W}}\boldsymbol{\omega}_{\mathrm{W}}\tag{2-70}$$

式中

$$\boldsymbol{M}_{\mathrm{W}}=\begin{bmatrix}\bar{L}_{\mathrm{W}}\\M_{\mathrm{W}}\\N_{\mathrm{W}}\end{bmatrix},\quad \boldsymbol{\Omega}_{\mathrm{R}}=\boldsymbol{S}_{\alpha\beta}\dot{\boldsymbol{S}}_{\alpha\beta}^{\mathrm{T}}=\begin{bmatrix}0&-\dot{\beta}&-\dot{\alpha}\cos\beta\\\dot{\beta}&0&\dot{\alpha}\sin\beta\\\dot{\alpha}\cos\beta&-\dot{\alpha}\sin\beta&0\end{bmatrix},\quad \boldsymbol{\omega}_{\mathrm{W}}=\begin{bmatrix}p_{\mathrm{w}}\\q_{\mathrm{w}}\\r_{\mathrm{w}}\end{bmatrix}$$

$$\boldsymbol{I}_{\mathrm{W}}=\boldsymbol{S}_{\alpha\beta}\boldsymbol{I}\boldsymbol{S}_{\alpha\beta}^{\mathrm{T}}=\begin{bmatrix}I_x^*\cos^2\beta+I_y^*\sin^2\beta&\dfrac{1}{2}(I_y^*-I_x^*)\sin2\beta&-I_{xz}^*\cos\beta\\\dfrac{1}{2}(I_y^*-I_x^*)\sin2\beta&I_x^*\sin^2\beta+I_y^*\cos^2\beta&I_{xz}^*\sin\beta\\-I_{xz}^*\cos\beta&I_{xz}^*\sin\beta&I_z^*\end{bmatrix}$$

$$\begin{cases}I_x^*=I_x\cos^2\alpha+I_z\sin^2\alpha-I_{xz}\sin2\alpha\\I_y^*=I_y\\I_z^*=I_x\sin^2\alpha+I_z\cos^2\alpha+I_{xz}\sin2\alpha\\I_{xz}^*=\dfrac{1}{2}(I_x-I_z)\sin2\alpha+I_{xz}\cos2\alpha\end{cases}$$

由式(2-70)不难得到在气流坐标系内的力矩方程为

$$\dot{\boldsymbol{\omega}}_W = -\boldsymbol{\Omega}_R\boldsymbol{\omega}_W - \boldsymbol{I}_W^{-1}(\boldsymbol{\omega}_W \times \boldsymbol{I}_W\boldsymbol{\omega}_W) + \boldsymbol{I}_W^{-1}\boldsymbol{M}_W \tag{2-71}$$

式中，$\boldsymbol{I}_W^{-1} = \boldsymbol{S}_{\alpha\beta}\boldsymbol{I}^{-1}\boldsymbol{S}_{\alpha\beta}^T = \dfrac{1}{\Sigma}\begin{bmatrix} I_z^*\cos^2\beta + \dfrac{\Sigma}{I_y^*}\sin^2\beta & \dfrac{1}{2}\left(\dfrac{\Sigma}{I_y^*} - I_z^*\right)\sin 2\beta & -I_{xz}^*\cos\beta \\ \dfrac{1}{2}\left(\dfrac{\Sigma}{I_y^*} - I_z^*\right)\sin 2\beta & I_z^*\sin^2\beta + \dfrac{\Sigma}{I_y^*}\cos^2\beta & -I_{xz}^*\sin\beta \\ I_{xz}^*\cos\beta & -I_{xz}^*\sin\beta & I_z^* \end{bmatrix}$。

利用基准运动的条件之一($\beta=0$)，就可以将 $\boldsymbol{I}_W$ 和 $\boldsymbol{I}_W^{-1}$ 以及 $\boldsymbol{\Omega}_R$ 化简为稳定性坐标系 S_s——$Ox_sy_sz_s$ 中的表达式，即

$$\boldsymbol{I}_W = \begin{bmatrix} I_x^* & 0 & -I_{xz}^* \\ 0 & I_y^* & 0 \\ -I_{xz}^* & 0 & I_z^* \end{bmatrix} \tag{2-72}$$

$$\boldsymbol{I}_W^{-1} = \frac{1}{\Sigma}\begin{bmatrix} I_z^* & 0 & -I_{xz}^* \\ 0 & \dfrac{\Sigma}{I_y^*} & 0 \\ I_{xz}^* & 0 & I_z^* \end{bmatrix} \tag{2-73}$$

$$\boldsymbol{\Omega}_R = \begin{bmatrix} 0 & -\dot{\beta} & -\dot{\alpha} \\ \dot{\beta} & 0 & 0 \\ \dot{\alpha} & 0 & 0 \end{bmatrix} \tag{2-74}$$

而对于在气流坐标系内的力矩包括气动力矩和发动机的推力力矩，其表达式为

$$\begin{bmatrix} \bar{L}_W \\ M_W \\ N_W \end{bmatrix} = \begin{bmatrix} \bar{L}_{W_A} \\ M_{W_A} \\ N_{W_A} \end{bmatrix}_{\text{Wind}} + \begin{bmatrix} \bar{L}_{W_T} \\ M_{W_T} \\ N_{W_T} \end{bmatrix}_{\text{Wind}} = \begin{bmatrix} \bar{L}_{W_A} \\ M_{W_A} \\ N_{W_A} \end{bmatrix}_{\text{Wind}} + \boldsymbol{S}_{\alpha\beta}\begin{bmatrix} \bar{L}_T \\ M_T \\ N_T \end{bmatrix}_{\text{Body}}$$

$$= \begin{bmatrix} \bar{L}_{W_A} + \bar{L}_T\cos\alpha\ \cos\beta + M_T\sin\beta + N_T\sin\alpha\ \cos\beta \\ M_{W_A} - \bar{L}_T\cos\alpha\ \sin\beta + M_T\cos\beta - N_T\sin\alpha\ \sin\beta \\ N_{W_A} - \bar{L}_T\sin\alpha + N_T\cos\alpha \end{bmatrix} \tag{2-75}$$

同样利用水平无侧滑飞行条件 $\phi=\beta\equiv 0$，可以将其化简为

$$\begin{bmatrix} \bar{L}_W \\ M_W \\ N_W \end{bmatrix} = \begin{bmatrix} \bar{L}_{W_A} + \bar{L}_T\cos\alpha + N_T\sin\alpha \\ M_{W_A} + M_T \\ N_{W_A} - \bar{L}_T\sin\alpha + N_T\cos\alpha \end{bmatrix} \tag{2-76}$$

下面再利用化简后的 $\boldsymbol{I}_W$ 和 $\boldsymbol{I}_W^{-1}$ 以及 $\boldsymbol{\Omega}_R$，将力矩方程(2-71)等式右端三项分别展开。第一项为

$$-\boldsymbol{\Omega}_{\mathrm{R}}\boldsymbol{\omega}_{\mathrm{W}}=-\begin{bmatrix}0 & -\dot{\beta} & -\dot{\alpha}\\ \dot{\beta} & 0 & 0\\ \dot{\alpha} & 0 & 0\end{bmatrix}\begin{bmatrix}p_{\mathrm{w}}\\ q_{\mathrm{w}}\\ r_{\mathrm{w}}\end{bmatrix}=\begin{bmatrix}\dot{\beta}q_{\mathrm{w}}+\dot{\alpha}r_{\mathrm{w}}\\ -\dot{\beta}p_{\mathrm{w}}\\ -\dot{\alpha}p_{\mathrm{w}}\end{bmatrix} \tag{2-77}$$

在第二项中，有

$$\boldsymbol{I}_{\mathrm{W}}\boldsymbol{\omega}_{\mathrm{W}}=\begin{bmatrix}I_x^* & 0 & -I_{xz}^*\\ 0 & I_y^* & 0\\ -I_{xz}^* & 0 & I_z^*\end{bmatrix}\begin{bmatrix}p_{\mathrm{w}}\\ q_{\mathrm{w}}\\ r_{\mathrm{w}}\end{bmatrix}=\begin{bmatrix}I_x^*p_{\mathrm{w}}-I_{xz}^*r_{\mathrm{w}}\\ I_y^*q_{\mathrm{w}}\\ -I_{xz}^*p_{\mathrm{w}}+I_z^*r_{\mathrm{w}}\end{bmatrix} \tag{2-78}$$

$$\boldsymbol{\omega}_{\mathrm{W}}\times\boldsymbol{I}_{\mathrm{W}}\boldsymbol{\omega}_{\mathrm{W}}=\begin{vmatrix}\boldsymbol{i} & \boldsymbol{j} & \boldsymbol{k}\\ p_{\mathrm{w}} & q_{\mathrm{w}} & r_{\mathrm{w}}\\ I_x^*p_{\mathrm{w}}-I_{xz}^*r_{\mathrm{w}} & I_y^*q_{\mathrm{w}} & -I_{xz}^*p_{\mathrm{w}}+I_z^*r_{\mathrm{w}}\end{vmatrix}$$

$$=\begin{bmatrix}-I_{xz}^*p_{\mathrm{w}}q_{\mathrm{w}}+(I_z^*-I_y^*)q_{\mathrm{w}}r_{\mathrm{w}}\\ I_{xz}^*(p_{\mathrm{w}}^2-r_{\mathrm{w}}^2)+(I_x^*-I_z^*)p_{\mathrm{w}}r_{\mathrm{w}}\\ (I_y^*-I_x^*)p_{\mathrm{w}}q_{\mathrm{w}}+I_{xz}^*q_{\mathrm{w}}r_{\mathrm{w}}\end{bmatrix} \tag{2-79}$$

则第二项为

$$-\boldsymbol{I}_{\mathrm{W}}^{-1}(\boldsymbol{\omega}_{\mathrm{W}}\times\boldsymbol{I}_{\mathrm{W}}\boldsymbol{\omega}_{\mathrm{W}})=-\frac{1}{\Sigma}\begin{bmatrix}I_z^* & 0 & -I_{xz}^*\\ 0 & \dfrac{\Sigma}{I_y^*} & 0\\ I_{xz}^* & 0 & I_z^*\end{bmatrix}\begin{bmatrix}-I_{xz}^*p_{\mathrm{w}}q_{\mathrm{w}}+(I_z^*-I_y^*)q_{\mathrm{w}}r_{\mathrm{w}}\\ I_{xz}^*(p_{\mathrm{w}}^2-r_{\mathrm{w}}^2)+(I_x^*-I_z^*)p_{\mathrm{w}}r_{\mathrm{w}}\\ (I_y^*-I_x^*)p_{\mathrm{w}}q_{\mathrm{w}}+I_{xz}^*q_{\mathrm{w}}r_{\mathrm{w}}\end{bmatrix}$$

$$=-\frac{1}{\Sigma}\begin{bmatrix}I_{xz}^*(I_x^*-I_y^*-I_z^*)p_{\mathrm{w}}q_{\mathrm{w}}+(I_z^{*2}-I_y^*I_z^*-I_{xz}^{*2})q_{\mathrm{w}}r_{\mathrm{w}}\\ \dfrac{I_{xz}^*\Sigma}{I_y^*}(p_{\mathrm{w}}^2-r_{\mathrm{w}}^2)+\dfrac{(I_x^*-I_z^*)\Sigma}{I_y^*}p_{\mathrm{w}}r_{\mathrm{w}}\\ (I_y^*I_z^*-I_x^*I_z^*-I_{xz}^{*2})p_{\mathrm{w}}q_{\mathrm{w}}+I_{xz}^*(2I_z^*-I_y^*)q_{\mathrm{w}}r_{\mathrm{w}}\end{bmatrix} \tag{2-80}$$

第三项为

$$\boldsymbol{I}_{\mathrm{W}}^{-1}\boldsymbol{M}_{\mathrm{W}}=\frac{1}{\Sigma}\begin{bmatrix}I_z^* & 0 & -I_{xz}^*\\ 0 & \dfrac{\Sigma}{I_y^*} & 0\\ I_{xz}^* & 0 & I_z^*\end{bmatrix}\begin{bmatrix}\bar{L}_{\mathrm{W_A}}+\bar{L}_T\cos\alpha+N_T\sin\alpha\\ M_{\mathrm{W_A}}+M_T\\ N_{\mathrm{W_A}}-\bar{L}_T\sin\alpha+N_T\cos\alpha\end{bmatrix}$$

$$=\frac{1}{\Sigma}\begin{bmatrix}I_z^*\bar{L}_{\mathrm{W_A}}-I_{xz}^*N_{\mathrm{W_A}}+(I_z^*\cos\alpha+I_{xz}^*\sin\alpha)\bar{L}_T+(I_z^*\sin\alpha-I_{xz}^*\cos\alpha)N_T\\ \dfrac{\Sigma}{I_y^*}(M_{\mathrm{W_A}}+M_T)\\ (I_z^*+I_{xz}^*)N_{\mathrm{W_A}}-(I_z^*+I_{xz}^*\sin\alpha)\bar{L}_T+(I_z^*+I_{xz}^*)\cos\alpha\cdot N_T\end{bmatrix} \tag{2-81}$$

这样，将式(2-77)、式(2-80)和式(2-81)代入力矩方程(2-71)中，得

$$\begin{bmatrix}\dot{p}_w\\ \dot{q}_w\\ \dot{r}_w\end{bmatrix}=\begin{bmatrix}\begin{array}{c}\dot{\beta}q_w+\dot{\alpha}r_w-\dfrac{1}{\Sigma}[I_{xz}^*(I_x^*-I_y^*-I_z^*)p_wq_w+(I_z^{*2}-I_y^*I_z^*-I_{xz}^{*2})q_wr_w-\\ I_z^*\bar{L}_{W_A}+I_{xz}^*N_{W_A}-(I_z^*\cos\alpha+I_{xz}^*\sin\alpha)\bar{L}_T-(I_z^*\sin\alpha-I_{xz}^*\cos\alpha)N_T]\\ -\dot{\beta}p_w-\dfrac{I_{xz}^*}{I_y^*}(p_w^2-r_w^2)-\dfrac{(I_x^*-I_z^*)}{I_y^*}p_wr_w+\dfrac{1}{I_y^*}(M_{W_A}+M_T)\\ -\dot{\alpha}p_w-\dfrac{1}{\Sigma}[(I_y^*I_z^*-I_x^*I_z^*-I_{xz}^{*2})p_wq_w+I_{xz}^*(2I_z^*-I_y^*)q_wr_w-\\ (I_z^*+I_{xz}^*)N_{W_A}+(I_z^*+I_{xz}^*\sin\alpha)\bar{L}_T-(I_z^*+I_{xz}^*)\cos\alpha\cdot N_T]\end{array}\end{bmatrix}\tag{2-82}$$

至此，不难写出雅可比矩阵 $\boldsymbol{E},\boldsymbol{A},\boldsymbol{B}$ 最后3行的元素分别为

$$-\begin{bmatrix}\nabla_{\dot{X}}f_7\\ \nabla_{\dot{X}}f_8\\ \nabla_{\dot{X}}f_9\end{bmatrix}_{\substack{X=X_e\\ U=U_e}}=\begin{bmatrix}0&0&0&0&0&0&1&0&0\\ 0&0&-M_{\dot{\alpha}}&0&0&0&0&1&0\\ 0&0&0&0&0&0&0&0&1\end{bmatrix}\tag{2-83}$$

$$\begin{bmatrix}\nabla_X f_7\\ \nabla_X f_8\\ \nabla_X f_9\end{bmatrix}_{\substack{X=X_e\\ U=U_e}}=\begin{bmatrix}0&\varepsilon\bar{L}_\beta+\eta N_\beta+\mu M_T&0&0&0&0&\varepsilon\bar{L}_p+\eta N_p&0&\varepsilon\bar{L}_r+\eta N_r\\ M_V+M_{T_V}&0&M_\alpha&0&0&0&0&M_q&0\\ 0&\varepsilon N_\beta+\eta\bar{L}_\beta&0&0&0&0&\varepsilon N_p+\eta\bar{L}_p&0&\varepsilon N_r+\eta\bar{L}_r\end{bmatrix}\tag{2—84}$$

$$\begin{bmatrix}\nabla_U f_7\\ \nabla_U f_8\\ \nabla_U f_9\end{bmatrix}_{\substack{X=X_e\\ U=U_e}}=\begin{bmatrix}0&0&\varepsilon\bar{L}_{\delta_a}+\eta N_{\delta_a}&\varepsilon\bar{L}_{\delta_r}+\eta N_{\delta_r}\\ M_{\delta_T}&M_{\delta_e}&0&0\\ 0&0&\varepsilon N_{\delta_a}+\eta\bar{L}_{\delta_a}&\varepsilon N_{\delta_r}+\eta\bar{L}_{\delta_r}\end{bmatrix}\tag{2-85}$$

式中，$\varepsilon=\dfrac{I_x^*I_z^*}{\Sigma}$，$\eta=\dfrac{I_z^*I_{xz}^*}{\Sigma}$，$\mu=\dfrac{I_z^*}{\Sigma}$。

下面将气流坐标系内力矩的量纲导数(moment dimensional derivatives)分别按照滚转(roll)、俯仰(pitch)和偏航(yaw)列于表2-2中。

表2-2 气流坐标系内力矩的量纲导数

滚转(roll)	俯仰(pitch)	偏航(yaw)
$\bar{L}_\beta=\dfrac{1}{I_x^*}\dfrac{\partial\bar{L}_{W_A}}{\partial\beta}$	$M_V=\dfrac{1}{I_y^*}\dfrac{\partial M_{W_A}}{\partial V}$	$N_\beta=\dfrac{1}{I_z^*}\dfrac{\partial N_{W_A}}{\partial\beta}$
$\bar{L}_p=\dfrac{1}{I_x^*}\dfrac{\partial\bar{L}_{W_A}}{\partial p_w}$	$M_\alpha=\dfrac{1}{I_y^*}\dfrac{\partial M_{W_A}}{\partial\alpha}$	$N_p=\dfrac{1}{I_z^*}\dfrac{\partial N_{W_A}}{\partial p_w}$
$\bar{L}_r=\dfrac{1}{I_x^*}\dfrac{\partial\bar{L}_{W_A}}{\partial r_w}$	$M_{\dot{\alpha}}=\dfrac{1}{I_y^*}\dfrac{\partial M_{W_A}}{\partial\dot{\alpha}}$	$N_r=\dfrac{1}{I_z^*}\dfrac{\partial N_{W_A}}{\partial r_w}$

续表 2-2

滚转(roll)	俯仰(pitch)	偏航(yaw)
$\bar{L}_{\delta_a}=\dfrac{1}{I_x^*}\dfrac{\partial\bar{L}_{W_A}}{\partial\delta_a}$	$M_q=\dfrac{1}{I_y^*}\dfrac{\partial M_{W_A}}{\partial q_w}$	$N_{\delta_a}=\dfrac{1}{I_z^*}\dfrac{\partial N_{W_A}}{\partial\delta_a}$
$\bar{L}_{\delta_r}=\dfrac{1}{I_x^*}\dfrac{\partial\bar{L}_{W_A}}{\partial\delta_r}$	$M_{\delta_e}=\dfrac{1}{I_y^*}\dfrac{\partial M_{W_A}}{\partial\delta_e}$	$N_{\delta_r}=\dfrac{1}{I_z^*}\dfrac{\partial N_{W_A}}{\partial\delta_r}$
—	$M_{T_V}=\dfrac{1}{I_y^*}\dfrac{\partial M_{W_T}}{\partial V}$	$N_{T_\beta}=\dfrac{1}{I_z^*}\dfrac{\partial N_{W_T}}{\partial\beta}$
—	$M_{T_\alpha}=\dfrac{1}{I_y^*}\dfrac{\partial M_{W_T}}{\partial\alpha}$	—
—	$M_{\delta_T}=\dfrac{1}{I_y^*}\dfrac{\partial M_{W_T}}{\partial\delta_T}$	—

6. 飞行器线性状态方程的分组

由于飞行器外形和内部质量的分布是关于纵向平面对称的,并且选择的基准运动也是关于纵向平面对称的,所以对称的运动参数变化不会产生不对称的力和力矩。例如,速度 u、迎角 α 和俯仰角速度 q 的变化,所引起的力 X,Z 和力矩 M 的变化都是关于纵向平面对称的。但是,不对称的运动参数变化不仅会引起不对称的力和力矩,还会对纵向平面的力和力矩产生一定的影响。例如,侧滑角 β、滚转角速度 p 和偏航角速度 r 等运动参数变化不仅会引起侧力 Y、滚转力矩 $\bar{L}$ 和偏航力矩 N 的变化,而且还会引起纵向平面的力和力矩的变化。

由以上分析可知,纵向平面的力和力矩(X,Z,M)对于不对称的运动参数(如 $\beta,p,r,\cdots$)在基准点的一阶偏导数应为零,但是其相应的二阶偏导数通常不为零。因为在线性化方程时仅仅保留一阶小量,所以二阶以上小量不会对线性化方程起作用。同时考虑到非对称的力和力矩($Y,\bar{L},N$)对于对称运动参数(如 $u,\alpha,q,\cdots$)的一阶偏导数通常都很小,因此也可以忽略不计。

综上所述,就可以将由式(2-59)所描述的线性化小扰动运动方程组分为两组,一组是只包含对称平面(纵向平面)内运动参数的纵向线性化小扰动运动方程组,而另一组为仅含有不对称运动参数的横侧向线性化小扰动运动方程组。

(1) 纵向线性化小扰动运动方程组

由前面推导出的线性状态方程(2-59)不难确定纵向线性化小扰动运动的状态向量和控制输入向量,即

$$\boldsymbol{X}=[\Delta V\quad \Delta\alpha\quad \Delta\theta\quad \Delta q]^{\mathrm{T}}\quad 和\quad \boldsymbol{U}=[\Delta\delta_T\quad \Delta\delta_e]^{\mathrm{T}} \tag{2-86}$$

这些量是在基准运动情况下相应运动参数的摄动值。雅可比矩阵 $\boldsymbol{E},\boldsymbol{A},\boldsymbol{B}$ 分别为

$$\boldsymbol{E}=\begin{bmatrix}1 & 0 & 0 & 0\\ 0 & V-Z_{\dot{\alpha}} & 0 & 0\\ 0 & 0 & 1 & 0\\ 0 & -M_{\dot{\alpha}} & 0 & 1\end{bmatrix},\quad \boldsymbol{B}=\begin{bmatrix}X_{\delta_T}\cos\alpha_e & X_{\delta_e}\\ -X_{\delta_T}\sin\alpha_e & Z_{\delta_e}\\ 0 & 0\\ M_{\delta_T} & M_{\delta_e}\end{bmatrix}$$

$$A=\begin{bmatrix} X_V+X_{T_V}\cos\alpha_e & X_\alpha & -g\cos\mu_e & 0 \\ Z_V-X_{T_V}\sin\alpha_e & Z_\alpha & -g\sin\mu_e & V+Z_q \\ 0 & 0 & 0 & 1 \\ M_V+M_{T_V} & M_\alpha & 0 & M_q \end{bmatrix} \tag{2-87}$$

由此可见,除了悬停飞行状态之外,在通常情况下,由于 $Z_{\dot{\alpha}}$ 较小而平衡点飞行速度 V_e 远远大于零,所以雅可比矩阵 $\boldsymbol{E}$ 总是非奇异的。因此,如果确有必要,也不难将其写成标准的线性状态方程(2-60)的形式。

(2) 横侧向线性化小扰动运动方程组

同样由线性状态方程(2-59)可以确定横侧向线性化小扰动运动的状态向量和控制输入向量以及雅可比矩阵 $\boldsymbol{E}$,$\boldsymbol{A}$,$\boldsymbol{B}$ 分别为

$$\boldsymbol{X}=[\Delta\beta\quad\Delta\phi\quad\Delta p_w\quad\Delta r_w]^T \quad 和 \quad \boldsymbol{U}=[\Delta\delta_a\quad\Delta\delta_r]^T \tag{2-88}$$

正如前述,由于飞行器的力方程组(2-31a)和运动方程组(2-31b)以及力矩方程组(2-31c)的计算并不依赖于偏航角 ψ,这一特点使得在推导运动方程的线性化过程中,并不需要对偏航角 ψ 进行线性化处理,所以,在这里横侧向线性化小扰动运动的状态向量中并不包括偏航角 ψ。雅可比矩阵 $\boldsymbol{E}$,$\boldsymbol{A}$,$\boldsymbol{B}$ 分别为

$$\boldsymbol{E}=\begin{bmatrix} V & 0 & 0 & 0 \\ 0 & 1 & 0 & 0 \\ 0 & 0 & 1 & 0 \\ 0 & 0 & 0 & 1 \end{bmatrix},\quad \boldsymbol{B}=\begin{bmatrix} Y_{\delta_a} & Y_{\delta_r} \\ 0 & 0 \\ L^*_{\delta_a} & L^*_{\delta_r} \\ N^*_{\delta_a} & N^*_{\delta_r} \end{bmatrix}$$

$$\boldsymbol{A}=\begin{bmatrix} Y_\beta & g\cos\mu_e & Y_p & Y_r-V \\ 0 & 0 & \dfrac{\cos\mu_e}{\cos\theta_e} & \dfrac{\sin\mu_e}{\cos\theta_e} \\ L^*_\beta & 0 & L^*_p & L^*_r \\ N^*_\beta & 0 & N^*_p & N^*_r \end{bmatrix} \tag{2-89}$$

式中,$L^*_\beta=\varepsilon\bar{L}_\beta+\eta N_\beta$,$L^*_p=\varepsilon\bar{L}_p+\eta N_p$,$L^*_r=\varepsilon\bar{L}_r+\eta N_r$,$N^*_\beta=\varepsilon N_\beta+\eta\bar{L}_\beta$,$N^*_p=\varepsilon N_p+\eta\bar{L}_p$,$N^*_r=\varepsilon N_r+\eta\bar{L}_r$,$L^*_{\delta_a}=\varepsilon\bar{L}_{\delta_a}+\eta N_{\delta_a}$,$L^*_{\delta_r}=\varepsilon\bar{L}_{\delta_r}+\eta N_{\delta_r}$,$N^*_{\delta_a}=\varepsilon N_{\delta_a}+\eta\bar{L}_{\delta_a}$,$N^*_{\delta_r}=\varepsilon N_{\delta_r}+\eta\bar{L}_{\delta_r}$。

由此可见,无论对于纵向线性化小扰动运动方程组,还是横侧向线性化小扰动运动方程组,在通常情况下(除悬停飞行状态之外)雅可比矩阵 $\boldsymbol{E}$ 总是非奇异的,因此对于这两种运动方程组而言,通过对雅可比矩阵 $\boldsymbol{E}$ 求逆,很容易将其转换为标准线性状态方程(2-60)的形式。考虑到飞行器运动变量的输出方式,可以将上述飞行器线性化小扰动运动方程组写成更一般的线性时不变系统(linear-time-invariant,LTI)形式,即

$$\begin{cases} \dot{\boldsymbol{X}}=\boldsymbol{A}\boldsymbol{X}+\boldsymbol{B}\boldsymbol{U} \\ \boldsymbol{Y}=\boldsymbol{C}\boldsymbol{X}+\boldsymbol{D}\boldsymbol{U} \end{cases} \tag{2-90}$$

式中,$\boldsymbol{X}\in\mathbf{R}^n$ 为状态向量,$\boldsymbol{U}\in\mathbf{R}^m$ 为控制输入向量,$\boldsymbol{Y}\in\mathbf{R}^l$ 为输出向量,$\boldsymbol{A}\in\mathbf{R}^{n\times n}$ 为矩阵,$\boldsymbol{B}\in\mathbf{R}^{n\times m}$ 为矩阵,$\boldsymbol{C}\in\mathbf{R}^{l\times n}$ 矩阵,$\boldsymbol{D}\in\mathbf{R}^{l\times m}$ 为矩阵。

一般情况下,只能借助于计算机求取数值解的原始非线性方程组,可以通过其线性化的小

扰动运动方程组计算其解析解。

此外，尽管上述两种运动方程组的参数矩阵的计算都依赖于基准运动下的迎角和俯仰姿态，而且在名义上还需要用到水平稳态飞行的条件，但是仍然可以满意地应用于滚转角不大情况下的运动。值得注意的是，如果基准运动是非对称的运动(例如，等速侧滑飞行或者等坡度盘旋飞行等)，那么纵向与横侧向之间将存在着较强的耦合联系，因此运动方程组是不能被简单地分成纵向与横侧向的。

之所以在气流坐标系中推导线性化小扰动运动方程组，就是为了获得关于 $\dot{\alpha}$ 的系统状态导数。同时因为 β 的稳态值为零，那么将 β 设置为零以后，稳定性坐标系的气动导数就可以被用在线性化小扰动运动方程组中。基于同样的原因，用在小扰动运动方程组中的转动惯量也是由式(2-72)确定的稳定性坐标系的值。

因为通常情况下稳定性导数都是在稳定性坐标系中专用的，所以后面涉及到稳定性导数的定义中的下标将被省略。

在前面推导线性状态方程(2-59)以及雅可比矩阵 $\boldsymbol{E}$，$\boldsymbol{A}$，$\boldsymbol{B}$ 时定义了量纲导数，现在引入量纲一的稳定性导数(dimensionless stability derivatives)的概念。

首先，以力的量纲导数 X_V 为例，来讨论量纲一的稳定性导数的概念。

由表 2-1 中量纲导数 X_V 的表达式 $X_V=-\dfrac{1}{m}\dfrac{\partial D}{\partial V}$ 和第 1 章中关于阻力及阻力系数的定义 $C_D=\dfrac{D}{QS_\mathrm{w}}$，不难推导出下列表达式：

$$X_V=-\frac{1}{m}\left[\frac{\partial Q}{\partial V}S_\mathrm{w}C_D+QS_\mathrm{w}\frac{\partial C_D}{\partial V}\right]=-\frac{QS_\mathrm{w}}{mV}(2C_D+C_{D_V})\tag{2-91}$$

式中，$C_{D_V}\equiv V\dfrac{\partial C_D}{\partial V}$ 为量纲一的速度阻尼导数；C_D 为阻力系数。

下面再讨论一个量纲一的俯仰角速度阻尼导数 C_{m_q}。依据表 2-1 中量纲导数 M_q 的表达式 $M_q=\dfrac{1}{I_y^*}\dfrac{\partial M_{\mathrm{W_A}}}{\partial q_\mathrm{w}}$ 以及第 1 章中关于俯仰力矩及俯仰力矩系数的定义 $C_m=\dfrac{M}{QS_\mathrm{w}c_\mathrm{A}}$，可以推出下列表达式：

$$M_q=\frac{1}{I_y^*}\frac{\partial M_{\mathrm{W_A}}}{\partial q_\mathrm{w}}=\frac{QS_\mathrm{w}c_\mathrm{A}}{I_y^*}\frac{\partial C_m}{\partial q}=\frac{QS_\mathrm{w}c_\mathrm{A}}{I_y^*}\frac{c_\mathrm{A}}{2V}C_{m_q}\tag{2-92}$$

式中，$C_{m_q}\equiv\dfrac{2V}{c_\mathrm{A}}\dfrac{\partial C_m}{\partial q}$ 为量纲一的俯仰角速度阻尼导数。

采用相同的方法可以获得其他量纲一的稳定性导数，为了使用方便将量纲导数及其相对应的量纲一的稳定性导数列入表 2-3 和表 2-4 中。在此需要说明的是，在表 2-1 和表 2-2 中包括 6 个推力导数(X_{T_V}，X_{δ_T}，M_{T_V}，M_{T_α}，N_{T_β})，其相应的量纲一的导数可以由量纲一的参数表示的推力和推力力矩分量来定义。例如，在推力的俯仰力矩表达式 $M_T=QS_\mathrm{w}c_\mathrm{A}C_{m_T}$ 中，推力导数 C_{m_T} 可以依据发动机及其推力的安装参数和由所关注的变量摄动而引起的推力变化(推力特性曲线)来确定。

表 2-3 纵向的量纲导数及其相对应的量纲一的导数

$X_V = -\frac{QS_w}{mV}(2C_D + C_{D_V})$	$C_{D_V} \equiv V\frac{\partial C_D}{\partial V}$
$X_\alpha = \frac{QS_w}{m}(C_L - C_{D_\alpha})$	$C_{D_\alpha} \equiv \frac{\partial C_D}{\partial \alpha}$
$X_{\delta_e} = -\frac{QS_w}{m}C_{D_{\delta_e}}$	$C_{D_{\delta_e}} \equiv \frac{\partial C_D}{\partial \delta_e}$
$Z_V = -\frac{QS_w}{mV}(2C_L + C_{L_V})$	$C_{L_V} \equiv V\frac{\partial C_L}{\partial V}$
$Z_\alpha = -\frac{QS_w}{m}(C_D + C_{L_\alpha})$	$C_{L_\alpha} \equiv \frac{\partial C_L}{\partial \alpha}$
$Z_{\dot{\alpha}} = -\frac{QS_w c_A}{2mV}C_{L_{\dot{\alpha}}}$	$C_{L_{\dot{\alpha}}} \equiv \frac{2V}{c_A}\frac{\partial C_L}{\partial \dot{\alpha}}$
$Z_q = -\frac{QS_w c_A}{2mV}C_{L_q}$	$C_{L_q} \equiv \frac{2V}{c_A}\frac{\partial C_L}{\partial q}$
$Z_{\delta_e} = -\frac{QS_w}{m}C_{L_{\delta_e}}$	$C_{L_{\delta_e}} \equiv \frac{\partial C_L}{\partial \delta_e}$
$M_V = \frac{QS_w c_A}{I_y^* V}(2C_m + C_{m_V})$	$C_{D_V} \equiv V\frac{\partial C_D}{\partial V}$
$M_\alpha = \frac{QS_w c_A}{I_y^*}C_{m_\alpha}$	$C_{m_\alpha} \equiv \frac{\partial C_m}{\partial \alpha}$
$M_{\dot{\alpha}} = \frac{QS_w c_A}{I_y^*}\frac{c_A}{2V}C_{m_{\dot{\alpha}}}$	$C_{m_{\dot{\alpha}}} \equiv \frac{2V}{c_A}\frac{\partial C_m}{\partial \dot{\alpha}}$
$M_q = \frac{QS_w c_A}{I_y^*}\frac{c_A}{2V}C_{m_q}$	$C_{m_q} \equiv \frac{2V}{c_A}\frac{\partial C_m}{\partial q}$
$M_{\delta_e} = \frac{QS_w c_A}{I_y^*}C_{m_{\delta_e}}$	$C_{m_{\delta_e}} \equiv \frac{\partial C_m}{\partial \delta_e}$

表 2-4 横侧向的量纲导数及其相对应的量纲一的导数

$Y_\beta = \frac{QS_w}{m}C_{Y_\beta}$	$C_{Y_\beta} \equiv \frac{\partial C_Y}{\partial \beta}$
$Y_p = \frac{QS_w b}{2mV}C_{Y_p}$	$C_{Y_p} \equiv \frac{2V}{b}\frac{\partial C_Y}{\partial p}$
$Y_r = \frac{QS_w b}{2mV}C_{Y_r}$	$C_{Y_r} \equiv \frac{2V}{b}\frac{\partial C_Y}{\partial r}$
$Y_{\delta_r} = \frac{QS_w}{m}C_{Y_{\delta_r}}$	$C_{Y_{\delta_r}} \equiv \frac{\partial C_Y}{\partial \delta_r}$

续表 2-4

$Y_{\delta_a}=\dfrac{QS_w}{m}C_{Y_{\delta_a}}$	$C_{Y_{\delta_a}}\equiv\dfrac{\partial C_Y}{\partial\delta_a}$
$\bar{L}_\beta=\dfrac{QS_wb}{I_x^*}C_{l_\beta}$	$C_{l_\beta}\equiv\dfrac{\partial C_l}{\partial\beta}$
$\bar{L}_p=\dfrac{QS_wb}{I_x^*}\dfrac{b}{2V}C_{l_p}$	$C_{l_p}\equiv\dfrac{2V}{b}\dfrac{\partial C_l}{\partial p}$
$\bar{L}_r=\dfrac{QS_wb}{I_x^*}\dfrac{b}{2V}C_{l_r}$	$C_{l_r}\equiv\dfrac{2V}{b}\dfrac{\partial C_l}{\partial r}$
$\bar{L}_{\delta_a}=\dfrac{QS_wb}{I_x^*}C_{l_{\delta_a}}$	$C_{l_{\delta_a}}\equiv\dfrac{\partial C_l}{\partial\delta_a}$
$\bar{L}_{\delta_r}=\dfrac{QS_wb}{I_x^*}C_{l_{\delta_r}}$	$C_{l_{\delta_r}}\equiv\dfrac{\partial C_l}{\partial\delta_r}$
$N_\beta=\dfrac{QS_wb}{I_z^*}C_{n_\beta}$	$C_{n_\beta}\equiv\dfrac{\partial C_n}{\partial\beta}$
$N_p=\dfrac{QS_wb}{I_z^*}\dfrac{b}{2V}C_{n_p}$	$C_{n_p}\equiv\dfrac{2V}{b}\dfrac{\partial C_n}{\partial p}$
$N_r=\dfrac{QS_wb}{I_z^*}\dfrac{b}{2V}C_{n_r}$	$C_{n_r}\equiv\dfrac{2V}{b}\dfrac{\partial C_n}{\partial r}$
$N_{\delta_a}=\dfrac{QS_wb}{I_z^*}C_{n_{\delta_a}}$	$C_{n_{\delta_a}}\equiv\dfrac{\partial C_n}{\partial\delta_a}$
$N_{\delta_r}=\dfrac{QS_wb}{I_z^*}C_{n_{\delta_r}}$	$C_{n_{\delta_r}}\equiv\dfrac{\partial C_n}{\partial\delta_r}$

但是应当指出，对于与空速 V 和油门 δ_T 相关的推力导数直接用量纲导数也许更加方便，然而对于与迎角 α 和侧滑角 β 相关的推力导数要更加复杂一些，对此本书将不再进行详细的讨论，相关的内容可参阅与发动机有关的文献。

一般来讲，量纲一的稳定性导数对于飞行器设计师来说是很重要的，因为这些导数能够提供飞行器的自然稳定性、控制舵面效率和机动性能，此外这些量纲一的稳定性导数使得飞行器的几何特性在初步设计过程中呈现着特别重要的意义。对于设计师而言，因为许多与飞行条件有关的稳定性导数，其典型的变化范围是已知的(速度、迎角和侧滑角等)，同时对于飞行包线不同部分的预期设计目标也是知道的，所以采用量纲一的稳定性导数来直接描述解耦的线性状态方程，能够将已知参数与飞行器的动力学更密切地联系起来。

对于轴对称布局的导弹来说，运动方程的解耦分组相对要简单一些，一般可以线性化并分成俯仰、偏航和滚转三个通道的方程组。

(3) 关于重要的量纲一的导数的说明

对于常规布局的飞行器而言，最重要的纵向稳定性导数为 C_{L_α}，C_{m_α}，C_{m_q}，C_{m_V}，$C_{m_{\dot\alpha}}$，C_{D_V}。

C_{L_α} 为升力曲线斜率(lift curve slope)。在升力曲线的失速前数值为 1～8 rad^{-1} 的范围内是典型线性的。在跨声速区间,C_{L_α} 随着马赫数的增大而增大,直至峰值后再在高亚声速区间内迅速下降。利用 C_{L_α} 可以建立迎角变化(例如,由于阵风和机动引起的迎角变化)与 z 轴加速度的联系。因此,它对于表征飞行器对于紊流响应和机动性具有重要作用。

C_{m_α} 为俯仰力矩曲线斜率(slope of the pitching moment curve),是描述飞行器俯仰稳定性的参数,故称为纵向静稳定性导数。如果 C_{m_α} 为负值,则飞行器是纵向稳定的。其典型值在 $-3\ \mathrm{rad}^{-1}$ 到小正值的范围内。对于一架弱稳定的飞机,尽管飞行员仍然能够控制它,但飞行员的工作负荷会增加。纵向稳定的飞行器对于俯仰指令的响应是一个自然频率由 C_{m_α} 和俯仰惯性力矩决定的阻尼振荡过程。C_{m_α} 在跨声速区间会随着马赫数的变化而不规则地变化。

C_{m_q} 和 $C_{m_{\dot\alpha}}$ 是俯仰力矩阻尼导数,描述了飞行器俯仰振荡的阻尼特性。通常 C_{m_q} 的幅值要比 $C_{m_{\dot\alpha}}$ 大得多。C_{m_q} 的典型值在 0～$-40\ \mathrm{rad}^{-1}$ 范围内。C_{m_q} 和 $C_{m_{\dot\alpha}}$ 的值会随着马赫数的变化趋向于平坦。

C_{m_V} 描述了速度变化对俯仰力矩的影响。如果 C_{m_V} 为正值,则随着空速增加,飞行器将趋于上仰,结果使得阻力和沿着 x 轴的重力分量增大,从而导致飞行器的速度下降,因此这是一个稳定的过程。当然应该注意到,实际上气动焦点会随着亚声速马赫数的增加而后移,结果会产生使飞行器低头的趋势,此时的 C_{m_V} 可能成为负值,因此会是一个速度不稳定的过程。对于飞行器而言,跨声速阻力的急剧增加,或者马赫数增加导致的控制效率下降,也会引起在临界马赫数附近的自动俯冲趋势效应(tuck-under effect)。

C_{D_V} 为速度阻尼导数,其意义是容易理解的,在此不再详述。

对于常规布局飞行器而言,最重要的横侧向稳定性导数为 C_{Y_β},C_{l_β},C_{n_β},C_{l_p},C_{n_p},C_{l_r},C_{n_r}。其中,C_{Y_β} 通常称为由侧滑引起的侧力导数,其典型值在 0.1～$-2.0\ \mathrm{rad}^{-1}$ 范围内。除 C_{Y_β} 以外剩余的重要横侧向稳定性导数都是力矩导数。

C_{l_β} 是由侧滑引起的滚转力矩导数,又通常称为上(下)反角导数(dihedral derivative)。对于滚转稳定的飞行器而言,C_{l_β} 值必须为负值。C_{l_β} 的典型值在 -0.4～$+0.1\ \mathrm{rad}^{-1}$ 范围内。在跨声速范围内,随着马赫数的变化,C_{l_β} 值可能会显著变化。C_{l_β} 对于飞行器的螺旋模态的稳定性是很重要的。

C_{n_β} 是由侧滑引起的偏航力矩导数,或称为偏航稳定性导数。C_{n_β} 与偏航稳定性和荷兰滚振荡模态的特性有关。对于偏航稳定的飞行器而言,C_{n_β} 值必须为正。C_{n_β} 的典型值在 0～$+0.4\ \mathrm{rad}^{-1}$ 范围内。在由跨声速到超声速变化时,随着马赫数的变化,C_{n_β} 值可能减小甚至成为负值。由于在大迎角飞行时垂尾淹没在机翼和机身产生的尾流中,因此 C_{n_β} 值也可能变为负值。

C_{l_p},C_{n_p},C_{l_r},C_{n_r} 均为阻尼力矩导数。其中,滚转阻尼力矩导数 C_{l_p} 通常在 -0.10～$-0.80\ \mathrm{rad}^{-1}$ 范围内。C_{l_p} 值在跨声速区间是增加的,然后在高马赫数时又减小。它是描述高机动性飞行器滚转特性的重要参数。C_{n_r} 为偏航阻尼力矩导数,总是负值;C_{n_r} 的典型值在 $-1\ \mathrm{rad}^{-1}$ 到零附近范围内。C_{n_r} 值在跨声速区间也是增加的。

因为飞行器的滚转与偏航运动存在耦合,所以也将 C_{n_p},C_{l_r} 称为交叉导数。随着马赫数的变化，C_{n_p} 和 C_{l_r} 可能会变化很大。C_{n_p} 的典型值在 $-0.5 \sim +0.1\ \mathrm{rad}^{-1}$ 范围内。在跨声速区间，C_{n_p} 能戏剧性地由负值变为正值。C_{l_r} 的典型值在 $0 \sim 0.6\ \mathrm{rad}^{-1}$ 范围内。C_{l_r} 是升力系数的函数，并会随着马赫数的变化而有显著改变。

2.2　飞行器的纵向运动

2.2.1　纵向运动的传递函数

1. 线性系统的传递函数

在 2.1 节中建立的由微分方程构成的飞行器线性化运动方程组，是在时间域中描述飞行器动态性能的数学模型。当给定外部作用以及初始条件后，借助于计算机求解微分方程组，就不难得到飞行器动态系统的输出响应。但是，如果飞行器的构形和某些参数发生变化，则需要重新列写和求解微分方程组，因此在时间域的数学模型不便于对飞行稳定性和操纵性进行分析和设计。

运用拉普拉斯变换(Laplace transform)求解系统的线性常微分方程，就可以得到系统在复数域的数学模型，称其为传递函数(transfer function)。传递函数不仅能够表征系统的动态特性，而且还可以借以研究系统的结构或参数变化对系统性能的影响。在经典控制理论中广泛应用的频率法和根轨迹法，就是基于传递函数建立起来的。因此，传递函数是经典控制理论中最基本也是最重要的概念。

线性时不变系统(lineart time invariant，LTI)的传递函数，定义为在初始条件为零时，系统输出量的拉普拉斯变换与输入量的拉普拉斯变换之比。

对线性时不变系统表达式(2-90)进行拉普拉斯变换，得到下列方程：

$$\begin{cases} \boldsymbol{X}(s) = (s\boldsymbol{I} - \boldsymbol{A})^{-1}[\boldsymbol{X}(0) + \boldsymbol{B}\boldsymbol{U}(s)] \\ \boldsymbol{Y}(s) = \boldsymbol{C}(s\boldsymbol{I} - \boldsymbol{A})^{-1}[\boldsymbol{X}(0) + \boldsymbol{B}\boldsymbol{U}(s)] + \boldsymbol{D}\boldsymbol{U}(s) \end{cases} \tag{2-93}$$

根据传递函数的定义，可以得到线性时不变系统的传递函数为

$$\boldsymbol{G}(s) = \frac{\boldsymbol{Y}(s)}{\boldsymbol{U}(s)} = \boldsymbol{C}(s\boldsymbol{I} - \boldsymbol{A})^{-1}\boldsymbol{B} + \boldsymbol{D} \tag{2-94}$$

传递函数具有下列性质：

① 传递函数是复变量 s 的有理真分式函数，分子多项式的次数低于或等于分母多项式的次数，这是由系统必然具有惯性所致。同时传递函数的所有系数均应为实数，这是因为传递函数的系数都是系统原部件参数的函数，而系统原部件的参数只能为实数。

② 传递函数只取决于系统和原部件的结构，与外部作用形式无关。

③ 一定的传递函数都有一定的零、极点分布图与之相对应。因此，传递函数的零、极点分布图也可表征系统的动态性能。

④ 传递函数的拉普拉斯反变换是系统的脉冲响应。因此，系统的脉冲响应与传递函数有单值对应关系，都可以表征系统的动态特性。

拉普拉斯变换的初始值和终态值定理为

初始值：
$$\lim_{t \to 0} f(t) = \lim_{s \to \infty} sF(s) \tag{2-95}$$

终态值：
$$\lim_{t\to\infty} f(t)=\lim_{s\to 0} sF(s) \tag{2-96}$$

2. 纵向运动的传递函数

将由式(2-86)和式(2-87)描述的纵向运动的状态方程进行拉普拉斯变换后，再利用克莱姆法则(Cramer's rule)不难得到单输入/单输出系统的传递函数。

将式(2-86)和式(2-87)代入方程(2-59)，可以得到经拉普拉斯变换后的方程组：

$$\begin{cases}[s-(X_V+X_{T_V}\cos\alpha_e)]\Delta V(s)-X_\alpha\Delta\alpha(s)+g\cos\mu_e\Delta\theta(s)=\bar{X}_{\delta_T}\Delta\delta_T(s)+X_{\delta_e}\Delta\delta_e(s)\\ -(Z_V-X_{T_V}\sin\alpha_e)\Delta V(s)+[(V-Z_{\dot\alpha})s-Z_\alpha]\Delta\alpha(s)+g\sin\mu_e\Delta\theta(s)-(V+Z_q)\Delta q(s)=\\ -\bar{Z}_{\delta_T}\Delta\delta_T(s)+Z_{\delta_e}\Delta\delta_e(s)\\ s\Delta\theta(s)-\Delta q(s)=0\\ -(M_V+M_{T_V})\Delta V(s)-(M_{\dot\alpha}s+M_\alpha)\Delta\alpha(s)+(s-M_q)\Delta q(s)=M_{\delta_T}\Delta\delta_T(s)+M_{\delta_e}\Delta\delta_e(s)\end{cases} \tag{2-97}$$

或者写出矩阵$(s\boldsymbol{E}-\boldsymbol{A})$和$\boldsymbol{B}$，即

$$(s\boldsymbol{E}-\boldsymbol{A})=\begin{bmatrix}s-(X_V+X_{T_V}\cos\alpha_e) & -X_\alpha & g\cos\mu_e & 0\\ -(Z_V-X_{T_V}\sin\alpha_e) & (V-Z_{\dot\alpha})s-Z_\alpha & g\sin\mu_e & -(V+Z_q)\\ 0 & 0 & s & -1\\ -(M_V+M_{T_V}) & -(M_{\dot\alpha}s+M_\alpha) & 0 & s-M_q\end{bmatrix}$$

$$\boldsymbol{B}=\begin{bmatrix}\bar{X}_{\delta_T} & X_{\delta_e}\\ -\bar{Z}_{\delta_T} & Z_{\delta_e}\\ 0 & 0\\ M_{\delta_T} & M_{\delta_e}\end{bmatrix} \tag{2-98}$$

根据克莱姆法则，利用矩阵$(s\boldsymbol{E}-\boldsymbol{A})$和$\boldsymbol{B}$就可以很方便地写出所需要的输入/输出变量的传递函数。

下面研究以升降舵偏转增量$\Delta\delta_e$为控制输入的各个状态变量的传递函数。以油门增量$\Delta\delta_T$为控制输入的情况在后面将专门讨论。

以升降舵偏转增量$\Delta\delta_e$为控制输入，空速增量ΔV为输出的传递函数可以写成两个行列式之比，其中分母为矩阵$(s\boldsymbol{E}-\boldsymbol{A})$的行列式$|s\boldsymbol{E}-\boldsymbol{A}|$，而分子是以矩阵$\boldsymbol{B}$中与升降舵偏转增量$\Delta\delta_e$所对应的列(第2列)，替换行列式$|s\boldsymbol{E}-\boldsymbol{A}|$中与空速增量$\Delta V$所对应的列(第1列)构成的行列式，即

$$\frac{\Delta V(s)}{\Delta\delta_e(s)}=\frac{1}{|s\boldsymbol{E}-\boldsymbol{A}|}\begin{vmatrix}X_{\delta_e} & -X_\alpha & g\cos\mu_e & 0\\ Z_{\delta_e} & (V-Z_{\dot\alpha})s-Z_\alpha & g\sin\mu_e & -(V+Z_q)\\ 0 & 0 & s & -1\\ M_{\delta_e} & -(M_{\dot\alpha}s+M_\alpha) & 0 & s-M_q\end{vmatrix}$$

$$
=\frac{A_V\left(s+\frac{1}{T_{V1}}\right)(s^2+2\xi_V\omega_V s+\omega_V^2)}{(s^2+2\xi_p\omega_p s+\omega_p^2)(s^2+2\xi_s\omega_s s+\omega_s^2)}
$$

$$
=\frac{K_V(T_{V1}s+1)(T_V^2s^2+2\xi_V T_V s+1)}{(T_p^2s^2+2\xi_p T_p s+1)(T_s^2s^2+2\xi_s T_s s+1)} \tag{2-99}
$$

式中，A_V 为 ΔV 传递函数的增益；K_V 为 ΔV 传递函数的传递系数；T_{V1}，T_V 为 ΔV 传递函数分子的时间常数；ξ_V 为 ΔV 传递函数分子的阻尼比；ω_V 为 ΔV 传递函数分子的固有频率；ξ_p 为长周期运动的阻尼比；ξ_s 为短周期运动的阻尼比；ω_p 为长周期运动的固有频率；ω_s 为短周期运动的固有频率；T_p 为长周期运动的时间常数；T_s 为短周期运动的时间常数。

采用上述同样的方法可写出以升降舵偏转增量 $\Delta\delta_e$ 为控制输入，迎角增量 $\Delta\alpha$ 为输出的传递函数为

$$
\frac{\Delta\alpha(s)}{\Delta\delta_e(s)}=\frac{1}{|s\boldsymbol{E}-\boldsymbol{A}|}\begin{vmatrix} s-(X_V+X_{T_V}\cos\alpha_e) & X_{\delta_e} & g\cos\mu_e & 0 \\ -(Z_V-X_{T_V}\sin\alpha_e) & Z_{\delta_e} & g\sin\mu_e & -(V+Z_q) \\ 0 & 0 & s & -1 \\ -(M_V+M_{T_V}) & M_{\delta_e} & 0 & s-M_q \end{vmatrix}
$$

$$
=\frac{-A_\alpha\left(s+\frac{1}{T_{\alpha1}}\right)(s^2+2\xi_\alpha\omega_\alpha s+\omega_\alpha^2)}{(s^2+2\xi_p\omega_p s+\omega_p^2)(s^2+2\xi_s\omega_s s+\omega_s^2)}
$$

$$
=\frac{-K_\alpha(T_{\alpha1}s+1)(T_\alpha^2s^2+2\xi_\alpha T_\alpha s+1)}{(T_p^2s^2+2\xi_p T_p s+1)(T_s^2s^2+2\xi_s T_s s+1)} \tag{2-100}
$$

式中，A_α 为 $\Delta\alpha$ 传递函数的增益；K_α 为 $\Delta\alpha$ 传递函数的传递系数；$T_{\alpha1}$，T_α 为 $\Delta\alpha$ 传递函数分子的时间常数；ξ_α 为 $\Delta\alpha$ 传递函数分子的阻尼比；ω_α 为 $\Delta\alpha$ 传递函数分子的固有频率。

以升降舵偏转增量 $\Delta\delta_e$ 为控制输入，俯仰角增量 $\Delta\theta$ 为输出的传递函数为

$$
\frac{\Delta\theta(s)}{\Delta\delta_e(s)}=\frac{1}{|s\boldsymbol{E}-\boldsymbol{A}|}\begin{vmatrix} s-(X_V+X_{T_V}\cos\alpha_e) & -X_\alpha & X_{\delta_e} & 0 \\ -(Z_V-X_{T_V}\sin\alpha_e) & (V-Z_{\dot\alpha})s-Z_\alpha & Z_{\delta_e} & -(V+Z_q) \\ 0 & 0 & 0 & -1 \\ -(M_V+M_{T_V}) & -(M_{\dot\alpha}s+M_\alpha) & M_{\delta_e} & s-M_q \end{vmatrix}
$$

$$
=\frac{-A_\theta}{(s^2+2\xi_p\omega_p s+\omega_p^2)(s^2+2\xi_s\omega_s s+\omega_s^2)}
$$

$$
=\frac{-K_\theta}{(T_p^2s^2+2\xi_p T_p s+1)(T_s^2s^2+2\xi_s T_s s+1)} \tag{2-101}
$$

式中，A_θ 为 $\Delta\theta$ 传递函数的增益；K_θ 为 $\Delta\theta$ 传递函数的传递系数。

以升降舵偏转增量 $\Delta\delta_e$ 为控制输入，俯仰角速度增量 Δq 为输出的传递函数可以写成两个行列式之比，其中分母为矩阵$(s\boldsymbol{E}-\boldsymbol{A})$的行列式$|s\boldsymbol{E}-\boldsymbol{A}|$，而分子是以矩阵 $\boldsymbol{B}$ 中与升降舵偏转增量 $\Delta\delta_e$ 所对应的列(第 2 列)，替换行列式$|s\boldsymbol{E}-\boldsymbol{A}|$中与俯仰角速度增量 Δq 所对应的列(第 4 列)构成的行列式，即

$$\frac{\Delta q(s)}{\Delta\delta_e(s)}=\frac{1}{|s\mathbf{E}-\mathbf{A}|}\begin{vmatrix} s-(X_V+X_{T_V}\cos\alpha_e) & -X_\alpha & g\cos\mu_e & X_{\delta_e} \\ -(Z_V-X_{T_V}\sin\alpha_e) & (V-Z_{\dot\alpha})s-Z_\alpha & g\sin\mu_e & Z_{\delta_e} \\ 0 & 0 & s & 0 \\ -(M_V+M_{T_V}) & -(M_{\dot\alpha}s+M_\alpha) & 0 & M_{\delta_e}\end{vmatrix}$$

$$=\frac{-A_q s\left(s+\frac{1}{T_{q1}}\right)\left(s+\frac{1}{T_{q2}}\right)}{(s^2+2\xi_p\omega_p s+\omega_p^2)(s^2+2\xi_s\omega_s s+\omega_s^2)}$$

$$=\frac{-K_q s(T_{q1}s+1)(T_{q2}s+1)}{(T_p^2s^2+2\xi_pT_ps+1)(T_s^2s^2+2\xi_sT_ss+1)} \tag{2-102}$$

式中,A_q 为 Δq 传递函数的增益;K_q 为 Δq 传递函数的传递系数;T_{q1},T_{q2} 为 Δq 传递函数分子的时间常数。

通常将

$$\Delta_L=|s\mathbf{E}-\mathbf{A}|=\begin{vmatrix} s-(X_V+X_{T_V}\cos\alpha_e) & -X_\alpha & g\cos\mu_e & 0 \\ -(Z_V-X_{T_V}\sin\alpha_e) & (V-Z_{\dot\alpha})s-Z_\alpha & g\sin\mu_e & -(V+Z_q) \\ 0 & 0 & s & -1 \\ -(M_V+M_{T_V}) & -(M_{\dot\alpha}s+M_\alpha) & 0 & s-M_q\end{vmatrix}$$

称为纵向运动的特征行列式,展开后的 Δ_L 称为纵向运动的特征多项式,而将 $\Delta_L=0$ 称为纵向运动的特征方程。

纵向运动的特征方程 $\Delta_L=0$ 可以写成下列形式:

$$\Delta_L=s^4+a_1s^3+a_2s^2+a_3s+a_4=0 \tag{2-103}$$

飞行器的特征方程具有下列特点:

① 描述了飞行器本身的固有稳定性;

② 当纵向运动方程组右侧输入量为零时(即在无操纵和无输入情况下),飞行器在空间做自扰动运动;

③ 特征方程完全取决于飞行器本身的构造参数、气动参数和飞行状态,而与初始扰动条件无关(可由特征方程的构成系数看出);

④ 特征方程的根(即特征根)具有下列形式:

$$\lambda=\sigma\pm j\omega \tag{2-104}$$

依据特征根实部和虚部的不同情况,可以初步分析飞行器的扰动运动的基本特性:

① 当虚部 $\omega=0$ 时,特征根 λ 为一实根,飞行器的扰动运动为非周期运动;

② 当虚部 $\omega\neq0$ 时,特征根 λ 为一对共轭复根,飞行器的扰动运动为周期运动(振荡运动);

③ 当实部 $\sigma<0$ 时,由于特征根 λ 具有负实部,所以飞行器的扰动运动是稳定的;

④ 当实部 $\sigma>0$ 时,由于特征根 λ 具有正实部,所以飞行器的扰动运动是不稳定的;

⑤ 当实部 $\sigma=0$ 且 $\omega\neq0$ 时,特征根 λ 为纯虚根,飞行器的扰动运动为简谐振动。

由此可见,根据特征根的情况,可以比较方便地判断飞行器运动的稳定特性。因为不同的特征根所对应的飞行器扰动运动的类型不同,所以,将每一个(对)特征根所对应的通过拉普拉斯反变换得到的时域解,称为扰动运动的一种模态。那么,将每一个(对)特征根所对应的模态进行线性叠加,就组成了飞行器总的扰动运动。

一般飞行器的纵向运动特征多项式 Δ_L 具有两个二次因式之积的形式，两个二次因式分别代表长周期模态（phugoid mode）和短周期模态（short period mode）。一般情况下，长周期运动模态对应着一对较小的共轭复根，具有振荡周期长和衰减较慢的特点，而短周期运动模态则对应着一对较大的共轭复根，通常具有振荡周期短和衰减快的特点，如图 2－7 所示。

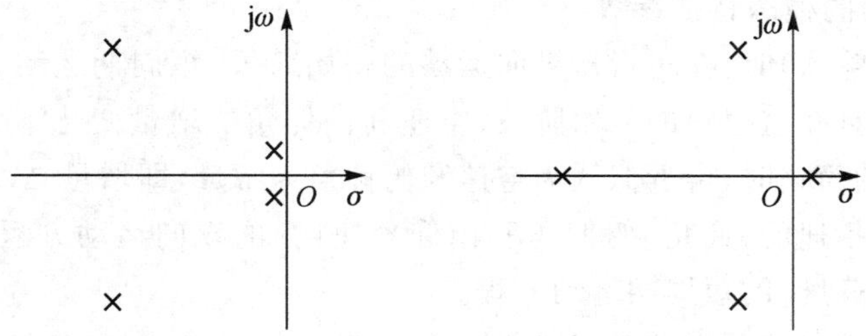

(a) 纵向运动　　(b) 横侧向运动

图 2－7　刚体飞行器的特征根的典型分布

图 2－8 所示为某型飞机的升降舵为脉冲偏转时纵向运动各个状态变量的响应情况。

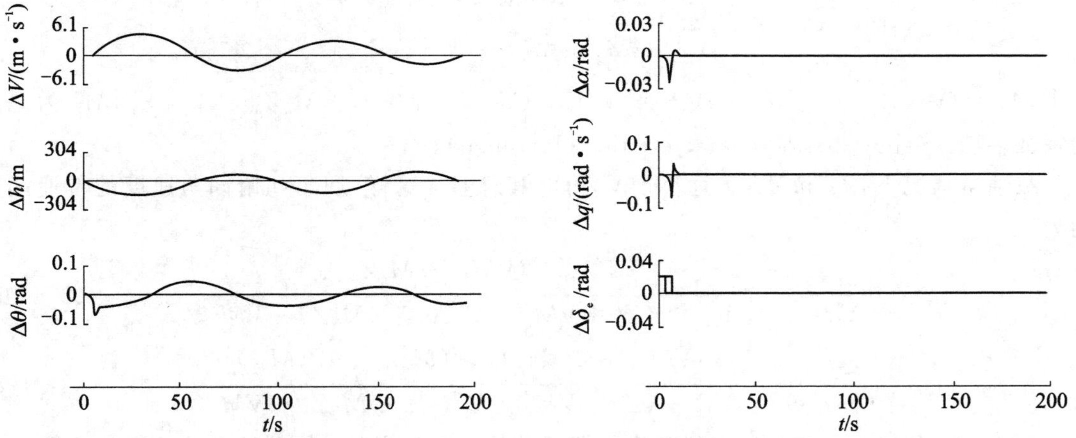

图 2－8　升降舵为脉冲偏转时纵向运动各状态变量的响应

由图 2－8 可见，在短周期运动中，$\Delta V(t)$ 和 $\Delta h(t)$ 的幅值变化很小，在长周期运动中 $\Delta\alpha(t)$ 和 $\Delta q(t)$ 幅值几乎没有变化，而 $\Delta\theta(t)$ 的幅值在短周期运动和长周期运动中都有所变化，但是主要体现长周期运动的特点。因此，$\Delta\alpha(t)$ 和 $\Delta q(t)$ 属于短周期运动模态，而 $\Delta V(t)$ 和 $\Delta\theta(t)$ 则属于长周期运动模态。

为了便于今后分析讨论短周期和长周期运动模态，把状态变量重新排序并将纵向运动方程写成下列分块的形式：

$$\boldsymbol{X} = [\Delta\alpha \quad \Delta q \quad \Delta V \quad \Delta\theta]^{\mathrm{T}}$$

$$\dot{\boldsymbol{X}} = \begin{bmatrix} \boldsymbol{A}_{11} & \boldsymbol{A}_{12} \\ \boldsymbol{A}_{21} & \boldsymbol{A}_{22} \end{bmatrix} \boldsymbol{X} + \begin{bmatrix} \boldsymbol{B}_{11} & \boldsymbol{B}_{12} \\ \boldsymbol{B}_{21} & \boldsymbol{B}_{22} \end{bmatrix} \boldsymbol{U} \tag{2-105}$$

在状态方程(2－105)中，2×2 维子矩阵 $\boldsymbol{A}_{12}$ 反映了短周期运动模态对长周期运动模态的依赖程度。

2.2.2 短周期运动模态和长周期运动模态的简化

1. 短周期运动模态的简化

(1) 短周期运动的模态特征参数

当存在扰动(或输入)时,在飞行器纵向运动的初始阶段,短周期运动占主导地位,其过渡过程的时间很短,并且在这很短的初始阶段,空速和俯仰角的增量变化不大。因此,在讨论短周期运动传递函数的简化时,可近似认为空速和俯仰角为常量,即增量 $\Delta V=\Delta\theta=0$。这样,由原来四个自由度(包括速度、迎角、俯仰角和俯仰角速度)的纵向运动方程就变成了二自由度(包括迎角和俯仰角速度)的短周期运动方程。

由式(2-87)不难获得下列纵向短周期运动方程:

$$\begin{bmatrix} V-Z_{\dot{\alpha}} & 0 \\ -M_{\dot{\alpha}} & 1 \end{bmatrix}\begin{bmatrix} \Delta\dot{\alpha} \\ \Delta\dot{q} \end{bmatrix}=\begin{bmatrix} Z_\alpha & V+Z_q \\ M_\alpha & M_q \end{bmatrix}\begin{bmatrix} \Delta\alpha \\ \Delta q \end{bmatrix}+\begin{bmatrix} Z_{\delta_e} \\ M_{\delta_e} \end{bmatrix}\Delta\delta_e \tag{2-106}$$

写出传递函数矩阵为

$$\boldsymbol{C}(s\boldsymbol{E}-\boldsymbol{A})^{-1}\boldsymbol{B}=\frac{C}{\Delta_{sp}}\begin{bmatrix} (s-M_q)Z_{\delta_e}+(V+Z_q)M_{\delta_e} \\ (sM_{\dot{\alpha}}+M_\alpha)Z_{\delta_e}+[s(V-Z_{\dot{\alpha}})-Z_\alpha]M_{\delta_e} \end{bmatrix}$$

式中,$\Delta_{sp}=(V-Z_{\dot{\alpha}})s^2-[Z_\alpha+(V-Z_{\dot{\alpha}})M_q+(V+Z_q)M_{\dot{\alpha}}]s+M_qZ_\alpha-(V+Z_q)M_\alpha$ 为短周期特征多项式(short-period characteristic polynomial)。

在通常情况下,Z_q 和 $Z_{\dot{\alpha}}$ 远远小于 V,可将其忽略。这样,迎角和俯仰角速度的传递函数则为

$$\frac{\Delta\alpha(s)}{\Delta\delta_e(s)}=\frac{Z_{\delta_e}s+(VM_{\delta_e}-M_qZ_{\delta_e})}{Vs^2-(Z_\alpha+VM_q+VM_{\dot{\alpha}})s+M_qZ_\alpha-VM_\alpha} \tag{2-107}$$

$$\frac{\Delta q(s)}{\Delta\delta_e(s)}=\frac{(VM_{\delta_e}+Z_{\delta_e}M_{\dot{\alpha}})s+(M_\alpha Z_{\delta_e}-Z_\alpha M_{\delta_e})}{Vs^2-(Z_\alpha+VM_q+VM_{\dot{\alpha}})s+M_qZ_\alpha-VM_\alpha} \tag{2-108}$$

由式(2-107)和式(2-108)可以得到短周期运动的固有频率(natural frequency)ω_{sp} 和阻尼比(damping ratio)ξ_{sp},即

$$\omega_{sp}=\sqrt{\left(\frac{M_qZ_\alpha}{V}-M_\alpha\right)},\quad \xi_{sp}=-\frac{Z_\alpha+V(M_q+M_{\dot{\alpha}})}{2\sqrt{V(M_qZ_\alpha-M_\alpha V)}}$$

或者简写为

$$\omega_{sp}=\sqrt{-Z_\alpha^*M_q-M_\alpha},\quad \xi_{sp}=\frac{Z_\alpha^*-M_{\dot{\alpha}}-M_q}{2\sqrt{-Z_\alpha^*M_q-M_\alpha}} \tag{2-109}$$

式中,$Z_\alpha^*=-\dfrac{Z_\alpha}{V}$。

将式(2-109)表示成量纲一的导数形式则为

$$\omega_{sp}=\frac{1}{2}\rho VS_wc_A\left[\frac{-C_{m_q}(C_D+C_{L_\alpha})-4mC_{m_\alpha}/\rho S_wc_A}{2mI_y^*}\right]^{1/2} \tag{2-110}$$

$$\xi_{sp}=\frac{-c_A}{4}\left(\frac{m}{I_y^*}\right)^{1/2}\frac{C_{m_q}+C_{m_{\dot\alpha}}-2I_y^*(C_D+C_{L_\alpha})/mc_A^2}{\left[-\frac{1}{2}C_{m_q}(C_D+C_{L_\alpha})-2mC_{m_\alpha}/\rho S_w c_A\right]^{1/2}}\tag{2-111}$$

利用短周期运动的固有频率和阻尼比关系式(2-109)和相应的简化处理,可以将迎角和俯仰角速度的传递函数式(2-107)和式(2-108)简写为

$$\frac{\Delta\alpha(s)}{\Delta\delta_e(s)}=\frac{M_{\delta_e}}{s^2+2\xi_{sp}\omega_{sp}s+\omega_{sp}^2}\tag{2-112}$$

$$\frac{\Delta q(s)}{\Delta\delta_e(s)}=\frac{M_{\delta_e}(s+Z_\alpha^*)}{s^2+2\xi_{sp}\omega_{sp}s+\omega_{sp}^2}\tag{2-113}$$

(2) 短周期运动模态特征参数的分析

在通常情况下(例如,低亚声速马赫数情况),平衡点的阻力系数要比升力曲线斜率小得多(即 $C_D\ll C_{L_\alpha}$),相对而言这些导数变化较小,可以认为是常数。那么,短周期运动的固有频率 ω_{sp} 将依赖于大气密度 ρ 和空速 V,也就是说,固有频率 ω_{sp} 将随着动压 $Q=\frac{1}{2}\rho V^2$ 的增大而增大,但是显然不是简单的比例关系。

如果飞行器具有很高的纵向静稳定性,则 C_{m_α} 将主导固有频率 ω_{sp} 的表达式,则由式(2-109)和式(2-110)可以得到简化关系式:

$$\omega_{sp}\approx\sqrt{-M_\alpha}=\sqrt{-\frac{QS_w c_A}{I_y^*}C_{m_\alpha}}\propto\sqrt{Q}\tag{2-114}$$

那么,短周期固有频率 ω_{sp} 将近似地与动压的平方根成比例,即 $\omega_{sp}\propto\sqrt{Q}$。

关于空速和高度的变化对固有频率 ω_{sp} 的影响,可由式(2-114)得到下列结论:

① 低空飞行(ρ 较大)的短周期固有频率 ω_{sp} 要比高空飞行的大;

② 高速飞行(V 较大)的 ω_{sp} 要比低速飞行的大;

③ 当马赫数 Ma 增大时,短周期固有频率 ω_{sp} 要比空速 V 增大得多。因为随着马赫数 Ma 增大,气动焦点将后移,使得纵向静稳定性导数 $|C_{m_\alpha}|$ 增大,从而导致短周期固有频率 ω_{sp} 成倍地增大。

④ 纵向定速静稳定性导数 C_{m_α} 的负值越大,则短周期固有频率 ω_{sp} 越大。

尽管 $C_{L_\alpha}>0$ 和 $C_{m_q}<0$,但如果飞行器是纵向静不稳定的(即 $C_{m_\alpha}>0$),则式(2-110)方括号里的量最终将变为负值,那么,短周期特征方程将有实根,此条件在后面将得到检验。

上述分析同样适用于分析阻尼比 ξ_{sp} 表达式。平衡点的阻力系数可被忽略,阻尼比 ξ_{sp} 将仅仅依赖于大气密度 ρ。因此,阻尼比 ξ_{sp} 将随着飞行高度的增加而减小。

如果阻尼比 ξ_{sp} 表达式(2-111)的分母由纵向静稳定性导数 C_{m_α} 主导,则由式(2-109)可以得到下列简化关系式:

$$\xi_{sp}=-\frac{Z_\alpha+V(M_q+M_{\dot\alpha})}{2V\sqrt{-M_\alpha}}\tag{2-115}$$

由于式(2-115)分子中的 Z_α,M_q,$M_{\dot\alpha}$ 与 ρV 成正比,而分母中的 $\sqrt{-M_\alpha}$ 与 $V\sqrt{\rho}$ 成正比,因此,阻尼比 ξ_{sp} 将与 $\sqrt{\rho}$ 近似成比例,即 $\xi_{sp}\propto\sqrt{\rho}$。

关于空速和高度的变化对阻尼比 ξ_{sp} 的影响,可由式(2-115)得到这样的结论:

① 短周期阻尼比 ξ_{sp} 随高度增加而减小,与空速基本无关。

② 随着马赫数 Ma 增大,气动焦点将后移,使得与式(2-111)分母有关的纵向静稳定性导数 $|C_{m_\alpha}|$ 增大;而与分子有关的量纲一的导数 $C_{L_\alpha}, C_{m_q}, C_{m_{\dot{\alpha}}}$ 是先增大,而后在超声速段又减小,所以短周期阻尼比 ξ_{sp} 在超声速段将减小。因此,飞行器在高空高速飞行时,因为 ξ_{sp} 急剧减小,所以必须采用增加人工阻尼的方法来加以改善。

③ 增大量纲一的导数 $C_{L_\alpha}, |C_{m_q}|, |C_{m_{\dot{\alpha}}}|$,短周期阻尼比 ξ_{sp} 将增大;而随着 $|C_{m_\alpha}|$ 增大,ξ_{sp} 将减小。

2. 长周期运动模态的简化

(1) 长周期运动的模态特征参数

纵向长周期模态主要是飞行器质心的轨迹运动。与短周期运动相比,其各参数变化缓慢,在长周期运动期间,短周期动态过程已基本结束,因此,在讨论长周期运动时,可以采用上述短周期运动的结果。由方程(2-105)可得

$$\mathbf{0} = \boldsymbol{A}_{11}\begin{bmatrix}\Delta\alpha \\ \Delta q\end{bmatrix} + \boldsymbol{A}_{12}\begin{bmatrix}\Delta V \\ \Delta\theta\end{bmatrix} \tag{2-116}$$

$$\begin{bmatrix}\Delta\dot{V} \\ \Delta\dot{\theta}\end{bmatrix} = \boldsymbol{A}_{21}\begin{bmatrix}\Delta\alpha \\ \Delta q\end{bmatrix} + \boldsymbol{A}_{22}\begin{bmatrix}\Delta V \\ \Delta\theta\end{bmatrix} \tag{2-117}$$

将方程(2-116)代入方程(2-117)后,有

$$\begin{bmatrix}\Delta\dot{V} \\ \Delta\dot{\theta}\end{bmatrix} = (\boldsymbol{A}_{22} - \boldsymbol{A}_{21}\boldsymbol{A}_{11}^{-1}\boldsymbol{A}_{12})\begin{bmatrix}\Delta V \\ \Delta\theta\end{bmatrix} \tag{2-118}$$

由式(2-87)不难获得下列方程:

$$\begin{bmatrix}\Delta\dot{V} \\ \Delta\dot{\theta}\end{bmatrix} = \begin{bmatrix}(X_V + X_{T_V}\cos\alpha_e) - \dfrac{X_\alpha[M_q(Z_V - X_{T_V}\sin\alpha_e) - (V+Z_q)(M_V + M_{T_V})]}{\Delta_p} & -g \\ \dfrac{M_\alpha(Z_V - X_{T_V}\sin\alpha_e) - Z_\alpha(M_V + M_{T_V})}{\Delta_p} & 0\end{bmatrix}\begin{bmatrix}\Delta V \\ \Delta\theta\end{bmatrix} \tag{2-119}$$

式中,$\Delta_p = M_q Z_\alpha - M_\alpha(V + Z_q)$。

通过 $|s\boldsymbol{I} - \boldsymbol{A}|$ 就可以得到特征方程,进而得出长周期运动的固有频率和阻尼比满足如下关系:

$$\omega_{n_p}^2 = g\,\frac{M_\alpha(Z_V - X_{T_V}\sin\alpha_e) - Z_\alpha(M_V + M_{T_V})}{M_q Z_\alpha - M_\alpha(V + Z_q)} \tag{2-120}$$

$$2\xi_p\omega_{n_p} = -(X_V + X_{T_V}\cos\alpha_e) + \frac{X_\alpha[M_q(Z_V - X_{T_V}\sin\alpha_e) - (V+Z_q)(M_V + M_{T_V})]}{M_q Z_\alpha - M_\alpha(V+Z_q)} \tag{2-121}$$

尽管式(2-120)和式(2-121)要比短周期的复杂一些,但是仍然可以得到非常重要且实用的结论。

(2) 长周期运动模态特征参数的分析

如果忽略掉推力导数 X_{T_V} 并用量纲一的导数进行替换,则长周期运动的固有频率表达

式为

$$\frac{\omega_{n_p}^2}{g}=\frac{(C_D+C_{L_\alpha})(2C_m+C_{m_V})-C_{m_\alpha}(2C_L+C_{L_V})}{-\frac{1}{2}c_A C_{m_q}(C_D+C_{L_\alpha})-C_{m_\alpha}\left(mV^2/QS_w-\frac{1}{2}c_A C_{L_q}\right)} \tag{2-122}$$

假设发动机的推力向量通过飞行器的重心，则平衡点的气动俯仰力矩为零，即 $C_m=0$；再忽略导数 C_{m_V}，C_{L_V}，C_{L_q}，并且假设 $C_D \ll C_{L_\alpha}$，表达式(2-122)可简化为

$$\frac{\omega_{n_p}^2}{g}=\frac{2C_{m_\alpha}C_L}{\frac{1}{2}c_A C_{m_q}C_{L_\alpha}+2mC_{m_\alpha}/\rho S_w} \tag{2-123}$$

如果式(2-123)中的稳定性导数不随着飞行条件的变化而改变，则长周期运动的固有频率与平衡点的升力系数的平方根成比例。对于水平飞行而言，因为 $C_L=\frac{G}{QS_w}$，在此情况下，长周期运动的固有频率与动压的平方根成比例。

如果表达式(2-123)的分母主要取决于 C_{m_α}，则式(2-123)可进一步简化为

$$\frac{\omega_{n_p}^2}{g}\approx\frac{\rho S_w}{m}C_L \tag{2-124}$$

再将 C_L 进行替换，长周期运动的固有频率不再依赖于大气密度，即

$$\omega_{n_p}\approx\sqrt{2}\cdot\frac{g}{V} \tag{2-125}$$

也就是说，长周期运动的固有频率 ω_{n_p} 与空速成反比，而与飞行高度基本无关。这个结论是 F. W. Lanchester 早在 1908 年就得出的，后面还将通过一个例子的计算来验证这一结论。计算结果表明，即使没有关于发动机推力向量通过飞行器的重心和推力导数忽略的假设，在飞行高度一定情况下，长周期运动的固有频率仍然是与空速成比例。

然而，对于长周期运动的阻尼比，要推导出简单的表达式则更加困难。后面会看到阻尼比方程(2-121)也不是很准确。一般来讲，长周期运动的阻尼比随着空速的增加而增大，随着飞行高度的增加而减小。

空速与高度对纵向运动模态特征参数的影响如表 2-5 所列。

表 2-5 空速与高度对纵向运动模态特征参数的影响

特征参数	飞行高度增加	空速增加
ω_{sp}	减小	增大
ξ_{sp}	减小	基本不变
ω_{n_p}	不变	减小
ξ_p	减小	增大

3. 短周期运动和长周期运动简化的准确性分析

在油门输入为定值，而以升降舵偏转为控制输入的情况下，迎角 α 和俯仰角速度 q 的短周期运动的近似精度是很好的，长周期运动振荡周期的近似精度是很好的，而其阻尼比的近似却要差一些。以某型运输机为例的计算结果(参见表 2-6)验证了这一结论。

在表2-6中,前3行是当飞机的重心位置不变,分别采用上述近似方法和精确方法得到的短周期与长周期运动时间常数和阻尼比的计算精度随空速的变化;后4行是当飞机的空速不变,采用两种方法所得到的时间常数和阻尼比的计算精度随重心位置的变化。

表2-6 分别用近似和精确方法计算的短/长周期运动时间常数和阻尼比的精度比较

空速/($m\cdot s^{-1}$)	重心位置(c_A)	计算方法	T_{sp}/s	ξ_{sp}	T_p/s	ξ_p
60.96	0.25	近似方法	7.44	0.555	32.3	0.102
		精确方法	7.33	0.565	32.7	−0.129
121.92	0.25	近似方法	3.73	0.551	63.5	0.064
		精确方法	3.72	0.551	63.6	0.035
182.88	0.25	近似方法	2.48	0.551	96.5	0.112
		精确方法	2.48	0.551	96.6	0.099
121.92	0.30	近似方法	4.04	0.598	65.4	0.067
		精确方法	4.04	0.524	65.5	0.033
121.92	0.40	近似方法	5.04	0.744	74.1	0.083
		精确方法	5.02	0.652	74.3	0.036
121.92	0.50	近似方法	−0.523,−1.33		476	0.691
		精确方法	−0.810±j0.200		476	0.630
121.92	0.55	近似方法	−1.70,−0.158		−0.158,0.128	
		精确方法	−1.44,0.100		−0.150±j0.123	

注:表中灰色部分是有关短周期和长周期的特征根。

由表2-6的计算结果可以看出,对于短周期运动的 T_{sp} 和 ξ_{sp},近似方法能够给出计算精度很高的结果;对于长周期运动的 T_p,近似方法的计算精度同样是很高的,而 ξ_p 的近似计算精度却不高,但是随着长周期运动的 T_p 增大,ξ_p 的近似计算精度有较明显的提高。

此外,在低速情况下(≤60.96 m/s),由于阻尼比 $\xi_p<0$,则长周期运动的两个特征根具有正实部,因此位于右半 S 平面,即 $s_{p1,2}=\frac{1}{T_p}(-\xi_p\pm\sqrt{\xi_p^2-1})=3.944\ 82\pm j0.030\ 32$,可见该型运输机在低速情况下长周期运动是不稳定的。

表2-6计算结果表明,随着飞机重心位置的后移,短周期运动的特征根趋向于实轴,其中一个实根逼近于长周期运动的特征根。当短周期运动的一个实根移动到右半 S 平面后,上述近似方法显然已不再适用,同时还出现一个带有短周期运动的阻尼比($\xi_t=0.773$),周期($T_t=5.155$ s)类似于长周期运动的新的振荡模态,称为第三振荡模态(third oscillatory mode),这也是纵向静不稳定飞机的特征。这个实根变成俯仰的指数不稳定(而不是振荡不稳定)的信号,是与纵向静稳定性降低有直接联系的一类不稳定性。

在此例中,关于重心后移的稳定性边界在 $0.501c_A\sim0.502c_A$ 之间。很显然,应用上述的短周期近似特征方程不能准确计算重心后移的稳定性边界。因此,不难从完整的纵向运动方程得出关于单实根移向右半 S 平面的条件。

以上简化的结果可用一些例子数据进行检验分析。将短周期运动和长周期运动近似传递函数的固有频率和阻尼比的精确值与近似值进行比较可见，这种近似是合理的。

4. 定速静稳定性与定载静稳定性

首先引入定速静稳定性和定载静稳定性的概念。由前面的讨论知道，C_{m_α} 为俯仰力矩曲线的斜率，是描述飞行器纵向静稳定性的参数，并且 C_{m_α} 在跨声速区间会随着马赫数增大而不规则地变化。在通常情况下，由偏导数 C_{m_α} 所表示的飞行器纵向静稳定性，是指当飞行马赫数 Ma 为常值，也就是说空速不变时，迎角 α 变化所产生的俯仰力矩决定的静稳定性，因此，将 C_{m_α} 所表示的纵向静稳定性称为定速静稳定性。

在定速平飞情况下，法向过载可表示为 $n_z=\dfrac{L}{G}$。由于重力 G 不变，而升力 L 又是随迎角 α 变化而变化，所以法向过载 n_z 是由迎角 α 决定的，因此定速静稳定性也称为按过载的静稳定性。

由于迎角 α 具有典型的短周期运动特点，所以纵向短周期运动模态是否稳定，在很大程度上取决于定速静稳定性，这一结论在下面关于纵向短周期模态的稳定性条件的分析中将得到验证。

(1) 纵向短周期运动稳定性条件

首先，通过分析纵向短周期运动方程(2-106)的特征多项式来推导出稳定性条件。

纵向短周期运动的特征方程为

$$\Delta_{sp}=(V-Z_{\dot\alpha})s^2-[Z_\alpha+(V-Z_{\dot\alpha})M_q+(V+Z_q)M_{\dot\alpha}]s+M_qZ_\alpha-(V+Z_q)M_\alpha=0$$

是典型的一元二次代数方程，故有

$$s_{1,2}=\frac{Z_\alpha+VM_q+VM_{\dot\alpha}\pm\sqrt{\Delta}}{2V}$$

式中，$\Delta=(Z_\alpha+VM_q+VM_{\dot\alpha})^2-4V(M_qZ_\alpha-VM_\alpha)$。

对于 $s_1=\dfrac{Z_\alpha+VM_q+VM_{\dot\alpha}-\sqrt{\Delta}}{2V}$，因为导数 $Z_\alpha, M_q, M_{\dot\alpha}$ 均为负值，而空速 V 为正值，故此根实部小于零，位于左半 S 平面内，所以是稳定的。

对于第二个根 $s_2=\dfrac{Z_\alpha+VM_q+VM_{\dot\alpha}+\sqrt{\Delta}}{2V}$，如果其位于左半 S 平面内，则要满足下列不等式 $|Z_\alpha+VM_q+VM_{\dot\alpha}|>\sqrt{\Delta}$，那么，根 s_2 位于左半 S 平面的条件应满足 $M_qZ_\alpha>VM_\alpha$。

由上述分析可见，根 s_1 位于左半 S 平面的条件在通常情况下是满足的，因此只要根 s_2 位于左半 S 平面的条件满足，那么纵向短周期运动模态就是稳定的。所以，纵向短周期运动模态的稳定性条件为

$$M_qZ_\alpha>VM_\alpha \tag{2-126}$$

分析式(2-126)可见，由于在通常情况下导数 M_q 和 Z_α 均为负值，空速 V 为正值，因此只要 $M_\alpha<0$，那么纵向短周期运动模态就是稳定的。又因为 $M_\alpha=\dfrac{QS_w c_A}{I_y^*}C_{m_\alpha}$，故 M_α 的符号取决于 C_{m_α}，所以 C_{m_α} 决定着短周期运动模态的稳定与否，这也是将其称为纵向静稳定性导数的原因。

应该指出，有时尽管 $C_{m_\alpha}>0$(很小的值)，但只要满足短周期模态稳定性条件 $M_qZ_\alpha>VM_\alpha$，那么短周期运动模态还是稳定的。

(2) 纵向运动稳定性准则

先引入一个与推导纵向运动稳定性条件有关的结论。令 $x_1, x_2, \cdots, x_n$ 为一元 n 次代数方程 $f(x)=x^n+a_1x^{n-1}+\cdots+a_n=0$ 的 n 个根,则这些根与方程系数有下列关系:

$$x_1x_2\cdots x_n=(-1)^na_n$$

因为纵向线性运动的特征方程(2-103)为一元四次代数方程的典型形式:

$$\Delta_L=s^4+a_1s^3+a_2s^2+a_3s+a_4=0$$

所以,特征根满足等式 $s_1s_2s_3s_4=a_4$。换句话说,如果 $a_4<0$,则一元四次特征方程必有正实根,系统将不稳定;反之,$a_4>0$ 系统是可能稳定的。因此对于线性时不变系统(LTI)关系式(2-90)而言,如果特征方程系数 $a_4=0$,则必然存在一个零实根,这也是线性时不变系统稳定的边界条件。

因为 $\Delta_L=|s\boldsymbol{E}-\boldsymbol{A}|=s^4+a_1s^3+a_2s^2+a_3s+a_4$,则令 $s=0$,即 $a_4=-|\boldsymbol{A}|$。

如果选择基准运动为水平飞行,即平衡点的航迹倾角 $\theta_e=0$,根据行列式的拉普拉斯展开定理,将式(2-87)的行列式按第三行展开后便可得到下列方程:

$$a_4=-|\boldsymbol{A}|=-\begin{vmatrix} X_V+X_{T_V}\cos\alpha_e & X_\alpha & -g \\ Z_V-X_{T_V}\sin\alpha_e & Z_\alpha & 0 \\ M_V+M_{T_V} & M_\alpha & 0 \end{vmatrix}$$

$$=g\begin{vmatrix} Z_V-X_{T_V}\sin\alpha_e & Z_\alpha \\ M_V+M_{T_V} & M_\alpha \end{vmatrix}$$

$$=g[M_\alpha(Z_V-X_{T_V}\sin\alpha_e)-Z_\alpha(M_V+M_{T_V})]=0$$

那么,纵向运动稳定性边界条件为

$$M_\alpha(Z_V-X_{T_V}\sin\alpha_e)=Z_\alpha(M_V+M_{T_V}) \tag{2-127}$$

将式(2-127)写成量纲一的导数形式:

$$C_{m_\alpha}(2C_L+C_{L_V}+C_{T_V}\sin\alpha_e)=(C_D+C_{L_\alpha})(2C_m+C_{m_V}+C_{T_V}l_E/c_A) \tag{2-128}$$

式中,l_E 为发动机推力产生俯仰力矩的力臂;推力导数 $C_{T_V}=\dfrac{V}{QS_w}\dfrac{\partial T}{\partial V}$。

在通常情况下,方程(2-128)是非常复杂的。但是,在一些重要的特殊情况下推导出的结论是极为实用的。

假定发动机的推力不直接依赖于空速(例如,喷气发动机),即 $C_{T_V}=0$。此外,如果发动机的推力向量通过飞行器的重心($l_E=0$),则气动俯仰力矩参数的平衡点的值为零($C_m=0$)。在上述条件下,方程(2-128)可以简化为

$$C_{m_\alpha}(2C_L+C_{L_V})=(C_D+C_{L_\alpha})C_{m_V} \tag{2-129}$$

在通常情况下,条件 $C_D\ll C_{L_\alpha}$ 和 $C_{L_V}\ll C_L$ 是满足的。尽管如此,方程(2-129)中仍然包含升力参数的平衡点的值。因此,即使公式中的稳定导数不依赖于飞行条件,这个方程仍然还是依赖于基准运动条件的。

当 $C_{m_V}=0$ 时,由方程(2-129)可以确定纵向静稳定的边界条件为 $C_{m_\alpha}=0$。然而,当 $C_{m_V}\neq0$ 时,方程(2-129)并不能给出真正的纵向静稳定的边界。因为导数 C_{m_V} 与"自动俯冲趋势效应(tuck-under effect)"有关,并且在跨声速范围可能会变得很大。

表 2-6 的例子验证表明，采用方程(2-129)计算出的临界重心位置，与采用反复试验数据计算测定出的临界重心位置是一致的。当飞机重心在 $0.501c_A$～$0.502c_A$ 之间时，方程(2-129)是准确成立的。因此，方程(2-129)是一个准确的纵向运动稳定性边界准则。

2.2.3　油门的纵向动力学响应

1. 油门的纵向动力学响应的固有频率和阻尼比

为了简化分析，假设发动机的推力不直接依赖于空速且发动机的推力向量通过飞行器的重心，则有 $C_{T_V}=0$ 和 $M_{\delta_T}=0$，假设没有升降舵偏转输入(即 $\Delta\delta_e=0$)以及忽略掉俯仰角加速度 $\dot{q}$ 和由于俯仰角速度 q 和迎角速度 $\dot{\alpha}$ 产生的阻尼力矩(即 $\dot{q}=M_q=M_{\dot{\alpha}}=0$)，此外考虑 $\mu_e=\alpha_e=0$ 和 $Z_\alpha, Z_q \ll V$，将纵向运动方程(2-97)简化为

$$\begin{cases}(s-X_V)\Delta V(s)-X_\alpha\Delta\alpha(s)+g\Delta\theta(s)=X_{\delta_T}\Delta\delta_T(s)\\-Z_V\Delta V(s)+(Vs-Z_\alpha)\Delta\alpha(s)-Vs\Delta\theta(s)=0\\-M_V\Delta V(s)-M_\alpha\Delta\alpha(s)=0\end{cases} \tag{2-130}$$

根据克莱姆法则(Cramer's rule)，利用矩阵$(s\boldsymbol{E}-\boldsymbol{A})$和 $\boldsymbol{B}$ 写出以 $\Delta\delta_T$ 为控制输入的各个传递函数，即

$$\begin{aligned}\frac{\Delta V(s)}{\Delta\delta_T(s)}&=\frac{-VM_\alpha X_{\delta_T}s}{-VM_\alpha s^2+V(gM_V+X_VM_\alpha-X_\alpha M_V)s+g(M_\alpha Z_V-M_VZ_\alpha)}\\&=\frac{X_{\delta_T}s}{s^2+\dfrac{1}{M_\alpha}(X_\alpha M_V-gM_V-X_VM_\alpha)s+\dfrac{g}{VM_\alpha}(M_VZ_\alpha-M_\alpha Z_V)}\end{aligned} \tag{2-131}$$

$$\begin{aligned}\frac{\Delta\alpha(s)}{\Delta\delta_T(s)}&=\frac{VM_VX_{\delta_T}s}{-VM_\alpha s^2+V(gM_V+X_VM_\alpha-X_\alpha M_V)s+g(M_\alpha Z_V-M_VZ_\alpha)}\\&=\frac{-\dfrac{M_VX_{\delta_T}}{M_\alpha}s}{s^2+\dfrac{1}{M_\alpha}(X_\alpha M_V-gM_V-X_VM_\alpha)s+\dfrac{g}{VM_\alpha}(M_VZ_\alpha-M_\alpha Z_V)}\end{aligned} \tag{2-132}$$

$$\begin{aligned}\frac{\Delta\theta(s)}{\Delta\delta_T(s)}&=\frac{VM_VX_{\delta_T}s+(M_\alpha Z_V-M_VZ_\alpha)X_{\delta_T}}{-VM_\alpha s^2+V(gM_V+X_VM_\alpha-X_\alpha M_V)s+g(M_\alpha Z_V-M_VZ_\alpha)}\\&=\frac{-\dfrac{M_VX_{\delta_T}}{M_\alpha}\left(s+\dfrac{M_\alpha Z_V-M_VZ_\alpha}{VM_V}\right)}{s^2+\dfrac{1}{M_\alpha}(X_\alpha M_V-gM_V-X_VM_\alpha)s+\dfrac{g}{VM_\alpha}(M_VZ_\alpha-M_\alpha Z_V)}\end{aligned} \tag{2-133}$$

油门的纵向动力学响应的固有频率和阻尼比分别满足：

$$\omega_{n_T}^2=\frac{g}{VM_\alpha}(M_VZ_\alpha-M_\alpha Z_V),\quad 2\xi_T\omega_{n_T}=\frac{1}{M_\alpha}(X_\alpha M_V-gM_V-X_VM_\alpha) \tag{2-134}$$

应用上述假设条件，对长周期运动模态的固有频率和阻尼比式(2-120)和式(2-121)简化后，有

$$\omega_{n_p}^2=\frac{g}{VM_\alpha}(M_VZ_\alpha-M_\alpha Z_V),\quad 2\xi_p\omega_{n_p}=\frac{1}{M_\alpha}(X_\alpha M_V-X_VM_\alpha) \tag{2-135}$$

对比关系式(2-134)和式(2-135)可见，油门的纵向动力学响应与长周期运动模态非常类似。换句话说，改变发动机的推力对长周期运动模态的影响将占绝对优势。

2. 油门的阶跃输入的稳态响应分析

令油门的阶跃输入为 $\Delta\delta_{T0}1(t)$，其拉普拉斯变换为 $L[\Delta\delta_{T0}1(t)]=\frac{\Delta\delta_{T0}}{s}$，将其代入传递函数式(2-131)～式(2-133)，利用拉普拉斯变换终值定理(2-96)，可以得到油门阶跃输入的稳态响应为

$$\Delta V(\infty)=\lim_{s\to0}s\cdot\frac{-VM_\alpha X_{\delta_T}s}{-VM_\alpha s^2+V(gM_V+X_VM_\alpha-X_\alpha M_V)s+g(M_\alpha Z_V-M_VZ_\alpha)}\cdot\frac{\Delta\delta_{T0}}{s}=0 \tag{2-136}$$

$$\Delta\alpha(\infty)=\lim_{s\to0}s\cdot\frac{VM_VX_{\delta_T}s}{-VM_\alpha s^2+V(gM_V+X_VM_\alpha-X_\alpha M_V)s+g(M_\alpha Z_V-M_VZ_\alpha)}\cdot\frac{\Delta\delta_{T0}}{s}=0 \tag{2-137}$$

$$\begin{aligned}\Delta\theta(\infty)&=\lim_{s\to0}s\cdot\frac{VM_VX_{\delta_T}s+(M_\alpha Z_V-M_VZ_\alpha)X_{\delta_T}}{-VM_\alpha s^2+V(gM_V+X_VM_\alpha-X_\alpha M_V)s+g(M_\alpha Z_V-M_VZ_\alpha)}\cdot\frac{\Delta\delta_{T0}}{s}\\&=\frac{X_{\delta_T}}{g}\Delta\delta_{T0}\end{aligned} \tag{2-138}$$

在式(2-138)中，因为 $X_{\delta_T}=\frac{1}{m}\frac{\partial T}{\partial\delta_T}$，所以 $\Delta\theta(\infty)>0$，即飞行器抬头；又因为 $\Delta\mu=\Delta\theta-\Delta\alpha$，所以 $\Delta\mu(\infty)=\Delta\theta(\infty)$，即飞行器向上爬升。

上述三个稳态值也可以通过令 $s=0$，从静平衡的代数方程组(2-130)求得。

通过分析这三个稳态值可以看出，当发动机的推力为阶跃增加时，首先空速增加，也就是动压 $Q=\frac{1}{2}\rho V^2$ 增大，从而产生升力增量而导致飞行航迹向上弯曲，同时重力沿空速反方向的分力也将增大。当这个重力的分力与增加的发动机的推力完全平衡时，航迹倾角的增量达到稳态值 $\Delta\theta(\infty)$，空速的增量消失($\Delta V(\infty)=0$)，由此产生的升力增量也消失，因此迎角的增量也变为零($\Delta\alpha(\infty)=0$)。

综上所述，当油门为阶跃输入时，飞行器纵向运动的稳态响应具有下列特点：

① 空速和迎角增量的终值(稳态值)为零，即又恢复到油门操纵前的状态。也就是说，单纯改变油门只能在过渡过程中改变速度，而最终的稳态速度和迎角均不改变。

② 俯仰角增量的稳态值为正($\Delta\theta(\infty)>0$)，即飞行器抬头并且向上爬升。如果加大推力是为了爬升而不是为了加快飞行速度，那么加大油门时应该相应地使升降舵上偏，以增大迎角来加快飞行轨迹向上弯曲，待达到一定的上升航迹倾斜角后再使升降舵回到原位。若升降舵不动，虽然最终飞行器还是要到达爬升状态，但是过渡时间就太长了。若要平飞加速，则应在

加大油门后，随着飞行速度的增加逐渐使升降舵下偏，以减小迎角从而满足升力与重力的平衡（$L=G$）。

3. 反操纵问题

上述关于油门为阶跃输入时，飞行器纵向运动的稳态响应的特点，是在长周期模态稳定情况下才能实现的。如果长周期模态不稳定，那么虽然从数学上能解出稳态值，但实际上是不能实现的，因为平衡是不稳定的。

在通常情况下，定载不稳定是导致长周期模态不稳定的主要原因。此时，长周期模态变成非周期的单调发散模态，在这种情况下要操纵飞行器就变得困难了。例如要使飞行器平飞加速，对于定载稳定的飞行器来说，只要逐渐推驾驶杆即可。这样的操纵符合驾驶员的感觉，称为正常操纵。如果飞行器定载不稳定，那么加大油门后飞行器有自动低头的趋势，飞行速度会自动增加，此时如果按正常操纵推驾驶杆，飞行器将进入俯冲。为了使飞行器不至于进入俯冲，必须拉驾驶杆以维持升力与重力的平衡（$L=G$）。但不可拉杆太多，否则飞行器减速过快，会自动进入大过载状态，即 n_z 增大得过快，可能会导致机体结构上的破坏。这种操纵技巧较难掌握，此情况称为反操纵。在飞行品质规范中，对长周期模态不稳定的非周期发散指数有明确规定，也就是允许长周期模态不稳定，但要求非周期发散不能太快。

因为许多飞行器在进入跨声速段后都有程度不同的定载不稳定情况，因此有必要在飞行控制系统中采用 Ma 数配平系统来解决这个问题。

2.3　飞行器的横侧向运动

2.3.1　横侧向运动的传递函数

将横侧向线性状态方程的雅可比矩阵 $\boldsymbol{E}$，$\boldsymbol{A}$，$\boldsymbol{B}$ 的表达式(2-89)写成式(2-60)的标准形式，就不难写出特征行列式

$$\Delta_{LD}=|s\boldsymbol{I}-\boldsymbol{A}|=\begin{vmatrix} s-\dfrac{Y_\beta}{V} & \dfrac{-g\cos\theta_e}{V} & \dfrac{-Y_p}{V} & \dfrac{-(Y_r-V)}{V} \\ 0 & s & \dfrac{-\cos\mu_e}{\cos\theta_e} & \dfrac{-\sin\mu_e}{\cos\theta_e} \\ -L_\beta^* & 0 & s-L_p^* & -L_r^* \\ -N_\beta^* & 0 & -N_p^* & s-N_r^* \end{vmatrix} \tag{2-139}$$

以及矩阵

$$\boldsymbol{B}=\begin{bmatrix} \dfrac{Y_{\delta_a}}{V} & \dfrac{Y_{\delta_r}}{V} \\ 0 & 0 \\ L_{\delta_a}^* & L_{\delta_r}^* \\ N_{\delta_a}^* & N_{\delta_r}^* \end{bmatrix} \tag{2-140}$$

根据克莱姆法则（Cramer's rule），利用特征行列式 $|s\boldsymbol{I}-\boldsymbol{A}|$ 和矩阵 $\boldsymbol{B}$ 就可以很方便地写

出所需要的输入/输出变量的传递函数。在通常情况下,选择水平飞行作为基准运动更有利于系统分析,因为航迹倾角 $\mu_e=0$。再考虑到由副翼偏转所产生的侧力和偏航力矩的效应相对较小,则 $\frac{Y_{\delta_a}}{V}$ 和 $N_{\delta_a}^*$ 可以忽略,又有 $Y_r \ll V$,所以特征行列式 $\Delta_{LD}=|s\boldsymbol{I}-\boldsymbol{A}|$ 和矩阵 $\boldsymbol{B}$ 可简化为

$$\Delta_{LD}=|s\boldsymbol{I}-\boldsymbol{A}|=\begin{vmatrix} s-\frac{Y_\beta}{V} & \frac{-g\cos\theta_e}{V} & \frac{-Y_p}{V} & 1 \\ 0 & s & \frac{-1}{\cos\theta_e} & 0 \\ -L_\beta^* & 0 & s-L_p^* & -L_r^* \\ -N_\beta^* & 0 & -N_p^* & s-N_r^* \end{vmatrix},\quad \boldsymbol{B}=\begin{bmatrix} 0 & \frac{Y_{\delta_r}}{V} \\ 0 & 0 \\ L_{\delta_a}^* & L_{\delta_r}^* \\ 0 & N_{\delta_r}^* \end{bmatrix} \tag{2-141}$$

以副翼偏转增量 $\Delta\delta_a$ 为控制输入,侧滑角增量 $\Delta\beta$、滚转角增量 $\Delta\phi$、滚转角速度增量 Δp 和偏航角速度增量 Δr 为输出的传递函数分别为

$$\frac{\Delta\beta(s)}{\Delta\delta_a(s)}=\frac{\frac{L_{\delta_a}^*}{V}[Y_p s^2+(g-VN_p^*-Y_pN_r^*)s-gN_r^*]}{s^4-\left(L_p^*+N_r^*+\frac{Y_\beta}{V}\right)s^3+\left(L_p^*N_r^*+\frac{Y_\beta L_p^*+Y_\beta N_r^*-Y_pL_\beta^*}{V}\right)s^2+\frac{N_r^*(Y_pL_\beta^*-Y_\beta L_p^*)}{V}s+\frac{gL_r^*N_\beta^*}{V}} \tag{2-142}$$

$$\frac{\Delta\phi(s)}{\Delta\delta_a(s)}=\frac{-\frac{L_{\delta_a}^*}{\cos\theta_e}\left[s^2-\left(N_r^*+\frac{Y_\beta}{V}\right)s+\left(N_\beta^*+\frac{Y_\beta N_r^*}{V}\right)\right]}{s^4-\left(L_p^*+N_r^*+\frac{Y_\beta}{V}\right)s^3+\left(L_p^*N_r^*+\frac{Y_\beta L_p^*+Y_\beta N_r^*-Y_pL_\beta^*}{V}\right)s^2+\frac{N_r^*(Y_pL_\beta^*-Y_\beta L_p^*)}{V}s+\frac{gL_r^*N_\beta^*}{V}} \tag{2-143}$$

$$\frac{\Delta p(s)}{\Delta\delta_a(s)}=\frac{sL_{\delta_a}^*\left[s^2-\left(N_r^*+\frac{Y_\beta}{V}\right)s+\left(N_\beta^*+\frac{Y_\beta N_r^*}{V}\right)\right]}{s^4-\left(L_p^*+N_r^*+\frac{Y_\beta}{V}\right)s^3+\left(L_p^*N_r^*+\frac{Y_\beta L_p^*+Y_\beta N_r^*-Y_pL_\beta^*}{V}\right)s^2+\frac{N_r^*(Y_pL_\beta^*-Y_\beta L_p^*)}{V}s+\frac{gL_r^*N_\beta^*}{V}} \tag{2-144}$$

$$\frac{\Delta r(s)}{\Delta\delta_a(s)}=\frac{-\frac{L_{\delta_a}^*}{V}[VN_p^*s^2+(Y_pN_\beta^*-Y_\beta N_p^*)s+gN_\beta^*]}{s^4-\left(L_p^*+N_r^*+\frac{Y_\beta}{V}\right)s^3+\left(L_p^*N_r^*+\frac{Y_\beta L_p^*+Y_\beta N_r^*-Y_pL_\beta^*}{V}\right)s^2+\frac{N_r^*(Y_pL_\beta^*-Y_\beta L_p^*)}{V}s+\frac{gL_r^*N_\beta^*}{V}} \tag{2-145}$$

采用上述方法,同样可以得到以方向舵偏转增量 $\Delta\delta_r$ 为控制输入,侧滑角增量 $\Delta\beta$、滚转角增量 $\Delta\phi$、滚转角速度增量 Δp 和偏航角速度增量 Δr 为输出的传递函数。

已经注意到,滚转角增量 $\Delta\phi$ 和滚转角速度增量 Δp 的传递函数式(2-143)~式(2-144)分子中含有一个相同的二阶振荡环节,为了方便,将其统一写成 $(s^2+2\xi_\phi\omega_\phi s+\omega_\phi^2)$ 形式,则传递函数式(2-144)的分子可以写成下列形式:

$$ks(s^2+2\xi_\phi\omega_\phi s+\omega_\phi^2)=sL_{\delta_a}^*\left[s^2-s\left(N_r^*+\frac{Y_\beta}{V}\right)+\left(N_\beta^*+\frac{Y_\beta N_r^*}{V}\right)\right] \tag{2-146}$$

当飞行器的滚转-偏航耦合可以忽略时,方程式(2-146)右端的二次因式在横侧向特征方程中也会出现,可以对滚转角增量 $\Delta\phi$ 和滚转角速度增量 Δp 的传递函数做进一步的简化,这在2.3.2小节中会介绍。

由传递函数式(2-142)～式(2-145)可以看出，横侧向特征方程不能够被分解成清晰定义每一模态的因式形式，而可以导出合理描述单独模态的近似表达式。但是，必须对近似表达式在每种情况下的应用进行验证。这些近似表达式对于深入研究系统的动态特性是很实用的。下面从荷兰滚的近似表达式开始讨论。

2.3.2　荷兰滚模态的近似

如果重力项可以忽略，那么特征行列式(2-139)有一个关于第二列的简化处理。由于这一列在微分方程中是与滚转角 $\Delta\phi$ 相关的参数，必须考虑它对荷兰滚模态(dutch roll mode)的影响。荷兰滚运动是一种既摆振又滚转的组合振荡运动，如图 2-9 所示。滚转稳定性导数(上下反角导数)C_{l_β} 决定了在荷兰滚模态里滚动的影响程度，当导数 C_{l_β} 较小时，荷兰滚模态主要包含侧滑和偏航运动。对于现代的后掠翼飞机，滚转稳定性导数 C_{l_β} 相当大。下面将用该荷兰滚的近似表达式对荷兰滚模态进行深入的讨论。

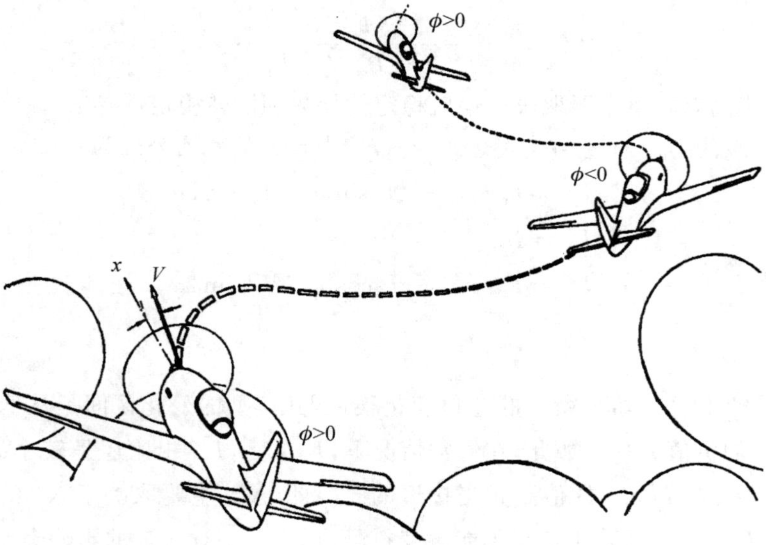

图 2-9　荷兰滚运动

将特征行列式(2-139)的重力项省略后，按第二列展开的三阶行列式的简化式还可以进一步简化。因为 Y_p 通常为零，且 $Y_r \ll V$，所以 Y_p/V 和 Y_r/V 可以忽略，此外由滚转角速度所引起的交叉导数项 N_p^* 通常也可以忽略。利用这些假设条件可以推导出通用的三自由度荷兰滚的近似表达式。

很容易得到下列特征多项式：

$$|s\boldsymbol{I}-\boldsymbol{A}|=s(s-L_p^*)\left[s^2-s\left(N_r^*+\frac{Y_\beta}{V}\right)+\left(N_\beta^*+\frac{Y_\beta N_r^*}{V}\right)\right] \tag{2-147}$$

可见，多项式(2-147)有一个接近于螺旋极点的零实根和接近于滚转衰减极点的根 L_p^*，二次因式的根对应于荷兰滚的极点。

特征多项式(2-147)中的荷兰滚二次因式与传递函数式(2-143)和式(2-144)分子中的二阶振荡环节($s^2+2\xi_\phi\omega_\phi s+\omega_\phi^2$)可以被准确地对消。那么，以副翼偏转增量 $\Delta\delta_a$ 为控制输入，滚转角速度增量 Δp 为输出的传递函数式(2-144)可以写成

$$\frac{\Delta p(s)}{\Delta\delta_a(s)}=\frac{L_{\delta_a}^*}{s-L_p^*} \tag{2-148}$$

由式(2-147)可以得到荷兰滚模态的固有频率和阻尼比为

$$\omega_{n_d}^2=N_\beta^*+\frac{Y_\beta N_r^*}{V} \tag{2-149}$$

$$\xi_d=-\frac{\left(N_r^*+\dfrac{Y_\beta}{V}\right)}{2\omega_{n_d}} \tag{2-150}$$

采用量纲一导数的形式来研究荷兰滚固有频率表达式(2-149)对飞行条件的依赖关系。

在式(2-149)中,通常导数 N_β^* 要比$\dfrac{Y_\beta N_r^*}{V}$大得多,因此荷兰滚固有频率可写成

$$\omega_{n_d}^2\approx N_\beta^* \tag{2-151}$$

根据横侧向线性状态方程的雅可比矩阵(2-89)的定义可以得到关系式

$$N_\beta^*=\frac{N_\beta+(I_{xz}^*/I_x^*)L_\beta^*}{1-I_{xz}^{*2}/I_x^*I_z^*} \tag{2-152}$$

由此可知,荷兰滚固有频率主要取决于偏航稳定性导数和滚转稳定性导数。

从气流坐标系的力矩向量 $\boldsymbol{M}_W$ 表达式(2-70)中定义的变换公式为

$$\begin{cases}I_x^*=I_x\cos^2\alpha+I_z\sin^2\alpha-I_{xz}\sin 2\alpha\\ I_y^*=I_y\\ I_z^*=I_x\sin^2\alpha+I_z\cos^2\alpha+I_{xz}\sin 2\alpha\\ I_{xz}^*=\dfrac{1}{2}(I_x-I_z)\sin 2\alpha+I_{xz}\cos 2\alpha\end{cases} \tag{2-153}$$

稳定轴的惯性积 I_{xz}^* 随平衡点的迎角变化很快,其典型的变化区间是从低迎角的小正值到高迎角的很大的负值。尽管如此,在通常情况下,I_{xz}^*,I_x^*,I_z^* 相比还是较小的,当迎角较小时,I_{xz}^*,I_x^*,I_z^* 与 I_{xz},I_x,I_z 的值是相当接近的。因此,N_β^* 主要取决于 N_β 的值。需要指出的是,在某些条件下,N_β 会减小甚至可能改变符号,那么 L_β^* 对 N_β^* 的影响会变大。

如果简单地将导数 N_β 代入式(2-149)中,并表示为量纲一的导数形式,则可得到荷兰滚固有频率为

$$\omega_{n_d}^2\approx\frac{QS_wb}{I_z^*}C_{n_\beta} \tag{2-154}$$

式(2-154)表明,假定 C_{n_β} 为常值,则荷兰滚频率与动压的均方根成比例。因此,当高度一定时,荷兰滚固有频率随空速的增大而成比例增大;当空速一定时,随高度增加而减小。

在荷兰滚阻尼比表达式(2-150)中,分子中的两项具有同等重要性,哪一个也不能忽略。应用固有频率表达式(2-149)并将式(2-150)进行相应简化,可以得到荷兰滚阻尼比公式:

$$\xi_d=-\frac{1}{8}\left(\frac{2\rho S_wb^3}{I_z^*}\right)^{1/2}\frac{C_{n_r}+2I_z^*C_{y_\beta}/(mb^2)}{[C_{n_\beta}+b\rho S_wC_{n_r}C_{y_\beta}/(4m)]^{1/2}} \tag{2-155}$$

式(2-155)表明,荷兰滚阻尼比并不依赖于动压,而是随着高度的增加而减小。但是,当式(2-155)的分母是由其第二项主导时,大气密度将从式(2-155)中消除,则荷兰滚阻尼比将不再依赖于高度。

在通常情况下，荷兰滚固有频率公式是相当精确的，而阻尼比公式的近似精度要差一些。

2.3.3　螺旋和滚转衰减模态的近似

在荷兰滚模态和螺旋模态(spiral mode)中通常包含很小的侧滑。荷兰滚模态几乎是围绕着稳定性坐标系 Ox_s 轴的纯滚转运动的，而螺旋模态是由带有滚转运动的偏航运动组成的。螺旋模态通常是不稳定的，包含着不断增加的偏航角和滚转角以及向下增大坡度的螺旋运动，如图 2－10 所示。

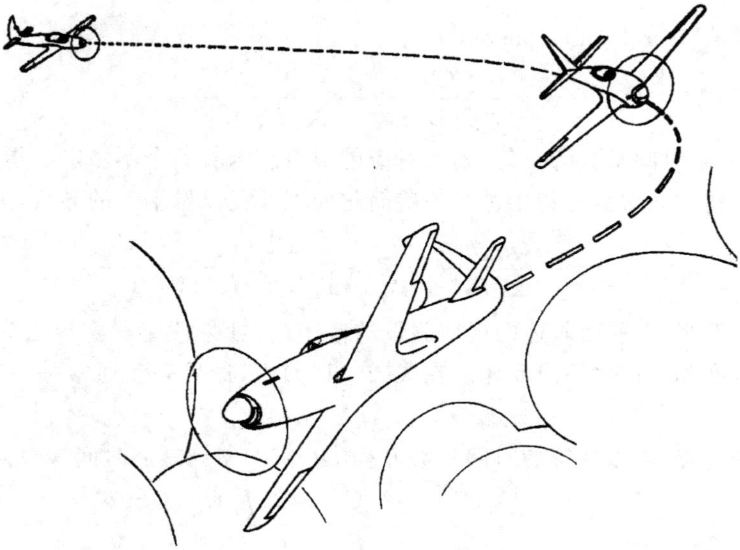

图 2－10　螺旋运动

基于上述分析，可以对横侧向运动方程进行合理的简化处理。主要通过简化力方程(关于 $\dot{\beta}$ 的方程)，且保持力矩方程不变化，便可以得到关于螺旋和滚转衰减模态(roll subsidence mode)的近似表达式。

首先，将由侧滑引起的侧力和 $\dot{\beta}$ 从力方程中忽略，重力的分量与偏航角速度引起的侧力相平衡。这样，在特征行列式(2－139)中，$(s-Y_\beta/V)$项被消除；其次，基于已经叙述过的理由，Y_p/V 和 Y_r/V 项再一次被忽略；最后，鉴于螺旋模态与重力分量和航迹倾角密切相关，稍后将通过例子对航迹倾角的影响加以说明。为了简化分析过程，假设基准运动为水平飞行，则简化后的行列式为

$$\Delta_{LD}=\begin{vmatrix} 0 & \dfrac{-g}{V} & 0 & 1 \\ 0 & s & -1 & 0 \\ -L_\beta^* & 0 & s-L_p^* & -L_r^* \\ -N_\beta^* & 0 & -N_p^* & s-N_r^* \end{vmatrix}$$

根据行列式的拉普拉斯展开定理，将上述行列式按第二列展开，便得到二阶特征方程式，即

$$N_\beta^* s^2+\left(L_\beta^* N_p^*-L_p^* N_\beta^*-\frac{gL_\beta^*}{V}\right)s+\frac{g(L_\beta^* N_r^*-N_\beta^* L_r^*)}{V}=0 \qquad (2-156)$$

在通常情况下,特征方程式(2-156)有两个实根,分别对应着滚转衰减极点和螺旋极点。通常螺旋时间常数要比滚转时间常数大得多。

根据一元二次方程的根与方程系数的关系,将特征方程式(2-156)两边除以 N_β^*,则一次项的系数就是所有根之和的负值,常数项则是所有根之积,可由此得到滚转衰减根和螺旋根,其中滚转衰减根对应着负根。由此,可以得到滚转时间常数和螺旋时间常数的近似表达式。

滚转时间常数(roll time constant):

$$\frac{1}{\tau_R} \approx -L_p^* \left(1-\frac{L_\beta^* N_p^*}{N_\beta^* L_p^*}\right)-\frac{gL_\beta^*}{VN_r^*} \tag{2-157}$$

螺旋时间常数(spiral time constant):

$$\tau_s = \frac{L_\beta^*(N_p^*-g/V)-L_p^* N_\beta^*}{g(L_\beta^* N_r^* - N_\beta^* L_r^*)/V} \tag{2-158}$$

应该指出,如果时间常数为负值,则所对应的根将意味着一个不稳定的指数模态。如果再一次在滚转时间常数方程中进行一些简化处理并代以量纲一的导数,则有

$$\frac{1}{\tau_R} = -\frac{QS_w b^2}{2VI_x^*}C_{l_p}\left(1-\frac{C_{l_\beta}C_{n_p}}{C_{n_\beta}C_{l_p}}\right)-\frac{gI_z^* C_{l_\beta}}{VI_x^* C_{n_\beta}} \tag{2-159}$$

式(2-159)表明,在前面叙述的近似假设的范围内,如果假定稳定导数为常值,则滚转时间常数与大气密度和空速之积成反比。在式(2-159)中,最后一项通常是一个较小的正的修正值。

经过同样的过程,可以从螺旋时间常数方程(2-158)得到螺旋时间常数公式,即

$$\tau_s = \frac{V}{g} \cdot \frac{C_{l_\beta}C_{n_p} - C_{n_\beta}C_{l_p} - 2gI_z^* C_{l_\beta}/QS_w b^2}{C_{l_\beta}C_{n_r} - C_{n_\beta}C_{l_r}} \tag{2-160}$$

在式(2-160)中分子的中间项通常起主导作用,在前面叙述的近似假设的范围内,螺旋时间常数与空速成比例。应该指出,在低动压情况下,分子中最后一项变得愈加重要,甚至将改变式(2-160)的函数关系。

2.3.4 螺旋模态的稳定

在原点存在实极点的条件,可以从 $|\boldsymbol{A}|=0$ 求出。在横侧向动力学分析中,这通常是对应着螺旋极点的中性稳定条件。应用特征行列式(2-139)可以得到

$$|\boldsymbol{A}| = \begin{vmatrix} \dfrac{Y_\beta}{V} & \dfrac{g\cos\theta_e}{V} & \dfrac{Y_p}{V} & \dfrac{Y_r - V}{V} \\ 0 & 0 & \dfrac{\cos\mu_e}{\cos\theta_e} & \dfrac{\sin\mu_e}{\cos\theta_e} \\ L_\beta^* & 0 & L_p^* & L_r^* \\ N_\beta^* & 0 & N_p^* & N_r^* \end{vmatrix} \tag{2-161}$$

根据行列式的拉普拉斯展开定理,将行列式(2-161)按第二列展开后,可以得到螺旋模态稳定的边界条件为

$$(L_\beta^* N_r^* - N_\beta^* L_r^*)\cos\mu_e + (L_p^* N_\beta^* - L_\beta^* N_p^*)\sin\mu_e = 0 \tag{2-162}$$

方程(2-162)表明,螺旋模态稳定的边界条件与航迹倾角 μ_e 密切相关,这与前面提到的一样。

2.3.5 横侧向模态近似计算的精度分析

除荷兰滚阻尼比以外，前面所给出的近似关系式通常是相当精确的。在螺旋模态不稳定情况下，螺旋时间常数的计算精度也相当精确。下面将通过某型商务喷气机在巡航条件下的模型来验证上述结论。

某型商务喷气机在巡航条件下的横侧向运动模型的相关参数为

① 飞行条件：$G=5\ 896.8$ kg，$h=12\ 192$ m，$V=205.74$ m/s，$\theta=0.0$，$\alpha=2.7°$，$I_x=37\ 993.2\ \text{kg}\cdot\text{m}^2$，$I_z=63\ 774.3\ \text{kg}\cdot\text{m}^2$，$I_{xz}=1\ 831.815\ \text{kg}\cdot\text{m}^2$；

② 几何数据：$S_\text{w}=21.552\ 8\ \text{m}^2$，$b=10.424$ m；

③ 稳定性导数：$C_{y_\beta}=-0.730$，$C_{y_p}=0$，$C_{y_r}=0.400$，$C_{l_\beta}=-0.110$，$C_{l_p}=-0.453$，$C_{l_r}=0.163$，$C_{n_\beta}=0.127$，$C_{n_p}=0.008$，$C_{n_r}=-0.201$；

④ 在稳定性坐标系中的转动惯量：$I_x^*=37\ 877.86\ \text{kg}\cdot\text{m}^2$，$I_z^*=63\ 889.64\ \text{kg}\cdot\text{m}^2$，$I_{xz}^*=610.6\ \text{kg}\cdot\text{m}^2$；

⑤ 量纲导数：$Y_\beta=-56.14$，$Y_p=0$，$Y_r=0.779\ 3$，$L_\beta=-4.188$，$L_p=-0.436\ 9$，$L_r=0.157\ 2$，$N_\beta=2.867$，$N_p=0.004\ 575$，$N_r=-0.114\ 9$；

⑥ 变换后的量纲导数：$L_\beta^*=-4.143$，$L_p^*=-0.436\ 9$，$L_r^*=0.155\ 4$，$N_\beta^*=2.800$，$N_p^*=-0.002\ 469$，$N_r^*=-0.112\ 4$。

经计算后的各个模态的结果如下。

① 荷兰滚模态(dutch roll mode)：

精确值为

$$\omega_{\text{n}_\text{d}}=1.682\ \text{rad/s},\ \xi_\text{d}=0.037\ 3$$

按式(2-149)和式(2-150)的计算值为

$$\omega_{\text{n}_\text{d}}=1.676\ \text{rad/s},\ \xi_\text{d}=0.058\ 4$$

② 滚转衰减模态(roll subsidence mode)：

精确值为

$$\tau_\text{R}=1.976\ \text{s}$$

按式(2-156)的计算值为

$$\tau_\text{R}=1.960\ \text{s}$$

按式(2-157)的计算值为

$$\tau_\text{R}=1.957\ \text{s}$$

③ 螺旋模态(spiral mode)：

精确值为

$$\tau_\text{s}=978.5\ \text{s}$$

按式(2-156)的计算值为

$$\tau_\text{s}=976.7\ \text{s}$$

按式(2-158)的计算值为

$$\tau_\text{s}=978.7\ \text{s}$$

2.3.6 飞行条件对横侧向模态的影响

不失一般性,下面通过某型高性能战斗机的非线性模型来分析飞行条件对横侧向模态的影响。首先给出在一定飞行条件($V=153$ m/s, $h=0.0$ m, $x_{cg}=0.3c_A$)下,横侧向模态的特性参数与不同航迹倾角 μ_e 的关系,如表 2-7 所列。

表 2-7 航迹倾角 μ_e 对模态特征参数的影响

μ_e/(°)	T_d/s	ξ_d	τ_s/s	τ_R/s	T_{sp}/s	ξ_{sp}	T_p/s	ξ_p
−5	1.934	0.134 6	55.33	0.277 7	3.281	0.627 7	79.60	0.129 7
0	1.933	0.135 3	77.91	0.277 7	3.277	0.627 9	80.05	0.097 51
5	1.934	0.136 0	133.0	0.277 5	3.273	0.628 1	80.93	0.065 57
10	1.937	0.136 6	461.9	0.277 2	3.269	0.628 2	82.39	0.033 96
15	1.941	0.137 1	−312.3	0.276 6	3.266	0.628 3	84.36	0.002 27
20	1.946	0.137 5	−117.0	0.276 0	3.262	0.628 3	86.82	−0.029 8

由表 2-7 的计算结果可以明显地看出,"转动"模态(包括荷兰滚模态、滚转衰减模态和短周期模态)几乎不依赖于航迹倾角 μ_e。而"弹道"模态(包括螺旋和长周期模态)受航迹倾角 μ_e 影响很大。螺旋时间常数一开始随着航迹倾角 μ_e 的增大而增大,当达到稳定界时变成无穷大,当模态不稳定时,该时间常数随着航迹倾角的增大而减小;长周期模态的固有频率受航迹倾角 μ_e 的影响较微弱,它随着航迹倾角 μ_e 的增大而增大;长周期模态的阻尼比受航迹倾角的影响较大,它随 μ_e 的增大而减小,并且当航迹倾角 μ_e 增大到一定程度后,长周期模态将变为不稳定。

表 2-8 所列为当重心位置为 $x_{cg}=0.3c_A$ 时,不同飞行条件(空速与高度)对横侧向模态特征参数的影响。

表 2-8 空速与高度对模态特征参数的影响

高度 /m	空速 /($\mathrm{m\cdot s^{-1}}$)	动压 /($\mathrm{N\cdot m^{-2}}$)	T_{nd}/s	ξ_{nd}	τ_s/s	τ_R/s	T_{sp}/s	ξ_{sp}	T_{np}/s	ξ_{np}
15 240	274.32	781.28	2.365	0.064 80	179.2	1.050	4.507	0.261 5	102.1	0.005 453
15 240	182.88	346.693	2.735	0.077 22	138.7	2.230	—	—	—	—
0	274.32	4 702.329	1.143	0.127 2	122.1	0.148 7	2.372	0.817 5	183.4	0.324 2
0	111.86	781.28	2.396	0.147 0	73.52	0.416 0	4.023	0.573 5	56.93	0.062 40

利用表 2-8 中的计算结果,可以分析在不同飞行条件(不同空速和高度组合)下空速和高度对横侧向模态的影响,包括在相同高度条件下比较不同空速的影响(第 1 行与第 2 行,第 3 行与第 4 行)、在相同空速条件下不同高度的影响(第 1 行和第 3 行)、在相同高度条件下高低动压的影响(第 1 行与第 2 行,第 3 行与第 4 行),以及在相同动压条件下两个相差很大高度的影响(第 1 行与第 4 行)。

需要说明的是,表 2-8 中的第一种飞行条件(15 240 m,274.32 m/s)对应于 $Ma=0.93$(较高速);第二种飞行条件(15 240 m,182.88 m/s)下纵向动力学是不稳定的;第三种飞行条件对应于 $Ma=0.81$;而第四种飞行条件是通过调整空速来使得动压与第一种飞行条件相同的。

表 2-8 的结果表明，正如理论分析那样，在相同动压条件下，对于两种不同空速和高度的组合(第 1 行与第 4 行)，荷兰滚有几乎相同的周期；在定速情况下荷兰滚的周期随高度上升而增大(第 1 行和第 3 行)，而在定高情况下，随着空速增大而减小(第 1 行与第 2 行，第 3 行与第 4 行)。荷兰滚阻尼比确实不依赖于动压，并且如理论分析的那样随高度的增大而减小。

如果式(2-160)分子的第三项被忽略，则螺旋时间常数将主要随着空速 V 变化；如果式(2-160)的分子被第三项所主导，则螺旋时间常数将随着 V/Q 变化。计算结果表明，螺旋时间常数的变化实际上是处于这两种变化趋势之间。滚转衰减模态的时间常数如理论分析的那样近似与 V/Q 成比例。

短周期模态也表现出与理论分析相同的变化趋势，短周期模态的周期在两个相同动压条件下大致相同，在高动压情况下是相当小的，在 15 240 m 高度上大气密度是海平面密度的 1/6，正如理论分析的那样，ξ_{sp} 产生$\sqrt{6}$倍的变化。在海平面上动压 Q 发生 6 倍的变化，但对 ξ_{sp} 影响很小。

对于长周期模态而言，两种海平面情况下的计算结果表明，动压 Q 增加 6 倍导致长周期模态的周期增大 3.2 倍(而理论分析约为$\sqrt{6}$倍)。正如理论分析的那样，在常动压情况下长周期模态的周期随高度的增大而增大(第 1 行与第 4 行)。长周期模态的阻尼比也和理论分析的一样随着空速的增大而增大，随着高度的增大而减小。

习 题

2-1 说明飞行器空间运动的自由度。

2-2 分析说明飞机和导弹的运动特点。

2-3 试推导飞行器的动力学方程和运动学方程。

2-4 分析说明飞机运动方程解耦分组的方法。

2-5 试推导飞机的线性化运动方程。

2-6 试逐一分析说明量纲导数和量纲一的导数的定义。

2-7 试逐一推导出飞机纵向运动的传递函数以及简化的短周期运动模态和长周期运动模态的特征参数。

2-8 已知某型飞机的重心位置在 $x_{cg}=0.3c_A$，以速度 $V_0=153$ m/s 做直线平飞运动条件下的纵向动力学的雅可比矩阵如下：

$$\boldsymbol{A}=\begin{bmatrix} -2.0244\times10^{-2} & 7.8761 & -3.2169\times10^{1} & -6.5020\times10^{-1} \\ -2.5373\times10^{-4} & -1.0189 & 0.0 & 9.0484\times10^{-1} \\ 0.0 & 0.0 & 0.0 & 1.0 \\ 7.9472\times10^{-11} & -2.4982 & 0.0 & -1.3861 \end{bmatrix}$$

式中，系统的状态向量为 $\boldsymbol{X}=[\Delta V \quad \Delta\alpha \quad \Delta\theta \quad \Delta q]^{\mathrm{T}}$。试求解系统的特征值和长、短周期模态的特征参数，并对各个纵向运动模态的特性进行分析说明。

2-9 试推导并说明飞机的纵向短周期运动的稳定性条件。

2-10 试对油门阶跃输入的稳态响应进行分析说明。

2-11 试逐一推导飞机的横侧向运动的传递函数并对简化的各个模态进行分析说明。

第3章　测量与执行机构

3.1　飞行数据的测量

由第1章和第2章可知，要实现飞行器的飞行自动控制，首要问题是如何确定作用在飞行器上的力和力矩并设法控制其相应的变化，特别是空气动力和力矩的确定与控制尤为复杂。因此，精确测量飞行器的姿态角、角速度、过载、飞行高度和速度等各种飞行参数，由飞行控制规律形成控制指令，再经执行机构准确快速实施，是实现飞行自动控制的必要环节。测量飞行参数的仪表和传感器有陀螺仪、加速度计、马赫数传感器和高度传感器等，实施控制指令的装置和执行机构有舵机及舵回路。本章分别讨论飞行控制系统中常用的传感器、舵机与舵回路的工作原理及应用。

3.1.1　空气动力相关参量的测量

大气参数测量传感器是一种通过测量飞行器与大气之间的作用力及飞行器所在位置的大气参数，并经过飞行器的全、静压系统转换成相应的电信号的装置。本小节将介绍气压高度表、空速与马赫数传感器、迎角与侧滑角传感器和大气数据计算机的工作原理及应用。

1. 飞行高度的测量

(1) 气压式高度传感器

气压式高度传感器是重要的大气数据仪表之一。它通过感受大气压力来测定飞行高度。

飞行高度是飞行器在空中距离某一基准面的垂直距离。测量基准面不同，测出的高度也不同。按选定基准面的不同，飞行高度可以分为下列几种(见图3-1)：

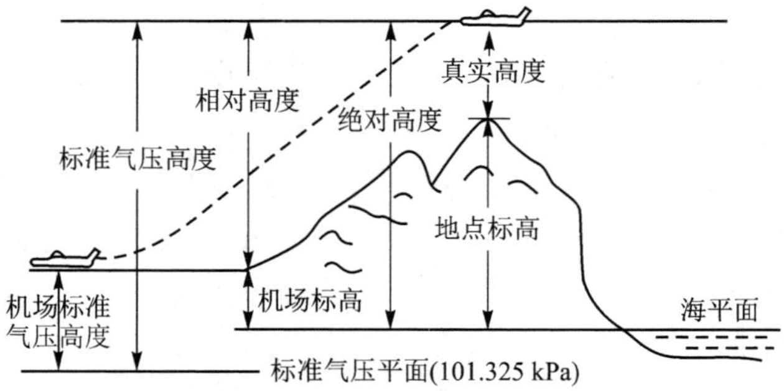

图3-1　飞行高度的定义

① 绝对高度：飞行器与海平面之间的垂直距离。

② 真实高度：飞行器与地面目标(山顶、地面等)之间的垂直距离。

③ 相对高度：飞行器与机场地面之间的垂直距离。

④ 标准气压高度：飞行器与气压为 101 325 Pa 的气压面之间的垂直距离。

气压式高度传感器根据大气压力（常称静压）随高度升高而减小的规律测量高度，并输出与之相对应的电压信号。图 3-2 所示为气压式高度传感器（也称为静压式高度表）原理。

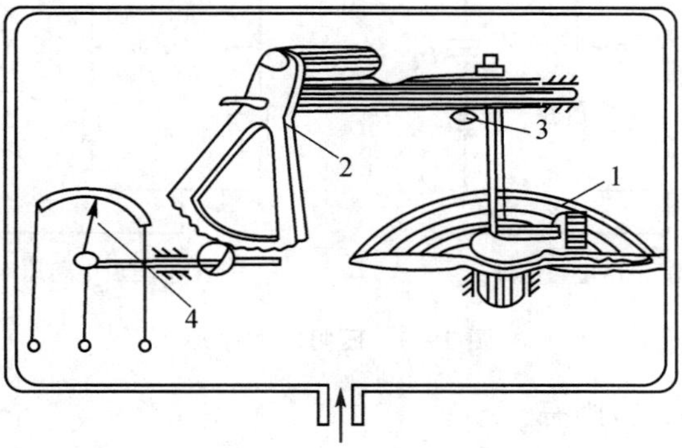

1—真空膜盒；2—传动放大器；3—补偿装置；4—信号转换器

图 3-2　气压式高度传感器原理

气压式高度传感器由真空膜盒、传动放大器、补偿装置和信号转换器组成，并将其安装在密封的仪表壳体内。随着高度改变，真空膜盒变形产生位移，该位移通过相应的传动机构，带动信号转换器，便可获得与高度成比例的电信号。

在图 3-2 所示高度传感器的基础上增设调零机构，使传感器在对某一基准气压面的高度为零时输出也为零。选择相应的基准气压面，传感器可输出相应于相对高度、标准气压高度或绝对高度的电信号。

(2) 压阻式动静压传感器

上述利用膜盒一类弹性元件的变形和位移来测量大气压力，然后再将压力转变为电信号的方法为传统的压力测量方法。这类传感器的体积大、灵敏度低、可靠性差、非线性严重。随着微电子技术的发展，固态半导体压力传感器得到了日益广泛的应用。这种传感器具有体积小、重量轻、灵敏度高、易于集成化和微型化等优点，近几年来，这种压力传感器正在向多功能和智能化的方向发展。

用于测量压力、加速度等的敏感传感器是利用固体受力作用后，电阻率发生显著变化的压阻效应而制成的。压力敏感传感器由 4 个压力敏感电阻组成，且 4 个敏感电阻连接成惠斯顿电桥的形式。电桥采用恒压源或恒流源两种方式供电。

压力敏感传感器的原理如图 3-3 所示。图中 R_1,R_2,R_3,R_4 为利用硅弹性膜和采用扩散方法形成的 4 个桥臂电阻，当所用硅膜片两边存在压力差时，硅膜片发生形变，电阻相应地发生变化。由于半导体的压阻效应具有各向异性特性，所以当硅膜片受力后，R_1,R_3 的阻值增大，R_2,R_4 的阻值相应减小，由此桥路失去平衡，电桥便有电压输出。如果 $R_1=R_2=R_3=R_4$，则 $\Delta R_1=\Delta R_2=\Delta R_3=\Delta R_4$。

如果电桥为恒压源供电，可得

$$U_0=\frac{R_1R_3-R_2R_4}{(R_1+R_2)(R_3+R_4)}U_B=\frac{\Delta R}{R}U_B \tag{3-1}$$

当硅膜片受压力作用时，电桥的输出电压 U_0 与 $\frac{\Delta R}{R}$ 以及电桥电压 U_B 成正比。

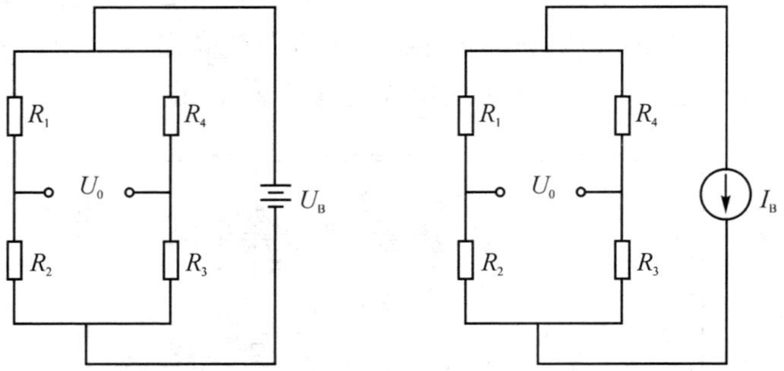

(a) 恒压电路原理　　(b) 恒流电路原理

图 3-3　压阻电桥原理

如果电桥为恒流源共电，则有

$$U_0=\frac{R_1R_3-R_2R_4}{(R_1+R_2)(R_3+R_4)}I_B=\Delta R\cdot I_B \tag{3-2}$$

即电桥的输出电压 U_0 与压敏电阻的增量 ΔR 以及恒流源的电流 I_B 成正比。

飞行控制系统中常用的动压传感器和静压传感器，即大气数据传感器是基于以上原理工作的。

如图 3-4 所示，由空速管引入静压、总压到压力敏感传感器的密封盒。来自空速管的静压作为传感器的输入信号进入压阻式敏感硅杯的密封区内，随着硅杯晶面上压力发生变化，电桥输出的电压也相应地发生变化，从而实现对静压的测量。

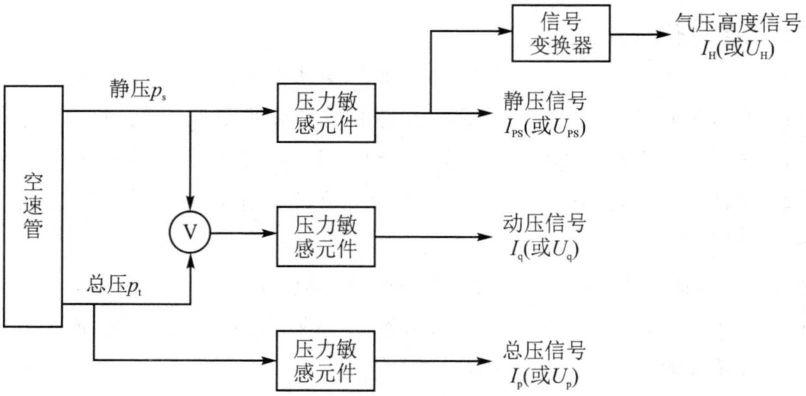

图 3-4　压阻传感器原理

同样，动压传感器具有两个独立的压力腔，相应的两个进气口分别与空速管的总压和静压相连，二者的压力之差(动压)施加于密封腔内的压阻式硅杯上，其电桥输出的电压与动压成正比，从而实现对动压的测量。

2. 空速与马赫数的测量

(1) 空速传感器

飞行速度是指飞行器在静止空气中的相对运动速度。飞行速度主要有 4 种：真空速、指示空速、地速和垂直速度。

① 真空速：飞行器相对于空气的运动速度，或者说考虑空气密度影响的飞行器运动速度，简称为空速。

② 指示空速：归化到标准空气速度（即海平面的空气密度 $\rho_0=1.225\ kg/m^3$）的真空速，或者说忽略空气密度变化的飞行器运动速度。指示空速又称为仪表空速，简称表速。

③ 地速：飞行器相对于地面运动速度的水平分量，也是真空速和风速水平分量的向量和。

④ 垂直速度：飞行器相对于地面运动速度的垂直分量，即飞行器的升降速度。

测量飞行器的空速并输出相应电信号的仪表为空速传感器。空速传感器是重要的飞行仪表之一，根据空速的大小可判断作用在飞行器上的空气动力情况，以便正确地控制飞行器，同时还可根据空速、风速、风向计算地速，并由地速和飞行时间计算出飞行距离。

1）速度测量的理论基础

目前常用的测量飞行速度的方法是通过测量相对气流的压力间接测量的。根据流体连续方程和能量守恒定理所导出的伯努利方程，是测量速度的基本方程。

在不可压缩流中，有

$$p_1+\frac{\rho_1 V_1^2}{2}=p_2+\frac{\rho_2 V_2^2}{2}=C \tag{3-3}$$

在可压缩流中，有

$$\frac{k}{k-1}\frac{p_1}{\rho_1}+\frac{V_1^2}{2}=\frac{k}{k-1}\frac{p_2}{\rho_2}+\frac{V_2^2}{2}=C \tag{3-4}$$

式中，p_1，p_2 分别为流场中Ⅰ，Ⅱ处的压力；C 为常数；$k=1.4$ 为绝热指数；ρ_1，ρ_2 分别为流场中Ⅰ，Ⅱ处的密度。

由方程（3-3）和方程（3-4）可知，只要测出流场中某处的压力 p、密度 ρ，即可间接测出空气的流速 V。空速管测量空速原理如图 3-5 所示。空速管由一个正对迎面气流开口的内管和一个侧面有若干个圆形小孔的外管构成。内管称为总压管，相应的开口称为总压孔；外管称为静压管，侧面孔称为静压孔。两个管分别通过导管通至开口膜盒与密封的仪表壳体内（见图 3-6）。

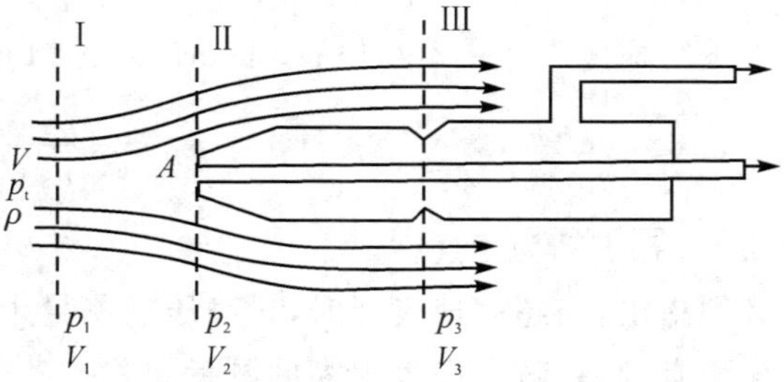

图 3-5　空速管测量空速原理

迎面气流流过空速管时被分成两路，一路气流受到阻滞，完全失去功能。因总压孔直径很小，在 A 点出现停滞点（即零速度点 $V_2=0$，又称为驻点），气流不能沿内管流动，但因能量守恒，停滞点上的动能完全转换为压力能。

根据式（3-3），在不可压缩流情况下，Ⅰ，Ⅱ的伯努利方程为

$$p_1+\frac{1}{2}\rho_1 V_1^2=p_2 \tag{3-5}$$

式中，p_2 为气流受到全阻滞点上的压力，称为总压 p，包括大气静压 p_S 和流速转换的压力能 $\left(\frac{1}{2}\rho V^2\right)$，后者亦称速压或动压 Q。显然，$Q=p-p_S=\Delta p=\frac{1}{2}\rho V^2$。

另一股气流继续流动。此时可认为离空速管头部一定距离的静压孔的气流(Ⅲ截面处)与Ⅰ截面处一样未受扰动(静压孔位置就是这样决定的),即

$$V_3 = V_1 = V, \quad p_3 = p_1 = p_H \tag{3-6}$$

通常,飞行速度小于 400 km/h 时,可以认为空气是不可压缩的,其流动过程是等密的,即 $\rho_1 = \rho_2 = \rho_3 = \rho_H$,将式(3-5)带入式(3-4)可得

$$V = \sqrt{\frac{2(p - p_H)}{\rho_H}} = \sqrt{\frac{2\Delta p}{\rho_H}} = f(\Delta p, \rho_H) \tag{3-7}$$

式中 p_H,ρ_H 分别是在飞行高度时的大气静压与密度。当飞行速度大于 400 km/h 时,空气压缩效应较显著,式(3-4)和式(3-5)可写成

$$\left(\frac{p_2}{\rho_2} - \frac{p_1}{\rho_1}\right)\frac{k}{k-1} = \frac{V_1^2}{2} \tag{3-8}$$

在可压缩流场中,认为气流的流动是绝热过程。可将 $\left(\frac{\rho_2}{\rho_1}\right) = \left(\frac{p_2}{p_1}\right)^{\frac{1}{k}}$ 或 $\rho_2 = \rho_1\left(\frac{p_2}{p_1}\right)^{\frac{1}{k}}$ 关系代入式(3-8)中,经整理可得

$$p_2 = \left[\frac{V^2\rho_1(k-1)}{2kp_1} + 1\right]^{\frac{k}{k-1}} p_1 \tag{3-9}$$

在式(3-9)两端分别加"$-p_1$",并考虑到空气压缩性的动压 $\Delta p = p_1 - p_H$ 和式(3-7),经整理后得

$$V = \sqrt{\frac{2kp_H}{(k-1)\rho_H}\left[\left(1 + \frac{\Delta p}{p_H}\right)^{\frac{k-1}{k}} - 1\right]} = f(\Delta p_1, \rho_H, p_H) \tag{3-10}$$

当飞行速度大于 1 400 km/h 即 $Ma > 1.14$ 时,将产生激波,动压和飞行速度的关系为

$$\Delta p = p - p_H = \left[\frac{167V^2}{a^2(7V^2 - a^2)^{2.5}} - 1\right] \tag{3-11}$$

式中,$a = \sqrt{kgRT}$ 为声速。

必须指出,当超声速飞行时,对静压的测量十分困难。在空速管前面通常都会产生激波,其轴线稍有倾斜,就会产生很大的测量误差。

2) 压力式空速表的组成与工作原理

压力式空速表的测量原理如图 3-6 所示。压力式空速表由空速管、开口膜盒、放大传动机构和电位计组成。空速管安放在受气流扰动最小的地方,其余部件安放在密封的仪表壳体内。

压力式空速表的工作原理是:安置在飞行器上的空速管感受到飞行时气流产生的总压 p_t 和静压 p_S,通过导管分别送到开口膜盒和密封的仪表壳体内。膜盒内外的压力差即为动压,在动压的作用下,膜盒产生位移,经过放大传动机构使电刷相对于电位计滑动,从而输出与压差成比例的电信号。在静压和气温一定的情况下,动压的大小完全取决于空速的大小,所以膜盒的位移量即反映了飞行器当时的飞行速度。

式(3-7)及式(3-10)表明,空速 V 不仅与压差 Δp 有关,而且与在某高度时的大气静压 p_H、密度 ρ_H 有关。由于大气密度不易测准,为此用标准大气下海平面的空气密度 ρ_0 与压力 p_0 代替 p_H 与 ρ_H,即忽略了密度随飞行高度的变化。当飞行速度小于 400 km/h 时,式(3-7)

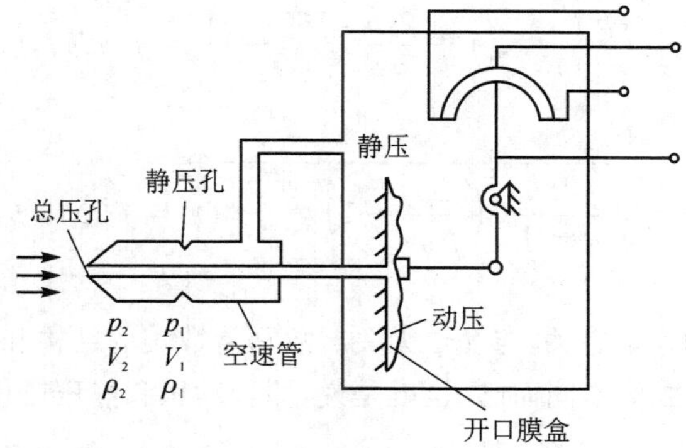

图 3-6　压力式空速表测量原理

改写为

$$V_{bs}=\sqrt{\frac{2\Delta p}{\rho_0}}=f(\Delta p) \tag{3-12}$$

式中，V_{bs} 为表速。真空速 V_{zs} 与表速的关系为

$$V_{zs}=V_{bs}\sqrt{\frac{p_0 T_H}{p_H T_0}}=f(\Delta p, p_H, T_H) \tag{3-13}$$

式中，p_0，T_0 为标准大气下海平面的压力与绝对温度；p_H，T_H 为高度为 h 处的大气压力与绝对温度。

可见，只要在测量表速的基础上附加一个 p_H 和 T_H 的修正机构，就可以制成真空速表。

(2) 马赫数传感器

马赫数 Ma 是飞行速度与飞行器所在高度的声速之比。当飞行器的超过临界 M_{cr} 时，飞行器某些部位出现局部激波，使飞行器的空气动力特性发生显著变化，导致飞行器的稳定性和操纵性变坏。这时，仅根据空速表来判断飞行器所受空气动力情况是不够的，而必须借助于马赫数传感器来测量 Ma。

由于 $Ma=\dfrac{V}{a}$，而声速为

$$a=\sqrt{kgRT_H}\approx 20\sqrt{T_H}=a_0\sqrt{\frac{T_H}{T_0}} \tag{3-14}$$

式中，a_0 为标准海平面处的声速。当飞行速度小于 400 km/h 时，由前述可知

$$V=\sqrt{\frac{2(p-p_H)}{\rho_H}}=\sqrt{\frac{2\Delta p}{\rho_H}} \tag{3-15}$$

所以，

$$Ma=\frac{1}{a_0}\sqrt{\frac{2T_0\Delta p}{T_H\rho_H}}=A\sqrt{\frac{\Delta p}{\rho_H}}=f(\Delta p, \rho_H) \tag{3-16}$$

式中，$A=\dfrac{1}{a_0}\sqrt{\dfrac{2T_0}{T_H}}$ 为常数。

当飞行速度大于 400 km/h 时，由前述可知

$$V=\sqrt{\frac{2kp_H}{(k-1)\rho_H}\left[\left(1+\frac{\Delta p}{p_H}\right)^{\frac{k-1}{k}}-1\right]}=f(\Delta p_1,\rho_H,p_H) \tag{3-17}$$

所以

$$Ma=\sqrt{\frac{2}{k-1}\left[\left(\frac{\Delta p}{p_H}+1\right)^{\frac{k-1}{k}}-1\right]}=f(\Delta p,p_H) \tag{3-18}$$

式中,k 为绝热指数。

可见 Ma 仅与 Δp 和 p_H 有关,与 T_H 无关。故马赫数表的结构和工作原理与真空速表类似,只是各元件及结构的数值不同而已,也就是说,测量动压和静压就可反映 Ma。

3. 迎角和侧滑角的测量

迎角大小与飞行器的升力和阻力密切相关,当迎角达到临界迎角时,飞行器将发生失速,所以,迎角的测量是十分重要的。一方面,将测得的迎角信号输送给仪表显示或送到失速告警系统,以供飞行员观察;另一方面,飞行控制系统中亦常引入迎角信号以限制最大法向过载。

实际中,在飞行器上要准确测量真实迎角是非常困难的。由于飞行器和迎角传感器对气流存在干扰,使得在飞行器上不同位置处的气流流场与理想流场间存在差别,因此,迎角传感器只能测量出传感器所在处的气流方向与飞行器弦线间的夹角,即局部迎角。

当迎角改变时,翼的上、下表面的压力将发生变化,将重新产生一个与迎角大小有关的压力差。因此可利用这个压力差来衡量迎角的大小,故可制成迎角传感器。

迎角传感器按其敏感方式可分为风标式和探头式(典型的为压盖管式和零压盖式)两大类,按信号转换方式分类又可分为电位计式和同步器式两大类。

(1) 风标式迎角(侧滑角)传感器

典型风标式迎角传感器的工作原理如图 3-7 所示。该传感器由具有对称剖面并随气流变化而转动的翼形叶片、放大传动机构和电位计构成。翼形叶片与放大传动机构的轴固连,传动机构的另一端与电刷固连。叶片转角就是飞行器当时的迎角,经放大传动机构,带动电刷转动,输出与迎角成比例的电信号。风标式迎角传感器就因其能使翼面与气流方向一致而得名。为使风标(叶片)工作稳定,风标式迎角传感器装有阻尼器;为防止风标表面结冰,传感器还应有加温装置。

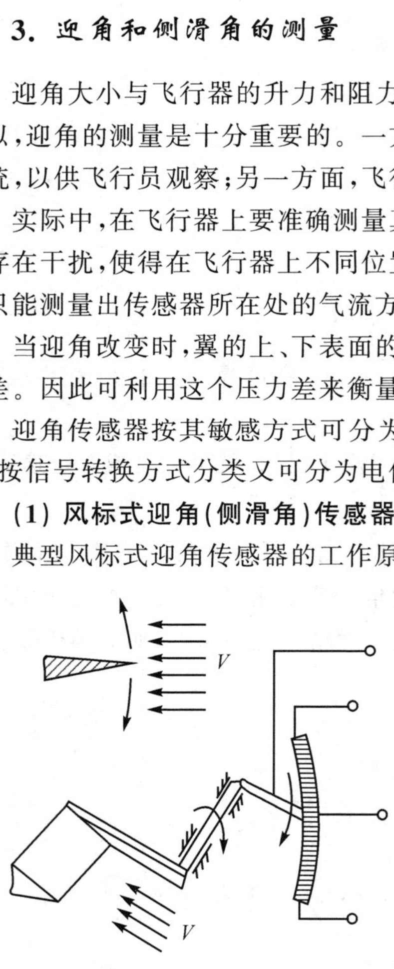

图 3-7 典型迎角传感器工作原理

风标式迎角传感器靠感受气流测量飞行器的迎角,必须正确安装。一般安放在机头或机翼处。如果必须安放在其他地方,则需经过风洞和飞行试验校正误差,以保证测量准确。制造良好、安装正确的迎角传感器可达较高精度。

值得指出的是,若将具有对称剖面的翼形叶片安放在机体坐标系的 Oxz 平面中,则传感器可用来测量飞行器的侧滑角。

(2) 压差管式迎角(侧滑角)传感器

压差管式迎角传感器由压差管和开口膜盒式压力传感器组成。压差管头部为半球形,在其轴线的对称两边开有两个夹角为90°的对称小孔，如图 3-8 所示。开口膜盒式压力传感器包括：开口膜盒、放大传动机构和电位计 3 个部分，如图 3-9 所示。

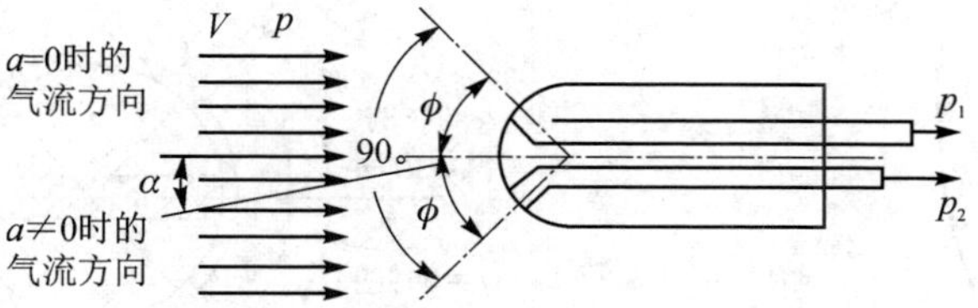

图 3-8　压差管

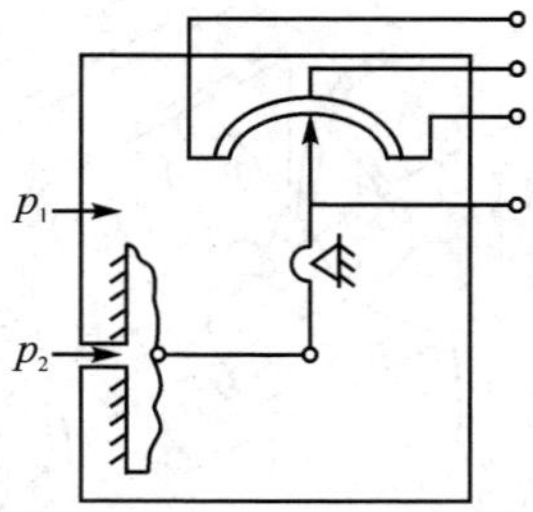

图 3-9　开口膜盒式压力传感器

压差管式迎角传感器的测量原理是：当压差管轴线与气流方向一致时（即迎角 $\alpha=0$），两个小孔所感受的压力 p_1 与 p_2 相等。p_1 与 p_2 通过导管分别送到开口膜盒和密封的仪表壳体内，压差 $\Delta p=p_1-p_2=0$，电刷处于中立位置，输出信号为零。当气流方向与压差管轴线出现迎角（$\alpha\neq0$）时，两个小孔所感受的压力 p_1，p_2 不再相等，$\Delta p=p_1-p_2\neq0$。

设总压为 p，由图 3-8 可知，$p_1=p\cos(\phi+\alpha)$，$p_1=p\cos(\phi-\alpha)$。压差 $\Delta p=p[\cos(\phi+\alpha)-\cos(\phi-\alpha)]=2p\sin\phi\ \sin\alpha$，所以

$$\frac{\Delta p}{p_1}=\frac{2p\sin\phi\ \sin\alpha}{p\cos(\phi+\alpha)}=\frac{2\sin\phi\tan\alpha}{\cos\phi+\sin\phi\ \tan\alpha} \tag{3-19}$$

当 $\phi=45°$ 且 α 较小时

$$\frac{\Delta p}{p_1}\approx\frac{2\tan\alpha}{1+\tan\alpha}\approx2\alpha \tag{3-20}$$

即 $\alpha=f\left(\frac{\Delta p}{p_1}\right)$，表明用压差管与开口膜盒式压力传感器所构成的仪表确能测量迎角。

与风标式传感器类似，压差管式迎角传感器安装位置同样影响迎角的测量精度，必须正确选择安装位置，尤其在超声速飞行时更应注意。

在这里需说明，压差管头部有五个小孔。除了测量迎角的两个对称孔外，与其成90°的轴线上有两个对称孔，用以测量侧滑角；还有一个孔是开在其中心轴线处，以测量当时的总压。显然，这些孔有五个导管，各自把所测得的信号传送出去，即同时测出飞行器的迎角和侧滑角。

(3) 零压差式迎角传感器

图 3-10(a)示出的零压差式迎角传感器是基于压差管式迎角传感器基础上发展的。其由敏感部分（探头），变换传动部分（气道、气室和桨叶），输出部分（电刷、电位计）和温控部分（探头、壳体加热器及其温度继电器）组成。探头是一个圆锥，中间有隔板，中心线两侧有两排对称的出气孔，图 3-10(b)示出其横截面。圆锥形探头与中间有气道的空心轴相连，在空心轴上固定着桨叶和电刷。飞行时探头的轴线平行于飞行器的横轴 Oy（若轴线平行于飞行器的纵轴 Ox，则可测出飞行器的侧滑角）。

零压差式迎角传感器的工作原理是：当迎角为零时，两排对称测压孔均正对着迎面气流，夹角相等，感受压力相等，桨叶不动，无信号输出；当迎角不为零时，两排测压孔感受的压力 p_1 和 p_2 不相等，设 $p_2>p_1$（见图 3-10(b)），气流经过气道进入气室，分别作用于等面积的桨叶上，产生沿 Oy 轴的负向力矩，使桨叶和探头转动，直至压差 $\Delta p=p_2-p_1$ 为零。此时两排对

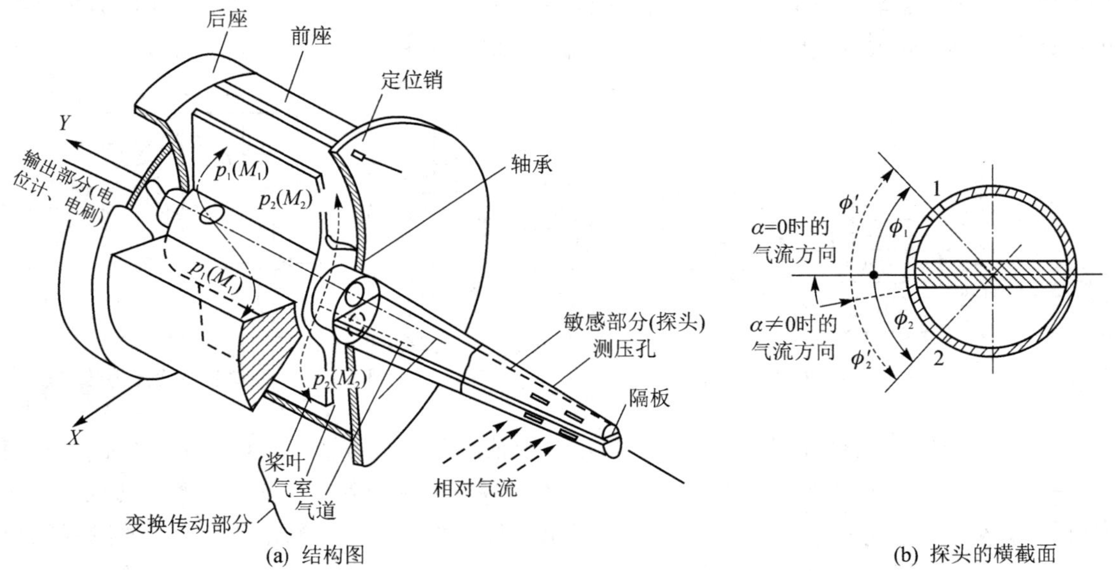

图 3-10 零压差式迎角传感器

称测压孔均正对着迎面气流。显然,探头的转角等于飞行器当时的迎角;固定在转轴上的电刷也转过相同的角度,并输出与迎角成比例的电信号。

以上三种测量迎角的传感器,分别具有不同的结构和特点。在实际应用中,可按飞行器及其控制系统的种类和迎角传感器的作用来确定相应的传感器。

4. 大气数据计算机

飞行器的飞行高度、空速和 Ma 等飞行参数均与总压、静压等大气参数有关。因此只要测量出总压、静压和总温等少数大气参数,通过计算即可得到上述各个飞行参数。大气数据计算机就是这样一种根据传感器测得的较少的原始参数(如总压、静压和总温等参数),计算出较多的与大气数据相关的上述飞行参数的多输入/多输出的机载综合测量系统。

大气数据计算机既可作为指示仪表,指示出飞行器的高度、空速、Ma 和大气温度等,供飞行人员判读,又可代替分立的、数目众多的仪表与传感器,为飞行自动控制系统、惯性导航系统和空中交通管制系统等输送信号。

大气数据计算机有三种基本形式,即机电模拟式、数字式和混合式。

(1) 机电模拟式大气数据计算机

机电模拟式大气数据计算机以采用机电模拟式装置为特征,是早期的大气数据计算机。其具体由伺服式压力传感器、总温传感器、迎角传感器和机电模拟式解算装置所组成,如图 3-11 所示。

机电模拟式大气数据计算机的结构复杂、可靠性差、输出信号误差大、加工装配和调试以及维修工作量大、体积和质量以及功耗大。

(2) 数字式大气数据计算机

1) 主要组成

数字式大气数据计算机由传感器、输入接口、中央处理机和输出接口等部分组成。原理方

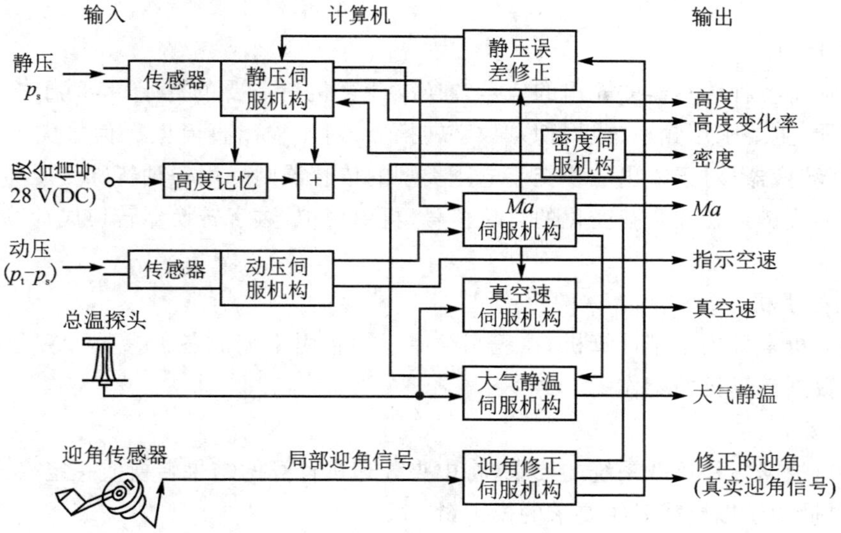

图 3-11　机电模拟式大气数据计算机原理框图

框图如图 3-12 所示。

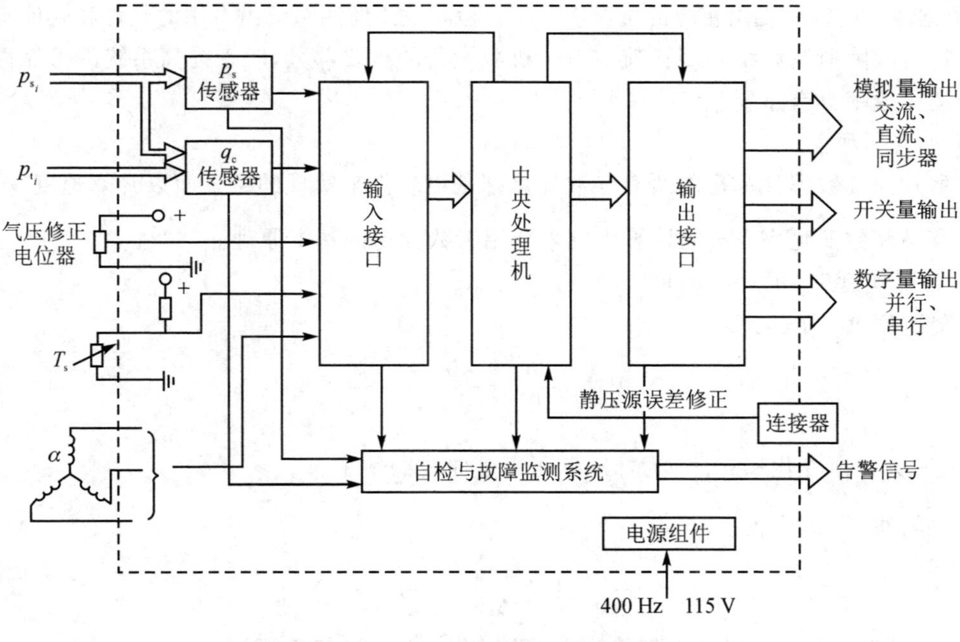

图 3-12　数字式大气数据计算机的原理方框图

a）传感器

总压传感器和静压传感器分别输出全压信号和静压信号。在数字式大气数据计算机中均采用高精度、重复性和稳定性好、迟滞误差小的小型压力传感器，输出全压信号和静压信号。

总温传感器输出全温信号，大多采用热电阻式温度传感器。

迎角传感器给出飞行器的局部迎角信号，大多采用零压差同步器式迎角传感器。

这些传感器的输出信号有的是直流信号，有的是交流信号，还有的是频率信号和三线交流信号。

b) 输入接口

输入接口将各种传感器的输出的信号转换成计算机所需要的数字量:对于输出频率信号类型的传感器,主要采用频率(或周期)/数字转换器;对于输出直流电压信号类型的传感器采用模拟/数字转换器;对于输出三线交流电压类型的传感器则采用一种特殊变压器将三线交流电压信号转换成按正弦和余弦变化的直流信号,再由模拟/数字转换器转换成计算机所需要的数字量。

c) 中央处理机

中央处理机常采用微型计算机,在程序存储器的指引下完成各种参数计算任务并协调控制整个大气数据计算机的工作。

d) 输出接口

输出接口根据各种机载系统的要求,将中央处理机计算的结果转换成一定格式的串/并行数字量、离散量和模拟机载系统要求的模拟量。

e) 自检与故障监测系统

自检主要用于飞行器起飞前或飞行后的检查,使空勤、地勤人员能迅速判断大气数据计算机的工作状况;故障监测主要用于飞行过程中连续检测大气数据计算机各部分的故障,并诊断出故障源,根据故障的性质发出相应的告警信号。自检与故障监测系统由专用的硬件和软件实现。

自检与故障监测系统是现代航空电子机载设备的重要部分,对于提高系统的可靠性、可维护性和使用效率具有重要意义。

2) 工作原理

数字式大气数据计算机的所有参数计算都是由软件来实现的。下面以升降速度 V_z、马赫数 Ma 及马赫数变化率 $\dot{Ma}$ 的计算为例来介绍参数计算的基本原理。

a) 升降速度 V_z 的计算原理

升降速度 V_z 可表示为

$$V_z = \frac{dh}{dt} = \frac{dh}{dp_s} \cdot \frac{dp_s}{dt} \tag{3-21}$$

式中,$\frac{dp_s}{dt}$为静压变化率;$\frac{dh}{dp_s}$为标准气压高度曲线的斜率。

当时间间隔 Δt 比较小时,有

$$\frac{dp_s}{dt} \approx \frac{\Delta p_s}{\Delta t} = \frac{p - p_{s0}}{t - t_0} \tag{3-22}$$

式中,p_{s0} 为前一时刻 t_0 时的大气静压;p_s 为时刻 t 时的大气静压。

$\frac{dh}{dp_s}$可由标准气压公式求得。

升降速度的计算原理如图 3-13 所示。

b) 马赫数 Ma 及马赫数变化率 $\dot{Ma}$ 的计算原理

马赫数 Ma 是总压 p_t 和静压 p_s 比值的函数,即

$$Ma = f_{\dot{Ma}}\left(\frac{p_t}{p_s}\right) \tag{3-23}$$

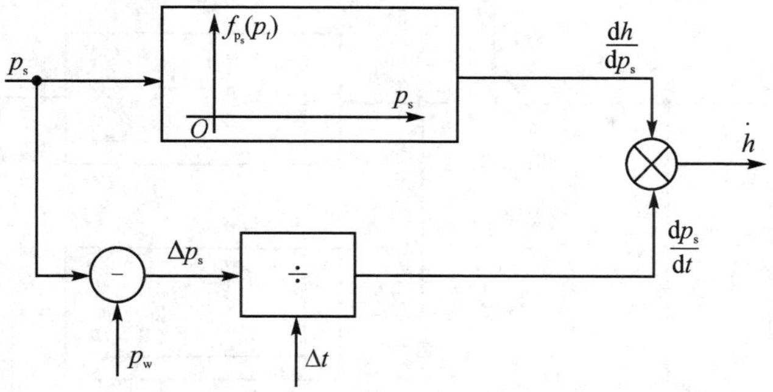

图 3-13　升降速度 V_z 的计算原理

马赫数变化率 $\dot{Ma}$ 为

$$\dot{Ma}=\frac{\mathrm{d}Ma}{\mathrm{d}t}=\frac{\mathrm{d}Ma}{\mathrm{d}\left(\frac{p_s}{p_t}\right)}\cdot\frac{\mathrm{d}\left(\frac{p_s}{p_t}\right)}{\mathrm{d}t} \tag{3-24}$$

而

$$\frac{\mathrm{d}\left(\frac{p_s}{p_t}\right)}{\mathrm{d}t}=\frac{p_t\left(\frac{\mathrm{d}p_s}{\mathrm{d}t}\right)-p_s\left(\frac{\mathrm{d}p_t}{\mathrm{d}t}\right)}{p_t^2} \tag{3-25}$$

将式(3-25)代入式(3-24)可得

$$\dot{Ma}=\frac{\mathrm{d}Ma}{\mathrm{d}\left(\frac{p_s}{p_t}\right)}\cdot\frac{p_s}{p_t}\left(\frac{\dot{p}_s}{p_s}-\frac{\dot{p}_t}{p_t}\right)=f_{\dot{Ma}}(Ma)\left(\frac{\dot{p}_s}{p_s}-\frac{\dot{p}_t}{p_t}\right) \tag{3-26}$$

当 $Ma<1$ 时，有

$$f_{\dot{Ma}}(Ma)=-\frac{(1+0.2Ma^2)}{1.4Ma}=f_{\dot{Ma}}\left(\frac{p_t}{p_s}\right) \tag{3-27}$$

当 $Ma>1$ 时，有

$$f_{\dot{Ma}}(Ma)=-\frac{(7Ma^2-1)Ma}{7(1-2Ma^2)}=f_{\dot{Ma}}\left(\frac{p_t}{p_s}\right) \tag{3-28}$$

马赫数与马赫数变化率的计算原理如图 3-14 所示。

3.1.2　运动学相关参量的测量

飞行器运动包括重心的线运动和绕机体三个轴的角运动，加速度是衡量飞行器运动特性的重要参量之一。加速度传感器就是用来测量飞行器运动的加速度并输出加速度信号的装置。因此，加速度传感器分为线加速度传感器和角加速度传感器。多数飞行器的角加速度信号是通过速率陀螺仪与微分电路得到的，所以这里仅介绍线加速度传感器。

1. 线加速度传感器

线加速度传感器用来测量飞行器重心的线加速度。传感器的敏感轴处于机体轴的三个轴向，因此可感受和测量三个轴向的线加速度。若敏感轴与机体坐标系中的 Oz 轴重合，则线加速度传感器测量飞行器的法向加速度；若敏感轴与 Ox 或 Oy 轴重合，则线加速度传感器分别

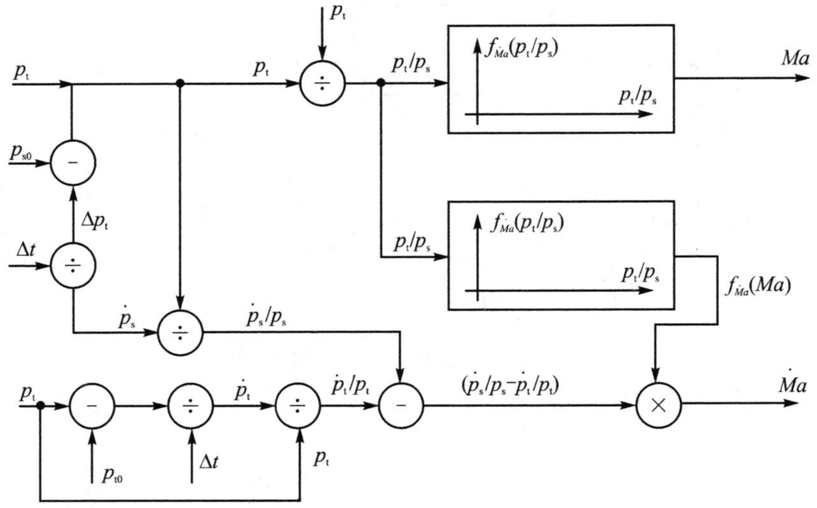

图 3-14　Ma 及 $\dot{M}a$ 的计算原理

测量飞行器的纵向加速度 a_x 和侧向加速度 a_y。显然,这三种传感器的组成、工作原理和传递函数都相同,只是测量范围不同。

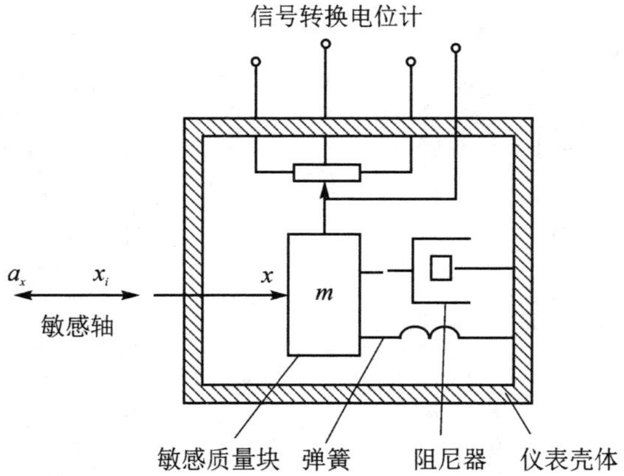

图 3-15　简单式线加速度传感器原理

线加速度传感器可代替迎角传感器或侧滑角传感器,近似测量飞行器的迎角或侧滑角。下面仅以简单式线加速度传感器为例介绍线加速度传感器的结构与工作原理。在图 3-15 中示出一种简单式线加速度传感器工作原理。

简单式线加速度传感器主要由弹簧和弹簧所支承的可动敏感质量块 m 以及信号转换电位计和阻尼器等部分组成。

通常将线加速度传感器装在飞行器重心处。假定飞行器在惯性空间内运动,其位移量为 x_i,相应的线加速度 $a_x=\dfrac{\mathrm{d}^2x}{\mathrm{d}t^2}$。敏感质量块相对惯性空间的位移量为 z;固连于质量块上的电刷在仪表壳体内相对仪表壳体的位移量为 x,所以线加速度传感器的输出量 $x=z-x_i$。

忽略弹簧质量和电刷与电位计间的摩擦力,质量块 m 的惯性力为 $m\dfrac{\mathrm{d}^2z}{\mathrm{d}t^2}$,阻尼力为 $K_s\dfrac{\mathrm{d}x}{\mathrm{d}t}$,弹簧力为 Kx,相应的运动方程式为

$$m\frac{\mathrm{d}^2z}{\mathrm{d}t^2}+K_g\frac{\mathrm{d}x}{\mathrm{d}t}+Kx=0 \tag{3-29}$$

将 $x=z-x_i$ 代入上式,消去变量 z,可得

$$\frac{d^2x}{dt^2}+\frac{K_g}{m}\frac{dx}{dt}+\frac{K}{m}x=-\frac{d^2x_i}{dt^2} \tag{3-30}$$

将 $a_x=-\frac{d^2x_i}{dt^2}$ 代入式(3-30),可得相应的传递函数为

$$\frac{x(s)}{a_x(s)}=-\frac{1}{s^2+2\zeta\omega_0 s+\omega_0^2} \tag{3-31}$$

式中,$\zeta=\frac{K_g}{2\sqrt{mK}}$ 为相对阻尼系数;$\omega_0=\sqrt{\frac{K}{m}}$ 为固有频率。

在稳态时,有

$$x=-\frac{m}{K}a_x \tag{3-32}$$

将输出电压 $U=K_U x$(K_U 为电位计传递系数)代入式(3-32),可得

$$U=-\frac{K_U m}{K}a_x \tag{3-33}$$

式(3-33)表明线加速度传感器的输出电压正比于飞行器的线加速度,相位差为 180°。

单位加速度所产生的相对位移量定义为线加速度传感器的分辨率,即

$$\frac{dx}{da_x}=-\frac{m}{K}=-\frac{1}{\omega_0^2} \tag{3-34}$$

可见,分辨率反比于固有频率的平方,即弹簧刚度越小、质量块的质量越大,线加速度传感器的分辨率就越高,即灵敏度越高。

简单式线加速度传感器构造简单、价格较低,广泛用于增稳、控制增稳和电传操纵系统以及自动驾驶仪中。但简单式线加速度传感器具有电刷与电位计的摩擦力较大的缺点,而且质量块易受振动等因素的影响,弹簧易受温度影响,线性特性较差,灵敏度比较低。为了解决上述问题,可用力矩系统取代弹簧,并增加浮子式阻尼器,构成常用的浮子摆式加速度传感器以及挠性摆式力矩反馈加速度传感器等。

2. 旋转运动的测量——陀螺仪

"陀螺仪"是感测旋转的一种装置。陀螺仪(gyroscope)术语来自希腊文,其意思是"旋转指示器"。随着科学技术的发展,人们发现大约有一百种物理现象可以被用来感测相对于惯性空间的旋转;在此基础上,研制出了许多不同原理和类型的陀螺仪。

从工作的机理来看,可以把陀螺仪分成两大类:一类是以经典力学为基础的陀螺仪;另一类是以非经典力学为基础的陀螺仪。

以经典力学为基础的陀螺仪有刚体转子陀螺仪、流体转子陀螺仪和振动陀螺仪等。刚体转子陀螺仪是把高速旋转的刚体转子支撑起来,使之获得转动自由度的一种装置,它可用来测量角位移或角速度。流体转子陀螺仪的转子不是固体材料,而是在特殊容器内按一定速度旋转的流体,流体转子陀螺仪也可用来测量角位移或角速度。振动陀螺仪是利用振动音叉在旋转时的哥氏加速度效应做成的测量角速度的装置。

以非经典力学为基础的陀螺仪有激光陀螺仪、光导纤维陀螺仪、压电晶体陀螺仪、粒子陀螺仪和核子共振陀螺仪等。在这些陀螺仪中,没有高速旋转的转子或振动的构件,但它们具有

感测旋转的功能。例如,激光陀螺仪实际上是一种环形激光器,环形激光器中正、反两束光的频率差与基座旋转角速度成正比,故它可用来测量角速度。这种陀螺仪没有旋转部件,工作原理亦不同于同一家族的角动量陀螺仪,其不是基于角动量原理而是基于哥氏效应或萨格纳克(Sagnac)效应而工作的。又如,压电晶体陀螺仪实际上是利用晶体压电效应做成的测量角速度的装置;粒子陀螺仪实际上是利用基本粒子的陀螺磁效应做成的测量角速度的装置。

按照年代分类,刚体转子陀螺仪为第一代陀螺仪;液浮陀螺仪、气浮陀螺仪和挠性陀螺仪为第二代陀螺仪;而高精度的激光陀螺仪和干涉式光纤陀螺仪等则为第三代陀螺仪,也称为现代陀螺仪。

按用途分类,有航空陀螺仪、航海陀螺仪、导弹和卫星用陀螺仪,以及在汽车、铁路等民用部门使用的陀螺仪。

按高速转子支撑结构来分,可以分为框架式陀螺仪、液浮陀螺仪、气浮陀螺仪和挠性陀螺仪等。

按构成陀螺仪的物理特性分类,有机电陀螺仪、激光陀螺仪、光纤陀螺仪、半球谐振陀螺仪、核磁共振陀螺仪和超导陀螺仪等。目前,新型陀螺仪不断出现和发展,激光陀螺仪在应用中已经占据主导地位。

但是,就陀螺仪基本原理的分析而言,刚体转子陀螺仪仍是目前学习陀螺仪基本理论的基础。在此首先介绍这类陀螺仪。

高速旋转的物体即为陀螺,为了测量运动物体的角位移或角速度,用支架把高速旋转的陀螺转子支撑起来即构成了陀螺仪。这种陀螺仪即为刚体转子陀螺仪,它的核心部分是绕自转轴(又称陀螺主轴或转子轴)高速旋转的刚体转子。安装转子的框架或特殊支承使转子相对基座具有两个或一个转动自由度,或者说使自转轴相对基座具有两个或一个转动自由度。这样,就构成了陀螺仪的两种类型,即二自由度陀螺仪和单自由度陀螺仪。

(1) 二自由度陀螺仪

二自由度陀螺仪是指自转轴具有两个转动自由度的陀螺仪,其基本组成如图3-16所示。

在这种框架式二自由度陀螺仪中,自转轴与内环轴垂直且相交,内环轴与外环轴垂直且相交。当这三根轴线相交于一点时,该交点叫作万向交点。对转子而言,具有绕其自转轴、内转轴和外转轴这三根轴的三个转动自由度。而对自转轴而言,仅具有绕内环轴和外环轴两根轴的两个转动自由度。通常将框架式陀螺仪称为常规陀螺仪,其目前在许多场合中仍然被广泛使用。

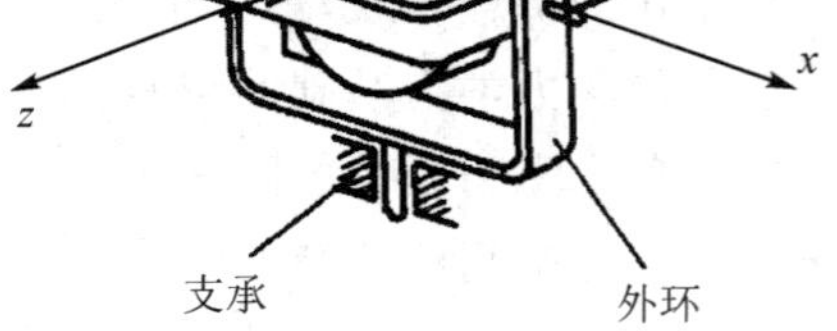

图3-16 二自由度陀螺仪结构原理

1) 二自由度陀螺仪的特性

a) 陀螺仪的进动性

当二自由度陀螺仪受外力矩作用时,若外力矩绕内环轴作用,则陀螺仪绕外环轴转动(见图3-17);若外力矩绕外环轴作用,则陀螺仪绕内环轴转动(见图3-18)。陀螺仪的转动方向与外力矩的作用方向不一致,具有相垂直的特性,称为陀螺仪的进动性。进动性亦是二自由度陀螺仪的一个基本特性。

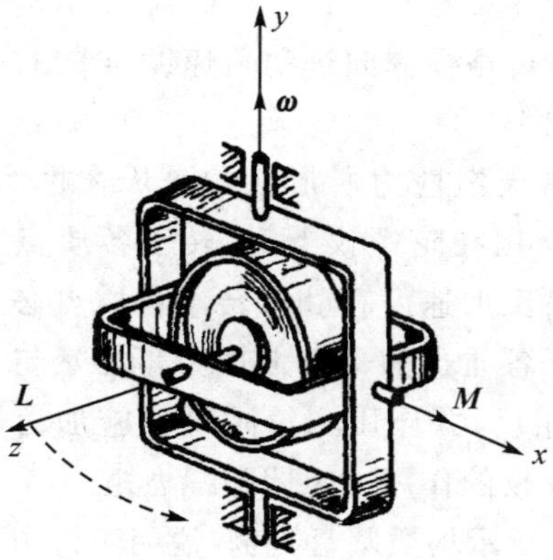

图 3-17　外力矩沿内框作用

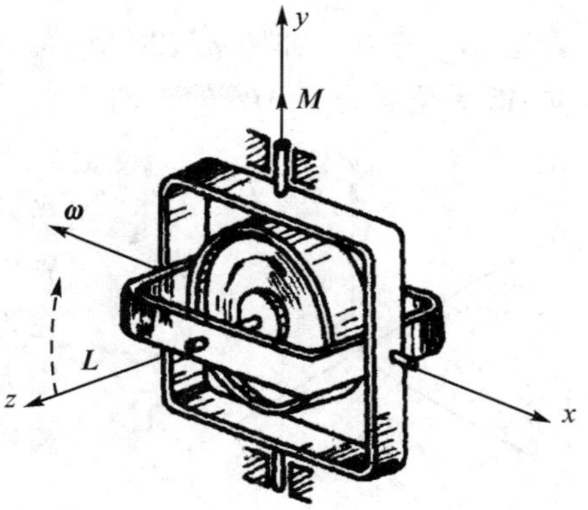

图 3-18　外力矩沿外框作用

为了同一般刚体的转动相区分，把陀螺仪这种绕着与外力矩方向相垂直方向的转动称为进动，转动角速度称为进动角速度，进动所绕的轴称为进动轴。

陀螺进动角速度的方向，取决于角动量的方向和外力矩的方向。其规律如图 3-19 所示，即角动量 $\boldsymbol{L}$ 沿最短的路径趋向外力矩 $\boldsymbol{M}$ 的方向。可以用右手定则来记忆进动角速度的方向：从角动量 $\boldsymbol{L}$ 沿最短的路径握向外力矩 $\boldsymbol{M}$ 的右手旋进方向，即为进动角速度 $\boldsymbol{\omega}$ 的方向。

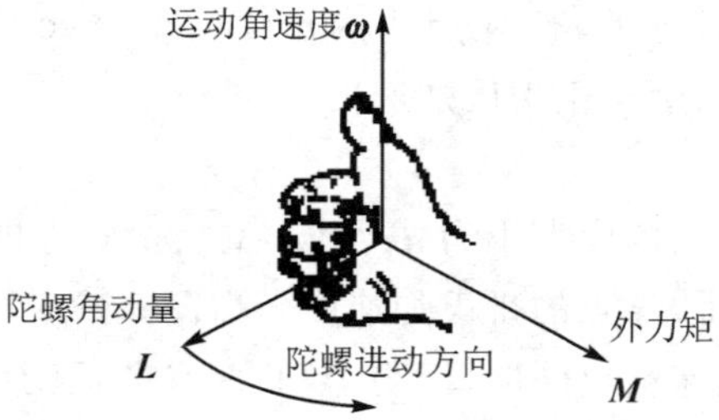

图 3-19　陀螺进动的方向

陀螺进动角速度的大小，取决于角动量的大小和外力矩的大小。其计算公式为

$$\omega=\frac{M}{L} \tag{3-35}$$

陀螺角动量 L 的大小等于转子转动惯量 I_z 的大小与转子自转角速度 Ω 大小的乘积，因此式(3-35)又可写成

$$\omega=\frac{M}{I_z\Omega} \tag{3-36}$$

式(3-35)说明，当角动量为一定值时，进动角速度与外力矩成正比；当外力矩为一定值时，进动角速度与角动量成反比；当角动量和外力矩均为一定值时，进动角速度也保持为一定值。

b) 陀螺力矩

由牛顿第三定律知，有作用力(或力矩)，必有反作用力(或力矩)，两者大小相等，方向相反，且分别作用在两个不同的物体上。当外界对陀螺仪施加力矩使其进动时，陀螺仪也必然存在反作用力矩，其大小与外力矩的大小相等，方向与外力矩的方向相反，并且作用在给陀螺仪施加力矩的物体上。陀螺仪进动的反作用力矩，通常简称为“陀螺力矩”。

陀螺力矩 $\boldsymbol{M}_{\mathrm{G}}$ 与外力矩 $\boldsymbol{M}$ 之间的关系显然为

$$\boldsymbol{M}_{\mathrm{G}}=-\boldsymbol{M} \tag{3-37}$$

将式(3-35)代入式(3-37)，则得陀螺力矩 $\boldsymbol{M}_{\mathrm{G}}$ 与角动量 $\boldsymbol{L}$ 以及进动角速度 $\boldsymbol{\omega}$ 之间的关系式为

$$\boldsymbol{M}_{\mathrm{G}}=\boldsymbol{L}\cdot\boldsymbol{\omega} \tag{3-38}$$

陀螺力矩 $\boldsymbol{M}_{\mathrm{G}}$ 的方向如图 3-20 所示。即角动量 $\boldsymbol{L}$ 沿最短路径握向进动角速度 $\boldsymbol{\omega}$ 的右手旋进方向,即为陀螺力矩 $\boldsymbol{M}_{\mathrm{G}}$ 的方向。

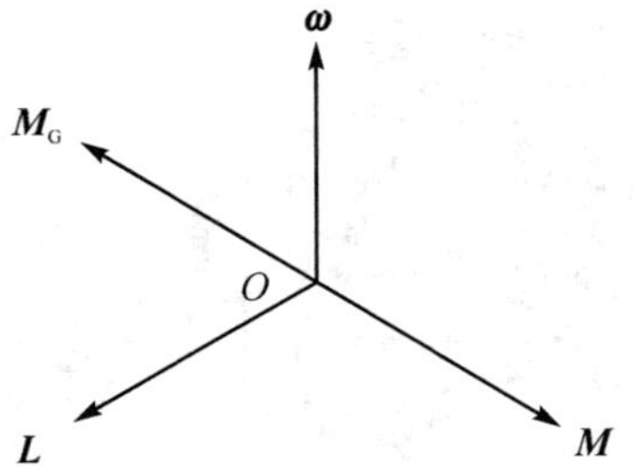

图 3-20　陀螺力矩向量图

陀螺力矩实为哥氏惯性力所形成的哥氏惯性力矩。当外力矩绕框架轴作用在陀螺仪上时,转子各质点将受到外力作用而产生哥氏加速度;同时,转子各质点必然存在哥氏惯性力。转子各质点的哥氏惯性力矩必然与外力矩大小相等且方向相反,并作用到给陀螺仪施加力矩的物体上。这就是陀螺仪的作用力矩即陀螺力矩。

下面以图 3-21 所示均质圆盘为例,说明陀螺力矩的性质。取圆盘上任意对称的四个点Ⅰ,Ⅱ,Ⅲ,Ⅳ,它们距离圆心 O 的距离均为 r。圆盘绕 Oz 轴转速为 Ω,绕 Oy 轴的转速为 ω_y,现研究四个点的受力情况。

假设 Oz,Oy,Ox 三轴相互垂直。圆盘上点Ⅰ在 Ω 转速下,有相对速度 $V_r=r\Omega$,沿 Ox 和 Oy 轴分解,有 $V_{rx}=V_r\sin\theta$,$V_{ry}=V_r\cos\theta$,其中 θ 为 $\boldsymbol{r}$ 与 Ox 轴的夹角。当绕着 Oy 轴有角速度时,则产生哥氏加速度

$$\boldsymbol{a}_{\mathrm{K}}=2\boldsymbol{\omega}_y\times\boldsymbol{V}_{rx} \tag{3-39}$$

哥氏加速度大小为 $a_{\mathrm{K}}=2\omega_y V_{rx}\sin\theta$,方向垂直于 Oxy 平面,指向读者。用同样的方法可求出Ⅱ,Ⅲ,Ⅳ点的哥氏加速度。由图 3-21 可知,Ⅰ和Ⅱ两点的哥氏加速度同向,Ⅲ和Ⅳ两点的哥氏加速度也同向,但与Ⅰ,Ⅱ两点的哥氏加速度方向相反。对每一个哥氏加速度 $\boldsymbol{a}_{\mathrm{K}}$,均产生一个附加的惯性力 $\mathrm{d}\boldsymbol{F}_{\mathrm{K}}$,$\mathrm{d}\boldsymbol{F}_{\mathrm{K}}$ 与 $\boldsymbol{a}_{\mathrm{K}}$ 在同一直线上,方向相反。由图 3-21 可见,Ⅰ,Ⅱ,Ⅲ,Ⅳ的惯性力对 Oy 轴取矩,力矩相互抵消,而对 Ox 轴取矩则力矩相加,整个圆盘各点惯性力矩的总和即为陀螺力矩。

取圆盘的第一象限来求陀螺力矩(见图 3-22)。假设一小块(图中阴影部分)的陀螺力矩大小为 $\mathrm{d}M_{xG1}$,若圆盘厚度为 h,材料的质量密度为 ρ,则

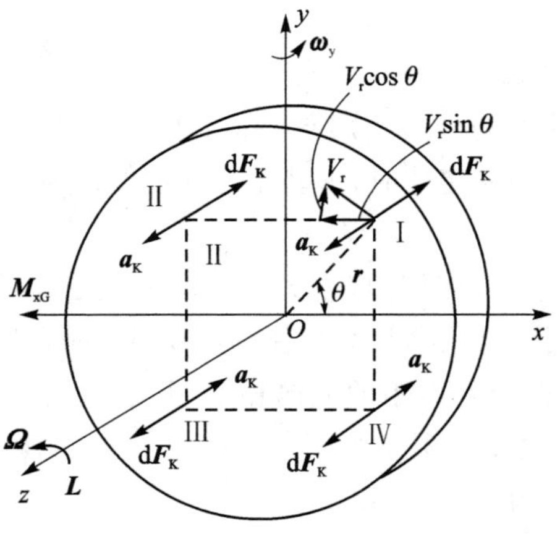

图 3-21　哥氏加速度及惯性力

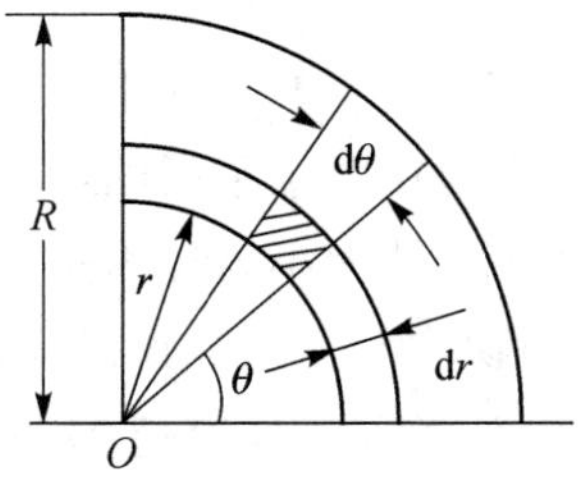

图 3-22　圆盘的第一象限

$$dM_{xG1}=2\omega_y V_r \sin\theta y\,dm \tag{3-40}$$

式中，$V_r=r\Omega$，$y=r\sin\theta$，$dm=\rho h r\,d\theta\,dr$。则圆盘第一象限的陀螺力矩大小为

$$dM_{xG1}=2\omega_y \Omega r^3 \sin^2\theta\rho h\,d\theta\,dr \tag{3-41}$$

积分后，可得

$$M_{xG1}=\int_0^{\frac{\pi}{2}}\int_0^R 2\omega_y\Omega\rho h r^3\,dr\sin^2\theta\,d\theta=\int_0^R 2\omega_y\Omega\rho h r^3\int_0^{\frac{\pi}{2}}\frac{1-\cos 2\theta\,d\theta}{2}dr$$

$$=\int_0^R \frac{\pi}{2}\omega_y\Omega\rho h r^3\,dr=\frac{\pi}{8}\omega_y\Omega\rho h R^4 \tag{3-42}$$

由于每一个象限产生的惯性力矩大小相等，所以整个圆盘的惯性力矩大小为

$$M_{xG}=4M_{xG1} \tag{3-43}$$

将式(3-42)代入式(3-43)式，可得

$$M_{xG}=\frac{1}{2}\omega_y m R^2\Omega \tag{3-44}$$

式中，$m=\pi R^2\rho h$ 为圆盘的质量。

圆盘绕 Oz 轴的转动惯量为 $J_z=\frac{1}{2}mR^2$，陀螺角动量 $L=J_z\Omega$，将其代入式(3-44)，其矢量表达式为

$$\boldsymbol{M}_{xG}=\boldsymbol{L}\times\boldsymbol{\omega}_y \tag{3-45}$$

陀螺力矩的大小为

$$M_{xG}=L\omega_y\sin\alpha \tag{3-46}$$

式中，α 为 $\boldsymbol{L}$ 与 $\boldsymbol{\omega}_y$ 之间的夹角。当 $\alpha=90°$时，则陀螺力矩的大小为

$$M_{xG}=L\omega_y \tag{3-47}$$

由以上讨论可知，陀螺仪的反作用力矩(即陀螺力矩)是陀螺仪进动时所产生的哥氏惯性力矩。陀螺仪在外力矩 $\boldsymbol{M}_x$ 作用下产生进动角速度 $\boldsymbol{\omega}_y$，这时就会产生陀螺力矩 $\boldsymbol{M}_{xG}$，其方向与外力矩相反但大小相等。作用在陀螺仪轴上的外力矩由陀螺力矩平衡，所以转子轴不会沿外力矩方向倾倒。

必须指出，陀螺力矩并不作用在转子本身，而是作用在给陀螺仪施加力矩的物体上。

c) 陀螺仪的定轴性

二自由度陀螺仪的转子在绕自转轴高速旋转(即具有角动量 $\boldsymbol{L}$)时，如果不受外力矩作用，陀螺仪将力图保持其自转轴相对惯性空间方位稳定的特性，称为陀螺仪的稳定性，也常称为定轴性。稳定性或定轴性是二自由度陀螺仪的一个基本特性。

如果陀螺仪不受到任何外力矩作用，则根据角动量定理有 $d\boldsymbol{L}/dt=\boldsymbol{0}$，因此 $\boldsymbol{L}$ 为常数，这时陀螺角动量 $\boldsymbol{L}$ 在惯性空间中既无大小的改变也无方向的改变，自转轴相对惯性空间处于原来给定的方位上。而且，不管安装陀螺仪的基座如何转动，自转轴相对惯性空间仍然处于原来给定的方位上。

在干扰力矩作用下，陀螺仪将产生进动，使自转轴相对惯性空间偏离原来给定的方位。在干扰力矩作用下陀螺自转轴的方位偏离，称为陀螺漂移或简称漂移。陀螺漂移的主要形式是进动漂移。在干扰力矩作用下的陀螺进动角速度即为漂移角速度，进动的方向即为漂移的方向。设陀螺角动量为 $\boldsymbol{L}$，作用在陀螺仪上的干扰力矩为 $\boldsymbol{M}_d$，则漂移角速度的量值为

$$\omega_d = \frac{M_d}{L} \tag{3-48}$$

虽然在干扰力矩作用下陀螺仪会产生漂移,但只要具有较大的角动量,漂移角速度就较小,因而在一定的时间内,自转轴相对惯性空间的方位变化是很微小的。

在干扰力矩作用下陀螺仪以进动的形式作缓慢漂移,这是陀螺仪稳定性的一种表现。陀螺角动量愈大,则漂移愈缓慢,陀螺仪的稳定性就愈高。

如果陀螺仪的漂移率足够小,例如达到 0.1(°)/h 或更小的量级,则陀螺自转轴相对惯性空间的方位变化很微小;同地球自转所引起的地球相对惯性空间的方位变化相比,可近似认为陀螺自转轴相对惯性空间的方位是不变化的。

由于陀螺自转轴相对惯性空间保持稳定,而地球以其自转角速度绕地轴相对惯性空间转动,所以,观察者若以地球作为参考基准,将会看到陀螺仪相对地球的转动。这种相对运动叫作陀螺仪的“表观运动”。

例如,在地球北极处放置一个高精度的陀螺仪,并使其外环轴处于垂直位置,自转轴处于水平位置(见图 3-23),这时俯视陀螺仪将会看到:陀螺自转轴在水平面内相对地球作顺时针转动,每 24 小时转动一周。

在地球赤道处放置一个高精度的陀螺仪,并使其外环轴处于水平南北位置,自转轴处于当地水平位置(见图 3-24),这时将会看到:陀螺自转轴在东西方向的垂直平面内相对地球转动,每 24 小时转动一周。

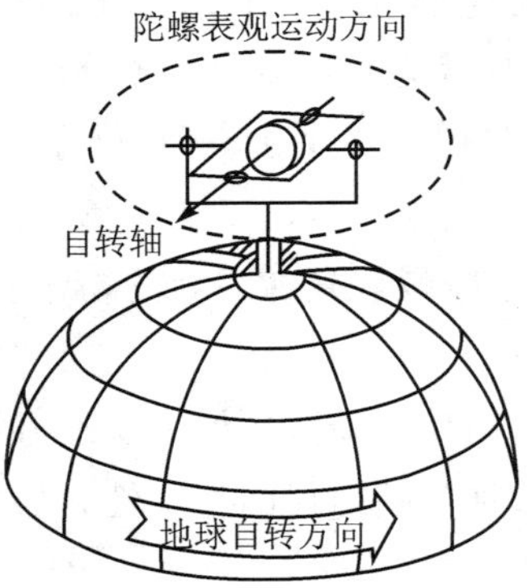

图 3-23　在地球北极处陀螺仪的表观运动

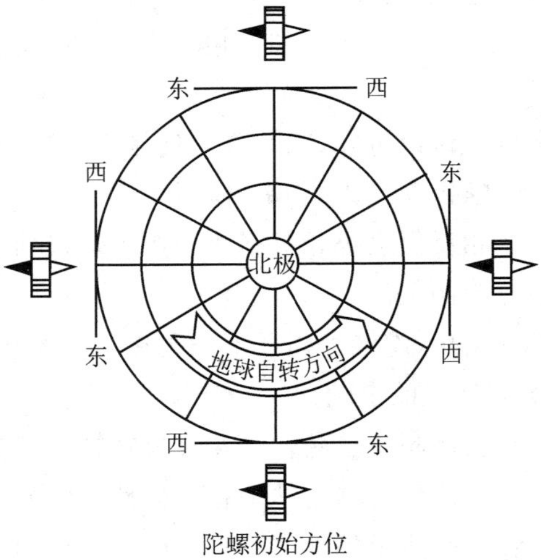

图 3-24　在地球赤道处陀螺仪的表观运动

又如,在地球任意纬度处放置一个高精度的陀螺仪,并使其自转轴处于当地地垂线位置(见图 3-25(a)),这时将会看到:陀螺自转轴逐渐偏离当地地垂线,而相对地球作圆锥轨迹的转动,每 24 小时转动一周。若使其自转轴处于当地子午线位置(见 3-25(b)),这时将会看到:陀螺自转轴逐渐偏离当地子午线,而相对地球作圆锥轨迹的转动,每 24 小时转动一周。这种由表观运动所引起的陀螺自转轴偏离当地地垂线或当地子午线的误差,又称之为陀螺仪的“表观误差”。

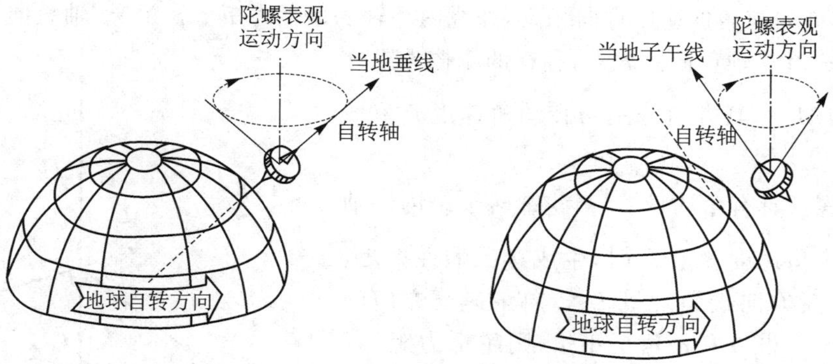

(a) 自转轴处于当地地垂线位置　　(b) 自转轴处于当地子午线位置

图 3－25　在任意纬度处陀螺仪的表观运动

2）二自由度陀螺仪的运动方程

根据力矩平衡原理即“动静法”，可直接写出陀螺仪的运动方程式，虽然这种运动方程式不太准确，但在工程上是实用的。

图 3－26 所示为二自由度陀螺仪，转子轴与内、外环轴交于一点，在初始位置时三轴相互垂直。假设陀螺仪在惯性基座上设坐标系 $Oxyz$ 为固连于基座的坐标系，Oz，Ox，Oy 分别为转子轴、内环轴、外环轴；$Ox_\alpha y_\alpha z_\alpha$ 为固连于外环的坐标系；$Ox_\beta y_\beta z_\beta$ 为固连于内环的坐标系。

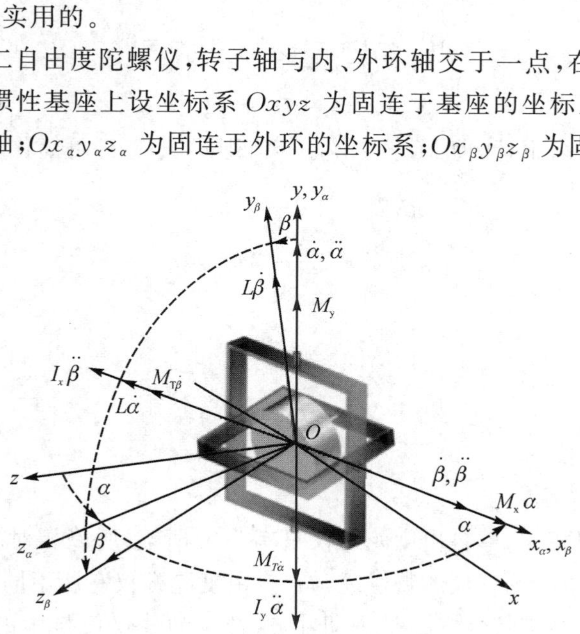

图 3－26　二自由度陀螺仪运动坐标系

起始时，各坐标系对应的坐标轴均重合。当陀螺转子绕外环轴 Oy 转动时，转动角加速度和角速度分别为 $\ddot{\alpha}$ 和 $\dot{\alpha}$，外环坐标系为 $Ox_\alpha yz_\alpha$，并与 $Oxyz$ 坐标系形成偏角 α。同样当内环绕内环轴转动时，转动角加速度和角速度分别为 $\ddot{\beta}$ 和 $\dot{\beta}$，内环坐标系为 $Ox_\beta y_\beta z_\beta$，并与 $Ox_\alpha y_\alpha z_\alpha$ 坐标系形成夹角 β。转角 α 和 β 称为欧拉角。

陀螺转子的角动量为 L，对内、外环轴的转动惯量分别为 I_x，I_y，假设绕内环轴的外力矩为 M_x，沿 Ox_α 轴正向；绕外环轴的外力矩为 M_y，沿 Oy 轴正向。在外力矩的作用下，陀螺转子绕内、外环转动，出现角加速度 $\ddot{\beta}$，$\ddot{\alpha}$ 和角速度 $\dot{\beta}$，$\dot{\alpha}$，这样就产生了普通定轴转动刚体的转动惯性力矩,其方向与角加速度方向相反,即绕内环轴的惯性力矩 $I_x\ddot{\beta}$ 沿 x_α 轴负向,绕外环轴的惯性力矩 $I_y\ddot{\alpha}$ 沿 y 轴负向。此外,存在的摩擦力矩分别为 $M_{T\dot{\beta}}$ 和 $M_{T\dot{\alpha}}$,其方向分别与转动角速度 $\dot{\beta}$ 和 $\dot{\alpha}$ 方向相反。

由于陀螺仪具有角动量 L,当陀螺转子绕内环轴和外环轴产生角速度 $\dot{\beta}$ 和 $\dot{\alpha}$ 时,生成哥氏惯性力矩,即陀螺力矩,其方向按角动量 L 转向角速度方向的右手规则确定。设 β 和 α 角是小量,则陀螺力矩 $L\dot{\alpha}$ 沿 x_α 负向,$L\dot{\beta}$ 沿 Y_β 轴正向。

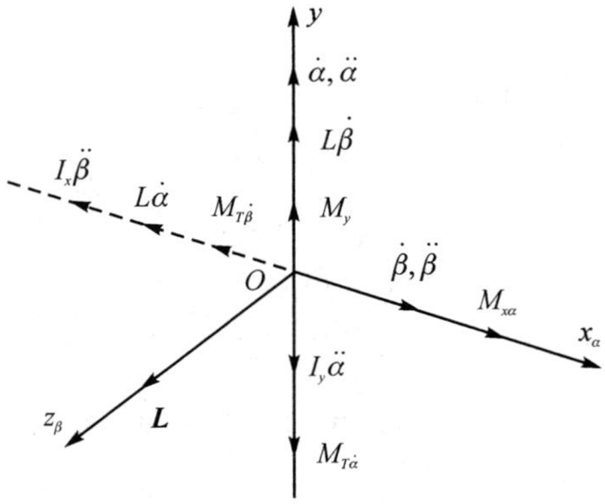

图3-27 二自由度陀螺仪力矩平衡图

根据 x_α 和 y 轴的力矩平衡关系(见图3-27)得

$$\sum M_x = 0 \tag{3-49}$$

$$\sum M_y = 0 \tag{3-50}$$

即

$$\begin{cases} M_{x\alpha} - L\dot{\alpha} - I_x\ddot{\beta} - M_{T\dot{\beta}} = 0 \\ I_y\ddot{\alpha} + M_{T\dot{\alpha}} - L\dot{\beta} - M_y = 0 \end{cases} \tag{3-51}$$

假设摩擦力矩很小可忽略不计,即 $M_{T\dot{\beta}} = M_{T\dot{\alpha}} = 0$,则式(3-51)可简化为

$$\begin{cases} M_{x\alpha} - L\dot{\alpha} - I_x\ddot{\beta} = 0 \\ I_y\ddot{\alpha} - L\dot{\beta} - M_y = 0 \end{cases} \tag{3-52}$$

或为

$$\begin{cases} M_{x\alpha} = I_x\ddot{\beta} + L\dot{\alpha} \\ M_y = I_y\ddot{\alpha} - L\dot{\beta} \end{cases} \tag{3-53}$$

(2) 单自由度陀螺仪

1) 单自由度陀螺仪的特性

同二自由度陀螺仪相比,单自由度陀螺仪只有一个框架,所以相对基座而言,少了一个转动自由度。因此,单自由度陀螺仪的特性就与二自由度陀螺仪有所不同。

二自由度陀螺仪的基本特性之一是进动性,这种进动性仅仅与作用在陀螺仪上的外力矩有关。基座的转动运动不会直接带动转子一起转动,所以不会直接影响到转子的进动。也可以说,由内、外环所组成的框架装置在运动方面起隔离作用,将基座的转动与转子的转动隔离开来。这样,如果陀螺自转轴稳定在惯性空间的某个方位上,那么基座转动时它仍然稳定在原来的方位上。

图3-28所示为单自由度陀螺仪在基座转动时的运动情况。当基座绕陀螺自转轴 z 或框架轴 x 转动时,它不会带动转子一起转动。也就是说,当基座绕着这两个方向转动时,框架仍然起到隔离运动的作用。但是,当基座绕 Oy 轴以角速度 ω_y 转动时,由于陀螺仪没有转动自由度,所以陀螺仪被强迫绕 Oy 轴进动的同时,还被强迫绕框架轴进动并出现进动转角,自转轴 z 将趋向与 Oy 轴重合。这里,Oy 轴为单自由度陀螺仪的输入轴,而框架轴即 x 轴为单自由度陀螺仪的输出轴。相应的,陀螺仪绕 Oy 轴的转动角速度称为输入角速度,绕框架轴即

x 轴的转角称为输出转角。由此可说单自由度陀螺仪具有感受绕其输入轴转动的特性。

2）单自由度陀螺仪的工作原理

a）框架式角速度陀螺仪

单自由度陀螺仪可测量飞行器的转动角速度，所以称为角速度陀螺仪，也称为速率陀螺仪。

图 3-29 为框架式角速度陀螺仪的基本结构图。图中 Ox 轴（L 轴）为内环轴，即为信号输出轴，轴上装有定位弹簧、阻尼器和信号输出电位计。Oz 轴为转子轴，Oy 为测量轴。

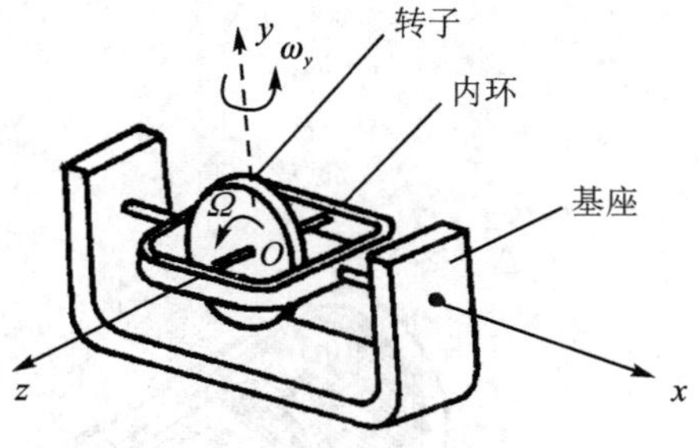

图 3-28　单自由度陀螺仪在基座转动时的运动情况

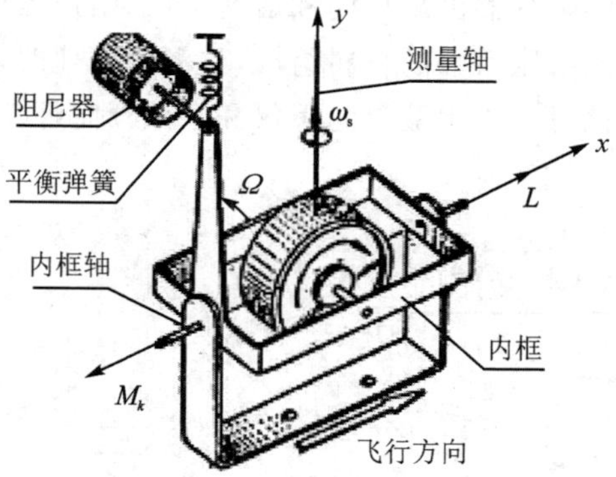

图 3-29　框架式角速度陀螺仪的基本结构

角速度陀螺仪的核心是单自由度陀螺仪，其由陀螺电机和内框组成。

角速度陀螺仪的原理如图 3-30 所示，当基座绕 Oy 轴以角速度 ω_y 转动时，由于陀螺仪绕该轴没有转动自由度，所以基座转动时将通过框架轴上的一对支承带动框架连同转子一起转动，即强迫陀螺仪绕 y 轴进动。而这时陀螺仪自转轴仍是力图保持原来的空间方位稳定，于是基座转动时框架轴上的一对支承就有推力 F_A 作用在框架轴的两端，并形成推力矩 M_L 作用在陀螺仪上，其方向沿 Oy 轴的正向。由于陀螺仪绕框架轴仍然存在转动自由度，所以该推力矩就强迫陀螺仪产生绕框架轴（Ox 轴）的进动并出现进动角度，强迫进动角速度 $\dot{\beta}$ 沿框架轴 Ox 趋向与 Oy 轴重合，陀螺仪相对基座出现转角 β。β 角出现后，弹簧产生力矩 $M_{K\beta}$，其值 $M_{K\beta}=K\beta$，K 为弹簧刚性系数，方向沿 Ox 轴正向。在弹簧力矩 $M_{K\beta}$ 的作用下，陀螺仪将绕 Oy 轴作正向进动，进动角速度为 ω_s 并与 ω_y 同向。当 $\omega_s=\omega_y$ 时，陀螺仪达到平衡状态，进动角速度 $\dot{\beta}=0$，这时框架轴上一对支承不再对陀螺仪施加推力作用，所以基座的转动也不会引起陀螺仪绕框架轴转动了。这时陀螺仪将保持相对基座出现的转角 β，且

$$\omega_s=M_{K\beta}/L=\omega_y \tag{3-54}$$

$$\beta=\frac{L}{K}\omega_y \tag{3-55}$$

式(3-55)说明单自由度陀螺仪输出转角 β 与输入角速度成比例。陀螺仪在相对基座出现转动时，同时带动信号输出电位计的电刷运动，输出与转角 β 成比例的电信号。测量该电压信号即可得出飞行器绕着某一机体轴转动的角速度。

b) 液浮陀螺仪

常规陀螺仪的滚珠轴承存在摩擦力矩，对仪表灵敏度影响很大。为了减小框架轴上支承的摩擦力矩，采用液体将内环浮起来的办法，减小摩擦力，提高陀螺仪的精度，以满足惯性导航和惯性制导对陀螺仪精度的要求，这种陀螺仪即为液浮陀螺仪。液浮陀螺仪的基本结构如图 3-31 所示。将内环做成密封的浮筒，放在密封的壳体中，浮筒一端通过轴支承在壳体上，另一端固连在壳体上。轴的一端做成变面积断面，成为弹性扭杆以代替恢复弹簧。轴上装有用于信号输出的微动同步器定子，转子固定在壳体上。壳体和浮筒之间充入甲基硅油。液浮陀螺仪的阻尼器由阻尼筒和活塞组成，阻尼器中液体黏度随温度的变化而变化，阻尼筒与活塞采用不同膨胀系数的材料组成，当温度变化时，用活塞的空隙变化来补偿液体黏度的变化。液浮陀螺仪可分为半液浮陀螺仪和全液浮陀螺仪两种。

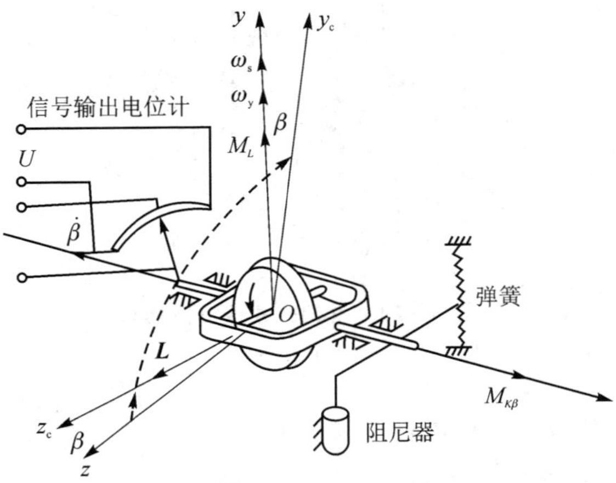

图 3-30 框架式角速度陀螺仪的原理图

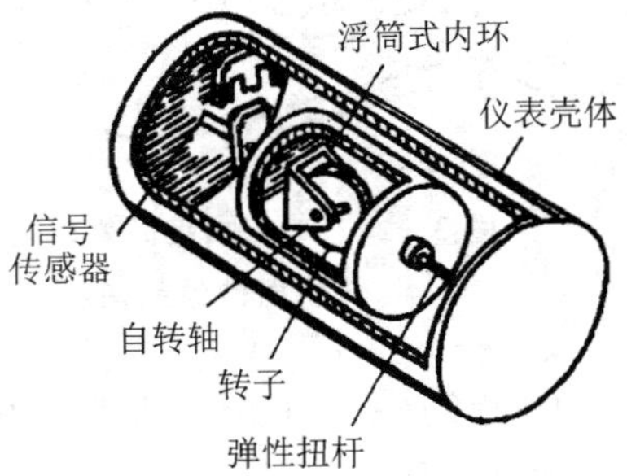

图 3-31 液浮陀螺仪的基本原理结构

所谓半液浮陀螺仪是指浮筒组件的质量大于同体积液体的质量，浮筒组件通过轴承对壳体有压力，还存在摩擦力；所谓全液浮陀螺仪是指浮筒组件质量和同体积液体质量相等，浮筒组件在液体中随遇平衡，浮筒组件轴对壳体没有正压力，因此摩擦力接近于零。目前液浮陀螺仪广泛应用于惯性导航系统。

c) 液浮式速率积分陀螺仪

目前，速率积分陀螺仪多为液浮式结构。液浮式速率积分陀螺仪的构成原理如图 3-32 所示。

液浮式速率积分陀螺仪在单自由度陀螺仪的基础上增设了阻尼器和角度传感器。与速率陀螺仪相比，它缺少了弹性元件，在动力学中阻尼力矩起主要作用。

速率积分陀螺仪主要由单自由度陀螺仪、阻尼器、力矩器、温控装置和角度传感器等部分组成。

单自由度陀螺仪由陀螺电机和内框组成。陀螺电机多采用磁滞电机，内框做成浮筒形式，浮筒组合件悬浮在密度、黏度都较大的氟油中。当满足了中性浮动条件时，内框轴上的支撑不承受负荷，而仅起着定中心的作用。

温控装置用于保持氟油在一定的高温条件下工作，这一点与液浮速率陀螺仪所不同。液浮式速率积分陀螺仪具有很高的灵敏度，一般用作陀螺稳定平台的敏感元件。

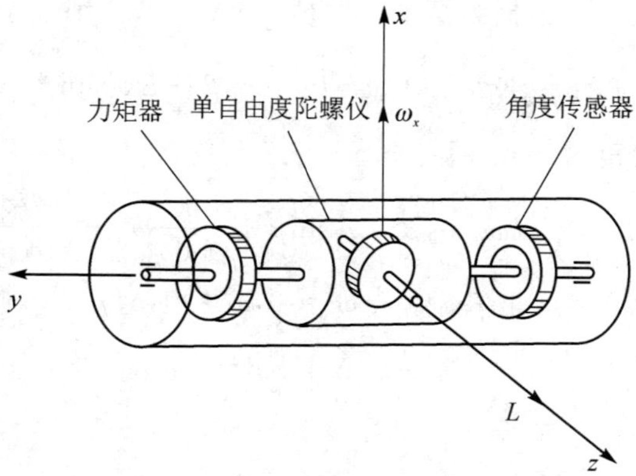

图 3-32　液浮式速率积分陀螺仪的构成原理

3）单自由度陀螺仪的运动方程

采用"动静法"来建立单自由度陀螺仪的微分方程，如图 3-33 所示，Oxy 为基座坐标系，Oxy_cz_c 为内环坐标系。对单自由度陀螺仪而言，其输入为基座（即壳体）相对惯性空间的转动，而输出为陀螺仪绕框架轴相对基座的转角。因此，所关心的是陀螺仪绕框架轴相对基座的运动情况，亦即坐标系 Oxy_cz_c 相对基座坐标系（或壳体坐标系）$Oxyz$ 的运动情况。

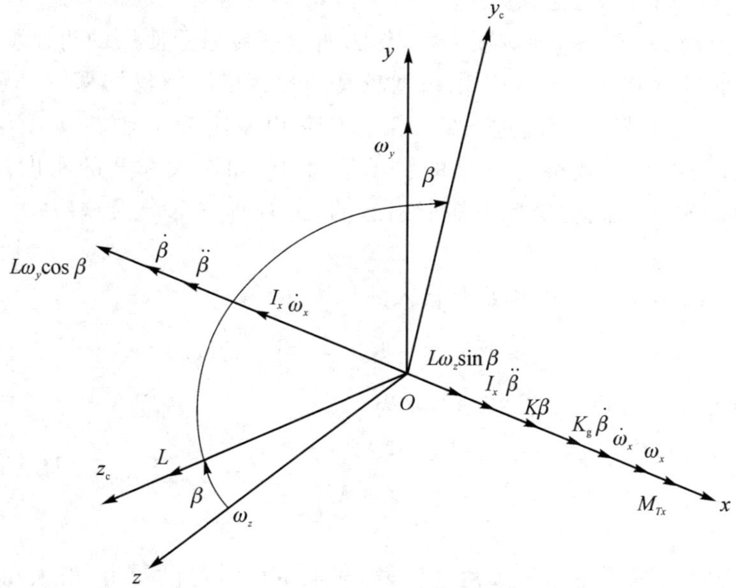

图 3-33　角速度陀螺仪输出轴上的力矩

假设陀螺仪绕框架轴相对基座转动的角加速度、角速度和转角分别为 $\ddot{\beta}$，$\dot{\beta}$，β。又设基座绕基座坐标系各轴相对惯性空间转动的角加速度分别为 $\dot{\omega}_x$，$\dot{\omega}_y$，$\dot{\omega}_z$，角速度分别为 ω_x，ω_y，ω_z。J_x 为陀螺仪绕框架轴 Ox 转动的转动惯量。

当基座沿测量轴 Oy 有转速 ω_y 时，陀螺绕 Ox 轴进动，出现 $\ddot{\beta}$，$\dot{\beta}$，同时在 Ox 轴正向出现弹簧力矩 $M_{K\beta}=K\beta$、阻尼力矩 $M_C=K_g\dot{\beta}$（K_g 为阻尼系数）、摩擦力矩 M_{Tx} 和惯性力矩 $J_x\ddot{\beta}$。由于出现了角 β，基座这时还有相对于惯性空间的角速度 ω_y 和 ω_z，沿 Ox 轴将形成陀螺力矩

的分量 $L\omega_y\cos\beta$ 和 $L\omega_z\sin\beta$。根据力矩平衡原理 $\sum M_x=0$，则

$$J_x\ddot{\beta}+K_g\dot{\beta}+K\beta+M_{Tx}=L\omega_y\cos\beta-L\omega_z\sin\beta+J_x\dot{\omega}_x \tag{3-56}$$

稳定时 $\dot{\beta}=\ddot{\beta}=0$，则稳态角为

$$\beta^*=\frac{L}{K}(\omega_y\cos\beta-\omega_z\sin\beta)+\frac{J_x}{K}\dot{\omega}_x-\frac{M_{Tx}}{K} \tag{3-57}$$

理想情况下 β 很小，设 $\cos\beta\approx1,\sin\beta\approx0$，若 $\dot{\omega}_x=0,\omega_z=0,M_{Tx}\approx0$，则式(3-56)简化为

$$J_x\ddot{\beta}+K_g\dot{\beta}+K\beta=L\omega_y \tag{3-58}$$

稳定时 $\dot{\beta}=\ddot{\beta}=0$，则理想稳态角为

$$\beta=L\omega_y/K=K_1\omega_y \tag{3-59}$$

式中，$K_1=L/K$ 为常数，称为速率陀螺仪的灵敏度或静态传递系数。用式(3-57)减式(3-59)可得误差角

$$\begin{aligned}\Delta\beta=\beta^*-\beta&=\frac{L}{K}(\omega_y\cos\beta-\omega_z\sin\beta)+\frac{J_x}{K}\dot{\omega}_x-\frac{M_{Tx}}{K}-\frac{L\omega_y}{K}\\&=-K_1\omega_y\left(1-\cos\beta+\frac{\omega_z}{\omega_y}\sin\beta\right)+\frac{J_x}{K}\dot{\omega}_x-\frac{M_{Tx}}{K}\end{aligned} \tag{3-60}$$

由式(3-60)可以看出，静态误差分为三部分：第一项所对应的部分是由陀螺仪相对基座出现的转角 β 造成的，若 $\beta=0$，则该项为零，作为角速度传感器使用的角速度陀螺仪，其信号转换器输出的电信号对应于转角 β，所以精度较高的角速度陀螺仪均采用灵敏度较高的角位移传感器(微动同步器)，转角不超过 $\pm3°$。第二项是由基座绕 x 轴转动时有角加速度形成的，要减小这部分误差则要减小沿 x 轴的转动惯量 J_x 和增大弹簧的刚度。第三项是由 x 轴上的不平衡力矩和支承间的摩擦力矩所引起的，为减小这部分误差应增大弹簧刚度和设法减小摩擦。

若 $\cos\beta\approx1,\sin\beta\approx0,\dot{\omega}_x=0$，则将其代入式(3-56)得

$$J_x\ddot{\beta}+K_g\dot{\beta}+K\beta=L\omega_y-M_{Tx} \tag{3-61}$$

考虑初始状态，即 $\ddot{\beta}=0,\dot{\beta}=0$，式(3-61)变为

$$L\omega_y=M_{Tx}=0$$

即有

$$\omega_{y\min}=\frac{M_{Tx}}{L} \tag{3-62}$$

式中，$\omega_{y\min}$ 为角速度陀螺可测的最小角速度，即非灵敏区。可以看出，增大角动量、减小摩擦可提高灵敏度。由此相继出现了液浮陀螺仪和挠性陀螺仪等新型陀螺仪。

4) 单自由度陀螺的动态特性

将式(3-58)写成形式

$$\ddot{\beta}+\frac{K_g}{J_x}\dot{\beta}+\frac{K}{J_x}\beta=\frac{L}{J_x}\omega_y \tag{3-63}$$

将式(3-63)进行拉氏变换，并写成传递函数形式，即

$$W(s)=\frac{\beta(s)}{\omega_y(s)}=\frac{K_1\omega_0^2}{s^2+2\xi\omega_0s+\omega_0^2} \tag{3-64}$$

式中，$\omega_0=\sqrt{\dfrac{K}{J_x}}$为固有频率；$\xi=\dfrac{K_g}{2\sqrt{J_xK}}$为相对阻尼系数；$K_1=\dfrac{L}{K}$为静态传递系数。

若信号输出传感器输出电压与内环绕轴 x 的转角成正比，则

$$\beta(s)=\frac{U(s)}{K_\beta} \tag{3-65}$$

将式(3-65)代入式(3-64)，得

$$\frac{U(s)}{\omega_y(s)}=\frac{K_1K_\beta\omega_0^2}{s^2+2\xi\omega_0 s+\omega_0^2} \tag{3-66}$$

静特性为

$$\frac{U}{\omega_y}=K_1K_\beta \tag{3-67}$$

$$U=K_1K_\beta\omega_y=\frac{L}{K}K_\beta\omega_y \tag{3-68}$$

由式(3-66)可知，角速度陀螺仪是典型的二阶系统，其动特性取决于 ξ 和 ω_0，静特性取决于 L，K，K_β。当陀螺一定时，K 和 K_β 为常数，则输出的角速度信号是线性的。

(3) 现代陀螺仪

现代陀螺仪是指其工作原理不同于基于角动量原理的陀螺仪，而是基于哥氏效应或萨格纳克(Sagnac)效应工作的一类陀螺仪。

这类陀螺仪包括哥氏振动陀螺仪、激光陀螺和光纤陀螺等，以下主要介绍激光陀螺和光纤陀螺。

1) 激光陀螺

激光陀螺是一种应用激光技术测量物体相对于惯性空间的转动角速度的新型陀螺仪。它没有机械转子，是一个光学器件，由于具有陀螺测量角速度的功能，所以仍称其为陀螺。

激光陀螺具有很多优点，诸如结构简单，没有活动的机械转子，不存在摩擦，也不受重力加速度的影响；角速度测量范围宽，测量精度高，启动快；工作可靠、寿命长等。更重要的是激光陀螺直接提供数字信号，适应于信息数字化与综合化的方向。

a) 光学原理测量物体转动角速度

激光技术出现之前，人们已利用光学原理测量物体相对于惯性坐标系的转动角速度，这就是萨格纳克(Sagnac)干涉仪，如图 3-34 所示。

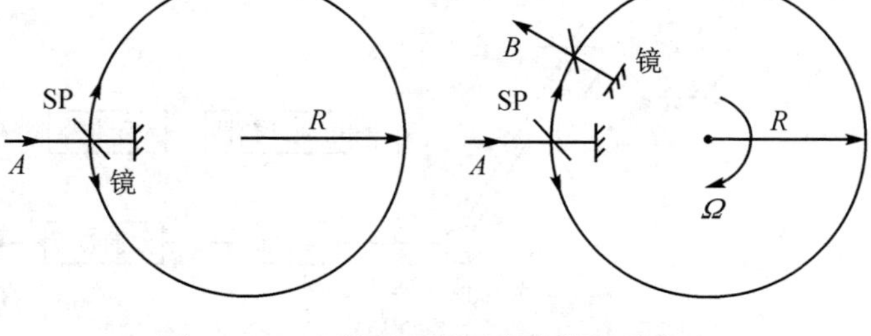

图 3-34　光学原理测量物体的相对转速

外部光源从 A 点入射，并被半透半反镜 SP 分成两束。设法使反射光沿半径为 R 的圆形路径逆时针传播，透射光沿相同路径顺时针传播。经过一周后，两束相反方向传播的光在 SP

处会合。当干涉仪不转动时,两束光传播一周的时间相等;当干涉仪以角速度 Ω 相对于惯性坐标系顺时针转动时,对于随干涉仪一起转动的反射镜来说,对称性将被破坏,顺、逆光的光程产生差异。两束光传播一周的时间不等,因为在这一段时间内半透半反镜已从 A 点移到了 B 点,顺时针传播的光束再次到达该镜时,多走了 $\overset{\frown}{AB}$ 路程,所需时间增加,逆时针传播的光束路程减少,所需时间减少,从而出现时间差 Δt 和光程差 Δl。可以证明光程差与干涉仪转速成正比,即

$$\Delta l = \frac{4S}{kc}\Omega \tag{3-69}$$

式中,c 为光的传播速度;S 为环形所包围的圆面积。

式(3-69)说明,两束光的光程差与干涉仪相对于惯性坐标系的转动角速度成正比,只要测出光程差,即可得到转动角速度 Ω。

b) 有源谐振腔式激光陀螺的结构与工作原理

激光陀螺可以分为两类。一类为干涉式激光陀螺。它是在环形干涉仪的基础上发展起来的,直接继承了干涉仪的理论,通过测量正、反两束光的光程差得到基座相对惯性坐标系的角速度。另一类为谐振腔式激光陀螺,即将光路设计成闭合的谐振腔,做成激光振荡器,使正、反光束在谐振状态下工作,通过测量其频差(或拍频)来求得基座角速度。谐振腔式激光陀螺又可分为有源和无源两种。激光源在谐振腔之外称为无源谐振腔或外腔式激光陀螺;激光源在谐振腔内则称为有源谐振腔或内腔式激光陀螺。在此主要介绍有源谐振腔式激光陀螺的结构组成和基本工作原理。

图3-35为激光陀螺的基本组成部分。该激光陀螺主要由传感器和测量电路两部分组成。传感器部分包括谐振腔。环形谐振腔可有多种形状。图3-35所示为三角形谐振腔,主要由激光管及供电电源、两个具有高反射率的多层介质反射镜、一个半透半反镜和合光棱镜组成。测量电路部分由光电检测器、频率计、可逆计数器和显示装置等组成。

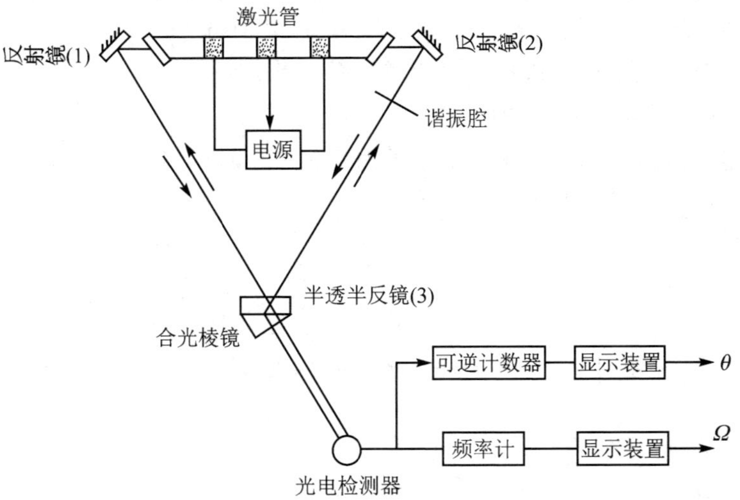

图3-35　激光陀螺的基本组成

传感器中的激光器是用来产生激光的器件,激光管内充有氦、氖气体做活性物质。当在激光管的阳极和阴极加有直流高压时,在强电场作用下活性物质被激发而产生激光。激光陀螺

中的全反射镜是一种高反射率的多层介质膜片，几乎可做到全反射。图 3－35 中的半透半反镜允许有少量的光透过，反射系数要求较全反射的略低一些。合光棱镜是将两束不同方向传播的光混合到一起的光学元件。测量电路中的光电检测器采用光电二极管或光电三极管将光信号变为电信号输出；频率计、可逆计数器和显示装置用来记录、处理和显示光电元件的信号。

激光陀螺用来测量飞行器的转动角速度，经过数据处理也可得出角位移信号。

环形谐振腔中，光路是由三个反射镜组成的闭合回路。激光管中沿光轴传播的光子通过闭合回路从另一端反射回来。由此在腔内就会形成沿环路传播但转向相反（顺时针方向和逆时针方向）的两束光。对于每一束光来说，只有那些绕一圈回到原处时，相位差恰好为 2π 整数倍的光子所诱发的次代光子才与第一代光子同相位，因而逐代叠加后使光强的增益大大增加而产生激光；反之，那些各圈相位不同的光子叠加中则难免相互抵消，损失很大，最终超不过损耗而被淘汰掉。所以在谐振腔中产生方向相反并以同一频率沿环路传播的两束激光。

激光陀螺静止时，在谐振腔中激光沿环路传播一周的振荡频率为

$$\nu = q\frac{c}{l} \tag{3-70}$$

式中，q 为常值系数；c 为光速；l 为激光沿环路传播一周的光程。

两束光反向传播，光程相等，振荡频率相等，即 $\nu_1 = \nu_2$，频差 $\Delta\nu = 0$。

当激光陀螺即谐振腔在环形平面内以角速度 Ω 转动时，两相反方向传播的激光的光程不等，振荡频率分别为

$$\nu_1 = q\frac{c}{l_1} \tag{3-71}$$

$$\nu_2 = q\frac{c}{l_2} \tag{3-72}$$

式中，l_1、l_2 分别为正、反向激光沿环路传播一周的光程。

则两束激光的频率差为

$$\Delta\nu = |\nu_1 - \nu_2| = qc\frac{\Delta l}{l_1 l_2} \tag{3-73}$$

式中，$\Delta l = l_1 - l_2$，Δl 为两激光束在谐振腔中传播一周的光程差，$l_1 = l + \frac{\Delta l}{2}$，$l_2 = l - \frac{\Delta l}{2}$。

将式(3－73)两边除以 ν，再将式(3－70)及 l_1、l_2 代入其中，得

$$\frac{\Delta\nu}{\nu} = l\frac{\Delta l}{l^2 - \frac{(\Delta l)^2}{4}} \tag{3-74}$$

由于 $l^2 \gg \frac{(\Delta l)^2}{4}$，所以式(3－74)简化为

$$\frac{\Delta\nu}{\nu} = \frac{\Delta l}{l} \tag{3-75}$$

因为 $\Delta l = \frac{4S}{kc}\Omega = \frac{4S}{k\nu\lambda}\Omega$，代入式(3－75)，得

$$\Delta\nu = \frac{4S}{l\lambda k}\Omega = K\Omega \tag{3-76}$$

式中,$K=\frac{4S}{l\lambda k}$为激光陀螺灵敏度;S为环形谐振腔所包围的面积;k为常系数;λ为激光波长;Ω为陀螺所测转动角速度。

由此可知,激光陀螺将测量飞行器(物体)的转动角速度归结为测量谐振频率的频差,大大地提高了测量的灵敏度。

测出频差即可算出角速度,对于有源谐振腔,频差就是两束激光之间的拍频。对式(3-76)两边积分得到拍频振荡周期N,它与转角θ成正比,即

$$N=\int_0^t \Delta\nu \mathrm{d}t=\int_0^t K\Omega \mathrm{d}t=K\theta \tag{3-77}$$

通过测量电路将每个振荡周期都变为输出脉冲,通过检测N即可得到角度θ。

2) 光纤陀螺

光纤陀螺是继激光陀螺之后迅速发展起来的一种新陀螺。光纤陀螺自1976年被提出以来,至今已在很多领域获得了很好的应用。与激光陀螺原理一样,光纤陀螺的基本原理仍然是Sagnac效应;所不同的是,它采用光导纤维缠绕成的一个光路来代替石英玻璃上加工出的三角形谐振腔。

与激光陀螺相比,光纤陀螺结构简单,成本低,可靠性高并易于小型化。

3. 陀螺仪的应用

(1) 单自由度陀螺仪的应用

1) 角速度的测量

单自由度速率陀螺仪用来测量飞行器绕各机体轴转动的角速度,可作为指示仪表,例如显示飞行器转弯速度的转弯仪;也可作为角速度传感器,输出与角速度成比例的电信号。

转弯仪是一种单自由度速率陀螺仪。它用来指示飞行器转弯(或盘旋)的方向。在飞行器自动驾驶仪中常引入机体轴角速度信号,速率陀螺仪可提供飞行控制系统中的微分信号,提高系统阻尼,改善系统的动态性能。

2) 稳定陀螺平台的敏感元件

随着惯性导航和惯性制导系统的迅速发展及其在各种飞机、导弹和舰船上的大量应用,作为平台式惯性导航系统核心部件陀螺稳定平台敏感元件的角速率陀螺也得到广泛的应用。

图3-36所示为单轴陀螺稳定平台。单轴陀螺稳定平台由平台、速率积分陀螺仪、放大器、伺服电机、减速器等组成。在单自由度陀螺仪的基础上增设阻尼器和角度传感器,取消弹性元件便构成速率积分陀螺仪。实际的速率积分陀螺仪多为液浮结构。由于液浮式速率积分陀螺仪具有很高的灵敏度,所以陀螺稳定平台一般多采用液浮式速率积分陀螺仪作为敏感元件,与平台的电子线路、伺服电机等组成闭合回路,以较高的精度使平台稳定在空间方位。

速率积分陀螺仪的输入轴与平台轴(或称稳定轴)重合或平行安装,伺服电机经减速器可带动平台绕其轴转动。当平台受到某种干扰力矩绕平台轴转动或平台偏离原来的空间方位时,速率积分陀螺仪将感受这个转动并绕内框轴转动,出现转角β;角度传感器输出与该角成比例的电压信号,信号经放大器放大、变换后控制伺服电机;伺服电机产生转矩并经减速器传递到平台上,转矩将克服平台上的干扰力矩,而使平台绕着平台轴相对于惯性空间保持方位稳定,使平台恢复到初始方位。

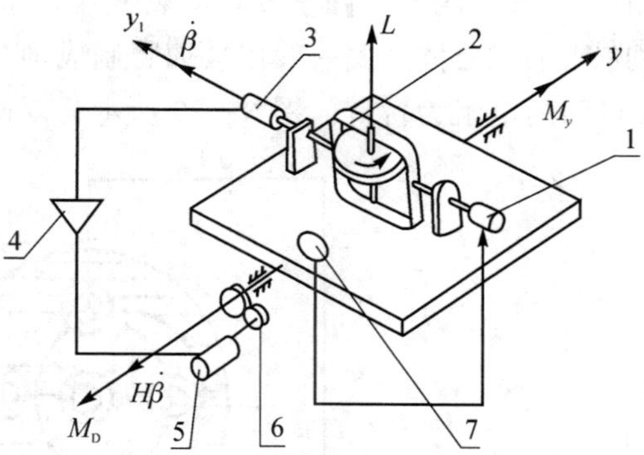

1—力矩器；2—陀螺；3—传感器；4—放大器；5—稳定电机；6—减速器；7—加速度计

图 3-36 单轴陀螺稳定平台

(2) 二自由度陀螺仪的应用

垂直陀螺仪(航空地平仪)是测量(指示)飞行器俯仰角和滚转角的装置。垂直陀螺仪作为飞行控制系统的敏感元件输出与姿态角成比例的电信号，为飞行自动控制系统或其他机载特种设备提供姿态信息。航空地平仪测量飞行器的姿态角，并作为指示仪表给飞行员提供姿态指示。二者的应用不同，但基本的工作原理相同。

图 3-37 所示为垂直陀螺仪的原理结构，内环和外环称为万向支架，陀螺转子安装在万向支架内，转子轴向上，内环下面装有液体开关，在 x，y 轴上分别装有力矩电机Ⅱ，Ⅰ。

要准确地测量飞行器的俯仰角和滚转角，首先要将陀螺仪正确地安装在飞行器上。采用纵向安置方式，如图 3-37 所示，将陀螺仪的外环轴平行于飞行器的纵轴，转子轴(L 方向)与地垂线重合，方向向上。

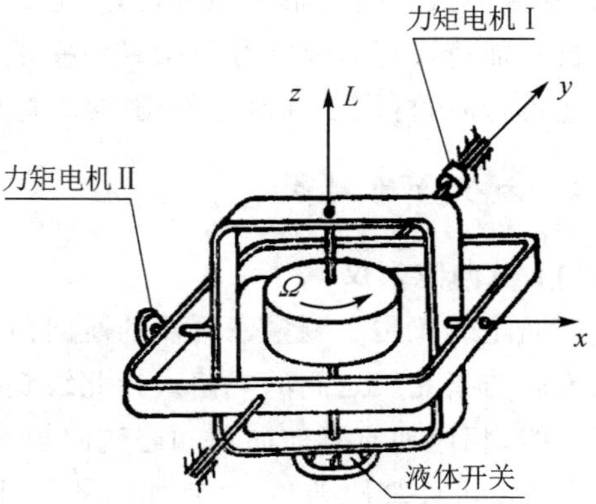

图 3-37 垂直陀螺仪的原理结构

当飞行器俯仰运动时，陀螺仪的表壳和外框跟随机体一起转动。由于陀螺仪具有定轴性，所以内环绕内环轴保持稳定，外环绕内环转过的角度就等于飞行器绕横向水平轴转动的角度，即飞行器的俯仰角。垂直陀螺仪的机电转换元件电位计安装在外环上，电刷安装在内环轴上，因此反映外环与内环相对运动的电位计和电刷即可输出与俯仰角成比例的电信号。当飞行器倾斜运动时，陀螺仪的表壳跟随机体一起转动。同样，由于陀螺仪的定轴性，外环绕外环轴保持稳定，表壳绕外环轴转过的角度就等于飞行器绕纵轴转动的角度，即飞行器的倾斜角。由于电位计安装在壳体上，电刷安装在外环轴上，所以反映壳体与外环相对运动的电位计和电刷即可输出与倾斜角成比例的电信号。

为了准确测量飞行姿态，必须保证测量基准的准确。即要始终保持陀螺转子轴与地垂线的重合，这样与该垂线相垂直的平面即为所需要的地平面基准。由于陀螺的表观现象和各种干扰力矩所引起的进动漂移会使最初的地垂线基准倾斜，所以必须对这些偏差进行修正。对陀螺转子轴的修正是由修正装置来完成的。修正装置由液体开关和力矩电机组成。液体开关是一个单摆,构造如图 3-38 所示。液体开关一般用玻璃管制成,它与力矩电机两相绕组接成电桥,相应的极点与中间极点间的电阻为桥臂。图 3-39 所示为双向液体开关原理结构图。

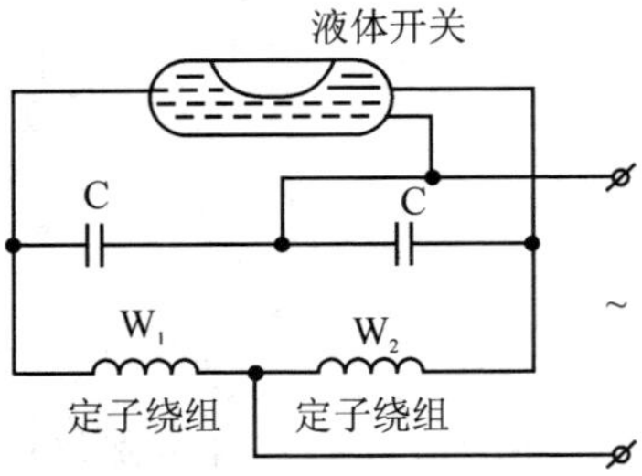

图 3-38 液体开关

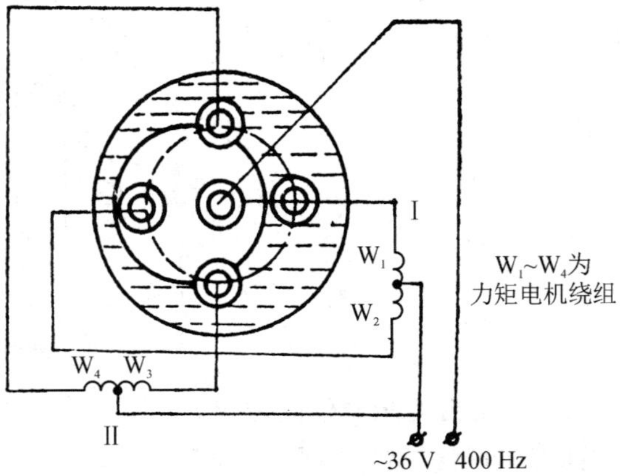

图 3-39 双向液体开关

由于液体开关是一个单摆,所以在飞行器加速飞行或盘旋飞行时,受惯性加速度和离心加速度的影响力矩电机会产生错误修正力矩。设飞行器的加速度为 a,当 $a=0$ 时,液体开关的水泡在中间位置,水泡两极点间电阻平衡;当 $a\neq0$,即飞行器加速飞行时,水泡朝加速度方向移动,水泡两极点间电阻不相等,力矩电机就会产生错误修正力矩。为了避免上述错误修正,在飞行器加速飞行时要断开陀螺纵向修正,飞行器盘旋时要断开陀螺横向修正。当飞行器恢复等速飞行时,再恢复其修正作用,可使陀螺保持跟踪地垂线。

4. 方位角的测量

(1) 航向陀螺仪

航向陀螺仪用于测量飞行器的航向角。如图 3-40 所示,航向角是飞行器纵轴在水平面上的投影与指北线之间的夹角。指北线是指沿子午线并指北的线。子午线包括地理子午线和磁子午线,相应地有真航向角和磁航向角,两个航向角之间的差角称为磁差角。根据当地经度 λ 和纬度 ϕ 可计算磁差角,对其加以补偿,即可得真航向角。

航向陀螺仪是自动驾驶仪的一个主要部件,其原理结构如图 3-41 所示。航向陀螺仪由二自由度陀螺仪、水平修正装置和方位修正装置和信号传感器等部分组成。

二自由度陀螺仪的外环轴垂直安装,自转轴调整到指北线方向。当飞行器改变航向时,自转轴仍然稳定在指北线方向,即外环绕外环轴仍然保持稳定。根据仪表壳体与外环之间的相对位置,便可测量出飞行器的航向角。但是,由于陀螺漂移、地球自转和飞行速度等因素的影响,自转轴不能长时间地稳定在指北线方向。一方面,自转轴将绕内环轴逐渐偏离水平面,从而造成自转轴与外环轴不能保持垂直关系。另一方面,自转轴将绕外环轴逐渐偏离子午面,从而造成航向角的测量误差。

可见,利用二自由度陀螺仪来测量飞行器的航向,必须增加两种修正,即水平修正和方位修正。

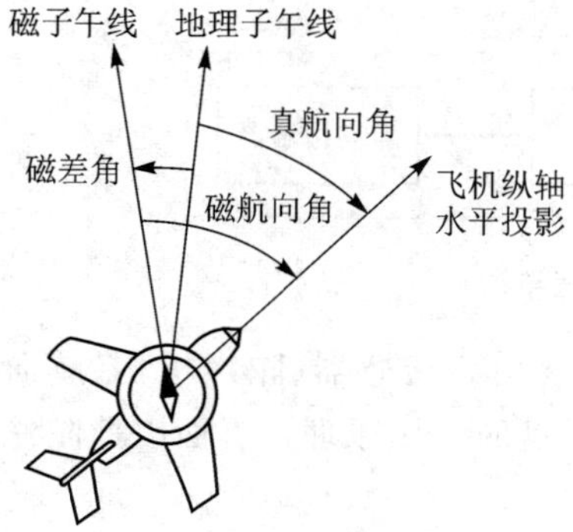

图 3-40　飞行器的航向角

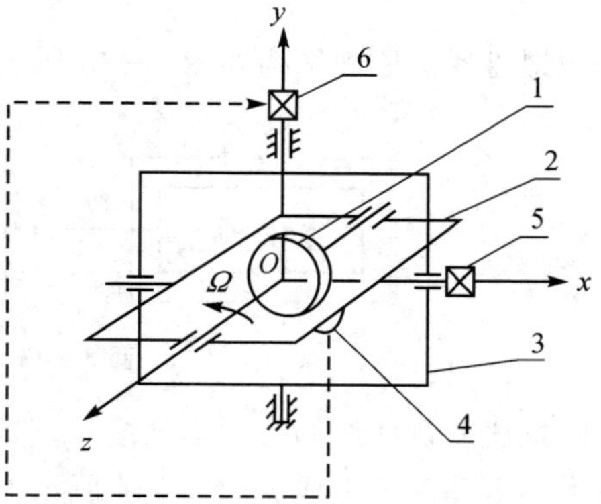

1—陀螺转子；2—内环；3—外环；4—水平修正液体开关；
5—方位修正力距电机；6—水平修正力距电机

图 3-41　航向陀螺仪的原理

水平修正装置用来保持自转轴水平并以此来保持自转轴与外环轴的垂直关系。

如图 3-42 所示，修正装置由液体开关与力矩电机组成。液体开关安装在内环上，通过电路与外环轴上的力矩电机相连。当自转轴处于水平位置时，液体开关中的气泡处于中间位置，均等地盖住上面的两个电极。这时从中心电极到上部两个电极的电阻相等，通过力矩电机两个控制绕组的电流大小相等，方向相反，无修正力矩产生。

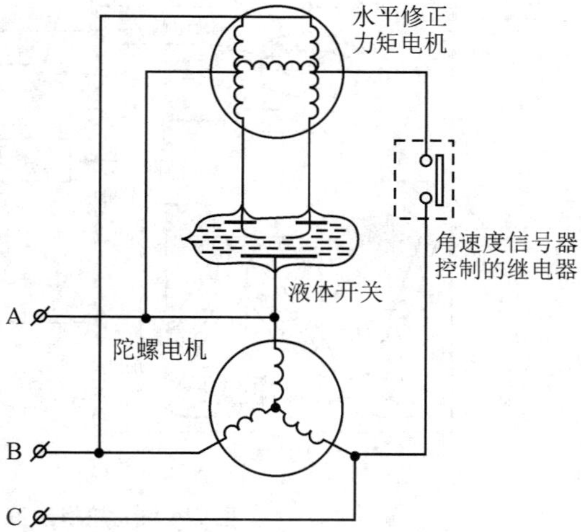

图 3-42　航向陀螺仪水平修正电路原理

当自转轴偏离水平位置时，液体开关随之倾斜，气泡偏离中间位置，其上部的一个电极被气泡盖住的面积增大，另一个电极导电液浸没的面积增大。这时从中心电极到上部两个电极的电阻不等，通过力矩电机两个控制绕组的电流也不相等，因此力矩电机产生修正力矩并作用在外环上，使自转轴绕内环轴进动而恢复到水平状态。方位修正装置由内环轴向的力矩电机和控制盒中的两个电位机组成。纬度修正电位计和平衡校正电位计组成一个电桥，纬度修正电位计给出地球自转误差信号，平衡校正电位计给出常值漂移误差补偿信号。力矩电机根据电桥的控制信号产生相应的方位修正力矩并作用在内环上，使陀螺仪进动，从而提高了航向陀螺仪的方位误差精度。

航向陀螺仪不具有自动指北的特性，故称为陀螺半罗盘。

(2) 陀螺磁罗盘

飞行器上所用的磁罗盘能独立测量飞行器的航向，但稳定性差；陀螺半罗盘稳定性好，但不能独立测量飞行器航向。将二者结合起来，就制成了一种既能独立测量航向，又具有良好稳定性和较高灵敏度的航向仪表，即为陀螺磁罗盘。陀螺磁罗盘是飞行器上广泛应用的一种仪表。

陀螺磁罗盘原理结构如图3-43所示。

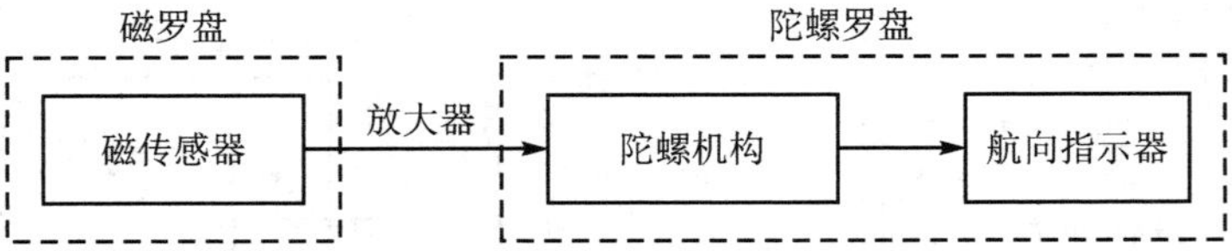

图3-43 陀螺磁罗盘原理结构

陀螺磁罗盘的结构形式多种多样,但从结构上讲主要由磁传感器、陀螺机构、航向指示器和放大器等几部分组成。图3-44所示为一种陀螺磁罗盘的工作原理。下面以此陀螺磁罗盘为例介绍其工作原理。

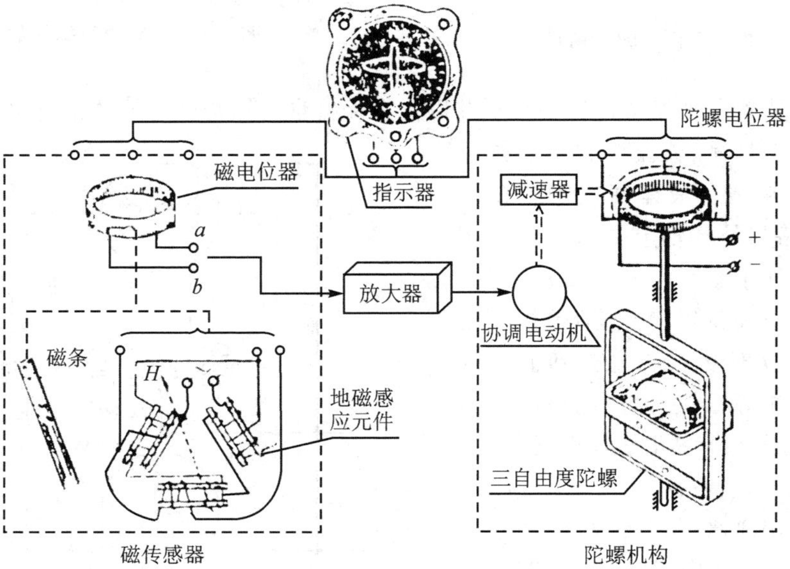

图3-44 陀螺磁罗盘的基本工作原理

图3-44中,磁传感器包括地磁感应元件和磁电位器。地磁感应元件用来测量磁航向,磁电位器则用来复现磁航向信息。磁电位器由环形电阻和一对电刷组成。环形电阻上有三个互隔120°的固定抽头,分别与指示器和陀螺电位器的三个电刷连接,磁电位器的磁航向由电阻与电刷之间的相对位置确定。

陀螺机构为一航向陀螺仪,其外环轴上固定一个环形电阻,该环形电阻与三个电刷组成陀螺电位器,环形电阻的直径两端处接有电源。

陀螺电位器的三个抽头与磁传感器中环形电阻相隔120°的三个固定抽头相连接,组成一个伺服同步装置。当磁电位器所反映的磁航向角与陀螺电位器反映的航向基准不一致、出现失调角,即产生失调电压时,磁电位器的一对电刷a与b端就会输出失调电压。该失调电压经放大器放大后,驱动协调电动机经减速器带动陀螺电位器上的电刷转动,直至失调电压为零。这意味着陀螺电位器的航向基准与磁电位器的磁航向同步。

由图3-44可见,陀螺电位器还与指示器组成一个伺服同步装置。指示器中有伺服电动机、减速器、伺服电位器(图中未示出)。陀螺电位器在建立磁航向的过程中,通过伺服同步装置的工作,将磁航向信号传递给指示器。指示器的伺服电动机工作,通过减速器转动航向刻度盘,将磁航向基准在刻度盘上反映出来。此时刻度盘上的航向基准线(即 0－180°线)与指示器上代表飞行器纵轴的指标的夹角,即为该罗盘所测飞行器的磁航向。罗盘指示的航向取决于陀螺机构的陀螺电位器所确定的航向。通常指示器上有磁差修正的机械调整装置,将磁差修正值加到磁航向中,指示器则指示真航向。

陀螺磁罗盘既能测量飞行器航向,又可比较准确地指示出飞行器的转弯角速度。飞行器平飞时,利用磁传感器测量飞行器的磁航向,然后通过陀螺机构控制指示器的指针,使其指示出飞行器的磁航向。飞行器转弯时,为防止磁传感器对磁航向的错误修正,监视飞行器的偏航速率,经角速度传感器切除修正信号,使飞行器在改变航向时,航向基准完全由航向陀螺仪来稳定,指示出飞行器的转弯角度。

3.1.3 位置的确定

1. 无线电测高和雷达测高

保证飞行器在整个飞行包线内具有良好的特性是对有着各种功能的飞行控制系统的基本要求。随着飞行器飞行包线的扩大,飞行高度与速度的测量就愈加重要了。测量飞行高度的方法很多,如前所述的根据大气压力(常称静压)随高度升高而减小的规律测量高度的方法、利用飞行器垂直方向加速度且积分测量飞行器高度的方法和无线电测高方法等。

无线电测高和雷达测高是利用无线电波的反射特性测量飞行高度的方法。

电磁波在空中以光速 c(c=299 792 458 m/s≈3×10^8 m/s)传播且碰到地面能够反射。飞行器上装有无线电发射机和接收机,发射天线 A 与接收天线 B 相距为 l,无线电发射机发射无线电波,如图 3－45 所示。

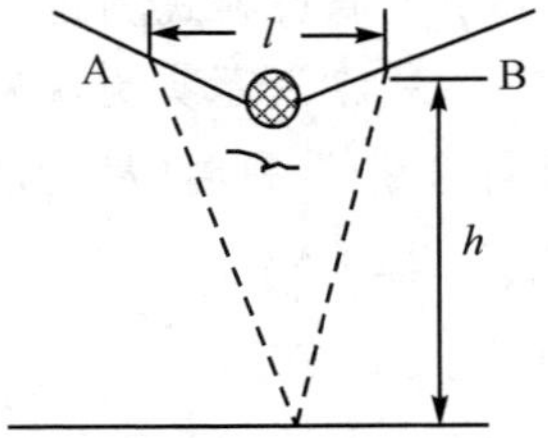

图 3－45　无线电测高原理

所发射的无线电波,一部分由发射天线直接传到接收天线,所需的时间为

$$t_1=\frac{l}{c} \tag{3-78}$$

另一部分无线电波由发射天线发射经地面反射到接收天线,所需的时间为

$$t_2=\sqrt{\frac{4h^2+l^2}{c^2}} \tag{3-79}$$

接收天线接收到上述两个无线电波的时间间隔为

$$\tau=t_2-t_1=\sqrt{\frac{4h^2+l^2}{c^2}}-\frac{l}{c} \tag{3-80}$$

故飞行高度 h 为

$$h=\frac{1}{2}\sqrt{c\tau(c\tau+2l)} \tag{3-81}$$

因为发射天线与接收天线之间距离很小,l 可忽略,所以飞行高度 h 为

$$h = \frac{1}{2}c\tau \tag{3-82}$$

利用无线电波反射特性来测量飞行高度的方法，是将飞行高度测量转换为时间的测量。由于该方法所要求的无线电发射机的功率与所测高度的四次方成正比，因此在飞行器上大多用于测量小高度。它所能测量的最小高度取决于所能测量的最小时间间隔。

2. 无线电测距

无线电测距(即用无线电的方法测量距离)是无线电导航的基本任务之一。无线电测距按其工作原理可分为3种：脉冲测距(也称为时间测距)、相位测距和频率测距。按工作方式可分为带有独立定时器的测距和不带有独立定时器的测距两种。

带有独立定时器的测距器原理如图3-46所示。图中定时器为一个由基准振荡器组成的时间(或相位)标准。测距开始之前，定时器Ⅰ和定时器Ⅱ相互校对好，使其起始时间(或相位)相同。定时器Ⅰ控制发射机的发射时间(或相位)，当信号经过一定的传播时间被接收机接收后，与定时器Ⅱ的时间进行比较，测量出时间差(或相位差)即可确定电波的传播时间 τ，求得距离 R 为

$$R = c \cdot \tau \tag{3-83}$$

式中，c 为光速。

由于这种方式是直接利用发射机辐射的信号，所以工作距离较近，适合于远距离导航参数的计算。

不带有独立定时器的测距器根据目标的特点可分为无源反射式和询问回答式两种。

(1) 无源反射式测距

图3-47所示为无源反射式测距器原理。此定时器兼有控制发射机的起始时间与测量时间间隔的基准时间两种功能。距离计算公式为

$$R = \frac{1}{2}c \cdot \tau \tag{3-84}$$

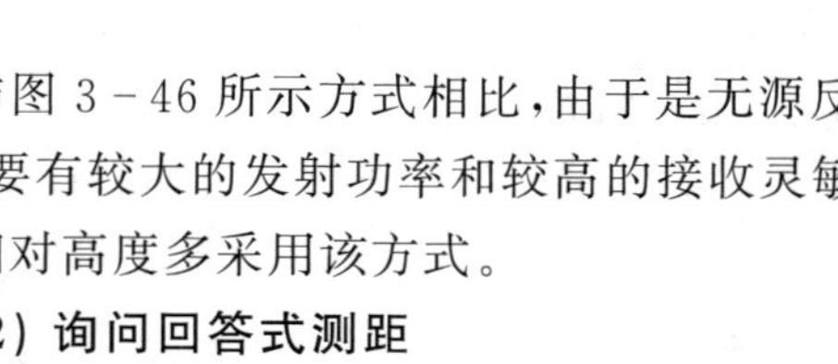

图3-46 带有独立定时器的测距器原理

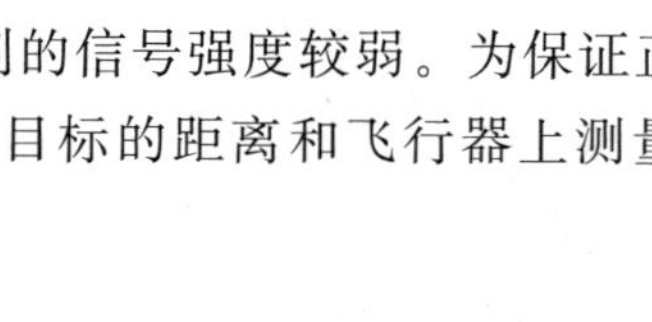

图3-47 无源反射式测距器原理

与图3-46所示方式相比，由于是无源反射，因而接收到的信号强度较弱。为保证正常工作，需要有较大的发射功率和较高的接收灵敏度。雷达测量目标的距离和飞行器上测量距地面的相对高度多采用该方式。

(2) 询问回答式测距

图3-48所示为询问回答式测距器原理。询问回答式测距与无源反射式测距不同之处在于由接收机和发射机组成的回答器代替了原来的无源反射目标；询问器与无源反射式测距器的组成相同。在回答器中有一定的延迟时间 τ_0，所以询问器接收到的信号相对于发射信号的

总的延迟时间为

$$\tau = \frac{2R}{c} + \tau_0 \qquad (3-85)$$

距离计算公式为

$$R = \frac{c}{2}(\tau - \tau_0) \qquad (3-86)$$

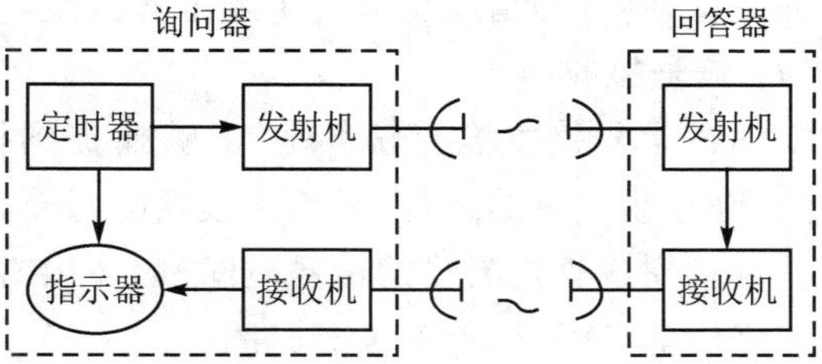

图 3-48　询问回答式测距器原理

3. 卫星定位

卫星定位导航是借助于在预定空间轨道上运行的人造卫星而进行的一种定位导航技术。在卫星定位导航中，用户（飞机、舰船、车辆和人员等）具有全球和近地空间的立体覆盖能力，因此导航卫星能实现全球无线电导航。导航卫星在空间做有规律的运动，它的轨道位置每时每刻都可精确预报。用户接收卫星发来的无线电导航信号，通过时间测距或多普勒测速分别获得用户相对于卫星的距离或距离变化率等导航参数，并根据卫星发送的时间、轨道等参数求出定位瞬间卫星的实时位置坐标，从而定出用户的地理坐标（二维或三维）和速度矢量分量。

导航卫星按导航方法分为多普勒测速导航卫星和时间测距导航卫星。前者提供用户测量导航信号的多普勒频移来求出距离变化，以进行导航定位；后者提供用户测量导航信号的传播时间来求出距离，以进行导航定位。导航卫星根据用户是否需要向卫星发射信号分为主动式导航卫星和被动式导航卫星。

全球定位导航系统作为新一代卫星导航与定位系统，不仅具有全球性、全天候、连续的精密三维导航与定位能力，而且具有良好的抗干扰性和保密性。系统主要包括 3 大部分：空间部分——卫星星座；地面控制部分——地面监控系统；用户设备部分——信号接收机。

(1) 工作卫星及其星座

以全球定位系统（GPS）为例，其由 21 颗工作卫星和 3 颗在轨备用卫星组成 GPS 卫星星座，记作（21＋3）GPS 星座。24 颗卫星均匀分布在 6 个轨道平面内，轨道倾角为 55°，各个轨道平面之间相距 60°。每个轨道平面内各颗卫星之间的升交角距相差 90°。

在 20 000 km 高空的 GPS 卫星，当地球相对恒星来说自转一周时，它们绕地球两周，即地球自转一周的时间为 12 恒星时。这样，对于地面观测者来说，每天将提前 4 min 见到同一颗 GPS 卫星。在用 GPS 信号导航定位时，为了解算测量站的三维坐标，必须观测 4 颗 GPS 卫星，称为定位星座。

(2) 地面监控系统

地面监控系统用来监测和控制卫星上的各种设备是否正常工作以及监测卫星是否一直沿轨道运行。地面监控系统另一重要作用是监测各卫星的时间，求出钟差，然后由地面注入站发给卫星，卫星再由导航电文发给用户设备，保持各卫星采用同一时间标准——GPS 时间系统。

GPS 工作卫星的地面监控系统包括 1 个主控站、3 个注入站和 5 个监测站。

(3) 系统工作状况

GPS 系统的 24 颗卫星每天 24 小时不断地广播信号，每颗卫星的信号均是独特的、可测的。为了利用 GPS 卫星信号，用户需具备 GPS 天线与接收机。天线与接收机的数量取决于测量的类型,测量的精度也取决于测量的类型。

(4) 信号接收机

GPS的信号接收机的任务是:能够捕捉到按一定卫星高度截止角所选择的待测卫星信号,并跟踪这些卫星的运行,对所接收到的GPS信号进行变换、放大和处理,以便测量出GPS信号从卫星到接收机天线的传播时间,解译出GPS卫星所发送的导航电文,实时计算出测量站的三维位置,甚至三维速度和时间。

3.1.4 导航系统

导航(navigation)是引导载体到达目的地的过程。随着应用范围的不同,可有航空导航、航海导航、陆地导航等区分。

以航空导航为例,确定飞行器的位置并引导其按预定航线航行的整套设备(包括飞行器上的设备和地面上的设备)称为飞行器的导航系统。

20世纪20年代开始发展仪表导航。飞机上有了简单的仪表,靠人工计算得出飞机当时的位置。30年代出现无线电导航,首先使用的是中波四航道无线电信标和无线电罗盘。40年代初开始研制超短波的伏尔导航系统。50年代初惯性导航系统用于飞机导航。50年代末出现多普勒导航系统。60年代开始使用远程无线电罗兰C导航系统,并研制出塔康导航系统以及超远程的奥米加导航系统。60年代初出现了卫星导航,70年代以后发展成为全球定位导航系统。在此过程中,为发挥不同导航系统的特点,出现了组合导航系统。

① 伏尔导航系统(vor navigation system)是一种近程导航系统,全称为甚高频全向方位导航系统;

② 多普勒导航系统(doppler navigation system)是利用多普勒效应实现无线电导航的机载系统;

③ 罗兰C导航系统(loran-C navigation system)是一种双曲线无线电导航系统,全称为远程导航系统;

④ 塔康导航系统(tacan navigation system)是一种进程极坐标式无线电导航系统;

⑤ 奥米加导航系统(omega navigation system)是一种超远程双曲线无线电导航系统。

导航设备提供两种工作状态:一种是提供导航信息,飞行员根据提供的信息引导飞机沿规定的航线到达目的地,称这种状态为导航系统工作于指示状态;另一种是通过飞行自动控制系统提供的导航信息,自动控制飞机沿预定的航线飞行,这时飞行员只进行监控,不直接参与飞机的控制,称这种状态为导航系统工作于自动导航状态。本小节仅介绍飞行器上广泛应用的惯性导航。

1. 惯性导航系统

惯性导航系统(Inertial navigation)是重要的机载导航设备。惯性导航是通过测量飞行器的惯性加速度,并自动进行积分运算,以获得飞行器即时速度和即时位置数据的一门综合性技术。组成惯性导航系统的设备都安装在飞行器内,工作时不依赖于外界信息,也不向外界辐射能量,是一种自主式导航系统。

惯性导航的力学基础是牛顿第二定律。牛顿第二定律叙述了物体的加速度、质量和所受作用力三者之间的关系。当用线加速度计测量到飞行器(物体)的运动加速度后,飞行器的即

时速度和即时位置可由下式获得，即

$$a=\frac{\mathrm{d}V}{\mathrm{d}t}=\frac{\mathrm{d}^2S}{\mathrm{d}t^2} \tag{3-87}$$

$$V=V_0+\int_0^t a\,\mathrm{d}t \tag{3-88}$$

$$S=V_0\int_0^t \mathrm{d}t+\frac{1}{2}a\int_0^t\int_0^t \mathrm{d}t^2 \tag{3-89}$$

式中，a 为飞行器的加速度；V 为飞行器的速度；S 为飞行的距离。

若在初始时刻的速度 $V_0=0$，初始位移 $S_0=0$，则有

$$V=\int_0^t a\,\mathrm{d}t \tag{3-90}$$

$$S=\frac{1}{2}a\int_0^t\int_0^t \mathrm{d}t^2 \tag{3-91}$$

无论初始值 V_0 与 S_0 是否为零，应用速度公式(3-90)和位移公式(3-91)均可计算出任何时刻的速度和任何一段时间内飞行器(物体)所飞过的路程。t 代表飞行器(物体)经过的时间，V 是这一时间终了的即时速度，S 是时间终了的即时位移。

假定飞行器在一个平面内飞行，且飞行时间不长，故可以认为地球不转(不计地球转动)。图 3-49 所示的飞行器上有平台，平台始终平行于飞行器所在的水平面。在平台上沿北—南方向放置一个加速度计 A_y，在东—西方向放置一个加速度计 A_x。飞行器起飞地点为直角坐标系的原点。当飞行器起飞后，两个加速度计可以随时测出飞行器沿北—南方向和东—西方向的线加速度，对加速度按式(3-87)积分，可得飞行器沿 x 轴和 y 轴方向的即时速度和即时路程，其积分过程可用图 3-50 方框图表示。图中 x_0，y_0，$\dot{x}_0$，$\dot{y}_0$ 分别为起始位置和速度值。实际飞行中，飞行器惯性系统是以经度和纬度定位的。

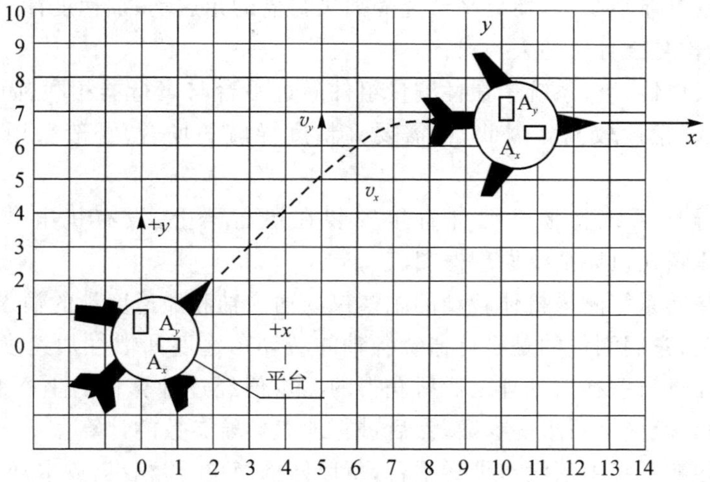

图 3-49　二自由度简化惯性导航系统方块图

为实现上述导航原理，要求在飞行器航向改变时，加速度计 A_y 输入轴始终沿北—南方向，加速度计 A_x 输入轴始终沿东—西方向。为此，图 3-49 中飞行器上的平台应相对于飞行器机体转动。

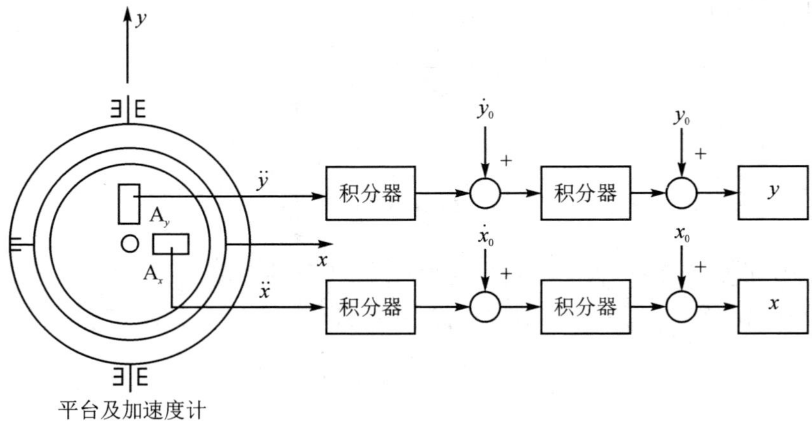

图 3-50 二自由度导航原理

惯性导航系统通常由惯性测量组件、计算机、控制显示器等组成。惯性测量组件包括加速度计和陀螺惯性元件。三个陀螺仪用来测量飞行器沿三轴的转动角运动;三个加速度计用来测量飞行器质心运动的加速度。计算机根据加速度信号进行积分计算,并进行系统的标定和对准,以及进行机内的检测与管理。控制显示器实时显示导航参数。

按惯性测量元件在飞行器上的安装方式,惯性导航系统可分为平台式惯性导航系统和捷联式惯性导航系统。

平台式惯性导航系统是将惯性测量元件安装在惯性平台的台体上,由平台建立导航坐标系,三个正交安装的加速度计输入轴分别与导航坐标系的相应轴向重合,且位于飞行器所在点的水平面内。对三个加速度测量值进行处理和积分计算,便可得到需要的导航参数。飞行器的姿态角可直接利用惯导平台获得。

在平台式惯性导航系统中,惯导平台能隔离飞行器的角震动,加速度计和陀螺仪工作条件好,但惯导平台结构复杂且尺寸大。

由于在平台式惯性导航系统中惯性测量组件通过平台与飞行器相联,因而动态环境对惯性元件影响小,系统精度较高。因此,在需要高精度导航的场合,一般采用平台式惯性导航系统。

捷联式惯性导航系统将惯性元件直接安装在飞行器上,没有机电装置的惯导平台,图 3-51 所示为捷联式惯导系统原理框图。

捷联式惯性导航系统测量机体转动的陀螺仪的输入轴和加速度计的输入轴都置于与机体轴方向一致的位置,它们测量的是飞行器绕各轴的转动角速度和惯性加速度。加速度计和陀螺仪输出的信息经过误差补偿处理之后所获得的测量值经过计算机的坐标变换、姿态矩阵计算等处理,转换为导航坐标系里的参数,然后进行地表导航参数的计算。

捷联式惯性导航系统由于没有惯导平台,所以结构简单、体积小、成本低,但是由于陀螺仪和加速度计直接安装在飞行器上,所以工作条件不佳,因此,对仪表要求较高。

惯性导航系统的优点在于其自主性,但是其定位误差随时间而积累,在系统长时间工作后,会产生积累误差。所以纯惯性导航系统不能满足远程、长时间飞行的导航精度要求。为提高惯性导航系统的精度,可以通过两条技术途径实现:一是提高惯性元件的制造精度,或探索新型惯性元件;二是采用组合导航技术,发展以惯性导航系统为主,辅之其他导航系统,实现互

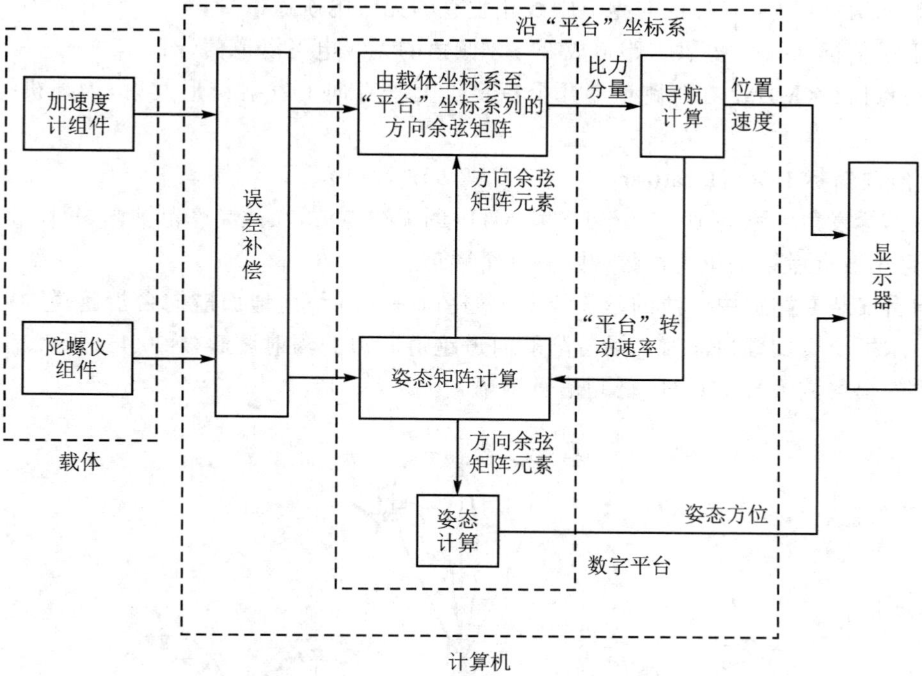

图3-51　捷联式惯性导航系统原理框图

补,提高导航精度。组合导航的形式有多种,其中以全球定位导航系统与惯性导航系统组合、惯性与图像匹配组合是20世纪90年代的新型导航技术。未来的惯性导航系统将向着数字化和智能化的多功能惯性基准系统发展。

2. 仪表着陆系统

着陆是飞行器航行中的一个重要阶段。为了保证飞行器能在夜间或不良气候条件下安全地着陆,必须由无线电导航系统向飞行器提供高精度的仪表指示,指出飞行器与正确的下滑道之间的偏离程度。目前主要使用的着陆用的无线电导航系统为仪表着陆系统和微波着陆系统。在此以民航机场使用的仪表着陆系统(instrument landing system,ILS)为例,介绍仪表着陆系统的基本工作原理。

国际民航组织ICAO按照跑道上的水平能见度(runway visual range,RVR)将气象条件分为三类,各类着陆条件如表3-1所列。

表3-1　各类着陆条件

类　别	水平能见度/m	决断高度DH/m
Ⅰ	800	60
Ⅱ	400	30
$Ⅲ_A$	200	0
$Ⅲ_B$	50	0
$Ⅲ_C$	50以内	0

仪表着陆系统可引导飞机在Ⅰ类或Ⅱ类气象条件下着陆,其地面设备由3部分组成:

① 航向信标(LOC),提供与跑道中线相垂直的无线电航道信号;

② 下滑信标(GS),提供与跑道成2°～3°倾角的无线电下滑道信号;

③ 指点信标(MB),在距跑道端几个特定点上垂直向上发射锥形波束,为飞机提供距离检验。

(1) 航向信标 LOC (localizer)

航向信标发射频率为108.10～11.95 MHz的无线电波,在此频率范围内,每隔59 kHz为一频点,且小数点后第一位为奇数,共为40个频道。

航向台安装在跑道中心线的延长线上。如图3-52所示,地面航向台沿跑道中心线两侧发射两束水平交叉的辐射波瓣。沿着陆航向道跑道左边的辐射波瓣被90 Hz低频信号调幅,跑道右边的辐射波瓣被150 Hz低频信号调幅。

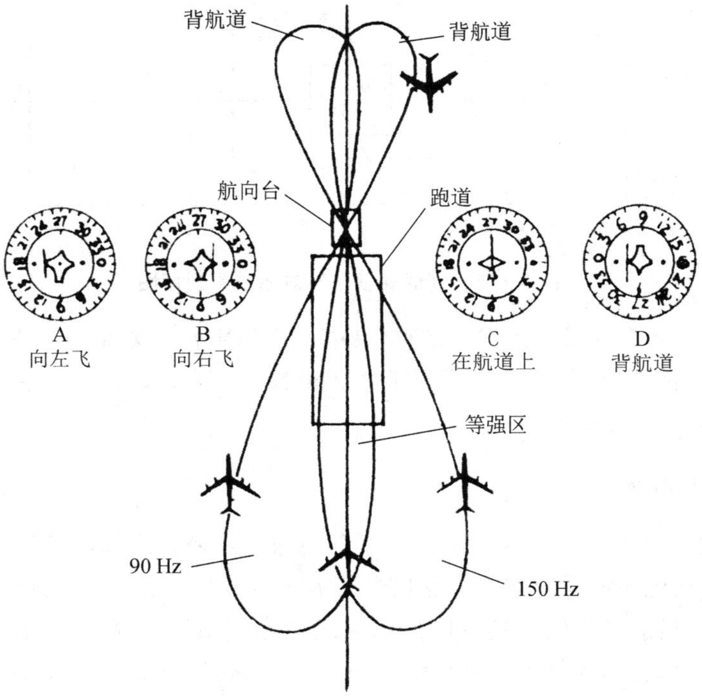

图3-52 航向信标水平面方向性图

当飞机在地面航向道附近时,机上航向接收机收到的信号同时被90 Hz和150 Hz低频信号调幅。当飞机在跑道中心线上飞行时,两者的调制系数相同;当飞机在跑道中心线左侧飞行时,90 Hz信号的调制系数将大于150 Hz信号的调制系数;而当飞机在跑道中心线右侧飞行时,90 Hz信号的调制系数则小于150 Hz信号的调制系数。

(2) 下滑信标 GS(glideslope)

下滑台辐射上下两个交叉波瓣,载频为329.15～335.00 MHz,每隔150 Hz为一频点,共有40个频道,下滑台的各个频道与LOC配对使用。

下滑台上波瓣的甚高频载波被90 Hz低频信号调幅,下波瓣的甚高频载波被150 Hz低频信号调幅。两者的调制系数相等的方向与地面成2°～3°的仰角,与地面成该仰角的平面即为规定的下滑道平面。如图3-53所示,当飞机的下滑角低于下滑道时,下滑接收机接收的

150 Hz 调制系数大于 90 Hz 的调制系数；当飞机的下滑角高于下滑道时，情况则相反。

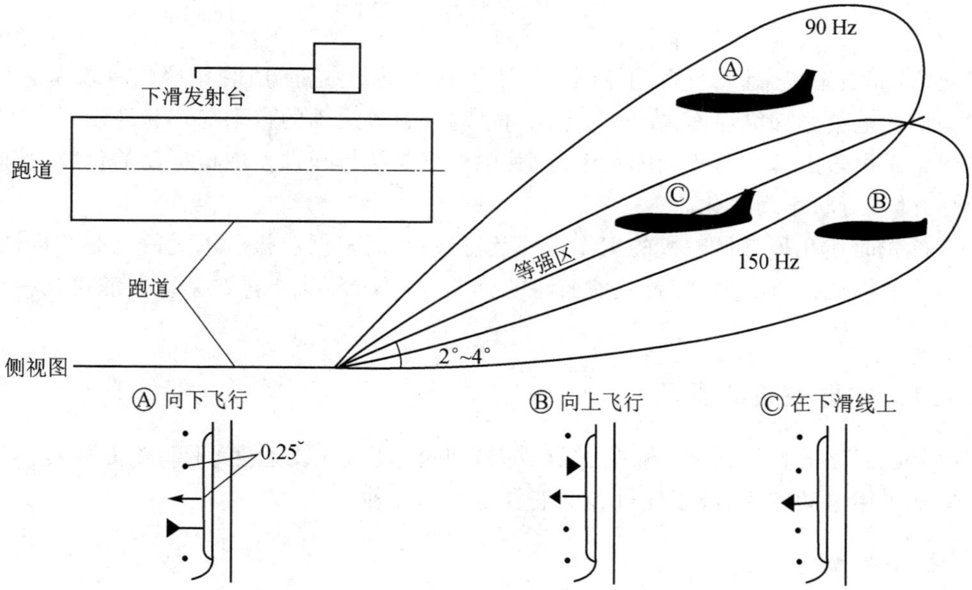

图 3－53　下滑信标垂直面方向性图

3. 指点信标台 MB(marker beacon)

配合仪表着陆系统使用的指点信标架设在进近方向的跑道延长线上，它向上辐射一个锥形波束。只有当飞机飞越其上空时，机上信标接收机才能收到信号，并发出相应的音响和灯光信号，向飞机提供地标位置信息。

民航大中型机场一般设置远、中和近三个指点信标台，如图 3－54 所示。远指点信标台(LOM)设置在距跑道入口端约 7 200 m 处，中指点信标台(MM)设置在距跑道入口端约 1 050 m 处，近指点信标台(INNERM)的位置则根据机场条件确定，一般距跑道入口处 75 m。

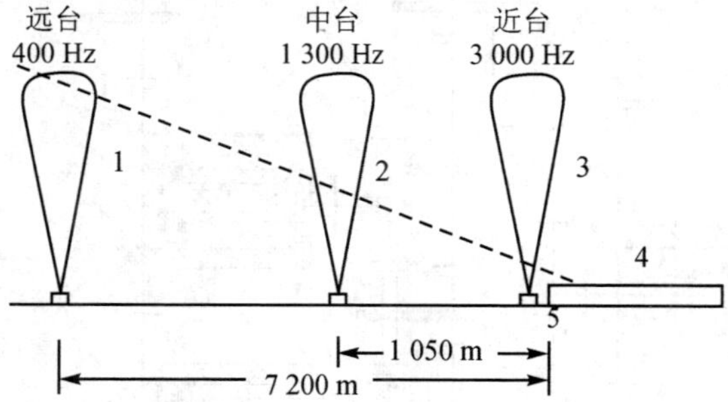

1—远指点信标台；2—中指点信标台；3—近指点信标台；4—跑道；5—跑道入口端

图 3－54　指点信标台的配置

所有指点信标台的发射频率规定为 75 MHz。远指点信标台的音频调幅频率为 400 Hz；中指点信标台的音频调幅频率为 1 300 Hz；近指点信标台的音频调幅频率为 3 000 Hz。

3.2 舵机与舵回路

舵回路(伺服系统)是飞行自动控制系统不可缺少的组成部分,它按照指令模型装置或敏感元件输出的电信号操纵舵面,实现飞行器角运动或轨迹运动的自动稳定和控制。

舵回路是由若干部件组成的随动系统,其中舵机是执行元件。舵机拖动的负载(舵面上的铰链力矩)随飞行状态而变化。

本节首先简述几种常见舵机的工作原理及特性;然后根据舵机所承受的负载及机械特性,研究舵回路的构成、反馈量的配置及舵回路的分类;最后介绍飞机操纵系统与舵机几种常见的连接方式。

3.2.1 主要舵机的类型

舵机是舵回路的执行元件,输出力矩(或力)和角速度(或线速度)驱动舵面偏转。飞行控制系统中常采用电动舵机、液压舵机和电液复合舵机三种。

1. 电动舵机

电动舵机以电力为能源,通常由电动机(直流或交流)、测速装置、位置传感器、齿轮传动装置和安全保护装置等组成。

电动舵机的控制方式一般有直接式和间接式两种。直接式改变电动机的电枢电压或激磁电压,直接控制舵机输出轴的转速与转向;间接式是在电动机恒速转动时,通过离合器的吸合,间接控制舵机输出轴的转速与转向。图3-55为用磁粉离合器间接控制电动舵机传动的示意图。

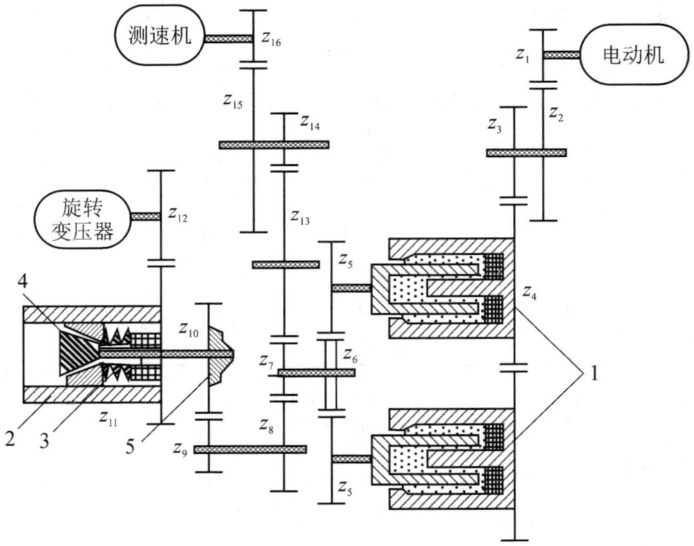

1,3—电磁离合器;2—鼓轮;4—衔铁与斜盘;5—金属摩擦离合器;$z_1 \sim z_{16}$—减速齿轮

图3-55 磁粉离合器间接控制电动舵机传动示意图

2. 液压舵机

液压舵机以高压液体作为能源。按其作用可分为液压舵机(直接推动舵面偏转)与电液副舵机(它要通过液压主舵机,即液压助力器才能带动舵面偏转)。图 3-56 所示为一种典型的电液副舵机结构。

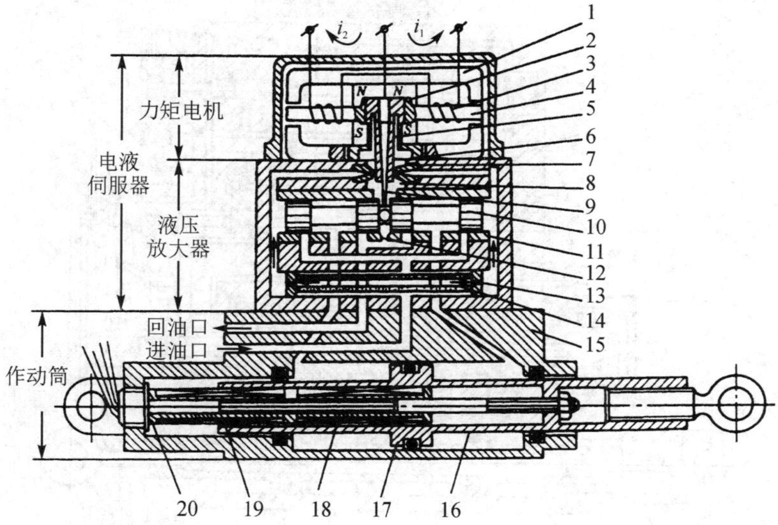

1—导磁体;2—永久磁铁;3—控制线圈;4—衔铁;5—弹簧管;6—挡板;7—喷嘴;8—溢流腔;9—反馈杆;10—阀芯;11—阀套;12—回油节流孔;13—固定节流孔;14—油滤;15—作动筒壳体;16—活塞杆;17—活塞;18—铁心;19—线圈;20—位移传感器

图 3-56 电液副舵机结构图

3. 电液复合舵机

电液复合舵机是电液副舵机和液压主舵机组装而成的一个整体,兼有这两种舵机的功能。电液复合舵机一般具有人工驾驶、自动控制、复合工作和应急操纵等四种工作状态。

图 3-57 所示为液压复合舵机的原理图。液压复合舵机由电液副舵机、液压主舵机(即液压助力器)、电磁转换机构、锁紧机构和复合摇臂等组成。为保证舵机的可靠性,用两套独立的液压源(系统Ⅰ和系统Ⅱ)供油。

电磁转换机构和锁紧机构用于人工驾驶和自动控制的状态转换。

如果驾驶员参与自动控制时的操纵,则电液复合舵机处于复合工作状态。驾驶杆的操纵运动和小作动筒活塞的运动通过摇臂在主滑阀处复合,共同操纵舵机运动。

图 3-57 中作动筒的副滑阀一般情况下是不动的,犹如一个固定的阀套。但当主滑阀卡死或出现其他紧急情况时,副滑阀将接替主滑阀的工作,使驾驶员能应急操纵。

4. 余度舵机

在电传操纵系统中,驾驶员只通过电气通道驱动舵面,操纵飞机的运动。由于该系统没有机械通道,所以对其可靠性要求较高,因为其一旦出现故障将会导致飞机毁损。目前,提高可

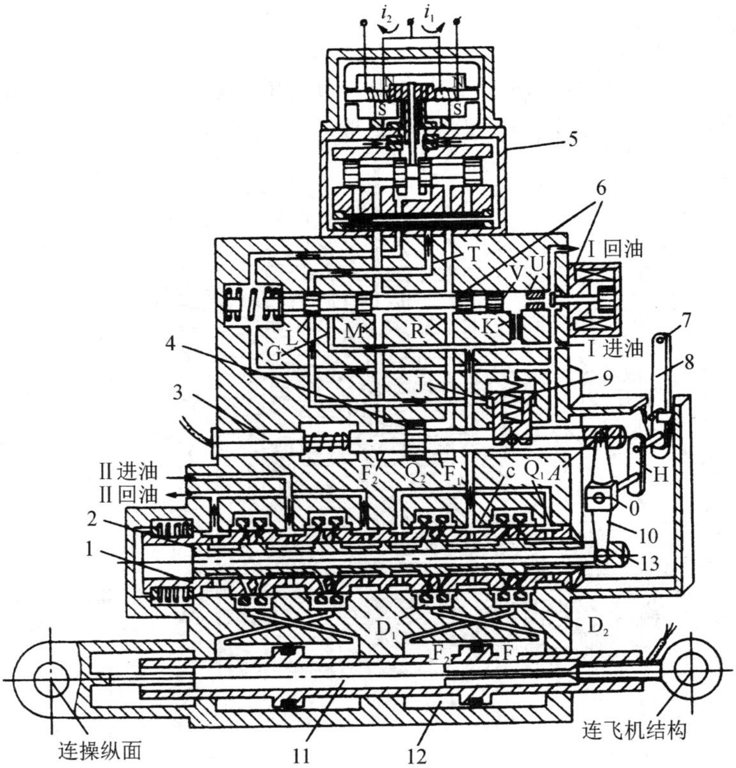

1—副滑阀;2—主滑阀;3—小位移传感器;4—小作动筒;5—电液伺服阀;6—电磁转换机构;
7—连接驾驶杆;8,10—摇臂;9—锁紧机构;11—大位移传感器;12—大作动筒

图 3-57 电液复合舵机的原理图

靠性的主要措施是采用多余度技术。多余度就是有备份,用几套相同的舵机组合在一起共同操纵舵面,构成所谓余度舵机。余度电液副舵机和余度主舵机的工作原理相同,下面仅以余度电液副舵机为例,介绍余度舵机的工作原理。

图 3-58 为三余度串联液压副舵机的原理方块图。该舵机有三套相同的电液副舵机(包括电液伺服阀和作动器),三套作动筒的活塞杆同时连接在一根杆上并一起运动。余度副舵机中配置三个监控器和逻辑转换控制开关、伺服阀位置传感器、压差传感器、副舵机位置传感器、信号整形器和旁通活门。每个监控器监控和检测各自通道的指令输入、电液伺服阀的位移、作动筒两个腔的压力差和作动筒活塞的位移等信号。旁通活门受监控器控制,工作时可连通作动筒的两个腔。

在正常情况下,余度副舵机中,只有通道 A(图中最右边)的伺服阀处于“主动”状态,其余两个伺服阀则处于静止状态。此时控制开关 K_1 和 K_2 闭合,压差传感器的输出信号经信号整形器 SP 和控制开关反馈到放大器,B,C 通道各自构成压差回路。B,C 通道伺服阀输出的压差正比于通道的指令信号。由于引入压差深度负反馈,因此构成的压差回路闭路增益值极低。在输入指令信号作用下,B,C 通道伺服阀输出的压差近于零值。正常情况下两个通道处于备份状态。

对于处于“主动”状态的 A 通道,由于其伺服阀没有压差反馈,因此力增益值较高。在输

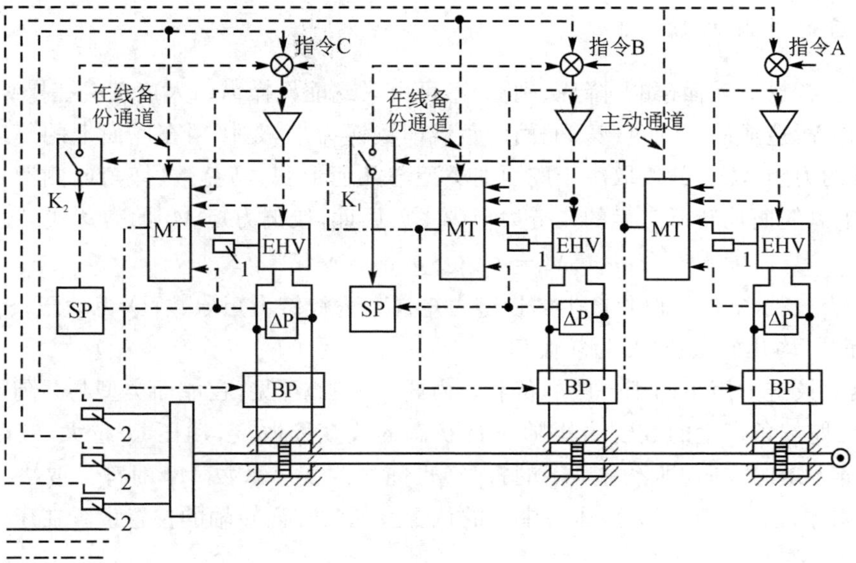

EHV—电液伺服阀；ΔP—压差传感器；BP—旁通活门；SP—信号整形器；MT—监控器；

K_1，K_2—控制开关；1—伺服阀位置传感器；2—副舵机位置传感器；

——表示机械及液压联系；----表示电子线路联系；—·—表示出现故障时的电子线路联系

图 3-58 三余度串联液压副舵机原理方块图

入信号作用下，A 通道的伺服阀输出压差，推动活塞移动，并承受几乎全部的舵机负载。旁通活门打开后，作动筒两个腔的油路直接沟通，作用于备用通道 B 和 C，活塞两端的压差近于零，它们的活塞杆与 A 通道作动筒的活塞杆一起移动，实际上几乎不承受舵机的负载力。三套电液副舵机在输入信号的作用下，协调地操纵一个舵面偏转，如同一个整体的舵机。在 A 通道的副舵机回路中有位置负反馈，当稳态时活塞杆的位移信号与输入信号成比例。此外，各通道的监控器依据电液伺服阀的阀芯位移、输出压差和活塞位移等信号，不断地监控和检测各自的工作情况。

A 通道电液副舵机一旦出现故障，监控器就会及时检测和判断，并发出逻辑控制信号打开本通道的旁通活门，同时断开控制开关 K_1（假定 B 通道无故障），切断 B 通道的压差反馈和旁通活门的通路，使 B 通道的力增益值提高到正常值。B 通道由原备份状态转为主动状态，接替 A 通道的工作，承受舵机的全部负载力。若 B 通道也出现故障，检测后则断开控制开关 K_2，C 通道的舵机转入主动状态，接替 A，B 两通道的工作。因此，在三套舵机中即使有两套出现故障，余度舵机也能照常操纵舵面偏转。可见，三余度电液副舵机大大提高了系统的可靠性，可保证飞机安全飞行。

3.2.2 舵机的特性分析

舵机是飞行控制系统中极为重要的部件之一。飞行控制系统的性能在很大程度上取决于舵机的性能。分析研究飞行控制系统时，必须确定地描述舵机的动特性。本小节从舵机的负载入手分析舵面的负载特性，研究电动舵机与液压舵机的动特性以及舵面负载对舵机工作的影响。

1. 舵面的负载特性

飞行器上各操纵舵面(如升降舵、副翼等)可由人或舵机操纵。人或舵机在操纵舵面时,要克服空气动力所造成的气动负载。舵面的负载即铰链力矩,是作用在舵面上的气动力相对于舵面铰链轴的力矩 M_j。其值取决于舵面的类型与几何形状、马赫数、仰角或侧滑角以及舵面的偏转,其中以舵面偏转所产生的铰链力矩为主。因此,铰链力矩 M_j 的表达式可近似写为

$$M_j = C_{hj}^{\delta} Q S_{\delta} c_{\delta} \delta_j = M_j^{\delta} \delta \tag{3-92}$$

式中,系数 M_j^{δ} 表示单位舵偏角产生的铰链力矩;C_{hj}^{δ} 为铰链力矩导数;Q 为动压;S_{δ} 为舵参考面积;c_{δ} 为舵平均几何弦长;δ_j 为舵偏角。

舵面负载铰链力矩不同于一般的负载。由式(3-92)可见,在舵面类型与几何形状一定的情况下,相同舵偏角产生的铰链力矩随飞行状态的改变而改变,动压 Q 越大,铰链力矩就越大,而且铰链力矩的方向(即系数 M_j^{δ} 的符号)也随之改变。系数 M_j^{δ} 的符号取决于舵面转轴位置 O_{δ} 相对于舵面气动力(R_{δ})压力中心的位置。通常舵面转轴的位置设置在压力中心位置的前面(见图 3-59(a)),所以 $M_j^{\delta}<0$。

当动压 Q 增大时,铰链力矩 M_j 急剧增加,在超声速飞行时甚至可达 10^4 N·m 的数量级。因此,在一些飞行器上,为了减小铰链力矩,把舵面转轴的位置设置在压力中心位置变化范围的中间。这样在同样舵面偏转角下,压力中心随马赫数 Ma 的增加由前向后移动,铰链力矩的方向(系数 M_j^{δ} 的符号)也随之改变(见图 3-59(b))。当压力中心位于舵面转轴位置 O_{δ} 后面时,$M_j^{\delta}<0$,铰链力矩的方向力图使舵面恢复到中立位置。当压力中心位于 O_{δ} 前面时,$M_j^{\delta}>0$,铰链力矩的方向则力图使舵面继续偏转,出现所谓铰链力矩反操纵现象。

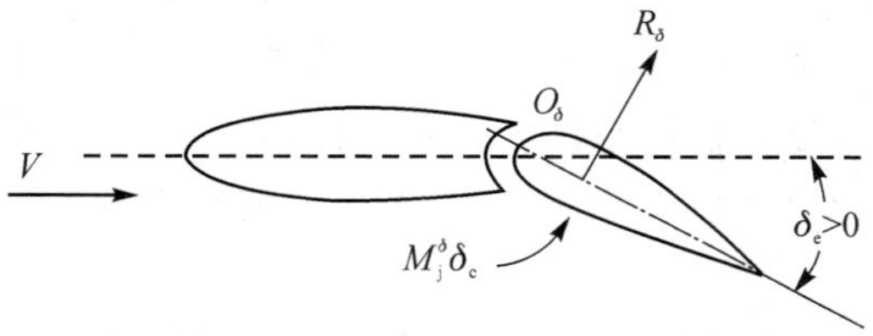

(a) 一般情况下

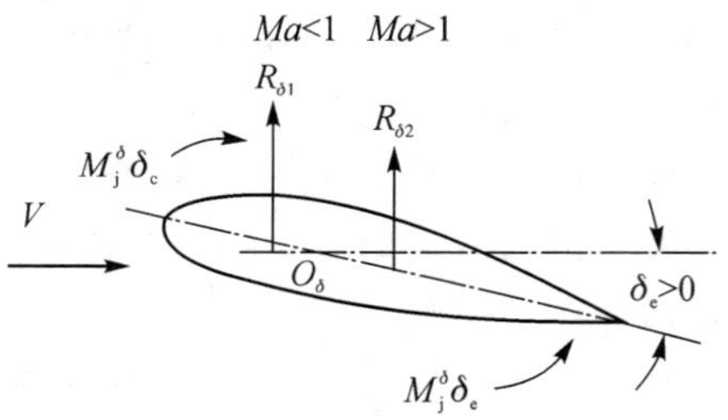

(b) 压力中心随Ma变化时的情况

图 3-59 舵面转轴不同位置对应的铰链力矩

铰链力矩的大小和方向随飞行状态的变化而变化,对舵机的工作有很大的影响。

2. 舵机的动特性

(1) 电动舵机的动特性

电动舵机中电动机(两相异步电动机)的机械特性(包括磁粉离合器的机械特性)可用一族非线性曲线表示(见图 3-60),这使得电动舵机动特性很难描述与分析。工程实践中往往采用线性化的方法研究某一平衡状态附近的增量运动。把非线性机械特性曲线近似为斜率为 B 的线性机械特性曲线。B 的物理含义是输入电压为常数时,输出力矩 M 对角速度 ω 的偏导数,即

$$\tan\beta = -\left.\frac{\partial M}{\partial \omega}\right|_{U=\text{常数}} = -B \tag{3-93}$$

式中，β 为机械特性曲线与横坐标的夹角。

同样，把电动舵机中电动机的力矩特性（包括磁粉离合器的力矩特性）近似为斜率 A 的线性力矩特性（见图 3-61），即

$$\tan\alpha = -\left.\frac{\partial M}{\partial I}\right|_{\omega=\text{常数}} = A \tag{3-94}$$

式中，α 为力矩特性曲线与横坐标 I 的夹角。

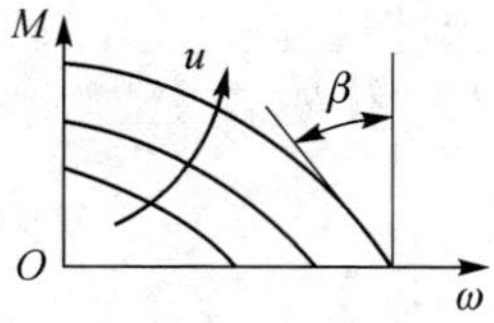

图 3-60　电动舵机中电动机的机械特性曲线

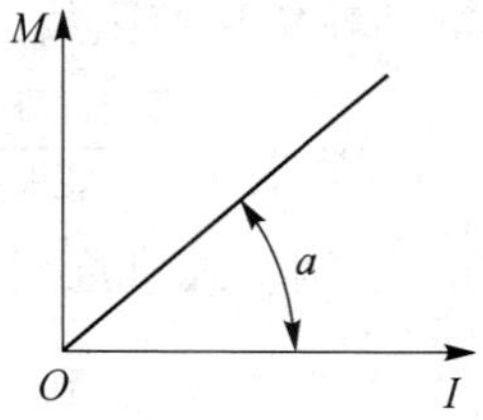

图 3-61　电动舵机中电动机的线性化力矩特性曲线

下面讨论电动舵机线性化动特性。

直接式电动舵机的动特性与其中的电动机特性相似，不再赘述。这里只介绍用磁粉离合器控制的间接式电动舵机的动特性，其原理方块图如图 3-62 所示。

图 3-62　用磁粉离合器控制的间接式电动舵机原理方块图

设鼓轮到舵面传动机构的速比为 i，磁粉离合器、齿轮转动装置、舵面及其传动机构和电动机转子折算到鼓轮（包括鼓轮）的总转动惯量为 J，磁粉离合器传递到鼓轮上的力矩为 M，磁粉离合器控制绕组的输入电压为 U、电流为 I、电感量和电阻值分别为 L 和 R，鼓轮角速度和转角分别为 ω 和 δ_k，舵偏角为 δ。

忽略摩擦力矩的影响，电动舵机的运动方程可描述为

$$\begin{cases} \Delta U = L\dfrac{\mathrm{d}\Delta I}{\mathrm{d}\Delta t} + \Delta I R \\ \Delta M = A\Delta I \\ \Delta M = J\dfrac{\mathrm{d}\Delta\omega}{\mathrm{d}t} + B\Delta\omega + \dfrac{\Delta M_j}{i} \\ \Delta M_j = M_j^{\delta}\Delta\delta \\ \Delta\delta = -\dfrac{\Delta\delta_k}{i} \end{cases} \tag{3-95}$$

式中，Δ 表示增量，负号表示舵面偏转的方向与鼓轮转动方向相反。

将式(3-95)进行拉氏变换后，其相应的电动舵机原理方块图如图 3-63(a)所示。

磁粉离合器机械特性曲线的斜率 $B\approx 0$，舵面负载为零时（$\Delta M_j = 0$），由图 3-63(a)可得空

载时电动舵机输入电压 $\Delta U(s)$ 对鼓轮输出转角 $\Delta\delta_{\mathrm{k}}(s)$ 的传递函数为 $W_M(s)$，有

$$W_M(s)=\frac{\Delta\delta_{\mathrm{k}}(s)}{\Delta U(s)}=\frac{k_M}{s^2(T_M s+1)} \tag{3-96}$$

式中，$T_M=L/R$ 为电动舵机的电气时间常数；$K_M=A/JR$ 为电动舵机的静态增益。一般来说，时间常数 T_M 值较小，在近似分析中可忽略，因而电动舵机的传递函数又可写为

$$W_M(s)=\frac{\Delta\delta_{\mathrm{k}}(s)}{\Delta U(s)}=\frac{k_M}{s^2} \tag{3-97}$$

当舵面负载不为零时(即 $\Delta M_{\mathrm{j}}\neq 0$)，由原理图 3-63(a)变换成图 3-63(b)的形式。根据此图，可得负载情况的电动舵机传递函数为

$$W_M(s)=\frac{\Delta\delta_{\mathrm{k}}(s)}{\Delta U(s)}=\frac{Ai^2/M_{\mathrm{j}}^{\delta}R}{(T_M s+1)[(Ji^2/M_{\mathrm{j}}^{\delta})s^2-1]} \tag{3-98}$$

忽略时间常数 T_M 值，则上式可近似为

$$W_M(s)=\frac{Ai^2/M_{\mathrm{j}}^{\delta}R}{(Ji^2/M_{\mathrm{j}}^{\delta})s^2-1} \tag{3-99}$$

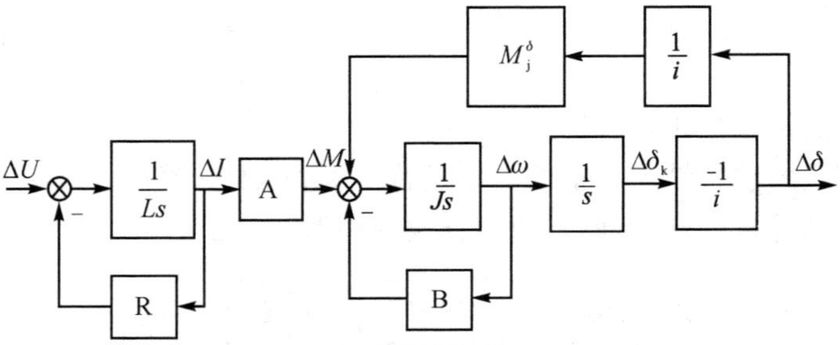

(a) 等效变换前

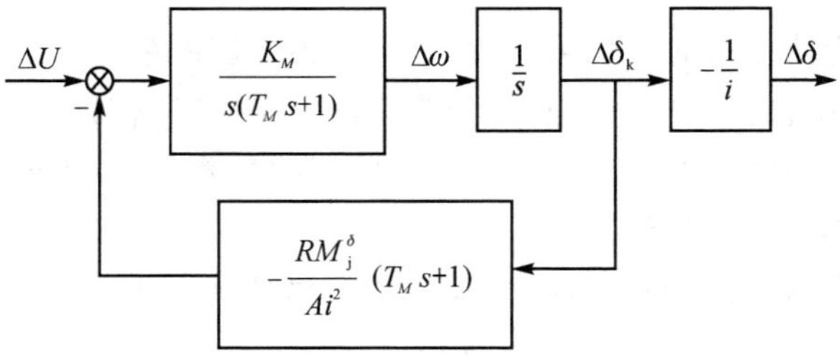

(b) 等效变换后

图 3-63 电动舵机原理方块图

由以上分析可见，用磁粉离合器控制的电动舵机的空载动特性可描述为两个积分环节与一个惯性环节的串联(见式(3-96))。在电动舵机负载(即铰链力矩作用)情况下的动特性可描述为一个二阶无阻尼振荡环节与一个惯性环节的串联(见式(3-98))，其时间常数与静态增益均随飞行状态的改变而改变。近似分析中往往忽略舵机的电器时间常数 T_M。

(2) 液压舵机的动特性

如前所述，液压舵机的主要部件是滑阀和作动筒。下面仅分析图 3-64 所示的简单滑阀活塞式液压舵机的动特性。图中 p_0 为进油压力，A 和 B 为活塞的两个腔，x 为滑阀的阀芯位移量(设左移为正)，y 为活塞杆移动量。

首先分析流体经节流孔的工作情况。图 3－65 所示为流体经节流孔的流动情况。设密度为 ρ 的流体在容器中的压力为 p_1，流体经节流孔(或喷嘴)流入小室，截面②的流体压力、流速和截面积分别为 p_2, V_2, A_2。忽略流体在容器中的流速，则根据伯努利方程，有

$$\frac{p_1}{\rho}=\frac{p_2}{\rho}+\frac{V_2^2}{2} \tag{3-100}$$

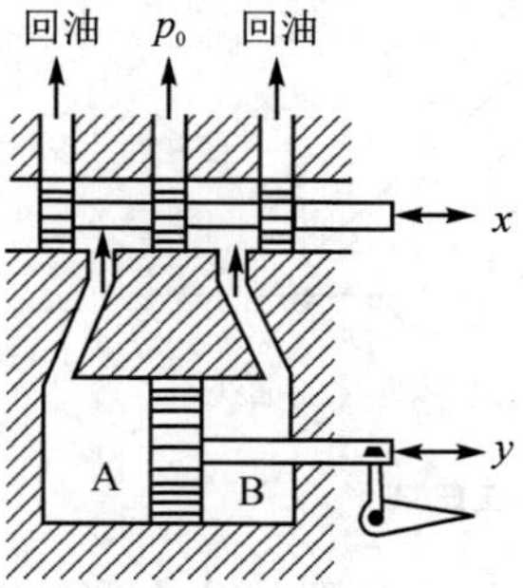

图 3－64　滑阀活塞式液压舵机原理

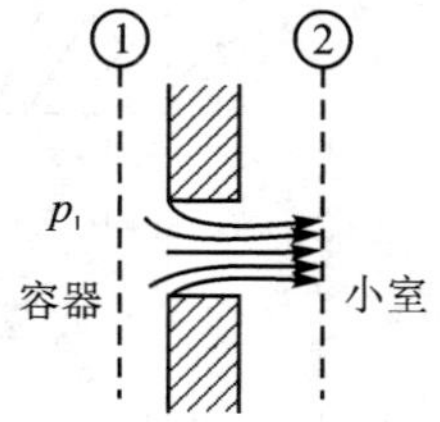

图 3－65　流体经节流孔的流动图

由式(3－100)可得截面②的流速为

$$V_2=\sqrt{\frac{2}{\rho}(p_1-p_2)} \tag{3-101}$$

截面②的流体流量 Q_2 为

$$Q_2=A_2V_2=C_dA_0\sqrt{\frac{2(p_1-p_2)}{\rho}} \tag{3-102}$$

式中，A_2 为节流孔截面积，C_d 为流量系数(由节流前通道的几何形状确定，一般在 0.6～1 范围内)；ρ 为油液密度；A_0 为阀芯开启时的窗口面积，正比于阀芯位移量 x，即 $A_0=bx$(b 为比例系数)。

假设回油压力为零，活塞两腔压力分别为 p_A 和 p_B，并忽略滑阀内部的漏油，由式(3－102)可得滑阀左移时，经滑阀流入活塞 A 腔的流量 Q_A 和从 B 腔流回的流量 Q_B 分别为

$$\begin{cases} Q_A=C_dA_0\sqrt{\dfrac{2(p_0-p_A)}{\rho}} \\ Q_B=C_dA_0\sqrt{\dfrac{2p_B}{\rho}} \end{cases} \tag{3-103}$$

由于流体的连续性，滑阀输出的流量必等于输入的流量，即 $Q_A=Q_B$。令 $p_A-p_B=p$ 为两个腔的压力差，以 Q 表示滑阀的输出流量，由式(3－103)可得

$$Q=C_dbx\sqrt{\frac{(p_0-p)}{\rho}} \tag{3-104}$$

式(3－104)描述滑阀输出流量 Q 与负载(两腔压力差)之间的关系，即滑阀的负载特性。图 3－66(a)为某种滑阀实际的负载特性曲线，也是一族非线性曲线。与电动舵机的分析一样，液压舵机的动特性分析可采用线性化方法，把滑阀负载特性近似为一族线性特性曲线(见图 3－66(b))。

滑阀相对于平衡状态(p 和 x 均为常数)的输出流量增量 ΔQ 可写为

$$\Delta Q = K_1 \Delta x - C_1 \Delta p \tag{3-105}$$

式中,Δx,Δp 为相对于其平衡状态阀芯位移和两个腔压力差的增量值;K_1 为 p 等于常数时滑阀输出流量 Q 对阀芯位移量 x 的偏导数,即$\partial Q/\partial x|_p$=常数;C_1 为阀芯位移量等于常数时输出流量 Q 对压差 p 的偏导数,即$\partial Q/\partial p|_x$=常数。

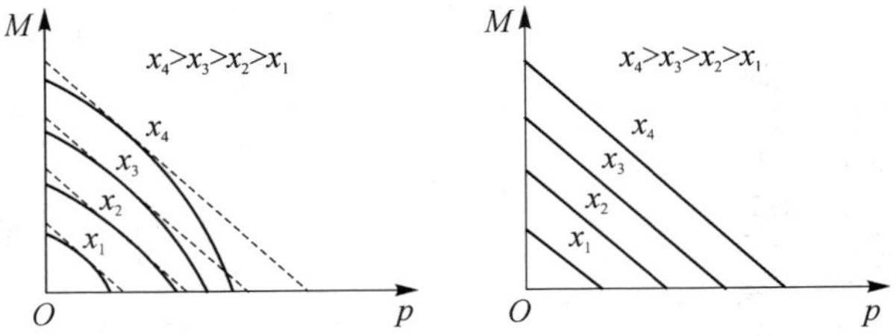

(a) 实际的曲线　　(b) 线性化的曲线

图 3-66　滑阀的负载特性曲线

实际上,滑阀输出的流量一方面补偿活塞移动时被推出的那部分流量,另一方面补偿作动筒高压腔经活塞柱面与作动筒筒壁之间缝隙流入作动筒低压腔的漏油量 ΔQ_L,此外还补偿油液压缩性使油液密度变化和高压油流过非刚体油管与作动筒壳体使体积变化造成的流量 ΔQ_V。滑阀的实际输出流量增量应为上述各流量增量之和,即

$$\Delta Q = F\frac{d\Delta y}{dt} + \Delta Q_L + \Delta Q_V \tag{3-106}$$

式中,F 为活塞的有效面积。又有

$$\begin{cases} \Delta Q_L = C_2 \Delta p \\ \Delta Q_V = \dfrac{1}{2}\left(k_e + \dfrac{V_0}{E}\right)\dfrac{d\Delta p}{dt} \end{cases} \tag{3-107}$$

式中,C_2 为液流系数;K_e 为油管管道弹性系数;E 为油液体积弹性模数;V_0 为作动筒的两腔容积平均值。将式(3-105)和式(3-107)代入式(3-106),经整理可得

$$K_1 \Delta x = F\frac{d\Delta y}{dt^2} + (C_1 + C_2)\Delta p + \frac{1}{2}\left(k_e + \frac{V_0}{E}\right)\frac{d\Delta p}{dt} \tag{3-108}$$

假设将舵面及舵面传动机构折算到活塞(包括活塞和活塞杆)的总质量为 m,活塞运动的阻尼系数为 f,摇臂长度为 L。忽略摩擦力的影响,活塞在两腔压差 Δp 作用下的运动方程可描述为

$$\begin{cases} F\Delta p = m\dfrac{d^2\Delta y}{dt^2} + f\dfrac{d\Delta y}{dt} + \dfrac{\Delta M_j}{L} \\ \Delta M_j = M_j^\delta \Delta\delta \\ \Delta\delta = -\dfrac{57.3}{L}\Delta y \end{cases} \tag{3-109}$$

式中,ΔM_j 为铰链力矩增量。

拉氏变换式(3-108)和式(3-109)相应的液压舵机原理方块图如图 3-67 所示。

液压舵机空载(即 $\Delta M_j=0$)时,滑阀的阀芯位移 x 对活塞移动量 y 的传递函数为

$$W_M(s) = \frac{\Delta y(s)}{\Delta x(s)} = \frac{k_M}{s(T_M^2 s^2 + 2\xi_M T_M s + 1)} \tag{3-110}$$

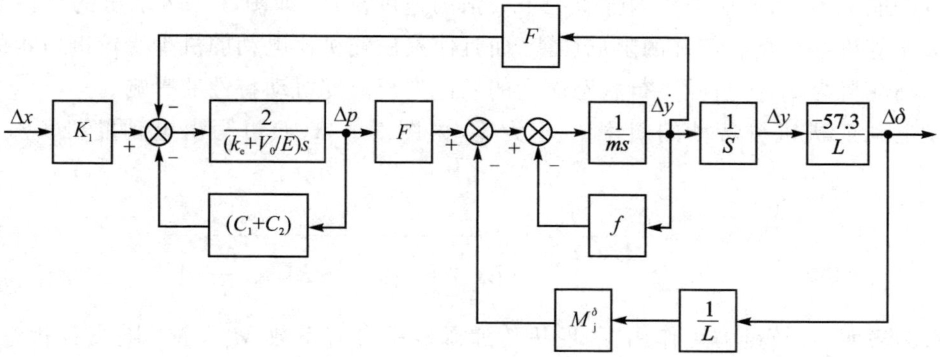

图 3-67　液压舵机原理方块图

式中

$$k_M = \frac{K_1 F}{F^2 + f(C_1 + C_2)}$$

$$T_M^2 = \frac{m\left(k_e + \dfrac{V_0}{E}\right)}{2[F^2 + f(C_1 + C_2)]}$$

$$\xi_M = \frac{2m(C_1 + C_2) + f\left(k_e + \dfrac{V_0}{E}\right)}{4T_M[F^2 + f(C_1 + C_2)]}$$

式中，T_M，ξ_M，k_M 分别为液压舵机的时间常数、阻尼比和静态增益。

目前飞行控制系统中所用液压舵机的时间常数 T_M 数量级远远小于飞机短周期运动的固有周期，近似分析可忽略，则舵机的传递函数为

$$W_M(s) = \frac{\Delta y(s)}{\Delta x(s)} = \frac{k_M}{s}$$

根据图 3-67 可写出液压舵机负载(即 $\Delta M_j \neq 0$)时的传递函数并整理为

$$W_M(s) = \frac{\Delta y(s)}{\Delta x(s)} = \frac{k_M}{T_M^2 s^3 + 2\xi_M T_M s^2 + \left[1 - \dfrac{57.3 k_M M_j^\delta}{2K_1 F L^2}\left(k_e + \dfrac{V_0}{E}\right)\right] s - \dfrac{57.3 k_M M_j^\delta (C_1 + C_2)}{K_1 F L^2}} \tag{3-111}$$

忽略时间常数 T_M，舵机的近似传递函数为

$$W_M(s) = \frac{\Delta y(s)}{\Delta x(s)} = \frac{k_M}{\left[1 - \dfrac{57.3 k_M M_j^\delta}{2K_1 F L^2}\left(k_e + \dfrac{V_0}{E}\right)\right] s - \dfrac{57.3 k_M M_j^\delta (C_1 + C_2)}{K_1 F L^2}} \tag{3-112}$$

由以上分析可知，液压舵机的空载动特性可描述为一个积分环节和一个二阶振荡环节的串联；有载动特性可描述为一个惯性环节和一个二阶振荡环节的串联。

(3) 铰链力矩对舵机动特性的影响

由以上分析可知，电动舵机与液压舵机的传递函数均包括铰链力矩系数 M_j^δ，显然负载铰链力矩的变化会改变舵机的原有特性。

与电动舵机不同,液压舵机内部有一个很强的速度反馈(即图3-67示出的反馈量)。这不仅使液压舵机本身具有较好的阻尼性能,而且使液压舵机比电动舵机少受铰链力矩的影响。下面以电动舵机为例,分析随飞行状态而变的铰链力矩对舵机动特性的影响。

假设电动舵机机械特性的斜率 B 不为零,由图3-63(a)可写出电动舵机负载传递函数,即

$$W_M(s)=\frac{\Delta\delta_k(s)}{\Delta U(s)}=\frac{A}{(Ls+R)\left(Js^2+Bs-\frac{M_j^\delta}{i^2}\right)} \tag{3-113}$$

式(3-113)表明,在铰链力矩作用下,舵机传递函数中含有系数 M_j^δ。M_j^δ 随飞行状态的变化而变化,致使舵机的动特性随之变化。如果 M_j^δ 的符号发生变化,变为 $M_j^\delta>0$(即出现铰链力矩反操纵),那么舵机传递函数中将包含一个不稳定的二阶振荡环节,舵机的工作将不稳定。另外,舵机的稳态输出值(即空载时的鼓轮输出角速度)正比于输入电压。但有负载时,其稳态输出值则为 $\Delta\delta_{k\infty}$(当 $M_j^\delta<0$ 时),由式(3-113)得

$$\Delta\delta_{k\infty}=-\frac{Ai^2}{C_{hj}^\delta Q_\delta s_\delta c_\delta R}\cdot\Delta U \tag{3-114}$$

式(3-114)表明,当有负载时,鼓轮的输出转角正比于输入电压,并与动压 Q_δ 以及电阻 R 成比例。其稳态输出转角随飞行状态的变化而变化,当 Q_δ 增大时稳态偏转角减小。

可见,铰链力矩对舵机的动特性与静特性均有很大影响且随飞行状态的不同而变化。

3.2.3 舵回路

舵面的铰链力矩对舵机工作影响很大。为了削弱铰链力矩对舵机工作的影响,并满足控制规律的要求,飞行控制系统中均采用舵回路来代替单个舵机来操纵舵面的偏转。

下面以磁粉离合器间接控制的电动舵机为例,介绍舵回路的组成原理、基本类型和特点,并进行舵回路的分析。

1. 舵回路的组成原理

(1) 舵回路的组成

磁粉离合器间接控制的电动舵机是由恒速旋转的磁滞电动机带动磁粉离合器来工作的。这种舵机的特性主要由磁粉离合器的特性来决定,而磁滞电动机只起恒速动力源的作用。

由于飞行中铰链力矩的存在,相当于在舵机内部引入一个反馈,对舵机工作带来很大的影响,因此在舵机内部人为地引入另外的反馈,来抵消铰链力矩的影响。

引入舵机鼓轮输出转角的反馈 k_δ,如图3-68所示。

$k_\delta>0$ 且满足 $k_\delta\gg|M_j^\delta R/Ai^2|$ 的电动舵机传递函数为

$$W(s)=\frac{\Delta\delta_k(s)}{\Delta U(s)}=\frac{A/R}{Js^2+Bs+k_\delta A/R} \tag{3-115}$$

根据式(3-115)可写出在常值电压作用下的鼓轮转角稳态值,即

$$\Delta\delta_{k\infty}=\frac{\Delta U}{k_\delta} \tag{3-116}$$

可见,由于引入反馈量 k_δ,舵机的传递函数在各种飞行状态下都是一个稳定的二阶振荡

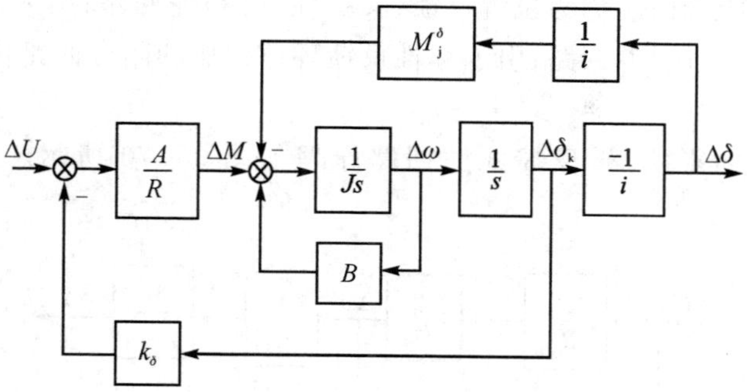

图 3-68　引入反馈 k_δ 的电动舵机原理方块图

环节(忽略电感 L),且传递函数中各系数值仅决定于舵机自身的结构参数和反馈量 k_δ 的大小,而与飞行状态无关。稳态时的鼓轮输出转角 $\Delta\delta_{k\infty}$ 正比于输入电压,反比于反馈量 k_δ,而与飞行状态无关。

引入舵机输出角速度反馈 $k_{\dot\delta}$,如图 3-69 所示。

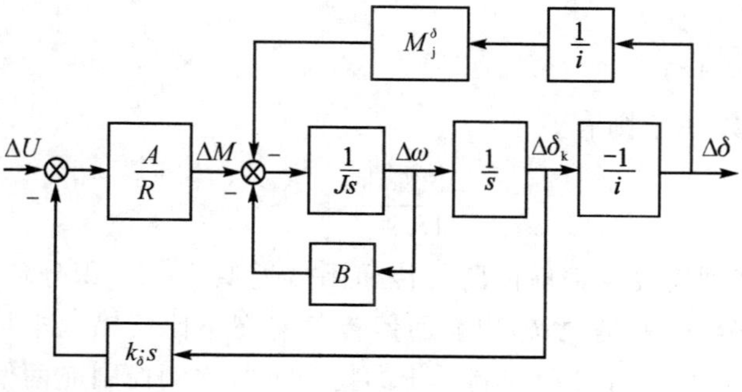

图 3-69　引入反馈 k_δ 的电动舵机原理方块图

引入 $k_{\dot\delta}$ 后,在各种飞行状态下均大于零且满足$(B+Ak_{\dot\delta}/R)^2 \gg 4M_j^\delta/i^2$ | 的条件的电动舵机传递函数为

$$W(s)=\frac{\Delta\delta_k(s)}{\Delta U(s)}=\frac{A/R}{s[Js+(B+Ak_{\dot\delta}/R)]} \tag{3-117}$$

根据式(3-117),常值电压作用下的鼓轮转角稳态值为

$$\Delta\omega_{k\infty}=\frac{A/R}{B+Ak_{\dot\delta}/R}\Delta U \tag{3-118}$$

与引入 k_δ 类似,在反馈量 $k_{\dot\delta}$ 相当大时,同样可以削弱铰链力矩对舵机的影响,而与飞行状态无关。这样构成的舵回路,其稳态时的鼓轮输出角速度 $\Delta\omega_\infty$ 正比于输入电压。

综上所述,在舵机内部引入反馈构成的闭合回路,可以大大削弱铰链力矩对舵机工作的影响,并能控制舵机输出轴的转角或角速度,而与飞行状态基本无关。

前述的 k_δ 为舵机输出位置量(角度或线位移)的反馈,称为位置反馈,$k_{\dot\delta}$ 为输出速度量的反馈,称为速度反馈。反馈通路与舵机所构成的闭合回路称为舵回路。

(2) 舵回路的基本类型

常用的舵回路有 3 种基本类型,即硬反馈式、软反馈式和弹性反馈式。如前所述,在舵机内部引入位置反馈的闭合回路称为位置反馈(又称硬反馈)舵回路;引入速度反馈的闭合回路称为速度反馈(又称软反馈)舵回路;引入弹性反馈环节构成的闭合回路称为弹性反馈(又称均衡反馈)舵回路。

若忽略铰链力矩的影响,软反馈式舵回路原理如图 3-70 所示。这里,速度反馈系数为 $k_{\dot{\delta}}$。

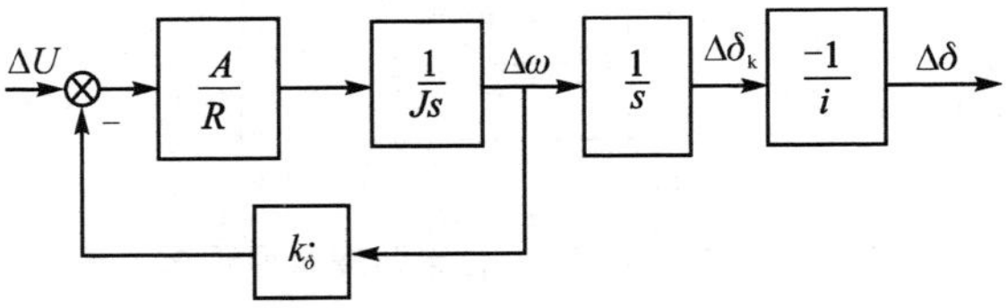

图 3-70 软反馈式舵回路简化原理方块图

可得其传递函数为

$$W(s)=\frac{\Delta\delta_{\mathrm{k}}(s)}{\Delta U(s)}=\frac{K}{(T_{\dot{\delta}}s+1)}\cdot\frac{1}{s} \tag{3-119}$$

式中,$K=\dfrac{1}{k_{\dot{\delta}}}$,$T_{\dot{\delta}}=\dfrac{JR}{Ak_{\dot{\delta}}}$。

如果忽略时间常数 $T_{\dot{\delta}}$,则有

$$\frac{\Delta\delta_{\mathrm{k}}(s)}{\Delta U(s)}=\frac{K}{s} \tag{3-120}$$

由此可见,软反馈即速度反馈舵回路的传递函数近似为一个积分环节。其输出的舵偏角正比于输入电压的积分,也就是说,输出舵面偏转角速度正比于输入电压,并近似地与速度反馈系数 $k_{\dot{\delta}}$ 成反比。因而,飞行自动控制系统的指令可按比例控制舵面偏角速度。

图 3-71 所示为忽略铰链力矩影响的硬反馈式舵回路原理方块图。这里,位置反馈系数为 k_{δ}。

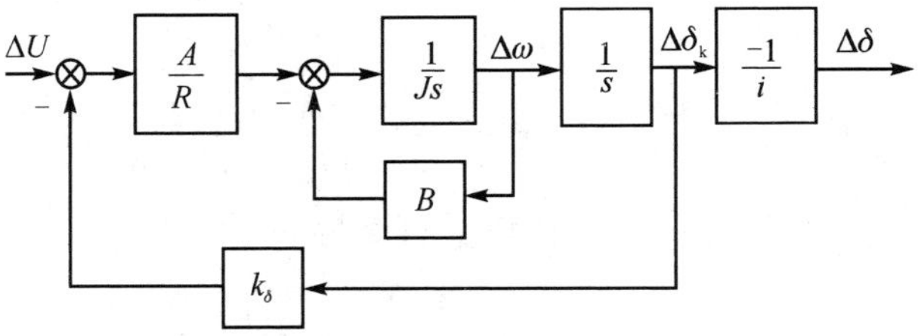

图 3-71 硬反馈式舵回路简化原理方块图

可得到其传递函数为

$$W(s)=\frac{\Delta\delta_{\mathrm{k}}(s)}{\Delta U(s)}=\frac{1/k_{\delta}}{\dfrac{JR}{Ak_{\delta}}s^{2}+\dfrac{RB}{Ak_{\delta}}s+1} \tag{3-121}$$

调整 k_{δ},若$\dfrac{JR}{Ak_{\delta}}\leqslant\dfrac{RB}{Ak_{\delta}}$,则式(3-121)可以简化为

$$W(s)=\frac{\Delta\delta_{\mathrm{k}}(s)}{\Delta U(s)}=\frac{K}{T_{\delta}s+1} \tag{3-122}$$

式中，$T_\delta=\dfrac{RB}{Ak_\delta}$，$K=\dfrac{1}{k_\delta}$。由此得出

$$\Delta\delta_k(s)=\frac{K}{T_\delta s+1}\cdot\Delta U(s) \tag{3-123}$$

这种情况下，硬反馈式舵回路的传递函数近似为一个惯性环节，其中系数 K，T_δ 值均与反馈系数成反比。这种硬反馈式舵回路的稳态输出舵偏角正比于输入电压，并近似地与位置反馈系数 k_δ 成反比。飞行自动控制系统的指令可按比例控制舵偏角的大小。

第 3 种舵回路为弹性反馈式或均衡反馈式舵回路。弹性反馈环节可由位置反馈环节串联一个均衡环节来实现，其传递函数为

$$W_f(s)=k_\delta\,\frac{T_e s}{T_e s+1} \tag{3-124}$$

式中，k_δ 为位置反馈系数；T_e 为均衡环节的时间常数。弹性反馈式舵回路原理方框图如图 3-72 所示。

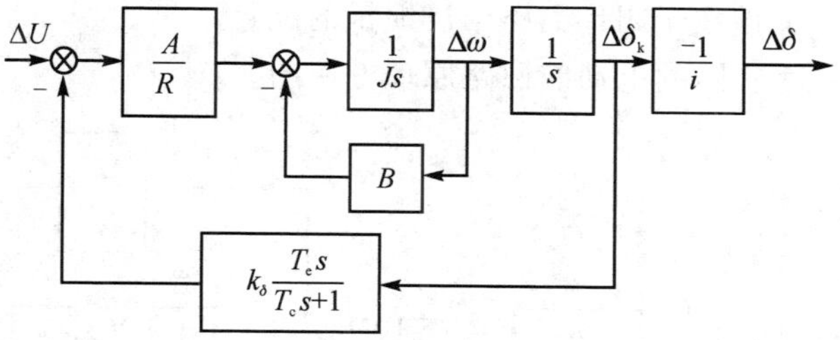

图 3-72　弹性反馈式舵回路原理方框图

如果忽略 B 的影响，并忽略时间常数 $\left(\dfrac{RJ}{AK_\delta}\right)$ 的影响，而 T_e 一般比较大，可得弹性反馈式舵回路的传递函数为

$$W(s)=\frac{\Delta\delta_k(s)}{\Delta U(s)}=\frac{1}{k_\delta}+\frac{1}{k_\delta T_e s} \tag{3-125}$$

可见，若弹性反馈式舵回路工作在低频段，则舵回路的传递函数式(3-125)近似为一个积分环节；如果工作在高频段，则式(3-125)近似为一个比例环节。也就是说，弹性反馈式舵回路的低频特性接近于软反馈式舵回路的低频特性，高频特性则接近于硬反馈式舵回路的高频特性。这种舵回路的鼓轮输出既正比于输入，又正比于输入的积分，是一种兼有硬反馈式舵回路特性与软反馈式舵回路特性的舵回路。

综上所述，引入不同形式的反馈可以构成特性不同的舵回路，它们的性能在很大程度上取决于反馈的性质和大小。3 种不同特性的舵回路为飞行控制系统提供了 3 种不同的控制规律。

飞行控制技术的迅速发展，特别是电传飞行控制系统的出现，对舵回路的组成、工作的可靠性都提出了更高的要求，采用余度技术则是保证可靠性、满足先进飞行控制系统要求的必然途径。采用了余度技术，为了保证舵回路系统正确地完成其主要任务，诸如故障检测、故障诊断及信息处理等辅助功能也必须相应地予以增加。

2. 舵回路系统的设计

(1) 舵回路系统的设计要求

尽管对不同的舵回路系统的要求差别较大,但作为一种控制系统而言,在设计准则和设计方法上却是共同的。舵回路系统的设计要求包括:静态特性、动态特性、接口要求以及可靠性、可维护性和使用环境的要求等。具体地说,对于飞行控制系统的重要子系统之一,一般情况下飞行控制系统对舵回路系统具有以下技术要求:

① 舵机要有足够的功率输出;

② 各种飞行状态下,舵机都能稳定地工作;

③ 舵回路静、动态性能应满足系统提出的输入/输出关系的要求;

④ 舵回路要有较宽的频带,一般地讲,舵回路通频带 ω_b 要大于飞行器 ω_b 的 3~5 倍;

⑤ 舵回路要有良好的动态响应和较大的阻尼并且相位滞后要小。

(2) 舵回路系统的设计实例

舵回路系统的设计关键在于闭环回路中反馈量的配置。

图 3-73 给出了一个实际的电动舵回路原理方块图。

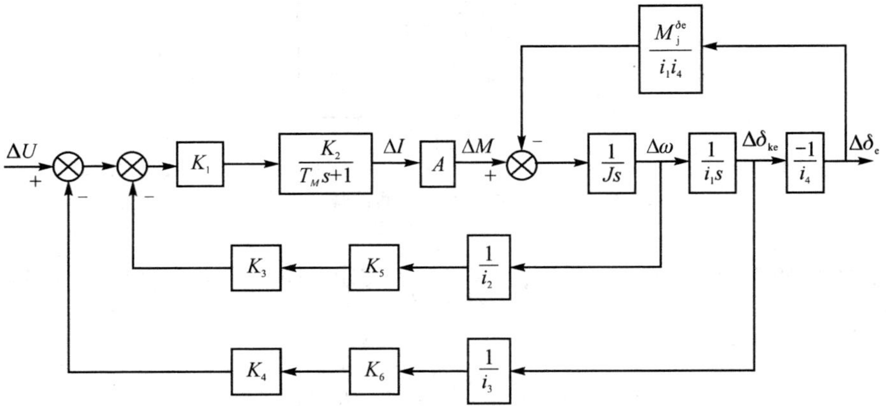

$A=5.8\ \mathrm{kg \cdot m/A}$, $T_M=0.03\ \mathrm{s}$, $J=0.875\times10^{-5}\ \mathrm{kg \cdot m^2}$, $K_5=0.5\ \mathrm{mA \cdot min \cdot r^{-1}}$, $K_6=0.366\ \mathrm{V}$,
$K_3=0.0147$, $K_4=0.1062$, $i_1=46.86$, $i_2=0.0559$, $i_3=1.441$, $i_4=4.13$

图 3-73 电动舵回路原理方块图

由于引入反馈使得铰链对舵回路的影响大大减弱,所以为了研究问题简单起见,分析中将忽略铰链力矩的影响。

在图 3-73 中,舵回路的位置反馈系数 $k_\delta=K_4K_6/i_3$,速度反馈系数 $k_{\dot{\delta}}=i_1K_3K_5/i_2$。首先研究位置反馈系数的影响。

已知速度反馈系数 $k_{\dot{\delta}}=5.886\times10^{-2}\ \mathrm{V \cdot s \cdot rad^{-1}}$,可得舵回路的闭环多项式,并求出以 k_δ 为参量的等效开环传递函数为

$$W_\delta(s)=\frac{3.444\times10^5 k_\delta}{s(s+16.67+\mathrm{j}141.35)(s+16.67-\mathrm{j}141.35)} \tag{3-126}$$

其相应的开环极点为 $s_1=0.0$, $s_{2,3}=-16.67\pm\mathrm{j}141.35$。当 k_δ 变化时,特征方程的根轨迹如

图 3－74 所示。

由图 3－74 可见，根轨迹与虚轴的交点为 $\omega_j==142.3$ rad/s，相应的 $k_{\delta m}=1.96$ V/rad。当 k_δ 很小时，实数主导极点的模值很小，所以通频带很窄，过渡过程很慢。随着 k_δ 的增大，实数主导极点的模值增大（复根的模变化很小），通频带加宽，过渡过程加快。但是，当 $k_\delta>k_{\delta m}$ 时，系统变为不稳定。

由此可见，当速度反馈量一定时，舵回路的位置反馈将影响舵回路的通频带、快速性和静态性能。k_δ 的值在一定范围内变化时，舵回路的通频带和快速性随 k_δ 值的加大而增加。在同一输入电压作用下，稳态输出随值 k_δ 增加而减小。但是，当 k_δ 超过临界值后，舵回路将不稳定。

下面来分析速度反馈系数的影响。

已知位置反馈系数 $k_\delta=1.545$ V/rad，根据图 3－73 可得舵回路的闭环多项式，并求出以 $k_{\dot\delta}$ 为参量的等效开环传递函数，即

$$W_\delta(s)=\frac{3.444\times10^5 k_{\dot\delta}s}{(s+93.85)(s-30.26+j69)(s-30.26-j69)} \tag{3-127}$$

其相应的开环极点为 $s_1=-93.85$，$s_{2,3}=30.26\pm j69$。当 $k_{\dot\delta}$ 变化时，舵回路的根轨迹如图 3－75 所示。

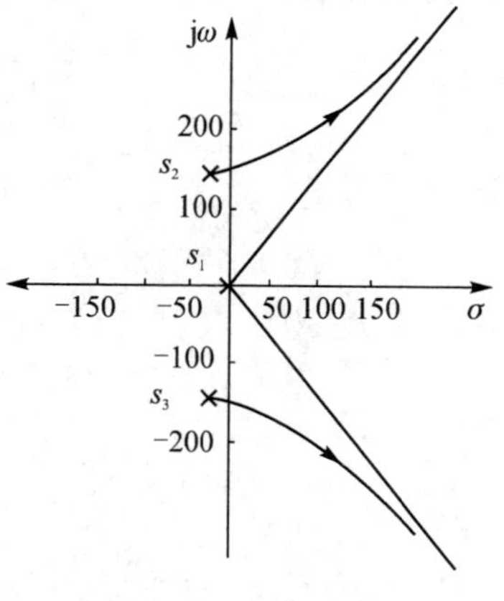

图 3－74　以 k_δ 为参量的舵回路根轨迹图

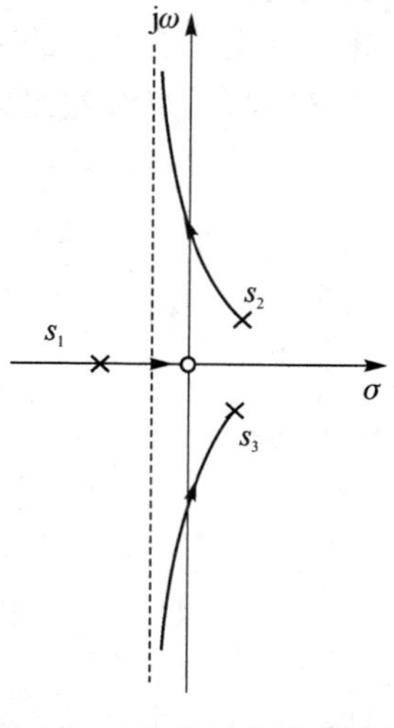

图 3－75　以 $k_{\dot\delta}$ 为参量的舵回路根轨迹图

由图 3－75 可见，根轨迹与虚轴的交点为 $\omega_j=126$ rad/s，相应的 $k_{\dot\delta m}=9.91\times10^{-4}$ V·s·rad^{-1}。

当 $k_{\dot\delta}<k_{\dot\delta m}$ 时，舵回路的极点仅在右半 S 平面内移动，舵回路不稳定。当 $k_{\dot\delta}>k_{\dot\delta m}$ 时，随着 $k_{\dot\delta}$ 的增大，实数主导极点的模值越来越小，通频带变窄，快速性降低。

由以上的分析可以知道，当位置反馈量一定时，如果速度反馈量过小（$k_{\dot\delta}<k_{\dot\delta m}$），则舵回路将是不稳定的。但是如果速度反馈量过大，则舵回路的通频带会变窄，快速性会降低。

在实际工程中，由于受舵回路中小时间常数及非线性因素的限制，速度反馈量 $k_{\dot\delta}$ 不能选得太大，否则容易引起速度回路的自振。

当在舵回路中同时引入位置和速度反馈时,必须配合得当,这样舵回路才会具有好的性能。对液压舵回路来说,由于自身已有很强的速度反馈,所以只引入位置反馈就可以获得理想的性能。再引入速度反馈则相当于 $k_{\dot{\delta}}$ 值过大,反而会使回路的通频带变窄,快速性降低。

习　题

3-1　气压式高度表是如何测量飞行高度的?

3-2　风标式迎角传感器和压差管式迎角传感器的测量原理如何?

3-3　数字式大气数据计算机主要由哪几部分组成?各部分的作用是什么?

3-4　画出二自由度陀螺的原理图,标明各坐标轴,并标出相应的陀螺力矩、进动速度和摩擦力矩的方向。

3-5　说明垂直陀螺的测量原理和修正原理。

3-6　简述平台式惯性导航系统的基本组成和工作原理。

3-7　简述捷联式惯性导航系统的基本组成和工作原理。

3-8　画出三种舵回路的原理方块图,比较并说明这三种舵回路的特点。

3-9　在图3-73所示的舵回路中,为什么既有位置反馈又有速度反馈?分析说明位置反馈系数与速度反馈系数为什么要有一定的制约关系?

3-10　概述余度系统设计的主要任务是什么?

3-11　飞行控制系统对舵回路系统主要具有哪些技术要求?

第 4 章　典型飞行控制系统分析

4.1　概　述

4.1.1　典型飞行控制系统的构成

典型的飞行控制系统一般由三个反馈回路构成，即舵回路、稳定回路和控制(制导)回路。

所谓的舵回路，就是为了改善舵机的性能以满足飞行控制系统的要求，通常将舵机的输出信号反馈到输入端，形成负反馈回路(或称为伺服回路)，成为一个随动系统(或称为伺服系统)。舵回路一般包括舵机、反馈部件和放大器。典型舵回路的原理方框图如图 4-1(虚线框内)所示。

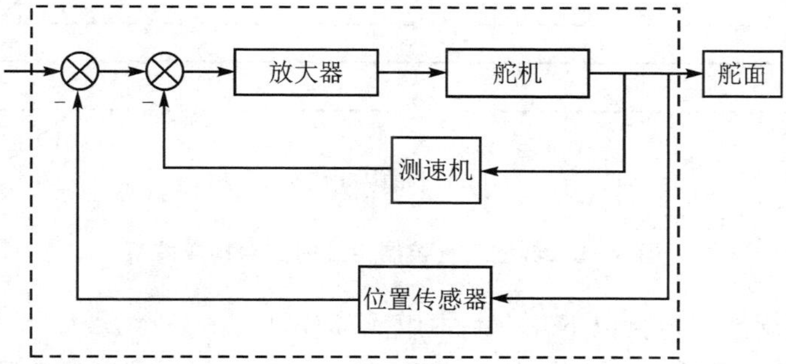

图 4-1　舵回路原理方框图

在图 4-1 所示的舵回路中存在着两个负反馈回路。其一，由位置传感器测量的舵机输出的角位置信号，反馈到舵回路的输入端，使控制信号与舵机输出信号形成比例关系(或其他函数关系)；其二，由测速机测量出舵机输出的角速率信号，反馈到放大器来增大舵回路的阻尼，改善舵回路的动态性能。

如果测量部件测量的是飞行器的飞行姿态信息，则由姿态测量部件和舵回路就构成了自动驾驶仪。自动驾驶仪和被控对象(飞行器)又构成了稳定回路，主要起稳定和控制飞行器姿态的作用。典型稳定回路的原理方框图如图 4-2(a)所示。

稳定回路、飞行器重心位置测量部件以及描述飞行器空间位置几何关系的运动学环节构成了控制(制导)回路，主要起稳定和控制飞行器的运动轨迹的作用。典型飞行控制系统的回路构成关系如图 4-2(b)所示。

由图 4-2(b)可见，因为控制(制导)回路是在稳定回路的基础上构成的，也就是说，是在飞行器的角运动稳定与控制回路的基础上构成的，所以，具有图 4-2(b)结构的飞行控制系统是通过控制飞行器的角运动来改变飞行器重心的运动(即飞行轨迹)的。这种通过姿态的变化来控制飞行轨迹的方式，是目前大多数航空器控制飞行轨迹的主要方式。

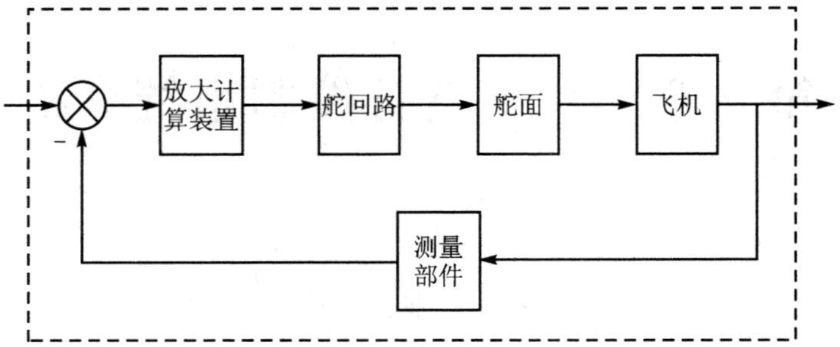

(a) 稳定回路

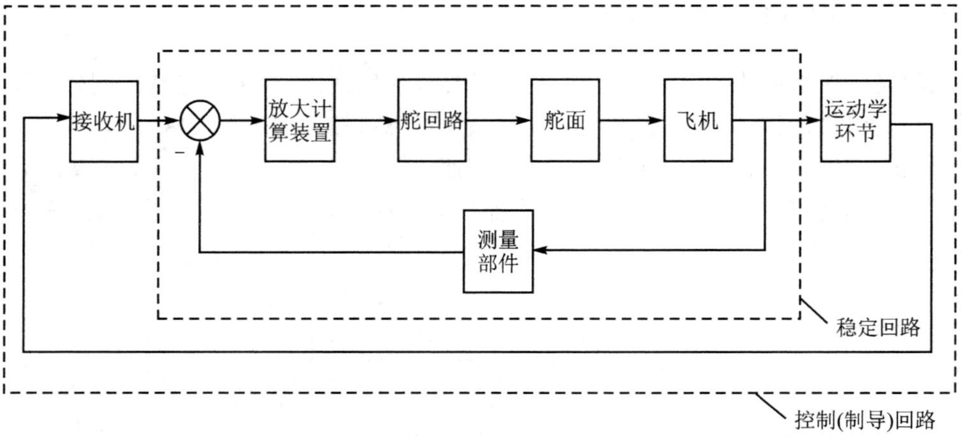

(b) 控制(制导)回路

图 4-2 典型飞行控制系统的回路构成关系

典型的飞行控制系统包括以下几个基本组成部分：

① 测量部件，是飞行控制系统的信息来源，用来测量飞行控制所需要的飞行器运动参数。测量部件包括常用的垂直陀螺仪、航向陀螺仪、速率陀螺以及加速度计等。

② 信号处理部件，主要负责将测量部件的测量信号进行处理，形成符合控制要求的信号和飞行自动控制规律。信号处理部件包括机载计算机等设备。所谓的飞行自动控制规律，是指自动控制器的输出信号与输入信号之间的动态关系，换句话说，就是自动控制器的静态特性和动态特性的数学表达式。

③ 放大部件，用来将信号处理部件的输出信号进行必要的放大处理，以便驱动执行机构。

④ 执行机构，根据放大部件的输出信号驱动舵面偏转。执行机构包括常用的电动伺服舵机和液压伺服舵机等。

4.1.2 典型飞行控制系统的分类

根据飞行控制系统的功能和作用，基本的飞行自动控制系统包括阻尼器(damper)、增稳系统(stability augmentation systems，SAS)、控制增稳系统(control augmentation systems，CAS)和自动驾驶仪(autopilot)等。

4.2 阻尼器与增稳系统

由于对飞行器所执行任务的要求越来越高，使得飞行速度和高度的变化范围（飞行包线，如图 4-3 所示）不断地扩大，飞行器的性能急剧变坏。例如，随着飞行高度的增加，空气越来越稀薄，由此而导致飞行器自身的阻尼力矩越来越小，这样一来飞行器自身角运动的阻尼将下降，机头出现摆动现象，使得瞄准和射击等任务难以准确地完成。为改善飞行器的角运动性能，满足大包线飞行的要求，仅靠气动布局和结构设计已经不能实现，于是 20 世纪 50 年代前后，在运输机和轰炸机上已普遍安装了简单的飞行控制系统，例如，阻尼器和增稳系统。

阻尼器和增稳系统飞行器起飞时就已经接入，不需要像自动驾驶仪那样，需要首先建立基准工作状态。对于有人驾驶的飞机，这种增稳系统与驾驶员共同操纵飞机，是有人驾驶情况下的自动控制问题。

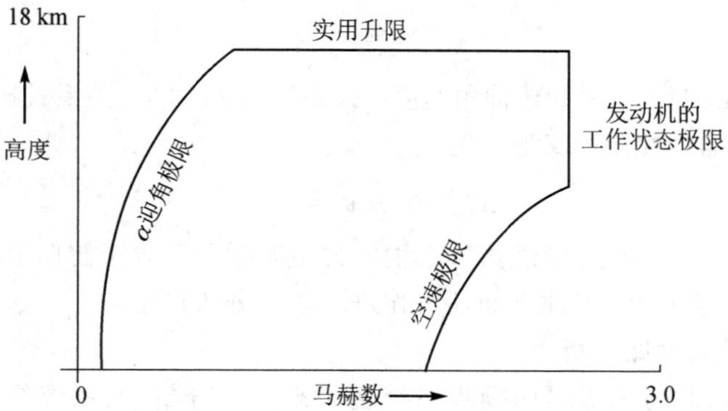

图 4-3 现代高性能飞机的典型飞行包线

4.2.1 阻尼器

由自动控制理论可知，为了改善飞行器角运动的阻尼特性，直接引入姿态角的变化率，形成反馈回路就可以调节飞行器角运动的阻尼比，从而改善飞行器的运动品质。由于姿态运动可以分解为绕三个机体轴的角运动，因此以姿态角变化率为被控变量的阻尼器相应地有俯仰阻尼器、滚转阻尼器和偏航阻尼器。

图 4-4 所示为典型的飞机-俯仰阻尼器系统的原理方框图。

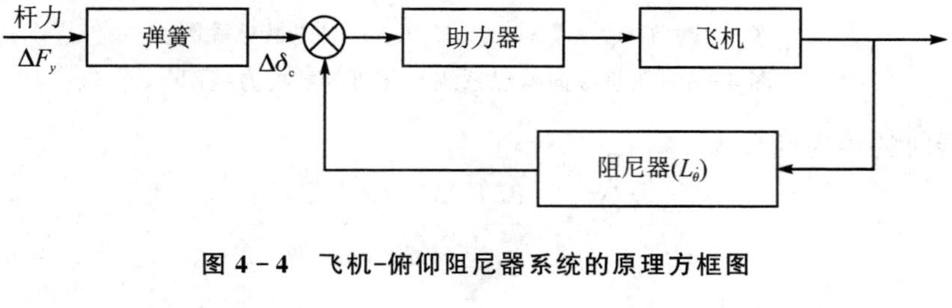

图 4-4 飞机-俯仰阻尼器系统的原理方框图

1. 俯仰阻尼器(pitch damper)

(1) 俯仰阻尼器的主要作用和功能

俯仰阻尼器的主要作用和功能就是改善飞行器的纵向短周期运动的阻尼特性。

(2) 俯仰阻尼器的工作原理与控制规律

为了分析方便,将纵向短周期运动的阻尼比公式(2-109)进行必要的简化处理后,有

$$\xi_{sp}=-\frac{Z_\alpha+V(M_q+M_{\dot{\alpha}})}{2\sqrt{V(M_qZ_\alpha-M_\alpha V)}}\approx-\frac{M_q}{2\sqrt{-M_\alpha}}$$

由上式可见,纵向短周期运动的阻尼比 ξ_{sp} 主要取决于 M_q。而 M_q 的值又正是反映飞行器自身俯仰阻尼力矩($M_q\Delta\dot{\theta}$)的值。因此,通过反馈俯仰角的变化率来增大俯仰阻尼力矩,是提高飞行器的纵向短周期运动阻尼比的有效途径。

基于上述分析,升降舵偏角应与俯仰角的变化率成比例,则俯仰阻尼器的控制律为

$$\Delta\delta_e=L_{\dot{\theta}}\Delta\dot{\theta}$$

考虑到速率陀螺测量的信号为俯仰角速度 Δq,并且当 $\phi=0$ 时,关系式 $\dot{\theta}=q\cos\phi-r\sin\phi=q$ 成立,因此俯仰阻尼器的控制律又通常写成

$$\Delta\delta_e=L_{\dot{\theta}}\Delta\dot{\theta}=L_q\Delta q \tag{4-1}$$

由控制律式(4-1)可知,升降舵面所产生的力矩实际上等效于俯仰阻尼力矩,因此相当于等效增大了飞行器的阻尼比,对此下面还将作进一步的分析讨论。

(3) 俯仰阻尼器的性能分析

首先通过有阻尼器的飞机纵向操纵系统例子来讨论分析,其系统结构方框图如图4-5所示。

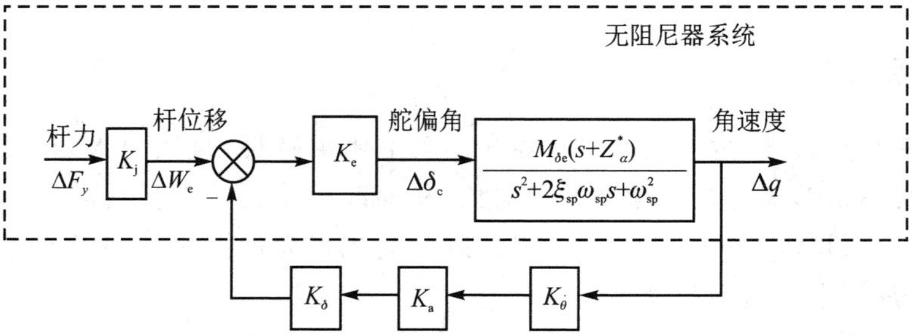

K_j—机械传动比(人感装置弹簧刚度的倒数);K_e—助力器传递系数;$K_{\dot{\theta}}$—俯仰角速率陀螺传递系数;

K_a—放大器放大系数;ΔF_y—杆力;K_δ—舵机传递系数

图4-5 飞机纵向操纵系统与飞机的结构方框图

无阻尼器时的传递函数为

$$\frac{\Delta q(s)}{\Delta F_y(s)}=\frac{K_jK_eM_{\delta_e}(s+Z^*_\alpha)}{s^2+2\xi_{sp}\omega_{sp}s+\omega^2_{sp}} \tag{4-2}$$

式中,$Z^*_\alpha=-\dfrac{Z_\alpha}{V}$。

则无阻尼器时系统的静态增益(静操纵性)为 $K_{d0}=\dfrac{K_j K_e M_{\delta_e} Z_\alpha^*}{\omega_{sp}^2}$。

有阻尼器时的传递函数为

$$\frac{\Delta q(s)}{\Delta F_y(s)}=\frac{K_j K_e M_{\delta_e}(s+Z_\alpha^*)}{s^2+2\xi_{de}\omega_{de}s+\omega_{de}^2} \tag{4-3}$$

则相应的有阻尼器时系统的静态增益(静操纵性)为 $K_{de}=\dfrac{K_j K_e M_{\delta_e} Z_\alpha^*}{\omega_{sp}^2+L_{\dot\theta} M_{\delta_e} Z_\alpha^*}$，固有频率为 $\omega_{de}=\sqrt{\omega_{sp}^2+L_{\dot\theta} M_{\delta_e} Z_\alpha^*}$，阻尼比为 $\xi_{de}=\dfrac{\xi_{sp}+L_{\dot\theta} M_{\delta_e} T_{sp}/2}{\sqrt{1+L_{\dot\theta} M_{\delta_e} Z_\alpha^* T_{sp}^2}}$，式中 $L_{\dot\theta}=K_{\dot\theta} K_a K_\delta K_e$。

通过比较有、无阻尼器时系统的传递函数，可以得到下列结论：

① 适当选择阻尼器的控制律增益 $L_{\dot\theta}$ 可增大阻尼比 ξ_{de}，从而改善飞行器的阻尼特性；

② 增加阻尼器可使飞行器的固有频率 ω_{de}(或者 $1/T_{de}$)略有增加，但其与阻尼比 ξ_{de} 的影响相比较要小。

③ 有、无阻尼器时系统的静态增益(静操纵性)之比为 $\dfrac{K_{d0}}{K_{de}}=1+\dfrac{L_{\dot\theta} M_{\delta_e} Z_\alpha^*}{\omega_{sp}^2}$，也就是说增加阻尼器后，系统的静操纵性减小了 $\dfrac{L_{\dot\theta} M_{\delta_e} Z_\alpha^*}{\omega_{sp}^2}$ 倍，且静操纵性的减小幅度与阻尼器的控制律增益 $L_{\dot\theta}$ 成正比关系。换句话说，系统的静操纵性 K_{de} 是随着阻尼比 ξ_{de} 增大(即控制律增益 $L_{\dot\theta}$ 的增大)而减小的，即以牺牲静操纵性而换来阻尼比的改善。

采用比例式控制律式(4-1)的俯仰阻尼器，有下列几个问题需要特别指出并讨论。

1）附加舵偏角问题

当飞行器进行水平转弯飞行时，俯仰阻尼器将产生附加舵偏角问题。

由运动方程组(2-31b)可以很容易得到姿态角速率($\dot\theta,\dot\psi,\dot\phi$)与机体轴角速度($p,q,r$)之间的关系

$$\begin{cases} p=\dot\phi-\dot\psi\sin\theta \\ q=\dot\theta\cos\phi+\dot\psi\cos\theta\ \sin\phi \\ r=-\dot\theta\sin\phi+\dot\psi\cos\theta\ \cos\phi \end{cases} \tag{4-4}$$

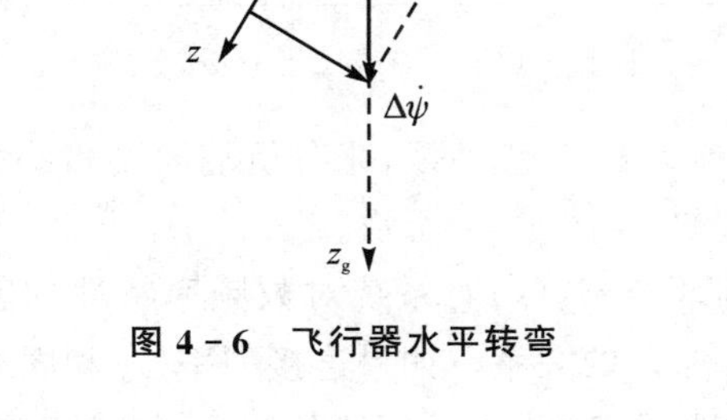

图 4-6　飞行器水平转弯

当飞行器做稳定的水平盘旋或转弯飞行时，由于存在着俯仰角速度增量 Δq(如图 4-6 所示，在 5.4 节有关协调转弯的内容中还会详细讨论)，从关系式(4-4)可以得到俯仰角速度增量的近似关系 $\Delta q\approx\Delta\dot\psi\ \sin\Delta\phi$。速率陀螺将感受到这个俯仰角速度增量 Δq 并依据控制律式(4-1)使阻尼器产生恒定的附加舵偏角 $\Delta\delta_e=L_{\dot\theta}\Delta\dot\psi\sin\Delta\phi=L_{\dot\theta}\Delta q$。由于俯仰阻尼器所产生的负反馈信号将使俯仰角速度减

小,那么驾驶员就必须通过适当地操纵升降舵,来对这个附加的舵偏角 $\Delta\delta_e$ 加以补偿。

此外,俯仰阻尼器的舵机通常是串联连接的,并且俯仰阻尼器的控制权限一般都很小(约 $\pm1°$),如果所产生的附加舵偏角超出俯仰阻尼器的控制权限,那么将导致由俯仰阻尼器改善飞机阻尼特性的正常功能失效,甚至造成严重的飞行事故。

解决附加舵偏角问题的方法,可以从俯仰角速度增量 Δq 的信号特性得到启发。因为水平转弯飞行时所产生的俯仰角速度增量 Δq 是一种低频信号,那么可以应用配平舵机并加入清洗网络(高通滤波器)滤掉速率陀螺输出信号的稳态分量,就可以使稳定水平盘旋或转弯飞行时所产生的 Δq 值不会影响俯仰阻尼器工作。引入清洗网络的俯仰阻尼器控制律为

$$\Delta\delta_e = L_{\dot{\theta}}\frac{\tau s}{\tau s+1}\Delta\dot{\theta} \tag{4-5}$$

2) 增益 $L_{\dot{\theta}}$ 的调参问题

由式(2-109)可知,飞行器短周期纵向运动的固有频率 ω_{sp} 和阻尼比 ξ_{sp} 将随飞行速度和高度的变化而发生变化,而如果将俯仰阻尼器的增益 $L_{\dot{\theta}}$ 设计为常值,在大飞行包线情况下改善飞行器阻尼特性的效果显然不会很理想。

由传递函数式(4-3)的阻尼比公式 $\xi_{de}=\dfrac{\xi_{sp}+L_{\dot{\theta}}M_{\delta_e}T_{sp}/2}{\sqrt{1+L_{\dot{\theta}}M_{\delta_e}Z_\alpha^* T_{sp}^2}}$ 可见,由于 $Z_\alpha^*=\dfrac{QS_w}{mV}(C_D+C_{L_\alpha})$ 和 $M_{\delta_e}=\dfrac{QS_w c_A}{I_y^*}C_{m_{\delta_e}}$ 均与动压 Q 密切相关,即随着飞行高度和空速的变化而变化的,因此,阻尼器的增益 $L_{\dot{\theta}}$ 应随着飞行状态的变化而进行相应的调整,通常采用调参的方法来解决,调参规律的一般形式为 $L_{\dot{\theta}}=f(Q)$。

3) 惯性对阻尼器系统的影响

考虑舵回路和助力器的惯性时,其控制规律为

$$\Delta\delta_e = G_e(s)G_\delta(s)L_{\dot{\theta}}\Delta\dot{\theta} \tag{4-6}$$

在式(4-6)中,舵回路的传递函数(振荡环节)和助力器传递函数分别为

$$G_\delta(s)=\frac{1}{\left(\dfrac{s}{\omega_\delta}\right)^2+2\xi_\delta\left(\dfrac{s}{\omega_\delta}\right)+1},\quad G_e(s)=\frac{1}{\dfrac{s}{\omega_e}+1} \tag{4-7}$$

式中,ω_δ,ξ_δ 分别为舵回路的固有频率和阻尼比;ω_e 为连接频率。

根据图4-5所示,飞行器-阻尼器系统的开环传递函数为

$$G(s)=\frac{L_{\dot{\vartheta}}M_{\delta_e}(s+Z_\alpha^*)}{\left(\dfrac{s}{\omega_e}+1\right)\left[\left(\dfrac{s}{\omega_\delta}\right)^2+2\xi_\delta\left(\dfrac{s}{\omega_\delta}\right)+1\right](s^2+2\xi_{sp}\omega_{sp}s+\omega_{sp}^2)} \tag{4-8}$$

根据式(4-8),不难通过对数幅频 $L(\omega)$ 和相频 $\phi(\omega)$ 特性曲线,来分析舵回路和助力器传递函数的相应惯性参数对飞行器-阻尼器系统的影响,如图4-7所示。

由自动控制原理可知,惯性环节 $G_e(s)$ 及振荡环节 $G_\delta(s)$ 对系统对数频率特性的影响取决于其连接频率 ω_e 和固有频率 ω_δ 与系统截止频率 ω_c 的关系。如果连接频率 ω_e 和固有频率 ω_δ 都比系统截止频率 ω_c 大3~5倍以上,那么,惯性环节 $G_e(s)$ 及振荡环节 $G_\delta(s)$ 对系统开环幅频特性的影响很小,只产生一定的相位差。

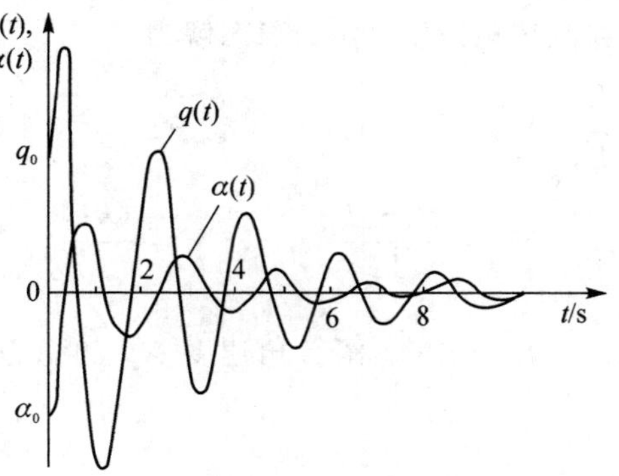

(a) 无阻尼器

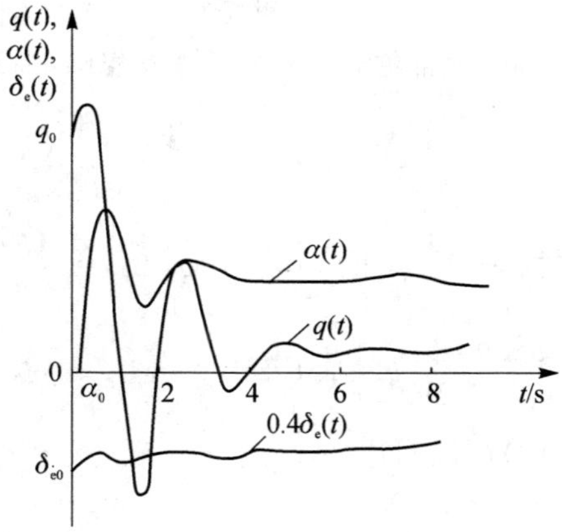

(b) 有阻尼器

图 4-7　飞行器的短周期运动过程(阻尼器的控制权限为±1°)

因此,若已知 $\omega_c,\omega_\delta,\omega_e,\xi_\delta$,则可计算出 $G_e(s)$和 $G_\delta(s)$在 ω_c 处所产生的相位差。

4) 串联舵机控制权限的影响

由于俯仰阻尼器的控制权限一般很小(±1°),因此在分析飞行器-阻尼器系统时,应考虑串联舵机控制权限(即非线性因素)的影响。

如果考虑舵回路和助力器的惯性因素以及阻尼器的不灵敏区,俯仰阻尼器的控制规律为

$$\Delta\delta_e = f(D) \tag{4-9}$$

其中

$$f(D)=\begin{cases}0, & |D|<\varepsilon \\ D-\varepsilon\,\mathrm{sign}\,D, & \varepsilon\leqslant |D|\leqslant \sigma+\varepsilon \\ \mathrm{sign}\,D, & |D|>\sigma+\varepsilon\end{cases}$$

$$D=G_e(s)G_\delta(s)L_{\dot\theta}\Delta\dot\theta$$

式中,σ 和 ε 分别为俯仰阻尼器的控制权限和由间隙等非线性因素所造成的不灵敏区(约为 0.1°~0.2°);$G_e(s)$和 $G_\delta(s)$分别是助力器和舵回路的传递函数。

如果再考虑驾驶员的操纵,则俯仰阻尼器的控制规律为

$$\Delta\delta_e = f(D)+G_e(s)K_j\Delta F_y \tag{4-10}$$

这样,将俯仰阻尼器的控制规律式(4-10)与飞行器的传递函数$\dfrac{\Delta q(s)}{\Delta\delta_e(s)}$联立,一般采用计算机进行数值求解的方法,就可以对考虑了非线性因素的飞机-阻尼器系统的特性进行分析研究。一般情况下,无论俯仰阻尼器的控制权限多大,飞行器-阻尼器系统的俯仰角速度和迎角响应都会有改善,只不过俯仰角速度的超调量相对要大一些。

2. 滚转阻尼器(roll damper)

(1) 滚转阻尼器的主要作用和功能

滚转阻尼器的主要作用和功能就是改善飞行器-阻尼器系统的滚转阻尼特性。

以副翼 $\Delta\delta_a$ 为输入,滚转角速度 Δp 为输出的传递函数式(2-148)写成滚转运动简化方程,即

$$(s - L_p^*)\Delta p = L_{\delta_a}^* \Delta\delta_a \tag{4-11}$$

当副翼 $\Delta\delta_a$ 为常值输入时,求解方程(4-11)得到滚转角速度 Δp 的稳态解为

$$\Delta p = -\frac{L_{\delta_a}^*}{L_p^*}\Delta\delta_a \tag{4-12}$$

根据表 2-4 的导数定义,$\bar{L}_{\delta_a} = \dfrac{QS_w b}{I_x^*}C_{l_{\delta_a}}$,$N_{\delta_a} = \dfrac{QS_w b}{I_x^*}C_{n_{\delta_a}}$,$\bar{L}_p = \dfrac{QS_w b}{I_x^*}\dfrac{b}{2V}C_{l_p}$,$N_p = \dfrac{QS_w b}{I_x^*}\dfrac{b}{2V}C_{n_p}$,以及 $L_{\delta_a}^* = \varepsilon\bar{L}_{\delta_a} + \eta N_{\delta_a}$,$L_p^* = \varepsilon\bar{L}_p + \eta N_p$,滚转角速度 Δp 的稳态解关系式(4-12)可以写成

$$\Delta p = -\frac{2V}{b}\cdot\frac{\varepsilon\cdot C_{l_{\delta_a}} + \eta\cdot C_{n_{\delta_a}}}{\varepsilon\cdot C_{l_p} + \eta\cdot C_{n_p}}\Delta\delta_a \tag{4-13}$$

由滚转角速度 Δp 的稳态解关系式(4-13)可知,对于具有小展弦比机翼的高空高速战斗机而言,随着飞行速度的增加或进行大迎角飞行时,滚转角速度 Δp 会变得很大,从而使飞机操纵困难,所以需要通过引入滚转阻尼器来增大飞机的滚转阻尼,以改善飞机的操纵特性。

下面通过一个例子来分析、讨论滚转阻尼器的主要作用和功能。某滚转阻尼器及其有关装置的原理如图 4-8 所示。其原理方框图如图 4-9 所示。

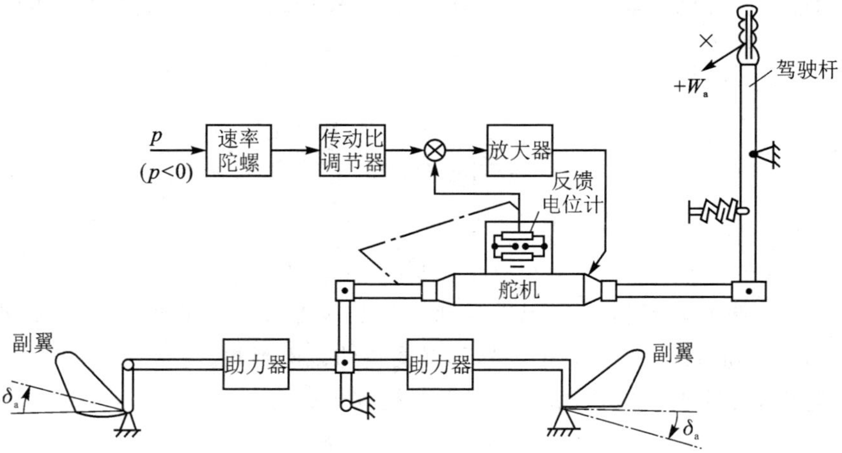

图 4-8　某滚转阻尼器及其有关装置的原理

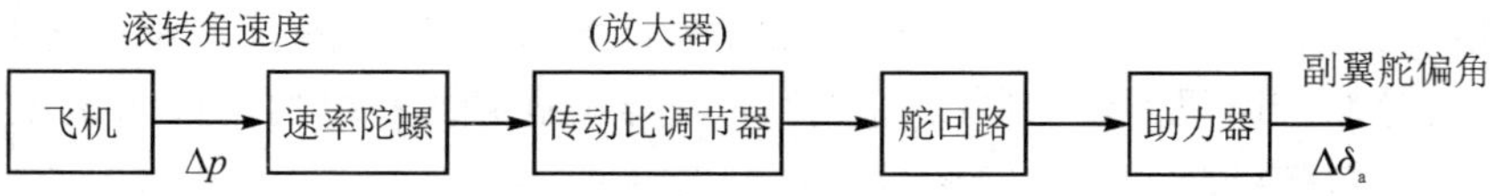

图 4-9　滚转阻尼器和助力器原理方框图

(2) 滚转阻尼器的传递函数及其控制律

下面分析、讨论以副翼偏角 $\Delta\delta_a$ 和杆偏移 ΔW_a 为输入,滚转角速度 Δp 为输出的传递函数及其控制律。

选择二阶振荡环节的副翼舵回路为 $G_\delta(s)=\dfrac{1}{\left(\dfrac{s}{\omega_\delta}\right)^2+2\xi_\delta\left(\dfrac{s}{\omega_\delta}\right)+1}$，将助力器近似为一阶惯性环节 $G_e(s)=\dfrac{1}{\dfrac{s}{\omega_e}+1}$。如果不考虑滚转速率陀螺的惯性及舵回路不灵敏区的影响，并假设副翼偏角 $|\Delta\delta_a|\leqslant 3°$，可得下列两种情况的滚转阻尼器的控制规律。

① 不考虑杆偏移 ΔW_a 情况的阻尼器控制律为

$$\Delta\delta_a=G_\delta(s)\cdot G_e(s)I_p\Delta p=\frac{1}{\dfrac{s}{\omega_e}+1}\cdot\frac{1}{\left(\dfrac{s}{\omega_\delta}\right)^2+2\xi_\delta\left(\dfrac{s}{\omega_\delta}\right)+1}\cdot I_p\Delta p \tag{4-14}$$

② 考虑杆偏移 ΔW_a 情况的阻尼器控制律为

$$\Delta\delta_a=\frac{1}{\dfrac{s}{\omega_e}+1}\cdot\left[\frac{I_p\Delta p}{\left(\dfrac{s}{\omega_\delta}\right)^2+2\xi_\delta\left(\dfrac{s}{\omega_\delta}\right)+1}+I_a\Delta W_a\right] \tag{4-15}$$

式中，I_a 为副翼偏角对驾驶杆横向偏移的传动比；I_p 为副翼偏角对滚转角速度的传递系数。

如果考虑串联舵机权限的非线性特征，则控制律为

$$\Delta\delta_a=F(X)+G_e(s)I_a\Delta W_a \tag{4-16}$$

其中

$$F(X)=\begin{cases}X, & |X|<3° \\ 3°\operatorname{sign}X, & |X|\geqslant 3°\end{cases}$$

$$X=G_e(s)G_\delta(s)I_p\Delta p$$

一般地说，I_p 需要随动压 Q 的变化而进行参数调节。

(3) 偏航与滚转运动耦合的影响分析

将飞行器横侧运动传递函数关系式(2－143)写成简化形式

$$\frac{\Delta\phi(s)}{\Delta\delta_a(s)}=\frac{K_\phi(s^2+2\xi_\phi\omega_\varphi s+\omega_\phi^2)}{(s-\lambda_1)(s-\lambda_2)(s^2+2\xi_d\omega_{n_d}s+\omega_{n_d}^2)} \tag{4-17}$$

式中，λ_1 为描述螺旋运动的根；λ_2 为描述滚转衰减运动的根；ξ_d 和 ω_{n_d} 分别为荷兰滚运动的阻尼比与固有频率；ξ_ϕ 和 ω_ϕ 分别为对应于传递函数零点模态的阻尼比与固有频率。

由于飞行状态不同，飞行器的传递函数零极点分布也不同；$\dfrac{\omega_\phi}{\omega_{n_d}}$ 的比值不同，偏航对滚转运动的影响也不同。联立飞行器的传递函数 $\dfrac{\Delta\phi(s)}{\Delta\delta_a(s)}=\dfrac{K_\phi(s^2+2\xi_\phi\omega_\phi s+\omega_\phi^2)}{(s-\lambda_1)(s-\lambda_2)(s^2+2\xi_d\omega_{n_d}s+\omega_{n_d}^2)}$ 和阻尼器控制律 $\Delta\delta_a=F(X)+G_e(s)I_a\Delta W_a$，可以画出略去助力器和舵回路惯性特性后的飞行器-滚转阻尼器系统随 I_p 变化过程的根轨迹，如图 4－10 所示。

由图 4－10 可知，在分析和设计滚转阻尼器系统时，一般应注意下列几个方面的问题：

① 当 $\dfrac{\omega_\phi}{\omega_{n_d}}>1$，且 ω_ϕ 和 ω_{n_d} 大小相当时，极点和零点很接近，就构成了复偶极子。$\dfrac{\omega_\phi}{\omega_{n_d}}$ 的

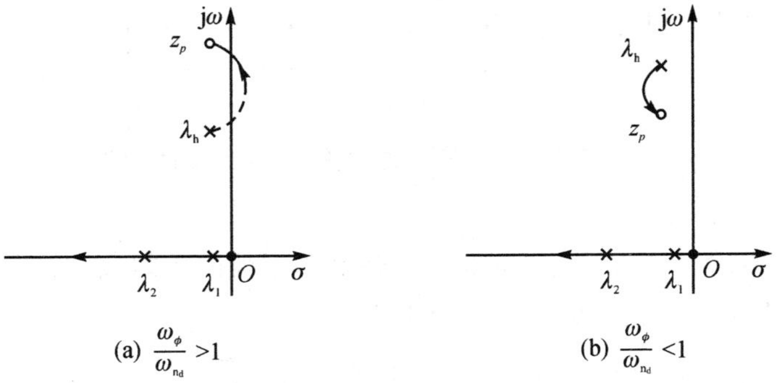

图 4-10　飞行器-滚转阻尼器系统随 I_p 变化过程的根轨迹

值越大,则稳定储备就越小。通常情况下,当 $\omega_\phi>\omega_{n_d}>|\lambda_2|$ 时,就必须考虑复偶极子对于飞行器-滚转阻尼器系统的影响。

② 当 $\frac{\omega_\phi}{\omega_{n_d}}<1$ 时,合理选取 I_p 可以使复根的阻尼比大于原飞行器的阻尼比,即飞行器-阻尼系统的荷兰滚运动要比原飞行器衰减得更快,因此在这种情况下,可不必考虑偏航与滚转运动耦合的影响。

③ 在设计滚转阻尼器的增益 I_p 时,为了考虑偏航与滚转运动耦合的影响,一般先假定偏航阻尼器的参数已定,联立求解偏航阻尼器和飞行器侧向运动方程组,得到滚转运动的传递函数 $\frac{\Delta p(s)}{\Delta\delta_a(s)}$,并选定较为合适的滚转阻尼器增益 I_p 的值;然后再修改偏航阻尼器的参数,经过反复设计后,可以确定合适的偏航阻尼器和滚转阻尼器的参数。

3. 偏航阻尼器(yaw damper)

(1) 偏航阻尼器的主要作用和功能

偏航阻尼器的主要作用和功能是改善飞行器的荷兰滚振荡阻尼特性。

所谓的荷兰滚运动,是指当横滚静稳定性导数 $C_{l_\beta}<0$ 时,飞行器具有横滚静态稳定性,即具有自动纠正滚转角偏差的特性。如果飞行器的偏航稳定性较差,那么伴随着侧滑角 β 的正负振荡,在横滚静稳定性导数 C_{l_β} 的作用下,飞行器会产生类似于荷兰人滑冰动作的左右偏航与滚转的耦合运动,荷兰滚运动因此而得名。

虽然依靠修改飞行器气动外形,例如加大垂尾面积等设计手段,可提高荷兰滚振荡的阻尼,但是这样将使飞行器的阻力和结构质量大大增加,且加剧了飞行器对侧风的反应,降低了飞行器的整体性能。因此,在航向飞行操纵系统中加入偏航阻尼器,是改善飞行器荷兰滚振荡阻尼特性的一种行之有效的方法。

由特征行列式 $\Delta_{LD}=|s\boldsymbol{I}-\boldsymbol{A}|$ 和矩阵 $\boldsymbol{B}$ 的关系式(2-141)可以写出飞行器偏航力矩方程为

$$-N_\beta^*\Delta\beta-N_p^*\Delta p+(s-N_r^*)\Delta r=N_{\delta_r}^*\Delta\delta_r \tag{4-18}$$

依据偏航力矩方程(4-18)可以画出其相应的结构图,如图 4-11 所示。图中 K_r 为偏航阻尼器的控制律增益。

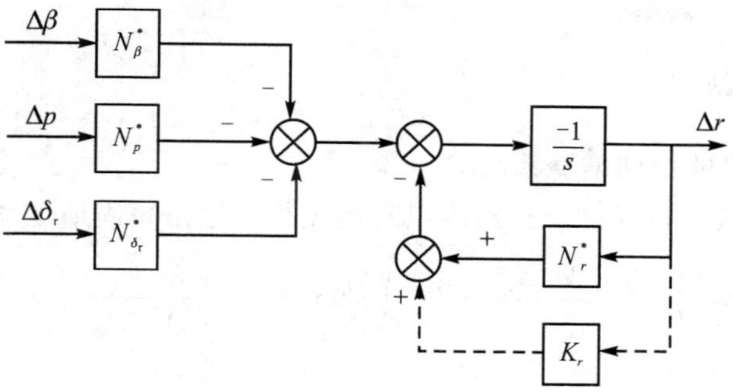

图 4-11 偏航力矩方程结构图

从图 4-11 可见，偏航阻尼器的引入使得偏航角速度 Δr 的总反馈系数为$(N_r^*+K_r)$，增大了荷兰滚的阻尼比，偏航阻尼器正是感受飞行器的偏航角速度 Δr 并产生正比于 Δr 的方向舵偏角 $\Delta\delta_r$ 来构成反馈，从而增大荷兰滚的阻尼比。

(2) 偏航阻尼器的控制律

由关系式(4-4)可知，$r=-\dot{\theta}\sin\phi+\dot{\psi}\cos\theta\cos\phi$，那么，当飞行器进行水平飞行时，满足条件 $\theta=\phi=0$，因此有 $r=\dot{\psi}$，因此，可得偏航阻尼器的控制律为

$$\Delta\delta_r=K_r\Delta r \tag{4-19}$$

关于偏航阻尼器对稳态转弯飞行的影响及偏航阻尼器增益的调参问题，可以采用分析俯仰阻尼器的同样方法进行分析研究。

4.2.2 增稳系统

前面讨论了采用阻尼器提高飞行器阻尼比的方法和原理，但是，阻尼器对固有频率的影响不大。现代战斗机往往在大迎角状态下飞行，而纵向静稳定性导数 $C_{m_\alpha}=\frac{\partial C_m}{\partial\alpha}$又随着迎角的增大而变大，甚至变号成为正值，使得飞行器的纵向静稳定性变差。

纵向力矩系数 C_m 是迎角和马赫数的函数，$C_m=C_m(\alpha, Ma)$，则纵向力矩系数 C_m 的变化梯度为

$$dC_m=\frac{\partial C_m}{\partial Ma}dMa+\frac{\partial C_m}{\partial\alpha}d\alpha \tag{4-20}$$

式(4-20)等号右端第一项反映了马赫数对纵向力矩系数 C_m 变化梯度的影响，第二项反映了迎角对 C_m 变化梯度的影响。偏导数 $C_{m_\alpha}=\frac{\partial C_m}{\partial\alpha}$表示飞行速度不变情况下，迎角变化引起的俯仰力矩变化决定纵向静稳定性的关系，也称为定速静稳定性。

如图 4-12 所示，若 $C_{m_\alpha}<0$，当 $\Delta\alpha$ 增大时，产生低头力矩，使飞行器纵向运动恢复稳定。反之，若 $\alpha>\alpha_m$，$C_{m_\alpha}>0$，则飞行器纵向不稳定，飞行器难以操纵，必须应用增稳系统来改善飞行器的静稳定性和动稳定性。增稳系统的性能要优于阻尼器，因此被广泛地应

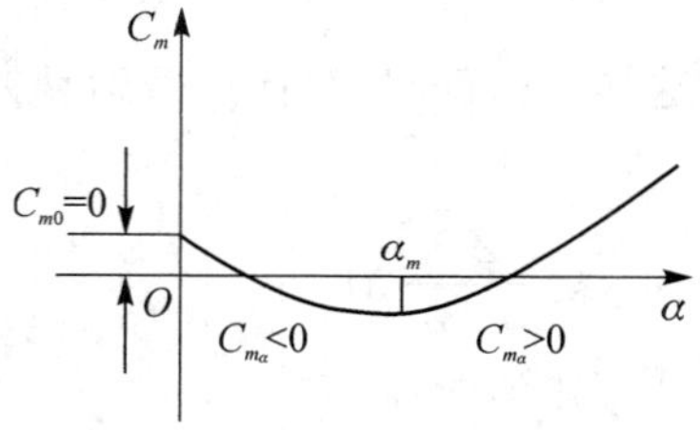

图 4-12 C_m 随迎角 α 变化的曲线

用于高性能战斗机。

1. 俯仰增稳系统

(1) 引用迎角信号的俯仰增稳系统

由迎角的传递函数表达式(2-107)可以写出飞行器迎角短周期运动方程为

$$\left[s^2-\left(\frac{Z_\alpha}{V}+M_q+M_{\dot{\alpha}}\right)s+\left(\frac{M_qZ_\alpha}{V}-M_\alpha\right)\right]\Delta\alpha(s)=\left[\frac{Z_{\delta_e}}{V}s+\left(M_{\delta_e}-\frac{M_qZ_{\delta_e}}{V}\right)\right]\Delta\delta_e(s) \tag{4-21}$$

考虑到在方程(4-21)右端中,项$\frac{Z_{\delta_e}}{V}s$和$\frac{M_qZ_{\delta_e}}{V}$与$M_{\delta_e}$相比,在通常情况下很小,忽略后有

$$\left[s^2-\left(\frac{Z_\alpha}{V}+M_q+M_{\dot{\alpha}}\right)s+\left(\frac{M_qZ_\alpha}{V}-M_\alpha\right)\right]\Delta\alpha(s)=M_{\delta_e}\Delta\delta_e(s) \tag{4-22}$$

或者简写为

$$(s^2+C_1s+C_2)\Delta\alpha=M_{\delta_e}\Delta\delta_e \tag{4-23}$$

根据纵向短周期运动模态的稳定性条件$M_qZ_\alpha>VM_\alpha$(式(2-126))可知,由于在通常情况下导数M_q和Z_α均为负值,空速V为正值,所以只要满足$M_\alpha<0$,则纵向短周期运动模态就是稳定的。但是从稳定性条件式(2-126)也可以看出,有时尽管$M_\alpha>0$(即$C_{m_\alpha}>0$),但M_α只要很小且仍能满足短周期模态稳定性条件$M_qZ_\alpha>VM_\alpha$,那么短周期运动模态还是稳定的。

由于在$M_qZ_\alpha<VM_\alpha$条件下,即$C_2<0$时,迎角运动的特征根中有一正根。若在控制律中加上关于迎角的信号,则

$$\Delta\delta_e=L_\alpha\Delta\alpha+L_e\Delta W_e \tag{4-24}$$

式中,ΔW_e为驾驶杆指令。

这样,飞行器迎角短周期运动方程变为

$$[s^2+C_1s+(C_2-M_{\delta_e}L_\alpha)]\Delta\alpha=M_{\delta_e}L_e\Delta W_e \tag{4-25}$$

只要适当调整L_α使$C_2-M_{\delta_e}L_\alpha>0$成立,则飞行器就由纵向不稳定变为稳定。系统振荡频率则由飞行器的固有频率$\omega_d=\sqrt{C_2}$增加到$\omega_n=\sqrt{C_2-M_{\delta_e}L_\alpha}$。因为$C_1=2\xi_d\omega_n$,由于$\omega_n$增大,所以$\xi_d$将减小。

(2) 引用过载信号的俯仰增稳系统

法向过载增量与迎角增量的关系为

$$\Delta n_z\approx\frac{QS_wC_{L_\alpha}}{57.3G}\Delta\alpha\approx-\frac{Z_\alpha}{57.3g}\Delta\alpha \tag{4-26}$$

这样,飞行器的法向过载运动方程为

$$(s^2+C_1s+C_2)\Delta n_z=-n_n\Delta\delta_e \tag{4-27}$$

式中,$n_n\approx\frac{Z_\alpha}{57.3g}M_{\delta_e}$。

若采用控制律,有

$$\Delta\delta_e=L_n\Delta n_z+L_e\Delta W_e$$

则飞行器的法向过载运动方程可改写为

$$[s^2 + C_1 s + (C_2 + n_n L_n)]\Delta n_z = -n_n L_e \Delta W_e \tag{4-28}$$

由此可见，同样可以适当地调整 L_n 使得关系式 $C_2 + n_n L_n > 0$ 成立，因此可以使飞行器变为纵向静稳定。

由此可得出如下结论：

① 无论采用迎角信号或过载信号，合理选择 L_α，L_n 都能改善飞行器静稳定性。

② 系统振荡频率由飞行器固有频率 $\omega_d = \sqrt{C_2}$ 增加到 $\omega_n = \sqrt{C_2 + n_n L_n}$。因为 $C_1 = 2\xi_d \omega_n$，由于 ω_n 增大，所以 ξ_d 将减小，从而使得飞行器的阻尼特性变坏。即“固有频率与阻尼比不能兼顾”。

(3) 纵向比例/积分式增稳系统

为解决固有频率与阻尼比不能兼顾的问题，必须在控制律中包含迎角(过载)和角速度两种信号，这里给出两种典型的控制律：

① 纵向比例式增稳系统控制律，即

$$\Delta\delta_e = L_q \Delta q + L_n \Delta n_z + L_e \Delta W_e \tag{4-29}$$

② 纵向积分式增稳系统控制律，即

$$\Delta\delta_e = L_q \Delta q + L_n \Delta n_z + \int_0^t (L_q^* \Delta q + L_n^* \Delta n_z + L_e \Delta W_e)\,dt \tag{4-30}$$

下面以纵向比例式增稳系统控制律表达式(4-29)为例进行分析。

由关系式(2-112)、式(2-113)和式(4-26)可以得到俯仰角速度 Δq 与过载 Δn_z 的近似关系式，即

$$\Delta q \approx \frac{57.3g}{VZ_\alpha^*}(s + Z_\alpha^*)\Delta n_z \tag{4-31}$$

将纵向比例式增稳系统控制律表达式(4-29)和俯仰角速度 Δq 与过载 Δn_z 的近似关系式(4-31)代入方程(4-27)，可以得到飞行器-增稳系统的过载运动方程，即

$$\left[s^2 + \left(C_1 + \frac{57.3gn_n L_q}{VZ_\alpha^*}\right)s + \left(C_2 + \frac{57.3gn_n L_q}{V} + n_n L_n\right)\right]\Delta n_z = -n_n L_e \Delta W_e \tag{4-32}$$

由此可见，适当选取 L_n，L_q 可使系统的固有频率和阻尼比按要求确定。

2. 偏航增稳系统

现代超声速战斗机一般具有细长机身、小面积立尾的气动外形，使航向静稳定性不足，经常处于侧滑状态，因此乘坐品质较差，阻力急剧增大，机动敏捷性下降，不利于空战的占位、瞄准和武器的准确投放。

侧滑角 β 所引起的偏航力矩 $N_A(\beta)$ 主要由机身和立尾产生，而立尾的稳定性作用因超声速飞行时的气动特性而下降，考虑到机身受力弹性弯曲等原因，飞行马赫数 Ma 很大时，航向可能不稳定，因此，现代超声速战斗机要限制最大马赫数 Ma。

航向稳定性与纵向稳定性在原理上是相同的，$C_{m_\alpha} < 0$ 是稳定的，而 $C_{n_\beta} = \dfrac{\partial C_n}{\partial \beta} > 0$ 是稳定的，这是由机体坐标系和气流坐标系的定义以及飞行器的气动布局所致。

(1) 增大航向稳定力矩方法

因为当 $C_{n_\beta} > 0$ 时，飞行器航向稳定。而 $C_{n_\beta} \propto N_\beta$，所以当航向稳定力矩导数 N_β 增大时，

C_{n_β} 增大。

由关系式(2-141)可以得到偏航力矩方程为

$$-N_\beta^*\Delta\beta-N_p^*\Delta p+(s-N_r^*)\Delta r=N_{\delta_r}^*\Delta\delta_r \tag{4-33}$$

若将方向舵偏角分为两部分 $\Delta\delta_r=\Delta\delta_{r1}+\Delta\delta_{r2}$ 且 $\Delta\delta_{r2}=K_\beta\Delta\beta$，$K_\beta$ 是 $\Delta\beta$ 到方向舵的传动比，则方程(4-33)可写成

$$-(N_\beta^*+N_{\delta_r}^*K_\beta)\Delta\beta-N_p^*\Delta p+(s-N_r^*)\Delta r=N_{\delta_r}^*\Delta\delta_{r1} \tag{4-34}$$

由此可见，只要合理选取 K_β 使 $N_{\delta_r}^*K_\beta>0$，即满足 $(N_\beta^*+N_{\delta_r}^*K_\beta)>N_\beta^*$，就可增大航向静稳定力矩，即增加航向静稳定性。

(2) 增加荷兰滚阻尼

引入航向角速度 Δr 信号可以提高荷兰滚阻尼。典型的偏航增稳系统的控制律如下：

① 不考虑惯性和非线性因素时，有

$$\Delta\delta_r=K_r\Delta r+K_\beta\Delta\beta+L_r\Delta W_r \tag{4-35}$$

② 考虑惯性和非线性因素时，有

$$\Delta\delta_r=E(Z)+W(s)L_r\Delta W_r \tag{4-36}$$

其中

$$Z=W_e(s)W_\delta(s)(K_r\Delta r+K_\beta\Delta\beta)$$

$$E(Z)=\begin{cases}Z, & |Z|<\delta_M\\ \delta_M\operatorname{sign}Z, & |Z|\geqslant\delta_M\end{cases}$$

式中，$W_e(s)$ 为助力器传递函数；$W_\delta(s)$ 为舵回路传递函数；L_r 是脚蹬到方向舵的传动比；ΔW_r 是脚蹬位移；K_r 是偏航角速度的传递系数；δ_M 是舵机的极限偏角。

由关系式(2-141)可以得到简化后的以方向舵偏转增量 $\Delta\delta_r$ 为控制输入、偏航角速度增量 Δr 为输出的传递函数为

$$\frac{\Delta r(s)}{\Delta\delta_r(s)}=\frac{N_{\delta_r}^*\left(s-\dfrac{Y_\beta}{V}\right)}{s^2-\left(N_r^*+\dfrac{Y_\beta}{V}\right)s+\left(N_\beta^*+\dfrac{Y_\beta N_r^*}{V}\right)} \tag{4-37}$$

或者写成

$$(s^2+C_1s+C_2)\Delta r=N_{\delta_r}^*\left(s-\frac{Y_\beta}{V}\right)\Delta\delta_r \tag{4-38}$$

式中，$C_1=-\left(N_r^*+\dfrac{Y_\beta}{V}\right)$，$C_2=\left(N_\beta^*+\dfrac{Y_\beta N_r^*}{V}\right)$。

如果不考虑惯性和非线性因素的影响，那么将控制律表达式(4-35)与飞行器运动方程(4-38)联立，并利用关系式(2-141)第一行所得到的近似公式 $\left(s-\dfrac{Y_\beta}{V}\right)\Delta\beta+\Delta r=0$，则有

$$\left\{s^2+(C_1-N_{\delta_r}^*K_r)s+\left[C_2+N_{\delta_r}^*\left(\frac{Y_\beta K_r}{V}+K_\beta\right)\right]\right\}\Delta r=N_{\delta_r}^*L_r\left(s-\frac{Y_\beta}{V}\right)\Delta W_r \tag{4-39}$$

这样，飞行器-增稳系统的固有频率增加到 $\omega_r=\sqrt{C_2+N_{\delta_r}^*\left(\dfrac{Y_\beta K_r}{V}+K_\beta\right)}$，相应的阻尼比也增

加到 $\xi_r=\dfrac{C_1-N_{\delta_r}^{*}K_r}{2\sqrt{C_2+N_{\delta_r}^{*}\left(\dfrac{Y_\beta K_r}{V}+K_\beta\right)}}$。由此可见，如果合理选择 K_r 和 K_β，可以改善飞行器的阻尼比与固有频率。

3. 横侧增稳系统

(1) 工作原理及控制律

由于滚转和偏航的耦合关系，因而产生了横侧增稳系统。下面以某型超声速歼击机的横侧增稳系统为例（见图 4-13），分析讨论横侧增稳系统的工作原理和特点。

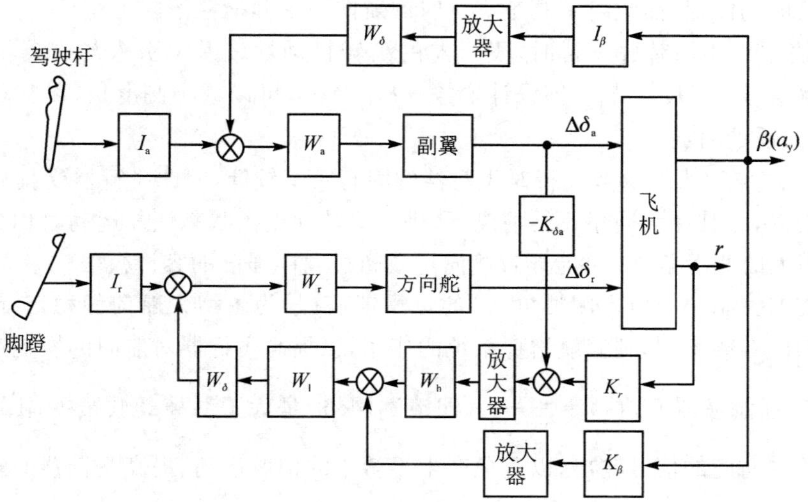

图 4-13　某超声速歼击机的横侧增稳系统原理方框图

由图 4-13 可见，航向通道实际上是在航向增稳系统基础上添加副翼交联信号 $-K_{\delta_a}\Delta\delta_a$ 构成的。滚转通道的反馈信号不是滚转角速度 Δp 而是侧滑角 $\Delta\beta$（实际是侧向加速度 Δa_y）。

由前面的分析可知，当 $C_{m_\alpha}<0$ 时，飞行器具有纵向静稳定性（质心位置在全机焦点之前）；当 $C_{l_\beta}<0$ 时，飞行器具有横滚静稳定性（具有自动纠正滚转角的特性）；当 $C_{n_\beta}>0$ 时，飞行器具有航向静稳定性。

因为现代超声速歼击机普遍采用大长细比、三角翼和大后掠角等气动布局，因此飞机的上反效应很大，也就是说横滚静稳定导数 C_{l_β} 的绝对值很大，航向静稳定导数 C_{n_β} 的值又太小，因而飞机的滚摆比 $K=\left|\dfrac{p_{\max}}{r_{\max}}\right|$ 很大。由于横滚静稳定导数 C_{l_β} 的绝对值很大，而航向静稳定导数 C_{n_β} 的值又较小，滚转阻尼有余而航向阻尼不足，因此会产生较严重的荷兰滚振荡运动。

基于上述分析可知，为了改善飞行器的荷兰滚振荡运动，就需要减小横滚静稳定导数 C_{l_β} 的绝对值。因此，在副翼的控制律中需要适当地引入侧滑角 $\Delta\beta$ 的正反馈信号（即设计增益 $I_\beta>0$），$\Delta\beta$ 越大，副翼偏转 $\Delta\delta_a$ 越大；而由副翼产生的滚转力矩会减小横滚静稳定力矩，从而减小横滚静稳定导数 C_{l_β} 的绝对值，实现利用 $\Delta\beta$ 来控制副翼偏转、改善荷兰滚振荡运动的目的。但是如果将横滚静稳定导数 C_{l_β} 的绝对值减得过小，又会导致螺旋不稳定运动，因此应合

理地设计控制律增益 I_β。其相应的横侧增稳系统的控制律为

$$\begin{cases}\Delta\delta_r = W_l(s)[W_h(s)(K_r\Delta r - K_{\delta_a}\Delta\delta_a) + K_\beta\Delta\beta] \\ \Delta\delta_a = -I_\beta\Delta\beta\end{cases} \tag{4-40}$$

式中,K_r,K_{δ_a},K_β 分别为速率陀螺、副翼和侧向加速度计到方向舵的传动比;I_β 为侧向加速度计到副翼的传动比;$W_h(s)=\dfrac{\tau s}{\tau s+1}$为高通滤波器传递函数;$W_l(s)=\dfrac{1}{(Ts+1)^2}$为低通滤波器传递函数。

分析横侧增稳系统的控制律表达式(4-40),有下列特点:

① 在方向舵的控制律中引入偏航角速度 Δr 的负反馈,增大了荷兰滚的阻尼比 ξ_d,即实现了偏航阻尼器的功能,从而改善了高空飞行时的航向阻尼和荷兰滚阻尼特性。

② 当在高空以小马赫数飞行时,飞行器的滚转机动性较差。引入与副翼偏转同极性的“正反馈”比例信号“$-K_{\delta_a}\Delta\delta_a$”(即设计增益 $-K_{\delta_a}>0$),可以减小侧滑角,以实现自动协调转弯、改善飞行品质的目的。

③ 由于在高空以大马赫数飞行时飞行器的固有频率较低,因此飞行器受扰后恢复到平衡状态的速度较慢,尤其在大迎角飞行情况下,进行滚转和平衡状态恢复运动时均会产生较大的侧滑角 $\Delta\beta$,而大的侧滑角 $\Delta\beta$ 可能导致侧向过载超过立尾强度的容许极限。

在方向舵的控制律中引入侧滑角 $\Delta\beta$ 的负反馈,就是为了增大航向静稳定导数 C_{n_β},以增大航向运动的固有频率,起到偏航增稳系统的作用,以提高飞行器对航向的恢复速度。

④ 引入高通滤波器 $W_h(s)=\dfrac{\tau s}{\tau s+1}$(即清洗网络)是为了滤掉驾驶员的副翼操纵信号耦合引起稳定的方向舵的信号输出,以避免产生不希望的偏航运动,提高飞行器的转弯机动性。

⑤ 引入低通滤波器 $W_l(s)=\dfrac{1}{(Ts+1)^2}$是为了解决在高空飞行时由于舵面效应降低,方向舵易产生高频自振现象,经机体耦合后传感器会感受到高频振动信号,从而导致振荡加剧的问题。

(2) 增稳系统的缺陷

增稳系统的功能虽比阻尼器完善,但对操纵性影响较大,在增大了阻尼比、固有频率和提高了静稳定性的同时,却减小了系统的传递增益,降低了飞行器对操纵指令的响应,因此增稳系统是以牺牲操纵性为代价的。

4.3 控制增稳系统

通过4.2节关于阻尼器和增稳系统的讨论可知:

① 阻尼器和增稳系统能增大飞行器的阻尼比和固有频率,但却牺牲了操纵性。

② 阻尼器和增稳系统更无法解决非线性操纵指令问题即当飞行器进行大机动飞行时,要求其具有较高的操纵灵敏度;而当飞行器进行小机动飞行时,则要求其具有较小的操纵灵敏度。

为了找到既可以不牺牲操纵性来增大飞行器的阻尼比和固有频率,又可以解决非线性操纵指令问题的方法,那么,在阻尼器和增稳系统的基础上,就自然出现了兼顾以上两方面要求

的控制增稳系统(control augmentation systems,CAS)。

4.3.1　控制增稳系统的构成与工作原理

以图 4-14 所示典型的俯仰控制增稳系统为例,来分析控制增稳系统的构成与工作原理。

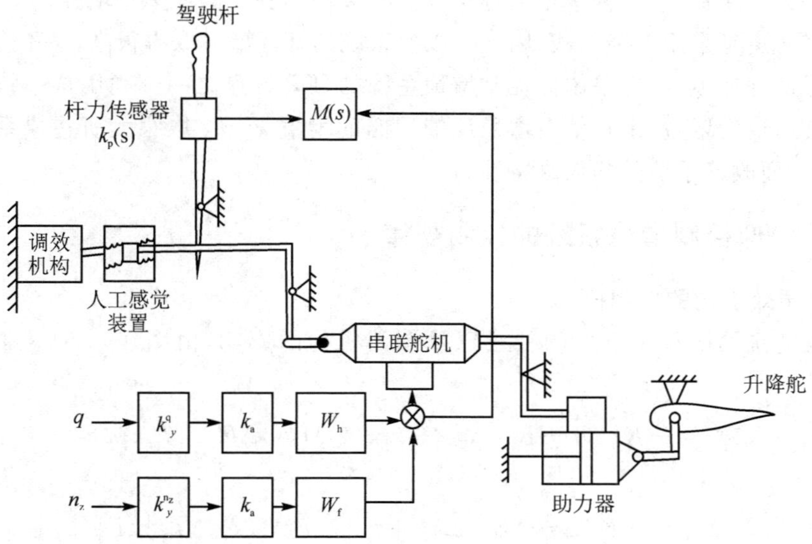

图 4-14　俯仰控制增稳系统的原理

根据图 4-14 就可以画出俯仰控制增稳系统的原理方框图(见图 4-15)。

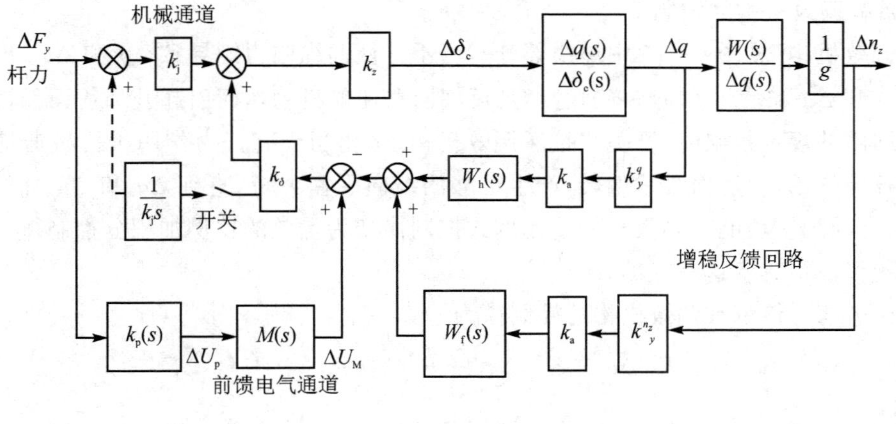

$W_h(s)=\frac{\tau s}{\tau s+1}$—高通滤波器(清洗网络);$W_f(s)=\frac{\tau_1 s+1}{\tau_2 s+1}$—滤波器

图 4-15　俯仰控制增稳系统的原理方框图

由图 4-15 可见,俯仰控制增稳系统主要由 3 大部分构成:机械通道,包括杆力传感器 $k_p(s)$和指令模型 $M(s)$的前馈电气通道以及增稳反馈回路。

俯仰控制增稳系统的基本工作原理:

① 驾驶员的操纵信号经由不可逆助力操纵系统构成的机械通道使升降舵面偏转 $\Delta\delta_M$。

② 驾驶员的操纵信号同时又经前馈电气通道，由杆力传感器 $k_p(s)$ 产生电压指令信号，通过指令模型 $M(s)$ 形成满足操纵要求的电信号，再与增稳反馈回路的反馈信号综合后使升降舵面偏转 $\Delta\delta_E$。

③ 因为机械通道与前馈电气通道产生的操纵信号同号，所以总的升降舵面偏转应为 $\Delta\delta_e=\Delta\delta_M+\Delta\delta_E$。由此可见，前馈电气通道显然可以使驾驶员的操纵量增强。

由于电气通道是采用前馈形式，因此可以使系统的开环增益取得很高，又不会减小系统的闭环增益而降低静操纵性，这是俯仰控制增稳系统的显著特点之一。利用这一特点可以通过提高前馈电气通道的增益，来补偿由增稳反馈回路的增益 k_a，k_δ 取很大所造成系统的闭环增益减小问题，从而改善系统的静操纵特性。

4.3.2　俯仰控制增稳系统的控制规律

(1) 不带调效机构的控制律

暂不考虑清洗网络和对重力的补偿以及调效机构的影响，由图 4-15 不难得到下列控制律

$$\Delta\delta_e=-K_y^q\Delta q-K_y^{n_z}\Delta n_z+k_zk_pk_\delta M(s)\Delta F_y+k_zk_j\Delta F_y \tag{4-41}$$

或写成

$$\Delta\delta_e=-K_y^q\Delta q-K_y^{n_z}\Delta n_z+k_z[k_pk_\delta M(s)+k_j]\Delta F_y \tag{4-42}$$

式中，$K_y^q=k_y^qk_ak_\delta k_z$，$K_y^{n_z}=k_y^{n_z}k_ak_\delta k_z$。

由此可见，当无操纵信号时，此控制增稳系统只起增稳的作用。由于增稳系统的权限较小，所以此种控制律不具有自动配平功能，仍需要驾驶员利用调效机构消除杆力，实现配平。

(2) 带有调效机构的控制律

增加调效机构(见图 4-15 中虚线部分)，当不平衡的纵向力矩导致 Δq 和 Δn_z 出现时，传感器可感受到 Δq 和 Δn_z 信号，将通过增稳反馈回路使舵机动作而引起升降舵面偏转，当舵面转到增稳回路的规定权限时，开关将接通调效机构，这相当于有杆力作用于机械通道，使舵机起到传动杆的作用，使舵面继续偏转，产生足够的纵向平衡力矩，直到 Δq 和 Δn_z 信号消失为止，实现了自动配平功能。调效机构使比例式控制律变为等效的比例加积分控制律，而单纯的比例式控制律是不具备这一点的。

由图 4-15 可得带有调效机构的控制律为

$$\begin{aligned}\Delta\delta_e=&-K_y^q\Delta q-K_y^{n_z}\Delta n_z+k_z(k_pk_\delta M(s)+k_j)\Delta F_y-\\&\int(K_y^q\Delta q+K_y^{n_z}\Delta n_z)\mathrm{d}t+k_zk_\delta\int k_pM(s)\Delta F_y\mathrm{d}t\end{aligned} \tag{4-43}$$

由控制律(4-43)和(4-42)比较可见，带有调效机构的控制律(4-43)就是将增稳反馈回路的信号和前馈电气通道的信号经积分环节后，施加到机械通道。

(3) 具有预载的人工感觉装置的特性

若采用舵机与人工操纵系统并联方式，舵机动作时驾驶杆会被带动，而舵机不动作时驾驶杆又不易拉动。而若采用串联舵机，当舵机拉杆锁住时，舵机只起普通传动杆的作用。当有信号输入时，舵机的拉杆伸长或缩短，仍然有力反传到驾驶杆，这就是所谓的“力反传问题”。

克服“力反传”缺陷的方法是，使人工感觉装置具有预载非线性特性。只要推动阀芯的力

小于 F_{z0}，反传力就不会影响到驾驶杆，如图 4-16 所示。

(4) 人工操纵系统与串联舵机的控制权限问题

① 操纵权限是指所能操纵舵面行程的大小。

② 人工操纵系统的权限是指最大舵偏量减去舵机拉杆最大位移所对应的舵偏量。

③ 串联舵机的权限是指舵机拉杆达到最大位移时所对应的舵偏量。一般串联舵机的权限为全权限的 1/3～1/10。例如，某型飞机水平安定面的极限偏角为＋13°和－27°，而串联舵机的控制权限仅为±1°。

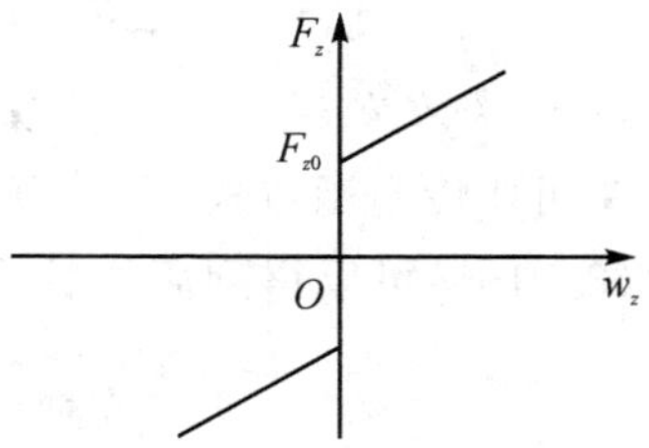

图 4-16　预载非线性特性

因此，比例加积分控制律利用舵机配平，必须有较大的控制权限。

4.3.3　控制增稳系统对飞机稳定性和操纵品质的影响

1. 对杆力灵敏度 M_{F_y} 的影响

杆力灵敏度 M_{F_y} 是一个衡量飞机操纵性的指标，是评价飞机对操纵指令的初始反应性能。杆力灵敏度可表示为 $M_{F_y}=\left.\dfrac{\Delta\ddot{\theta}}{\Delta F_y}\right|_{t\to0^+}$。

下面仅对俯仰角速度 $\Delta q(s)$ 回路进行分析。略去校正网络环节，可得到简化后的系统，如图 4-17 所示。

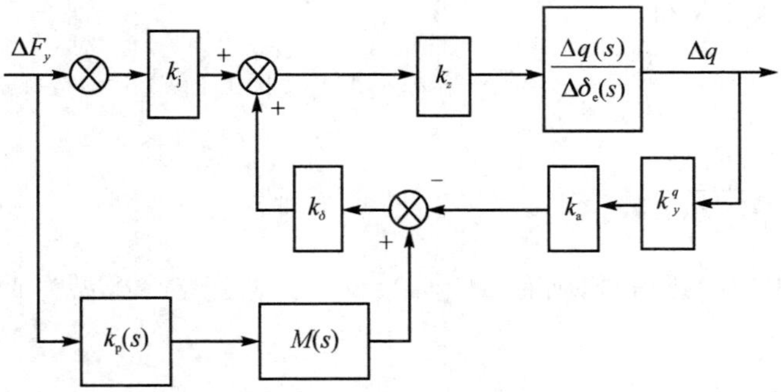

图 4-17　简化后的俯仰控制增稳系统方框图

为了更加便于分析，将图 4-17 的系统方框图等效变换为如图 5-18 所示方框图。

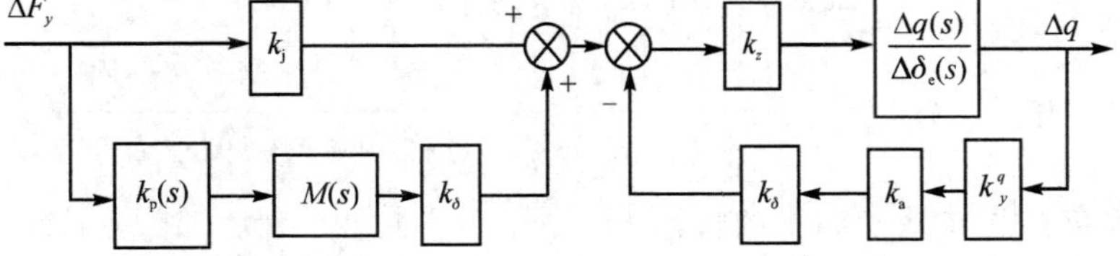

图 4-18　变换后的俯仰控制增稳系统方框图

系统的闭环传递函数为

$$\frac{\Delta q(s)}{\Delta F_y(s)}=[k_j+k_p k_\delta M(s)]\frac{k_z G_{\delta_e}^q(s)}{1+L_y^q G_{\delta_e}^q(s)} \tag{4-44}$$

这里，$L_y^q=k_y^q k_a k_\delta k_z$。

在闭环传递函数式(4-44)中的传递函数 $G_{\delta_e}^q(s)$可以由状态方程(2-106)得到。由状态方程(2-106)可以得到简化后的纵向短周期运动方程，即

$$\begin{cases}(Vs-Z_\alpha)\Delta\alpha-V\Delta\dot{\theta}=0\\-(M_{\dot{\alpha}}s+M_\alpha)\Delta\alpha+(s-M_q)\Delta\dot{\theta}=M_{\delta_e}\Delta\delta_e\end{cases} \tag{4-45}$$

其对应的传递函数为

$$\frac{\Delta\dot{\theta}}{\Delta\delta_e}=\frac{M_{\delta_e}\left(s-\dfrac{Z_\alpha}{V}\right)}{s^2-\left(\dfrac{Z_\alpha}{V}+M_{\dot{\alpha}}+M_q\right)s+\dfrac{Z_\alpha M_q}{V}-M_\alpha}$$

$$=\frac{M_{\delta_e}(s+Z_\alpha^*)}{s^2+2\xi_{sp}\omega_{sp}s+\omega_{sp}^2}=\frac{\Delta q}{\Delta\delta_e}=G_{\delta_e}^q(s) \tag{4-46}$$

式中，$Z_\alpha^*=-\dfrac{Z_\alpha}{V}$，$\xi_{sp}=\dfrac{Z_\alpha^*-M_{\dot{\alpha}}-M_q}{2\sqrt{-Z_\alpha^* M_q-M_\alpha}}$，$\omega_{sp}=\sqrt{-Z_\alpha^* M_q-M_\alpha}$。

由于杆力灵敏度又可以写成 $M_{F_y}=\dfrac{\Delta\ddot{\theta}}{\Delta F_y}\Big|_{t=0^+}=\dfrac{\Delta\dot{q}}{\Delta F_y}\Big|_{t=0^+}$，所以将系统的闭环传递函数式(4-44)两边同乘以 s 得

$$\frac{\Delta\dot{q}(s)}{\Delta F_y(s)}=[k_j+k_p k_\delta M(s)]k_z G_B(s)\cdot s \tag{4-47}$$

式中，$G_B(s)=\dfrac{G_{\delta_e}^q(s)}{1+L_y^q G_{\delta_e}^q(s)}$。

设杆力输入为单位阶跃信号，则有 $\Delta F_y(s)=\dfrac{1}{s}$，并假定指令模型为 $M(s)=k_M$，于是将传递函数式(4-47)写成

$$\Delta\dot{q}(s)=(k_j+k_p k_\delta k_M)k_z G_B(s) \tag{4-48}$$

根据拉普拉斯变换的初始和终值定理式(2-95)可知，初始值满足关系式 $\lim\limits_{t\to 0}f(t)=\lim\limits_{s\to\infty}sF(s)$，这样由传递函数式(4-48)可得

$$\lim_{t\to 0}\Delta\dot{q}(t)=\lim_{s\to\infty}(k_j+k_p k_\delta k_M)k_z G_B(s)\cdot s \tag{4-49}$$

由于在式(4-49)中，$G_B(s)=\dfrac{G_{\delta_e}^q(s)}{1+L_y^q G_{\delta_e}^q(s)}=\dfrac{M_{\delta_e}(s+Z_\alpha^*)}{s^2+(2\xi_{sp}\omega_{sp}+L_y^q M_{\delta_e})s+(\omega_{sp}^2+L_y^q M_{\delta_e}Z_\alpha^*)}$，这样可由式(4-49)得到

$$\lim_{t\to 0}\Delta\dot{q}(t)=\lim_{s\to\infty}(k_j+k_p k_\delta k_M)k_z\cdot s\cdot\frac{M_{\delta_e}(s+Z_\alpha^*)}{s^2+(2\xi_{sp}\omega_{sp}+L_y^q M_{\delta_e})s+(\omega_{sp}^2+L_y^q M_{\delta_e}Z_\alpha^*)}$$

$$=\lim_{s\to\infty}(k_j+k_pk_\delta k_M)k_z\cdot\frac{M_{\delta_e}\left(1+\frac{Z_\alpha^*}{s}\right)}{1+(2\xi_{sp}\omega_{sp}+L_y^qM_{\delta_e})\cdot\frac{1}{s}+(\omega_{sp}^2+L_y^qM_{\delta_e}Z_\alpha^*)\cdot\frac{1}{s^2}}$$

$$=(k_j+k_pk_\delta k_M)k_zM_{\delta_e} \tag{4-50}$$

那么，对于普通的增稳系统由于没有前馈电气通道，所以令 $k_M=0$。这样，普通增稳系统的杆力灵敏度为

$$\lim_{t\to 0}\Delta\dot{q}(t)=k_jk_zM_{\delta_e} \tag{4-51}$$

由式(4-50)和式(4-51)比较可见，控制增稳系统的杆力灵敏度 M_{F_y} 要比普通增稳系统的大。

2. 改善操纵系统的杆力特性

杆力梯度(或称为单位过载杆力)是衡量飞机产生单位过载所需施加的操纵杆力的指标，可表示为 $F_y^{n_z}=\left.\dfrac{\Delta F_y}{\Delta n_z}\right|_{t\to\infty}$。

为了便于分析，在略去校正网络环节后，可将俯仰控制增稳系统的方框图 4-15 变换为图 4-19。

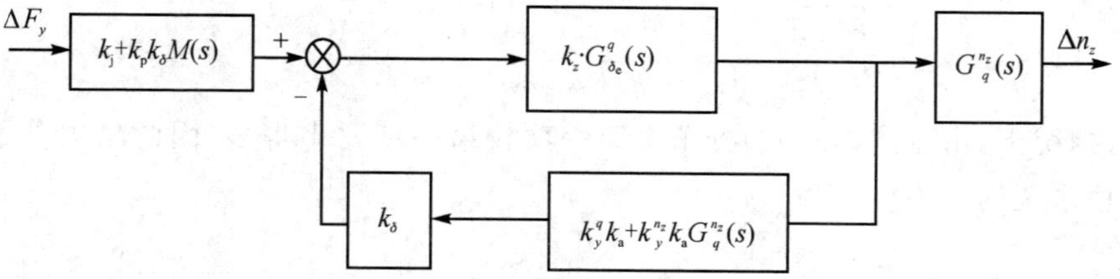

图 4-19　俯仰控制增稳系统方框图

在图 4-19 中，相应的传递函数可由式(4-46)和俯仰角速度 Δq 与过载 Δn_z 的近似关系式(4-31)得到，即

$$G_{\delta_e}^q(s)=\frac{M_{\delta_e}(s+Z_\alpha^*)}{s^2+2\xi_{sp}\omega_{sp}s+\omega_{sp}^2},\quad G_q^{n_z}(s)=\frac{VZ_\alpha^*}{57.3g(s+Z_\alpha^*)}$$

下面对控制增稳系统的杆力特性进一步讨论分析。

(1) 机械通道杆力特性(即不可逆助力操纵系统的杆力特性)

首先，断开控制增稳系统的舵机输出端，且令电气通道断开仅剩下机械通道，其传递函数为

$$\frac{\Delta n_z(s)}{\Delta F_y(s)}=\frac{k_jk_zM_{\delta_e}VZ_\alpha^*}{57.3g(s^2+2\xi_{sp}\omega_{sp}s+\omega_{sp}^2)} \tag{4-52}$$

其相应的杆力梯度为

$$F_y^{n_z}=\left.\frac{\Delta F_y}{\Delta n_z}\right|_{t\to\infty}=\frac{57.3g\omega_{sp}^2}{k_jk_zM_{\delta_e}VZ_\alpha^*} \tag{4-53}$$

由于式(4-53)分母中的因子 $Z_\alpha^*=-\dfrac{Z_\alpha}{V}$，则式(4-53)可以简化为

$$F_y^{n_z}=\left.\frac{\Delta F_y}{\Delta n_z}\right|_{t\to\infty}=-\frac{57.3g\omega_{sp}^2}{k_j k_z M_{\delta_e} Z_\alpha} \tag{4-54}$$

由式(4-54)可见,不可逆助力操纵系统的杆力梯度与纵向的量纲导数 Z_α 和 M_{δ_e} 以及飞机的短周期固有频率 ω_{sp} 有关。换句话说,就是机械通道的杆力梯度与纵向的量纲导数 Z_α 和 M_{δ_e} 以及飞机的短周期固有频率 ω_{sp} 有关。

(2) 控制增稳系统的杆力特性(将增稳系统及前馈电气通道接通)

$$\begin{aligned}\frac{\Delta n_z(s)}{\Delta F_y(s)}&=[k_j+k_p k_\delta M(s)]\frac{k_z G_{\delta_e}^q(s)G_q^{n_z}(s)}{1+k_\delta k_a[k_y^q+k_y^{n_z}G_q^{n_z}(s)]k_z G_{\delta_e}^q(s)}\\&=\frac{[k_j+k_p k_\delta M(s)]k_z}{\dfrac{1}{G_{\delta_e}^q(s)G_q^{n_z}(s)}+k_z k_\delta k_a k_y^{n_z}\left[1+\dfrac{k_y^q}{k_y^{n_z}G_q^{n_z}(s)}\right]}\end{aligned} \tag{4-55}$$

假定指令模型为 $M(s)=k_M$,则杆力梯度为

$$\begin{aligned}F_y^{n_z}&=\left.\frac{\Delta F_y(s)}{\Delta n_z(s)}\right|_{s\to 0}=\frac{\dfrac{57.3g\cdot\omega_{sp}^2}{M_{\delta_e}VZ_\alpha^*}+k_z k_\delta k_a k_y^{n_z}\left(1+\dfrac{57.3gk_y^q}{k_y^{n_z}V}\right)}{(k_j+k_p k_\delta k_M)k_z}\\&=\frac{-\dfrac{57.3g\cdot\omega_{sp}^2}{M_{\delta_e}Z_\alpha}+k_z k_\delta k_a k_y^{n_z}\left(1+\dfrac{57.3gk_y^q}{k_y^{n_z}V}\right)}{(k_j+k_p k_\delta k_M)k_z}\end{aligned} \tag{4-56}$$

在通常情况下,由于式(4-56)分子中第一项较第二项要小得多,因此略去分子中的第一项,控制增稳系统的杆力梯度为

$$F_y^{n_z}=\left.\frac{\Delta F_y(s)}{\Delta n_z(s)}\right|_{s\to 0}\approx\frac{k_\delta k_a k_y^{n_z}}{k_j+k_p k_\delta k_M}\left(1+\frac{k_y^q}{k_y^{n_z}}\cdot\frac{57.3g}{V}\right) \tag{4-57}$$

与机械通道的杆力梯度式(4-54)相比较,控制增稳系统的杆力梯度式(4-57)仅是空速 V 的函数。也就是说,控制增稳系统的杆力梯度仅与空速 V 有关,与飞机的短周期固有频率 ω_{sp} 无关。

(3) 控制增稳系统与增稳系统的两种杆力梯度比较

令控制增稳系统的杆力梯度式(4-57)中的 $k_M=0$,便可直接得到增稳系统的杆力梯度为

$$F_{y0}^{n_z}=\frac{k_\delta k_a k_y^{n_z}}{k_j}\left(1+\frac{k_y^q}{k_y^{n_z}}\cdot\frac{57.3g}{V}\right) \tag{4-58}$$

将式(4-58)除以式(4-57),就可以求得增稳系统与控制增稳系统的杆力梯度之比,即

$$\frac{F_{y0}^{n_z}}{F_y^{n_z}}=1+\frac{k_p k_\delta k_M}{k_j} \tag{4-59}$$

由此可见,控制增稳系统的杆力梯度比增稳系统降低了 $\dfrac{k_p k_\delta k_M}{k_j}$ 倍,从而补偿了由于引用增稳系统而增大杆力梯度的缺点,因此改善了杆力梯度的特性。这一优点,正是采用前馈电气通道 $k_p k_M$ 的结果。

4.3.4　指令模型的形式和参数选择

1. 指令模型的形式

如前所述，要实现驾驶员要求的飞行器大机动飞行时要有较高的杆力灵敏度，小机动飞行时要有较低的杆力灵敏度的目的，可通过下列两种典型指令模型实现。

(1) 非线性指令模型

如果只考虑操纵指令信号，则由俯仰控制增稳系统方框图 4-15 中得到的助力器输入端的总位移为

$$\Delta W_{z1} = [k_j + k_p M(s) k_\delta] \Delta F_y \tag{4-60}$$

因为在一般情况下 $k_p M(s) k_\delta \gg k_j$，所以将式(4-60)简化为

$$\Delta W_{z1} \approx k_p M(s) k_\delta \Delta F_y \tag{4-61}$$

假定指令模型为 $M(s)=k_M$，则由式(4-61)得到的操纵指令信号为

$$\Delta F_y = \frac{\Delta W_{z1}}{k_p k_M k_\delta} \tag{4-62}$$

根据杆力灵敏度的定义和式(4-62)，可以得到杆力灵敏度 M_{F_y} 为

$$M_{F_y} = \frac{\Delta \dot{q}\ |_{t\to 0^+}}{\Delta F_y} = \frac{k_p k_M k_\delta \Delta \dot{q}\ |_{t\to 0^+}}{\Delta W_{z1}} \tag{4-63}$$

由杆力灵敏度 M_{F_y} 的关系式(4-63)可见，k_M 的值越大，杆力灵敏度 M_{F_y} 就越大，反之则越小。依据式(4-63)的特点就可以设计出非线性的指令模型，如图 4-20 所示。

可见，当使用大杆力操纵($U_p > U_a$)时，指令模型为大增益 k_M，则相应的杆力灵敏度 M_{F_y} 就大，也就是说飞行器对操纵指令具有较高的灵敏度；当使用小杆力操纵($U_p < U_a$)时，指令模型为小增益 k_M，相应的杆力灵敏度 M_{F_y} 较小。这样就可以满足大机动飞行时有较高灵敏度，小机动飞行时要有较低灵敏度的操纵要求。

(2) 滞后网络指令模型

采用滞后网络指令模型也可以实现非线性指令模型所能实现的不仅满足飞行器大机动飞行时有较高灵敏度，也满足小机动飞行时有较低灵敏度的操纵要求。

滞后网络指令模型的传递函数为

$$M(s) = \frac{k_M}{\tau_M s + 1} \tag{4-64}$$

根据传递函数式(4-64)画出其幅频特性，如图 4-21 所示。由幅频特性可知，幅值 $M(j\omega)$ 具有低频幅值大而高频幅值小的特性，正好符合大机动飞行时需要较高的灵敏度，小机动飞行时需要较低灵敏度的操纵要求。

用幅值 $M(j\omega)$ 代替式(4-63)的 k_M，则杆力灵敏度 M_{F_y} 可写成

$$M_{F_y} = \frac{k_p k_\delta |M(j\omega)| \Delta \dot{q}\ |_{t\to 0^+}}{\Delta W_{z1}} \tag{4-65}$$

由式(4-65)和图 4-21 可知，当驾驶员采用大杆力作大机动飞行时，由于杆力的信号变化比小机动飞行时的要缓慢得多，正好处于低频段($\omega < 1/\tau_M$)，幅值 $M(j\omega)$ 较大，故相应的杆力灵敏度 M_{F_y} 就大，飞行器对操纵指令的灵敏度要求较高；反之，当驾驶员采用小杆力作小机

动飞行时,由于杆力的变化是高频信号,处于高频段($\omega>1/\tau_M$),幅值$M(j\omega)$衰减较大,则相应的杆力灵敏度M_{F_y}就小,飞行器对操纵指令的灵敏度要求较低。

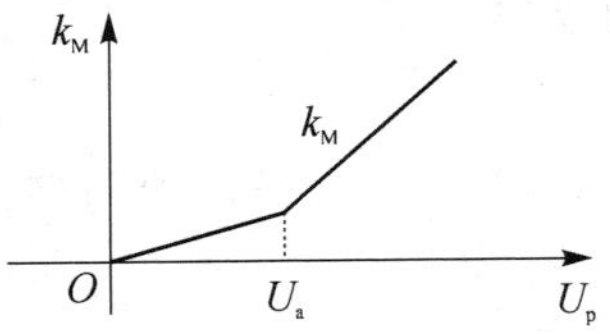

图4-20 非线性指令模型

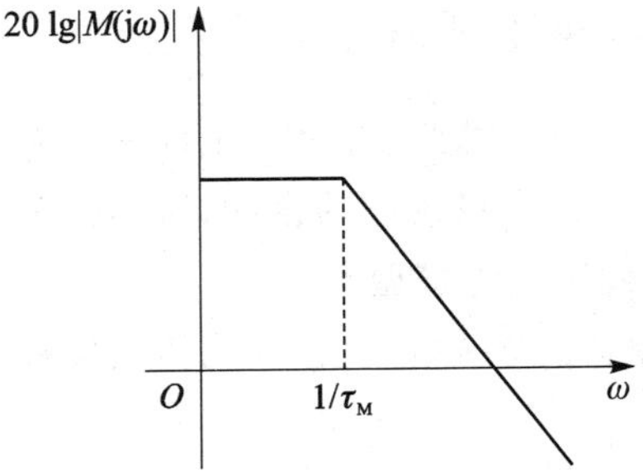

图4-21 幅频特性曲线

2. 指令模型参数的选择

(1) 前馈电气通道的传递系数k_p和k_M的设计

如果不考虑校正网络,由俯仰控制增稳系统的方框图4-15可得如图4-22所示的俯仰控制增稳系统的方框图。

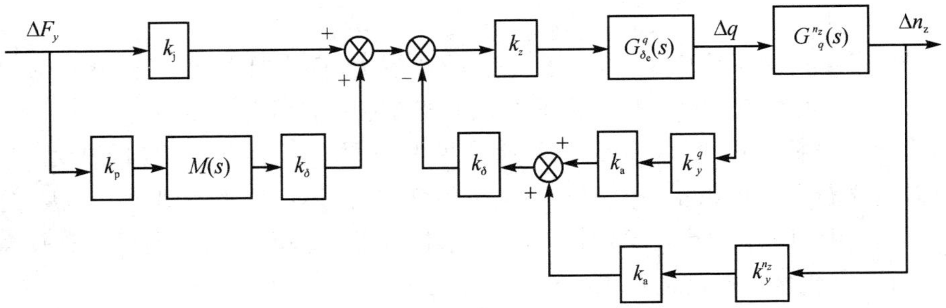

图4-22 不考虑校正网络的俯仰控制增稳系统的方框图

下面分别按内、外反馈回路来求出传递函数。

内反馈回路传递函数为

$$\phi^q_{\delta_e}(s)=\frac{k_zG^q_{\delta_e}(s)}{1+L^q_yG^q_{\delta_e}(s)} \tag{4-66}$$

式中,$L^q_y=k^q_yk_ak_\delta k_z$。

外反馈回路传递函数为

$$\phi^{n_z}_{\delta_e}(s)=\frac{\phi^q_{\delta_e}(s)\cdot G^{n_z}_q(s)}{1+L^{n_z}_y\phi^q_{\delta_e}(s)\cdot G^{n_z}_q(s)} \tag{4-67}$$

式中,$L^{n_z}_y=k^{n_z}_yk_ak_\delta$。

则系统的闭环传递函数为

$$\frac{\Delta n_z(s)}{\Delta F_y(s)}=[k_j+k_pM(s)k_\delta]\phi^{n_z}_{\delta_e}(s) \tag{4-68}$$

通常情况下在控制增稳系统中,由于$k_pk_Mk_\delta\gg k_j$,则系统的闭环传递函数式(4-68)可简

化为

$$\frac{\Delta n_z(s)}{\Delta F_y(s)}=[k_{\mathrm{p}}M(s)k_\delta]\phi_{\delta_e}^{n_z}(s) \tag{4-69}$$

假定指令模型为 $M(s)=\dfrac{k_{\mathrm{M}}}{\tau_{\mathrm{M}}s+1}$，在稳态时 $M(s)=k_{\mathrm{M}}$，则杆力梯度(单位过载杆力)的倒数为

$$\frac{1}{F_y^{n_z}}=\left.\frac{\Delta n_z(s)}{\Delta F_y(s)}\right|_{t\to\infty}=k_{\mathrm{p}}k_{\mathrm{M}}k_\delta\phi_{\delta_e}^{n_z}(s)\,|_{t\to\infty} \tag{4-70}$$

引入操纵期望参数 CAP(control anticipation parameter)的定义式

$$\mathrm{CAP}=\frac{\ddot{\theta}\,|_{t=0^+}}{n_z\,|_{t\to\infty}}\approx\frac{\omega_{\mathrm{sp}}^2}{n_z/\alpha} \tag{4-71}$$

式中，ω_{sp} 为飞机短周期响应特性的固有频率；n_z/α 是单位迎角下的稳态法向过载。

利用杆力灵敏度 M_{F_y} 和杆力梯度 $F_y^{n_z}$，又可以将操纵期望参数 CAP 的定义式(4－71)表示为

$$\mathrm{CAP}=M_{F_y}\cdot F_y^{n_z} \tag{4-72}$$

这样，利用操纵期望参数 CAP 的定义式(4－71)和式(4－72)，杆力传感器参数 k_{p} 和指令模型参数 k_{M} 设计步骤如下：

① 按照给定飞行状态的单位迎角下稳态法向过载值 n_z/α，根据飞行品质标准(标准 1，2，3)，查 $\omega_{\mathrm{sp}}^2-n_z/\alpha$ 曲线，确定操纵期望参数 CAP；

② 按照给定飞行状态的稳态法向过载值 n_z/α，查 $F_y^{n_z}-n_z/\alpha$ 曲线，确定杆力梯度 $F_y^{n_z}$；

③ 根据 CAP 和 $F_y^{n_z}$ 的值，来确定做大机动飞行时的最大杆力灵敏度 $M_{F_{y\max}}$；

④ 根据 $\dfrac{\mathrm{CAP}}{M_{F_{y\max}}}=\dfrac{1}{k_{\mathrm{p}}k_{\mathrm{M}}k_\delta\phi_{\delta_e}^{n_z}(s)\,|_{t\to\infty}}$，求得 $k_{\mathrm{p}}k_{\mathrm{M}}=\dfrac{M_{F_{y\max}}}{\mathrm{CAP}\cdot k_\delta\phi_{\delta_e}^{n_z}(s)\,|_{t\to\infty}}$；

⑤ 在已有的备选杆力传感器中选取 k_{p}，再确定 k_{M}。

经过上述过程的反复设计，最终可以确定满足设计要求的杆力传感器参数 k_{p} 和指令模型参数 k_{M}。

(2) 指令模型时间常数 τ_{M} 的确定

指令模型时间常数 τ_{M} 的选择步骤如下：

① 假定指令模型 $M(s)=\dfrac{k_{\mathrm{M}}}{\tau_{\mathrm{M}}s+1}$ 无滞后，即令 $\tau_{\mathrm{M}}=0$，则有 $M(s)=k_{\mathrm{M}}$。于是相应的杆力梯度为

$$F_{y1}^{n_z}=\left.\frac{\Delta F_y(s)}{\Delta n_z(s)}\right|_{\substack{t\to\infty\\(\tau_{\mathrm{M}})=0}}=\left.\frac{1}{k_{\mathrm{p}}k_{\mathrm{M}}k_\delta\phi_{\delta_e}^{n_z}(s)}\right|_{\substack{t\to\infty\\(\tau_{\mathrm{M}})=0}} \tag{4-73}$$

② 假定存在滞后($\tau_{\mathrm{M}}\neq0$)，则 $M(s)=\dfrac{k_{\mathrm{M}}}{\tau_{\mathrm{M}}s+1}$。先设定一个试探值 τ_{M}，则杆力梯度为

$$F_{y2}^{n_z}=\left.\frac{\Delta F_y(s)}{\Delta n_z(s)}\right|_{\substack{t\to\infty\\(\tau_{\mathrm{M}})\neq0}}=\left[\left.\frac{\Delta F_y(s)}{\Delta n_z(s)}\right|_{\substack{t\to\infty\\(\tau_{\mathrm{M}})=0}}\right](\tau_{\mathrm{M}}s+1)\Big|_{\substack{t\to\infty\\(\tau_{\mathrm{M}})\neq0}} \tag{4-74}$$

求杆力梯度式(4－74)的对数幅频特性，即

$$20\lg\left|\frac{\Delta F_y(s)}{\Delta n_z(s)}\right|_{\tau_M\neq 0}=20\lg\left|\frac{\Delta F_y(s)}{\Delta n_z(s)}\right|_{\tau_M=0}+20\lg|\tau_M s+1|_{\tau_M\neq 0} \tag{4-75}$$

③ 绘出式(4－75)的对数幅频特征曲线,如图4－23所示。

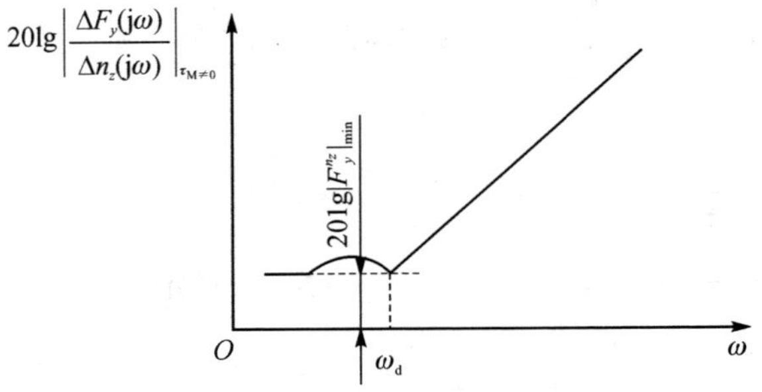

图4－23　对数幅频特性曲线

因为传递函数 $\phi_{\delta_e}^{n_z}(s)$ 为二阶振荡环节,所以 $20\lg\left|\frac{\Delta F_y(s)}{\Delta n_z(s)}\right|_{\tau_M\neq 0}$ 存在最小值为 $20\lg|F_y^{n_z}|_{\min}$。

④ 检查设计规范所要求的条件是否满足:

ⓐ $20\lg|F_y^{n_z}|_{\min}\geqslant 23.86$ dB;

ⓑ 对应于 $\omega=\omega_d$ 处的相移 $\varphi\geqslant 30°$。

如果满足设计条件ⓐ和ⓑ,则选择的时间常数 τ_M 是合适的;否则应调整 τ_M,再反复进行②～④的设计过程,直至满足设计条件ⓐ和ⓑ为止。

4.4　飞行姿态控制系统

4.4.1　姿态控制系统的构成与工作原理

本小节主要分析、讨论自动驾驶仪在姿态控制过程中的工作原理。其中包括比例式自动驾驶仪、积分式自动驾驶仪和比例加积分式自动驾驶仪(均衡反馈式自动驾驶仪)。

1. 比例式自动驾驶仪

(1) 控制规律

由垂直陀螺与舵回路就构成纵向自动驾驶仪,如图4－24所示。若不计舵回路的惯性,舵回路的传递函数可简化为 K_δ,这样自动驾驶仪的控制律为

$$\Delta\delta_e=K_\delta(\Delta U_{\Delta\theta}-U_{\Delta\theta_g})=K_\delta K_1\left(\Delta\theta-\frac{\Delta U_{\Delta\theta_g}}{K_1}\right)=K_\delta K_1(\Delta\theta-\Delta\theta_g) \tag{4-76}$$

式(4－76)可以简写成

$$\Delta\delta_e=L_\theta(\Delta\theta-\Delta\theta_g) \tag{4-77}$$

式中,$L_\theta=K_\delta K_1>0$,$\Delta\theta_g=\frac{\Delta U_{\Delta\theta_g}}{K_1}$。

基于式(4－77),由垂直陀螺以及舵回路就构成了比例式控制律的姿态角自动控制器。

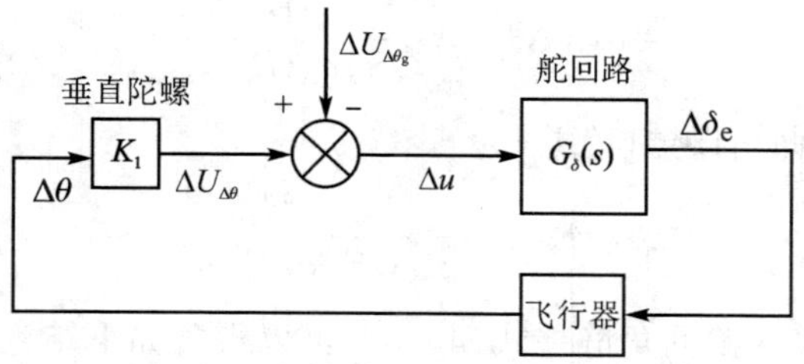

图 4-24　俯仰角 θ 自动控制系统原理方框图

(2) 工作原理

纵向自动驾驶仪的基本功能之一就是使飞行器给定的参考姿态 $\Delta\theta_g$ 保持不变，此参考姿态是由飞行器的驾驶员根据某种飞行状态（水平飞行、爬升、下滑）的需要而建立的；而对于飞航导弹而言，参数姿态则是由方案弹道决定的。当控制系统接通后飞行器就力图保持在给定的参考姿态，工作在保持状态的飞行控制系统又称为角位移控制系统。

自动驾驶仪系统的工作原理：飞行器在进行等速水平直线飞行时，受到紊流干扰后，出现俯仰角偏差 $\Delta\theta=\theta-\theta_0>0$。假定初始俯仰角 $\theta_0=0$，则 $\Delta U_{\Delta\theta}$ 垂直陀螺仪测出俯仰角偏差 $\Delta\theta$ 后，输出电压信号 $\Delta U_{\Delta\theta}$。如果外加的控制信号 $\Delta U_{\Delta\theta_g}=0$，则通过信号综合与舵回路后，按照控制规律式(4-76)驱动升降舵向下偏转（$\Delta\delta_e=K_\delta K_1\Delta\theta>0$），使飞行器产生低头力矩，减小俯仰角偏差 $\Delta\theta$，最后实现姿态保持的功能。修正俯仰角偏差 $\Delta\theta$ 的过程如图 4-25 所示。相应的控制俯仰角的原理也是一样的，控制俯仰角 θ 的过程如图 4-26 所示。

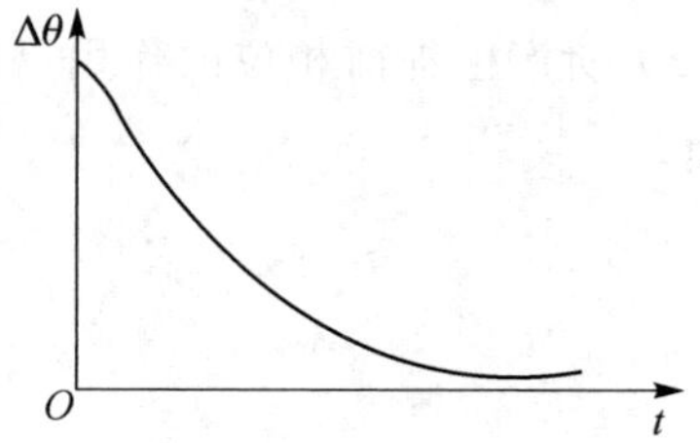

图 4-25　修正俯仰角偏差 Δθ 的过程

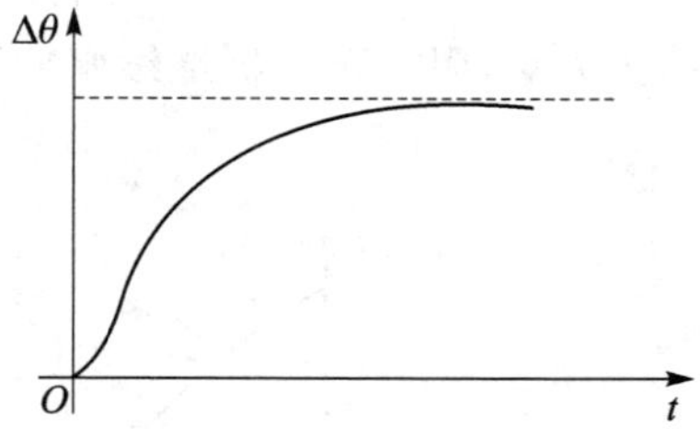

图 4-26　控制 θ 的过程

如果突然操纵飞行器到新的姿态（例如，为了防撞），则此时自动驾驶仪的姿态保持功能自动解除，垂直陀螺仪具有自动同步装置，使 $\Delta\theta_g$ 与新的姿态值同步，当驾驶员重新接通姿态保持模态的功能时，驾驶仪将保持于最后的姿态。

(3) 存在常值干扰力矩 M_f 时，比例式自动驾驶仪的静差问题

当有常值干扰力矩 M_f 存在时，飞行器稳定后必然有一个 $\Delta\delta_e$ 来抵消常值干扰力矩 M_f 的影响，即其力矩平衡条件为

$$M(\Delta\delta_e)+M_f=0 \tag{4-78}$$

其中，$M(\Delta\delta_e)=QS_wc_AC_{m_{\delta_e}}\Delta\delta_e$，将其代入力矩平衡条件式(4-78)后，可以得到抵消常值干扰力矩 M_f 的升降舵偏转角，即

$$\Delta\delta_e=-\frac{M_f}{QS_wc_AC_{m_{\delta_e}}} \tag{4-79}$$

将控制律 $\Delta\delta_e=L_\theta(\Delta\theta-\Delta\theta_g)$ 代入式(4-79)，得

$$\Delta\theta = \Delta\theta_g - \frac{M_f}{QS_w c_A C_{m_{\delta_e}} L_\theta} \tag{4-80}$$

由式(4-80)可以求出俯仰角误差(静差)为

$$\Delta\theta - \Delta\theta_g = -\frac{M_f}{QS_w c_A C_{m_{\delta_e}} L_\theta} \tag{4-81}$$

由比例式自动驾驶仪的俯仰角静差式(4-81)可以得到如下结论:

① 常值干扰力矩 M_f 将引起俯仰角静差,此静差与常值干扰力矩 M_f 同极性且成正比,并与反馈增益 L_θ 成反比。

② 增大反馈增益 L_θ 可减小俯仰角的静差。但过大的反馈增益 L_θ 会导致升降舵偏角 $\Delta\delta_e$ 过大,易引发振荡。

(4) 一阶微分信号在比例式控制律中的作用

为克服上述缺陷(抑制振荡),自然会在控制律中引入俯仰角速率 $\Delta\dot{\theta}$ 来对飞行器的振荡运动增加阻尼,则自动驾驶仪的控制律为

$$\Delta\delta_e = L_\theta \Delta\theta + L_{\dot{\theta}} \Delta\dot{\theta} \tag{4-82}$$

式中,反馈增益 $L_\theta > 0$,$L_{\dot{\theta}} > 0$。

引入俯仰角速率 $\Delta\dot{\theta}$ 对飞行器振荡运动增加阻尼的作用如图4-27所示。升降舵偏角由正值逐渐减小,使飞行器低头的力矩值也逐渐减小,俯仰角也随之逐渐减小。由于 $\Delta\delta_{e2}$ 的引入,使得 $\Delta\delta_e = \Delta\delta_{e1} + \Delta\delta_{e2}$ 的相位超前于角位移信号 $\Delta\theta$,提前在 t_1 时刻升降舵偏角变号为负值,产生抬头力矩,阻止飞行器继续俯冲,此谓人工阻尼 $\Delta\dot{\theta}$ 所产生提前相位的作用,称为提前反舵。

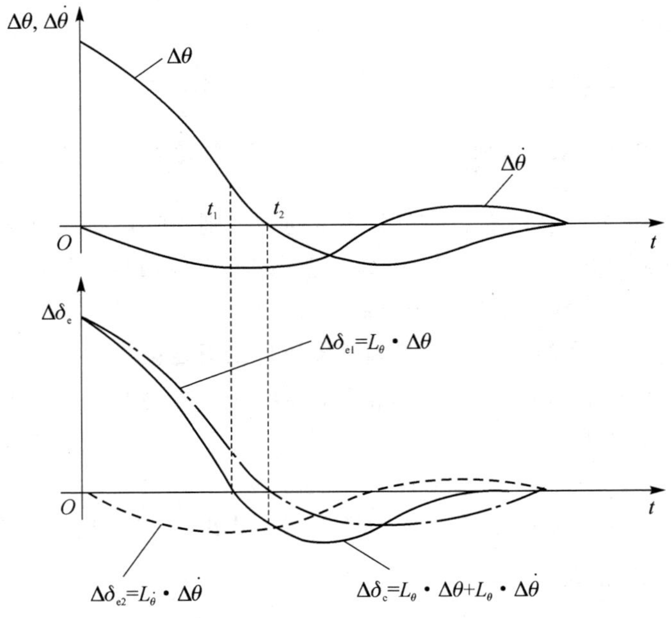

图4-27 一阶微分信号 $\Delta\dot{\theta}$ 所产生的阻尼效果

为了进一步加深对一阶微分信号在比例式控制律中作用的理解,下面以纵向短周期运动

方程为例，采用根轨迹法对其进行分析。

由状态方程(2－106)可以得到简化后的纵向短周期运动方程，即

$$\begin{cases}(Vs - Z_\alpha)\Delta\alpha - V\Delta\dot{\theta} = 0 \\ -(M_{\dot{\alpha}}s + M_\alpha)\Delta\alpha + (s - M_q)\Delta\dot{\theta} = M_{\delta_e}\Delta\delta_e\end{cases} \tag{4-83}$$

其对应的传递函数为

$$\frac{\Delta\dot{\theta}}{\Delta\delta_e} = \frac{M_{\delta_e}\left(s - \dfrac{Z_\alpha}{V}\right)}{s^2 - \left(\dfrac{Z_\alpha}{V} + M_{\dot{\alpha}} + M_q\right)s + \dfrac{Z_\alpha M_q}{V} - M_\alpha} = \frac{M_{\delta_e}(s + Z_\alpha^*)}{s^2 + C_{1d}s + C_{2d}} \tag{4-84}$$

式中，$C_{1d} = Z_\alpha^* - M_{\dot{\alpha}} - M_q$；$C_{2d} = -Z_\alpha^* M_q - M_\alpha$。

考虑到有俯仰角指令 $\Delta\theta_g$ 的输入，则自动驾驶仪控制律式(4－82)可写成

$$\Delta\delta_e = L_\theta(\Delta\theta - \Delta\theta_g) + L_{\dot{\theta}}\Delta\dot{\theta} \tag{4-85}$$

由纵向短周期运动的传递函数式(4－84)并结合自动驾驶仪控制律式(4－83)，便可得到相对应的飞行器-自动驾驶仪系统的方框图，如图 4－28 所示。

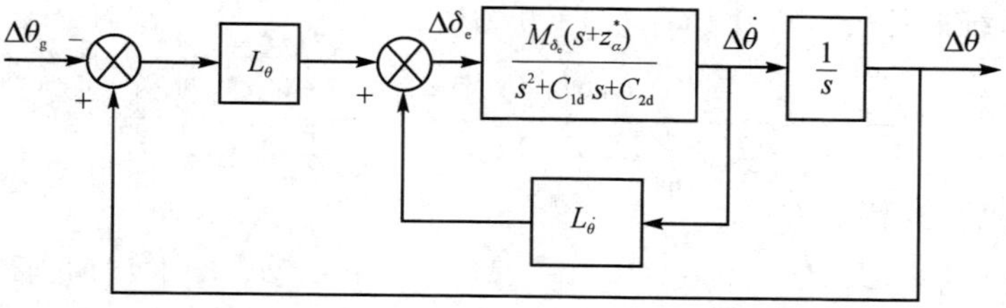

图 4－28　飞行器-自动驾驶仪系统方框图

① 若不引入一阶微分信号($L_{\dot{\theta}} = 0$)，则控制律为 $\Delta\delta_e = L_\theta(\Delta\theta - \Delta\theta_g)$。其开环传递函数为

$$G_K(s) = \frac{L_\theta M_{\delta_e}(s + Z_\alpha^*)}{s(s^2 + C_{1d}s + C_{2d})} \tag{4-86}$$

开环传递函数式(4－79)随 L_θ 变化的根轨迹如图 4－29 所示。

由图 4－29 可知，当 L_θ 增大时，描述飞行器短周期运动的一对复根将右移，并且复根的虚部逐渐增大，这将导致飞行器短周期模态的振荡运动逐渐加剧。

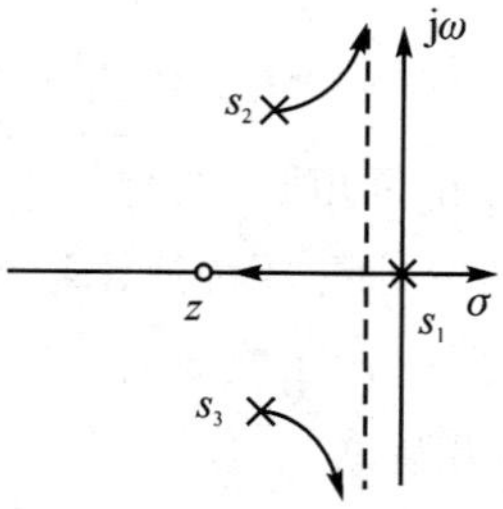

图 4－29　无微分信号的根轨迹

② 若引入一阶微分信号($L_{\dot{\theta}} \neq 0$)，则控制律为 $\Delta\delta_e = L_\theta(\Delta\theta - \Delta\theta_g) + L_{\dot{\theta}}\Delta\dot{\theta}$。

角速度回路(内回路)的闭环传递函数为

$$\phi_B(s) = \frac{M_{\delta_e}(s + Z_\alpha^*)}{s^2 + (C_{1d} + L_{\dot{\theta}}M_{\delta_e})s + (C_{2d} + L_{\dot{\theta}}M_{\delta_e}Z_\alpha^*)} \tag{4-87}$$

角速度回路的开环传递函数为

$$\phi_K(s)=G(s)H(s)=\frac{M_{\delta_e}(s+Z_\alpha^*)}{s^2+C_{1d}s+C_{2d}}\cdot L_{\dot\theta}=\frac{L_{\dot\theta}M_{\delta_e}(s+Z_\alpha^*)}{s^2+C_{1d}s+C_{2d}} \tag{4-88}$$

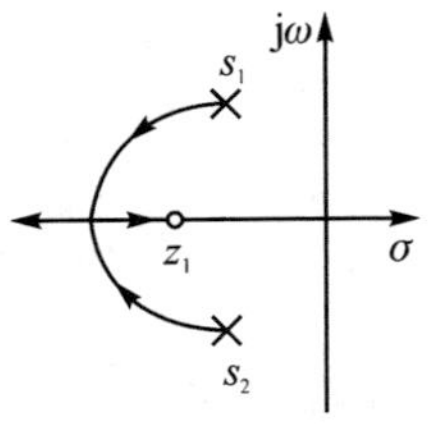

图 4-30 角速度回路的根轨迹

由此可做出角速度回路随 $L_{\dot\theta}$ 变化的根轨迹如图 4-30 所示。由此可见,阻尼回路的根轨迹从飞行器传递函数的一对复根 s_1,s_2 出发,随 $L_{\dot\theta}$ 的增大而左移且虚部减小,最后到达实轴。即系统阻尼增大,最后由振荡运动转为指数衰减的单调运动。如果仅考虑 $L_{\dot\theta}$ 变化,则 $L_{\dot\theta}$ 越大阻尼效果越明显。

③ 如果考虑整个系统,则系统的开环传递函数为

$$G_K^*(s)=[L_\theta\phi_B(s)]\cdot\frac{1}{s}=\frac{L_\theta M_{\delta_e}(s+Z_\alpha^*)}{s[s^2+(C_{1d}+L_{\dot\theta}M_{\delta_e})s+(C_{2d}+L_{\dot\theta}M_{\delta_e}Z_\alpha^*)]} \tag{4-89}$$

为了分析当 L_θ 和 $L_{\dot\theta}$ 同时变化时系统的根轨迹情况,需要将上面的开环传递函数式(4-89)作等效变换。

首先,闭环系统的特征方程 $1+G_K^*(s)=0$ 为

$$1+\frac{L_\theta M_{\delta_e}(s+Z_\alpha^*)}{s[s^2+(C_{1d}+L_{\dot\theta}M_{\delta_e})s+(C_{2d}+L_{\dot\theta}M_{\delta_e}Z_\alpha^*)]}=0 \tag{4-90}$$

将式(4-90)展开后,有特征方程

$$s^3+(C_{1d}+L_{\dot\theta}M_{\delta_e})s^2+(C_{2d}+L_{\dot\theta}M_{\delta_e}Z_\alpha^*+L_\theta M_{\delta_e})s+L_\theta M_{\delta_e}Z_\alpha^*=0 \tag{4-91}$$

具有此形式特征方程的开环传递函数还有

$$G_{EK}(s)=\frac{L_{\dot\theta}M_{\delta_e}[s^2+(Z_\alpha^*+A)s+AZ_\alpha^*]}{s(s^2+C_{1d}s+C_{2d})} \tag{4-92}$$

式中,$A=L_\theta/L_{\dot\theta}$。

因为该开环传递函数所对应的闭环系统的特征方程 $1+G_{EK}(s)=0$,即

$$s^3+(C_{1d}+L_{\dot\theta}M_{\delta_e})s^2+(C_{2d}+L_{\dot\theta}M_{\delta_e}Z_\alpha^*+AL_{\dot\theta}M_{\delta_e})s+AL_{\dot\theta}M_{\delta_e}Z_\alpha^*=0 \tag{4-93}$$

如果将 $A=L_\theta/L_{\dot\theta}$ 代入等效开环传递函数所对应的特征方程(4-93),其形式与特征方程(4-91)完全相同,故称 $G_{EK}(s)$ 为原开环传递函数的等效传递函数。所以,可以通过分析 A 值,来研究原开环传递函数所对应的闭环系统的特征方程的根轨迹。

依据一元三次方程 $ax^3+bx^2+cx+d=0(a\neq0)$ 的根 $x_i(i=1,2,3)$ 与系数之间的关系,可以得出结论:

① 特征方程(4-93)的根中,当 $L_{\dot\theta}=0$ 时,必有 $s_1=0$ 的根;

② 因为 $L_\theta>0,L_{\dot\theta}>0,A=\dfrac{L_\theta}{L_{\dot\theta}}>0,M_{\delta_e}<0,Z_\alpha^*>0$,所以 $d=AL_{\dot\theta}M_{\delta_e}Z_\alpha^*<0$,即特征方程(4-93)的根满足关系式 $s_1s_2s_3=-\dfrac{d}{a}>0$,故至少有一正根。因此,该系统是不稳定的。如果在阻尼回路的前向通道加上常值增益环节 −1 后(见图 4-28),其等效传递函数变为

$$G_{EK}(s)=\frac{-L_{\dot\theta}M_{\delta_e}[s^2+(Z_\alpha^*+A)s+AZ_\alpha^*]}{s(s^2+C_{1d}s+C_{2d})}=\frac{-L_{\dot\theta}M_{\delta_e}(s+Z_\alpha^*)(s+A)}{s(s^2+C_{1d}s+C_{2d})} \tag{4-94}$$

特征方程变为

$$s^3+(C_{1d}-L_{\dot\theta}M_{\delta_e})s^2+(C_{2d}-L_{\dot\theta}M_{\delta_e}Z_\alpha^*-AL_{\dot\theta}M_{\delta_e})s-AL_{\dot\theta}M_{\delta_e}Z_\alpha^*=0 \tag{4-95}$$

由于 $s_1s_2s_3=-AL_{\dot\theta}M_{\delta_e}Z_\alpha<0$，就有可能满足系统稳定性条件 $s_1<0,s_2<0,s_3<0$，而使系统成为稳定的。

在 $A=L_\theta/L_{\dot\theta}$ 取定值情况下，阻尼回路的反馈增益 $L_{\dot\theta}$ 变化而对应的典型根轨迹如图 4-31 所示。

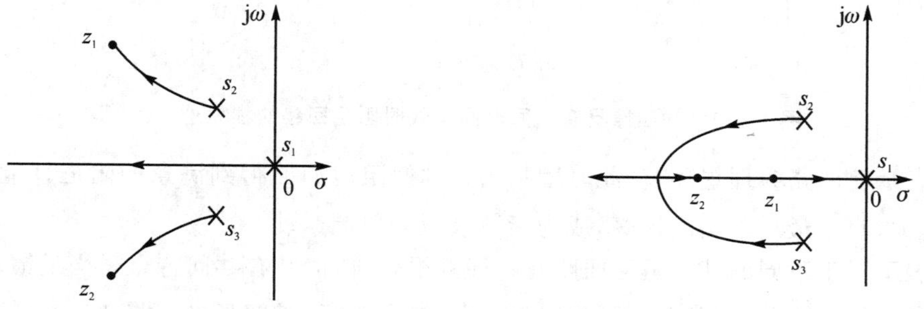

(a) $A=\dfrac{L_\theta}{L_{\dot\theta}}$ 取值使系统有复数零点情况　　(b) $A=\dfrac{L_\theta}{L_{\dot\theta}}$ 取值使系统有实零点情况(如式(4-94))

图 4-31　随 $L_{\dot\theta}$ 变化的根轨迹

由图 4-31 可见，对于 $A=L_\theta/L_{\dot\theta}$ 取值使系统有复数零点的情况，随着反馈增益 $L_{\dot\theta}$ 的增大，系统的振荡加剧，系统的阻尼特性变差。而对于 $A=L_\theta/L_{\dot\theta}$ 取值使系统有实零点的情况，随着 $L_{\dot\theta}$ 的增大，系统的振荡减弱，系统的阻尼特性变好。因此，对于飞行器-自动驾驶仪系统的开环传递函数式(4-89)而言，引入俯仰角速率 $\Delta\dot\theta$ 信号对系统振荡运动的影响，在很大程度上取决于 $A=L_\theta/L_{\dot\theta}$ 的取值，换句话说，只有在一定范围内增大反馈增益 $L_{\dot\theta}$ 值，才能使飞行器-自动驾驶仪系统的阻尼特性得到改善，这是由舵回路的惯性所造成的。下面以某型无人机的自动驾驶仪系统为例，分析舵回路惯性对于系统阻尼特性的影响。

(5) 舵回路的惯性分析

图 4-32 中给出了某型无人机的自动驾驶仪系统的方框图，该系统是典型的具有俯仰角速率反馈的角位移控制系统。

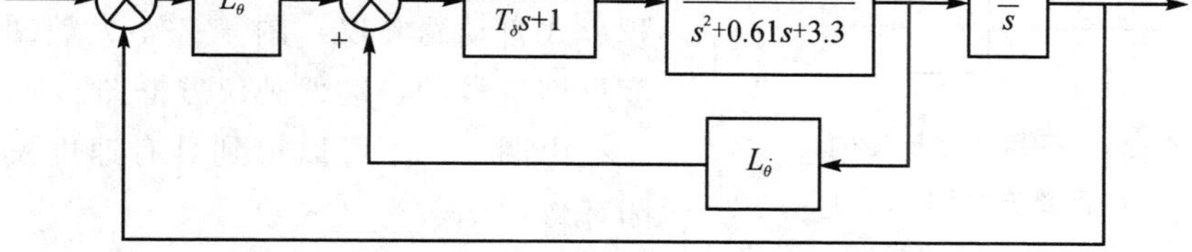

图 4-32　某型无人机的具有俯仰角速率反馈的角位移控制系统方框图

下面利用根轨迹方法来分析舵回路惯性对此角位移控制系统阻尼特性的影响。舵回路具有三种不同时间常数($T_\delta=0$,$T_\delta=0.1$ s,$T_\delta=0.25$ s)时阻尼回路的根轨迹如图 4-33 所示。

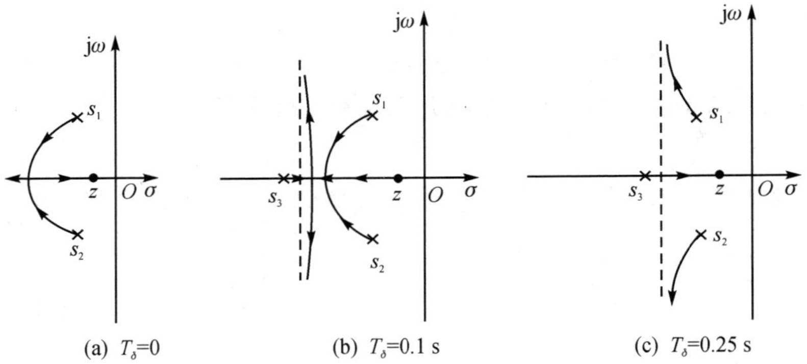

图 4-33 舵回路具有不同时间常数时阻尼回路的根轨迹

$T_\delta=0$ 表示舵回路为理想环节,此时增加 $L_{\dot{\theta}}$ 可使阻尼回路得到满意的阻尼性能,且 $L_{\dot{\theta}}$ 越大,阻尼越大,直至最后不出现振荡,成为指数衰减的单调运动。

$T_\delta \neq 0$ 表示对于不同的 T_δ,阻尼回路有不同的根轨迹,但其有共同特点。当反馈增益 $L_{\dot{\theta}}$ 增大到某一值时,可达到一定的阻尼效果;增加到一定程度后,其阻尼性能将急剧恶化。

由上述分析可以得出下列结论:

① 在一定的舵回路时间常数下,用增加反馈增益 $L_{\dot{\theta}}$ 来增大阻尼是有限度的,特别是当 T_δ 较大时;

② 为确保角稳定回路的性能,不能单纯增加速率陀螺的信号强度(即 $L_{\dot{\theta}}$ 不能过大),必须同时减小舵回路的惯性,使舵回路具有足够宽的通频带;

③ 一般舵回路时间常数 T_δ 限制在 0.03~0.1 s 内,即舵回路的频带一般比飞行器频带宽 3~5 倍。

2. 积分式自动驾驶仪

上面讨论的比例式自动驾驶仪是一种具有硬反馈舵回路形式的自动驾驶仪,在常值干扰力矩 M_f 作用下存在着角位移静差问题,为了平衡掉常值干扰力矩,操纵舵需要相应地偏转一个恒定偏角 $\Delta\delta_e$ 来产生操纵力矩。如果要消除这种角位移静差,采用速度反馈(即软反馈)舵回路形式的自动驾驶仪是一种解决方案。

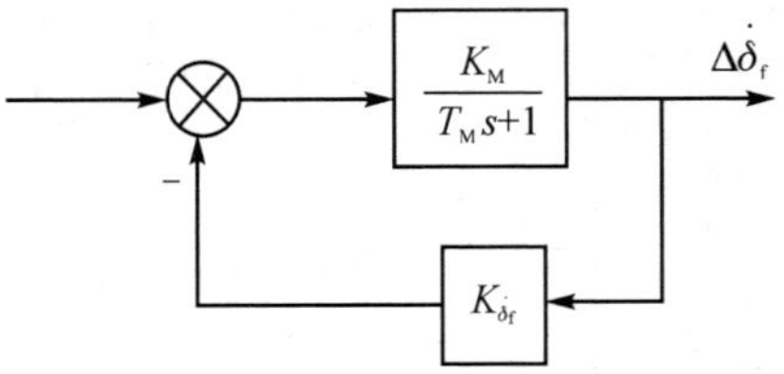

图 4-34 采用速度反馈的舵回路方框图

在舵回路中采用速度反馈,就组成了所谓的积分式自动驾驶仪。图 4-34 为舵回路中采用速度反馈信号的自动驾驶仪方框图。

由图 4-34 可以得到具有速度反馈舵回路的闭环传递函数为

$$G_B(s)=\frac{\dfrac{K_M}{1+K_MK_{\dot{\delta}_f}}}{\dfrac{T_M}{1+K_MK_{\dot{\delta}_f}}s+1}=\frac{K_{\dot{\delta}}}{T_{\dot{\delta}}s+1} \tag{4-96}$$

利用闭环传递函数式(4-96)不难画出具有速度反馈舵回路形式的自动驾驶仪(即积分式自动驾驶仪)的方框图(见图 4-35)。

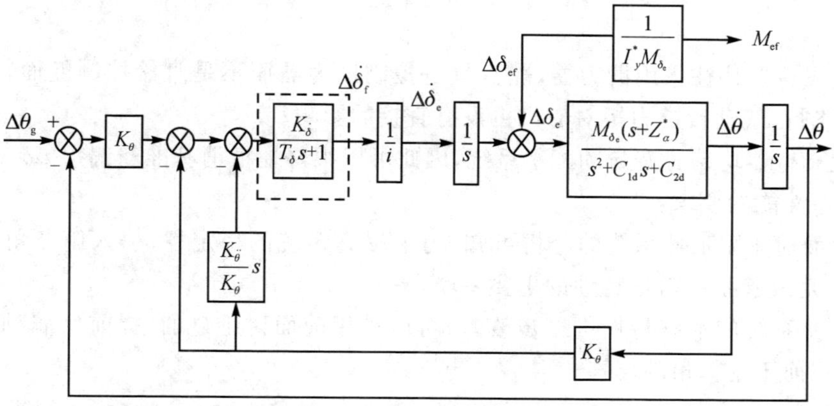

图 4-35　舵回路采用速度反馈的自动驾驶仪方框图

在图 4-35 中，K_θ 为俯仰角位移回路的反馈增益，$K_{\dot{\theta}}$ 为俯仰角速率回路的反馈增益，$K_{\ddot{\theta}}$ 为俯仰角加速度回路的反馈增益，$K_{\dot{\delta}}$ 为速度反馈舵回路的增益。

暂不考虑俯仰角速率的反馈作用及动态特性，首先从系统的稳态情况讨论，即系统工作在稳定状态，则有

$$\Delta\dot{\delta}_e=\frac{K_\theta K_{\dot{\delta}}}{i}(\Delta\theta_g-\Delta\theta) \tag{4-97}$$

当指令输入 $\Delta\theta_g=0$ 时，式(4-97)可写为

$$\Delta\dot{\delta}_e=L_\theta\Delta\theta \tag{4-98}$$

式中，$L_\theta=-\dfrac{K_\theta K_{\dot{\delta}}}{i}>0$ 是单位俯仰角偏差所产生的升降舵偏转的角速率。

由式(4-98)可以看出，升降舵偏转角速率与俯仰角偏差成正比。将式(4-98)两边积分，即

$$\int_0^t\Delta\dot{\delta}_e(\tau)\mathrm{d}\tau=L_\theta\int_0^t\Delta\theta(\tau)\mathrm{d}\tau \tag{4-99}$$

则有

$$\Delta\delta_e(t)-\Delta\delta_e(0)=L_\theta\int_0^t\Delta\theta(\tau)\mathrm{d}\tau \tag{4-100}$$

令 $\Delta\delta_e(0)=0$，则得到稳态情况下的控制律为

$$\Delta\delta_e(t)=L_\theta\int_0^t\Delta\theta(\tau)\mathrm{d}\tau \tag{4-101}$$

这表明，升降舵偏角与俯仰角偏差的积分成比例。也就是说，系统进入稳态后，是依据俯仰角

偏差 $\Delta\theta$ 来产生升降舵偏角的，从而消除俯仰角的静差。

由于舵回路采用速度反馈而形成积分形式的控制规律式(4-101)，所以也称其为速度反馈式自动驾驶仪。

需要指出的是，飞行器在飞行过程中，舵机的负载是由舵偏角而产生的气动铰链力矩。气动铰链力矩对舵机的影响相当于加上了硬反馈的作用，所以采用速度反馈而引出的上述积分关系似乎不存在，但基于以下几个原因，实际上这种积分关系是存在的。

① 当飞行器以亚声速飞行时，气动铰链力矩的硬反馈作用与舵机本身的软反馈作用相比是很弱的；

② 现代飞行器往往采用助力器，舵机只是控制助力器而不是直接控制舵面，所以即使飞行器超声速飞行，气动铰链力矩对舵机也没有直接的影响；

③ 现代飞行器均装置有自动配平系统，因此可以很好地抵消基准舵偏角 $\Delta\delta_e(0)$ 的影响。

考虑动态性能的要求：

① 由前面对于阻尼器系统的分析可知，为了提高系统的稳定性，引入俯仰角速率的信号构成负反馈，是改善系统阻尼特性的重要手段之一；

② 为了使系统的动态特性进一步改善，可以采用前面讨论过的"提前反舵"原理，使舵面的偏转相位超前于俯仰角的偏移。

为了形成"提前反舵"的一阶微分信号，则需要引入俯仰角的加速度信号 $\Delta\ddot{\theta}$。

式(4-98)被改造为

$$\Delta\dot{\delta}_e = L_\theta\Delta\theta + L_{\dot{\theta}}\Delta\dot{\theta} + L_{\ddot{\theta}}\Delta\ddot{\theta} \tag{4-102}$$

对上式两边积分，且令 $\Delta\theta_0 = \Delta\dot{\theta}_0 = \Delta\ddot{\theta}_0 = \Delta\delta_e(0) = 0$，系统工作在控制状态的控制律为

$$\Delta\delta_e = L_\theta\int(\Delta\theta - \Delta\theta_g)\mathrm{d}t + L_{\dot{\theta}}\Delta\theta + L_{\ddot{\theta}}\Delta\dot{\theta} \tag{4-103}$$

式中，L_θ，$L_{\dot{\theta}}$，$L_{\ddot{\theta}}$ 分别为单位俯仰角、单位俯仰角速率和单位俯仰角加速度所产生的舵偏角速率。

可见，控制律式(4-103)是属于 PID 控制律的形式，利用该控制律可以画出具有速度反馈式舵回路的方框图，如图 4-36 所示。

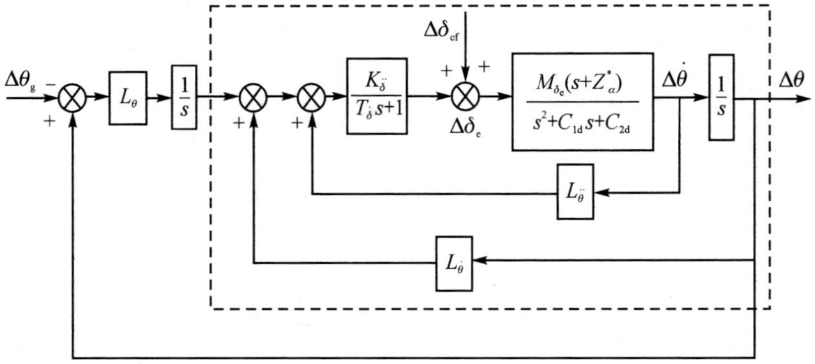

图 4-36 舵回路采用速度反馈的角位移控制系统等效方框图

由图 4-36 可见，积分式自动驾驶仪存在着两方面的缺陷：

① 由于飞行器传递函数中的积分环节，已被速率陀螺所构成的反馈回路($L_{\dot{\theta}}$)(图 4－36 中的虚线框)所包围，因此不再对控制信号起积分作用。当控制信号 $\Delta\theta_g$ 为斜坡信号时，积分式自动驾驶仪仍然存在控制静差。

② 积分式自动驾驶仪虽能消除常值干扰力矩所导致的静差，但是其结构较复杂，并且需要俯仰角加速度的信号。用无源网络来获得较好质量的二次微分信号通常是困难的，且常常由于线路复杂而引发噪声，使系统出现小抖动。为了保证飞行控制系统的品质，可考虑采用角加速度陀螺传感器。

3. 比例加积分式自动驾驶仪

比例加积分式自动驾驶仪又称为均衡式反馈自动驾驶仪，其原理如图 4－37 所示。为了解决积分式自动驾驶仪所存在的问题，近年来已广泛采用比例加积分式自动驾驶仪，尤其在自动着陆等控制精度要求较高的飞行阶段应用得比较多。

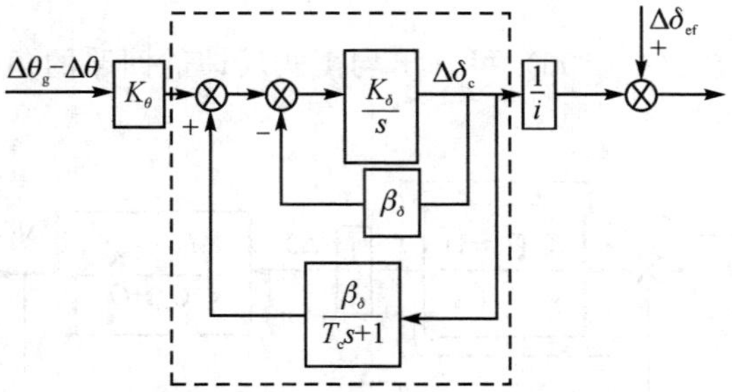

图 4－37　采用均衡式反馈舵回路的方框图

将方框图 4－37 做等效变换后，得如图 4－38 所示的等效原理图。

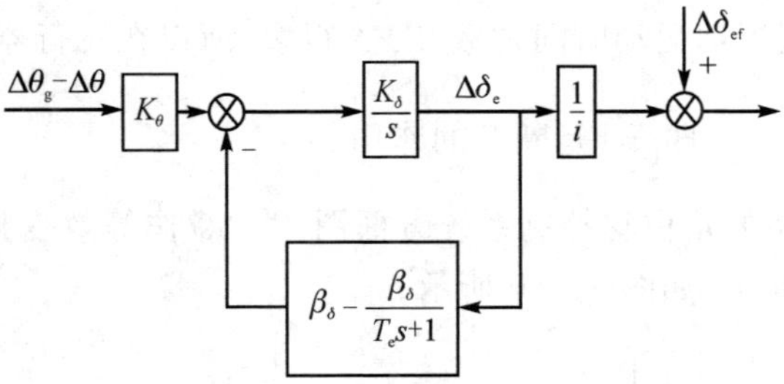

图 4－38　采用均衡式反馈舵回路的等效原理图

所谓的“均衡式反馈”就是在舵机硬反馈 β_δ 的基础上，再加一个时间常数 T_e 很大的非周期环节 $\frac{\beta_\delta}{T_e s+1}$ 的正反馈，其中 T_e 为几秒直至十几秒。在姿态的控制和稳定过程中，因为舵回路的动态过程时间很短(仅零点几秒)，所以相对于舵回路的时间常数 T_δ 而言，T_e 的作用类似于一个开关，即只在稳态时接通，最终将使正反馈量与硬反馈所得的负反馈量相抵消。这样，舵回路的传递函数变为 $\frac{K_\delta}{s}$，相当于增加一个积分环节，从而可以消除系统的静差。

(1) 控制律

由图 4－38 可方便地得到舵回路的传递函数为

$$G_\delta(s)=\frac{\dfrac{K_\delta}{s}}{1+\dfrac{\beta_\delta T_e\cdot s}{T_e s+1}\cdot\dfrac{K_\delta}{s}} \tag{4-104}$$

进一步化简后，得

$$G_\delta(s)=\frac{\dfrac{K_\delta T_e}{1+K_\delta\beta_\delta T_e}(T_e s+1)}{T_e\left(\dfrac{T_e}{1+K_\delta\beta_\delta T_e}s+1\right)s}=\frac{K_{\delta_e}(T_e s+1)}{T_e(T_p s+1)s} \tag{4-105}$$

式中，$K_{\delta_e}=\dfrac{K_\delta T_e}{1+K_\delta\beta_\delta T_e}$为舵回路传递系数；$T_p=\dfrac{T_e}{1+K_\delta\beta_\delta T_e}$。

由于 T_p 值很小，可忽略不计，则舵回路的传递函数简化为

$$G_\delta(s)=\frac{K_{\delta_e}(T_e s+1)}{T_e s} \tag{4-106}$$

依据舵回路传递函数式(4-106)，可画出均衡式反馈舵回路的角位移控制系统方框图，如图4-39所示。

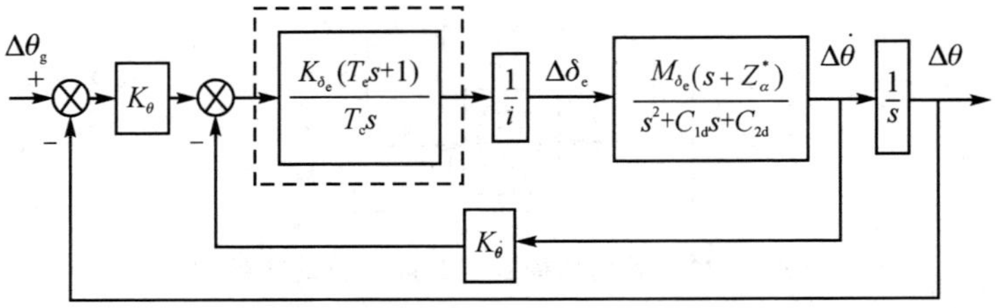

图4-39 均衡式反馈舵回路的角位移控制系统方框图

由于 T_e 比飞行器短周期运动时间常数 T_s 大得多，所以在飞行器短周期运动工作频段内可认为$\dfrac{K_{\delta_e}(T_e s+1)}{T_e s}\approx K_{\delta_e}$，即 T_e 是断开的作用。

将均衡式反馈舵回路的角位移控制系统方框图4-39作等效变换，可以得到该角位移控制系统方框图的等效方框图，如图4-40所示。

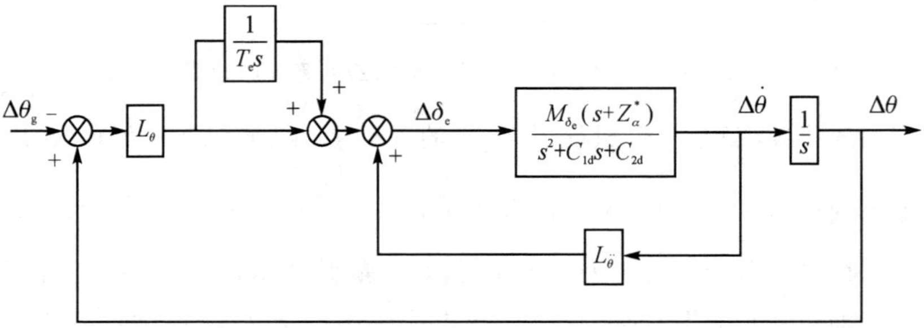

图4-40 均衡式反馈舵回路的角位移控制系统的等效方框图

由此可见，均衡式反馈自动驾驶仪实际上相当于具有比例加积分控制律的自动驾驶仪，因积分常数 $1/T_e$ 很小，所以系统只有进入稳态后才会发挥其明显的积分作用，这正是均衡式反

馈自动驾驶仪的特点所在。

由图 4-40 可以得到这种比例加积分式自动驾驶仪的控制律为

$$\Delta\delta_e = \frac{L_\theta}{T_e}\int(\Delta\theta - \Delta\theta_g)\mathrm{d}t + L_\theta(\Delta\theta - \Delta\theta_g) + L_{\dot\theta}\Delta\dot\theta \tag{4-107}$$

从自动驾驶仪控制律形式上看，控制律式(4-107)与积分式自动驾驶仪控制律式(4-102)是基本相同的，但是在驾驶仪具体实现上的要求却有较大差别。在这种比例加积分式自动驾驶仪的设计中，要实现舵回路的均衡反馈，关键在于如何得到时间常数 T_e 很大的非周期环节 $\frac{\beta_\delta}{T_e s+1}$，通常可通过电子线路或采用带硬反馈的慢速随动系统来实现，而设计积分式自动驾驶仪的关键环节却是如何获得高质量的俯仰角加速度信号。

(2) 带有延迟速度反馈舵回路的角位移控制系统

除采用均衡式反馈舵回路外，还可采用带有延迟速度负反馈舵回路的自动驾驶仪，以消除常值干扰力矩和阶跃指令输入时的静差。

4.4.2　纵向姿态稳定与控制

1. 比例式自动驾驶仪修正初始俯仰角偏差

下面以自动驾驶仪控制律 $\Delta\delta_e = L_\theta(\Delta\theta - \Delta\theta_g) + L_{\dot\theta}\Delta\dot\theta$ 为例，来分析自动驾驶仪的工作过程及其与迎角 α 的关系，如图 4-41 所示。

(1) 稳定过程($\Delta\theta_g=0, \Delta\alpha_0=0$)

假设飞行器受扰后出现俯仰角偏差 $\Delta\theta_0>0$。由于控制律增益 $L_\theta>0$，则由控制律可知升降偏角 $\Delta\delta_e = L_\theta\Delta\theta_0>0$，即升降舵下偏，将产生低头力矩，飞行器绕横轴向下转动，$\Delta\theta_0$ 减小，同时俯仰角速度 $\Delta q=\dot\theta<0$，并且其值也会随着俯仰角 $\Delta\theta(t)$ 逐渐减小而负向增大。

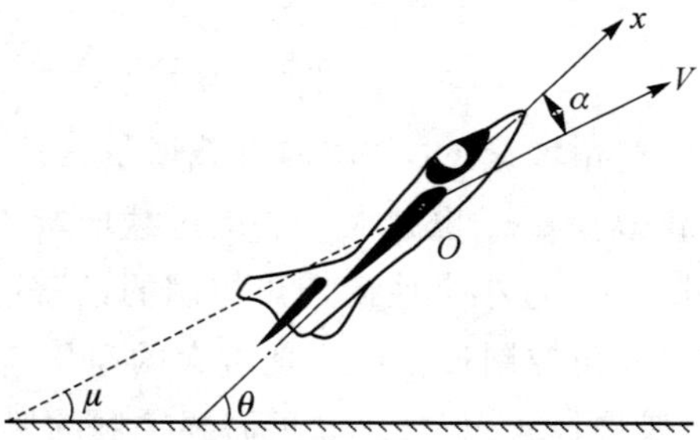

图 4-41　飞行器纵向运动姿态

刚打破平衡后，在低头力矩的作用下，飞行器的纵轴总是先于空速向量发生转动，因而产生迎角 $\Delta\alpha<0$。迎角负向增大使空速向量向下偏转加快，从而减缓迎角负向增加的速度。当迎角达到最大值 $\Delta\alpha_m$，飞行器的纵轴与空速向量转动的速度相同时，迎角不再负向增大。负值分量的舵偏角 $\Delta\delta_e = L_{\dot\theta}\Delta q<0$ 逐渐增大，当正负两部分的舵偏角抵消后，负值分量的舵偏角 $\Delta\delta_e = L_{\dot\theta}\Delta q<0$ 占主导，则总舵偏角逐渐变为负值 $\Delta\delta_e<0$，由此产生抬头力矩，使飞行器产生抬头运动，从而减缓飞行器纵轴转动速度，最后俯仰角的偏差 $\Delta\theta$ 趋于零，如图 4-42 所示。

(2) 控制过程($\Delta\theta_g\neq0, \Delta\alpha_0=0$)

首先，由控制律产生舵偏角 $\Delta\delta_e = -L_\theta\Delta\theta_g<0$，升降舵上偏，产生抬头力矩，飞行器绕纵轴向上转动，$\Delta\theta$ 增大，同时 $\Delta q=\Delta\dot\theta>0$，$\Delta\alpha>0$，产生正值分量的舵偏角 $\Delta\delta_e = L_{\dot\theta}\Delta q>0$，其余过

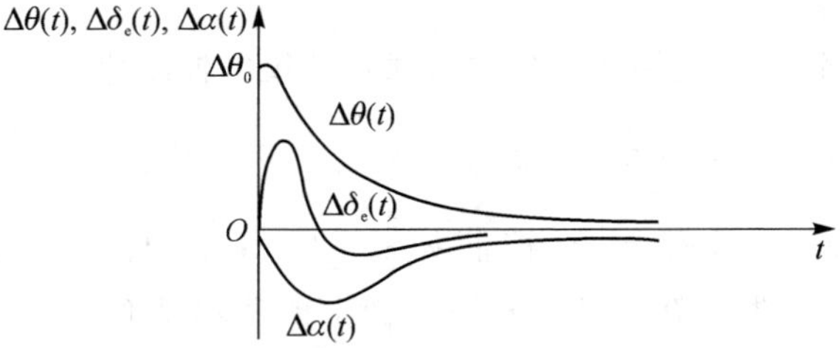

图 4-42 修正初始俯仰角偏差 $\Delta\theta_0$ 过程

程与稳定过程类似,如图 4-43 所示。

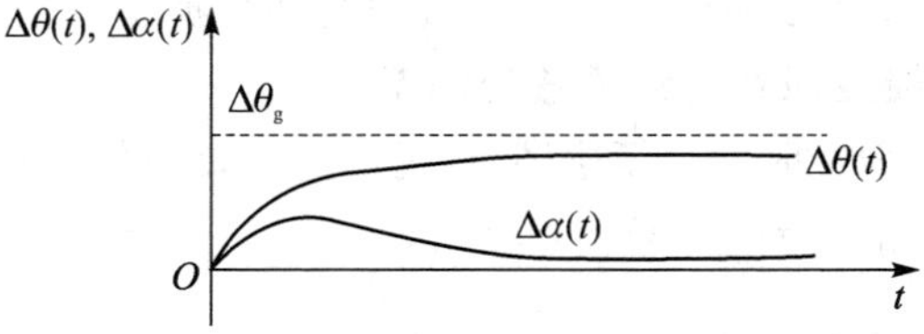

图 4-43 比例式自动驾驶仪对俯仰角控制的过程

由上述分析可见:

① 俯仰角控制过程的快慢与最大迎角增量 $\Delta\alpha_m$ 有关(即与法向过载增量 Δn_z 有关),在 $\Delta\theta_g$ 值一定时,$\Delta\alpha_m$ 值越大,$\Delta\theta(t)$过程越快。

② 迎角增量 $\Delta\alpha$ 与法向过载增量 Δn_z 的关系为

$$\Delta n_z = \frac{QS_w C_{L_\alpha}}{57.3G}\Delta\alpha \approx \frac{VZ_\alpha^*}{57.3g}\Delta\alpha = -\frac{Z_\alpha}{57.3g}\Delta\alpha \qquad (4-108)$$

由迎角增量 $\Delta\alpha$ 与法向过载增量 Δn_z 的关系式(4-108)可见,最大迎角增量 $\Delta\alpha_m$ 越大,法向过载增量 Δn_z 也越大。法向过载增量 Δn_z 过大会使得机上乘员感到很不舒适;但是法向过载增量 Δn_z 过小会使俯仰角控制的过渡过程太长(一般又不希望此过程太长)。因此,为了避免在俯仰角控制过程中出现过大的迎角增量 $\Delta\alpha_m$,此种控制律的俯仰角控制指令 $\Delta\theta_g$ 不能太大(一般选择 4°~5°)。如果需要控制的俯仰角比较大,应当对此控制律进行修改,以适应大俯仰角的控制规律。例如,某型运输机的大俯仰角的控制律为

$$\Delta\delta_e = L_\theta(\Delta\theta - \Delta\theta_g t) + L_{\dot\theta}(\Delta\dot\theta - \Delta\dot\theta_g)$$

可见,在此控制律中俯仰角控制指令 $\Delta\theta_g$ 是随着时间逐渐加入的,以避免在俯仰角控制过程中出现过大的迎角增量 $\Delta\alpha_m$ 和法向过载增量 Δn_z。

2. 初始迎角 $\Delta\alpha_0 \neq 0$ 情况下的纵向运动

仍然采用控制律 $\Delta\delta_e = L_\theta(\Delta\theta - \Delta\theta_g) + L_{\dot\theta}\Delta\dot\theta$ 。假定初始迎角 $\Delta\alpha_0 > 0$ 且 $\Delta\theta_0 = 0$,$\Delta\delta_{e0} = 0$,则纵向静稳定力矩使飞行器向迎角减小的方向转动下俯;同时 $\Delta\alpha_0 > 0$ 使得空速向上转动,因此迎角急剧减小,同时出现 $\Delta\theta < 0$ 和 $\Delta q = \Delta\dot\theta < 0$。由控制律知,驾驶仪使升降舵上偏,产生抬头力矩,阻止飞行器的下俯运动,抬头力矩随下俯角增大而增大,而低头力矩随迎角减小而减弱,当两力矩平衡后,俯仰角速度不再负向增加,此后抬头力矩大于低头力矩,俯仰角速度由负

变正，逐渐使升降舵、俯仰角和迎角回零，如图 4-44 所示。

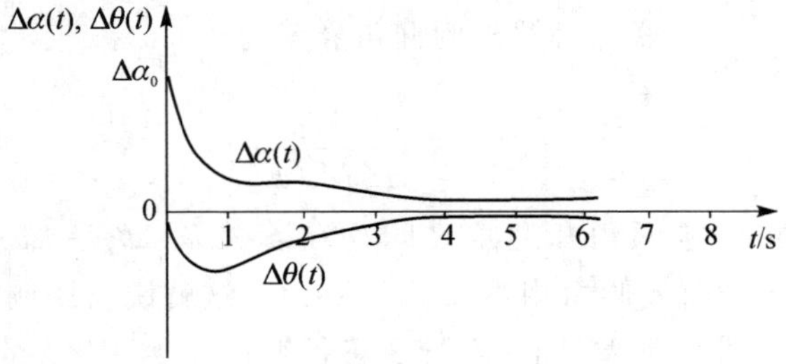

图 4-44　修正初始迎角 $\Delta\alpha_0 > 0$ 的过程

3. 常值干扰力矩作用下的动态过程与稳态误差估算

飞行器自动驾驶仪系统经常受到来自其本身的干扰，如，投掷炸弹和副油箱，收放起落架等，引起重量或重心位置的变化而产生干扰力矩，破坏了飞行器纵向力矩的平衡。因此，分析和估算其对系统造成的误差，以便采取措施加以补偿是非常必要的。

(1) 飞行器在常值干扰力矩作用下的稳定过程

设具有硬反馈舵回路的比例式驾驶仪控制律为

$$\Delta\delta_e = L_\theta \Delta\theta + L_{\dot{\theta}} \Delta\dot{\theta} \tag{4-109}$$

假设作水平直线飞行的飞行器突然受到常值干扰力矩（$+M_f$）的作用而抬头，出现$+\Delta\theta$，驾驶仪使升降舵下偏 $\Delta\delta_e > 0$，产生舵面恢复力矩 $M_H = M(\Delta\delta_e) < 0$，稳态后建立了新的力矩平衡 $M_f + M_H = 0$，$M_H = M_{\delta_e}^{\alpha} \Delta\delta_{es}$。由控制律可知 $\Delta\delta_{es} = L_\theta \Delta\theta_s$，于是存在的静差可估算为

$$\Delta\theta_s = -\frac{M_f}{M_{\delta_e}^{\alpha} L_\theta} \tag{4-110}$$

式中，$M_{\delta_e}^{\alpha} = I_y^* M_{\delta_e} = QS_w c_A C_{m_{\delta_e}}$。

相同的结论已在比例式自动驾驶仪的静差问题中讨论过。

因为 $\Delta\theta_s = \Delta\alpha_s + \Delta\mu_s$，所以当 $\Delta\alpha_s = 0$ 时，$\Delta\theta_s = \Delta\mu_s$。俯仰角静差 $\Delta\theta_s$ 的出现，引起速度向量上偏，从而产生航迹倾斜角的静差 $\Delta\mu_s$，使原高度不能得到保持，这是比例式驾驶仪的固有缺陷。

(2) 系统结构图和稳态误差计算

系统结构如图 4-45 所示。

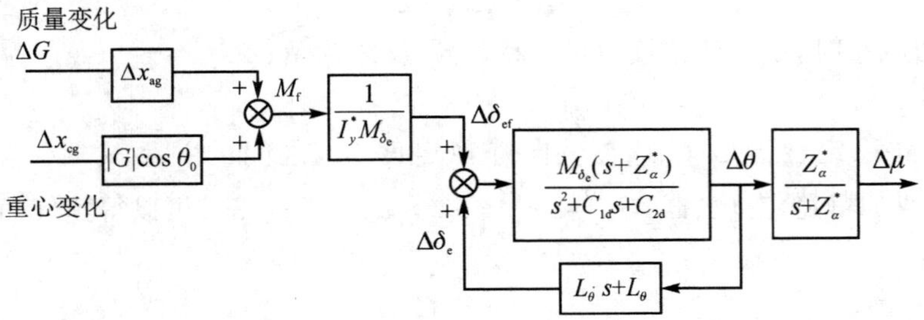

图 4-45　常值干扰力矩作用下的系统结构图

稳态时 $\Delta\delta_{ef}+\Delta\delta_{es}=0$ 成立。其中,$\Delta\delta_{ef}$ 为常值干扰力矩引起的升降舵偏角,而 $\Delta\delta_{es}=L_\theta\Delta\theta_s$。将其与 $\Delta\delta_{ef}=\dfrac{M_f}{I_y^* M_{\delta_e}}$联立可解出俯仰角静差为

$$\Delta\theta_s=-\frac{M_f}{I_y^* M_{\delta_e} L_\theta} \tag{4-111}$$

因为稳态的俯仰角、航迹倾角和迎角之间存在着关系 $\Delta\theta_s=\Delta\alpha_s+\Delta\mu_s$,当稳态的迎角 $\Delta\alpha_s=0$ 时,稳态的俯仰角和航迹倾角相等($\Delta\theta_s=\Delta\mu_s$)。这就说明比例式自动驾驶仪在常值干扰力矩的作用下会存在俯仰角静差,同时会导致飞行航迹发生变化。

1) 重力变化引起的稳态误差

假设飞机投掷炸弹(或者飞航导弹抛掉助推器)后,重力减小 ΔG,而重心不变,则升力将大于重力,使得空速向量向上转动,出现航迹倾角增量 $+\Delta\mu$,飞行轨迹将向上弯曲。在升力和重力平衡被打破的初始时刻,俯仰角 θ 还没有改变,因为俯仰角和航迹倾角与迎角之间存在关系式 $\theta=\alpha+\mu$,在航迹倾角出现增量 $+\Delta\mu$ 后,迎角将会减小,从而使得升力减小以与重力重新建立平衡。

现在再来分析由于重力减小而引起的俯仰力矩方面的平衡关系。由于迎角减小 $\Delta\alpha$,纵向的静稳定力矩将减小 M_α^α,这样由升降舵产生的正操纵力矩大于负的稳定力矩,飞行器会上仰产生 $+\Delta\theta_s$;自动驾驶仪感受到 $+\Delta\theta_s$ 后,会驱动升降舵面下偏 $\Delta\delta_{es}=L_\theta\Delta\theta_s>0$,使得俯仰力矩重新建立平衡。

由上述分析可见,当重力减小 ΔG 而重心不变时,空速向量将上偏 $\Delta\mu_s$,机体纵轴上仰 $\Delta\theta_s$,升降舵面下偏 $\Delta\delta_{es}$。

重力减小 ΔG 而重心不变,就相当于产生一个正的常值干扰力矩($+M_f$),为了平衡此干扰力矩,升降舵面下偏 $\Delta\delta_{es}$ 而产生操纵力矩 M_c。建立新的平衡后,$M_f+M_c=0$。又因为 $M_c=M_{\delta_e}^\alpha\Delta\delta_{es}$,将 $\Delta\delta_{es}=L_\theta\Delta\theta_s$ 代入后,得

$$\Delta\theta_s=-\frac{M_f}{M_{\delta_e}^\alpha L_\theta} \tag{4-112}$$

再将 $M_{\delta_e}^\alpha=I_y^* M_{\delta_e}$ 代入式(4-112),则有

$$\Delta\theta_s=-\frac{M_f}{I_y^* M_{\delta_e} L_\theta} \tag{4-113}$$

可见,式(4-113)与俯仰角静差式(4-111)完全相同。

当重力变化 ΔG 而重心不变时,所产生的常值干扰力矩 M_f 可以表示为

$$M_f=\Delta G\cdot\Delta x_{ag} \tag{4-114}$$

式中,规定重力减小时,重力变化量为正($\Delta G>0$),反之为负;$\Delta x_{ag}=x_{ac}-x_{cg}$ 为气动焦点到重心的距离。

利用纵向静稳定性导数 C_{m_α} 与纵向静稳定度 S_m 之间的关系式 $C_{m_\alpha}=-C_{L_\alpha}S_m$(见式(1-70))和纵向静稳定度公式,$S_m=(x_{ac}-x_{cg})/c_A=\bar{x}_{ac}-\bar{x}_{cg}$ 可以得到气动焦点到重心距离为

$$\Delta x_{ac}=-\frac{C_{m_\alpha}c_A}{C_{L_\alpha}} \tag{4-115}$$

同样的结论也可以从另外角度推出。正如上面讨论的那样,重力减小 ΔG 将引起迎角增

量 $\Delta\alpha<0$，由 $\Delta\alpha$ 产生的纵向静稳定力矩增量 $M_\alpha^\alpha\Delta\alpha=QS_\mathrm{w}c_\mathrm{A}C_{m_\alpha}\Delta\alpha$ 与 $\Delta\alpha$ 引起的升力变化所产生的俯仰力矩增量 $-\Delta L\Delta x_\mathrm{ac}=-QS_\mathrm{w}C_{L_\alpha}\Delta\alpha\Delta x_\mathrm{ac}$ 相等，即 $M_\alpha^\alpha\Delta\alpha=-\Delta L\Delta x_\mathrm{ac}$ 或者 $QS_\mathrm{w}c_\mathrm{A}C_{m_\alpha}\Delta\alpha=-QS_\mathrm{w}C_{L_\alpha}\Delta\alpha\Delta x_\mathrm{ac}$，由此也可以推出关系式(4-115)。

将式(4-115)代入式(4-114)和俯仰角静差式(4-113)，可以得到当重力变化 ΔG 而重心不变时的俯仰角静差，即

$$\Delta\theta_\mathrm{s}=\frac{C_{m_\alpha}c_\mathrm{A}}{I_y^*M_{\delta_\mathrm{e}}C_{L_\alpha}L_\theta}\cdot\Delta G \tag{4-116}$$

在通常情况下，对于纵向静稳定飞行器而言，纵向静稳定性导数为负值($C_{m_\alpha}<0$)，平均几何弦长和量纲一的迎角升力系数均为正值($c_\mathrm{A}>0, C_{L_\alpha}>0$)。这样根据俯仰角静差式(4-116)可以得到结论：对于比例式自动驾驶仪而言，重力变化所引起的俯仰角稳态误差 $\Delta\theta_\mathrm{s}$ 与重力变化量 ΔG 成正比，与反馈增益 L_θ 成反比。

2) 重心位置变化引起的稳态误差

假设飞机放下起落架(或者飞航导弹抛掉助推器)后，重心位置后移距离 $\Delta x_\mathrm{cg}=\Delta\bar{x}_\mathrm{cg}c_\mathrm{A}$，这里 $\Delta\bar{x}_\mathrm{cg}$ 为相对于原重心在平均几何弦上的量纲一的距离变化值，并规定重心后移为正，前移为负，c_A 为平均几何弦长。

由图 4-45 可求得正的干扰力矩为

$$M_\mathrm{f}=|G|\cos\theta_0\Delta\bar{x}_\mathrm{cg}c_\mathrm{A} \tag{4-117}$$

将式(4-117)代入式(4-113)，得到重心位置变化引起的俯仰角静差为

$$\Delta\theta_\mathrm{s}=-\frac{|G|\cos\theta_0\Delta\bar{x}_\mathrm{cg}c_\mathrm{A}}{I_y^*M_{\delta_\mathrm{e}}L_\theta} \tag{4-118}$$

又因为 $M_{\delta_\mathrm{e}}=\dfrac{1}{I_y^*}\dfrac{\partial M_{\mathrm{W_A}}}{\partial\delta_\mathrm{e}}=\dfrac{QS_\mathrm{w}c_\mathrm{A}}{I_y^*}C_{m_{\delta_\mathrm{e}}}$，$|G|=L=QS_\mathrm{w}C_\mathrm{L}$，且在一般情况下 θ_0 较小，所以认为 $\cos\theta_0\approx1$。这样式(4-118)可简化为

$$\Delta\theta_\mathrm{s}=-\frac{C_L\Delta\bar{x}_\mathrm{cg}}{C_{m_{\delta_\mathrm{e}}}L_\theta} \tag{4-119}$$

在式(4-119)中，通常情况下，因为纵向气动导数 $C_{m_{\delta_\mathrm{e}}}$ 为负值，而升力系数 C_L 为正值，所以，如果重心前移 $\Delta\bar{x}_\mathrm{cg}<0$，则会产生负的俯仰角静差 $\Delta\theta_\mathrm{s}<0$，飞行器将产生低头俯冲运动；反之，如果重心后移 $\Delta\bar{x}_\mathrm{cg}>0$，则飞行器将产生抬头运动。由此可见，对于比例式自动驾驶仪而言，重心位置变化所引起的俯仰角稳态误差 $\Delta\theta_\mathrm{s}$ 的绝对值与 $\Delta\bar{x}_\mathrm{cg}$ 成正比，而与反馈增益 L_θ 成反比。

4.4.3 横侧向姿态稳定与控制

飞行器横侧向姿态的稳定和控制就是要保证高精度的偏航角 ψ 和滚转角 ϕ 的稳定与控制，以实现令人满意的转弯飞行。

1. 横侧向姿态的稳定和控制的基本方式

对于常规布局的飞机而言，横侧向姿态的稳定与控制一般是通过方向舵和副翼操纵来实现的。根据飞行器的横侧向运动的特点，飞行器横侧向控制的基本方式有以下 3 种。

(1) 通过方向舵实现水平转弯的侧向驾驶仪

此类水平转弯的侧向驾驶仪是由垂直陀螺来测量飞机的滚转角，将此信号加入副翼通道构成滚转稳定回路，使飞行器机翼保持水平，由航向陀螺测量飞机纵轴相对于给定航向 ψ_g 的偏离值，将其加入方向舵通道构成航向稳定和控制回路，保持给定航向 ψ_g，如图 4-46 所示。

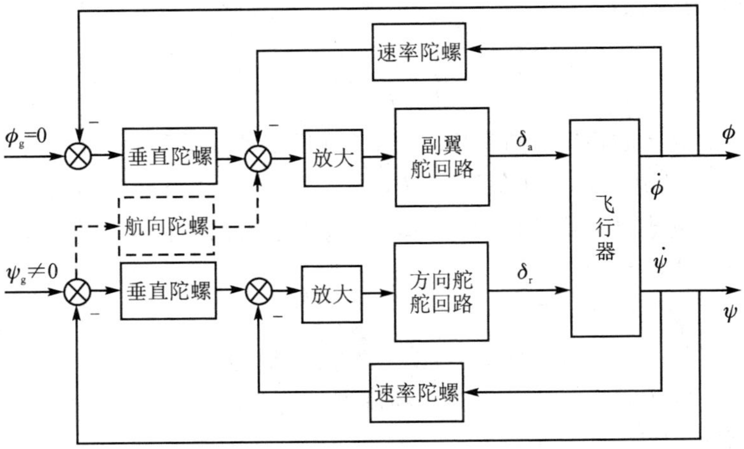

图 4-46 水平转弯侧向自动驾驶仪原理结构图

相应的控制律为

$$\begin{cases}\delta_a = I_\phi \phi + I_{\dot{\phi}} \dot{\phi} \\ \delta_r = K_\psi(\psi - \psi_g) + K_{\dot{\psi}} \dot{\psi}\end{cases} \tag{4-120}$$

由控制律式(4-120)的结构可知，此种驾驶仪所涉及的两个通道是各自独立的，这对于控制律的设计较方便。但此种水平转弯方式存在较大的侧滑角，空速与纵轴的协调性差，乘员会感到不舒适，且转弯半径较大，因此仅适合于修正小的航向偏差。

(2) 通过副翼修正航向而用方向舵削弱荷兰滚的方案

将上面自动驾驶仪副翼通道的航向控制律修改为

$$\delta_a = I_\phi \phi + I_{\dot{\phi}} \dot{\phi} + I_\psi(\psi - \psi_g) \tag{4-121}$$

如图 4-46 中的虚线部分。

这样，假如飞行器纵轴偏离给定航向 ψ_g，使得 $(\psi-\psi_g)>0$，机头偏离给定航向的右侧。根据控制律 $\delta_a=I_\psi(\psi-\psi_g)>0$，驾驶仪将操纵副翼正向差动，飞行器向左滚转，出现滚转角 $\phi<0$，由此产生的升力的水平分量将使空速也向左转。因滚转角 $\phi<0$ 与 $(\psi-\psi_g)>0$ 反号，随着滚转角 ϕ 逐渐增大，副翼的正向差动偏角 δ_a 将越来越小，当达到新的平衡时，副翼恢复到初始位置。

在上述动态过程中，当飞机向左滚转，产生负的滚转角 $\phi<0$ 时，产生的升力水平分量将使空速向量先于机体轴向左转动，从而出现负的侧滑角($\beta<0$)，由此产生的航向稳定力矩将使机体轴跟随空速向量转动。如果航向稳定性差，则会出现较大的侧滑角，这是不希望出现的。随着航向角偏差逐渐减小，即 $(\psi-\psi_g)\to0$，滚转角信号($\phi<0$)占据上峰，副翼开始反向偏转，使得滚转角 ϕ 和航向角偏差 $(\psi-\psi_g)$ 越来越小，最后恢复到零状态。

2. 等滚转角的侧向转弯控制律

为了克服侧滑角的出现，必须研究侧向转弯过程中的协调控制问题。

(1) 协调转弯

空速向量与纵轴不能重合协调转动是产生侧滑角的根本原因，侧滑角使得阻力增大，乘坐品质变差，不利于机动，因此，必须实现协调转弯(coordinated-turn)。

实现协调转弯应满足的条件：

① 稳态的滚转角为常值；

② 稳态的偏航角速率为常值；

③ 稳态的升降速度为零；

④ 稳态的侧滑角为零。

衡量协调转弯的形式有 3 种：

① 当飞行器做协调转弯飞行时，速度向量 **V** 与飞行器对称平面间夹角为零($\beta=0$)，并以相同的偏航角速率绕地轴的垂直轴转动；

② 由于飞行器重心处的侧向加速度正比于侧滑角，所以当飞行器协调转弯飞行时，侧向加速度 $a_y=0$；

③ 飞行器做协调转弯飞行时，在垂直方向上的升力分量与重力平衡，水平方向的升力分量与离心力平衡。

基于上述分析不难推导出实现协调转弯飞行的公式。为了推导方便，假设俯仰角 $\theta=0$，这样当进行协调转弯飞行时，飞行器在水平和垂直方向的受力分析如图 4-47 所示。据此，水平和垂直方向的力平衡方程为

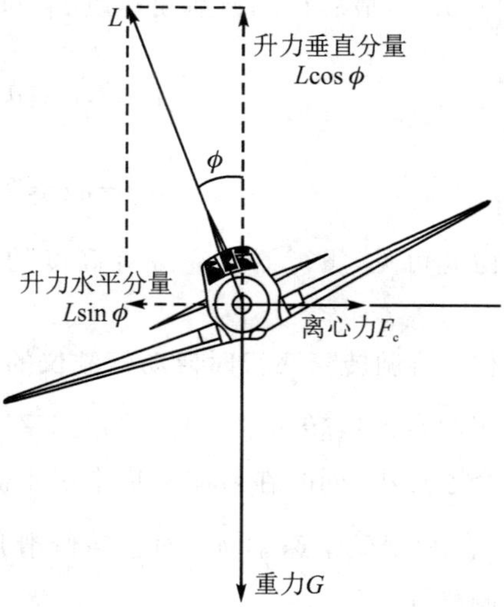

图 4-47　协调转弯时飞行器的受力图

$$\begin{cases} mg = L\cos\phi \\ mV\dot{\psi} = L\sin\phi \end{cases} \tag{4-122}$$

式中，L 为升力；V 为空速。

求解方程组(4-122)可得协调转弯公式为

$$\dot{\psi} = \frac{g}{V}\tan\phi \tag{4-123}$$

为了进一步分析进行协调转弯时的操纵原理，将恒定的偏航角速率 $\dot{\psi}$ 向机体轴系投影，如图 4-48 所示。

当飞行器进行等高度协调转弯飞行时，偏航角速率 $\dot{\psi}$ 垂直于地面。为了保持高度和恒定的偏航角速率 $\dot{\psi}$，飞行器将存在俯仰角 θ 和滚转角 ϕ。首先利用俯仰角 θ 将偏航角速率 $\dot{\psi}$ 向机体纵轴 Ox 和机体 Ozy 平面内投影，得到滚转角速度 $p_b=-\dot{\psi}\sin\theta$ 和 $r_{zy}=\dot{\psi}\cos\theta$。在通常情况下，因为 θ,ϕ 较小，所以滚转角速度 $p_b=-\dot{\psi}\sin\theta\approx0$，它对协调转弯飞行的影响可忽略不

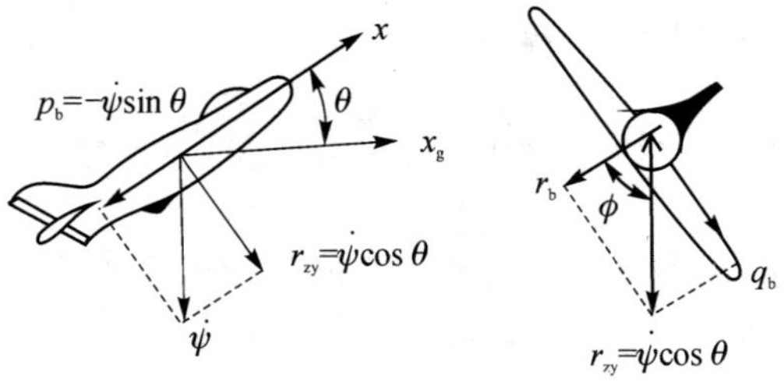

图4-48　协调转弯时偏航角速率 $\dot{\psi}$ 在机体轴上的投影关系

计。下面利用滚转角 ϕ 将投影 $r_{zy}=\dot{\psi}\cos\theta$ 分别分解到机体轴 Oz, Oy 上，得到绕机体轴 Oz, Oy 的偏航角速度 $r_b=\dot{\psi}\cos\theta\cos\phi$ 和俯仰角速度 $q_b=\dot{\psi}\cos\theta\sin\phi$。考虑到协调转弯公式 $\dot{\psi}=\frac{g}{V}\tan\phi$，最后得到偏航角速度 r_b 和俯仰角速度 q_b 的表达式为

$$\begin{cases} r_b=\dot{\psi}\cos\theta\ \cos\phi=\dfrac{g}{V}\cos\theta\ \sin\phi \\ q_b=\dot{\psi}\cos\theta\ \sin\phi=\dfrac{g}{V}\cos\theta\ \sin\phi\ \tan\phi \end{cases} \tag{4-124}$$

由此可见，飞行器要完成等高度的协调转弯飞行，需要同时协调操纵副翼、升降舵和方向舵。

(2) 协调转弯飞行时自动驾驶仪的控制规律

将给定的滚转角 ϕ_g 和偏航角速率 $\dot{\psi}_g$ 控制信号分别加入到自动驾驶仪控制律的滚转与航向两个通道中，同时在航向通道中引入侧滑角 β 信号，使方向舵的偏转不仅取决于偏航角偏差 $(\psi-\psi_g)$ 和偏航角速率 $\dot{\psi}_g$，而且与侧滑角 β 的积分信号有关，以便减小侧滑角 β，由此形成以下控制规律

$$\begin{cases} \dot{\delta}_a=I_{\ddot{\phi}}\ddot{\phi}+I_{\dot{\phi}}\dot{\phi}+I_{\phi}(\phi-\phi_g) \\ \dot{\delta}_r=K_{\ddot{\psi}}\ddot{\psi}+K_{\dot{\psi}}(\dot{\psi}-\dot{\psi}_g)-K_{\beta}\beta \end{cases} \tag{4-125}$$

或写成

$$\begin{cases} \delta_a=I_{\dot{\phi}}\dot{\phi}+I_{\phi}\phi+I_{\int\phi}\int(\phi-\phi_g)\mathrm{d}t \\ \delta_r=K_{\dot{\psi}}\dot{\psi}+K_{\psi}(\psi-\psi_g)-K_{\beta}\int\beta(t)\mathrm{d}t \end{cases} \tag{4-126}$$

式中，ϕ_g 和 $\dot{\psi}_g$ 分别为给定的滚转角和偏航角速率控制信号，且满足协调转弯公式 $\dot{\psi}_g=\frac{g}{V}\tan\phi_g$。

(3) 协调转弯的纵向控制

由图4-47可知，在协调转弯飞行时由于存在着滚转角 ϕ，所以作用在垂直方向上的升力分量将减小 ΔL，因此将损失飞行高度。为保持转弯飞行高度的稳定，必须操纵升降舵面负向偏转并产生附加迎角增量 $\Delta\alpha>0$，从而补偿减小的升力增量 ΔL，使得在垂直方向上达到力的

平衡，即满足下列方程

$$(L+\Delta L)\cos\phi = G$$

由上述力平衡方程可得升力增量 ΔL 为

$$\Delta L = \frac{G(1-\cos\phi)}{\cos\phi}$$

又有升力增量 ΔL 的关系式 $\Delta L = QS_{\mathrm{w}}C_{L_\alpha}\Delta\alpha$，这样由上述关于升力增量 ΔL 的两个公式能够得到附加迎角增量 $\Delta\alpha$ 为

$$\Delta\alpha = \frac{G\left(\dfrac{1-\cos\phi}{\cos\phi}\right)}{QS_{\mathrm{w}}C_{L_\alpha}} \tag{4-127}$$

由式(4-127)可见，在通常情况下因为量纲一的迎角升力系数为正值($C_{L_\alpha}>0$)，所以由式(4-127)所确定的附加迎角增量为正值($\Delta\alpha>0$)。

下面计算由式(4-127)确定的附加迎角增量 $\Delta\alpha$ 所需要的升降舵面偏角。

根据纵向短周期传递函数式(2-129)可以得到稳态的力矩平衡方程 $\omega_{\mathrm{sp}}^2\Delta\alpha = M_{\delta_{\mathrm{e}}}\Delta\delta_{\mathrm{e1}}$，由此方程和附加迎角增量式(4-127)可以得到所需要的负向偏转的升降舵面偏角为

$$\Delta\delta_{\mathrm{e1}} = \frac{\omega_{\mathrm{sp}}^2 G(1-\cos\phi)}{M_{\delta_{\mathrm{e}}}QS_{\mathrm{w}}C_{L_\alpha}\cos\phi} \tag{4-128}$$

由式(4-124)所确定的俯仰角速度 q_{b} 引起的俯仰阻尼力矩同样需要依靠升降舵面负向偏转 $\Delta\delta_{\mathrm{e2}}<0$ 产生的俯仰操纵力矩来平衡。根据纵向短周期传递函数式(2-120)可以得到稳态平衡力矩方程 $\omega_{\mathrm{sp}}^2 q_{\mathrm{b}} = M_{\delta_{\mathrm{e}}}Z_\alpha^*\Delta\delta_{\mathrm{e2}}$，再结合方程(4-124)，则有

$$\Delta\delta_{\mathrm{e2}} = \frac{\omega_{\mathrm{sp}}^2}{M_{\delta_{\mathrm{e}}}Z_\alpha^*}q_b = \frac{\omega_{\mathrm{sp}}^2}{M_{\delta_{\mathrm{e}}}Z_\alpha^*}\cdot\frac{g}{V}\cos\theta\ \sin\phi\ \tan\phi = -\frac{g\omega_{\mathrm{sp}}^2}{M_{\delta_{\mathrm{e}}}Z_\alpha}\cos\theta\ \sin\phi\ \tan\phi \tag{4-129}$$

综上所述，在协调转弯飞行时需要产生的负向偏转的附加升降舵总偏角为

$$\Delta\delta_{\mathrm{e}} = \Delta\delta_{\mathrm{e1}} + \Delta\delta_{\mathrm{e2}} = \frac{g\omega_{\mathrm{sp}}^2}{M_{\delta_{\mathrm{e}}}}\left[\frac{m(1-\cos\phi)}{QS_{\mathrm{w}}C_{L_\alpha}\cos\phi} - \frac{1}{Z_\alpha}\cos\theta\ \sin\phi\ \tan\phi\right] \approx \frac{g\omega_{\mathrm{sp}}^2}{M_{\delta_{\mathrm{e}}}}|\phi| \tag{4-130}$$

由式(4-130)可知，飞行器在协调转弯飞行时，由于存在滚转角 ϕ，飞行器将损失飞行高度。为保持协调转弯飞行高度的稳定，飞行器必须产生负向偏转的附加升降舵偏角来增大迎角，从而补偿足够的升力，以在垂直方向上达到新的力平衡状态。在控制律式(4-130)中，由于 $M_{\delta_{\mathrm{e}}}$ 为负值，所以增益 $\dfrac{g\omega_{\mathrm{sp}}^2}{M_{\delta_{\mathrm{e}}}}$ 也为负值，因此能够确保无论存在正还是负的滚转角 ϕ，通过控制律式(4-130)都将产生负的附加升降舵偏角，形成抬头的正俯仰力矩来增大迎角补偿升力，从而实现等高度的协调转弯飞行。

4.5　飞行轨迹控制系统

轨迹控制(制导)系统是在姿态(角运动)控制系统的基础上构成的。轨迹控制(制导)系统的反馈回路可以在飞行器内部闭合，也可以由飞行器通过地面设备进行闭合。

4.5.1 飞行高度的稳定与控制

飞行高度的稳定与控制在飞行器编队、巡航、进场着陆、舰载机着舰、地形跟随与地形回避等飞行中,具有十分重要的作用。

1. 工作原理

角稳定系统存在常值干扰力矩(例如垂直风等的干扰下存在姿态角的静差)导致飞行器高度漂移的问题,所以该角稳定系统不能直接应用于飞行高度的稳定与控制系统中。因此,可使用高度差传感器(如气压式高度表或无线电高度表等测高仪器)直接测量飞行器在飞行高度的稳定与控制系统中的飞行高度,根据高度差的信息来直接控制飞行器的飞行姿态,从而改变航迹倾角,以实现对飞行高度的闭环稳定与控制。

飞行高度稳定和控制系统的典型结构如图4-49所示。

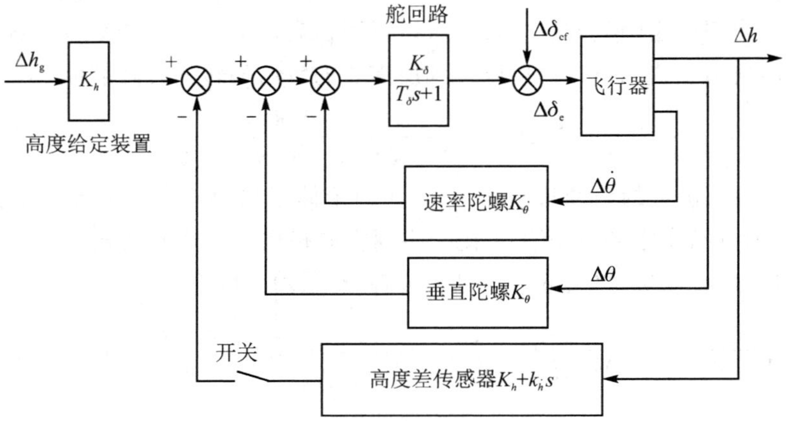

图4-49 典型的高度稳定系统结构

如果不考虑外干扰所产生的升降舵偏角 $\Delta\delta_{ef}$ 且采用简化的舵回路传递函数 K_δ,则由图4-49可写出高度稳定和控制系统的控制律为

$$\Delta\delta_e=K_z^\theta\Delta\theta+K_z^{\dot\theta}\Delta\dot\theta+K_z^h(\Delta h-\Delta h_g)+K_z^{\dot h}\Delta\dot h \tag{4-131}$$

式中,$K_z^\theta=-K_\delta K_\theta$,$K_z^{\dot\theta}=-K_\delta K_{\dot\theta}$,$K_z^h=-K_\delta K_h$,$K_z^{\dot h}=-K_\delta K_{\dot h}$。

可见,控制律式(4-131)主要是在俯仰角 θ 稳定回路的基础上构成的,为了避免在给定高度 h_g 上下出现振荡,应当引入高度差的一阶微分信号 $\Delta\dot h$,以改善高度稳定系统的阻尼特性。

2. 高度稳定系统结构图的建立

根据多变量函数的泰勒(Taylor)公式

$$f(x_0+h,y_0+k)\approx f(x_0,y_0)+\left(h\frac{\partial}{\partial x}+k\frac{\partial}{\partial y}\right)f(x_0,y_0)+\cdots$$

将运动学方程 $\dot h=V\sin\mu$ 进行线性化处理,即

$$\dot{h} = V_0 \sin\mu_0 + V_0 \cos\mu_0 \Delta\mu + \sin\mu_0 \Delta V = \dot{h}_0 + \Delta\dot{h}_{\Delta\mu} + \Delta\dot{h}_{\Delta V} \qquad (4-132)$$

式中，$\dot{h}_0$ 为起始高度变化率；$\Delta\dot{h}_{\Delta\mu}$ 为航迹倾角 $\Delta\mu$ 引起的高度变化率；$\Delta\dot{h}_{\Delta V}$ 为速度 ΔV 引起的高度变化率。由方程(4-132)可画出定高系统的运动学环节，如图 4-50 所示。

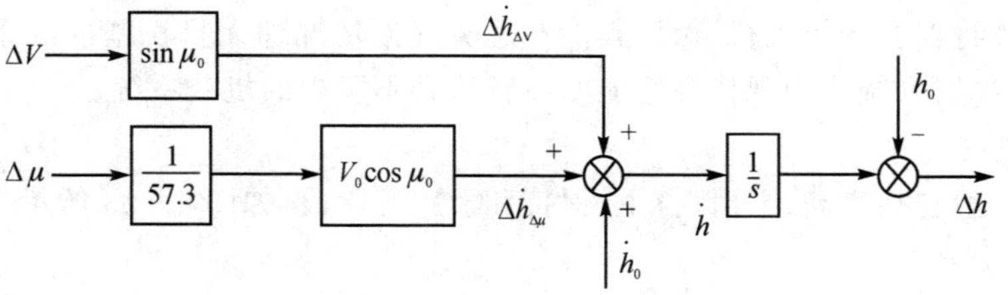

图 4-50　定高系统的运动学环节方框图

通常情况下，飞行器在平飞时驾驶员才接通定高系统。如果飞行器在给定高度上平飞，然后接通定高系统，即初始航迹倾角 $\mu_0=0$ 和初始升降速度 $\dot{h}_0=0$，则上述定高系统的运动学环节可简化为如图 4-51 所示的运动学环节。

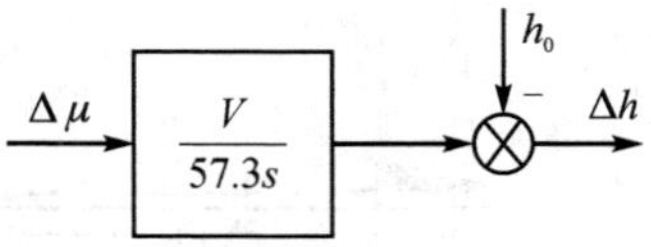

图 4-51　简化的定高系统运动学环节方框图

基于图 4-50 所示的定高系统运动学环节，可以建立飞行高度稳定和控制系统的方框图，如图 4-52 所示。

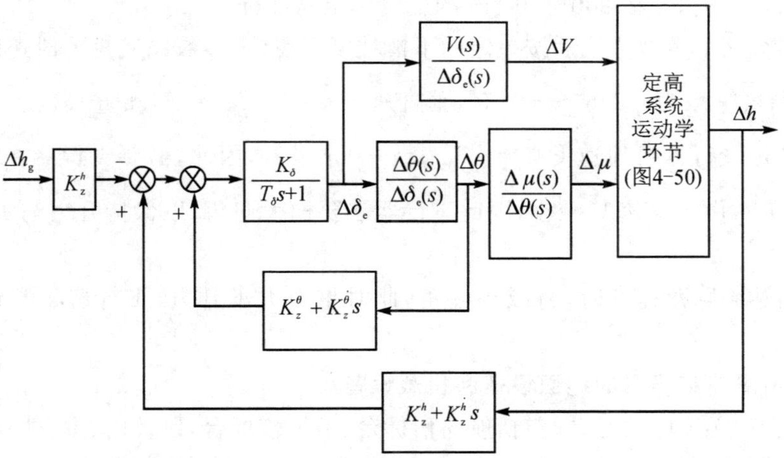

图 4-52　高度稳定系统的方框图

首先，根据传递函数式(2-99)和式(2-101)以及俯仰角与航迹倾角的关系式$\frac{\Delta\mu(s)}{\Delta\theta(s)}$，形成定高系统运动学环节的输入信号 ΔV 和 $\Delta\mu$。然后测量高度差 Δh，并按照控制律式(4-131)构成闭环反馈系统。

如果飞行器不具有动力补偿的速度稳定系统，即不能保证速度增量 ΔV 所引起的高度变化率为零($\Delta\dot{h}_{\Delta V}\neq 0$)，则必须考虑长周期模态 ΔV 对高度稳定的影响。

4.5.2　下滑波束导引系统飞行器

1. 工作原理

为了实现飞行器全天候飞行，保证其能在恶劣气象情况和无目视基准的条件下实现自动着陆，下滑波束导引系统成为现代高性能的飞行器必不可少的机载系统。

(1) 着陆过程

着陆过程一般包括定高、下滑、拉平、保持和滑跑等阶段，如图4-53所示。

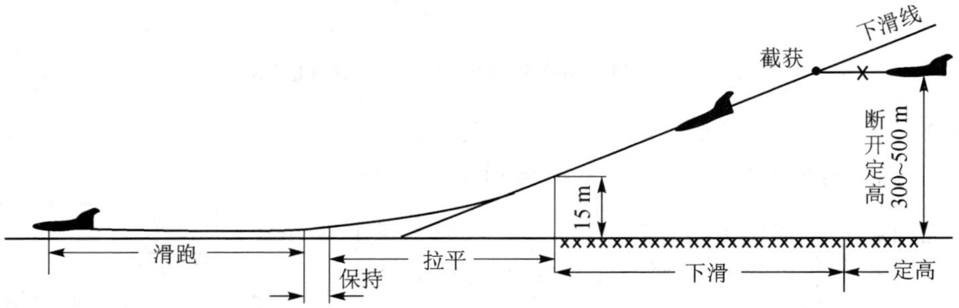

图4-53　着陆过程示意图

典型的着陆过程和参考数据如下：

① 飞行器着陆前，先在300～500 m的上空作定高飞行。

② 飞行器截获下滑波束线后按一定的下滑坡度下滑(大多数民航机下滑速度保持为70～85 m/s，下滑角度一般为−2.5°～−3.5°，垂直速度$\dot{h}=-3.5\sim-4.5$ m/s)。

③ 一般规定飞行器接地速度$\dot{h}=-0.5\sim-0.6$ m/s，因此，需要飞行器在拉平飞行阶段降低垂直速度$\dot{h}$。由于空速V减小，因此飞行器需要加大迎角，以保持升力与重力平衡，此段为保持段。

④ 飞行器达到降落速度时，将减小迎角，此时重力大于升力，飞行器将与地面接触进行滑跑。

(2) 实现下滑波束导引的地面设备和机载设备

① 地面设备：无线电信标台(包括航向信标台、下滑信标台，以及内、中、外指点信标台)；

② 机载设备：下滑波束导引系统(包括下滑耦合器和俯仰角位移控制系统)。

各种信标台在机场的配置如图4-54所示。

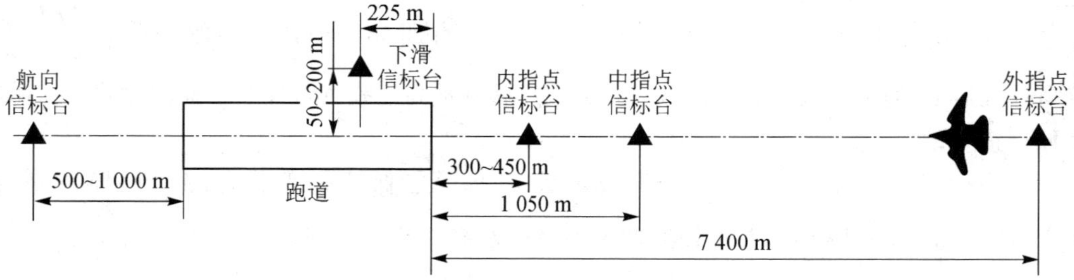

图4-54　各种信标台在机场的配置

(3) 下滑信标台的工作原理

下滑信标台向飞行器着陆方向连续发射 90 Hz 与 150 Hz 的高频无线电调幅波。如图 4-55 所示，90 Hz 大波瓣的下沿与 150 Hz 最下面的一个波瓣重叠形成等信号线，即下滑波束中心线，仰角为 $2°\sim4°$。如果飞行器在下滑波束中心线上方飞行，则其接收到的 90 Hz 信号要比 150 Hz 信号强；反之，如果飞行器在下滑波束中心线下方飞行，则其接收到的 150 Hz 信号要比 90 Hz 信号强。

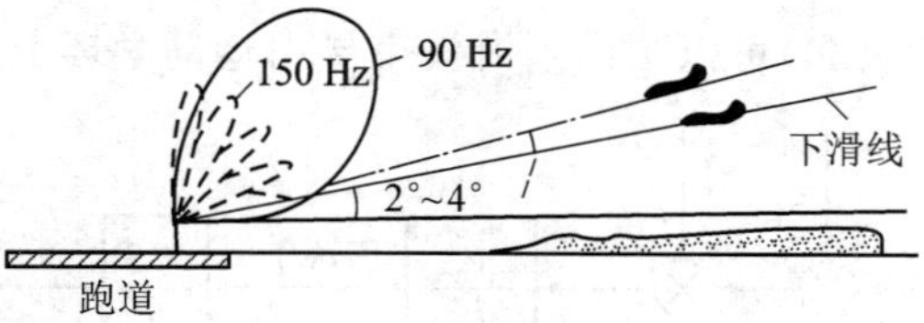

图 4-55　下滑信标台提供下滑基准

2. 建立下滑波束导引系统结构图

与高度稳定系统的分析方法类似，首先需要建立下滑波束导引运动学环节，建立航迹倾角 μ 与轨迹运动变量之间的关系，即建立航迹倾角 μ 到波束偏差角 Γ 之间的关系，飞行器下滑时的几何关系如图 4-56 所示。

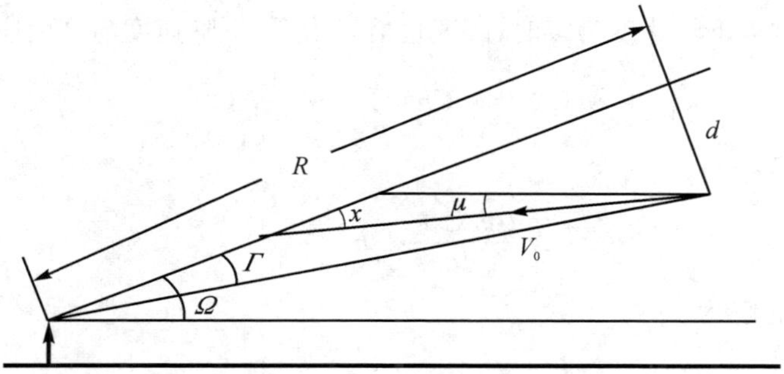

图 4-56　飞行器下滑时的几何关系图

设飞行器下滑时的空速为 V_0，假定飞行器具有速度自动稳定系统，即认为 V_0 为常值，下滑线迎角为 Ω，偏离波束中心线距离为 d，并规定在波束中心线上方飞行时 $d>0$，而在波束中心线下方飞行时 $d<0$。空速 V_0 与波束中心线的夹角 $x=\Omega-\mu$，因为此时的航迹倾角 μ 为负值，故可写成

$$x=\Omega+\mu \tag{4-133}$$

又存在关系式

$$\sin x=\frac{\dot{d}}{V_0}$$

将式(4-133)代入上式后，有

$$\dot{d}=V_0\sin[\Omega+\mu(t)] \tag{4-134}$$

当初始航迹倾角 $\mu_0=-\Omega$ 时，则 $\dot{d}=0$，即按下滑线下滑。如果速度向量 V_0 偏离初始航

迹倾角 μ_0 而产生 $\Delta\mu$,则根据方程(4-134),有

$$\dot{d}=V_0\sin[\Omega+\mu_0+\Delta\mu(t)]\approx\frac{V_0}{57.3}[\Omega+\mu_0+\Delta\mu(t)] \tag{4-135}$$

根据波束偏差角 Γ 存在的关系式 $\tan\Gamma=\frac{d}{R}$,则可得

$$\Gamma\approx\frac{57.3d}{R} \tag{4-136}$$

由式(4-135)和式(4-136)可以画出下滑波束导引运动学环节,如图4-57所示。

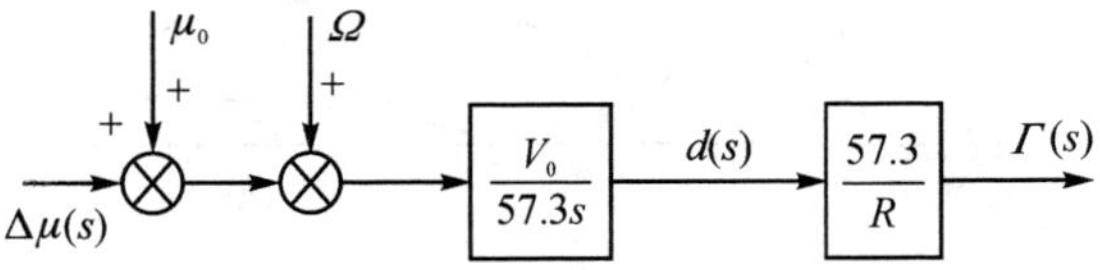

图 4-57 下滑波束导引运动学环节方框图

4.5.3 自动拉平着陆系统

1. 拉平轨迹

拉平轨迹是指由下滑过渡到着陆点的运动轨迹。为了使下降速度能够随高度降低而成比例减小,在理想情况下,当下降速度为零时,高度也恰好为零,下降速度与高度应满足齐次微分方程

$$\dot{h}(t)=-Ch(t)=-\frac{1}{\tau}h(t)$$

或写成

$$\tau\frac{\mathrm{d}h(t)}{\mathrm{d}t}+h(t)=0 \tag{4-137}$$

微分方程(4-137)的解为

$$h(t)=h_0\mathrm{e}^{-\frac{t}{\tau}} \tag{4-138}$$

但是,如果按照式(4-138)来设计拉平轨迹,则只有当拉平时间无限长($t\to\infty$)时,飞行器的起落架才能触地滑跑($h(\infty)\to0$)。也就是说,需要无限长的跑道,才能使飞行器以零下降速度触地滑跑! 这显然是不实际的。飞行器在实际降落飞行过程中,如果在容许接地速度 $\dot{h}_1$ 内飞行器的安全能够得到保证,那么就可以将齐次微分方程(4-137)改写为非齐次微分方程

$$\dot{h}(t)=-\frac{1}{\tau}h(t)+\dot{h}_1 \tag{4-139}$$

或为

$$\dot{h}(t)+\frac{1}{\tau}h(t)=\dot{h}_1$$

微分方程(4-139)的解为

$$h(t)=h_0\mathrm{e}^{-\frac{t}{\tau}}+\tau\dot{h}_1$$

如果令 $h(t_1)=0$,则拉平飞行的时间为

$$t_1=-\tau\ln\left(-\frac{\tau\dot{h}_1}{h_0}\right)$$

假设拉平飞行的距离为 $l \approx V_0 \cdot t_1$，则

$$l = -\tau V_0 \ln\left(-\frac{\tau \dot{h}_1}{h_0}\right) \tag{4-140}$$

按照拉平飞行距离式(4－140)，如果给定起始拉平高度 h_0、容许接地速度 $\dot{h}_1$、空速 V_0 以及时间常数 τ，那么飞机在拉平飞行段的飞行距离 l 就可以计算出来，并可以作为选择降落跑道的参考因素。

2. 自动拉平系统的组成

根据方程(4－139)，借助关系式 $\dot{h}_g = -\dfrac{h}{\tau} + \dot{h}_1$ 来构成拉平耦合器，只要自动拉平系统能够保证实际的下降速度 $\dot{h}$ 准确地跟踪给定的下降过程 $\dot{h}_g$，便可实现自动拉平飞行。利用 4.4 节中讨论的飞机纵向姿态控制系统和下滑波束导引运动学环节可以组成自动拉平系统的方框图，如图 4－58 所示。

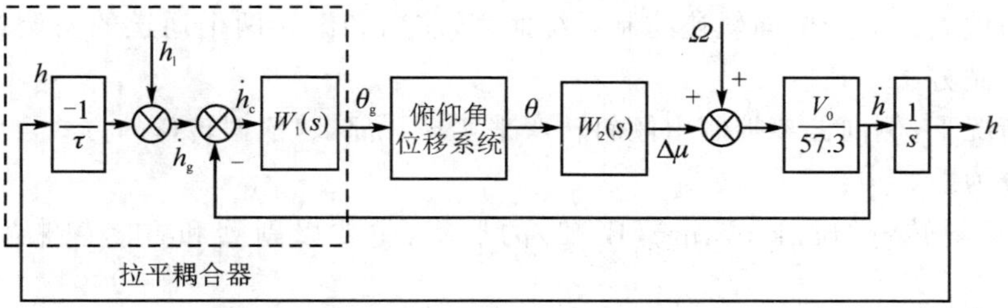

注：$W_1(s) = \dfrac{\theta(s)}{\dot{h}(s)}$，$W_2(s) = \dfrac{\mu(s)}{\theta(s)}$。

图 4－58　自动拉平系统的方框图($\dot{h}_0 = 0$)

在图 4－59 中给出了一个典型的拉平耦合器的方框图。

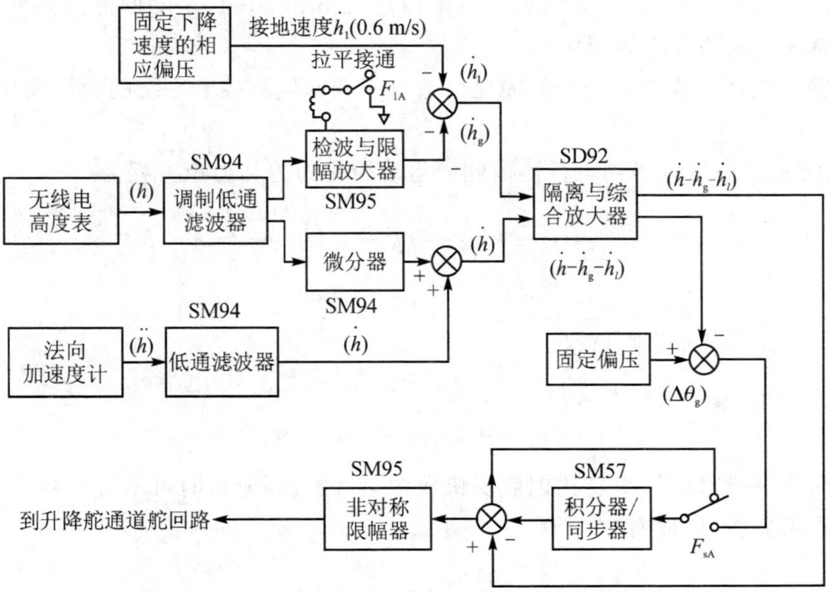

图 4－59　拉平耦合器的方框图

飞行器按指数曲线自动拉平的轨迹如图 4-60 所示。

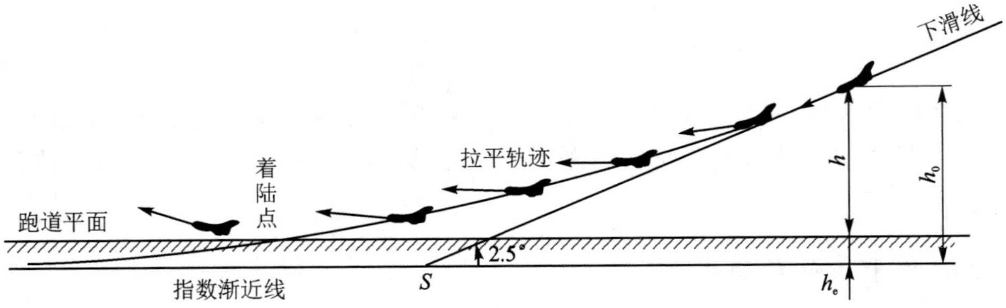

图 4-60 飞行器按指数曲线自动拉平的轨迹

4.5.4 侧向偏离的自动控制

在 4.5.3 小节中讨论的高度自动控制系统是以俯仰角控制系统为内回路构成的。而侧向偏离控制系统,则是以偏航角和滚转角控制系统为内回路构成的,一般采用倾斜转弯方式来修正和控制侧向偏离。对于侧向轨迹控制系统而言,航向和滚转两个通道的协调控制方法与侧向角运动的控制方法一致。

在一般情况下,侧向偏离控制由倾斜转弯来实现。那么,依据转弯的方式可将侧向偏离控制律的方案分为两大类:

① 利用倾斜转弯(bank-to-turn,BTT)的形式:主要以副翼和方向舵来实现侧向偏离控制;

② 利用侧滑转弯(skid-to-turn,STT)的形式:由于侧滑转弯(STT)形式通常应用在具有轴对称布局的导弹中,而大多数具有面对称布局的飞机和巡航导弹都采用倾斜转弯(BTT)形式来进行侧向偏离控制,在此仅讨论第一类侧向偏离的控制方案,第二种方案可参考相关文献。

在此,仅讨论属于第一类方案的利用协调转弯(coordinated-turn)的侧向偏离控制系统。

(1) 侧向偏离运动方程的简化

对飞行器的线性方程进行合理的简化以适合于侧向偏离控制系统的设计需要。简化的步骤是:

① 由式(2-141)可以得到飞行器横侧向运动线化的力和力矩方程为

$$\begin{cases}\left(s-\dfrac{Y_\beta}{V}\right)\beta-\dfrac{g\cos\mu_e}{V}\phi-\dfrac{Y_p}{V}p+r=\dfrac{Y_{\delta_r}}{V}\delta_r\\ s\phi-\dfrac{1}{\cos\theta_e}p=0\\ -L_\beta^*\beta+(s-L_p^*)p-L_r^*r=L_{\delta_a}^*\delta_a+L_{\delta_r}^*\delta_r\\ -N_\beta^*\beta-N_p^*p+(s-N_r^*)r=N_{\delta_r}^*\delta_r\end{cases}$$

作如下简化,一般地说,滚转比偏航要快得多,且做近似分析时可不考虑两个力矩方程,只利用侧力方程来分析,所以有

$$\left(s-\frac{Y_\beta}{V}\right)\beta-\frac{\cos\mu_e}{V}(Y_p s+g)\phi+r=\frac{Y_{\delta_r}}{V}\delta_r$$

若再考虑协调转弯时 $\beta \approx 0$，又有 $\dot{\phi} \approx 0$，则侧力方程可写成

$$-\frac{g\cos\mu_e}{V}\phi + r = \frac{Y_{\delta_r}}{V}\delta_r$$

由于 $r = -\dot{\theta}\sin\phi + \dot{\psi}\cos\theta\ \cos\phi$，当进行协调转弯飞行时 θ, ϕ 较小，因此有 $r = \dot{\psi}$，这样上式可写成

$$-\frac{g\cos\mu_e}{V}\phi + \dot{\psi} = \frac{Y_{\delta_r}}{V}\delta_r \tag{4-141}$$

将协调转弯公式 $\dot{\psi} \approx \frac{g}{V}\phi$ 代入式(4-141)得

$$(1 - \cos\mu_e)\dot{\psi} = \frac{Y_{\delta_r}}{V}\delta_r \tag{4-142}$$

令 $V(1 - \cos\mu_e) = Y_{\dot{\psi}}$，则

$$Y_{\dot{\psi}}\dot{\psi} = Y_{\delta_r}\delta_r \tag{4-143}$$

② 由导航方程组(2-31d)可以得到零初始状态情况下的侧向偏离方程

$$\frac{dy}{dt} = u\cos\theta\ \sin\psi + v(\sin\phi\ \sin\theta\ \sin\psi + \cos\phi\ \cos\psi) + w(-\sin\phi\ \cos\psi + \cos\phi\ \sin\theta\sin\psi)$$

当飞行器为小扰动飞行状态时，所有的角偏离量均为小量，于是有

$$\begin{cases} u = V\cos\alpha\ \cos\beta \approx V \\ v = V\sin\beta \approx V\beta \\ w = V\cos\beta\ \sin\alpha \approx V\alpha \end{cases}$$

忽略二阶以上的小量，上述侧向偏离方程可简化为

$$\frac{dy}{dt} \approx \frac{V}{57.3}(\beta + \psi) \tag{4-144}$$

当飞行器进行协调转弯飞行时，侧滑角 $\beta \approx 0$，则偏离方程又可简写成

$$\frac{dy}{dt} \approx \frac{V}{57.3}\psi \tag{4-145}$$

至此，近似线性化方程为

$$\begin{cases} Y_{\dot{\psi}}\dot{\psi} = Y_{\delta_r}\delta_r \\ \dot{y} = \dfrac{V}{57.3}\psi \end{cases} \tag{4-146}$$

或写成

$$\begin{bmatrix} \dot{\psi} \\ \dot{y} \end{bmatrix} = \begin{bmatrix} 0 & 0 \\ \dfrac{V}{57.3} & 0 \end{bmatrix} \begin{bmatrix} \psi \\ y \end{bmatrix} + \begin{bmatrix} \dfrac{Y_{\delta_r}}{Y_{\dot{\psi}}} \\ 0 \end{bmatrix} \delta_r \tag{4-147}$$

(2) 侧向偏离的控制规律

采用如下的侧向偏离的控制规律，即

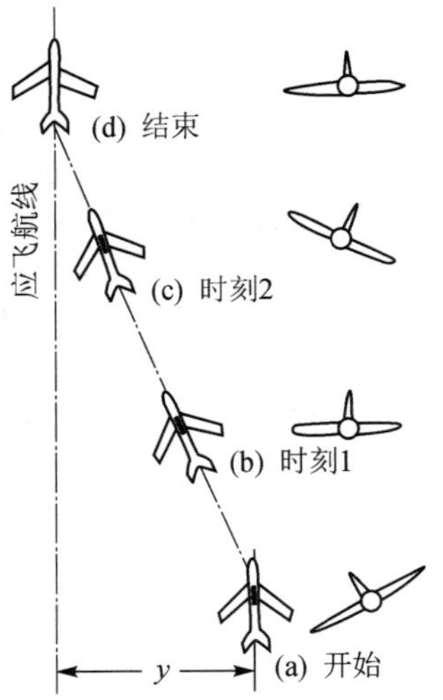

图 4-61 飞行器侧向偏离修正过程

$$\begin{cases}\delta_a = I_\phi \phi + I_{\dot{\phi}} \dot{\phi} + I_\psi (\psi - \psi_g) + I_y (y - y_g) \\ \delta_r = K_{\dot{\psi}} \dot{\psi} + K_\psi \psi\end{cases} \tag{4-148}$$

控制律式(4-148)的特点是在滚转角与偏航角控制律的基础上,增加了侧向偏离的信息($y-y_g$),就构成了侧向偏离轨迹的控制规律。在图 4-61 中直观地示意出了飞行器侧向偏离的自动修正过程。由该图可以看出,飞行器在修正侧向偏离过程中各个阶段所对应的偏航和滚转姿态的变化情况。

典型的飞行器仪表自动着陆系统除包括下滑波束自动控制系统和自动拉平着陆系统外,还包括侧向波束自动控制系统。与下滑波束自动控制系统是在飞行高度自动控制系统基础上构成的一样,侧向波束自动控制系统也是在侧向偏离自动控制系统基础上建立的。

4.5.5 飞航导弹大角度俯冲运动耦合分析

飞航导弹末端高精度的制导控制技术是提高作战效能的关键技术之一,而对不同类型目标实施有效的终端打击角度和命中点的精确导引技术,又是提高导弹毁伤效果的重要手段。基于末段突防和毁伤效果的需要,现代飞航导弹在弹道终端力争实现"灌顶式"垂直俯冲打击(见图 4-62)。高品质的垂直打击控制技术可以使末段弹道最大程度地实现超低空进入且实现 $-90°$ 俯冲打击,以充分兼顾末段突防和毁伤效果的要求。例如针对桥梁、机场跑道和地下重要军事设施等目标需要采用垂直打击技术,实现钻地深层爆炸的毁伤效果。美国的战斧巡航导弹和 JASSM 联合防区外导弹系列以及俄罗斯有"航母克星"之称的 П-700 花岗岩超声速反舰导弹是其典型代表。能够实施满足任意指定终端打击角度和命中点要求的高效能打击方式,是未来末段高精度导引技术发展的主要方向。这种方式对于打击那些具有特殊防护能力和外形的高军事价值目标尤其具有重要意义。无论是实现高品质的"灌顶式"垂直俯冲打击,还是实现任意可变角度的打击,都不仅涉及到末段导引规律的设计,而且与飞行控制系统、中制导终点散布和导引头的性能紧密相关。

图 4-62 实施终端大落角打击的飞航导弹

1. 由速度倾斜角引起的气动耦合分析

利用气流坐标系 S_a——$Ox_ay_az_a$ 与弹道坐标系 S_p——$Ox_py_pz_p$ 之间的转换方程(1-14)，可以得到总空气动力 $\boldsymbol{R}_\Sigma$ 在弹道坐标系上的各个分量分别为

$$\begin{cases} R_{xp}=-D \\ R_{yp}=Y\cos\gamma+L\sin\gamma \\ R_{zp}=Y\sin\gamma-L\cos\gamma \end{cases} \tag{4-149}$$

由几何关系方程组(1-16)中最后一个方程，可以得到速度倾斜角 γ 关系式，即

$$\sin\gamma=(\cos\alpha\ \sin\beta\ \sin\theta-\sin\alpha\ \sin\beta\ \cos\phi\cos\theta+\cos\beta\ \sin\phi\ \cos\theta)/\cos\mu \tag{4-150}$$

设 $\alpha\approx0$，式(4-150)可简化成

$$\sin\gamma=\sin\beta\ \tan\theta+\cos\beta\ \sin\phi \tag{4-151}$$

下面就利用式(4-149)和式(4-151)对飞航导弹在不同状态下的转弯情况进行分析。

(1) 俯冲前的平飞段，升力为正，$\boldsymbol{\theta\approx0}$，$\boldsymbol{\gamma\approx\phi}$ 转弯飞行的情况

若采用侧滑转弯(STT)，即滚转角 $\phi=0$，$\gamma=0$，则 $R_{zp}=-L$，即弹道坐标系内升力没有产生侧向的分力，导弹完全靠由侧滑角产生的侧力进行转弯，当 $\beta>0$ 时，侧力 $Y<0$，导弹向左转弯机动(沿弹体 x 轴向前看)；

若采用倾斜协调转弯(BTT)时，即 $\beta\approx0$，则 $Y=0$，$R_{yp}=L\sin\gamma=L\sin\phi$，导弹完全靠由滚转产生的升力分量在横侧方向上进行转弯机动。当滚转角为正时，$R_{yp}>0$，导弹向右转弯机动；反之，则向左转弯机动。

(2) 下滑俯冲且 $\boldsymbol{\theta<0}$ 时的情况

在末段下滑俯冲时导弹不宜采用倾斜转弯(BTT)，因为在下滑过程中升力方向不定，设计俯冲倾斜转弯有一定难度，在极限情况下当升力为零时，不能进行倾斜转弯。因此，飞航导弹在大角度俯冲过程中同时进行侧向转弯机动时，采用侧滑转弯(STT)较为适宜。

如图 4-63 所示，当采用侧滑转弯(STT)时，由于 $\phi=0$，则 $\sin\gamma=\sin\beta\ \tan\theta$。不妨设 $\beta>0$，因为俯冲时 $\theta<0$，则 $\gamma<0$ 和 $Y\cos\gamma<0$。当 $|\theta|$ 较小时，$|\gamma|$ 较小，那么 $|L\sin\gamma|<|Y\cos\gamma|$。此时 $R_{yp}<0$，导弹仍能向左机动转弯。如果升力 $L<0$ 时，$L\sin\gamma>0$，则升力与侧力方向相反($R_{yp}<0$)，也就是说，升力的分量抵消掉一部分侧力，使得转弯速度较慢；如果升力 $L>0$ 时，$L\sin\gamma<0$，则升力与侧力方向相同，使得转弯速度略快。当 $|\theta|$ 较大时，$|\gamma|$ 也较大，从而使得 $|L\sin\gamma|>|Y\cos\gamma|$。当升力 $L<0$ 时，$L\sin\gamma>0$，此时 $R_{yp}>0$，导弹向右机动转弯，显然这与在平飞时机动转弯的方向相反。此时，如果仍然采用基于平飞时推导的制导指令进行控制，侧向脱靶量必然会增大。

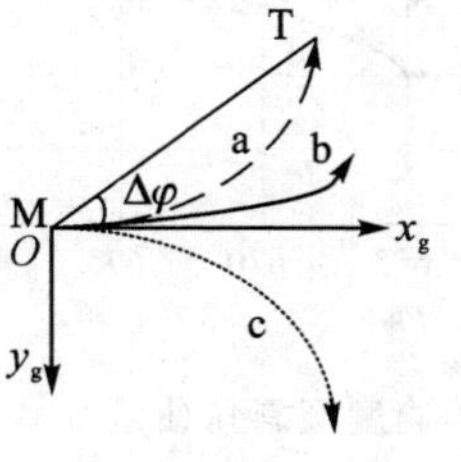

M—导弹；T—目标

图 4-63　导弹与目标关系示意图(俯视)

综上所述，飞航导弹在进行大落角打击时，由速度倾斜角 γ 所引起的纵向和横侧方向上的耦合，使导弹在俯冲时在横侧方向上的机动能力比平飞时的弱，如果导弹仍采用基于平飞段推导的控制指令继续转弯飞行，必然会出现转弯速度慢，甚至脱靶。即使导弹在俯冲前在侧向上已经对准目标，且在下滑过程中不进行转弯机动，但若存在风等因素的干扰，也会出现脱靶。

为了抑制此项耦合所带来的不利影响,应使速度倾斜角$|\gamma|$减小。由于俯冲时$\theta<0$,由式(4-151)可知,为使$|\gamma|$减小,需有一定的滚转角,并且保证β和ϕ同号。也就是说,当导弹在进行左转弯飞行时,需向右滚转($\phi>0$),此时产生侧滑角$\beta>0$。虽然导弹在俯冲过程中进行侧向转弯时给出了滚转角指令,但这与通常意义上的倾斜转弯(BTT)是有区别的,因为在横侧方向上转弯所需的力仍是侧滑角所产生的侧力,而滚转所起的作用却是为了削弱升力分量在横侧方向上的耦合影响,因此滚转角不宜过大。

下面给出当要求导弹攻击的终端落角为$-60°$且下滑俯冲过程中侧向转弯为10 m条件下,有、无滚转控制指令两种情况的仿真结果,如图4-64~图4-69所示(图中,无滚转控制指令的情况用实线表示,有滚转控制指令的情况用虚线表示)。

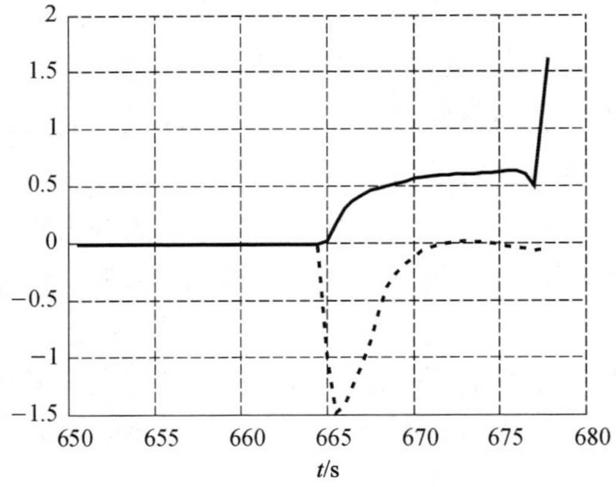

图 4-64 导弹的滚转角曲线

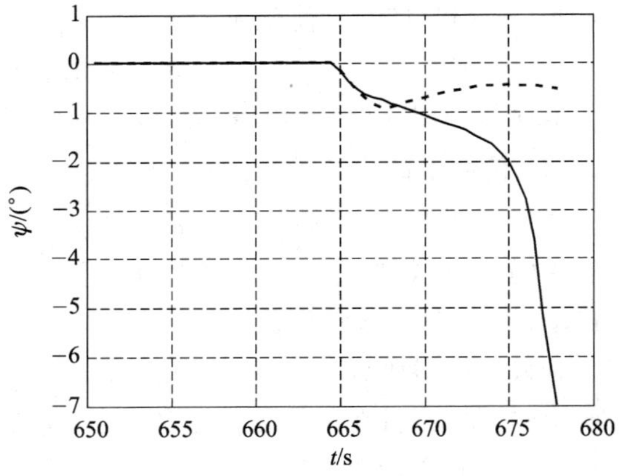

图 4-65 导弹的偏航角曲线

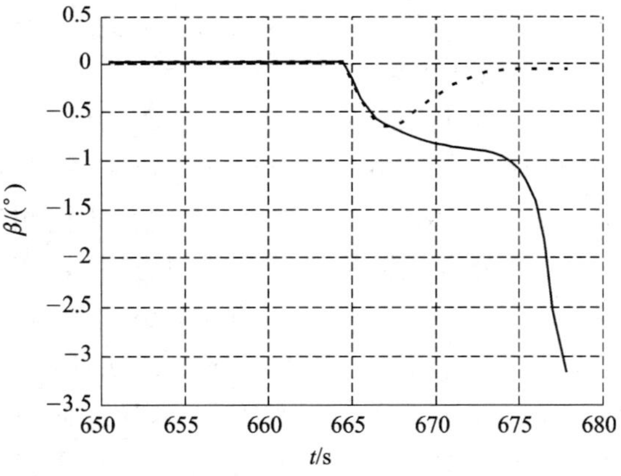

图 4-66 导弹的侧滑角曲线

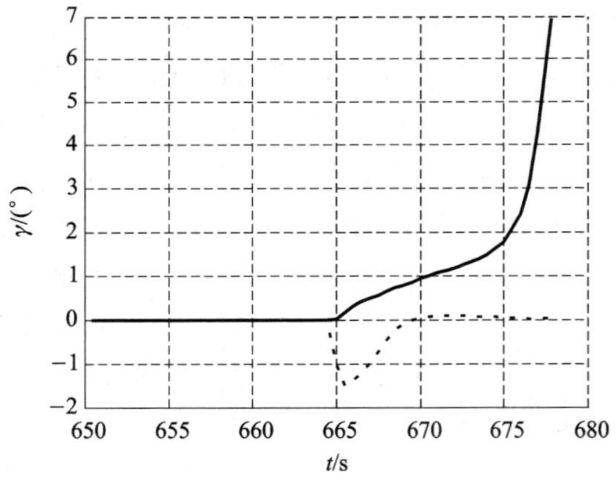

图 4-67 导弹的速度倾斜角曲线

由仿真结果可以看出,在两种情况下导弹均能击中目标,且脱靶量很小。但是,在无滚转控制指令的情况下,当导弹向右侧转弯时,由图4-64和图4-67中实线可见$\phi>0$,从而使γ较大,转弯速率较慢,所需过载变大,侧滑角较大(见图4-66中实线),使得横侧向机动能力变差。

当俯仰角较大(例如$\theta=-80°$)时,若导弹在下滑俯冲过程中仍采用滚转指令$\phi^*=0°$,即无滚转运动,则会出现很大的速度倾斜角γ,使得升力在横侧方向的分量大于可用过载能提供的侧力,导致导弹向相反的侧向转弯,从而造成脱靶。

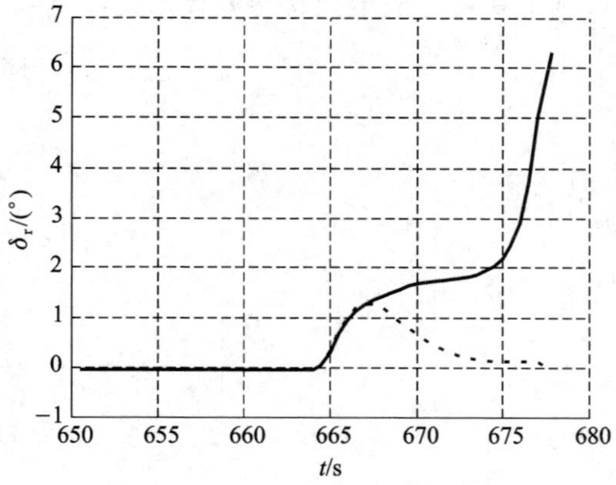

图 4-68　方向舵偏角曲线

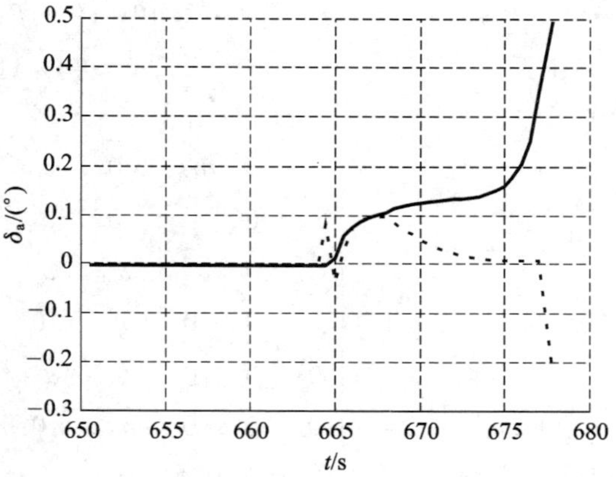

图 4-69　副翼偏角曲线

在采用了滚转控制指令的情况(例如,采用 $\phi^* = -k_\phi \cdot \arctan n_z^*$)下,导弹在下滑俯冲过程中通过反向滚转控制,较好地抑制了速度倾斜角的耦合影响,减弱了纵向和横侧向的耦合及偏航和滚转通道的耦合,因此,所需过载小,转弯速率快。

2. 由俯仰角引起的运动学耦合分析

根据弹体坐标系相对于地面坐标系转动角速度 ω 在弹体坐标系各轴上的分量(p,q,r)定义,滚转角速度 p、俯仰角速度 q 和偏航角速度 r 与滚转角速率 $\dot{\phi}$、俯仰角速率 $\dot{\theta}$ 和偏航角速率 $\dot{\psi}$ 之间存在着式(2-25)的相互关系,即

$$\begin{cases}\dot{\phi} = p + (r\cos\phi + q\sin\phi)\tan\theta \\ \dot{\theta} = q\cos\phi - r\sin\phi \\ \dot{\psi} = \dfrac{1}{\cos\theta}(r\cos\phi + q\sin\phi)\end{cases}$$

而导弹绕质心运动的动力学方程组为式(2-23),即

$$\begin{cases}\dot{p} = (c_1 r + c_2 p)q + c_3\bar{L} + c_4 N \\ \dot{q} = c_5 pr - c_6(p^2 - r^2) + c_7 M \\ \dot{r} = (c_8 p - c_2 r)q + c_4\bar{L} + c_9 N\end{cases}$$

考虑到飞航导弹的纵向面对称布局特点及 $I_x I_z \gg I_{xz}^2$,对以上两个方程组进行线性化,有

$$\begin{cases}\dot{\theta} = a_1 q + a_2 r + a_3\phi \\ \dot{\psi} = a_4 q + a_5 r + a_6\phi + a_7\theta \\ \dot{\phi} = a_8 p + a_9 q + a_{10} r + a_{11}\phi + a_{12}\theta \\ \dot{p} = a_{13} p + a_{14} r + a_{15}\delta_r + a_{16}\delta_a \\ \dot{q} = a_{17} q + a_{18}\delta_e \\ \dot{r} = a_{19} p + a_{20} r + a_{21}\delta_r + a_{22}\delta_a\end{cases}$$

取 $\boldsymbol{X}=[\theta \quad \psi \quad \phi \quad p \quad q \quad r]^{\mathrm{T}}$,$\boldsymbol{U}=[\delta_{\mathrm{a}} \quad \delta_{\mathrm{r}} \quad \delta_{\mathrm{e}}]^{\mathrm{T}}$,则上式可写成下列状态方程形式:

$$\dot{\boldsymbol{X}}=\boldsymbol{A}\boldsymbol{X}+\boldsymbol{B}\boldsymbol{U} \tag{4-152}$$

式中

$$\boldsymbol{A}=\begin{bmatrix} 0 & 0 & a_3 & 0 & a_1 & a_2 \\ a_7 & 0 & a_6 & 0 & a_4 & a_5 \\ a_{12} & 0 & a_{11} & a_8 & a_9 & a_{10} \\ 0 & 0 & 0 & a_{13} & 0 & a_{14} \\ 0 & 0 & 0 & 0 & a_{17} & 0 \\ 0 & 0 & 0 & a_{19} & 0 & a_{20} \end{bmatrix}, \quad \boldsymbol{B}=\begin{bmatrix} 0 & 0 & 0 \\ 0 & 0 & 0 \\ 0 & 0 & 0 \\ a_{15} & a_{16} & 0 \\ 0 & 0 & a_{18} \\ a_{21} & a_{22} & 0 \end{bmatrix}$$

对应状态方程(4-152)的传递函数为

$$\boldsymbol{G}(s)=\begin{bmatrix} \dfrac{\Delta_8}{\Delta_2\Delta_3} & \dfrac{a_3a_{16}(s-a_{20})}{\Delta_2\Delta_3} & \dfrac{a_{18}(a_1s+a_3a_9-a_1a_{11})}{\Delta_1\Delta_2} \\ \dfrac{\Delta_4}{s\Delta_2\Delta_3} & \dfrac{\Delta_5}{s\Delta_2\Delta_3} & \dfrac{\Delta_6}{s\Delta_1\Delta_2} \\ \dfrac{\Delta_7}{\Delta_2\Delta_3} & \dfrac{a_{16}s(s-a_{20})}{\Delta_2\Delta_3} & \dfrac{a_{18}(a_9s+a_1a_{12})}{\Delta_1\Delta_2} \\ 0 & \dfrac{a_{16}}{s-a_{13}} & 0 \\ 0 & 0 & \dfrac{a_{18}}{s-a_{17}} \\ \dfrac{a_{21}}{s-a_{20}} & 0 & 0 \end{bmatrix} \tag{4-153}$$

当 $\phi\neq 0$ 时,传递函数 $\boldsymbol{G}(s)$ 的增益矩阵 $\boldsymbol{K}$ 为

$$\boldsymbol{K}=\begin{bmatrix} a_2a_{21} & a_3a_{16} & a_{18}a_1 \\ a_5a_{21} & a_6a_{16} & a_{18}a_4 \\ a_{10}a_{21} & a_{16} & a_{18}a_9 \\ 0 & a_{16} & 0 \\ 0 & 0 & a_{18} \\ a_{21} & 0 & 0 \end{bmatrix}=\begin{bmatrix} a_{21}\sin\phi & a_{16}\dot{\psi}\cos\theta & a_{18}\cos\phi \\ a_{21}\dfrac{\cos\phi}{\cos\theta} & -a_{16}\dfrac{1}{\cos\theta}\dot{\theta} & -a_{18}\dfrac{\sin\phi}{\cos\theta} \\ -a_{21}\tan\theta\ \cos\phi & a_{16} & a_{18}\sin\phi\ \tan\theta \\ 0 & a_{16} & 0 \\ 0 & 0 & a_{18} \\ a_{21} & 0 & 0 \end{bmatrix} \tag{4-154}$$

若导弹进行水平无侧滑飞行,$\theta\approx 0$,$\phi=0$,则增益 $\boldsymbol{K}$ 简化为

$$\boldsymbol{K}=\begin{bmatrix} 0 & 0 & a_{18} \\ a_{21} & 0 & 0 \\ 0 & a_{16} & 0 \\ 0 & a_{16} & 0 \\ 0 & 0 & a_{18} \\ a_{21} & 0 & 0 \end{bmatrix} \tag{4-155}$$

由式(4－155)可以看出，在平飞段，俯仰、偏航、滚转三个通道完全解耦。如果 $\theta \neq 0$，则由式(4－154)可见，导弹的俯仰、偏航和滚转三个通道之间是耦合的，当 $|\theta|$ 较大时，俯仰、偏航和滚转三个通道之间的耦合更为严重。由式(4－154)可得出下列结论：

① 在滚转角绝对值不大情况下，横侧向的舵面操纵对俯仰姿态的影响不大。即副翼 δ_a 和方向舵 δ_r 偏转对于俯仰角 θ 影响很小，可以近似为零。

② 升降舵 δ_e 偏转对滚转角 ϕ 和偏航角 ψ 的影响与滚转角 ϕ 的大小有关。滚转角 ϕ 绝对值越大，纵向的舵面操纵对于横侧向通道姿态角的影响越大，因此在下滑俯冲过程中不宜采用较大的倾斜滚转姿态。

③ 在俯仰角绝对值较大情况下，偏航通道和滚转通道之间存在严重的气动耦合关系，偏航角 ψ 和滚转角 ϕ 的运动受副翼 δ_a、方向舵 δ_r 和升降舵 δ_e 的共同作用，尤其在滚转通道上，滚转角 ϕ 对方向舵 δ_r 的增益 $\boldsymbol{K}$ 显著增大。

由上述分析可以看出，横侧向的舵面操纵对俯仰姿态的影响不大，而偏航通道和滚转通道之间存在着严重的气动耦合，尤其是在滚转通道，俯仰姿态受影响的程度与俯仰角和滚转角的大小有关。

下面给出当导弹攻击终端落角为－86°时，忽略与考虑了俯仰角引起的运动学耦合两种情况下的仿真结果，如图 4－70～图 4－75 所示(图中，忽略了耦合的情况用虚线表示，考虑了耦合的情况用实线表示)。

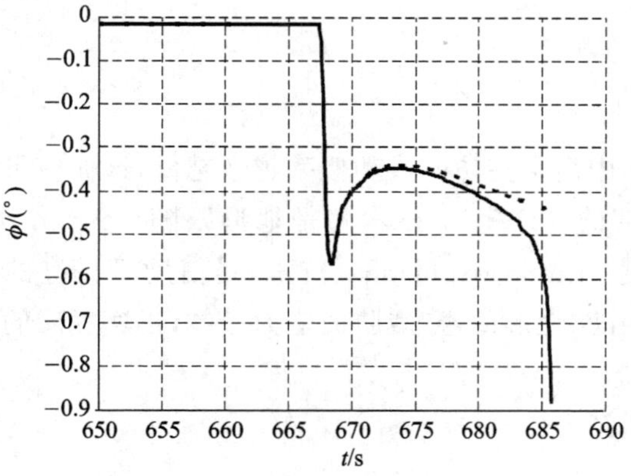

图 4－70　滚转角曲线

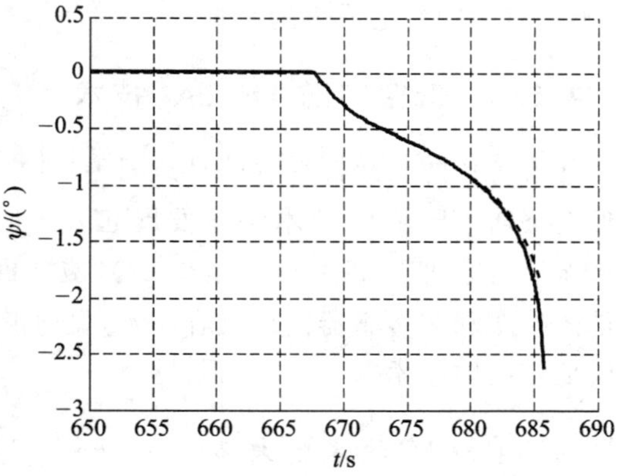

图 4－71　偏航角曲线

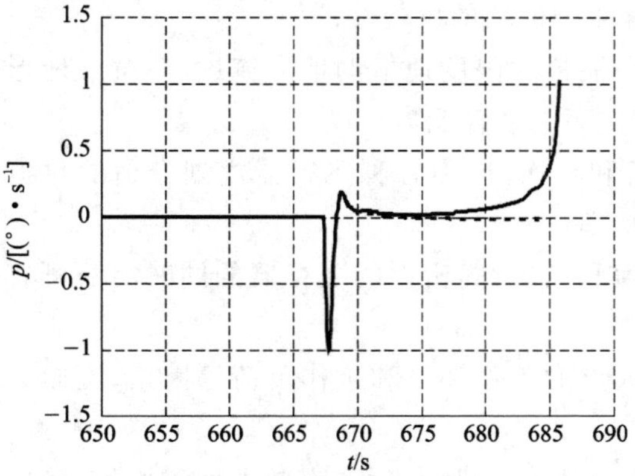

图 4－72　滚转角速度曲线

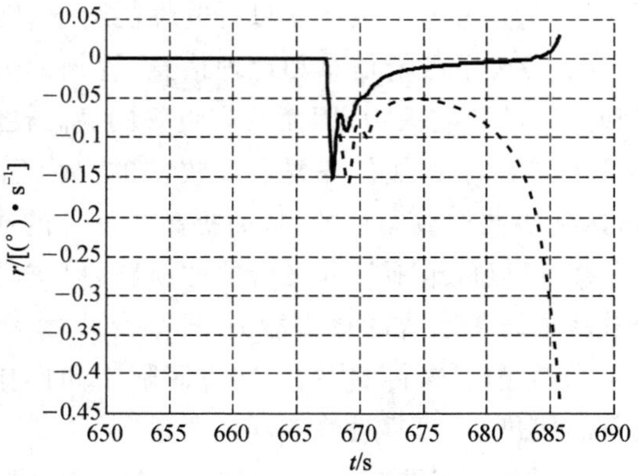

图 4－73　偏航角速度曲线

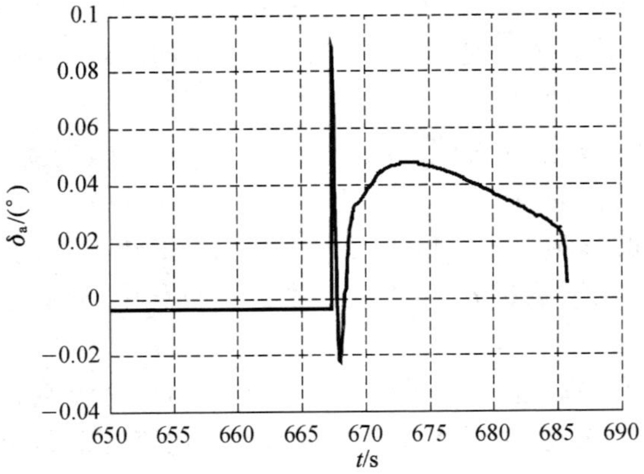

图 4-74 副翼偏角曲线

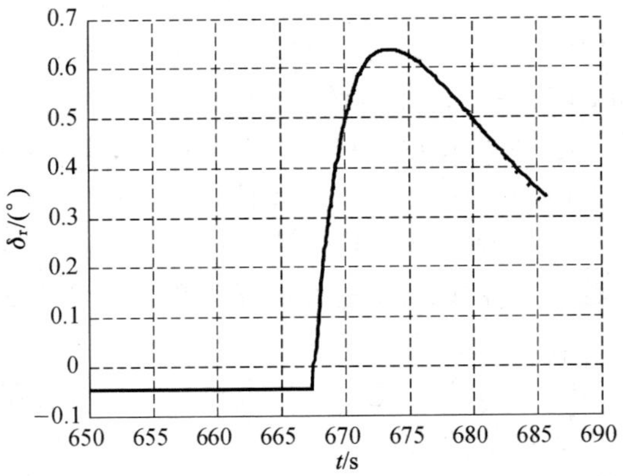

图 4-75 方向舵偏角曲线

由图 4-70～图 4-75 仿真结果可以看出,由俯仰角引起的运动学耦合的影响不大,只是在终端大落角约束情况下,当出现滚转角速度 $p>0$ 时,滚转角速率 $\dot{\phi}<0$,当偏航角速度 $r>0$ 时,偏航角速率 $\dot{\psi}<0$。这是由于俯仰角 θ 较大时,偏航角 ψ 和滚转角 ϕ 受副翼 δ_a、方向舵 δ_r 和升降舵 δ_e 的共同作用。与由速度倾斜角 γ 引起的动力学耦合相比,运动学耦合的影响较小,不会对脱靶量造成大的影响。

4.5.6 低空突防 TF/TA² 技术

随着现代防空武器系统的日益完善,常规的中高空突防的成功概率越来越低,这促使飞行器低空突防 TF/TA² 技术快速发展起来。所谓的 TF/TA² 技术就是地形跟随(terrain following)/地形回避(terrain avoidance)/威胁回避(threat avoidance)技术,是借助于先进的数字地图技术和多传感器信息融合技术,集地形跟随/地形回避/威胁回避为一体,迅速发展的新一代低空突防技术。

1. TF/TA² 技术的特点

TF/TA² 技术具有以下特点:

① 充分考虑了飞行器自身的性能约束,确保规划航路的可行性;

② 考虑了敌情信息和地理信息,规划的航路能最大限度地借助地形掩护,并避开地形障碍和敌方的防空火力,因而具有更好的隐蔽性和更高的生存能力;

③ 考虑了作战任务要求及攻击的火力配备和梯次,能为各种飞行器规划合适的攻击航路,达到协同作战的目的,从而提高了任务的成功率;

④ 可以成组地规划飞行器的航路,以进行饱和攻击,高密度的飞行器的同时突防可有效分散敌方防御系统的攻击能力,提高突防概率;

⑤ 考虑了燃料的限制、禁飞区限制和操作人员的工作环境和工作负荷等因素,因而完成任务的代价小,可靠性高。

应用低空突防 TF/TA² 技术,可使飞行器进行超低空机动飞行,有效地回避山峰、障碍物以及各种威胁,能够有效地提高飞行器的飞行安全和任务生存能力。

2. 低空突防 TF/TA² 的关键技术

低空突防 TF/TA² 技术包括下列关键技术：

① 飞行任务规划技术：包括大范围的航线规划、威胁点的处理、TF/TA² 优化过程性能指标的建立。

② 航路优化技术：在已知的参考航线基础上，实时进行飞行轨迹的优化，确定地形跟随和地形回避之间的相互关系，处理在任务规划过程中没有预测到的威胁和障碍，研究航路的动态刷新技术及与地形纵侧向间距的约束方法。

③ 传感器综合/控制技术：在低空突防飞行过程中，需要精确地确定飞行器的位置、速度等飞行状态量，还要知道飞行器所处的地形信息，因此存在着多个传感器的综合/控制问题。现代飞机一般都装备有惯性导航系统、GPS 全球定位系统、无线电高度表、前视地形雷达、激光测距仪以及数字地图等一系列设备，因此需要一种有效的方法来控制这些设备，并对它们的输出信息进行综合处理，同时要求这种方法对于传感器故障具有容错能力。

传感器综合/控制与综合 TF/TA² 飞行控制系统原理图如图 4－76 所示。

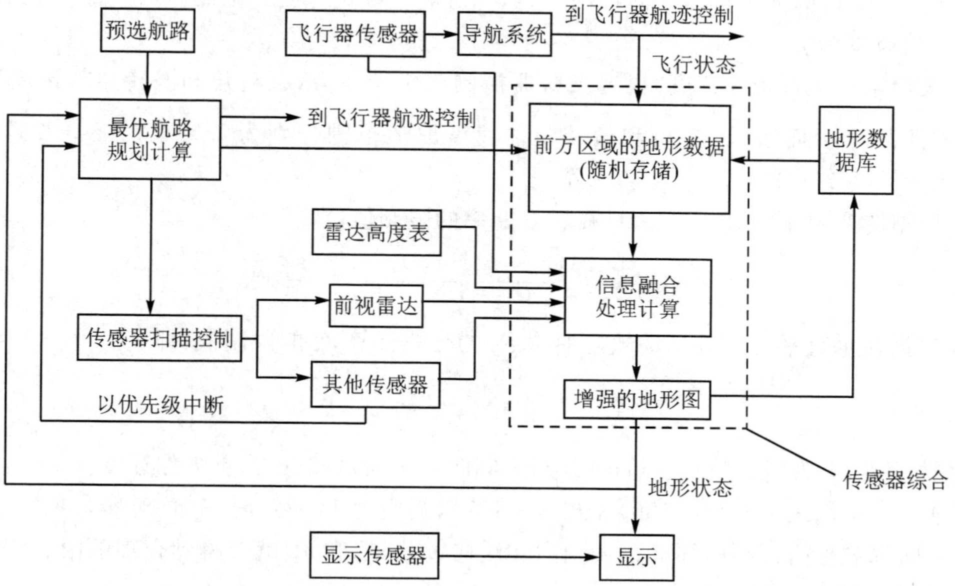

图 4－76　传感器综合/控制与综合 TF/TA² 飞行控制系统原理图

④ 制导方法：在得到优化后的飞行航路基础上，如何得到制导指令，使飞行器沿着最优航路完成突防任务，需要从最优航路解算出飞行器的飞行控制指令。

⑤ 飞行控制系统设计：针对非线性的飞行器运动模型，设计出高品质的鲁棒飞行控制系统。

⑥ 驾驶员监视信息的设计：在低空突防飞行过程中，为了使驾驶员对整个飞行控制系统的工作进行有效的监督，要结合计算机图形学、美学和心理学知识，来对系统所提示信息的提供方法和形式进行设计。

⑦ 多任务综合控制技术：在低空突防飞行过程中，实现集成的火力/飞行/推进系统的综合控制，有效地完成目标的搜索和武器发射，在保持高精度的武器发射的同时，显著地提高对

敌防御的生存能力。

⑧ 抑制大气扰动的影响:在进行超低空突防飞行过程中,地面风场影响会非常大,应对切变风和阵风进行建模并提出抑制对策。

3. 低空突防航路规划的约束条件

(1) 几何约束条件

① 离地间隙:为了安全起见,飞行器离地面的垂直距离和水平距离应不小于规定的值。一般离地间隙选为 $h_{\Delta}=30\sim500$ m。

② 最大横向偏差:为了防止飞行器偏离参考航线太远,设定一个容许飞行器偏离参考航线的最大距离 D_{Δ}。一般可选 $D_{\Delta}=4.5$ km 左右。

(2) 飞行器机动性能约束条件

① 法向加速度:根据飞行器的使用条件和驾驶员的乘坐品质要求,应对最大法向加速度进行约束。乘坐品质一般分为硬、中、软三等。对于战斗机而言,相应于硬、中、软三种乘坐品质的法向加速度取值范围分别为 $n_z=0\sim3g, 0.5\sim3g, 0.75\sim3g$。

② 航迹倾角:根据飞行器纵向机动能力,飞行航迹倾角应受到限制。对于战斗机而言,航迹倾角取值范围为 $\mu=-15°\sim+30°$。

③ 滚转角和滚转角加速度:根据飞行器横侧向机动能力,滚转角和滚转角加速度应受到限制。对于战斗机而言,滚转角和滚转角加速度取值范围分别为 $\phi=-75°\sim+75°$ 和 $\ddot{\phi}=-75(°)/s^2\sim+75(°)/s^2$。

④ 根据转弯曲率 ρ_1 的公式来计算转弯曲率的限制值,即

$$\rho_1=\frac{\tan\phi(g+n_y\sin\phi)+n_y\cos\phi}{V^2} \tag{4-156}$$

⑤ 根据在垂直平面内的运动轨迹曲率 ρ_v 的公式计算 ρ_v 的限制值,即

$$\rho_v=\frac{n_z-g}{V^2} \tag{4-157}$$

式中,V 为空速;ϕ 为滚转角;n_y 和 n_z 分别为侧向和法向过载;g 为重力加速度。

根据曲率限制关系式(4-156)和式(4-157),当空速 V 一定时,一旦对转弯曲率 ρ_1 和垂直轨迹的曲率 ρ_v 进行限制,那么最大侧向和法向过载 n_y 和 n_z 就会得到合理的限制。

⑥ 最大航迹偏角增量公式为

$$\Delta\varphi=\varphi_1+\varphi_2 \tag{4-158}$$

式中,φ_1 和 φ_2 分别满足 $\tan\varphi_1=\dfrac{P_1}{R}$,$\tan\varphi_2=\dfrac{P_2}{R}$,$P_1$,$P_2$ 分别为航线两切点到地形分区边缘的距离,$R=1/\rho_1$ 为飞行器的转弯半径,如图 4-77 所示。

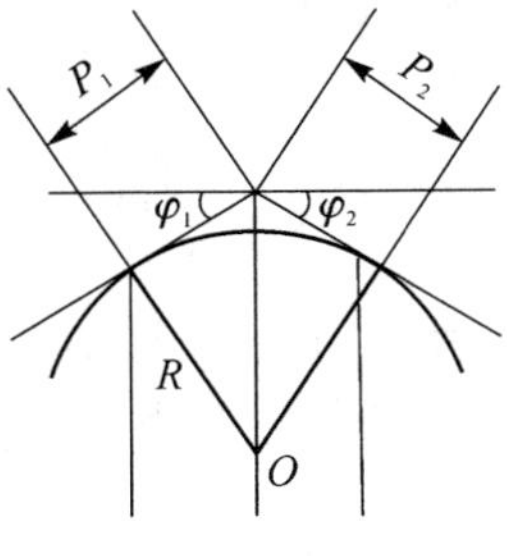

图 4-77 飞行器转弯俯视轨迹图

最优航路与参考航线和最小间隙轮廓线之间的关系如图 4-78 所示。

在图 4-79 中示出了某型飞行器低空突防 TF/TA² 航路的一段计算机仿真结果。

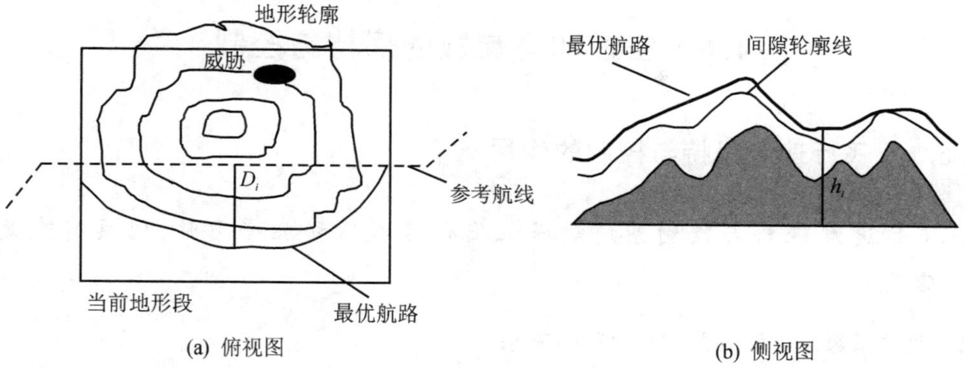

图 4-78　最优航路与参考航线和最小间隙轮廓线之间的关系图

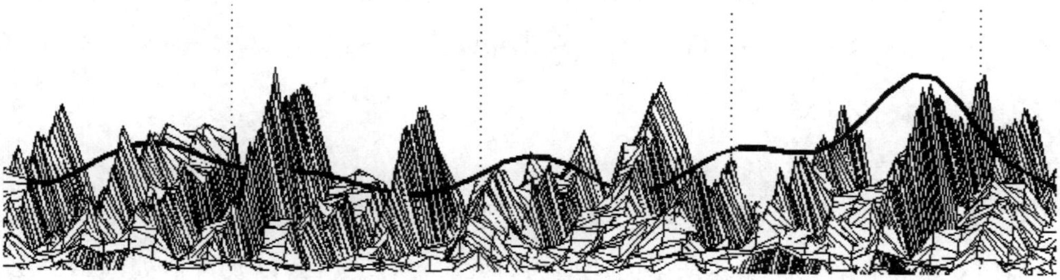

图 4-79　低空突防 TF/TA² 航路的仿真结果

综合 TF/TA² 飞行控制系统的原理如图 4-80 所示。

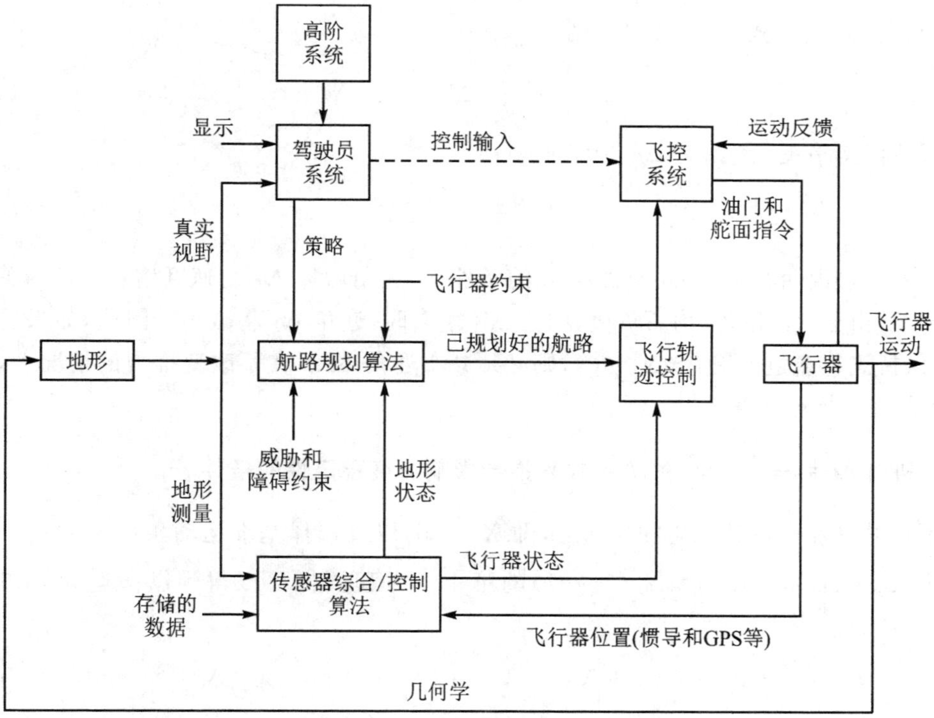

图 4-80　综合 TF/TA² 飞行控制系统原理图

4.6 空速和马赫数的保持与控制

4.6.1 飞行速度保持与控制的作用

1. 飞行速度保持与控制系统能保证飞行器在低动压平飞时，仍具有速度的稳定性

(1) 迎角增量 Δα 与速度增量 ΔV 的关系

为了讨论方便，再次给出飞行器纵向运动方程组(2-97)，即

$$\begin{cases}[s-(X_V+X_{T_V}\cos\alpha_e)]\Delta V(s)-X_\alpha\Delta\alpha(s)+g\cos\mu_e\Delta\theta(s)=\bar{X}_{\delta_T}\Delta\delta_T(s)+X_{\delta_e}\Delta\delta_e(s)\\ -(Z_V-X_{T_V}\sin\alpha_e)\Delta V(s)+[(V-Z_{\dot{\alpha}})s-Z_\alpha]\Delta\alpha(s)+g\sin\mu_e\Delta\theta(s)-(V+Z_q)\Delta q(s)\\ =-\bar{Z}_{\delta_T}\Delta\delta_T(s)+Z_{\delta_e}\Delta\delta_e(s)\\ s\Delta\theta(s)-\Delta q(s)=0\\ -(M_V+M_{T_V})\Delta V(s)-(M_{\dot{\alpha}}s+M_\alpha)\Delta\alpha(s)+(s-M_q)\Delta q(s)=M_{\delta_T}\Delta\delta_T(s)+M_{\delta_e}\Delta\delta_e(s)\end{cases}$$

若不计油门变化和升降舵面偏转产生的法向力，即 $\bar{Z}_{\delta_T}=Z_{\delta_e}=0$，以及近似处理 $(V-Z_{\dot{\alpha}})\approx(V+Z_q)\approx V$，且选择基准运动条件 $\alpha_e=\mu_e=0$，则由方程组(2-97)的第2个方程可以得到纵向运动方程的法向力方程为

$$-Z_V\Delta V+(Vs-Z_\alpha)\Delta\alpha-Vs\Delta\theta=0 \tag{4-159}$$

将 $\Delta\theta=\Delta\mu+\Delta\alpha$ 代入式(4-159)后，则

$$\Delta\dot{\mu}=-\frac{Z_V}{V}\Delta V-\frac{Z_\alpha}{V}\Delta\alpha \tag{4-160}$$

如果飞行器保持平飞，有 $\Delta\mu=\Delta\dot{\mu}=0$，则

$$\Delta\alpha=-\frac{Z_V}{Z_\alpha}\Delta V \tag{4-161}$$

式(4-161)说明在平飞 $\Delta\mu=\Delta\dot{\mu}=0$ 的条件下，迎角增量 $\Delta\alpha$ 与速度增量 ΔV 的关系。在通常情况下，由于 Z_V 和 Z_α 均为负值，则当 ΔV 增大时，迎角 $\Delta\alpha$ 将减小。因此，如果要增大速度，又要保持飞行航迹不变化($\Delta\mu=0$)，则必须减小迎角 $\Delta\alpha$。在不改变推力的情况下，减小迎角 $\Delta\alpha$ 将会使飞行速度增大。

(2) 利用 $\Delta\alpha=-\frac{Z_V}{Z_\alpha}\Delta V$ 的关系式来推导影响速度稳定性的条件

若不计升降舵面偏转产生的切向力，即 $X_{\delta_e}=0$，以及选择基准运动条件 $\alpha_e=\mu_e=0$，且飞行器平飞($\Delta\theta=\Delta\alpha$)，则由方程组(2-97)的第1个方程同样可以得到纵向运动的切向力方程为

$$\Delta\dot{V}-(X_V+X_{T_V})\Delta V+(g-X_\alpha)\Delta\alpha=\bar{X}_{\delta_T}\Delta\delta_T \tag{4-162}$$

令 $\bar{X}_V=-(X_V+X_{T_V})$，$\bar{X}_\alpha=(g-X_\alpha)$，并将 $\Delta\alpha=-\frac{Z_V}{Z_\alpha}\Delta V$ 代入方程(4-162)，则速度增量

ΔV 的一阶微分方程为

$$\Delta\dot{V}+(\bar{X}_V-\frac{Z_V}{Z_\alpha}\bar{X}_\alpha)\Delta V=\bar{X}_{\delta_T}\Delta\delta_T \tag{4-163}$$

1）借助于数学概念的分析

对于一阶微分方程 $\dot{x}+ax=b$，其解为

$$x(t)=\frac{b}{a}+C\mathrm{e}^{-at} \tag{4-164}$$

① 如果 $a>0$，则 $x(t)$ 衰减很快，稳定解为 $x(\infty)=\dfrac{b}{a}$；

② 如果 $a\leqslant 0$，则 $x(t)$ 发散。

所以，在速度增量 ΔV 的一阶微分方程（4－156）中，若 $\bar{X}_V-\dfrac{Z_V}{Z_\alpha}\bar{X}_\alpha\leqslant 0$（也可写成量纲一导数的形式，即 $(C_D+C_{L_\alpha})\left(2C_D+C_{D_V}-\dfrac{mV}{QS_\mathrm{w}}\right)+(C_L-D_{D_\alpha})(2C_L+C_{L_V})\leqslant 0$），则会出现速度不稳定；反之，$\bar{X}_V-\dfrac{Z_V}{Z_\alpha}\bar{X}_\alpha>0$，飞行速度是稳定的。

2）借助于信号反馈结构的分析

由速度增量 ΔV 的一阶微分方程 $\Delta\dot{V}=-\left(\bar{X}_V-\dfrac{Z_V}{Z_\alpha}\bar{X}_\alpha\right)\Delta V+\bar{X}_{\delta_T}\Delta\delta_T$，得出其飞行速度的稳定性关系如图 4－81 所示。由该图可以看出，在两个反馈通道中，一个是负反馈回路，一个为正反馈回路。当以负反馈回路的信号为主导时，满足稳定性条件 $\bar{X}_V-\dfrac{Z_V}{Z_\alpha}\bar{X}_\alpha>0$，即系统具有速度的稳定性；反之，当以正反馈回路的信号为主导时，则不满足稳定性条件，即 $\bar{X}_V-\dfrac{Z_V}{Z_\alpha}\bar{X}_\alpha\leqslant 0$，这样系统将出现速度不稳定的运动。

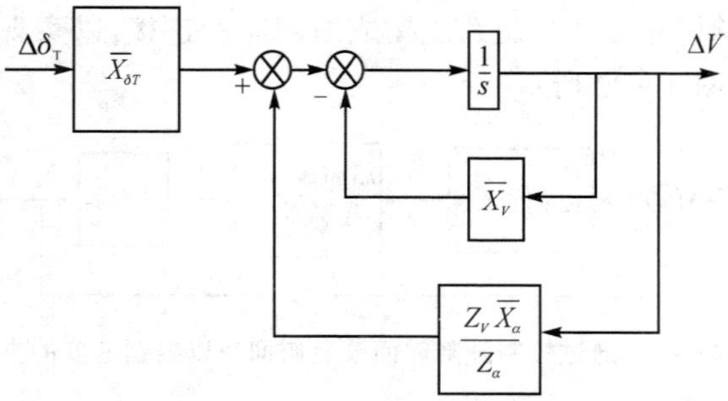

图 4－81　飞行速度的稳定性关系图

由此可见，当飞行器在低动压飞行时，由于反映机动性能的参数 $Z_\alpha=-\dfrac{QS_\mathrm{w}}{m}(C_D+C_{L_\alpha})$ 通常要比 $Z_V=-\dfrac{QS_\mathrm{w}}{mV}(2C_L+C_{L_V})$ 减小很多，因此正反馈通道的权重就增大，出现速度不稳定的可能性就很大。

2. 飞行速度的保持与控制是航迹控制的必要前提

正如绪论中讨论的关系式 $\dot{h}=V\sin\mu\approx V\mu$ 所证实的那样，飞行速度的保持与控制跟高度的稳定与控制之间存在着耦合关系，即如果通过控制角运动来控制航迹，那就需要保证飞行速度的稳定。这就是为什么在讨论高度稳定系统时，要强调“速度稳定保持作用”的原因。

3. 以跨声速飞行能够保持速度稳定

正如在第2章讨论量纲一的导数 C_{m_V} 时所指出的那样，如果 C_{m_V} 为正值，则随着飞行速度的增加，飞行器将趋于上仰，阻力和沿着 x 轴的重力分量将增大，从而导致飞行器的速度下降，因此这是一个稳定的过程。由于进入跨声速飞行时，气动焦点会随着亚声速马赫数的增大而后移，因此会产生使飞行器低头的趋势，此时的 C_{m_V} 可能变为负值，即使得 M_V 变为负值。当 $M_V<0$ 时，随着速度的增大会产生低头力矩，使飞行器进行俯冲飞行，导致速度越来越大，因此这是一个不稳定的速度过程。对于飞机而言，跨声速阻力的急剧增大，或者马赫数的增大会导致控制效率下降，从而引起在临界马赫数附近的自动俯冲趋势效应(tuck-under effect)。

4.6.2 速度保持与控制系统的构成与工作原理

纵向运动的控制量一般有两个，即升降舵和油门。升降舵的偏转可导致俯仰角和空速的显著变化。而油门的变化可使俯仰角和航迹倾角显著变化，而空速却变化不大。如果升降舵和油门同时变化可使俯仰角与空速均能显著变化。

有如下两种控制速度的常用方案。

1. 通过升降舵偏转来改变俯仰角从而实现速度控制

通过升降舵偏转来改变俯仰角，从而实现速度控制的方法，其实质是通过调整重力在飞行速度方向上的投影来控制速度的。

采用空速传感器与俯仰角自动控制系统构成内回路的连接，以实现飞行器的重力在飞行速度方向上投影的变化，如图4-82所示。

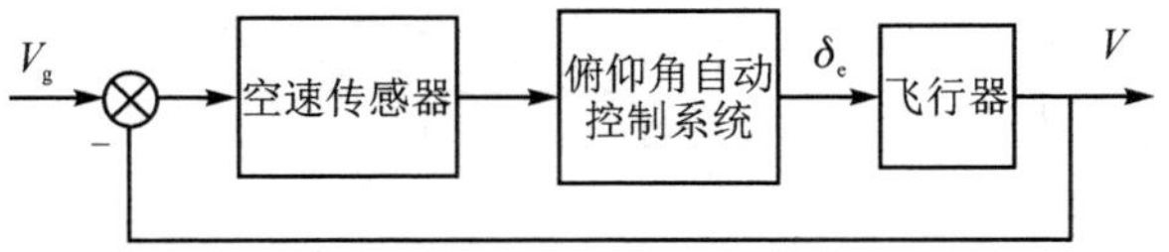

图4-82 通过控制升降舵而改变俯仰角以控制速度的方案

如果将图4-82中的空速传感器换成马赫数传感器，就可以实现马赫数的自动控制。在这个方案中，由于油门固定不变，只是通过升降舵来控制飞行速度，因此飞行速度的调节范围是有限制的。

2. 自动油门系统

自动油门系统就是通过控制油门来改变发动机的推力，从而实现控制速度的目的，如图4-83所示。在图4-83中，自动驾驶仪有两种工作方式，一种是工作在高度 h 稳定状态，另一种是工作在俯仰姿态 θ 稳定状态。

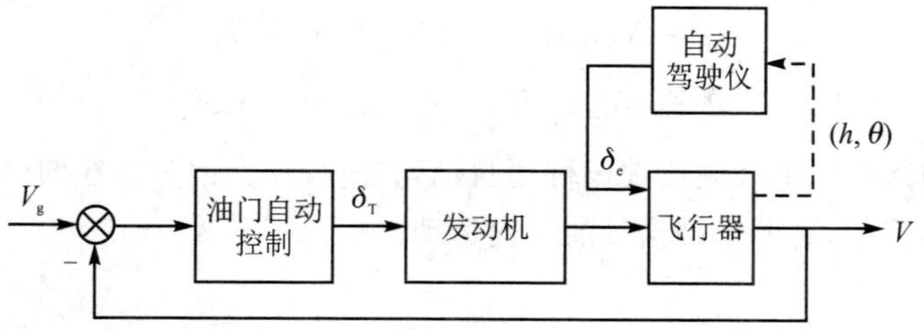

图 4-83　通过控制油门而改变发动机推力以控制速度的方案

因为自动驾驶仪有着两种不同方式的工作状态，所以这两种控制速度的方案存在下列差异：

① 如果自动驾驶仪工作在高度保持状态，空速向量处于水平方向，则重力在切向上的投影为零。如果增大油门，则发动机的推力增量将全部反映在增大空速上。

② 如果自动驾驶仪工作在俯仰角保持状态，则控制油门产生的发动机推力的变化，只有一部分反映在空速中。因为当飞行器进行无滚转角飞行时，俯仰角与迎角 $\Delta\alpha$ 和航迹倾角 $\Delta\mu$ 满足关系式 $\Delta\theta=\Delta\mu+\Delta\alpha$，所以除反映在空速变化中的发动机推力之外，其余部分的发动机推力只引起迎角 $\Delta\alpha$ 和航迹倾角 $\Delta\mu$ 的变化和高度的变化。

3. 适用于速度控制系统的飞行器近似方程

(1) 单独操纵升降舵或油门

如果自动油门系统与俯仰角自动控制系统独立使用，即单独操纵升降舵或油门，选择基准运动条件 $\alpha_e=\mu_e=0$ 以及采用相应的近似处理后，那么由方程组(2-97)可以得到飞行器纵向运动方程为

$$\begin{cases}(s-X_V)\Delta V-X_\alpha\Delta\alpha+g\Delta\theta=\bar{X}_{\delta_T}\Delta\delta_T\\-Z_V\Delta V+(Vs-Z_\alpha)\Delta\alpha-Vs\Delta\theta=Z_{\delta_e}\Delta\delta_e\\-M_V\Delta V-(M_{\dot{\alpha}}s+M_\alpha)\Delta\alpha+(s-M_q)s\Delta\theta=M_{\delta_T}\Delta\delta_T+M_{\delta_e}\Delta\delta_e\end{cases}\tag{4-165}$$

从方程的数学处理来看，第 3 式中 $M_{\dot{\alpha}}$，M_q，M_{δ_T} 均为小量，二阶小量之积及二阶微分量均可不计，于是第 3 式可简化为 $-M_V\Delta V-M_\alpha\Delta\alpha=M_{\delta_e}\Delta\delta_e$。简化后的飞行器纵向运动方程为

$$\begin{cases}(s-X_V)\Delta V-X_\alpha\Delta\alpha+g\Delta\theta=\bar{X}_{\delta_T}\Delta\delta_T\\-Z_V\Delta V+(Vs-Z_\alpha)\Delta\alpha-Vs\Delta\theta=Z_{\delta_e}\Delta\delta_e\\-M_V\Delta V-M_\alpha\Delta\alpha=M_{\delta_e}\Delta\delta_e\end{cases}\tag{4-166}$$

(2) 同时操作升降舵和油门

当俯仰角自动控制系统和油门自动控制系统同时存在时，如果油门变化引起的俯仰角变化很快被稳定回原值，则可认为，俯仰角的变化基本上不会影响速度的动态响应。此情况下可假设：

① $\Delta\theta=\Delta\dot{\theta}=0$；

② 可不计俯仰角的过渡过程，可以忽略掉俯仰角 $\Delta\theta$ 这个状态变量。

这样一来，式(4-166)就成为两个自由度纵向运动方程，且纵向力矩方程就可忽略不予考

虑,即

$$\begin{cases}(s-X_V)\Delta V-X_\alpha\Delta\alpha=\bar{X}_{\delta_T}\Delta\delta_T\\-Z_V\Delta V+(Vs-Z_\alpha)\Delta\alpha=Z_{\delta_e}\Delta\delta_e\end{cases}\tag{4-167}$$

但是,如果控制律是比例式硬反馈俯仰角自动驾驶仪,那么因为存在俯仰角稳态静差 $\Delta\theta_s$,所以,此简化方程不再适用,需要采用全量的纵向运动方程。

习　题

4-1　分析说明阻尼器、增稳系统和控制增稳系统以及自动驾驶仪各自的工作原理和特点。

4-2　假定某飞行器的传递函数为

$$\frac{\Delta\theta(s)}{\Delta\delta_e(s)}=\frac{M_{\delta_e}(s+Z_\alpha^*)}{s(s^2+2\xi_{sp}\omega_{sp}s+\omega_{sp}^2)}$$

舵回路的传递函数为

$$\frac{\Delta\delta_e(s)}{\Delta u_e(s)}=\frac{1}{T_\delta s+1}$$

(1) 如果采用下列控制规律

$$\Delta\delta_e=L_\theta(\Delta\theta-\Delta\theta_g)+L_{\dot\theta}\Delta\dot\theta$$

① 画出其相应的结构图,并标出干扰力矩 M_f;

② 分析说明舵回路时间常数 T_δ 对系统阻尼特性的影响,应该有怎样的限制(分 $T_\delta=0$ 和 $T_\delta\neq0$ 两种情况讨论);

③ 如果要求俯仰角的静差 $|\Delta\theta_s|<\varepsilon(\varepsilon>0)$ 和已知常值干扰力矩 M_f 以及 $C_{m_{\delta_e}}$,应如何限制反馈增益 L_θ?

④ 如果控制信号为 $\Delta\theta_g=k_g t$,计算 $\Delta\theta_s$ 并对计算结果分析说明。

(2) 如果采用另一种控制规律

$$\Delta\delta_e=L_\theta(\Delta\theta-\Delta\theta_g)$$

① 计算俯仰角的静差;

② 分析比较两种控制规律所产生的俯仰角静差。

4-3　分析说明协调转弯的条件,并推导协调转弯公式。

4-4　推导定高系统运动学环节并画出其结构框图。

4-5　利用方程组(2-97)分析说明速度稳定性的条件。

4-6　试以图4-15所示的俯仰控制增稳系统为例,分析控制增稳系统对飞行器稳定性和操纵品质的影响。

第5章 飞行控制系统的设计

5.1 飞行控制系统的任务和设计目标

5.1.1 任务和设计目标

自从有人驾驶的动力飞机问世以来，飞行安全要求一直是飞机设计的最高目标，其他所有的设计目标都要服从于这项最高的目标。

在民用航空领域，把乘客安全地送达目的地始终是民用客机设计最为关注的目标。其飞行经济性、舒适性和正点运行虽然同样也是重要的目标，但相对于飞行安全而言，这些都处于次要的地位。

在军用领域中，除飞行安全性的目标要求之外，还有完成任务的目标要求。在军用设计规范中，这两项目标是并列的。

飞行控制系统为实现上述目标所要做出的基本贡献有下列四大类：

① 改善飞行品质。包括：固有运动特性，如改善俯仰、滚转和偏航通道的固有阻尼特性和固有频率特性等性能；操纵（控制）特性，改善飞行器对操纵（控制）输入信号的响应特性；扰动特性，主要是改善飞行器对大气紊流的响应特性；大扰动的控制问题，例如，一侧发动机停车或抛投载荷引起的大扰动对飞行安全和飞行品质的影响进行有效控制。也就是说，飞行控制系统能够减轻驾驶员长时间连续的和使人疲乏的工作负担，能承担稳定飞行状态、减轻风切变和大气紊流的影响等工作。

② 协助航迹控制。

③ 全自动航迹控制。

④ 监控和任务规划。

当驾驶员的反应速度和能力不能胜任对多种参数观测和协调控制时，飞行控制系统能支持驾驶员完成艰巨的飞行任务，成为驾驶员的得力助手，例如，在恶劣气象条件下着陆及地形跟随和回避，或者在失速范围机动飞行；飞行控制系统能完成经常性的和重复性的机动飞行程序，例如，高精度地完成标准化的进场着陆飞行。这样，就使驾驶员能保持“清醒的头脑”，用以监控飞机的安全运行，当发生意外情况时能作出正确的决断。

需要遵循什么样的飞行品质评价及品质规范，设计出的飞行控制系统才能实现上述的目标？为此，在本章中将利用有限的篇幅介绍飞行控制系统设计的典型方法，只是给出一些适航标准和规范，因为设计要求和准则是多种多样的，这主要基于下面三大方面的要求。

(1) 涉及飞行品质的要求

这里是指有关飞机的动态特性，也就是有关稳定性、操纵性和机动性（操纵品质）以及阵风敏感性（乘坐品质）的要求。因此，这些要求优先考虑驾驶员对良好的飞行能力和飞行舒适性的期望，但也包括对遵守安全飞行包线的一些主要要求。

(2) 涉及飞机对飞行环境的适应性要求

这里是指对全部飞行活动的适应性要求。它包括由起飞、巡航、进场和着陆控制与标准飞行方式得到关于保持飞行航迹的允许偏差,以及从各航迹段到利用仪表着陆系统(ILS)进场着陆方式等方面的一些主要要求。

(3) 通过控制手段来改善飞行性能的要求

例如应用主动控制技术(active control technique,ACT)可以扩大战斗机的飞行包线,而在民用航空领域,飞行控制系统是改善飞行品质和飞行性能的关键技术之一。

综上所述,飞行控制系统的设计目标是同飞机类型和飞行包线密切相关的。随着现代飞机所执行的飞行任务越来越复杂,对于飞机各项性能的要求越来越高,因此,有关飞行控制系统设计要求的内容和标准也在不断发展和完善。

5.1.2 飞行品质的评价准则

飞行控制系统的品质通常由驾驶员来评定。驾驶员对控制品质的评价与下列因素有关:

① 飞机类型(大型的、迟钝的飞机,或者小型的、灵活的飞机);

② 飞行任务(起飞、巡航飞行、特技飞行);

③ 环境条件(大气紊流、振动、噪声);

④ 飞行任务的困难程度(例如,在恶劣能见度下的着陆和发动机停车等)。

上述这些影响因素都要进入设计规范,下面可用3个例子加以详细说明。

(1) 编队飞行

在编队飞行时最重要的要求是按地点(距离)和时间(会合)精确控制导引飞行姿态和飞行航迹,发挥飞机的最大机动性和快速响应特性。编队飞行是以指令的剧烈和迅速变换以及发挥到极限的飞行性能(例如,极限过载等)为主要特征。而此时对于驾驶员的乘坐舒适性(例如,对过载的限制等)要求,只是保证经过较长时间后,驾驶员仍能可靠地完成飞行任务这种程度即可。相对而言,对于飞行经济性的要求在这种飞行情况下已经处于次要地位。

(2) 运输机的巡航飞行

在这种飞行状态下,要优先考虑飞行经济性和空中交通控制引导的约束条件,故最关键的是保持对地的飞行航线、最优飞行马赫数和飞行高度的准确性。与此相反,容许飞行航迹和飞行姿态的偏差相对大一些(例如,飞行高度平面相隔300~600 m,飞机相距37 km)。其次要考虑舒适性要求,也就是要对加速度和转动角速度进行限制。因为运输机巡航飞行是由一系列的长时间定常飞行阶段组成的,而这些飞行阶段又是逐段、机动进行转换的,所以要求在进行机动转换过程中各个操纵舵面的偏度都要相当小。

(3) 运输机的进场着陆飞行

运输机在进场着陆飞行阶段对航迹导引精度有特别高的要求,而且愈靠近接地点要求愈高。因为这一阶段几乎是以最小飞行速度进行飞行的,并且频繁地改变机体的构形状态(例如,着陆襟翼和起落架等)又额外增加了驾驶员的工作负担,所以要求驾驶员要高度注意飞行的状况,尤其当存在大气紊流时更应如此。由于此阶段的飞行主要是定常飞行阶段之间的分段转换,因此对飞机机动性的要求很低,然而对舵面操纵效能的要求却很高。在通常情况下,进场着陆飞行阶段的飞行距离比较短,因此对飞行经济性和乘坐舒适性的要求,一般都放在次要地位考虑。

表 5-1 所列为 3 个例子的几项主要飞行品质的要求。由表中可以看出，对于飞行稳定性和机动性的要求是相反的，因为很高的稳定性和良好的阻尼特性不利于飞机的操纵灵敏性，有时为了具有高的机动性能而必须降低稳定性和阻尼特性。虽然在三个飞行阶段中都对阵风抑制提出了要求，但是阵风抑制对于长时间的飞行阶段则更为重要(例如，乘坐舒适性和结构载荷等)。另外，对于航迹精度和乘坐舒适性的要求也是互相对立的，因为只有高的加速度和转动速度才能保证实现高的航迹精度，也就是说在降低了乘坐舒适性的情况下才能够达到高的航迹精度。表中还附加了另一项越来越重要的要求，就是用"包线保护"(envelope protection)和"无忧操纵"(care free handling)概念来描述飞行控制系统的两个相似的功能，即防止在强扰动和驾驶员错误操纵情况下，飞机脱离开它的安全飞行范围(α_{max}，n_{zmax}，M_{max})，这样可以大大减轻驾驶员在复杂飞行任务中的工作负担。

表 5-1　各种飞行阶段的设计原则

飞行品质	编队飞行	巡航飞行	着　陆
稳定性，阻尼特性	—	+	+
机动性	++	—	—
阵风抑制	(+)	+	(+)
航迹精度	+	—	++
乘坐舒适性	—	+	—
经济性	—	++	—
包线保护	+	(+)	+

下面再列举一些在飞行品质、飞行性能和导引精度等方面有着显著不同要求的典型飞行任务：

① 空战和特技飞行。要求利用极限性能，例如，极小的转弯半径和极限的过载等。

② 跟踪目标。要求最优的能量航迹和最优的截击机动等。

③ 无推力进场着陆。要求最优的能量管理和最优的下滑航迹及正点着陆等。

④ 起飞和爬升。要求在起飞航迹上的加速性和抬前轮的时刻，爬升到升限(发动机停车)的最优性能等。

⑤ 巡航飞行。在逐段转换的长时间定常飞行阶段，要求最低的燃料消耗。

⑥ 高交通密度情况下的进场，或者以高的下滑速度作下滑飞行。要求等待飞行或者飞行航迹经常变化等。

⑦ 终端进场和着陆。在地面边界层(大气紊流和风切变)及恶劣能见度情况下要求高的航迹精度。

5.1.3　飞行控制系统的基本任务

在讨论飞行品质评价和品质规范之前，首先了解飞行控制系统所要承担的主要任务。在通常情况下，可以把飞行控制系统所要承担的主要任务概括为下列 4 类。

1. 改善飞行品质

改善飞机的固有运动特性是飞行控制系统所要承担的改善飞行品质的一项基本任务。这里包括滚转、俯仰和偏航方向特征运动的频率特性和阻尼特性以及运动参数之间的耦合关系,例如,滚转与偏航通道之间的相互耦合关系。

改善飞行操纵特性是改善飞行品质的另一项基本任务。飞行操纵特性即飞机对驾驶员操纵输入的响应特性。因为航迹运动的响应相对要迟缓一些,所以航迹运动即使存在着轻微不稳定情况,驾驶员也能控制。因此在这里航迹运动只起次要作用。而飞机的转动运动对稳定性的要求却处于首要地位。固有频率和阻尼比必须在驾驶员满意又与其反应能力相一致的范围内,这样,驾驶员的操纵既不会使飞机不稳定或者诱发极限振荡,又不会使飞机处于过操纵状态。此外,借助飞行控制系统来改善飞机的操纵特性,不仅对改善操纵指令的响应幅值很重要,而且对改善响应时间过程也很重要,因为响应时间过程能使驾驶员尽早估计到飞机的运动特性,从而正确调整其操纵输入。

现代飞机大多数是通过不可逆助力操纵系统进行操纵的,因而驾驶员在驾驶杆上感受到的自然不是实际的反作用力,必须通过机械式(或液压式)弹簧,也就是"人工杆力感觉"装置,来产生这种人工反作用力。因此驾驶员施加的操纵力和所造成的过载系数对飞行品质的评价极为重要。另外,主要由加速度和转动角速度所决定的飞机起始响应特性,对于飞行品质的评价也具有决定性的作用。正如在第4章讨论控制增稳系统(CAS)时所引入的杆力灵敏度 M_{F_y}、杆力梯度 $F_y^{n_z}$ 和操纵期望参数CAP(control anticipation parameter)的概念一样。

改善飞行品质的第3项基本任务是改善飞机的扰动特性,这里主要指飞机对大气紊流的响应特性。大气紊流不仅会激发飞机的刚体运动,而且会激发飞机的弹性运动。

改善飞行品质的第4项任务就是解决大扰动的控制问题。例如,控制一侧发动机停车或者抛投载荷所引起的大扰动。首先,必须降低初始出现的转动加速度,使其不会形成危险的飞行姿态变化。然后,重新配平飞机以平衡掉非对称的推力,或者平衡掉由于质量和重心变化所导致的不平衡力矩。

所有上述飞行控制系统应该支持而又不妨碍驾驶员进行飞行航迹的控制任务,并且尽可能地以驾驶员察觉不到的方式工作。

2. 协助航迹控制

在机动飞行阶段,驾驶员更需要飞行控制系统的支持。飞行控制系统的这种支持不仅能使驾驶员进行精确的飞行航迹控制,而且允许驾驶员做剧烈而迅速变化的机动。

3. 全自动航迹控制

全自动航迹控制是指无驾驶员参与的全自动化的飞行航迹控制,是完全由所有六个自由度的飞行自动控制系统来完成的。但是,对于三个自由度的航迹运动都必须有可供选择的手动/自动控制两种工作模式。

最初的自动飞行航迹控制系统(自动驾驶仪)仅承担巡航飞行阶段的稳定任务,之后加上了飞行阶段之间的曲线飞行和过渡飞行航迹段,最后实现了由多个阶段组合而成的复杂飞行航迹,例如,自动着陆中可能还包括复飞机动飞行等。

4. 监控和任务规划

通常在飞行过程中，驾驶员应按照飞行计划，合理地使用机载系统实现最优飞行，并对整个飞行过程进行有效的监控和决策。目前，这项工作正越来越多地由飞行管理计算机来承担。这些系统还逐渐担负起选择电台和发射频率、变换导航系统和控制系统工作模式以及程序控制各个飞行阶段等费时费力的工作。

飞行状态的监控可以归结为使用边界的控制，包括发动机工作状态的监控(如，最大允许推力、转数、温度等)、最大/最小飞行速度、最大/最小飞行高度以及迎角/过载限制等。在军用领域，按照“无忧操纵”概念设计的飞行控制系统，可以使驾驶员有更多的精力专注于战术战策。随着相关科学技术的迅速发展，现代飞行控制系统正在向着完全可以替代驾驶员的方向迅速发展和完善。

5.2　飞行品质评价及品质规范

有人驾驶飞机的飞行品质是指保证驾驶员方便地驾驶飞机，顺利而精确地完成飞行任务的性能指标。评价飞行品质的标准称为飞行品质规范，是国家或部门统一制定的法律性文件，规定系统总的性能要求和设计准则(包括系统设计和分系统与部件设计)。

自从有人驾驶的动力飞机问世，飞行品质规范就开始受到关注。最早的军用飞行品质规范是美国于 1907 年发布的《通讯部队规范第 486 号》。该规范要求飞机在被接收之前至少进行 1 h 续航性试飞，而且应保证返回起飞点后能立即开始另一次飞行。在试飞过程中，飞机应能沿任一方向飞行且始终处于可操纵和稳定状态。20 世纪 50 年代中期，美军标 MIL—F—8785 正式颁布，规定了飞机稳定性和操纵性最低限度的要求。当时的规范仍然是鉴定标准而不是设计标准。20 世纪 60 年代末，美国相继颁布的 MIL—F—8785A 和 MIL—F—8785B，不仅作为鉴定标准，而且已经是设计标准。于 1980 年正式公布的美国军用规范 MIL—F—8785C，至今仍是美国的正式军用规范，也是世界各国所参考的主要飞行品质规范之一。

为适应航空工业的发展要求，我国于 1986 年制定了国军标 GJB 185—86《有人驾驶飞机(固定翼)飞行品质》，该标准参照 MIL—F—8785C 规定了人工和自动飞行控制系统都必须满足的空中和地面操纵品质；同时，相应制定了《有人驾驶飞机飞行控制系统通用规范》《军用直升机飞行品质规范》《飞机自动驾驶仪通用规范》等。这些规范大大地推动了我国飞行控制系统的研制工作。

5.2.1　国军标 GJB 185—86 的基本内容

1. 飞机的种类

军用飞机分为以下 3 类：

① 轻小型(代号 QX)——指质量小于 4 500 kg、最大法向过载小于 $4.5g$ 的飞机，例如，轻型多用途机和初级教练机。

② 轰运型(代号 HY)——指质量大于 4 500 kg、最大法向过载小于 $4.5g$ 的飞机，例如，战术轰炸机、中型轰炸机、重型轰炸机、轻型运输机、中型运输机、大型运输机、预警机和加油

机等。

③ 歼强型(代号 JQ)——指最大法向过载大于 $4.5g$ 的飞机,例如,歼击机、强击机、歼击轰炸机、截击机、战术侦察机以及相应的各种教练机。

2. 飞行阶段的种类

对不同用途和不同类型的飞机有不同的飞行品质要求。某一类飞机在不同的飞行阶段完成不同的任务,对其飞行品质的要求也应不同。在 GJB 185—86 中,把飞行阶段划分如下:

① 战斗阶段(A类)——做急剧机动动作、精确跟踪或精确控制飞行轨迹的飞行阶段,包括空战(CO)、对地攻击(GA)、武器投掷或发射(WD)、侦察(RC)、空中受油(RR)、地形跟随(TF)、反潜搜索(AS)和密集编队(FF)等。

② 航行阶段(B类)——精确控制飞行轨迹、做缓慢机动动作、无须精确跟踪就能完成的飞行阶段,包括上升(CL)、巡航(CR)、空中加油(RT)、下降(D)、应急下降(ED)、应急减速(DE)和空投(AD)等。

③ 起落阶段(C类)——做缓慢机动动作、常常需要精确控制飞行轨迹的飞行阶段,包括起飞(TO)、进场(PA)、复飞(WO)和着陆(L)等。

3. 飞行品质标准

飞行品质标准是对不同机种不同飞行阶段制定的最低条件。飞行品质标准分为 3 等:

- 标准 1:飞行品质能确保驾驶员顺利完成各项预定的飞行任务。
- 标准 2:飞行品质适合于驾驶员完成各项飞行任务,但驾驶员的工作负担有所增加,或完成任务的效果有所降低,或兼而有之。
- 标准 3:飞行品质能使驾驶员安全操纵飞机,但驾驶员的工作负担很重,或完成任务的效果不好,或兼而有之。即能安全地结束 A 类飞行阶段,能完成 B,C 类飞行阶段。

飞机运动分为纵向运动和横侧向运动。我国军标中也相应规定了纵向飞行品质和横侧向飞行品质。

5.2.2 纵向飞行品质要求

1. 速度稳定性

速度稳定性指速度在长时间内的稳定性。GJB 185—86 中考虑以下 3 方面。

(1) 纵向静稳定性

若飞机受扰后有恢复原飞行状态的趋势,则飞机具有纵向静稳定性。在 GJB 185—86 中,要求当飞机在配平状态受扰,驾驶员固定操纵或松手时,标准 1 和标准 2 中的飞机速度应保证不出现非周期发散。在特殊情况下,允许最大不稳定度放宽,但其倍幅时间不得小于 6 s。

(2) 沉浮稳定性

沉浮运动是指飞机重心纵向长周期模态的振荡运动。飞机迎角"在此过程中变化较小,主要反映在俯仰角 θ 和飞行速度的变化上,振荡周期较长"。对于有人驾驶飞机,驾驶员的控制可以抑制长周期模态的轻微发散。但对于要求精确轨迹控制的飞机,就必须足够重视长周期模态的性能。GJB 185—86 中规定,当驾驶杆固持与松浮时,飞机长周期速度振荡应满足下列要求：

➢ 标准 1：阻尼比 $\xi_p>0.04$；

➢ 标准 2：阻尼比 $\xi_p>0$；

➢ 标准 3：倍幅时间 T_2 至少为 55 s。

(3) 飞行轨迹稳定性

飞行轨迹稳定性是指驾驶员不改变油门位置而只改变俯仰操纵保持航迹倾角 μ 时，衡量飞机速度稳定性的指标，可表示为航迹倾角 μ 对空速 V 变化曲线的斜率。在飞机进场着陆飞行阶段，航迹倾角 μ 对空速 V 的曲线在最小使用速度 $V_{0\min}$ 处的斜率 $\frac{d\mu}{dV}$ 应为负值或小于下列正值：

➢ 标准 1：0.032(°)/(km·h^{-1})；

➢ 标准 2：0.080(°)/(km·h^{-1})；

➢ 标准 3：0.130(°)/(km·h^{-1})。

推力状态应是飞机以最小使用速度 $V_{0\min}$ 作正常进场下滑轨迹时所要求的状态。在航迹倾角对空速曲线的 $V_{0\min}-10$ km/h 处的斜率与 $V_{0\min}$ 处的斜率（按正值）之差应不大于 0.027(°)/(km·h^{-1})，如图 5-1 所示。图中的负斜率区是飞行轨迹的稳定区，随着航迹倾角 μ 减小，速度增加，驾驶员只需偏转升降舵即可控制速度。正斜率区是飞行轨迹不稳定区，速度 V 随航迹倾角 μ 减小而减小，只控制升降舵已无法调节速度，还必须控制发动机的油门。

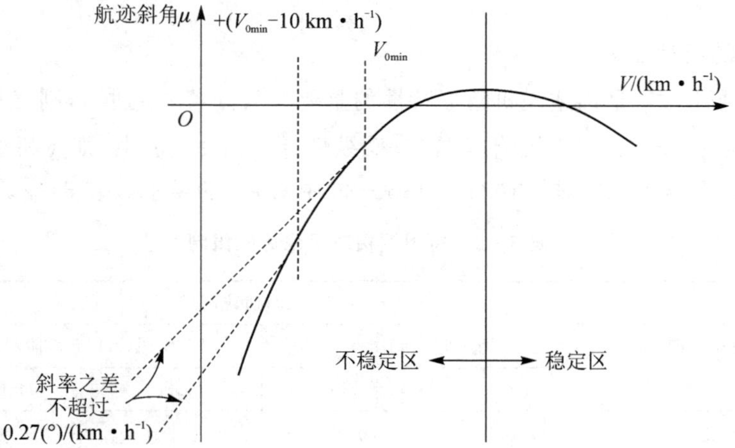

图 5-1　航迹倾角对空速的变化曲线

一般希望最小使用速度 $V_{0\min}$ 尽可能在负斜率区，但飞机下滑着陆时 $V_{0\min}$ 比较小，通常都处在正斜率区，飞机不具备轨迹稳定性，要准确控制飞行轨迹和速度比较困难。GJB 185—86 中规定在 $V_{0\min}$ 处的斜率应为负值或小于上述数值的正值。总之，轨迹稳定性对保证飞机下滑着陆和精确控制轨迹有重要意义。

2. 纵向机动特性

纵向机动特性是飞机在常值速度下对驾驶员操纵输入的动态响应性能。在 GJB 185—86

中,主要考虑短周期响应、等速飞行中的操纵感觉和稳定性以及驾驶员诱发振荡等。

短周期响应是在速度几乎不变的情况下,微小扰动或突然俯仰操纵所产生的迎角和俯仰角振荡过程,它是研究纵向机动性和纵向飞行品质参数中十分重要的参数。

(1) 等评价等级参数

在图5-2中给出了评价短周期二阶振荡环节特性的主要参数——固有频率 ω_{sp} 和阻尼比 ξ_{sp} 的变化范围。图中的“好”“可以”“差”三个区域是驾驶员评价纵向短周期响应特性的等级区域。驾驶员经验证明,若 ω_{sp} 过高,飞机对操纵力及阵风的响应将很激烈,驾驶员会感到飞机太灵敏。若 $T_d=\dfrac{2\pi}{\omega_{sp}}$ 不足够大于人体肌肉系统的时间常数(τ),甚至可能诱发驾驶员振荡。另外,一般飞行控制系统舵回路的特性与飞机短周期响应特性的固有频率 ω_{nsp} 相关,只有当舵回路的通频带比 ω_{nsp} 高3~5倍时,飞行控制系统才能很好地发挥作用。若 ω_{sp} 过高,则舵回路的动特性要求亦高,飞行控制系统的设计和实现均很困难。反之,若 ω_{sp} 过低,驾驶员又会觉得飞机响应过于迟钝。固有频率 ω_{sp} 和阻尼比 ξ_{sp} 过低也会引起驾驶员的诱发振荡。

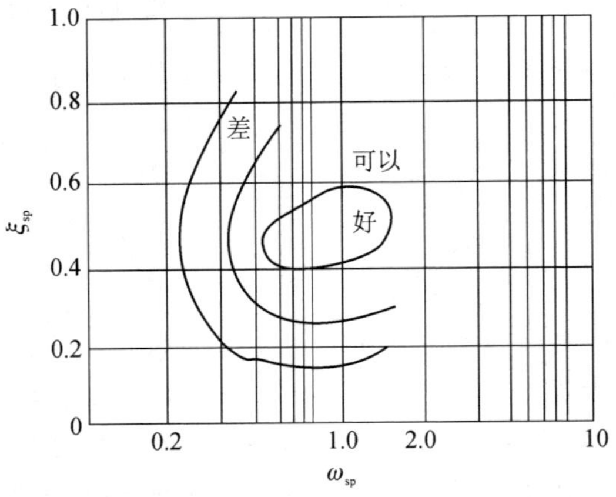

图5-2 等评价等级参数变化范围

(2) 短周期的阻尼比 ξ_{sp}

短周期的阻尼比 ξ_{sp} 是描述飞机阻尼特性的重要参数。若 ξ_{sp} 适当,则飞机受扰后摆动次数少,收敛快。若 ξ_{sp} 过大,则飞机响应迟钝,操纵性差。若 ξ_{sp} 过小,则飞机受扰后的过程会出现振荡和过调,操纵飞机困难。在GJB 185—86中对 ξ_{sp} 的要求如表5-2所列。

表5-2 短周期相对阻尼比的限制

品质标准	飞行阶段			
	航行阶段(B)		战斗阶段(A)/起落阶段(C)	
	max	min	max	min
标准1	2.00	0.30	1.30	0.35
标准2	2.00	0.20	2.00	0.25
标准3	—	0.15*	—	0.15*

*经订货方同意,高空飞行时,最小阻尼比可适当减小。

(3) 操纵期望参数

随着飞机性能与飞行速度的提高,飞机的气动外形会发生改变,在纵向短周期响应特性中仅考虑固有频率 ω_{sp} 和阻尼比 ξ_{sp} 是不够的。驾驶员评价飞机操纵性时,不仅关注动态响应情况,而且关心飞机航迹变化的最终结果。因此,在GJB 185—86中给出当量短周期无阻尼固有频率和加速度灵敏度的要求,综合考虑飞机最终航迹变化情况,给出不同飞行阶段的飞行品质等级，以及当量短周期无阻尼固有频率 ω_{nsp} 和单位迎角下的稳态法向过载 n_z/α 及过载灵敏度的限制。过载灵敏度的指标是操纵期望参数，其表达式为

$$\mathrm{CAP}=\frac{(\ddot{\theta}/\delta_e)\mid_{t\to 0^+}}{(n_z/\delta_e)\mid_{t\to\infty}}=\frac{\ddot{\theta}\mid_{t\to 0^+}}{n_z\mid_{t\to\infty}}\approx\frac{\omega_{\mathrm{nsp}}^2}{n_z/\alpha} \tag{5-1}$$

由式(5-1)可见，CAP 是升降舵阶跃变化时飞机初始俯仰角加速度 $\ddot{\theta}\mid_{t\to 0^+}$（或者 $\dot{q}\mid_{t\to 0^+}$）与稳态法向过载（$n_z\mid_{t\to\infty}$）之比，反映飞行航迹是否易于控制。驾驶员根据飞机的最初姿态响应，推测飞行航迹的最终情况，而最好的初始姿态响应是驾驶员的内耳所感受的俯仰角加速度 $\ddot{\theta}$。若 CAP 数值太小，则 $\ddot{\theta}\mid_{t\to 0^+}$ 很小，以致低于内耳所能觉察的程度，驾驶员将施加更大的操纵力，以加快俯仰角的响应，这容易使过载超过期望值。反之，若 CAP 过大，驾驶员施加很小的操纵力就可引起很大的初始俯仰角加速度 $\ddot{\theta}\mid_{t\to 0^+}$，驾驶员将倾向于减小操纵力或反向操纵，于是又会造成过小的稳态响应（$n_z\mid_{t\to\infty}$）。上述表明，操纵期望参数 CAP 是衡量纵向机动特性的重要飞行品质指标。在 GJB 185—86 中，各种飞行阶段的技术要求如图 5-3 所示。

操纵期望参数 CAP 又可表示为

$$\mathrm{CAP}=\frac{\ddot{\theta}\mid_{t\to 0^+}}{n_z\mid_{t\to\infty}}=\frac{\ddot{\theta}\mid_{t\to 0^+}}{F_y}\cdot\frac{F_y}{n_z\mid_{t\to\infty}}=M_{F_y}F_y^{n_z} \tag{5-2}$$

式中，$M_{F_y}=\dfrac{\ddot{\theta}\mid_{t\to 0^+}}{F_y}$ 为杆力灵敏度，即单位杆力所产生的飞机初始俯仰角加速度；$F_y^{n_z}=\dfrac{F_y}{n_z\mid_{t\to\infty}}$ 为单位过载杆力，又称为杆力梯度，表示飞机作机动飞行时，每产生 $1g$ 过载所需要的杆力。

由此可见，CAP 包含与驾驶员操纵感觉直接有关的两个概念：杆力灵敏度 M_{F_y} 和单位过载杆力 $F_y^{n_z}$。当 CAP 值太小时，必须减小 M_{F_y}，以保证满意的过载杆力 $F_y^{n_z}$，或减小单位过载杆力 $F_y^{n_z}$ 以保证满意的杆力灵敏度 M_{F_y}。若操纵期望参数 CAP 过大，M_{F_y} 和 $F_y^{n_z}$ 之间很难配合得当。因此，期望参数值 CAP 必须控制在图 5-3 限定的范围内。

此外，在 GJB 185—86 中规定，在平静大气中，任何持续剩余振荡不应妨碍驾驶员完成各项任务。在标准 1 和标准 2 中规定，驾驶员座位处的法向过载不得大于 $\pm 0.05g$；在要求精确姿态操纵的战斗飞行阶段，俯仰姿态的振荡不得大于 $\pm 0.17°$。这些要求适用于俯仰操纵固持和松浮两种情况。GJB 185—86 还规定，飞机不应该有驾驶员诱发振荡的趋势，即驾驶员操纵飞机不应引起持久的或不可控制的振荡。

3. 纵向操纵性

在 GJB 185—86 中对纵向操纵的要求包括：等速直线平飞时的纵向操纵，机动飞行时的纵向操纵，起飞时的纵向操纵，着陆时的纵向操纵，在可用飞行包线内俯冲时的纵向操纵，在允许飞行包线内俯冲时的纵向操纵以及侧滑时的纵向操纵。这些规定都是为了保证在使用飞行包线内有效操纵飞机并有合适的操纵杆力，尽可能简化驾驶员的操纵。

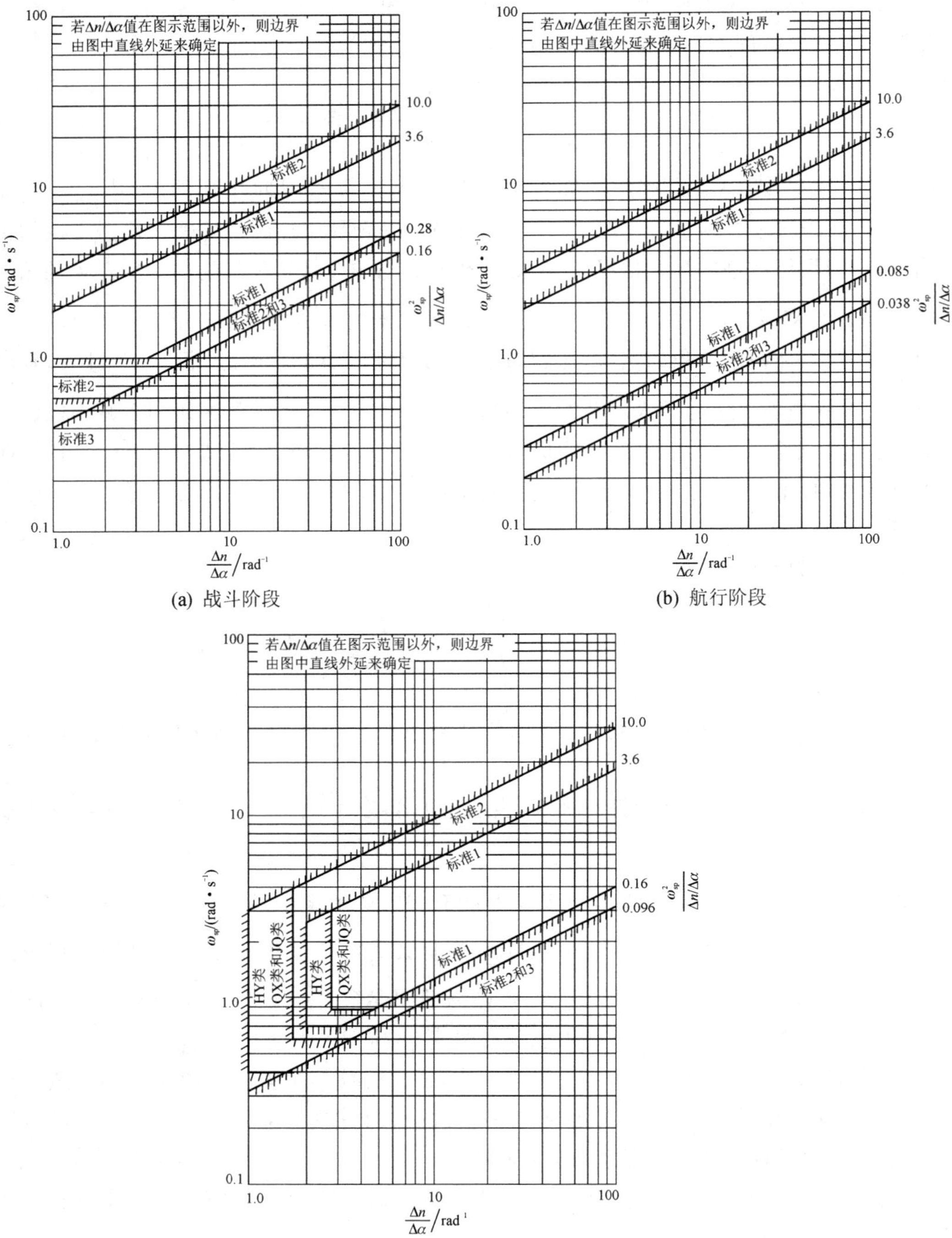

(c) 起落阶段

图 5-3 短周期频率和操纵期望参数的关系

5.2.3 横侧向飞行品质要求

与纵向飞行品质相似，在 GJB 185—86 中对飞机横侧向飞行品质的要求，主要是稳定性、机动性和操纵性，包括横侧向模态特性、横侧向动态及反应特性、滚转中的协调操纵特性、定常转弯特性、驾驶员诱发振荡特性、滚转操纵特性、方向操纵特性、定常侧滑时的横侧向特性、复飞中的横侧向操纵特性、俯冲中的横侧向操纵特性、侧风中的横侧向操纵和非对称推力时的横侧向操纵特性等。在此仅讨论飞机的横侧向模态特性。

由第 4 章的讨论可知，飞机横侧向运动的 3 种基本模态为滚转模态、荷兰滚模态和螺旋模态，在 GJB 185—86 中分别规定其品质要求如下。

1. 荷兰滚模态

由航向扰动引起的荷兰滚无阻尼固有频率 ω_{nd} 和阻尼比 ξ_d 以及两者之积 $\xi_d\omega_{nd}$，应大于表 5-3 中的最小值。飞行中遇到的任何振荡（驾驶员固持操纵或松浮）均应满足这些要求。

表 5-3　荷兰滚模态的固有频率和阻尼比最小值

飞行品质标准	飞行阶段种类	飞机类型	ξ_d^* 最小值	$\xi_d\omega_{nd}^*/(\text{rad}\cdot\text{s}^{-1})$ 最小值	$\omega_{nd}/(\text{rad}\cdot\text{s}^{-1})$ 最小值
标准 1	A	QX,JQ	0.19	0.35	1.0
		HY	0.19	0.35	0.4
	B	全　部	0.08	0.15	0.4
	C	QX,JQ	0.08	0.15	1.0
		HY	0.08	0.10	0.4
标准 2	全部	全部	0.02	0.05	0.4
标准 3	全部	全部	0	—	0.4

* 轰运型飞机要求 ξ_d 最大值为 0.7。

如果振幅是非线性的，则应对每一振荡周期规定具体要求。只有振幅足够小，不妨碍驾驶员完成任务，才能允许剩余振荡。在战斗飞行阶段，其角度偏差应小于±0.17°。

2. 滚转模态

滚转模态即侧向运动中快速的滚转收敛模态，是一个一阶环节。在 GJB 185—86 中给出了对滚转模态时间常数 τ_R 的要求，如表 5-4 所列。

表 5-4　滚转模态最大时间常数 τ_R

单位：s

飞行阶段	飞机类型	飞行品质标准 1	飞行品质标准 2	飞行品质标准 3
A,C	QX,JQ	1.0	1.4	10
	HY	1.4	3.0	
B	全部	1.4	3.0	

3. 螺旋模态

螺旋模态是时间常数很大的缓慢收敛或发散过程，它对飞行影响较小。因此，规范中只规定了螺旋模态不稳定情况下的最小倍幅时间，如表 5-5 所列。

表 5-5 最小螺旋模态倍幅时间

单位:s

飞行阶段	标准1	标准2	标准3
A,C	12	8	4
B	20	8	4

5.2.4 飞行品质的评价方法

前面介绍的是依据运动模态的基本特性(振幅频率和阻尼比)评判飞行品质。飞机与操纵系统及自动控制系统形成复杂的高阶系统,仅考虑基本模态的振荡频率和阻尼比已不能精确地反映飞行品质。因此,在美军标 MIL—F—8785C 基础上又有了评价飞行品质的 C^* 准则、D^* 准则和等效系统法。

1. C^* 准则

C^* 准则在时域内评价飞机的纵向飞行品质,它不仅考虑飞机的法向过载 n_z,而且考虑飞机俯仰角速率 $\dot{\theta}$ 的变化。根据驾驶员的经验,飞机在高速飞行时,其主要感受法向过载 n_z 的变化,而低速飞行时(如下滑着陆时),主要感受俯仰角速率 $\dot{\theta}$ 的变化。由式(4-27)和式(4-31)可知,法向过载 n_z 与俯仰角速率 $\dot{\theta}$ 的关系如图 5-4 所示。由图可以看出,法向过载 n_z 响应包含短周期模态固有频率 ω_{sp} 和阻尼比 ξ_{sp} 的影响,而俯仰角速率 $\dot{\theta}$ 响应既包含上述参数,又涉及传递系数和传递函数的零点。

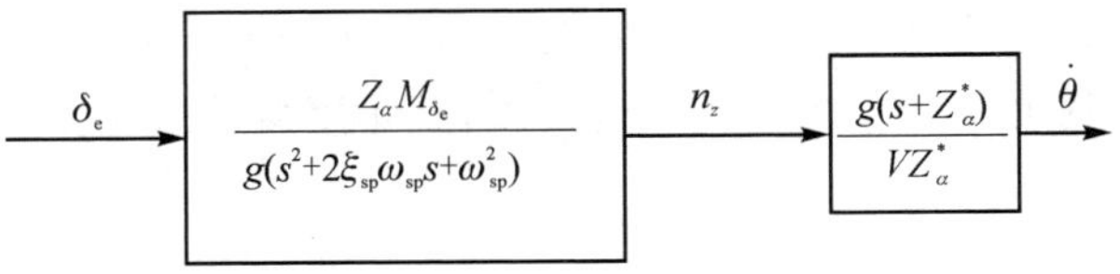

图 5-4 法向过载 n_z 与俯仰角速率 $\dot{\theta}$ 的关系方框图

C^* 准则的指标参数通常表示为

$$C^* = n_z + \frac{V_{co}}{g}\dot{\theta} + l_p\ddot{\theta} \tag{5-3}$$

式中,$n_z + l_p\ddot{\theta}$ 为驾驶员位置的法向过载;l_p 为驾驶员位置到重心的距离;V_{co} 为交叉速度,又称穿越速度。

飞机在高速飞行时,n_z 起主导作用;低速着陆时,$\dot{\theta}$ 起主导作用。显然存在一个"交叉速度"V_{co},在此速度下驾驶员对 n_z 和 $\dot{\theta}$ 的注意力是相同的。$V_{co}=120\sim132$ m/s,通常取 $V_{co}=122$ m/s。

根据大量地面试验和变稳飞机的试飞结果,确定 C^* 过程的包线如图 5-5 所示。这些包线不仅考虑了固有频率 ω_{sp} 和阻尼比 ξ_{sp} 所描述的动态响应特性,而且考虑了传递函数分子的动态特性、系统的高阶效应、一定程度的非线性影响以及执行机构的动态特性影响。图中分为Ⅰ,Ⅱ,Ⅲ,Ⅳ四个区域,Ⅰ区为最佳响应区,适用于空战等重要飞行阶段;Ⅱ区适用于非关键工作阶段，如巡航和空中加油等；Ⅳ区适用于动力进场阶段；Ⅲ区适用于上述各工作阶段以外的各飞行阶段。只要 C^* 阶跃响应过程落在包线的相应区域内，就满足纵向飞行品质的要求。

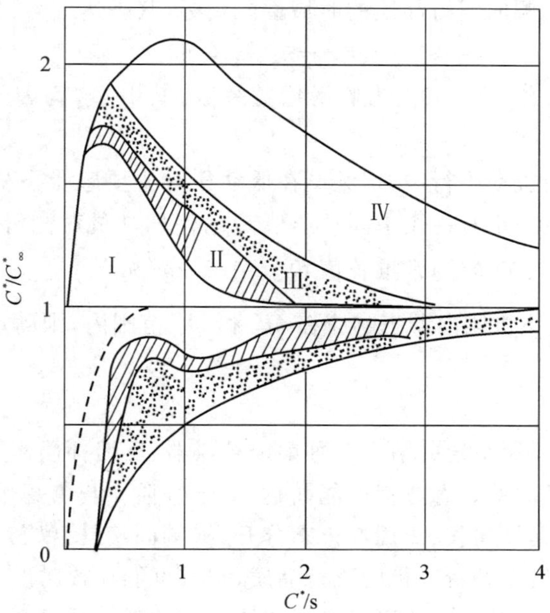

图 5-5　C^* 过程包线

C^* 指标的缺点是，当 C^* 过程存在高频振荡时，即使在包线范围内，飞机的飞行品质仍不能使驾驶员满意，因而又给出了 $\dot{C}^*$ 指标作为 C^* 指标的补充，其表达式为

$$\dot{C}^* = \left(\frac{s}{\frac{1}{K_s}s+1}\right)C^* \qquad (5-4)$$

式中，s 为拉氏算子；K_s 为常数，通常取 $K_s=1\ 000$。

在图 5-6 中给出了 $\dot{C}^*$ 过程包线，用来限制 C^* 过程的高频振荡。

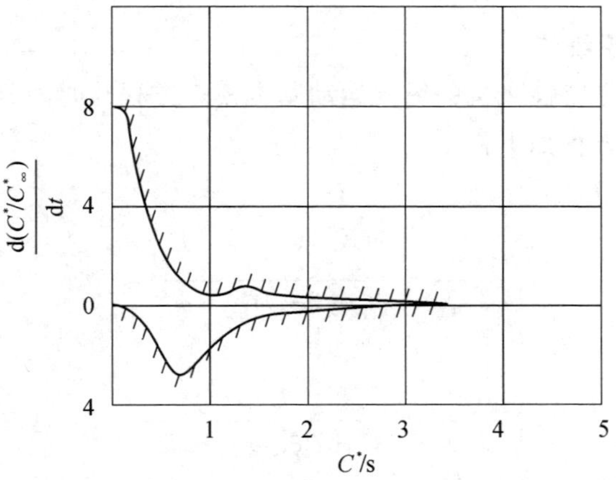

图 5-6　$\dot{C}^*$ 过程包线

2. D^*准则

D^*准则是评价飞机侧向飞行品质的时域性能指标，其表达式为

$$D^* = n_y + K_3\beta \tag{5-5}$$

式中，n_y为侧向加速度；$K_3 = C_3 Q_{co}$为侧滑增益系数，其中C_3为因子转换系数，Q_{co}为交叉动压。

飞行经验表明，侧向机动飞行中，驾驶员在低动压时主要感受飞机侧滑，高动压时主要感受侧向加速度。因此，也一定有一个中间动压值Q_{co}，使驾驶员对侧滑和侧向加速度的感受相同。该动压值因飞行状态而异，通常推荐值$Q_{co} = 1.7\ \text{kg/cm}^2$。

同样有$\dot{D}^*$包线，若飞机侧向动态响应在D^*和$\dot{D}^*$范围内，则满足侧向飞行品质要求。

3. 等效系统法

在飞机上广泛采用控制系统并引入各种前馈补偿器、反馈补偿器、滤波器和飞机结构的弹性变形，所以描述飞机运动的动态方程可能高达50～70阶。再考虑响应时间的纯延迟，得到的复杂动力学模型不再是纵向长、短周期模态分开，横侧向滚转、螺旋和荷兰滚模态分开的形式。以高阶系统的主导极点评价飞机的飞行品质，则有可能导致错误结论，因为在高阶系统中主导极点和非主导极点很难区分，所以仅考虑主导极点的影响是不全面的，驾驶员感受的是所有运动模态的共同作用。

飞行实践证明，具有高阶动力学方程的常规布局飞机对外加杆力的动态响应往往近似于典型的飞机动力学特性。驾驶员认为，具有类似特性的“高阶飞机”具有较好的飞行品质，因此，可用一低阶动态模型在一定范围内完全逼近真实高阶系统，这就是“等效系统法”。低阶与高阶飞机在相同初始条件下，输入相同的杆力，其相应量的时间响应和驾驶员的感应是相似的。

等效系统法是在时域内定义的，在等效系统的时间响应中应能体现高阶真实系统极点的共同影响。低阶等效系统必须具有飞机的典型动力学模态特性。因此等效系统法分别处理纵向与横侧向两种情况。

(1) 纵向频域等效系统法

纵向等效系统由典型特性飞机的纵向运动基本模态方程与时间延迟环节构成。飞机纵向短周期运动的等效系统方程如下：

① 俯仰角速率方程为

$$\frac{\dot{\theta}(s)}{F_y(s)} = \frac{K_{\dot{\theta}_e}(s + Z_\alpha^*)}{s^2 + 2\xi_{sp}\omega_{sp} + \omega_{sp}^2} e^{-\tau_{\dot{\theta}_e} s} \tag{5-6}$$

② 重心处法向过载方程为

$$\frac{n_{zcr}(s)}{F_y(s)} = \frac{K_{ne}}{s^2 + 2\xi_{sp}\omega_{sp} + \omega_{sp}^2} e^{-\tau_{ne} s} \tag{5-7}$$

③ 驾驶员座舱处法向过载方程为

$$\frac{n_{zcp}(s)}{F_y(s)} = \frac{K_{ne}(s + 1/T_{\theta 1})(s + T_{\theta 2})}{s^2 + 2\xi_{sp}\omega_{sp} + \omega_{sp}^2} e^{-\tau_{ne} s} \tag{5-8}$$

利用上述低阶系统的幅频和相频特性曲线，并按照控制理论的优化技术可对高阶系统进行最佳拟合。

(2) 侧向频域等效系统法

与纵向类似，利用典型侧向特征模态的低阶系统和时间延迟来拟合高阶系统。对横侧向而言，通常考虑滚转角 ϕ 和侧滑角 β 对控制杆力 F_x 或脚蹬力 F_z 的传递函数。其低阶等效系统的形式分别为

$$\frac{\phi(s)}{F_x(s)}=\frac{K_\phi(s^2+2\xi_\phi\omega_\phi+\omega_\phi^2)}{(s^2+2\xi_\mathrm{d}\omega_\mathrm{d}+\omega_\mathrm{d}^2)(s+1/T_\mathrm{R})(s+1/T_\mathrm{s})}\mathrm{e}^{-\tau_\phi s} \tag{5-9}$$

$$\frac{\beta(s)}{F_z(s)}=\frac{K_\phi(s+1/T_{\beta_1})(s+1/T_{\beta_2})(s+1/T_{\beta_3})}{(s^2+2\xi_\mathrm{d}\omega_\mathrm{d}+\omega_\mathrm{d}^2)(s+1/T_\mathrm{R})(s+1/T_\mathrm{s})}\mathrm{e}^{-\tau_\beta s} \tag{5-10}$$

式中，下标“R”表示滚转模态，“s”表示螺旋模态，“d”表示荷兰滚模态。

与纵向一样，利用以上频率特性曲线，按照最优控制理论和方法可对高阶系统进行最佳拟合。

5.2.5 有人驾驶飞机飞行控制系统通用规范

此规范是我国在 GJB 185—86《有人驾驶飞机(固定翼)飞行品质》规范的基础上，参考美军标 MIL—F—9490D 制定的国家军用标准。该规范是军用有人驾驶飞机(包括直升机)飞行控制系统设计、研制、生产的技术依据。部分内容如下。

1. 飞行控制系统不同工作状态等级的飞行品质要求

(1) Ⅰ级工作状态(正常工作状态)

在使用飞行包线内应满足 GJB 185—86 的 1 级飞行品质要求，在可用飞行包线内满足 2 级飞行品质要求，在可用飞行包线以外满足规定要求。

(2) Ⅱ级工作状态(有限制的工作状态)

设备的运行或性能低于正常状态，甚至允许整个飞行控制系统中非关键部分降级或出现故障，在使用飞行包线内至少满足 GJB 185—86 的 2 级飞行品质要求，在可用飞行包线内满足 3 级飞行品质要求。

(3) Ⅲ级工作状态(最低安全状态)

Ⅲ级工作状态是飞行控制系统性能、可靠性或安全性降级的状态。该工作状态允许安全中止精确跟踪或机动任务，安全返航、下降并在原地或备用机场着陆；应至少满足 GJB 185—86 的 3 级飞行品质要求。

(4) Ⅳ级工作状态(可操纵到立即应急着陆工作状态)

该状态是飞行控制系统降级到不能继续安全飞行的状态，但仍有能力重新启动发动机、有控制地下降和立即应急着陆。

(5) Ⅴ级工作状态(可操纵到应急离机的飞行情况)

这是降级工作状态，其工作能力只保证空勤人员可安全撤离飞机。

下面是该规范对飞行控制系统的性能要求。

2. 姿态保持(俯仰和倾斜)

姿态保持(俯仰和倾斜)包括：

① 平稳大气中姿态保持相对于基准的静态精度：俯仰姿态(机翼水平)为±0.5°，滚转姿态为±1.0°。

② 规定强度紊流中的姿态均方根偏差：俯仰角不大于5°，倾斜角不大于10°。

③ 受到5°的姿态扰动后，歼强型飞机应在接通模态3 s内、轰运型飞机应在5 s内达到并保持以上要求的精度。

3. 航向保持

平稳大气中航向应保持在相对基准±0.5°的精度范围内；在规定的紊流强度下，航向的均方根偏差应不大于5°。

4. 航向选择

在接通航向选择模态后，飞机应以最小角度自动转向驾驶员设定的航向(在规定航向的保持精度内)并保持航向。航向选择器应具有360°的控制能力。放下襟翼时，相对预选航向超调应不大于2.5°，收起襟翼时，其应不大于1.5°，应平稳、迅速地进入和退出转弯，轻小型和轰运型飞机的滚转角速率应不大于10(°)/s，滚转角加速度应不大于5(°)/s^2，歼强型飞机可大于上述值的两倍。

5. 稳态倾斜转弯中的协调

在极限稳定倾斜角情况下，侧滑角偏离配平值的增量应不大于2°，侧向加速度应不大于0.03g。

6. 滚转时的侧向加速度限制

对于飞机滚转角速率能力为30(°)/s的飞行状态，重心处机体轴侧向加速度应不大于±0.1g；对于滚转角速率能力为30～90(°)/s的飞行状态，其不应大于±0.2g；对于滚转角速率超过90(°)/s的飞行状态，其不应大于±0.5g。

7. 水平直线飞行中的协调

侧滑角偏离配平值的增量为±1°或重心处的侧向加速度为±0.02g。

8. 高度保持

高度保持内容包括：

① 爬升速度或下降速度等于或小于10 m/s时接通高度保持，飞机应在30 s内稳定在接通高度保持时指示的气压高度上。在此过程中，轻小型和轰运型飞机所产生的法向加速度增量应不大于0.2g，歼强型飞机的法向加速度增量应不大于0.5g。当爬升速度或下降速度大于10 m/s并接通高度保持时，飞行控制系统不应引起任何不安全的机动。

② 在飞机推力-阻力能力范围内和稳定滚转角下，高度保持所应达到的控制精度如表5-6所列。表中所规定的数值是针对$Ma \leqslant 1$的情况。当$Ma > 1$时，数值应加倍；当$Ma > 2$时，数值为其3倍。爬升速度或下降速度等于或小于10 m/s时，该模态接通或受扰后，飞机应在30 s内达到规定精度。以上精度范围内任何剩余振荡的周期应不小于20 s。

表 5-6　最低可接受的高度控制精度

高度 h/m	滚转角/(°)		
	0～1	1～30	30～60
17 000～24 000	17 000 m 时为±0.1%h，然后线性化，到达 24 000 m 时为±0.2%h	±20 m 或±0.3%h，取其大者	±30 m 或±0.4%h，取其大者
9 000～17 000	—		
0～9 000	—		

9. *Ma* 保持

在 *Ma* 保持接通后，飞行控制系统应保持所指示的 *Ma*，其误差相对于接通时的基准数应不大于±0.01*Ma*，或指示 *Ma* 的±2%。在此范围内任何振荡的周期应不小于 20 s。

10. 空速保持

在直线稳态飞行中，包括爬升和下降，应以空速保持模态接通时的空速为基准，其偏离应保持在±9 km/h，或相对基准空速的±2%。在此精度范围内，任何振荡的周期应不小于 20 s。

此外，该规范还规定了自动导航（包括伏尔/塔康导航）、自动进场（包括仪表着陆系统）、自动着陆等系统的性能要求。

5.3　飞行控制系统的基本设计方法

5.3.1　飞行控制系统的经典设计方法

在飞行控制系统的设计技术中，经典的设计技术占有十分重要的位置。例如，根轨迹、极点/特征值配置和波德分析等方法是很适合于单输入-单输出（SISO）系统的设计技术。应用这样的经典设计技术，可以通过配置闭环极点，来选择一个合适的单反馈增益，从而得到所期望的系统时域响应和鲁棒品质。而对于多输入-多输出（MIMO）或者多回路系统，经典设计技术通常需要采用按回路递次设计的方法，并通过大量的反复试验过程，来设计满足指标要求的控制系统。

下面介绍几种飞行控制系统经典设计技术中的典型方法。

1. 根轨迹法

所谓根轨迹就是当开环系统的某一参数由零变到无穷大时，闭环系统的特征根在 S 平面上变化的轨迹。可见，通过系统的根轨迹，可以直观地由满足飞行品质要求的闭环系统的特征根来确定所对应的控制系统增益的值。

下面通过一个例子来说明根轨迹法的详细设计过程。

因为经典设计技术是一种按回路递次设计的技术，所以一般遵循“先内后外，最后综合”的设计原则，先设计频带宽的回路，然后再设计频带窄的回路，即按照“先宽后窄”的原则进行设计。

结合图5-7,可以将回路递次设计的根轨迹法的步骤归纳如下:

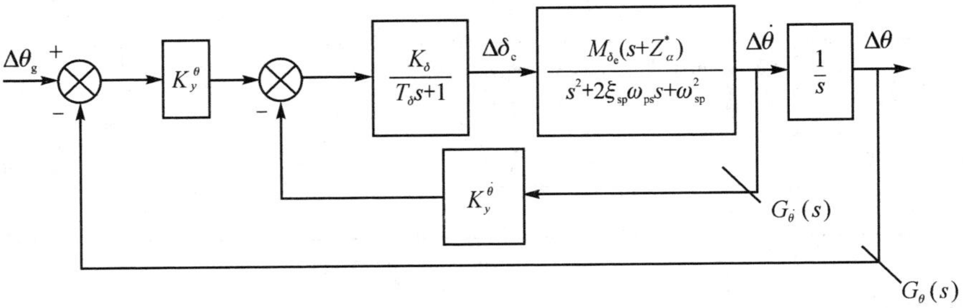

图5-7 具有俯仰角速率反馈的俯仰姿态控制系统

① 首先从内回路(即阻尼回路)开始设计。先在舵回路时间常数 T_δ 和增益 K_δ 的取值范围内,假定舵回路的时间常数 T_δ 和增益 K_δ。

② 利用选定的舵回路时间常数 T_δ 和增益 K_δ,写出内回路的闭环传递函数,即

$$G_{\dot{\theta}}(s)=\frac{K_\delta M_{\delta_e}(s+Z_\alpha^*)}{(T_\delta s+1)(s^2+2\xi_{sp}\omega_{sp}s+\omega_{sp}^2)+K_\delta K_y^{\dot{\theta}}M_{\delta_e}(s+Z_\alpha^*)} \tag{5-11}$$

并做出内回路随增益 $K_y^{\dot{\theta}}$ 变化的根轨迹。

③ 依据对内回路的稳定性和性能指标的要求,例如,需要满足阻尼比和固有频率的设计要求等,借助于内回路随增益 $K_y^{\dot{\theta}}$ 变化的根轨迹,来选定合适的增益 $K_y^{\dot{\theta}}$。选定了内回路增益 $K_y^{\dot{\theta}}$,内回路的闭环传递函数 $G_{\dot{\theta}}(s)$ 也就确定了。

④ 在内回路闭环传递函数 $G_{\dot{\theta}}(s)$ 的基础上,写出外回路的闭环传递函数,即

$$G_\theta(s)=\frac{K_y^\theta G_{\dot{\theta}}(s)}{s+K_y^\theta G_{\dot{\theta}}(s)} \tag{5-12}$$

并做出整个系统随增益 K_y^θ 变化的根轨迹。

⑤ 依据对系统(即外回路)的稳定性和性能指标的要求,借助于整个系统随增益 K_y^θ 变化的根轨迹,选择适当的增益 K_y^θ,这样就确定了整个闭环系统的传递函数 $G_\theta(s)$。

⑥ 根据整个系统的设计要求,通过反复调整舵回路的时间常数 T_δ 和增益 K_δ 以及控制增益 $K_y^{\dot{\theta}}$ 和 K_y^θ 的值,最后,获得满足系统设计指标要求的控制系统。

下面通过一个例子来进一步说明根轨迹法的设计过程。

某型号运输机的纵向短周期运动传递函数为

$$\frac{\Delta\dot{\theta}(s)}{\Delta\delta_e(s)}=\frac{M_{\delta_e}(s+Z_\alpha^*)}{s^2+2\xi_{sp}\omega_{sp}s+\omega_{sp}^2}=\frac{-1.2(s+0.59)}{s^2+1.5s+1.47}$$

其舵回路的传递函数为

$$G_\delta(s)=\frac{K_\delta}{T_\delta s+1}=\frac{-1}{0.1s+1}=\frac{-10}{s+10}$$

可以写出内回路(阻尼回路)的闭环传递函数为

$$G_{\dot{\theta}}(s)=\frac{12(s+0.59)}{(s+10)(s^2+1.5s+1.47)+12K_y^{\dot{\theta}}(s+0.59)}$$

由此可以做出内回路(阻尼回路)随增益 $K_y^{\dot{\theta}}$ 变化的根轨迹,如图 5-8 所示。

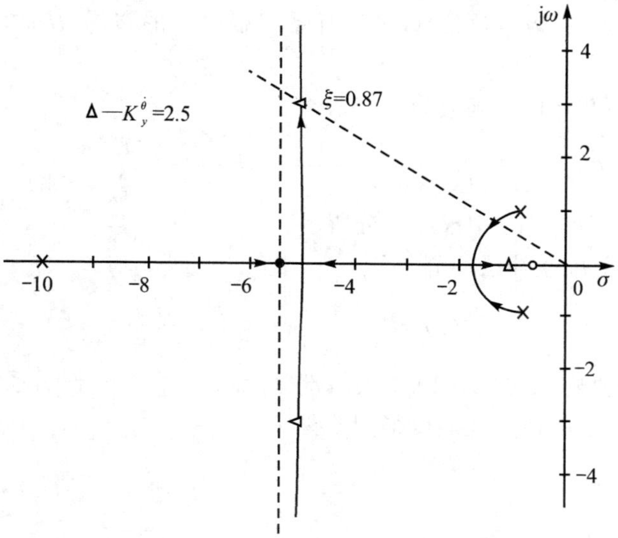

图 5-8　内回路(阻尼回路)随增益 $K_y^{\dot{\theta}}$ 变化的根轨迹

由内回路的根轨迹图 5-8 可见,当选择阻尼回路的增益 $K_y^{\dot{\theta}}=2.5$ 时,阻尼回路的 3 个极点分别为 $s_1=-0.91$,$s_{2,3}=-5.2\pm j3.0$。

这样,内回路的闭环传递函数 $G_{\dot{\theta}}(s)$就变为

$$G_{\dot{\theta}}(s)=\frac{12(s+0.59)}{(s+0.91)(s^2+10.4s+36)}$$

在内回路闭环传递函数 $G_{\dot{\theta}}(s)$的基础上,可以得到整个俯仰姿态控制系统的开环传递函数,即

$$G_{\theta\mathrm{k}}(s)=\frac{12K_y^{\theta}(s+0.59)}{s(s+0.91)(s^2+10.4s+36)}$$

由该传递函数可以做出整个俯仰姿态控制系统随增益 K_y^{θ} 变化的根轨迹,如图 5-9 所示。

由系统的根轨迹图 5-9 可见,系统的主导极点是在 $0\sim-Z_\alpha^*$ 之间的一个小的负实根。随着外回路增益 K_y^{θ} 的增大,此主导极点的模也增大,因此系统的动态响应过程加快,但是主导极点的模终归还是受到 Z_α^* 值的限制而不能继续增大;系统的次主导极点是一对复根,随着增益 K_y^{θ} 的增大,系统的阻尼比逐渐减小,也就是说,系统的阻尼特性在逐渐变差,因此,系统动态响应过程的振荡因素将逐渐加剧。由图 5-9 可见,当增益 K_y^{θ} 增大到一定程度后,系统将变为不稳定。

由此可见,在内回路增益 $K_y^{\dot{\theta}}$ 一定的情况下,外回路增益 K_y^{θ} 存在相应的最佳值和极限值。因此,可以根据系统的性能指标设计要求,选择合适的外回路增益 K_y^{θ}。

假设所设计系统的期望阻尼比在 0.7~0.8 之间,那么外回路增益 K_y^{θ} 应选择为 $K_y^{\theta}=3.9$,整个俯仰姿态控制系统的闭环极点为 $s_1=-0.502$,$s_{2,3}=-2.7\pm j2.05$,$s_4=-5.503$。

在此可见,由于飞行控制系统的零点、极点是随着飞行条件的变化而变化的,仅靠改变系统的增益往往不可能适应所有飞行状态下的性能要求。正如前面所指出的,当随着飞行状态的变化,增益 K_y^θ 增大到一定程度后,系统将变为不稳定。因此,通过选择系统增益仅能在一定飞行范围内满足飞行品质要求。由经典控制理论可知,引入适当的补偿环节,即在系统的传递函数中加入适当的零点、极点,可以改变闭环系统根轨迹的布局,从而增大系统增益的适用范围。

例如,一个系统的开环传递函数为

$$G_K(s)=\frac{K}{s(s+p_2)(s+p_3)}=\frac{K}{s(s+2)(s+5)}$$

做出系统的根轨迹,如图 5-10 中虚线部分所示。

加入一阶相位超前串联补偿环节

$$G_c(s)=\frac{(s+z_L)}{(s+p_L)}=\frac{s+2.5}{s+10}$$

并作出相应的系统根轨迹,如图 5-10 中实线部分所示。可见,补偿后系统增益的可用变化范围大大增加了,同时系统的稳定性能也得到改善。

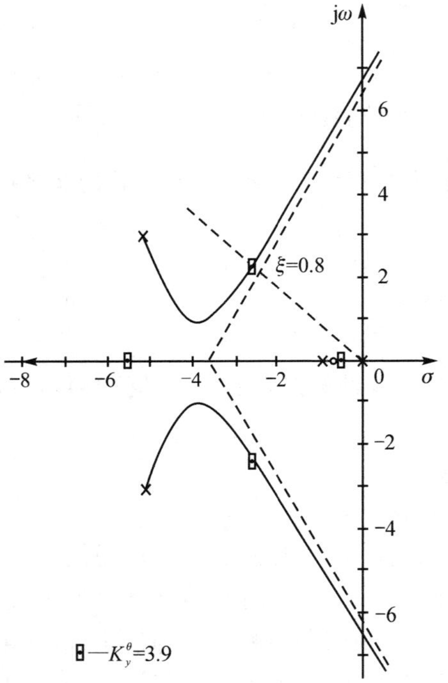

图 5-9　随增益 K_y^θ 变化的系统根轨迹

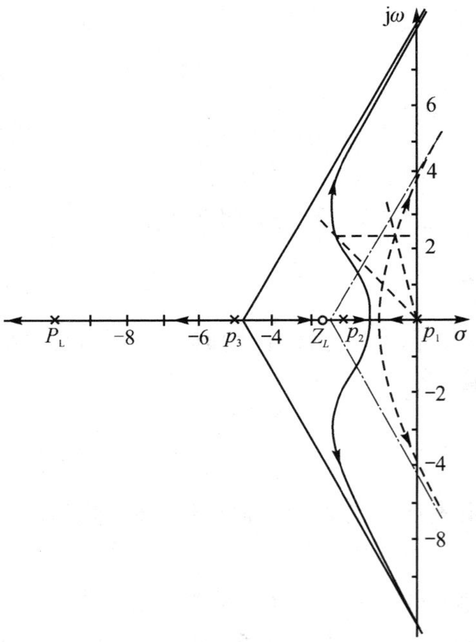

图 5-10　系统引入补偿环节的根轨迹

2. 极点配置法

对于单输入-单输出(SISO)系统,通过配置闭环极点,可以选择一个合适的单反馈增益,从而得到所期望的系统时域响应和鲁棒品质。下面先讨论简单的极点配置法。

(1) 简单的极点配置法

首先,通过一个简单的单输入-单输出(SISO)系统的设计例子,来说明简单的极点配置法的设计过程。

图 5－11(a)中给出了一个简单 SISO 系统的方框图，其开环传递函数为 $G(s)=\dfrac{b}{s(s-a)}$，其中，参数 $a>0$，$b\neq0$。

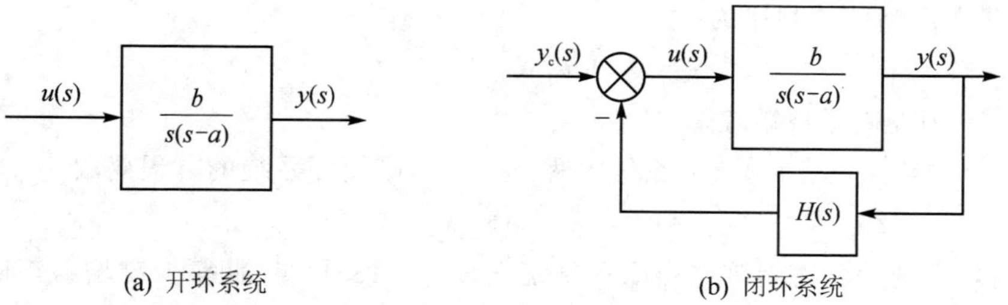

图 5－11　简单 SISO 系统的方框图

显而易见，图 5－11(a)系统是一个不稳定的单输入-单输出(SISO)系统，其极点为 $s_1=0$ 和 $s_2=a>0$。现在需要增加一个负反馈回路 $H(s)$，并通过选择合适的反馈增益，使图 5－11(b)的闭环系统的特征值配置为 $s_1=-5a$，$s_2=-12a$，使其变为一个稳定的闭环系统。

采用简单的极点配置法的设计过程如下：

① 具有所期望特征值的闭环系统的特征多项式为

$$D_e(s)=(s+5a)(s+12a)=s^2+17as+60a^2 \tag{5-13}$$

② 所要设计的闭环系统的特征多项式为

$$D(s)=1+H(s)G(s)=s(s-a)+bH(s)=s^2-as+bH(s) \tag{5-14}$$

③ 要使所设计系统的特征多项式(5－14)与具有所期望特征值的闭环系统的特征多项式(5－13)拥有相同的特征值，那么，只要求解方程 $D_e(s)=D(s)$就可以得到反馈环节，即

$$H(s)=\frac{a}{b}(18s+60a) \tag{5-15}$$

经过验证，增加反馈回路 $H(s)=\dfrac{a}{b}(18s+60a)$后，确实可以将图 5－11(b)闭环系统的特征值配置为 $s_1=-5a$，$s_2=-12a$，从而使其变为一个稳定的闭环系统，如图 5－12 所示。

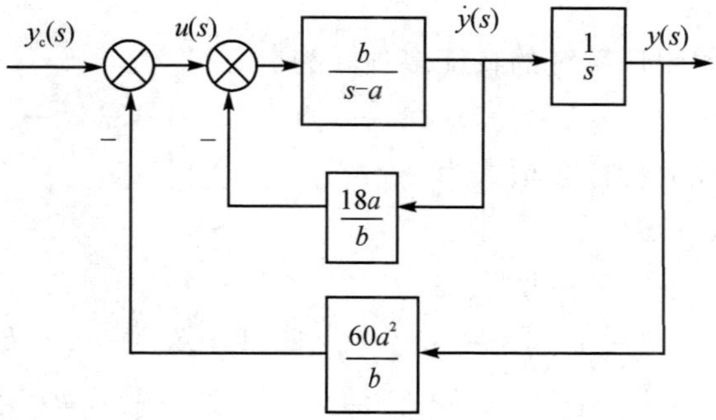

图 5－12　稳定的闭环系统的方框图

(2) 特征值配置法

飞机运动的线性时不变状态方程为

$$\dot{\boldsymbol{x}}=\boldsymbol{A}\boldsymbol{x}+\boldsymbol{B}\boldsymbol{u} \tag{5-16}$$

式中,$\boldsymbol{x}\in\mathbf{R}^n$ 是系统状态;$\boldsymbol{u}\in\mathbf{R}^m$ 是控制输入;矩阵 $\boldsymbol{A}\in\mathbf{R}^{n\times n}$;矩阵 $\boldsymbol{B}\in\mathbf{R}^{n\times m}$。

由于状态矩阵 $\boldsymbol{A}$ 的某些特征值导致系统的动态响应指标不满足设计要求,因此需要增加反馈回路来改善闭环系统的性能来满足设计要求。

选择全状态反馈的控制律为

$$\boldsymbol{u}=-\boldsymbol{K}\boldsymbol{x} \tag{5-17}$$

式中,$\boldsymbol{K}\in\mathbf{R}^{m\times n}$ 为控制增益矩阵。

这样,将控制律式(5-17)代入系统方程(5-16),则闭环系统的方程变成

$$\dot{\boldsymbol{x}}=(\boldsymbol{A}-\boldsymbol{B}\boldsymbol{K})\boldsymbol{x}=\boldsymbol{A}_c\boldsymbol{x} \tag{5-18}$$

式中 $\boldsymbol{A}_c$ 为闭环系统的状态矩阵。由闭环系统方程(5-18)可见,调整控制增益矩阵 $\boldsymbol{K}$ 确实可以使闭环系统的状态矩阵 $\boldsymbol{A}_c$ 的特征值发生变化。也就是说,通过选择合适的控制增益矩阵 $\boldsymbol{K}$ 可以改善闭环系统的性能以满足设计指标要求。

闭环系统的状态矩阵 $\boldsymbol{A}_c$ 的特征多项式为

$$f(\lambda)=|\lambda\boldsymbol{I}-\boldsymbol{A}_c|=|\lambda\boldsymbol{I}-\boldsymbol{A}+\boldsymbol{B}\boldsymbol{K}| \tag{5-19}$$

假定满足设计指标要求的闭环系统的特征多项式为 $f(\lambda^*)$,那么要使闭环系统的状态矩阵 $\boldsymbol{A}_c$ 具有所期望的特征值 λ^*,只要求解方程 $f(\lambda)=f(\lambda^*)$ 就可以选择合适的反馈增益矩阵 $\boldsymbol{K}$。

下面通过一个简单例子来说明特征值配置法的设计过程。

飞机运动的线性时不变状态方程为

$$\dot{\boldsymbol{x}}=\boldsymbol{A}\boldsymbol{x}+\boldsymbol{B}\boldsymbol{u}$$

式中

$$\boldsymbol{A}=\begin{bmatrix}-3 & 2 & 0\\ 4 & -5 & 1\\ 0 & 0 & -3\end{bmatrix},\quad \boldsymbol{B}=\begin{bmatrix}0\\1\\1\end{bmatrix},\quad \boldsymbol{x}\in\mathbf{R}^3,\quad \boldsymbol{u}\in\mathbf{R}^1。$$

根据 $|\lambda\boldsymbol{I}-\boldsymbol{A}|=0$ 解得原系统的特征值为 $\lambda_1=-1,\lambda_2=-3,\lambda_3=-7$,现在要求采用反馈控制律 $\boldsymbol{u}=-\boldsymbol{K}\boldsymbol{x}$,通过选择合适的控制增益 $\boldsymbol{K}=[k_1\quad k_2\quad k_3]\in\mathbf{R}^{1\times 3}$,将闭环系统的特征值配置为 $\lambda_1^*=-3,\lambda_2^*=-5,\lambda_3^*=-10$。

具有所期望特征值的闭环系统的特征多项式为

$$f(\lambda^*)=(\lambda^*+3)(\lambda^*+5)(\lambda^*+10)=\lambda^{*3}+18\lambda^{*2}+95\lambda^*+150$$

所要设计的闭环系统的特征多项式为

$$\begin{aligned}f(\lambda)&=|\lambda\boldsymbol{I}-\boldsymbol{A}+\boldsymbol{B}\boldsymbol{K}|\\&=\left|\begin{bmatrix}\lambda & 0 & 0\\0 & \lambda & 0\\0 & 0 & \lambda\end{bmatrix}-\begin{bmatrix}-3 & 2 & 0\\4 & -5 & 1\\0 & 0 & -3\end{bmatrix}+\begin{bmatrix}-3 & 2 & 0\\4+k_1 & -5+k_2 & 1+k_3\\k_1 & k_2 & -3+k_3\end{bmatrix}\right|\\&=\begin{vmatrix}\lambda+3 & -2 & 0\\-4+k_1 & \lambda+5+k_2 & -1+k_3\\k_1 & k_2 & \lambda+3+k_3\end{vmatrix}\end{aligned}$$

展开后,有

$$f(\lambda)=\lambda^3+(11+k_2+k_3)\lambda^2+(2k_1+7k_2+8k_3+31)\lambda+(8k_1+12k_2+7k_3+21)$$

由方程 $f(\lambda)=f(\lambda^*)$ 可以得到下列代数方程组

$$\begin{cases}18=11+k_2+k_3\\95=2k_1+7k_2+8k_3+31\\150=8k_1+12k_2+7k_3+21\end{cases}$$

解上述代数方程组就可以得到反馈增益矩阵 $\boldsymbol{K}=[6.667\quad 5.333\quad 1.667]$。

5.3.2　飞行控制系统的现代设计技术

1. 概　述

现代控制理论的迅速发展对飞行控制系统的设计技术产生了重要影响。因此,在讨论飞行控制系统设计技术之前,有必要对现代控制理论进行讨论。对于飞行控制系统的设计而言,基于状态变量反馈的传统的现代设计技术并不适合。这是因为传统的现代设计技术需要反复选择大量的设计参数,也就是选择合适的性能指标加权矩阵。然而,对于飞行控制系统的任何设计方法来讲,应该减少对于这种反复选择的依赖,因此,需要采用改进后的具有非标准形式的性能指标来优化的输出反馈或降阶技术。

因此,下面讨论比经典的积分二次型更具一般性的性能指标的输出反馈设计方法,这也是本小节要讨论的主要设计方法。

(1) 经典设计方法的局限性

前面讨论了怎样应用经典设计技术来设计飞行控制系统,经典设计的本质是,借助于大量的直观经验,按照闭环回路来依次选择控制系统的结构和参数。例如,最好采用围绕被控对象的速率反馈的内回路来减小对象参数变化的影响,应用标准的微分或积分形式的补偿器结构的设计来稳定系统或者减小稳态误差。

单回路的设计方法通常需要借助于根轨迹(root locus)、波德图(Bode plot)、奈奎斯特图(Nyquist plot)和尼克尔斯图(Nichols plot)等工具,根据相应的稳定性原则和性能指标要求,采用试凑迭代的方法,设计具有一定稳定裕度和性能的飞行控制系统。这些工具使设计者可以直观地看到系统的动态特性在设计过程中是怎样被修正的。但是,具有更多回路飞行控制系统的设计过程会变得越来越困难,并且在系统的动态特性变化剧烈情况下,不能保证系统的设计过程是成功的(例如,多输入-多输出或多反馈回路的情况)。

(2) 现代控制的特点

对于现代控制系统设计有两个重要概念:

① 直接基于状态变量模型的设计:该模型包含的系统信息要比输入-输出(黑盒子)所描述的更多。

② 描述性能特征的性能准则:该准则产生了关于控制增益的矩阵方程,借助于计算机并采用数值方法可同时求得所有闭环回路的控制增益,而经典的递次回路方法是按回路一个个控制增益。由于控制增益可同时设计,所以多输入-多输出或多控制回路系统设计有更大的自由度,从而使设计者对系统有更深的理解,进而使得应用现代控制理论比应用经典设计技术能够更快、更直接地设计控制系统。

(3) 基础设计

现代控制技术包括下列几个大类的基础设计。

1) 极点配置(pole-placement)/特征向量分配(eigenvector assignment)

在多输入-多输出(MIMO)系统中,现代控制技术有可能通过求解反馈增益方程而一步将极点配置到所期望的位置。这种设计方法统称为极点配置技术。

当讨论飞行品质需求时,时域响应不仅仅依赖于极点位置,而且还依赖于单独的单输入-单输出(SISO)传递函数的零点,或者等效地依赖于特征向量。因此,对于飞行控制系统设计而言,现代控制的设计能力适合于选择闭环极点和特征向量。

2) 调节器设计

调节器设计是基本的控制系统设计技术。在增稳系统和自动驾驶仪的设计中,调节器的设计是非常重要的。因为系统的稳定调节隐含着系统的闭环稳定,因此,在修整系统的闭环响应时,现代控制调节器设计是一种基本的时域设计技术,这一点与大部分设计技术在频域里的经典控制是相反的。

3) 跟踪器设计

跟踪器设计是另一个基本的控制系统设计技术。对于飞机而言,最好能精确地跟踪指令信号,这个指令信号有可能是常量,也有可能是变量。跟踪器的设计对于控制增稳系统(CAS)的设计很重要,例如,以期望的俯仰角速度或法向过载为指令信号等情况。跟踪器的设计也依赖于积分二次型性能指标的选择。

4) 模型跟踪

模型跟踪是飞行控制系统设计的重要方法之一,其实质就是希望飞机像具有期望的飞行品质的理想模型那样飞行。

5) 鲁棒设计

众所周知,在多变量系统中,从全局鲁棒性观点来看,在不同的输入-输出对之间的各个增益裕度和相位裕度几乎是没有的。随着20世纪中叶航空航天控制工程的多变量系统(MIMO)设计需要的增加,以 H_∞ 控制理论为代表的鲁棒设计理论得到了快速发展,H_∞ 控制理论从早期的频域设计逐渐向纯时域设计发展。鲁棒设计是从经典控制理论到现代设计过渡的重要概念之一。

6) 数字控制

现代飞机的飞行控制系统依赖于数字微处理器。数字控制的优越性包括可构成复杂的多回路控制系统、可便于设计控制器的增益和结构重构,以及可以获得容错的冗余可靠性,并且可应用数字信号处理技术来对控制信号进行滤波处理。

数字控制设计也产生了许多新的问题,例如,与采样和保持过程及控制计算相关的延迟问题。另一个重要问题是开发新的数字控制设计技术,以克服由 Z 平面设计所引起的相关问题,例如,需要提高单位圆内极点配置的精确性等问题。控制信号的执行问题也是在数字控制设计中需要解决的重要问题,包括舵机的饱和与计算机有限字长的影响以及舍入误差和溢出等问题。

2. 闭环动态特性的分配

在经典设计技术中,例如根轨迹、波德分析仅能应用于单输入-单输出系统(SISO)。采用这些经典设计技术，可以通过配置闭环极点来选择一个合适的单反馈增益，从而得到所期望的系统时域响应和鲁棒品质。而对于多输入-多输出系统（MIMO）或者多回路系统，经典的设计技术通常需要采用依次闭合单独的回路，并通过大量反复的设计过程才可能成功。

(1) 状态反馈和输出反馈的基本概念

飞机运动的线性状态方程和输出方程为

$$\dot{\boldsymbol{x}} = \boldsymbol{A}\boldsymbol{x} + \boldsymbol{B}\boldsymbol{u} \tag{5-20}$$

$$\boldsymbol{y} = \boldsymbol{C}\boldsymbol{x} \tag{5-21}$$

式中，$\boldsymbol{x} \in \mathbf{R}^n$ 是系统状态；$\boldsymbol{u} \in \mathbf{R}^m$ 是控制输入；$\boldsymbol{y} \in \mathbf{R}^l$ 是测量输出。

选择反馈控制输入

$$\boldsymbol{u} = -\boldsymbol{K}\boldsymbol{x} + \boldsymbol{v} \tag{5-22}$$

式中，$\boldsymbol{v}$ 是驾驶员指令；$\boldsymbol{K}$ 是需要确定的 $m \times n$ 的增益矩阵。

将反馈控制输入式(5-22)代入状态方程(5-20)中，可以得到闭环系统

$$\dot{\boldsymbol{x}} = (\boldsymbol{A} - \boldsymbol{B}\boldsymbol{K})\boldsymbol{x} + \boldsymbol{B}\boldsymbol{v} \tag{5-23}$$

由此可见，这个闭环系统的状态矩阵$(\boldsymbol{A} - \boldsymbol{B}\boldsymbol{K})$可以通过选择反馈增益 $\boldsymbol{K}$ 来获得满意的闭环系统的性能，这是现代控制理论的一个基本成果。

如果这个系统可控，那么通过选择合适的反馈增益 $\boldsymbol{K}$，可能将所有的闭环极点都配置到所期望的位置。系统的可控性就是意味着控制输入 $\boldsymbol{u}$ 能够独立地影响所有的系统模态。这一点可以通过检验下列的可控性矩阵来验证，即

$$\boldsymbol{U} = [\boldsymbol{B} \quad \boldsymbol{AB} \quad \boldsymbol{A}^2\boldsymbol{B} \quad \cdots \quad \boldsymbol{A}^{n-1}\boldsymbol{B}] \tag{5-24}$$

如果可控性矩阵 $\boldsymbol{U} = [\boldsymbol{B} \quad \boldsymbol{AB} \quad \boldsymbol{A}^2\boldsymbol{B} \quad \cdots \quad \boldsymbol{A}^{n-1}\boldsymbol{B}]$是满秩的，则系统可控。也就是说，$\boldsymbol{U}$ 存在线性独立的列。

然而，在飞机的飞行控制系统中，通常不可能精确又经济地测量全部的系统状态。为了解决这一问题，可以通过设计动态观测器或卡尔曼滤波器（Kalman filter），来提供系统状态 $\boldsymbol{x}$ 的估计值 $\hat{\boldsymbol{x}}$，然后修改反馈控制输入式(5-22)为

$$\boldsymbol{u} = -\boldsymbol{K}\hat{\boldsymbol{x}} + \boldsymbol{v} \tag{5-25}$$

因为飞机的动态特性是非线性的，所以任何线性观测器的所有参数都将体现在控制增益的时序里，因此，采用很高阶次的观测器很不方便。正因如此，为了设计实用的飞行控制系统，反馈的信号不再是系统的状态 $\boldsymbol{x}$，而是测量输出 $\boldsymbol{y}$。

这样，输出反馈控制律为

$$\boldsymbol{u} = -\boldsymbol{K}\boldsymbol{y} + \boldsymbol{v} = -\boldsymbol{K}\boldsymbol{C}\boldsymbol{x} + \boldsymbol{v} \tag{5-26}$$

式中，闭环系统的状态矩阵变为$(\boldsymbol{A} - \boldsymbol{B}\boldsymbol{K}\boldsymbol{C})$，输出反馈增益 $\boldsymbol{K}$ 变为 $m \times l$ 维的矩阵。

对于状态反馈而言，反馈增益 $\boldsymbol{K}$ 是 $m \times n$ 维的，而对于输出反馈而言，反馈增益 $\boldsymbol{K}$ 是 $m \times l$ 维的。在通常情况下，因为 l 小于 n，所以与状态反馈设计相比，在输出反馈设计中需要选择的控制增益要少得多，这也使得采用输出反馈来配置极点要比采用状态反馈更加难以实现。然而，采用输出反馈却具有另一个重要特点，就是允许将理想形式的补偿器综合到反馈系统里。

在 MIMO 情况中，可能存在更多的增益矩阵元素，每一个都对应着一个反馈路径。在经典控制理论中，单独的增益必须通过应用反复的递次回路闭合设计来分别进行选择，而用现代控制设计方法则相反，所有反馈增益矩阵 $\boldsymbol{K}$ 的元素是可以同时被确定的，这意味着在复杂飞

行控制系统设计中的所有反馈回路能够同时被闭合。

3. 带有输出反馈的线性二次型调节器

下面讨论怎样应用现代控制技术来设计增稳系统(SAS)和自动驾驶仪。当然,这需要通过调整飞机的某些状态为零来获得期望的闭环响应特性,其中包含如何通过把闭环极点配置到期望的位置来稳定飞机。

正如前面所讨论的那样,在应用经典控制理论进行设计时,不得不采用单个回路递次闭合的方法来设计多变量的增稳系统(SAS)和自动驾驶仪。这里,首先选择能够反映闭环稳定性和满意的时域响应的性能指标,然后导出能够同时确定所有控制增益的矩阵方程。通常该控制增益的矩阵方程需要借助计算机来求解,这种方法能够同时闭合所有回路,得出一个带有多反馈回路的多输入-多输出系统或者单输入-单输出系统的简化设计的策略。

一旦选定性能指标,就可以通过求解矩阵方程得到所需要的控制增益,并且通常可以保证闭环稳定性。这意味着将通过现代控制的性能指标选择来体现工程设计的意义,因此不同的性能指标会导致不同的闭环时域响应和鲁棒特性。

假定采用线性时不变状态变量方程(5-20)和方程(5-21)来描述被控对象,选择输出反馈控制形式为

$$\boldsymbol{u} = -\boldsymbol{K}\boldsymbol{y} \tag{5-27}$$

式中,$\boldsymbol{K}$ 是需要确定的 $m \times l$ 的常值反馈增益矩阵。

因为调节器的作用仅是稳定飞机和产生满意的闭环时域响应,所以 $\boldsymbol{u}$ 将是不包含驾驶员指令的纯反馈控制。在理论上,输出反馈能够设计出任何期望结构的飞行控制器,这是其比全状态反馈更令人称道之处。在调节器设计中,人们对获得满意的时域响应的兴趣,就像对闭环系统稳定性的兴趣一样,因此,将在时域里选择性能指标。

(1) 二次型性能指标

对飞机状态进行调节的目的是使任何的初始条件误差都为零,以保证飞行运动的稳定性。这可以通过选择控制输入 $\boldsymbol{u}$ 使下列形式的二次型代价或性能指标最小来实现,即

$$J = \frac{1}{2}\int_0^\infty (\boldsymbol{x}^{\mathrm{T}}\boldsymbol{Q}\boldsymbol{x} + \boldsymbol{u}^{\mathrm{T}}\boldsymbol{R}\boldsymbol{u})\mathrm{d}t \tag{5-28}$$

式中,$\boldsymbol{Q}$ 和 $\boldsymbol{R}$ 分别为半正定对称加权矩阵和正定对称加权矩阵。

众所周知,一个半正定方阵 $\boldsymbol{M}(\boldsymbol{M} \geqslant \boldsymbol{0})$ 的所有特征值为非负,也相当于对于所有向量 $\boldsymbol{x}$ 的二次型 $\boldsymbol{x}^{\mathrm{T}}\boldsymbol{M}\boldsymbol{x}$ 是非负的。因此,上述关于 $\boldsymbol{Q}$ 和 $\boldsymbol{R}$ 矩阵的定义假设就是为了保证性能指标 $J = \frac{1}{2}\int_0^\infty (\boldsymbol{x}^{\mathrm{T}}\boldsymbol{Q}\boldsymbol{x} + \boldsymbol{u}^{\mathrm{T}}\boldsymbol{R}\boldsymbol{u})\mathrm{d}t$ 为非负的,这样就可以将其转化为一个最小化的数学求解问题。

(2) 线性二次型调节器的解法

下面详细地讨论带有输出反馈的线性二次型调节器的解法。首先将控制律式(5-27)代入式(5-20)和式(5-21)中,有闭环系统方程

$$\dot{\boldsymbol{x}} = (\boldsymbol{A} - \boldsymbol{B}\boldsymbol{K}\boldsymbol{C})\boldsymbol{x} \equiv \boldsymbol{A}_c\boldsymbol{x} \tag{5-29}$$

利用控制律式(5-27)和输出方程(5-21),将性能指标函数式(5-28)写成控制增益 $\boldsymbol{K}$ 的形式,即

$$J = \frac{1}{2}\int_0^\infty \boldsymbol{x}^{\mathrm{T}}(\boldsymbol{Q} + \boldsymbol{C}^{\mathrm{T}}\boldsymbol{K}^{\mathrm{T}}\boldsymbol{R}\boldsymbol{K}\boldsymbol{C})\boldsymbol{x}\,\mathrm{d}t \tag{5-30}$$

通过性能指标关系式(5-30)就将上述设计问题变成了在闭环系统方程(5-29)的动态约束下如何选择控制增益 $\boldsymbol{K}$ 使性能指标 J 最小化的数学求解问题。这样,就将一个动态优化问题转化成为一个静态的易于求解的问题。

假定可以找到一个非负定的对称矩阵 $\boldsymbol{P}$,构造一个李雅普诺夫函数(Lyapunov function) $V(\boldsymbol{x})=\boldsymbol{x}^{\mathrm{T}}\boldsymbol{P}\boldsymbol{x}\geqslant 0$,如果满足 $\dot{V}(\boldsymbol{x})=\frac{\mathrm{d}}{\mathrm{d}t}(\boldsymbol{x}^{\mathrm{T}}\boldsymbol{P}\boldsymbol{x})\leqslant 0$,则闭环系统方程(5-29)是渐近稳定的。这样,利用性能指标函数式(5-30)的被积函数和李雅普诺夫函数 $V(\boldsymbol{x})$ 的性质,可以得到方程

$$\frac{\mathrm{d}}{\mathrm{d}t}(\boldsymbol{x}^{\mathrm{T}}\boldsymbol{P}\boldsymbol{x})=-\boldsymbol{x}^{\mathrm{T}}(\boldsymbol{Q}+\boldsymbol{C}^{\mathrm{T}}\boldsymbol{K}^{\mathrm{T}}\boldsymbol{R}\boldsymbol{K}\boldsymbol{C})\boldsymbol{x} \tag{5-31}$$

利用方程(5-31),可以进一步将性能指标函数式(5-30)写成

$$J=\frac{1}{2}\boldsymbol{x}^{\mathrm{T}}(\boldsymbol{0})\boldsymbol{P}\boldsymbol{x}(\boldsymbol{0})-\frac{1}{2}\lim_{t\to\infty}\boldsymbol{x}^{\mathrm{T}}(t)\boldsymbol{P}\boldsymbol{x}(t) \tag{5-32}$$

因为,假如闭环系统是渐近稳定的,那么性能指标函数式(5-32)中的 $\boldsymbol{x}(t)$ 将随时间的增长而消失,所以最优代价函数最终可以写成

$$J=\frac{1}{2}\boldsymbol{x}^{\mathrm{T}}(\boldsymbol{0})\boldsymbol{P}\boldsymbol{x}(\boldsymbol{0}) \tag{5-33}$$

由此可见,在反馈控制律式(5-27)的作用下,只要给定初始条件 $\boldsymbol{x}(\boldsymbol{0})$ 就可以计算闭环代价 $J=\frac{1}{2}\boldsymbol{x}^{\mathrm{T}}(\boldsymbol{0})\boldsymbol{P}\boldsymbol{x}(\boldsymbol{0})$。也就是说,在实际应用反馈控制 $\boldsymbol{u}=-\boldsymbol{K}\boldsymbol{y}$ 之前,就可以预先计算出 $J=\frac{1}{2}\boldsymbol{x}^{\mathrm{T}}(\boldsymbol{0})\boldsymbol{P}\boldsymbol{x}(\boldsymbol{0})$ 的值。

如果矩阵 $\boldsymbol{P}$ 满足方程(5-31),那么可以利用闭环系统方程(5-29)将方程(5-31)改写为

$$-\boldsymbol{x}^{\mathrm{T}}(\boldsymbol{Q}+\boldsymbol{C}^{\mathrm{T}}\boldsymbol{K}^{\mathrm{T}}\boldsymbol{R}\boldsymbol{K}\boldsymbol{C})\boldsymbol{x}=\frac{\mathrm{d}}{\mathrm{d}t}(\boldsymbol{x}^{\mathrm{T}}\boldsymbol{P}\boldsymbol{x})=\dot{\boldsymbol{x}}^{\mathrm{T}}\boldsymbol{P}\boldsymbol{x}+\boldsymbol{x}^{\mathrm{T}}\boldsymbol{P}\dot{\boldsymbol{x}}=\boldsymbol{x}^{\mathrm{T}}(\boldsymbol{A}_{\mathrm{c}}^{\mathrm{T}}\boldsymbol{P}+\boldsymbol{P}\boldsymbol{A}_{\mathrm{c}})\boldsymbol{x} \tag{5-34}$$

因为方程(5-34)对于所有初始条件都必须满足,所以对于所有的状态轨迹 $\boldsymbol{x}(t)$ 满足李雅普诺夫方程(Lyapunov equation)

$$\boldsymbol{g}=\boldsymbol{A}_{\mathrm{c}}^{\mathrm{T}}\boldsymbol{P}+\boldsymbol{P}\boldsymbol{A}_{\mathrm{c}}+\boldsymbol{C}^{\mathrm{T}}\boldsymbol{K}^{\mathrm{T}}\boldsymbol{R}\boldsymbol{K}\boldsymbol{C}+\boldsymbol{Q}=\boldsymbol{0} \tag{5-35}$$

由方程(5-35)可见,如果给定 $\boldsymbol{K},\boldsymbol{Q},\boldsymbol{R}$ 矩阵,则 $n\times n$ 维的辅助矩阵 $\boldsymbol{P}$ 就可由李雅普诺夫方程确定,且矩阵 $\boldsymbol{P}$ 独立于系统状态,这是一个重要的结论。此外,因为李雅普诺夫方程是一个对称的线性矩阵方程,所以对方程进行转置后并不改变方程的解。

综上所述,对于任何固定的反馈矩阵 $\boldsymbol{K}$,如果存在一个满足李雅普诺夫方程(5-35)的非负定的对称常数矩阵 $\boldsymbol{P}$,且闭环系统方程(5-29)是稳定的,则闭环代价 J 可根据最优代价函数式(5-33)由矩阵 $\boldsymbol{P}$ 来确定。

下面先给出一个关于矩阵迹(trace)的关系式:

$$\mathrm{tr}(\boldsymbol{A}\boldsymbol{B})=\mathrm{tr}(\boldsymbol{B}\boldsymbol{A}) \tag{5-36}$$

并利用这个关系式来改写最优代价函数式(5-33),以便于反馈增益 $\boldsymbol{K}$ 的求解。

利用关系式(5-36),将最优代价函数式(5-33)改写成

$$J = \frac{1}{2}\mathrm{tr}(\boldsymbol{PX}) \tag{5-37}$$

式中,$\boldsymbol{X}$ 为 $n\times n$ 的对称矩阵,其定义为

$$\boldsymbol{X} \equiv \boldsymbol{x}(\boldsymbol{0})\boldsymbol{x}^{\mathrm{T}}(\boldsymbol{0}) \tag{5-38}$$

可见,在系统状态的动态约束条件式(5-29)下,通过最小化指标关系式(5-30)来选择反馈矩阵 $\boldsymbol{K}$ 的问题,与在辅助矩阵 $\boldsymbol{P}$ 的约束条件式(5-35)下,通过最小化最优代价函数式(5-37)来选择反馈矩阵 $\boldsymbol{K}$ 的问题是等价的。

下面应用拉格朗日乘子法(Lagrange multiplier approach)来求解上述问题。

首先,定义哈密顿函数(Hamiltonian function):

$$H = \mathrm{tr}(\boldsymbol{PX}) + \mathrm{tr}(\boldsymbol{gS}) \tag{5-39}$$

式中,$\boldsymbol{S}$ 是待定的 $n\times n$ 维对称的拉格朗日乘子矩阵。

这样,利用哈密顿函数就将带约束的最优化问题转化为无约束的简单的最小化哈密顿函数式(5-39)问题。为了求解这个最小化问题,只需要将方程(5-39)分别对所有的独立变量 $\boldsymbol{P}$,$\boldsymbol{S}$,$\boldsymbol{K}$ 求偏导,并分别令其为零组成方程组求解即可。

为了推导之便,下面先给出两个有用的关于矩阵迹微分的关系式,即

$$\frac{\partial}{\partial \boldsymbol{B}}\mathrm{tr}(\boldsymbol{ABC}) = \boldsymbol{A}^{\mathrm{T}}\boldsymbol{C}^{\mathrm{T}} \tag{5-40}$$

以及

$$\frac{\partial \boldsymbol{y}}{\partial \boldsymbol{B}^{\mathrm{T}}} = \left[\frac{\partial \boldsymbol{y}}{\partial \boldsymbol{B}}\right]^{\mathrm{T}} \tag{5-41}$$

利用关系式(5-40)和式(5-41),通过方程(5-39)便可得到带有输出反馈的线性二次型调节器问题的解的必要条件,即

$$\boldsymbol{0} = \frac{\partial \boldsymbol{H}}{\partial \boldsymbol{S}} = \boldsymbol{g} = \boldsymbol{A}_{\mathrm{c}}^{\mathrm{T}}\boldsymbol{P} + \boldsymbol{PA}_{\mathrm{c}} + \boldsymbol{C}^{\mathrm{T}}\boldsymbol{K}^{\mathrm{T}}\boldsymbol{RKC} + \boldsymbol{Q} \tag{5-42}$$

$$\boldsymbol{0} = \frac{\partial \boldsymbol{H}}{\partial \boldsymbol{P}} = \boldsymbol{A}_{\mathrm{c}}\boldsymbol{S} + \boldsymbol{SA}_{\mathrm{c}}^{\mathrm{T}} + \boldsymbol{X} \tag{5-43}$$

$$\boldsymbol{0} = \frac{1}{2}\frac{\partial \boldsymbol{H}}{\partial \boldsymbol{K}} = \boldsymbol{RKCSC}^{\mathrm{T}} - \boldsymbol{B}^{\mathrm{T}}\boldsymbol{PSC}^{\mathrm{T}} \tag{5-44}$$

方程(5-42)和方程(5-43)是李雅普诺夫方程,方程(5-44)是关于控制增益 $\boldsymbol{K}$ 的方程,因为 $\boldsymbol{R}$ 是正定的且 $\boldsymbol{CSC}^{\mathrm{T}}$ 是非奇异的,所以可以由方程(5-44)得到控制增益 $\boldsymbol{K}$ 的表达式,即

$$\boldsymbol{K} = \boldsymbol{R}^{-1}\boldsymbol{B}^{\mathrm{T}}\boldsymbol{PSC}^{\mathrm{T}}(\boldsymbol{CSC}^{\mathrm{T}})^{-1} \tag{5-45}$$

由上述控制增益 $\boldsymbol{K}$ 表达式(5-45)可见,通过最小化二次型性能指标函数式(5-28)获得输出反馈控制增益 $\boldsymbol{K}$,就需要求解方程式(5-42)、式(5-43)和式(5-44)。

(3) 初始条件问题

在哈密顿函数式(5-39)中,$n\times n$ 维的对称矩阵 $\boldsymbol{X}\equiv\boldsymbol{x}(\boldsymbol{0})\boldsymbol{x}^{\mathrm{T}}(\boldsymbol{0})$ 依赖于初始条件,这是一个不希望看到的结果。因为这会导致最优增益 $\boldsymbol{K}$ 通过方程(5-43)依赖于初始条件 $\boldsymbol{x}(\boldsymbol{0})$,然而在许多实际应用问题中,初始条件 $\boldsymbol{x}(\boldsymbol{0})$ 可能是未知的。

最优增益 $\boldsymbol{K}$ 对于初始条件 $\boldsymbol{x}(\boldsymbol{0})$ 的依赖关系是输出反馈设计的典型特点。回避这个问题的方法之一，就是通过最小化数学期望值 $E\{J\}$ 而不是原来的性能指标函数 $J=\frac{1}{2}\int_0^\infty(\boldsymbol{x}^{\mathrm{T}}\boldsymbol{Q}\boldsymbol{x}+\boldsymbol{u}^{\mathrm{T}}\boldsymbol{R}\boldsymbol{u})\mathrm{d}t$，那么式(5-33)和式(5-38)将由下面的两式替代，即相应的最优代价函数为

$$E\{J\}=\frac{1}{2}E\{\boldsymbol{x}^{\mathrm{T}}(\boldsymbol{0})\boldsymbol{P}\boldsymbol{x}(\boldsymbol{0})\}=\frac{1}{2}\mathrm{tr}(\boldsymbol{P}\boldsymbol{X}) \tag{5-46}$$

初始状态的自相关矩阵为 $n\times n$ 维的对称矩阵，即

$$\boldsymbol{X}\equiv E\{\boldsymbol{x}(\boldsymbol{0})\boldsymbol{x}^{\mathrm{T}}(\boldsymbol{0})\} \tag{5-47}$$

为了查阅之便，将带有输出反馈的线性二次型调节器整理如表 5-7 所列。

表 5-7　带有输出反馈的线性二次型调节器

组成部分	表达式
系统模型	$\begin{cases}\dot{\boldsymbol{x}}=\boldsymbol{A}\boldsymbol{x}+\boldsymbol{B}\boldsymbol{u}\\ \boldsymbol{y}=\boldsymbol{C}\boldsymbol{x}\end{cases}$ 式中，$\boldsymbol{x}\in\mathbf{R}^n$ 为系统状态；$\boldsymbol{u}\in\mathbf{R}^m$ 为控制输入；$\boldsymbol{y}\in\mathbf{R}^l$ 是测量输出
控制	$\boldsymbol{u}=-\boldsymbol{K}\boldsymbol{y}$ 式中，$\boldsymbol{K}$ 为需要确定的 $m\times l$ 的常值反馈增益矩阵
性能指标	$J=\frac{1}{2}E\left\{\int_0^\infty(\boldsymbol{x}^{\mathrm{T}}\boldsymbol{Q}\boldsymbol{x}+\boldsymbol{u}^{\mathrm{T}}\boldsymbol{R}\boldsymbol{u})\mathrm{d}t\right\}$ 式中，$\boldsymbol{Q}$ 和 $\boldsymbol{R}$ 分别为半正定和正定的对称加权矩阵
最优增益的设计方程组	$\begin{cases}\boldsymbol{0}=\boldsymbol{A}_{\mathrm{c}}^{\mathrm{T}}\boldsymbol{P}+\boldsymbol{P}\boldsymbol{A}_{\mathrm{c}}+\boldsymbol{C}^{\mathrm{T}}\boldsymbol{K}^{\mathrm{T}}\boldsymbol{R}\boldsymbol{K}\boldsymbol{C}+\boldsymbol{Q}\\ \boldsymbol{0}=\boldsymbol{A}_{\mathrm{c}}\boldsymbol{S}+\boldsymbol{S}\boldsymbol{A}_{\mathrm{c}}^{\mathrm{T}}+\boldsymbol{X}\\ \boldsymbol{K}=\boldsymbol{R}^{-1}\boldsymbol{B}^{\mathrm{T}}\boldsymbol{P}\boldsymbol{S}\boldsymbol{C}^{\mathrm{T}}(\boldsymbol{C}\boldsymbol{S}\boldsymbol{C}^{\mathrm{T}})^{-1}\end{cases}$ 式中，$\boldsymbol{A}_{\mathrm{c}}=\boldsymbol{A}-\boldsymbol{B}\boldsymbol{K}\boldsymbol{C}$，$\boldsymbol{X}=E\{\boldsymbol{x}(\boldsymbol{0})\boldsymbol{x}^{\mathrm{T}}(\boldsymbol{0})\}$
最优代价函数	$J=\frac{1}{2}\mathrm{tr}(\boldsymbol{P}\boldsymbol{X})$

正如前面所讨论过的那样，对于输出反馈调节器增益 $\boldsymbol{K}$ 的计算，需要选择合适的初始状态的自相关矩阵 $\boldsymbol{X}=E\{\boldsymbol{x}(\boldsymbol{0})\boldsymbol{x}^{\mathrm{T}}(\boldsymbol{0})\}$ 和初始的稳态增益 $\boldsymbol{K}_0$。关于最优增益 $\boldsymbol{K}$ 的数值求解算法多种多样，表 5-8 所列为一种具有代表性的数值解法。

表 5-8　最优增益的求解算法

步　骤	内　容
① 初始化	令 $i=0$； 确定一个使矩阵 $\boldsymbol{A}-\boldsymbol{B}\boldsymbol{K}_0\boldsymbol{C}$ 渐近稳定的初始增益 $\boldsymbol{K}_0$

续表 5-8

步　骤	内　容
② 第 i 次迭代	令 $\boldsymbol{A}_i=\boldsymbol{A}-\boldsymbol{B}\boldsymbol{K}_i\boldsymbol{C}$； 利用李雅普诺夫方程来求解 $\boldsymbol{P}_i$ 和 $\boldsymbol{S}_i$，即 $\boldsymbol{0}=\boldsymbol{A}_i^{\mathrm{T}}\boldsymbol{P}_i+\boldsymbol{P}_i\boldsymbol{A}_i+\boldsymbol{C}^{\mathrm{T}}\boldsymbol{K}_i^{\mathrm{T}}\boldsymbol{R}\boldsymbol{K}_i\boldsymbol{C}+\boldsymbol{Q}$ $\boldsymbol{0}=\boldsymbol{A}_i\boldsymbol{S}_i+\boldsymbol{S}_i\boldsymbol{A}_i^{\mathrm{T}}+\boldsymbol{X}$ 令 $J_i=\dfrac{1}{2}\mathrm{tr}(\boldsymbol{P}_i\boldsymbol{X})$； 计算增益的修正值 $\Delta\boldsymbol{K}=\boldsymbol{R}^{-1}\boldsymbol{B}^{\mathrm{T}}\boldsymbol{P}_i\boldsymbol{S}_i\boldsymbol{C}^{\mathrm{T}}(\boldsymbol{C}\boldsymbol{S}_i\boldsymbol{C}^{\mathrm{T}})^{-1}-\boldsymbol{K}_i$； 修正增益 $\boldsymbol{K}_{i+1}=\boldsymbol{K}_i+\varepsilon\Delta\boldsymbol{K}$ 式中，选择 ε 使得矩阵 $\boldsymbol{A}-\boldsymbol{B}\boldsymbol{K}_{i+1}\boldsymbol{C}$ 渐近稳定，并满足关系式 $J_{i+1}\equiv\dfrac{1}{2}\mathrm{tr}(\boldsymbol{P}_{i+1}\boldsymbol{X})\leqslant J_i$ 若 J_{i+1} 和 J_i 足够接近，转到③； 否则，令 $i=i+1$，并转到②
③ 终止	令 $\boldsymbol{K}=\boldsymbol{K}_{i+1}$ 和 $J=J_{i+1}$； 结束

如果满足上述给出的条件，则表 5-8 中的数值算法可以使 $J=\dfrac{1}{2}E\left\{\int_0^{\infty}(\boldsymbol{x}^{\mathrm{T}}\boldsymbol{Q}\boldsymbol{x}+\boldsymbol{u}^{\mathrm{T}}\boldsymbol{R}\boldsymbol{u})\mathrm{d}t\right\}$ 收敛到局部最小：

① 存在增益 $\boldsymbol{K}$ 使得矩阵 $\boldsymbol{A}_{\mathrm{c}}=\boldsymbol{A}-\boldsymbol{B}\boldsymbol{K}\boldsymbol{C}$ 稳定，或称系统方程(5-20)和方程(5-21)为输出稳定的；

② 输出矩阵 $\boldsymbol{C}$ 为行满秩 l；

③ 控制加权矩阵 $\boldsymbol{R}$ 为正定的，这就意味着所有的控制输入在性能指标中得到加权；

④ 矩阵 $\boldsymbol{Q}$ 为半正定且($\sqrt{\boldsymbol{Q}}$，$\boldsymbol{A}$)为可检测的，也就是可检测性矩阵多项式，即

$$\boldsymbol{O}(s)\equiv\begin{bmatrix} s\boldsymbol{I}-\boldsymbol{A} \\ -\sqrt{\boldsymbol{Q}} \end{bmatrix}$$

对于不包含在左半平面的所有 s 的值为满秩 n。

如果满足上述条件，则就可以找到使被控对象稳定和性能指标最小的输出反馈增益。

为了加深对线性二次型输出反馈调节器设计方法的理解，下面就应用带有输出反馈的线性二次型调节器的设计方法来设计 F-16 战斗机的横侧向飞行控制系统。

(4) F-16 横侧向输出调节器的 LQR 设计

1) 飞机状态方程

首先，应用雅可比矩阵式(2-89)建立 F-16 的线性横侧向动态方程。

假定副翼和方向舵的舵回路模型为

$$\delta_{\mathrm{a}}=\frac{20.2}{s+20.2}u_{\mathrm{a}},\quad \delta_{\mathrm{r}}=\frac{20.2}{s+20.2}u_{\mathrm{r}} \tag{5-48}$$

这样，将在雅可比矩阵式(2-89)中增加附加的状态 δ_a 和 δ_r 以扩展原模型的状态变量。

假定引入清洗网络(高通滤波器)的模型为

$$r_w = \frac{s}{s+1} r \tag{5-49}$$

为了区别起见，将清洗网络的状态定义为 x_w。

这样，系统的状态变量就扩展为 $\boldsymbol{x} = [\beta \quad \phi \quad p \quad r \quad \delta_a \quad \delta_r \quad x_w]^T$。那么，带有舵回路和清洗网络的全状态变量模型为

$$\dot{\boldsymbol{x}} = \boldsymbol{A}\boldsymbol{x} + \boldsymbol{B}\boldsymbol{u} \tag{5-50}$$

式中

$$\boldsymbol{A} = \begin{bmatrix} -0.3220 & 0.0640 & 0.0364 & -0.9917 & 0.0003 & 0.0008 & 0 \\ 0 & 0 & 1 & 0.0037 & 0 & 0 & 0 \\ -30.6492 & 0 & -3.6784 & 0.6646 & -0.7333 & 0.1315 & 0 \\ 8.5396 & 0 & -0.0254 & -0.4764 & -0.0319 & -0.0620 & 0 \\ 0 & 0 & 0 & 0 & -20.2 & 0 & 0 \\ 0 & 0 & 0 & 0 & 0 & -20.2 & 0 \\ 0 & 0 & 0 & 57.2958 & 0 & 0 & -1 \end{bmatrix}$$

$$\boldsymbol{B} = \begin{bmatrix} 0 & 0 \\ 0 & 0 \\ 0 & 0 \\ 0 & 0 \\ 20.2 & 0 \\ 0 & 20.2 \\ 0 & 0 \end{bmatrix}$$

控制输入是方向舵和副翼的伺服输入信号，即

$$\boldsymbol{u} = \begin{bmatrix} u_a \\ u_r \end{bmatrix}$$

系统的输出向量为

$$\boldsymbol{y} = \begin{bmatrix} r_w \\ p \\ \beta \\ \varphi \end{bmatrix}$$

相应的系统输出方程为

$$\boldsymbol{y} = \boldsymbol{C}\boldsymbol{x}$$

式中，

$$\boldsymbol{C} = \begin{bmatrix} 0 & 0 & 0 & 57.2958 & 0 & 0 & -1 \\ 0 & 0 & 57.2958 & 0 & 0 & 0 & 0 \\ 57.2958 & 0 & 0 & 0 & 0 & 0 & 0 \\ 0 & 57.2958 & 0 & 0 & 0 & 0 & 0 \end{bmatrix}$$

其中，输出矩阵 $\boldsymbol{C}$ 中的值 57.295 8 是角度与弧度的转换值。

采用输出反馈控制形式 $\boldsymbol{u}=-\boldsymbol{K}\boldsymbol{y}$,这样反馈增益 $\boldsymbol{K}$ 为 2×4 维的矩阵,也就是说,需要选择8个反馈增益值。

根据系统的状态矩阵 $\boldsymbol{A}$,解出系统的开环荷兰滚模态的极点 $-0.442\,5\pm j3.063$,由此可见,开环荷兰滚的阻尼不足,而开环螺旋模态的极点为 $-0.0163\,1$。

2) LQR的输出反馈设计

在对上述F-16的线性横侧向动态系统应用LQR输出反馈设计之前,有必要讨论加权阵 $\boldsymbol{Q}$ 和 $\boldsymbol{R}$ 的选择原则,并依据该原则选择合适的加权阵 $\boldsymbol{Q}$ 和 $\boldsymbol{R}$。

首先,讨论加权阵 $\boldsymbol{Q}$ 的选择依据。由前面的分析可知,由于系统的开环荷兰滚模态的阻尼不足,因此希望获得具有满意稳定性的荷兰滚模态,那么,就应该在性能指标函数中将与荷兰滚模态紧密相关的状态 β^2 和 r^2,通过加权阵 $\boldsymbol{Q}$ 的元素 q_{dr} 加权。

其次,为了使主要由 p 和 ϕ 构成的闭环滚转模态获得满意的稳定性,在性能指标函数中应该将与滚转模态紧密相关的系统状态 p^2 和 ϕ^2,通过加权阵 $\boldsymbol{Q}$ 的元素 q_{r} 来加权。

由于在此并不关心作为系统扩展状态的变量 δ_{a} 和 δ_{r},因此没有必要在性能指标函数中对它们进行加权。

这样,根据上述加权阵的选择原则,就可以构造出加权阵 $\boldsymbol{Q}$ 为

$$\boldsymbol{Q}=\mathrm{diag}\{q_{\mathrm{dr}},q_{\mathrm{r}},q_{\mathrm{r}},q_{\mathrm{dr}},0,0,0\}$$

尽管不直接关心清洗网络的状态 x_{w},但是还是有必要在性能指标函数中对它进行加权。这是因为,省略它将会引起可观测性条件的问题。为了避免此种情况的出现,将加权阵 $\boldsymbol{Q}$ 修改为

$$\boldsymbol{Q}=\mathrm{diag}\{q_{\mathrm{dr}},q_{\mathrm{r}},q_{\mathrm{r}},q_{\mathrm{dr}},0,0,1\}$$

由于控制加权矩阵 $\boldsymbol{R}$ 是为了预防不容许的过大的控制输入,因此,通常选择下列形式的 $\boldsymbol{R}$ 能够满足设计的要求,即

$$\boldsymbol{R}=\rho\boldsymbol{I}$$

式中,ρ 为标量的设计参数。

经过反复的选择和检验后证实,采用 $\rho=0.1$,$q_{\mathrm{dr}}=50$,$q_{\mathrm{r}}=100$,可以得到比较满意的结果,此种情况下的最优反馈增益为

$$\boldsymbol{K}=\begin{bmatrix}-0.56 & -0.44 & 0.11 & -0.35\\ -1.19 & -0.21 & -0.44 & 0.26\end{bmatrix} \tag{5-51}$$

相应的闭环系统极点为

$$\text{荷兰滚模态}(r,\beta)\quad s_{1,2}=-3.13\pm j0.83$$

$$\text{滚转模态}(p,\phi)\quad s_{3,4}=-0.82\pm j0.11$$

$$s_{5,6}=-11.47\pm j17.18,\quad s_7=-15.02$$

假定选择初始状态为 $\boldsymbol{x}(0)=[1\quad 0\quad 0\quad 0\quad 0\quad 0\quad 0]^{\mathrm{T}}$,也就是说,初始侧滑角 $\beta(0)=1°$。图5-13所示为仿真分析的结果。其中,图5-13(a)中给出了荷兰滚模态的动态响应曲线,图5-13(b)中给出了滚转模态的动态响应曲线。由图5-13(a)可见,对应于前面所计算出的闭环系统的极点,荷兰滚模态的动态响应还是具有比较好的动态品质的。

然而,上述的设计结果存在着两个缺陷:

其一,设计中采用了具有8个反馈增益的控制矩阵式(5-51)。之所以认为这个设计结果不十分理想,是因为存在2个原因:

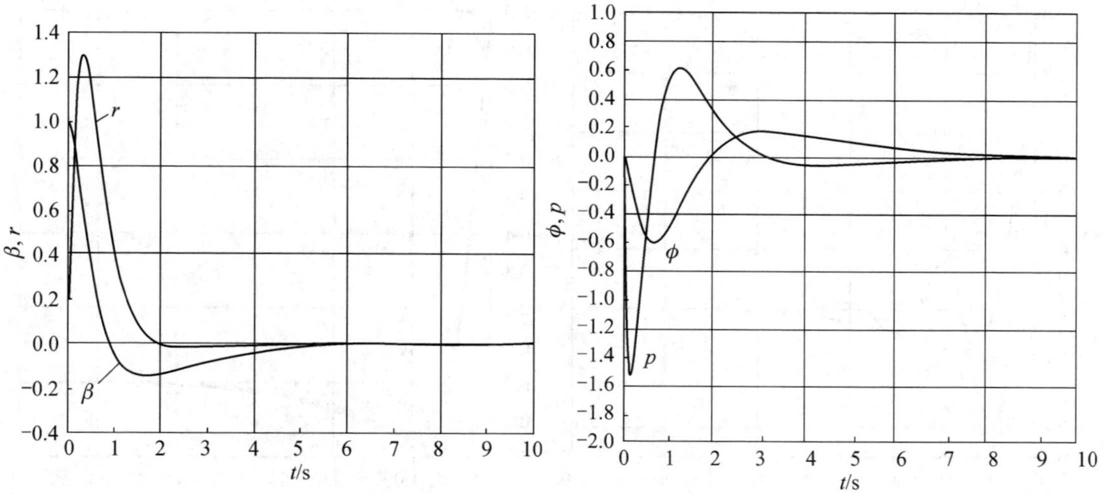

(a) 荷兰滚模态的状态 β 和 r　　　(b) 滚转模态的状态 ϕ 和 p

图 5-13　横侧向闭环系统的动态响应

① 控制矩阵式(5-51)中的全部 8 个增益都需要设计成增益序列，换句话说，当进行全包线飞行时，控制矩阵式(5-51)中的全部 8 个增益都需要按设计平衡点进行调参。

② 系统的两个控制输入都用到了全部的系统输出，也就是说，两个控制输入之间存在着紧密的耦合关系。

其二，必须经过反复多次的选择，确定恰当的加权矩阵 $\boldsymbol{Q}$ 才能获得满意的设计结果。

上述缺陷可以通过在性能指标函数式(5-28)中引入约束输出反馈和采用像 t^k 形式的时间加权来解决。关于这方面的内容可以参考相关的文献。

3) 性能指标加权参数的影响

进一步分析性能指标加权参数对于设计结果的影响，会得到一些很有趣的结论。换句话说，性能指标的加权矩阵 $\boldsymbol{Q}$ 和 $\boldsymbol{R}$ 的选择，对设计结果会产生一些值得注意的影响。

当采用上述的加权矩阵 $\boldsymbol{Q}$ 并取定值，而控制加权分别采用 $\rho=0.1$，$\rho=0.5$，$\rho=1$ 时，侧滑角的动态响应如图 5-14(a)所示。

增大性能指标的控制加权 ρ，通常会抑制闭环系统中的控制信号。也就是说，仅容许使用较小的控制能量来对闭环系统施加控制。显而易见，如果只容许使用较小的控制能量，那么控制输入对于系统的影响也较小。从图 5-14(a)可以明显看到，如果增大控制加权 ρ，则侧滑角的失调也显著增大。而对于系统状态的加权却有着相反的结果，由图 5-14(b)可见，随着加权 q_{dr} 增大，侧滑角的失调却有所减小。

4) 增益序列

当飞行控制系统在整个飞行包线上工作时，控制增益矩阵式(5-51)应该设计成一种控制序列，也就是说需要一个增益调参的序列。为了实现这种控制序列，首先需要将非线性的飞机方程线性化，并在所期望飞行包线内的一些基准运动条件下，得到像式(5-50)那样的具有不同矩阵 $\boldsymbol{A}$ 和 $\boldsymbol{B}$ 的状态变量模型。

对于这些不同的状态变量模型，重复应用 LQR 设计出一系列类似矩阵式(5-51)形式的控制增益，并按照某种调参规律，构成全飞行包线上的控制序列。

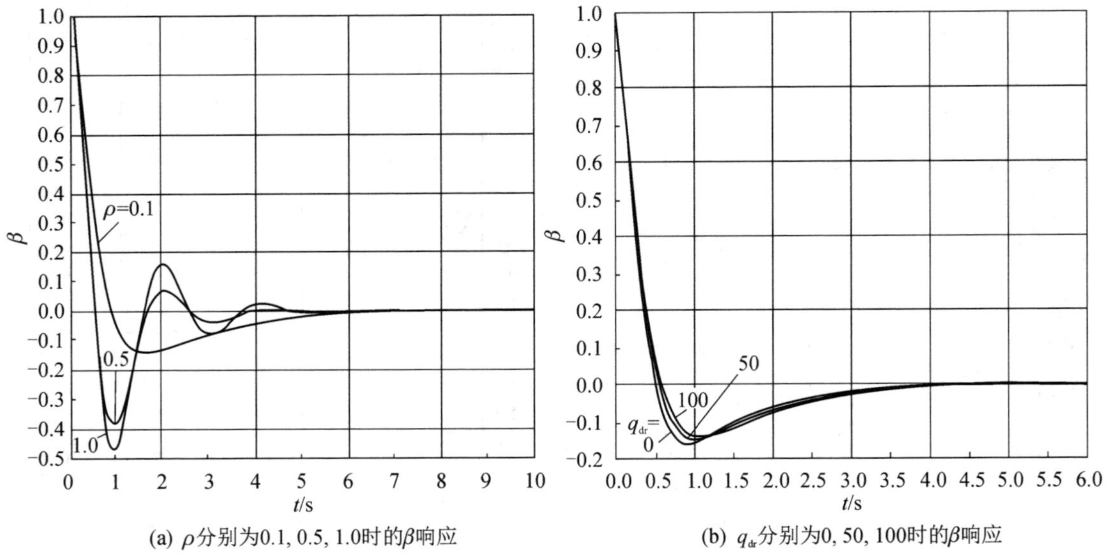

图5-14 性能指标加权参数的影响

在此需要指出的是,在每一个增益序列点上的最优增益,应该保证系统的鲁棒稳定性和鲁棒性能。那就是在设计平衡点附近,应该保证系统的稳定性和好的性能。在完成LQR设计之后,可以应用多变量频域技术来检验所设计的闭环系统的鲁棒稳定性。关于多变量频域技术的内容可参阅相关参考文献。

4. 带有全状态反馈的线性二次型设计

前面已经讨论了怎样使用仅依赖于输出测量的输出反馈方法来设计飞行控制系统的现代控制技术。对于飞行控制系统设计而言,输出反馈设计方法很适用,因为该方法允许使用所期望的动态结构来设计一个补偿器,这对于全状态反馈设计方法来说是不可能实现的。

为了进一步深入理解全状态反馈设计的机理,在此有必要对线性二次型调节器(linear quadratic regulator,LQR)中的全状态变量反馈问题进行专门的讨论分析。

系统的状态方程仍采用式(5-20)的形式,即

$$\dot{\boldsymbol{x}}=\boldsymbol{A}\boldsymbol{x}+\boldsymbol{B}\boldsymbol{u}$$

这里,$\boldsymbol{x}\in\mathbf{R}^n$ 是系统状态,$u\in\mathbf{R}^m$ 是控制输入。

选择反馈控制输入为

$$\boldsymbol{u}=-\boldsymbol{K}\boldsymbol{x}$$

由上述系统的状态方程和反馈控制输入,可以得到下列闭环系统:

$$\dot{\boldsymbol{x}}=(\boldsymbol{A}-\boldsymbol{B}\boldsymbol{K})\boldsymbol{x}\equiv\boldsymbol{A}_c\boldsymbol{x} \tag{5-52}$$

如式(5-21)所定义的可测量的输出方程为

$$\boldsymbol{y}=\boldsymbol{C}\boldsymbol{x}$$

这样,将反馈控制输入写成控制形式,即

$$\boldsymbol{u}=-\boldsymbol{K}\boldsymbol{y}=-\boldsymbol{K}\boldsymbol{C}\boldsymbol{x} \tag{5-53}$$

由反馈控制输入式(5-53)可见,实际上,状态反馈是当 $\boldsymbol{C}=\boldsymbol{I}$(单位矩阵)时输出反馈的特殊情况。也就是说,当 $\boldsymbol{C}=\boldsymbol{I}$ 时,所有的系统状态都能够被测量。尽管在飞机的飞行控制系统

中，通常情况下不能够测量所有的系统状态。

为了方便起见，将性能指标函数式(5-28)重写为

$$J=\frac{1}{2}\int_0^{\infty}(\boldsymbol{x}^{\mathrm{T}}\boldsymbol{Q}\boldsymbol{x}+\boldsymbol{u}^{\mathrm{T}}\boldsymbol{R}\boldsymbol{u})\mathrm{d}t$$

这里，加权矩阵 $\boldsymbol{Q}$ 为半正定的对称矩阵，$\boldsymbol{R}$ 为正定的对称矩阵。

反馈增益 $\boldsymbol{K}$ 可以通过最小化指标函数式(5-28)获得。同样可以得到与输出反馈调节器解的必要条件式(5-42)～式(5-45)类似的结果，即

$$\mathbf{0}=\boldsymbol{A}_{\mathrm{c}}^{\mathrm{T}}\boldsymbol{P}+\boldsymbol{P}\boldsymbol{A}_{\mathrm{c}}+\boldsymbol{Q}+\boldsymbol{K}^{\mathrm{T}}\boldsymbol{R}\boldsymbol{K} \tag{5-54}$$

$$\mathbf{0}=\boldsymbol{A}_{\mathrm{c}}\boldsymbol{S}+\boldsymbol{S}\boldsymbol{A}_{\mathrm{c}}^{\mathrm{T}}+\boldsymbol{X} \tag{5-55}$$

$$\mathbf{0}=\boldsymbol{R}\boldsymbol{K}\boldsymbol{S}-\boldsymbol{B}^{\mathrm{T}}\boldsymbol{P}\boldsymbol{S} \tag{5-56}$$

式中，初始状态的自相关矩阵为

$$\boldsymbol{X}=E\{\boldsymbol{x}(\mathbf{0})\boldsymbol{x}^{\mathrm{T}}(\mathbf{0})\} \tag{5-57}$$

在前面讨论带有输出反馈的线性二次型调节器时，已经分析了输出反馈增益的计算问题。因为对于输出反馈调节器的增益计算，需要选择合适的初始状态的自相关矩阵 $\boldsymbol{X}=E\{\boldsymbol{x}(\mathbf{0})\boldsymbol{x}^{\mathrm{T}}(\mathbf{0})\}$ 和初始的稳态增益 $\boldsymbol{K}_0$。尽管借助于具体的数值迭代解法，可以给出数值算法的局部最小收敛条件，但是，能够满足设计方程和稳定被控对象的输出反馈增益存在的充分必要条件几乎是未知的。然而，这一问题在带有全状态反馈的线性二次型设计情况下将是不存在的。

根据方程(5-56)，有

$$\boldsymbol{K}=\boldsymbol{R}^{-1}\boldsymbol{B}^{\mathrm{T}}\boldsymbol{P}\boldsymbol{S}\boldsymbol{S}^{-1}=\boldsymbol{R}^{-1}\boldsymbol{B}^{\mathrm{T}}\boldsymbol{P} \tag{5-58}$$

由此可见，对于最优状态反馈增益而言，方程(5-55)中的 $\boldsymbol{S}$ 阵不需要求解。通常将控制增益 $\boldsymbol{K}$ 的矩阵式(5-58)称为卡尔曼增益(Kalman gain)。

将卡尔曼增益式(5-58)代入李雅普诺夫方程(5-54)后，有

$$\mathbf{0}=\boldsymbol{A}_{\mathrm{c}}^{\mathrm{T}}\boldsymbol{P}+\boldsymbol{P}\boldsymbol{A}_{\mathrm{c}}+\boldsymbol{Q}+\boldsymbol{P}\boldsymbol{B}\boldsymbol{R}^{-1}\boldsymbol{B}^{\mathrm{T}}\boldsymbol{P} \tag{5-59}$$

利用闭环系统关系式(5-52)，可将式(5-59)进一步写成

$$\mathbf{0}=(\boldsymbol{A}-\boldsymbol{B}\boldsymbol{R}^{-1}\boldsymbol{B}^{\mathrm{T}}\boldsymbol{P})^{\mathrm{T}}\boldsymbol{P}+\boldsymbol{P}(\boldsymbol{A}-\boldsymbol{B}\boldsymbol{R}^{-1}\boldsymbol{B}^{\mathrm{T}}\boldsymbol{P})+\boldsymbol{Q}+\boldsymbol{P}\boldsymbol{B}\boldsymbol{R}^{-1}\boldsymbol{B}^{\mathrm{T}}\boldsymbol{P} \tag{5-60}$$

简化后，有

$$\mathbf{0}=\boldsymbol{A}^{\mathrm{T}}\boldsymbol{P}+\boldsymbol{P}\boldsymbol{A}+\boldsymbol{Q}-\boldsymbol{P}\boldsymbol{B}\boldsymbol{R}^{-1}\boldsymbol{B}^{\mathrm{T}}\boldsymbol{P} \tag{5-61}$$

上述方程(5-61)被称为代数黎卡提方程(Algebraic Riccati equation，ARE)。代数黎卡提方程 ARE 的解 $\boldsymbol{P}$ 是一个对称矩阵，即 $\boldsymbol{P}=\boldsymbol{P}^{\mathrm{T}}$。

因为在求解最优状态反馈增益 $\boldsymbol{K}$ 时并不需要 $\boldsymbol{S}$ 阵，所以这个增益 $\boldsymbol{K}$ 在方程(5-55)中是不依赖于初始状态的自相关矩阵 $\boldsymbol{X}=E\{\boldsymbol{x}(\mathbf{0})\boldsymbol{x}^{\mathrm{T}}(\mathbf{0})\}$ 的。也就是说，最优状态反馈增益 $\boldsymbol{K}$ 的计算，并不需要初始状态 $\boldsymbol{x}(\mathbf{0})$ 的信息。这一点与在输出反馈调节器设计中的情况恰好相反。

因此，其最优代价函数为

$$J=\frac{1}{2}\boldsymbol{x}^{\mathrm{T}}(\mathbf{0})\boldsymbol{P}\boldsymbol{x}(\mathbf{0}) \tag{5-62}$$

同样，为了查阅之便，将带有全状态反馈的线性二次型设计整理如表 5-9 所列。

表5-9　带有全状态反馈的线性二次型设计

组成部分	表达式
系统模型	$\dot{\boldsymbol{x}}=\boldsymbol{Ax}+\boldsymbol{Bu}$ 式中，$\boldsymbol{x}\in\mathbf{R}^n$ 是系统状态，$\boldsymbol{u}\in\mathbf{R}^m$ 是控制输入
控制	$\boldsymbol{u}=-\boldsymbol{Kx}$ 式中，$\boldsymbol{K}$ 是需要确定的 $m\times n$ 的常值反馈增益矩阵
性能指标	$J=\frac{1}{2}\int_0^\infty(\boldsymbol{x}^\mathrm{T}\boldsymbol{Qx}+\boldsymbol{u}^\mathrm{T}\boldsymbol{Ru})\mathrm{d}t$ 这里，$\boldsymbol{Q}$ 和 $\boldsymbol{R}$ 分别为半正定和正定的对称加权矩阵
最优增益的设计方程组	代数黎卡提方程 $\boldsymbol{0}=\boldsymbol{A}^\mathrm{T}\boldsymbol{P}+\boldsymbol{PA}+\boldsymbol{Q}-\boldsymbol{PBR}^{-1}\boldsymbol{B}^\mathrm{T}\boldsymbol{P}$ 卡尔曼增益 $\boldsymbol{K}=\boldsymbol{R}^{-1}\boldsymbol{B}^\mathrm{T}\boldsymbol{P}$
最优代价函数	$J=\frac{1}{2}\boldsymbol{x}^\mathrm{T}(\boldsymbol{0})\boldsymbol{Px}(\boldsymbol{0})$

5. 具有预定稳定度的最优状态调节器设计

系统的状态方程仍采用式(5-20)的形式，即

$$\dot{\boldsymbol{x}}=\boldsymbol{Ax}+\boldsymbol{Bu}$$

在性能指标函数式(5-28)中引入标量的指数函数 e^{2at} 因子后，有

$$J=\frac{1}{2}\int_0^\infty \mathrm{e}^{2at}(\boldsymbol{x}^\mathrm{T}\boldsymbol{Qx}+\boldsymbol{u}^\mathrm{T}\boldsymbol{Ru})\mathrm{d}t \tag{5-63}$$

式中，$a\geqslant 0$，性能指标函数中的其他变量与前面的定义相同。

首先，将性能指标函数式(5-63)变换为类似于式(5-28)的最优状态调节器指标的标准形式，即

$$J=\frac{1}{2}\int_0^\infty[(\mathrm{e}^{at}\boldsymbol{x})^\mathrm{T}\boldsymbol{Q}(\mathrm{e}^{at}\boldsymbol{x})+(\mathrm{e}^{at}\boldsymbol{u})^\mathrm{T}\boldsymbol{R}(\mathrm{e}^{at}\boldsymbol{u})]\mathrm{d}t \tag{5-64}$$

定义

$$\bar{\boldsymbol{x}}=\mathrm{e}^{at}\boldsymbol{x},\quad \bar{\boldsymbol{u}}=\mathrm{e}^{at}\boldsymbol{u} \tag{5-65}$$

根据定义式(5-65)将性能指标函数式(5-64)变为

$$J=\frac{1}{2}\int_0^\infty(\bar{\boldsymbol{x}}^\mathrm{T}\boldsymbol{Q}\bar{\boldsymbol{x}}+\bar{\boldsymbol{u}}^\mathrm{T}\boldsymbol{R}\bar{\boldsymbol{u}})\mathrm{d}t \tag{5-66}$$

由定义式(5-66)有

$$\dot{\bar{\boldsymbol{x}}}=\frac{\mathrm{d}}{\mathrm{d}t}(\mathrm{e}^{at}\boldsymbol{x})=a\,\mathrm{e}^{\mathrm{at}}\boldsymbol{x}+\mathrm{e}^{at}\dot{\boldsymbol{x}} \tag{5-67}$$

将飞机运动方程(5-20)代入式(5-67)中，则有

$$\dot{\bar{\boldsymbol{x}}}=\boldsymbol{a}\,\mathrm{e}^{at}\boldsymbol{x}+\mathrm{e}^{at}\dot{\boldsymbol{x}}=a\,\mathrm{e}^{at}\boldsymbol{x}+\mathrm{e}^{at}(\boldsymbol{Ax}+\boldsymbol{Bu})=(\boldsymbol{A}+a\boldsymbol{I})(\mathrm{e}^{at}\boldsymbol{x})+\boldsymbol{B}(\mathrm{e}^{at}\boldsymbol{u})=\bar{\boldsymbol{A}}\bar{\boldsymbol{x}}+\boldsymbol{B}\bar{\boldsymbol{u}} \tag{5-68}$$

如果选择反馈控制输入为

$$\bar{\boldsymbol{u}}=-\boldsymbol{K}\bar{\boldsymbol{x}} \tag{5-69}$$

由定义式(5-65)可以得到

$$\boldsymbol{x}(t)=\mathrm{e}^{-at}\bar{\boldsymbol{x}}(t)$$

由此可见,如果新的系统状态 $\bar{\boldsymbol{x}}(t)$是稳定的,那么原系统的状态 $\boldsymbol{x}(t)$将以状态 $\bar{\boldsymbol{x}}(t)$的 e^{-at} 倍更快地衰减,因此闭环系统具有预定的稳定度。

如果比较系统方程(5-68)与原系统方程的特征值,就可以更加直观地解释预定稳定度的概念。令系统方程(5-68)的特征值为 $\bar{\lambda}$,原系统方程的特征值为 λ。系统方程(5-68)的特征方程为

$$|\bar{\lambda}\boldsymbol{I}-\bar{\boldsymbol{A}}|=|\bar{\lambda}\boldsymbol{I}-\boldsymbol{A}-a\boldsymbol{I}|=|(\bar{\lambda}-a)\boldsymbol{I}-\boldsymbol{A}|=0$$

由上式与原系统的特征方程比较可得

$$(\bar{\lambda}-a)=\lambda$$

这样,求得特征值 $\bar{\lambda}$ 与 λ 的关系为

$$\lambda=\bar{\lambda}-a$$

由于参数 $a\geqslant 0$,所以按系统方程(5-68)所设计的反馈控制增益,使原系统闭环的每一个特征值都位于 S 平面中 $-a$ 线的左侧,如图 5-15 所示。

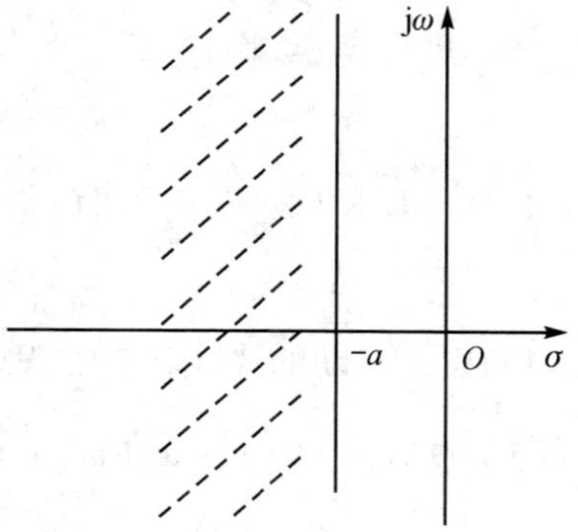

图 5-15　闭环系统特征值实部均位于 $-a$ 线左侧

这样,就由性能指标函数式(5-66)和飞机状态方程(5-68)以及反馈控制输入式(5-69)构成了前面刚刚讨论过的典型的带有全状态反馈的线性二次型调节器问题。因此,不难得到具有预定稳定度的最优状态调节器的结果是:

① 代数黎卡提方程为

$$\boldsymbol{0}=\bar{\boldsymbol{A}}^{\mathrm{T}}\boldsymbol{P}+\boldsymbol{P}\bar{\boldsymbol{A}}+\boldsymbol{Q}-\boldsymbol{P}\boldsymbol{B}\boldsymbol{R}^{-1}\boldsymbol{B}^{\mathrm{T}}\boldsymbol{P} \tag{5-70}$$

② 最优状态反馈增益为

$$\boldsymbol{K}=\boldsymbol{R}^{-1}\boldsymbol{B}^{\mathrm{T}}\boldsymbol{P} \tag{5-71}$$

根据式(5-69)和定义式(5-65)得到关系式

$$\bar{\boldsymbol{u}}=\mathrm{e}^{at}\boldsymbol{u}=-\boldsymbol{K}\bar{\boldsymbol{x}}=-\boldsymbol{K}\mathrm{e}^{at}\boldsymbol{x} \tag{5-72}$$

因为参数 $a\geqslant 0$,所以关系式(5-72)中的指数函数 e^{at} 在 $t\in(0,\infty)$条件下不为零,因此有

$$\boldsymbol{u}=-\boldsymbol{K}\boldsymbol{x} \tag{5-73}$$

这里需要指出,具有预定稳定度的最优状态调节器的增益式(5-71),与全状态反馈调节器的增益式(5-58)在形式上是完全相同的。但是,两个增益关系式中的ARE的解矩阵 $\boldsymbol{P}$ 有差别。

6. 最优指令控制系统设计

所谓的最优指令控制,就是假定系统的指令输入为 $\boldsymbol{y}_c$,那么,期望系统的输出 $\boldsymbol{y}$ 是在一定时间段$[0,T]$内的最优指令响应,能够精确地跟踪指令输入 $\boldsymbol{y}_c$。实际上,最优指令控制系统是一个最优伺服机构问题。

飞机运动的线性状态方程和输出方程仍然分别采用式(5-20)和式(5-21)。

定义指令的跟踪误差为

$$\boldsymbol{e}=\boldsymbol{y}_c-\boldsymbol{y} \tag{5-74}$$

选择性能指标函数为

$$J=\frac{1}{2}\boldsymbol{e}^{\mathrm{T}}(T)\boldsymbol{E}\boldsymbol{e}(T)+\frac{1}{2}\int_0^T\{\boldsymbol{e}^{\mathrm{T}}\boldsymbol{Q}\boldsymbol{e}+\boldsymbol{u}^{\mathrm{T}}\boldsymbol{R}\boldsymbol{u}\}\mathrm{d}t \tag{5-75}$$

由性能指标函数式(5-75)可以评价指令控制系统在一定时间段$[0,T]$内的最优指令响应,同时要考虑经时间 T 后系统的终端跟踪精度。

首先,利用输出方程(5-21)对式(5-74)进行变换,得

$$\boldsymbol{e}=\boldsymbol{y}_c-\boldsymbol{y}=\boldsymbol{y}_c-\boldsymbol{C}\boldsymbol{x} \tag{5-76}$$

然后,将性能指标函数式(5-75)进行变换,将式(5-76)代入到性能指标函数式(5-75)后,有

$$J=\frac{1}{2}[\boldsymbol{y}_c(T)-\boldsymbol{C}\boldsymbol{x}(T)]^{\mathrm{T}}\boldsymbol{E}[\boldsymbol{y}_c(T)-\boldsymbol{C}\boldsymbol{x}(T)]+\frac{1}{2}\int_0^T\{(\boldsymbol{y}_c-\boldsymbol{C}\boldsymbol{x})^{\mathrm{T}}\boldsymbol{Q}(\boldsymbol{y}_c-\boldsymbol{C}\boldsymbol{x})+\boldsymbol{u}^{\mathrm{T}}\boldsymbol{R}\boldsymbol{u}\}\mathrm{d}t \tag{5-77}$$

根据性能指标函数式(5-77)和飞机运动的线性状态方程(5-20)得到哈密顿函数为

$$H=\frac{1}{2}\{(\boldsymbol{y}_c-\boldsymbol{C}\boldsymbol{x})^{\mathrm{T}}\boldsymbol{Q}(\boldsymbol{y}_c-\boldsymbol{C}\boldsymbol{x})+\boldsymbol{u}^{\mathrm{T}}\boldsymbol{R}\boldsymbol{u}\}+\boldsymbol{\eta}^{\mathrm{T}}(\boldsymbol{A}\boldsymbol{x}+\boldsymbol{B}\boldsymbol{u}) \tag{5-78}$$

式中,$\boldsymbol{\eta}\in\mathbf{R}^{n\times l}$ 为待定的协态向量。

由哈密顿函数式(5-78)得到协态向量方程和驻点方程分别为

$$\dot{\boldsymbol{\eta}}=-\frac{\partial H}{\partial \boldsymbol{x}}=\boldsymbol{C}^{\mathrm{T}}\boldsymbol{Q}(\boldsymbol{y}_c-\boldsymbol{C}\boldsymbol{x})-\boldsymbol{A}^{\mathrm{T}}\boldsymbol{\eta} \tag{5-79}$$

$$\boldsymbol{0}=\frac{\partial H}{\partial \boldsymbol{u}}=\boldsymbol{R}\boldsymbol{u}+\boldsymbol{B}^{\mathrm{T}}\boldsymbol{\eta} \tag{5-80}$$

根据驻点方程(5-80)可以得到最优控制输入为

$$\boldsymbol{u}=-\boldsymbol{R}^{-1}\boldsymbol{B}^{\mathrm{T}}\boldsymbol{\eta} \tag{5-81}$$

将最优控制输入式(5-81)代入到飞机运动的线性状态方程(5-20),与协态向量方程(5-79)联立,写成标准方程

$$\begin{bmatrix}\dot{\boldsymbol{x}}\\ \dot{\boldsymbol{\eta}}\end{bmatrix}=\begin{bmatrix}\boldsymbol{A} & -\boldsymbol{B}\boldsymbol{R}^{-1}\boldsymbol{B}^{\mathrm{T}}\\ -\boldsymbol{C}^{\mathrm{T}}\boldsymbol{Q}\boldsymbol{C} & -\boldsymbol{A}^{\mathrm{T}}\end{bmatrix}\begin{bmatrix}\boldsymbol{x}\\ \boldsymbol{\eta}\end{bmatrix}+\begin{bmatrix}0\\ \boldsymbol{C}^{\mathrm{T}}\boldsymbol{Q}\end{bmatrix}[\boldsymbol{y}_c] \tag{5-82}$$

由此可见,控制指令 $\boldsymbol{y}_c$ 的引入使得标准方程(5-82)变为一个非齐次的线性微分方程组,

协态向量 $\boldsymbol{\eta}$ 与状态向量 $\boldsymbol{x}$ 就不再是简单的比例关系。

由于含有多个未知函数的非齐次的线性微分方程组的通解，可以表示成它的一个特解与其对应的齐次的线性微分方程组的通解的和，因此假定协态向量 $\boldsymbol{\eta}$ 为

$$\boldsymbol{\eta}=\boldsymbol{P}\boldsymbol{x}-\boldsymbol{g}(t) \tag{5-83}$$

式中，$\boldsymbol{g}(t)$ 反映了指令输入情况。

用式(5-83)将标准方程(5-82)的第一个方程改写为

$$\dot{\boldsymbol{x}}=(\boldsymbol{A}-\boldsymbol{B}\boldsymbol{R}^{-1}\boldsymbol{B}^{\mathrm{T}}\boldsymbol{P})\boldsymbol{x}+\boldsymbol{B}\boldsymbol{R}^{-1}\boldsymbol{B}^{\mathrm{T}}\boldsymbol{g}(t) \tag{5-84}$$

将式(5-83)两边微分后，有

$$\dot{\boldsymbol{\eta}}=\dot{\boldsymbol{P}}\boldsymbol{x}+\boldsymbol{P}\dot{\boldsymbol{x}}-\dot{\boldsymbol{g}}(t) \tag{5-85}$$

将方程(5-84)代入式(5-85)，有

$$\begin{aligned}\dot{\boldsymbol{\eta}}&=\dot{\boldsymbol{P}}\boldsymbol{x}+(\boldsymbol{P}\boldsymbol{A}-\boldsymbol{P}\boldsymbol{B}\boldsymbol{R}^{-1}\boldsymbol{B}^{\mathrm{T}}\boldsymbol{P})\boldsymbol{x}+\boldsymbol{P}\boldsymbol{B}\boldsymbol{R}^{-1}\boldsymbol{B}^{\mathrm{T}}\boldsymbol{g}(t)-\dot{\boldsymbol{g}}(t)\\&=(\dot{\boldsymbol{P}}+\boldsymbol{P}\boldsymbol{A}-\boldsymbol{P}\boldsymbol{B}\boldsymbol{R}^{-1}\boldsymbol{B}^{\mathrm{T}}\boldsymbol{P})\boldsymbol{x}+\boldsymbol{P}\boldsymbol{B}\boldsymbol{R}^{-1}\boldsymbol{B}^{\mathrm{T}}\boldsymbol{g}(t)-\dot{\boldsymbol{g}}(t)\end{aligned} \tag{5-86}$$

另外，将式(5-83)代入标准方程(5-82)的第二个方程，有

$$\begin{aligned}\dot{\boldsymbol{\eta}}&=-\boldsymbol{C}^{\mathrm{T}}\boldsymbol{Q}\boldsymbol{C}\boldsymbol{x}-\boldsymbol{A}^{\mathrm{T}}\boldsymbol{\eta}+\boldsymbol{C}^{\mathrm{T}}\boldsymbol{Q}\boldsymbol{y}_{\mathrm{c}}\\&=-\boldsymbol{C}^{\mathrm{T}}\boldsymbol{Q}\boldsymbol{C}\boldsymbol{x}-\boldsymbol{A}^{\mathrm{T}}\boldsymbol{P}\boldsymbol{x}+\boldsymbol{A}^{\mathrm{T}}\boldsymbol{g}(t)+C^{\mathrm{T}}\boldsymbol{Q}\boldsymbol{y}_{\mathrm{c}}\\&=(-\boldsymbol{C}^{\mathrm{T}}\boldsymbol{Q}\boldsymbol{C}-\boldsymbol{A}^{\mathrm{T}}\boldsymbol{P})\boldsymbol{x}+\boldsymbol{A}^{\mathrm{T}}\boldsymbol{g}(t)+\boldsymbol{C}^{\mathrm{T}}\boldsymbol{Q}\boldsymbol{y}_{\mathrm{c}}\end{aligned} \tag{5-87}$$

因为，方程(5-86)与方程(5-87)应该相等，所以，令两个方程的右端相等，有

$$\begin{aligned}&(\dot{\boldsymbol{P}}+\boldsymbol{P}\boldsymbol{A}-\boldsymbol{P}\boldsymbol{B}\boldsymbol{R}^{-1}\boldsymbol{B}^{\mathrm{T}}\boldsymbol{P})\boldsymbol{x}+\boldsymbol{P}\boldsymbol{B}\boldsymbol{R}^{-1}\boldsymbol{B}^{\mathrm{T}}\boldsymbol{g}(t)-\dot{\boldsymbol{g}}(t)\\&=(-\boldsymbol{C}^{\mathrm{T}}\boldsymbol{Q}\boldsymbol{C}-\boldsymbol{A}^{\mathrm{T}}\boldsymbol{P})\boldsymbol{x}+\boldsymbol{A}^{\mathrm{T}}\boldsymbol{g}(t)+\boldsymbol{C}^{\mathrm{T}}\boldsymbol{Q}\boldsymbol{y}_{\mathrm{c}}\end{aligned} \tag{5-88}$$

这样，可以推导出重要结果

$$\begin{cases}\dot{\boldsymbol{P}}+\boldsymbol{P}\boldsymbol{A}+\boldsymbol{A}^{\mathrm{T}}\boldsymbol{P}-\boldsymbol{P}\boldsymbol{B}\boldsymbol{R}^{-1}\boldsymbol{B}^{\mathrm{T}}\boldsymbol{P}+\bar{\boldsymbol{Q}}=\boldsymbol{0}\\\dot{\boldsymbol{g}}(t)=(\boldsymbol{P}\boldsymbol{B}\boldsymbol{R}^{-1}\boldsymbol{B}^{\mathrm{T}}-\boldsymbol{A}^{\mathrm{T}})\boldsymbol{g}(t)-\boldsymbol{C}^{\mathrm{T}}\boldsymbol{Q}\boldsymbol{y}_{\mathrm{c}}\end{cases} \tag{5-89}$$

式中，$\bar{\boldsymbol{Q}}=\boldsymbol{C}^{\mathrm{T}}\boldsymbol{Q}\boldsymbol{C}$。

显而易见，方程组(5-89)的第一个方程为微分黎卡提方程。

求协态向量的截断边界条件为

$$\begin{aligned}\boldsymbol{\eta}(T)&=\frac{\partial}{\partial\boldsymbol{x}(T)}\left\{\frac{1}{2}\boldsymbol{e}^{\mathrm{T}}(T)\boldsymbol{E}\boldsymbol{e}(T)\right\}\\&=\frac{\partial}{\partial\boldsymbol{x}(T)}\left\{\frac{1}{2}[\boldsymbol{y}_{\mathrm{c}}(T)-\boldsymbol{C}\boldsymbol{x}(T)]^{\mathrm{T}}\boldsymbol{E}[\boldsymbol{y}_{\mathrm{c}}(T)-\boldsymbol{C}\boldsymbol{x}(T)]\right\}\\&=\boldsymbol{C}^{\mathrm{T}}\boldsymbol{E}\boldsymbol{C}\boldsymbol{x}(T)-\boldsymbol{C}^{\mathrm{T}}\boldsymbol{E}\boldsymbol{y}_{\mathrm{c}}(T)\\&=\boldsymbol{P}(T)\boldsymbol{x}(T)-\boldsymbol{g}(T)\end{aligned} \tag{5-90}$$

由式(5-90)可以得到方程组(5-89)的终端边界条件为

$$\begin{cases}\boldsymbol{P}(T)=\boldsymbol{C}^{\mathrm{T}}\boldsymbol{E}\boldsymbol{C}\\\boldsymbol{g}(T)=\boldsymbol{C}^{\mathrm{T}}\boldsymbol{E}\boldsymbol{y}_{\mathrm{c}}(T)\end{cases} \tag{5-91}$$

利用终端边界条件式(5-91)，从方程组(5-89)中求出微分黎卡提方程的解矩阵 $\boldsymbol{P}$ 和函数 $\boldsymbol{g}(t)$。这样，求出协态向量 $\boldsymbol{\eta}$ 后，代入最优控制输入式(5-81)中，有

$$\boldsymbol{u}=-\boldsymbol{R}^{-1}\boldsymbol{B}^{\mathrm{T}}\boldsymbol{P}\boldsymbol{x}+\boldsymbol{R}^{-1}\boldsymbol{B}^{\mathrm{T}}\boldsymbol{g}(t) \tag{5-92}$$

由此可见,对于最优指令控制系统,控制输入中增加了一项由控制指令 $\boldsymbol{y}_c$ 所引起的反馈信号,这个信号完全由方程组(5-89)的第二个一阶微分方程确定。

除上述典型飞行控制系统设计方法之外,还有一些非常重要的设计方法,例如,模型跟踪设计问题和飞行控制系统的鲁棒设计技术等。值得一提的是,对于单变量系统(SISO)和弱耦合的多变量系统(MIMO)而言,经典设计方法仍然是目前普遍采用的飞行控制系统设计方法,而对于具有模型不确定性的强耦合多变量系统,现代设计技术已成为飞行控制系统设计的主要方法。例如,应用 H_∞ 控制理论进行反馈控制系统设计的3种主要方法:回路成形设计方法、混合灵敏度设计方法和 μ 综合设计方法,以及基于现代优化算法构成的随机鲁棒分析与设计方法(stochastic robustness analysis and design,SRAD)等。

下面以吸气式高超声速飞行器和超声速飞航导弹的飞行控制系统随机鲁棒分析与设计为实例,较为全面地介绍一种面向工程应用的飞行控制系统分析与设计方法——随机鲁棒分析与设计方法。

7. 随机鲁棒分析与设计方法(SRAD)

(1) 随机鲁棒性概念

定义5.1:F 是紧集 Q 上全部有界且可测概率密度函数 $f(\cdot)$ 的集合,对于任意 $\boldsymbol{\gamma}$,$\boldsymbol{g}(\nu)$ 的分布函数有明确的定义

$$\Pr\{\boldsymbol{g}(\nu) \leqslant \boldsymbol{\gamma}\} = \int_{\nu\in Q,\boldsymbol{g}(\nu)\leqslant\boldsymbol{\gamma}} f(x)\mathrm{d}x \tag{5-93}$$

式中,$\boldsymbol{g}(\nu)=[\sigma_1(\nu) \quad \sigma_2(\nu) \quad \cdots \quad \sigma_n(\nu)]^{\mathrm{T}}$ 是 n 维的系统特征值实部的向量,$f[\boldsymbol{g}(\nu)]$ 是关于 $\boldsymbol{g}(\nu)$ 的联合概率密度函数。对于具有不确定性参数 $\nu\in Q$ 的线性时不变系统(LTI),定义其闭环系统的不稳定性概率为

$$P \triangleq \Pr(\text{instability}) = 1 - \int_{\nu\in Q,\boldsymbol{g}(\nu)<\boldsymbol{0}} f(x)\mathrm{d}x \tag{5-94}$$

可以通过计算样本频率的方法来计算系统稳定性的概率,即

$$\int_{\nu\in Q,\boldsymbol{g}(\nu)<\boldsymbol{0}} f(x)\mathrm{d}x = \lim_{N\to\infty}\frac{M[g_{\max}(\nu)<0]}{N}\bigg|_{\nu\in Q} \tag{5-95}$$

式中,$g_{\max}(\nu)=\max\{\sigma_1(\nu),\ \sigma_2(\nu),\ \cdots,\ \sigma_n(\nu)\}$ 是所有特征值实部的最大值,$M(\cdot)$ 是在 N 次估计中所有特征值实部最大值小于零的数目。则系统不稳定性概率为

$$P = 1-\lim_{N\to\infty}\frac{M[g_{\max}(\nu)<0]}{N}\bigg|_{\nu\in Q} = \lim_{N\to\infty}\frac{K[g_{\max}(\nu)\geqslant 0]}{N}\bigg|_{\nu\in Q} = \lim_{N\to\infty}\hat{P}\,\bigg|_{\nu\in Q} \tag{5-96}$$

式中,$K(\cdot)$ 是在 N 次估计中所有特征值实部最大值不小于零的数目。因此,对于式(5-96)换句话说,系统不稳定性概率 P 是当蒙特卡罗估计次数 N 趋于无穷大时出现任意的特征值实部不小于零的频率,是 $\hat{P}$ 的极限值[13]。

系统的随机鲁棒性概念包括随机鲁棒稳定性和随机鲁棒性能两个方面[13]。

定义5.2:随机鲁棒稳定性是指当系统的不确定性参数在其定义域内随机变化时,闭环控制系统仍是稳定的。

定义5.3:随机鲁棒性能是指当系统的不确定性参数在其定义域内随机变化时,系统的性

能仍能满足设计要求。

如果给定了系统的时域单位阶跃响应曲线族满足所设计的性能要求范围(见图 5-16),那么,图示的设定范围就明确地给定了当系统的不确定性参数在其定义域内随机变化时,系统的时域单位阶跃响应所应满足的设计要求。

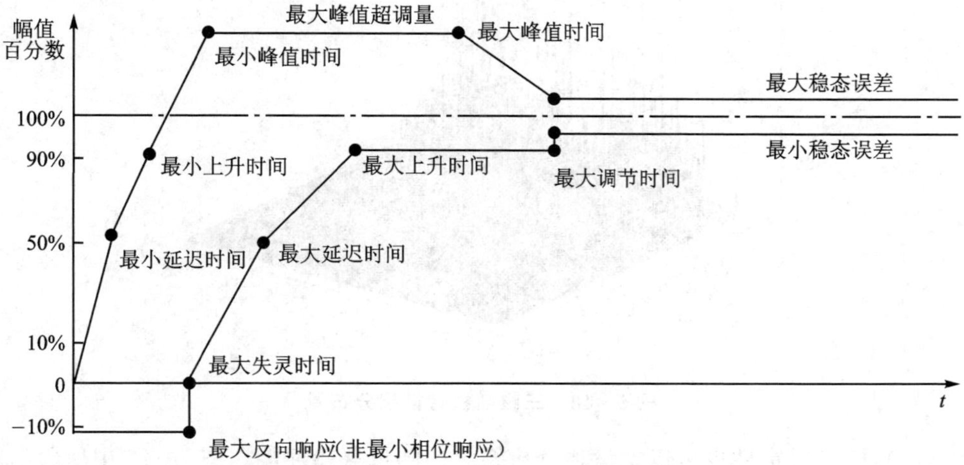

图 5-16　单位阶跃响应曲线族的设定范围

按照定义 5.3,在图 5-16 中,阶跃响应的设定范围实质上就是给出了一种随机鲁棒性能的非常实用的量化描述。

正如式(5-96)和图 5-16 所采用的量化方法一样,由定义 5.2 和定义 5.3 给出的随机鲁棒稳定性和随机鲁棒性能是可以利用统计概率来进行定量描述的。随机鲁棒稳定性和随机鲁棒性能这两个概念是随机鲁棒分析与设计方法的重要基础,而下面将要讨论的随机特征根分布和随机响应曲线,是基于定义 5.2 和定义 5.3 对控制系统进行随机鲁棒分析与设计的两个常用工具。

定义 5.4:随机特征根分布是指在系统参数随机变化情况下,闭环系统特征根在 S 平面上的分布。

利用闭环系统的二维随机特征根分布图,可以直观地定性分析系统的随机鲁棒稳定性;利用闭环系统的三维随机特征根分布图,不仅能够直观地定性分析系统的随机鲁棒稳定性,而且结合式(5-96),可以给出系统的随机鲁棒稳定性的定量分析,并能够据此对控制系统进行随机鲁棒设计。图 5-17 和图 5-18 中分别给出了一个二阶闭环系统的二维和三维随机特征根分布图。

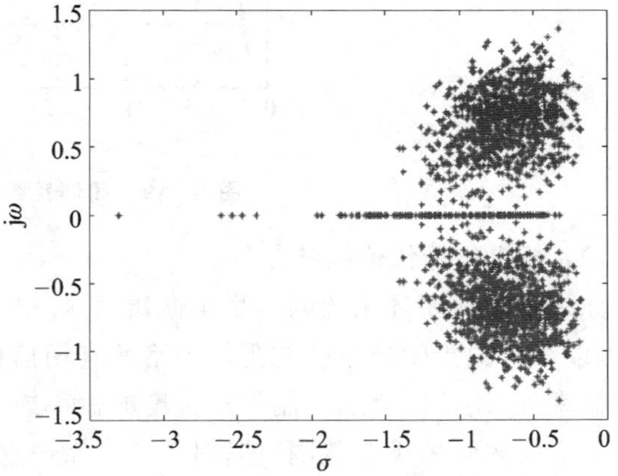

图 5-17　二维随机特征根分布图

定义 5.5:随机响应曲线是指在系统参数随机变化情况下,闭环系统的时域单位阶跃响应曲线族。

根据设定的时域单位阶跃响应范围

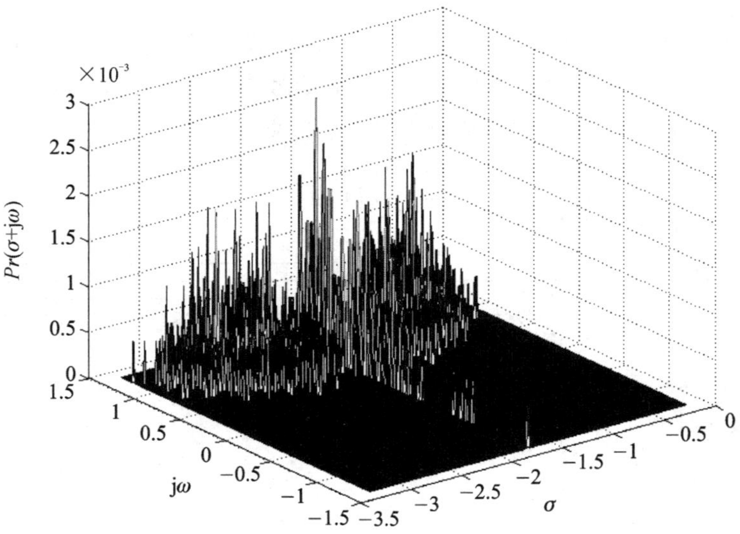

图 5-18 三维随机特征根分布图

(见图 5-16),既可以定性也可以定量地分析系统的随机鲁棒性能。图 5-16 中所给出的时域单位阶跃响应曲线族的设定范围,实质上就是明确地给定了当系统的不确定性参数在其定义域内随机变化时,系统的随机响应曲线的设定范围。随机特征根分布和随机响应曲线是对控制系统进行随机鲁棒分析与设计时的两个非常实用的工具。

图 5-19 和图 5-20 中分别给出了一个闭环系统的随机响应曲线及其设定范围。

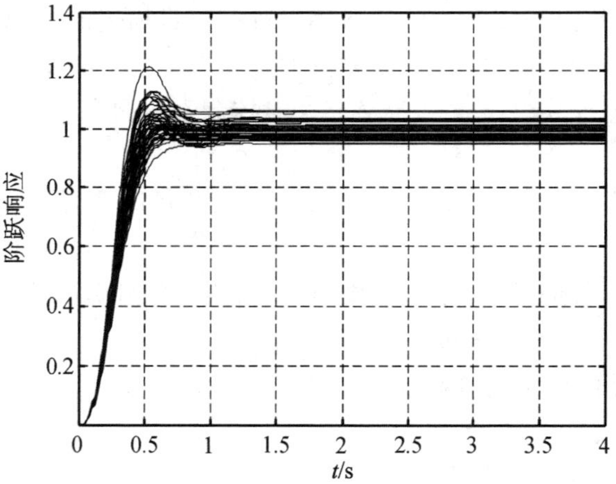

图 5-19 闭环系统的随机响应曲线

(2) 随机鲁棒代价函数

如果将上述闭环系统的不稳定性概率这一概念进一步扩展到系统不可接受的性能指标方面,可以获得关于闭环系统的更加丰富的有用信息。例如,这些信息除了表示闭环系统的不稳定性概率外,还可以表示控制作用过度的概率或者表示超出响应包线的概率(如图 5-16 所示的随机响应曲线的设定范围)等,对于闭环系统这类行为均可表示为 0-1 分布。因此,可以定义下列二值指示函数 $I(\cdot)$,当闭环系统的行为是可接受的时,$I(\cdot)$等于 0,否则等于 1,其表

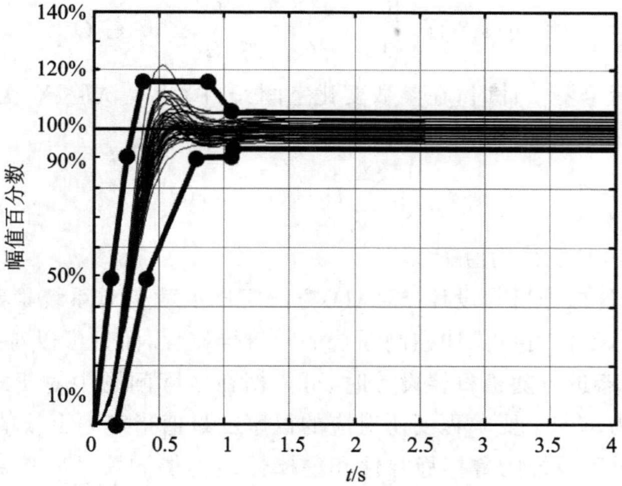

图 5-20 闭环系统随机响应曲线的设定范围

达式为

$$I\left[\boldsymbol{g}(\nu)\right]=\begin{cases}0, & \boldsymbol{g}(\nu)\in\Omega\\ 1, & \boldsymbol{g}(\nu)\notin\Omega\end{cases},\quad \nu\in Q \tag{5-97}$$

系统的不确定性参数空间 $\boldsymbol{g}(\nu)$ 的划分如图 5-21 所示。

系统的不确定性参数空间被划分为可接受与不可接受两个区域，其不可接受的行为可由设计者来自行定义。例如，不可接受的行为可定义为系统不稳定、超出图 5-16 中所示的随机响应曲线的设定范围或过度的控制作用等。

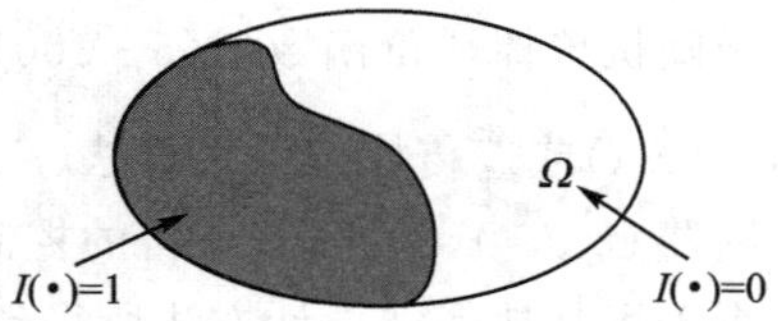

图 5-21 不确定性参数空间 $\boldsymbol{g}(\boldsymbol{\nu})$ 的划分

如果 $\boldsymbol{g}(\nu)$ 是由描述被控对象的函数 $H(\nu)$ 以及含有设计参数 $\boldsymbol{d}$ 的控制器 $G(\boldsymbol{d})$ 构成，那么，可用概率 P 来量化闭环系统的鲁棒稳定性和鲁棒性能的不足，对因系统的性能参数变化而导致闭环系统出现不可容许的性能品质的描述，可用期望的参数变化空间上一个指示函数的积分来定义，即

$$P=\int_V I\left[H(v),G(\boldsymbol{d})\right]f(v)\mathrm{d}v \tag{5-98}$$

式中，$G(\cdot)$ 为含有设计参数 $\boldsymbol{d}$ 的控制器，$\boldsymbol{d}$ 为设计参数向量；$H(\cdot)$ 为用来描述被控对象的函数，$\nu\in Q$，Q 是参数变化空间；$f(\nu)$ 是 ν 的概率密度函数；$I(\cdot)$ 是多值指示函数，其最简单的形式为二值指示函数，当 $H(v)$ 和 $G(\boldsymbol{d})$ 组成的闭环系统为可接受时，$I(\cdot)$ 等于 0，否则等于 1。

由上述可见，控制系统的随机鲁棒分析与设计(SRAD)方法是一种基于数理统计的方法，因此能够广泛地适用于线性或非线性、时变或时不变、连续或离散的控制系统的分析与设计。

在大多数实际工程应用情况下，式(5-98)通常很难解析求积。为了适合于实际工程应用，通常采用蒙特卡罗估计(MCE)进行解算，而用不确定性参数 v 的随机抽样试验来逼近概率密度函数 $f(v)$，即用 v_k 表示每次独立抽样的试验，并按照式(5-98)在每个 v_k 处检验系统闭环特征的可接受性，即

$$I\left[\boldsymbol{g}(\nu_k)\right]=\begin{cases}0, & \boldsymbol{g}(\nu_k)\in\Omega \\ 1, & \boldsymbol{g}(\nu_k)\notin\Omega\end{cases},\quad \nu_k\in Q$$

也就是说,在采用蒙特卡罗估计时,在参数变化空间 Q 中,重复试验 N 次,则其概率估计可表述为

$$\hat{P}=\frac{1}{N}\sum_{k=1}^{N}I\left[H(v_k),G(\boldsymbol{d})\right] \tag{5-99}$$

当 $N\to\infty$ 时,估计值趋向于精确值 P。

控制系统的随机鲁棒分析与设计(SRAD)方法实质上就是对系统稳定性概率和系统性能的估计进行协调综合,不但可以描述控制系统的随机鲁棒性,而且可以对控制器进行随机鲁棒设计。在对最优控制器进行随机鲁棒设计时,可依据在实际问题中对于系统稳定性和系统性能的要求程度,通过为每一个要求程度所对应的概率度量值指定一个权值,构成随机鲁棒代价函数 $J(\cdot)$,来体现对于系统的鲁棒稳定性和鲁棒性能的协调关系。控制器 G 以设计向量 $\boldsymbol{d}$ 为参数,$P(\cdot)$ 和 $J(\cdot)$ 均是设计向量 $\boldsymbol{d}$ 的函数,则鲁棒控制系统可用下列随机鲁棒代价函数来设计评价,即

$$\hat{J}(\boldsymbol{d})=\sum_{i=1}^{M}\left[w_i\hat{P}_i^2(\boldsymbol{d})\right] \tag{5-100}$$

式中,M 是系统稳定性和性能指标度量值的数量;$\hat{P}_i(\boldsymbol{d})$ 是第 i 个度量值的概率;w_i 是第 i 个度量值的权值。

对于随机鲁棒代价函数式(5-100),可以应用现代优化算法(例如,遗传算法(GA)、模拟退火算法(SA)或遗传模拟退火算法(GSA)等)来求解,获得 $\hat{J}(\boldsymbol{d})$ 最小值,进而得到随机鲁棒最优控制器 $G(\boldsymbol{d}^*)$,因此,所获得的控制器是具有高品质的鲁棒性、控制系统不符合要求的概率明显小于用其他保守设计方法所得到的控制器。

综上所述,随机鲁棒分析与设计(SRAD)方法由随机鲁棒分析(stochastic robustness analysis,SRA)和随机鲁棒设计(stochastic robustness design,SRD)两部分构成,其原理框图如图5-22所示。

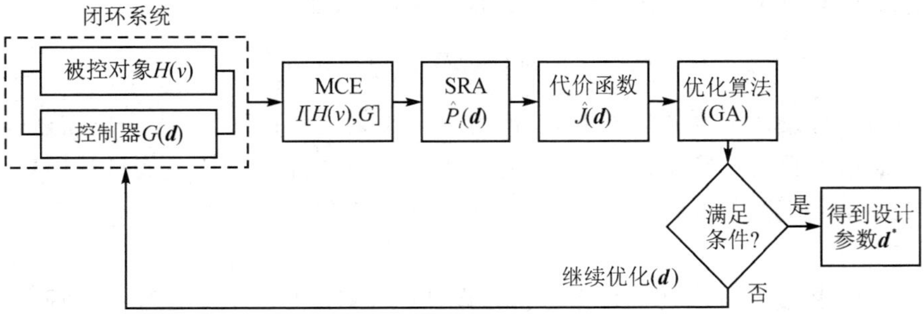

图5-22 随机鲁棒分析与设计(SRAD)原理图

随机鲁棒分析(SRA)基于蒙特卡罗估计(monte carlo evaluation,MCE),应用统计概率来对由系统参数变化所引起的闭环系统不可接受的行为(包括系统的不稳定特性和性能指标要求的不满足等)进行描述。

随机鲁棒设计(SRD)则是由控制器结构设计和现代优化算法两部分组成,其设计分为以下几个步骤:

① 针对被控对象的物理特性,选择和设计含有设计参数 $\boldsymbol{d}$ 的控制器结构 $G(\boldsymbol{d})$;

② 合理选择并定义随机鲁棒性的度量值 I_i;

③ 对闭环系统进行蒙特卡罗仿真,以得到稳定性和各项性能不满足的概率 $\hat{p}_i(\boldsymbol{d})$;

④ 协调鲁棒稳定性和鲁棒性能,以构成随机鲁棒代价函数 $\hat{J}(\boldsymbol{d})$;

⑤ 应用现代优化算法进行寻优搜索,获得 $\hat{J}(\boldsymbol{d})$的最小值,进而得到随机鲁棒最优控制器 $G(\boldsymbol{d}^*)$。

由随机鲁棒分析与设计(SRAD)原理图 5-22 可见,现代优化算法是用来优化随机鲁棒代价函数式(5-100)的重要计算工具。例如,常用的优化算法有遗传算法(GA)、模拟退火算法(SA)、遗传模拟退火算法(GSA)或蚁群算法等。

在 5.5 节中将采用随机鲁棒分析与设计方法,分别对吸气式高超声速飞行器和飞航导弹的飞行控制系统进行设计,并通过设计实例来说明该方法的特点。

5.4 数字式飞行控制系统的设计

5.4.1 概 述

20 世纪 70 年代初大规模集成电路出现后,数字式飞行控制系统得到了迅速发展。随着控制计算机不断地沿着微型化、标准化和通用化方向发展,数字式飞行控制系统的设计重点已倾向于输入/输出接口的组成和控制、余度配置可靠性以及系统软件的设计,包括系统管理、监控与测试、控制规律、工作模态转换以及显示等。

在介绍数字式飞行控制系统的设计方法之前,首先看一看典型的模拟式飞行控制系统和数字式飞行控制系统的结构,以便于从整体上更深入地了解两种飞行控制系统的异同之处。

全套的模拟式飞行自动控制系统一般由自动驾驶仪、串联偏航阻尼器、自动油门控制系统、拉平耦合器、无线电导航系统和马赫数配平系统等几个独立的子系统组成。

自动驾驶仪是该系统的核心部分,一般包括操纵台、三轴配平指示器、垂直陀螺、三轴角速率陀螺、大气数据计算机、电源接线盒、放大器与计算机盒、自动驾驶仪调参盒、扰流板位置传感器、电动舵机、配平舵机、升降舵力矩转换器、进场操纵板和进场显示器等部件。自动驾驶仪与其他装置共同构成系统的三个通道:升降舵通道、方向舵通道和副翼通道。自动驾驶仪与其他装置的相互关系如图 5-23 所示。

升降舵通道、方向舵通道和副翼通道用来稳定飞机绕三轴的运动(稳定飞机的姿态),操纵飞机作俯仰和转弯的机动飞行,完成预选航向和保持高度,并能实现近程导航,引导飞机进场,拉平到接地。

在整个飞行过程中,系统可根据驾驶员的不同需要提供:人工状态、预选航向、导航、自动下滑和自动进场五种工作状态。

下面以美国柯林斯公司生产并用于波音 757/767 飞机上的自动驾驶仪/飞行指引系统为

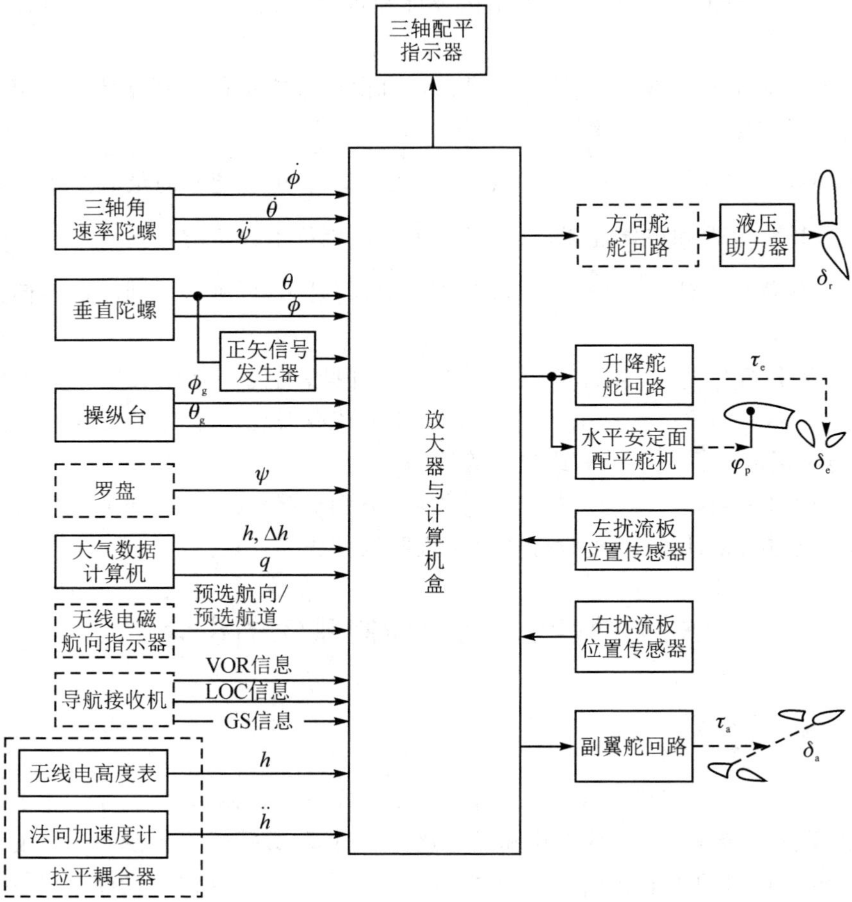

图5-23 自动驾驶仪与其他装置连接的示意图

例,来说明典型的数字式飞行控制系统的结构和功能。美国柯林斯公司生产的数字式飞行控制系统是集自动驾驶仪/飞行指引系统数字、三余度、故障-工作式的一体化控制系统。在飞机爬高、下降、巡航和着陆等飞行阶段,该系统可提供稳定、控制和制导等功能,并可实现复飞操作。在爬高、巡航和下降等飞行阶段时,三个通道中的一个用作纵向和侧向控制。在飞机着陆和复飞时,该系统被接入航向控制,与平行工作的三通道一起提供故障-工作并实现$Ⅲ_b$级自动着陆。

全套自动驾驶仪/飞行指引系统由三套相同的飞行控制计算机(FCC-701)、单套模态控制操纵台(MCP)、单套维修控制和显示操纵台、电液压的三余度副翼、方向舵和升降舵舵回路、二余度的平尾配平舵机及一些传感器等组成。飞行控制计算机是全套自动驾驶仪/飞行指引系统的核心装置,其与外部其他装置的交联关系如图5-24所示。

综上所述,数字式飞行控制系统与模拟式飞行控制系统相比具有下列优点:

① 有较高的控制精度;

② 修改控制规律和控制逻辑及参数一般只需改变软件,因此系统的修改和综合十分方便,更有利于系统的改型和改进;

③ 易于实现飞行前/后的全面自检与维护;

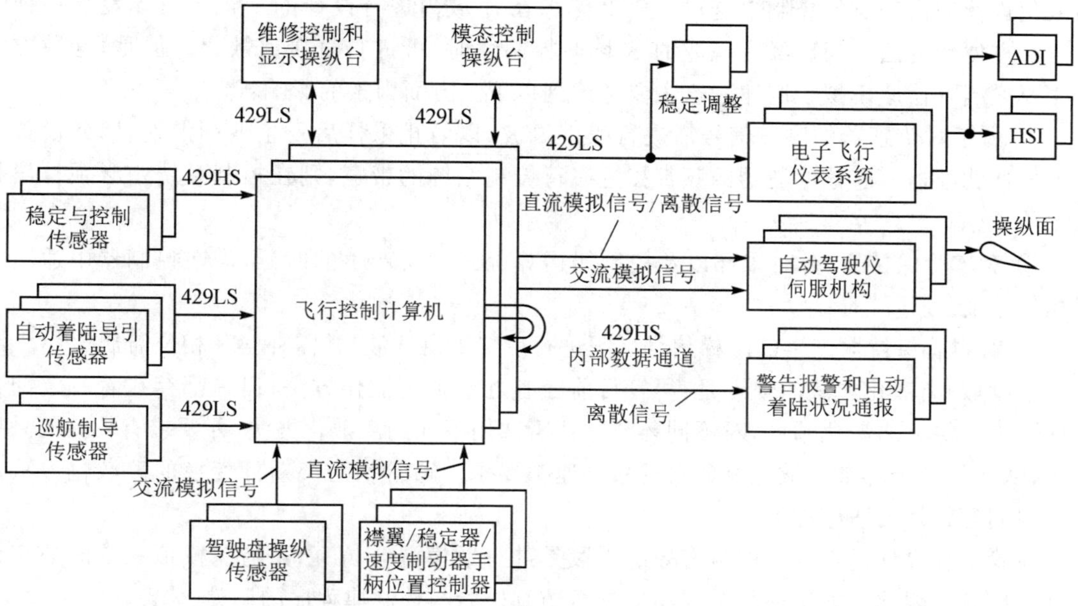

图 5-24　飞行控制计算机与其他装置连接的示意图

④ 易于实现应用现代控制理论所设计的复杂控制规律，并获得飞行控制系统的最优性能。

由于现阶段的传感器及伺服作动器都是连续模拟部件，且被控对象为连续运动的飞机，因此数字式飞行控制系统与目前绝大多数计算机控制系统一样，是由数字部件与模拟部件组合而成的“混合系统”。图 5-25 所示为单通道纵向数字式飞行控制系统的典型结构。

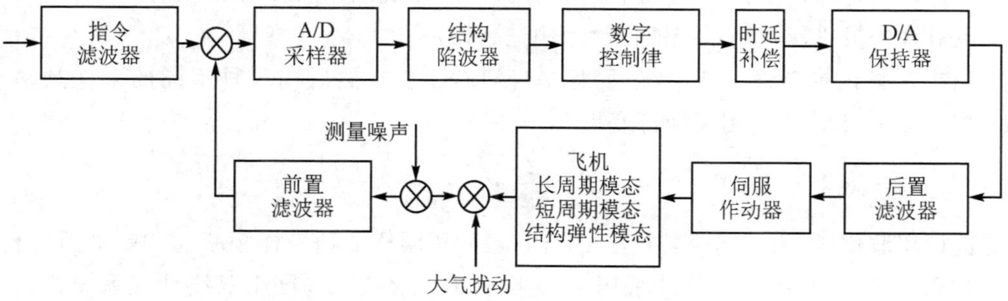

图 5-25　单通道纵向数字式飞行控制系统典型结构

鉴于数字式飞行控制系统的“混合系统”特点，与大多数的数字计算机控制系统有着许多共性的特性，数字式飞行控制系统的设计方法与一般数字计算机控制系统的并无本质性差别，因此本节仅就数字式飞行控制系统的几个特殊问题进行详细分析。

5.4.2　数字化设计方法

数字式飞行控制系统通常有两种设计方法，即连续域-离散化设计法及离散域直接设计法。

所谓连续域-离散化设计方法，就是先在连续域的 S 平面内完成系统的分析与综合，然后离散化连续域内完成的控制。这对于已经熟悉在 S 域内进行设计的工程人员无疑是一种既习惯又方便的方法。当已经有现成的 S 域内控制律时,可进行直接离散化。但是,这种方法还需要适当补偿原模拟控制律。这主要考虑到以下3方面因素的影响:

① 由于对传感器的测量信号需进行噪声滤波,以防止采样后发生低频混迭,因此设置了前置低通滤波器。若该滤波器的频带接近飞行控制系统的带宽,则在控制系统中必须补偿相位超前。

② 对零阶保持器、分时采样以及控制律运算等因素所产生的时延,需在控制器中适当补偿相位超前。

③ 对零阶保持器产生的阶梯信号必须进行后置平滑滤波,并需补偿其相位滞后。

连续域-离散化方法的缺点是:尽管目前已有近十种离散化方法,但是都存在着一定的近似性。为了保证离散化精度,对不同环节往往需选用不同的离散化方法,并要求有较高的采样频率,从而使各个环节离散化有各自的采样速率要求。通常认为突斯汀变换的离散化方法对采样周期有较好的适应能力。

检验系统设计是否合理的最有效的手段是进行数模混合仿真,并与原模拟系统的数字仿真进行比较。因此该方法往往需要反复进行仿真检验与控制律程序的调整、修改。

所谓的离散域直接设计法,是指将构成混合系统的非数字部分,包括传感器、伺服器以及含有弹性结构模态的高阶飞机动力学方程进行数字化,然后在离散域内进行整个系统的设计。主要方法有 Z 域根轨迹设计,W 或 W' 域频率域设计。由于在事先选定的采样频率条件下进行离散域设计,因此在同样的系统性能下可选取较低的采样频率,这是该法的优越之处。但从实际应用出发,采样频率的低限是有限制的。直接设计法的缺点是:它必须对高阶的模拟部分动力学进行离散化,这本身是复杂且带有近似性的工作。

为了比较采样周期变化时,上述两种设计方法对系统性能的影响,以如图5-26所示的短距起落飞机多变量飞行控制系统的设计为例进行评定。

首先在 S 域内模拟设计该系统(简称 ANALOG 法);然后用3种不同的采样频率 $f_s=$ 10 Hz,20 Hz,40 Hz,并应用突斯汀变换

$$S=\frac{2}{T}\cdot\frac{z-1}{z+1}$$

对系统进行离散化(称为控制律转换法 CLT);最后用同样3种采样频率,在 W' 平面中直接设计(简称 WPM 法),即将模拟部分采用 Z 变换映射到 Z 平面,再用双线性关系 $z=(1+T/2W')(1-T/2W')$ 变换到 W' 平面进行设计。

设计结果表明,当 $f_s=40$ Hz 时,与模拟系统相比,两种数字化设计结果有几乎一致的阶跃动态响应,如图5-26所示。当 $f_s=10$ Hz,20 Hz 时,采用 WPM 法,其动态响应比采用 CLT 法更接近原模拟系统。由图5-26可知,当采样频率下降时,采用 CLT 法的系统动态响应品质下降。这是由于采样频率下降时,在低于 Nyquist 频率处出现了频率响应峰值,而此峰值的出现是由 S 平面的控制器中存在的高频模态分量经突斯汀变换而产生的。它在 Z 平面中接近 Nyquist 频率处形成了弱阻尼的极点。克服的方法是:在进行突斯汀变换之前,采用降阶技术,去掉 S 平面中的较高频率模态分量。

相反,在 W' 平面中设计时,不会出现弱阻尼模态。因为在变换 W' 时,W' 本身包含了采样频率的信号,最终所得的控制器转到 Z 平面后不存在弱阻尼的根。

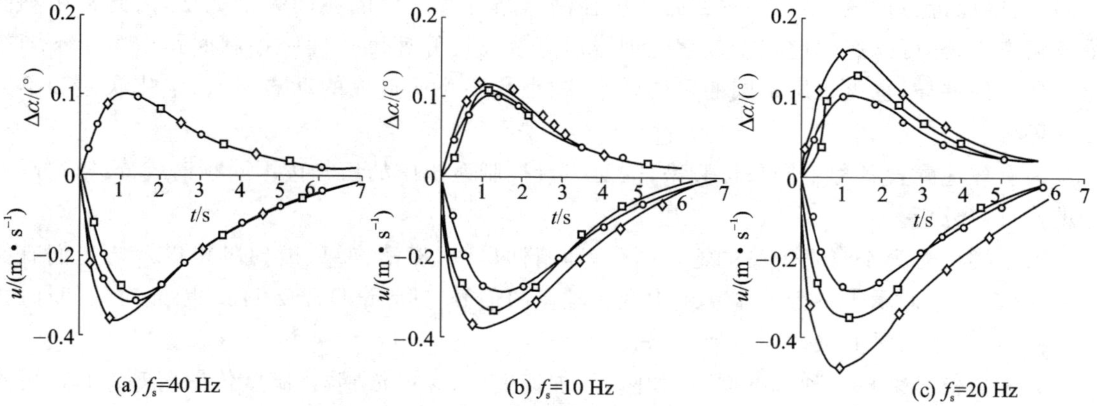

○—ANALOG法；□—WPM法；◇—CLT法

图 5-26　采样频率对系统动态特性的影响

两种数字化设计方法对系统稳定裕量的影响差别不大，但提高采样频率，可使数字式系统的稳定裕量更接近模拟系统。

5.4.3　系统采样频率的选择

与一般计算机控制系统一样，采样频率也是数字式飞行控制系统的核心参数。采样频率的选择取决于众多因素，例如飞行控制系统的结构配置形式、系统所采用的设计方法、系统的动态性能以及抗干扰能力要求等。尽管采样频率的选择是众多因素折中考虑的结果，然而卓有成效的分析可引导设计者作出最经济最有效的选择。

降低采样频率可在采样间隔内进行更多的实时计算；当计算功能一定时，可使用处理速度较低的处理器。两者都降低了单位控制功能的代价。因此从工程经济考虑，首先需要在价格与系统性能之间进行折中。

香农采样定理指出，若需对一个具有有限频谱（$-\omega_{\max}<\omega<\omega_{\max}$）的连续信号进行采样，当采样频率 $\omega_s \geqslant 2\omega_{\max}$ 时，由采样函数能无失真地恢复到原来的连续信号，即有可能通过理想的低通滤波器，把信号完整地提取出来。采样定理规定了重构被采样后信号的条件，但在飞行控制系统中确定信号的频谱仍然不容易。因此，当系统中只采用一种采样频率时，往往只找出系统中运动模态的最高频率分量，例如现代歼击机一阶结构弹性模态频率为 60～80 Hz，可选采样频率为 20 Hz。但为了减少频率混迭现象，常常要求采样频率高于运动模态最高频率的 4～10 倍，因而可取采样频率为 80 Hz。

另一种方法是按照系统闭环频带宽度确定采样频率。因飞行控制系统是闭环系统，它本身具有低通滤波效应，所以闭环频带可决定整个飞行控制系统所含运动模态的频率，即高于系统频带的运动模态幅值被衰减抑制。按采样定理，采样频率应大于系统带宽的两倍，但实际选择时为系统闭环频带的 4～10 倍。这是出于缩短采样所引起的对系统动特性响应的时延，以及减小由零阶保持器而引起的信号粗糙度的考虑。

5.4.4　信号频谱分析及多频率采样

数字式飞行控制系统往往呈现为多回路系统。按其功能有舵回路、控制增稳、姿态保持与控制、高度保持、速度控制等多种回路。各控制回路有其对应的不同频带宽度,因此常用不同采样频率,这样可以有效地减少数字处理器运算量及运算速度。同一控制回路中由于不同补偿器功能的差异,也可采用不同的采样频率,减小数字化所造成的动态误差、量化误差和不灵敏区等。

为有效地配置各种不同采样频率,需对飞行控制系统中的信号按不同频谱成分进行分类,并进行具体分析。

第一类信号为来自驾驶员的输入指令,即俯仰操纵、横滚操纵、航向脚蹬以及与它们有关的配平信号,它们属于飞行控制系统中变化较慢的信号,其频谱低于 2 Hz。因此对俯仰杆力、横滚杆力、脚蹬信号的采样频率取 40 Hz。

第二类信号来自各种传感器,例如陀螺、加速度计、速度传感器、高度传感器等。它们可感受飞机的刚体运动及结构挠性运动(结构弹性模态运动),并按控制回路组成的需要反馈至处理器。典型的飞机刚体运动有飞机运动模态中最慢速的长周期运动(纵向),其典型频率为 0.02～0.06 Hz,所以允许反映长周期运动的速度控制回路的采样频率最低,可取 2.5 Hz。油门位移采样频率也可取 2.5 Hz。飞行高度控制回路的采样频率为 5 Hz。飞机刚体运动的短周期运动频率一般小于 2 Hz,因此取俯仰姿态及俯仰角速率回路的采样频率为 40 Hz。侧向的滚转模态与偏航模态的运动频率与纵向短周期运动大致相同,采样频率亦可取 40 Hz。典型的飞机结构挠性运动频率为 12～20 Hz。数字式飞行控制系统通常采用数字结构陷波器进行抑制,故建议采用较高的采样频率,例如 80～120 Hz。

第三类是带数字处理器的作动器伺服回路中的信号,它包含约 37 Hz 的频率成分,必须采用很高的采样频率。实践证明,采样频率与伺服回路带宽之比为 14 较为合适,因此建议数字伺服回路的采样频率取 512 Hz。

5.4.5 数字式飞行控制系统设计中的其他重要问题

(1) 前置滤波器

为了滤去传感器中的高频测量噪声,在信号进入采样前应进行模拟滤波。通常采用的前置滤波器有一阶滤波器与二阶滤波器两种形式。在数控系统中称该滤波器为抗混迭滤波器,它可以在减小信号失真的同时降低采样频率。

(2) 数字结构陷波器

在设计数字结构陷波器时,必须考虑到采样频率对数字结构陷波器特性的影响。

(3) 后置滤波器

因为数字式飞行控制系统是控制的是连续飞行运动的飞机,所以采用零阶保持器作为信号复现的保持装置。当采样频率足够高时,零阶保持器的输出阶跃信号会得到执行伺服机构低通特性的滤波与平滑。当采样周期较大,而执行机构时间常数较小时(这是系统设计所期望的),零阶保持器的输出信号将会增加系统输出信号的粗糙度,此时应该加上后置滤波器。

(4) 系统时延的补偿

由于采样保持和计算时延对于飞行控制系统的动态特性会产生不良的影响,所以需要采用补偿的方法来减小这种不良影响。

(5) 非线性环节及变增益的实现

正如在第 4 章中讨论控制增稳系统时,非线性指令模型的设计所要求的那样,要实现大机动飞行时驾驶员要求有较高的灵敏度，小机动飞行时要求有较低的灵敏度。要满足这种设计要求，通常会通过非线性增益环节来实现不同驾驶员的输入指令产生不同的操纵灵敏度。

典型俯仰与横滚通道的非线性增益特性如图 5－27 所示。方向舵脚蹬有非线性死区，可将图中的斜率 $M_1=0$ 视为特殊情况，其数字实现流程图如图 5－28 所示。

飞行控制系统是典型的时变系统，为保证系统动特性要求，其开环增益或反馈增益需随飞行动压 Q 的变化而调整。典型的可变增益的方案如图 5－29 所示，其相应的算法流程图如图 5－30 所示。

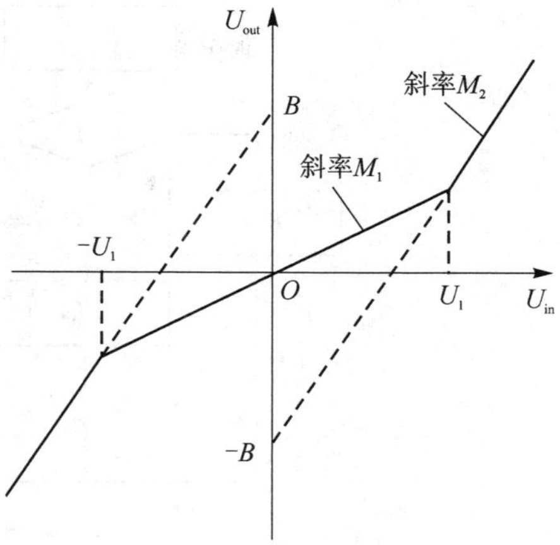

图 5－27　非线性增益特性

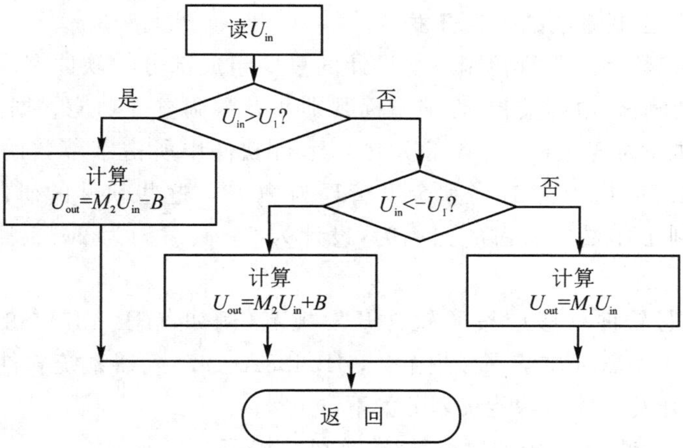

图 5－28　非线性增益的算法实现

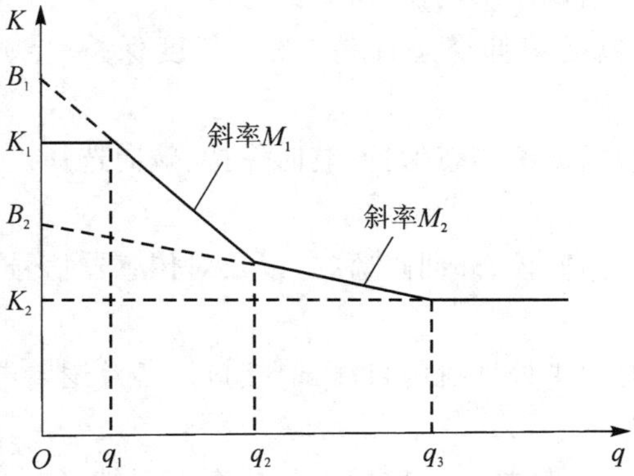

图 5－29　典型的可变增益的方案

(6) 多模态控制律的实现

现代飞行控制系统具有多模态控制的特点，可由驾驶员根据需要任意切换工作模态。

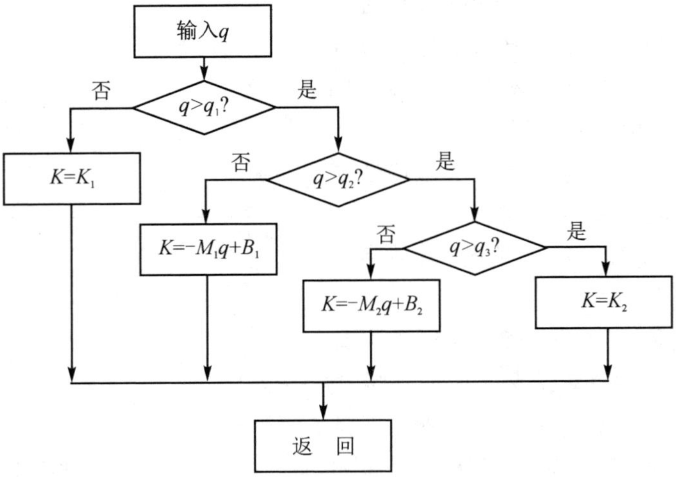

图 5-30 可变增益的算法流程图

(7) 数字式飞行控制系统的软件开发

软件开发是现代数字式飞行控制系统设计的重要组成部分。软件完成控制律计算、工作模态转换、系统自动测试、故障监控、性能指标判别和参数调整等功能。据此可将飞行控制系统的运行程序大致分为四个部分,各部分在总运行软件中所占字节数的比例为:控制律为20%、机内检测为45%、执行为15%和余度管理为20%。这些软件的研制一般包括四个阶段,各阶段在总研制工作量中所占的比例为:设计为25%、编码为20%、测试为45%及维护为10%。

数字式飞行控制软件一般应按照软件开发规范(例如,GJB 437—88《军用软件开发规范》、GJB 439—88《军用软件质量保证规范》、GJB 438A—97《武器系统软件开发规范》等),按照功能块进行分别开发。软件功能块划分如下:

① 俯仰内回路控制,包括俯仰增稳系统、阵风减缓等。

② 横滚内回路控制,包括横滚增稳系统。

③ 航向内回路控制,包括偏航阻尼器、协调转弯等。

④ 纵向外回路控制,包括俯仰姿态保持、飞行高度保持、空速保持、*Ma* 保持、等速爬高等。

⑤ 侧向外回路控制,包括横滚姿态保持、航向保持、航向选择。

⑥ 发动机推力控制。

⑦ 系统监控,包括内回路监控、外回路监控,以及对传感器信号、反馈信号、指令信号的监控等。

⑧ 系统自测试,包括对中央处理机的自测试、接口设备及逻辑电路自测试、传感器和伺服机构自测试以及性能测试等。

⑨ 飞行控制系统工作模态转换。工作模态包括姿态保持,航向保持,*Ma* 保持,飞行高度保持,协调转弯,航向选择,发动机推力控制,直接升力,自动着陆,武器投放,地形跟随和地形回避等。

5.5　飞行控制系统设计实例

5.5.1　吸气式高超声速飞行控制系统随机鲁棒设计

1. 基本概念与研究现状

所谓高超声速(hypersonic)飞行，是指飞行器的飞行马赫数不小于 5 的飞行，包括火箭高超声速系统和吸气式高超声速系统两种工程实现方式。以火箭发动机为动力的高超声速飞行技术目前相对较成熟，而以吸气式超燃冲压发动机为动力的高超声速飞行技术，由于其重要的军事价值，正在成为各国极为关注的领域。

利用吸气式高超声速飞行技术既可产生低成本的可重复使用的临近空间高超声速飞行器(见图 5-31)，又可产生新型级别的具有高突防能力和高毁伤效能的武器装备。吸气式高超声速巡航导弹具有快速反应能力、相当高的突防概率和较强的穿透力。凭借其很高的飞行马赫数，在不超过 10 min 时间内能够打击近千公里以外的目标。美国发展高超声速巡航导弹的重要目标就是增强其快速反应与打击能力，尤其是打击机动目标，如战略导弹发射系统、航空母舰战斗群等高军事价值的时敏目标。高超声速导弹能有效地遏制地基、机载、舰载预警及武器系统整体功能的发挥。在满足命中精度要求的条件下，高超声速导弹的巨大动能可以有效地提高对包括深埋地下目标等加固目标的毁伤效能。

图 5-31　NASA X-43A 高超声速飞行器

高超声速飞机在实时侦察、远程快速部署和精确打击等方面具有很高的军事价值，尤其是执行实时侦察任务具有独特的优越性。目前，各国主要依靠卫星和常规侦察飞机执行侦察任务，然而这两种侦察手段均具有局限性，特别是在对一些重大突发事件的实时侦察方面存在着明显不足。高超声速飞机具有突防能力强、被拦截概率小、可实现高速进入和高速退出目标区的优势，或者配挂高超声速防区外攻击武器，利用武器的高超声速实施突防和攻击，都必将大大提高航空武器系统的突防概率、作战生存力和作战效能。

美国空军、海军和国防高级研究计划局以及航空航天局对高超声速技术制定了一系列研究计划，其中包括列入美国国防高级研究计划局的快速响应导弹开发计划(AARMD)的美国空军的 HyTech 计划和美国海军的 HyStrike 计划以及美国国家航天飞机(NASP)计划。

俄罗斯的中央航空发动机研究所、中央航空流体动力研究所和彩虹设计局也相继进行了超燃冲压发动机和冷(Холрд)飞行试验台以及高超声速飞行试验器的研究。

此外，针对高超声速飞行器研究，还有法国航空航天公司的先进高超声速推进技术研究计划(Prepha)和与俄罗斯合作进行的高超声速技术综合演示飞行器(Edith)以及德国的 SANGER 计划等。

作为高超声速飞行器研究的关键技术,制导控制技术是世界各国高超声速研究计划中的关键技术之一。近年来,美国 NASA Langley Research Center 和 Edwards Flight Research Center 与 Princeton University 和 Maryland University 合作进行了高超声速飞行器鲁棒非线性控制以及高超声速飞行器动态稳定和控制的综合推进力作用研究,Boeing Co. 进行了吸气式高超声速飞行器的空气动力学、推进力和控制的多学科优化方法的研究,Idaho State University 对高超声速飞行器 H_2 和 H_∞ 最优控制的统一化方法进行了研究,Georgia Institute of Technology 应用模糊树方法对穿越大气层飞行器高超声速机动进行了分析与优化研究。

此外,德国 Muenchen Technische University 进行了高超声速飞行器鲁棒横侧向控制和最优高超声速飞行弹道的研究,俄罗斯 Moscow Institute of High Temperatures 进行了大气中高超声速飞行控制的研究。

虽然我国在高超声速技术研究方面起步较晚,但近几年也已获得许多有重要价值的研究成果。毫无疑问,制导与控制系统会因为这种新型飞行器的发展而出现突破性的进展,并且对这类飞行器的迫切需求会进一步地增大此任务的挑战性。从现有的技术储备和技术发展前景来看,对高超声速飞行器制导控制系统一体化设计技术进行深入研究,具有非常重要的意义和发展前景[11,13]。

本节将重点探讨在高超声速巡航弹的高品质控制系统设计中所遇到的一些特有的关键性问题。首先根据大空域高超声速机动飞行的特点,建立发动机工作状态与巡航弹飞行状态之间存在相互耦合关系的超燃冲压发动机数学模型,并基于 NASA 的 Winged-cone 导弹的风洞试验模型数据,应用随机鲁棒分析与设计(SRAD)方法,设计出实用有效的高超声速巡航弹鲁棒飞行控制器,并通过全弹道六自由度非线性系统仿真试验进行验证。

2. 高超声速巡航弹数学模型

无论采用超燃冲压发动机还是应用亚燃冲压发动机作为高超声速巡航弹的动力装置,当飞行马赫数为 $Ma=5\sim6$ 时,其适用的飞行高度均为 $h<45$ km。高度在 $h=25\sim35$ km 范围内的大气密度比高度为 $h=500$ m 的大气密度下降两个数量级,导弹在此高度巡航有利于减小飞行阻力、减小气动加热效应。此外,为了保证高超声速巡航弹的生存能力,考虑到当今世界上地空导弹的射高,飞行高度几乎均不超过 25 km。如美国爱国者地-空导弹作战使用高度为 $h\leqslant24$ km,俄罗斯的地-空导弹射高也在 22 km 左右。因此,高超声速巡航弹的巡航高度在 35 km 左右较为适宜。

为了满足以上飞行包线的任务需求,巡航弹将采用吸气式超燃冲压发动机系统。此类巡航弹的最大技术挑战是进入高超声速飞行状态和使用未经测试的吸气式超燃冲压发动机所面临的问题。为了获得高效的推力,超燃冲压发动机必须在高动压条件下工作。但是,由于气动加热和气动阻力亦随着动压的升高而增加,所以,要获得高效的推进效果必须同时均衡温度和结构方面的限制。最后值得注意的是,为了控制气动加热和气动阻力,必须对巡航弹的迎角进行精确的控制,这也是此类高超声速巡航弹的控制系统设计所要面临的一个重要问题。

但是,对装有超燃冲压发动机的巡航弹的气动特性的地面测试是非常有限的。缺乏便利的地面测试条件,许多气动和推进方面的不确定性因素必须在飞行中解决。除飞行包线外,高超声速巡航弹的动态特性与常规飞行器的大大不同。巡航弹的最关键的气动特性应是具有非常好的稳定裕度,因此,对于制导、控制规律和系统结构而言,必须具有一个极强的鲁棒反馈系统。此外，有相当程度的制导与控制系统综合是极为重要的也是必须有的，这是由于飞行弹道与姿态动力学之间的动态耦合因素在高超声速飞行中更为普遍，并且弹体、推进系统和结构动力学特性之间存在着很强的相互耦合关系，且此作用是在很宽的频域内存在。

(1) 导弹气动布局与模型数据

选用 NASA 风洞试验所用的 Winged-cone 巡航弹模型[11,13]，是利用插值方法获得巡航弹建模所需的各项气动参数的。Winged-cone 是 NASP 计划中用于研究的高超声速概念飞行器，其几何参数和惯性参数、气动数据库以及发动机模型已经公开，是研究高超声速巡航弹的一个典型模型。导弹初始质量 $m_0=133\ 812$ kg，助推器质量 $m_b=453.6$ kg，超燃冲压发动机燃油质量 $m_{sc}=65\ 772$ kg，弹翼展长 $b=18.288$ m，弹翼参考面积 $S_w=334.729\ 5\ m^2$，平均气动弦长 $c_A=24.384$ m。Winged-cone 导弹的气动布局如图 5-32 所示。

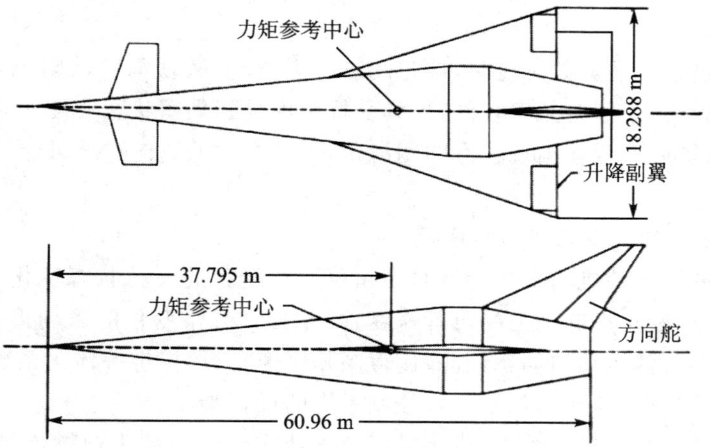

图 5-32　Winged-cone 导弹气动布局

Winged-cone 导弹的气动布局是属于无水平尾翼的布局形式，例如，协和式客机、航天飞机和 NASP X-30 等均有此类气动布局特点。具有此类布局形式的飞行器为了进行俯仰控制，需要偏转机翼后缘处的襟翼，这样就改变了整个机翼上的升力分布，从而产生了附加升力；而附加升力的作用点又比有水平尾翼正常布局飞行器的相对靠近重心，即其到重心的力臂比正常布局飞行器的要短，结果造成了附加升降舵升力导数 $C_{L_{\delta_e}}$ 与俯仰操纵力矩导数 $C_{m_{\delta_e}}$ 的比例不当(较大)。这不但会引起较大的升致阻力，而且会导致“伴随低头俯冲运动控制的初始弹道上冲”的现象发生。因为在进行低头俯冲运动控制时，升降舵将正向偏转，产生低头操纵力矩 $C_{m_{\delta_e}}\cdot\Delta\delta_e<0$，使飞行器低头而导致迎角和总升力变小，从而使飞行弹道向下偏转。然而，在弹道向下偏转之前，由于 $C_{L_{\delta_e}}$ 所产生的附加升力 $C_{L_{\delta_e}}\cdot\Delta\delta_e>0$，所以弹道先明显地向上冲。这种效应相当于一种全通网络特性，使得对弹道倾角 μ 的控制变得困难。当然，具有鸭式布局的飞行器是不存在此效应的。

无水平尾翼布局飞行器的后缘襟翼必须兼顾俯仰和滚转两个通道的控制。为此，应把相应的控制信号综合起来，同时，其襟翼既可以同向偏转，也可以差动偏转。这种快速可操纵的襟翼又称为襟翼副翼。

Winged-cone 导弹具有较大的长细比，此类飞行器的上反效应很大(即 $C_{l\beta}$ 大)，而航向稳定性较小(即 $C_{n\beta}$ 小)，因而此类飞行器的滚摆比 $K=\left|\frac{p_{\max}}{r_{\max}}\right|$ 很大。具有较大长细比的气动布局机身弹性变形(弯曲和扭转)会使升降舵和方向舵的效能下降，因为弹性特性的动态作用涉及弹性振动模态，这种作用既可由大气紊流激发，也可以由控制舵面的偏转激发。用于刚体自由度控制的反馈，同样会影响这些弹性自由度，并且大多是不稳定的，因此要限制它的增益。只要刚体运动和弹性运动的特征频率间隔足够大，则在高频范围就可使控制器的作用受到低通滤波器的抑制。弹性自由度的特征频率越低，采用大间隔特征频率的方法就越困难，尤其是对于大型飞行器。这时需要在所有频率范围内谨慎设计控制器。特别危险的气动弹性现象是弹翼颤振，这是一种弹翼扭转振动和弯曲振动的组合运动，是由于力和偏移之间的气动弹性反馈形成的，尤其在高速飞行范围内，它是不稳定的。防止颤振是限制最大飞行速度的原因之一。

此外在高空进行大马赫数飞行时，导弹的航向阻尼小，致使荷兰滚阻尼比变小，导致荷兰滚振荡加剧。同时，由于固有频率较低，导弹受扰后恢复到平衡状态较慢。尤其在大迎角情况下，进入滚转和恢复原态均会出现较大的侧滑角，以致产生的侧向过载可能超过立尾强度的容许极限。

(2) 吸气式超燃冲压发动机数学建模

吸气式超燃冲压发动机的推力特性对高超声速巡航弹的飞行状态变化非常敏感，也就是说，吸气式超燃冲压发动机的推力受飞行速度、高度和气流角变化的影响很大；而发动机的推力特性又会影响巡航弹运动的动态性能，使得高超声速飞行/推进一体化系统在飞行包线内表现出复杂的非线性特性，从而增加了飞行控制系统的设计难度。

所谓的超燃冲压发动机技术，是指满足高超声速飞行的以超声速燃烧为核心技术的冲压发动机技术。超燃冲压发动机是高超声速巡航弹的主要动力装置，并且在总体设计中占有最为重要和关键的地位。吸气式超燃冲压发动机由进气道、分离段、燃烧室和尾喷管组成。发动机的迎面来流(空气流)首先进入进气道，进气道将来流的部分速度能转变为压力能，完成压缩过程；滞止到一定速度的气流进入燃烧室，与喷入的燃料迅速混合并在等压条件下进行燃烧。燃烧后的高压和高温燃气经收敛-扩张喷管加速后喷出而产生推力。吸气式超燃冲压发动机结构如图 5-33 所示。

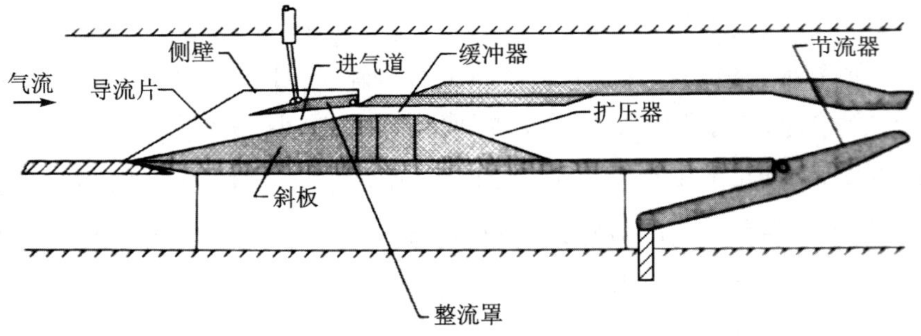

图 5-33 吸气式超燃冲压发动机结构示意图

冲压发动机可以利用大气中的氧气做为氧化剂，所以在高超声速飞行时，冲压发动机经济性能显著优于涡喷发动机的和火箭发动机的。此外，冲压发动机内部没有转动部件，因此具有结构简单、质量小、成本低、推重比高等优点。然而，冲压发动机不能自身启动，需要借助于助推器加速到一定马赫数后才能工作，同时冲压发动机的推力特性对巡航弹的飞行状态变化较为敏感，当在较宽的马赫数范围内飞行时，需要对其进气道进行调节，这样导致进气道的结构较为复杂。

由于在高超声速飞行条件下，巡航弹的阻力会显著增大，因此合理安排吸气式超燃冲压发动机在巡航弹中的布局，努力减小气动阻力，获得较大的升阻比（一般要求大于 3），是高超声速导弹/推进系统一体化设计的重要内容之一。同时，吸气式超燃冲压发动机在导弹中的布局安排，不仅会影响到巡航弹的气动外形，对进入发动机的气流流量大小、流场品质有重要影响，而且会影响到飞行控制制导设备以及导引头的布局安排。

由于吸气式超燃冲压发动机具有明显的气动/推进强耦合特征，高超声速巡航弹构型设计过程中必须同时考虑推进系统对巡航弹气动特性的影响，为了得到较为准确的气动特性数据，必须对巡航弹内外流场做一体化数值模拟。流场的一体化数值模拟是指求解包括燃烧室流场在内的全部内外流场，以分析导弹弹体与推进系统相互影响规律，评估并改善巡航弹气动构型与推进系统设计方案。

这里仅给出一组吸气式超燃冲压发动机的推力特性与巡航弹的飞行状态相互作用的典型关系。当高度 $h=30\ 000$ m，燃油等价比 $\phi_p=3$ 和动压 $Q=95\ 696.586\ \mathrm{N/m^2}$ 时，推力系数 C_T、比冲 I_{sT} 与迎角 α 和马赫数 Ma 的关系曲线分别如图 5-34～图 5-35 所示。

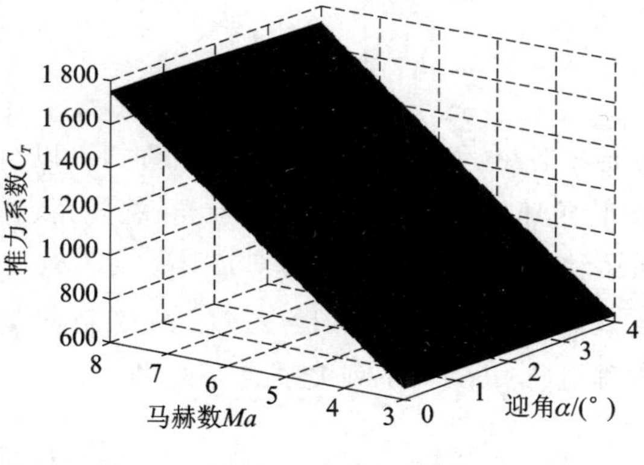

图 5-34　推力系数与迎角和马赫数关系图

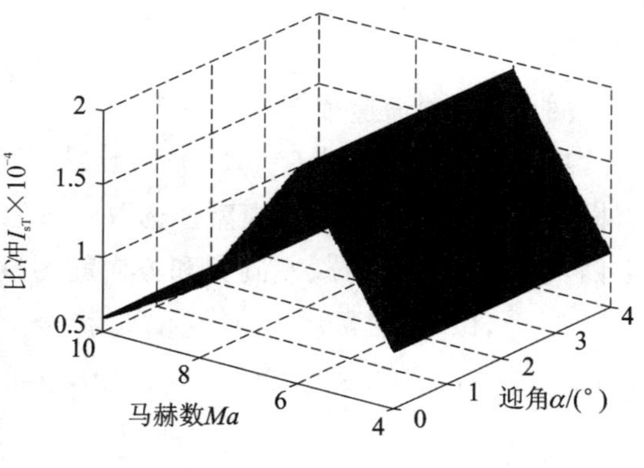

图 5-35　比冲与迎角和马赫数关系图

假设发动机推力的方向与弹体纵轴重合，由燃油引起的质量消耗满足

$$m_c(t)=\frac{T}{I_{sT}} \tag{5-101}$$

(3) 舵机模型

采用具有死区的限幅环节的一阶惯性环节模型为

$$\dot{\delta}_i=-\frac{1}{\tau_{\delta i}}\delta_i+\frac{K_{\delta i}}{\tau_{\delta i}}\delta_{ic}\quad(i=x,y,z) \tag{5-102}$$

式中，假定舵面安装间隙为 $\Delta_{\delta_i}\leqslant\Delta_{\max}=0.1°$；舵机偏角限制为 $|\delta_i|\leqslant\delta_{\max}=20°$；舵偏角最大变

化速率 $\dot{\delta}_i \leqslant \dot{\delta}_{i\max}(i=x,y,z)$。

依据 Winged-cone 高超声速巡航弹的气动布局特点，下面分别给出解耦为俯仰运动通道和横侧向运动通道的非线性运动方程组，以便采用随机鲁棒分析与设计(SRAD)方法，对 Winged-cone 数学模型进行高超声速飞行控制器随机鲁棒分析与设计。

(4) 俯仰通道运动模型

选择水平无侧滑飞行为基准运动状态，并选取空速 V、弹道倾角 μ、俯仰角速度 q、俯仰角 θ、飞行高度 h、飞行高度的积分 η、右副翼偏角 δ_{da}、左副翼偏角 δ_{de} 和油门开度 δ_T 组成纵向运动状态向量 $[V\quad \mu\quad q\quad \theta\quad h\quad \eta\quad \delta_{da}\quad \delta_{de}\quad \delta_T]^T$，分别以右副翼和左副翼偏角以及油门开度的指令 δ_{dac},δ_{dec},δ_{Tc} 为控制向量 $[\delta_{dac}\quad \delta_{dec}\quad \delta_{Tc}]^T$，则 Winged-cone 导弹纵向运动模型可由方程组(2-54)和方程组(2-31e)的第三个方程及下列关系式构成，即

$$\frac{d\eta}{dt}=h \tag{5-103}$$

$$\dot{\delta}_{da}=-\frac{1}{\tau_{\delta_{da}}}\delta_{da}+\frac{K_{\delta_{da}}}{\tau_{\delta_{da}}}\delta_{dac} \tag{5-104}$$

$$\dot{\delta}_{de}=-\frac{1}{\tau_{\delta_{de}}}\delta_{de}+\frac{K_{\delta_{de}}}{\tau_{\delta_{de}}}\delta_{dec} \tag{5-105}$$

$$\dot{\delta}_{T}=-\frac{1}{\tau_{\delta_{T}}}\delta_{T}+\frac{K_{\delta_{T}}}{\tau_{\delta_{T}}}\delta_{Tc} \tag{5-106}$$

利用式(5-101)，描述导弹质量变化规律的微分方程可以写成

$$\frac{dm}{dt}=-\frac{T}{I_{sT}} \tag{5-107}$$

(5) 横侧向通道模型

当给定特征设计点(X_e,U_e)后，在纵向运动通道中各个运动状态变量的值一定时，可以给出横侧向运动通道的数学模型。选取弹道偏角、滚转角速度、偏航角速度、偏航角、滚转角、弹道偏角的积分、右副翼、左副翼和方向舵为横侧向运动状态向量$[\varphi\quad p\quad r\quad \psi\quad \phi\quad \xi\quad \delta_{da}\quad \delta_{de}\quad \delta_{dr}]^T$，以右副翼和左副翼偏角指令 δ_{dac},δ_{dec} 以及方向舵偏角指令 δ_{drc} 为控制向量$[\delta_{dac}\quad \delta_{dec}\quad \delta_{drc}]^T$，则导弹横侧向运动模型可由方程组(2-55)与下列关系式构成，即

$$\frac{d\xi}{dt}=\varphi \tag{5-108}$$

$$\dot{\delta}_{da}=-\frac{1}{\tau_{\delta_{da}}}\delta_{da}+\frac{K_{\delta_{da}}}{\tau_{\delta_{da}}}\delta_{dac} \tag{5-109}$$

$$\dot{\delta}_{de}=-\frac{1}{\tau_{\delta_{de}}}\delta_{de}+\frac{K_{\delta_{de}}}{\tau_{\delta_{de}}}\delta_{dec} \tag{5-110}$$

$$\dot{\delta}_{dr}=-\frac{1}{\tau_{\delta_{dr}}}\delta_{dr}+\frac{K_{\delta_{dr}}}{\tau_{\delta_{dr}}}\delta_{drc} \tag{5-111}$$

由于上述用来描述导弹空间运动的方程组通常是非线性时变的微分方程组，在数学上尚无求解这种方程组的一般性解析方法，因此，在应用线性控制系统设计方法之前，常常依据小扰动原理，在基准运动基础上对解耦为俯仰运动通道和横侧向运动通道的非线性运动方程组

进行线性化，将非线性方程组写成标准的线性状态方程的形式，即

$$\dot{\boldsymbol{X}} = \bar{\boldsymbol{A}}\boldsymbol{X} + \bar{\boldsymbol{B}}\boldsymbol{U}$$

式中，$\bar{\boldsymbol{A}}$ 和 $\bar{\boldsymbol{B}}$ 分别为线性化后的线性状态方程的系统矩阵和控制矩阵。

3. 高超声速巡航弹控制系统随机鲁棒设计

(1) 飞行控制系统设计要求

① 在不确定性模型参数进行随机的有界变化情况下，基于给定特征设计点(X_e,U_e)所设计的控制系统能保证巡航弹在指定的大空域(h=10 000～30 000 m)内，以马赫数 Ma=3～8 的速度沿全弹道稳定地准确飞行；

② 三通道的时域响应指标应满足设计要求；

③ 气流角应满足 $-2°<\alpha<6°$ 和 $|\beta|<6°$ 的限制要求；

④ 所有的控制舵面偏角指令的绝对值应满足 $|\delta_{dac}|$&$|\delta_{dec}|$&$|\delta_{drc}|<20°$ 的要求。

(2) 系统不确定性参数向量定义

根据高超声速巡航弹的数学模型，定义巡航弹的质量、惯量以及空气动力学参数等的不确定性参数向量为 $\boldsymbol{\nu}=[\nu_1 \quad \nu_2 \quad \cdots \quad \nu_{24}]^{\mathrm{T}}$，具体每个分量的定义如表 5-10 所列。

表 5-10　系统的不确定性参数向量

关系式	关系式
$m=\nu_1 m_0$	$I_z=\nu_3 I_{z0}$
$I_x=\nu_2 I_{x0}$	$I_y=\nu_4 I_{y0}$
$C_{xa}=\nu_5 C_{xa0}$	$C_{xde}=\nu_6 C_{xde0}$
$C_{xda}=\nu_7 C_{xda0}$	$C_{xdr}=\nu_8 C_{xdr0}$
$C_{xdc}=\nu_9 C_{xdc0}$	$C_{ya}=\nu_{10} C_{ya0}$
$C_{yde}=\nu_{11} C_{yde0}$	$C_{yda}=\nu_{12} C_{yda0}$
$C_{xdc}=\nu_{13} C_{xdc0}$	$C_{z_\beta}=\nu_{14} C_{z_\beta 0}$
$C_{zde}=\nu_{15} C_{zde0}$	$C_{zda}=\nu_{16} C_{zda0}$
$C_{zdr}=\nu_{17} C_{zdr0}$	$m_z=\nu_{18} m_{z0}$
$m_y=\nu_{19} m_{y0}$	$m_x=\nu_{20} m_{x0}$
$S_w=\nu_{21} S_0$	$c_A=\nu_{22} c_{A0}$
$b=\nu_{23} b_0$	$\rho=\nu_{24}\rho_0$

(3) 特征设计点选择

考虑到飞行控制系统与惯导和制导系统的工程实现，选用 PID 控制器的结构进行随机鲁棒设计。根据导弹的飞行弹道剖面，选择点(V_e=1 770 m/s，h_e=20 000 m，α_e=1.02°，β_e=0°)为特征设计点。

(4) 俯仰通道随机鲁棒 PID 控制律设计

选择二次型目标函数为

$$\boldsymbol{L}_p = \boldsymbol{x}_p^{\mathrm{T}}\boldsymbol{Q}_p\boldsymbol{x}_p + \boldsymbol{u}_{pn}^{\mathrm{T}}\boldsymbol{R}_p\boldsymbol{u}_{pn} \tag{5-112}$$

则传统的 PID 控制器结构为

$$\boldsymbol{u}_{\mathrm{pn}}=\boldsymbol{K}_{\mathrm{p}}\boldsymbol{x}_{\mathrm{p}} \tag{5-113}$$

选择随机鲁棒 PID 控制器的结构为

$$\boldsymbol{u}_{\mathrm{p}}=\boldsymbol{k}_{\mathrm{pc}}\boldsymbol{K}_{\mathrm{p}}\boldsymbol{x}_{\mathrm{p}} \tag{5-114}$$

设计向量为

$$\boldsymbol{d}_{\mathrm{p}}=[Q_{\mathrm{p1}}\quad Q_{\mathrm{p2}}\quad Q_{\mathrm{p3}}\quad Q_{\mathrm{p4}}\quad Q_{\mathrm{p5}}\quad Q_{\mathrm{p6}}\quad Q_{\mathrm{p7}}\quad Q_{\mathrm{p8}}\quad Q_{\mathrm{p9}}\quad R_{\mathrm{p1}}\quad R_{\mathrm{p2}}\quad R_{\mathrm{p3}}\quad k_{\mathrm{pc}}]^{\mathrm{T}} \tag{5-115}$$

根据高超声速飞行控制数学模型,以及所选取的不确定性向量 $\boldsymbol{\nu}=[\nu_1\quad \nu_2\quad \cdots\quad \nu_{24}]^{\mathrm{T}}$,定义高超声速巡航弹纵向运动的稳定性与性能指标量如表 5-11 所列,选择包含有 12 个不满足设计要求概率的加权平方为随机鲁棒代价函数

$$J(\boldsymbol{d}_{\mathrm{p}})=\sum_{j=1}^{12}w_j\hat{p}_j^2 \tag{5-116}$$

表 5-11 纵向运动的稳定性与性能指标量

编号 j	权值 w_j	设计要求
1	10	系统稳定
2(3)	0.1(1.0)	10%调节时间小于 1 s(2 s)
4(5)	0.1(1.0)	90%上升时间小于 1 s(2 s)
6	0.1	在 h 达到峰值之前没有逆反
7(8)	0.1(1.0)	10%延迟时间小于 0.25 s(0.5 s)
9(10)	0.1(1.0)	超调量小于 1%(2%)
11(12)	0.1(1.0)	舵面的最大变化小于 18°(20°)

应用蒙特卡罗估计与遗传算法对随机鲁棒代价函数 $J(\boldsymbol{d}_{\mathrm{p}})$进行优化计算,经过仿真次数 100、种群个体数 20、遗传代数 20 优化后的设计结果如下:

① 设计向量为

$$\boldsymbol{d}_{\mathrm{p}}=[6.5744\quad 7.8371\quad 6.5548\quad 6.4216\quad 5.3821\quad 1.0266\quad 8.8639\quad 8.8639\quad 1.3422\quad 7.7534\quad 5.7108\quad 5.7108\quad 0.58473]^{\mathrm{T}} \tag{5-117}$$

② 俯仰通道的随机鲁棒 PID 控制律为

$$\delta_{\mathrm{dac}}=k_{\mathrm{daV}}\cdot V+k_{\mathrm{da}\mu}\cdot\mu+k_{\mathrm{da}q}\cdot q+k_{\mathrm{da}\theta}\cdot\theta+k_{\mathrm{da}\eta}\cdot\int_0^t[h(\tau)-h^*]\mathrm{d}\tau \tag{5-118}$$

$$\delta_{\mathrm{dec}}=k_{\mathrm{deV}}\cdot V+k_{\mathrm{de}\mu}\cdot\mu+k_{\mathrm{de}q}\cdot q+k_{\mathrm{de}\theta}\cdot\theta+k_{\mathrm{de}\eta}\cdot\int_0^t[h(\tau)-h^*]\mathrm{d}\tau \tag{5-119}$$

$$\delta_{T\mathrm{c}}=k_{TV}\cdot V+k_{T\mu}\cdot\mu+k_{Tq}\cdot q+k_{T\theta}\cdot\theta+k_{T\eta}\cdot\int_0^t[h(\tau)-h^*]\mathrm{d}\tau \tag{5-120}$$

(5) 俯仰通道随机鲁棒 PID 控制性能分析

1) 高度指令 $h^*=30$ m 的阶跃时域响应

对高度指令 $h^*=30$ m 的阶跃时域响度的仿真结果如图 5-36~图 5-42 所示。

由仿真结果可见,系统对高度指令 $h^*=30$ m 的阶跃响应在 5 s 之前即可稳定,且升降舵对控制指令的实际响应($|\delta_{\mathrm{e}}|\leqslant\delta_{\max}=20°$)是满足设计要求的。

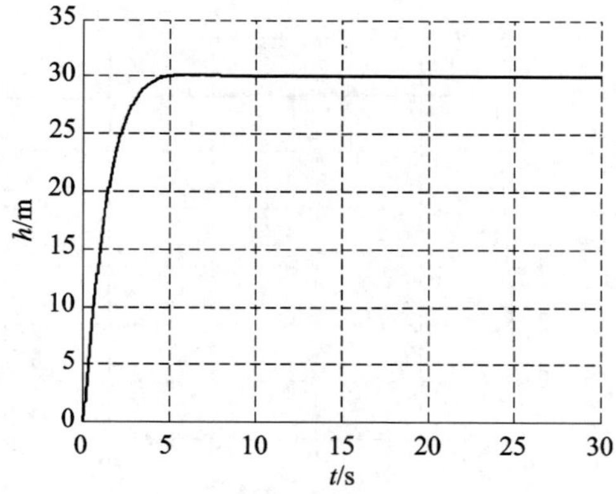

图 5-36　高度响应曲线($h^*=30$ m)

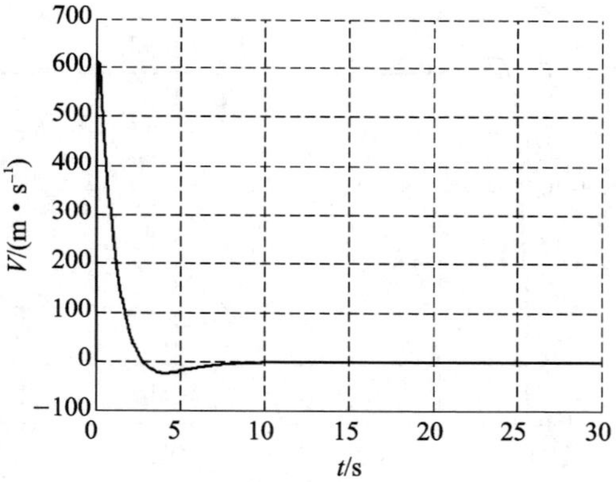

图 5-37　速度响应曲线($h^*=30$ m)

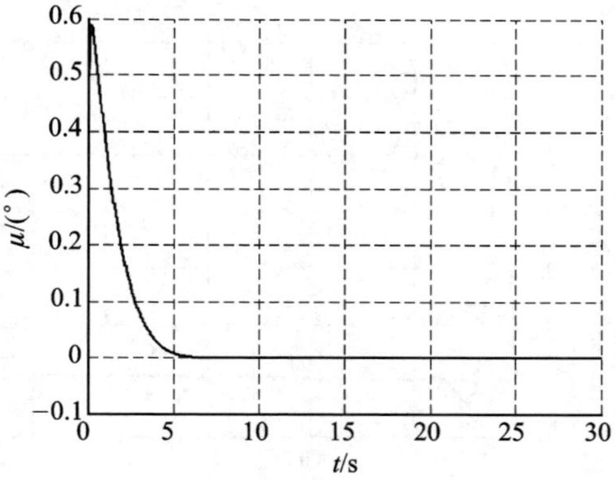

图 5-38　弹道倾角响应曲线($h^*=30$ m)

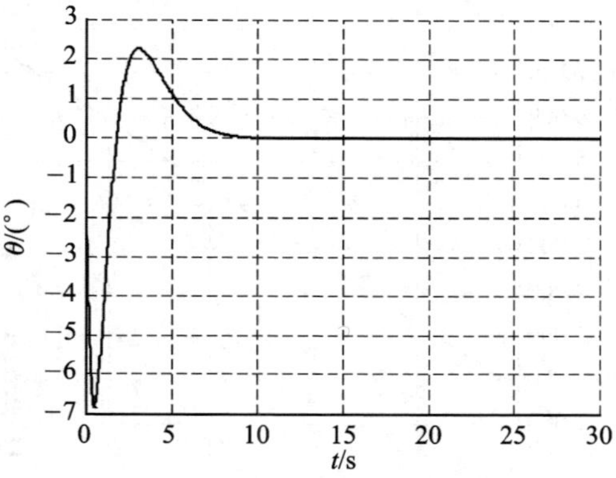

图 5-39　俯仰角响应曲线($h^*=30$ m)

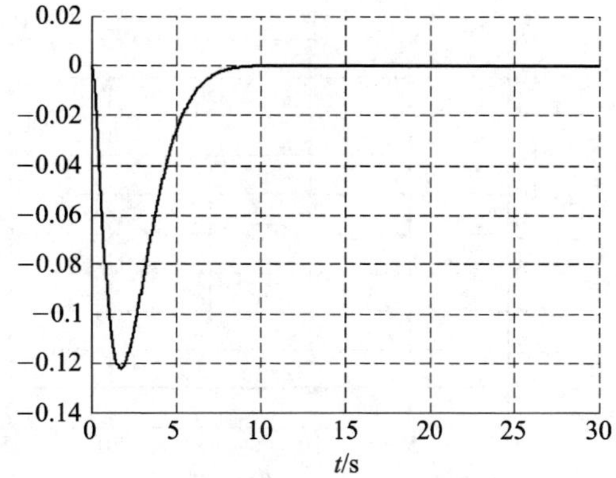

图 5-40　俯仰角速度响应曲线($h^*=30$ m)

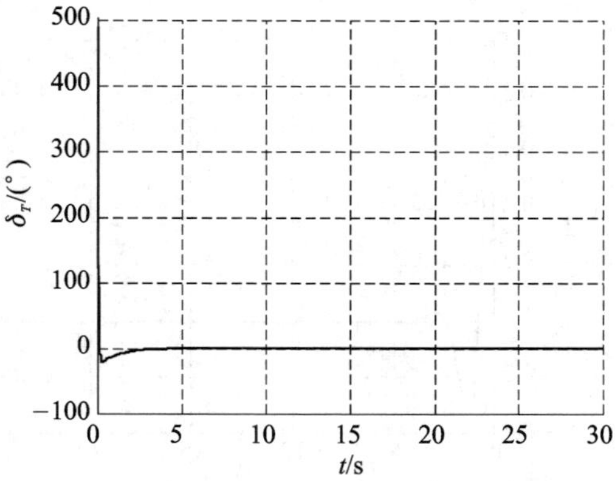

图 5-41　油门响应曲线($h^*=30$ m)

2）弹道倾角指令 $\mu^*=10°$的阶跃时域响应

对弹道倾角指令 $\mu^*=10°$的阶跃时域响应的仿真结果如图 5-43～图 5-49 所示。

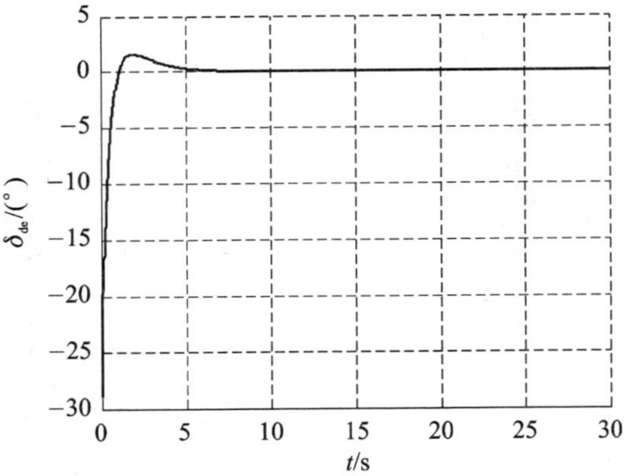

图 5-42 升降舵响应曲线($h^*=30$ m)

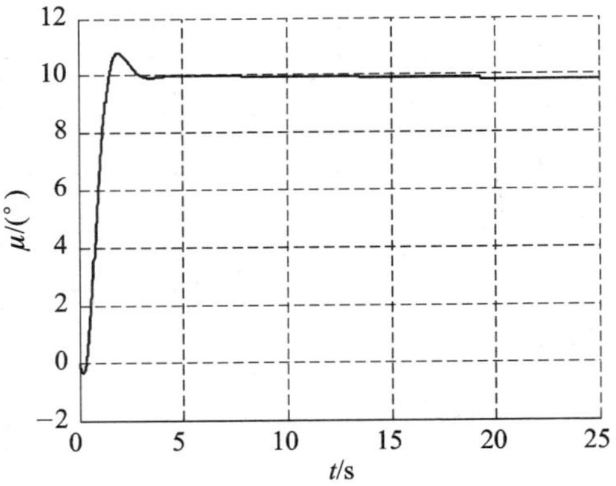

图 5-43 弹道倾角响应曲线($\mu^*=10°$)

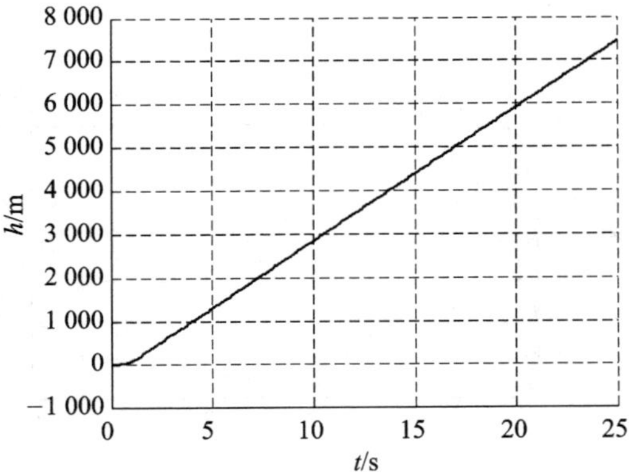

图 5-44 高度响应曲线($\mu^*=10°$)

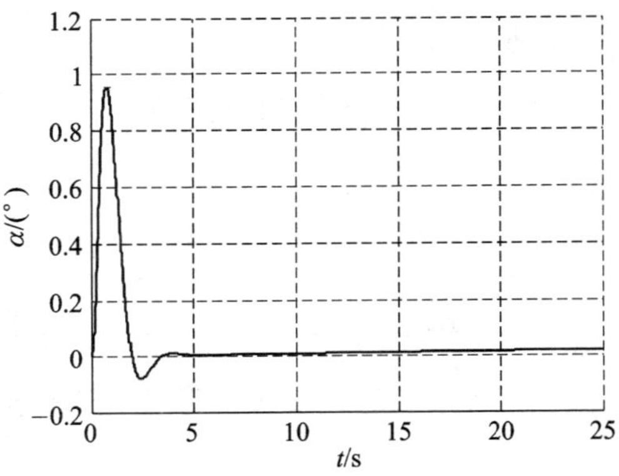

图 5-45 迎角响应曲线($\mu^*=10°$)

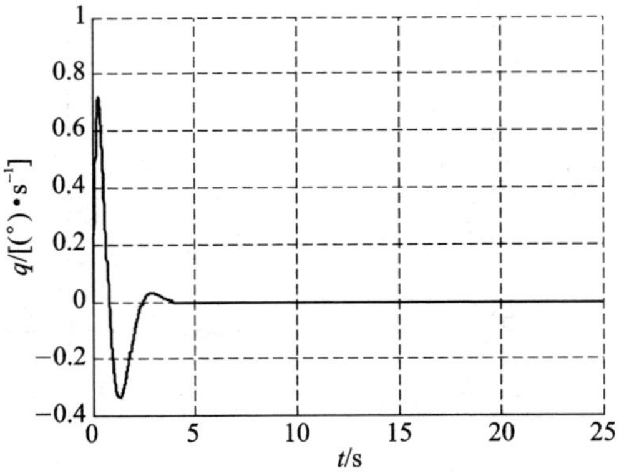

图 5-46 俯仰角速度响应曲线($\mu^*=10°$)

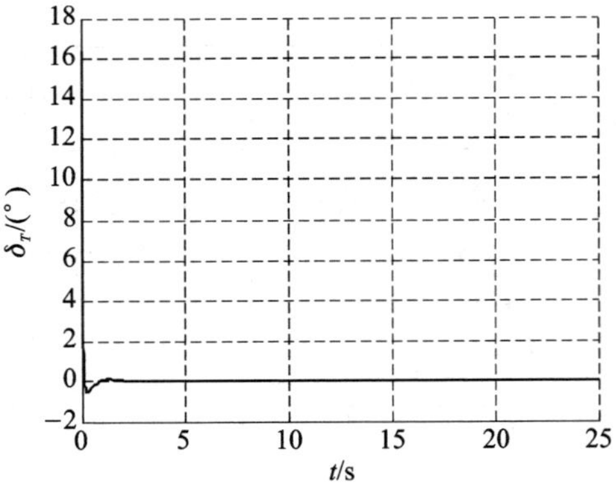

图 5-47 油门响应曲线($\mu^*=10°$)

由仿真结果可见,系统对弹道倾角指令 $\mu^*=10°$的阶跃响应在 3 s 左右即可稳定,但升降舵对控制指令的实际响应已经超出设计要求的限制范围($|\delta_e|\leqslant\delta_{max}=20°$),因此,应对弹道倾角的指令进行相应的限制。

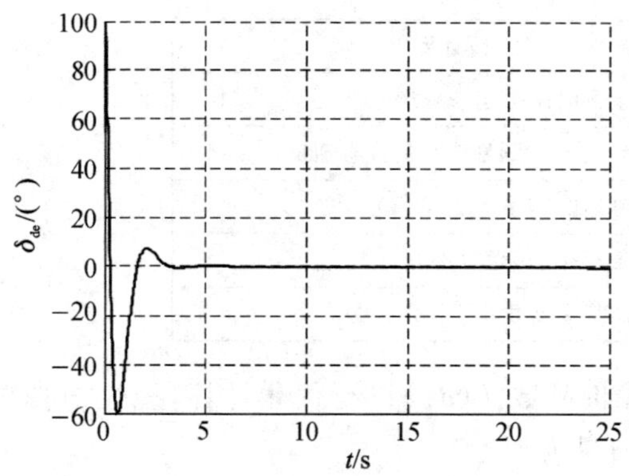

图 5－48　左升降舵响应曲线($\mu^*=10°$)

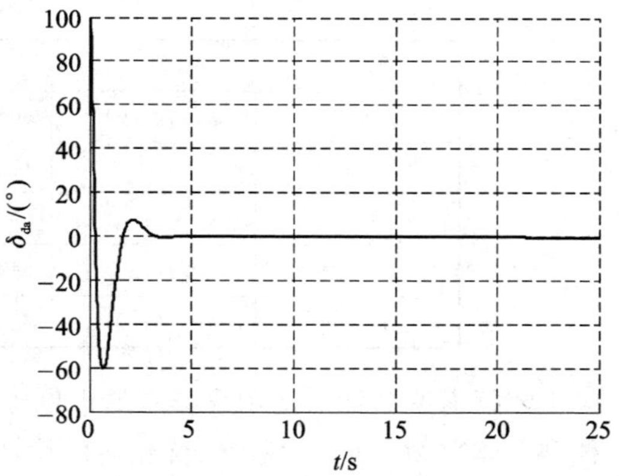

图 5－49　右升降舵响应曲线($\mu^*=10°$)

(6) 横侧向通道随机鲁棒 PID 控制律设计

选择二次型目标函数为

$$L_y = x_y^{\mathrm{T}} Q_y x_y + u_{yn}^{\mathrm{T}} R_y u_{yn} \tag{5-121}$$

则传统的 PID 控制器结构为

$$u_{yn} = K_y x_y \tag{5-122}$$

选择随机鲁棒 PID 控制器的结构为

$$u_y = k_{yc} K_y x_y \tag{5-123}$$

设计向量为

$$d_y = [Q_{y1} \quad Q_{y2} \quad Q_{y3} \quad Q_{y4} \quad Q_{y5} \quad Q_{y6} \quad Q_{y7} \quad Q_{y8} \quad Q_{y9} \quad R_{y1} \quad R_{y2} \quad R_{y3} \quad k_{yc}]^{\mathrm{T}} \tag{5-124}$$

根据高超声速飞行控制数学模型,以及所选取的不确定向量为 $\boldsymbol{\nu}=[\nu_1 \quad \nu_2 \quad \cdots \quad \nu_{24}]^{\mathrm{T}}$,定义高超声速巡航弹横侧向运动的稳定性与性能指标量如表 5－12 所列,选择包含有 24 个不满足设计要求概率的加权平方为随机鲁棒代价函数,即

$$J(d_{\mathrm{p}}) = \sum_{j=1}^{24} w_j \hat{p}_j^2 \tag{5-125}$$

表 5－12　横侧向运动的稳定性与性能指标量

编号 j	权值 w_j	设计要求
1	10	系统稳定
2(3)	0.1(1.0)	10%调节时间小于 10 s(20 s)
4(5)	0.1(1.0)	90%上升时间小于 5 s(10 s)
6	0.1	弹道偏角 φ 达到峰值之前没有逆反
7(8)	0.1(1.0)	10%延迟时间小于 1 s(2 s)
9(10)	0.1(1.0)	超调量小于 10%(20%)
11(12)	0.1(1.0)	舵面的最大变化小于 18°(20°)
13	10	系统稳定
14(15)	0.1(1.0)	10%调节时间小于 10 s(20 s)

续表 5-12

编号 j	权值 w_j	设计要求
16(17)	0.1(1.0)	90%上升时间小于 5 s(10 s)
18	0.1	在滚转角 φ 达到峰值之前没有逆反
19(20)	0.1(1.0)	10%延迟时间小于 1 s(2 s)
21(22)	0.1(1.0)	超调量小于 10%(20%)
23(24)	0.1(1.0)	舵面的最大变化小于 18°(20°)

应用蒙特卡罗估计与遗传算法对随机鲁棒代价函数 $J(\boldsymbol{d}_y)$ 进行优化计算，经过仿真次数 100、种群个体数 20、遗传代数 20 优化后的设计向量为

$$\boldsymbol{d}_y=[6.2907 \quad 6.9048 \quad 4.7436 \quad 6.582 \quad 8.464 \quad 5.4009 \quad 8.3381 \quad 8.3015 \quad 6.3704 \quad 5.9609 \quad 2.4099 \quad 2.9203 \quad 0.71518]^{\mathrm{T}}$$

设计得到的横侧向通道的随机鲁棒 PID 控制律为

$$\delta_{\mathrm{dac}}=k_{\mathrm{da}\varphi}\cdot\varphi+k_{\mathrm{da}p}\cdot p+k_{\mathrm{dar}}\cdot r+k_{\mathrm{da}\psi}\cdot\psi+k_{\mathrm{da}\phi}\cdot\phi+k_{\mathrm{da}\xi}\cdot\int_0^t[\varphi(\tau)-\varphi^*]\mathrm{d}\tau \tag{5-126}$$

$$\delta_{\mathrm{dec}}=k_{\mathrm{de}\varphi}\cdot\varphi+k_{\mathrm{de}p}\cdot\omega_x+k_{\mathrm{der}}\cdot r+k_{\mathrm{de}\psi}\cdot\psi+k_{\mathrm{de}\phi}\cdot\phi+k_{\mathrm{de}\xi}\cdot\int_0^t[\varphi(\tau)-\varphi^*]\mathrm{d}\tau \tag{5-127}$$

$$\delta_{\mathrm{drc}}=k_{\mathrm{dr}\varphi}\cdot\varphi+k_{\mathrm{r}p}\cdot p+k_{\mathrm{drr}}\cdot r+k_{\mathrm{dr}\psi}\cdot\psi+k_{\mathrm{dr}\phi}\cdot\phi+k_{\mathrm{dr}\xi}\cdot\int_0^t[\varphi(\tau)-\varphi^*]\mathrm{d}\tau \tag{5-128}$$

(7) 横侧向通道随机鲁棒 PID 控制性能分析

横侧向通道对弹道偏角指令 $\varphi^*=10°$ 的阶跃响应的部分仿真结果如图 5-50～图 5-57 所示。

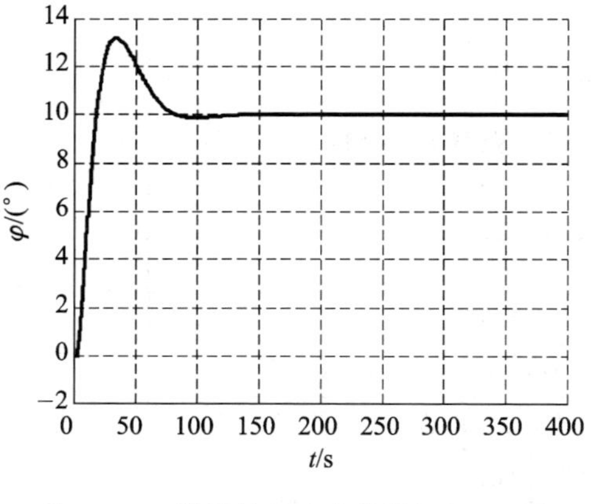

图 5-50 弹道偏角响应曲线($\varphi^*=10°$)

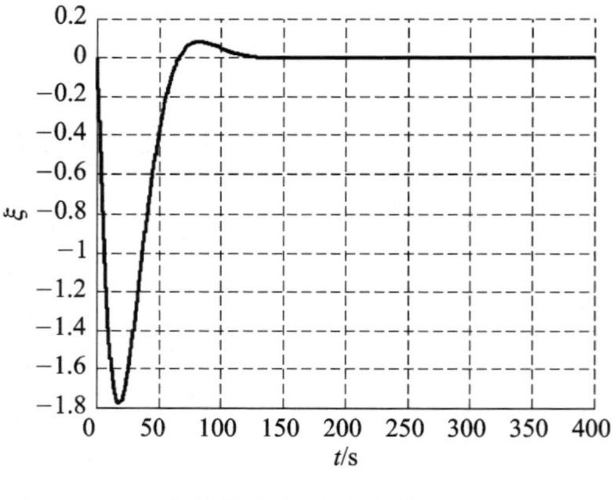

图 5-51 弹道偏角积分响应曲线($\varphi^*=10°$)

由仿真结果可见，在系统对弹道偏角指令 $\varphi^*=10°$ 的阶跃响应过程中，副翼和方向舵对控制指令的实际响应($|\delta_{\mathrm{e}}|\leqslant\delta_{\max}=20°$)满足设计要求的限制范围，但是，弹道偏角、偏航角和滚转角的调节时间都在 100 s 左右才能稳定，且存在着较大的超调现象。这反映了 Winged-cone

巡航弹在 20 km 以上高度进行高超声速飞行时，横侧向运动的阻尼和固有频率特性较差，需要设计较强鲁棒的人工阻尼器和增稳系统。

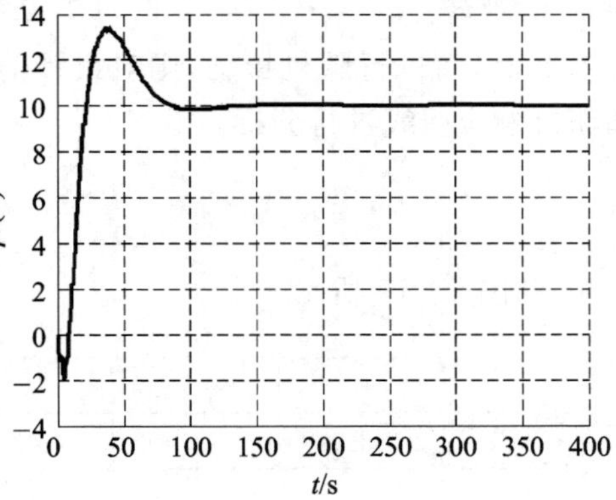

图 5-52　偏航角响应曲线($\varphi^*=10°$)

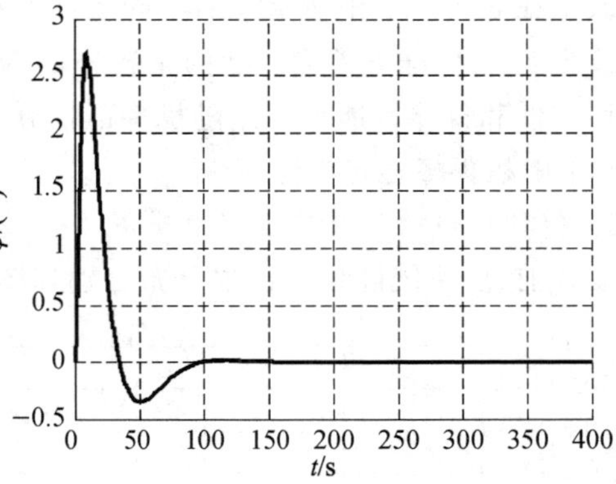

图 5-53　滚转角响应曲线($\varphi^*=10°$)

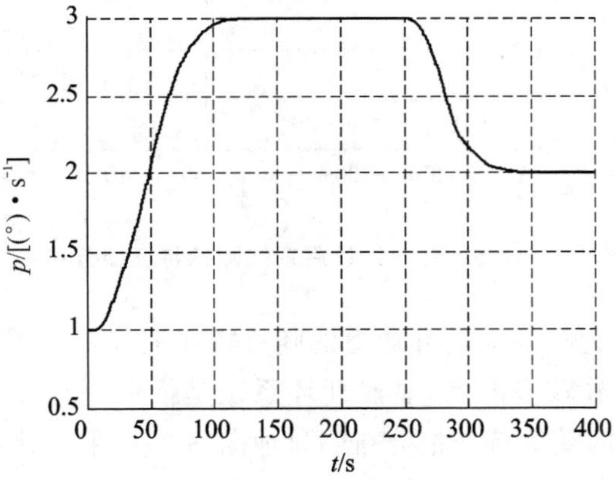

图 5-54　滚转角速度响应曲线($\varphi^*=10°$)

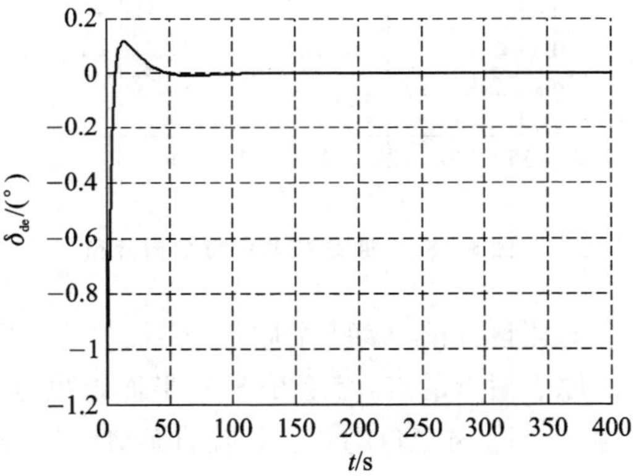

图 5-55　左副翼响应曲线($\varphi^*=10°$)

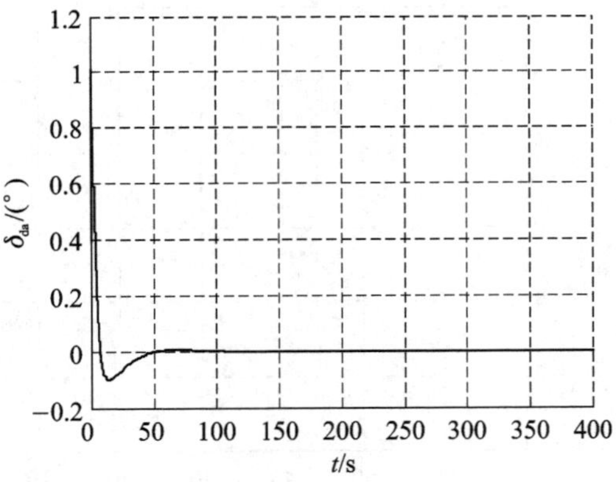

图 5-56　右副翼响应曲线($\varphi^*=10°$)

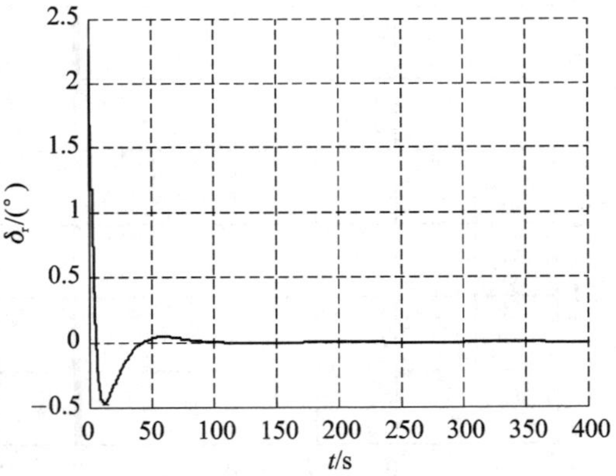

图 5-57　方向舵响应曲线($\varphi^*=10°$)

4. 高超声速巡航弹控制系统随机鲁棒分析

假定在表5-10中所定义的不确定性参数向量 $\boldsymbol{\nu}=[\nu_1 \quad \nu_2 \quad \cdots \quad \nu_{24}]^{\mathrm{T}}$ 的每个分量均服从均值为1.0、标准方差为0.2的正态分布 $N(1.0, 0.2^2)$ 而进行随机摄动,则对设计前、后的鲁棒稳定性和鲁棒性能分别用随机特征根分布和随机响应曲线进行分析。

(1) 随机鲁棒稳定性分析

1) 俯仰通道的随机特征根分布图

设计前、后系统随机特征根分布分别如图5-58和图5-59所示。

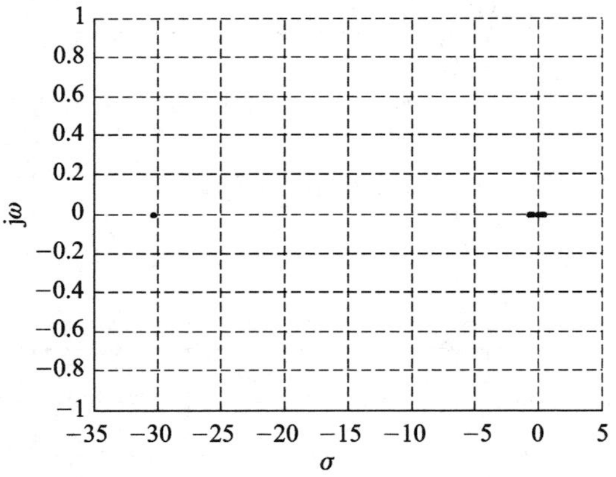

图5-58 原系统随机特征根分布

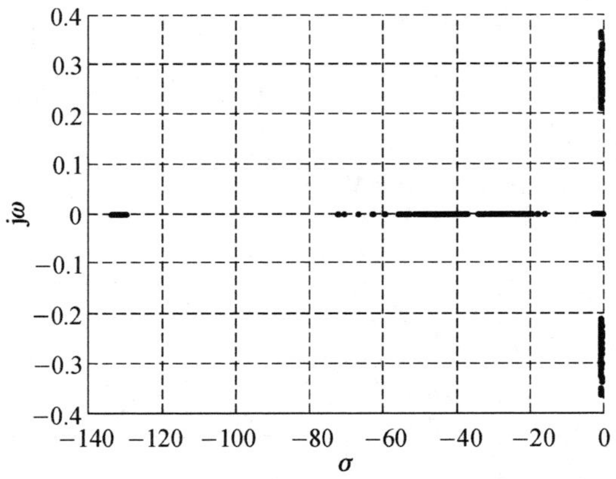

图5-59 设计后系统随机特征根分布

对比设计前、后的系统随机特征根分布图可见,在原俯仰通道的随机特征根分布存在着较多的原点附近的点,甚至在 S 右半面内也分布着较多的点,显然开环系统是依概率存在不稳定性。经过SRAD随机鲁棒设计后,闭环系统的随机特征根分布明显地向 S 左半平面移动。

2) 横侧向通道的随机特征根分布图

设计前、后的系统随机特征根分布分别如图5-60和图5-61所示。

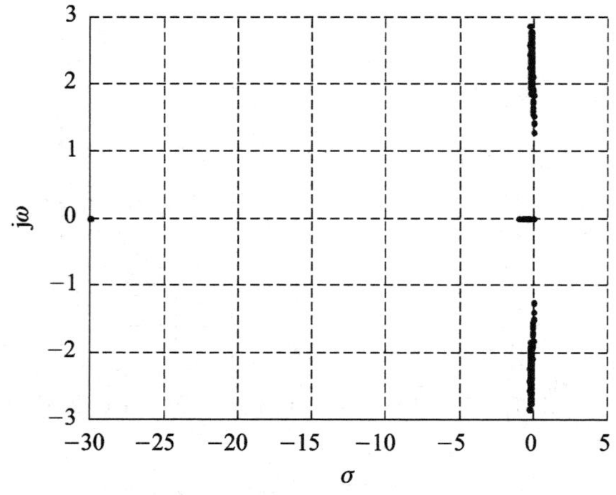

图5-60 原系统随机特征根分布

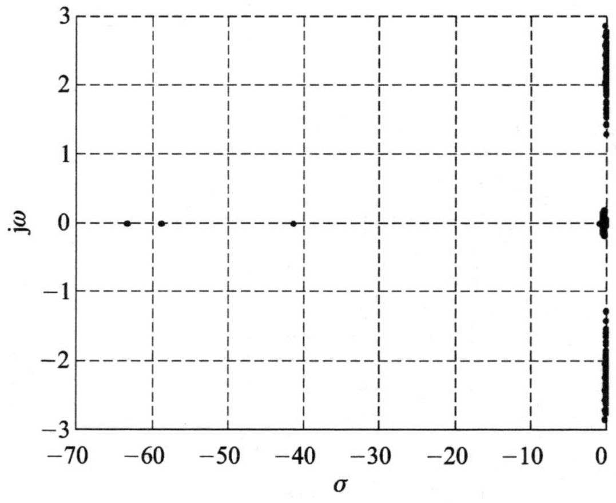

图5-61 设计后系统随机特征根分布

对比上述设计前、后的系统随机特征根分布图可见,经过SRAD随机鲁棒设计后,闭环系统的随机特征根分布明显地向 S 左半平面移动。此外，设计后的随机特征根分布明显地向实轴集中分布，这使得设计后的横侧向通道鲁棒控制系统在阻尼特性和固有频率等方面，均比设计前的系统有较大的改善。

(2) 随机鲁棒性能分析

假定在表 5-10 中所定义的不确定性参数向量 $\boldsymbol{\nu}=[\nu_1 \quad \nu_2 \quad \cdots \quad \nu_{24}]^{\mathrm{T}}$ 的每个分量均服从均值为 1.0、标准方差为 0.2 的正态分布 $N(1.0, 0.2^2)$ 而进行随机摄动，则俯仰通道的高度指令和横侧向通道的弹道偏角指令的随机响应曲线分别如图 5-62 和图 5-63 所示。

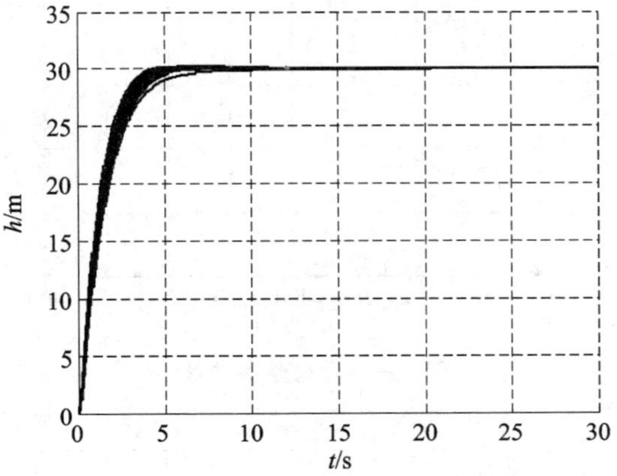

图 5-62　俯仰通道高度指令的随机响应曲线

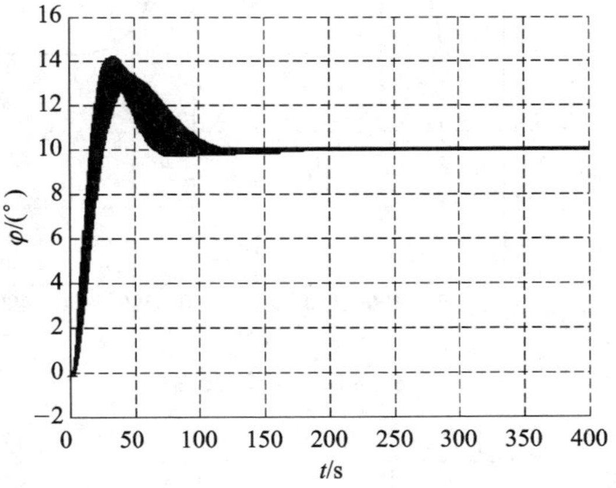

图 5-63　横侧向通道弹道偏角指令的随机响应曲线

由图 5-62 和图 5-63 给出的系统对主要的控制指令的随机响应曲线可见，尽管系统的模型参数存在着较大的随机摄动，但是，所设计的飞行控制系统对于飞行高度和弹道偏角指令的时域响应，仍然能够很好地满足所设定的设计指标要求，并保持着良好的鲁棒性能。

由于通过阶跃指令时域响应所给出的结论，以及利用随机特征根分布和随机响应曲线所做的仿真比较分析，都是基于 Winged-cone 巡航弹的线性化控制系统数学模型，并针对在特征设计点所设计的随机鲁棒 PID 飞行控制器特性进行的仿真测试，因此，控制器能否有效地控制作为非线性时变系统的实际 Winged-cone 巡航弹，以实现方案弹道机动飞行并满足设计指标要求，还需要通过下列全弹道六自由度(6DOF)非线性数学仿真来进行验证。

5. 全弹道 6DOF 非线性系统仿真分析

根据 Winged-cone 高超声速巡航弹飞行控制系统的设计要求，所设计的高超声速巡航弹的测试方案弹道如下。

导弹的初始飞行状态是高度 $h_0=10\ 000$ m，马赫数 $Ma_0=3$；经过 5 s 的定高稳定平飞后，定高反馈回路断开，同时给出弹道倾角指令 $\mu^*=12°$ 和弹道偏角指令 $\varphi^*=0°$，加大发动机推力使导弹进入爬升状态，且飞行速度逐渐增大；当爬升至高度 $h=20\ 000$ m 且飞行马赫数 $Ma=6$ 时，定高反馈回路仍然断开，弹道偏角指令仍然为零，弹道倾角指令 μ^* 逐渐减小；当爬升至高度 $h=29\ 000$ m，飞行马赫数 $Ma=8$ 时，弹道倾角指令减小到 $\mu^*<2°$ 并开始拉平，定高反馈回路闭合并给定高度指令为 $h^*=30\ 000$ m，弹道偏角指令为 $\varphi^*=10°$，导弹进行定高侧向转弯飞行；当飞行 150 s 后，修改弹道偏角指令为 $\varphi^*=0°$，继续进行 $h^*=30\ 000$ m 的定高

直线飞行；当飞行250 s后，断开定高反馈回路，导弹开始俯冲下降，给定弹道倾角指令为$\mu^*=-6°$，弹道偏角指令$\varphi^*=0°$；当高度下降到$h^*=25\ 000$ m时，弹道倾角指令逐渐减小，当下降到$h^*=20\ 500$ m时，弹道倾角减小到$\mu^*=-1°$并开始拉平，给定高度指令为$h^*=20\ 000$ m，弹道偏角指令为$\varphi^*=0°$，导弹进行定高直线飞行。按照高超声速巡航弹进行测试的方案弹道的仿真结果如图5-64～图5-73所示。

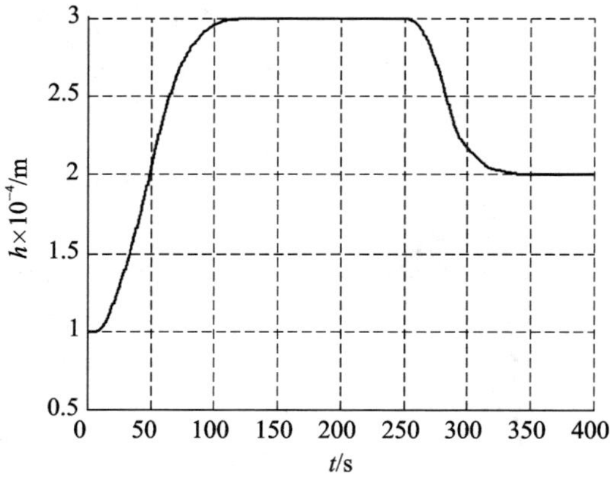

图5-64　飞行高度曲线

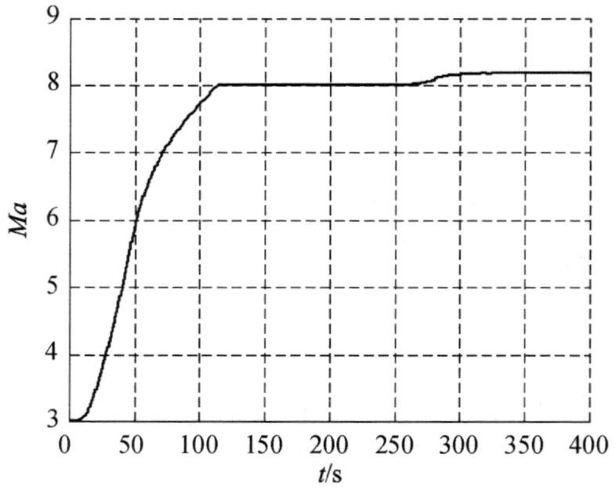

图5-65　马赫数曲线

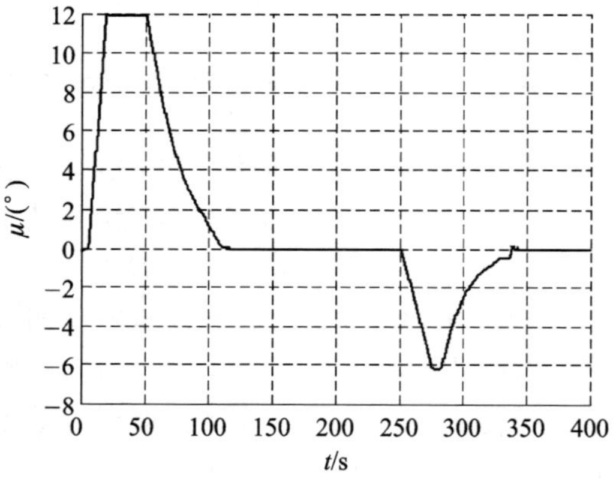

图5-66　弹道倾角曲线

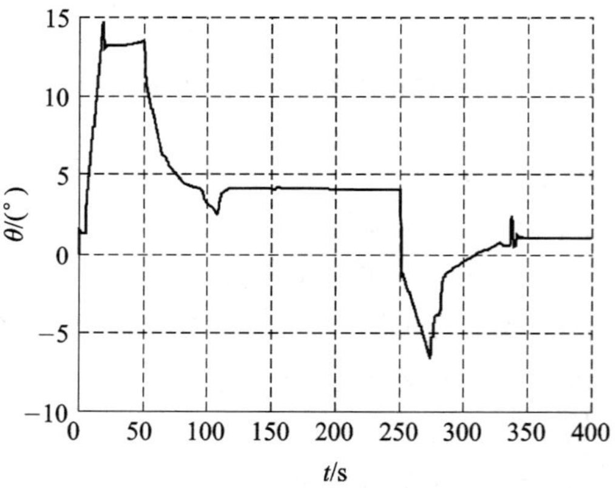

图5-67　俯仰角曲线

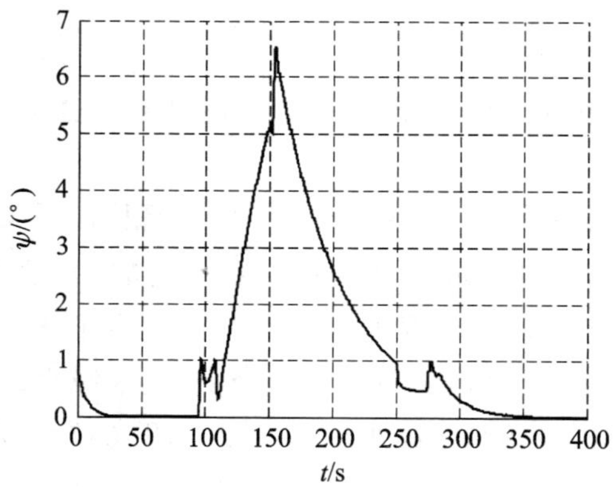

图5-68　偏航角曲线

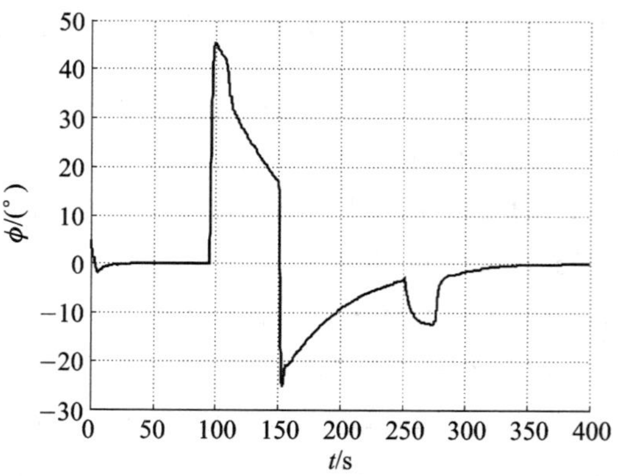

图5-69　滚转角曲线

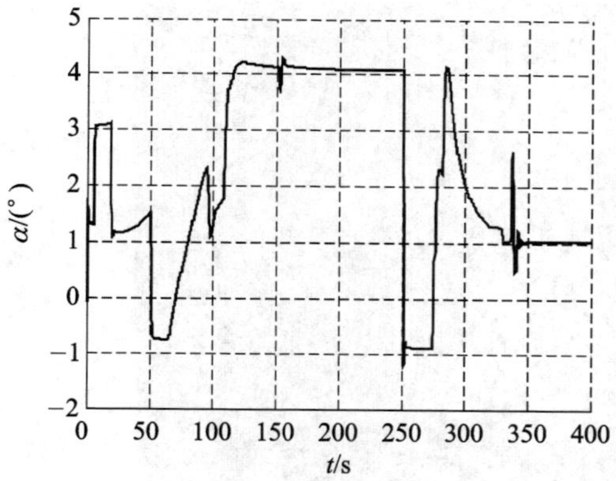

图 5-70　迎角曲线

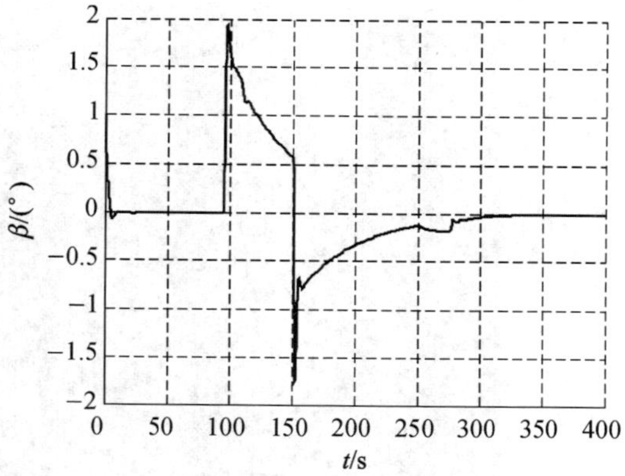

图 5-71　侧滑角曲线

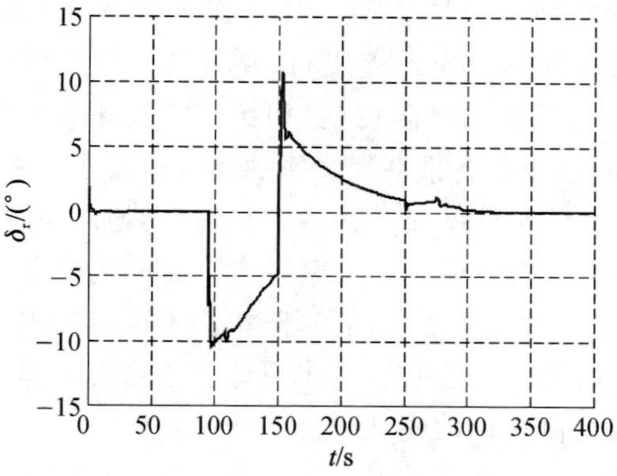

图 5-72　方向舵曲线

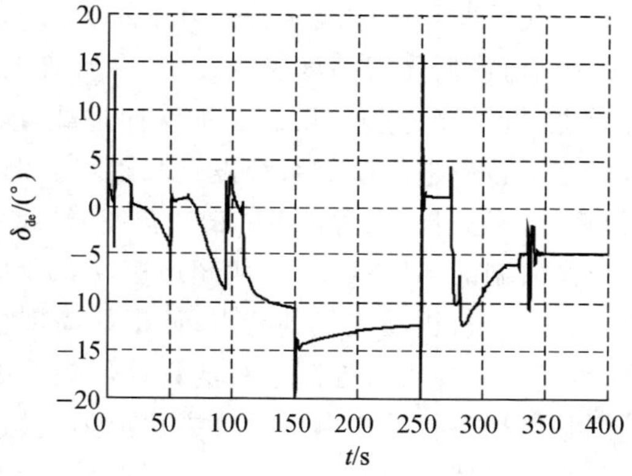

图 5-73　升降舵曲线

由全弹道 6DOF 非线性系统仿真结果可以证实，本小节所介绍的推力特性与巡航弹飞行状态相互耦合的吸气式超燃冲压发动机数学模型和适合于高超声速巡航弹的全状态可测量控制模型，以选择启控点(V_e=1 770 m/s，h_e=20 000 m，α_e=1.02°，β_e=0°)为特征设计点，并基于随机鲁棒分析与设计(SRAD)方法所设计的随机鲁棒 PID 控制器，能够保证 Winged-cone 巡航弹沿着测试方案弹道实现稳定的高超声速机动飞行。可见，应用 SRAD 方法设计的高超声速巡航弹鲁棒飞行控制系统能很好地满足设计要求，是一种实用有效的高超声速鲁棒飞行控制器综合设计方法。

5.5.2　超声速反舰导弹控制系统随机鲁棒设计

1. 超声速反舰导弹概述

作为飞航导弹中的一个大的种类，反舰导弹发展至今已有几十年的历史，在历次海战中都有出色表现。但是，随着现代舰载反导拦截器系统的发展，区域防空和近程点防御等系统组成了对空多层防御体系，使得反舰导弹的突防能力和攻击效果大大下降，这促使各国竞相研发新一代具有突防能力的反舰导弹。图 5-74 所示为舰载对空点防御系统的作战情况。

图 5-74 舰载对空点防御系统

新一代反舰导弹的显著特点是采用灵活的大空域飞行弹道(低—高—低),最大飞行高度达十几公里,最低飞行高度仅为几米,在所有飞行阶段均以超声速飞行,在寻的阶段采用低空飞行弹道,机动能力达十几个 g 的法向过载,能进行复杂的突防机动(如蛇形机动和跃起俯冲等),以避免被先进的防御系统发现和跟踪。例如,已经装备俄罗斯海军的超声速反舰导弹"白蛉"和有"航母克星"之称的Ⅱ-700"花岗岩"超声速反舰导弹,以色列的"迦伯列"超声速导弹,法德合作研制的 ANNG 下一代超声速反舰导弹等[22]均为新一代反舰导弹。新一代反舰导弹超声速、大空域、机动飞行的特点,使得气动耦合和参数变化更加剧烈,随机的不确定性因素变得复杂,导致导弹飞行控制系统的设计面临着更大的挑战。因此,寻求更适合于这类导弹的控制模型和鲁棒飞行控制器的设计方法成为迫切需要解决的关键任务。

下面以俄罗斯海军超声速反舰导弹"白蛉"的主要性能数据为设计蓝本,选择 PID 结构作为 SRAD 控制器的设计结构,进行全包线飞行控制系统的随机鲁棒分析与设计,并对鲁棒飞行控制器进行全弹道六自由度(6DOF)非线性数学仿真分析[11,13]。

2. 导弹数学建模

(1) 气动布局和方案弹道

"白蛉"是俄罗斯最新一代超声速反舰导弹,其气动布局如图 5-75 所示。它的发射装置为发射筒或发射器,助推器为固体火箭发动机,主发动机为使用煤油燃料的冲压喷气发动机,煤油在发射筒中可储存 3 年。弹体为轴对称结构,航向通道与纵向通道气动特性一致。导弹的主要性能数据为长 8.9 m、直径 0.67 m、发射筒长 9 m、发射筒直径 0.71 m。导弹初始质量为 $m_0=1\ 500$ kg(不含助推器),冲压发动机燃油质量为 $m_{cy}=460$ kg,射程为 120～300 km,最大飞行马赫数 $Ma_{max}=3.0$。

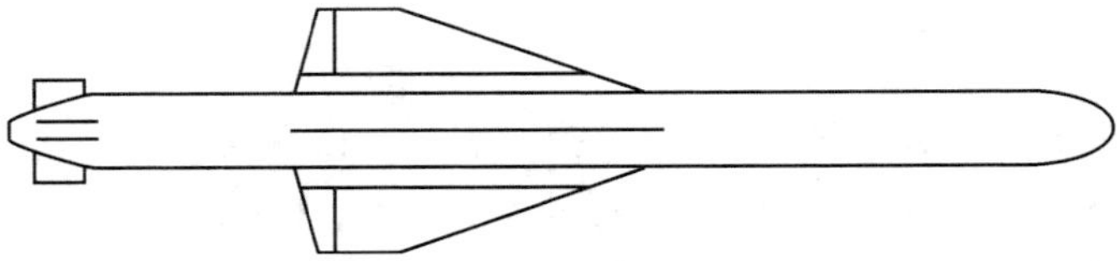

图 5-75 "白蛉"反舰导弹的气动布局图

导弹具备舰载平台和机载平台两种发射能力。当导弹由舰载平台发射时，发射仰角 $\eta_{launch}=15°$，在助推段导弹由助推器从静止状态加速到接力马赫数后分离，工作时间为 $T_{booster}=4.5$ s；在加速段冲压发动机将导弹从接力马赫数加速到巡航马赫数 $Ma=Ma_{ha}=3.0$，此后导弹在巡航高度 $h=h_{ha}=15\ 000$ m 进行高空巡航段飞行；导弹在质量降到 $m=m_{glide}=1\ 000$ kg 后，转入降高下滑段，经过 $T_{glide}=50\sim60$ s 进入巡航高度 $h=h_{la}=15$ m 与马赫数 $Ma=Ma_{la}=2.0$ 的低空巡航飞行。

当导弹采用机载发射时，发射高度 $h=h_{launch}=7\ 000\sim12\ 000$ m，发射后导弹以 $Ma=Ma_{buster}=2.2$ 进行等速等高飞行，飞行时间为 $T_{booster}=4.0$ s，随后主发动机工作，导弹开始爬高然后转入以马赫数 $Ma=Ma_{ha}=3.0$、高度 $h=h_{ha}=15\ 000$ m 进行高空巡航段飞行；当导弹质量降到 $m=m_{glide}=1\ 000$ kg 后，转入降高下滑段，经过 $T_{glide}=50\sim60$ s 进入巡航高度 $h=h_{la}=15$ m 与马赫数 $Ma=Ma_{la}=2.0$ 的低空巡航飞行。

导弹舰载和机载两种发射方式的理论弹道剖面如图 5-76 所示。

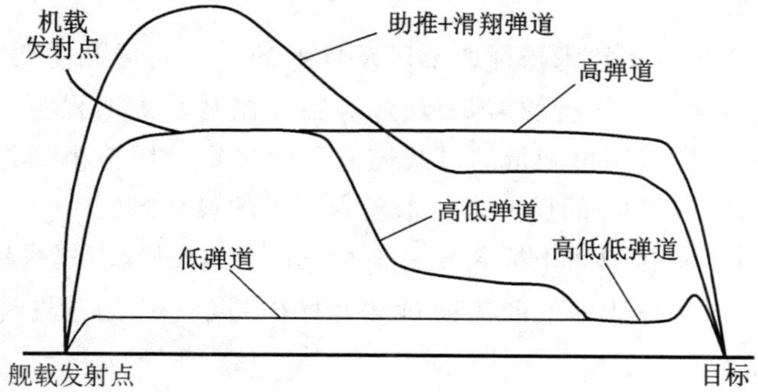

图 5-76　舰载和机载两种发射方式的理论弹道剖面图

(2) 发动机模型

发动机的推力为

$$\begin{cases} T=C_T Q S_w \\ m_c(t)=T/I_{sT} \end{cases} \tag{5-129}$$

式中，C_T 为推力系数，I_{sT} 为比冲，两者分别根据导弹飞行马赫数 Ma 和余气系数 a 插值得到。$m_c(t)$ 为燃料的质量秒消耗量，且满足导弹质量变化规律的微分方程。

在加速段和下滑段，发动机按照下列等余气系数 a 的调节规律供油，即

加速段：　$a=a_1$

下滑段：　$a=a_2$

在高空或低空巡航段，燃油调节器采用等马赫数的调节规律供油，余气系数 a 的调节规律为

$$a=a_0+k_a\cdot(Ma-Ma_{zd}) \tag{5-130}$$

式中，a_0 称为平衡余气系数，在高空巡航段 $a_0=a_h$，在低空巡航段 $a_0=a_l$；k_a 为比例系数；Ma 为当前的飞行马赫数；Ma_{zd} 为装定的巡航马赫数。

3. 超声速反舰导弹过载控制系统随机鲁棒设计

为了提高导弹的纵向和横侧向短周期运动的快速性，需要增大闭环控制系统的固有频率，

但是随着固有频率的增大系统的阻尼比必然会下降,从而导致系统的振荡加剧,运动的平稳性变差;反之,如果增大系统的阻尼比,固有频率会下降,从而导致运动的快速性下降。为解决固有频率与阻尼比不能兼顾的矛盾,通常在反馈导弹的姿态角速度信号基础上,通过在控制律中引入气流角或者过载信号的反馈,来兼顾增大固有频率和阻尼比,以达到改善导弹的纵向和横侧向短周期运动性能的目的。一般情况下,由于测量过载要比测量气流角方便且测量的信号精度更高,因此多数采用过载信号的反馈方式。

下面从“白蛉”导弹的气动布局特点出发,根据导弹的战术技术指标和方案弹道要求,首先建立适合于大空域机动飞行的全状态可测量超声速反舰导弹过载控制模型;随后,依据对控制系统鲁棒稳定性和鲁棒性能的设计要求,建立起如式(5-100)的随机鲁棒代价函数,选择PID控制器的结构,应用第2章中所给出的随机鲁棒分析与设计(SRAD)方法,设计一种实用有效的随机鲁棒过载控制方法,并采用全弹道六自由度(6DOF)非线性时变控制系统进行仿真验证。

(1) 过载控制数学模型

根据所期望的导弹的战术技术指标要求以及导弹的气动布局和主要性能特点,考虑到导弹需要进行大空域超声速机动飞行的需要,经过对制导控制系统工程实现等方面主要因素的综合分析结果证实,建立全状态可测量的过载控制数学模型。用该模型作为进行飞行控制规律随机鲁棒分析与设计(SRAD)的模型是一个较为适当的设计方案[13]。

首先,依据过载向量 $\boldsymbol{n}$ 在弹体坐标系 S_b——$Oxyz$ 上的投影关系,采用积分补偿消除指令响应的稳态误差方法,定义弹体轴上的法向过载和侧向过载(n_y,n_z)与其过载指令(n_y^*,n_z^*)之间的关系变量分别为

$$\varepsilon = g\int_0^t [n_y(\tau) - n_y^*]\mathrm{d}\tau \tag{5-131}$$

$$\xi = \int_0^t [n_z(\tau) - n_z^*]\mathrm{d}\tau \tag{5-132}$$

同理,对于飞行高度 h 和滚转角 ϕ 与其指令(h^*,ϕ^*)之间的关系变量分别为

$$\eta = \int_0^t [h(\tau) - h^*]\mathrm{d}\tau \tag{5-133}$$

$$\lambda = \int_0^t [\phi(\tau) - \phi^*]\mathrm{d}\tau \tag{5-134}$$

通过过载向量 $\boldsymbol{n}$ 在弹体坐标系 S_b——$Oxyz$ 上的投影与操纵舵之间关系,建立下列导弹过载控制数学模型。

1) 俯仰通道

根据导弹的纵向运动特点,选取法向过载 n_y、俯仰角速度 q、法向过载的误差积分 ε、飞行高度 h、飞行高度的误差积分 η 和升降舵偏角 δ_e 为俯仰通道的运动状态向量,即 $[n_z \quad q \quad \varepsilon \quad h \quad \eta \quad \delta_e]^{\mathrm{T}}$,选取升降舵指令 δ_{ec} 为控制输入量,由此构成以绕质心旋转为内回路,以质心的升降运动为外回路的俯仰控制通道。导弹俯仰通道的数学模型为

$$\dot{n}_z = a_{14}q - a_1 n_z + \left(a_1 a_{15} - a_2 a_{14} - \frac{a_{15}}{T_\delta}\right)\delta_e + \frac{k_\delta}{T_\delta}a_{15}\delta_{ec} \tag{5-135}$$

$$\dot{q} = \frac{a_{11}}{a_{14}}n_z + a_{12}q + \left(a_{13} - \frac{a_{11}a_{15}}{a_{14}}\right)\delta_e \tag{5-136}$$

$$\dot{\varepsilon}=g(n_z-n_z^*) \tag{5-137}$$

$$\dot{h}=\varepsilon \tag{5-138}$$

$$\dot{\eta}=h-h^* \tag{5-139}$$

$$\dot{\delta}_{\mathrm{e}}=-\frac{1}{T_\delta}\delta_{\mathrm{e}}+\frac{k_\delta}{T_\delta}\delta_{\mathrm{ec}} \tag{5-140}$$

当导弹进行定高定速巡航飞行时，方程(5-138)和(5-139)接入系统计算。

2）偏航通道

选取导弹的侧向过载 n_y、偏航角速度 r、侧向过载的误差积分 ξ 和方向舵 δ_{r} 为运动状态向量，即 $[n_y \quad r \quad \xi \quad \delta_{\mathrm{r}}]^{\mathrm{T}}$，以方向舵指令 δ_{rc} 为控制输入量。偏航通道的数学模型为

$$\dot{n}_y=a_3n_y+a_{16}r+\left(a_4a_{16}-a_3a_{17}-\frac{a_{17}}{T_\delta}\right)\delta_{\mathrm{r}}+\frac{k_\delta}{T_\delta}a_{17}\delta_{\mathrm{rc}} \tag{5-141}$$

$$\dot{r}=\frac{a_8}{a_{16}}n_y+a_9r+\left(a_{10}-\frac{a_8a_{17}}{a_{16}}\right)\delta_{\mathrm{r}} \tag{5-142}$$

$$\dot{\xi}=n_y-n_y^* \tag{5-143}$$

$$\dot{\delta}_{\mathrm{r}}=-\frac{1}{T_\delta}\delta_{\mathrm{r}}+\frac{k_\delta}{T_\delta}\delta_{\mathrm{rc}} \tag{5-144}$$

3）滚转通道

选取导弹的偏航角速度 p、滚转角 ϕ、侧向过载的误差积分 λ 和副翼 δ_{a} 为运动状态向量，即 $[p \quad \phi \quad \lambda \quad \delta_{\mathrm{a}}]^{\mathrm{T}}$，以副翼指令 δ_{ac} 为控制输入量。滚转通道的数学模型为

$$\dot{p}=a_6p+a_7\delta_{\mathrm{a}} \tag{5-145}$$

$$\dot{\phi}=p \tag{5-146}$$

$$\dot{\lambda}=\phi-\phi^* \tag{5-147}$$

$$\dot{\delta}_{\mathrm{a}}=-\frac{1}{T_\delta}\delta_{\mathrm{a}}+\frac{k_\delta}{T_\delta}\delta_{\mathrm{ac}} \tag{5-148}$$

式(5-137)～式(5-148)中，各相关参数如下：

$$a_1=\frac{1}{mV}(QS_{\mathrm{w}}C_{L_\alpha}+T),\quad a_2=\frac{1}{mV}QS_{\mathrm{w}}C_{L_{\delta_{\mathrm{e}}}},\quad a_3=\frac{1}{mV}(QS_{\mathrm{w}}C_{Y_\beta}-T)$$

$$a_4=\frac{1}{mV}QS_{\mathrm{w}}C_{Y_{\delta_{\mathrm{r}}}},\quad a_5=\frac{QS_{\mathrm{w}}L}{I_x}C_{l_\beta},\quad a_6=\frac{QS_wL^2}{I_xV}C_{l_{\bar{p}}},\quad a_7=\frac{QS_{\mathrm{w}}L}{I_x}C_{l_{\delta_{\mathrm{a}}}}$$

$$a_8=\frac{QS_{\mathrm{w}}L}{I_z}C_{n_\beta},\quad a_9=\frac{QS_{\mathrm{w}}L^2}{I_zV}C_{n_{\bar{r}}},\quad a_{10}=\frac{QS_{\mathrm{w}}L}{I_z}C_{n_{\delta_{\mathrm{r}}}},\quad a_{11}=\frac{QS_{\mathrm{w}}L}{I_y}C_{m_\alpha}$$

$$a_{12}=\frac{QS_{\mathrm{w}}L^2}{I_yV}C_{m_{\bar{q}}},\quad a_{13}=\frac{QS_{\mathrm{w}}L}{I_y}C_{m_{\delta_{\mathrm{e}}}},\quad a_{14}=\frac{QS_{\mathrm{w}}}{mg}(C_{D0}+C_{Di}+C_{L\alpha})$$

$$a_{15}=\frac{QS_{\mathrm{w}}}{mg}C_{L_{\delta_{\mathrm{e}}}},\quad a_{16}=\frac{QS_{\mathrm{w}}}{mg}(C_{Y_\beta}-C_{D0}-C_{Di})$$

$$a_{17}=\frac{QS_{\mathrm{w}}}{mg}C_{Y_{\delta_{\mathrm{r}}}},\quad a_{18}=T_\delta,\quad a_{19}=k_\delta$$

式中，L 为弹体的参考长度，与平均几何弦长 c_{A} 同义。

(2) 过载控制律随机鲁棒设计

1) 导弹的过载控制系统设计要求

内容包括:

① 保证基于某特征设计点的飞行控制系统在指定的空域内($h=0\sim15\ 000$ m),当所有的模型参数发生20%的随机变化时,能控制导弹沿全弹道稳定且准确地飞行;

② 保证导弹的俯仰、偏航和滚转三个通道稳定且其时域指标满足设计要求;

③ 为了保证导弹冲压发动机的正常工作以及满足导弹结构强度的限制要求,对气流角和过载均有相应的限制要求:$|\alpha|\leqslant\alpha_{\max}=6°$,$|\beta|\leqslant\beta_{\max}=6°$,$|n_y|\leqslant n_{y\max}=10g$,$|n_z|\leqslant n_{z\max}=10g$;

④ 满足对于升降舵、方向舵和副翼三个通道的最大舵偏角的限制要求:$|\delta_e|\leqslant\delta_{\max}=20°$,$|\delta_r|\leqslant\delta_{\max}=20°$,$|\delta_a|\leqslant\delta_{\max}=20°$。

2) 系统不确定性参数的选择

影响超声速反舰导弹飞行性能的因素是多方面的,既有风速和海浪等飞行环境因素的影响,又有推力脉动和推力线偏斜造成推力的不确定因素的影响,也有弹体不同轴度和翼/舵面安装误差等结构误差的影响,更有导弹的质量、惯量和空气动力学参数等的不确定性的影响。为了更好地反映上述不确定因素的影响,根据前面所给出的超声速反舰导弹的过载控制数学模型,定义导弹的质量、惯量和推力以及空气动力学参数等的不确定性参数向量为 $\boldsymbol{v}=[v_1\quad \nu_2\quad \cdots\quad \nu_{27}]^{\mathrm{T}}$。这里,假定 $\boldsymbol{v}$ 的每个分量均服从均值为1.0、标准方差为0.2的正态分布。各分量的具体定义如表5-13所列。

表5-13　系统的不确定性参数向量

关系式	关系式	关系式	关系式
$m=v_1m_0$	$C_{l_\beta}=v_{15}C_{l_\beta 0}$	$C_T=v_8C_{T0}$	$C_{m_q}=v_{22}C_{m_q 0}$
$I_x=v_2I_{xo}$	$C_{l_p}=v_{16}C_{l_p 0}$	$I_{sT}=v_9I_{sT0}$	$C_{m_{\delta_e}}=v_{23}C_{m_{\delta_e}0}$
$I_y=v_3I_{yo}$	$C_{l_{\delta_a}}=v_{17}C_{l_{\delta_a}0}$	$\rho=v_{10}\rho_0$	$C_{D_o}=v_{24}C_{D_o 0}$
$I_z=v_4I_{zo}$	$C_{n_\beta}=v_{18}C_{n_\beta 0}$	$C_{L_\alpha}=v_{11}C_{L_\alpha 0}$	$C_{D_i}=v_{25}C_{D_i 0}$
$S_w=v_5S_{w0}$	$C_{n_r}=v_{19}C_{n_r 0}$	$C_{L_{\delta_e}}=v_{12}C_{L_{\delta_e}0}$	$T_\delta=v_{26}T_{\delta 0}$
$L=v_6L_0$	$C_{n_{\delta_r}}=v_{20}C_{n_{\delta_r}0}$	$C_{Y_\beta}=v_{13}C_{Y_\beta 0}$	$K_\delta=v_{27}K_{\delta 0}$
$a=v_7a_0$	$C_{m_\alpha}=v_{21}C_{m_\alpha 0}$	$C_{Y_{\delta_r}}=v_{14}C_{Y_{\delta_r}0}$	

3) 特征设计点的选择

理想弹道的特征设计点的合理选择,对提高鲁棒飞行控制器在全飞行包线内的控制品质有着重要的影响。考虑到飞行控制系统与中制导系统以及末制导系统的信号输入/输出关系的工程实现,选用PID控制器的结构进行飞行控制器的随机鲁棒设计。遵循特征设计点的选取原则,选择导弹的理想飞行弹道剖面上的起控点($V_e=876$ m/s,$h_e=450$ m,$\alpha_e=0.015\ 8°$,$\beta_e=0°$)为特征设计点。

4) 俯仰通道随机鲁棒PID控制律设计

选择二次型目标函数为

$$I_p=\frac{1}{2}\int_0^\infty[\boldsymbol{x}_p^{\mathrm{T}}\boldsymbol{Q}_p\boldsymbol{x}_p+\boldsymbol{u}_{pn}^{\mathrm{T}}\boldsymbol{R}_p\boldsymbol{u}_{pn}]\mathrm{d}t$$

则传统的PID控制器结构为

$$\boldsymbol{u}_{\mathrm{pn}} = -\boldsymbol{K}_{\mathrm{p}}\boldsymbol{x}_{\mathrm{p}} \tag{5-149}$$

选择随机鲁棒 PID 控制器的结构为 $\boldsymbol{u}_{\mathrm{p}} = -\boldsymbol{k}_{\mathrm{pc}}\boldsymbol{K}_{\mathrm{p}}\boldsymbol{x}_{\mathrm{p}}$，设计向量为

$$\boldsymbol{d}_{\mathrm{p}} = [Q_{\mathrm{p1}} \quad Q_{\mathrm{p2}} \quad Q_{\mathrm{p3}} \quad Q_{\mathrm{p4}} \quad Q_{\mathrm{p5}} \quad Q_{\mathrm{p6}} \quad R_{\mathrm{p1}} \quad k_{\mathrm{pc}}]^{\mathrm{T}} \tag{5-150}$$

根据反舰导弹的过载控制数学模型，定义导弹的质量、惯量和推力以及空气动力学参数等的不确定性参数向量为 $\boldsymbol{\nu}=[v_1 \quad \nu_2 \quad \cdots \quad \nu_{27}]^{\mathrm{T}}$，选择包含有 26 个不满足设计要求概率的加权平方的随机鲁棒代价函数，即

$$J(\boldsymbol{d}_{\mathrm{p}}) = \sum_{j=1}^{26} w_j \hat{p}_j^2 \tag{5-151}$$

根据所期望的导弹的战术技术指标要求，综合给出相关的俯仰通道稳定和性能指标量，如表 5-14 所列。

表 5-14 俯仰通道稳定和性能指标量

编号 i	权值 w_i	指示函数	设计要求
1	10	I_{i1}	系统稳定
2(3)	0.1(1.0)	$I_{h,T_s1}(I_{h,T_s2})$	10%调节时间小于 1 s(2 s)
4(5)	0.1(1.0)	$I_{h,\mathrm{R1}}(I_{h,\mathrm{R2}})$	90%上升时间小于 1 s(2 s)
6	0.1	$I_{h,\mathrm{Rev}}$	在 h 达到峰值之前没有逆反
7(8)	0.1(1.0)	$I_{h,D0.25}(I_{h,D0.5})$	10%延迟时间小于 0.25 s(0.5 s)
9(10)	0.1(1.0)	$I_{h,\mathrm{OS1}}(I_{h,\mathrm{OS2}})$	超调量小于 1%(2%)
11(12)	0.1(1.0)	$I_{h,\delta_e 18}(I_{h,\delta_e 20})$	δ_e的最大变化小于 18°(20°)
13(14)	0.1(1.0)	$I_{h,n_z 8}(I_{h,n_z 10})$	过载小于 8(10)
15	10	I_{i2}	系统稳定
16(17)	0.1(1.0)	$I_{n_z,T_s0.5}(I_{n_z,T_s1})$	10%调节时间小于 0.5 s(1 s)
18(19)	0.1(1.0)	$I_{n_z,\mathrm{R0.5}}(I_{n_z,\mathrm{R1}})$	90%上升时间小于 0.5 s(1 s)
20	0.1	$I_{n_z,\mathrm{Rev}}$	在 n_y 达到峰值之前没有逆反
21(22)	0.1(1.0)	$I_{n_z,D0.1}(I_{n_z,D0.2})$	10%延迟时间小于 0.1 s(0.2 s)
23(24)	0.1(1.0)	$I_{n_z,\mathrm{OS1}}(I_{n_z,\mathrm{OS2}})$	超调量小于 1%(2%)
25(26)	0.1(1.0)	$I_{n_z,\delta_e 18}(I_{n_z,\delta_e 20})$	δ_e的最大变化小于 18°(20°)

根据随机鲁棒分析与设计(SRAD)原理(见图 5-22)，应用蒙特卡罗估计与遗传算法对随机鲁棒代价函数 $J(\boldsymbol{d}_{\mathrm{p}})$ 进行优化计算。

经过仿真次数 100、种群个体数 30、遗传代数 20、响应时间 120 s 优化后的设计向量为

$$\boldsymbol{d}_{\mathrm{p}} = [869\,996 \quad 134\,211 \quad 213\,510 \quad 129\,529 \quad 49\,767 \quad 762\,429 \quad 193\,685 \quad 0.64]^{\mathrm{T}} \tag{5-152}$$

相应的随机鲁棒增益为

$$\begin{aligned} k_{\mathrm{pc}}\boldsymbol{K}_{\mathrm{p}} &= [k_{n_z} \quad k_q \quad k_\varepsilon \quad k_h \quad k_\eta \quad k_{\delta_e}] \\ &= [-1.212\,4 \quad -8.596\,5 \quad -0.895\,2 \quad -0.926\,9 \quad -0.325\,7 \quad 39.308\,9] \end{aligned} \tag{5-153}$$

经优化设计得到的俯仰通道的随机鲁棒 PID 控制律为

$$\delta_{ec}=k_{n_z}n_z+k_q q+k_\varepsilon g\int_0^t[n_z(\tau)-n_z^*]\mathrm{d}\tau+k_h h+k_\eta\int_0^t[h(\tau)-h^*]\mathrm{d}\tau \quad (5-154)$$

俯仰通道的随机鲁棒控制器的结构如图 5-77 所示。

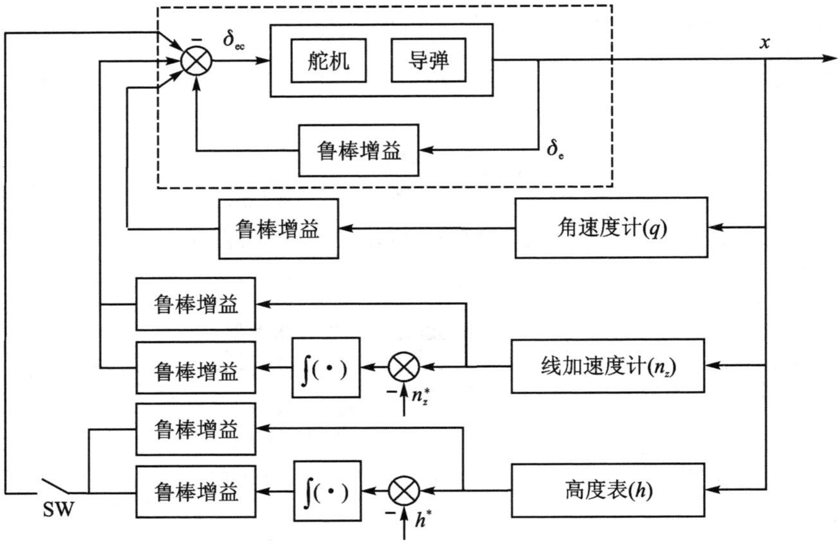

图 5-77 俯仰通道的随机鲁棒控制器结构图

5) 俯仰通道随机鲁棒 PID 控制系统性能分析

(a) 对高度指令的阶跃响应($h^*=200$ m)

俯仰通道对高度指令阶跃响应的仿真结果如图 5-78～图 5-81 所示。

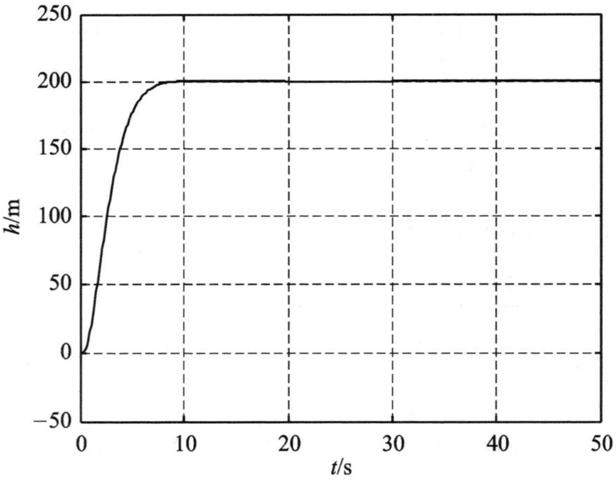

图 5-78 高度响应曲线($h^*=200$ m)

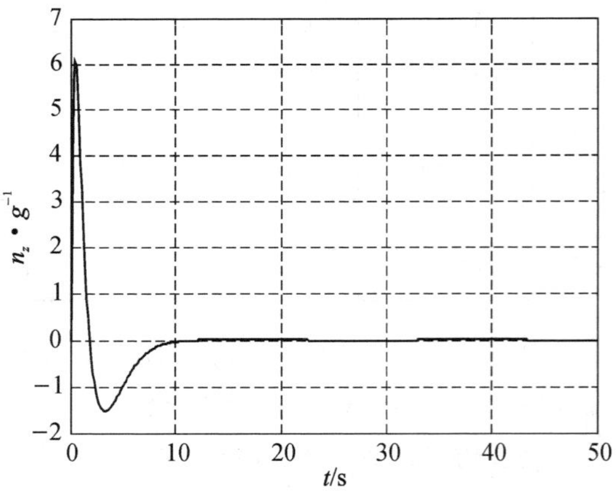

图 5-79 法向过载响应曲线($h^*=200$ m)

由仿真结果可见,系统对高度指令 $h^*=200$ m 的阶跃响应在 7 s 之前即可稳定,且法向过载均在设计要求范围内($|n_z|\leqslant n_{z\max}=10g$),所需要的升降舵偏转指令也在限制范围之内($|\delta_{ec}|\leqslant\delta_{\max}=20°$),且升降舵对控制指令的实际响应($|\delta_e|\leqslant\delta_{\max}=20°$)满足设计要求。

(b) 对最大法向过载指令的阶跃响应($n_z^*=10g$)

俯仰通道对最大法向过载指令的阶跃响应的仿真结果如图 5-82～图 5-85 所示。

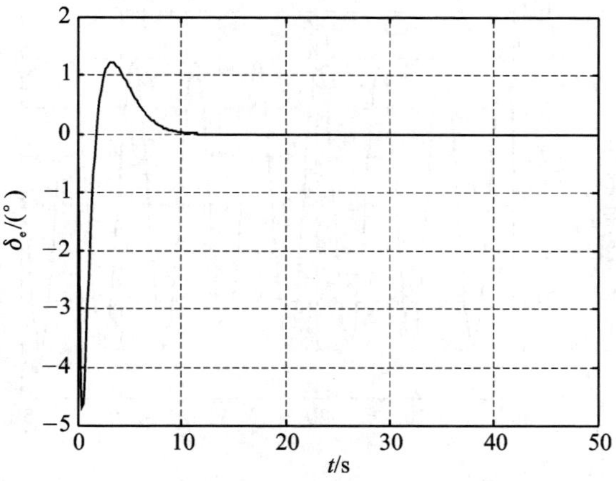

图 5-80　升降舵响应曲线($h^*=200$ m)

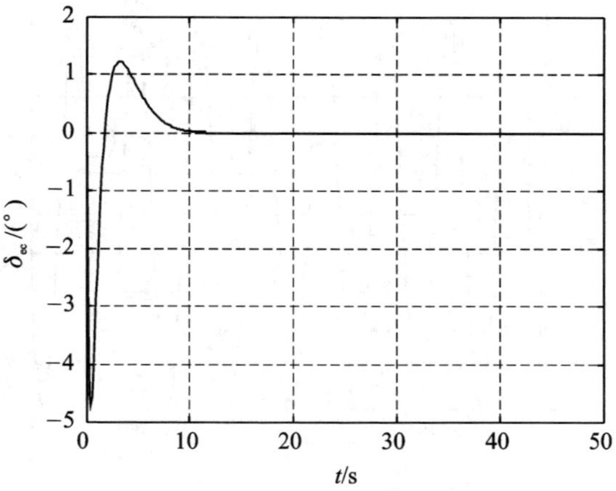

图 5-81　升降舵指令变化曲线($h^*=200$ m)

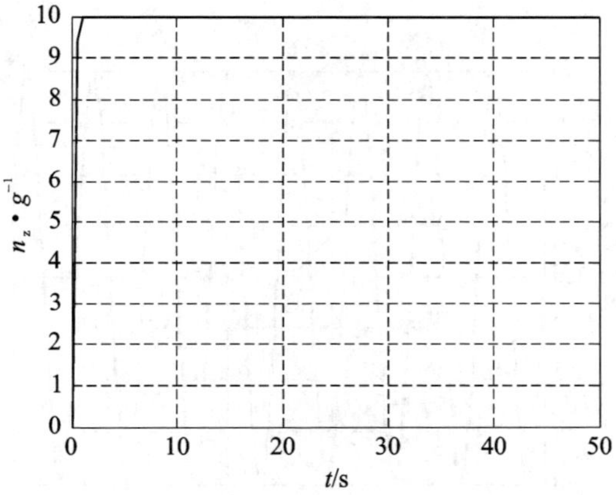

图 5-82　法向过载响应曲线($n_z^*=10g$)

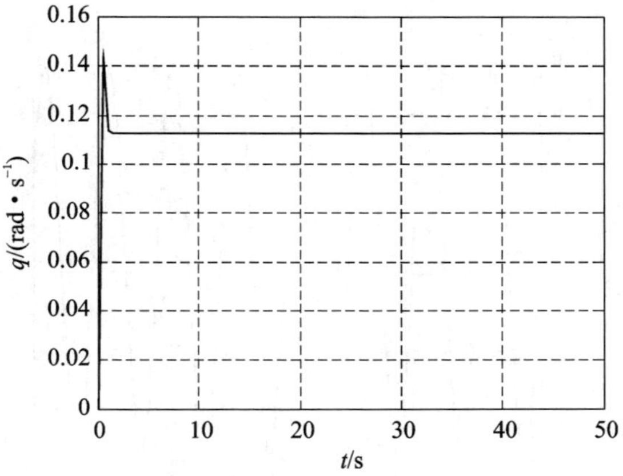

图 5-83　俯仰角速度响应曲线($n_z^*=10g$)

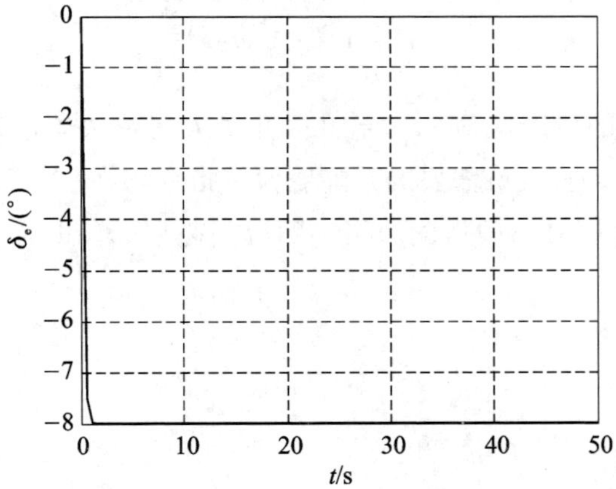

图 5-84　升降舵响应曲线($n_z^*=10g$)

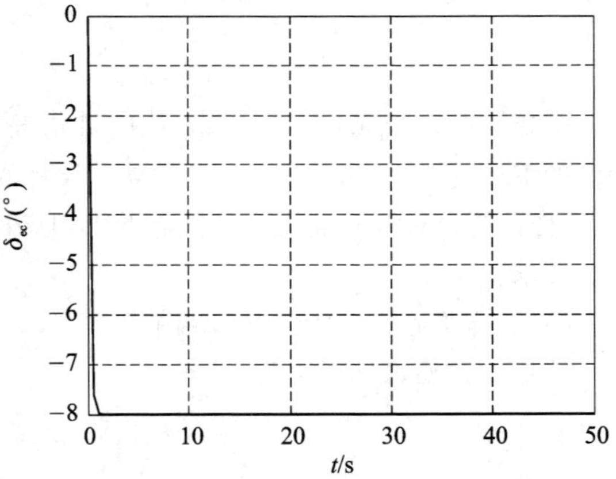

图 5-85　升降舵指令变化曲线($n_z^*=10g$)

(c) 对最大正弦法向过载指令的响应($n_z^*=10\sin(1.0t)g$)

俯仰通道对最大正弦法向过载指令的响应的仿真结果如图 5-86～图 5-89 所示。

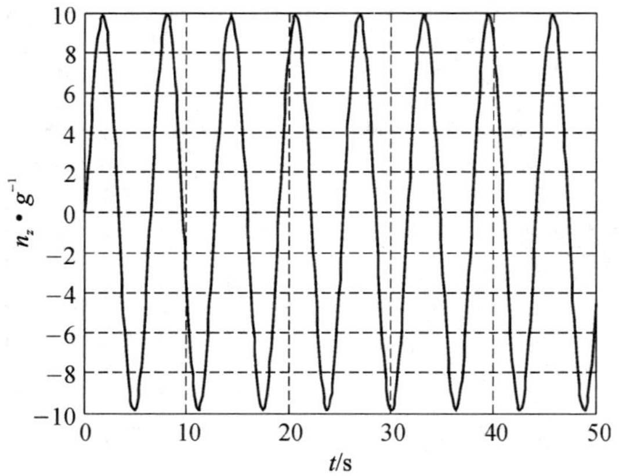

图 5-86 法向过载响应曲线

($n_z^* = 10\sin(1.0t)g$)

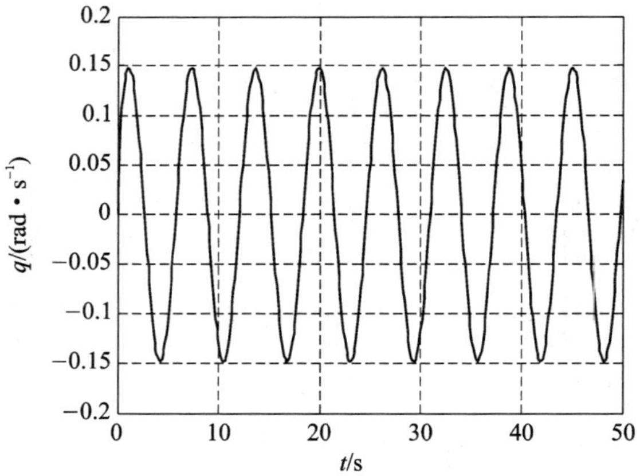

图 5-87 俯仰角速度响应曲线

($n_z^* = 10\sin(1.0t)g$)

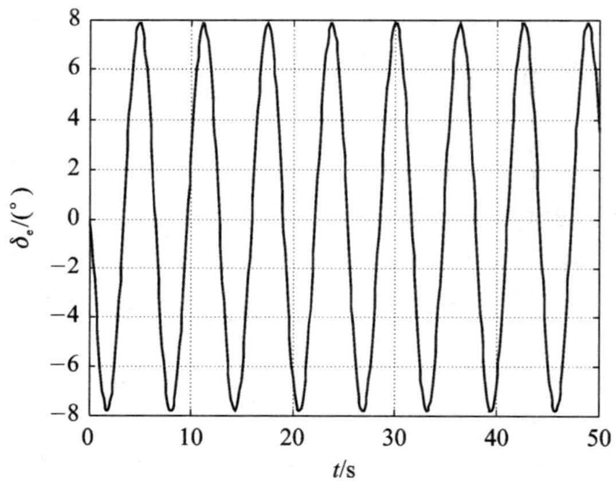

图 5-88 升降舵响应曲线

($n_z^* = 10\sin(1.0t)g$)

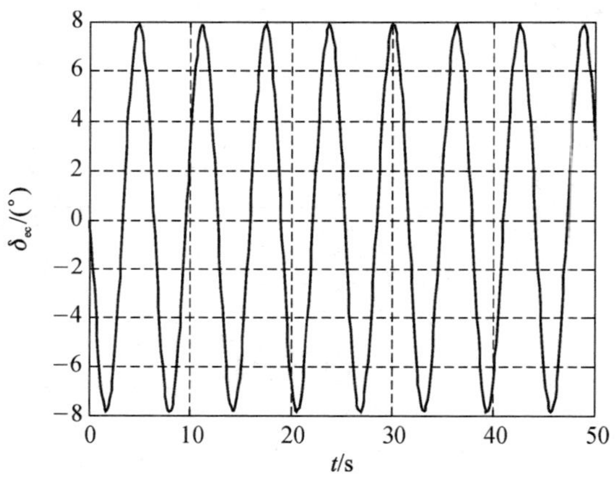

图 5-89 升降舵指令变化曲线

($n_z^* = 10\sin(1.0t)g$)

由仿真结果可见，系统对最大法向过载指令的阶跃响应($n_z^* = 10g$)和最大正弦法向过载指令的响应($n_z^* = 10\sin(1.0t)g$)是满足设计要求的，且所需要的升降舵偏转指令均在$|\delta_{ec}| \leqslant 8°$范围内，符合对升降舵指令的限制要求，且升降舵对控制指令的实际响应($|\delta_e| \leqslant 8°$)也满足设计要求。

6) 偏航通道随机鲁棒 PID 控制律设计

选择二次型目标函数为

$$I_y = \frac{1}{2}\int_0^{\infty} [\boldsymbol{x}_y^{\mathrm{T}} \boldsymbol{Q}_y \boldsymbol{x}_y + \boldsymbol{u}_{yn}^{\mathrm{T}} \boldsymbol{R}_y \boldsymbol{u}_{yn}] \mathrm{d}t$$

则传统的 PID 控制器结构为

$$\boldsymbol{u}_{yn} = -\boldsymbol{K}_y \boldsymbol{x}_y \tag{5-155}$$

选择随机鲁棒 PID 控制器的结构为 $\boldsymbol{u}_y = -k_{yc}\boldsymbol{K}_y\boldsymbol{x}_y$，设计向量为

$$\boldsymbol{d}_y = [Q_{y1} \quad Q_{y2} \quad Q_{y3} \quad Q_{y4} \quad R_{y1} \quad k_{yc}]^{\mathrm{T}} \tag{5-156}$$

根据反舰导弹的过载控制数学模型，定义导弹的质量、惯量和推力以及空气动力学参数等的不确定性参数向量为 $\boldsymbol{\nu}=[v_1 \quad \nu_2 \quad \cdots \quad \nu_{27}]^{\mathrm{T}}$，选择包含有 12 个不满足设计要求概率的加权平方的随机鲁棒代价函数，即

$$J(\boldsymbol{d}_y)=\sum_{j=1}^{12} w_j \hat{p}_j^2 \tag{5-157}$$

根据所期望的导弹的战术技术指标要求，综合给出相关的偏航通道稳定和性能指标量，如表 5-15 所列。

表 5-15　偏航通道稳定和性能指标量

编号 i	权值 w_i	指示函数	设计要求
1	10	I_{i2}	系统稳定
2(3)	0.1(1.0)	$I_{n_y,T_s0.5}(I_{n_y,T_s1})$	10%调节时间小于 0.5 s(1 s)
4(5)	0.1(1.0)	$I_{n_y,R0.5}(I_{n_y,R1})$	90%上升时间小于 0.5 s(1 s)
6	0.1	$I_{n_y,Rev}$	在 n_y 达到峰值之前没有逆反
7(8)	0.1(1.0)	$I_{n_y,D0.1}(I_{n_y,D0.2})$	10%延迟时间小于 0.1 s(0.2 s)
9(10)	0.1(1.0)	$I_{n_y,OS1}(I_{n_y,OS2})$	超调量小于 1%(2%)
11(12)	0.1(1.0)	$I_{n_y,\delta_r18}(I_{n_y,\delta_r20})$	δ_r的最大变化小于 18°(20°)

根据随机鲁棒分析与设计(SRAD)原理(见图 5-22)，应用蒙特卡罗估计与遗传算法对随机鲁棒代价函数 $J(\boldsymbol{d}_y)$进行优化计算。

经过仿真次数 100、种群个体数 30、遗传代数 20、响应时间 120 s 优化后的设计向量为

$$\boldsymbol{d}_y=[30\,410 \quad 251\,561 \quad 848\,289 \quad 559\,355 \quad 942\,992 \quad 1.99]^{\mathrm{T}} \tag{5-158}$$

相应的随机鲁棒增益为

$$k_{yc}\boldsymbol{K}_y=[k_{n_y} \quad k_r \quad k_\zeta \quad k_y \quad k_\xi \quad k_{\delta_r}]=[0.277\,2 \quad -2.724\,1 \quad 1.886\,8 \quad 12.141\,2] \tag{5-159}$$

设计得到偏航通道的随机鲁棒 PID 控制律为

$$\delta_{rc}=k_{n_y}n_y+k_r r+k_\xi\int_0^t[n_z(\tau)-n_z^*]\mathrm{d}\tau \tag{5-160}$$

相应的控制器结构如图 5-90 所示。

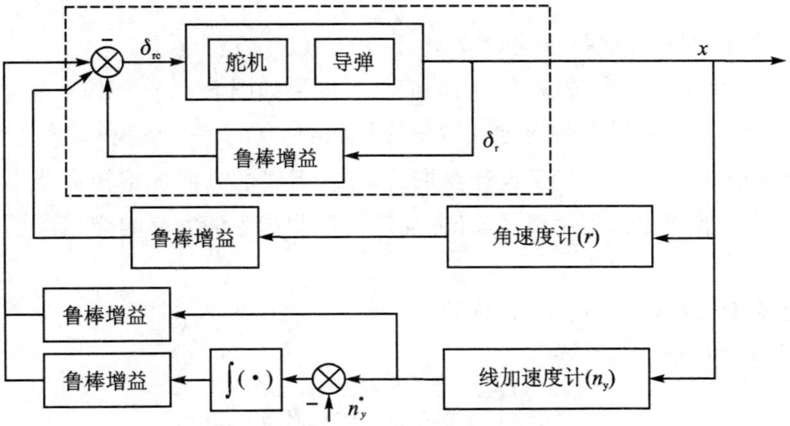

图 5-90　偏航通道的随机鲁棒控制器的结构

7) 偏航通道随机鲁棒 PID 控制系统性能分析

(a) 对最大侧向过载指令的阶跃响应($n_y^* = 10g$)

偏航通道对最大侧向过载指令的阶跃响应的仿真结果如图 5-91～图 5-94 所示。

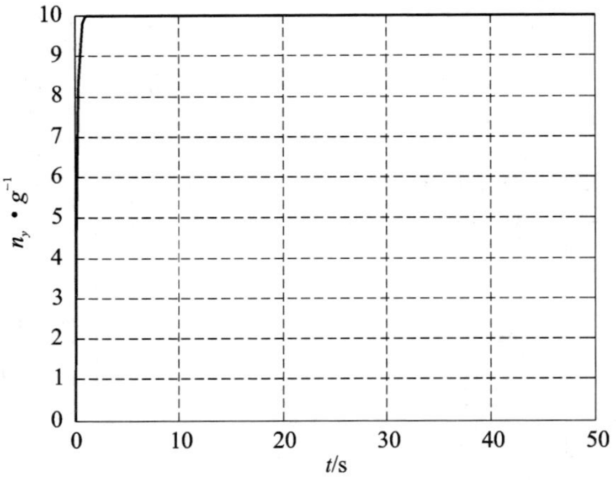

图 5-91 侧向过载响应曲线($n_y^* = 10g$)

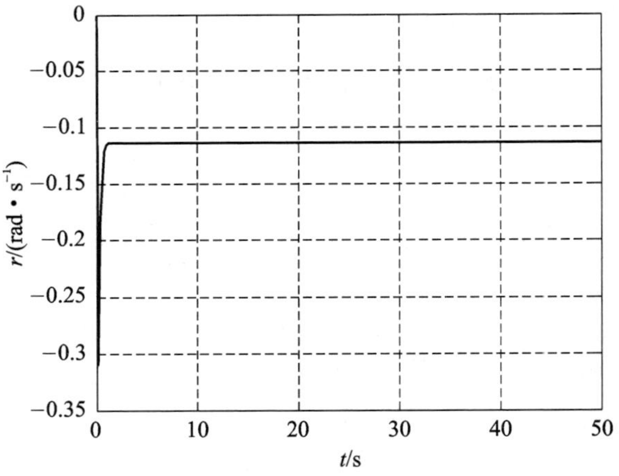

图 5-92 偏航角速度响应曲线($n_y^* = 10g$)

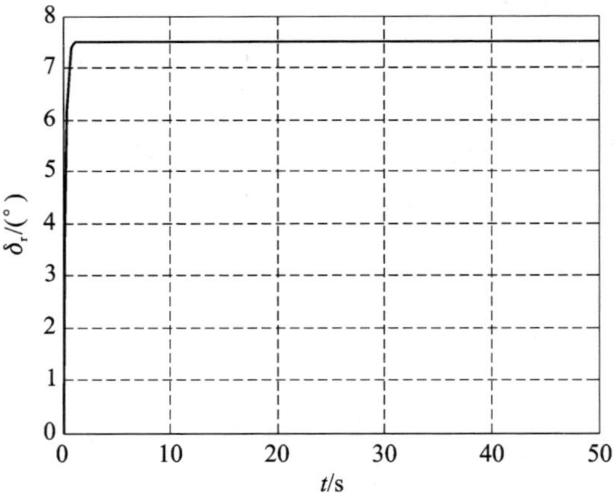

图 5-93 方向舵响应曲线($n_y^* = 10g$)

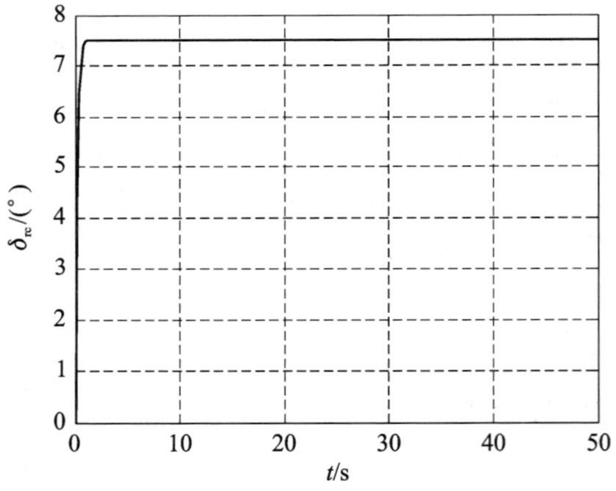

图 5-94 方向舵指令变化曲线($n_y^* = 10g$)

(b) 对最大正弦侧向过载指令的响应($n_y^* = 10\sin(1.0t)g$)

偏航通道对最大正弦侧向过载指令的响应仿真结果如图 5-95～图 5-98 所示。

仿真结果证实,系统对最大侧向过载指令的阶跃响应($n_y^* = 10g$)和最大正弦侧向过载指令的响应($n_y^* = 10\sin(1.0t)g$)是满足设计要求的,且所需要的方向舵偏转指令均在 $|\delta_{rc}| \leqslant 7.5°$ 范围内,符合对方向舵指令的限制要求,且方向舵对控制指令的实际响应($|\delta_r| \leqslant 7.5°$)也满足设计要求。

8) 滚转通道随机鲁棒 PID 控制律设计

选择二次型目标函数为

$$I_r = \frac{1}{2}\int_0^{\infty} [\boldsymbol{x}_r^T \boldsymbol{Q}_r \boldsymbol{x}_r + \boldsymbol{u}_{rn}^T \boldsymbol{R}_r \boldsymbol{u}_{rn}] dt$$

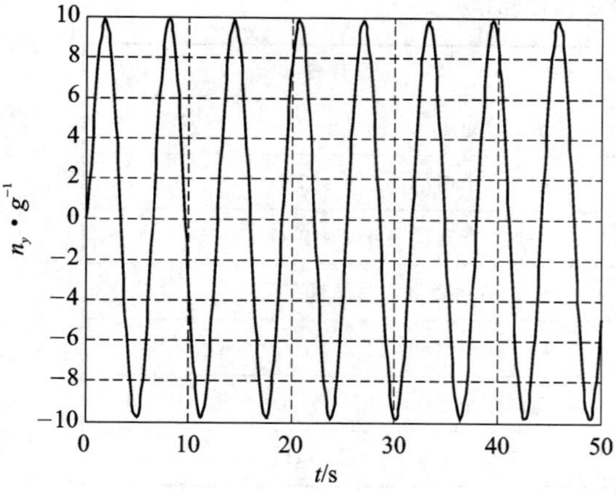

图 5-95　侧向过载响应曲线($n_y^* = 10\sin(1.0t)g$)

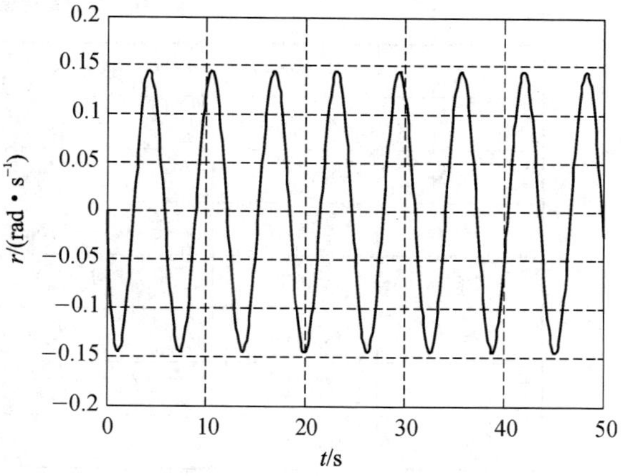

图 5-96　偏航角速度响应曲线($n_y^* = 10\sin(1.0t)g$)

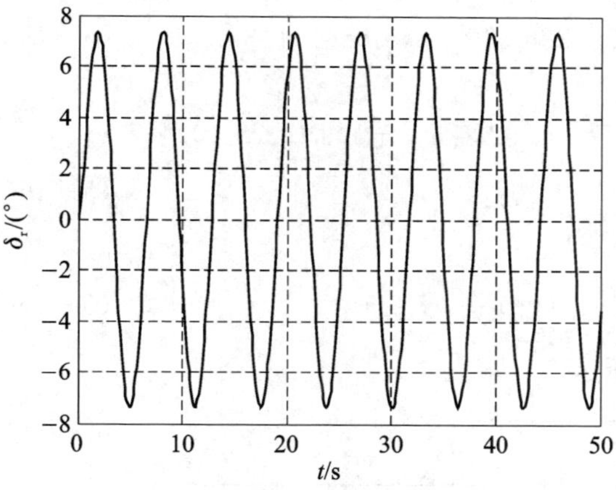

图 5-97　方向舵响应曲线($n_y^* = 10\sin(1.0t)g$)

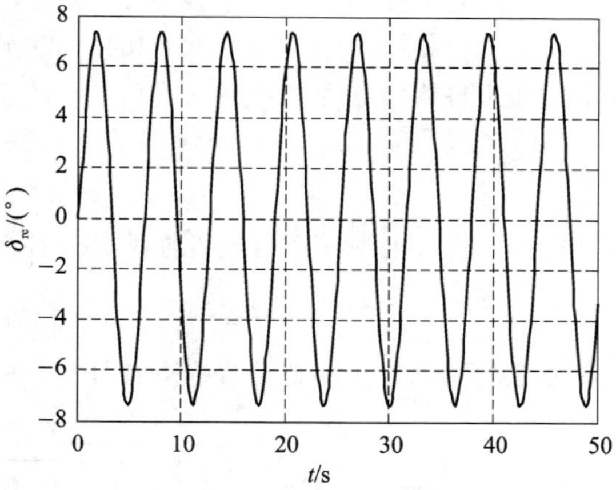

图 5-98　方向舵指令变化曲线($n_y^* = 10\sin(1.0t)g$)

则传统的 PID 控制器结构为

$$\boldsymbol{u}_{rn} = -\boldsymbol{K}_r \boldsymbol{x}_r \tag{5-161}$$

选择随机鲁棒 PID 控制器的结构为 $\boldsymbol{u}_r = -k_{rc}\boldsymbol{K}_r\boldsymbol{x}_r$,设计向量为

$$\boldsymbol{d}_r = [Q_{r1} \quad Q_{r2} \quad Q_{r3} \quad Q_{r4} \quad R_{r1} \quad k_{rc}]^T \tag{5-162}$$

根据反舰导弹的过载控制数学模型,定义导弹的质量、惯量和推力以及空气动力学参数等的不确定性参数向量为 $\boldsymbol{v} = [v_1 \quad \nu_2 \quad \cdots \quad \nu_{27}]^T$,选择包含有 12 个不满足设计要求概率的加权平方的随机鲁棒代价函数,即

$$J(\boldsymbol{d}_r) = \sum_{j=1}^{12} w_j \hat{p}_j^2 \tag{5-163}$$

根据所期望的导弹的战术技术指标要求,综合给出相关的滚转通道稳定和性能指标量,如表 5-16 所列。

表 5-16 滚转通道稳定和性能指标量

编号 i	权值 w_i	指示函数	设计要求
1	10	I_{i1}	系统稳定
2(3)	0.1(1.0)	$I_{\phi,T_s1}(I_{\phi,T_s2})$	10%调节时间小于1 s(2 s)
4(5)	0.1(1.0)	$I_{\phi,R1}(I_{\phi,R2})$	90%上升时间小于1 s(2 s)
6	0.1	$I_{\phi,Rev}$	在 ϕ 达到峰值之前没有逆反
7(8)	0.1(1.0)	$I_{\phi,D0.25}(I_{\phi,D0.5})$	10%延迟时间小于0.25 s(0.5 s)
9(10)	0.1(1.0)	$I_{\phi,OS1}(I_{\phi,OS2})$	超调量小于1%(2%)
11(12)	0.1(1.0)	$I_{\phi,\delta_a18}(I_{\phi,\delta_a20})$	δ_a 的最大变化小于18°(20°)

根据随机鲁棒分析与设计(SRAD)原理(见图5-22),应用蒙特卡罗估计与遗传算法对随机鲁棒代价函数 $J(\boldsymbol{d}_r)$ 进行优化计算。

经过仿真次数100、种群个体数30、遗传代数20、响应时间120 s优化后的设计向量为

$$\boldsymbol{d}_r=[439\,480 \quad 804\,484 \quad 520\,602 \quad 226\,347 \quad 637\,884 \quad 1.32]^T \tag{5-164}$$

相应的随机鲁棒增益为

$$k_{rc}\boldsymbol{K}_r=[k_p \quad k_\phi \quad k_\lambda \quad k_{\delta_a}]=[-1.028\,7 \quad -2.200\,5 \quad -1.191\,6 \quad 10.487\,2] \tag{5-165}$$

由此得到所设计的滚转通道随机鲁棒PID控制律为

$$\delta_{ac}=k_p p+k_\phi\phi+k_\lambda\int_0^t[\phi(\tau)-\phi^*]d\tau \tag{5-166}$$

滚转通道的随机鲁棒控制器的结构如图5-99所示。

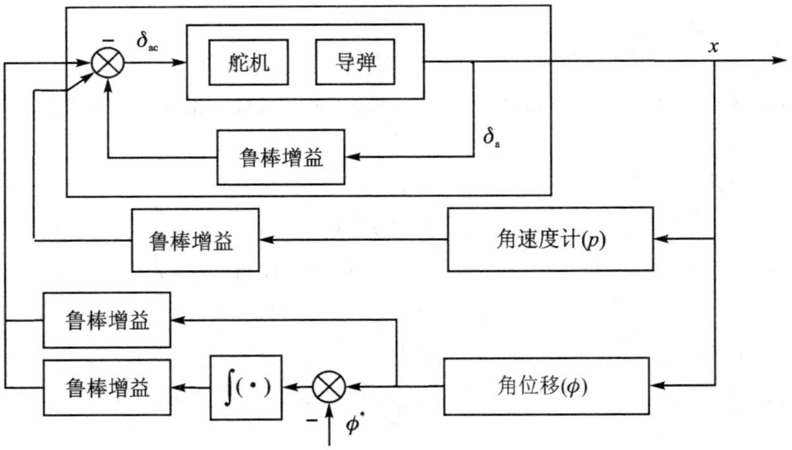

图 5-99 滚转通道的随机鲁棒控制器结构

9) 滚转通道随机鲁棒PID控制系统性能分析

(a) 对滚转角指令的阶跃响应($\phi^*=10°$)

滚转通道对滚转角指令的阶跃响应的仿真结果如图5-100～图5-103所示。

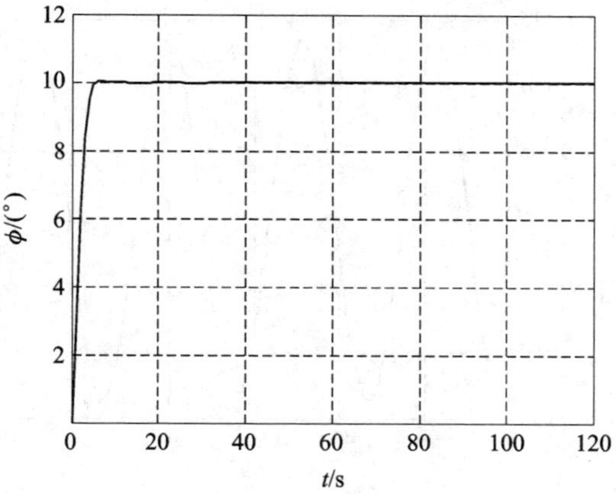

图 5-100　滚转角变化曲线($\phi^* = 10°$)

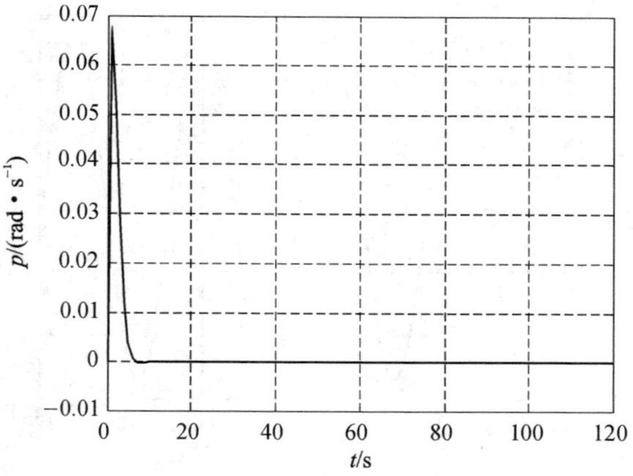

图 5-101　滚转角速度响应曲线($\phi^* = 10°$)

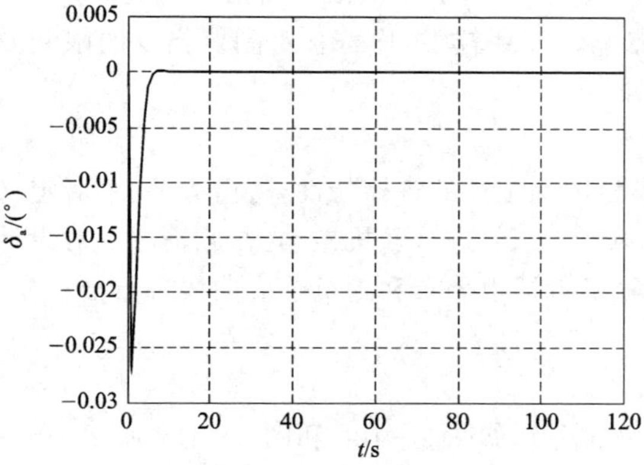

图 5-102　副翼响应曲线($\phi^* = 10°$)

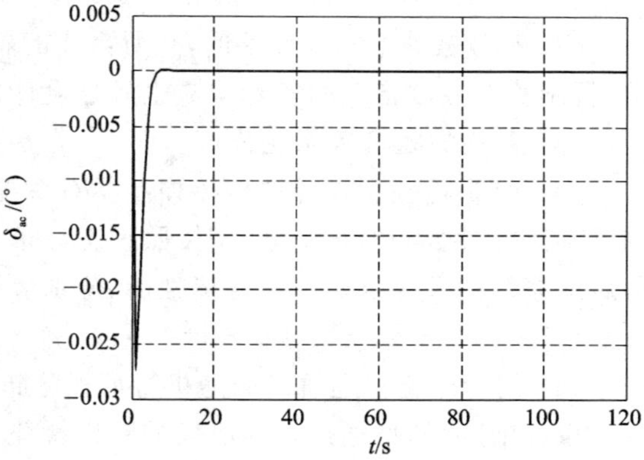

图 5-103　副翼指令变化曲线($\phi^* = 10°$)

(b) 对正弦滚转角指令的响应($\phi^* = 10\sin(0.2t)$)

滚转通道对正弦滚转角指令的响应的仿真结果如图 5-104～图 5-107 所示。

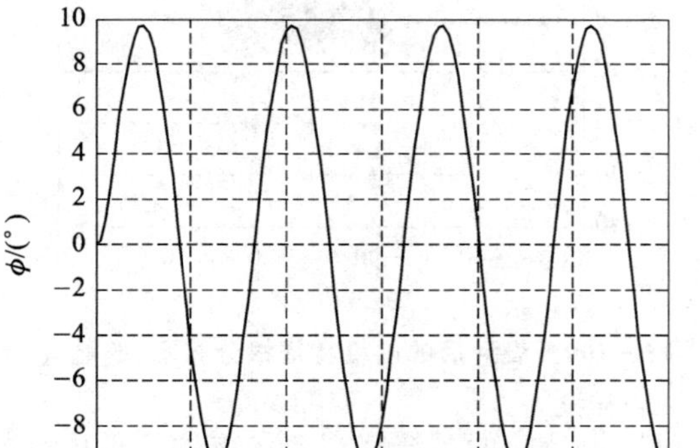

图 5-104　滚转角变化曲线($\phi^* = 10\sin(0.2t)$)

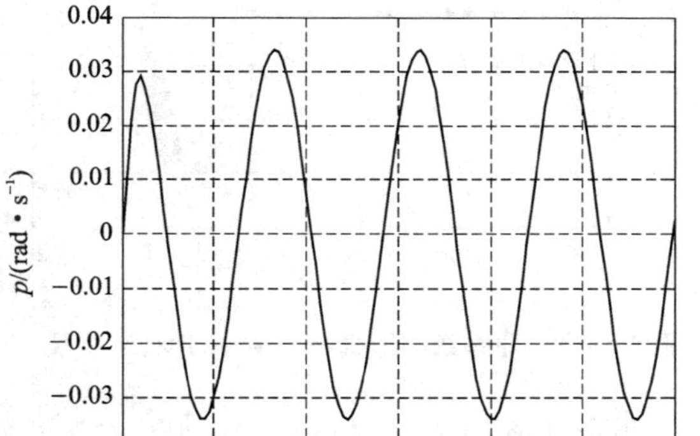

图 5-105　滚转角速度响应曲线($\phi^* = 10\sin(0.2t)$)

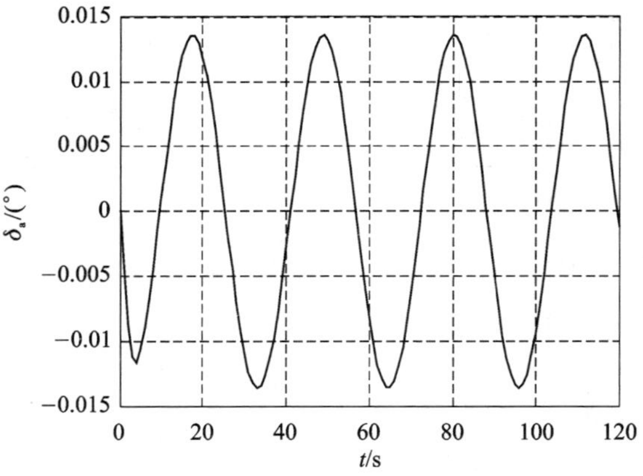

图 5-106 副翼响应曲线($\phi^*=10\sin(0.2t)$)

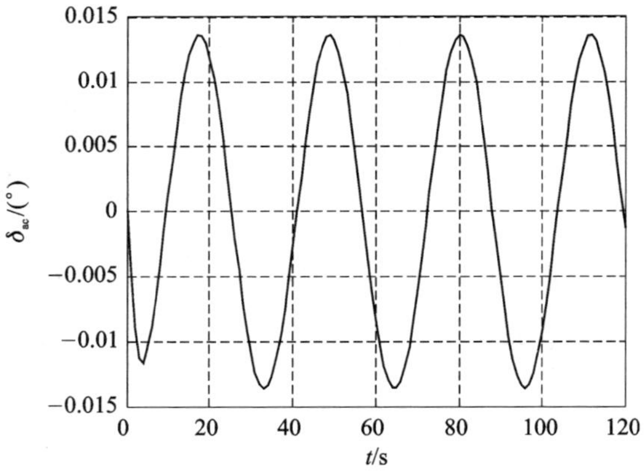

图 5-107 副翼指令变化曲线($\phi^*=10\sin(0.2t)$)

仿真结果证实,系统对滚转角指令的阶跃响应($\phi^*=10°$)和正弦滚转角指令的响应($\phi^*=10\sin(0.2t)$)是满足设计要求的,且所需要的副翼偏转指令较小,均符合对副翼指令的限制要求,且副翼对控制指令的实际响应也满足设计要求。

(3) 系统的随机鲁棒性分析

为了分析检验所设计的鲁棒控制器对系统模型不确定性的鲁棒特性,将由表3-1所定义的不确定性参数 $\boldsymbol{v}$ 的每个分量,按照正态分布 $N(1.0,0.1^2)$ 进行随机摄动,在此情况下对设计前后的系统的鲁棒稳定性和鲁棒性能,分别应用随机特征根分布和随机响应曲线进行分析。

1) 随机鲁棒稳定性分析

(a) 俯仰通道在巡航段的随机特征根分布图

设计前、后俯仰通道在巡航段的随机特征根分布分别如图5-108和图5-109所示。

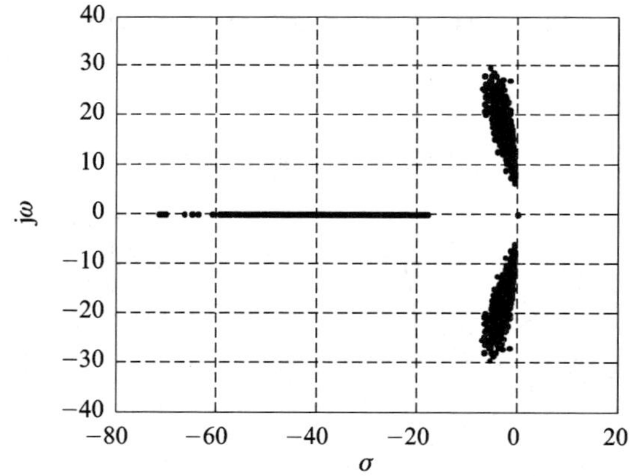

图 5-108 原系统的随机特征根分布图(巡航段)

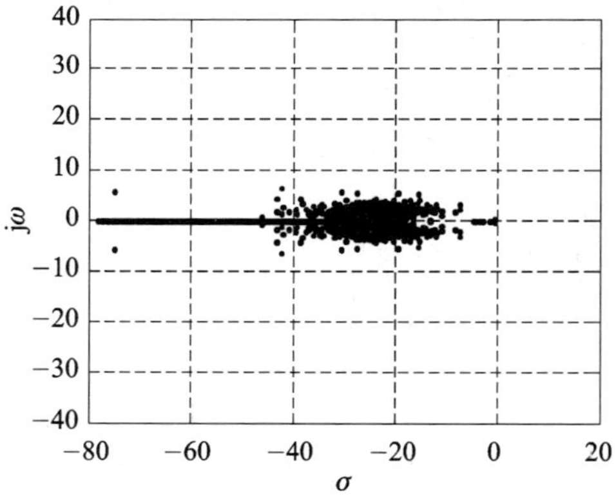

图 5-109 设计后的随机特征根分布图(巡航段)

由设计前、后的系统随机特征根分布图对比可见,设计前的系统存在着较多的靠近虚轴的点,并且这些点都远离实轴分布;经过SRAD随机鲁棒设计后,闭环系统的随机特征根分布明显地向 S 左半平面移动。此外,设计后的随机特征根分布明显地靠近实轴分布,这使得设计后的俯仰通道鲁棒控制系统在巡航段的阻尼特性和固有频率等方面,均比设计前的系统有显著的改善。

（b）俯仰通道在爬升段的随机特征根分布图

设计前、后俯仰通道在爬升段的随机特征根分布分别如图 5－110 和图 5－111 所示。

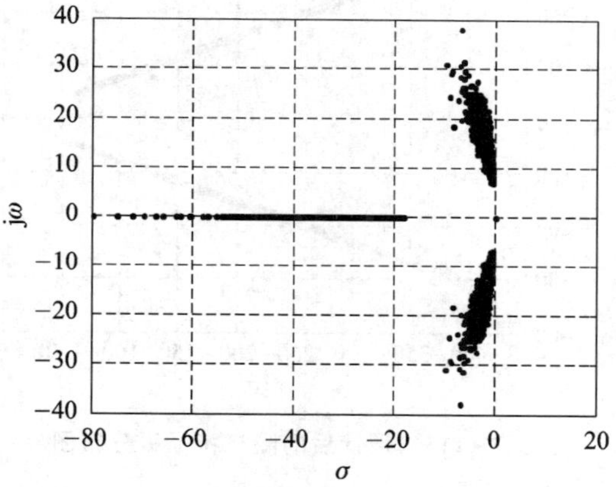

图 5－110　原系统的随机特征根分布图(爬升段)

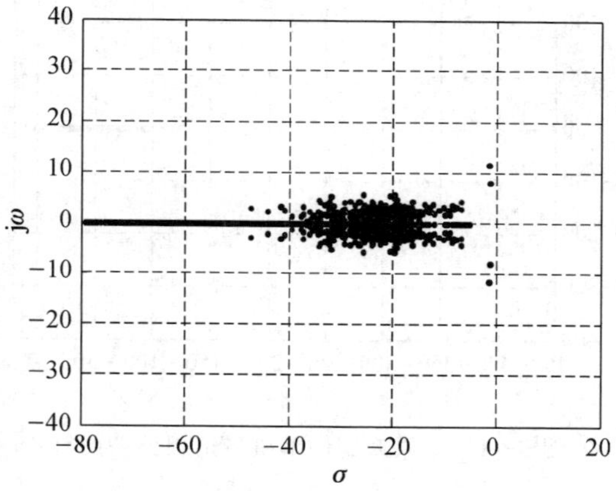

图 5－111　设计后的随机特征根分布图(爬升段)

对比设计前、后的系统随机特征根分布图可见，在爬升段原俯仰通道的随机特征根分布存在着较多的靠近虚轴且远离实轴的点；经过 SRAD 随机鲁棒设计后，闭环系统的随机特征根分布明显地向 S 左半平面移动。此外，设计后的随机特征根分布明显地靠近实轴分布，这使得设计后的俯仰通道鲁棒控制系统在爬升段的阻尼特性和固有频率等方面，均比设计前的系统有显著的改善。

（c）偏航通道的随机特征根分布图

设计前、后偏航通道的随机特征根分布分别如图 5－112 和图 5－113 所示。

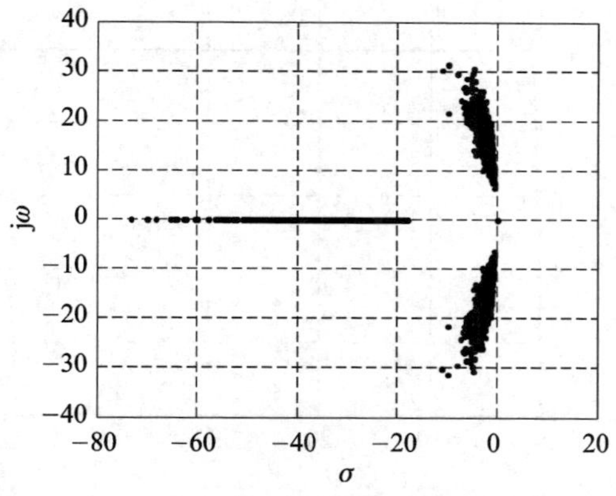

图 5－112　原系统的随机特征根分布图

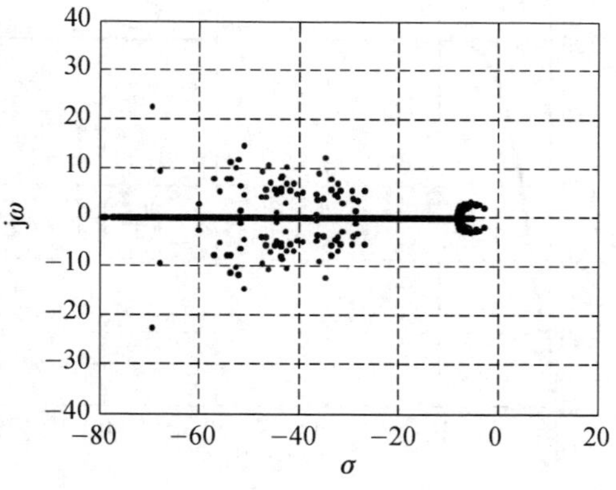

图 5－113　设计后的随机特征根分布图

比较两个随机特征根分布图可见，原偏航通道的随机特征根分布存在着较多的靠近虚轴且远离实轴的点；经过 SRAD 随机鲁棒设计后，闭环系统的随机特征根分布明显地向 S 左半平面移动。此外，设计后的随机特征根分布明显地靠近实轴分布，这使得设计后的偏航通道鲁棒控制系统的阻尼特性和固有频率等方面，均比设计前的系统有显著的改善。

（d）滚转通道的随机特征根分布图

设计前、后滚转通道的随机特征根分布分别如图 5－114 和图 5－115 所示。

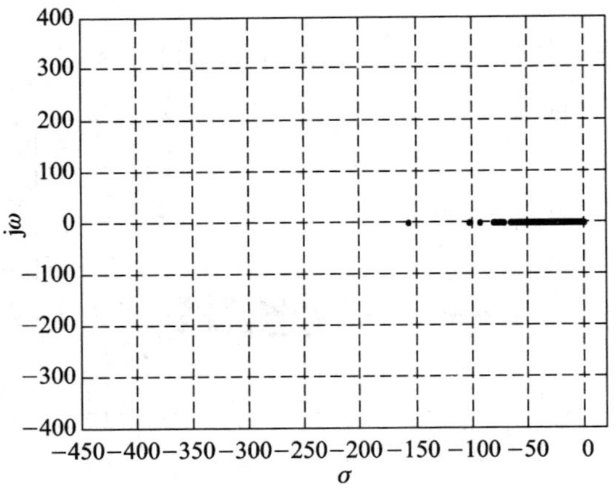

图 5-114 原系统的随机特征根分布图

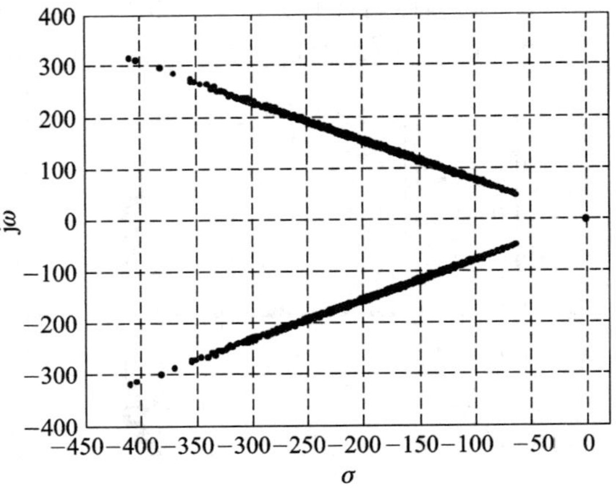

图 5-115 设计后的随机特征根分布图

对比仿真结果可见,原滚转通道的随机特征根分布较为集中地分布在实轴上,但是却存在着较多的靠近虚轴的点;经过 SRAD 随机鲁棒设计后,闭环系统的随机特征根分布明显地向 S 左半平面移动。但是,与俯仰和偏航通道所不同之处在于,设计后的滚转通道由指数衰减模式变为振荡衰减模式,因此需要进一步考察、分析荷兰滚模态的特性,并结合偏航通道的设计要求进行两个通道的综合设计。

2) 随机鲁棒性能分析

(a) 俯仰通道的随机响应曲线

俯仰通道的随机响应曲线如图 5-116 和图 5-117 所示。

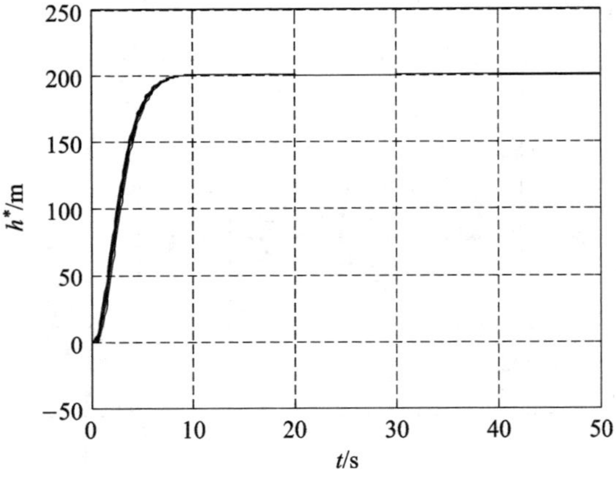

图 5-116 高度指令 $h^*=200$ m 响应曲线

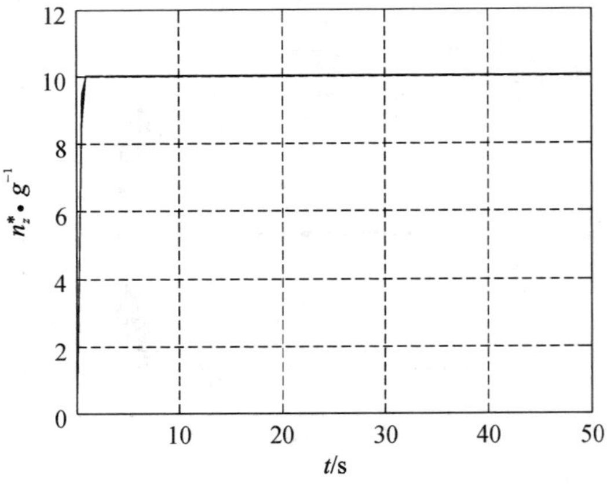

图 5-117 法向过载指令 $n_z^*=10g$ 响应曲线

(b) 偏航通道和滚转通道的随机响应曲线

偏航通道和滚转通道的随机响应曲线分别如图 5-118 和图 5-119 所示。

由系统对主要控制指令的随机响应曲线可见,尽管系统的模型参数存在着较大的随机摄动,但是,所设计的飞行控制系统对飞行高度、法向过载和侧向过载以及滚转角指令的时域响应,仍然能够很好地满足所设定的设计指标要求,并保持着良好的鲁棒性能。

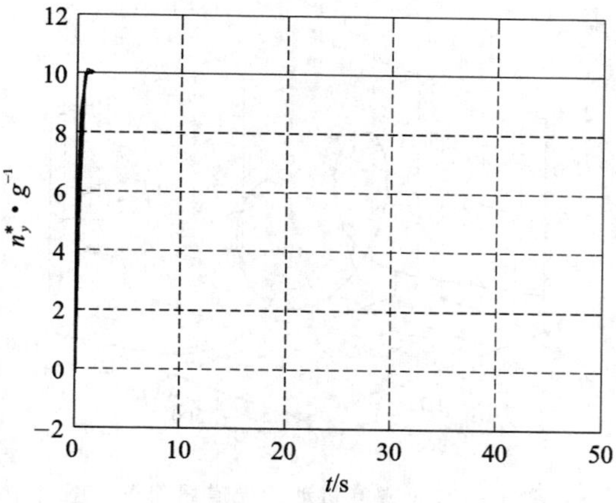

图 5-118　侧向过载指令 $n_y^*=10g$ 响应曲线

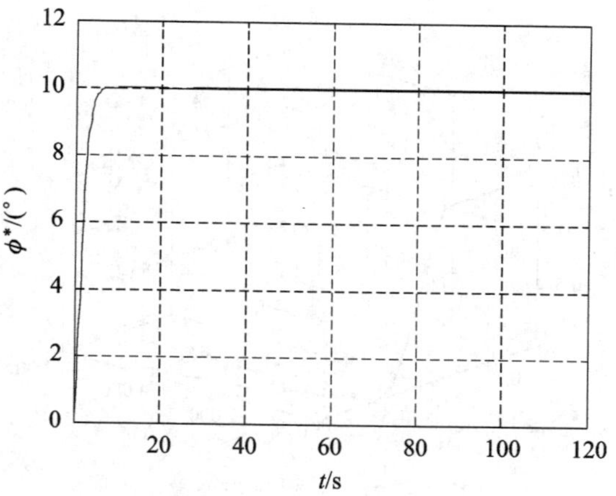

图 5-119　滚转角指令 $\phi^*=10^\circ$响应曲线

由于以上通过阶跃和正弦时域响应所给出的结论，以及利用随机特征根分布和随机响应曲线所做的仿真比较分析，都是基于导弹的过载控制数学模型，及针对在特征设计点所设计的随机鲁棒 PID 飞行控制器特性进行的仿真测试，因此，这一自动驾驶仪能否控制作为非线性时变系统的实际导弹，实现大空域变弹道机动飞行并满足设计指标要求，还需要通过下列全弹道六自由度(6DOF)非线性数学仿真来进行验证。

(4) 全弹道 6DOF 非线性系统仿真

作为非线性时变系统的导弹，其全弹道六自由度(6DOF)制导控制仿真框图如图 5-120 所示。

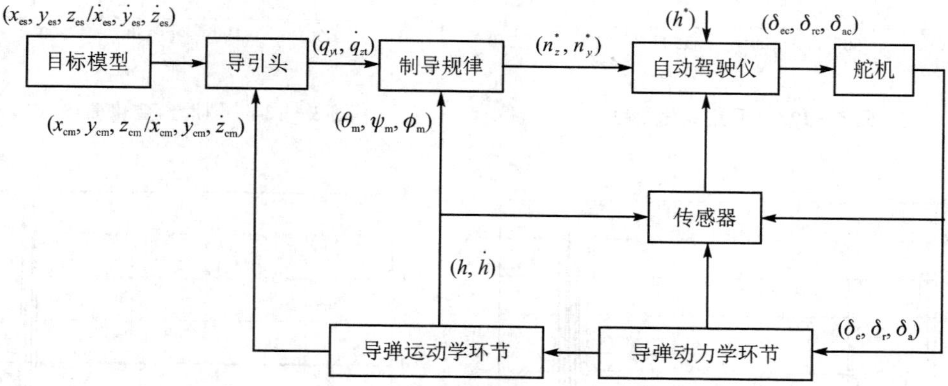

图 5-120　全弹道 6DOF 非线性系统制导控制仿真框图

限于篇幅，这里仅给出导弹采用舰载发射方式的部分仿真结果。采用上述基于特征设计点($V_e=876$ m/s，$h_e=450$ m)所设计的三通道随机鲁棒 PID 自动驾驶仪控制律公式(5-154)、式(5-160)和式(5-166)，以及采用比例导引规律和被动式雷达导引头进行的导弹全弹道飞行数学仿真试验的部分仿真结果如图 5-121～图 5-130 所示。

导弹的初始位置 $x_{em0}=1\ 850$ m，$y_{em0}=450$ m，$z_{em0}=0$，目标舰船的初始位置 $x_{es0}=190\ 000$ m，$y_{es0}=0$，$z_{em0}=0$，目标舰船的运动速度及航迹偏角分别为 $V_{s0}=18$ m/s，$\varphi_{s0}=90^\circ$。导弹的高空巡航飞行高度 $h_{ha}=15\ 000$ m，低空巡航飞行高度 $h_{la}=15$ m，末段攻击采用螺旋机动的突防方式。

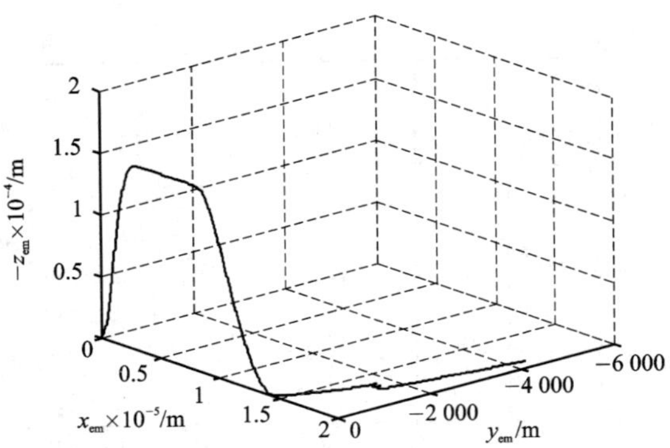

图 5-121 三维飞行弹道

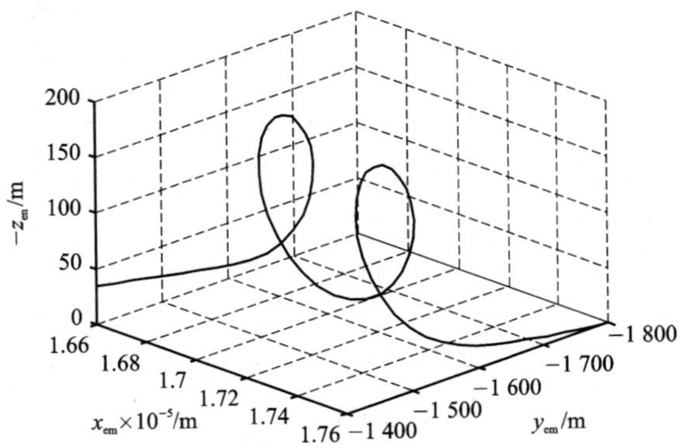

图 5-122 螺旋机动段弹道局部放大图

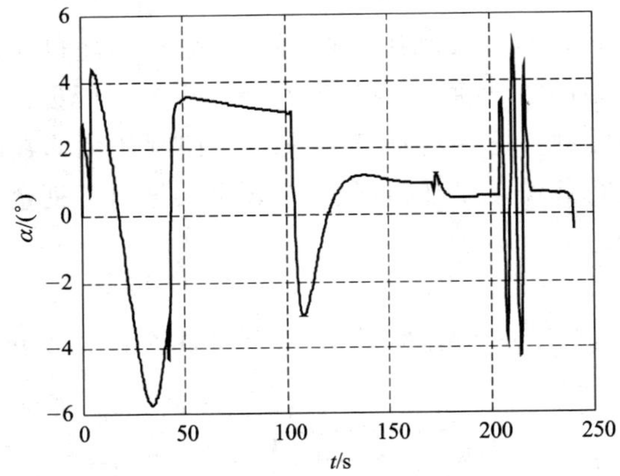

图 5-123 迎角变化曲线

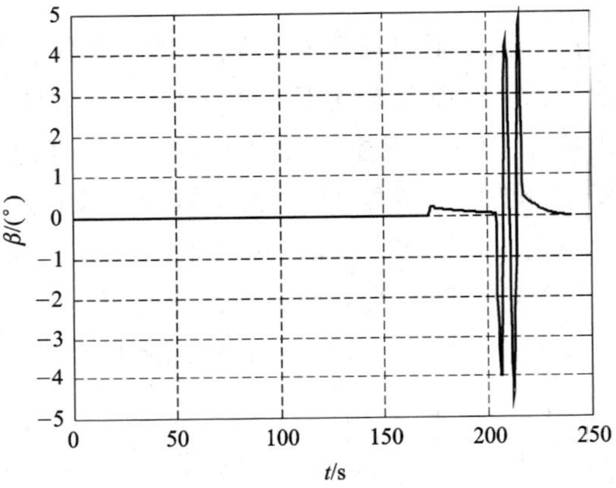

图 5-124 侧滑角变化曲线

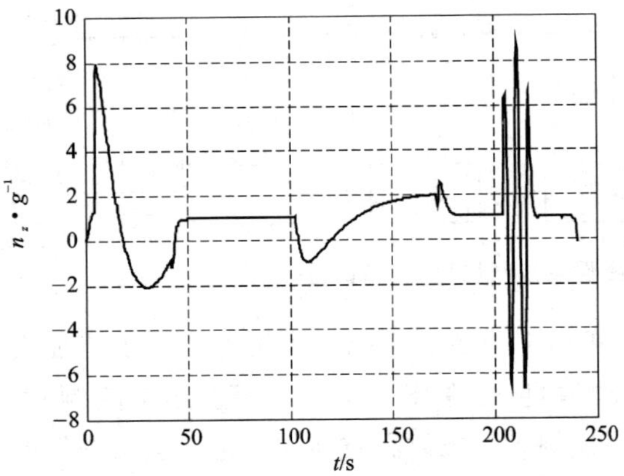

图 5-125 法向过载曲线

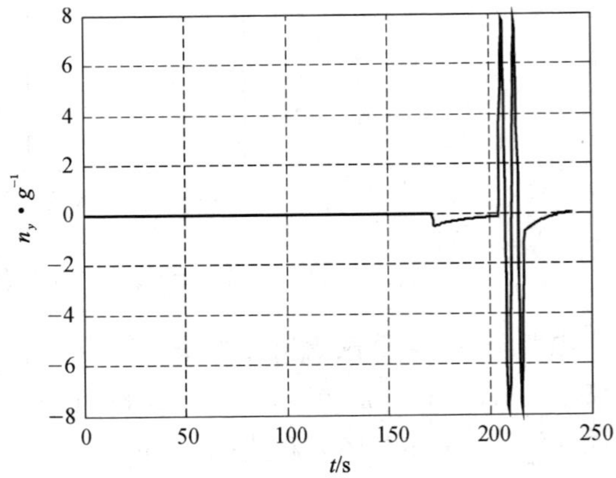

图 5-126 侧向过载曲线

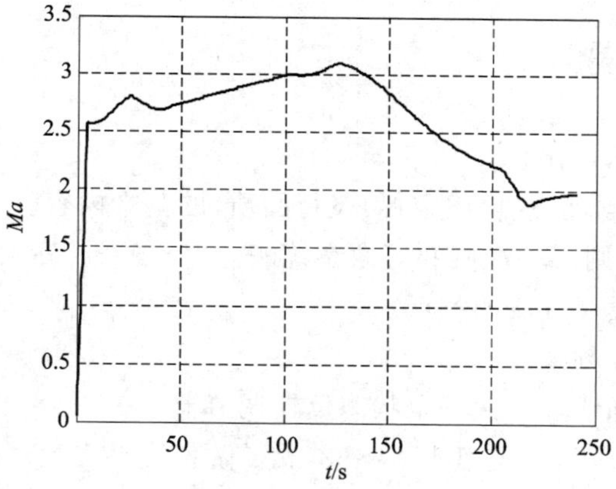

图 5-127　马赫数变化曲线

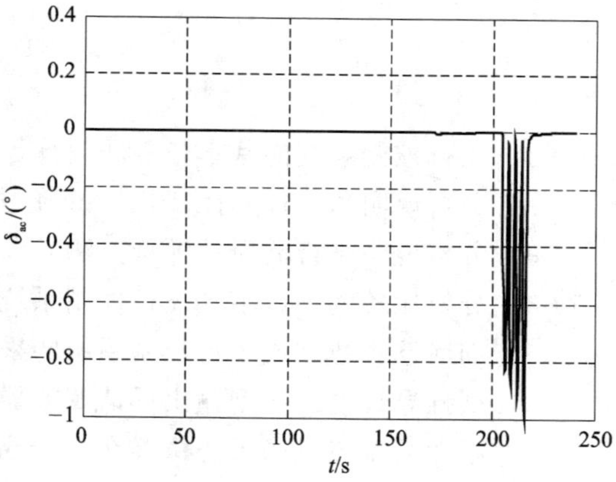

图 5-128　副翼控制指令曲线

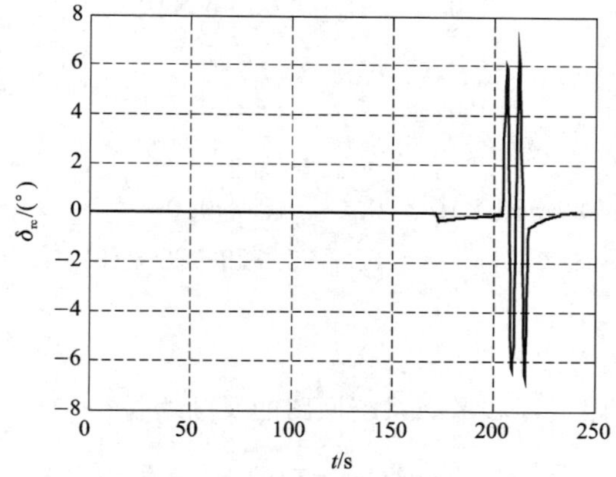

图 5-129　方向舵控制指令曲线

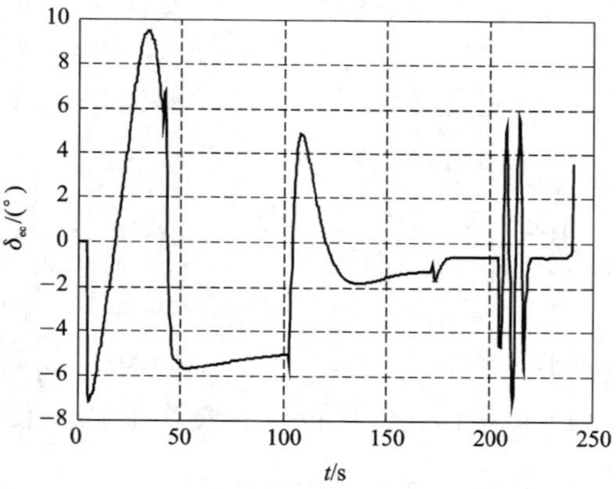

图 5-130　升降舵控制指令曲线

导弹采用机载发射方式的仿真结果与上述采用舰载发射方式的基本相同,这里就不再一一列出。

基于全状态可测量过载控制模型,在特征设计点($V_e=876$ m/s,$h_e=450$ m)采用 SRAD 设计的三通道随机鲁棒 PID 自动驾驶仪所进行的全弹道六自由度非线性时变系统的仿真结果表明,在大部分弹道上导弹的马赫数变化范围在 $Ma=2.0\sim3.0$ 之间(见图 5-127),飞行高度的变化约为 $h=15\ 000$m(见图 5-121),并且在所有的模型参数随机变化 20%情况下,随机鲁棒 PID 自动驾驶仪仍能很好地控制导弹在指定大空域内沿全弹道稳定而准确飞行,完全满足超声速反舰导弹过载控制系统的设计要求。

本小节介绍了一种基于随机鲁棒分析与设计(SRAD)方法和适合于新一代超声速反舰导弹大空域机动飞行的全状态可测量过载控制模型,所设计的实用有效的反舰导弹随机鲁棒过载控制器,并通过全弹道六自由度非线性时变系统的仿真计算,证实了应用 SRAD 方法设计的反舰导弹过载控制系统能很好地满足设计要求。这一结果对于提高适合于工程应用的现代超声速反舰导弹过载控制系统的设计水平,无疑具有十分重要的实际意义。

习 题

5-1 飞行控制系统的基本任务和设计目标是什么?

5-2 分析说明国军标 GJB 185—86《有人驾驶飞机(固定翼)飞行品质》的基本内容。

5-3 分析说明飞行品质的评价方法 C^* 准则、D^* 准则和等效系统法。

5-4 分析比较两种数字式飞行控制系统设计方法的特点。

5-5 如何选择数字式飞行控制系统的采样频率?

5-6 试推导线性二次型输出反馈调节器和线性二次型全状态反馈调节器。

5-7 已知某型飞机的重心位置在 $x_{cg}=0.3c_A$,以速度 $V_0=153$ m/s 做直线平飞运动条件下的纵向动力学的雅可比矩阵为

$$\boldsymbol{A}=\begin{bmatrix} -1.931\,1\times10^{-2} & 8.815\,7 & -3.217\,0\times10^{1} & -5.749\,9\times10^{-1} \\ -2.538\,9\times10^{-4} & -1.018\,9 & 0.0 & 9.050\,6\times10^{-1} \\ 0.0 & 0.0 & 0.0 & -1.0 \\ 2.946\,5\times10^{-12} & 8.222\,5\times10^{-1} & 0.0 & -1.077\,4 \end{bmatrix}$$

$$\boldsymbol{B}=\begin{bmatrix} 1.737\,0\times10^{-1} \\ -2.149\,9\times10^{-3} \\ 0.0 \\ -1.755\,5\times10^{-1} \end{bmatrix},\quad \boldsymbol{C}=\begin{bmatrix} 0.0 & 5.729\,578\times10^{1} & 0.0 & 0.0 \\ 0.0 & 0.0 & 0.0 & 5.729\,578\times10^{1} \end{bmatrix}$$

系统的状态向量为 $\boldsymbol{X}=[\Delta V \quad \Delta\alpha \quad \Delta\theta \quad \Delta q]^{\mathrm{T}}$,$\boldsymbol{U}=[\Delta\delta_e]$。

(1) 试按回路递次设计的根轨迹方法,设计阻尼器和增稳系统回路的反馈增益;

(2) 假定升降舵的舵回路模型为 $\delta_e=\dfrac{20.2}{s+20.2}u_e$,试设计纵向运动的 LQR 输出调节器。

第6章 协同飞行控制系统

6.1 群体协同基础理论

6.1.1 社会性依存原则

在自然界中，为了获得一定的位育(adaptation)[2]优势，一些个体会经由一定的相互关系集合成一个群体；基于同样的原因，一个群体会分解为一些小群体或者个体。除了外界因素影响外，哪些因素对这种集合或分解行为的成员个体、成员个体之间、成员个体与群体之间的哪些特性及其怎样的相互关系起着决定作用呢？为此，先从相关的几个基本概念开始讨论。

社会性(sociality)：是指作为群体中的成员个体，其行为所表现出的有利于群体发展的特性。社会性主要包括利他性(altruism)、协作性(collaboration)、依赖性(dependency)以及自觉性(consciousness)等特性。社会性使每个成员个体在行动时总是尽其能力。

这里，群体用符号 G_n 表示，其中 n 为该群体所拥有的成员个体的数目，称其为群体的规模。成员个体(简称成员)用符号 ε_i 表示，$i \in \boldsymbol{I}=\{1,2,\cdots,n\}$。

定义 6.1：社会性依存关系(social interdependence relation，SIR)是指群体中的成员之间以及成员与群体之间所形成的社会性的相互依存关系。

定义 6.2：成员的基本能力 C_{BC_i}(basic Capability)是指成员 ε_i 不依助于社会性依存关系(SIR)而具有的能力，主要包括成员个体的生存能力 C_{V_i}(viability)、智力程度 C_{I_i}(intelligent level)、可用信息获取能力 C_{O_i}(obtaining capability of usable information)和有效行动能力 C_{C_i}(capability of effectual action)。成员的基本能力可表示为

$$C_{\mathrm{BC}_i}=f_{\mathrm{bc}i}(C_{\mathrm{V}_i},C_{\mathrm{I}_i},C_{\mathrm{O}_i},C_{\mathrm{C}_i}) \tag{6-1}$$

成员 ε_i 的基本能力 $C_{\mathrm{BC}_i}\geqslant 0$。$C_{\mathrm{BC}_i}=0$ 是指成员 ε_i 的基本能力已湮灭，意味着该成员即使借助其他外力都无法生存。因此，一个正常成员 ε_i 的基本能力 $C_{\mathrm{BC}_i}>0$。

定义 6.3：成员的社会能力 $C_{\mathrm{SC}_{ij}}$(social capability)是指成员 ε_i 依赖于成员 ε_j 而形成的社会性依存关系(SIR)所拥有的能力。显然 $C_{\mathrm{SC}_{ii}}=0$，$(\forall i\in \boldsymbol{I})$。$C_{\mathrm{SC}_{ij}}$ 主要包括成员间的可用信息交互共享能力 $C_{\mathrm{SI}_{ij}}$(sharing capability of usable information)和有效协同行动能力 $C_{\mathrm{CC}_{ij}}$(capability of effectual cooperative action)。成员的社会能力可表示为

$$C_{\mathrm{SC}_{ij}}=f_{\mathrm{sc}ij}(C_{\mathrm{SI}_{ij}},C_{\mathrm{CC}_{ij}}) \tag{6-2}$$

特别地，当 $C_{\mathrm{SC}_{ij}}=0$，$(j\in \boldsymbol{I},j\neq i)$时，成员 ε_i 与其他成员之间不存在任何依存关系，不拥有任何的社会能力，称其为独行成员(loner member)。

成员 ε_i 的综合能力 $C_{\mathrm{S}_{ij}}$(synthesized capability)包括基本能力 C_{BC_i} 和社会能力 $C_{\mathrm{SC}_{ij}}$ 两部分，可以写成

$$C_{\mathrm{S}_{ij}}=f_{ij}(C_{\mathrm{BC}_i},C_{\mathrm{SC}_{ij}})=f_{ij}\{f_{\mathrm{bc}i}(C_{\mathrm{V}_i},C_{\mathrm{I}_i},C_{\mathrm{O}_i},C_{\mathrm{C}_i}),f_{\mathrm{sc}ij}(C_{\mathrm{SI}_{ij}},C_{\mathrm{CC}_{ij}})\}$$

也就是说,成员 ε_i 的社会能力是反映其依赖于社会性依存关系的程度。当 $C_{\mathrm{SC}_{ij}}>0$ 时,成员 ε_i 依助于社会性依存关系且拥有了正的社会能力,从而使其综合能力 $C_{\mathrm{S}_{ij}}$ 受益,称其为能力受益成员(capability-benefit member,CBM);当 $C_{\mathrm{SC}_{ij}}<0$ 时,成员 ε_i 由于社会性依存关系而导致其社会能力 $C_{\mathrm{SC}_{ij}}$ 为负,从而使其综合能力 $C_{\mathrm{S}_{ij}}$ 受损,称其为能力受损成员(capability-impaired member,CIM);当 $C_{\mathrm{SC}_{ij}}=-C_{\mathrm{BC}_i}$,其综合能力 $C_{\mathrm{S}_{ij}}=0$ 时,称其为能力的完全牺牲者(complete sacrificer),也就是说成员 ε_i 处于泯灭状态。因此,一个正常成员 ε_i 的综合能力 $C_{\mathrm{S}_{ij}}$ 应为正,即

$$C_{\mathrm{S}_{ij}}=f_{ij}(C_{\mathrm{BC}_i},C_{\mathrm{SC}_{ij}})=f_{ij}\{f_{\mathrm{bc}i}(C_{\mathrm{V}_i},C_{\mathrm{I}_i},C_{\mathrm{O}_i},C_{\mathrm{C}_i}),f_{\mathrm{sc}ij}(C_{\mathrm{SI}_{ij}},C_{\mathrm{CC}_{ij}})\}>0 \tag{6-3}$$

成员的综合能力结构如图 6-1 所示。

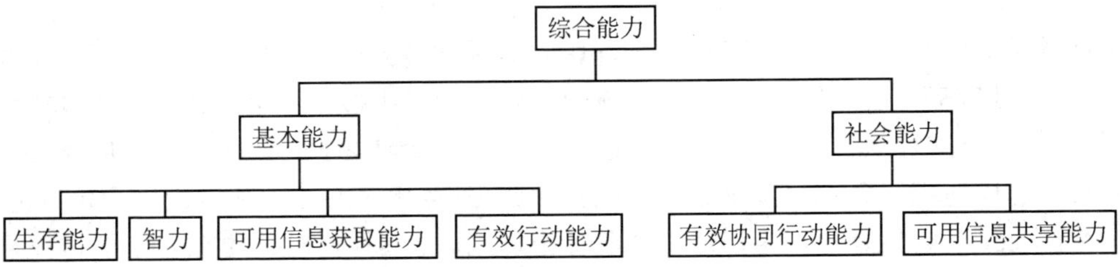

图 6-1 成员的综合能力结构图

定义 6.4:社会性依存度(social interdependency)简称依存度 s_{ij},是指成员 ε_i 对于成员 ε_j 的社会性依存程度,即

$$s_{ij}=\frac{C_{\mathrm{SC}_{ij}}}{C_{\mathrm{S}_{ij}}}=\frac{C_{\mathrm{SC}_{ij}}}{C_{\mathrm{BC}_i}+C_{\mathrm{SC}_{ij}}} \tag{6-4}$$

由上述讨论可见,若 $s_{ij}>0$,说明成员 ε_i 依助于成员 ε_j,拥有了正的社会能力 $C_{\mathrm{SC}_{ij}}$,从而使其综合能力 $C_{\mathrm{S}_{ij}}$ 受益,称其为能力受益成员(CBM);反之,若 $s_{ij}<0$,说明成员 ε_i 由于对成员 ε_j 的利他关系而导致其社会能力 $C_{\mathrm{SC}_{ij}}$ 为负,从而使其综合能力 $C_{\mathrm{S}_{ij}}$ 受损,称其为能力受损成员(CIM)。显然 $s_{ii}=0,i\in\boldsymbol{I}=\{1,2\cdots,n\}$。

依存度矩阵 $\boldsymbol{S}$ 表示为

$$\boldsymbol{S}=\begin{bmatrix}0 & s_{12} & \cdots & s_{1n}\\ s_{21} & 0 & \cdots & s_{2n}\\ \vdots & \vdots & & \vdots\\ s_{n1} & s_{n2} & \cdots & 0\end{bmatrix} \tag{6-5}$$

性质 6.1:依存度矩阵 $\boldsymbol{S}$ 具有下列性质:

① 矩阵 $\boldsymbol{S}$ 是一个主对角线元素均为 0 的方阵;

② 矩阵 $\boldsymbol{S}$ 的每一行之和 $\mathrm{Accept}_{in}(\varepsilon_i)=\sum_{j=1}^{n}s_{ij}$,表示该行所对应的成员 ε_i 依赖于其他所有成员的程度,即成员 ε_i 对整个群体的依存度,称为成员 ε_i 的取度 $\mathrm{Accept}_{in}(\varepsilon_i)$,相应的取度矩阵为

$$\boldsymbol{A}=\mathrm{diag}\{\mathrm{Accept}_{1n}(\varepsilon_1),\cdots,\mathrm{Accept}_{nn}(\varepsilon_n)\}$$

③ 矩阵 $\boldsymbol{S}$ 的每一列之和 $\mathrm{Donation}_{jn}(\varepsilon_j)=\sum_{i=1}^{n}s_{ij}$,表示该列所对应的成员 ε_j 对其他所有

成员的影响程度，即整个群体对成员 ε_j 的依存度，称为成员 ε_j 的舍度 $\mathrm{Donation}_{jn}(\varepsilon_j)$。

由图论的相关知识可知，若设图 $G=(\boldsymbol{\varepsilon},\mathbf{E},\boldsymbol{S})$ 用来表示群体 G_n，其中 $\boldsymbol{\varepsilon}=\{\varepsilon_1,\varepsilon_2,\cdots,\varepsilon_n\}$ 是成员集合，$\mathbf{E}=\{(\varepsilon_i,\varepsilon_j):\varepsilon_i,\varepsilon_j\in\varepsilon\}$ 表示成员之间的社会依存关系集合，$\boldsymbol{S}=[s_{ij}]\in\mathbf{R}^{n\times n}$ 是依存度矩阵。$e_{ij}=(\varepsilon_i,\varepsilon_j)$ 表示成员 ε_i 对成员 ε_j 的影响关系，$s_{ij}>0$ 表示成员 ε_i 依赖于成员 ε_j 的社会能力 $C_{\mathrm{SC}_{ij}}>0$，即 $e_{ji}\in\mathbf{E}$。若对于任意 $e_{ij}\in\mathbf{E}$，均存在 $e_{ji}\in\mathbf{E}$，则称图 G 为无向图；反之，则称其为有向图。图 G 的拉普拉斯矩阵 $\boldsymbol{L}=\boldsymbol{A}-\boldsymbol{S}$。

群体 G_n 的综合能力 C_{G_n} 包括其基本能力 C_{BG_n} 和社会能力 C_{SG_n} 两部分。

由式(6-3)可得

$$C_{G_n}=f_{G_n}(C_{S_{ij}},n)=f_{G_n}(C_{\mathrm{BG}_n},C_{\mathrm{SG}_n}) \tag{6-6}$$

基于上述讨论可对群体作如下定义。

定义 6.5：社会性群体(social group)是由两个以上成员依靠相互间的社会性依存关系所结成的拥有正的社会能力 C_{socG_n} 的群体，即满足关系式

$$C_{\mathrm{socG}_n}>0$$

也可以理解为社会性群体的综合能力 C_{synG_n} 总是大于其基本能力 C_{basG_n}，满足关系式

$$C_{\mathrm{synG}_n}>C_{\mathrm{basG}_n}$$

例如，狮群一般由 1 头或几头雄狮、多头母狮及若干头幼狮组成。雄狮负责领地巡视和守卫，一部分母狮负责在领地内捕获猎物，另一部分母狮则负责哺育看护幼狮。借助于这种适应生存的任务分工和角色担当，狮子之间及每头狮子与狮群之间形成了较稳定的社会性依存关系，使得狮群的综合能力 C_{synG_n} 远远大于其基本能力 C_{basG_n}，因此，这种狮群是典型的社会性群体。

定义 6.6：非社会性群体(nonsocial group)是由两个以上成员所结成的综合能力 C_{synG_n} 介于 0 与其基本能力 C_{basG_n} 之间的群体，即满足关系式

$$0\leqslant C_{\mathrm{synG}_n}\leqslant C_{\mathrm{basG}_n} \tag{6-7}$$

或者

$$-C_{\mathrm{basG}_n}\leqslant C_{\mathrm{socG}_n}\leqslant 0 \tag{6-8}$$

上述关于狮群例子的一种极特殊情况是，如果狮群只由 1 头母狮和若干头幼狮组成，显然这头母狮是能力受损成员(CIM)，这些幼狮是能力受益成员(CBM)，该狮群的综合能力 C_{synG_n} 会小于其基本能力 C_{basG_n}。依据上述定义，这个狮群是典型的非社会性群体。因为这个狮群没有能力拥有且守住自己的固定领地，这头母狮既要冒着被其他狮群攻击的危险去获取猎物，又要负责哺育看护幼狮。这种由极少数能力受损成员(CIM)承受整个群体的沉重任务分工和角色担当，使母狮的综合能力严重受损，其受损的程度取决于母狮的基本能力 C_{bas_i} 和幼狮的数量多少。这种非社会性群体是不适合狮子这种群体性动物生存的，这种狮群的生存状态一定是短暂的且极其不稳定的。

还有另一种情况，例如被逐出狮群的刚刚成年的一头雄狮，处于没有自己固定领地的游荡生存状态，它就是一个独行成员，也是一个最小规模的非社会性群体。这头雄狮的首要任务是生存安全，且时时觊觎建立自己的新狮群，力图脱离独行成员的状态，形成崭新的社会性依存关系从而组成社会性群体。

从群体的稳定性和发展能力看,非社会性群体的状态具有短期性、脆弱性及不稳定性的特点,其几乎不具备基本的位育能力。如果除去依靠强力和欺骗手段或者少数能力受损成员的自我牺牲行为的维持,那么非社会性群体是无法长期稳定存在的。

得益于社会性使成员间形成的社会性依存关系,会尽最大可能地使每一个成员都成为能力受益成员,实现群体的社会能力 C_{socG_n} 最大化,促使群体的位育能力不断增强而发展成为优质的社会性群体。

社会性依存关系是一种双方相互间的双向的社会性关系,成员 ε_i 的综合能力 C_{syn_i} 的益损及其综合收益 Ξ_{syn_i} 的盈亏状态决定着群体的稳定与发展状态。成员 ε_i 的综合能力 C_{syn_i} 的益损平衡以及其综合收益 Ξ_{syn_i} 的盈亏平衡是保证群体社会性的一个转捩点。

当成员双方相互间仅仅存在单向的社会性依存关系时,就退化为一种特殊的依存关系,称其为寄生关系(autoeciousness relation)。寄生关系通常是指在一段较长时间段内的相对稳定的社会性依存关系,一般又分为两种情况:一种是凭借着强势综合能力的成员对相对弱势的其他成员或群体所施加强迫性掠夺的单向的寄生关系,称为主动寄生关系(initiative autoeciousness relation),这是一种恶性的寄生关系;另一种是综合能力相对弱势的成员被动地接受来自于其他成员或群体的惠顾的单向的寄生关系,称为被动寄生关系(passive autoeciousness relation),这是一种善性的寄生关系。

在自然界的生物中,社会性以及社会性依存关系是一种较为普遍的生存特性,无论这些生物处于生态链顶端,还是处于生态链的底端,形成社会性群体往往成为一种获得生存进化最大收益的高效且稳定的途径。除人类社会之外,还有一些具有天然的社会性的动物群体,例如狮群、狼群、蚁群、蜂群、雁群和鲸群等(见图6-2～图6-6),这些生物的社会性是天生的,甚至是某些社会性动物意识的表现,由此而形成的社会性依存关系在领地占据、食物捕获、威胁躲避和繁衍生息等方面能够获得更大的竞争优势。社会性依存关系是维系社会性群体稳定和发展所必需的基本因素。

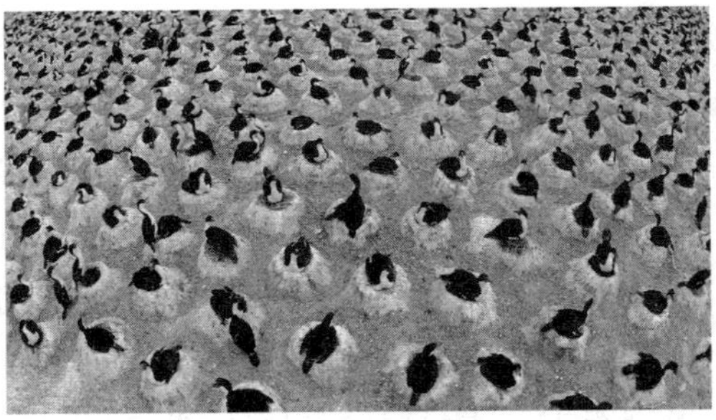

(a) 近景俯视图

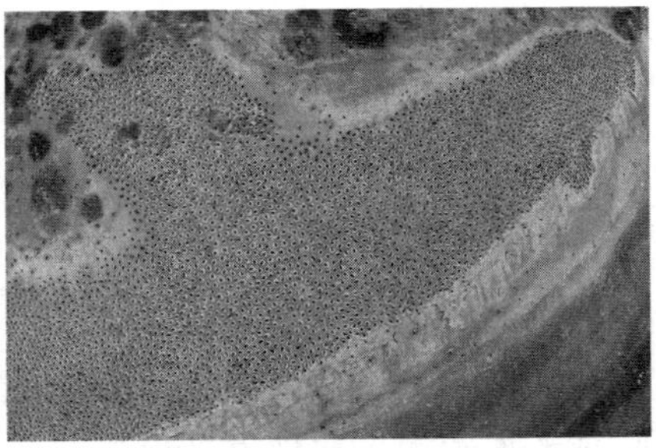

(b) 远景俯视图

图6-2　在海岸边大量群集的海鸟孵化的群体

图6-3所示为在坦桑尼亚西北部的塞伦盖蒂草原上一个狮群中的社会性依存关系的典型例子。狮群中有一头体瘦力衰的年迈母狮,她已经很久不能参加捕猎活动了,其下颚已受重伤,且上下犬齿已严重磨损,故其进食非常困难(见图6-3(a)),也就是说,她的基本能力 C_{bas_i} 已经很弱了。当狮群捕获到猎物时,她也会参加进来分食。在她艰难地进食过程中,会有一头年轻力壮的狮子努力地替她按住猎物,使猎物尸体的柔软部位暴露出来,以便这头老迈的母狮容易进食得以维持生命(见图6-3(b)),这就是她得益于社会性依存关系而成为能力受益成

员。具体来说，就是得益于善性的被动寄生关系而拥有的社会能力 C_{soc_i}，使她的综合能力 C_{syn_i} 足以能维持其生存。这个例子把社会性群体中的利他性、协作性、依赖性和自觉性等社会性的主要特性充分地展示了出来。

(a) 年迈狮子受伤的下颚和磨损的犬齿　　(b) 年轻狮子在帮助年迈狮子进食

图 6-3　狮群中一头年轻的狮子正在帮助一头年迈的狮子进食

在非洲地区疣猴群通常在 30 m 高的热带雨林顶端觅食，单只黑猩猩几乎不可能捕猎到它，也就是说，单只黑猩猩仅凭其基本能力 C_{bas_i} 是几乎不可能捕猎到成年疣猴的，即其针对成年疣猴的捕猎收益几乎为零（$\Xi_{\mathrm{bas}_i} \approx 0$）。在图 6-4 中展示了 5 只黑猩猩（图中的方框和六边框内）分成 3 组围捕 6 只疣猴（图中圆圈内）的场面。图中由 3 只黑猩猩组成 2 个组，已经悄悄地潜伏到伏击位置（方框内）。另外一组由 2 只黑猩猩组成（六边框内），实施驱赶任务。最后，5 只黑猩猩通过紧密地协同行动，成功地捕猎到 2 只疣猴。也就是说，5 只黑猩猩依助于社会性依存关系所结成的群体 G_5 获得了 2 只疣猴猎物的收益（$\Xi_{\mathrm{bas}G_5}=2$）。假设按照平均分配原则来处置这些猎物，那么每只黑猩猩得益于社会性依存关系的综合收益 Ξ_{syn_i} 比其基本收益 Ξ_{bas_i} 由 0 增加到 2/5 只疣猴（即 $\Xi_{\mathrm{syn}_i}=2/5$）。

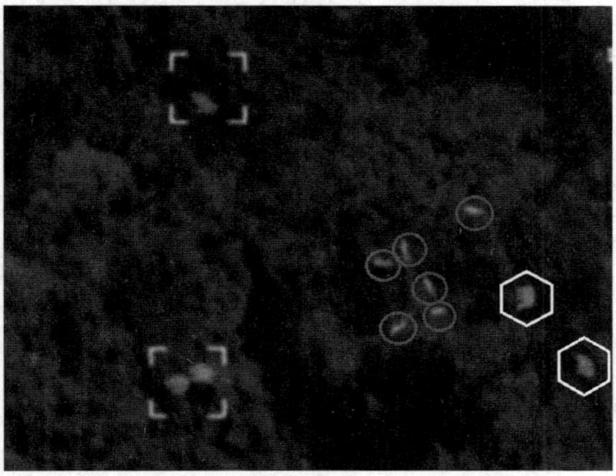

图 6-4　黑猩猩群协同围猎疣猴

上述例子还可以举出很多。在图 6-5 中，一群虎鲸发现一头躲在大块浮冰上的海豹（圆圈中），经过几番不成功的直接捕食尝试后，4 头虎鲸（六角星标示）协同快速游动，合力造成涌浪将浮冰上的海豹冲下水，成功将其捕食。在图 6-6 中，一群逆戟鲸充分地利用阿根廷海岸的海沟和潮汐形成的有利捕猎条件，分批次地协同捕猎海岸边的海狮。

图 6-5 虎鲸群协同造浪捕猎浮冰上的海豹

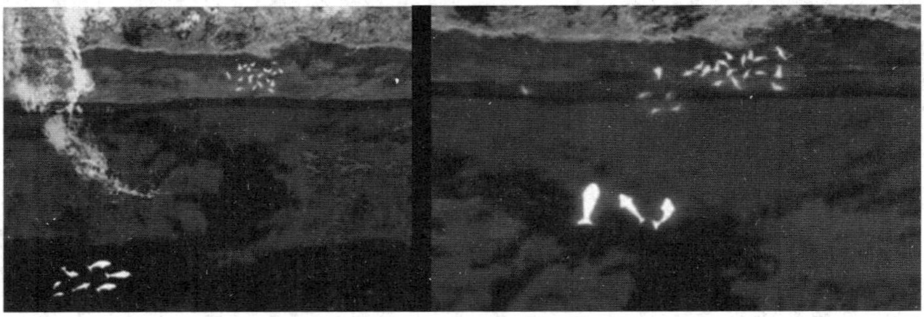

图 6-6 逆戟鲸群利用海沟和潮汐分批次地协同捕猎海岸边的海狮

尽管不同类别的社会性群体有其各自的特点，但是一般遵循下列社会性依存原则(principle of social interdependence，PSI)：

① 社会性依存的必要原则：社会性群体的行动比非社会性群体的行动会获得更大的收益，社会性对于群体中的每个成员是必要的，由此在成员之间以及成员与群体之间所形成的社会性依存关系是必要的。

② 群体综合收益最大原则：综合收益体现的是成员与群体、局部与整体、近期与远期收益之间的协调平衡关系，社会性群体行动的目标是追求群体与成员的综合收益最大化。

③ 群体完整性的普惠原则：社会性群体的行动要充分兼顾成员的个体差异，收益应惠顾到群体中的所有成员，包容所有成员的群体完整性是社会性群体的基本要求。

群体完整性表现为群体里的成员与群体是相互依存融合的，社会性群体的完整性表现为成员基于个体的社会性与群体形成的社会性依存的融合关系。社会性依存原则反映了社会性群体力求通过尽可能高的群体行动效能、群体行动品质和群体行动普惠度这三大要素来追求群体与成员的综合收益最大化的本质特性，体现着社会性群体的状态与其成员的社会性的程度之间的关系，是左右着所有成员个体行为的选择以达成群体行为的一致性的基础，是维系着群体稳定的重要纽带和促进群体位育发展的主要动力[11,12]。限于篇幅，关于个体与群体的社会性依存关系方面的更多结论可参阅相关领域的文献。

在此，将群体满足上述社会性依存原则的状态称为群体的社会性依存状态(state of social interdependence，SSI)，简称社会态。

社会态刻画了一个社会性群体的位育状态，社会态的度量是由社会性群体的行动效能、行动品质和行动普惠度三大要素决定的。这三大要素主要取决于社会性群体的综合效能 E_{synG_n}、群体的综合收益 Ξ_{synG_n} 与成员收益的分配权重 w_{syn_i} 的大小，而这些主要是基于社会性依存原则认知(congnition & acknowledgement)的群体决策与管理、群体协同行动、成员个体行动、信息支撑获取、信息交互共享五大部分有机地组织运行，得以保证群体的每个成员任务分工合适、角色担当有效与收益分配合理来实现的。

可见，社会态是群体的所有成员基于社会性依存原则认知的前提，对于社会态的正确评估是群体决策与管理的基础和先决条件，是依托群体决策与管理、群体协同行动、成员个体行动、信息支撑获取、信息交互共享五大功能系统有机地自主组织和充分发挥成员各自社会性的位育状态。因此，社会性依存原则是自组织的社会性群体应遵循的基本原则。

6.1.2　群体效能的度量

社会性依存原则是保证群体行动获得综合收益最大化的基础，在群体行动前要对社会性依存原则实施检验，并据此形成群体效能指标，以便为群体任务规划、角色分工、行动管控等提供依据。

1. 成员效能指标

将社会性群体的效能 E_{synG_n} 评定与具体的行动任务综合起来，能够反映既定任务的完成情况，进而得到综合考虑了可用性 A_{synG_n}、可信性 D_{synG_n} 和综合能力 C_{synG_n} 的社会性群体的效能 E_{synG_n}。群体的成员效能 E_{syn_i} 结构如图 6-7 所示。

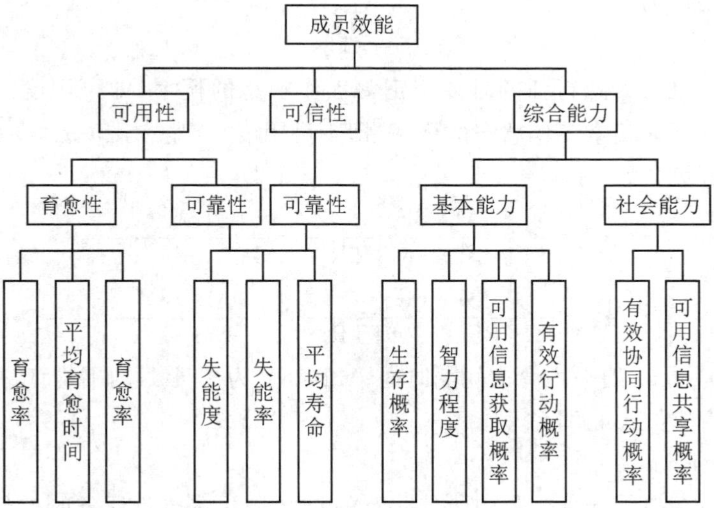

图 6-7　成员效能的结构

在成员效能 E_{syn_i} 结构中，育愈的概念是指成员处于生育、哺育、被哺育或伤病待愈的状态；育愈性就是指成员具有可有效行动的性能，因此处于育愈状态成员的育愈性是受限的或者完全丧失的。平均育愈时间是指成员处于育愈状态的时间的平均值；育愈率是指成员从育愈状态的育愈性受限或者丧失恢复到其正常的育愈性的概率。失能的概念是指成员丧失可有效行动的性能，也就是说，成员丧失了正常的育愈性。失能率是指成员丧失可有效行动性能的概率，或者，成员丧失了正常的育愈性的概率。

成员在开始执行任务时的状态、在执行任务过程中的状态和最后完成给定任务的程度，以上三者共同构成了成员的效能。成员 ε_i 在开始执行任务时的状态由成员的“可用性”A_{syn_i} 描述,成员 ε_i 在执行任务过程中的状态由成员的“可信性”D_{syn_i} 描述,成员 ε_i 完成给定任务的程度由成员的“综合能力”C_{syn_i} 描述。因此,成员的“可用性”“可信性”“综合能力”构成了成员的效能,称为成员效能的三大要素,而这三部分都由相应的概率表示。成员 ε_i 的综合效能的表达式为

$$\boldsymbol{E}_{\text{syn}_i} = \boldsymbol{A}_{\text{syn}_i} \cdot [D_{\text{syn}_i}] \cdot \boldsymbol{C}_{\text{syn}_i} \tag{6-9}$$

式中,$\boldsymbol{E}_{\text{syn}_i}$ 为效能向量;$\boldsymbol{A}_{\text{syn}_i}$ 为可用性行向量;$[D_{\text{syn}_i}]$为可信性矩阵;$\boldsymbol{C}_{\text{syn}_i}$ 为综合能力向量。

(1) 可用性行向量

可用性是成员 ε_i 在开始执行任务时所处状态的量度。因此,可用性行向量 $\boldsymbol{A}_{\text{syn}_i}$ 是由成员在开始执行任务时处于所有可能状态的概率组成的。由于成员本身由许多不同的环节或分系统组成,在开始执行任务时,它们所处的状态可能不尽相同,因此相互组成许多可用状态,这样,可用性行向量的一般表达式为

$$\boldsymbol{A}_{\text{syn}_i} = (a_1^i, a_2^i, \cdots, a_m^i) \tag{6-10}$$

式中,a_j^i 为开始执行任务时成员 ε_i 处于第 j 种状态的概率;m 为成员可能处于的状态数,m 种可能构成了样本空间,因此,$\sum_{j=1}^{m} a_j^i = 1$。

假设成员在开始执行任务时的状态仅仅划分为正常工作和非正常工作两种,则成员 ε_i 的可用性行向量可表示为

$$\boldsymbol{A}_{\text{syn}_i} = (a_1^i, a_2^i) \tag{6-11}$$

式中,a_1^i 为成员 ε_i 在开始执行任务时处于正常工作状态的概率(即可用度);a_2^i 为成员 ε_i 在开始执行任务时处于非正常工作状态的概率(即不可用度)。显然,$a_1^i + a_2^i = 1$。

根据可靠性理论,有

$$a_1^i = \frac{\text{MTBF}_{si}}{\text{MTBF}_{si} + \text{MTTR}_{si}} = \frac{1/\lambda_{si}}{1/\lambda_{si} + 1/\mu_{si}} \tag{6-12}$$

$$a_2^i = \frac{\text{MTTR}_{si}}{\text{MTBF}_{si} + \text{MTTR}_{si}} = \frac{1/\mu_{si}}{1/\lambda_{si} + 1/\mu_{si}} \tag{6-13}$$

式中,MTBF_{si} 为成员 ε_i 的平均育愈间隔时间;MTTR_{si} 为成员 ε_i 的平均育愈时间;λ_{si} 为成员 ε_i 的失能率;μ_{si} 为成员 ε_i 的育愈率。

(2) 可信性矩阵

可信性是成员在执行任务过程中所处状态的量度。开始执行任务时的任一状态,在执行任务过程中经过成员性能自身的变化和维护修理,都可能转化为其他状态。可信性矩阵就是由各种状态转化为其他状态的概率组成的。

成员 ε_i 在开始执行任务时的任一种状态,在执行任务过程中或者保持原状态或者转化为其他 $m-1$ 种可能的状态。这样,成员在开始执行任务时的任一种状态在执行任务过程中都对应 m 种可能的转化状态。若成员在开始执行任务时有 m 种可能的状态,则在执行任务过程中就会呈现出 $m \times m$ 种可能的转化状态。因此,可信性矩阵是一个 $m \times m$ 阶的方阵,即

$$[D_{\text{syn}_i}]=\begin{bmatrix}\alpha_{11}^i & \alpha_{12}^i & \cdots & \alpha_{1m}^i \\ \alpha_{21}^i & \alpha_{22}^i & \cdots & \alpha_{2m}^i \\ \vdots & \vdots & & \vdots \\ \alpha_{m1}^i & \alpha_{m2}^i & \cdots & \alpha_{mm}^i\end{bmatrix} \tag{6-14}$$

式中，α_{jk}^i 为已知成员 ε_i 在开始执行任务时处于第 j 种状态，而在执行任务过程中处于第 k 种状态的概率。

对于成员 ε_i 开始执行任务时的任一种状态，在执行任务过程中的 m 个可能的转化状态构成了此状态转化的样本空间。因此，矩阵$[D_{\text{syn}_i}]$中每一行的元素之和必定等于1，即

$$\sum_{k=1}^{m}\alpha_{jk}^i=1 \quad i=1,2,\cdots,m \tag{6-15}$$

可信性矩阵$[D_{\text{syn}_i}]$中的任一元素 α_{jk}^i 既与原先所处的第 j 种状态有关，又与执行任务过程中所处的第 k 种状态有关。当成员 ε_i 在执行任务过程中处于同一个第 k 种状态，随着在开始执行任务时所处的第 j 种状态的不同($j=1,2,\cdots,m$)，则 α_{jk}^i 也不同；当成员 ε_i 在开始执行任务时处于同一个第 j 种状态，随着在执行任务过程中所处的第 k 种状态的不同($k=1,2,\cdots,m$)，则 α_{jk}^i 也不同。α_{jk}^i 可以根据成员及其单元在开始执行任务时的状态和执行任务过程中的状态、成员及其单元的可靠性和育愈性指标应用概率论原理计算获得。

假设成员 ε_i 在执行任务过程中的育愈率为零，假设$[D_{\text{syn}_i}]$中的元素 α_{jk}^i 按照元素右下角的编号越大则故障越多或越严重的规则排序，那么，$j>k$ 是不可能事件(因为育愈率为零)，即 $\alpha_{jk}^i=0$。这时，成员的可信性矩阵就成了一个三角形矩阵，即

$$[D_{\text{syn}_i}]=\begin{bmatrix}\alpha_{11}^i & \alpha_{12}^i & \cdots & \alpha_{1m}^i \\ 0 & \alpha_{22}^i & \cdots & \alpha_{2m}^i \\ \vdots & \vdots & & \vdots \\ 0 & 0 & \cdots & \alpha_{mm}^i\end{bmatrix} \tag{6-16}$$

(3) 综合能力向量

成员的综合能力是指成员最后完成特定任务的程度，一般由完成特定任务的概率表示。这个概率与成员在执行任务过程中所处的状态密切相关。同一成员由于所处的状态不同，其完成特定任务的概率也不同。

假定成员 ε_i 仅包含一个品质因数，综合能力向量的表达式为

$$\boldsymbol{C}_{\text{syn}_i}=\begin{bmatrix}c_1^i \\ c_2^i \\ \vdots \\ c_m^i\end{bmatrix} \tag{6-17}$$

式中，c_j^i 为成员 ε_i 在执行任务过程中处于第 j 种状态时所对应的综合能力值。

如果成员 ε_i 只有正常和失能两个状态，则综合能力向量的表达式为

$$\boldsymbol{C}_{\text{syn}_i}=\begin{bmatrix}c_1^i \\ c_2^i\end{bmatrix} \tag{6-18}$$

式中，c_1^i 和 c_2^i 为成员 ε_i 在执行任务过程中分别处于正常和失能两个状态时所对应的综合能

力值。

2. 群体效能指标

考虑到群体行动效费比的影响因素,在成员效能表达式基础上,给出群体效能指标,即

$$\boldsymbol{E}_{\mathrm{synG}_n}=\frac{\boldsymbol{A}_{\mathrm{synG}_n}\cdot[D_{\mathrm{synG}_n}]\cdot\boldsymbol{C}_{\mathrm{synG}_n}}{\Sigma_{\mathrm{synG}_n}} \tag{6-19}$$

式中,$\Sigma_{\mathrm{synG}_n}=\sum_{i}^{n}\frac{b_i}{B_i}$ 为群体的费用比率之和,其中,b_i 和 B_i 分别是参与行动的成员 ε_i 的实际开销费用及其相对应的基准费用。

(1) 可用性行向量

可用性行向量 $\boldsymbol{A}$ 为 $n+1$ 维,即

$$\boldsymbol{A}_{\mathrm{synG}_n}=(A_0,A_1,A_2,\cdots,A_l,\cdots,A_n) \tag{6-20}$$

式中,A_0 为成员均正常,都处于可用状态,$A_0=a_\varepsilon^n$;A_l 为群体中有 l 个成员失能,群体处于可用状态,$A_l=C_n^l a_\varepsilon^{n-l}\cdot(1-a_\varepsilon)^l$;$A_n$ 为 n 个成员均失能,群体处于不可用状态,$A_n=1-\sum_{l=0}^{n-1}A_l$;其中 a_ε 为成员 ε_i 的可靠性。

(2) 可信性矩阵

$$[D_{\mathrm{synG}_n}]=[\alpha_{jk}]_{(n+1)\cdot(n+1)}\quad(j,k=1,2,\cdots,n) \tag{6-21}$$

当 $j>k$ 时,$\alpha_{jk}=0$;

当 $j=k$ 时,$\alpha_{jk}=\exp\left[-(n-j+1)\cdot\frac{T_i}{\mathrm{MTBF_{si}}}\right]$;

当 $j<k$ 时,$\alpha_{jk}=C_{n-j+1}^{k-j}\cdot\exp\left[-(n-k+1)\cdot\frac{T_i}{\mathrm{MTBF_{si}}}\right]\cdot\left[1-\exp\left(-\frac{T_i}{\mathrm{MTBF_{si}}}\right)\right]^{k-j}$。

式中,T_i 为成员的任务工作时间。

(3) 综合能力向量

借助于社会性依存关系以及遵循社会性依存原则(PSI),通过合理的任务分工、角色担当和高效协同,能够有效地提高成员的综合能力 C_{syn_i} 和降低群体的费用比率之和 $\Sigma_{\mathrm{synG}_n}=\sum_{i}^{n}\frac{b_i}{B_i}$。

群体 G_n 在执行任务过程中处于第 j 种状态时所对应的综合能力值 $C_{\mathrm{synG}_n}^{j}$ 可表示为

$$C_{\mathrm{synG}_n}^{j}=\sum_{k=1}^{M}w_{jk}C_{\mathrm{synG}_n}^{jk} \tag{6-22}$$

式中,M 为目标任务数;w_{jk} 为群体 G_n 在处于 j 状态下,执行第 k 个目标任务的权值;$C_{\mathrm{synG}_n}^{jk}$ 为群体 G_n 在处于 j 状态下,执行第 k 个目标任务的综合能力值,其中 $j=1,2,\cdots,m$。

$$C_{\mathrm{synG}_n}^{jk}=1-\left[1-\frac{1}{1-\Lambda_k(1-C_{\mathrm{syn}}^{j})}\cdot\frac{C_{\mathrm{syn}}^{j}}{\Pi_k}\right]^{N_k} \tag{6-23}$$

式中,$C_{\mathrm{syn}}^{j}=\frac{1}{n}\sum_{i=1}^{n}C_{\mathrm{syn}_i}^{j}$ 为群体处于 j 状态下时成员的平均综合能力;Π_k 为执行第 k 个目标任务平均必需成员数;N_k 为执行第 k 个目标任务的成员数;Λ_k 为执行第 k 个目标任务的群体协

同等级系数($\Lambda_k \leqslant 1$)。

假定群体 G_n 仅包含一个品质因数,则综合能力向量的表达式为

$$\boldsymbol{C}_{\mathrm{synG}_n} = \begin{bmatrix} C_{\mathrm{synG}_n}^{1} \\ C_{\mathrm{synG}_n}^{2} \\ \vdots \\ C_{\mathrm{synG}_n}^{m} \end{bmatrix} \tag{6-24}$$

6.1.3　群体协同系统结构

综上所述,为了深入研究群体协同系统的特性及其应用,下面从群体社会学、群体动力学和群体效能这三个方面进行讨论:

① 群体的社会性是由社会性群体所遵循的社会性依存原则所决定的,即遵循 3 个基本原则:社会性依存的必要原则、群体综合收益最大原则、群体完整性的普惠原则。通过考察群体的社会态就能刻画一个社会性群体的位育状态。

② 群体效能是依据效能度量和评估准则,通过将社会性群体的效能评定与具体的行动任务综合起来,把既定任务的完成情况和群体的可用性、可信性和综合能力一起综合考虑后所得到的社会性群体的效能。

③ 群体动力学是揭示若干个个体遵循一定的动力学原理,且在一定的时间内满足给定的时空关系的群集运动,既要最大化地展现群体的效能,又要尽可能地降低个体的损耗。

在这 3 个方面的研究内容中前两个方面在本章开始就已经做了讨论,关于群体动力学方面的内容将在下面详细论述。基于群体社会学、群体动力学和群体效能 3 个方面描述群体协同系统特性的社会性依存模型结构如图 6-8 所示。

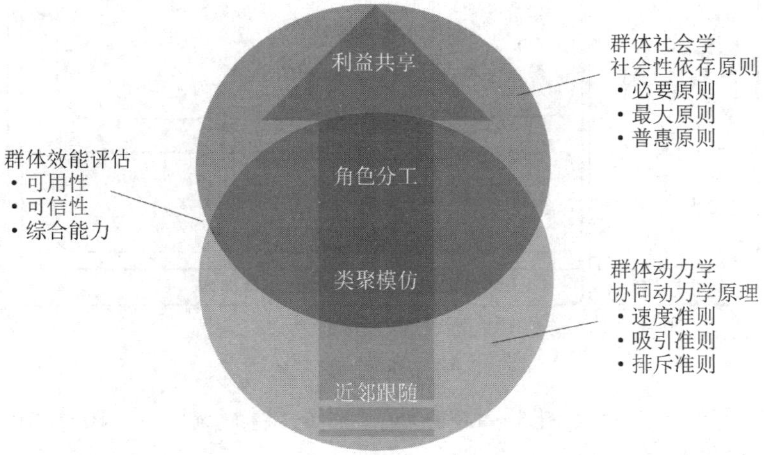

图 6-8　社会性依存模型结构

由图 6-8 可见,社会性依存模型是以底层的群体动力学为基础,由条件反射式(下意识的)动力学反应随着认知能力的不断增强而递次形成的上层的群体社会性构成。近邻跟随、类聚模仿、角色分工、利益共享是群体协同系统综合设计所要协调的 4 大要素。

基于社会性依存模型的群体协同系统的结构如图 6-9 所示。成员个体的结构如图 6-10

所示。

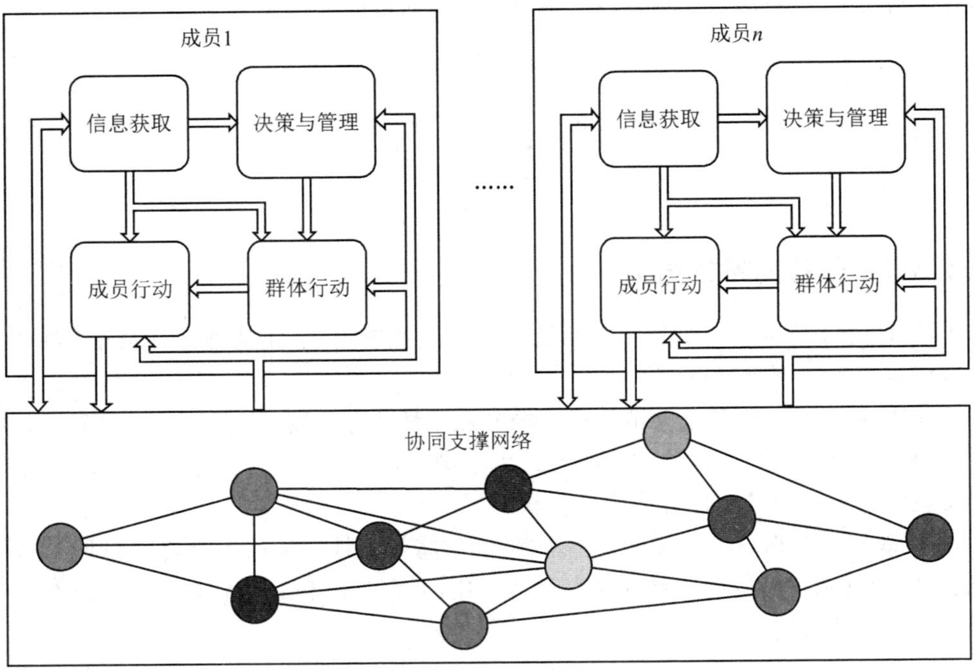

图 6-9 群体协同系统的结构

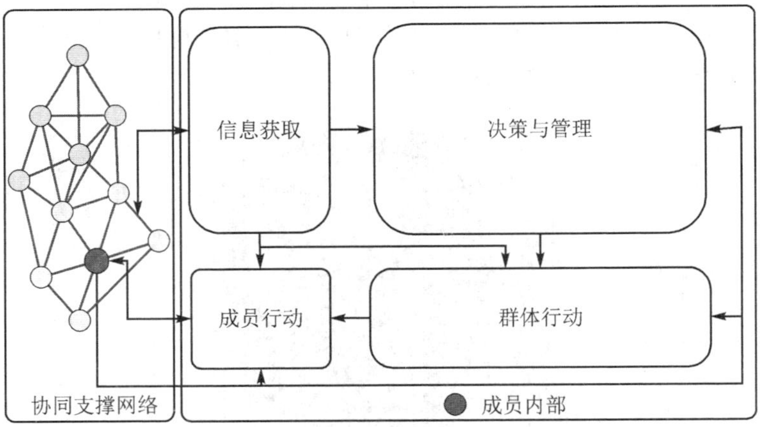

图 6-10 成员个体的结构

由群体协同系统的结构(见图 6-9)和成员个体的结构(见图 6-10)可知,群体协同系统主要由下列 5 大分系统组成。

(1) 协同信息获取系统

协同信息获取系统(见图 6-11)的主要任务是为群体的协同行动获取所需要的高品质信息。根据图 6-9 所给出的群体协同系统的体系结构,其信息获取系统应保证实时准确地提供下列 3 类信息:局部节点信息、网络特征信息和任务环境信息。

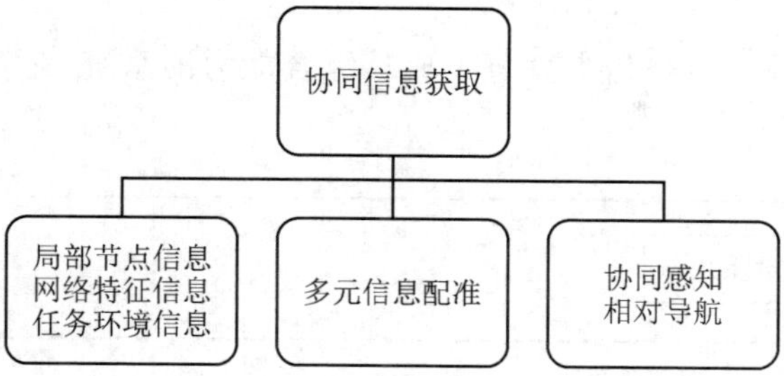

图 6－11　协同信息获取系统的结构图

(2) 协同决策与管理系统

协同决策与管理系统(见图 6－12)遵循社会性依存原则(PSI),负责个体代价与群体代价的权衡并给出群体效能指标、群体行动冲突的调解、个体的离入群管理,实施任务规划/目标分配、协同行动等过程的决策与管理,优化生成群体行动和导引指令,保证按要求完成既定任务所需要遵循的自组织协同规则和规律的群体中枢系统,其系统性能决定着群体的自主性程度与自组织管理水平的高低。

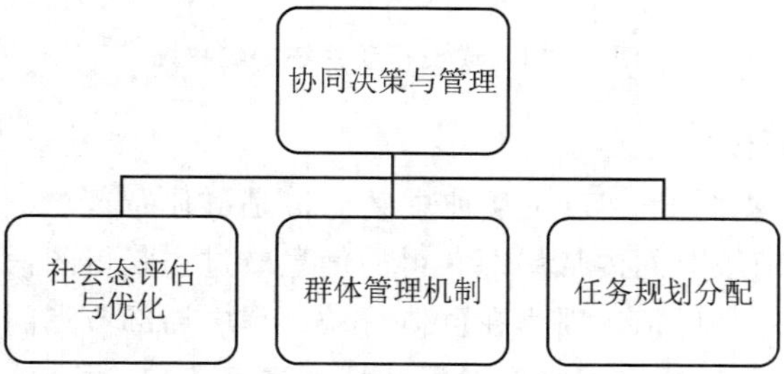

图 6－12　协同决策与管理系统的结构图

(3) 群体行动系统

群体行动系统(见图 6－13)包括组织形态、角色认知、群体行动生成与导引、容错与冲突消解等,其职责是根据协同决策与管理系统所生成的群体优化指标和行动要求,实时优化并形成行动导引、控制与保持的指令,并通过成员行动系统保证实现群体行动的品质。

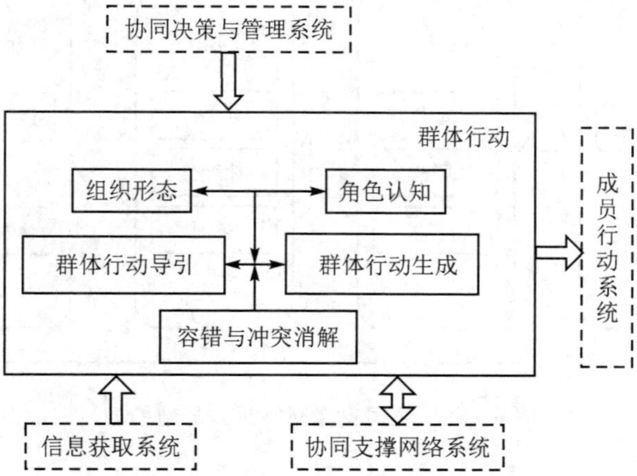

图 6－13　群体行动系统的结构图

(4) 成员行动系统

成员行动系统(见图6-14)是支撑每个成员综合能力的系统,是实现高水准的群体效能的重要环节之一。

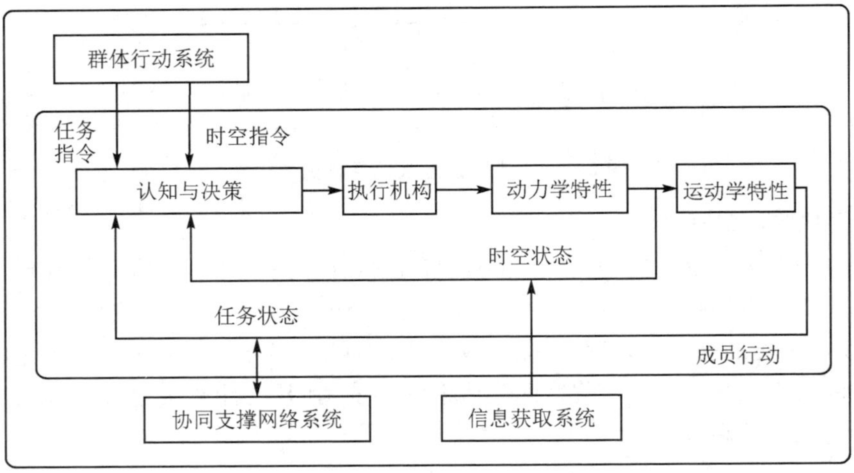

图6-14 成员行动系统的结构图

(5) 协同支撑网络系统

协同支撑网络系统(见图6-15)在某种意义上讲是群体智能的一种网络化体现,使群体中的成员能够仅依赖当前短时间内从局部获得的信息或过去获得的信息对自身将来的行为对整个群体造成的影响有一个评估。因为在群体行动过程中局部节点间的冲突可能导致群体中其他节点间的冲突发生,所以支撑网络要对群体特征进行认知,对个体行为造成的群体链式效应进行估计。要完成这一估计,支撑网络需要通过某种协议使单个节点认知其在网络中的地位以及其与周围其他节点间的关系,为单个节点的行动提供群体代价信息,这就是协同支撑网络不同于普通通信网络的重要特点。

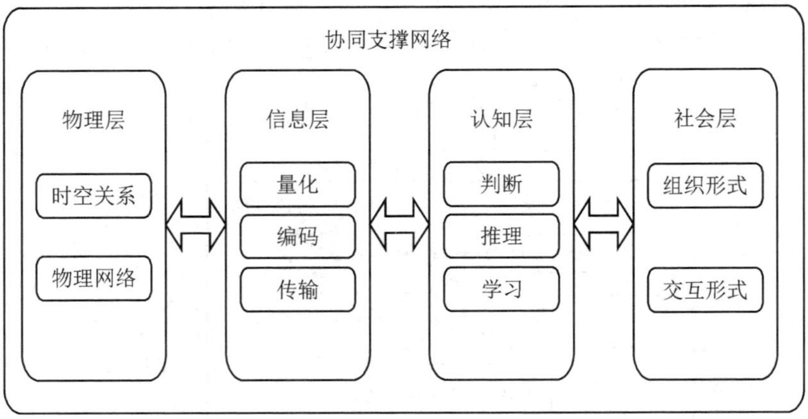

图6-15 协同支撑网络系统的结构图

6.2　自主协同飞行基础

6.2.1　协同性概念

协同性(cooperativity):是指各方做某件事时的相互配合程度,采用协同度来度量。例如,狮群、狼群、蚁群、蜂群、雁群和鲸群等一类社会性动物都会采用一些等级严格、组织紧密、分工明确和战术灵活的协同性行动,在领地占据、食物捕获、威胁躲避和繁衍生息等方面获得更大的竞争优势。

如图 6-16(a)所示,Reynolds 总结了群体性动物的行为特点,个体总是和邻近的伙伴朝相同的方向运动,尽量保持和它们靠近但同时要避免碰撞,并根据这些行为特点建立了三条准则[2]:

① 速度匹配准则,与邻居保持同样的速度矢量;

② 相互吸引准则,个体避免脱离群体而被孤立;

③ 相互排斥准则,相互间避免有碰撞危险的靠近。

有许多学者对这种距离相关的群集行为现象进行了深入研究,有的将其建成一种离散或连续的虚拟力的动力学模型,如图 6-16(b)所示。在多智能体领域的很多研究都是围绕这个行为准则展开的。但是值得注意的是,上述 Reynolds 的三条准则不仅反映了动物群集行为现象的距离相关特性,而且给出了速度相关特性,揭示了动物群体的群集运动的时空关系。针对不同群体的群集行为,这三条准则的表现形式一般也不相同[2]。

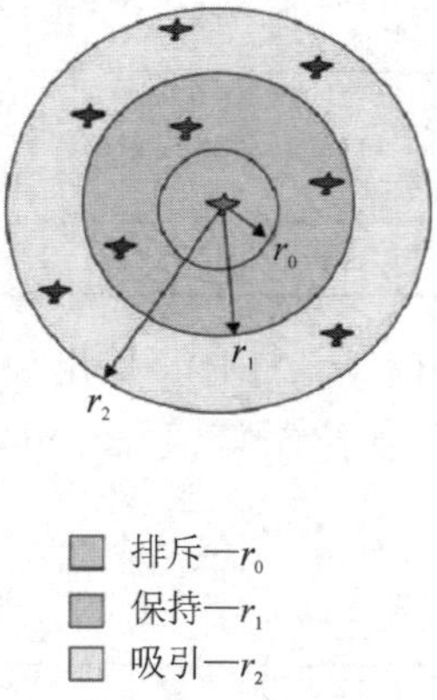

(a) 距离相关的动物行为区域

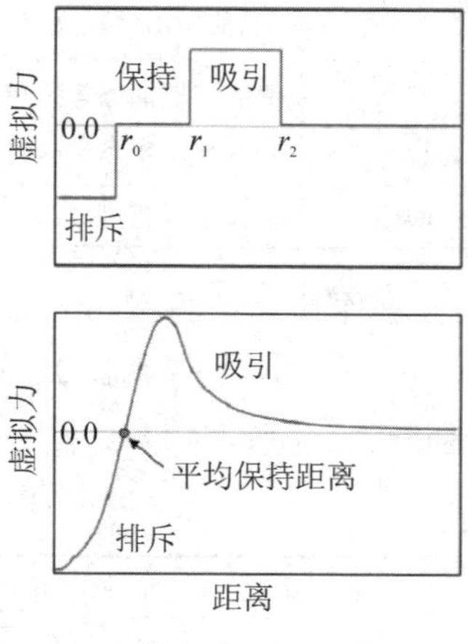

(b) 距离相关的虚拟力函数

图 6-16　鸟群中个体的运动行为特点

飞行器编队协同飞行根据遂行任务需要,通过协同支撑网络组成具有一定紧密程度、密集程度和协同程度(简称紧密度、密集度和协同度)要求的队形,也遵循上述 Reynolds 三条准则,成员与邻近成员之间以同样的速度矢量飞行,以保持编队的飞行速度匹配;此外,还要按照成员之间所容许的最近和最远相互间距的范围,既要保证成员相互间避免碰撞,又要保持编队队形的整体性。这是按照遂行任务的需要,飞行器编队协同飞行的队形所要满足的基本要求。

后面将基于 Reynolds 三条准则，引入紧密度、密集度和协同度以及匹配态等相关概念，对飞行器编队协同飞行的队形品质进行评定。

6.2.2 自主性定义与分级

自主性(autonomy)：是指行为主体自我主导的程度。美国国家标准技术研究所(national institute of standards and technology, NIST)的无人系统自主等级工作组(autonomy levels for unmanned systems, ALFUS)对自主性的定义是："无人系统拥有观察、认知、分析、信息交流、规划、制定决策和行动的能力，并且完成操作员通过人机交互分配给它的任务。自主性可以根据任务的复杂性、环境的苛刻性和人机交互程度等因素划分等级以便对应完成不同的任务。"

美国国家航空航天局(national aeronautics and space administration, NASA)飞行器系统计划(vehicle systems program, VSP)高空长航时部(department of high altitude long endurance, DHALE)针对高空长航时无人机的自身特点，提出了更加明确的自主性定义，如表 6-1 所列。

表 6-1 NASA VSP DHALE 的 ACL 定义

ACL	名　称	描　述	特　征
0	遥控	人在回路的遥控飞行	遥控飞机
1	简单的自动操作	依靠自控设备辅助，在操作员监视下执行任务	自动驾驶仪
2	远程操作	执行操作员预编程序任务	无人机综合管理，预设航路点飞行
3	高度自动化	可自动执行复杂任务，具有部分态势感知能力，能做出常规决策	自动起飞/着陆，链路中断后可继续任务
4	完全自主	具有广泛的态势感知能力(本体及环境)，有能力和权限做全面决策	自动任务重规划
5	协同操作	多架无人机可团队协作	合作和协同飞行

2000 年美国空军研究实验室(air force research laboratory, AFRL)提出了自主作战(autonomous operations, AO)的理念，定义了无人机 10 个自主控制等级(autonomous control level, ACL)，如表 6-2 所列[2]。

表 6-2 AFRL 的 ACL 等级定义

ACL	英　文	中　文
1	Remotely Guided	遥控引导
2	Real Time Health/ Diagnosis	实时健康/故障诊断
3	Adapt to Failure and Flight Conditions	故障自修复与飞行环境自适应
4	Onboard Route Re-plan	在线航路重规划
5	Group Coordination	团队协调
6	Group Tactical Re-plan	团队战术重规划
7	Group Tactical Goals	团队战术目标

续表 6-2

ACL	英　文	中　文
8	Distributed Control	分布式控制
9	Group Strategic Goals	团队战略目标
10	Fully Autonomous Swarm	完全自主群体

等级 ACL1～ACL3 追求的是成员个体的飞行控制能力；等级 ACL4 追求成员个体的作战能力，代表了成员个体的最高性能，但是前 4 级 ACL1～ ACL4 只侧重于成员个体的自主能力。等级 ACL5～ACL10 则注重追求群体的联合作战能力，从群体协调到群体协同，从小规模机群的战术层面到大规模机群的战略层面，直至群体具备完全自主能力，其中等级 ACL7～ACL10 是美军未来的主要发展方向。图 6-17 所示为美军无人机系统发展路线图(2005—2030 版)中对现有和未来项目的部分评级。

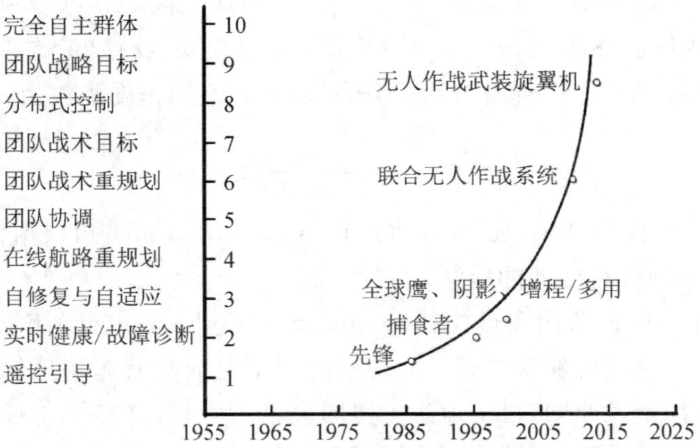

图 6-17　美军无人机发展路线图中的自主控制等级

国内也有很多研究机构在无人系统及其自主等级方面做了系统研究。其中，北京航空航天大学 IPCLab 实验室等较早提出了无人飞行器自主编队协同制导控制的概念。按照美国国家标准技术研究所(NIST)、美国空军研究实验室(AFRL)和国内相关研究机构关于无人系统自主性及其控制等级的定义，由具有较高控制等级的无人系统组成的群体注重追求群体的联合作战能力，从群体协调到群体协同，从小规模群体的战术层面到大规模群体的战略层面，直至群体具备完全自主自治能力的发展方向已成为基本共识[2,15]。基于无人系统的共有特性和飞行器的特有属性，下面给出飞行器协同飞行控制系统的基本概念。

6.2.3　自主编队协同飞行控制基础

定义 6.7：无人飞行器编队(UAVs formation，UF)是指由不少于两架以上无人飞行器根据任务需要，在时间段$[t_0, t_f]$按照一定的协同规则和要求遂行任务的编队，简称编队。或者说，编队是一种有特殊要求的群集。

定义 6.8：编队中的飞行器成员称为节点，用 ε_i 表示。飞行器成员 ε_i 在惯性坐标系中的位置用 $\boldsymbol{q}_i(t)$表示，向量 $\boldsymbol{q}(t)=\mathrm{col}\{\boldsymbol{q}_1(t),\boldsymbol{q}_2(t),\cdots,\boldsymbol{q}_n(t)\}$ 表示编队中所有飞行器成员组成的队形。$i\in\mathbf{I}=\{1,2,\cdots,n(t)\}$ 为编队中飞行器成员的编号。其中，$n(t)\geqslant 2$ 称为飞行器编队

的规模,是指在时刻 $t\in[t_0,t_f]$编队中飞行器成员的数量。$n_0=n(t_0)$为飞行器编队的初始规模,$n_f=n(t_f)$为编队的终结规模。

定义 6.9:在时刻 $t\in[t_0,t_f]$编队中成员 ε_i 与成员 ε_j 之间的距离称为成员间距(formation spacing)$d_{ij}(t)=\|\boldsymbol{q}_j-\boldsymbol{q}_i\|$,相对速度为 $V_{ij}(t)=\dot{d}_{ij}(t)$。若 $V_{ij}(t)>0$,则成员间距增大,成员 ε_i 与 ε_j 做远离运动;若 $V_{ij}(t)<0$,则成员间距减小,成员 ε_i 与 ε_j 做接近运动;若 $V_{ij}(t)=0$,则成员间距不变,即成员 ε_i 与 ε_j 做距离保持运动。将成员间距和相对速度写成相对向量 $\boldsymbol{D}_{ij}(t)=[d_{ij}(t)\quad V_{ij}(t)]^{\mathrm{T}}$,其相应数学期望 $\hat{\boldsymbol{D}}_{ij}(t)=E\{D_{ij}(t)\}=\begin{bmatrix}\mu_{ij}(t)\\ \nu_{ij}(t)\end{bmatrix}$。$i\neq j$,$i,j\in\mathbf{I}=\{1,2,\cdots,n(t)\}$。相对向量 $\boldsymbol{D}_{ij}(t)=[d_{ij}(t)\quad V_{ij}(t)]^{\mathrm{T}}$ 是无人飞行器编队飞行的重要运动参数,是需要通过相对导航系统来确定的编队的主要运动变量之一。这里,$\|\cdot\|$表示欧几里得范数,$E\{\cdot\}$为求数学期望。

由定义 6.9 可见,成员 ε_i 对成员 ε_j 的依存度 ρ_{ij} 与成员间距 $d_{ij}(t)$和相对速度 $V_{ij}(t)$成反比,与成员 ε_i 对成员 ε_j 的交互强度 $\omega_{ij}(t)$及其交互品质 $\bar{\omega}_{ij}(t)$成正比。

假设成员 ε_i 到 ε_j 的交互过程符合泊松分布,那么其概率密度函数为

$$p(\xi=n_{ij})=\frac{\omega_{ij}^{n_{ij}}}{n_{ij}!}\mathrm{e}^{-\omega_{ij}}$$

定义 6.10:自主编队(UAVs autonomous formation,UAF)是指根据任务需要,在时间段 $[t_0,t_f]$能够自主地协同遂行任务的编队。

定义 6.11:自主编队的协同飞行控制(cooperative flight control,CFC)是指根据作战任务要求,保证飞行器成员通过能够支撑相互间协同的网络组成具有态势感知和群体认知能力的编队,能依据综合效能最大原则,自主地实施协同决策与管理,并导引与控制编队完成任务的原理、方法和技术。也就是说,协同飞行控制(CFC)是研究如何兼顾飞行器成员特性、发挥飞行器编队自主性和协同性优势,保证实现飞行器编队综合效能最大化目标的理论与技术,是飞行器编队研究领域的核心内容之一。

定义 6.12:协同支撑网络(cooperative support networks,CSN)是一种除了具备编队的信息传输与共享的通信网络作用外,还可通过某种协议使编队成员能够认知其在编队中的地位及其与周围成员的关系,能为成员在编队中的协同行动提供编队的群体代价信息的自组织网络。

协同支撑网络(CSN)保证使编队中的成员能够仅依赖当前短时间内从局部获得的信息或过去获得的信息,对其自身将来的行为对整个编队造成的影响做出准确的评估,是协同支撑网络不同于普通通信网络的特点之一,也是支撑编队具备自主自治群体智能的一种网络化体现。

这里所论述的认知能力(congnition & acknowledgement capability,CAC)是具有相互关联的两个层次的含义:① 认知和承认规则(congnition & acknowledgement regulations),是指成员首先能够对群体的既有规则认知并承认,明确自己在群体中的地位和关系;② 参与和革新规则(participation and innovation regulations),是指成员在认知和承认规则基础上,在群体中以自己的角色发挥作用,并积极参与对群体的既有规则的革新。

协同飞行控制系统(cooperative flight control System,CFCS)由5大部分组成:协同信息获取系统、协同决策与管理系统、编队飞行控制系统、成员飞行控制系统以及协同支撑网络系

统，这些都与认知能力(CAC)有密切关系。

定义 6.13：协同飞行控制的等级(cooperative control level，CCL)的定义如表 6－3 所列。根据编队的具体属性和任务特点，每一级都可细分成若干亚级并进行更为细致的定义[2]。

表 6－3　协同飞行控制的等级(CCL)定义

CCL	主要功能	自主性	协同性	通信特征	智能特点
1	遥控编队飞行	半自动	人在回路	指控链路	操作员主导
2	预设集结区和目标区飞行	全自动	预编程序	成员间链路	个体特征认知
3	航路协同规划和离入队管理	半自主	部分的战场态势感知与决策	支撑网络	具备部分的群体特征认知和决策能力
4	战术任务动态规划和协同决策与管理	完全自主	全面的战场态势感知与决策	战术链路＋支撑网络	具备完全的群体特征认知和决策能力
5	使命任务运筹和战术任务动态规划	自主自治	全面的战区态势感知与决策	信息栅格＋战术链路＋支撑网络	体系协同和自治能力

具有态势感知、群体特征认知和智能决策能力是等级 CCL3 以上飞行器自主编队协同飞行的重要特征，可见，等级 CCL3 对于飞行器编队的自主性与协同性程度具有标志性的意义，等级 CCL3 以上的飞行器编队是未来发展的主要方向。

飞行器编队的紧密程度(紧密度)是一个描述编队中飞行器成员间距和相对速度大小特征的基本概念，它对于飞行器自主编队协同飞行控制系统设计具有重要的影响，下面对飞行器编队的紧密度进行分析。

为了描述飞行器编队的紧密度，首先给出包括飞行器成员间距和相对速度大小的安全向量(safe vector)的概念和定义。如何为编队飞行中的飞行器成员之间确定合适的安全距离和安全的相对速度，是编队协同飞行控制系统设计的基础。通常根据飞行器各自的实际情况、遂行任务以及飞行环境确定一个安全距离和相互间的安全接近速度，并利用其控制编队的成员间距 $d_{ij}(t)$ 和相对速度 $V_{ij}(t)$。

定义 6.14：飞行器成员 ε_i 的安全向量(safe vector)$\boldsymbol{D}_{si}(t)=[d_{si}(t)\quad V_{si}(t)]^{\mathrm{T}}$，其中安全距离 $d_{si}(t)\geqslant 0$，安全速度 $V_{si}(t)\leqslant 0$，且满足由 $d_{si}(t)=\phi\{V_{si}(t)\}$ 确定的安全边界。函数 $\phi\{\cdot\}$ 由飞行器的动力学方程 $\ddot{d}_{ij}(t)=f\{d_{ij}(t),V_{ij}(t)\}$ 确定。

影响安全向量 $\boldsymbol{D}_{si}(t)$ 的主要因素包括：

① 飞行器关于成员间距和相对速度的传感与控制误差 $\boldsymbol{D}_{\mathrm{T}i}(t)$：反映了飞行器成员 ε_i 的距离传感与制导控制系统的性能，它主要由飞行器成员 ε_i 自身的相对导航定位的传感和制导控制系统的技术状态所决定；

② 机动性能反映到成员间距和相对速度上的分量 $\boldsymbol{D}_{\mathrm{M}i}(t)$：飞行器成员 ε_i 的机动性能反映到成员间距和相对速度上所具有的规避突发碰撞威胁的能力；

③ 网络性能反映到成员间距和相对速度上的诱导分量 $\boldsymbol{D}_{\mathrm{N}i}(t)$：编队的支撑网络性能对于成员间距和相对速度上所具有的规避突发碰撞威胁能力的影响，它是由协同支撑网络对信息传递的时延、丢包等因素对编队中飞行器成员 ε_i 的安全向量的新增限制；

④ 任务环境反映到成员间距和相对速度上的分量 $\boldsymbol{D}_{\mathrm{E}i}(t)$:是考虑到遂行任务的复杂度、飞行环境、协同决策与管理能力及其战术应用等因素,可反映在成员间距和相对速度对编队飞行安全以及编队队形的影响。

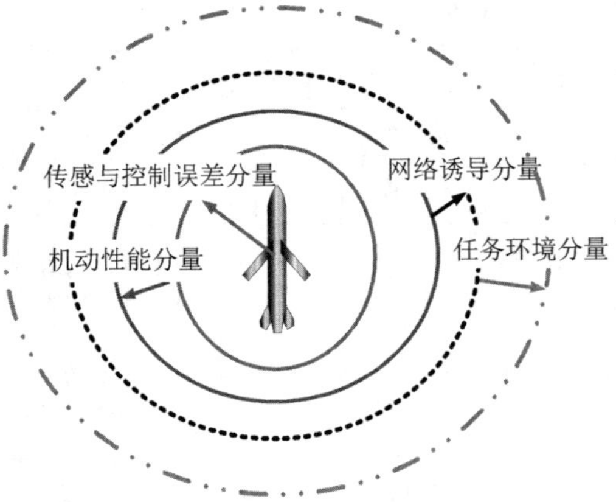

图6-18 安全距离和安全速度的分量

由于分量 $\boldsymbol{D}_{\mathrm{E}i}(t)$ 包含着遂行任务所需的战术应用对于编队队形等因素的要求,因此安全向量 $\boldsymbol{D}_{\mathrm{s}i}(t)$ 不仅是关于编队飞行安全的量,也是关系着编队遂行任务所需的战术队形的量。一般情况下,成员的安全向量是上述分量之和,即 $\boldsymbol{D}_{\mathrm{s}i}(t)=\boldsymbol{D}_{\mathrm{T}i}(t)+\boldsymbol{D}_{\mathrm{M}i}(t)+\boldsymbol{D}_{\mathrm{N}i}(t)+\boldsymbol{D}_{\mathrm{E}i}(t)$,如图6-18所示。

定义6.15:飞行器成员的安全距离余量 $\Delta d_{ij}(t)$,是指编队中成员间距 $d_{ij}(t)$ 与其相应的安全距离 $d_{\mathrm{s}i}(t)$ 之差,即 $\Delta d_{ij}(t)=d_{ij}(t)-d_{\mathrm{s}i}(t)$,其数学期望 $\Delta\mu_{ij}(t)=\mu_{ij}(t)-d_{\mathrm{s}i}(t)$。

定义6.16:飞行器成员的安全速度余量 $\Delta V_{ij}(t)$,是指编队中飞行器成员之间相对速度 $V_{ij}(t)$ 与其相应的安全速度 $V_{\mathrm{s}i}(t)$ 之差,即 $\Delta V_{ij}(t)=V_{ij}(t)-V_{\mathrm{s}i}(t)$,其数学期望 $\Delta\nu_{ij}(t)=\nu_{ij}(t)-V_{\mathrm{s}i}(t)$。

由定义6.15与定义6.16所给出的安全距离余量 $\Delta d_{ij}(t)$ 和安全速度余量 $\Delta V_{ij}(t)$ 给出匹配向量(matching vector)$\boldsymbol{R}_{ij}(t)$ 的定义。

定义6.17:安全距离余量 $\Delta d_{ij}(t)$ 和安全速度余量 $\Delta V_{ij}(t)$ 组成匹配向量 $\boldsymbol{R}_{ij}(t)=[\Delta d_{ij}(t) \quad \Delta V_{ij}(t)]^{\mathrm{T}}$,$\boldsymbol{M}_{ij}(t)=E\{\boldsymbol{R}_{ij}(t)\}=[\Delta\mu_{ij}(t) \quad \Delta\nu_{ij}(t)]^{\mathrm{T}}$。

显然,匹配向量、相对向量和安全向量之间存在关系式 $\boldsymbol{R}_{ij}(t)=\boldsymbol{D}_{ij}(t)-\boldsymbol{D}_{\mathrm{s}i}(t)$。

除了上述采用安全距离余量 $\Delta d_{ij}(t)$ 和安全速度余量 $\Delta V_{ij}(t)$ 构成的匹配向量 $\boldsymbol{R}_{ij}(t)$ 来描述编队的紧密度之外,还应考察编队的密集程度(密集度)。也就是说,编队的密集度是考察编队中影响飞行器成员可用于避碰机动的自由空间情况。因为当飞行器成员 ε_i 与其他成员之间的匹配向量 $\boldsymbol{R}_{ij}(t)$ 趋于零时,飞行器成员 ε_i 对于面临的碰撞威胁是需要实施避碰机动的,而这种规避机动常常朝向其周围的自由空间。此时如果飞行器成员 ε_i 周围没有可用于避碰机动的自由空间,那么它该如何进行避碰机动呢?由此可见,除了需要考虑编队的紧密度外,还需要引入描述飞行器成员周围影响其避碰机动自由空间的邻居节点的分布范围——邻近群及其数量的量——邻接度 $n_{\mathrm{a}i}(t)$,据此给出既在邻近群又同时不发生碰撞的区域和状态的概念,即匹配区和匹配态以及反映其可用于避碰机动的时间的量——匹配率 $\pi_{\mathrm{a}i}(t)$ 来反映编队的紧密度、密集度和协同度。

下面利用群集性(flocking)的相关结论,给出协同飞行控制系统(CFCS)中反映紧密度、密集度和协同度有关的概念和定义。

定义6.18:邻接度(adjacency)$n_{\mathrm{a}i}(t)$ 是指以节点 ε_i 为中心,围绕其周围的满足相关条件的邻居节点 ε_j 数量:

$$n_{\mathrm{a}i}=\{j\in\varepsilon:\bar{D}_{ij}(t),j\neq i\} \tag{6-25}$$

式中，$\bar{D}_{ij}(t) \triangleq \{d_{ij\max}(t) - d_{ij}(t) > 0, V_{ij\max}(t) - V_{ij}(t) > 0\}$。邻接向量 $\boldsymbol{D}_{ij\max}(t) = \begin{bmatrix} d_{ij\max}(t) \\ V_{ij\max}(t) \end{bmatrix} = \boldsymbol{K}_{ij\max} \cdot \boldsymbol{D}_{si}(t)$。其中，$\boldsymbol{K}_{ij\max} = \begin{bmatrix} k_{dij\max} & 0 \\ 0 & k_{Vij\max} \end{bmatrix}$ 为节点 ε_i 的邻接矩阵，$d_{ij\max}(t)$ 和 $V_{ij\max}(t)$ 分别为邻接距离与邻接速度。其中 $k_{dij\max}$ 为距离邻接系数，在通常情况下 $1 \leqslant k_{dij\max} < \sqrt{3}$（在后面会给出严谨的结论），$k_{Vij\max}$ 为速度邻接系数，因为通常情况下 $V_{ij\max}(t) = -V_{si}(t)$，所以速度邻接系数 $k_{Vij\max} = -1$。这样，邻接向量 $\boldsymbol{D}_{ij\max}(t) = \begin{bmatrix} d_{ij\max}(t) \\ V_{ij\max}(t) \end{bmatrix} = \begin{bmatrix} k_{dij\max} \cdot \phi(V_{si}(t)) \\ -V_{si}(t) \end{bmatrix}$。

定义 6.19：邻近群（proximity groups）$G(q) = (\varepsilon, \mathbf{v}(q))$ 是由 ε 与节点集合

$$v(q) = \{(i,j) \in \varepsilon \times \varepsilon : \bar{D}_{ij}(t), i \neq j\} \tag{6-26}$$

定义的且完全取决于 q。若所有节点的邻接向量 $\boldsymbol{D}_{ij\max}(t)$ 均相同，则邻近群 $G(q)$ 是一个无向图。

成员 ε_i 对整个邻近群 $G(q)$ 的依存度为

$$\rho_{i \subset v(q)} = \rho_{i \subset ai} = \sum_{j=1}^{n_{ai}} \rho_{ij}, \quad 且\ \rho_{i \subset ai} \leqslant \rho_{i \subset n}, \quad \forall i,j \in \nu(q)$$

定义 6.20：匹配区（matching area，MAA）$\delta_{ai}(t)$ 是指邻近群内的邻居节点 ε_j 与节点 ε_i 之间成员间距的容许范围，即

$$\delta_{ai} = \{d_{si}(t) \leqslant d_{ij}(t) < d_{ij\max}(t), \forall i,j \in \nu(q)\}$$

定义 6.21：匹配率（matching rate，MAR）$\pi_{ai}(t)$ 是指邻近群内的邻居节点 ε_j 与节点 ε_i 之间相对速度的容许范围，即

$$\pi_{ai} = \{V_{si}(t) \leqslant V_{ij}(t) < V_{ij\max}(t), \forall i,j \in \nu(q)\} \tag{6-27}$$

定义 6.22：匹配态（matching state，MAS）$\Theta(q)$ 是指满足匹配区 $\delta_{ai}(t)$ 和匹配率 $\pi_{ai}(t)$ 要求的邻近群的队形状态，即

$$\Theta(q) = \{(i,j) \in \varepsilon \times \varepsilon : \tilde{D}_{ij}(t), i \neq j\} \tag{6-28}$$

式中，$\tilde{D}_{ij}(t) \triangleq \{d_{si}(t) \leqslant d_{ij}(t) < d_{ij\max}, V_{si}(t) \leqslant V_{ij}(t) < V_{ij\max}\}$。

也就是说，匹配态（MAS）$\Theta(q)$ 是指满足 Reynolds 三准则的邻近群中呈现紧密度、密集度和协同度最高的队形状态。

综上所述，基于 Reynolds 三准则引入了关于群体性度量的紧密度、密集度和协同度的概念，由此给出了相对应的定量描述群体性度量的三个概念：匹配区、邻接度和匹配率的量化定义，并在此基础上提出了一个用于描述满足匹配区 $\delta_{ai}(t)$ 和匹配率 $\pi_{ai}(t)$ 要求的邻近群状态的重要概念—匹配态 $\Theta(q)$，其准确描述了一个邻近群所能达到的紧密度、密集度和协同度的水平，刻画了一个编队满足一定的运动学和动力学特性要求的状态。图 6-19 所示为 Reynolds 准则与群体性度量以及匹配态 $\Theta(q)$ 之间的关系。

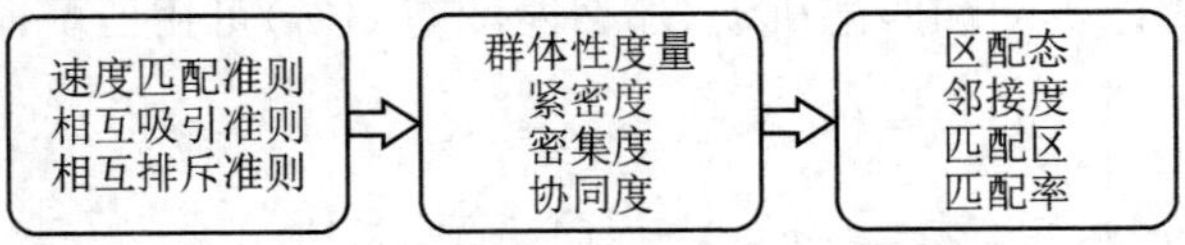

图 6-19　Reynolds 准则与群体性度量及匹配态之间关系

假设成员 ε_i 与其所有邻居节点 ε_j 间关于距离和速度匹配的关系，由 n_{ai} 个闭环线性系统描述(具体内容将在后面关于节点运动的动力学模型中详细讨论)，即

$$\ddot{d}_{ij}(t)+k_{ij}d_{ij}(t)+c_{ij}V_{ij}(t)=0,\quad j\in n_{ai}$$

在图 6-20 中给出了成员 ε_i 的邻近群中邻居节点 ε_j 处于匹配态 $\Theta(q)$ 的二维情况。匹配态 $\Theta(q)$ 区域(图中阴影部分)由下列公式确定

$$-t_{ij}\cdot V_{ij}(t)+d_{si0}=d_{si}(t)\leqslant d_{ij}(t)<d_{ij\max0},\qquad V_{si}(t)\leqslant V_{ij}(t)\leqslant 0$$

$$d_{si0}\leqslant d_{ij}(t)<d_{ij\max}(t)=-t_{ij}\cdot V_{ij}(t)+d_{ij\max0},\quad 0<V_{ij}(t)<V_{ij\max}(t)=-V_{si}(t)$$

这里的安全距离 $d_{si}(t)=\phi\{V_{si}(t)\}=-t_{ij}\cdot V_{si}(t)+d_{si0}$(见图 6-20 中阴影区域的左侧边界)。其中，临界匹配时间 $t_{ij}=\dfrac{c_{ij}}{\sqrt{k_{ij}}}=-\dfrac{\Delta d_{ij\max}(t)}{V_{si}(t)}$，$\Delta d_{ij\max}(t)=d_{ij\max}(t)-d_{si}(t)$。只要设计调节系数满足条件 $k_{ij}>0$，$c_{ij}>0(j\in n_{ai})$，则 n_{ai} 个闭环系统稳定，即 $\lim\limits_{t\to\infty}\mu_{ij}(t)\to 0(j\in n_{ai})$。若进一步满足 $c_{ij}\geqslant 2\sqrt{k_{ij}}$，即临界匹配时间 $t_{ij}=-\dfrac{\Delta d_{ij\max}(t)}{V_{si}(t)}\geqslant 2$ s，则闭环系统单调收敛，即 $\lim\limits_{t\to\infty}\mu_{ij}(t)\xrightarrow{\text{m. c}}0(j\in n_{ai})$。有趣的是，临界匹配时间 $t_{ij}\geqslant 2$ s 的结论常被有经验的司机用在与前车保持安全行驶距离和速度方面。

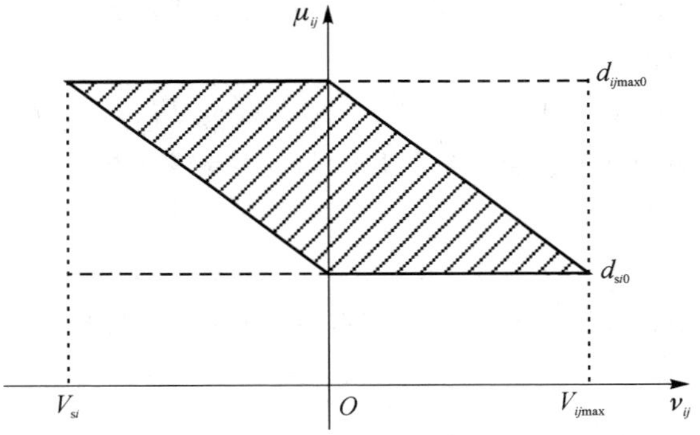

图 6-20 匹配态 $\Theta(q)$ 示意图

由匹配态 $\Theta(q)$ 概念可知，要保持节点 ε_i 的邻近群稳定且邻居节点 ε_j 与节点 ε_i 之间不发生避碰机动，主要取决于匹配区 $\delta_{ai}(t)$ 和匹配率 $\pi_{ai}(t)$，即 $d_{si}(t)\leqslant d_{ij}(t)<d_{ij\max}(t)$ 和 $V_{si}(t)\leqslant V_{ij}(t)<V_{ij\max}(t)$，$\forall(i,j)\in v(q)$。换句话说，匹配区 $\delta_{ai}(t)$ 确定了在邻近群中成员 ε_i 与 ε_j 之间的安全距离余量范围，即 $0\leqslant\Delta d_{ij}(t)<\Delta d_{ij\max}(t)$，若当安全距离余量超出该范围，成员 ε_i 与 ε_j 就需要采取距离匹配机动措施。同样，由匹配率 $\pi_{ai}(t)$ 定义了在邻近群中成员 ε_i 与 ε_j 之间的安全速度余量范围为 $0\leqslant\Delta V_{ij}(t)<\Delta V_{ij\max}(t)=V_{ij\max}(t)-V_{si}(t)$，若安全速度余量超出该范围，成员 ε_i 与 ε_j 就需要采取速度匹配机动措施。

综上所述，若成员 ε_i 与 ε_j 之间满足匹配态 $\Theta(q)$ 的稳定条件，也就是它们形成了稳定的邻近群且相互之间无须避碰机动和匹配机动，那么匹配态 $\Theta(q)$ 可用匹配向量 $\boldsymbol{R}_{ij}$ 表示，即

$$\Theta(q)=\{(i,j)\in\varepsilon\times\varepsilon:\widetilde{R}_{ij}(t),i\neq j\}\tag{6-29}$$

式中，$\widetilde{R}_{ij}(t)\triangleq\{0\leqslant\Delta d_{ij}(t)<\Delta d_{ij\max},0\leqslant\Delta V_{ij}(t)<\Delta V_{ij\max}\}$。

实际上，匹配态 $\Theta(q)$ 就是满足匹配区 $\delta_{ai}(t)$ 和匹配率 $\pi_{ai}(t)$ 要求的邻近群的最佳状态。

队形连续稳定保持在匹配态 $\Theta(q)$ 的时间称为匹配时间 t_{aij}。匹配时间 t_{aij} 是作为应用随机鲁棒分析与设计(SRAD)方法[13]进行编队队形稳定控制器设计的指标，其决定着控制器的参数的优化选择。

图 6-21 所示为几张采用延时摄影技术拍摄的鸟群编队协同飞行的照片。从这些照片中可以清楚看到鸟群编队飞行处于匹配态 $\Theta(q)$ 的情况。每只鸟的振翅频率和飞行速度(匹配率 $\pi_{ai}(t)$)、相邻鸟的间隔距离(匹配区 $\delta_{ai}(t)$)都处于相对稳定状态，由此保证了每只鸟的飞行轨迹与其他鸟的飞行轨迹不存在时空交叉点，既避免了鸟之间的相互碰撞危险，又使得鸟群编队的协同飞行稳定有序。

图 6-21　鸟群编队协同飞行

可见，邻近群的概念揭示了群集成员之间的相关关系，匹配区 $\delta_{ai}(t)$ 和匹配率 $\pi_{ai}(t)$ 两个概念描述了邻近群内邻居节点 ε_j 的数量及其与节点 ε_i 之间进行避碰机动时间的长短。也就是说，匹配区 $\delta_{ai}(t)$ 和匹配率 $\pi_{ai}(t)$ 是对邻近群所拥有空间和时间的度量，并通过时空尺度刻画了邻近群的成员之间的紧密度、密集度和协同度的水平。

假设编队中成员 ε_i 的安全距离余量 $\Delta d_{ij}(t)$ 为各态历经的随机过程，根据中心极限定理，安全距离余量 $\Delta d_{ij}(t)$ 服从 $\Delta\mu_{ij}(t)=E\{\Delta d_{ij}(t)\}=\mu_{ij}(t)-d_{si}(t)$ 的数学期望，$\sigma_{dij}^2(t)=\sigma_{di}^2(t)+\sigma_{dj}^2(t)$ 为方差的高斯分布，即 $\Delta d_{ij}(t)\sim N(\Delta\mu_{ij}(t),\sigma_{dij}^2(t))$。

定理 6.1[2,9,10]：若高斯随机过程 $\Delta d_{ij}(t)$ 的均方导数 $\Delta\dot{d}_{ij}(t)$ 存在，则 $\Delta\dot{d}_{ij}(t)$ 必为高斯过程。

因有 $\Delta\dot{d}_{ij}(t)=\Delta V_{ij}(t)$，则根据定理 6.1，飞行器成员的安全速度余量 $\Delta V_{ij}(t)$ 服从以 $\Delta\nu_{ij}(t)=E\{\Delta V_{ij}(t)\}=\nu_{ij}(t)-V_{si}(t)$ 为数学期望，$\sigma_{Vij}^2(t)=\sigma_{Vi}^2(t)+\sigma_{Vj}^2(t)$ 为方差的高斯分布，即 $\Delta V_{ij}(t)\sim N(\Delta\nu_{ij}(t),\sigma_{Vij}^2(t))$。

因此，匹配向量服从高斯分布 $\boldsymbol{R}_{ij}(t)\sim N(\boldsymbol{M}_{ij}(t),\boldsymbol{\Sigma}_{ij}(t))$，其中，$\boldsymbol{M}_{ij}(t)=\begin{bmatrix}\Delta\mu_{ij}(t)\\ \Delta\nu_{ij}(t)\end{bmatrix}$，

$$\boldsymbol{\Sigma}_{ij}(t)=\begin{bmatrix}\sigma_{dij}^2(t) & \rho\sigma_{dij}(t)\sigma_{Vij}(t)\\ \rho\sigma_{dij}(t)\sigma_{Vij}(t) & \sigma_{Vij}^2(t)\end{bmatrix}。$$

由式(6-29)可知，飞行器成员 ε_i 与 ε_j 之间处于匹配态 $\Theta(q)$，并且保持在匹配态的概率称为保持概率 $p_{\Theta H}(i,j)$：

$$\begin{aligned}p_{\Theta H}(i,j)&=P\{\tilde{R}_{ij}(t)\}=P\{\hat{R}_{ij}(t)\}-P\{\bar{R}_{ij}(t)\}\\&=\iint_{X\in\Theta(q)}f(\boldsymbol{X})\,\mathrm{d}\boldsymbol{X}=\iint_{-\boldsymbol{\Sigma}^{-1/2}\boldsymbol{M}_{ij}}^{\infty}f(\boldsymbol{X})\,\mathrm{d}\boldsymbol{X}-\iint_{\boldsymbol{\Sigma}^{-1/2}\boldsymbol{R}_{ij\max}-\boldsymbol{\Sigma}^{-1/2}\boldsymbol{M}_{ij}}^{\infty}f(\boldsymbol{X})\,\mathrm{d}\boldsymbol{X}\\&=\iint_{-\boldsymbol{\lambda}_{ij}}^{\infty}f(\boldsymbol{X})\,\mathrm{d}\boldsymbol{X}-\iint_{\boldsymbol{\lambda}_{ij\max}-\boldsymbol{\lambda}_{ij}}^{\infty}f(\boldsymbol{X})\,\mathrm{d}\boldsymbol{X}\end{aligned}\tag{6-30}$$

这里，$p_{\Theta P}(i,j)=P\{\bar{R}_{ij}(t)\}$称为成员 ε_j 脱离成员 ε_i 邻近群的脱离概率，则保持概率 $p_{\Theta H}(i,j)$可写成

$$p_{\Theta H}(i,j)=P\{\hat{R}_{ij}(t)\}-p_{\Theta P}(i,j)$$

式中，$\bar{R}_{ij}(t)\triangleq\{\Delta d_{ij\max}\leqslant\Delta d_{ij}(t),\Delta V_{ij\max}\leqslant\Delta V_{ij}(t)\}$，$\hat{R}_{ij}(t)\triangleq\{\Delta d_{ij}(t)\geqslant 0,\Delta V_{ij}(t)\geqslant 0\}$，$\boldsymbol{\lambda}_{ij}(t)=\boldsymbol{\Sigma}_{ij}^{-1/2}(t)\boldsymbol{M}_{ij}(t)=\begin{bmatrix}\lambda_{dij}(t)\\ \lambda_{Vij}(t)\end{bmatrix}$为安全系数。其中 $\lambda_{dij}(t)=\dfrac{\Delta\mu_{ij}(t)}{\sigma_{dij}(t)}$和 $\lambda_{Vij}=\dfrac{\Delta\nu_{ij}(t)}{\sigma_{Vij}(t)}$分别是飞行器成员 ε_i 与 ε_j 之间的距离安全系数和速度安全系数，反映了编队为成员 ε_i 与 ε_j 间所设定的安全距离余量和安全相对速度余量与飞行器成员 ε_i 和 ε_j 的位置和速度控制精度的关系。

$\boldsymbol{\lambda}_{ij\max}(t)=\boldsymbol{\Sigma}_{ij}^{-1/2}(t)\boldsymbol{R}_{ij\max}(t)=\begin{bmatrix}\lambda_{dij\max}(t)\\ \lambda_{Vij\max}(t)\end{bmatrix}$为最大安全系数。其中 $\lambda_{dij\max}=\dfrac{\Delta d_{ij\max}}{\sigma_{dij}}$是飞行器成员 ε_i 与 ε_j 之间的最大距离安全系数，反映了编队中飞行器成员 ε_i 与 ε_j 之间距离匹配量与成员 ε_i 和 ε_j 的位置控制精度的关系以及 ε_i 与 ε_j 之间距离失配的容许程度。可见，$\lambda_{dij\max}$越大意味着飞行器成员 ε_i 与 ε_j 之间处于匹配态的保持概率 $p_{\Theta H}(i,j)$就越大。$\lambda_{Vij\max}(t)=\dfrac{\Delta V_{ij\max}(t)}{\sigma_{Vij}(t)}$是飞行器成员 ε_i 与 ε_j 之间的最大速度安全系数，反映了编队中飞行器成员 ε_i 与 ε_j 之间速度匹配量与成员 ε_i 和 ε_j 的速度控制精度的关系以及 ε_i 与 ε_j 之间速度匹配量的容许程度。可见，$\lambda_{Vij\max}$ 越大意味着飞行器成员 ε_i 与 ε_j 之间处于匹配态的保持概率 $p_{\Theta H}(i,j)$就越大。这里，$f(\boldsymbol{X})=\dfrac{1}{(2\pi)^{n/2}}\exp\left\{-\dfrac{1}{2}(\boldsymbol{X}-\boldsymbol{M}_{ij}(t))^{\mathrm{T}}(\boldsymbol{X}-\boldsymbol{M}_{ij}(t))\right\}$为高斯分布密度函数。

邻近群内飞行器成员 ε_i 与 ε_j 之间的距离安全系数 $\lambda_{dij}(t)$和速度安全系数 $\lambda_{Vij}(t)$分别应不超过最大距离安全系数 $\lambda_{dij\max}(t)$及最大速度安全系数 $\lambda_{Vij\max}(t)$，即安全系数 $\lambda_{ij}(t)$的范围为

$$0\leqslant\lambda_{dij}(t)\leqslant\lambda_{dij\max},\quad 0\leqslant\lambda_{Vij}(t)\leqslant\lambda_{Vij\max}$$

由此，将邻近群内飞行器成员 ε_i 与 ε_j 之间的距离安全系数 $\lambda_{dij}(t)$和速度安全系数 $\lambda_{Vij}(t)$写成安全系数向量 $\boldsymbol{\lambda}_{ij}(t)$形式且存在的关系为

$$0\leqslant\lambda_{dij}(t)\leqslant\frac{\Delta d_{ij\max}(t)}{\sigma_{dij}(t)},\quad 0\leqslant\lambda_{Vij}\leqslant\frac{\Delta V_{ij\max}(t)}{\sigma_{Vij}(t)}$$

当飞行器成员 ε_i 与 ε_j 之间处于稳定的匹配态(MAS)$\Theta(q)$时，高斯随机过程 $\Delta d_{ij}(t)$是平稳的，其数学期望 $\Delta\mu_{ij}$ 与时间 t 无关，$\Delta v_{ij}=0$，且 $\Delta d_{ij}(t)$与 $\Delta\dot{d}_{ij}(t)=\Delta V_{ij}(t)$相互独立。

在此情况下，$\lambda_{Vij}=\dfrac{\Delta\nu_{ij}(t)}{\sigma_{Vij}(t)}=0$，则由式(6-31)确定的保持概率 $p_{\Theta H}(i,j)$可以简化为

$$\begin{aligned}p_{\Theta H}(i,j)&=P\{\tilde{R}_{ij}(t)\}=P\{\hat{R}_{ij}(t)\}-P\{\bar{R}_{ij}(t)\}\\&=\iint\limits_{X\in\Theta(q)}f(X)\,\mathrm{d}X=\iint_{-\boldsymbol{\Sigma}^{-1/2}\boldsymbol{M}_{ij}}^{\infty}f(X)\,\mathrm{d}X-\iint_{\boldsymbol{\Sigma}^{-1/2}\boldsymbol{R}_{ij\max}-\boldsymbol{\Sigma}^{-1/2}\boldsymbol{M}_{ij}}^{\infty}f(X)\,\mathrm{d}X\\&=\iint_{-\boldsymbol{\lambda}_{ij}}^{\infty}f(\boldsymbol{X})\,\mathrm{d}\boldsymbol{X}-\iint_{\boldsymbol{\lambda}_{ij\max}-\boldsymbol{\lambda}_{ij}}^{\infty}f(\boldsymbol{X})\,\mathrm{d}\boldsymbol{X}\\&=[1-\Phi(-\lambda_{dij})]\,[1-\Phi(\lambda_{Vij})]-[1-\Phi(\lambda_{dij\max}-\lambda_{dij})]\,[1-\Phi(\lambda_{Vij\max}-\lambda_{Vij})]\end{aligned}$$

$$=\frac{1}{2}[1-\Phi(-\lambda_{dij})]-[1-\Phi(\lambda_{dij\max}-\lambda_{dij})][1-\Phi(\lambda_{Vij\max})] \tag{6-31}$$

若取 $V_{ij\max}=-V_{si}$，有 $\lambda_{Vij\max}=-\frac{2V_{si}}{\sigma_{Vij}}$，则保持概率 $p_{\Theta H}(i,j)$ 可进一步写成

$$p_{\Theta H}(i,j)=\frac{1}{2}[1-\Phi(-\lambda_{dij})]-[1-\Phi(\lambda_{dij\max}-\lambda_{dij})]\left[1-\Phi\left(-\frac{2V_{si}}{\sigma_{Vij}}\right)\right]$$

当取 $V_{si}=0$ 时，保持概率为

$$p_{\Theta H}(i,j)=\frac{1}{2}[\Phi(\lambda_{dij\max}-\lambda_{dij})-\Phi(-\lambda_{dij})]$$

当 $\lambda_{dij}=0$ 或者 $\mu_{ij}-d_{si}=0$ 时，保持概率为

$$p_{\Theta H}(i,j)=\frac{1}{2}\Phi(\lambda_{dij\max})-\frac{1}{4}$$

如果再进一步令 $\lambda_{dij\max}=\frac{\Delta d_{ij\max}}{\sigma_{dij}}=\frac{d_{ij\max}-d_{si}}{\sigma_{dij}}=0$ 或者 $d_{ij\max}-d_{si}=0$，则飞行器成员 ε_i 与 ε_j 之间处于稳定的匹配态(MAS)，即 $\Theta(q)$ 的概率为零，换句话说，在此条件下成员 ε_i 与 ε_j 之间不可能存在稳定的匹配态 $\Theta(q)$。

成员 ε_i 与 ε_j 之间需要采取距离和速度匹配机动的概率，即在匹配态 $\Theta(q)$ 之外需要匹配机动的概率称为匹配机动概率 $p_{\Theta R}(i,j)$，即

$$p_{\Theta R}(i,j)=1-p_{\Theta H}(i,j) \tag{6-32}$$

实际上，匹配机动概率 $p_{\Theta R}(i,j)$ 可以分为两个部分，一部分是成员 ε_i 与 ε_j 之间需要采取避碰机动的概率，另一部分是成员 ε_j 脱离成员 ε_i 邻近群的脱离机动概率。下面分别给出避碰机动概率和脱离机动概率的表达式。

若飞行器编队中成员 ε_i 和 ε_j 的匹配向量 $\boldsymbol{R}_{ij}(t)$ 趋于零，也就是成员间距不大于其安全距离且相对速度不大于安全速度，即满足 $d_{ij}(t)<d_{si}(t)$ 且 $V_{ij}(t)<V_{si}(t)$ 条件时，飞行器成员 ε_i 就需要采取避碰机动措施。

成员 ε_i 与 ε_j 之间需要采取避碰机动的概率称为避碰机动概率 $p_{\Theta S}(i,j)$，即

$$\begin{aligned}p_{\Theta S}(i,j)&=P\{\mathring{R}_{ij}(t)\}=1-P\{\hat{R}_{ij}(t)\}\\&=1-\iint_{-\boldsymbol{\Sigma}_{ij}^{-1/2}\boldsymbol{M}_{ij}}^{\infty}f(\boldsymbol{X})\mathrm{d}\boldsymbol{X}=1-\iint_{-\boldsymbol{\lambda}_{ij}}^{\infty}f(\boldsymbol{X})\mathrm{d}\boldsymbol{X}\end{aligned} \tag{6-33}$$

式中，$\mathring{R}_{ij}(t)\triangleq\{\Delta d_{ij}(t)<0,\Delta V_{ij}(t)<0\}$。

由式(6-33)可见，飞行器成员 ε_i 与 ε_j 间采取避碰机动的概率 $p_{\Theta S}(i,j)$ 取决于其安全系数 $\lambda_{ij}(t)$。安全系数 $\lambda_{ij}(t)$ 越大，采取避碰机动的概率 $p_{\Theta S}(i,j)$ 越小，那么飞行器成员 ε_i 与 ε_j 之间发生碰撞的机会就越小。飞行器成员 ε_i 与 ε_j 之间的距离安全系数 $\lambda_{dij}(t)$ 和速度安全系数 $\lambda_{Vij}(t)$，反映了编队为飞行器成员 ε_i 与 ε_j 间所设定的安全距离余量和相对速度安全余量与飞行器成员 ε_i 和 ε_j 的位置和速度控制精度的关系。避碰机动概率 $p_{\Theta S}(i,j)$ 与安全系数 $\lambda_{ij}(t)$ 的关系如图 6-22 所示。

同上所述，若飞行器成员 ε_i 与 ε_j 之间处于稳定的匹配态 $\Theta(q)$，即高斯随机过程 $\Delta d_{ij}(t)$ 是平稳的，则避碰机动概率为

$$p_{\Theta S}(i,j)=P\{\mathring{R}_{ij}(t)\}=1-P\{\hat{R}_{ij}(t)\}=1-\iint_{-\boldsymbol{\Sigma}_{ij}^{-1/2}\boldsymbol{M}_{ij}}^{\infty}f(\boldsymbol{X})\mathrm{d}\boldsymbol{X}$$

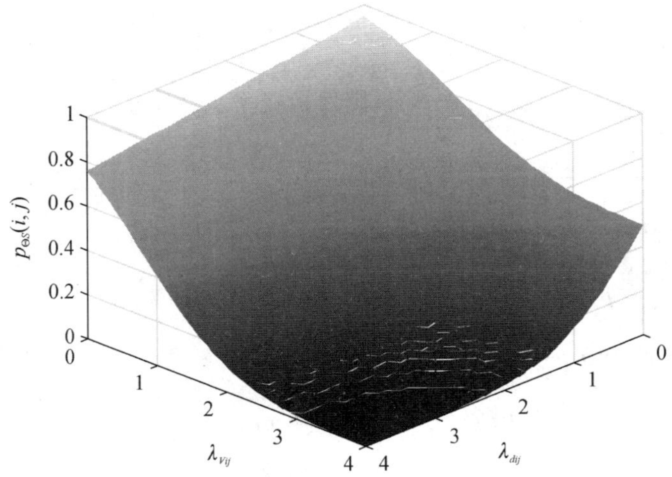

图 6-22 避碰机动概率 $p_{\Theta S}(i,j)$ 与安全系数 $\lambda_{ij}(t)$ 的关系

$$=1-\iint_{-\lambda_{ij}}^{\infty} f(\boldsymbol{X})\mathrm{d}\boldsymbol{X}=1-\frac{1}{2}[1-\Phi(-\lambda_{dij})]=\frac{1}{2}+\frac{1}{2}\Phi(-\lambda_{dij}) \tag{6-34}$$

式中，$\Phi(x)=\int_{-\infty}^{x}\frac{1}{\sqrt{2\pi}}\cdot \mathrm{e}^{-\frac{\tau^2}{2}}\mathrm{d}\tau$ 为正态概率积分。

由于 $0\leqslant\lambda_{dij}\leqslant\lambda_{dij\max}<\infty$，则成员 ε_i 与 ε_j 之间处于稳定的匹配态 $\Theta(q)$ 时避碰机动概率的范围为

$$\frac{1}{2}<p_{\Theta S}(i,j)\leqslant\frac{3}{4} \tag{6-35}$$

可见，要使飞行器成员 ε_i 与 ε_j 间减少避碰机动的措施就是安全距离余量和相对速度安全余量均应大于零，如图 6-23 所示。

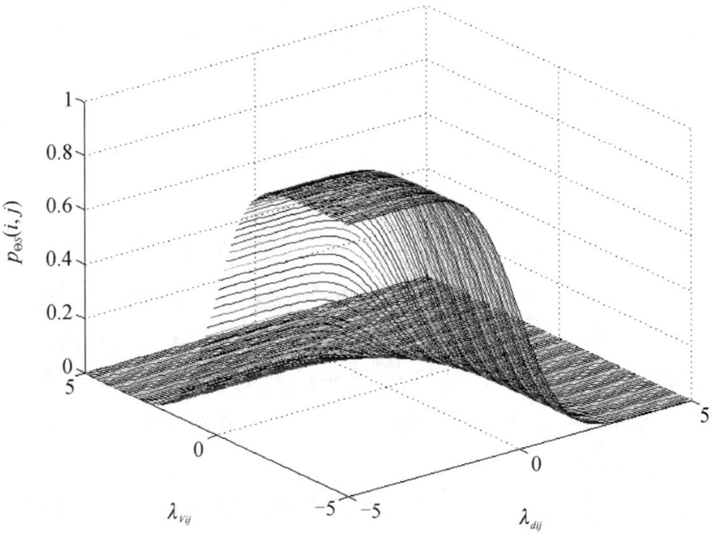

图 6-23 避碰机动概率 $p_{\Theta S}(i,j)$ 与安全系数 λ_{ij} 的关系

可以得到关于成员 ε_j 与成员 ε_i 的保持概率 $p_{\Theta H}(i,j)$、匹配机动概率 $p_{\Theta R}(i,j)$、避碰机动概率 $p_{\Theta S}(i,j)$ 和脱离机动概率 $p_{\Theta P}(i,j)$ 满足下列关系:

$$\begin{cases} p_{\Theta H}(i,j)+p_{\Theta R}(i,j)=1 \\ p_{\Theta R}(i,j)=p_{\Theta S}(i,j)+p_{\Theta P}(i,j) \end{cases} \tag{6-36}$$

飞行器编队的大多数常用队形都可由4种基本队形构成:纵队、横队、楔形队和菱形队(见图6-24～图6-26)。无论是多大规模的编队,原则上都可以分解为这4种基本队形的组合[2]。

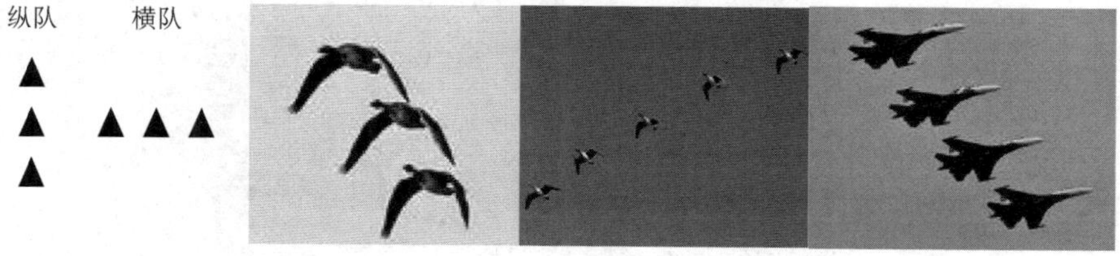

图6-24 纵、横队形

图6-25 楔形队形

图6-26 菱形队形

一些飞行器编队的常用经典队形,例如梭形和多边形等编队就是由上述4种基本队形所构成的(见图6-27和图6-28)。

图6-27 梭形队形

图6-28 多边形队形

随着飞行器编队所遂行任务的复杂性和要求进一步提高,飞行器编队的规模和密集程度也随之增大,飞行器成员间的避碰问题就成为高密集度的编队飞行需要重点解决的基本问题之一,它直接关系到飞行器编队的自主性水平与协同性水平及其综合作战效能。下面给出关于飞行器成员、邻近群和编队采取避碰机动的概率与紧密度、密集度和协同度之间的关系。

式(6-33)仅仅考虑了紧密度和协同度因素的避碰机动概率,因为飞行器成员 ε_i 与邻近群中的邻居在任何方向上均有可能发生碰撞危险,所以还应将密集度对避碰机动概率的影响反映出来,那么飞行器成员 ε_i 邻近群的避碰机动概率 $p_g(i)$ 为

$$\begin{aligned} p_g(i) &= \sum_{j=1}^{n_{ai}} p_{\Theta S}(i,j)\left[q_{\Theta S}(i,j)\right]^{n_{ai}-1} + \sum_{j=1}^{C_{n_{ai}}^2}\left[p_{\Theta S}(i,j)\right]^2\left[q_{\Theta S}(i,j)\right]^{n_{ai}-2} + \cdots + \\ &\quad \sum_{j=1}^{C_{n_{ai}}^k}\left[p_{\Theta S}(i,j)\right]^k\left[q_{\Theta S}(i,j)\right]^{n_{ai}-k} + \cdots + \prod_{j=1}^{n_{ai}} p_{\Theta S}(i,j) \\ &= \sum_{k=1}^{n_{ai}}\sum_{j=1}^{C_{n_{ai}}^k}\left[p_{\Theta S}(i,j)\right]^k\left[q_{\Theta S}(i,j)\right]^{n_{ai}-k} \quad (n_{ai} \geqslant 2) \end{aligned} \tag{6-37}$$

式中,$q_{\Theta S}(i,j)=1-p_{\Theta S}(i,j)$;$n_{ai}$ 为飞行器成员 ε_i 周围的邻居数(邻接度);$C_{n_{ai}}^k=\dfrac{n_{ai}!}{k!\,(n_{ai}-k)!}$为组合数。在邻接度 $n_{ai}=1$ 时,避碰机动的概率 $p_g(i)$则用式(6-33)来计算。

规模为 n 的整个编队采取避碰机动的概率 p_f 为

$$\begin{aligned} p_f &= \sum_{i=1}^{n} p_g(i)\left[1-p_g(i)\right]^{n-1} + \sum_{i=1}^{C_n^2}\left[p_g(i)\right]^2\left[1-p_g(i)\right]^{n-2} + \cdots + \\ &\quad \sum_{i=1}^{C_n^k}\left[p_g(i)\right]^k\left[1-p_g(i)\right]^{n-k} + \cdots + \prod_{i=1}^{n} p_g(i) \\ &= \sum_{k=1}^{n}\sum_{i=1}^{C_n^k}\left[p_g(i)\right]^k\left[1-p_g(i)\right]^{n-k} \\ &= \sum_{k=1}^{n}\sum_{i=1}^{C_n^k}\left[p_g(i)\right]^k\left[q_g(i)\right]^{n-k} \end{aligned} \tag{6-38}$$

式中,$q_g(i)=1-p_g(i)$为飞行器成员 ε_i 无须采取避碰机动的概率。

由式(6-33)~式(6-38)可见,在安全系数 λ_{ij} 给定的情况下,整个编队采取避碰机动的概率 p_f 随着邻接度 n_{ai} 与编队规模 n 的增大而增大。

特别地,当 $p_{\Theta S}(i,j)=\alpha\,(0\leqslant\alpha\leqslant 1)$为常值时,式(6-37)和式(6-38)变为

$$\begin{aligned} p_g(i) &= n_{ai}\alpha\beta^{n_{ai}-1} + C_{n_{ai}}^2\alpha^2\beta^{n_{ai}-2} + \cdots + C_{n_{ai}}^k\alpha^k\beta^{n_{ai}-k} + \cdots + \alpha^{n_{ai}} \\ &= \sum_{k=1}^{n_{ai}} C_{n_{ai}}^k\alpha^k\beta^{n_{ai}-k} = 1-\beta^{n_{ai}} = \xi \end{aligned} \tag{6-39}$$

$$\begin{aligned} P_f &= n\xi\eta^{n-1} + C_n^2\xi^2\eta^{n-2} + \cdots + C_n^k\xi^k\eta^{n-k} + \cdots + \xi^n \\ &= \sum_{k=1}^{n} C_n^k\xi^k\eta^{n-k} = 1-\eta^n = 1-\beta^{n\cdot n_{ai}} \end{aligned} \tag{6-40}$$

式中,$\beta=1-\alpha$,$\eta=1-\xi$。

下面采用网格结构来描述期望的编队空间结构的几何图形。假定编队的理想空间结构为：在成员 ε_i 的邻近群中 ε_i 与其他节点 ε_j 间的匹配向量 $\boldsymbol{R}_{ij}$ 满足

$$P\{\boldsymbol{R}_{ij}=\boldsymbol{0}\}=P\{\boldsymbol{D}_{ij}=\boldsymbol{D}_{si}\}=1, \quad \forall j\in n_{ai}(q) \tag{6-41}$$

为了方便描述，定义这种结构如下：

定义 6.23：σ -邻近队形是指满足式(6-41)约束的编队队形 q。σ -邻近队形是一种理想状态的编队队形。

定义 6.24：满足 $\boldsymbol{D}_{si}(t)=\boldsymbol{D}_s$ 的 σ -邻近队形称为 α -邻近队形。α -邻近队形是一种理想状态的群集队形。

定义 6.24 中的 $\boldsymbol{D}_s$ 也称为网格度，节点 ε_i 的邻接系数 $k_{ij\max}$ 也称为网格比。

由定义 6.23 和定义 6.24 可知，无论是 σ -邻近队形，还是 α -邻近队形都是一种理想的队形结构。由式(6-33)可知，σ -邻近队形和 α -邻近队形是属于安全系数 $\lambda_{ij}=0$ 的具有高紧密度的队形情况。图 6-22 和图 6-23 的计算结果证实了此类队形具有很高的避碰机动概率，且要求队形的距离和速度都具有零误差的控制精度，这对于协同飞行控制系统的性能要求极高。这个条件对于实际工程应用过于苛刻，因此在实际工程中很难实现 σ -邻近队形或 α -邻近队形的飞行器协同飞行。

为了便于实际工程应用，将式(6-41)的约束条件放宽，给出下列更为普遍的准理想的队形结构：在成员 ε_i 的邻近群中 ε_i 与其他节点 ε_j 间的匹配向量 $\boldsymbol{R}_{ij}$ 落入区间 $[-\sigma_{sij},\ \sigma_{sij}]$ 的概率接近于 1，即

$$P\{R_{\sigma ij}\}=1-\zeta, \quad \forall (i,j)\in v(q) \tag{6-42}$$

其中，$R_{\sigma ij}\triangleq\{-\sigma_{sij}\leqslant\Delta d_{ij}(t)\leqslant\sigma_{sij},-\sigma_{sij}\leqslant\Delta V_{ij}(t)\leqslant\sigma_{sij}\}$，$0\leqslant\sigma_{sij}\ll 1$，$0\leqslant\zeta\ll 1$。

定义 6.25：准 σ -邻近队形是指满足式(6-42)约束的编队队形 q。

由定义 6.23～定义 6.25 可得到关于 α -邻近队形、σ -邻近队形和准 σ -邻近队形具有下列特性：

① α -邻近队形的网格度是均匀的，即当安全向量 $\boldsymbol{D}_{si}(t)=\boldsymbol{D}_s$ 时的一种理想的群集队形，而 σ -邻近队形和准 σ -邻近队形的网格度是非均匀的，是一种考虑了遂行任务战术需求的编队队形；

② α -邻近队形是 σ -邻近队形和准 σ -邻近队形的特殊情况，σ -邻近队形是准 σ -邻近队形的特殊情况；

③ α -邻近队形、σ -邻近队形是当安全系数 $\lambda_{ij}=0$ 时的队形；

④ 准 σ -邻近队形是当安全系数 λ_{ij} 接近于零时的编队队形。

可见，利用上述关于 α -邻近队形、σ -邻近队形和准 σ -邻近队形的定义，可以很方便地对几种常用的基本队形(纵横队形、楔形、菱形、梭形和多边形)的性质进行准确的描述。

准 σ -邻近队形是一种便于工程应用的准理想的编队队形结构，其编队队形的品质完全取决于每个飞行器成员 ε_i 的制导控制系统的精度 $\boldsymbol{\sigma}_i=[\sigma_{di}\quad\sigma_{Vi}]^{\mathrm{T}}$。

下面给出距离安全系数 λ_{dij} 与飞行器成员 ε_i 的邻接系数(网格比)$k_{ij\max}$ 之间的关系式。

由式(6-25)可知，$\Delta\mu_{ij}\leqslant k_{ij\max}\cdot d_{si}-d_{si}$，考虑距离安全系数 λ_{dij} 关系式后，有 $\Delta\mu_{ij}=\lambda_{dij}\cdot\sigma_{dij}\leqslant(k_{ij\max}-1)d_{si}$。当 $d_{si}\neq 0$ 时，可得成员 ε_i 的邻接系数公式为

$$k_{ij\max}\geqslant 1+\frac{\lambda_{dij}\cdot\sigma_{dij}}{d_{si}} \tag{6-43}$$

由式(6-43)可见,在 α -邻近队形、σ -邻近队形和准 σ -邻近队形中,即距离安全系数 $\lambda_{dij}=0$ 的情况下,飞行器成员 ε_i 的邻接系数满足的约束条件为

$$k_{ij\max} \geqslant 1 \tag{6-44}$$

即在 α -邻近队形、σ -邻近队形和准 σ -邻近队形中,飞行器成员 ε_i 的邻接系数最小值是1。

α -邻近队形的邻接系数(网格比)$k_{ij\max}=\kappa$ 可取更为严格的约束条件,即

$$1 < \kappa < \sqrt{m} \tag{6-45}$$

式中,m 为空间的维数。

由式6-45可知,α -邻近队形节点 ε_i 的邻接度为

$$n_{ai}=n_{av}=n_a=\frac{2\pi d_{ij\max}}{d_{sij}}=\frac{2\pi d_{\max}}{d}=[2\pi\kappa], \quad \forall j \in n_{ai}(q) \tag{6-46}$$

式中,[·]为取整数运算。

将式(6-45)代入式(6-46)后,得到 α -邻近队形在 $m=2$ 维空间的邻接度范围为 $n_{ai}\in[6,8]$,即

$$6=[2\pi]\leqslant n_{ai}=n_a<[2\pi\sqrt{m}]=9 \tag{6-47}$$

α -邻近队形在 $m=3$ 维空间的邻接度范围为 $n_{ai}\in[6,10]$,即

$$6=[2\pi]\leqslant n_{ai}=n_a<[2\pi\sqrt{m}]=11 \tag{6-48}$$

这就是在前述的飞行器编队规模划分时,将 $2\leqslant n\leqslant 9$ 的飞行器编队称为邻接规模编队的原因。

σ -邻近队形和准 σ -邻近队形节点 ε_i 的邻接度范围为

$$\frac{2\pi d_{ij\max}}{d_{s\max}}\leqslant n_{ai}\leqslant\frac{2\pi d_{ij\max}}{d_{s\min}}, \quad \forall j \in n_{ai}(q) \tag{6-49}$$

当 $d_{s\max}=d_{s\min}$ 时,$n_{ai}=6$。其中,$d_{s\max}$ 和 $d_{s\min}$ 分别称为邻近群的最大安全距离和最小安全距离。

考虑到距离安全系数和速度安全系数通过避碰机动概率对编队队形的影响,以及编队规模、邻接度、匹配区和匹配率的影响,综合衡量一个队形 q 的紧密度、密集度和协同度,更便于设计编队的队形分类和协同飞行控制系统,故引入队形指数(index of formation configuration,IFC)$\gamma(q)$。

定义邻近群 $G(q)$ 的队形指数 $\gamma_{G_i}(q)$ 为

$$\gamma_{G_i}(q)=\frac{1}{n_{ai}}\sum_{j=1}^{n_{ai}}\psi(\boldsymbol{\lambda}_{ij}), \quad \forall (i,j) \in v(q)$$

式中,$\psi(\boldsymbol{\lambda}_{ij})=\boldsymbol{\lambda}_{ij}^{\mathrm{T}}\boldsymbol{G}_{ij}\boldsymbol{\lambda}_{ij}$,$\boldsymbol{G}_{ij}=\mathrm{diag}(k_{dij},k_{Vij})$ 为半正定加权矩阵。

由邻近群 $G(q)$ 的队形指数 $\gamma_{G_i}(q)$ 可以得到编队的队形指数 $\gamma(q)$,即

$$\gamma(q)=\frac{1}{n}\sum_{i=1}^{n}\gamma_{G_i}(q), \quad \forall (i,j) \in v(q) \tag{6-50}$$

实际上,队形指数 $\gamma(q)$ 就是编队安全系数的二次型加权函数的均值。显然,根据前面的论述,在邻近群中队形指数 $\gamma(q)$ 的取值范围为

$$0\leqslant\gamma(q)\leqslant\lambda_{\max}^2, \quad \forall (i,j) \in v(q) \tag{6-51}$$

式中,$\lambda_{\max}=\max\limits_{i,j}\{\lambda_{dij\max},\lambda_{Vij\max}\}$。

为了衡量一个队形 q 与 σ -邻近队形之间的接近程度，引入队形的平均匹配误差（average matching diffenrence，AMD）$\eta_{\mathrm{t}}(q)$。

定义邻近群 $G(q)$ 的平均匹配误差 $\eta_{G_i}(q)$ 为

$$\eta_{G_i}(q)=\frac{1}{n_{\mathrm{ai}}}\sum_{j=1}^{n_{ai}}\psi(\boldsymbol{R}_{ij}),\quad \forall(i,j)\in v(q)$$

式中，$\psi(\boldsymbol{R}_{ij})=E^{\mathrm{T}}\{\boldsymbol{R}_{ij}\}\boldsymbol{G}_{ij}E\{\boldsymbol{R}_{ij}\}=\boldsymbol{M}_{ij}^{\mathrm{T}}\boldsymbol{G}_{ij}\boldsymbol{M}_{ij}$，其中，$E\{\cdot\}$ 为求数学期望运算。

由邻近群 $G(q)$ 的平均匹配误差 $\eta_{G_i}(q)$ 可得到编队的平均匹配误差 $\eta_{\mathrm{t}}(q)$ 为

$$\eta_{\mathrm{t}}(q)=\frac{1}{n}\sum_{i=1}^{n}\eta_{G_i}(q),\quad \forall(i,j)\in v(q) \tag{6-52}$$

或者，将平均匹配误差 $\eta_{\mathrm{t}}(q)$ 写成安全系数 $\boldsymbol{\lambda}_{ij}$ 的形式，即

$$\eta_{\mathrm{t}}(q)=\frac{1}{n}\sum_{i=1}^{n}\frac{1}{n_{\mathrm{ai}}}\sum_{j=1}^{n_{ai}}(\boldsymbol{M}_{ij}^{\mathrm{T}}\boldsymbol{G}_{ij}\boldsymbol{M}_{ij})=\frac{1}{n}\sum_{i=1}^{n}\frac{1}{n_{\mathrm{ai}}}\sum_{j=1}^{n_{ai}}(\boldsymbol{\lambda}_{ij}^{\mathrm{T}}\boldsymbol{\Sigma}_{ij}^{1/2}\boldsymbol{G}_{ij}\boldsymbol{\Sigma}_{ij}^{1/2}\boldsymbol{\lambda}_{ij}),\quad \forall(i,j)\in v(q) \tag{6-53}$$

由前述可知，判断编队队形进入匹配态 $\Theta(q)=\{(i,j)\in\varepsilon\times\varepsilon:\widetilde{R}_{ij},i\neq j\}$，也可用平均匹配误差 $\eta_{\mathrm{t}}(q)$ 满足下列条件来检验，即

$$0\leqslant\eta_{\mathrm{t}}(q)<\eta_{\Theta\max}(q) \tag{6-54}$$

式中，$\eta_{\Theta\max}(q)=\frac{1}{n}\sum_{i=1}^{n}\frac{1}{n_{\mathrm{ai}}}\sum_{j=1}^{n_{ai}}(\boldsymbol{R}_{ij\max}^{\mathrm{T}}\boldsymbol{G}_{ij}\boldsymbol{R}_{ij\max})$ 为匹配态 $\Theta(q)$ 的平均匹配误差最大值。只有当队形 q 是 σ -邻近队形时 $\eta_{\mathrm{t}}(q)=0$ 才可能成立。

同样，也可以定义如下匹配度（matching degree，MAD）来衡量一个队形 q 与 σ -邻近队形之间的匹配程度，即

$$M_{\mathrm{d}}(q)=\mathrm{e}^{-\eta_{\mathrm{t}}(q)} \tag{6-55}$$

由平均匹配误差式（6-52）可知，匹配度的取值范围为

$$0\leqslant M_{\mathrm{d}}(q)\leqslant 1$$

即当两个队形完全匹配时，它们的平均匹配误差为零，其匹配度最大，即 $M_{\mathrm{d}}(q)=1$。不难发现，只有 σ -邻近队形的平均匹配误差是全局最小值且为零，其相应的匹配度最大，即 $M_{\mathrm{d}}(q)=1$。换句话说，σ -邻近队形是所有队形中紧密度、密集度和协同度最高的队形。随着平均匹配误差的增大，匹配度减小直至为零，即队形的紧密度、密集度和协同度最低。

利用队形指数 $\gamma(q)$ 可得到其相应的平均匹配误差 $\eta_{\mathrm{t}}(q)$ 和匹配度 $M_{\mathrm{d}}(q)$ 的取值范围，即

$$\gamma(q)\cdot\sigma_{\min}^{2}\leqslant\eta_{\mathrm{t}}(q)\leqslant\gamma(q)\cdot\sigma_{\max}^{2} \tag{6-56}$$

$$\mathrm{e}^{-\gamma(q)\sigma_{\max}^{2}}\leqslant M_{\mathrm{d}}(q)\leqslant\mathrm{e}^{-\gamma(q)\sigma_{\min}^{2}} \tag{6-57}$$

式中，$\sigma_{\min}^{2}=\min\limits_{i,j}\{\mathrm{tr}(\boldsymbol{G}_{ij}\boldsymbol{\Sigma}_{ij})\}$，$\sigma_{\max}^{2}=\max\limits_{i,j}\{\mathrm{tr}(\boldsymbol{G}_{ij}\boldsymbol{\Sigma}_{ij})\}$。其中，$\mathrm{tr}\{\cdot\}$ 为矩阵的迹。

准 σ -邻近队形与 σ -邻近队形之间的平均匹配误差及其匹配度满足的公式为

$$\sigma_{\min}^{2}\leqslant\eta_{\sigma}(q)\leqslant\sigma_{\max}^{2} \tag{6-58}$$

$$\mathrm{e}^{-\sigma_{\max}^{2}}\leqslant M_{\mathrm{d}\_\sigma}(q)\leqslant\mathrm{e}^{-\sigma_{\min}^{2}} \tag{6-59}$$

两倍 σ -邻近队形与 σ -邻近队形之间的平均匹配误差及其匹配度满足的公式为

$$4\sigma_{\min}^{2}\leqslant\eta_{2\sigma}(q)\leqslant 4\sigma_{\max}^{2} \tag{6-60}$$

$$e^{-4\sigma_{max}^2} \leqslant M_{d\_2\sigma}(q) \leqslant e^{-4\sigma_{min}^2} \tag{6-61}$$

三倍σ-邻近队形与σ-邻近队形之间的平均匹配误差及其匹配度满足的公式为

$$9\sigma_{min}^2 \leqslant \eta_{3\sigma}(q) \leqslant 9\sigma_{max}^2 \tag{6-62}$$

$$e^{-9\sigma_{max}^2} \leqslant M_{d\_3\sigma}(q) \leqslant e^{-9\sigma_{min}^2} \tag{6-63}$$

k 倍σ-邻近队形与σ-邻近队形之间的平均匹配误差及其匹配度满足的公式为

$$k^2\sigma_{min}^2 \leqslant \eta_{k\sigma}(q) \leqslant k^2\sigma_{max}^2 \tag{6-64}$$

$$e^{-k^2\sigma_{max}^2} \leqslant M_{d\_k\sigma}(q) \leqslant e^{-k^2\sigma_{min}^2} \tag{6-65}$$

由此可见,准σ-邻近队形的每一个成员ε_i关于成员间距和相对速度的均方差($\boldsymbol{\sigma}_i(t)=[\sigma_{di} \quad \sigma_{Vi}]^{\mathrm{T}}, t\in[t_0,t_f]$)决定了其编队与期望的$\sigma$-邻近队形的差距,此差距的最大值正是编队中的最大方差σ_{max}^2。也就是说,每一架飞行器成员ε_i的制导控制精度越高(即均方差σ_i越小),则准σ-邻近队形的平均匹配误差就越小,其匹配度就越高,队形就越接近于理想的σ-邻近队形,其编队的紧密度、密集度和协同度的品质就越高。

由上述分析可见,安全系数λ_{ij}与邻接度n_{ai}的取值范围量化地反映了飞行器编队队形的紧密度、密集度和协同度,而飞行器成员ε_i的制导控制精度则直接影响着编队的匹配度的大小,也就是编队的紧密度、密集度和协同度的品质高低。

由于安全系数λ_{ij}仅与编队的紧密度和协同度的因素有关,并没有考虑密集度的影响,如果利用安全系数对编队的队形进行分类,其条件是较为苛刻的。因此为了考虑距离安全系数和速度安全系数通过避碰机动概率对编队队形的影响,以及邻接度和编队规模的影响,以综合衡量一个队形q的紧密度、密集度和协同度,同时为了更便于对编队的队形分类和协同飞行控制系统设计,下面给出利用队形指数$\gamma(q)$对编队队形进行分类。这里所讨论的队形类型是指在一定时间内飞行器编队所保持的协同飞行队形的类别。按照队形指数$\gamma(q)$可将编队队形分为3种类型:疏松队形、紧密队形和密集队形。

定义6.26:疏松队形(loose formation)是指编队的队形指数范围为$9\leqslant\gamma(q)\leqslant\lambda_{m\varepsilon x}^2$的队形。

由定义6.20~定义6.21可知,疏松队形的成员ε_i的匹配区δ_{ai}和匹配率π_{ai}处于较大的范围,这些飞行器成员向周围规避机动所需要的自由空间和时间是足够的。也就是说,该队形的邻接度对于碰撞概率的影响不大,因其紧密度处于较低水平,其平均匹配误差$\eta_{_LF}(q)$较大,飞行器以疏松队形飞行时成员间发生碰撞的机会较小,此情况下对于飞行器编队的协同飞行控制系统的性能要求不高。

定义6.27:紧密队形(tight formation)是指编队的队形指数范围为$1\leqslant\gamma(q)<9$的队形。

也就是说,紧密队形的编队安全系数的二次型加权函数的均值介于1与9之间。当飞行器采用紧密队形编队飞行时,从编队的紧密度来看,与疏松队形不同的是,其安全系数λ_{ij}较小,使得成员间距d_{ij}更进一步地接近于其安全距离d_{sij},其相对速度V_{ij}更接近于安全速度V_{sij},其匹配区δ_{ai}和匹配率π_{ai}的范围进一步减小。当采用紧密队形编队飞行时,编队中飞行器成员需要采取避碰机动的概率较大,成员之间发生碰撞的概率较大;由于紧密队形的成员ε_i的邻接度一般处于中等水平,这些成员向周围规避机动所需要的自由空间和时间是存在的,这些自由空间对于成员向周围规避机动是适中的。与疏松队形相比,紧密队形对飞行器编队的协同飞行控制系统的性能要求较高。

定义 6.28:密集队形(dense formation)是指编队的队形指数范围为 $0\leqslant\gamma(q)<1$ 的队形。

从编队的紧密度来看,密集队形的极端情况是当安全系数 $\lambda_{ij}=0$ 时,所有邻近群中的成员间距 d_{ij} 和相对速度 V_{ij} 以很大的概率接近于其安全距离 d_{si} 和安全速度 V_{si},其匹配区 δ_{ai} 和匹配率 π_{ai} 处于最小的范围,这使得飞行器成员需要采取避碰机动的概率比紧密队形的进一步增大,而其平均匹配误差 $\eta_{\_DF}(q)$ 最小。同时,密集队形的成员 ε_i 的邻接度 n_{ai} 通常处于很高水平,即编队具有很高的密集度,致使飞行器成员几乎没有向周围规避机动所需要的自由空间和时间,成员之间发生碰撞的概率很大。因此,与采用紧密队形飞行相比,当采用密集队形飞行时,其很高的紧密度和密集度的队形状态以及很高的协同度要求,都对飞行器编队的协同飞行控制系统的性能要求更高。

如果以 σ-邻近队形为基准,则飞行器编队的 3 种队形(疏松队形、紧密队形和密集队形)的平均匹配误差分别由式(6-52)计算。

疏松队形的平均匹配误差及其匹配度范围分别为

$$9\sigma_{\min}^2\leqslant\eta_{\_LF}(q)\leqslant\lambda_{\max}^2\sigma_{\max}^2\tag{6-66}$$

$$e^{-\lambda_{\max}^2\sigma_{\max}^2}\leqslant M_{d\_LF}(q)\leqslant e^{-9\sigma_{\min}^2}\tag{6-67}$$

紧密队形的平均匹配误差及其匹配度范围分别为

$$\sigma_{\min}^2\leqslant\eta_{\_TF}(q)<9\sigma_{\max}^2\tag{6-68}$$

$$e^{-9\sigma_{\max}^2}<M_{d\_TF}(q)\leqslant e^{-\sigma_{\min}^2}\tag{6-69}$$

密集队形的平均匹配误差及其匹配度范围分别为

$$0\leqslant\eta_{\_DF}(q)<\sigma_{\max}^2\tag{6-70}$$

$$e^{-\sigma_{\max}^2}<M_{d\_DF}(q)\leqslant 1\tag{6-71}$$

由式(6-66)~式(6-71)可知,对于最小平均匹配误差而言,疏松队形的最大,是紧密队形的 9 倍。密集队形包括 σ-邻近队形和准 σ-邻近队形,其最小平均匹配误差最小且为零。而在匹配度方面,疏松队形的最小,密集队形的最大且最大值为 1。

关于飞行器编队队形的类型和特征描述如表 6-4 所列。

表 6-4　编队队形的类型和特征

编队队形	队形指数 $\gamma(q)$	紧密度	密集度	协同度	平均匹配误差 $\eta_t(q)$	匹配度 $M_d(q)$
疏松	$9\leqslant\gamma(q)\leqslant\lambda_{\max}^2$	低	低	低	$[9\sigma_{\min}^2,\lambda_{\max}^2\sigma_{\max}^2]$	$\left[e^{-\lambda_{\max}^2\sigma_{\max}^2},e^{-9\sigma_{\min}^2}\right]$
紧密	$1\leqslant\gamma(q)<9$	中	中	中	$[\sigma_{\min}^2,9\sigma_{\max}^2)$	$\left(e^{-9\sigma_{\max}^2},e^{-\sigma_{\min}^2}\right]$
密集	$0\leqslant\gamma(q)<1$	高	高	高	$[0,\sigma_{\max}^2)$	$\left(e^{-\sigma_{\max}^2},1\right]$

从疏松队形、紧密队形和密集队形的平均匹配误差和匹配度关系式(6-66)~式(6-71),以及图 6-23 所给出的安全系数 $\boldsymbol{\lambda}_{ij}$ 与避碰机动概率的关系可见,仅就编队协同飞行问题而言,紧密队形和密集队形有着相同之处,就是飞行器成员处于时刻需要规避可能的碰撞威胁的机动概率较高,高概率的避碰机动行为是这两种编队所具有的相同特征,区别只在于向周围规避机动所需要自由空间的多少不同,而在编队的距离保持控制和避碰机动策略的要求上是相似的。

飞行器自主编队协同飞行控制的等级(CCL)与编队协同性的部分因素、编队类型之间的关系如表6-5所列。可见,等级CCL1~CCL2的飞行器编队只适合于采用紧密度、密集度和协同度低的较小规模的疏松编队,只有等级CCL3以上的飞行器编队才适合于采用紧密度、密集度和协同度高的较大规模的紧密编队或者密集编队。

表6-5 CCL与编队的协同性、编队类型之间的关系

CCL	编队类型	自主性	协同性	通信特征	智能特点
1	疏松	半自动	协同响应时间和精度取决于操作员(慢、差),编队的规模小,紧密度、密集度和协同度低	指控链路	操作员主导
2		全自动		成员间链路	个体特征认知
3	疏松(紧密)	半自主	协同响应时间快和精度高,编队的规模中、紧密度中、密集度和协同度中	支撑网络	具备部分的群体特征认知和决策能力
4	紧密密集	完全自主	协同响应时间快和精度高,编队的规模大、紧密度高、密集度和协同度高	战术链路+支撑网络	具备完全的群体特征认知和决策能力
5	密集庞大	自主自治	协同响应时间快和精度高,编队规模庞大、紧密度高、密集度和协同度高	赛博空间+战术链路+支撑网络	具备体系协同和自主自治能力

安全系数$\boldsymbol{\lambda}_{ij}$、邻接度$n_{ai}$和队形指数$\gamma(q)$的设定,对于飞行器自主编队的队形、机动能力和作战效能等方面具有重要的影响。从导弹自主编队的作战技术特点来看,当导弹编队规模超过72枚以上时,大规模的编队通常会根据敌方的防御能力采用分群编队方法,将大规模编队分为多个规模较小的子编队。

由此,在队形指数$\gamma(q)=9$(即3σ)情况下,编队采取避碰机动的概率作为划分编队规模的基准,可将飞航式导弹编队的规模分为下列5种类型[11,12]:

① $2\leqslant n\leqslant 9$的导弹编队称为邻接规模编队。这是因为该编队的规模一般不会超过其邻接度的上限,编队的形式主要是前述的几种基本队形,这在后面将给出较为严谨的结论。

② $9<n\leqslant 18$的导弹编队称为小规模编队。该编队的规模是精确制导武器系统平台当前常用的单次齐射的数量范围。

③ $18<n\leqslant 36$的导弹编队称为中等规模编队。该编队的规模是精确制导武器系统平台当前常用的基本携载量(basic ammunition load)的范围。

④ $36<n\leqslant 72$的导弹编队称为较大规模编队。该编队的规模是当前精确制导武器采用饱和攻击战术时常用的规模范围。

⑤ $n>72$的导弹编队称为大规模编队。大规模的编队通常是根据敌方的防御能力采用由多个平台发射的多个规模较小的子编队,通过战术协同集结后实施多波次的饱和攻击情况下的编队形式。

6.3 协同飞行控制系统构成

6.3.1 协同飞行控制系统结构

从6.2.3小节的自主性和协同性的分级可以看出,飞行器的编队能力应在自主性和协同性的级别上处于较高的位置，体现自主性和协同性的重点已经不是成员个体的自动化，而是与其他成员个体的配合和协同能力，其中NASA更是把合作和协同飞行定在了最高级别。要达到合作任务、协同飞行、集群自主自治等高级自主化程度，成员个体必须首先具备对群体的认知能力，即能评估群体的特点，评估自己在群体中的地位，评估自己的个体行为对群体的影响。只有具备这种群体意识才能实现高级别的自主性，实现能权衡群体和成员个体利益的自主性，实现能约束自我的自主性，这种自主性在一定程度上符合智能生物的自主性规律。

根据图6-8的社会性依存模型的结构框架、图6-9所示的群体协同系统的体系结构和图6-10给出的成员个体的结构，图6-29中给出了飞行器自主编队协同飞行控制系统（cooperative flight control system，CFCS）的体系结构，其中主要包括5大部分[2,11,12]：

① 协同信息获取系统（cooperative information acquisition system，CIAS）；

② 协同决策与管理系统（cooperative decision and management system，CDMS）；

③ 编队飞行控制系统（formation flight control system，FFCS）；

④ 成员飞行控制系统（member flight control system，MFCS）；

⑤ 协同支撑网络系统（cooperative support networks system，CSNS）。

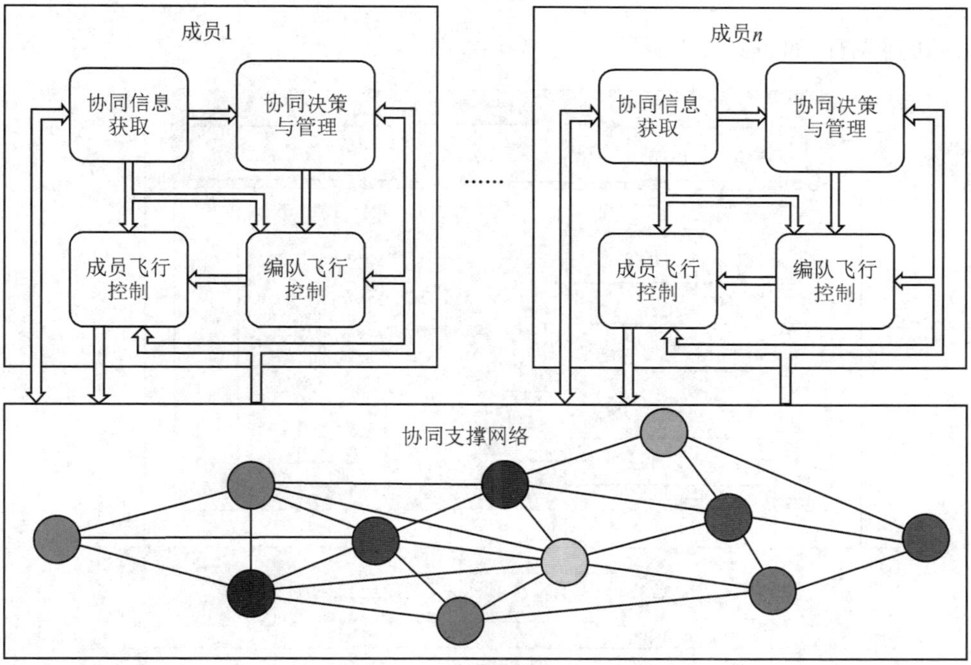

图6-29　飞行器自主编队协同飞行控制系统的结构

图6-30中给出了更为详细的编队中成员个体的协同飞行控制系统的结构。

编队中的飞行器成员在协同支撑网络中被称为节点。节点通过协同支撑网络和传感器系统获取相关的信息，包括局部（或全部，视编队规模和网络能力）节点的信息、网络的特征信息和任务环境特征信息；然后通过协同决策与管理系统对这些信息进行分析，权衡成员个体代价与群体代价，给出编队的社会态（SSI-of-UAF）评价与优化，实施任务规划/目标分配、协同航路规划/队形优化、队形导引律和制导律生成，形成编队的队形导引轨迹和编队的队形优化指标；最后经编队飞行控制系统和成员飞行控制系统，按照编队的队形导引指令和队形要求完成

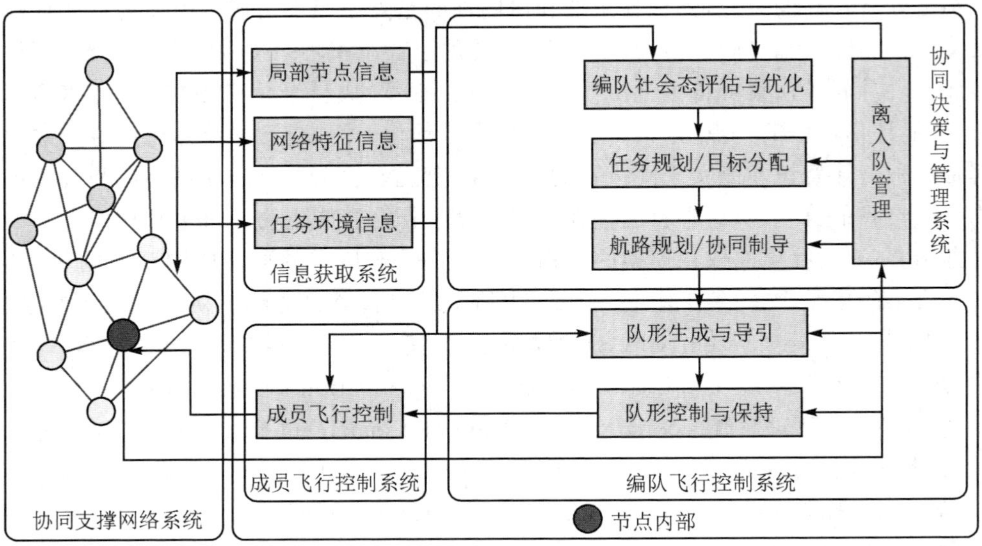

图 6-30 成员个体的协同飞行控制系统的结构

自主编队协同飞行,如图 6-31 所示。

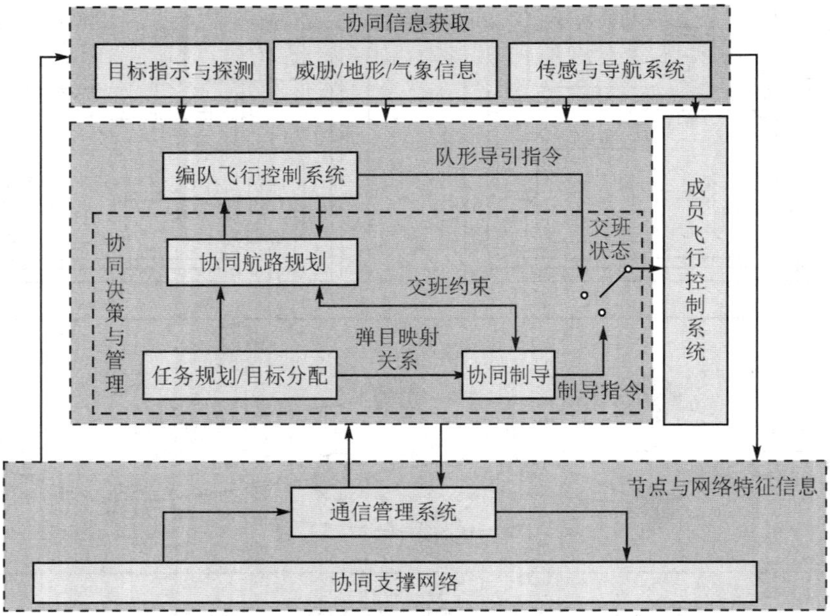

图 6-31 成员个体的协同飞行控制系统的功能关系图

由图 6-29～图 6-31 可见,协同支撑网络是联系编队中每个飞行器成员的纽带,是作为依附于飞行器成员个体之上的虚体,对飞行器成员个体间的协同起着至关重要的作用。本书中关于自主编队协同飞行控制的主要思想就是根据这个体系结构,通过引入局部代价和整体代价来实现具有 CCL 等级的自主性编队协同飞行的。

值得注意的是,自主编队协同飞行控制系统的自主性还体现在协同支撑网络的自组织能力上。因此,这里将对协同支撑网络的自主性以及编队飞行的自主性两方面分别进行研究。

飞行器自主编队协同飞行控制系统是以其体系结构的五大组成部分为基础的，以支撑网络为纽带的有机集成，每一部分各司其职，各个部分之间又相互紧密联系。下面将对飞行器自主编队协同飞行控制系统的五大组成部分作以详细介绍。

1. 协同信息获取系统(CIAS)

协同信息获取系统应保证实时准确地提供下列三类信息：局部节点信息、网络特征信息和任务环境信息。其中，局部节点信息就是飞行器成员所载的探测器获取的目标信息和由相对导航测量装置所测量的邻居节点信息，以及自身传感器的感知信息，包括飞行器成员各自的飞行姿态、速度、过载、位置、持久力等运动信息，以及导引头、战斗部、引信、电子对抗等任务载荷信息；网络特征信息就是通过编队飞行控制系统所获得的包括编队规模、编队队形、节点地位、邻居节点，以及网络的连通性、丢包率、时延和更新率等网络健康状态信息；任务环境信息主要是发射前由火控系统、目标指示和毁伤评估系统装定的，以及通过编队协同飞行控制系统在线动态获得的有关作战任务和作战环境的信息，主要包括作战任务类别、战术方案、目标信息(种类、特性、数量、位置、战损状态等)、威胁信息(种类、特性、数量、位置、威胁等级等)、飞行环境(气象、地形、禁飞区等)以及任务载荷的优化配置等信息。

2. 协同决策与管理系统(CDMS)

协同决策与管理系统是体现编队决策的自主性程度与编队的自组织管理水平的核心系统，是遵循自主编队原则(PSI-of-UAF)，负责权衡个体代价与群体代价，调解编队冲突，管理节点的离入队，实施任务规划/目标分配，协同航路规划/协同制导等过程的决策与管理，优化生成编队队形和队形导引指令，保证按要求完成既定任务所需要遵循的自组织协同规则和规律的编队中枢系统。

为了保证可靠顺利地完成中末制导交班，任务规划和动态目标分配扮演着衔接航路规划与协同末制导的重要角色。任务规划和动态目标分配是针对目标信息、飞行器成员自身的任务载荷及其毁伤特性，对不同性能的或者相同性能的飞行器成员进行任务规划，使每架飞行器成员都能充分发挥其各自的特点，保证达到飞行器编队的综合作战效能最大化的目的。经过任务规划和动态目标分配后，飞行器成员就各自由中制导阶段转入末制导阶段，飞行器编队也就完成了中末制导交接班。随后，飞行器编队会按照目标分配结果分成更小规模的编队或者以单个飞行器成员独立作战方式对各自的目标进行协同攻击，达到飞行器自主编队的综合作战效能最大化的目的。

在导弹自主编队遂行协同攻击作战中，需要针对目标的特性、目标周围的防御武器性能、可攻击方向、视线角限制、导弹的战斗部种类、末制导方式、制导精度和导弹武器的费用等综合因素，采用目标动态分配技术为不同类型的导弹进行优选和排序，以提升导弹的突防和整体最佳的效费比。

多枚导弹可以从一个或多个平台同时发射，采用双层协同制导结构，上层协同策略采用分布式加权平均一致性算法。该算法根据各弹提供的期望导引时间解算导弹编队的期望导引时间；底层的 ITCG 根据得到的导弹编队的期望导引时间对各弹进行导引控制，以实现同时击中目标的饱和攻击的目的，提高导弹的突防概率和毁伤效能。

此外，从编队的导弹成员和目标的动力学与运动学模型出发，结合自主编队导航和制导控制系统的特性,还能通过对编队的中制导散布概率区、目标群的散布概率区以及中/末制导交班区进行建模,实现导弹自主编队的目标协同捕获与协同末制导,提高对目标群的自主捕获概率和打击精度。

协同航路规划的目的是保证导弹自主编队的每一个成员,按照作战任务要求所规划的时间和空间分布到达指定的目标区域。即依据综合作战效能最大化原则,保证导弹自主编队实现指定时间和空间的协同以及遂行任务的协同。

在导弹自主编队中各个导弹成员的地位通常是不同的。例如,常见的"Lead-Follow"编队形式,编队中的导弹成员可简单概括为领弹和从弹两类,其中领弹是指在编队队形和引导航路的生成以及目标确认等方面处于主导地位的导弹。从弹是指跟随领弹,通过自身控制系统完成编队队形的保持和重构的导弹。在自主编队过程中,某些情况下领弹与从弹的角色可能发生变化。一般情况下,航路是由领弹负责引导的,从弹也需具备避障和局部实时规划能力。编队领弹的航路应该能保证编队容易保持,尽可能避免大过载的机动转弯,并且飞向目标区域的航路尽可能短,还要尽量避开敌方的雷达,或者在编队飞行过程中暴露在敌方雷达下的概率最小,以实现最大的突防概率。因此,要研究适合于导弹自主编队的 TF/TA^2 技术,解决编队航路的规划精度和计算实时性的矛盾问题。可以通过全局离线规划和局部实时规划相结合,应用树型拓扑动态规划和航迹剖面坡度/曲率设计方法,来解决适合于自主编队的低空突防的最优协同航路规划问题。

3. 编队飞行控制系统(FFCS)

编队飞行控制系统是根据协同决策与管理系统所生成的编队优化指标和编队的队形要求,实时优化并形成队形控制与保持的指令,保证实现节点的避碰机动控制和高品质的编队队形的系统。飞行器能够实现安全稳定的自主编队飞行并按照要求完成作战任务,在很大程度上取决于飞行器之间对导航定位系统、传感器和探测器等协同信息获取系统得到的信息的互连、互通、互操作水平。编队中的飞行器成员不仅要及时获得局部节点信息和任务特征信息,而且要及时准确地获得网络特征信息,以便进行群体的特征认知,实现编队的自主决策与管理,而这些信息的传递、交换和处理操作主要是借助于飞行器编队的协同支撑网络。然而到目前为止,绝大多数的编队飞行研究都假设支撑网络具有很好的健康状态,有准确无误的无线通信,不存在丢包和信息延迟等现象。但在实际系统中由于网络本身所固有的特性往往会影响飞行控制系统的稳定性,因此在编队飞行控制系统和成员飞行控制系统设计时,对协同支撑网络协议本身进行分析是极为必要的。

当编队和成员通过协同支撑网络进行自主编队协同飞行控制时就构成了网络控制系统,网络控制系统的时延与丢包问题会严重影响协同飞行控制系统的性能,时延和丢包会造成被控系统的不稳定与振荡,超调量、上升时间、稳态误差和调整时间等性能指标都会变大、变长,变化的时延会影响控制系统的性能和稳定性,会造成或加剧控制系统的振荡。

针对上述问题,这里将结合网络控制系统理论和飞行控制系统随机鲁棒分析与设计方法(SRAD)[1,2],充分考虑对闭环系统稳定性和包括调节时间、响应时间、峰值时间、延迟时间、超调量等动态性能指标的要求,建立各设计点、各通道的随机鲁棒设计指标,应用现代优化算法,设计能够综合衡量系统稳定性和动态性能指标的鲁棒协同飞行控制器。

编队的队形控制功能是指在离入队管理模块调度下,遵从航路规划/协同制导指令,在规定的飞行过程中控制和保持编队队形按照要求稳定地飞行，其功能结构如图 6－32 所示。

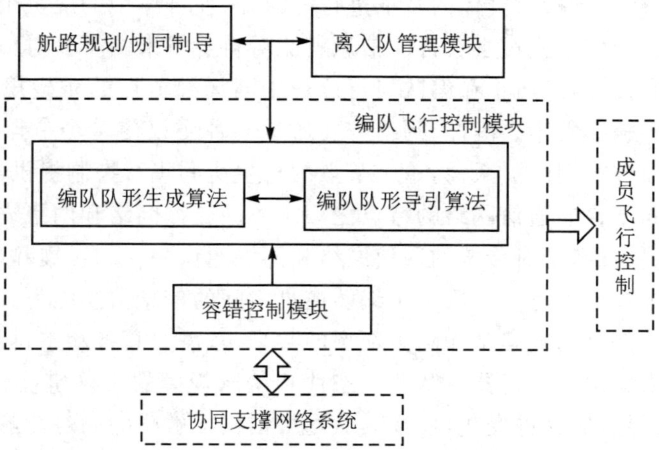

图 6－32　飞行器自主编队队形控制功能结构图

按照作战任务对高动态导弹编队队形的要求，在设计编队队形时，根据导弹成员的不同机动能力，考虑导弹成员之间气动力影响、任务要求以及协同支撑网络的连通性，确定编队的队形参数并生成队形导引指令，保证当编队机动飞行时避免编队与导弹成员之间的行为冲突，以及不发生导弹成员之间的碰撞。因此，需要对编队的队形导引指令、威胁回避、编队与导弹成员间的自主性协调、编队飞行控制系统与成员飞行控制系统的建模和设计方法等进行研究。

为了避免由于被拦截或通信故障导致自主编队遭到破坏，还需采用编队队形容错控制技术，在编队规模和队形参数等变化后能快速调整并能得到期望的理想队形，以提高自主编队协同飞行控制系统的鲁棒性。

由图 6－32 可见，编队飞行控制模块在协同支撑网络系统的支持下，在离入队管理模块的调度下，由航路规划/协同制导模块的航路指令或制导指令作为输入，负责完成编队的队形生成、队形导引、队形的容错控制，并与航路规划形成闭合，保证飞行器编队能以一个合适的队形飞行和突防，并提供最大捕获概率的交接班条件。

4. 成员飞行控制系统（MFCS）

成员飞行控制系统就是每一架飞行器成员 ε_i 的飞行姿态和轨迹的制导控制系统，其系统性能是决定飞行器成员 ε_i 的制导控制精度 $\sigma_i(t)$ 的主要因素之一。

协同支撑网络是实现自主编队协同飞行控制的基础，飞行器成员之间各自的传感器和探测器的信息都通过协同支撑网络传递。协同支撑网络需要具备动态自主组网能力和较好的健壮稳定性，保证在编队协同飞行过程中的通信品质。同时，高动态无线通信中所固有的网络延迟和丢包等问题又为飞行器自主编队的协同飞行控制系统设计带来新的挑战。如何在高动态无线通信质量较差的情况下，仍保证较好的自主编队品质是协同飞行控制系统设计要解决的问题。

5. 协同支撑网络系统（CSNS）

自主编队的协同支撑网络系统不仅是用来传递飞行器所载的探测器获取的目标信息以及

自身传感器感知信息的成员间的通信网络,在某种意义上讲,更重要的是自主自治的群体智能的一种网络化体现,还要支持对群体的特征进行的认知,使群体中的成员个体能够仅依赖当前短时间内从局部获得的信息或过去获得的信息就能对自身将来的行为对整个群体造成的链式效应影响做出准确的估计,以防止在编队飞行过程中因局部节点的防碰规避机动而可能导致的群体其他节点间的碰撞发生。因此,网络需要通过某种协议使单个节点认知其在网络中的地位及其与周围其他节点间的关系,为单个节点的自主协同飞行控制提供群体代价信息,这就是协同支撑网络不同于普通通信网络的特点之一。协同支撑网络和网络支撑协议是针对网络化自主编队的特点提出的,是对传统的通信网络和网络通信协议的扩展和补充[2,11,12]。

协同行动的效果在很大程度上取决于编队成员之间的信息交换能力。协同支撑网络需要在高动态条件下完成信息的大容量和高更新率的共享,且需要具备动态自主组网能力,以便快速地建立起动态网络。由于飞行器编队的动态性和编队规模的不确定性,其网络结构将不断变化,因此组网协议要适应这种变化,保证其对网络结构不敏感的同时能够快速地入网。协同支撑网络应能考虑飞行器编队在实际飞行环境中因为距离、速度和环境干扰等因素造成的网络局部中断而形成多个节点脱离网络的现象(即离队问题);另一方面,多个节点能依据通信协议进行融合,采取加入大网的方式,融合一个更大网络(即入队问题),并能保证系统稳定和可靠地运行。

6.3.2 自主编队效能评估

自主编队应遵循自主编队原则(PSI-of-UAF)以获得更大的综合效能,因此,自主编队的效能评估就是根据自主编队原则,量化评估自主编队系统的综合效能。

目前用于效能评估的方法很多,如ADC准则、SEA准则、信息熵评估方法等,但这些方法均未考虑到自主编队时成员之间的相互影响,以及编队协同飞行控制技术所带来的综合效能的提升。因此若将上述评估方法应用于自主编队的评估体系,则需要做相应的修正和扩展。

飞行器自主编队的协同思想主要体现在协同支撑网络、协同信息获取系统、协同决策与管理系统、编队飞行控制系统、成员飞行控制系统等的高度集成。在协同飞行控制系统总体设计时,要从下列几方面考虑各子系统的主要功能及其相互间的协调关系[11,12]。

① 根据不同的发射平台、不同类型的任务目标、任务环境的复杂情况以及飞行器的运动特性,判断自主编队是否符合自主编队原则,进而分析编队对于成员在气动、结构、动力和制导控制等方面的系统总体要求,以及对成员提出的编队能力方面的具体技术要求(自主组网和通信能力、目标探测和制导能力、航路规划和修正能力、必要的机动性和速度控制能力以及编队的必要信息获取能力等)。

② 研究协同决策与管理系统,针对具体的行动任务,通过目标信息、地形信息、威胁信息、导弹信息和效能评估结果,进行智能化威胁判断和态势估计,根据行动环境及任务变化,判断编队是否符合自主编队原则以及生成效能指标,实施行动任务的选择、重新规划/目标分配,适时调解编队冲突和实施编队的离入队管理,修改航迹局部或规划实时航迹。可根据对时敏目标的攻击要求,实现空中巡逻和待机攻击等遂行任务,最终实现提升综合效能指标的目的。

③ 研究编队飞行控制系统的关键技术,具体包括编队飞行控制系统的队形生成与队形导引技术、队形控制与保持技术、导弹成员的飞行控制技术。特别地,对于密集编队情况下的链式效应及其避碰机动的控制等问题是需要重点解决的。

④ 研究适用于自主编队的协同支撑网络技术，在满足传递各种弹载探测器所获取的目标信息以及自身传感器的感知信息的弹间通信要求外，使成员通过协同支撑网络能够仅依赖当前短时间内从局部获得的信息或过去获得的信息就能对自身将来的行为对整个编队造成的影响做出准确的评估。因此，安全可靠且健壮的协同支撑网络系统是协同飞行控制系统总体设计的关键环节之一，其中协同支撑网络的协议设计尤为重要。

⑤ 通过自主编队协同飞行控制系统的建模、分析、综合设计，构建相应的数字仿真分析系统、硬件在环(HIL)仿真测试系统和试飞验证系统，以对导弹自主编队作战效能进行评估。

⑥ 基于标准组件的设计思想，实现关键技术的综合集成，形成协同飞行控制系统的模块化、标准化、通用化的技术规范和标准。

综上所述，协同飞行控制系统的体系结构，主要包括 5 大部分：协同信息获取系统(CIAS)、协同决策与管理系统(CDMS)、编队飞行控制系统(FFCS)、成员飞行控制系统(MFCS)、协同支撑网络系统(CSNS)。鉴于本书所介绍的核心内容是飞行控制系统，因此在第 1～5 章中已经对成员飞行控制系统(MFCS)的基本内容做了讨论，下面重点介绍编队飞行控制系统(FFCS)，而涉及协同信息获取系统(CIAS)、协同决策与管理系统(CDMS)和协同支撑网络系统(CSNS)的有关内容请参考相关文献[2,11,12]。

6.4　编队飞行控制系统

6.4.1　系统的结构组成

编队飞行控制系统包括编队的队形生成与导引、队形控制与保持两大部分，其职责是根据编队的协同决策与管理系统所生成的编队优化指标和编队的队形要求，实时优化并形成队形导引、控制与保持的指令，并通过成员飞行控制系统保证实现节点的避碰机动控制和高品质的编队队形。编队飞行控制系统的结构如图 6－33 所示。

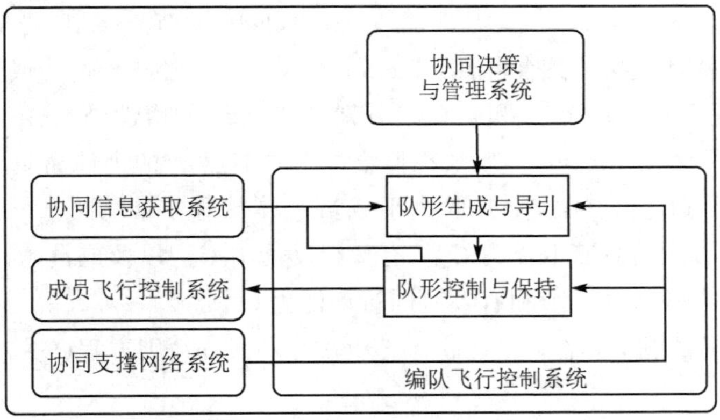

图 6－33　编队飞行控制系统结构图

1. 编队队形生成与导引

在 6.2.3 小节中对构成规模编队的几种常用的基本队形——纵横队形、楔形、菱形、梭形和多边形作了定义和详细的分析,无论是多大规模的编队,原则上都可以分解为以上基本队形的组合。由图6-29给出的飞行器自主编队协同飞行控制系统结构可见,协同决策与管理系统应根据态势感知所获得的信息和编队本身信息,实时生成所需要的由基本队形构成的编队的目标队形q_e。目标队形q_e的特性是根据α-邻近队形、σ-邻近队形和准σ-邻近队形的定义确定的,定义6.15~定义6.17给出了这些目标队形q_e的特性。编队的目标队形q_e为每个飞行器成员ε_i设定了期望的安全向量$\boldsymbol{D}_{si}(t)$。那么如何导引编队快速准确地形成所要求的目标队形q_e,作为以下重点讨论的内容。

2. 节点运动的动力学模型

为了动力学建模分析之便,假设一个节点ε_i由一个质量m_i的内核与围绕该内核周围均匀分布的无数组具有相同力学特性$\kappa_i(\Delta d_i)$和$\rho_i(\Delta V_i)$的弹簧-阻尼器模块构成,节点间相互作用的动力学和运动学关系由其任一组的弹簧-阻尼器模型描述。图6-34所示为节点ε_i运动的动力学特性。

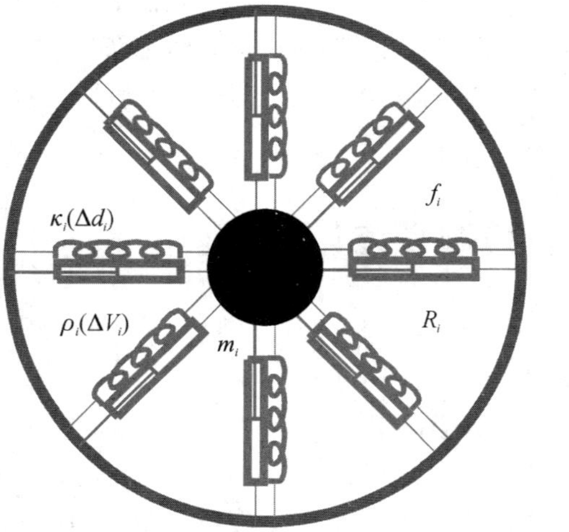

图6-34 节点ε_i的动力学特性

节点ε_i运动的动力学特性的非线性方程描述为

$$m_i\Delta\ddot{d}_i=-\kappa_i(\Delta d_i)-\rho_i(\Delta V_i)+f_i \tag{6-72}$$

式中,m_i为节点ε_i的质量;f_i为外作用力或是节点ε_i为实现某种目的而采用的力,称其为意图力(purpose force);$f_{Ci}=\kappa_i(\Delta d_i)+\rho_i(\Delta V_i)$为节点$\varepsilon_i$的个性力(characterless force),描述了节点ε_i对于其位移Δd_i和速度ΔV_i变化所呈现出的个体特性(character),反映了节点ε_i自身的个体与群体的协调能力,换句话说,就是反映了其合群性(flocking instinct),主要影响着成员飞行控制系统的固有频率ω_i和阻尼系数ξ_i;$\rho_i(\cdot)$和$\kappa_i(\cdot)$分别是节点ε_i的惰性函数(function of inertia)和倔强函数(function of stiffiness),是反映在群集过程中节点ε_i的个性品质。ρ_i和κ_i分别与节点ε_i自身的综合能力C_{syn_i}有关,主要取决于成员个体的基本能力C_{bas_i}(主要包括生存能力C_{V_i}、智力程度C_{I_i}、可用信息获取能力C_{O_i}、有效行动能力C_{C_i}以及成员的社会能力C_{osc_i}(主要包括可用信息交互共享能力C_{SI_i}和有效协同行动能力C_{CC_i}。

应用反馈线性化方法,令$f_i=\kappa_i(\Delta d_i)+\rho_i(\Delta V_i)+m_iu_i$,则方程(6-72)写成

$$\Delta\ddot{d}_i=u_i \tag{6-73}$$

选择$u_i=-k_i\Delta d_i-c_i\Delta V_i$,其中调节系数$k_i>0,c_i>0$,则闭环系统为

$$\Delta\ddot{d}_i=-k_i\Delta d_i-c_i\Delta V_i \tag{6-74}$$

只要调节系数满足条件$k_i>0,c_i>0$,则上述闭环线性系统稳定,即$\lim\limits_{t\to\infty}\Delta d_i(t)\to 0$;若进一步满足$c_i\geqslant 2\sqrt{k_i}$,则闭环系统单调收敛,即$\lim\limits_{t\to\infty}\Delta d_i(t)\xrightarrow{\mathrm{m.c}}\to 0$,且其固有频率$\omega_i=\sqrt{k_i}$,阻尼系

数 $\xi_i=\dfrac{c_i}{2\sqrt{k_i}}$。

节点 ε_i 的非线性控制律为

$$f_i=f_{Ci}-f_{Ui}=-m_ik_i\Delta d_i-m_ic_i\Delta V_i+\kappa_i(\Delta d_i)+\rho_i(\Delta V_i) \tag{6-75}$$

此非线性控制律包括两部分：线性部分 $f_{Ui}=m_ik_i\Delta d_i+m_ic_i\Delta V_i$，是起调节作用的调节力，主要在闭环系统中对节点 ε_i 的合群性进行实施调节；非线性部分 $f_{Ci}=\kappa_i(\Delta d_i)+\rho_i(\Delta V_i)$，是为了实现反馈线性化的原开环系统个性力的反作用力。在控制律式(6-75)中只需要测量反馈匹配向量 $\boldsymbol{R}_{ij}(t)$，也就是测量反馈距离匹配量 Δd_i 和速度匹配量 ΔV_i，这正是相对导航系统要测量确定的主要运动变量。

特别地，考虑到飞行器的空气动力学特性，则节点的动力学方程可写成

$$m_i\Delta\ddot{d}_i=-\kappa_i\Delta d_i-\rho_i\Delta V_i\mid\Delta V_i\mid+f_i \tag{6-76}$$

同样，应用反馈线性化方法，令 $f_i=\kappa_i\Delta d_i+\rho_i\Delta V_i|\Delta V_i|+m_iu_i$，则方程(6-76)可写成

$$\Delta\ddot{d}_i=u_i \tag{6-77}$$

选择 $u_i=-k_i\Delta d_i-c_i\Delta V_i=-[k_i\quad c_i]\begin{bmatrix}\Delta d_i\\ \Delta V_i\end{bmatrix}=-a_iR_i$，反馈系数 $a_i>0$，闭环系统为

$$\Delta\ddot{d}_i+k_i\Delta d_i+c_i\Delta V_i=0 \tag{6-78}$$

只要满足条件 $a_i>0$，则闭环系统稳定，即 $\lim\limits_{t\to\infty}\Delta d_i(t)\to0$；若进一步满足 $c_i\geqslant2\sqrt{k_i}$，闭环系统单调收敛，即 $\lim\limits_{t\to\infty}\Delta d_i(t)\xrightarrow{\text{m. c}}0$。

节点 ε_i 的非线性控制律为

$$f_i=(\kappa_i-m_ik_i)\Delta d_i-m_ic_i\Delta V_i+\rho_i\Delta V_i\mid\Delta V_i\mid \tag{6-79}$$

同样只要测量反馈距离匹配量 Δd_i 和速度匹配量 ΔV_i 即可。

这样，原非线性系统问题就变为研究下列闭环线性系统，即

$$\Delta\ddot{d}_i+k_i\Delta d_i+c_i\Delta V_i=0 \tag{6-80}$$

可写成下列状态方程

$$\begin{bmatrix}\Delta\dot{d}_i\\ \Delta\dot{V}_i\end{bmatrix}=\begin{bmatrix}0 & 1\\ -k_i & -c_i\end{bmatrix}\begin{bmatrix}\Delta d_i\\ \Delta V_i\end{bmatrix}$$

$$\dot{\boldsymbol{R}}_i=\boldsymbol{A}_i\boldsymbol{R}_i \tag{6-81}$$

这里，$\boldsymbol{R}_i(t)$是匹配向量 $\boldsymbol{R}_{ij}(t)$的单个节点形式，系统的状态矩阵为

$$\boldsymbol{A}_i=\begin{bmatrix}0 & 1\\ -k_i & c_i\end{bmatrix}$$

显见，闭环系统稳定，即 $\lim\limits_{t\to\infty}\boldsymbol{R}_i(t)\to\boldsymbol{0}$；若进一步满足 $c_i\geqslant2\sqrt{k_i}$，闭环系统单调收敛，即 $\lim\limits_{t\to\infty}\boldsymbol{R}_i(t)\xrightarrow{\text{m. c}}\boldsymbol{0}$。

当邻接度 $n_{ai}=1$ 时，节点 ε_i 与邻居节点 ε_j 运动的动力学特性由下列非线性方程组描述，即

$$\begin{cases} m_i\Delta\ddot{d}_i = -\kappa_i(\Delta d_i) - \rho_i(\Delta V_i) + k_{ij}(\Delta d_{ij}) + \rho_{ij}(\Delta V_{ij}) + f_i \\ m_j\Delta\ddot{d}_j = -\kappa_j(\Delta d_j) - \rho_j(\Delta V_j) - \kappa_{ij}(\Delta d_{ij}) - \rho_{ij}(\Delta V_{ij}) + f_j \end{cases} \tag{6-82}$$

同样应用上述反馈线性化方法,令

$$f_i = \kappa_i(\Delta d_i) + \rho_i(\Delta V_i) - \kappa_{ij}(\Delta d_{ij}) - \rho_{ij}(\Delta V_{ij}) + m_i u_i \tag{6-83}$$

$$f_j = \kappa_j(\Delta d_j) + \rho_j(\Delta V_j) + \kappa_{ij}(\Delta d_{ij}) + \rho_{ij}(\Delta V_{ij}) + m_j u_j \tag{6-84}$$

则方程(6-82)写成

$$\begin{cases} \Delta\ddot{d}_i^j = u_i^j \\ \Delta\ddot{d}_j^i = u_j^i \end{cases} \tag{6-85}$$

选择 $u_i^j = -k_{ij}\Delta d_i^j - c_{ij}\Delta V_i^j = -a_{ij}R_i^j$,$u^j = -k_{ij}\Delta d_j^i - c_{ij}\Delta V_j^i = -a_{ij}R_j^i$,其中调节系数 $a_{ij} > 0$,则闭环系统为

$$\begin{cases} \Delta\ddot{d}_i^j + k_{ij}\Delta d_i^j + c_{ij}\Delta V_i^j = 0 \\ \Delta\ddot{d}_j^i + k_{ij}\Delta d_j^i + c_{ij}\Delta V_j^i = 0 \end{cases} \tag{6-86}$$

由上述两个方程相加得

$$\Delta\ddot{d}_{ij} + k_{ij}\Delta d_{ij} + c_{ij}\Delta V_{ij} = 0$$

写成闭环系统状态方程形式

$$\begin{bmatrix} \Delta\dot{d}_{ij} \\ \Delta\dot{V}_{ij} \end{bmatrix} = \begin{bmatrix} 0 & 1 \\ -k_{ij} & -c_{ij} \end{bmatrix} \begin{bmatrix} \Delta d_{ij} \\ \Delta V_{ij} \end{bmatrix}$$

$$\dot{\boldsymbol{R}}_{ij} = \boldsymbol{A}_{ij}\boldsymbol{R}_{ij} \tag{6-87}$$

式中,状态矩阵 $\boldsymbol{A}_{ij} = \begin{bmatrix} 0 & 1 \\ -k_{ij} & -c_{ij} \end{bmatrix}$。

同样,闭环系统稳定,即 $\lim\limits_{t\to\infty}\boldsymbol{R}_{ij}(t)\to\boldsymbol{0}$;若进一步满足 $c_{ij} \geqslant 2\sqrt{k_{ij}}$,则闭环系统单调收敛,即 $\lim\limits_{t\to\infty}\boldsymbol{R}_{ij}(t)\xrightarrow{\text{m. c}}\boldsymbol{0}$。

节点 ε_i 和 ε_j 的非线性控制律分别为

$$f_i = -m_i k_{ij}\Delta d_i^j - m_i c_{ij}\Delta V_i^j + \kappa_i(\Delta d_i^j) + \rho_i(\Delta V_i^j) - \kappa_{ij}(\Delta d_{ij}) - \rho_{ij}(\Delta V_{ij}) \tag{6-88}$$

$$f_j = -m_j k_{ij}\Delta d_j^i - m_j c_{ij}\Delta V_j^i + \kappa_j(\Delta d_j^i) + \rho_j(\Delta V_j^i) + \kappa_{ij}(\Delta d_{ij}) + \rho_{ij}(\Delta V_{ij}) \tag{6-89}$$

可见,在上述非线性控制律作用下,节点 ε_i 和 ε_j 的间距之差也是收敛的。换句话说,如果将节点 ε_j 作为导航节点,那么节点 ε_i 将跟踪节点 ε_j 的运动轨迹。

分析式(6-88)和式(6-89)非线性控制律按照结构和作用可以如下分成3部分:

① $f_{Ui} = m_i k_{ij}\Delta d_i^j + m_i c_{ij}\Delta V_i^j$ 是关于节点 ε_i 和 ε_j 自身个性品质的调节力。

② $f_{Ci} = \kappa_i(\Delta d_i^j) + \rho_i(\Delta V_i^j)$ 是节点 ε_i 和 ε_j 自身个性品质的个性力,是节点对本身的位移 Δd_i,Δd_j 和速度 ΔV_i,ΔV_j 的反映。换句话说,就是 f_{Ci} 反映了其合群性,其主要影响着成员飞行控制系统的固有频率 ω_i 和阻尼系数 ξ_i。其中 $\rho_i(\cdot)$ 和 $\kappa_i(\cdot)$ 分别是节点 ε_i 的惰性函数和倔强函数,反映群集中节点 ε_i 的个性品质。ρ_i 和 κ_i 分别与节点 ε_i 自身的综合能力 $C_{\mathrm{syn}i}$

有关。

③ $f_{1i}=\kappa_{ij}(\Delta d_{ij})+\rho_{ij}(\Delta V_{ij})$是关于节点 ε_i 和 ε_j 之间的匹配向量 $\boldsymbol{R}_{ij}$ 的交互力，描述了节点 ε_i 与其邻近群内其他节点间的匹配向量 $\boldsymbol{R}_{ij}$ 所呈现出协同性的动力学特性，反映了节点间保持匹配态品质的能力大小。$\kappa_{ij}(\cdot)$，$\rho_{ij}(\cdot)$分别是节点 ε_i 和节点 ε_j 之间的交互惰性函数和交互倔强函数，反映了节点 ε_i 和节点 ε_j 之间社会性依存关系状态。

当邻接度 $n_{ai}=2$ 时，节点 ε_i 邻近群中所有节点运动的动力学特性如图 6－35 所示。

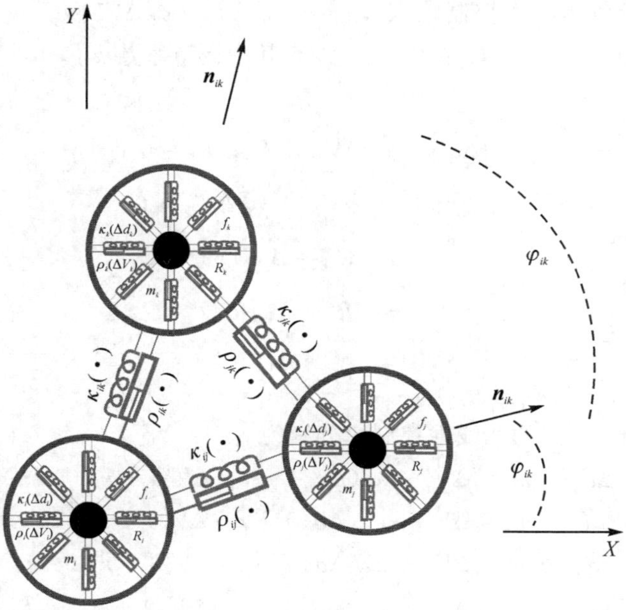

图 6－35　当 $n_{ai}=2$ 时邻近群节点运动的动力学特性

在此情况下，节点 ε_i 邻近群中所有节点运动的动力学特性由下列非线性方程组描述，即

$$\begin{cases}\begin{cases}\boldsymbol{n}_{ij}:\Delta\ddot{d}_i^j=-\dfrac{1}{m_i}\kappa_i(\Delta d_i^j)-\dfrac{1}{m_i}\rho_i(\Delta V_i^j)+\dfrac{1}{m_i}\kappa_{ij}(\Delta d_{ij})+\dfrac{1}{m_i}\rho_{ij}(\Delta V_{ij})+\dfrac{1}{m_i}f_{ij}\\ \boldsymbol{n}_{ji}:\Delta\ddot{d}_j^i=-\dfrac{1}{m_j}\kappa_j(\Delta d_j^i)-\dfrac{1}{m_j}\rho_j(\Delta V_j^i)-\dfrac{1}{m_j}\kappa_{ij}(\Delta d_{ij})-\dfrac{1}{m_j}\rho_{ij}(\Delta V_{ij})+\dfrac{1}{m_j}f_{ji}\end{cases}\\ \begin{cases}\boldsymbol{n}_{ik}:\Delta\ddot{d}_i^k=-\dfrac{1}{m_i}\kappa_i(\Delta d_i^k)-\dfrac{1}{m_i}\rho_i(\Delta V_i^k)+\dfrac{1}{m_i}\kappa_{ik}(\Delta d_{ik})+\dfrac{1}{m_i}\rho_{ik}(\Delta V_{ik})+\dfrac{1}{m_i}f_{ik}\\ \boldsymbol{n}_{ki}:\Delta\ddot{d}_k^i=-\dfrac{1}{m_k}\kappa_k(\Delta d_k^i)-\dfrac{1}{m_k}\rho_k(\Delta V_k^i)-\dfrac{1}{m_k}\kappa_{ik}(\Delta d_{ik})-\dfrac{1}{m_k}\rho_{ik}(\Delta V_{ik})+\dfrac{1}{m_k}f_{ki}\end{cases}\end{cases}\tag{6-90}$$

式中，Δd_i^j 和 ΔV_i^j 的上标表示 Δd_i 和 ΔV_i 的变化是在成员 ε_i 与成员 ε_j 的连线上。

同样应用上述反馈线性化方法，令

$$\begin{cases}f_{ij}=\kappa_i(\Delta d_i^j)+\rho_i(\Delta V_i^j)-\kappa_{ij}(\Delta d_{ij})-\rho_{ij}(\Delta V_{ij})+m_iu_{ij}\\ f_{ji}=\kappa_j(\Delta d_j^i)+\rho_j(\Delta V_j^i)+\kappa_{ij}(\Delta d_{ij})+\rho_{ij}(\Delta V_{ij})+m_ju_{ji}\end{cases}\tag{6-91}$$

$$\begin{cases}f_{ik}=\kappa_i(\Delta d_i^k)+\rho_i(\Delta V_i^k)-\kappa_{ik}(\Delta d_{ik})-\rho_{ik}(\Delta V_{ik})+m_iu_{ik}\\ f_{ki}=\kappa_k(\Delta d_k^i)+\rho_k(\Delta V_k^i)+\kappa_{ik}(\Delta d_{ik})+\rho_{ik}(\Delta V_{ik})+m_ku_{ki}\end{cases}\tag{6-92}$$

则方程(6-90)写成

$$\begin{cases}\begin{cases}\Delta\ddot{d}_i^j=u_{ij}\\ \Delta\ddot{d}_j^i=u_{ji}\end{cases}\\ \begin{cases}\Delta\ddot{d}_i^k=u_{ik}\\ \Delta\ddot{d}_k^i=u_{ki}\end{cases}\end{cases}\tag{6-93}$$

选择两两调节系数相同的控制输入 $u_{ij}=-k_{ij}\Delta d_i^j-c_{ij}\Delta V_i^j$,$u_{ji}=-k_{ij}\Delta d_j^i-c_{ij}\Delta V_i^j$ 和 $u_{ik}=-k_{ik}\Delta d_i^k-c_{ik}\Delta V_i^k$,$u_{ki}=-k_{ik}\Delta d_k^i-c_{ik}\Delta V_k^i$,其中调节系数 $k_{ij}>0$,$c_{ij}>0$,$k_{ik}>0$,$c_{ik}>0$,则闭环系统为

$$\begin{cases}\Delta\ddot{d}_{ij}+c_{ij}\Delta V_{ij}+k_{ij}\Delta d_{ij}=0\\ \Delta\ddot{d}_{ik}+c_{ik}\Delta V_{ik}+k_{ik}\Delta d_{ik}=0\end{cases}$$

$$\begin{cases}\boldsymbol{n}_{ij}:\dot{\boldsymbol{R}}_{ij}=\boldsymbol{A}_{ij}\boldsymbol{R}_{ij}\\ \boldsymbol{n}_{ik}:\dot{\boldsymbol{R}}_{ik}=\boldsymbol{A}_{ik}\boldsymbol{R}_{ik}\end{cases}\tag{6-94}$$

式中,状态矩阵 $\boldsymbol{A}_{ij}=\begin{bmatrix}0 & 1\\ -k_{ij} & -c_{ij}\end{bmatrix}$,$\boldsymbol{A}_{ik}=\begin{bmatrix}0 & 1\\ -k_{ik} & -c_{ik}\end{bmatrix}$。

则节点 ε_i 在 ε_j,ε_k 方向的非线性控制律分别为

$$f_{ij}=-m_ik_{ij}\Delta d_i^j-m_ic_{ij}\Delta V_i^j+\kappa_i(\Delta d_i^j)+\rho_i(\Delta V_i^j)-\kappa_{ij}(\Delta d_{ij})-\rho_{ij}(\Delta V_{ij})$$
$$f_{ji}=-m_jk_{ij}\Delta d_j^i-m_jc_{ij}\Delta V_j^i+\kappa_j(\Delta d_j^i)+\rho_j(\Delta V_j^i)+\kappa_{ij}(\Delta d_{ij})+\rho_{ij}(\Delta V_{ij})$$
$$f_{ik}=-m_ik_{ik}\Delta d_i^k-m_ic_{ik}\Delta V_i^k+\kappa_i(\Delta d_i^k)+\rho_i(\Delta V_i^k)-\kappa_{ik}(\Delta d_{ik})-\rho_{ik}(\Delta V_{ik})$$
$$f_{ki}=-m_kk_{ik}\Delta d_k^i-m_kc_{ik}\Delta V_k^i+\kappa_k(\Delta d_k^i)+\rho_k(\Delta V_k^i)+\kappa_{ik}(\Delta d_{ik})+\rho_{ik}(\Delta V_{ik})$$

在邻接度为 n_{ai} 的邻近群中所有节点运动的动力学特性由下列 n_{ai} 对的非线性系统描述,即

$$\begin{cases}\begin{cases}\boldsymbol{n}_{ij}:m_i\Delta\ddot{d}_i^j+\kappa_i(\Delta d_i^j)+\rho_i(\Delta V_i^j)-\kappa_{ij}(\Delta d_{ij})-\rho_{ij}(\Delta V_{ij})=f_{ij}\\ \boldsymbol{n}_{ji}:m_j\Delta\ddot{d}_j^i+\kappa_j(\Delta d_j^i)+\rho_j(\Delta V_j^i)+\kappa_{ij}(\Delta d_{ij})+\rho_{ij}(\Delta V_{ij})=f_{ji}\end{cases}\\ \begin{cases}\boldsymbol{n}_{ik}:m_i\Delta\ddot{d}_i^k+\kappa_i(\Delta d_i^k)+\rho_i(\Delta V_i^k)-\kappa_{ik}(\Delta d_{ik})-\rho_{ik}(\Delta V_{ik})=f_{ik}\\ \boldsymbol{n}_{ki}:m_k\Delta\ddot{d}_k^i+\kappa_k(\Delta d_k^i)+\rho_k(\Delta V_k^i)+\kappa_{ik}(\Delta d_{ik})+\rho_{ik}(\Delta V_{ik})=f_{ki}\end{cases}\\ \vdots\\ \begin{cases}\boldsymbol{n}_{in_{ai}}:m_i\Delta\ddot{d}_i^{n_{ai}}+\kappa_i(\Delta d_i^{n_{ai}})+\rho_i(\Delta V_i^{n_{ai}})-\kappa_{in_{ai}}(\Delta d_{in_{ai}})-\rho_{in_{ai}}(\Delta V_{in_{ai}})=f_{in_{ai}}\\ \boldsymbol{n}_{n_{ai}i}:m_{n_{ai}}\Delta\ddot{d}_{n_{ai}}^i+\kappa_{n_{ai}}(\Delta d_{n_{ai}}^i)+\rho_{n_{ai}}(\Delta V_{n_{ai}}^i)-\kappa_{in_{ai}}(\Delta d_{in_{ai}})-\rho_{in_{ai}}(\Delta V_{in_{ai}})=f_{n_{ai}i}\end{cases}\end{cases}\tag{6-95}$$

同样,应用上述反馈线性化方法,令 n_{ai} 对的意图力为

$$\begin{cases}f_{ij}=\kappa_i(\Delta d_i^j)+\rho_i(\Delta V_i^j)-\kappa_{ij}(\Delta d_{ij})-\rho_{ij}(\Delta V_{ij})+m_iu_{ij}\\ f_{ji}=\kappa_j(\Delta d_j^i)+\rho_j(\Delta V_j^i)+\kappa_{ij}(\Delta d_{ij})+\rho_{ij}(\Delta V_{ij})+m_ju_{ji}\end{cases},\quad j\in n_{ai}\tag{6-96}$$

则 n_{ai} 对的原方程写成

$$\begin{cases}\Delta\ddot{d}_i^j=u_{ij}\\ \Delta\ddot{d}_j^i=u_{ji}\end{cases},\quad j\in n_{ai}\tag{6-97}$$

$$\Delta\ddot{d}_i^j + \Delta\ddot{d}_j^i = \Delta\ddot{d}_{ij}, \quad j \in n_{ai}$$

$$m_i \Delta\ddot{d}_i^j + m_j \Delta\ddot{d}_j^i = 0, \quad j \in n_{ai}$$

$$m_i \Delta\ddot{d}_i^j + m_j (\Delta\ddot{d}_{ij} - \Delta\ddot{d}_i^j) = 0$$

$$\Rightarrow \begin{cases} m_j \Delta\ddot{d}_{ij} = \Delta m_{ij} \Delta\ddot{d}_i^j \\ m_i \Delta\ddot{d}_{ij} = -\Delta m_{ij} \Delta\ddot{d}_j^i \end{cases}$$

$$\Rightarrow m_{ij} \Delta\ddot{d}_{ij} = \Delta m_{ij} (\Delta\ddot{d}_i^j - \Delta\ddot{d}_j^i)$$

$$\Delta m_{ij} = m_j - m_i, \quad m_{ij} = m_j + m_i$$

$$m_i \Delta\ddot{d}_i + \sum_j^{n_{ai}} m_j \Delta\ddot{d}_j^i = 0, \quad j \in n_{ai} \tag{6-98}$$

选择 n_{ai} 对的控制 $u_{ij} = -k_{ij}\Delta d_i^j - c_{ij}\Delta V_i^j = -a_{ij}\Delta R_i^j$，$u_{ji} = -k_{ij}\Delta d_j^i - c_{ij}\Delta V_i^j = -a_{ij}\Delta R_j^i(j\in n_{ai})$，且取调节系数 $a_{ij}>0(j\in n_{ai})$，则 n_{ai} 对的闭环线性系统为

$$\begin{cases} \Delta\ddot{d}_i^j + c_{ij}\Delta V_i^j + k_{ij}\Delta d_i^j = 0 \\ \Delta\ddot{d}_j^i + c_{ij}\Delta V_j^i + k_{ij}\Delta d_j^i = 0 \end{cases}, \quad j \in n_{ai} \tag{6-99}$$

由上述 n_{ai} 对的闭环线性系统两两矢量和后，得到邻近群中所有邻居节点与节点 ε_i 间关于距离和速度匹配增量的 n_{ai} 个线性系统为

$$\Delta\ddot{d}_{ij} + c_{ij}\Delta V_{ij} + k_{ij}\Delta d_{ij} = 0, \quad j \in n_{ai} \tag{6-100}$$

同理，只要调节系数满足条件 $k_{ij}>0, c_{ij}>0(j\in n_{ai})$，则 n_{ai} 个的闭环系统稳定，即 $\lim\limits_{t\to\infty}\Delta d_{ij}(t)\to 0(j\in n_{ai})$；若进一步满足 $c_{ij}\geqslant 2\sqrt{k_{ij}}$，则闭环系统单调收敛，即 $\lim\limits_{t\to\infty}\Delta d_{ij}(t)\xrightarrow{\text{m. c}}0$ $(j\in n_{ai})$。

$$\boldsymbol{n}_{ij}: \dot{\boldsymbol{R}}_{ij} = \boldsymbol{A}_{ij}\boldsymbol{R}_{ij}, \quad j \in n_{ai} \tag{6-101}$$

式中，状态矩阵 $\boldsymbol{A}_{ij} = \begin{bmatrix} 0 & 1 \\ -k_{ij} & -c_{ij} \end{bmatrix}(j\in n_{ai})$。

显见，闭环系统稳定，即 $\lim\limits_{t\to\infty}\boldsymbol{R}_{ij}(t)\to\boldsymbol{0}$；若进一步满足 $c_{ij}\geqslant 2\sqrt{k_{ij}}$，则闭环系统单调收敛，即 $\lim\limits_{t\to\infty}\boldsymbol{R}_{ij}(t)\xrightarrow{\text{m. c}}\boldsymbol{0}$。

n_{ai} 个原非线性系统的控制规律为

$$\begin{cases} f_{ij} = -m_i k_{ij}\Delta d_i^j - m_i c_{ij} V_i^j + \kappa_i(\Delta d_i^j) + \rho_i(\Delta V_i^j) - \kappa_{ij}(\Delta d_{ij}) - \rho_{ij}(\Delta V_{ij}) \\ f_{ji} = -m_j k_{ij}\Delta d_j^i - m_j c_{ij} V_j^i + \kappa_j(\Delta d_j^i) + \rho_j(\Delta V_j^i) + \kappa_{ij}(\Delta d_{ij}) + \rho_{ij}(\Delta V_{ij}) \end{cases}, \quad j \in n_{ai} \tag{6-102}$$

可见，在节点 ε_i 的邻近群中，节点 ε_i 与其他邻接节点 $\varepsilon_j(j\in n_{ai})$ 方向上的每一个控制律均包括两部分：一是起调节作用的线性部分，二是原开环系统的非线性部分。控制律中只需要反馈距离匹配量和速度匹配量的增量 Δd_i^j，ΔV_i^j 和 Δd_{ij}，ΔV_{ij}。

3. 随机系统模型与分析

在节点 ε_i 的邻近群中所有节点运动的动力学特性由下列 n_{ai} 对的非线性随机系统描

述，即

$$\begin{cases}\boldsymbol{n}_{ij}:m_i\Delta\ddot{d}_i^j+\kappa_i(\Delta d_i^j)+\rho_i(\Delta V_i^j)-\kappa_{ij}(\Delta d_{ij})-\rho_{ij}(\Delta V_{ij})=f_{ij}+m_iw_{ij}\\ \boldsymbol{n}_{ji}:m_j\Delta\ddot{d}_j^i+\kappa_j(\Delta d_j^i)+\rho_j(\Delta V_j^i)+\kappa_{ij}(\Delta d_{ij})+\rho_{ij}(\Delta V_{ij})=f_{ji}+m_jw_{ji}\\ \boldsymbol{n}_{ik}:m_i\Delta\ddot{d}_i^k+\kappa_i(\Delta d_i^k)+\rho_i(\Delta V_i^k)-\kappa_{ik}(\Delta d_{ik})-\rho_{ik}(\Delta V_{ik})=f_{ik}+m_iw_{ik}\\ \boldsymbol{n}_{ki}:m_k\Delta\ddot{d}_k^i+\kappa_k(\Delta d_k^i)+\rho_k(\Delta V_k^i)+\kappa_{ik}(\Delta d_{ik})+\rho_{ik}(\Delta V_{ik})=f_{ki}+m_kw_{ki}\\ \vdots\\ \boldsymbol{n}_{in_{ai}}:m_i\Delta\ddot{d}_i^{n_{ai}}+\kappa_i(\Delta d_i^{n_{ai}})+\rho_i(\Delta V_i^{n_{ai}})-\kappa_{in_{ai}}(\Delta d_{in_{ai}})-\rho_{in_{ai}}(\Delta V_{in_{ai}})=f_{in_{ai}}+m_iw_{in_{ai}}\\ \boldsymbol{n}_{n_{ai}i}:m_{n_{ai}}\Delta\ddot{d}_{n_{ai}}^i+\kappa_{n_{ai}}(\Delta d_{n_{ai}}^i)+\rho_{n_{ai}}(\Delta V_{n_{ai}}^i)-\kappa_{in_{ai}}(\Delta d_{in_{ai}})-\rho_{in_{ai}}(\Delta V_{in_{ai}})=f_{n_{ai}i}+m_{n_{ai}}w_{n_{ai}i}\end{cases}\tag{6-103}$$

式中，$w_{ij}\sim N(0,\sigma_{wij}^2(j\in n_{ai})$为邻近群中邻居节点与节点$\varepsilon_i$之间的加速度噪声。

同样，应用上述反馈线性化方法，令n_{ai}对的意图力为

$$\begin{cases}f_{ij}=\kappa_i(\Delta d_i^j)+\rho_i(\Delta V_i^j)-\kappa_{ij}(\Delta d_{ij})-\rho_{ij}(\Delta V_{ij})+m_iu_{ij}\\ f_{ji}=\kappa_j(\Delta d_j^i)+\rho_j(\Delta V_j^i)+\kappa_{ij}(\Delta d_{ij})+\rho_{ij}(\Delta V_{ij})+m_ju_{ji}\end{cases},\quad j\in n_{ai}\tag{6-104}$$

则n_{ai}对的原方程写成

$$\begin{cases}\Delta\ddot{d}_i^j=u_{ij}+w_{ij}\\ \Delta\ddot{d}_j^i=u_{ji}+w_{ji}\end{cases},\quad j\in n_{ai}\tag{6-105}$$

选择具有相同调节系数的n_{ai}对控制$u_{ij}=-k_{ij}\Delta d_i^j-c_{ij}\Delta V_i^j,u_{ji}=-k_{ij}\Delta d_j^i-c_{ij}\Delta V_j^i(j\in n_{ai})$，且取调节系数$k_{ij}>0,c_{ij}>0(j\in n_{ai})$，则$n_{ai}$对的闭环线性系统为

$$\begin{cases}\Delta\ddot{d}_i^j+c_{ij}\Delta V_i^j+k_{ij}\Delta d_i^j=w_{ij}\\ \Delta\ddot{d}_j^i+c_{ij}\Delta V_j^i+k_{ij}\Delta d_j^i=w_{ji}\end{cases},\quad j\in n_{ai}\tag{6-106}$$

邻近群中所有节点运动的动力学特性写成状态方程为

$$\begin{cases}\ddot{\boldsymbol{R}}_i=\boldsymbol{A}_{ij}\boldsymbol{R}_i+\boldsymbol{B}_{ij}\boldsymbol{w}_{ij}\\ \ddot{\boldsymbol{R}}_j=\boldsymbol{A}_{ij}\boldsymbol{R}_j+\boldsymbol{B}_{ij}\boldsymbol{w}_{ji}\end{cases},\quad j\in n_{ai}\tag{6-107}$$

由式(6-107)n_{ai}对的闭环线性系统两两矢量和后，得到邻近群中所有邻居节点与节点ε_i之间交互运动的动力学特性写成状态方程如，即

$$\dot{\boldsymbol{R}}_{ij}=\boldsymbol{A}_{ij}\boldsymbol{R}_{ij}+\boldsymbol{B}_{ij}\boldsymbol{W}_{ij},\quad j\in n_{ai}\tag{6-108}$$

式中，状态矩阵$\boldsymbol{A}_{ij}=\begin{bmatrix}0&1\\-k_{ij}&-c_{ij}\end{bmatrix}$，$\boldsymbol{B}_{ij}=\begin{bmatrix}0\\1\end{bmatrix}$，系统噪声$\boldsymbol{W}_{ij}\sim N(0,\boldsymbol{Q}_{ij})(j\in n_{ai})$。

同理，只要调节系数满足条件$k_{ij}>0,c_{ij}>0(j\in n_{ai})$，则$n_{ai}$个闭环系统稳定，即$\lim\limits_{t\to\infty}\boldsymbol{R}_{ij}(t)\to\boldsymbol{0}$ $(j\in n_{ai})$；若进一步满足$c_{ij}\geqslant2\sqrt{k_{ij}}$，则闭环系统单调收敛，即$\lim\limits_{t\to\infty}\boldsymbol{R}_{ij}(t)\xrightarrow{\text{m.c}}\boldsymbol{0}(j\in n_{ai})$。

可见，此模型是线性的高斯的随机系统模型，且邻近群内所有节点运动的动力学特性方程是其交互运动的动力学特性方程在无交互邻居节点的特殊情况。因此，在邻近群内所有节点运动及其与节点ε_i之间交互运动的动力学特性只用下列状态方程描述，即

$$\dot{\boldsymbol{R}}_{ij}=\boldsymbol{A}_{ij}\boldsymbol{R}_{ij}+\boldsymbol{B}_{ij}\boldsymbol{W}_{ij},\quad j\in n_{ai}\tag{6-109}$$

假定邻近群内的节点具有测量自身的距离和速度变化的传感器以及测量成员间距和相对速度变化的相对导航系统，则其观测方程为

$$\boldsymbol{Z}_{ij}=\boldsymbol{H}_{ij}\boldsymbol{R}_{ij}+\boldsymbol{E}_{ij},\quad j\in n_{ai} \tag{6-110}$$

假定 $\boldsymbol{E}_{ij}\sim N(0,\boldsymbol{Q}_{ij})$ 且与 $\boldsymbol{W}_{ij}$ 和 $\boldsymbol{R}_{ij}(0)$ 独立。其相应的卡尔曼滤波器为

$$\dot{\boldsymbol{M}}_{ij}=\boldsymbol{A}_{ij}\boldsymbol{M}_{ij}+\boldsymbol{K}_{ij}(\boldsymbol{Z}_{ij}-\boldsymbol{H}_{ij}\boldsymbol{M}_{ij}),\quad j\in n_{ai} \tag{6-111}$$

式中，$\boldsymbol{K}_{ij}=\boldsymbol{\Sigma}_{ij}\boldsymbol{H}_{ij}^{\mathrm{T}}[\boldsymbol{H}_{ij}\boldsymbol{\Sigma}_{ij}\boldsymbol{H}_{ij}^{\mathrm{T}}+\boldsymbol{\Omega}_{ij}]^{-1}$，$\dot{\boldsymbol{\Sigma}}_{ij}=\boldsymbol{A}_{ij}\boldsymbol{\Sigma}_{ij}+\boldsymbol{\Sigma}_{ij}\boldsymbol{A}_{ij}^{\mathrm{T}}-\boldsymbol{\Sigma}_{ij}\boldsymbol{H}_{ij}^{\mathrm{T}}[\boldsymbol{H}_{ij}\boldsymbol{\Sigma}_{ij}\boldsymbol{H}_{ij}^{\mathrm{T}}+\boldsymbol{\Omega}_{ij}]^{-1}\boldsymbol{H}_{ij}\boldsymbol{\Sigma}_{ij}+\boldsymbol{B}_{ij}\boldsymbol{Q}_{ij}\boldsymbol{B}_{ij}^{\mathrm{T}}$。

n_{ai} 个的原非线性系统的控制规律为

$$\begin{cases}f_{ij}=-m_ik_{ij}\Delta\mu_i^j-m_ic_{ij}\Delta\nu_i^j+\kappa_i(\Delta\mu_i^j)+\rho_i(\Delta\nu_i^j)-\kappa_{ij}(\Delta\mu_{ij})-\rho_{ij}(\Delta\nu_{ij})\\ f_{ji}=-m_ik_{ij}\Delta\mu_j^i-m_jc_{ij}\Delta\nu_j^i+\kappa_j(\Delta\mu_j^i)+\rho_j(\Delta\nu_j^i)+\kappa_{ij}(\Delta\mu_{ij})+\rho_{ij}(\Delta\nu_{ij})\end{cases},\quad j\in n_{ai} \tag{6-112}$$

可见，在节点 ε_i 的邻近群中，节点 ε_i 与其他邻接节点 $\varepsilon_j(j\in n_{ai})$ 方向上的每一个控制律均包括两部分：一是起调节作用的线性部分，二是原开环系统的非线性部分。控制律中需要由卡尔曼滤波器给出节点自身的距离和速度变化量的估计值 $\Delta\mu_i^j$，$\Delta\nu_i^j$ 以及节点之间的相对距离和相对速度变化量的估计值 $\Delta\mu_{ij}$，$\Delta\nu_{ij}$。

根据安全系数和平均匹配误差的定义，由此可得其相应的表达式为

$$\boldsymbol{\lambda}_{ij}(t)=\boldsymbol{\Sigma}_{ij}^{-1/2}(t)\boldsymbol{M}_{ij}(t) \tag{6-113}$$

$$\eta(q)=\frac{1}{nn_{ai}}\sum_{i=1}^{n}\sum_{j=1}^{n_{ai}}(\boldsymbol{M}_{ij}^{\mathrm{T}}\boldsymbol{G}_{ij}\boldsymbol{M}_{ij}),\quad\forall(i,j)\in v(q) \tag{6-114}$$

4. 队形控制系统的性能指标

编队队形控制系统的时域特性可以通过考察其从队形指令输入时刻的初始状态到最终状态的响应过程来分析，响应过程包括过渡过程和稳态过程两个阶段。过渡过程是指系统从队形指令输入时刻的初始状态到接近最终状态的响应过程；稳态过程是指时间趋于无穷时系统的状态。为此定义下列的编队队形控制系统的队形指令响应性能指标。

定义 6.29：延迟时间 $t_{\mathrm{d}}(q)$：是指从队形指令输入时刻的队形状态开始到平均匹配误差稳态值 $\eta_\infty(q)$ 的 50% 所需要的时间。

定义 6.30：上升时间 $t_{\mathrm{r}}(q)$：是指从平均匹配误差稳态值 $\eta_\infty(q)$ 的 10% 到 90% 所需要的时间。

定义 6.31：峰值时间 $t_{\mathrm{p}}(q)$：是指超过其平均匹配误差稳态值 $\eta_\infty(q)$ 而到达第一个峰值所需要的时间。

定义 6.32：超调量 $\sigma(q)\%$：是指在响应过程中超出平均匹配误差稳态值 $\eta_\infty(q)$ 的最大偏离量与平均匹配误差稳态值 $\eta_\infty(q)$ 之比，即

$$\sigma(q)\%=\frac{\eta_{t_{\mathrm{p}}}(q)-\eta_\infty(q)}{\eta_\infty(q)}\% \tag{6-115}$$

定义 6.33：调节时间 $t_{\mathrm{s}}(q)$：是指在平均匹配误差稳态值 $\eta_\infty(q)$ 附近取 5% 作为误差带，平均匹配误差 $\eta_{\mathrm{t}}(q)$ 达到并不再超出该误差带的最小时间。

定义 6.34：稳态误差 $e_{\mathrm{ss}}(q)$：是指当时间 $t(q)$ 趋于无穷大时，系统的平均匹配误差稳态值

$\eta_{\infty}(q)$与其相应的$\sigma^2_{\min}(q)$之差，即

$$e_{ss}(q)=\eta_{\infty}(q)-\sigma^2_{\min}(q) \tag{6-116}$$

式中，$\sigma^2_{\min}(q)=\min\limits_{i,j}\{\mathrm{tr}[\boldsymbol{G}_{ij}\boldsymbol{\Sigma}_{ij}(q)]\}$是被控队形相对应的准$\sigma$-邻近队形的平均匹配误差稳态值的最小值。

匹配态$\Theta(q)$是队形稳定且满足给定品质要求的必要状态，也是判断队形状态的标准之一。利用上述队形指令响应性能指标可得到下列编队队形控制系统的匹配态的响应性能指标。

定义 6.35:匹配调节时间$t_{\Theta}(q)$：是指从队形指令输入时刻的队形状态开始到平均匹配误差$\eta_t(q)$满足下列条件的最小时间，即

$$0<\eta_t(q)<\eta_{\Theta\max}(q) \tag{6-117}$$

以目标队形(例如，选择σ-邻近队形)为基准，则三种队形(疏松队形、紧密队形和密集队形)的平均匹配误差分别由式(6-52)计算出。

疏松队形的平均匹配误差及其匹配度范围为

$$9\sigma^2_{\min}\leqslant\eta_{\_LF}(q)\leqslant\lambda^2_{\max}\sigma^2_{\max} \tag{6-118}$$

$$e^{-\lambda^2_{\max}\sigma^2_{\max}}\leqslant M_{d\_LF}(q)\leqslant e^{-9\sigma^2_{\min}} \tag{6-119}$$

紧密队形的平均匹配误差及其匹配度范围为

$$\sigma^2_{\min}\leqslant\eta_{\_TF}(q)<9\sigma^2_{\max} \tag{6-120}$$

$$e^{-9\sigma^2_{\max}}<M_{d\_TF}(q)\leqslant e^{-\sigma^2_{\min}} \tag{6-121}$$

密集队形的平均匹配误差及其匹配度范围为

$$0\leqslant\eta_{\_DF}(q)<\sigma^2_{\max} \tag{6-122}$$

$$e^{-\sigma^2_{\max}}<M_{d\_DF}(q)\leqslant 1 \tag{6-123}$$

由式(6-118)～式(6-123)的平均匹配误差公式可知，只要队形进入匹配态$\Theta(q)$且稳定，其平均匹配误差$\eta_t(q)$不大于给定的边界值$\eta_{\Theta\max}(q)$，就认为队形的引导、控制和保持满足给定要求，即

$$\eta_t(q)\leqslant\eta_{\Theta\max}(q) \tag{6-124}$$

或者利用队形指数$\gamma(q)$

$$\gamma(q)=\frac{1}{n}\sum_{i=1}^{n}\gamma_{G_i}(q),\quad \forall(i,j)\in v(q) \tag{6-125}$$

所对应的三个区域① $0\leqslant\gamma(q)<1$；② $1\leqslant\gamma(q)<9$；③ $9\leqslant\gamma(q)\leqslant\lambda^2_{\max}$来判断编队的队形是否满足所指定的编队品质及其属于哪种编队类型(疏松队形、紧密队形和密集队形)。

为了便于评价编队的队形品质，下面借用材料力学的两个概念：应力和应变。由于$\Delta\dot{\boldsymbol{d}}_{ij}=-k_{ij}\Delta\boldsymbol{d}_{ij}-c_{ij}\Delta\boldsymbol{V}_{ij}=a_{ij}\boldsymbol{R}_{ij},\forall i,j\in v(q)$，有节点$\varepsilon_i$与节点$\varepsilon_j$相互之间存在着调节力$m_i\Delta\ddot{\boldsymbol{\mu}}_{ij}=m_i(k_{ij}\Delta\boldsymbol{\mu}_{ij}+c_{ij}\Delta\boldsymbol{\nu}_{ij})=m_ia_{ij}\boldsymbol{M}_{ij}$，则编队队形的平均调节力$\boldsymbol{F}_{an}$为

$$F_{an}=\frac{1}{n}\sum_{i=1}^{n}\frac{1}{n_{ai}}\sum_{j=1}^{n_{ai}}m_i\Delta\ddot{\boldsymbol{\mu}}_{ij}=\frac{1}{n}\sum_{i=1}^{n}\frac{1}{n_{ai}}\sum_{j=1}^{n_{ai}}m_ia_{ij}\boldsymbol{M}_{ij},\quad\forall(i,j)\in v(q) \tag{6-126}$$

编队队形的动态应力(dynamic stress,DS)定义为

$$DS_{FC}=\frac{F_{an}}{\eta_{\Theta\max}(q)}=\frac{\sum_{i=1}^{n}\frac{1}{n_{ai}}\sum_{j=1}^{n_{ai}}m_i a_{ij}\boldsymbol{M}_{ij}}{\sum_{i}^{n}\frac{1}{n_{ai}}\sum_{j}^{n_{ai}}\boldsymbol{R}_{ij\max}^{\mathrm{T}}\boldsymbol{G}_{ij}\boldsymbol{R}_{ij\max x}} \tag{6-127}$$

编队队形的动态应变(dynamic strain degree,DSD)定义为

$$DSP_{FC}=\frac{\eta_t(q)}{\eta_{\Theta\max}(q)}=\frac{\sum_{i=1}^{n}\frac{1}{n_{ai}}\sum_{j=1}^{n_{ai}}\boldsymbol{M}_{ij}^{\mathrm{T}}\boldsymbol{G}_{ij}\boldsymbol{M}_{ij}}{\sum_{i}^{n}\frac{1}{n_{ai}}\sum_{j}^{n_{ai}}\boldsymbol{R}_{ij\max}^{\mathrm{T}}\boldsymbol{G}_{ij}\boldsymbol{R}_{ij\max x}} \tag{6-128}$$

编队队形的动态应力(DS)和动态应变(DSD)刻画了该编队队形的动态受力特性,反映了编队队形所承受的调节力的程度。根据匹配态的定义,一个编队队形只有其动态应力和动态应变下降到一定的程度才能进入匹配态,因此这两个概念也可以用来判断编队队形的匹配状态和评价其品质。

5. 编队队形生成与导引仿真实验

在某型吸气式高超声速飞行器的定高巡航飞行阶段,针对在横侧向平面内编队队形生成与导引问题采用多智能体群集理论设计控制器。吸气式高超声速飞行器由于迎角的严格限制,不适合高度快速机动,更适合巡航飞行。考虑 n 个处于巡航飞行的高超声速飞行器,动力学方程参见文献[1,3-8,13,14]中的内容。

令 $q_i=(x_i,z_i)$为第 i 个飞行器在飞行高度 y_i 上的横侧向平面内的位置,式中 x_i 代表飞行器的前向位置,z_i 代表飞行器的侧向位置。令 v_i 为第 i 个飞行器的横侧向运动速度向量,即

$$\boldsymbol{v}_i=(V_i\cos\theta_i\ \cos\varphi_i,\ -V_i\cos\theta_i\ \sin\varphi_i)$$

式中,V_i 为第 i 个飞行器的飞行速度,φ_i,θ_i 分别为航迹偏角与航迹倾角。令 a_{ci} 为加速度指令,即

$$a_{ci}=c_1^{\alpha}\sum_{j\in n_{ai}}\boldsymbol{\phi}_{\alpha}(\|\Delta\boldsymbol{d}_{ij}\|_{\sigma})n_{ij}+c_2^{\alpha}\sum_{j\in n_{ai}}a_{ij}(q)\Delta V_{ji}-\boldsymbol{C}^{\gamma}\boldsymbol{R}_{ir} \tag{6-129}$$

式中,$\boldsymbol{C}^{\gamma}=[c_1^{\gamma}\quad c_2^{\gamma}]$,$\boldsymbol{R}_{ir}=[\Delta d_{ir}\quad \Delta V_{ir}]^{\mathrm{T}}$,相关变量的定义参见文献[11,12]。

考虑到吸气式高超声速飞行器实际采用的是速度控制与姿态控制,因此需要把加速度指令 a_{ci} 转换为速度指令与姿态指令。对加速度指令进行积分可以得到速度指令。令 V_i^* 为积分后得到的速度指令,δt 代表积分步长,则有 $V_i^*=V_i+a_{ci}\cdot\delta t$。

令 $V_i^*(1)$,$V_i^*(2)$分别表示前向与侧向的速度指令,则可以得到飞行器的速度指令 v_i^* 与航迹偏角指令 φ_i^* 如下:

$$\begin{cases}v_i^*=\sqrt{V_i^*(1)^2+V_i^*(2)^2}\\ \varphi_i^*=-\arcsin(V_i^*(2)/v_i^*)\end{cases} \tag{6-130}$$

通过对速度与航迹偏角的控制实现编队的队形控制。

下面给出成员飞行控制系统的控制器结构[1,2,3-8]。纵向运动控制采用油门-升降舵协调控制方法,控制器结构为$[\delta_{tc},\delta_{zc}]^{\mathrm{T}}=\boldsymbol{K}[v^*-V\quad \theta^*-\theta\quad -\omega_z\quad \theta^*-\theta\quad h^*-h\quad -I_h\quad -\delta_t\quad -\delta_z]^{\mathrm{T}}$,

控制律为 $\boldsymbol{K}=\begin{bmatrix} 0.03 & -49.4 & -4.33 & -9.7 & -0.01 & -0.003 & 0.7 \\ -0.88 & -173.4 & -16.9 & -36.2 & -0.04 & -0.01 & 2.7 \end{bmatrix}$。

横侧向运动控制采用滚转转弯方式,其控制器结构为

$$[\delta_{yc} \quad \delta_{xc}]^{\mathrm{T}}=\boldsymbol{K}[\varphi^{*}-\varphi \quad -\omega_{x} \quad -\omega_{y} \quad \psi^{*}-\psi \quad \phi^{*}-\phi \quad -\delta_{y} \quad -\delta_{x}]^{\mathrm{T}}$$

控制律 $\boldsymbol{K}=\begin{bmatrix} 5.7523 & -3.3397 & 1.8355 & -3.1745 & -3.112 & 0.0411 & 0.0 \\ -2.3235 & -1.5806 & -8.2392 & -0.2675 & -1.294 & 0.0137 & 0.0 \end{bmatrix}$。

由于飞行器具有面对称气动布局,因此采用滚转转弯控制方式,其滚转角指令由协调转弯公式[1,3-8,13]近似后得到,即

$$\phi^{*}=\frac{-V(\varphi^{*}-\varphi)}{g \cdot \mathrm{d}t} \tag{6-131}$$

式中,$\mathrm{d}t$ 为仿真步长,滚转角指令的限制范围为$-60°\sim60°$。

下面给出由5个飞行器组成编队的仿真实例。5个飞行器的初始位置随机分布,横侧向平面位置分别为(−4 000 m,−4 000 m),(0,−1 500 m),(−2 000 m,0),(−3 000 m,2 500 m),(−1 000 m,3 500 m),初始高度均为24 km,初始马赫数都为6,初始航迹偏角都为0°,初始航迹倾角都为0°。假定编队支撑网络的通信延迟为 τ,采用的算法[2]为

$$u_{i}(t)=\sum_{j \in n_{ci}} \phi_{\alpha}(\| q_{j}(t-\tau)-\boldsymbol{q}_{i}(t) \|_{\sigma}) n_{ij}(\tau)+\sum_{j \in n_{ci}} q_{ij}(q(\tau))(p_{j}(t-\tau)- p_{i}(t))+\boldsymbol{f}_{i}^{\gamma}(q_{i}(t), p_{i}(t), q_{r}, p_{r}) \tag{6-132}$$

$$n_{ij}(\tau)=(q_{j}(t-\tau)-q_{i}(t)) / \sqrt{1+e\| \boldsymbol{q}_{j}(t-\tau)-\boldsymbol{q}_{i}(t) \|^{2}} \tag{6-133}$$

$$a_{ij}(q(\tau))=\rho_{h}(\| q_{j}(t-\tau)-q_{i}(t) \|_{\sigma} / \| \boldsymbol{d}_{i\max} \|_{\sigma}) \in [0,1], \quad j \neq i \tag{6-134}$$

即在 t 时刻,每个飞行器收到的相邻飞行器信息都是 $t-\tau$ 时刻的信息。假定延迟时间为 $\tau=0.1$ s,选取参数为 $c_1^{\gamma}=0.05$,$c_1^{\alpha}=7$。其他参数分别为安全距离 $d_{si}=d=1\ 000$ m,$d_{i\max}=1.4d$ ($\kappa=1.4$),σ-范数中 $e=0.1$,$\phi(z)$中 $a=b=5$,$\phi_{\alpha}(z)$中 $h=0.2$。

由图6-36和图6-37的仿真结果可见,在存在通信延迟情况下,编队依然能形成稳定的聚集队形。需要说明的是,编队之所以能够容忍 $\tau=0.1$ s的延迟,与给定的约束距离 $d=1\ 000$ m和飞行马赫数有关。在编队聚集队形过程中,通信延迟导致的相邻飞行器位置信息的误差与飞行马赫数有关,马赫数越大,其误差越大。当马赫数为6时的误差为180 m左右,此误差对弹间距为1 000 m的编队而言是可接受的。但当弹间距缩小为200 m时,这个误差就会有很大影响。因此,约束距离(弹间距)d 的选取对队形形成和导引尤为重要,需考虑高超声速飞行条件下通信延迟所带来位置误差的影响。对于亚声速飞行器编队,在0.1 s延迟下

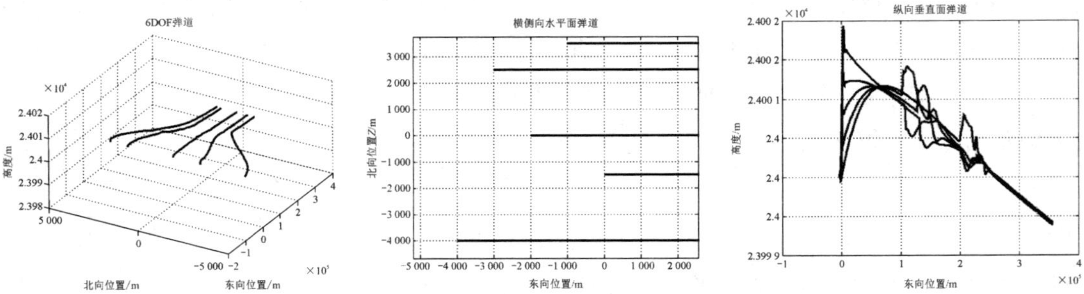

图6-36　高超声速飞行器编队弹道图

的位置误差最多为 30 m 左右，这对于弹间距为 200 m 的亚声速飞行器编队而言是可以容忍的误差，因此高超声速飞行器编队的弹间距要远大于亚声速或超声速飞行器编队的。

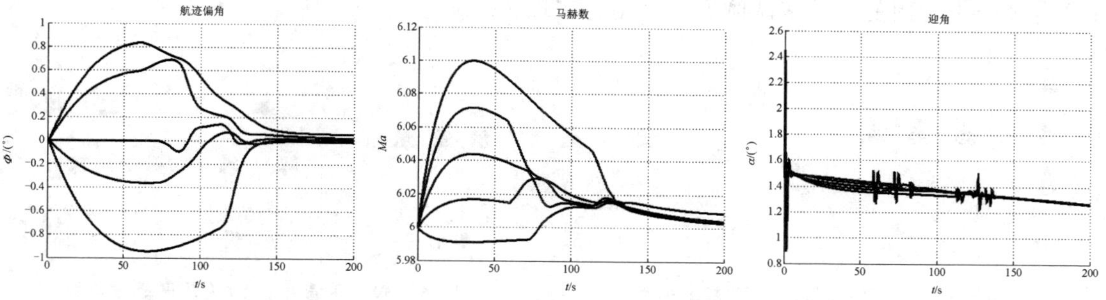

图 6-37　高超声速飞行器编队飞行状态曲线图

由仿真结果可见，由于初始位置不同的影响，飞行器虽然能够形成聚集与稳定队形，却会对随后的协同末制导产生影响。飞行器间的横侧向距离减小会使末段横侧向机动增大，飞行器之间前后距离增大，导致击中目标的终端时间差增大，这些都会对综合作战效能产生一定的影响。通过仿真实验表明，在不同的支撑网络状态下基于群集理论的编队队形导引策略，是可以实现满足自主编队原则(PSI-of-UAF)要求的队形生成与导引的，对马赫数与飞行姿态均可控的吸气式高超声速飞行器而言，编队的聚集生成与稳定过程具有一定的灵活性与鲁棒性。

6.4.2　疏松编队飞行控制

本小节将重点研究飞行器以疏松队形(loose formation)编队的协同飞行控制问题，该控制问题是紧密队形(tight formation)和密集队形(dense formation)编队的协同飞行控制问题的研究基础，关于后两种队形编队的协同飞行控制问题将在下一节中讨论。

按照定义 6.26，疏松队形是指队形指数为 $9\leqslant\gamma(q)\leqslant\lambda_{\max}^2$ 的编队，在以疏松队形编队飞行时成员之间发生碰撞的机会较小，编队的紧密度和密集度均处于较低的状态，而其平均匹配误差 $\eta_{\_LF}(q)$ 较大，此情况下对飞行器编队的协同飞行系统的性能要求不高。因此，对于疏松编队的避碰问题，一般采用航路规划或调度规划(常见于空中交通管制和地面机器人编队)方法来解决。该方法可总结为通过航路规划，使节点在空间域和时间域上具有排斥性，即确保同一时间邻域内的节点不在同一空间邻域内出现，而同一空间邻域内的节点不在同一时间邻域内出现。通常这种航路规划是离线的且集中式的，往往不需要编队实施队形上的保持，即使需要队形上的保持，因为相对向量 $\boldsymbol{D}_{ij}(t)$ 的尺度大于最大的安全向量 $\boldsymbol{D}_{si}(t)$ 的尺度，所以节点的信息不确定性、复杂机动、非期望机动等因素会被大尺度相对向量 $\boldsymbol{D}_{ij}(t)$ 下的编队运动系统过滤掉，致使在疏松编队情况下节点间的避碰问题并不突出，通过合适的离线规划调度即可避免，在线实时避碰控制的压力不大。从此角度看，在某种意义上可认为疏松编队是通过设置远大于安全向量的相对向量来实现避碰的。

考虑到编队队形的作战任务需求和工程实现，三维的飞行器自主编队队形可分解为水平队形与垂直队形两种二维队形。水平队形基本类型可分为：横队、纵队、楔形、菱形等，如图 6-38 所示。根据战场态势、战术应用和避碰避障机动等因素的需要，在水平队形确定的基础上，垂直队形的基本类型可分为：整个编队同时低空突防队形、编队中一个飞行器高空领航队形、编队中多个飞行器高空领航队形等,如图 6-39 所示[1,2,3-8]。由于垂直队形是在水平队形确定的基础上只对飞行高度实施控制,相对于水平队形而言容易实现,因此这里将重点研究在低空突防中常用的水平编队队形的控制与实现。

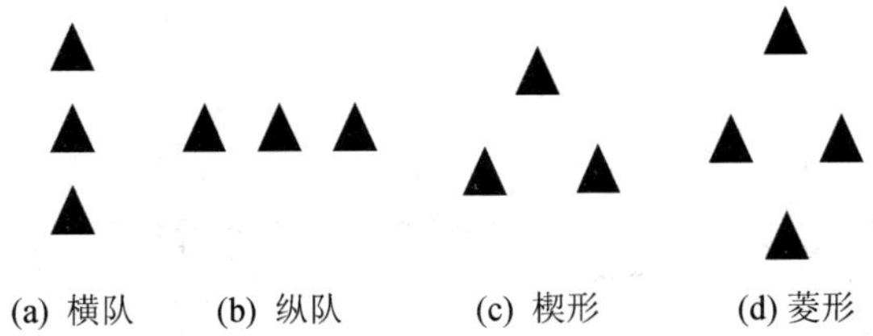

图 6-38　水平面编队队形基本类型

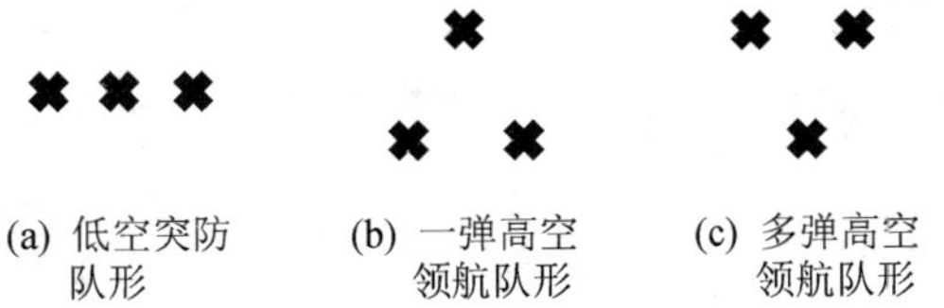

图 6-39　垂直平面编队队形基本类型

为保证水平队形具有完整和整齐的动态特性,应有一个队形的调节机制,即在编队飞行过程中,需要有一个参考点来协调编队的飞行器成员位于参考点不同的相对位置,从而形成期望的队形。队形控制一般可以分两步完成:首先通过综合传感器和支撑网络获取信息,以确定飞行器成员在队形中的正确位置;然后根据一定的编队决策与管理策略生成队形控制指令,使飞行器成员在指定的时间到达指定的队形位置。

图 6-40　参考点选取准则示图

队形参考点的选取方法有三种[2],如图 6-40 所示:

① 以队形几何中心为参考点:取编队中所有飞行器成员的位置坐标的平均值作为队形的中心坐标,飞行器成员根据自身与该中心坐标的相对位置来实时确定自己的位置。

② 以领弹(长机)位置为参考点:在编队中选取一飞行器作为领弹(长机),其他飞行器成员根据领弹(长机)的位置来确定自己在队形中的位置。领弹(长机)不负责保持队形,队形由从弹(僚机)负责保持。

③ 以邻弹(机)位置为参考点:每个飞行器根据另一确定位置的相邻飞行器来确定自己的位置。

编队队形控制方法主要包括3类:基于行为方式、“领弹-从弹”方式和虚拟结构方式。

① 基于行为方式的队形控制

在飞行器编队飞行过程中,每一飞行器成员对传感器和支撑网络获取信息的行为相应地分成四种情况:避碰、障碍物回避、目标获取和队形保持。基于行为方式的队形控制方法的最大特点是借助于行为响应控制的平均权重来确定编队中每一飞行器成员该采用哪一种行为响应方式,但基于行为方式控制的队形刚性不够,主要适合于疏松队形的编队。

② “领弹-从弹”方式的队形控制

这种队形控制策略的特点是基于预设的队形结构,由从弹通过对领弹的飞行速度、弹道偏角和高度的跟踪,来达到保持编队队形的目的。由于这种控制结构易受到很大的干扰影响,需采用鲁棒控制、极值搜索控制、自适应控制和变结构控制等方法来提高编队队形的品质。这种编队的缺点是队形刚性太强,威胁回避能力不足,较适合于邻接规模的疏松队形的编队。

③ 虚拟结构方式队形控制

虚拟结构方式一般采取虚拟领弹的方法协调其他飞行器成员而达到队形控制的目的。这种方式虽然可避免“领弹-从弹”方式的大干扰问题，但是虚拟领弹位置的合成、传输和分发过程，需要以高通信质量和高计算能力为代价，另外虚拟结构的节点位置固定，避障功能往往很差。

除了上述 3 种队形控制方法以外，还有一些其他方式的控制方法，如基于模糊逻辑和神经网络技术的队形控制与避障策略方法，这些方法的控制结构往往比较复杂，在模糊逻辑和神经网络权值选取上需要做多次试验才能确定，占用计算时间较多，且结果不具有普适性[2]。

为解决密集自主编队飞行时由避碰机动引发的链式效应问题，这里采用基于模型预测控制（model predictive control，MPC）的编队队形控制方法，采用在线优化指标和在线动态校正，形成队形保持的成员间距指令，优化与邻近节点之间的距离来避免发生碰撞。这种根据飞行器编队的具体情况改变控制策略的能力，也体现在图 6－41 所示的飞行器自主编队协同飞行控制系统的体系结构中。

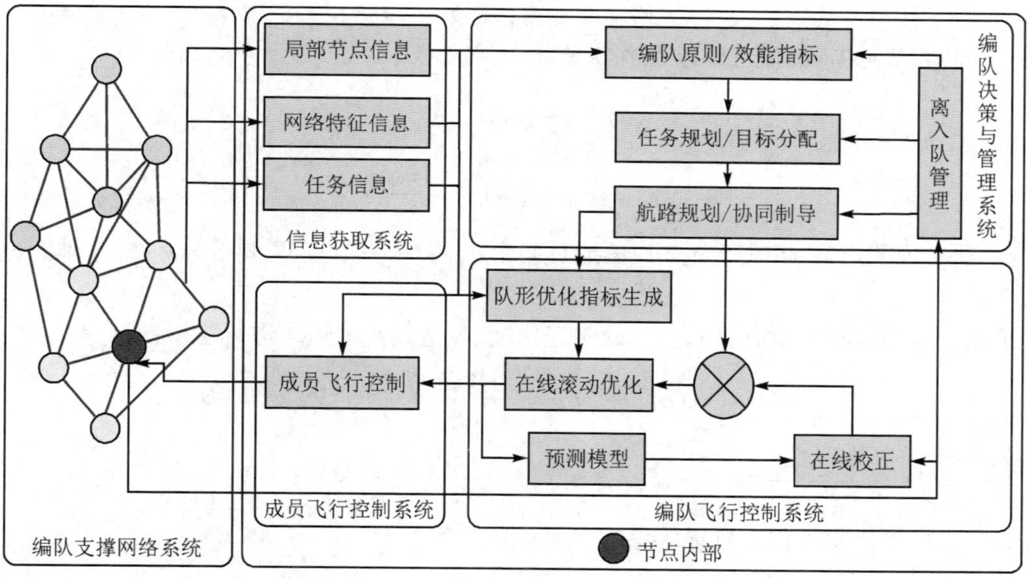

图 6－41　基于 MPC 方法的编队队形控制与保持系统示意图

本小节将基于模型预测控制（MPC）方法，以某型飞航导弹的相关数据为参考，设计导弹自主编队控制器，采用一种基于碰撞概率的编队控制器评价方法，与经典的 PID 编队控制器进行比较分析。

1. 导弹编队运动模型

当前，对于邻接规模的疏松编队的队形保持控制系统，大多基于领弹-从弹的编队模式，即采用从弹跟随领弹的编队模式，领弹可以是真实领弹也可以是虚拟领弹。

以节点 W 的弹道坐标系（节点 W 的速度方向为 x_p 轴，与速度垂直向右的方向为 y_p 轴）为相对坐标系，地面坐标系为固定坐标系，编队节点间的相对运动关系如图 6－42 所示。由图可知，领弹和从弹的位置关系可表示为

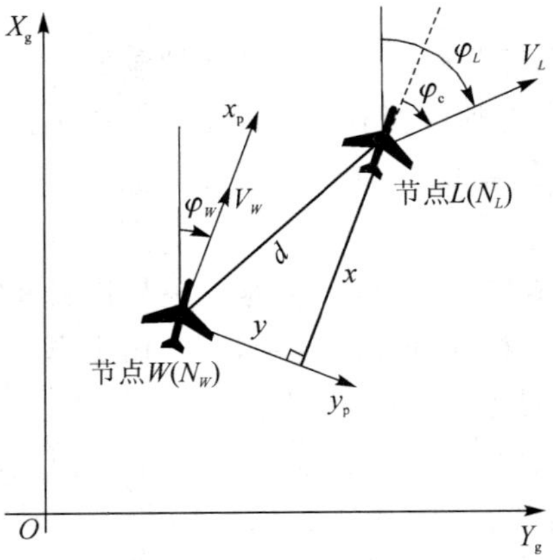

图 6-42 编队节点间的相对运动关系

$$\begin{cases} x_L = x_w + x\cos\varphi_W - y\sin\varphi_W \\ y_L = y_W + x\sin\varphi_W + y\cos\varphi_W \end{cases} \tag{6-135}$$

由式(6-135)可得领弹和从弹在从弹弹道倾角方向的相对位置关系,导弹编队的队形保持方法就是期望状态量(x,y)能在设计的控制(V_{Wc},φ_{Wc})作用下达到期望值(x_r,y_r)。

领弹和从弹的相对位置模型为

$$\begin{cases} x = (x_L - x_W)\cos\varphi_W + (y_L - y_W)\sin\varphi_W \\ y = -(x_L - x_W)\sin\varphi_W + (y_L - y_W)\cos\varphi_W \end{cases} \tag{6-136}$$

式中,(x_L,y_L)为领弹位置,(x_W,y_W)为从弹位置。

利用绝对速度与相对速度以及牵连速度的关系,建立节点L和节点W的运动学方程,即

$$\boldsymbol{V}_L = \boldsymbol{d} + \boldsymbol{V}_W + \boldsymbol{\varphi}_W \times \boldsymbol{d} \tag{6-137}$$

式(6-136)在节点W的弹道坐标系中分解为

$$\begin{cases} \dfrac{\mathrm{d}x}{\mathrm{d}y} = V_L\cos(\varphi_L - \varphi_W) - V_W + \dfrac{\mathrm{d}\varphi_W}{\mathrm{d}t}\cdot y \\ \dfrac{\mathrm{d}y}{\mathrm{d}t} = V_L\sin(\varphi_L - \varphi_W) - \dfrac{\mathrm{d}\varphi_W}{\mathrm{d}t}\cdot x \end{cases} \tag{6-138}$$

式中,x和y为节点W相对于节点L的成员间距$d_{WL}=d$在节点W弹道坐标系x_p轴和y_p轴上的分量。

采用一阶惯性环节对领弹和从弹的飞行速度、弹道偏角的运动进行建模,即

$$\frac{\mathrm{d}\varphi_W}{\mathrm{d}t} = \frac{1}{\tau_{\varphi W}}(\varphi_{Wc} - \varphi_W),\quad \frac{\mathrm{d}V_W}{\mathrm{d}t} = \frac{1}{\tau_{VW}}(V_{Wc} - V_W),$$
$$\frac{\mathrm{d}\varphi_L}{\mathrm{d}t} = \frac{1}{\tau_{\varphi L}}(\varphi_{Lc} - \varphi_L),\quad \frac{\mathrm{d}V_L}{\mathrm{d}t} = \frac{1}{\tau_{VL}}(V_{Lc} - V_L)$$

由式(6-138)可以得到相对位置的导数方程,即

$$\begin{cases} \dfrac{\mathrm{d}x}{\mathrm{d}t} = -\dfrac{y}{\tau_{\varphi W}}\varphi_W + \dfrac{y}{\tau_{\varphi W}}\varphi_{Wc} - V_F\cos(\varphi_L - \varphi_W) \\ \dfrac{\mathrm{d}y}{\mathrm{d}t} = \dfrac{x}{\tau_{\varphi W}}\varphi_W - \dfrac{x}{\tau_{\varphi W}}\varphi_{Wc} + V_L\sin(\varphi_L - \varphi_W) \end{cases} \tag{6-139}$$

由式(6-138)和式(6-139)构成导弹编队队形保持的动力学模型,现在需要设计从弹飞行速度和弹道偏角的控制指令(V_{Wc},φ_{Wc}),使得在此控制指令作用下弹间的相对位置能够达到给定的期望值,即导弹相对位置与其期望值之间的误差渐近收敛于零。

采用小角度和小扰动假设对式(6-139)线性化,得

$$\begin{cases} \dfrac{\mathrm{d}x}{\mathrm{d}t} = V_L - V_W + \dfrac{\mathrm{d}\varphi_W}{\mathrm{d}t}\cdot y_0 \\ \dfrac{\mathrm{d}y}{\mathrm{d}t} = V_L(\varphi_L - \varphi_W) - \dfrac{\mathrm{d}\varphi_W}{\mathrm{d}t}\cdot x_0 \end{cases} \tag{6-140}$$

节点L与节点W的运动模型为

$$\begin{cases} \dfrac{\mathrm{d}x}{\mathrm{d}t} = V_L - V_W - \dfrac{y_0}{\tau_{\varphi W}} \cdot \varphi_W + \dfrac{y_0}{\tau_{\varphi W}} \cdot \varphi_{W\mathrm{c}} \\ \dfrac{\mathrm{d}y}{\mathrm{d}t} = V_{L0}\varphi_L + \left(-V_{L0} + \dfrac{x_0}{\tau_{\varphi W}}\right) \cdot \varphi_W - \dfrac{x_0}{\tau_{\varphi W}} \cdot \varphi_{W\mathrm{c}} \\ \dfrac{\mathrm{d}\varphi_L}{\mathrm{d}t} = \dfrac{1}{\tau_{\varphi L}}(\varphi_{L\mathrm{c}} - \varphi_L) \\ \dfrac{\mathrm{d}V_L}{\mathrm{d}t} = \dfrac{1}{\tau_{VL}}(V_{L\mathrm{c}} - V_L) \\ \dfrac{\mathrm{d}\varphi_W}{\mathrm{d}t} = \dfrac{1}{\tau_{\varphi W}}(\varphi_{W\mathrm{c}} - \varphi_W) \\ \dfrac{\mathrm{d}V_W}{\mathrm{d}t} = \dfrac{1}{\tau_{VW}}(V_{W\mathrm{c}} - V_W) \end{cases} \tag{6-141}$$

2. 编队飞行控制器设计

由式(6－141)可见，两枚导弹编队的运动模型较为简洁，适合应用模型预测控制，因此下面将根据编队飞行的特点设计基于状态空间的 MPC 编队保持控制器。

(1) MPC 编队飞行控制器设计

1) 预测模型

根据式(6－141)选取状态 $\boldsymbol{X}=[x \quad y \quad \varphi_W \quad V_W]^{\mathrm{T}}$，其中 x，y 为节点 L 与节点 W 的相对距离在 W 弹道坐标系中的投影；φ_W 为节点 W 的弹道偏角；V_W 为节点 W 的速度；可控输入为 $\boldsymbol{u}=[\varphi_{W\mathrm{c}} \quad V_{W\mathrm{c}}]^{\mathrm{T}}$，其中 $\varphi_{W\mathrm{c}}$，$V_{W\mathrm{c}}$ 分别为节点 W 的弹道偏角指令和速度指令。为减轻计算负担，这里把节点 L 的弹道偏角和速度看作可测量干扰 $\boldsymbol{d}_L=[\varphi_L \quad V_L]^{\mathrm{T}}$，即没有使用一阶模型对其进行预测，通过支撑网络直接传递节点 L 的弹道偏角和速度；输出 $\boldsymbol{Z}=[x \quad y \quad \Delta\varphi \quad \Delta V]^{\mathrm{T}}$，其中 $\Delta\varphi=\varphi_L-\varphi_W$，$\Delta V=V_L-V_W$。忽略 $\boldsymbol{d}_L$ 时($\boldsymbol{d}_L$ 随后会加在预测模型中，视为模型的校正)，编队运动模型的离散形式为

$$\begin{cases} \boldsymbol{X}(k+1) = \boldsymbol{A}\boldsymbol{X}(k) + \boldsymbol{B}\boldsymbol{u}(k) \\ \boldsymbol{Z}(k) = \boldsymbol{C}\boldsymbol{X}(k) \end{cases} \tag{6-142}$$

设 $\boldsymbol{X}(k|k)=\boldsymbol{X}(k)$ 表示在时刻 k，根据 $\boldsymbol{Z}(k)$ 和 $u(k-1)$ 获得的状态值，$\boldsymbol{u}(k)$ 此时还没有计算出来；$\boldsymbol{u}(k+i|k)$ 表示在时刻 k 假定的未来 $k+i$ 时刻的输入值 u；$\boldsymbol{X}(k+i|k)$，$\boldsymbol{Z}(k+i|k)$ 表示在时刻 k，利用 $\boldsymbol{u}(k+j)|k)(j=0,1,\cdots,i-1)$，对 $\boldsymbol{X}$，$\boldsymbol{Z}$ 得出的预测值；P 为预测时域；N 为控制时域，即 $\boldsymbol{u}(k+i|k)=\boldsymbol{u}(k+N-1|k)$，$N<i<P-1$，通过迭代式(6－142)可得

$$\begin{cases} \boldsymbol{X}(k+1 \mid k) = \boldsymbol{A}\boldsymbol{X}(k) + \boldsymbol{B}\boldsymbol{u}(k \mid k) \\ \boldsymbol{X}(k+2 \mid k) = \boldsymbol{A}^2\boldsymbol{X}(k) + \boldsymbol{A}\boldsymbol{B}\boldsymbol{u}(k \mid k) + \boldsymbol{B}\boldsymbol{u}(k+1 \mid k) \\ \qquad \vdots \\ \boldsymbol{X}(k+P \mid k) = \boldsymbol{A}^P\boldsymbol{X}(k) + \boldsymbol{A}^{P-1}\boldsymbol{B}\boldsymbol{u}(k \mid k) + \cdots + \boldsymbol{B}\boldsymbol{u}(k+P-1 \mid k) \end{cases} \tag{6-143}$$

即

$$\boldsymbol{X}(k+j \mid k) = \boldsymbol{A}^j\boldsymbol{X}(k) + [\boldsymbol{A}^{j-1} \quad \boldsymbol{A}^{j-2} \quad \cdots \quad \boldsymbol{I}]\boldsymbol{B}\begin{bmatrix} \boldsymbol{u}(k \mid k) \\ \vdots \\ \boldsymbol{u}(k+j-1 \mid k) \end{bmatrix}, \quad j=1,2,\cdots,P \tag{6-144}$$

因 $\boldsymbol{u}(k)$在 k 时的值未知,而 $\boldsymbol{u}(k-1)$是已知的,设

$\Delta\boldsymbol{u}(k+j|k)=\boldsymbol{u}(k+j|k)-\boldsymbol{u}(k+j-1|k)$,有

$$\begin{cases}\boldsymbol{u}(k\mid k)=\Delta\boldsymbol{u}(k\mid k)+\boldsymbol{u}(k-1)\\ \boldsymbol{u}(k+1\mid k)=\Delta\boldsymbol{u}(k+1\mid k)+\Delta\boldsymbol{u}(k\mid k)+\boldsymbol{u}(k-1)\\ \quad\vdots\\ \boldsymbol{u}(k+N-1\mid k)=\Delta\boldsymbol{u}(k+N-1\mid k)+\cdots+\Delta\boldsymbol{u}(k\mid k)+\boldsymbol{u}(k-1)\end{cases}\tag{6-145}$$

则对于 $1\leqslant j\leqslant N$,有

$$\begin{cases}\boldsymbol{X}(k+1\mid k)=\boldsymbol{AX}(k)+\boldsymbol{B}[\Delta\boldsymbol{u}(k\mid k)+\boldsymbol{u}(k-1)]\\ \boldsymbol{X}(k+2\mid k)=\boldsymbol{A}^2\boldsymbol{X}(k)+(\boldsymbol{A}+\boldsymbol{I})\boldsymbol{B}\Delta\boldsymbol{u}(k\mid k)+\boldsymbol{B}\Delta\boldsymbol{u}(k+1\mid k)+(\boldsymbol{A}+\boldsymbol{I})\boldsymbol{Bu}(k-1)\\ \quad\vdots\\ \boldsymbol{X}(k+N\mid k)=\boldsymbol{A}^N\boldsymbol{X}(k)+(\boldsymbol{A}^{N-1}+\cdots+\boldsymbol{A}+\boldsymbol{I})\boldsymbol{B}\Delta\boldsymbol{u}(k\mid k)+\cdots+\\ \quad\boldsymbol{B}\Delta\boldsymbol{u}(k+N-1\mid k)+(\boldsymbol{A}^{N-1}+\cdots+\boldsymbol{A}+\boldsymbol{I})\boldsymbol{Bu}(k-1)\end{cases}\tag{6-146}$$

$$\boldsymbol{X}(k+j\mid k)=\boldsymbol{A}^j\boldsymbol{X}(k)+\left[\sum_{i=0}^{j-1}\boldsymbol{A}^i\boldsymbol{B}\quad\cdots\quad\boldsymbol{B}\right]\begin{bmatrix}\Delta\boldsymbol{u}(k\mid k)\\ \vdots\\ \Delta\boldsymbol{u}(k+j-1\mid k)\end{bmatrix}+\sum_{i=0}^{j-1}\boldsymbol{A}^i\boldsymbol{Bu}(k-1)\tag{6-147}$$

对于 $N\leqslant j\leqslant P$,有

$$\begin{cases}\boldsymbol{X}(k+N+1\mid k)=\boldsymbol{A}^{N+1}\boldsymbol{X}(k)+(\boldsymbol{A}^N+\cdots+\boldsymbol{A}+\boldsymbol{I})\boldsymbol{B}\Delta\boldsymbol{u}(k\mid k)+\cdots+\\ \quad(\boldsymbol{A}+\boldsymbol{I})\boldsymbol{B}\Delta\boldsymbol{u}(k+N-1\mid k)+(\boldsymbol{A}^N+\cdots+\boldsymbol{A}+\boldsymbol{I})\boldsymbol{Bu}(k-1)\\ \quad\vdots\\ \boldsymbol{X}(k+P\mid k)=\boldsymbol{A}^P\boldsymbol{X}(k)+(\boldsymbol{A}^{P-1}+\cdots+\boldsymbol{A}+\boldsymbol{I})\boldsymbol{B}\Delta\boldsymbol{u}(k\mid k)+\cdots+(\boldsymbol{A}^{P-N}+\cdots+\\ \quad(\boldsymbol{A}+\boldsymbol{I})\boldsymbol{B}\Delta\boldsymbol{u}(k+N-1\mid k)+\boldsymbol{A}^{P-1}+\cdots+\boldsymbol{A}+\boldsymbol{I})\boldsymbol{Bu}(k-1)\end{cases}\tag{6-148}$$

$$\boldsymbol{X}(k+j\mid k)=\boldsymbol{A}^j\boldsymbol{X}(k)+\left[\sum_{i=0}^{j-1}\boldsymbol{A}^i\boldsymbol{B}\quad\cdots\quad\sum_{i=0}^{j-N}\boldsymbol{A}^i\boldsymbol{B}\right]\begin{bmatrix}\Delta\boldsymbol{u}(k\mid k)\\ \vdots\\ \Delta\boldsymbol{u}(k+N-1\mid k)\end{bmatrix}+\sum_{i=0}^{j-1}\boldsymbol{A}^i\boldsymbol{Bu}(k-1)\tag{6-149}$$

综上可得,总的状态 $\boldsymbol{X}$ 的预测方程为

$$\begin{bmatrix}\boldsymbol{X}(k+1\mid k)\\ \vdots\\ \boldsymbol{X}(k+N\mid k)\\ \boldsymbol{X}(k+N+1\mid k)\\ \vdots\\ \boldsymbol{X}(k+P\mid k)\end{bmatrix}=\begin{bmatrix}\boldsymbol{A}\\ \vdots\\ \boldsymbol{A}^N\\ \boldsymbol{A}^{N+1}\\ \vdots\\ \boldsymbol{A}^P\end{bmatrix}\boldsymbol{X}(k)+\begin{bmatrix}\boldsymbol{B}\\ \vdots\\ \sum_{i=0}^{N-1}\boldsymbol{A}^i\boldsymbol{B}\\ \sum_{i=0}^{N-1}\boldsymbol{A}^i\boldsymbol{B}\\ \vdots\\ \sum_{i=0}^{p-1}\boldsymbol{A}^i\boldsymbol{B}\end{bmatrix}\boldsymbol{u}(k-1)+$$

$$\begin{bmatrix} \boldsymbol{B} & \cdots & 0 \\ \boldsymbol{AB}+\boldsymbol{B} & \cdots & 0 \\ \vdots & & \vdots \\ \sum_{i=0}^{N-1}\boldsymbol{A}^i\boldsymbol{B} & \cdots & \boldsymbol{B} \\ \sum_{i=0}^{N}\boldsymbol{A}^i\boldsymbol{B} & \cdots & \boldsymbol{AB}+\boldsymbol{B} \\ \vdots & & \vdots \\ \sum_{i=0}^{P-1}\boldsymbol{A}^i\boldsymbol{B} & \cdots & \sum_{i=0}^{P-N}\boldsymbol{A}^i\boldsymbol{B} \end{bmatrix} \begin{bmatrix} \Delta\boldsymbol{u}(k\mid k) \\ \vdots \\ \Delta\boldsymbol{u}(k+N-1\mid k) \end{bmatrix} \tag{6-150}$$

最后，输出 $\boldsymbol{Z}$ 的预测方程为

$$\boldsymbol{Z}(k+j\mid k)=\boldsymbol{CX}(k+j\mid k),\quad j=1,2,\cdots,P \tag{6-151}$$

2) 滚动优化

设编队飞行在每一时刻 k 的代价函数为

$$J=\sum_{l=1}^{P}\left\{\sum_{m=1}^{N}\|\boldsymbol{\omega}_z(l,m)\cdot[\boldsymbol{Z}_m(k+l\mid k)-\mathbf{ref}_m(k+l)]\|^2+\sum_{m=1}^{N}\|\boldsymbol{\omega}_{\Delta u}(l,m)\cdot\Delta u_m(k+l\mid k)\|^2\right\} \tag{6-152}$$

式中，P 为预测时域；N 为控制时域；$(k+l\mid k)$ 为在第 k 时刻计算的 $k+l$ 时刻的预测值；**ref** 为间距保持指令；$\boldsymbol{\omega}_z$ 为输出惩罚权重矩阵，反映了节点 W 与 L 间距的保持力度和弹道偏角、速度的匹配力度，是对距离保持最为重要的权重；$\boldsymbol{\omega}_{\Delta u}$ 为输入变化率惩罚权重矩阵，反映了指令变化率的大小，具有积分的性质，使系统实现无差控制。为简化二次规划(quadratic programming, QP)的求解，这里令每个时域对(l,m)的权重相等，则 $\boldsymbol{\omega}$ 退化为行向量 $\boldsymbol{\omega}_z=[\omega_x\quad \omega_z\quad \omega_{\Delta\varphi}\quad \omega_{\Delta V}]$，$\boldsymbol{\omega}_{\Delta u}=[\omega_{\Delta\varphi_c}\quad \omega_{\Delta V_c}]$。可见在不加终端约束的情况下，权重的物理意义十分明确；但为了保证系统的稳定，这里采取了较大的预测时域，经仿真设计取 $P=50$；$N=40$；$\boldsymbol{\omega}_z=(200,250,200,50)$；$\boldsymbol{\omega}_{\Delta u}=(5,0.1)$。

最后，MPC 在时刻 k 的控制量 $u(k)$ 为下面的约束优化问题，即

$$\begin{cases} \Delta u_{\text{opt}}=\text{arc}\ \min J \\ \boldsymbol{u}(k)=\boldsymbol{u}(k-1)+(\boldsymbol{I}_{2\times2},\boldsymbol{O}_{(N-1)\times(N-1)})\cdot\Delta u_{\text{opt}} \\ \text{st.}\begin{cases}\varphi_{\min}\leqslant u_1\leqslant\varphi_{\max} \\ V_{\min}\leqslant u_2\leqslant V_{\max}\end{cases} \end{cases} \tag{6-153}$$

式中，$[\varphi_{\min},\varphi_{\max}]$和$[V_{\min},V_{\max}]$分别为弹道偏角和速度指令限制。$\Delta u_{\text{opt}}$ 为最优序列的第一个控制量，u_1,u_2 分别为 φ_c 和 V_c。形如式(6-152)的代价函数可以化为 QP 标准问题，在权重为正的时候是严格凸的，可采用 KWIK 算法求解[2]。

3) 反馈校正

每一个计算周期通过支撑网络获得系统的当前状态 $\boldsymbol{X}(k)$，可能会与状态的预测值 $X(k\mid k-1)$不符，但状态空间 MPC 方法直接将 $\boldsymbol{X}(k)$作为系统的初始状态，这起到了类似反馈校正的作用；另外如前所述，把节点 L 的弹道偏角和速度看作可测量干扰 $\boldsymbol{d}_L=[\varphi_L\quad V_L]^{\mathrm{T}}$，

通过网络传递给节点 W 并按式(6-141)附加到预测模型的预测值上,也起到了校正的作用。

(2) 存在网络诱导时延情况下的预测模型

当网络诱导时延不可忽略时,线性运动模型的离散化需要考虑时延的影响。考察线性时不变连续系统的一般形式

$$\begin{cases}\dfrac{\mathrm{d}\boldsymbol{X}(t)}{\mathrm{d}t}=\boldsymbol{AX}(t)+\boldsymbol{Bu}(t)\\ \boldsymbol{Z}=\boldsymbol{CX}(t)\end{cases} \tag{6-154}$$

其时域解为

$$\boldsymbol{X}(t)=\mathrm{e}^{\boldsymbol{A}(t-t_0)}\boldsymbol{X}(t_0)+\int_{t_0}^{t}\mathrm{e}^{\boldsymbol{A}(t-\mu)}\boldsymbol{BV}(\mu)\mathrm{d}\mu \tag{6-155}$$

当存在网络诱导时延 τ 时,因为 MPC 的输入 u 是离散的(采样周期为 T_s),当新的状态没有到达的时候 u 将等于上一时刻的输入,所以有

$$\frac{\mathrm{d}\boldsymbol{X}(t)}{\mathrm{d}t}=\begin{cases}\boldsymbol{AX}(t)+\boldsymbol{Bu}((k-1)T_s), & kT_s\leqslant t\leqslant kT_s+\tau\\ \boldsymbol{AX}(t)+\boldsymbol{Bu}(kT_s), & kT_s+\tau\leqslant t<(k+1)T_s\end{cases} \tag{6-156}$$

当 $kT_s\leqslant t\leqslant kT_s+\tau$ 时,考虑状态 X 从 kT_s 转移到 $kT_s+\tau$,有

$$\boldsymbol{X}(kT_s+\tau)=\mathrm{e}^{\boldsymbol{A}\tau}\boldsymbol{X}(kT_s)+\int_0^{\tau}\mathrm{e}^{\boldsymbol{A}\mu}\mathrm{d}\mu\cdot\boldsymbol{Bu}((k-1)T_s) \tag{6-157}$$

当 $kT_s+\tau\leqslant t<(k+1)T_s$ 时,考虑状态 $\boldsymbol{X}$ 从 $kT_s+\tau$ 转移到 $(k+1)T_s$,有

$$\boldsymbol{X}((k+1)T_s)=\boldsymbol{A}_1\boldsymbol{X}(kT_s)+\boldsymbol{B}_1\boldsymbol{u}((k-1)T_s)+\boldsymbol{B}_2\boldsymbol{u}(kT_s) \tag{6-158}$$

式中,$\boldsymbol{A}_1=\mathrm{e}^{\boldsymbol{A}T_s}$,$\boldsymbol{B}_1=\mathrm{e}^{\boldsymbol{A}(T_s-\tau)}\int_0^{\tau}\mathrm{e}^{\boldsymbol{A}\mu}\mathrm{d}\mu\boldsymbol{B}$,$\boldsymbol{B}_2=\int_0^{T_s-\tau}\mathrm{e}^{\boldsymbol{A}\mu}\mathrm{d}\mu\boldsymbol{B}$

在不发生歧义的情况下,k 表示第 k 个采样周期,如有 $\boldsymbol{Y}(k)=\boldsymbol{Y}(kT_s)$,设

$$\boldsymbol{Y}(k)=\begin{bmatrix}\boldsymbol{X}(k)\\ \boldsymbol{u}(k-1)\end{bmatrix} \tag{6-159}$$

则在存在网络诱导时延的情况下,MPC 的离散化模型为

$$\begin{cases}\boldsymbol{Y}(k+1)=\boldsymbol{A}_Y\boldsymbol{Y}(k)+\boldsymbol{B}_Y\boldsymbol{u}(k)\\ \boldsymbol{Z}(k)=\boldsymbol{C}_Y\boldsymbol{Y}(k)\end{cases} \tag{6-160}$$

式中

$$\boldsymbol{A}_Y=\begin{bmatrix}\boldsymbol{A}_1 & \boldsymbol{B}_1\\ 0 & 0\end{bmatrix},\quad \boldsymbol{B}_Y=\begin{bmatrix}\boldsymbol{B}_2\\ 1\end{bmatrix},\quad \boldsymbol{C}_Y=[\boldsymbol{C}\quad 0] \tag{6-161}$$

然后可按前面所用相同的方法求出预测模型。

考虑到工程实现之便,编队的从弹过载指令 $\boldsymbol{n}_{W_c}^*$ 和速度指令 $\boldsymbol{V}_{W_c}^*$[2,13,14]为

$$\begin{cases}\boldsymbol{n}_{W_c}^*=\dot{\boldsymbol{\varphi}}_{W_c}\boldsymbol{V}_{W_c}\\ \boldsymbol{V}_{W_c}^*=\boldsymbol{V}_{W_c}\end{cases} \tag{6-162}$$

3. 编队飞行控制器仿真实验

以 2 枚导弹的自主编队作为实验对象,实验的初始条件和要求为:导弹成员的初速为 100 m/s,最小速度为 50 m/s,最大速度为 200 m/s;期望的队形保持距离为 $x=100$ m,$y=173.2$ m,$z=200$ m。当 $t=5$ s 时,要求领弹的弹道偏角做负向偏转 60°,$t=30$ s 时,再做正向偏转 60°的机动飞行。在图 6-43 和图 6-44 中分别给出了采用 PID 编队控制器与 MPC 编队

控制器的仿真实验结果。

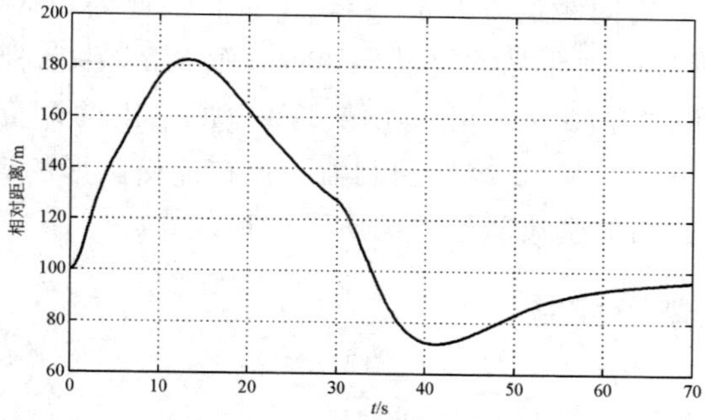

(a) x方向的相对距离

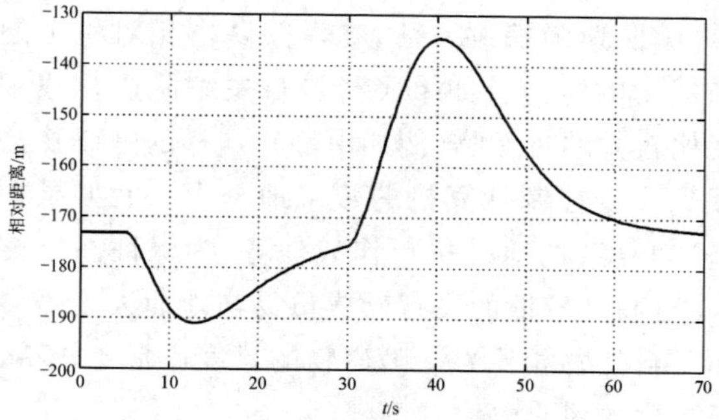

(b) z方向的相对距离

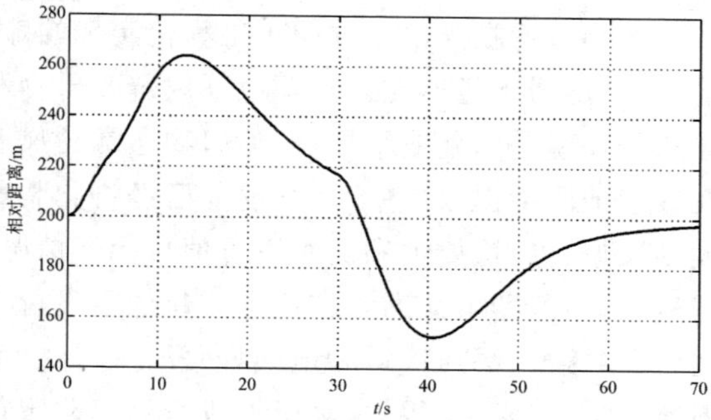

(c) y方向的相对距离

图 6－43　采用 PID 编队控制器的实验结果

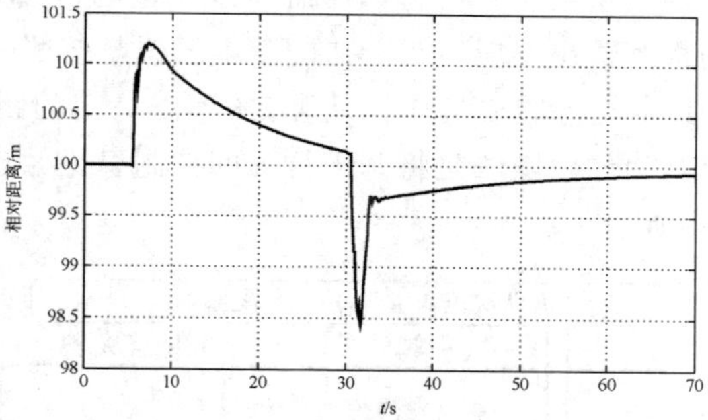

(a) x方向的相对距离

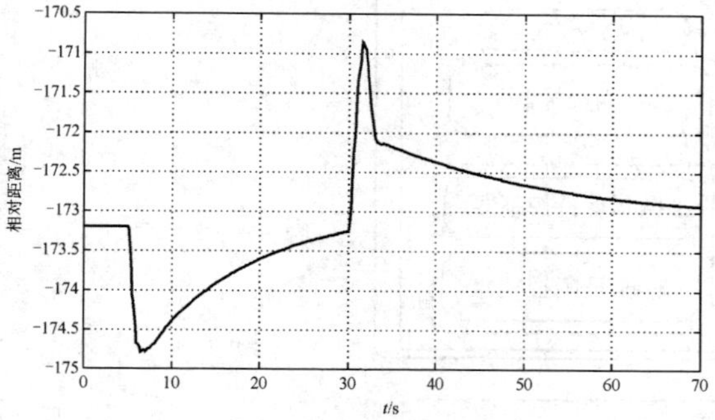

(b) z方向的相对距离

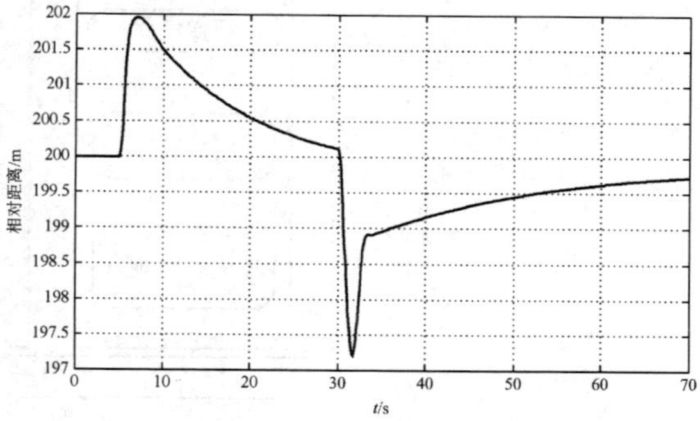

(c) y方向的相对距离

图 6－44　采用 MPC 编队控制器的实验结果

由图中可见，在70 s的仿真实验里采用PID编队控制器的弹间距均方差 $\sigma_{pid}=32.708\ 9$ m，而采用MPC编队控制器的弹间距均方差 $\sigma_{mpc}=0.839\ 3$ m；此外，在队形保持过程中PID编队控制器的实际弹间距与期望弹间距之差超过了60 m，而MPC编队控制器所保持的实际弹间距与期望弹间距之差不超过2.75 m。正如在第6章里所给出的评价协同飞行控制器性能的平均匹配误差 $\eta_t(q)$ 式(6-52)，MPC编队控制器不仅在疏松队形的编队飞行控制中有显著优势，而且适用于后面将要介绍的密集队形的编队飞行控制。

6.4.3 自主编队避障控制

1. 基于行为的跟随法

本小节旨在给出一种便于工程化实现的疏松编队避障控制方法，在保持队形相对稳定的前提下，增强飞行器在未知环境下规避障碍物和威胁的能力。如果飞行器自主编队遂行战术任务的环境是山地或平原，则障碍物通常是尺度比较大的自然物(例如山峰)，这样的障碍物易在数字地图中提取，一般在发射前已经将其装载到飞行控制计算机的数字地图中。而如果在大型城市、港口、要地和高军事价值目标等情况较为复杂的地区执行作战任务，为保证高的突防概率，飞行器编队通常在低空或超低空飞行，飞行高度较低的飞行器成员易与地面人工障碍物(例如楼群、高压线塔和电线杆)发生碰撞。而与自然物相比人工障碍物的尺度通常比较小，不易在数字地图中提取，易引发飞行器编队飞行更大的风险[2,13]。

基于行为的控制方法是为飞行器规定一些期望的基本行为，飞行器的行为一般包括避碰、避障、飞向目标区和队形保持等，根据信息获取系统和信息支撑网络的输入信息作出反应，并输出反应向量作为该行为的期望反应。行为选择器通过一定的机制来综合各行为的输出，并将综合结果作为飞行器的最终输出反应。跟随法的基本思想是按照一定规则在飞行器编队中指定某个飞行器为领弹，其余飞行器成员作为从弹，从弹以一定的距离和相对角度跟踪领弹的位置和飞行方向。基于行为的跟随法是将基于行为的控制思想融于跟随法的一种编队控制算法，算法结构如图6-45所示。

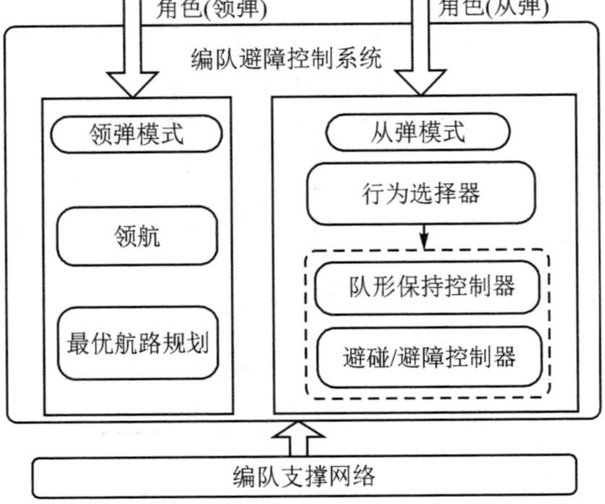

图6-45 基于行为的跟随算法结构图

基于行为的跟随法首先通过角色分配原则，将编队中的飞行器成员划分为领弹和从弹，从而将飞行器飞向目标区的行为转换为领弹引领整个编队按照规划航路飞向目标区的行为；将队形保持行为转换为从弹跟随领弹的行为；将避碰、避障行为转换为从弹的避碰、避障行为。行为选择器则根据基于行为抑制方法的设计，其中避障避碰行为拥有较高的优先权。

设地面障碍物在空间上服从均匀分布，飞行器避障方法示意图如图 6-46 所示。其中 M 为飞行器当前位置，$\boldsymbol{V}$ 为飞行器速度矢量，r 为障碍物的威胁范围，R 为飞行器与障碍物间的距离。为保证飞行器不进入威胁区，飞行器可以沿左侧航迹 MA 飞行，也可以沿右侧航迹 MB 飞行。设距飞行器最近的威胁源为圆心 O，理想威胁回避航迹为与圆 O 外切且与速度矢量 $\boldsymbol{V}$ 相切的两圆 O_l，O_r 的圆弧 $\overset{\frown}{MA}$ 和 $\overset{\frown}{MB}$，定义切点 A 和 B 为威胁回避导航点。

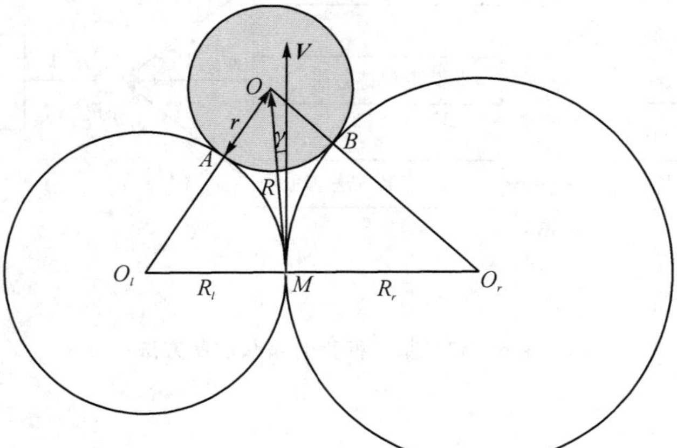

图 6-46　飞行器避障方法示意图

在 ΔOO_lM 中应用余弦定理，得

$$\cos(\angle OMO_l) = \sin\gamma = \frac{R^2 + R_l^2 - (R_l + r)^2}{2RR_l} \tag{6-163}$$

进一步得出飞行器威胁回避的转弯半径，有

$$R_l = \frac{R^2 - r^2}{2(r + R\sin\gamma)} \tag{6-164}$$

$$R_r = \frac{R^2 - r^2}{2(r - R\sin\gamma)} \tag{6-165}$$

相应的侧向加速度的表达式为

$$a_r = \frac{V^2}{R_r},\quad a_l = \frac{V^2}{R_l} \tag{6-166}$$

式中，a_r，a_l 分别表示飞行器沿圆弧 $\overset{\frown}{MB}$ 和 $\overset{\frown}{MA}$ 实施避障所需要的侧向加速度。

最终的避障过载指令 n_a^* 为

$$n_a^* = a_r \quad \text{或} \quad n_a^* = a_l \tag{6-167}$$

在障碍物区域不是很大的前提下，最终的避障速度指令选择与领弹速度对齐指令 $\boldsymbol{V}_a^*$ 为

$$V_a^* = V_L \tag{6-168}$$

式中，V_L 为领弹的速度。

前面给出了飞行器的编队队形保持方法和避障方法,实际编队飞行过程就是上述两种情况的叠加。为了对目标区域实现高效的大面积搜索,往往需要飞行器实施自主编队飞行。当飞行器遇到前期航路规划未标明的障碍物时,往往要求飞行器有临时躲避威胁的功能,采用基于行为的编队控制方法,将队形保持和避障过程结合起来,具体分为行为分解与控制实现[2,13]两个步骤(见图6-47)。

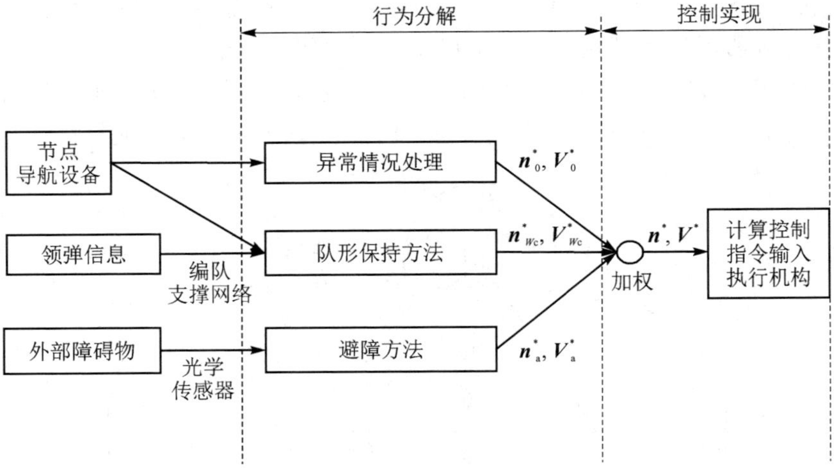

图6-47 基于行为的编队控制方法

2. 行为分解

在行为分解过程中,飞行器成员根据当前的任务性质和环境信息,将任务行为分解为三个互相平行的子行为:异常情况处理策略、队形保持方法和威胁回避方法;同时为每个子行为赋予相应的重要性,用权值表示。飞行器成员通过编队的协同支撑网络获得领弹的信息,具体包括领弹速度 V_L、偏航角速度 ω_L 和弹道偏角 φ_L;飞行器成员通过自身的导航设备获得导航信息,具体包括速度 V_W、偏航角速度 ω_W 和弹道偏角 φ_W,按照式(6-162)生成编队过载指令 n_{Wc}^* 和编队速度指令 V_{Wc}^*。飞行器成员通过光学传感器获取障碍物的信息,包括飞行器距离障碍物的距离 R、速度矢量与飞行器以及障碍物连线的夹角为 b,按照式(6-167)和式(6-168)生成避障过载指令 n_a^* 和避障速度指令 V_a^*。异常情况处理是指飞行器成员在遂行任务时,遇到通信链路中断等无法维持编队,飞行器成员的飞控计算机进入异常处理状态。异常处理要保证飞行器按照个体最优的策略执行任务。异常处理在执行任务中优先级最高,飞行器成员按照个体最优的策略遂行任务所需要的过载和速度指令分别为 n_0^* 和 V_0^*。

3. 控制实现

控制实现过程指飞行器成员根据当前飞行状态和编队运动模型,加权计算出飞行器成员的实际控制指令并输入到方向舵执行机构,使飞行器成员的偏航通道产生偏转,从而控制飞行器编队的运动。

根据队形保持和避障方法,各个子行为的过载指令和速度指令求出以后,可按下式加权,即

$$\begin{cases} n^* = \zeta_{n0} n_0^* + \zeta_{nW} n_{Wc}^* + \zeta_{na} n_a^* \\ V^* = \zeta_{V0} V_0^* + \zeta_{VW} V_{Wc}^* + \zeta_{Va} V_a^* \end{cases} \tag{6-169}$$

式中，$\zeta_{n0}+\zeta_{nW}+\zeta_{na}=1$，$\zeta_{V0}+\zeta_{VW}+\zeta_{Va}=1$，$\zeta_{n0}$ 表示异常处理时过载指令权值，ζ_{V0} 表示异常处理时速度指令权值，ζ_{nW} 表示队形保持时过载指令权值，ζ_{VW} 表示队形保持时速度指令权值，ζ_{na} 表示避障时过载指令权值，ζ_{Va} 表示避障时速度指令权值。

符合异常处理的条件：$\zeta_{n0}=\zeta_{V0}=1$，$\zeta_{nW}=\zeta_{VW}=\zeta_{na}=\zeta_{Va}=0$，这时队形保持和避障方法已经不再有效，飞行器采取个体飞行方式遂行任务，或沿指定导航点进入回收阶段；未符合异常处理条件时，队形保持方法与避障方法有效，按照光学传感器是否发现障碍物实施权值计算，即

$$\begin{cases} \begin{cases} \zeta_{nW}=\zeta_{VW}=1 \\ \zeta_{na}=\zeta_{Va}=0 \end{cases}，\text{光学传感器未发现障碍物} \\ \begin{cases} \zeta_{nW}=\zeta_{VW}=0.6\sim0.8 \\ \zeta_{na}=\zeta_{Va}=0.2\sim0.4 \end{cases}，\text{光学传感器发现障碍物} \end{cases} \tag{6-170}$$

式中，ζ_{nW}，ζ_{VW}，ζ_{na}，ζ_{Va} 可根据实际情况适当调整，ζ_{na} 和 ζ_{Va} 的取值主要取决于地面障碍物尺度与障碍物威胁范围的比值。比值大说明障碍物尺度比较大，这时 ζ_{na} 和 ζ_{Va} 取值要加大，防止与障碍物发生碰撞；否则 ζ_{na} 和 ζ_{Va} 取值减小，$\zeta_{nW}=1.0-\zeta_{na}$，$\zeta_{VW}=1.0-\zeta_{Va}$ 增大，可增强飞行器的编队能力。

4. 仿真实验

图 6－48 中给出了飞行器编队的初始位置以及障碍物分布的俯视图，编队队形控制的仿真实验的结果（俯视图）如图 6－49 所示。图中 0，1，2，3，4 代表飞行器，0 号代表领弹，各飞行器的队形保持权值和避障权值均一致，$\zeta_{nW}=0.7$，$\zeta_{na}=0.3$。实线椭圆代表有一定威胁的区域，虚线椭圆代表飞行器探测范围，只有威胁区域进入飞行器探测范围内时飞行器才用避障方

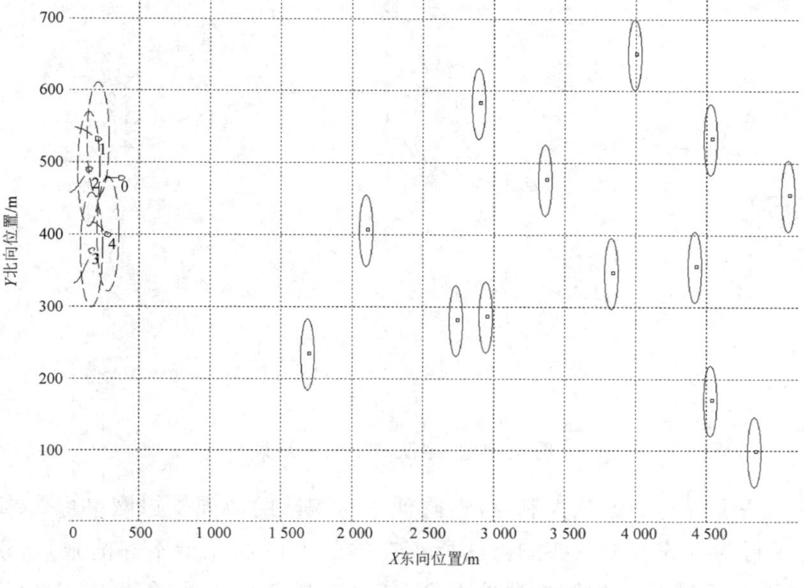

图 6－48　飞行器编队的初始位置及障碍物分布(俯视图)

法实施威胁回避。威胁回避实验的结果如图 6-50 所示,图中实线长曲线表示飞行器飞行弹道。由图可见,飞行器编队可以避开可能存在的地面威胁,同时由于编队的权值不完全为零,因此在回避威胁情况下,基本的编队位置也能维持,为回避威胁后的重新编队做好准备。

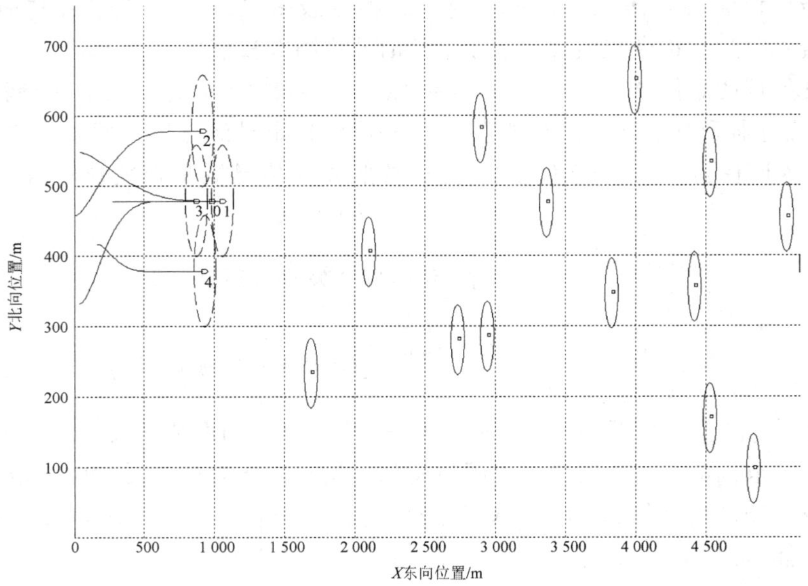

图 6-49 编队队形控制的仿真实验结果(俯视图)

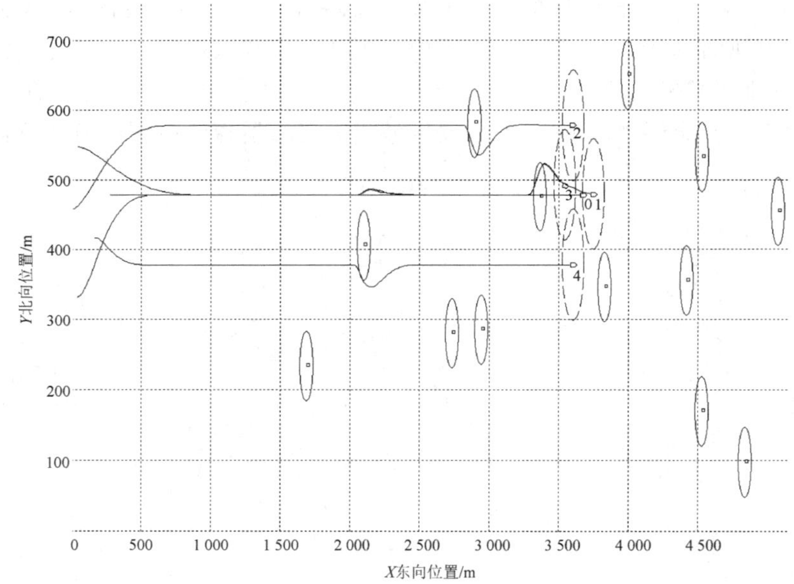

图 6-50 编队威胁回避结果

本小节引入基于行为的编队控制方法,降低了对编队的协同支撑网络更新率的较高要求;针对传统的基于行为方式的编队控制方法所存在的队形刚性保持不好的缺点,引入虚拟结构作为参考,通过两种编队队形控制方法的融合,使其发挥各自方法的优点,在保持队形相对稳定前提下,能够增强飞行器编队在未知环境下规避障碍物和威胁的能力。

6.4.4　密集编队飞行控制

按照定义，紧密队形的队形指数范围 $1\leqslant\gamma(q)<9$，密集队形的队形指数范围 $0\leqslant\gamma(q)<1$。从编队的紧密度来看，与疏松队形不同的是，这两种队形使得相对向量 $\boldsymbol{D}_{ij}(t)$ 更进一步地接近于其安全向量 $\boldsymbol{D}_{si}(t)$，编队中飞行器成员需要采取避碰机动的概率很大，飞行器成员之间发生碰撞的机率较高；而从编队的密集度来看，有别于疏松队形的情况，两种队形的邻接度都对碰撞概率有重要的影响。由于紧密队形的邻接度一般小于 6，也就是说，飞行器成员向周围规避机动所需要的自由空间是存在的，这些自由空间对于飞行器成员向周围规避机动是适中的；由于密集队形的密集度最高，其邻接度通常超过 6，致使飞行器成员几乎没有向周围规避机动所需要的自由空间，成员之间发生碰撞的机率很高。因此，与紧密队形相比，以密集队形飞行对编队的协同飞行控制器的性能要求更高。但从编队的定义来看，无论是紧密队形还是密集队形，与疏松队形不同的是，编队的紧密度和密集度均有较大的增加，使得编队中飞行器成员需要采取避碰机动的概率增大，同时成员间发生碰撞的概率也增大。

可见，紧密编队与密集编队之间的最大区别主要在于密集度不同。从编队的紧密度来看，只是密集编队使得相对向量 $\boldsymbol{D}_{ij}(t)$ 更进一步地接近于其安全向量 $\boldsymbol{D}_{si}(t)$，使得飞行器成员需要采取避碰机动的概率比紧密编队的进一步增大。尽管如此，仅就编队飞行问题而言，紧密编队和密集编队有着相同之处：① 邻接度都在两种队形的碰撞概率中起着重要的作用；② 飞行器成员处于时刻需要规避可能的碰撞威胁的机动概率较高，高概率的避碰机动行为是这两种编队所具有的相同特征；③ 两种队形在距离保持控制和避碰机动策略的要求上是相似的。鉴于上述原因，为了便于讨论，后面将紧密队形情况合并到密集队形框架下来分析讨论是合理的。也就是说，把队形指数范围 $0\leqslant\gamma(q)<9$ 的紧密队形和密集队形都纳入到密集编队框架下来研究。

在密集编队框架下，因为编队中任一飞行器成员的周围几乎都密集分布着邻近飞行器成员，缺乏更多的自由运动空间，这使得飞行器成员的避碰机动（例如规避邻近飞行器由于各种随机干扰或某些突发情况或故障产生的非期望运动）比疏松编队更加困难和复杂，这也是在密集编队框架下的编队飞行控制系统需要考虑的主要问题。在网络化自主编队协同飞行的需求背景下，飞行器成员之间能够利用支撑网络进行信息的实时互联互通，这使得编队的避碰机动控制成为可能，为实现大规模的密集的飞行器自主编队奠定了理论和技术基础。

围绕着密集编队的避碰机动问题，下面根据自然界中动物的群体行为，给出密集群体避碰机理的透光性假说，并把此假说与 MPC 编队飞行控制器相结合，建立自主编队的局部预测模型，设计基于仿生的密集编队局部模型预测控制器（local MPC，LMPC）并通过仿真实验验证 LMPC 和透光性假说的有效性[2,11,12]。

在密集编队框架下，研究飞行器编队飞行过程中的整体行为，包括编队的转弯、队形的保持、重构、拆分和变换等问题尤为重要。本小节将对编队的三种转弯形式和四种队形改变形式给出定义，并由此提出基于质点转弯的编队队形拆分方法和基于队形状态的编队队形变换方法，这两种方法虽然不限于密集编队，但仍是从降低编队成员间的碰撞概率这个核心问题提出来的[2,11,13]。

1. 动物群体运动行为分析

(1) 鸟群中个体的运动行为特点

在自然界中生存着大量的群体性动物,其中鸟类的群体编队飞行的习性最值得飞行器自主编队协同飞行理论与技术的研究借鉴,如图 6-51 所示。许多学者对鸟类的大规模群体运动行为进行了深入的观察和研究,收集并分析了大量的观测数据。本小节将在这些文献资料的基础上,对飞行器自主编队协同飞行控制系统分析与设计具有借鉴价值的动物群体行为的研究结论作一总结和分析。

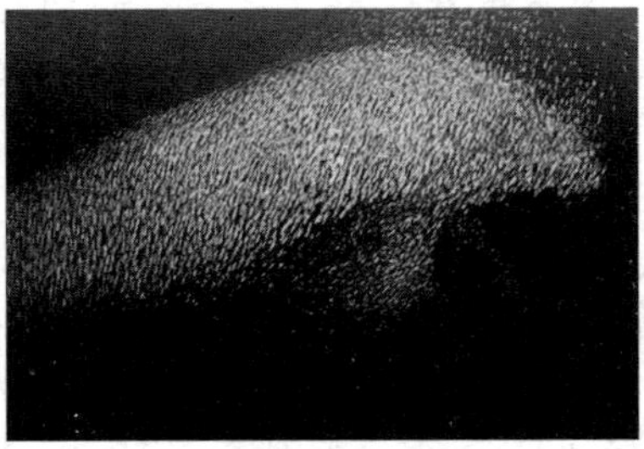

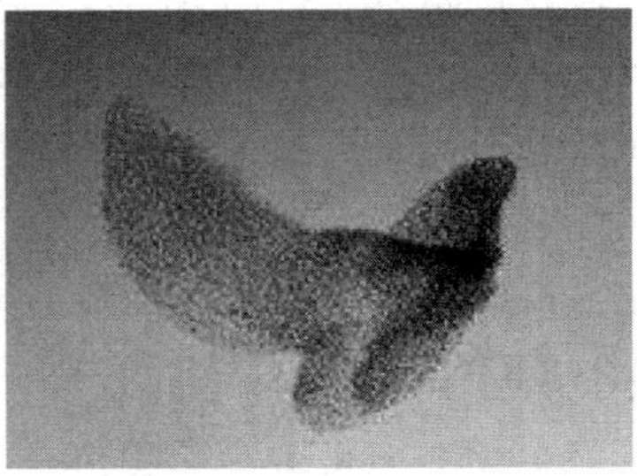

图 6-51 自然界中的鱼群与鸟群

正如在第 6.2.1 章所讨论的 Reynolds 的动物群体行为模型,如图 6-52 所示,揭示了群体性动物的近邻相互间的交互行为特点,个体总是和邻近的伙伴尽量保持和靠近但同时要避免碰撞情况下的运动方向的趋同性,也就是要遵循 Reynolds 的下列三条准则[2,11,13]:

① 速度匹配准则,与邻居保持同样的速度矢量;

② 相互吸引准则,个体避免脱离群体而被孤立;

③ 相互排斥准则,相互间避免碰撞危险的靠近。

(2) 密集鸟群个体间的交互行为特点

Ballerini 在两年间对 10 个大型鸟群进行了细致的跟踪观测,他们利用高速照相机在多个位置对同一鸟群实施拍摄,辨识并计算出每只鸟在三维空间中的位置和速度,然后用统计的方法分析寻找这些数据背后隐藏的联系和规律。其中的一个实验是探寻鸟之间的“相互作用距离”,即单只鸟与相邻鸟的互动范围,究竟鸟与多大范围的同类互动。利用的数据是所有鸟飞行速度矢量的各向同性和各向异性的统计特征,如图 6-53 所示。数据处理结果表明,鸟的飞行速度矢量在统计意义上只与拓扑范围内的鸟存在相关性,即单只鸟仅与周围平均 6～8 只邻鸟有相互作用,而不是与一定距离范围内的所有邻鸟有相互作用。此现象称为近邻跟随,这个结论的较为严谨的形式已由式(6-45)～式(6-49)给出。下面正是基于“存在安全向量情况下二维平面内的最密集编队,每个节点周围一般只有 6～8 个节点”的结论,建立了密集自主编队的局部预测模型[2,11,13]。

(3) 鸟群的转弯飞行特点

早在 1943 年 Gerard 就发表了关于鸟群转弯行为的观测和研究的文章,提出鸟群在转弯飞行时,每只鸟更倾向于做等半径转弯,而不是平行转弯。Pomeroy 和 Heppner 也通过观测由 12 只岩鸽组成的鸽群飞行,较为详细地分析了这一等半径转弯飞行机制,而后 Ballerini 的研究团队通过对一组由 781 只个体组成的鸟群进行观测分析,用数据再一次证实了上述等半径转弯飞行机制，如图 6－54 所示[2,11,13]。

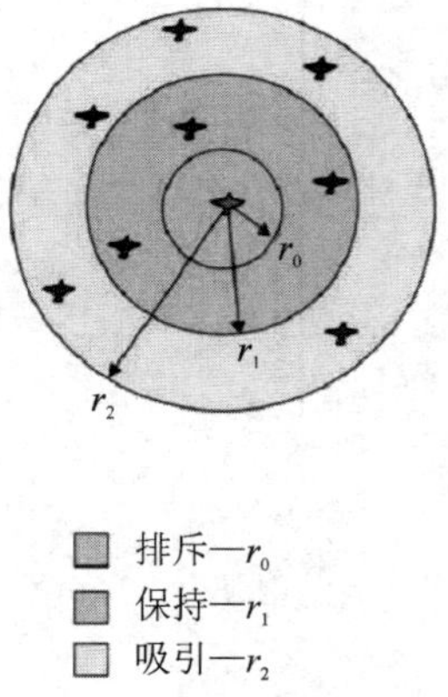

图 6－52 鸟群中个体的运动行为区域

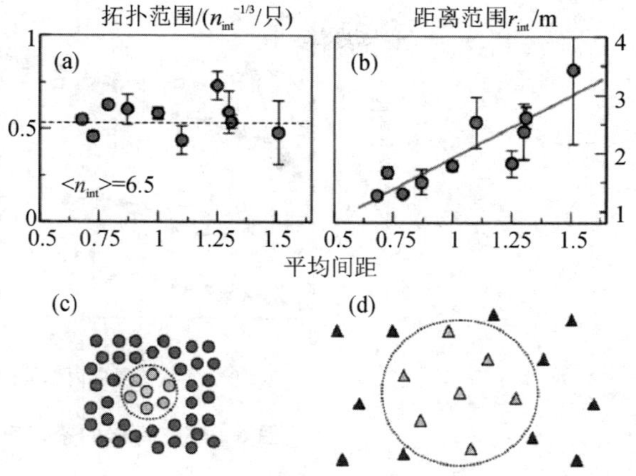

图 6－53 鸟群个体间交互行为特点

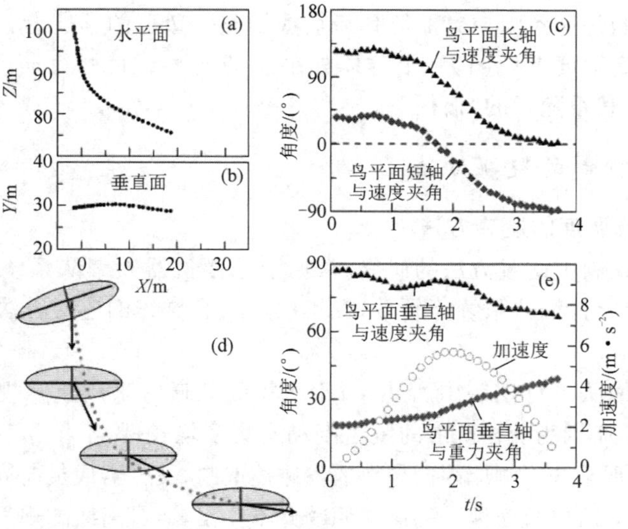

图 6－54 鸟群的转弯飞行特点

可见鸟群的转弯飞行更倾向于维持其在地面参考系中的几何形状，而不是跟着领鸟转弯，这样在转弯飞行的过程中，鸟群的能量消耗最小，因为外圈的鸟无须加速转弯去保持和领鸟的相对位置，而原来的领鸟转变成了侧翼鸟。

(4) 鸟群的紧密度分布特点

Ballerini 团队关于鸟群的紧密度观测结果表明，鸟群中的个体间距平均意义上在边界处最小，中心处最大，从边界到中心呈现一定的递增梯度，见图 6－55 所示。关于鸟群的紧密度特点在后面将给出深入分析，并以此提出透光性假说[2,11,13]。

(5) 鱼群的领航者和跟随者的行为特点

德国行为生理学家 Von Holst 通过观察一种喜爱结群的鲦鱼群居行为，得到了一些非常有趣的研究结果。为了确定影响鲦鱼群居倾向的神经中枢的位置他做过一项实验，在实验中

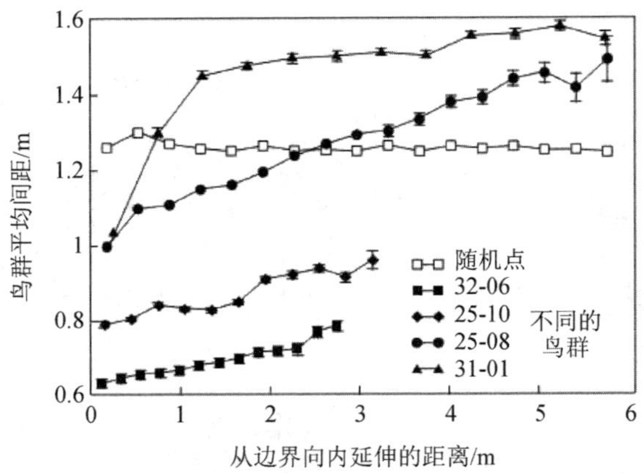

图 6-55　鸟群的紧密度分布特点

切除了一条鲦鱼的前脑,发现它和其他同类在行为上出现了差异:正常鲦鱼通常都会关注自己周围的同伴,即使在改变方向的一刹那也会回头看一下其他鲦鱼是否跟随它,而后决定是否继续改变方向;切除前脑的鲦鱼则不然,它会任由自己的喜好直接行动,不再考虑同伴,变得"自私",然而让人惊讶的是这条"自私"的鲦鱼最后成了整个鱼群的领航者[2,1]。

这个实验在一定程度上说明,一个群体如果想朝向某个目标行动,那么需要两方面的因素:领航者的"自私"和跟随者的"信任"。

2. 编队飞行控制的避碰方法

(1) 基于规划或调度的避碰方法

目前关于编队控制中避碰方法的研究,常见于地面机器人编队系统、卫星编队系统、舰船编队系统、无人机和导弹编队系统等领域,在本质上所有群体的避碰方法都是基于对个体间距离的控制。

如前关于疏松编队飞行控制中所述,对于疏松编队通常采用航路规划方法或调度规划方法进行避碰控制。正是因为疏松队形的紧密度和密集度均较低,不仅相对向量的尺度远大于安全向量,而且即使出现某些不测原因而导致偶发碰撞威胁,飞行器成员向周围规避机动所需要的自由空间也是足够的,所以疏松编队的避碰问题并不突出,通过离线的规划调度就可以解决。

(2) 基于虚拟力的避碰方法

基于虚拟力的避碰方法源自 Reynolds 的动物群体行为模型,设计虚拟力或势场(排斥、保持、吸引)和距离的函数关系。在编队运动中,当其他节点或威胁进入某节点的探测范围时,该节点便根据间距计算这个虚拟力,然后将其转化为控制量并应用在队形保持上,这也可应用在避碰控制中。如果将基于虚拟力的避碰方法扩展到三维空间,那么通过设计一个函数使距离和控制量有某种非线性的联系,比 PID 等传统方法处理距离偏差会更为灵活,但也因为这种灵活性使其更难于设计。本章随后将借鉴 Reynolds 的动物群体行为模型提出避碰控制方法,但是与现有的将其用在直接控制量上的做法有所不同,而将其应用在寻优的加权上,降低了由于设计经验和理论方面的不足所导致的这种"距离相关的非线性联系"对控制量的敏感性[2,11,13]。

(3) 基于调整高度的避碰方法

调整飞行高度的避碰方法是一种简单实用的方法,用于编队节点在某一维度内产生碰撞威胁时向另一维度实施规避机动。例如，有学者在研究无人机分散化编队飞行控制方法时，假定无人机可通过调整相对飞行高度来自主实施避碰机动，从而使编队飞行控制问题简化，这种方法在解决导弹编队避碰问题时也可采用。但在飞行器密集编队低空突防时，为了降低被探测发现的概率，更好地利用地面杂波反射和地球曲率，节点往往没有这种高度上的自由空间，或者在其上方有其他节点（三维情况下的密集编队）。总之这种调整飞行高度方法的前提，是节点必须拥有避碰机动的自由维度[2,11,13]。

3. 密集编队避碰问题

(1) 密集编队的避碰问题

由于作战任务需求和作战环境的限制，飞行器编队在特定时间段或区域内需要实施高密集度的低空飞行，这相当于整个编队在垂直方向上几乎没有自由空间，即整个编队几乎只能在水平方向机动。又鉴于飞行器纵向运动控制回路相对于横侧向运动控制回路具有独立性，所以这里将编队控制系统限定在二维水平面内。从以下分析可以看出，这种二维水平面的限定，相当于在纵向上是无限密集的。与传统的容许高度调整的编队控制方法相比，该限定由于不能通过调整高度的方法实施节点间的避碰控制，所以不但没有降低反而增加了编队避碰的难度，但其避碰机理可方便地扩展到三维空间中的密集编队。

如图 6－56 所示，编队中节点 ε_1 与节点 ε_2 之间接近最小安全向量，这意味着在节点 ε_2 产生非期望扰动的时候，节点 ε_1 必须采取避碰机动以保证自身的安全。在疏松编队情况下（见图 6－56(a)），节点 ε_1 周围存在着避碰机动的自由空间，可采取令自身个体代价最低的避碰机动；在密集编队情况下（见图 6－56(b)），节点 ε_1 周围几乎没有可实施避碰机动的自由空间，在各个方向上的避碰机动都将使其与邻居节点间的相对向量小于安全向量，即令节点 ε_1 本身的避碰机动会对其邻居节点产生非期望扰动，这种扰动将在密集编队中传递，即产生链式效应，这种链式效应无疑增加了整个编队整体的碰撞危险。因此在密集编队飞行时，节点 ε_1 的规避机动不仅要考虑其本身的个体代价，还要顾及整个编队的群体代价，而个体代价与群体代价的综合权衡则在一定程度上体现了网络化自主编队系统的自主性。

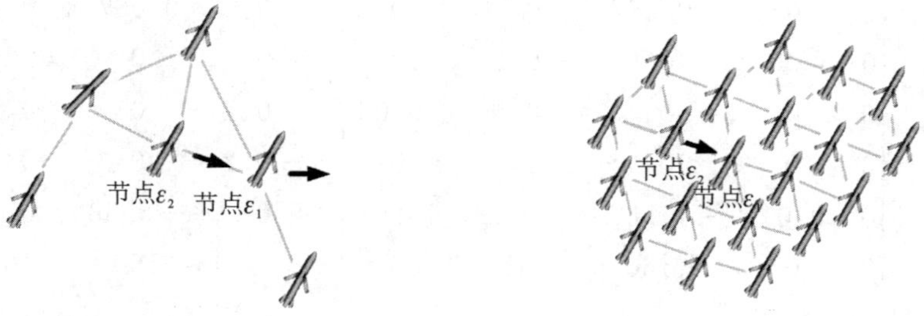

(a) 疏松编队　　(b) 密集编队

图 6－56　密集队形避碰机动的特殊性

(2) 由避碰机动引发的链式效应

图 6－57 给出了在密集编队飞行中由扰动引发的链式效应示意图。在密集编队飞行中任一节点的偶发机动行为都将引发邻居节点的连带避碰机动效应，而且这个连带避碰机动所引发的扰动是逐级传递的。在密集编队的避碰机动过程中，由于网络的延迟、丢包，各种传感器的测量误差以及可用于避碰机动的自由空间的缺乏，相关节点必须根据其邻居节点的实时状

态信息来决策自身的避碰机动行为,而不能根据远邻节点的信息实施提前机动。

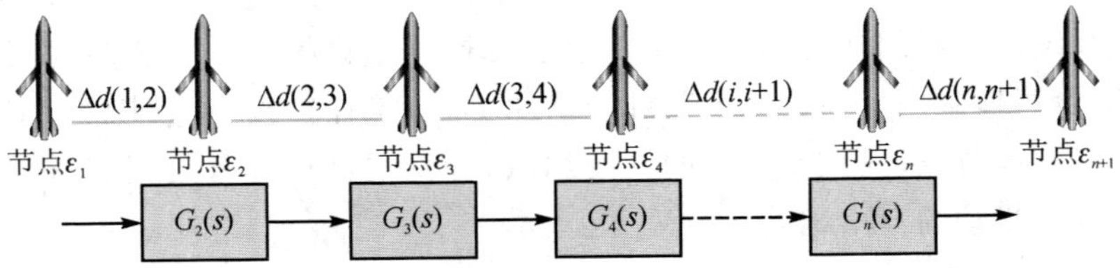

图 6-57 密集编队中扰动的链式效应示意图

设节点 ε_i 与节点 ε_{i+1} 之间的扰动距离为 $\Delta d(i,i+1)$,节点 ε_i 的成员飞行控制系统对扰动的等效传函为 $G_i(s)$,这里 n 为链式效应的节点数目。在密集编队的队形保持过程中,节点 ε_1 与 ε_2 之间产生的扰动距离 $\Delta d(1,2)$,经过节点 ε_2 的成员飞行控制系统 $G_2(s)$后成为节点 ε_2 与 ε_3 之间的扰动距离 $\Delta d(2,3)$,并依次类推直到节点 ε_n,则

$$\frac{\Delta d(n,n+1)}{\Delta d(1,2)}=G_2(s)\cdot G_3(s)\cdots G_n(s)=G_n(s)=G(s)^{n-1} \tag{6-171}$$

因为所设计的 $G_i(s)$是稳定的,所以在链式效应的节点数目 n 有限的情况下,整个系统最终会进入稳定状态。在 $\Delta d(n,n+1)$对 $\Delta d(1,2)$的响应过程中,$G_i(s)$的幅频特性反映了编队飞行控制系统对整个编队系统的链式效应的影响。如果$|G(\mathrm{j}\omega)|<1$,那么根据式(6-171),初始的扰动就不会被逐级放大。以常用的 PID 编队控制器为例(有显式的系统矩阵,便于分析,可作为 MPC 编队控制器的参考),所设计的输入可认为是领弹的弹道偏角与速度指令 $\boldsymbol{u}=[\varphi_{Lc}\quad V_{Lc}]^{\mathrm{T}}$;输出 $\boldsymbol{Z}=[x\quad y\quad \Delta\varphi\quad \Delta V]^{\mathrm{T}}$ 为相对距离 x 和 y、领弹与从弹的弹道偏角差和速度差;状态 $\boldsymbol{X}=[x\quad y\quad \varphi_W\quad V_W\quad \varphi_L\quad V_L\quad \varphi_L\quad V_L\quad \Delta\varphi_{Wc}\quad \Delta V_{Wc}]^{\mathrm{T}}$ 分别是相对距离 x 和 y、从弹的弹道偏角与速度、领弹的弹道偏角与速度、从弹的弹道偏角与速度的指令。系统矩阵为

$$\boldsymbol{A}=\begin{bmatrix}0 & 0 & -26.67 & -1 & 0 & 1 & 26.67 & 0\\ 0 & 0 & -130 & 0 & 150 & 0 & -20 & 0\\ 0 & 0 & -0.067 & 0 & 0 & 0 & 0.067 & 0\\ 0 & 0 & 0 & -0.2 & 0 & 0 & 0 & 0.2\\ 0 & 0 & 0 & 0 & -0.067 & 0 & 0 & 0\\ 0 & 0 & 0 & 0 & 0 & -0.2 & 0 & 0\\ 0 & 0.01 & -14.67 & 0 & 16.67 & 0 & -5.33 & 0\\ 9 & 0 & -160 & -45 & 0 & 45 & 160 & -6\end{bmatrix},$$

$$\boldsymbol{B}=\begin{bmatrix}0 & 0\\ 0 & 0\\ 0 & 0\\ 0 & 0\\ 0.067 & 0\\ 0 & 0.2\\ 3.33 & 0\\ 0 & 6\end{bmatrix},\quad \boldsymbol{C}=\begin{bmatrix}1 & 0 & 0 & 0 & 0 & 0 & 0 & 0\\ 0 & 1 & 0 & 0 & 0 & 0 & 0 & 0\\ 0 & 0 & 0 & -1 & 0 & 1 & 0 & 0\\ 0 & 0 & -1 & 0 & 1 & 0 & 0 & 0\end{bmatrix},\quad \boldsymbol{D}=\boldsymbol{O}_{4\times 2} \tag{6-172}$$

图 6－58 中给出了领弹基于 PID 编队控制器的系统幅频特性曲线。从图中的 0 dB 线位置可粗略了解到领弹在 10^{-4}～1 Hz 的弹道偏角变化，发现编队节点间的相对距离偏差容易被放大，而 1 Hz 以上的变化则不易被放大；编队系统对由领弹速度变化引起的节点间相对距离偏差、领弹速度变化或弹道偏角变化引起的节点间弹道偏角和速度偏差有滤波作用[2,11,13]。

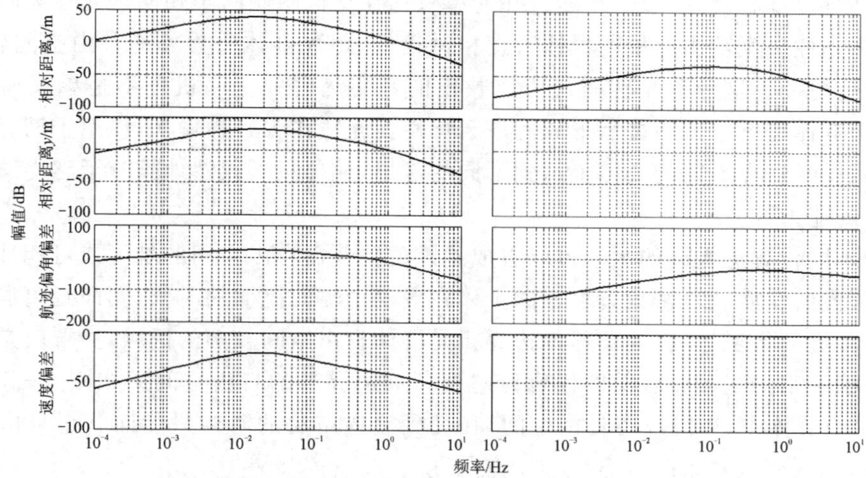

(a) 弹道偏角指令　　(b) 速度指令

图 6－58　领弹基于 PID 编队控制器的系统幅频特性曲线

(3) 链式效应的抑制方法

由上述分析可见，至少有三种途径可减小节点个体的扰动对整个密集编队的影响：

① $\Delta d(1,2)$尽可能小，让节点个体较少地产生非期望的机动；

② 对于任意的 ω，编队飞行控制系统的幅频特性 $|G(\mathrm{j}\omega)|<1$；

③ n 尽可能小，即减小链式效应所波及的节点范围。

在上述三种途径中，途径①所指的非期望的机动是由外部环境和节点本身的不确定因素、突发故障、编队机动时队形保持的误差等导致的，在实际的编队飞行环境中难以避免；对于途径②，在编队飞行控制系统设计时，可以将其与距离保持的性能进行兼顾权衡。这里尝试利用途径③来提出一种适合于密集编队飞行控制系统的有效的链式效应抑制方法。

4. 密集编队的避碰机理

(1) 透光性假说

从 6.3.1 小节关于鸟群的紧密度分布研究可知，密集的鸟群存在着由中心向边界递增的紧密度分布特点。由此会有这样的设想：当鸟群的紧密度调节过程处于稳态后，从鸟群的中心到边界所有鸟感到的碰撞威胁应该基本达到一致，也就是说所有鸟的感受达到一种平衡状态；相反，当鸟群的感受还没有达到平衡状态时，也就是从鸟群中心到边界的紧密度没有形成合适的递增梯度，鸟应该朝着感受到的碰撞威胁较小的方向运动，最终逐渐形成由中心到边界的紧密度递增的稳定分布。也就是说这种分布表明了边界处的鸟感到的碰撞威胁较低，中心的鸟则反之。换句话说，鸟的威胁感的高低与距离鸟群边界外的自由空间的远近是相对应的，这就是鸟群的紧密度、碰撞威胁感、自由空间三者的内在联系。

那么鸟类是如何获得这种与距离鸟群边界外的自由空间远近相对应的威胁感的呢？这里

给出一种假说:即鸟类是通过感受到的光线明暗程度来判断自身在鸟群中的碰撞威胁的,光线在鸟群的外边界处亮度最大,在透过中间个体缝隙到达鸟群中央的过程中,亮度逐渐衰减。鸟群作为一个复杂的几何形体对光线的这种吸收、遮挡或阻碍的作用反映在某一个体上,就是该个体的透光性,所有个体的透光性组成鸟群的透光性分布,它使光线成为单个个体感受自己在大规模群体中地位的一种手段。自然选择使单只鸟在鸟群中倾向于朝向透光性大的方向躲避碰撞,因为透光性大反映出那里的群体密度相对较低,距离群体边界外的自由空间较近,规避威胁的可能性更大。这种透光性假说所反映出的密集鸟群的避碰机理不是单只鸟的先天特性,而是整个群体在有了网络之后形成的后天特性。光线作为一种输入,作用于拥有某种透光性分布的鸟群网络,在不同的个体上得到不同的输出,使单只鸟天然地具有了感受编队整体碰撞威胁梯度的能力。

鸟群中不同位置透光性的大小可以看成是该位置获得自由空间的难度或可能性。简单地说,透光性假说的实质就是密集鸟群中的个体在规避个体间碰撞的时候,朝向距离群体边界外的自由空间较近的区域运动,而群体的边界正是群体自由空间较多的区域,鸟群就是这样使密集编队中碰撞带来的扰动以较低的代价传递到鸟群边界外的自由空间。如图6-59所示,节点 ε_2 处于密集群体中,周围没有自由空间,在受到碰撞威胁的时候只能向获得自由空间可能性大的方向躲避,所以它将向节点 ε_3 运动而不是节点 ε_1 [2,11,13]。

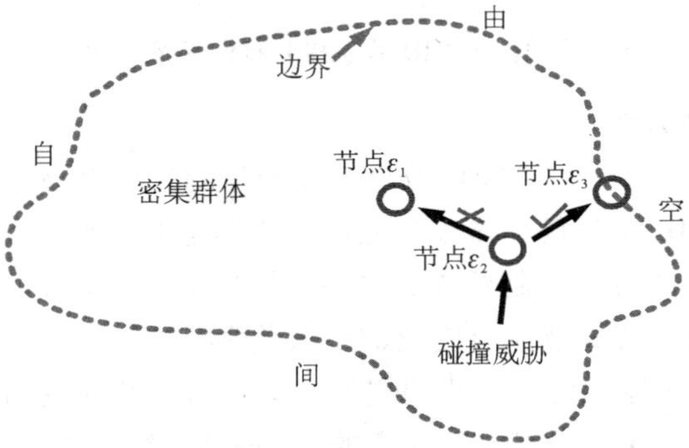

图6-59 密集群体避碰机理的透光性假说示意图

(2) 基于透光性假说的避碰建模

下面将基于鸟群通过光作用于网络得到碰撞威胁的整体认知机理,建立用于飞行器密集编队避碰的透光性假说的模型。如上所述,透光性的大小可以通过获得自由空间的可能性大小来衡量。这里用自由空间类比“光”,用透光系数 C 来表征透光性,用透光系数的生成过程来模仿透光的过程。

根据定义6.18,飞行器成员 ε_i 的邻近群是飞行器成员 ε_i 的邻居节点的集合 $v(q)=\{(i,j)\in\varepsilon\times\varepsilon:\mu_{ij}<d_{i\max},i\neq j\}$,即满足 $\forall\varepsilon_j\in v(q)$,有 $\mu_{ij}\leqslant d_{i\max}$。飞行器成员 ε_i 的邻近群边界点的集合为 $B(G,d_{i\max})$,本章后面将给出详细的节点自主判断自己是否属于 $B(G,d_{i\max})$ 的决策协议,这里不再赘述。显然,在密集编队中节点 $\varepsilon_i\in B(G,d_{i\max})$ 时具有较多的自由空间,而节点 $\varepsilon_i\notin B(G,d_{i\max})$ 时几乎没有自由空间。

设 ε_i 在二维平面内自由空间张角为 $A(\varepsilon_i)=\angle\varepsilon_m\varepsilon_i\varepsilon_n$,其中 $\varepsilon_m,\varepsilon_n\in v(q)$,且到 $A(\varepsilon_i)$ 角平分线的距离 $l>k_{i\min}\cdot d_{si}$,$k_{i\min}$ 为威胁系数。ε_i 的透光性可以理解为透光概率,即 ε_i 落入

自由空间的概率，设为 $p(\varepsilon_i)$，而二维平面内 ε_i 的自由空间或“光”在 $[0,2\pi]$ 上服从均匀分布，则可定义：当 $\varepsilon_i \in B(G,d_{i\max})$ 时，节点 ε_i 的透光系数 $C\{\varepsilon_i\}$ 为节点 ε_i 的透光概率，即

$$C\{\varepsilon_i\}=p(\varepsilon_i)=\frac{A(\varepsilon_i)}{2\pi} \tag{6-173}$$

如果 $\varepsilon_i \notin B(G,d_{i\max})$，则没有邻居节点透光，即在没有邻居节点落入自由空间的条件下，ε_i 的条件透光概率 $p(\varepsilon_i|\bar{\varepsilon}_j)=0$，其中 $\varepsilon_i \in \mathbf{v}(q)$，$\bar{\varepsilon}_j$ 表示 ε_j 不透光；在只有一个邻居节点透光的条件下，ε_i 的条件透光概率 $p(\varepsilon_i|\varepsilon_j)$ 为

$$p(\varepsilon_i \mid \varepsilon_j)=\frac{A(\varepsilon_i \mid \varepsilon_j)}{2\pi} \tag{6-174}$$

式中，$A(\varepsilon_i|\varepsilon_j)$ 表示 ε_j 落入其自由空间后提供给 ε_i 的自由空间的张角。ε_i 若想透光，必须和某一邻居节点同时透光，而同时透光的概率 $p(\varepsilon_i\varepsilon_j)$ 为

$$p(\varepsilon_i\varepsilon_j)=p(\varepsilon_i \mid \varepsilon_j)\cdot p(\varepsilon_j) \tag{6-175}$$

这里，采取乐观主义决策准则，选取透光系数 C 最大的邻居节点 $\varepsilon_{i\max}$ 作为与 ε_i 同时透光的节点，即

$$\varepsilon_{i\max}=\operatorname{arcmax}[C\{\varepsilon_j \mid \varepsilon_j \in n_{ai}(q)\}] \tag{6-176}$$

所以当 $\varepsilon_i \notin B(G,d_{i\max})$ 时，可定义节点 ε_i 的透光系数为其与邻居节点中 C 值最大的节点同时透光的概率，即

$$C\{\varepsilon_i\}=p(\varepsilon_i\varepsilon_{i\max})=p(\varepsilon_i \mid \varepsilon_{i\max})\cdot p(\varepsilon_{i\max})=\frac{A(\varepsilon_i \mid \varepsilon_{i\max}}{2\pi}\cdot C\{\varepsilon_{i\max}\} \tag{6-177}$$

综合可得，基于乐观主义决策准则下节点 ε_i 的透光系数定义如下：

定义 6.36（透光性生成协议）表征编队中节点 ε_i 透光性的透光系数为

$$C\{\varepsilon_i\}=\begin{cases}\dfrac{A(\varepsilon_i \mid \varepsilon_{i\max}}{2\pi}\cdot C\{\varepsilon_{i\max}\}, & \varepsilon_i \notin B(G,d_{i\max}) \\ \dfrac{A(\varepsilon_i)}{2\pi}, & \varepsilon_i \in B(G,d_{i\max})\end{cases} \tag{6-178}$$

式中，$\varepsilon_{i\max}=\operatorname{argmax}[C\{\varepsilon_j|\varepsilon_j \in n_{ai}(q)\}]$。

由式(6-178)可以看出，透光系数定义的公式（透光性生成协议）是一个基于乐观主义决策的递推公式，初始值来源于拥有自由空间的节点，即在某一 $d_{i\max}$ 条件下 $B(G,d_{i\max})$ 中的节点，没有自由空间的节点的透光系数需要通过其他节点透光系数在网络内传播才能获取，其模拟了透光性假说中光线在网络中的衰减，是一种网络支撑协议。图 6-60 给出了规模 $n=64$ 编队的透光性生成协议仿真结果。为方便起见，对节点透光性在整个编队面积上进行了插值，颜色值代表透光系数。由图中的颜色分布可见，提出的透光系数在表征网络透光特性上是有效的。

下面将应用透光性避碰机理，在 MPC 控制器基础上给出密集编队的局部模型预测控制(local model predictive control, LMPC)方法。

5. 密集编队飞行控制器设计

密集编队飞行控制器应具有节点间避碰的能力，根据动物群体行为的启示，本节将先对前面设计的基于 MPC 的编队飞行控制器进行改进和扩展。不同在于该设计是基于三条仿生学规律或假说，即近邻跟随现象、Reynolds 的动物群体行为模型和透光性假说，分别对应于前面

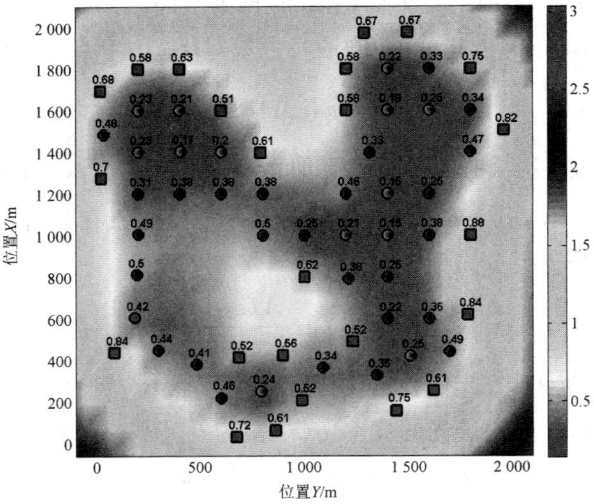

图 6-60 $n=64$ 编队的透光生成协议仿真结果

讨论的 MPC 编队飞行控制器的预测模型、代价权重和参考间距指令,并对其进行改进和扩展(见图 6-61)[2,11,13]。

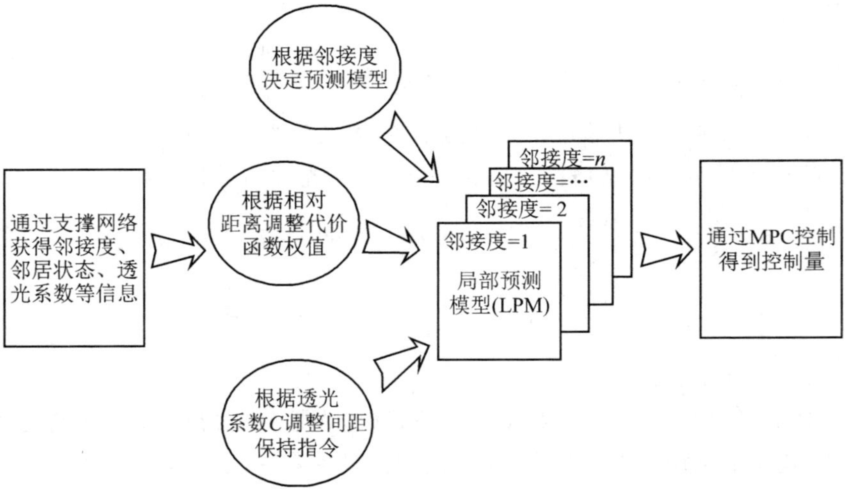

图 6-61 LMPC 与 MPC 的关系

前两者改进后得到的 LMPC 作为具有避碰功能的编队飞行控制器独立使用,透光避碰功能可根据情况作为扩展选项接通或断开,这三个主要改进同时对应了本章中飞行器自主编队协同飞行控制系统的体系结构的设计思路,其关系如图 6-62 所示。

(1) LMPC 编队飞行控制器设计

由于在密集编队的情况下,节点 ε_i 仅与其周围大约 6～8 个邻居节点 $\varepsilon_j \in v(q)$ 发生作用,即数量有限且较小,而 $\varepsilon_j \in v(q)$ 是对节点 ε_i 具有碰撞威胁影响最直接的节点,再加上鸟群近邻跟随的启示,所以把节点 ε_i 的编队控制系统由前面给出的双节点(ε_i 与领航点)运动预测模型扩展成包含所有邻居(ε_i 与 $\varepsilon_i \in v(q)$)的局部运动预测模型是可行的,称这种利用编队局部预测模型的 MPC 为自主编队的局部模型预测控制(LMPC)。

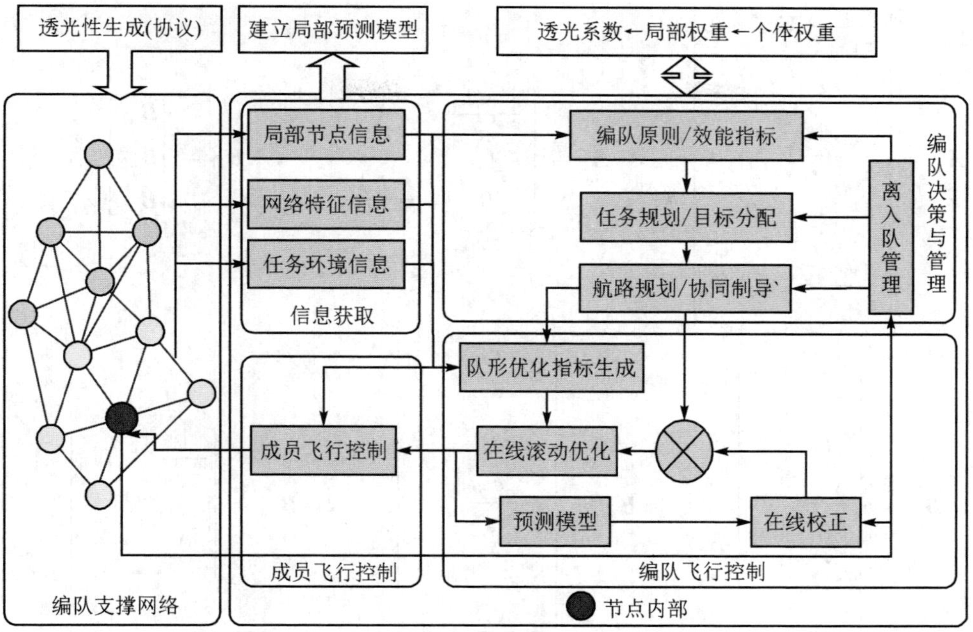

图 6-62　LMPC 与协同飞行控制体系结构的关系

对于节点 ε_i 的局部模型预测控制，选取状态 $\boldsymbol{X}_i=[x_1\quad x_2\quad \cdots\quad x_j\quad \cdots\quad x_n\quad y_1\quad y_2\quad \cdots\quad y_j\quad \cdots\quad y_n\quad \varphi_i\quad V_i]^{\mathrm{T}}$，其中 x_j 和 y_j 是 ε_i 与邻居节点 ε_j 的弹间距 d_{ij} 在 ε_j 弹道坐标系中的投影；φ_i 为节点 ε_i 的弹道偏角；V_i 为节点 ε_i 的速度；n_{ai} 为 $\varepsilon_j\in v(q)$ 的个数，即邻接度。可控输入为 $\boldsymbol{u}_i=[\varphi_{ci}\quad V_{ci}]^{\mathrm{T}}$，其中 φ_{ci}，V_{ci} 分别为节点 ε_i 的弹道偏角指令和速度指令。可测量干扰为 $\boldsymbol{d}_{Ii}=[\varphi_1\quad \varphi_2\quad \cdots\quad \varphi_j\quad \cdots\quad \varphi_n\quad V_1\quad V_2\quad \cdots\quad V_j\quad \cdots\quad V_n]^{\mathrm{T}}$，其中 φ_j，V_j 分别为邻居节点 ε_j 的弹道偏角和速度，由节点 ε_i 通过支撑网络获得。输出 $\boldsymbol{Z}_i=[x_1\quad x_2\quad \cdots\quad x_j\quad \cdots\quad x_n\quad y_1\quad y_2\quad \cdots\quad y_j\quad \cdots\quad y_n\quad \Delta\varphi_i\quad \Delta V_i]^{\mathrm{T}}$，其中 $\Delta\varphi_i=\varphi_L-\varphi_i$，$\Delta V_i=V_L-V_i$，$L$ 代表领航节点在 $\varepsilon_j\in\mathbf{v}(q)$ 中的序号，可以是实际邻居节点或是虚拟领航节点，输出 $\boldsymbol{Z}_i$ 反映了节点 ε_i 的特点：① 与所有邻居节点或领航节点的相对位置关系；② 与领航节点的弹道偏角之差和速度之差。相对运动学关系和飞行控制系统模型的建模与前面所述的双节点建模过程同理，可得邻居数(邻接度)为 n_{ai} 的局部运动离散预测模型，即

$$\begin{cases}\boldsymbol{X}_i(k+1)=\boldsymbol{A}_i\boldsymbol{X}_i(k)+\boldsymbol{B}_{ui}\boldsymbol{u}_i(k)+\boldsymbol{B}_{di}\boldsymbol{d}_{Li}(k)\\ \boldsymbol{Z}_i(k)=\boldsymbol{C}_i(k)\boldsymbol{X}_i(k)+\boldsymbol{D}_i\boldsymbol{d}_{Li}(k)\end{cases}\tag{6-179}$$

式中，系数矩阵为

$$\boldsymbol{A}_i=\begin{bmatrix}\boldsymbol{O}_{(2n_{ai}+2)\times 2n_{ai}} & \begin{matrix}\vdots & \boldsymbol{A}_1\\ \vdots & \boldsymbol{A}_2\\ \vdots & \boldsymbol{A}_3\end{matrix}\end{bmatrix}_{(2n_{ai}+2)\times(2n_{ai}+2)},\quad \boldsymbol{A}_1=\begin{bmatrix}\dfrac{y_{r1}}{\tau_{\varphi i}} & -1\\ \vdots & \vdots\\ \dfrac{y_{rj}}{\tau_{\varphi_i}} & -1\\ \vdots & \vdots\\ \dfrac{y_{rn}}{\tau_{\varphi_i}} & -1\end{bmatrix}_{n_{ai}\times 2}$$

$$\boldsymbol{A}_2=\begin{pmatrix}\dfrac{x_{r1}}{\tau_{\varphi_i}}-V_{r1} & 0\\ \vdots & \vdots\\ \dfrac{x_{rj}}{\tau_{\varphi_i}}-V_{rj} & 0\\ \vdots & \vdots\\ \dfrac{x_{rn}}{\tau_{\varphi_i}}-V_{rn} & 0\end{pmatrix}_{n\times 2},\quad \boldsymbol{A}_3=\begin{pmatrix}-\dfrac{1}{\tau_{\varphi_i}} & 0\\ 0 & -\dfrac{1}{\tau_{Vi}}\end{pmatrix}_{2\times 2},\quad \boldsymbol{B}_{ui}=\begin{bmatrix}\boldsymbol{B}_{u1}\\ \boldsymbol{B}_{u2}\\ \boldsymbol{B}_{u3}\end{bmatrix}_{(2n_{ai}+2)\times 2}$$

$$\boldsymbol{B}_{u1}=\begin{pmatrix}\dfrac{y_{r1}}{\tau_{\varphi_i}} & 0\\ \vdots & \vdots\\ \dfrac{y_{rj}}{\tau_{\varphi_i}} & 0\\ \vdots & \vdots\\ \dfrac{y_{rn}}{\tau_{\varphi_i}} & 0\end{pmatrix}_{n_{ai}\times 2},\quad \boldsymbol{B}_{u2}=\begin{pmatrix}-\dfrac{x_{r1}}{\tau_{\varphi_i}} & 0\\ \vdots & \vdots\\ -\dfrac{x_{rj}}{\tau_{\varphi_i}} & 0\\ \vdots & \vdots\\ -\dfrac{x_{rn}}{\tau_{\varphi_i}} & 0\end{pmatrix}_{n_{ai}\times 2},\quad \boldsymbol{B}_{u3}=\begin{pmatrix}\dfrac{1}{\tau_{\varphi_i}} & 0\\ 0 & \dfrac{1}{\tau_{V_i}}\end{pmatrix}_{2\times 2}$$

$$\boldsymbol{B}_{di}=\begin{pmatrix}\boldsymbol{Q}_{n_{ai}\times n_{ai}} & \boldsymbol{I}_{n_{ai}\times n_{ai}}\\ \boldsymbol{B}_{d1} & \boldsymbol{Q}_{n_{ai}\times n_{ai}}\\ \multicolumn{2}{c}{\boldsymbol{O}_{2\times 2n_{ai}}}\end{pmatrix}_{(2n_{ai}+2)\times 2n_{ai}},\quad \boldsymbol{B}_{d1}=\begin{pmatrix}V_{r1} & & & \boldsymbol{O}\\ & \ddots & & \\ & & C_{rj} & \\ & & & \ddots \\ \boldsymbol{O} & & & V_{rn_{ai}}\end{pmatrix}_{n_{ai}\times n_{ai}},$$

$$\boldsymbol{C}_i=\begin{pmatrix}1 & & & \boldsymbol{O}\\ & \ddots & & \\ & & \ddots & \\ & & -1 & \\ \boldsymbol{O} & & & -1\end{pmatrix}_{(2n_{ai}+2)\times(2n_{ai}+2)},\quad \boldsymbol{D}_i=\begin{pmatrix}0 & & & \boldsymbol{O}\\ & \ddots & & \\ & & \ddots & \\ 1 & \cdots & 0 & \\ \cdots & 1 & & 0\end{pmatrix}_{(2n_{ai}+2)\times(2n_{ai}+2)}$$

式中，$\begin{cases}\boldsymbol{D}_i(2n_{ai}+1,2+L)=1\\ \boldsymbol{D}_i(2n_{ai}+2,2+n_{ai}+L)=1\\ \boldsymbol{D}_i=0,\text{其他}\end{cases}$，下标 r 表示线性化时的平衡点，这里取为参考值。

在线优化的代价函数 J_i 为

$$\begin{aligned}J_i=\sum_{l=1}^{P_i}\Bigg\{&\sum_{m=1}^{N_i}\|\boldsymbol{\omega}_{zi}(l,m)\cdot[Z_{im}(k+l\mid k)-\mathbf{ref}_{im}(k+l)]\|^2+\\ &\sum_{m=1}^{N_i}\|\boldsymbol{\omega}_{ui}(l,m)\cdot\boldsymbol{u}_{im}(k+l\mid k)\|^2+\\ &\sum_{m=1}^{N_i}\|\boldsymbol{\omega}_{\Delta ui}(l,m)\cdot\Delta\boldsymbol{u}_{im}(k+l\mid k)\|^2\Bigg\}\end{aligned}\qquad(6-180)$$

式中，P_i 为预测时域；N_i 为控制时域；$(k+l\mid k)$为在第 k 时刻计算的 $k+l$ 时刻的预测值；ref

为间距保持指令；$\boldsymbol{\omega}_i$ 为代价权重，分为三组：$\boldsymbol{\omega}_{zi}$ 为输出惩罚权重矩阵，反映了节点 ε_j 与每个邻居节点间距的保持力度和与领航节点弹道偏角、速度的匹配力度，是对距离保持最为重要的权重；$\boldsymbol{\omega}_{ui}$ 为输入惩罚权重矩阵，反映了节点 ε_j 弹道偏角指令与速度指令的强度；$\boldsymbol{\omega}_{\Delta ui}$ 为输入导数惩罚权重矩阵，反映了指令变化率的大小。为简化二次规划（quadratic programming，QP）的求解，这里令每个时域对(l,m)的权重相等，则 $\boldsymbol{\omega}_i$ 退化为行向量 $\boldsymbol{\omega}_{zi}=[\omega_{i1}\quad \omega_{i2}\quad \cdots\quad \omega_{ij}\quad \omega_{i(2n_{ai}+2)}]$，$\boldsymbol{\omega}_{ui}=[\omega_{i\varphi_c}\quad \omega_{iV_c}]$，$\boldsymbol{\omega}_{\Delta ui}=[\omega_{i\Delta\varphi_c}\quad \omega_{i\Delta V_c}]$。

权重 $\boldsymbol{\omega}_{zi}$ 的取值以 Reynolds 的动物群体行为模型为基础，参照把动物行为按照相距其他同类的距离划分为排斥区、保持区和吸引区的做法，把权重 ω_{ij} 设计为节点 ε_i 和每个邻居节点 ε_j 弹间距 d_{ij} 的函数 $\omega_{ij}=f(d_{ij})$，威胁距离 $d_{i\min}=k_{i\min}\cdot d_{si}$ 和邻接距离 $d_{i\max}=k_{i\max}\cdot d_{si}$ 为函数 $f(\cdot)$安排节点 ε_i 周围的排斥区、保持区和吸引区的参数，在具体的实现过程中，把 $f(\cdot)$函数设计为离散形式，经过仿真调试，权重 $\boldsymbol{\omega}_i$ 的一组设计值见表 6.6。

领航点 ε_L 对跟随节点没有反向跟随的义务，即领航点是“自私的”。跟随节点 ε_i 与 ε_L 的权重存在一个最小值，这个最小值与其他节点相互间正常情况下的权重最大值相当，即对 ε_L 表现出“信任”，这样能保证对 ε_L 的跟随效果。这样做一方面，如果 ε_L 经常照顾其跟随者，在照顾的同时跟随者会对这种“照顾”作出跟随反应，造成编队的不稳定；另一方面，如果跟随者不对其与 ε_L 的权重设置下限，那么编队中的这种从属关系会不明显，有时会造成跟随者整体的拖后现象。在近邻跟随下，局部的相互作用关系如图 6-63 所示。

表 6.6　LMPC 编队飞行控制器权重设计结果

	$d_{ij}/d_{i\min}$		$(-\infty,0.2)$	$[0.2,0.4)$	$[0.4,0.6)$	$[0.6,0.8)$	$[0.8,1)$	$[1,\infty)$
$\boldsymbol{\omega}_i$	$\boldsymbol{\omega}_{zi}$	ω_{ij}	800	500	340	320	100	0
		$\omega_{i(j+n_{ai})}$	750	550	360	340	100	0
		$\omega_{i(2n_{ai}+1)}$	0	0	1	5	10	0
		$\omega_{i(2n_{ai}+2)}$	0	0	0	0	1	0
		$\omega_{iL},\omega_{i(L+n_{ai})}$	$\omega_{iL}=\max(100,\omega_{ij})$，$\omega_{i(L+n_{ai})}=\max[100,\omega_{i(j+n_{ai})}]$					
	$\boldsymbol{\omega}_{ui}$		(0.1,0.1)					
	$\boldsymbol{\omega}_{\Delta ui}$		(5,0.1)					

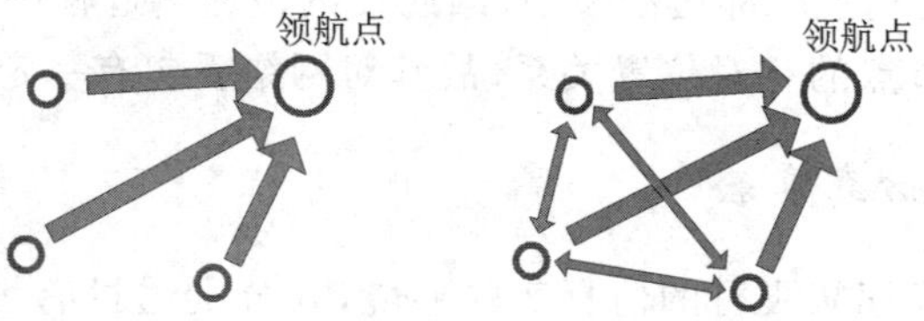

(1) 传统跟随模式　(2) 近邻跟随模式

图 6-63　传统跟随与近邻跟随模式相互作用的区别

权重决策之后，节点 ε_i 通过在线解一个线性不等式约束条件下的 QP 问题，可得到 LMPC 的最优控制量 u_i 并将其作为指令作用于内环的成员飞行控制系统，即

$$\Delta u_{i\text{opt}}=\arg\min J_i$$

$$\boldsymbol{u}_i(k)=\boldsymbol{u}_i(k-1)+(\boldsymbol{I}_{2\times 2},\boldsymbol{O}_{(N_i-1)\times(N_i-1)})\cdot \Delta u_{iopt}\qquad \text{st.}\begin{cases}\varphi_{\min}\leqslant u_{i1}\leqslant \varphi_{\max}\\ V_{\min}\leqslant u_{i2}\leqslant V_{\max}\end{cases}\tag{6-181}$$

其中$[\varphi_{\min},\varphi_{\max}]$和$[V_{\min},V_{\max}]$分别为弹道偏角和速度指令限制。$\Delta u_{iopt}$为最优序列的第一个控制量,$u_{i1}$,$u_{i2}$分别为$\varphi_{ci}$和$V_{ci}$。

(2) 基于透光性假说的LMPC编队飞行控制

LMPC编队飞行控制器具备避碰功能,但其避碰功能是出于个体利益,或是局部预测模型涉及的邻居节点范围内的利益,当某节点ε_i遇到节点ε_d碰撞威胁时,因弹间距d_{id}相对较小,据权重函数$f(\cdot)$特点,ε_d的权重比ε_i周围的邻居节点的要大,所以ε_i会尽力与ε_d保持距离。换句话说,避碰功能将使ε_i变得自私,易忽视周围节点的权重。为使ε_i具有顾及整体利益的能力,将LMPC编队控制器与透光系数C结合,表6.7给出令ε_i遵循透光性机理避碰的透光规避算法[2,11,13]。

表6.7 ε_i遵循透光性机理避碰的透光规避算法

序 号	透光规避算法	序 号	透光规避算法
01	update$\{\varepsilon_i\}$	07	$\varepsilon_{i\max}=\arg\max C\{\varepsilon_j \mid \varepsilon_j\in \mathbf{v}(q_i)-\mathbf{v}(q_d)\}$
02	if $d_{id}<d_{i\min}$	08	ref$\{\varepsilon_i\}\leftarrow$ ref$\{\varepsilon_{i\max}\}$
03	temp $\leftarrow$ ref$\{\varepsilon_i\}$	09	end
04	if $\varepsilon_i\in \mathbf{B}(G,d_{i\max})$	10	else $d_{id}\geqslant d_{i\min}$
05	ref$\{\varepsilon_i\}\leftarrow$ ref$\{\varepsilon_i\}\oplus d_{i\min}$	11	ref$\{\varepsilon_i\}\leftarrow$ temp
06	else $\varepsilon_i\notin \mathbf{B}(G,d_{i\max})$	12	end

注:update为更新信息函数,下标d表示威胁节点,ref为保持的参考间距;$\oplus$表示沿$A(\varepsilon_i)$角平分线方向上的加法,$\mathbf{v}(q_i)-\mathbf{v}(q_d)$表示$\mathbf{v}(q_i)$与$\mathbf{v}(q_d)$的差集。

透光规避的原理是判断碰撞威胁程度是否达到阈值,对有自由空间的节点,达到阈值后间距指令使其向自由空间张角的角平分线方向增大阈值;对没有自由空间的节点,应用其允许方位上透光系数C最大的邻居节点的间距指令,当碰撞威胁程度降到阈值以下时恢复原指令。

另外,由于LMPC是基于局部运动模型,因此在网络通信过程中当某邻居节点丢包时,节点仍维持着和其他邻居节点的相对位置关系,故其对网络丢包有一定的鲁棒性。

6. 密集编队避碰仿真实验

下面将设定一个密集编队飞行的仿真实验环境,并分别通过有无透光规避功能的LMPC编队飞行控制器进行对比性仿真分析,考察所设计的LMPC编队飞行控制器的避碰性能,分析透光规避算法对密集编队飞行避碰效果的影响,验证透光性假说的有效性。

(1) 仿真实验设定

设定一个由21个节点组成的楔形密集编队受到故障节点的扰动的仿真实验场景。为方便起见,设定所有节点初始速度一致,即所有节点$V_{i0}=0.44Ma\,(i=1,2,\cdots,21)$,速度可调范围限制为$0.3Ma\sim 0.6Ma$,如表6.8所列。初始位置分布的坐标如图6-64所示。节点的期望间距$\mu_{ij}=220$ m,安全距离$d_{si}=200$ m,节点ε_1的目标位置为虚拟领弹。

表 6.8　楔形编队节点主要参数

节点期望间距/m	安全距离/m	初始速度/(m·s^{-1})	最大速度/(m·s^{-1})	最小速度/(m·s^{-1})
220	200	150	200	100

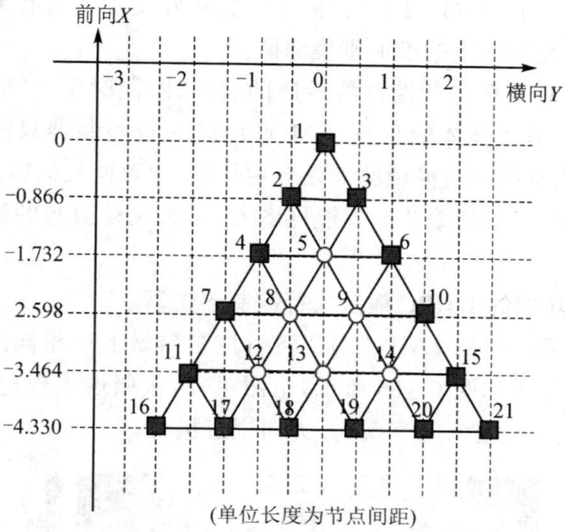

图 6-64　楔形编队初始位置坐标图

假设节点 ε_{20} 在 $t=5$ s 时发生故障而失去控制，其弹道偏角朝左侧偏离 36°；速度增加到 $V_{20}=0.53Ma$，朝编队的几何中心方向飞去；故障状态持续 8.5 s 后控制系统恢复，节点 ε_{20} 的 LMPC 控制器重新开始工作。

图 6-65 给出了无透光规避功能的 LMPC 编队飞行控制器的仿真结果。由图可见，当 $t=6.5$ s 时，节点 ε_{20} 失控并朝编队几何中心方向飞行(见图 6-65(a))；$t=10.1$ s 时，邻居节

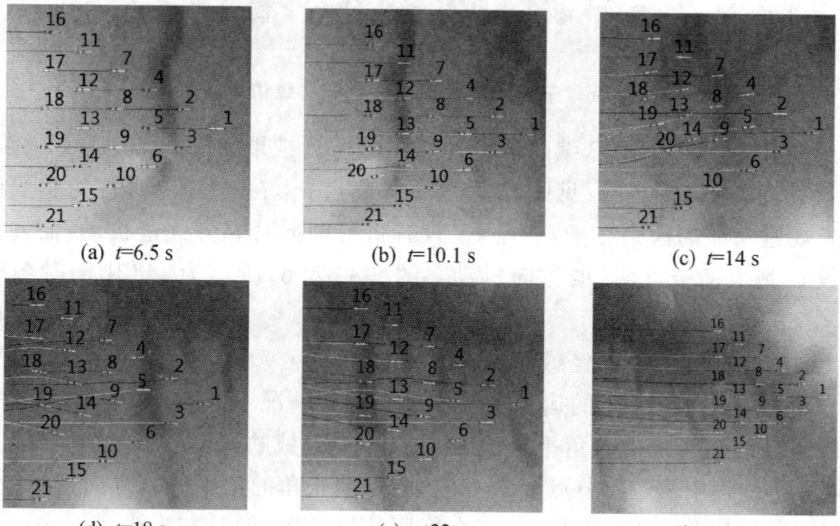

(a) t=6.5 s　(b) t=10.1 s　(c) t=14 s

(d) t=18 s　(e) t=22 s　(f) t=30 s

图 6-65　未开启透光规避的 LMPC 编队控制器仿真结果

点 ε_{14},ε_{19} 首先感到碰撞威胁,试图与节点 ε_{20} 保持距离(见图 6-65(b));从图 6-65(c)~图 6-65(f)中可以看出,除了 6 个节点没有受到波及外,节点 ε_{20} 的非期望机动几乎影响了其他所有节点,但由于 LMPC 的避碰设计,节点间并没有发生碰撞。

在 $t=13.5$ s 时节点 ε_{20} 控制系统恢复正常,开始纠正和参考位置间的相对距离,跟随虚拟领弹。从图 6-65(d)~6-65(f)可看出,由于威胁解除受扰的所有节点逐步恢复到目标位置,在 $t=30$ s 时编队恢复到指定的楔形密集编队。

经仿真验证了 LMPC 编队飞行控制器避碰的有效性,同时发现,因没有加入衡量整体碰撞代价的手段,没有考虑编队整体的利益,LMPC 编队飞行控制器只能令节点盲目地实施个体的避碰行为,而对编队整体的碰撞威胁缺乏自主认知,导致链式效应波及到扰动方向上的所有 15 个节点。可以设想,若密集编队的规模再增大,那么扰动引起的链式效应对于密集编队将是不可容忍的。

(2) 具有透光规避功能的 LMPC 编队飞行控制器仿真

下面对具有透光规避功能的 LMPC 编队飞行控制器做上述相同的仿真实验。节点编队的透光性生成协议仿真结果如图 6-66 所示,由图可知,按照透光规避算法的设计,故障节点 ε_{20} 冲向节点 ε_{14} 后,节点 ε_{14} 应该向节点 ε_{10} 方向规避机动。

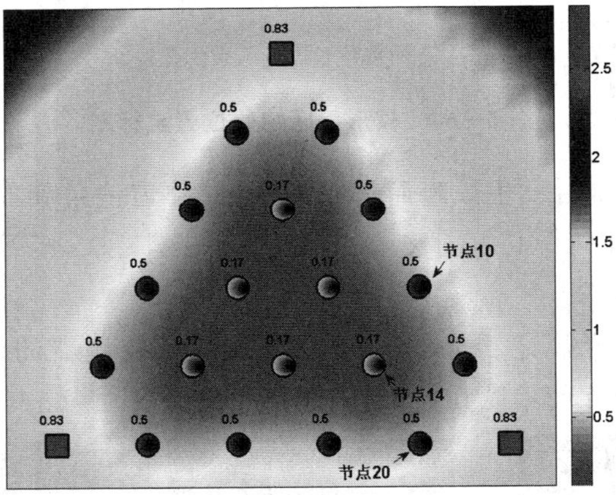

图 6-66　节点编队的透光性生成协议仿真结果

具有透光规避功能的 LMPC 编队飞行控制器的仿真结果如图 6-67 所示。失控节点 ε_{20} 在 $t=6.5$ s 时朝向节点 ε_{14} 飞行(见图 6-67(a));节点 ε_{14} 在 $t=9$ s 时首先感受到了碰撞威胁。与无透光规避功能的区别在于,节点 ε_{14} 没有盲目地向其左方规避机动,而向允许方位范围内透光系数 C 最大的节点 ε_{10} 的方向机动。图 6-67(b)所示为 $t=10$ s 时各节点的飞行情况。

在 $t=11$ s 左右,节点 ε_{19} 已经感受到了碰撞威胁(图 6-67(c)所示为 $t=11.5$ s 时各节点的飞行情况),可以发现节点 ε_{19} 的运动也与无透光规避情况不同,因它是边界上的点,故节点 ε_{19} 减速,以便向自由空间张角的角平分线方向后移一个威胁感知距离;同时节点 ε_{14} 在向节点 ε_{10} 的方向运动过程中驱赶着节点 ε_{10} 向其自由空间张角的角平分线方向运动;在 $t=14.2$ s 时节点 ε_{20} 控制系统恢复正常,节点 ε_{14} 正在复原其原位置,但是却发生了一个没有期望的现象,即节点 ε_{20} 在恢复正常的过程中再次威胁了节点 ε_{14},节点 ε_{14} 再次自主地更换了间距指令,向节点 ε_{10} 的方向运动(图 6-67(d)所示为 $t=18.9$ s 时各节点的飞行情况);随着节点 ε_{20}

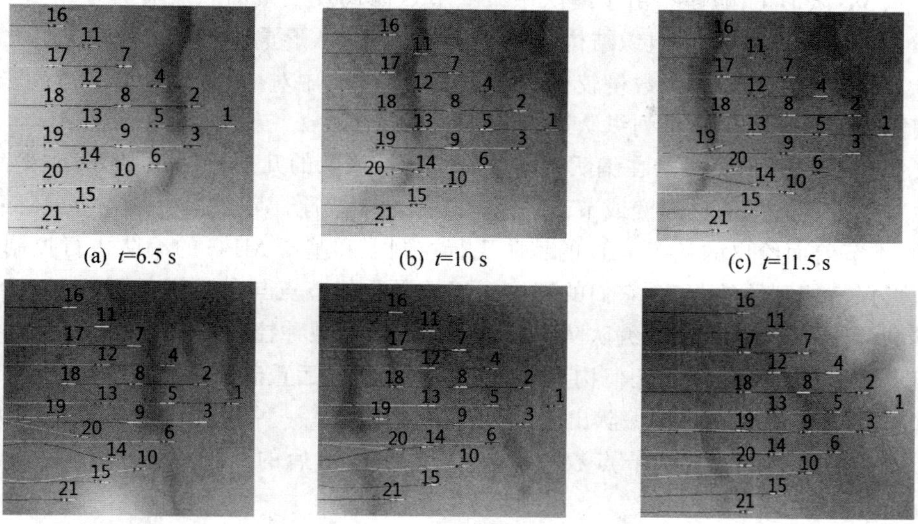

(a) t=6.5 s (b) t=10 s (c) t=11.5 s

(d) t=18.9 s (e) t=24 s (f) t=26 s

图 6-67 开启透光规避的 LMPC 编队控制器仿真结果

的正常化，节点 ε_{14}，ε_{10}，ε_{19} 以及受到波及的节点 ε_{15} 逐渐趋于稳定(见图 6-67(e)和图 6-67(f))，当 $t=26$ s 时，整个编队基本恢复原队形。

由仿真可见，在避碰过程中只波及 5 个节点且没有发生碰撞，同样在 $t=26$ s 左右恢复原队形，比无透光规避策略的情况少波及 10 个节点，把链式效应导向编队整体的自由空间，而没有向编队内部传播。实验验证了透光系数定义和透光规避算法能够反映透光性假说及其在密集编队飞行避碰的有效性。透光系数作为反映避碰过程中编队整体代价的手段，对于提高协同飞行控制系统的整体代价认知能力，实现编队的自主性进行有效协同有重要作用。

6.4.5 编队队形变换方法

在飞行器自主编队遂行任务过程中，根据作战任务、战场态势和作战环境需求，编队队形需要适时变换。因为多节点的路径搜索是一个 NP 难题，故满足作战要求的编队队形在线生成较为困难，因此将常用的编队队形离线建成数据库调用的方法是合理的有效手段，也是大部分文献采用的方法。例如，在美军机械化突击分队战场守则中使用的常见编队队形有四种标准队形：即一字形横队、单列纵队、菱形编队和楔形编队。Balch 在研究基于行为的多地面机器人编队控制时也使用了由四个节点组成的类似队形[2,11,13]。

1. 编队队形变换的四种形式

目前关于编队队形变换的研究常见于地面机器人系统，对于飞行器编队队形变换的形式及其概念的相关研究不多，这里将给出包括编队队形的保持、重构、拆分和变换的相关概念和定义，分析说明它们之间的联系和细微的差别。

定义 6.37：队形拆分，是指根据具体需求把几何构型和组织结构上作为一个整体的大编队划分为若干个规模较小的子编队，以便于分别执行各子编队具体上层任务的过程。在拆分中，子编队基本保留其在原来大编队中的几何构型。

定义 6.38:队形重构,是指由于编队中某些节点因偶发因素离队或有其他新节点加入编队后,需对编队的几何构型和组织结构重新调整的过程。队形重构是随机因素所引发的过程,往往所涉及的调整范围和节点数量较少。例如在有些文献中对由一枚导弹损坏而使3枚导弹的楔形编队变为2枚导弹的单列纵队进行了仿真实验[2,11,13]。

定义 6.39:队形保持,是指在编队运动过程中维持编队的几何形状基本不变,或者说使编队在发生一定限度内的队形形变或节点关系异常后能够复原。队形保持是现阶段研究较多的一个问题,本节前面给出的基于PID的编队飞行控制器和基于MPC的编队飞行控制器,都属于编队队形保持控制器的范畴,它们的直接作用效果是使节点与其参考位置趋于一致。当各节点与其参考位置存在偏差时,编队队形保持控制器通过某种控制方法来纠正这个偏差,比如在编队机动过程中维持编队的几何构型或在编队避障机动后重新恢复原编队队形。

定义 6.40:队形变换,是指编队出于某种需要主动地从一种队形切换到另一种队形的过程。队形变换过程往往涉及的节点数量较多,通常变换前后的几何构型和组织结构有较大变化。

上述关于四种队形变换行为的定义大部分都是直接或间接地通过编队队形保持控制来实现的。飞行器编队不同于地面机器人编队,尤其是飞航导弹编队,其速度调节常常受限在有限区间内且不能为零,弹道偏角的变化能力有限,这些都增加了队形变换的难度。而且目前关于飞行器编队队形变换的研究大多是针对疏松队形的编队,即弹间距尺度较大,避碰问题并不突出而无需处理;在队形变换方法上都是从一种队形直接变换到另一种队形,即通过一次性改变编队保持控制器的参考位置来实现队形变换,在编队规模不大且参与队形变换的节点不多情况下队形变换过程较为简单。然而,这些因素掩盖了编队队形变换中所存在的碰撞和不稳定的隐患,而这些问题恰是紧密编队和密集编队的队形变换需要高度注意的问题。下面对较常见的直接变换方法和本节提出的基于队形状态的间接变换方法进行对比分析。

2. 编队队形的直接变换方法

在密集编队的队形变换中,因为相对向量接近于安全向量,如果编队飞行控制器没有避碰策略,那么因飞行器成员的机动性所限,在同时向目标位置运动的过程中,将无法避免部分飞行器成员的位置散布区域相交(即发生碰撞)。正因为如此,这里应用上述具有避碰功能的LMPC编队飞行控制器实施队形的直接变换。下面用规模为7的紧密编队队形变换的例子来说明直接变换过程。设定水平面内一个正六边形紧密编队需要变换为纵向编队,在整个过程中编队处于定高飞行状态,主要参数如表6.9所列。初始队形位置和目标队形位置分布如图6-68所示,其中节点ε_6为领航节点,仿真结果如图6-69所示。为便于观察,图中节点模型做了放大处理[2,11,13]。

表 6.9 正六边形编队节点主要参数

节点间距/m	安全距离/m	初始速度/(m·s^{-1})	最大速度/(m·s^{-1})	最小速度/(m·s^{-1})
210	200	100	200	50

编队队形在$t=6$ s时开始变换,所有节点同时向新的相对参考位置运动(图6-69(a)所示为$t=8.5$ s时各节点的飞行情况);由于速度的限制,节点ε_1和ε_3不能快速地和ε_6拉开距离,而节点ε_4,ε_5和ε_2,ε_7此时正向编队轴线运动,当它们之间的相对向量小于安全向量的时

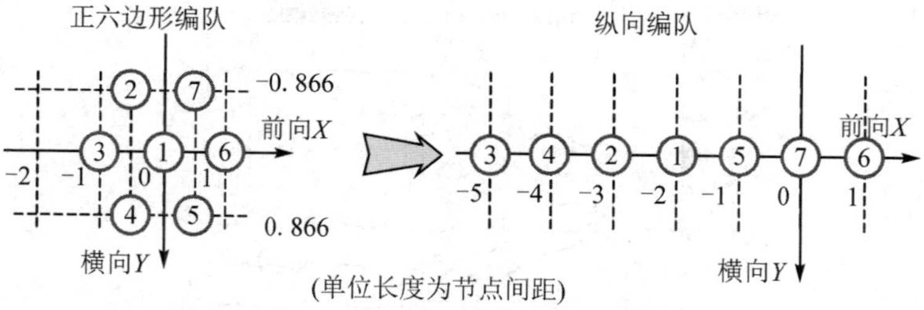

(a) 初始队形　　(b) 目标队形

图 6-68　编队初始队形与目标队形位置坐标图

候，节点 ε_1 和 ε_3 开始偏离编队的轴线进行规避，节点 ε_5 在向参考位置运动的过程中并与节点 ε_1 距离过近时开始加速通过，节点 ε_1 和节点 ε_2 刚好错开(见图 6-69(b))；当 $t=18$ s 时节点 ε_6，ε_1 和 ε_3 尚未拉开足够的距离，节点 ε_4，ε_2 的振荡较小，但节点 ε_1，ε_5，ε_7 由于先前的运动故振荡较大(见图 6-69(c))；当 $t=25$ s 时节点 ε_6，ε_1，ε_3 在行进方向基本达到了预期的位置，节点 ε_4，ε_2，ε_1 趋于稳定(见图 6-69(d))；节点 ε_5，ε_7 的弹道经几轮振荡后达到期望位置，$t=53.5$ s 时整个编队的期望队形趋于稳定(图 6-69(e)和图 6-69(f)分别为 $t=30$ s 和 $t=35$ s 时各节点的飞行情况)。

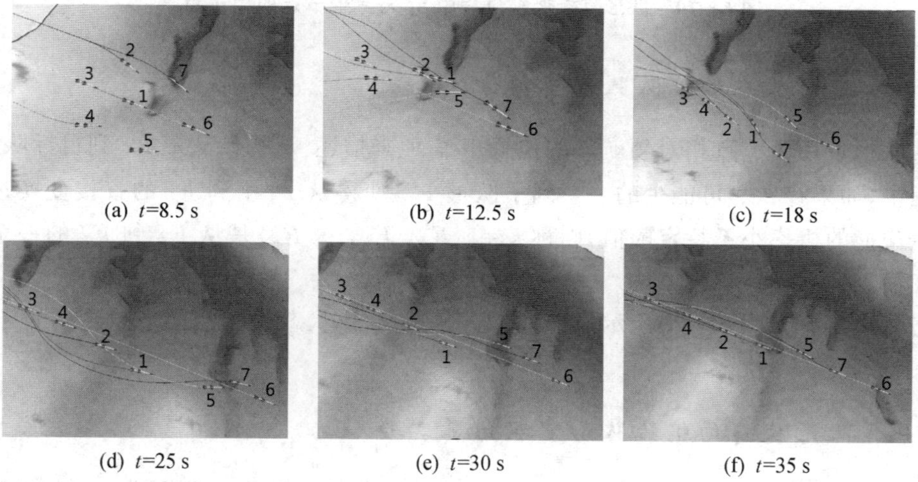

(a) t=8.5 s　(b) t=12.5 s　(c) t=18 s

(d) t=25 s　(e) t=30 s　(f) t=35 s

图 6-69　编队队形的直接变换方法仿真结果

图 6-70 所示为节点 ε_1 在整个编队队形变换过程中相对其他各节点速度坐标系的正交分量 x，y 以及距离 d。由图中可见，节点 ε_1 与节点 ε_2，ε_5 在 12 s 附近距离较近，与图 6-69 相符，其最近距离小于 50 m 也没有发生碰撞。

由仿真实验可见，当相对向量小于安全向量时具有避碰功能的编队飞行控制器能起到避碰作用；但是尽管在队形直接变换过程中没有发生碰撞，却隐含着不稳定因素，某些节点在达成期望值过程中易与其他节点冲突。为此下面给出一种基于队形状态的变换方法，即把容易冲突的直接变换分解为若干不易冲突的子变换来减弱变换的不稳定因素。

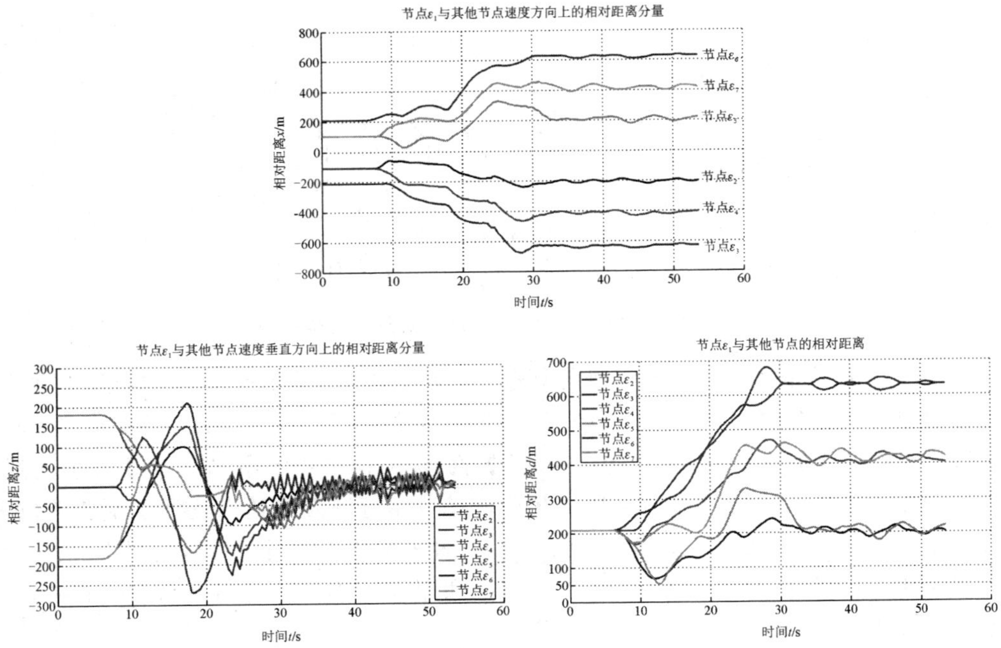

图 6-70　队形直接变换过程中 ε_1 与其他节点的相对距离

3. 基于队形状态的编队队形变换方法

编队队形可用各节点相对领航点的位置矩阵 $\boldsymbol{F}$ 来描述，从初始队形 F_1 到目标队形 F_r 的变换过程中，如果存在尽可能少的一系列子队形 F_i，使得从 F_{i-1} 到 F_i 的直接变换过程中各节点产生碰撞的概率小于特定阈值，则称 $\mathscr{F}=\{F_1, F_2, \cdots, F_r\}$ 是从 F_1 到 F_r 的一个队形状态转移变换。

状态变换流程如图 6-71 所示，当编队处于某一队形状态时，如果编队指标小于预设值则触发下一状态的子变换。

4. 基于队形状态的编队队形变换仿真实验

本小节将采用基于队形状态的队形变换来实现正六边形紧密编队到纵向紧密编队的仿真实验。仿真条件与 6.4.5 小节相同，将队形的变换分为 4 个状态，如图 6-72 所示。F_2 保证了节点 ε_6，ε_1，ε_3 之间有适当的空间让其余节点进入目标队形，F_3 使距离较近的节点分别进入，比节点 ε_2，ε_7，ε_4，ε_5 同时进入目标队形更加稳定。

仿真结果如图 6-73 所示。

初始队形即 F_1 为正六边形(见图 6-73(a))；当 $t=6$ s 时编队队形开始变换，所有节点首先同时向 F_2 运动(图 6-73(b)所示为 $t=22$ s 时各节点的飞行情况)；当 $t=26$ s 时指标达到 F_2，编队进而向下一个状态 F_3 转移(见图 6-73(c))；当 F_3 达到后整个编队最终向目标编队 F_4 转移(见图 6-73(d))；最后在 $t=65$ s 时队形趋于稳定(图 6-73(e)、(f))。从整个变换过程可清楚看到，基于队形状态转移的变换比直接变换要平稳很多。限于篇幅，这里只考察节点 ε_4，ε_1，ε_7 的相对距离 d(节点 ε_3，ε_2，ε_5，ε_6 与邻近节点的相对距离蕴含其中)，结果如图 6-74～

图 6-76 所示。

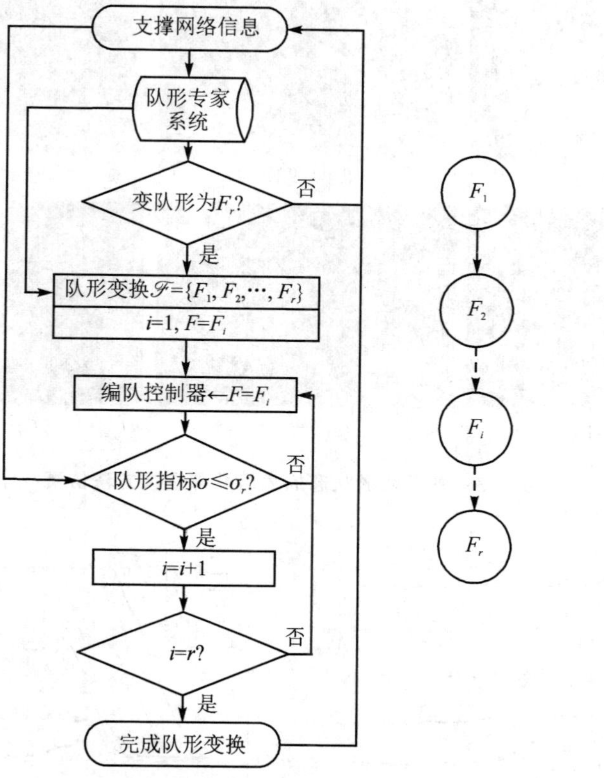

(1) 队形变换流程　(2) 队形的状态转移

图 6-71　基于队形状态的编队队形变换流程图

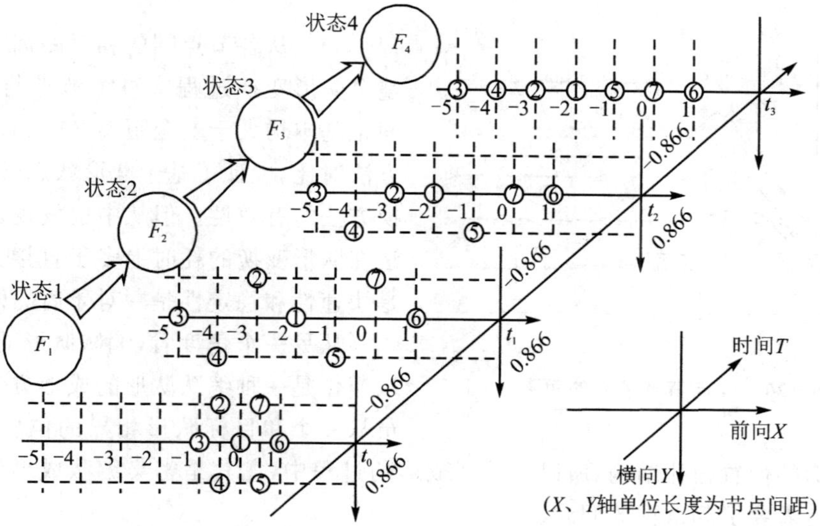

图 6-72　正六边形编队到直线编队的队形变换状态

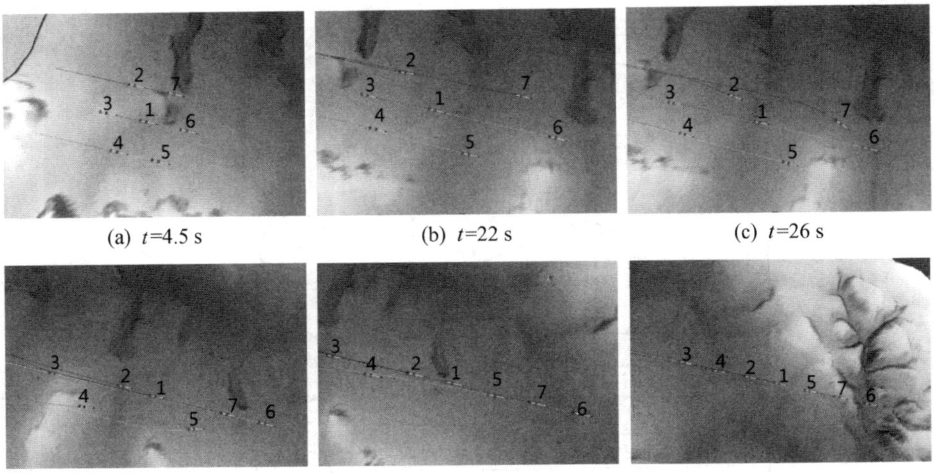

(a) t=4.5 s　　(b) t=22 s　　(c) t=26 s

(d) t=41 s　　(e) t=52 s　　(f) t=65 s

图 6-73　基于队形状态的编队队形变换方法仿真

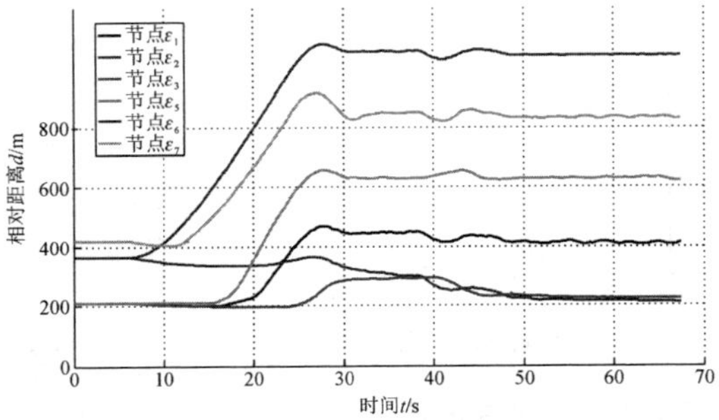

图 6-74　ε_4 与其他节点的距离

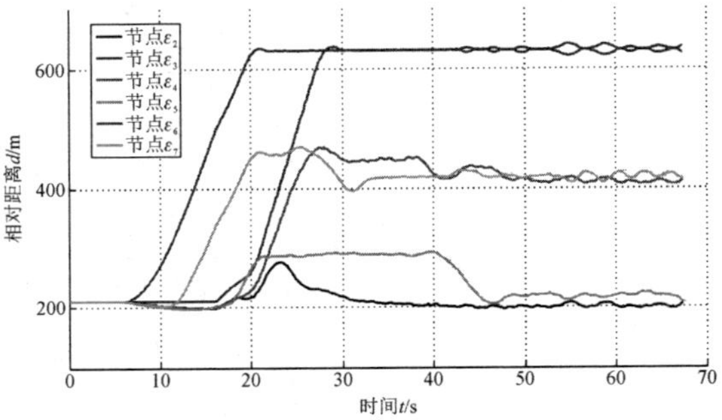

图 6-75　ε_1 与其他节点的距离

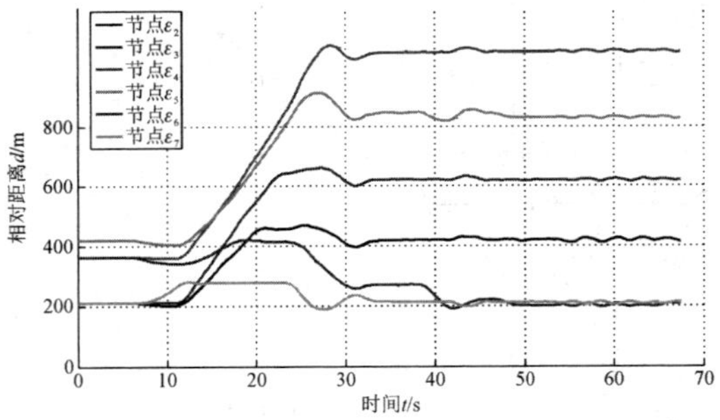

图 6-76　ε_7 与其他节点的距离

从各节点间的相对距离可以看出，在整个队形变换过程中每个节点与其他节点的间距基本均大于安全距离 200 m，与直接变换方法对比，验证了基于队形状态转移的队形变换方法的有效性。但从中也发现，状态转移方法在队形变换的耗时上多于直接方法，这也正是快速性和稳定性是一对矛盾的体现。

从另一个角度看，编队队形的变换方法可以当作是一种编队队形的成形方法，即编队成员从一个和目标队形相异的位置拓扑结构变换到目标队形的位置拓扑结构，所以在编队成形的过程中，尤其是密集编队成形的过程中，节点间的避碰是需要引起重视的问题。

6.4.6　编队转弯方式与队形拆分方法

编队作为一个整体，其运动的特点和编队内部的成员特性、控制方法、组织形式等编队属性密切相关，仅就编队的转弯运动(或曲线运动)而言，就至少存在着质点转弯、刚体转弯和形变转弯三种形式，不同的形式反映着编队内部不同的网络关系与控制逻辑[2,11,13]，合理地利用转弯形式会给编队在某些场合下的运动带来益处。

1. 编队转弯运动的形式

(1) 刚体转弯

定义 6.41：编队的刚体转弯，是指编队整体在转弯过程中，各飞行器成员维持其在弹道坐标系中的编队几何位置不变的一种转弯形式。在有实/虚领弹(统称为领航点)的情况下，各飞行器成员维持其在弹道坐标系中的实/虚领弹的位置。

如图 6－77 所示，在地面坐标系看来，整个编队像是一个刚体在空间运动，这种形式的转弯最为常见，其源于在编队飞行控制器设计上，飞行器成员与领航点间的相对参考距离保持不变。正如前述编队运动学建模时揭示的那样，相对距离是编队保持系统中飞行器成员间的最直接关系；速度矢量是编队飞行控制的最直接控制量；在速度方向上速度的大小是主要的控制量；在速度垂直方向上弹道偏角是主要的控制量。所以在编队飞行过程中，如果不对相对参考距离(即编队飞行控制器中的间距指令)做额外的调整，那么转弯往往是刚体转弯。

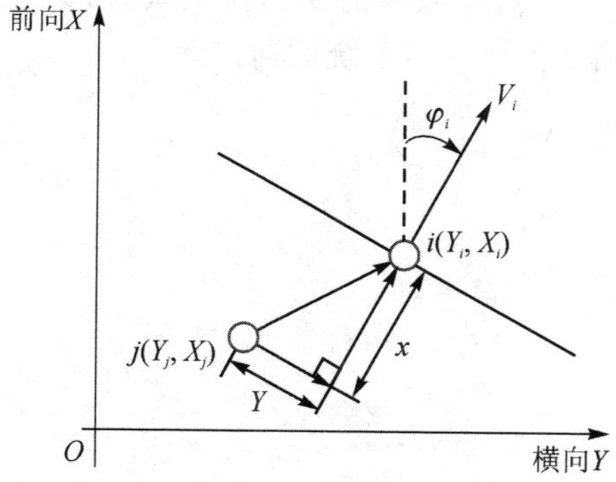

(a) 保持弹道坐标系下的参考值不变

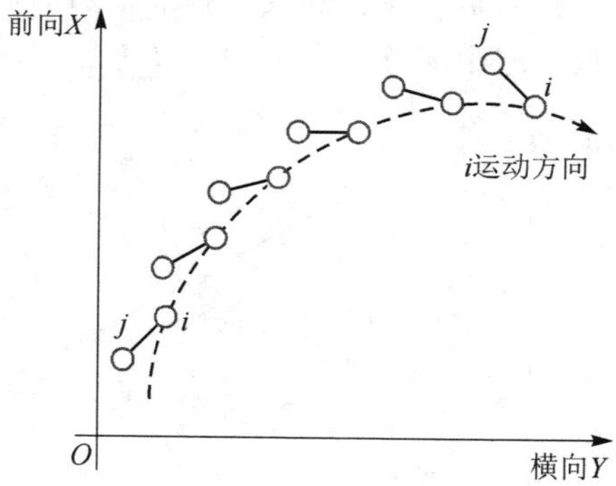

(b) 在地面坐标系中的转弯特点

图 6－77　编队的刚体转弯示意图

(2) 质点转弯

定义 6.42：编队的质点转弯，是指编队整体在转弯过程中，各飞行器成员维持其在地面坐标系中的编队几何位置不变的一种转弯形式。

如图 6－78 所示，在地面坐标系看来，整个编队像是一个质点在空间运动，鸟群在飞行过程中就使用这种转弯形式。它能使飞行器成员在转弯时做等半径转弯，避免了刚体转弯过程中外侧成员做等角速度转弯时，转弯半径过大导致的速度或过载超标现象。质点转弯本质上已经改变了编队的内部结构，一方面，编队控制器的间距指令需根据编队整体(或领航点)的弹道偏角进行调整，在飞行过程中把地面坐标系的参考距离通过地面坐标系到弹道坐标系的转换矩阵来实时换算，在二维平面内质点转弯的间距指令 $\boldsymbol{d}_r$ 为

$$\boldsymbol{d}_r=\begin{bmatrix}x\\y\end{bmatrix}=\begin{bmatrix}\sin\varphi & \cos\varphi\\ \cos\varphi & -\sin\varphi\end{bmatrix}\begin{bmatrix}Y_j-Y_i\\X_j-X_i\end{bmatrix}=\begin{bmatrix}\sin\varphi & \cos\varphi\\ \cos\varphi & -\sin\varphi\end{bmatrix}\begin{bmatrix}x_e\\y_e\end{bmatrix}\tag{6-182}$$

式中符号含义如图 6-78 所示。另一方面,应根据实际需要来调整编队中飞行器成员间的跟随或从属关系。

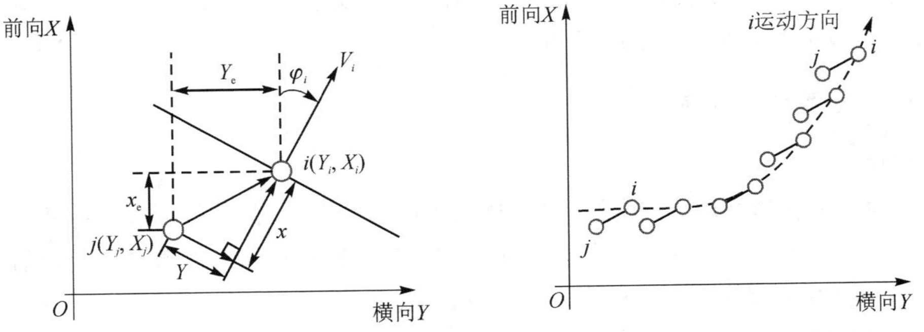

(a) 保持地面坐标系下的参考值不变　　(b) 在地面坐标系中的转弯特点

图 6-78　编队的质点转弯示意图

(3) 形变转弯

定义 6.43:编队的形变转弯,是指在转弯过程中编队整体的几何形状发生了变形的一种转弯形式。如图 6-79 所示,这种形式的转弯常常是被动的,编队飞行控制器的指令没有进行刻意的调整,而是由飞行器成员相继跟随的惯性产生的,类似于前述的链式效应;但这种分散式的、邻近式的跟随方式在某种意义上放宽了对编队支撑网络系统的通信要求。

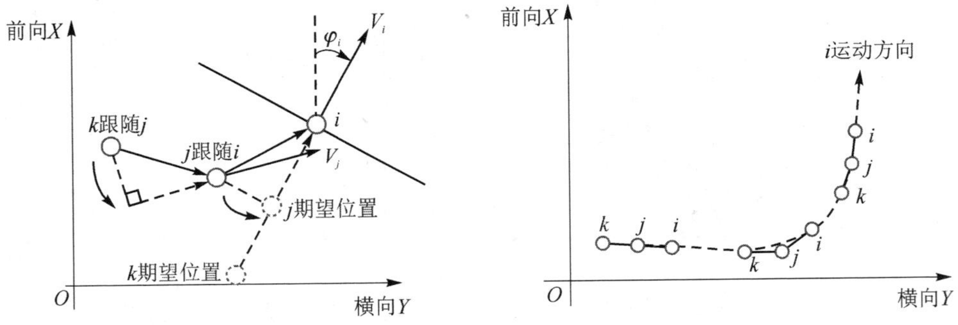

(a) 相继跟随导致的队形形变　　(b) 在地面坐标系中的转弯特点

图 6-79　编队的形变转弯示意图

2. 基于质点转弯的编队队形拆分方法

对于飞航导弹编队而言,编队队形的拆分通常用来在交班区实施末制导段的编队分群。在编队队形的拆分过程中,如果每个子群在曲线运动的时候都采用刚体转弯的形式,那么由于刚体转弯的"甩尾"现象,相邻子群间就会有碰撞冲突的危险,如图 6-80 所示。

如果此时各子群切换到质点转弯来进行曲线运动,就可以避免这种冲突,这就是基于质点转弯的编队队形拆分方法的思想。

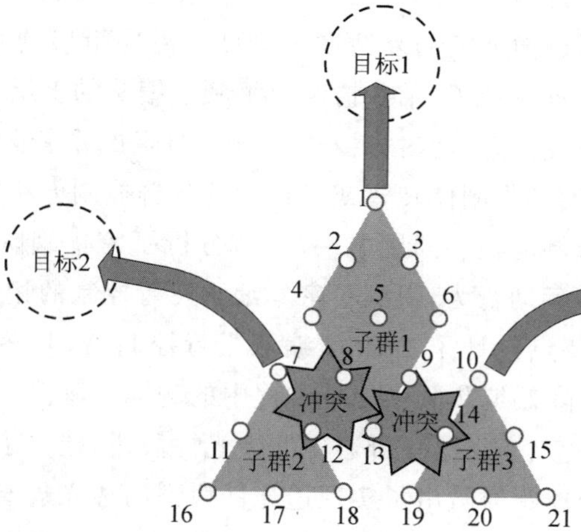

图 6-80 密集编队队形拆分过程中遇到的问题

3. 基于质点转弯的编队队形拆分仿真实验

下面以三角形编队为例，通过仿真验证该方法的有效性，编队参数、相对位置、序号与6.4.1小节相同。首先编队以刚体转弯的形式向目标区域运动，在接近目标区域后分别飞向3个子目标，子群划分为子群 1$\{\varepsilon_i,(i=1\sim6,8,9,13)\}$、子群 2$\{\varepsilon_i,(i=7,11,12,16\sim18)\}$、子群 3$\{\varepsilon_i,(i=10,14,15,19\sim21)\}$，模拟如图 6-80 所示的场景。拆分前领航节点为与节点 ε_1 重合的虚拟节点，编队以刚体转弯进行曲线运动；拆分指令触发后，子群 1,2,3 的领航节点分别为 ε_1,ε_7,ε_{10}，编队切换到质点转弯，整个过程的仿真结果如图 6-81 所示。

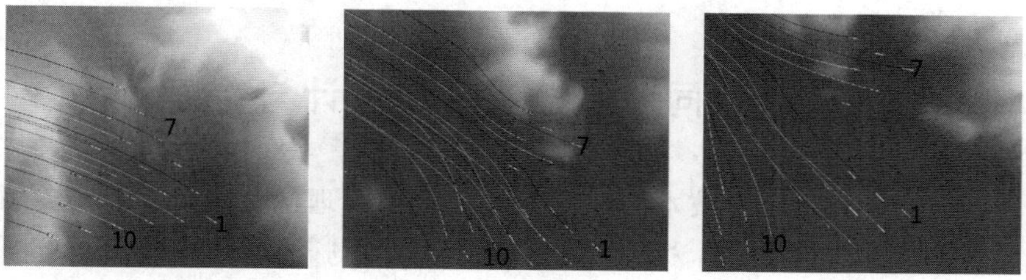

(a) t=20.5 s (b) t=35.5 s (c) t=39.8 s

图 6-81 基于质点转弯的编队队形拆分仿真

在 $t=5.6\sim20.5$ s 转弯过程中，编队使用刚体转弯，可明显看到整个编队在地面坐标系内仿佛一个刚体，不仅有平动而且有转动(见图 6-81(a))；当 $t=32.5$ s 时编队开始分群，由节点 ε_1,ε_7,ε_{10} 分别带领的三个子群基本保持着在地面坐标系中分群开始时刻的队形结构而向三个方向飞去(图 6-81(b)所示为 $t=35.5$ s 时各节点的飞行情况)；当 $t=39.8$ s 时三个子群基本分开(图 6-81(c))，与图 6-81(b)时三个子群的内部几何关系对比，三个子群就像三个大的质点，只进行了平动而没有转动，因而在分群过程中由节点 ε_7 和 ε_{10} 带领的子群没有“甩尾”现象，没有与由节点 ε_1 带领的子群发生冲突。

仿真实验表明,基于质点转弯的队形拆分方法的可行性和应用价值,在某些情况下有效降低了密集编队分群时处理节点间碰撞冲突的复杂度与难度。需要指出的是,质点转弯后子群领航节点在子群运动方向上的位置改变了,某些情况下不利于编队的上层任务,因为位置处于前方的节点能更早地获得外部环境信息,此时需要进行领航节点的重新分配。如果领航节点装备有特殊设备,那么需要再次切换为刚体转弯或设计其他分群控制方法。

避碰是解决密集编队飞行控制的核心问题之一,本节分析了密集编队避碰问题的特殊性并借鉴了自然界中的密集群体的运动行为,得到了密集编队飞行控制的相关研究成果:

① 根据鸟群个体间的交互特点设计了 LMPC 编队飞行控制器,并参照鸟群中的个体运动特点设计了 LMPC 的权值,以降低编队队形保持过程中的碰撞概率。

② 基于鸟群的紧密度分布特点提出了鸟群避碰的透光性假说,建立了密集编队的透光系数模型,并结合 LMPC 编队飞行控制器给出了实现透光性假说的透光规避算法。在整个编队飞行过程中,飞行器成员个体利用自身在编队中的拓扑状态,形成由网络结构决定的后天特征,所有飞行器成员通过这种后天特征连同已有的先天特征在网络中的传递揭示了编队的整体利益,使飞行器成员具有了对编队整体利益的认知能力,体现了飞行器自主编队协同飞行控制的网络化特性和自主特性。

③ 给出了编队队形的四种变换形式的明确定义,提出了基于队形状态的编队队形变换方法,以降低编队队形变换过程中的碰撞概率。

④ 借鉴鸟群的转弯特点定义了三种转弯形式,提出了基于质点转弯的编队队形拆分方法,以降低编队队形拆分过程中的碰撞概率。

综上所述,飞行器自主编队协同飞行控制系统的网络不仅是通信网络,更是支撑网络;自主编队的自主性不仅体现在飞行器成员个体利益的决策,而且体现在编队整体利益的决策。

6.5 协同飞行控制系统设计与验证

现阶段协同飞行控制(CFC)技术领域研究大多集中于理论方法,较为深入的研究更多是涉及无人机编队的队形控制方面。近几年来,为适应协同飞行控制理论与技术的迅速发展,更好地验证协同飞行控制系统的体系架构和设计方法,探索和发现理论与工程实践结合过程中存在的问题,国内外研究机构已对协同飞行控制算法的硬件在环(hardware in the loop,HIL)实验验证方式和硬件测试平台的研究给予了高度重视。美国和澳大利亚等国分别研制了硬件在环(HIL)的开放式控制平台,专门用于开发和测试导弹飞行控制算法。另外,美国 How 等人开发出多架飞机编队协同飞行的测试平台,但是还未能实现完全的自主编队协同飞行控制测试,其编队飞行测试仍主要依赖于地面站遥控。国内的相关研究还多属于理论与技术跟踪性研究阶段,一些高校等研究机构在编队协同飞行仿真研究方面也有进展,这使得协同飞行控制技术向工程应用迈出了一大步[2,11,13]。

6.5.1 系统设计与验证条件

目前国内的飞行器自主编队协同飞行控制系统的硬件在环仿真测试平台以及外场飞行试

验验证系统的建设还在起步阶段。本小节将以北京航空航天大学研制的飞行器自主编队协同飞行控制系统验证试验平台(CFCS of IPCLab)为基础,介绍协同飞行控制系统设计、实验验证及其实现的主要内容。

CFCS of IPCLab 平台具有架构开放、功能灵活和使用便捷的特点,主要由飞行器自主编队协同飞行控制实时数字仿真系统、硬件在环仿真测试平台、嵌入式飞行试验验证系统三大部分构成,其中包括嵌入式固定翼无人机系统、协同决策与管理系统、编队飞行控制系统、成员飞行控制系统、无线协同支撑网络系统、射频和光学导引头系统、目标模拟系统、综合管理与控制中心等主要设备。自 2013 年起该验证试验平台(CFCS of IPCLab)已为飞行器自主编队的相关理论研究与技术应用提供了多方面的关键技术支撑。

6.5.2　系统功能体系框架

CFCS of IPCLab 的功能体系框架包含实时数字仿真实验、硬件在环仿真测试和实物飞行试验三个层次,是一个具有完整结构体系的递阶式设计、实验和试验验证系统,便于对理论方法、系统设计与技术集成以及系统研制等方面进行分级分阶段的综合分析、检测和测试验证,既能提高系统设计、仿真验证和工程研制的整体效率,又能降低系统研究与研制过程的费用和风险。CFCS of IPCLab 功能体系框架如图 6-82 所示。

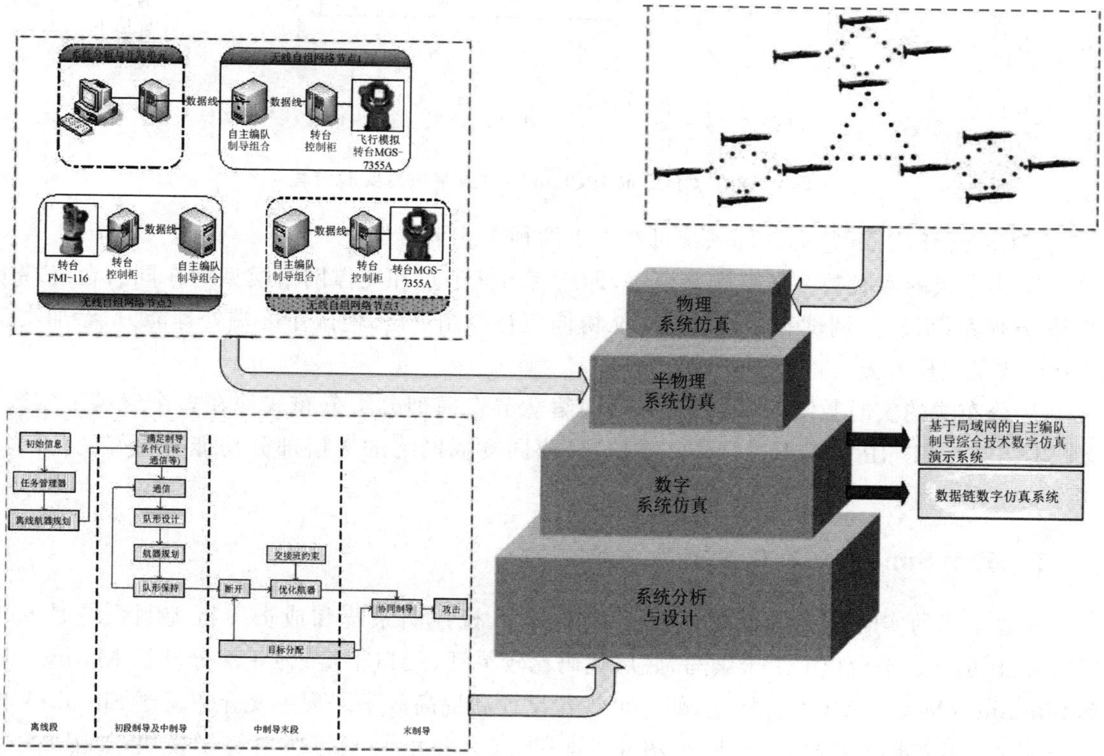

图 6-82　CFCS of IPCLab 的功能体系框架

6.5.3　实时数字仿真系统

CFCS of IPCLab 实时数字仿真系统是一套用于协同飞行控制系统理论与技术仿真验证

的计算机系统软件的集合，具有集成度高、可视化好、剪裁方便、操作灵活等特点，覆盖了飞行器自主编队协同遂行作战任务的主要环节：任务环境与战场态势的信息协同获取、编队的社会态评估以及任务规划等的协同决策与管理、队形生成与导引以及队形保持与控制的编队飞行控制、实施飞行姿态控制与轨迹导引的成员飞行控制、以个体角色与群体特征认知为核心的协同支撑网络以及综合效能评估等。系统可以进行各个独立环节的单独仿真实验验证，也可以对全系统整体联合仿真实验验证。CFCS of IPCLab 实时数字仿真实验流程如图 6-83 所示。

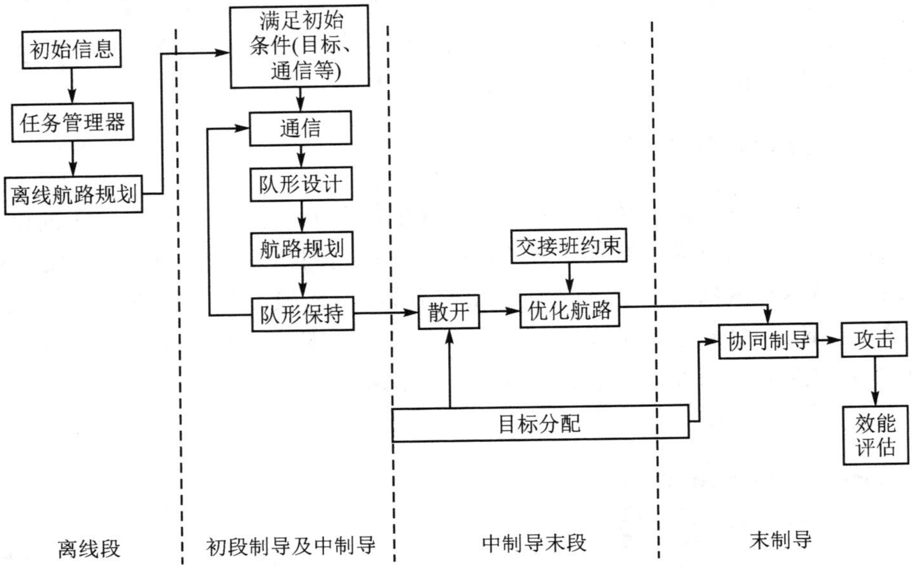

图 6-83 CFCS of IPCLab 实时数字仿真实验流程

CFCS of IPCLab 整套软件系统可在以下两种模式下工作：

① 集中式的实时数字仿真实验模式，即所有编队节点和支撑网络模型均在同一台终端上实现，方便系统设计、调试和测试验证编队协同飞行控制算法，但限于终端处理能力，参加实验的节点数量规模有限；

② 分布式的实时数字仿真实验模式，即编队节点模型分组分布式地在多个终端上实现，支撑网络在 TCP/IP 协议下进行仿真实验，对协同支撑网络的通信部分功能有更好的仿真测试验证。

1. 基于 Simulink 的数字仿真系统

在集中式的实时数字仿真实验模式下，编队飞行控制系统和成员飞行控制系统是基于 Microsoft 的 VS 平台以 C++编写，底层代码比较灵活，接口丰富；另一部分基于 Mathworks 的 Simulink/MATLAB 平台构建，便于可视化设计和提高效率。现主要介绍基于 Simulink 的部分[2,11,13]，其中单节点模块包括(见图 6-84～图 6-89)：① 运动学解算子模块，如图 6-84 所示；② 力与力矩解算子模块，如图 6-85 所示；③ 气动参数解算子模块，如图 6-86 所示；④ 大气环境子模块，如图 6-87 所示；⑤ 发动机子模块，如图 6-88 所示。这 5 个子模块组合为完整的单节点模块，如图 6-89 所示。

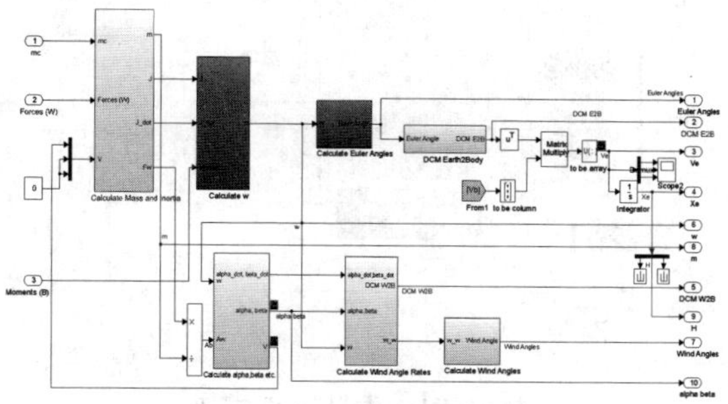

图 6－84　运动学结算子模块

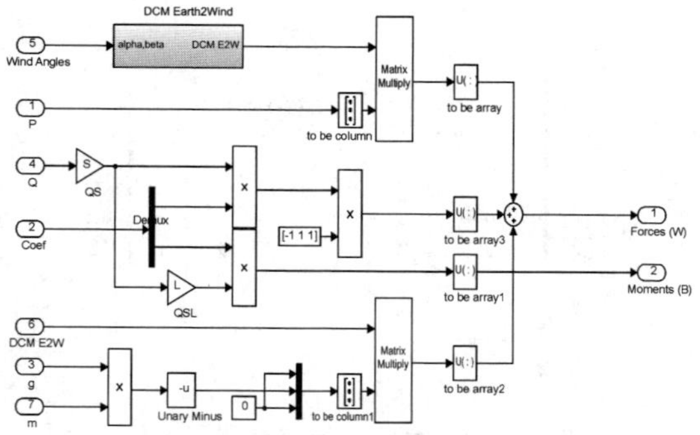

图 6－85　力与力矩解算子模块

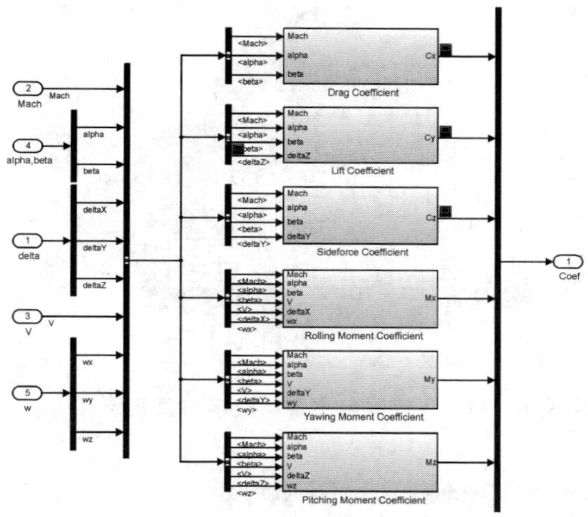

图 6－86　气动参数解算子模块

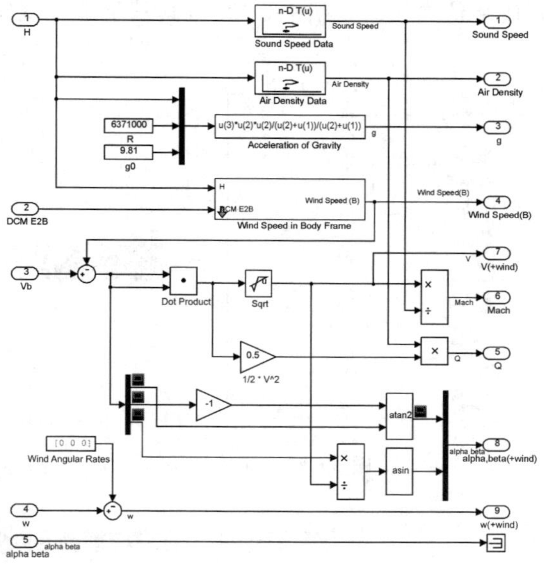

图 6－87　大气环境子模块

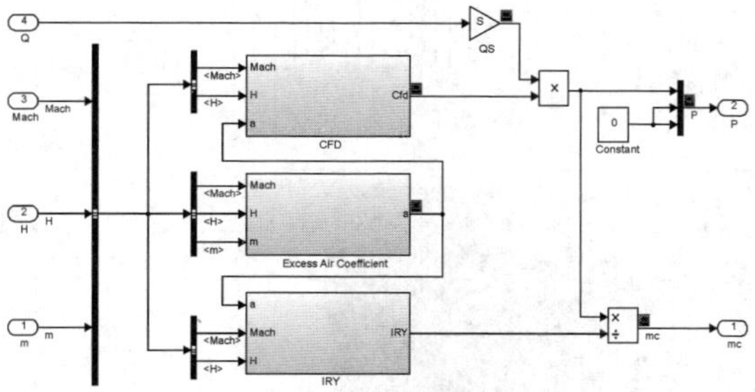

图 6－88　发动机子模块

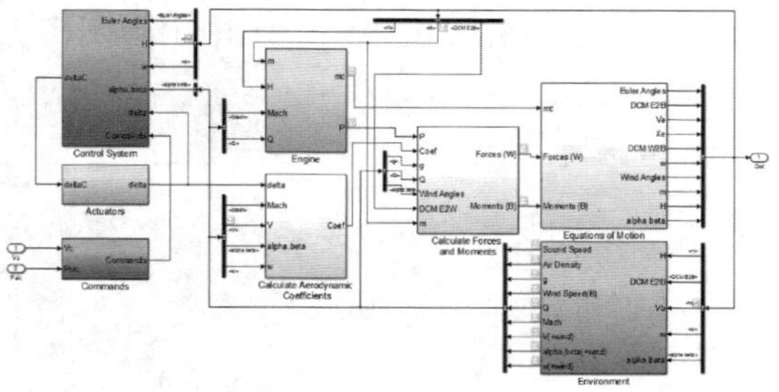

图 6－89　单节点模块

将上述单节点模块和编队飞行控制器子模块(见图 6－90)结合就成为具有编队能力的编队节点模块(见图 6－91)。

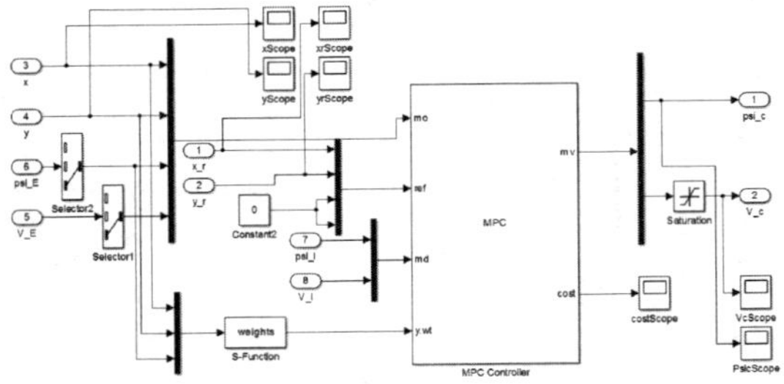

图 6-90　编队飞行控制器子模块

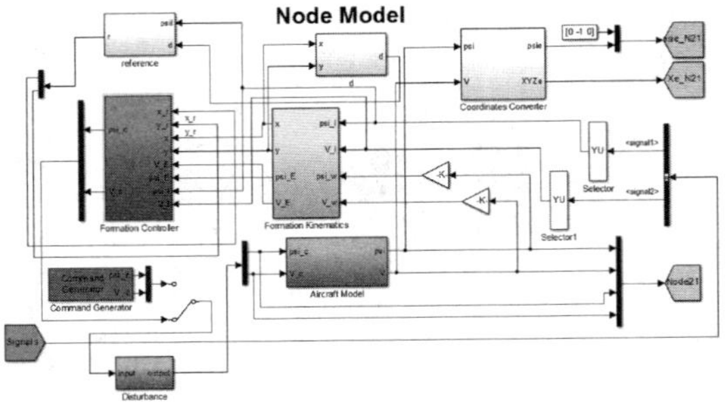

图 6-91　编队节点模块

将多个编队节点模块(见图 6-91)和通信模块(见图 6-92)组合,即可得到飞行器自主编队数字仿真系统(见图 6-93),其基于虚拟现实的综合演示子模块如图 6-94 所示。

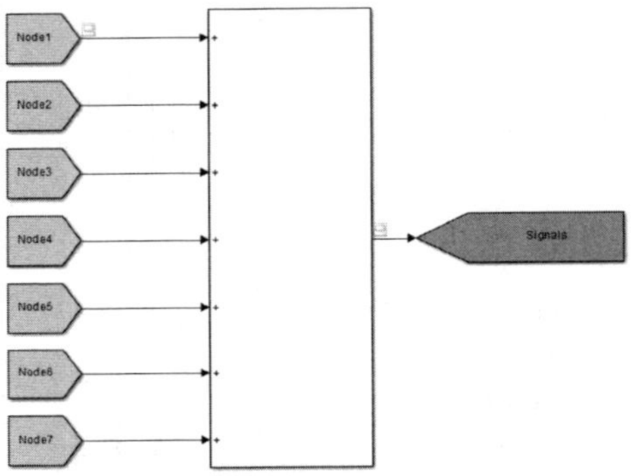

图 6-92　通信模块

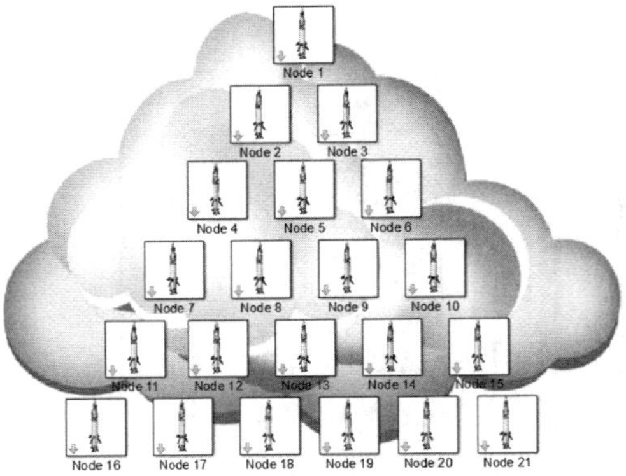

图 6-93　飞行器自主编队数字仿真系统

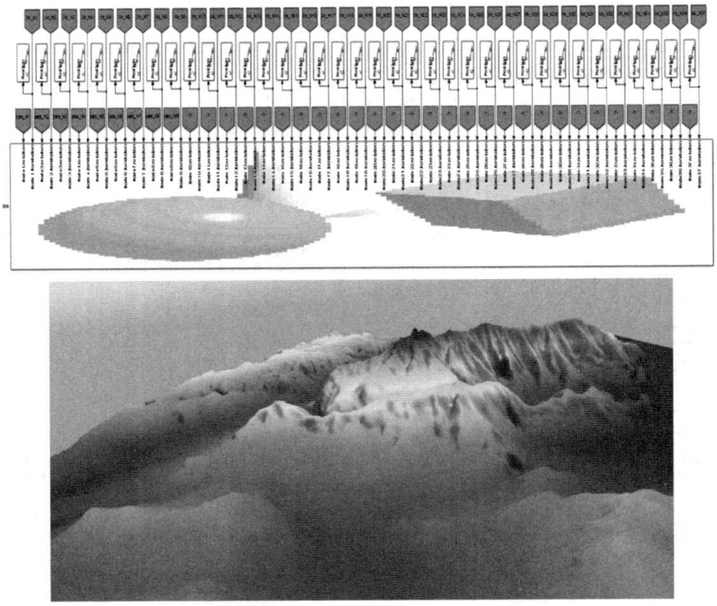

图 6-94　基于虚拟现实的综合演示子模块

2. 分布式自主编队数字仿真系统

分布式自主编队数字仿真与集中式的主要区别在于,前者采用了 TCP/IP 协议在局域网中对通信协议进行模拟,通过有线网络连接多个终端,其中的网络通信协议模拟流程如图 6－95 所示,各层协议模拟流程如图 6－96 和图 6－97 所示。

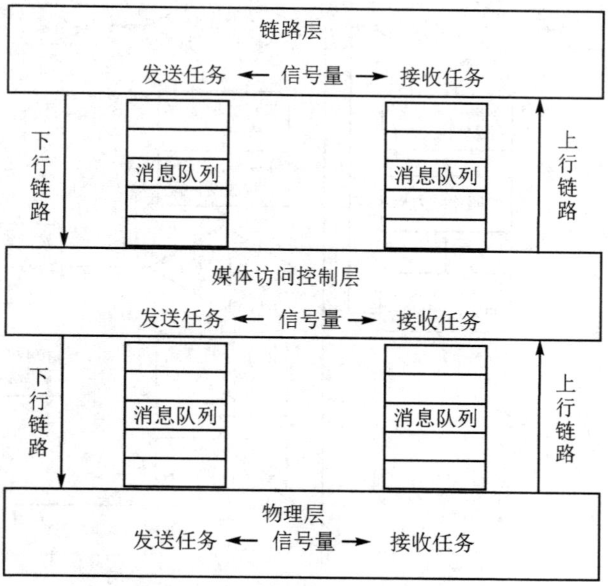

图 6－95　网络通信协议流程模拟

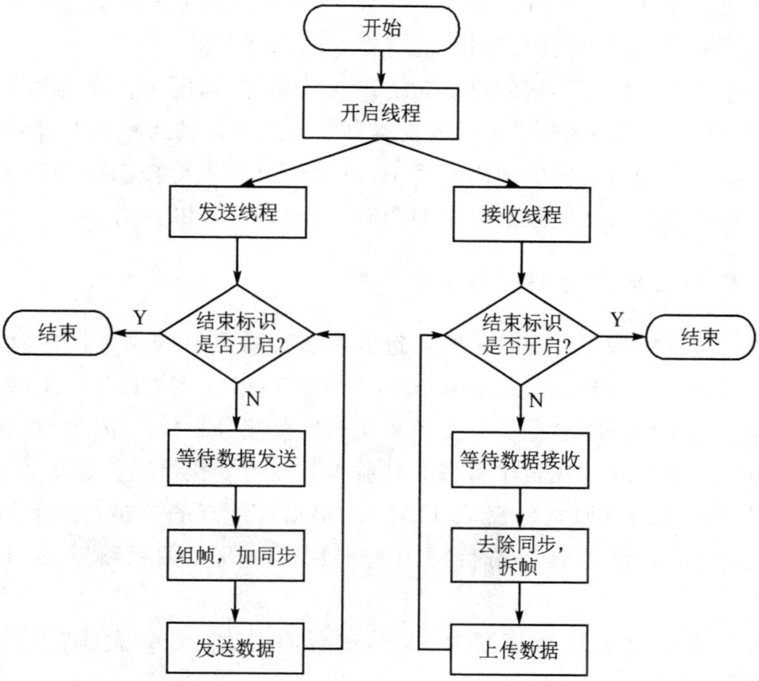

图 6－96　物理层协议模拟流程

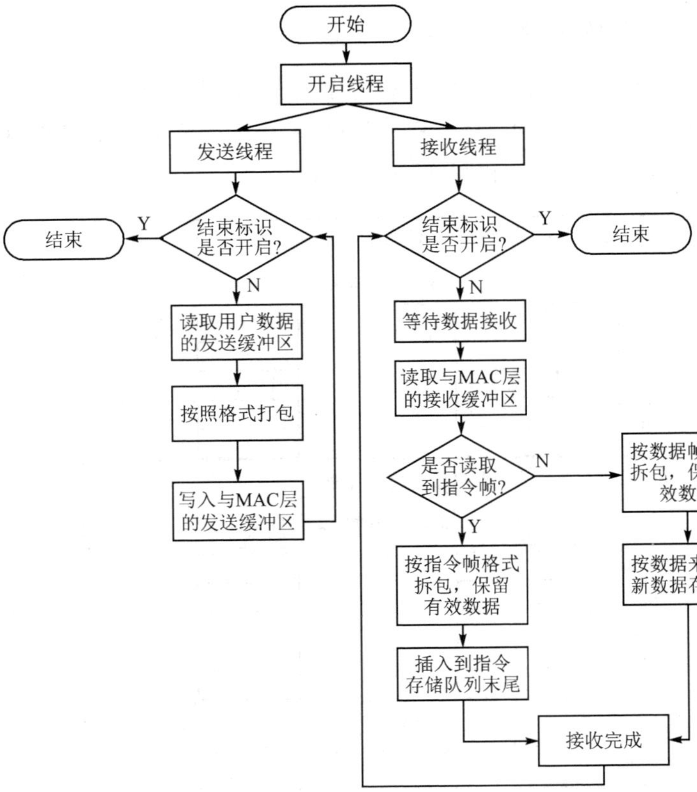

图 6-97 MAC 层协议模拟流程

在有线网络通信和 TCP/IP 协议条件下，因网络的服务质量较好，丢包和时延相对较低，故该阶段的仿真对网络通信协议的逻辑功能有很好的测试效果[11,12]。

通过基于分布式交互仿真环境的攻防对抗作战效能评估，既可使参与仿真实验的编队规模不受单个终端计算能力的限制，又可检验支撑网络通信协议的运行状况，同时在一定程度上使整个编队系统暴露在相对真实的网络环境中，可测试协同飞行控制算法对网络服务质量的鲁棒性。攻防对抗作战仿真的监控及显示如图 6-98 和图 6-99 所示。

3. 动态目标分配的数字仿真实验

以分布式决策方法应用于导弹自主编队进入中末交班区时的动态目标分配过程为例，通过飞行器自主编队协同飞行控制系统验证试验平台(CFCS of IPCLab)上的数字仿真系统进行仿真实验验证。在平台的综合监控系统中可实时地监测分布式决策的分配结果以及在不同支撑网络的服务质量下分布式决策中势博弈利益函数值的变化情况。鉴于该仿真实验的目的是侧重于考察基于自主编队原则(PSI-of-UAF)和势博弈原理的分布式决策与管理方法的有效性，这里对导弹自主编队及其攻击目标的基本特性以及相关系统功能给出下列约束和假设：

① 该型反舰导弹的最大飞行速度为 3Ma，过载能力为 $\pm 10g$ 范围内，最大飞行高度为 15 000 m，海上低空飞行高度为 10 m；

② 导弹自主编队的最大规模为 24 枚，目标舰船数量为 12 只，其最大航行速度为 30 节；

③ 当导弹进入中末交班区，导引头开机后，认为目标信息已通过信息融合且目标特性不变；

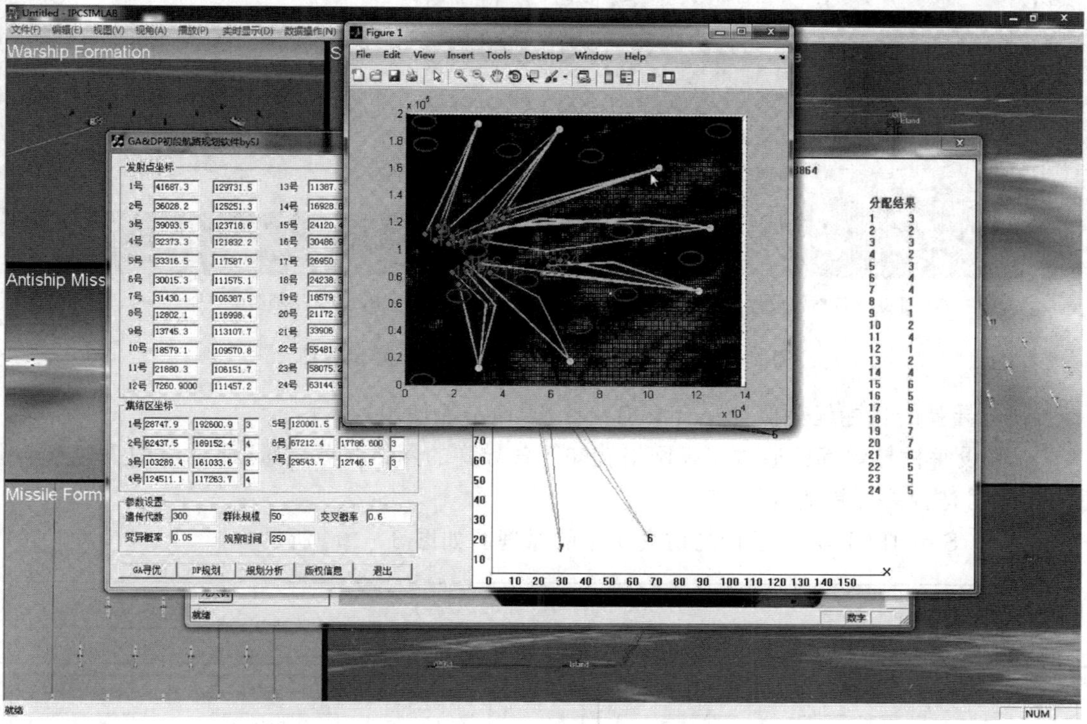

(a) 飞行器自主编队初始化界面

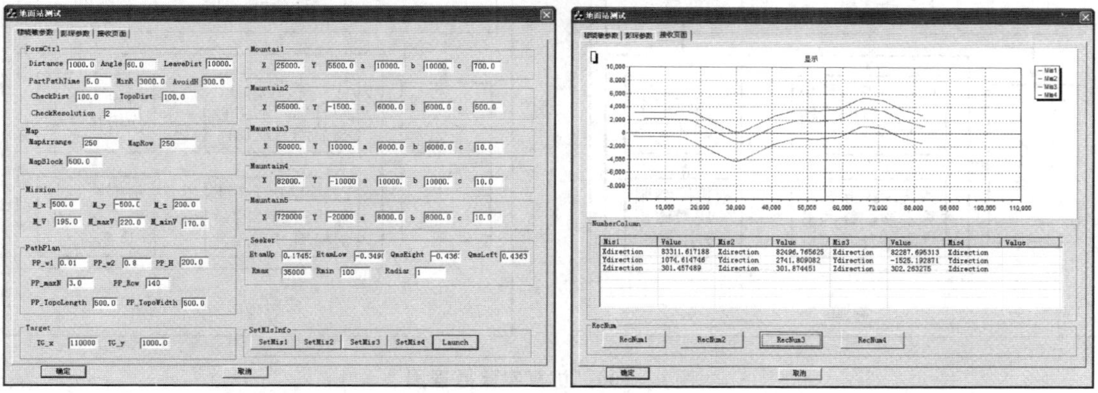

(b) 网络数据监控界面

图 6-98　攻防对抗作战仿真的监控及显示界面

④ 以进入中末交班时刻为准，各导弹的可选目标集、目标位置速度优势、目标威胁等参数在中末交班时间内认为不变(对分配结果的影响可忽略)；

⑤ 在势博弈过程中每枚导弹都不断地发送本弹所攻击目标的信息(该结果采用势博弈的协调机制选取)，以及接收其他导弹发来的目标选择(由于网络丢包影响并不一定能保证信息的实时性)；

⑥ 假定每枚导弹能够准确获知自己可攻击目标集内的目标所对应分配的导弹的优势值

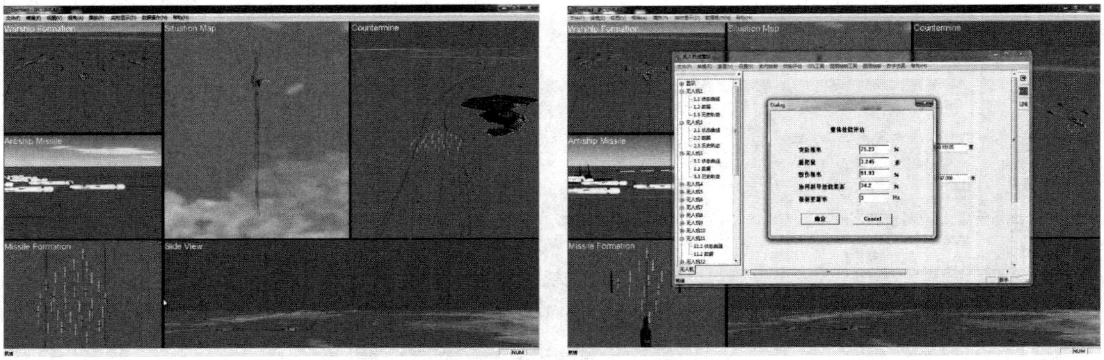

(a) 编队飞行航路监控界面　　(b) 编队作战效能评估结果

图 6-99　攻防对抗作战仿真的监控及显示界面

(由于其他导弹的目标优势值存在着不确定性,因而不能使用);

⑦ 假设每枚导弹都已通过支撑网络获知了各导弹的网络服务质量(即设定的丢包率),但每一包数据是否丢失是随机的。

在 CFCS of IPCLab 上运行的仿真实验的原理图如图 6-100 所示。

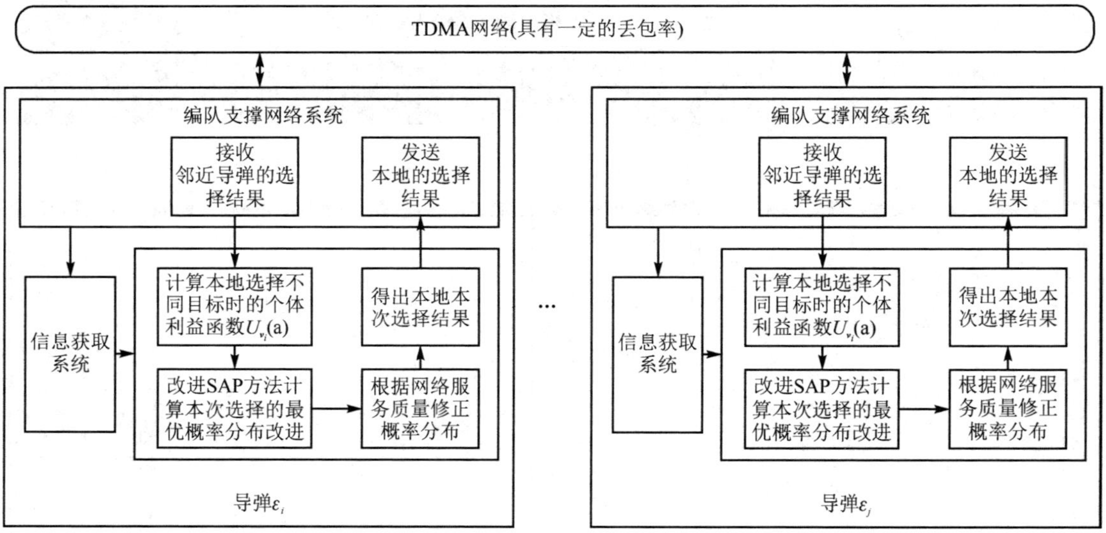

图 6-100　仿真实验原理图

图 6-101 和图 6-102 给出了在 CFCS of IPCLab 上运行的仿真实验的作战想定的场景以及运行结果。

图 6-101 所示的分布式决策与管理显示界面可以实时地监测导弹自主编队的分配结果和势博弈群体利益函数以及个体利益函数的数值变化曲线。从图 6-103 中可以看出势博弈过程的收敛趋势以及在中末交班过程中的动态目标分配结果的优化。可见,个体利益函数和群体利益函数的曲线走势基本一致,最终分配结果的利益函数值相对于初始值得到了较大的提高,24 枚导弹形成的自主编队的分布式动态目标分配过程持续了大约 16 s。由于实际优化过程中随机性参数 τ 和支撑网络丢包率 κ 的值并非是趋于零的小数,因而长期的势博弈结果

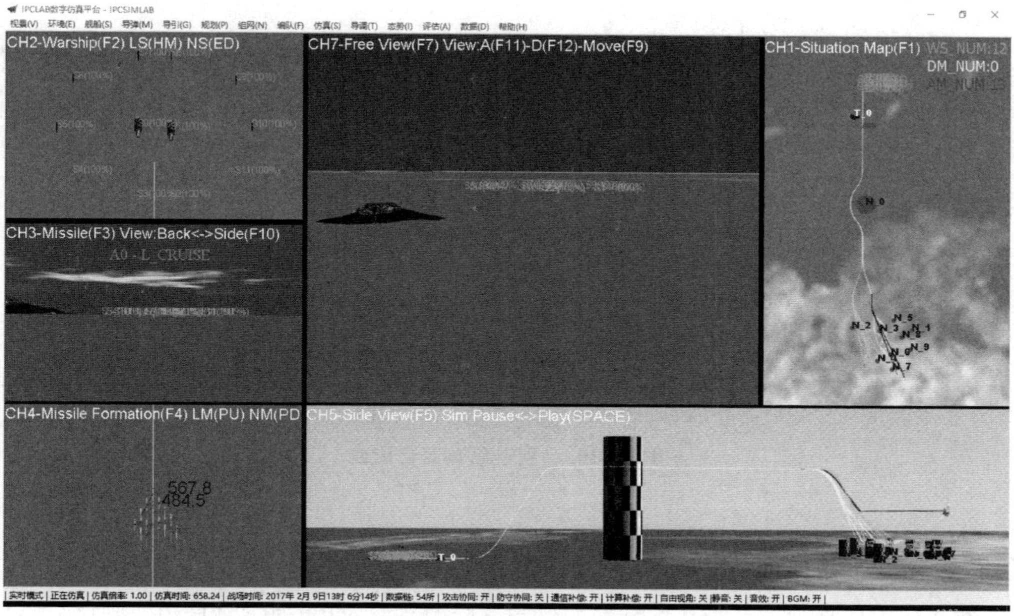

图 6-101　导弹编队在中末制导交班前的低空巡航状态

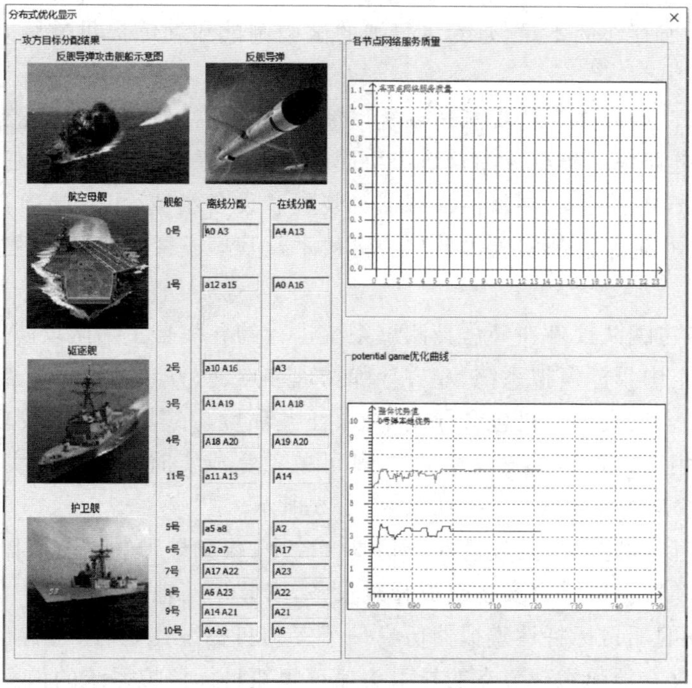

图 6-102　分布式决策与管理的显示界面

会存在随机的波动，但在工程应用中特定的决策时间内可以保证分布式决策具有明显的优化效果[2,11,13]。

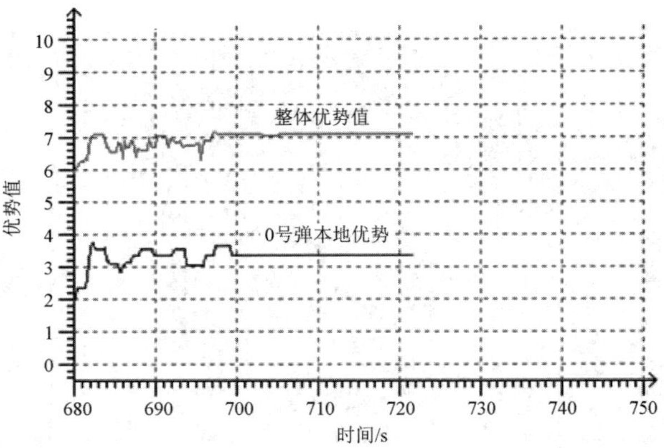

图 6-103 利益函数变化曲线

6.5.4 硬件在环仿真测试系统

硬件在环的仿真测试系统在飞行器的研制试验中广泛应用,通过将自动驾驶仪、导引头等核心部件加入仿真回路中,尽可能地为制导控制系统模拟飞行器所处的空间环境,在不做实物飞行的条件下对导弹自主编队作战进行全系统综合测试;硬件在环的仿真系统填补了数字仿真与实际外场试验所存在的不足,是为飞行器的试验调试和训练提供兼顾效费比和仿真真实度的有效手段[2,11,13]。

飞行器自主编队硬件在环仿真测试系统以编队的协同决策、管理模块和编队飞行控制模块为核心,以数据链通信端机组成的自组织协同支撑网络系统为基础,由三轴转台、六自由度运动平台、射频与光学导引头、多目标模拟器等装置和设备组成,可对导弹自主编队攻防对抗实验、无人机群的中/近距空战实验等各项关键技术及其集成系统的主要性能进行验证测试与评估。

基于飞行器自主编队硬件在环仿真测试系统进行的导弹自主编队攻防对抗实验,由地/海面目标模拟系统、空中目标模拟系统、攻方导弹物理节点、防方导弹物理节点、综合仿真计算机五大部分组成。综合仿真计算机包含导调中心、任务环境与战场态势以及攻方和防方等的全仿真实验要素,采用一体化的系统设计思想,既可单独完成实时数字仿真实验,也可实现硬件在环的半实物仿真实验,如图 6-104 和图 6-105 所示。

在导弹自主编队攻防对抗的硬件在环仿真实验中,攻方导弹物理节点以制导板为核心,连接导引头、自驾仪和数据链电台实物组成弹载设备,安装于三轴转台内框。舰船目标模拟系统由六自由度平台和舰船目标特性模拟器仿真一个实物目标节点,其余目标节点由综合仿真计算机模拟构成,由攻方导弹物理节点的导引头捕获舰船目标模拟系统的信息,经自驾仪形成导弹飞行姿态的控制指令,综合仿真计算机接收自驾仪的控制指令,根据攻方导弹节点运动学和动力学模型的计算结果,向转台发出三框位置与速度控制指令,转台带动弹载设备转动;然后,经由空中目标模拟系统模拟攻方导弹编队来袭的运动特性和目标特性,由二维平动机构和目标特性模拟器来模拟攻方导弹的实物节点,其余攻方导弹的节点由综合仿真计算机模拟完成。同样,由防方导弹物理节点的导引头捕获空中目标模拟系统的信息,经防方导弹物理节点的火

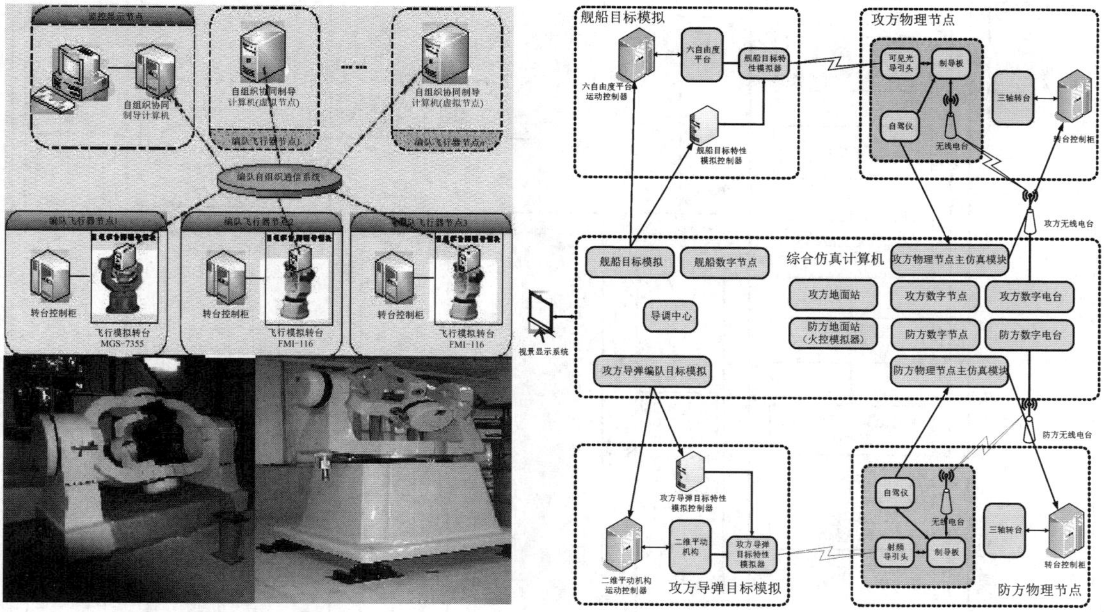

图 6－104　导弹自主编队硬件在环仿真测试系统结构框图

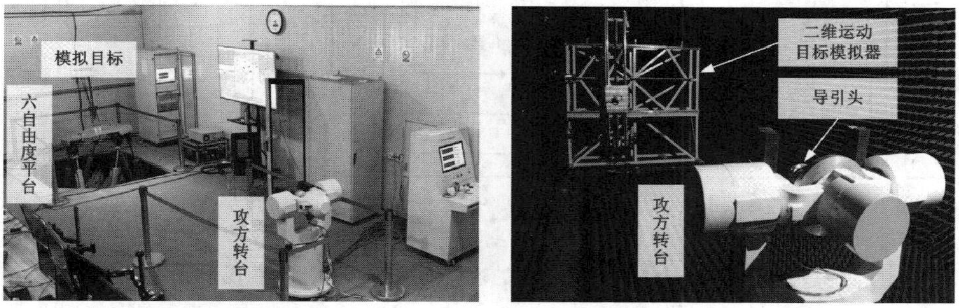

(a) 攻方半实物仿真(光学导引头)　　(b) 攻方半实物仿真(射频导引头

图 6－105　导弹自主编队硬件在环仿真测试系统部分设备

控系统和制导控制系统实施拦截导引并完成对抗实验。其中，防方的导弹物理节点与攻方的导弹物理节点类似。硬件在环的攻防对抗仿真实验流程如图 6－106 所示。

6.5.5　嵌入式飞行验证系统

美国空军在 2003 年开展的 Open Control Platform-Hardware-In-The-Loop 项目已经应用于单飞行器控制系统研究，RMUS(real-time multi-UAV simulator)系统和多 UAV 实验平台也已经建立，只是这些实验系统是否能用于自主编队综合飞行验证尚未见公开报道，国内也缺少此方面的相关文献。自 2008 年开始北京航空航天大学飞行信息处理与控制实验室(IPCLab)探索性地开展了飞行器自主编队飞行验证系统研制并取得了重大进展。从 2013 年起基于 CFCS of IPCLab 嵌入式飞行验证系统相继完成了一定规模的飞行器自主编队的攻防对抗飞行试验验证以及近距/中距空战试验验证[2,11,13]。

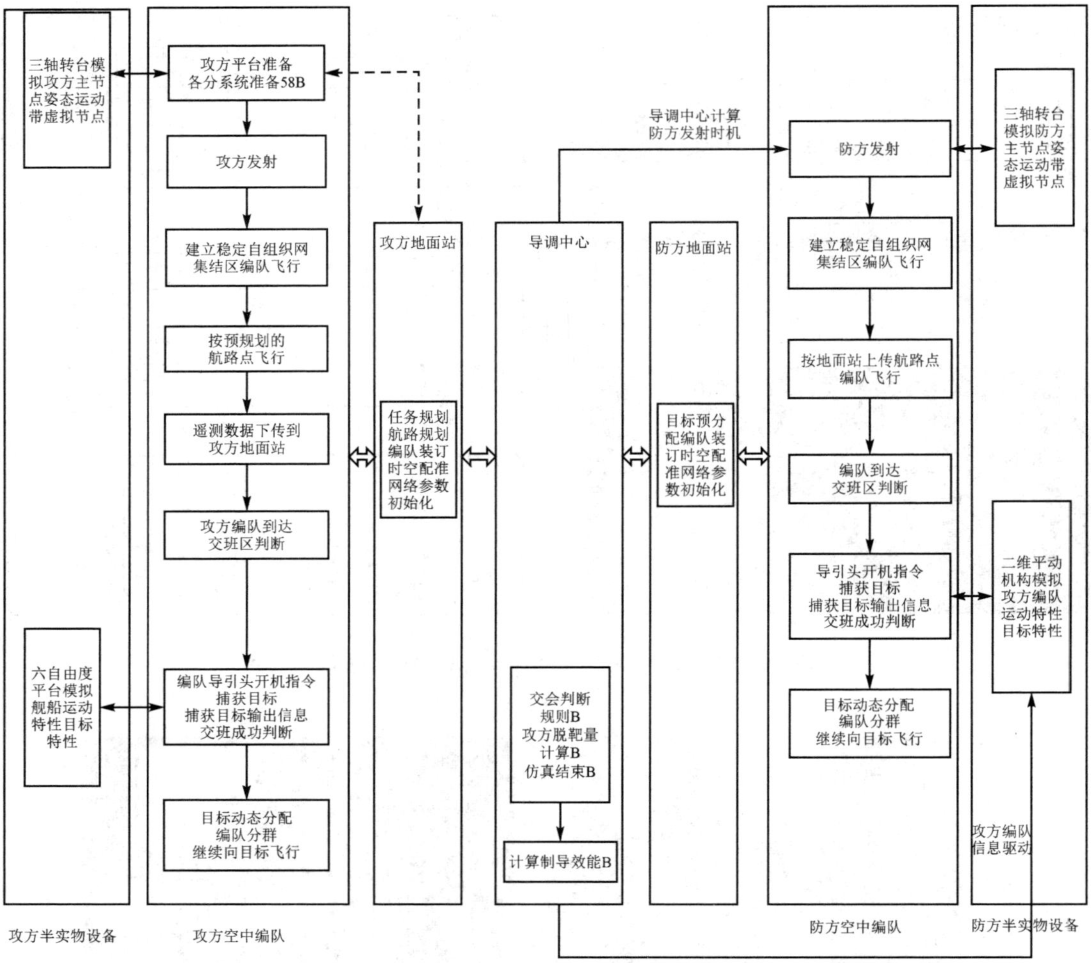

图 6-106 硬件在环的攻防对抗仿真实验流程图

CFCS of IPCLab 嵌入式飞行验证系统包括嵌入式固定翼无人机系统、协同决策与管理模块、编队飞行控制模块、成员飞行控制模块、协同支撑网络数据链系统、雷达和光学导引头、应急操控系统、综合管控中心等主要设备。CFCS of IPCLab 嵌入式飞行验证系统采用真实节点与虚拟节点结合的混合式结构,模块底层基于 VxWorks 系统开发,系统稳定可靠,保证在试验中飞行数据通过无线支撑网络回传到地面综合管控中心并存入飞行数据库,为后期的分析研究提供支持。CFCS of IPCLab 嵌入式飞行验证系统结构如图 6-107 所示,其中无人机系统结构如图 6-108 所示。

1. 协同支撑网络系统

CFCS of IPCLab 嵌入式飞行验证系统的协同支撑网络的系统框架如图 6-109 所示,该系统由嵌入式无线自组织支撑网络协议、通信端机以及接口电路组成。其中,通信端机具有数字信号处理、组网控制、安全认证、消息处理等功能。无人机系统可根据结构和功耗等特性选装合适的功放和天线。

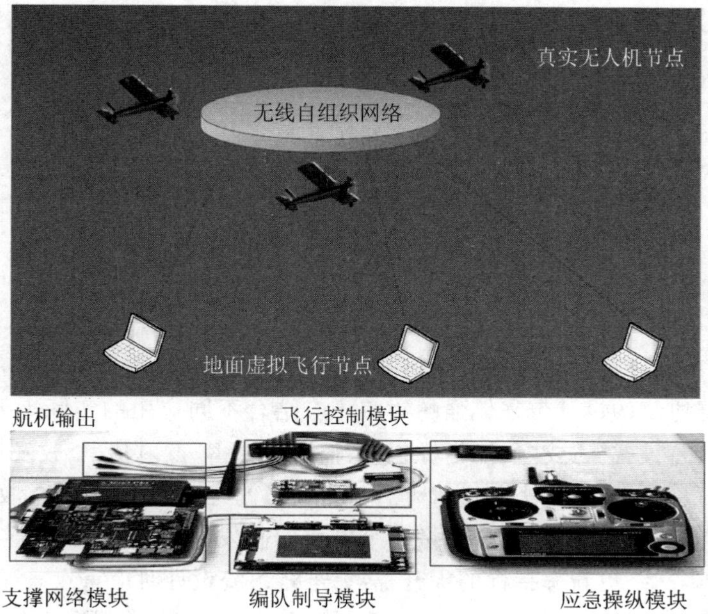

图 6-107　CFCS of IPCLab 嵌入式飞行验证系统结构图

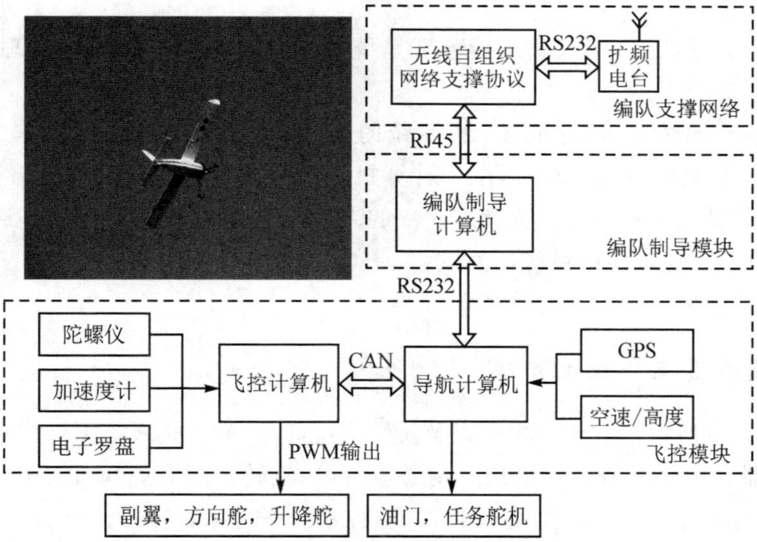

图 6-108　无人机系统结构图

(1) 数据帧设计

将无人机系统通过无线自组织支撑网络传递的数据定义为两帧，以十六进制方式存储和发送，每帧 10 Byte。在数据帧之上为网络参数帧，表明当前网络状态和节点总数及该无人机的 ID 号。

(2) 协议实现

协议最终以嵌入式系统的方式实现。选取合适的嵌入式系统，通过串口与电台和上层用户交换数据。每层协议以标准 C 语言来编程实现，并在嵌入式系统中以进程的方式独立存

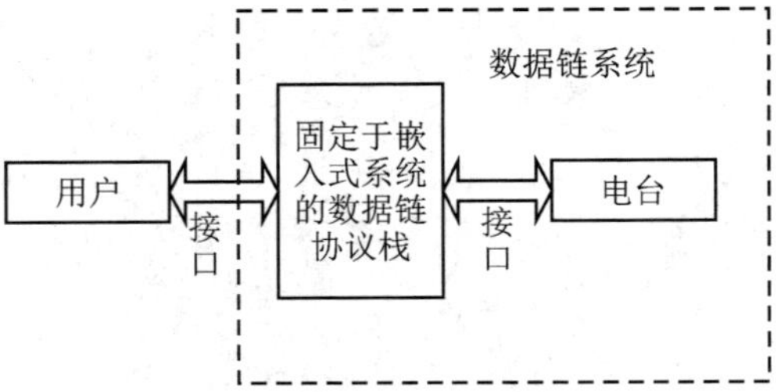

图 6-109 协同支撑网络系统框架

在,协议间的交互即为进程间的交互。通信端机是无线自组织支撑网络系统的关键设备,其性能指标对后续上层协议的设计带来较强的约束。应结合不同应用的实际需要,灵活使用不同性能指标的数传电台设备。这些性能指标包括:信道数据率、发射功率、收发切换时延、接收灵敏度、抗干扰性能以及电台的大小及重量等。值得注意的是,半双工电台在收发状态切换时的时延较大,当网内节点需要较高更新率时,各个电台的收发状态时刻变化,导致网络的信道利用率低,严重制约了网络更新率指标的提升,故在进行系统设计时应重点兼顾此指标。

目前用于实验的可供选择的数传电台较多,扩频电台这一大类更为适合,包括直序扩频以及跳频扩频两种扩频体制。

(3) 物理系统

用于 CFCS of IPCLab 嵌入式飞行验证系统的无线自组织支撑网络物理系统包含以下功能:

① 建立嵌入式开发环境,完成嵌入式系统的硬件设计;

② 根据物理仿真的特殊要求,对基于计算机系统的无线自组织支撑网络协议进行修改,调整参数设置,得到满足扩频电台为物理底层的无线自组织支撑网络协议,并通过计算机和电台组成的无线自组织支撑网络系统的测试;

③ 移植协议程序。

2. 嵌入式成员飞行控制系统

基于第 1～5 章所讨论的相关内容以及实际应用需求,嵌入式成员飞行控制系统的设计采用了 PID 控制器。主要使用 7 个 PID 控制通道:目标滚转→副翼舵角(PID1),目标俯仰→升降舵角(PID2),目标航向→方向舵角(PID3),目标航向→目标滚转(PID4),侧偏距→目标航向(PID5),目标高度→目标俯仰(PID6),目标速度→油门舵量(PID7)。它们组成了无人机横侧向控制回路、高度控制回路和速度控制回路[1,3-8,11,13]。

当实施转弯控制时,成员飞行控制系统通过目标位置与自身位置解算得出偏航角指令,通过偏航角指令的变化产生方向舵偏角;同时滚转通道保持稳定,滚转角指令为零,其流程图如图 6-110 所示。当实施纵向运动控制时,PID6 通道参照目标高度与当前高度的误差给出俯仰角指令,再由 PID2 通道控制升降舵实现目标俯仰角,其流程图如图 6-111 所示。

其余各类运动控制过程与此类似,这里不再赘述。无人机的动力学参数和物理参数具体数值见文献[1,2,3-8]。

选取$[V \quad \alpha \quad \beta \quad p \quad q \quad r \quad \phi \quad \theta \quad \psi \quad x \quad y \quad h \quad m \quad \delta_a \quad \delta_e \quad \delta_r \quad \delta_t]^T$为系统状态向

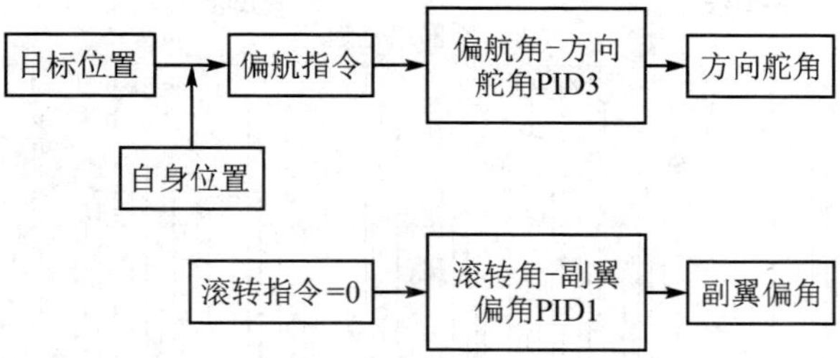

图 6-110 STT 转弯控制流程

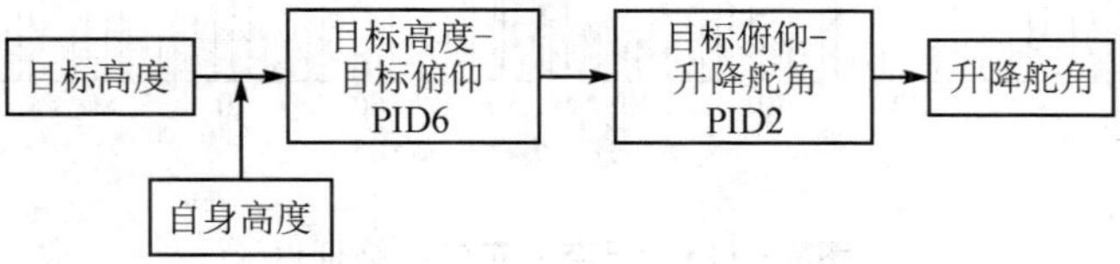

图 6-111 纵向运动控制流程

量。限于篇幅，这里仅给出纵向运动的成员飞行控制器，即

$$\begin{cases}\delta_e^* = \delta_{e0} - k_1 \cdot (n_y - 1) - k_2 \cdot q - k_3 \cdot (\theta - \alpha_0) - k_4 \cdot (h - h^*) \\ \delta_t^* = t_A - k_5 \cdot (V - V_0)\end{cases} \tag{6-183}$$

式中，$k_1 = -0.068$，$k_2 = 0.263\ 2$，$k_3 = 2.400\ 3$，$k_4 = 0.006$，$k_5 = 0.463\ 05$。相关变量定义、无人机非线性六自由度运动学与动力学建模方法以及坐标系间的转换关系参见文献[1,3-8]，成员飞行控制器式(6-183)的随机鲁棒分析与设计方法(SRAD)参见文献[13]。

3. 网络随机延迟因素的影响分析

(1) 网络控制系统的随机延迟

按延迟类型可将网络随机延迟分为常数延迟、相互独立的随机延迟和马尔可夫特性的随机延迟；按延迟发生的位置可将网络随机延迟分为传感器观测延迟 τ_o 和执行器控制延迟 τ_c 两类，如图 6-112 所示。本节主要采用相互独立的随机延迟作为网络化飞行控制系统的主要延迟类型。假设传感器观测延迟和执行器控制延迟服从均值为 μ_d、方差为 σ_d^2 的正态分布，即

$$\tau_o \in N(\mu_d, \sigma_d^2), \tau_c \in N(\mu_d, \sigma_d^2) \tag{6-184}$$

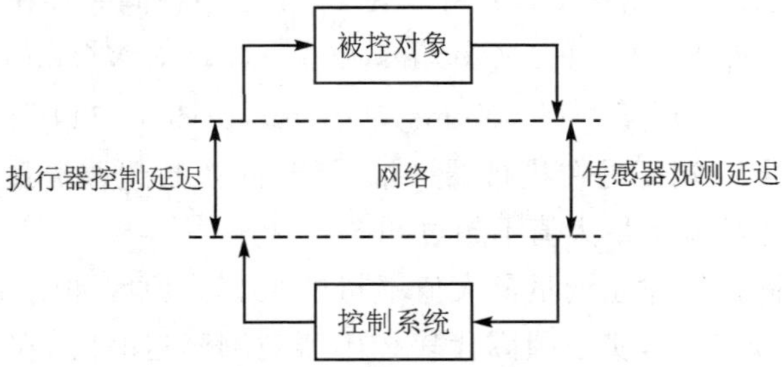

图 6-112 传感器与执行器延迟示意图

图 6-113 所示为正态分布的网络延迟。

图 6-113 中的圆圈位置代表延迟大小，横坐标代表延迟发生的时刻，延迟发生的时刻并

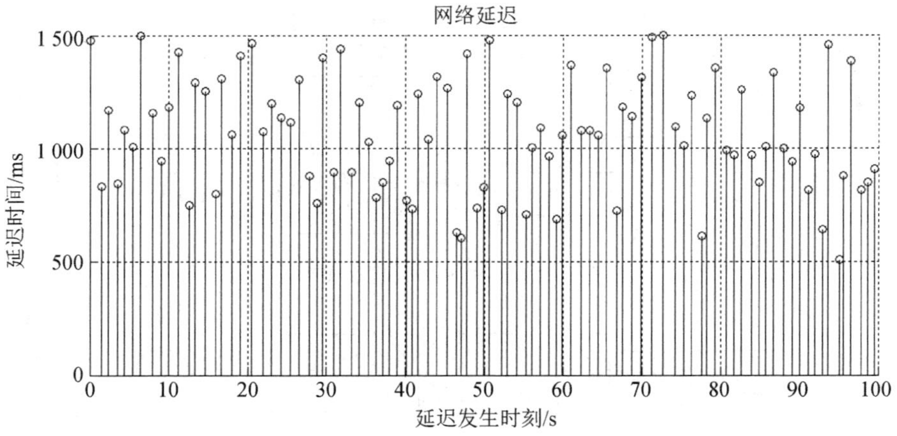

图 6-113 正态分布的网络延迟

不均匀，无人机非线性系统方程由原来的$\dot{\bar{\boldsymbol{X}}}(t)=f[(\bar{\boldsymbol{X}}(t),\boldsymbol{u}(t)]$变为

$$\dot{\bar{\boldsymbol{X}}}(t)=f[\bar{\boldsymbol{X}}(t-\tau_{o}),\boldsymbol{u}(t-\tau_{c})] \tag{6-185}$$

式中，$\bar{\boldsymbol{X}}(t)$为飞行状态向量；$\dot{\bar{\boldsymbol{X}}}(t)$ 为飞行状态向量的导数；$\bar{\boldsymbol{X}}(t-\tau_{o})$为加入传感器观测延迟的飞行状态向量；$\boldsymbol{u}(t-\tau_{c})$为加入执行器控制延迟的飞行控制向量。网络延迟本身的随机性为随机鲁棒分析的应用提供了条件。

(2) 传统等效上界网络系统鲁棒控制的保守性

假设传感器观测延迟和执行器控制延迟服从均值 μ_{d} 为 500 ms，方差 σ_{d}^{2} 为 250 ms 的正态分布，在该网络随机延迟情况下，考察式(6-183)控制律对无人机控制的鲁棒性，并对加入飞行控制系统和网络随机延迟的系统六自由度模型进行 50 次蒙特卡洛仿真，统计高度的超调量和调节时间，如图 6-114 所示。可以得出如下结论：

① 同时存在传感器观测延迟 τ_{o} 和执行器控制延迟 τ_{c} 情况下，超调量最大达到 60%，超调量大于传感器观测延迟 τ_{o} 和执行器控制延迟 τ_{c} 单独存在的情况；

② 当传感器观测延迟和执行器控制延迟同时存在，将网络延迟全部按照上界等效进而采用传统鲁棒控制方法设计的控制律太过保守。图 6-114 中在同时存在传感器观测延迟 τ_{o} 和执行器控制延迟 τ_{c} 的条件下，且 $\tau_{o}\in N(500\ \text{ms},250\ \text{ms})$，$\tau_{c}\in N(500\ \text{ms},250\ \text{ms})$，如果按照上界处理则等效的延迟分布 $\tau_{co}\in N(1\,000\ \text{ms},500\ \text{ms})$，由图 6-114 可以看出，这样的延迟分布 τ_{co} 无论等效在传感器一端还是在执行器一端，得到的控制超调量最大值均超过 100%，而图 6-110 中相同控制律超调量最大值不超过 60%。

而图 6-114 中相同控制律超调量最大值不超过 60%。原因如图 6-115 所示，图中空心圆圈代表执行器控制延迟时间，实心圆圈代表传感器观测延迟时间，在 37.5 s 后发生一个执行器控制延迟 670 ms，在 38 s 时发生了一个传感器观测延迟 340 ms。即在[37.5 s,38.17 s]执行器存在延迟，在[38 s,38.34 s]观测器存在延迟，而[38.17 s,38.34 s]是控制延迟遮掩了观测延迟的部分，该部分属于可忽略部分，不应计入鲁棒控制的不确定性 Δ 进而增加不确定性的上界。控制延迟是造成飞行控制品质下降的直接原因，当控制延迟遮掩了观测延迟的一

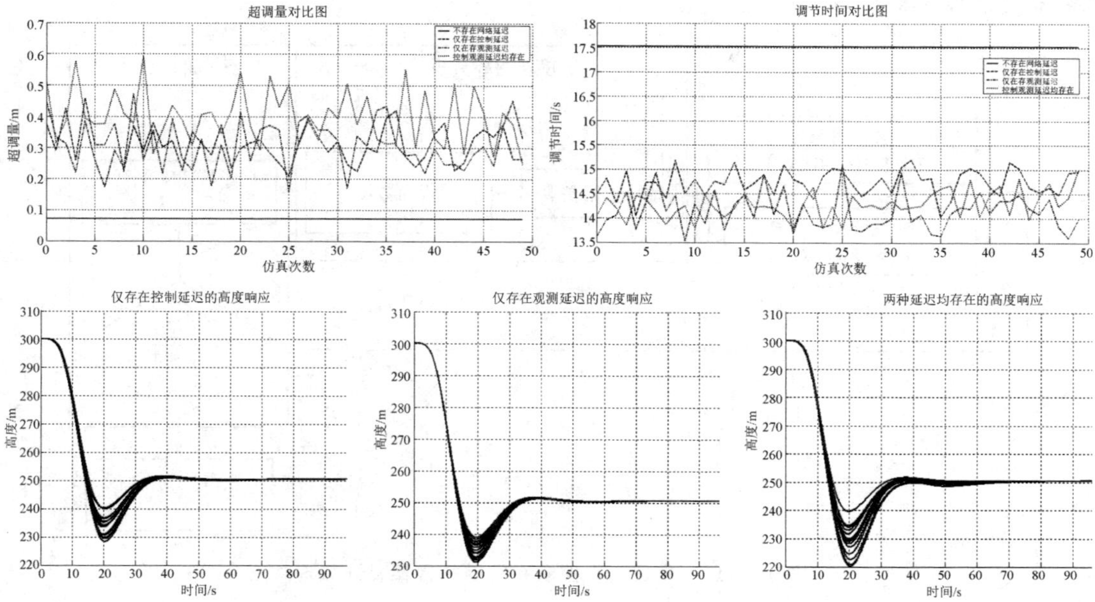

图 6-114　$\mu_d = 500$ ms 和 $\sigma_d^2 = 250$ ms 的正态分布延迟仿真结果

部分时，可以认为这部分观测延迟对飞行控制品质的下降没有影响，所以网络延迟全部按照上界等效进而采用传统鲁棒控制方法设计的控制律太过保守。

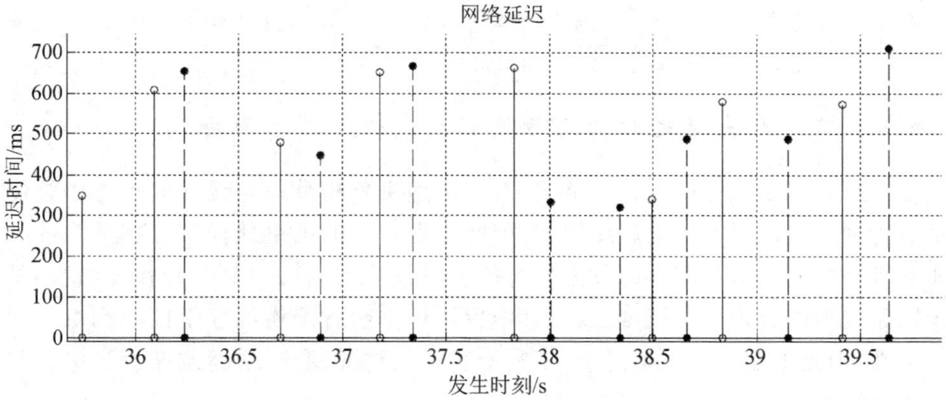

图 6-115　等效上界鲁棒控制设计保守性原因示意图

为了评价系统控制品质，取仿真时间 100 s 内的平均指令偏差（average instruction deviation，AID）作为系统控制品质的度量和系统随机鲁棒分析的指标，即

$$\mathrm{AID} = \frac{1}{T_0}\int_0^{T_0} |h - h^*| \, \mathrm{d}t \tag{6-186}$$

式中，$T_0 = 100$ s。

6.5.6　成员飞行控制系统随机鲁棒设计

成员飞行控制系统随机鲁棒设计原理如图 6-116 所示，系统随机鲁棒分析的指标是 50 次蒙特卡洛仿真得到的平均 AID，该指标用于衡量粒子群优化算法中的粒子优劣，用粒子群

算法对控制器参数进行寻优。

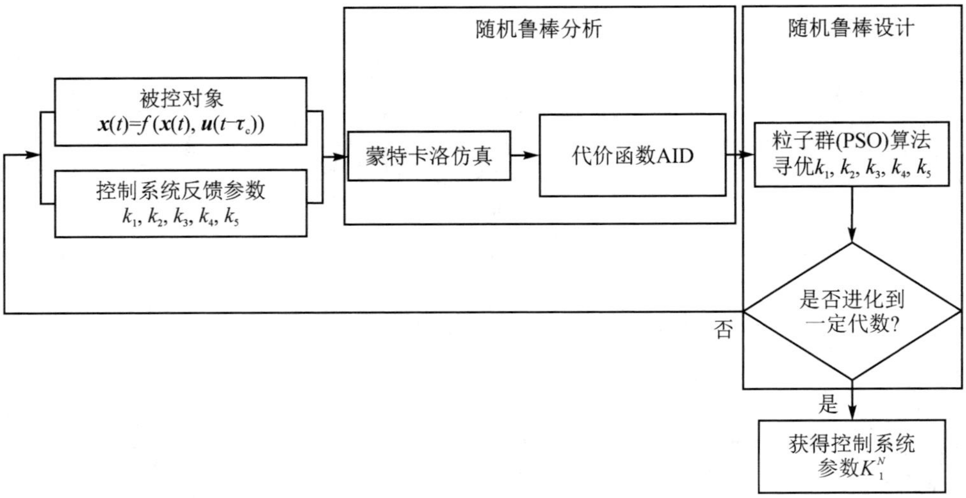

图 6-116 成员飞行控制系统随机鲁棒设计原理

控制器结构采用 PID 控制,利用粒子群算法优化控制器参数。粒子群中粒子的个数 m 取 30,解向量的维数 n 为 5,迭代次数 k 为 20,对控制器参数 $k_1, k_2, \cdots, k_5$ 进行寻优,网络随机延迟 $\tau_1 \sim N(\mu_1, \sigma_1^2)$ 的随机鲁棒设计结果如图 6-117 所示。图中给出了标准粒子群算法的代价收敛曲线,获得 AID 的最小值为 6.269 27,蒙特卡洛仿真中获得的最大 AID 为 6.33,获得的最终控制系统反馈系数 $K_1^N = [k_{11}^N \quad k_{12}^N \quad k_{13}^N \quad k_{14}^N \quad k_{15}^N]$[2],其中 $k_{11}^N = -0.267\ 848$,$k_{12}^N = 0.032\ 116$,$k_{13}^N = 2.631\ 88$,$k_{14}^N = 0.007\ 249\ 09$,$k_{15}^N = -0.290\ 237$。

1. 网络存在随机大延迟时的飞行控制系统增益调度方法

在网络随机延迟变化幅度较大的情况下,采用随机鲁棒分析与设计的单一的控制律往往不能满足各种网络延迟下的控制品质要求,因此依据不同的网络状况调度相适应的状态反馈增益是非常有必要的。增益调度的方法分为传统增益调度、基于 LPV(线性变参数)的增益调度和基于回路成形的鲁棒增益调度三种,其中后两种方法有严格的数学证明和可量化的控制品质评价标准,但是增益调度结构复杂,不利于实现和在线调整;增益调度设计过程复杂且不易为设计人员掌握。

本节首先采用随机鲁棒分析与设计方法克服现有网络控制系统设计方法的保守性缺点,其次采用线性插值增益调度策略放大控制范围,使控制系统在不同网络状况下都能保持较好的控制品质;控制策略简单,不含复杂数学运算,便于有实时性要求的情况下的硬件实现。采用这种控制策略可以降低对无人机编队无线数据链更新率的要求,进而能够增强无人机编队协同飞行的鲁棒性。

(1) 针对三级网络延迟的随机鲁棒增益设计

假设无人机控制系统的网络延迟可以分为三个等级:

① 网络延迟属于短时间延迟,记为 τ_1,服从均值 μ_1 为 700 ms、方差 σ_1 为 100 ms 的标准正态分布;

② 网络延迟属于中时间延迟,记为 τ_2,服从均值 μ_2 为 900 ms、方差 σ_2 为 100 ms 的标准

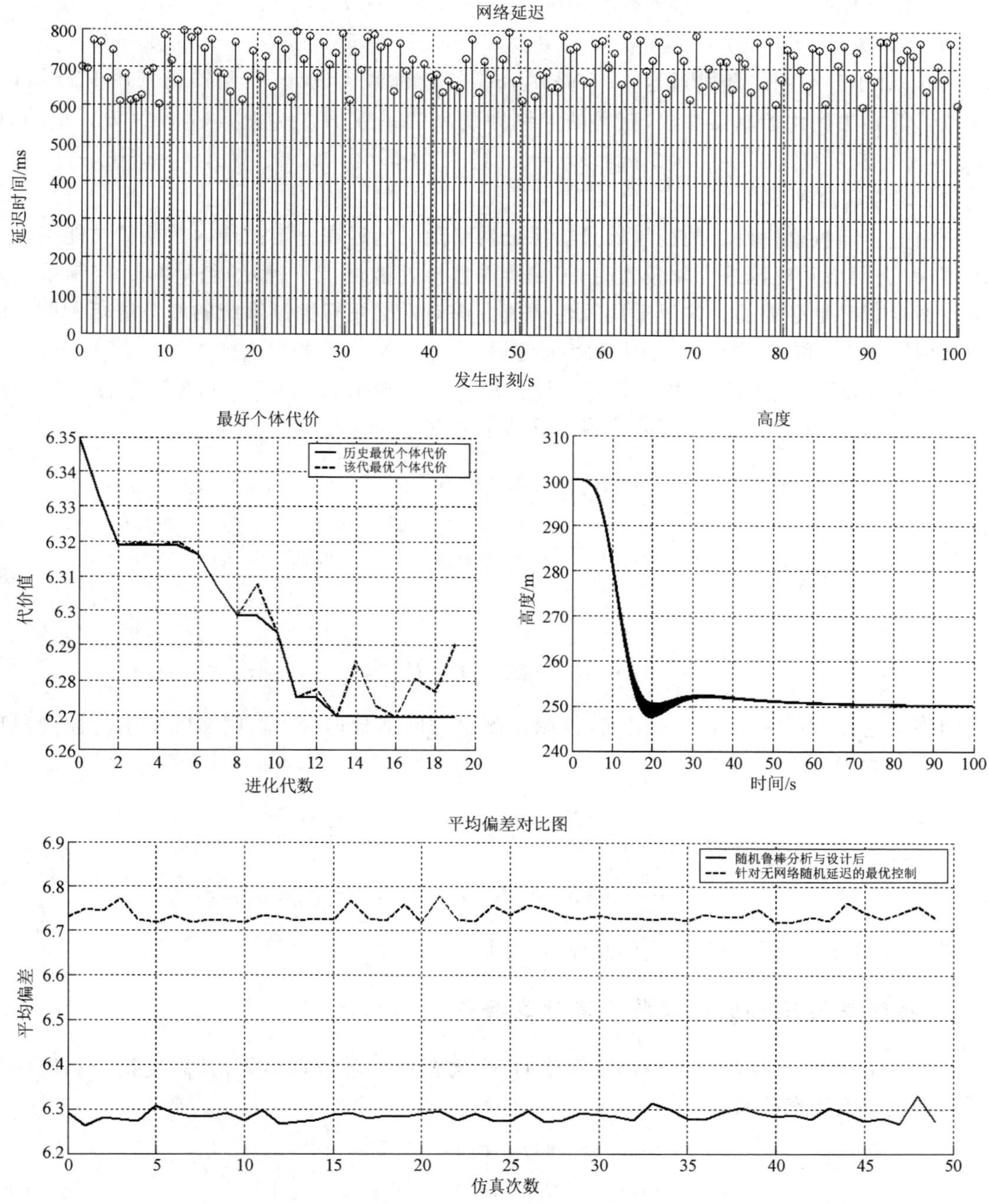

图 6－117　延迟为 τ_1 的系统随机鲁棒设计结果

正态分布；

③ 网络延迟属于长时间延迟，记为 τ_3，服从均值 μ_3 为 1 100 ms、方差 σ_3 为 100 ms 的标准正态分布。

$$\tau_1 \sim N(\mu_1, \sigma_1^2), \quad \tau_2 \sim N(\mu_2, \sigma_2^2), \quad \tau_3 \sim N(\mu_3, \sigma_3^2) \tag{6-187}$$

存在网络随机延迟 $\tau_1 \sim N(\mu_1, \sigma_1^2)$ 的随机鲁棒设计结果前面已有介绍，此处不再赘述。对于存在网络随机延迟 $\tau_2 \sim N(\mu_2, \sigma_2^2)$ 的随机鲁棒设计，控制器采用传统的 PID 结构，利用粒子群算法来优化控制器参数,获得的控制系统反馈系数 $K_2^N=[k_{21}^N,k_{22}^N,k_{23}^N,k_{24}^N,k_{25}^N]$,其中 $k_{21}^N=-0.303\ 185$,$k_{22}^N=0.023\ 282\ 2$,$k_{23}^N=2.578\ 1$,$k_{24}^N=0.007\ 066\ 01$,$k_{25}^N=-0.269\ 634$。

同样,对于存在网络随机延迟 $\tau_3\sim N(\mu_3,\sigma_3^2)$ 的随机鲁棒设计,控制器仍采用 PID 结构,利用粒子群算法优化控制器参数,获得的控制系统反馈系数 $K_3^N=[k_{31}^N,k_{32}^N,k_{33}^N,k_{34}^N,k_{35}^N]$,其中 $k_{31}^N=-0.221\ 949$,$k_{32}^N=0.032\ 926$,$k_{33}^N=2.443\ 89$,$k_{34}^N=0.006\ 626\ 43$,$k_{35}^N=-0.231\ 925$。

(2) 增益调度策略

应用上述随机鲁棒设计的控制器只能保证网络随机延迟在一定范围内的鲁棒性能满足一定的要求,当网络随机延迟变化较大时,控制器的鲁棒性能可能不满足指标要求,控制系统采用增益调度策略是必要的。这里采用线性插值方法对网络飞行控制系统的增益进行调度。假设网络延迟在 τ_1 和 τ_i 之间。当网络随机延迟在 $\tau_1\sim N(\mu_1,\sigma_1^2)$,$\tau_2\sim N(\mu_2,\sigma_2^2)$,…,$\tau_i\sim N(\mu_i,\sigma_i^2)$ 时,分别利用随机鲁棒分析与设计方法得到控制律 $K_1^N,K_2^N,\cdots,K_i^N$,控制器当前测量的网络延迟为 τ_N,则实际采用的控制器反馈系数 K_N 为

$$K_N=\begin{cases}\dfrac{\tau_N-\tau_1}{\tau_2-\tau_1}\cdot(K_2^N-K_1^N)+K_1^N, & \tau_1\leqslant\tau_N\leqslant\tau_2\\ \dfrac{\tau_N-\tau_2}{\tau_3-\tau_2}\cdot(K_3^N-K_2^N)+K_2^N, & \tau_2\leqslant\tau_N\leqslant\tau_3\\ \vdots & \\ \dfrac{\tau_N-\tau_{i-1}}{\tau_2-\tau_{i-1}}\cdot(K_i^N-K_{i-1}^N)+K_{i-1}^N, & \tau_{i-1}\leqslant\tau_N\leqslant\tau_i\end{cases}\tag{6-188}$$

假设网络延迟在 600~1 200 ms 之间,控制器测量的网络延迟为 τ_N,则实际采用的控制器反馈系数 K_N 为

$$K_N=\begin{cases}\dfrac{\tau_N-\tau_1}{\tau_2-\tau_1}\cdot(K_2^N-K_1^N)+K_1^N, & \tau_1\leqslant\tau_N\leqslant\tau_2\\ \dfrac{\tau_N-\tau_2}{\tau_3-\tau_2}\cdot(K_3^N-K_2^N)+K_2^N, & \tau_2\leqslant\tau_N\leqslant\tau_3\end{cases}\tag{6-189}$$

图 6-118 中给出了增益调度的总体流程图。

2. 非线性闭环系统的蒙特卡洛仿真验证

图 6-119 给出了控制律增益调度策略的 50 次蒙特卡洛仿真结果,其高度指令和网络随机延迟满足下列正态分布:

$$\begin{cases}h^*=250\ \text{m},\tau_1\sim N(\mu_1,\sigma_1^2), & t\leqslant 50\ \text{s}\\ h^*=200\ \text{m},\tau_2\sim N(\mu_2,\sigma_2^2), & 50\ \text{s}<t\leqslant 100\ \text{s}\\ h^*=150\ \text{m},\tau_3\sim N(\mu_3,\sigma_3^2), & 100\ \text{s}<t\leqslant 150\ \text{s}\end{cases}\tag{6-190}$$

高度的控制品质满足要求。

图 6-120 给出了控制律增益调度策略 50 次蒙特卡洛仿真结果,其高度指令和网络随机延迟所满足下列均匀分布:

$$\begin{cases}h^*=250\ \text{m},\tau_1\sim U(a,b), & t\leqslant 50\ \text{s}\\ h^*=200\ \text{m},\tau_2\sim U(a,b), & 50\ \text{s}<t\leqslant 100\ \text{s}\\ h^*=150\ \text{m},\tau_3\sim U(a,b), & 100\ \text{s}<t\leqslant 150\ \text{s}\end{cases}\tag{6-191}$$

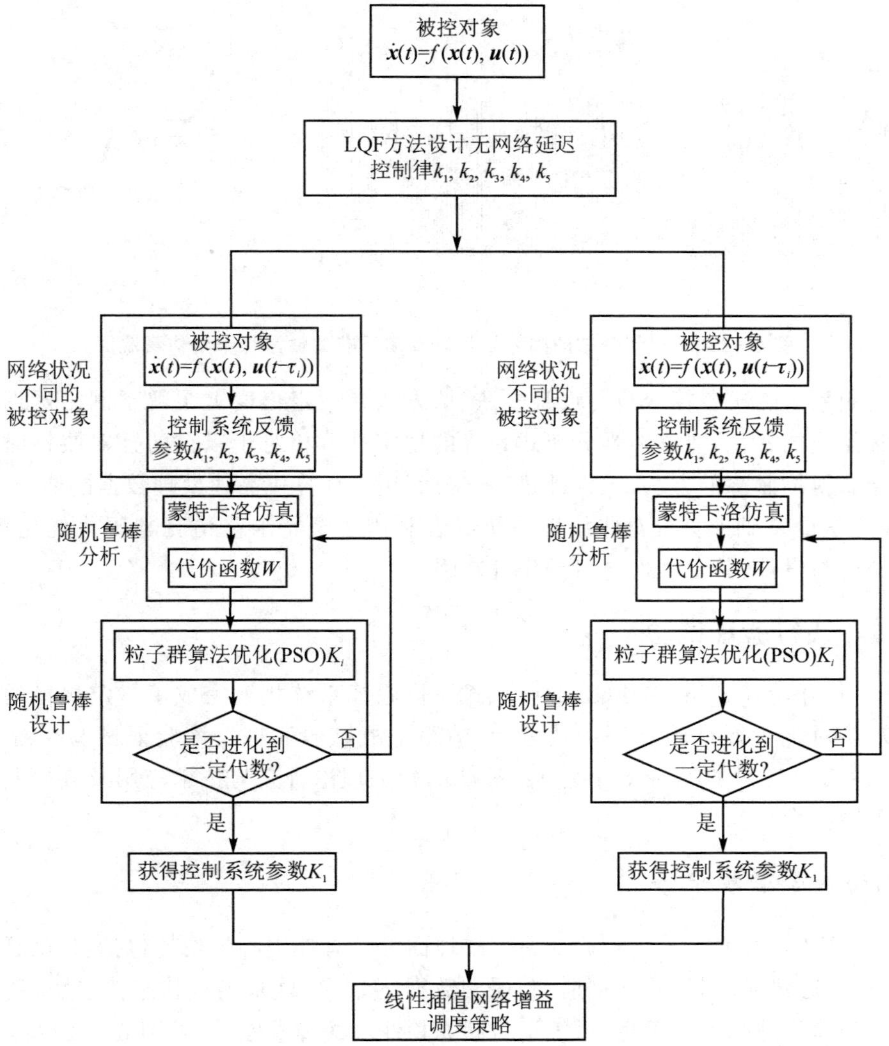

图 6－118　线性插值增益调度的总体流程图

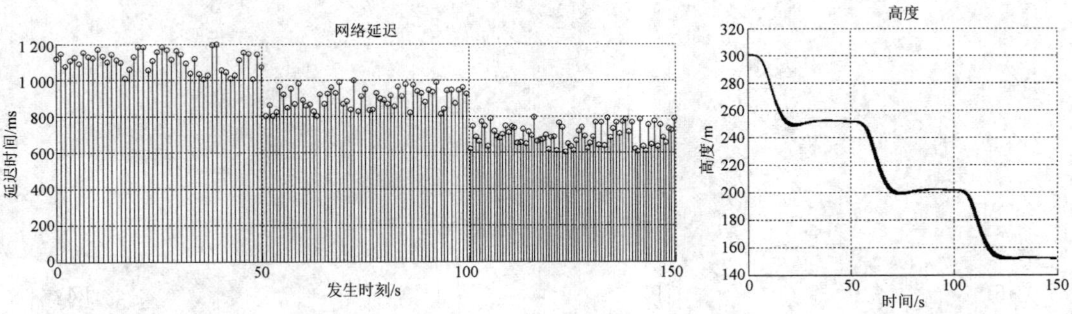

图 6－119　正态分布的网络延迟以及闭环非线性蒙特卡洛仿真验证

其中，$a=600$ ms，$b=1\ 200$ ms 是增益调度中最恶劣的情况，但控制品质仍然满足设计要求。

针对当前采用网络控制方法解决多变量飞行控制系统设计所存在的问题，本小节介绍了

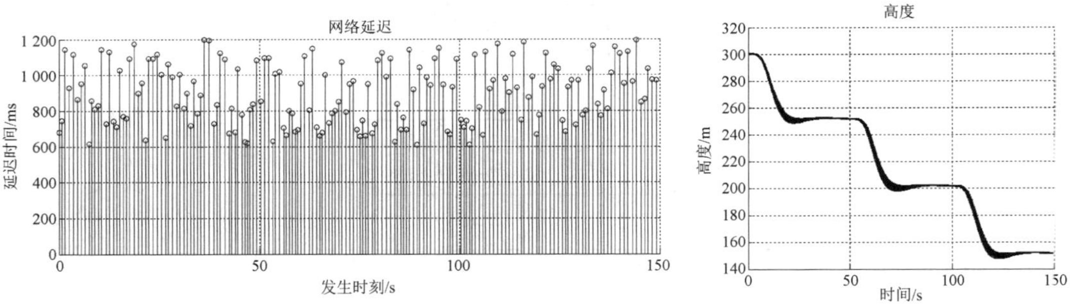

图 6-120 均匀分布的网络延迟以及闭环非线性蒙特卡洛仿真验证

网络飞行控制系统随机鲁棒分析与设计方法,该方法在一定程度上缓解了网络延迟导致的飞行控制系统品质的恶化,能够增强分布式系统的稳定性。相对于以往的针对线性时滞系统依靠数学推导获得控制律的方法,该设计过程充分利用了计算机高速处理数据的能力,其在线性系统 LQR 方法的基础上直接对非线性系统综合利用了蒙特卡洛仿真与现代优化算法,进行随机鲁棒分析与设计,其工程性与可操作性较强[2,13]。

6.5.7 飞行验证试验

自 2013 年开始,CFCS of IPCLab 嵌入式飞行验证系统相继完成了一定规模的飞行器自主编队的攻防对抗飞行试验验证以及近距/中距空战试验验证。该验证试验系统(CFCS of IPCLab)已为多种型号的无人飞行器自主编队的相关理论研究与技术应用及其研制工作提供了重要的关键技术支撑。

1. 地面综合管控中心

CFCS of IPCLab 嵌入式飞行验证系统的地面综合管控中心的功能包括:作战任务与任务环境导调,战场态势显示,遥测数据监测,遥测数据记录和回放,飞行状态仪表、位置及姿态遥控,航路规划编辑,地图加载管理,系统运行状态检测和故障诊断等(见图 6-121)。

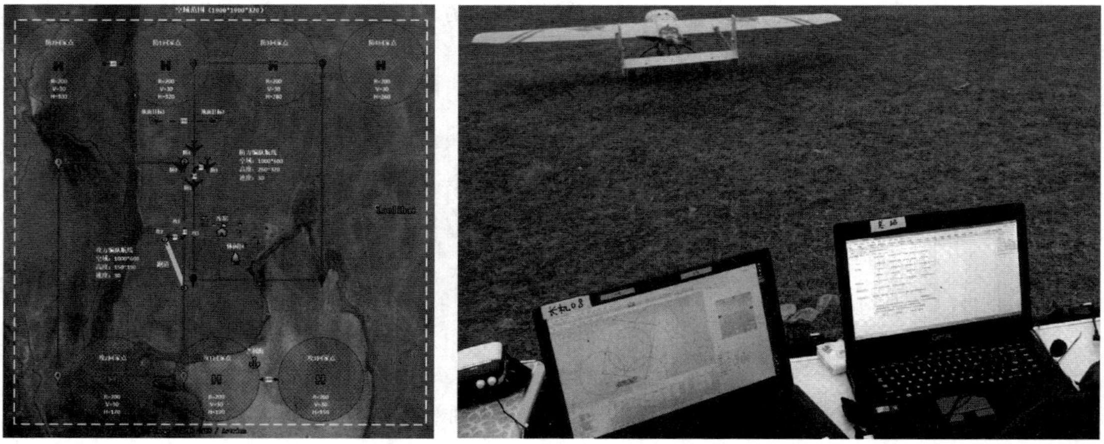

图 6-121 CFCS of IPCLab 地面监控站

2. 飞行验证

CFCS of IPCLab 嵌入式飞行验证系统的自主编队协同飞行试验如图 6-122 所示。

图 6-122 自主编队协同飞行试验

地面综合管控中心可对自主编队协同飞行过程中的任一架无人机实施遥测和遥控，飞行控制指令如图 6-123 所示。无人机的实时飞行姿态监控窗口如图 6-124 所示。

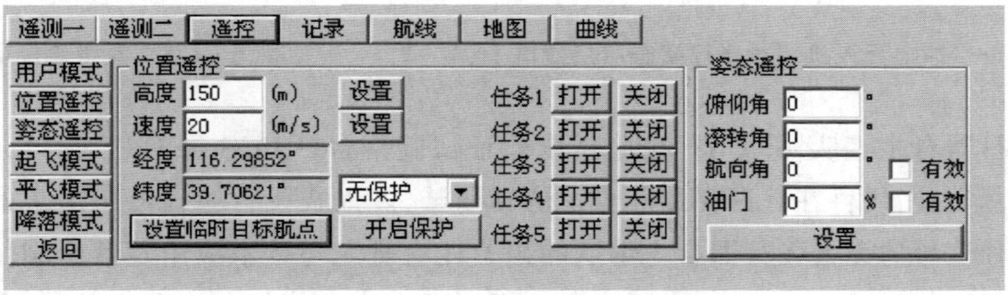

图 6-123 飞行控制指令

支撑网络的性能也在飞行试验中得到测试，飞行结果表明，支撑网络能够稳定地提供数据传输通道，网络时延能够满足小型无人机编队协同飞行的要求；在通信过程中，基本没有因时隙不同步造成的数据碰撞现象；在通信距离超限及外界干扰等情况下，网络结构仍能保持稳定；暂时丢包的节点在通信状况恢复后能够顺利归队，网内任一节点的丢失不会影响整个网络的正常工作。

为了实时检测无线自组织网络的通信，采用游离于网络的监听电台进行侦听，根据侦听数据可判断当前网络状态及各节点通信状态，监控情况如图 6-125 所示。

大量的飞行试验表明，CFCS of IPCLab 嵌入式飞行验证系统可支持一定规模的异构固定翼无人机根据任务要求快捷地形成编队协同并遂行对地/对空作战任务，其遂行任务的主要模式包括程序指令模式、半自主＋自组织模式、自主＋自组织模式等。由于整个系统采用了标准化、模块化和一体化的顶层设计框架，通过了国家相关技术标准下的环境适用性测试以及大量的实际飞行试验验证，保证了系统运行的稳定性和可靠性，系统既支持便利的任务剪裁与功能扩展，又具有良好的通用性以及维护便捷等性能。

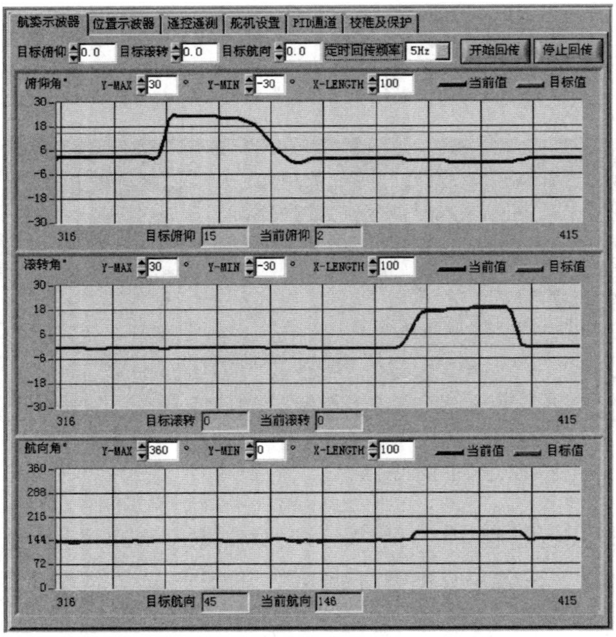

图 6-124 无人机实时飞行姿态监控窗口

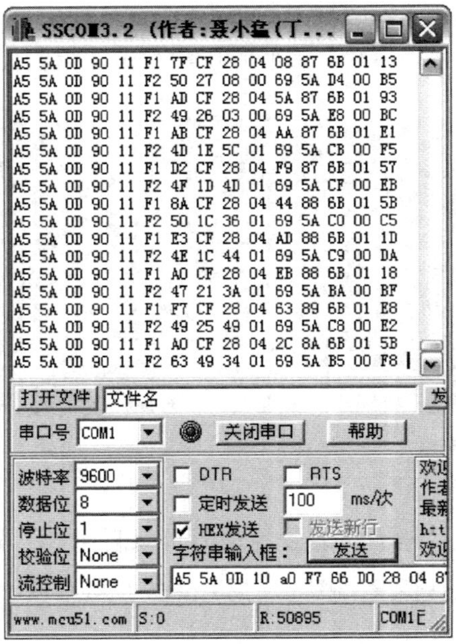

图 6-125 网络监控窗口

虽然飞行器自主编队协同飞行控制系统验证试验平台(CFCS of IPCLab)已经通过了从实时数字仿真实验、硬件在环(HIL)半实物仿真测试、嵌入式飞行验证三个层次的技术检验,并完成了多种型号的无人飞行器自主编队的相关理论研究与技术应用及其研制任务,但是限于当前相关理论与技术水平,其在实际工程应用中还有许多值得关注和突破的瓶颈问题。例如,当飞行器自主编队遂行复杂任务时,编队的协同信息主要依赖于无线自组织支撑网络传递,而当编队面对敌方强大的电磁对抗压制和信息欺骗时,协同支撑网络的通信能力和信息服务质量以及系统安全性等可能被严重影响,因此增强飞行器自主编队系统的低截获、电磁对抗、强容错等性能和提高系统的可靠性、可信性和安全性等是该领域值得高度重视的发展方向;随着飞行器编队协同飞行控制理论与技术的快速发展,一些需要引起高度关注和需要谨慎妥善处理的问题会变得越来越突出。首先,信息链路和支撑网络的安全问题,这是一个与协同飞行控制发展方向和飞行器自主编队协同飞行技术兴衰攸关的核心问题;其次,协同决策与管理机制及其系统的权限问题,这关系到飞行器自主编队协同飞行装备的可控使用和安全运用问题[2,16]。相信这些重要问题和迫切需求会促生协同飞行控制的新理论和新技术,也会加快飞行器自主编队协同飞行装备向着更高 CCL 等级的发展进程。

目前该领域的研究虽然主要以飞行器自主编队的硬杀伤作战任务为着眼点,但是本书的基础理论方法与设计实现等技术适用于更多样化的编队协同遂行任务以及 Cyberspace 对抗领域的研究。例如,在国防领域内的军事侦察、联合预警、通信中继、电子对抗、诱惑袭扰和战场评估等方面,在民用领域的大地测量、气象观测、环境监测、资源勘探、森林防火、人工降雨和交通组织管理等方面都有广阔的应用前景。

习　题

6-1　举例分析社会性与社会性群体的概念。

6-2　分析说明协同性和自主性的概念。

6-3　分析说明 Reynolds 三条准则并举例。

6-4　分析比较安全系数与队形指数的特点及其相互关系。

6-5　分析说明协同飞行控制系统(CFCS)的五大组成部分。

6-6　分析说明疏松队形、紧密队形和密集队形的特点以及编队队形链式效应产生的原因。

6-7　分析说明编队飞行转弯三种主要形式(质点转弯、刚体转弯和形变转弯)的特点。

6-8　分析说明成员飞行控制系统设计与单飞行器的飞行控制系统设计主要有哪些不同特点。

参考文献

[1] 吴森堂. 飞行控制系统[M]. 2 版. 北京：北京航空航天大学出版社，2013.

[2] 吴森堂. 协同飞行控制系统[M]. 北京：科学出版社，2018.

[3] Anderson JD Jr. Fundamentals of Aerodynamics[M]. New York: McGraw-Hill, 1984.

[4] Brian L S, Frank L L. Aircraft Control and Simulation[M]. New York: JOHN WILEY & SONS, INC., 1992.

[5] 张明廉. 飞行控制系统[M]. 北京：航空工业出版社，1994.

[6] 比施根斯 ΓC. 干线飞机空气动力学和飞行力学[M]. 孙荣科，等译. 北京：航空工业出版社，1996.

[7] 鲁道夫 · 布罗克豪斯. 飞行控制[M]. 金长江，译. 北京：国防工业出版社，1999.

[8] 何庆芝. 航空航天概论[M]. 北京：北京航空航天大学出版社，1997.

[9] 周荫清. 随机过程理论[M]. 北京：电子工业出版社，2006.

[10] 吴森堂. 结构随机跳变系统理论及其应用[M]. 北京：科学出版社，2007.

[11] 吴森堂. 导弹自主编队协同制导控制技术[M]. 北京：国防工业出版社，2015.

[12] Sentang Wu. Cooperative Guidance & Control of Missiles Autonomous Formation [M]. Springer, 2019.

[13] 吴森堂. 飞航导弹制导控制系统随机鲁棒分析与设计[M]. 北京：国防工业出版社，2010.

[14] 张有济. 战术导弹飞行力学设计[M]. 北京：宇航出版社，1996.

[15] Unmanned systems (UAS) roadmap, 2007-2032[R]. Washington, D. C., USA: Office of the Secretary of Defense, 2007.

[16] Suresh M. Ghose D. Role of information and communication in redefining unmanned aerial vehicle autonomous control levels. Proceedings of the Institution of Mechanical Engineers, Part G. Journal of Aerospace Engineering, 2010, 224: 171-197.